Il Mediterraneo Occidentale fra XIV ed VIII secolo a.C.

Cerchie minerarie e metallurgiche

The West Mediterranean between the 14th and 8th Centuries B.C.

Mining and metallurgical spheres

Claudio Giardino

BAR International Series 612

1995

Published in 2019 by
BAR Publishing, Oxford

BAR International Series 612

Il Mediterraneo Occidentale fra XIV ed VIII secolo a.C. / The West Mediterranean between the 14th and 8th Centuries B.C.

ISBN 9780860547938 paperback
ISBN 9781407349176 e-book

DOI https://doi.org/10.30861/9780860547938

A catalogue record for this book is available from the British Library

This book is available at www.barpublishing.com

BAR Publishing is the trading name of British Archaeological Reports (Oxford) Ltd. British Archaeological Reports was first incorporated in 1974 to publish the BAR Series, International and British. In 1992 Hadrian Books Ltd became part of the BAR group. This volume was originally published by Tempvs Reparatvm in conjunction with British Archaeological Reports (Oxford) Ltd / Hadrian Books Ltd, the Series principal publisher, in 1995. This present volume is published by BAR Publishing, 2019.

BAR
PUBLISHING

BAR titles are available from:

BAR Publishing
122 Banbury Rd, Oxford, OX2 7BP, UK
EMAIL info@barpublishing.com
PHONE +44 (0)1865 310431
FAX +44 (0)1865 316916
www.barpublishing.com

Ai miei genitori

Indice

IL MEDITERRANEO OCCIDENTALE
FRA XIV E VIII SECOLO A.C.
CERCHIE MINERARIE E METALLURGICHE

INTRODUZIONE

L'esistenza di contatti fra le diverse aree geografiche del Mediterraneo occidentale e dell'Europa atlantica è stata più volte rilevata, sulla base del materiale archeologico, per vari momenti cronologici della preistoria e della protostoria.

Diversi autori hanno in passato sottolineato come tale fenomeno, che investe soprattutto l'Italia tirrenica, la Sicilia, la Sardegna, la Corsica, la Francia e l'area iberica, si manifesti con notevole intensità nel periodo compreso fra la tarda età del bronzo e le soglie dell'età storica, quando esso assume un particolare significato venendo a confluire nella vasta problematica legata agli inizi della colonizzazione fenicia e greca.

In questo momento intermedio fra la massima diffusione della coinè micenea e l'avvento storicamente attestato della marineria fenicia si sviluppano, nel Mediterraneo occidentale e nell'Europa atlantica, una serie di rapporti fra le varie aree. Tali rapporti non sono probabilmente limitati allo scambio di merci particolarmente pregiate, ma coinvolgono anche conoscenze tecnologiche e trasmissione di modelli artigianali, in special modo, ma non esclusivamente, nel campo della metallurgia.

Il presente studio intende portare un contributo ad una più approfondita conoscenza di tale problematica, inquadrandola in una più precisa prospettiva cronologica ed offrendo altresì ulteriori spunti sullo sfruttamento delle risorse minerarie e sulle tecniche metallurgiche in uso nelle varie regioni in esame.

Prima e fondamentale tappa è il riesame e la comparazione tra le sequenze cronologiche proposte per le diverse aree prese in considerazione, così da avere una visione diacronica di base dei fenomeni studiati.

La presenza di notevoli ricchezze minerarie in molte delle regioni ricordate pone inoltre il quesito della eventuale utilizzazione di queste risorse nei momenti cronologici analizzati. Mettendo pertanto in rapporto le testimonianze archeologiche relative ai diversi periodi con le situazioni geo-giacimentologiche e mineralogiche di maggior interesse dal punto di vista estrattivo, si è quindi cercato di appurare se, e a partire da quale momento, vi sia stato uno sfruttamento del sottosuolo.

Avendo riscontrato indizi positivi in tal senso, si è considerato particolarmente significativo esaminare quale ruolo abbia avuto lo sfruttamento delle risorse minerarie nel favorire i rapporti fra le varie aree, rapporti peraltro chiaramente indicati sia dalle analisi tipologiche che da quelle più propriamente tecnologiche di numerosi prodotti della cultura materiale.

Analizzando i manufatti comuni alle diverse regioni si è quindi cercato di rilevare l'esistenza di direttrici di traffico sia a breve che a lungo raggio, direttrici attraverso le quali merci ed idee hanno viaggiato, e che hanno permesso di far entrare in rapporto fra loro, nei vari periodi esaminati, le diverse culture del Mediterraneo occidentale e dell'area atlantica. Tali culture si rivelano quindi, alla luce di queste evidenze, assai meno isolate fra loro ed ancora più interconnesse di quanto possa apparire ad un primo, superficiale esame.

Ringraziamenti

Nel corso della realizzazione di questo studio, originariamente nato nell'ambito del Dottorato di Ricerca in Archeologia, ma in seguito ristrutturato ed ampliato, numerose sono le istituzioni e gli studiosi dai quali ho avuto informazioni ed appoggio. Nel timore di qualche involontaria dimenticanza, mi scuso con coloro i quali siano stati inavvertitamente omessi.

Desidero manifestare la mia gratitudine al prof. R. Peroni, che mi ha seguito sia nel corso del lavoro di dottorato che successivamente, fornendomi preziosi consigli e suggerimenti, ed al prof. G.L. Carancini, prodigo di indicazioni sui problemi tipologici relativi ai bronzi.

Un grato pensiero va alla memoria del prof. M. Pallottino, della prof. A. Palmieri e del prof. S.M. Puglisi per il loro incoraggiamento.

Un ringraziamento del tutto particolare va alla dr. E. Macnamara, che mi ha sostenuto ed aiutato nella pubblicazione dell'opera.

Intendo inoltre esprimere la mia gratitudine, per i fruttuosi scambi di opinione, le indicazioni e l'interesse dimostrati alla dr. A.M. Bietti Sestieri, alla dr. F. Lo Schiavo, alla prof. R. Whitehouse. Proficue discussioni ed informazioni ho avuto dalla prof. M.S. Balmuth, dalla prof. A. Ciasca, dal prof. E. Contu, dal prof. M. Marazzi, dal dr. G. Palumbo, dal dr. S. Tusa, dalla dr. L. Vagnetti, nonché dai compianti prof. M.L. Ferrarese Ceruti e prof. R.F. Tylecote.

Ringrazio inoltre i molti archeologi italiani e stranieri che mi hanno aiutato mostrandomi loro materiali e fornendomi informazioni su di essi. Uno speciale ringraziamento va quindi, oltre ai già ricordati dr. A.M. Bietti Sestieri, dr. F. Lo Schiavo e dr. S. Tusa, alla dr. M.R. Albanese Procelli, al prof. M. Almagro Gorbea, al dr. U. Badas, alla dr. C. Belardelli, al dr. G. Castellana, al dr. J. Cesari, al dr. J.C.M. de la Cruz, al dr. G. Di Stefano, al dr. M. Famà, al dr. F. Fedeli, al prof. R.R. Holloway, al dr. R. Leighton, al dr. D. Marino, al dr. L. Plantalamor Massanet, al dr. P. Tamburini ed al dr. G. Ugas.

Per la parte relativa alla metallurgia antica, alle tecniche estrattive ed all'archeometria, sono riconoscente per i loro suggerimenti e la loro guida al dr. T. Berthoud, al prof. C. Caneva, al dr. P.T. Craddock, al prof. C. Eibner, al prof. G. Gigante, al prof. R.E. Jones, al prof. M. Marabelli, al prof. R. Massoli Novelli ed al dr. A. Palmieri.

Per avermi autorizzato di pubblicare loro disegni e fotografie, ringrazio l'Accademia Nazionale dei Lincei, il Museo Archeologico Nazionale di Atene, l'Archivio di Stato di Roma, la Soprintendenza Archeologica per le Province di Sassari e Nuoro, il Museo Civico Archeologico di Villanovaforru, nonché la dr. A.M. Bietti Sestieri, il dr. G. Di Stefano, la dr. F. Lo Schiavo ed il dr. S. Tusa che mi hanno fornito disegni inediti di materiali siciliani e sardi; per avermi permesso lo studio di materiali in loro possesso, il Museo Nazionale "G. A. Sanna" di Sassari, il Museo Archeologico Etnografico "L. Pigorini" di Roma, il British Museum, l'University Museum of Archaeology and of Ethnology di Cambridge, il Museo Archeologico Regionale di Palermo, il Museo Archeologico Regionale di Agrigento, il Museo Archeologico Comunale di Bologna.

Last, but not least, uno speciale grazie è per la dr. A. Cracas, che ha curato la realizzazione grafica di gran parte delle figure.

Esprimo la mia riconoscenza alla Dr. M. Aylwin Cotton Foundation, con il cui contributo finanziario il volume è stato edito.

INQUADRAMENTO CRONOLOGICO

PREMESSA

Per qualsiasi studio di carattere storico ed archeologico è essenziale ordinare il passato in blocchi, che possano essere organizzati in sequenza e posti in rapporto fra loro.

Oltre un secolo di ricerche rivolte ad identificare e caratterizzare le facies protostoriche sulla base delle molteplici fonti archeologiche, mirando a sistematizzarle nel *continuum* temporale, ha consentito la messa a punto di seriazioni cronologiche per le varie regioni europee. L'esistenza di una trama di rapporti sia diretti che, talora, indiretti fra le varie aree permette inoltre di stabilire una serie di correlazioni e di sincronismi fra le varie seriazioni.

Lo studio ormai classico di H. Müller Karpe ha costituito e rappresenta tuttora un fondamentale punto di partenza per gli studi di cronologia della tarda preistoria ([1]). La sequenza da lui proposta per l'area a nord delle Alpi, rielaborando il precedente schema di P. Reineke, suddivide l'età dei Campi d'Urne — il tardo Bronzo centro-europeo — in sei fasi, denominate Bz D, Ha A1-2, Ha B 1-3. Ad ognuna di esse viene assegnata convenzionalmente la durata di un secolo, così da occupare l'intero arco cronologico compreso fra il XIV e l'VIII secolo a.C.; l'inizio dell'età di Hallstatt (Ha C), la prima età del ferro, è quindi posto intorno al 700 a.C.

Anche se va rilevata l'esistenza di singole corrispondenze con l'Egeo anche per le fasi intermedie, i due pilastri su cui poggia questo schema sono rappresentati dal sincronismo fra il Bz D ed il Tardo Elladico III B da un lato e quello fra l'Ha B 3 e l'inizio della colonizzazione greca in Sicilia ed in Italia meridionale dall'altro, posti rispettivamente al XIII ed all'VIII secolo a. C. ([2]).

Dalla fine degli anni '80 il diffondersi ed il perfezionarsi di metodi di datazione assoluta fondati sulle scienze fisiche e naturali ha agito da stimolo al dibattito archeologico in materia di cronologia ([3]).

I recenti sviluppi tecnici e metodologici realizzati nel settore della fisica nucleare si sono riflessi nel campo della cronologia radiocarbonica, permettendo sia di perfezionare l'accuratezza delle datazioni che, soprattutto, di moltiplicare le date disponibili. L'utilizzo in un numero crescente di laboratori dello spettrometro di massa ad alta energia basato sull'uso di un acceleratore di ioni (AMS) ha infatti consentito di ridurre drasticamente sia i tempi tecnici di misura che la quantità di campione necessario per l'indagine, rendendo quindi possibile moltiplicare le applicazioni, esaminando anche reperti precedentemente non analizzabili ([4]).

Sono però soprattutto i risultati degli studi dendrocronologici condotti nell'area alpina ed in Germania che stanno fornendo sequenze complete di datazioni di considerevole accuratezza qualitativa, basate sulle variazioni degli anelli annuali di accrescimento delle piante ([5]). Tali datazioni sembrano del resto confermare quelle ottenute mediante ^{14}C ([6]), ponendo in tal modo le basi per una nuova messa a punto delle cronologie assolute dell'età del bronzo e del ferro dell'Europa centrale.

Sulla base dei nuovi dati è stato al momento proposto da L. Sperber, relativamente al periodo dell'età dei Campi d'Urne, di collocare l'inizio del Bz D intorno al 1365 a.C., facendo terminare questa fase nel 1225; una durata di 70 anni è assegnata sia all'Ha A1 che all'Ha B2, che si concluderebbero rispettivamente nel 1175 e nel 1085; l'Ha B1 durerebbe invece 65 anni, sino al 1020. Un assai maggiore lasso di tempo occuperebbero invece sia l'Ha B2 che l'Ha B3, entrambi 140 anni, dal 1020 all'880 e dall'880 al 740 a.C. ([7]).

Le discrepanze fra le cronologie tradizionali — fondate sul confronto fra fonti archeologiche e storiche — e quelle basate su metodi mutuati dalle scienze fisiche e naturali, sono in più punti assai sensibili: ad esempio la fine del Bronzo antico viene anticipata dal 1600 al 1700 a.C., mentre la cesura fra Ha B 1 ed Ha B 2 si sposta dal 900 al 1020 a.C. Non è tuttavia un caso che proprio le due datazioni fondamentali della sequenza di Müller Karpe — che, come si è detto, riposavano su basi documentarie più solide — quelle riguardanti l'inizio Bz D ed il termine dell'Ha B3, siano quelle che presentano una minore divaricazione: 1365 invece di 1330 a.C. e 750 al posto di 700 a.C ([8]).

Attualmente, se per l'Europa centrale le nuove datazioni sono in via di consolidamento, per l'area mediterranea non si dispone invece ancora di seriazioni dendrocronologiche complete che permettano un controllo indipendente e puntuale sia delle datazioni radiocarboniche che di quelle archeologiche ([9]). Per quest'area trasporvi radicalmente le nuove cronologie comporta un generale spostamento all'indietro delle cronologie tradizionali ([10]).

Spesso questo fenomeno può contribuire a rendere più comprensibili alcune prospettive storiche, in altri casi la situazione appare maggiormente problematica ([11]) e solo più approfondite indagini potranno contribuire a superare quelle aporie che sono connaturate ad un sistema ancora in corso di definizione.

È noto come la cronologia assoluta italiana della tarda età del Bronzo — su cui poggiava sino ad ora sostanzialmente quella centro-europea — si fondi essenzialmente su alcuni sincronismi con il mondo egeo, le cui datazioni rimandano a loro volta, pur non mancando elementi di incertezza, alle sequenze faraoniche e mesopotamiche. Il T.E. III B e, sia pure in misura minore, il T.E. III C sono infatti legati da numerose correlazioni con i contesti egizi e vicino orientali ([12]); inoltre le date radiocarboniche calibrate disponibili per l'Egeo sembrano confermare sostanzialmente la cronologia "storico-archeologica" nella sua versione più recente, la quale colloca il T.E. III B fra il 1350 circa ed 1180 ed il T.E. III C fra il 1180 ed il 1060 a.C. ([13]).

La stessa cronologia egizia relativa alla XVIII ed alla XIX dinastia, il periodo contemporaneo con il Tardo

Elladico III B e C, pare trovare peraltro conforto nelle purtroppo ancora rare datazioni radiocarboniche ([14]).

È attualmente in corso un processo di revisione critica delle cronologie assolute del mondo mediterraneo ed è aperto il dibattito scientifico in attesa che anche per quest'area si possano utilizzare dati definitivi pienamente comparabili con quelli dell'area a nord delle Alpi ([15]).

Nel prossimo futuro sarà quindi indispensabile elaborare sistemi di seriazione locali che possano rapportarsi ad uno schema più generale, realizzato tenendo conto dei recenti sviluppi avvenuti nel campo delle datazioni grazie all'apporto dei principali metodi oggi disponibili, la dendrocronologia ed il ^{14}C, nonché, sebbene in misura decisamente minore, l'archeomagnetismo e la termoluminescenza ([16]).

Va a tale proposito sottolineata la necessità di valutare con spirito critico le stesse datazioni radiometriche: per la corretta valutazione delle misure è infatti necessario tener conto non soltanto dalla corretta applicazione delle curve di calibrazione, ma anche dei margini di errore insiti nel metodo seguito e delle caratteristiche archeologiche e stratigrafiche del campione esaminato, se esso sia ad esempio realmente coevo o non più antico del deposito, oppure se sia sicuramente associato con il contesto che si vuole datare ([17]).

L'elaborazione di un nuovo schema cronologico richiede ancora ulteriori discussioni e messe a punto, per le quali è peraltro indispensabile l'apporto di ulteriori sequenze dendrocronologiche complete e di moderne ed accurate datazioni radiocarboniche. È comunque ormai sufficientemente chiara la direzione generale che le ricerche in questo settore dovranno nel futuro intraprendere, quella di una sempre più completa integrazione fra metodologie archeologiche e fisico-naturalistiche.

Si precisa che nel corso del presente lavoro le date assolute proposte da autori che non si erano ancora confrontati con il problema dell'adeguamento della cronologia "storica" alla dendrocronologia sono state riportate fra virgolette.

NOTE

1) Müller Karpe 1959; per un'analisi critica dei precedenti studi di cronologia protostorica, cfr. Müller Karpe 1959, pp. 1-12, con relativa bibliografia; cfr. anche Pallottino 1960, pp. 13-34.
2) Müller Karpe 1959, pp. 16-20, 40-42.
3) Già agli inizi degli anni '70 l'adozione delle date assolute radiocarboniche calibrate aveva indotto a rivedere la trama di rapporti reciproci che sorreggeva lo schema cronologico per i periodi antichi della preistoria europea. Le datazioni delle varie culture dell'Europa venivano infatti ad essere considerevolmente — ed in blocco — rialzate, mentre restavano immutate quelle dell'Egitto, del Vicino Oriente e dell'Egeo, ancorate alle datazioni assolute tradizionali. Venivano in tal modo a modificarsi radicalmente le prospettive storiche, specie relativamente ai collegamenti fra Oriente ed Occidente: cfr., in particolare, Renfrew 1973, pp. 84-108.
4) Alessio et alii 1985, pp. 102-103; Dennell 1987, pp. 137-138; Nelson 1990, pp. 274-275.
5) Leuschner, Delorme 1988, pp. 123-124, fig. 1; Becker, Schmidt 1990, pp. 37-40; Randsborg 1991, pp. 94-95; Ruoff, Rychner 1986, pp. 75-79; per la Francia occidentale la sequenza è in corso di completamento: Lambert, Lavier 1988, pp. 112, fig. 2. Sui principi metodologici della dendrocronologia, vedi anche Corona 1986, pp. 11-22. Va rilevato come la più lunga sequenza europea disponibile attualmente sia quella della quercia: Fasani, Martinelli 1994, p. 39.
6) Becker, Schmidt 1990, pp. 43-46; Randsborg 1991, pp. 94-95.
7) Sperber 1987, pp. 253-258, tab. a p. 254; vedi anche Randsborg 1991, pp. 96-99, fig. 3.
8) Peroni 1994, p. 216.
9) Per l'Italia settentrionale è in corso la costruzione di una curva regionale, che attualmente copre però solo un periodo alquanto limitato dell'età del Bronzo: cfr. Fasani, Martinelli 1994, pp.41-43. Già da alcuni anni l'equipe di ricerca dell'Aegean Dendrochronology Project, afferente alla Cornell University di Ithaca, New York, sta raccogliendo materiali provenienti dal Mediterraneo orientale, includendo nella campionatura oltre a Grecia, Turchia e Cipro, anche i Balcani e l'Italia. I materiali raccolti si estendono dall'eta moderna sino al neolitico: cfr. Kuniholm, Striker 1987, pp. 385-392, tav. 3. Sino al 1994 sono stati esaminati 500 siti, ma la sequenza non è ancora completa, benché si abbia notizia che, per il periodo in esame, sia stata ottenuta una cronologia continua dal 2259 ± 37 al 498 ± 37 a.C. (P.I. Kuniholm, Aegean Dendrochronology Project progress report: December 1993, December 1994), che è però al momento ancora inedita.
10) Sembra riproporsi in qualche modo, sia pure in misura ridotta, quanto osservato anni addietro da C. Renfrew nell'adottare per l'Europa preistorica le datazioni radiocarboniche tara-

te secondo la correzione di Suess: «...non mutano le relazioni reciproche tra le varie aree, a patto che siano datate con lo stesso sistema. La vera frattura si verifica quando si confrontano tra di loro aree datate con il carbonio 14 con quelle datate con metodi storici» (Renfrew 1972, p. 28).

11) Come ha osservato Randsborg (Randsborg 1991, pp. 100-101), la sequenza stabilita per l'area alpina sulla base dei nuovi dati dendrocronologici pone alcuni problemi quando la si confronta con lo schema tradizionale elaborato per la Grecia. Comparando i dati forniti dalle cronologie assolute dell'età dei Campi d'Urne con la sequenza proposta da P. Warren e V. Hankey per l'area egea (Creta, Cicladi e Grecia continentale), basata su datazioni radiocarboniche calibrate e sul sincronismo con le date storiche egizie, si osserva, per il periodo compreso fra il Tardo Elladico ed il Submiceneo, quasi un secolo di discrepanza: cfr. Warren, Hankey 1987, pp. 137-169. Altre aporie si riscontrano inoltre nella definizione cronologica del periodo geometrico greco: secondo la cronologia "storica" greca il Protogeometrico viene collocato fra il 1050 ed il 900, mentre il Geometrico termina nel 700 a.C.; quest'ultimo, che presenta numerose variazioni regionali, si articola in un antico (EG: 900-850 a.C.), medio (MG: 850-760 a.C.) e tardo Geometrico (LG: 760-700 a.C.): cfr. Coldstream 1977, fig. 116; Morris 1987, pp. 10-14, tab. 1, fig. 3. Si avrebbe anche in questo caso circa un secolo di differenza per l'inizio delle varie fasi del periodo geometrico e solo con la fine del tardo geometrico il divario si ridurrebbe ad un cinquantennio (EG: 1020-950 a.C.; MG: 950-820 a.C.; LG: 820-750 a.C.): Peroni 1994, figg. 77-80; cfr. anche Randsborg 1992, pp. 100-101.

12) Cadogan 1978, pp. 211-213, tav. 1; Hankey 1987, pp. 50-52; Warren, Hankey 1989, pp. 154-167.

13) Cfr. Warren, Hankey 1989, pp. 137-169; Manning, Weninger 1992, pp. 654-655, 659-663, fig. 12; P.P. Betancourt, che analogamente a questi autori colloca il LM/LH III B intorno al 1365-1200 a.C., si differenzia da essi nel proporre per gli inizi del LM/LH IA la data del 1700 circa: Betancourt 1987, tab. 1.

14) Per una delle più recenti versioni della sequenza cronologica dinastica egizia, cfr. Kitchen 1987, pp. 40-43, tabb. 4-5; secondo tale sequenza, il regno di Amenofi IV (Akhenaten) daterebbe dal 1352 al 1336; Smenkhkare dal 1338 al 1336; Tutankhamun dal 1336 al 1327; Ay dal 1327 al 1323; Haremhab dal 1323 al 1295; Ramesses I dal 1295 al 1294; Sethos I dal 1294 al 1279; Ramesses II dal 1279 al 1213; Merenptah dal 1213 al 1203; Amenmesses dal 1203 al 1200; Sethos II dal 1200 al 1194. Le datazioni calibrate disponibili per Tell el Amarna, e quindi per il regno di Akhenaten, riportano al 1333 ± 50, e sono quindi ben compatibili con la cronologia storica; anche le misure radiocarboniche relative al regno di Ramesses II (dal Ramesseum e da una tomba nella Valle delle Regine), 1230 ± 96, benché eccessivamente ampie, non contrastano con quelle tradizionali: cfr. Hassan, Robinson 1987, pp. 123-124, tab. 1; cfr. anche Waterbolk 1990, pp. 153-154.

15) Va rilevato come le rare datazioni radiometriche disponibili per il tardo bronzo e la prima età del ferro italiane, a causa dell'ampio margine di fluttuazione che le caratterizza già ad 1 σ, non possono fornire indicazioni risolutive; va tuttavia rilevato come esse tendano in generale a privilegiare una cronologia rialzista piuttosto che una ribassista, mostrandosi in tal modo coerenti con la tendenza suggerita dalla dendrocronologia: sulle datazioni radiocarboniche italiane, cfr. Cazzella 1994, pp. 77-78; Whitehouse 1994, pp. 91-94; una lista completa ed aggiornata è fornita in Skeates 1994.

16) Cfr. per questa problematica Harding, Tait 1989, pp. 147-152; Randsborg 1991, pp. 92-93; Renfrew 1991, p. XV; Tite 1991, pp. 141-143; Peroni 1994, p. 216.

17) Cfr. Chippendale 1987, p. 97; G.W. Pearson 1987, pp. 98-103.

ITALIA CONTINENTALE

L'inquadramento e la situazione cronologica delle culture protostoriche dell'Italia peninsulare, regione legata da rapporti non episodici sia con l'Egeo che con l'Europa continentale, sono stati oggetto di indagine e di dibattito da parte della comunità scientifica sin dal secolo scorso. L'interesse critico verso questa problematica, stimolando la discussione e la ricerca, ha così favorito sempre più puntuali precisazioni ed affinamenti ([1]).

Nello schema di seriazione ormai comunemente adottato dalla comunità scientifica ([2]) il Bronzo recente italiano è considerato equivalente alla *"früe Urnenfelderzeit"* ed a parte della *"ältere Urnenfelderzeit"* centroeuropee — che corrispondono alle fasi, rispettivamente, *"Bronzezeit D"* ed *"Hallstatt A 1"* dell'età dei Campi d'Urne definite a suo tempo da H. Müller-Karpe ([3]) — come è indicato dal rinvenimento di bronzi tipologicamente affini a quelli di tali fasi anche in contesti italici del Bronzo recente ([4]).

In Italia centrale e meridionale — le aree della penisola interessate dal presente lavoro — l'aspetto locale è rappresentato dalla *"facies subappenninica"* che, nella produzione ceramica, appare soprattutto caratterizzata dalla scomparsa della decorazione incisa tipica della precedente *"facies appenninica"* e dalla realizzazione, specie sulle ciotole, di anse con appendici plastiche di varia foggia, come le cilindro-rette, le cornute, quelle a protome ornitomorfa, ecc. (fig. 1 A: 1-5). Non mancano inoltre anche forme vascolari tipiche di questo orizzonte, quali ad esempio i vasi a listello interno a botticella (fig. 1 A: 8), le ciotole con profilo ad S (fig. 1 A: 6), le olle ad orlo svasato e ricurvo (fig. 1 A: 7) ([5]).

Per quanto concerne invece la produzione metallica, paradigmatici sono i tipi già da tempo riconosciuti da G.L. Carancini come appartenenti a questo momento cronologico in un suo studio sui ripostigli italiani dal Bronzo antico al recente ([6]).

Particolare rilevanza rivestono, fra questi tipi, quelli aventi una distribuzione territoriale non limitata ad ambiti locali, ma il più possibile rappresentativa dell'intera penisola, quali le fibule ad arco di violino ritorto (fig. 1 B: 14) ([7]) — rinvenute in una vasta area che va dagli insediamenti palafitticoli del Garda alla Grotta di Pertosa (stipe votiva esterna) ed al sepolcreto di Torre Castelluccia (tomba 4) —, i coltelli a lingua da presa tipi Baierdorf-Scoglio del Tonno (fig. 1 B: 5, 6) e tipo Matrei (fig. 1 B: 7) ([8]), gli spilloni tipo Vidolasco (fig. 1 B: 13), quelli a doppia spirale tipo Garda (fig. 1 B: 10) e tipo Peschiera (fig. 1 B: 12), quelli a spirale semplice (fig. 1 B: 11) ([9]), le spade a codolo tipo Terontola (fig. 1 B: 1) ([10]), le asce ad alette estese a profilo fogliato con tallone sporgente (fig. 1 B: 2) e quelle ad alette estese a profilo lanceolato con tallone sporgente (fig. 1 B: 3) ([11]), le asce ad alette mediane convergenti verso il basso, con tallone distinto ed accenno di spalla (fig. 1 B: 4) ([12]), i rasoi bitaglienti a lama stretta tipo Pertosa (fig. 1 B: 8), i rasoi fenestrati tipo Scoglio del Tonno (fig. 1 B: 9) ([13]).

Va rilevato come lo studio delle associazioni limitate ai soli reperti bronzei non consenta al momento attuale l'individuazione di sottofasi all'interno del Bronzo recente, anche se taluni complessi, come il ripostiglio di Tragno, presentano caratteristiche di recenziorità rispetto ad altri ([14]).

Notevole importanza riveste la presenza, in insediamenti subappenninici dell'Italia meridionale, di vasellame miceneo pertinente al T.E. III B ed al T.E. III C non troppo avanzato ([15]). È ormai stato accertato mediante analisi chimico-fisiche che accanto al materiale di importazione si colloca una produzione ceramica di ispirazione egea di fattura locale ([16]). Questi esemplari costituiscono di norma imitazioni precise ed organiche e sono caratterizzate da una notevole coerenza stilistica espressa non soltanto dalla decorazione e dalla tettonica vascolare considerate come elementi isolati, ma dal loro rapporto, che non può prescindere da un'approfondita conoscenza del contesto formale di origine (tav. I: 1-2).

Un problema alquanto dibattuto è costituito dal limite cronologico fra l'età del Bronzo recente e quella del Bronzo finale ([17]).

In particolare, analizzando i materiali di tipo egeo attestati in Puglia, L. Vagnetti ha rilevato come, in questa regione, gli inizi del Bronzo finale possano farsi coincidere con una fase matura del T.E. III C ([18]).

Gli attuali dati indicano che il limite fra le due fasi sia da porre all'interno della fase antica dei Campi di Urne (*ältere Urnenfelderzeit*) centroeuropea ([19]), equivalente alla fase Hallstatt A 1 di Müller-Karpe ([20]).

Di grande rilievo per l'inquadramento cronologico di questa fase è il rinvenimento, avvenuto nel Lazio meridionale sul finire del 1980, in località Cavallo Morto presso Anzio (Roma), di un sepolcreto che ha restituito alcune tombe a cremazione ([21]).

Delle 40 sepolture individuate soltanto una ventina è stata rinvenuta ancora *in situ*. Il cinerario, coperto da una ciotola, era stato deposto in una semplice buca, in qualche caso accompagnato dalla terra di rogo. Blocchetti di tufo osservati nei pressi di alcune urne fanno supporre la presenza, talora, di segnacoli litici.

Benché il rituale funebre sia quello caratteristico delle più semplici sepolture "protovillanoviane", il repertorio ceramico ed il corredo bronzeo sono propri del Bronzo recente. Il primo è costituito da urne di forma da globulare ad ovoide, talora con collo cilindrico distinto, con piccola ansa a nastro verticale impostata sulla spalla e da larghe ciotole carenate con ansa a nastro impostata al di sotto dell'orlo e sulla carena (fig. 2 A: 1-2). Quanto ai bronzi, che erano stati ritualmente deposti all'interno del cinerario, il loro inquadramento tipologico indica che il complesso archeologico va cronologicamente collocato in un momento particolarmente avanzato del Bronzo recente, di poco precedente lo sviluppo del "protovillanoviano" ([22]) (fig. 2 A: 3).

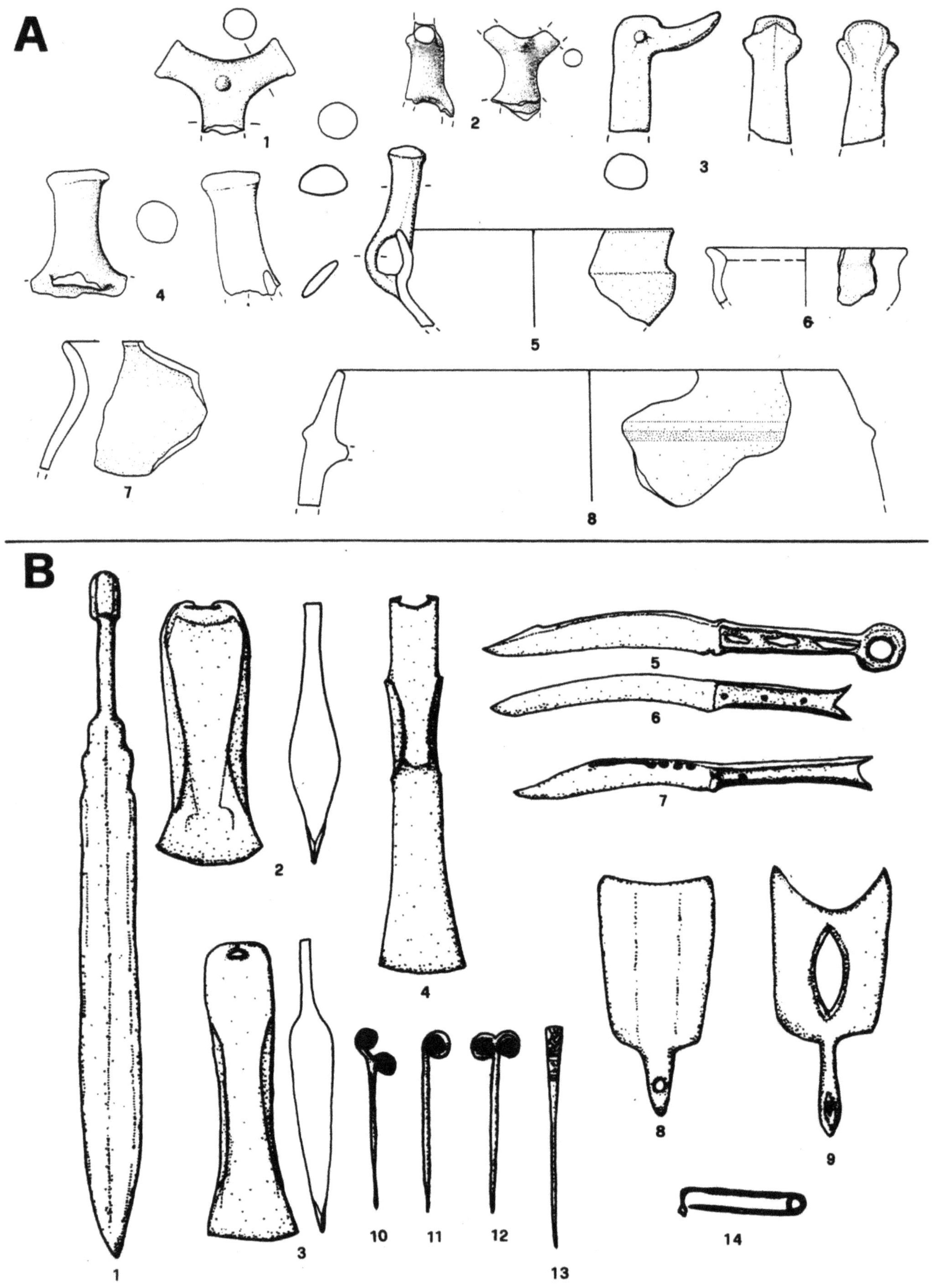

Fig. 1. A. Forme vascolari subappenniniche. Scala: 1/3.
B. Produzione metallica del Bronzo recente italiano. Non in scala.

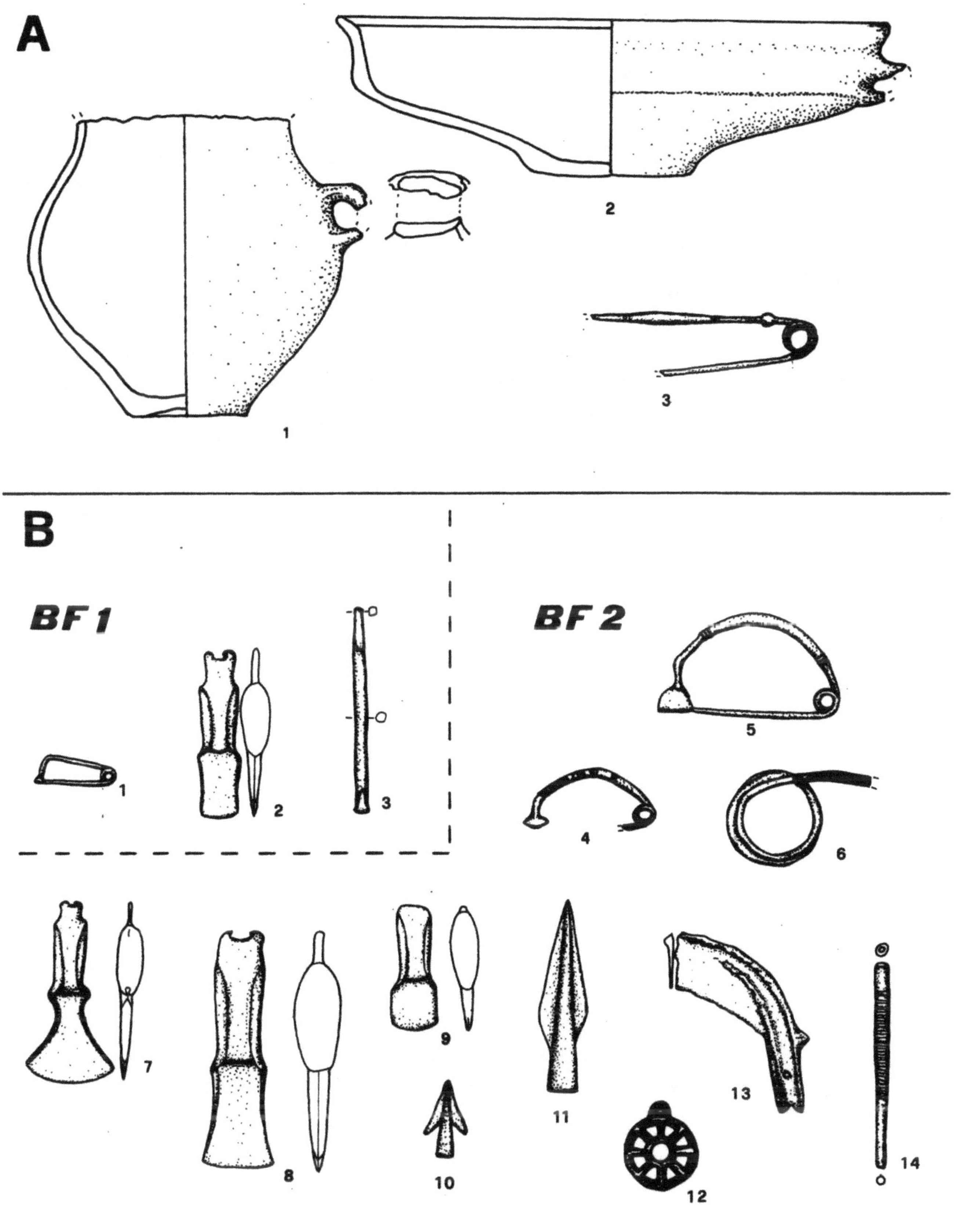

Fig. 2. A. Sepolcreto di Cavallo Morto (Anzio): 1) urna; 2) ciotola carenata; 3) fibula ad arco di violino con noduli. Scala: 1-2: 1/3; 3: non in scala. B. Tipi metallici caratteristici del Bronzo finale italiano. 1-3: primo orizzonte (BF 1); 4-14: secondo orizzonte (BF 2). Non in scala.

Significativa è, a tale proposito, la presenza di fibule ad arco di violino con noduli e di un rasoio bitagliente a lama stretta tipo Pertosa, tipi entrambi a cavallo fra Bronzo recente e finale: va sottolineato che il rasoio possiede caratteristiche piuttosto arcaiche all'interno del campo di variabilità del tipo ([23]).

Questa scoperta ha fornito un raccordo fra le diverse evidenze costituite da necropoli "protovillanoviane" ed insediamenti "subappenninici", evidenziando la diffusione nella penisola già alla fine del Bronzo recente di tipi di bronzi caratteristici del secondo orizzonte centro-europeo dell'età dei Campi di Urne definito Müller-Karpe ([24]).

Il Bronzo finale corrisponde, in termini di cronologia centro-europea — oltre che, come si è visto, a parte della "*ältere Urnenfelderzeit*" — alla "*mittlere*" e "*jungere Urnenfelderzeit*" (rispettivamente analoghe alle fasi Hallstatt A 1, A 2 e B 1 dello schema di Müller-Karpe), fase quest'ultima equivalente all'orizzonte più tardo del Bronzo finale italiano ([25]).

Sono stati effettuati vari tentativi di strutturare una periodizzazione interna nell'ambito dei ripostigli dell'età del Bronzo italiana ([26]); ai fini cronologici particolare importanza riveste un lavoro di G.L. Carancini, che ha cercato di costruire una sequenza basata sui tipi metallici presenti nei ripostigli italiani valida per tutto il territorio della penisola ([27]). In questo studio, che si riconnette strettamente a quello già in precedenza ricordato e che affrontava periodi più antichi ([28]), vengono evidenziati, mediante un sistema di logica combinatoria, tre orizzonti nell'ambito del Bronzo finale, nonché due riferibili alla prima età del ferro.

Tra i tipi caratteristici ed esclusivi del primo orizzonte del Bronzo finale (Bronzo Finale 1) — orizzonte questo che presenta ancora attinenze con la fase precedente — sono annoverati le asce ad alette tipo Pertosa (fig. 2 B: 2), gli scalpelli a codolo tipo Surbo (fig. 2 B: 3) e le fibule ad arco di violino rialzato a tortiglione (fig. 2 B: 1). Al secondo orizzonte (Bronzo Finale 2) vanno invece ascritti i cannelli tipo Coste del Marano (fig. 2 B: 14), i pendagli a giorno tipo Coste del Marano (fig. 2 B: 12), le fibule ad arco semplice a doppia piegatura tipo Coste del Marano (fig. 2 B: 4) e quelle ad arco semplice a doppia piegatura con noduli (fig. 2 B: 5), i bracciali tipo Monte Primo (fig. 2 B: 6), le asce ad alette con spalla breve tipo Monte Primo (fig. 2 B: 8), con spalla obliqua tipo Grotte Santo Stefano varietà A (fig. 2 B: 9), e le asce ad alette tipo Ponte San Giovanni (fig. 2 B: 7), le punte di freccia a cannone circolare e ad alette distinte (fig. 2 B: 10), le falci a lingua da presa con estremità a coda di rondine (fig. 2 B: 13), i lanciotti a cannone circolare e lama romboidale (fig. 2 B: 11).

Particolare interesse riveste, nell'ambito della presente trattazione, l'assegnazione al terzo orizzonte del Bronzo finale (Bronzo Finale 3) di alcuni ripostigli, come quello di Tolfa (fig. 4) e di Monte Rovello (fig. 5 A), che presentano al loro interno elementi — quali l' ascia a spuntoni laterali e quella a tallone con occhiello — che costituiscono un chiaro indizio di rapporti fra l'Italia continentale, la Sicilia, la Sardegna e, più in generale, il Mediterraneo occidentale.

Numerosi sono i tipi propri ed esclusivi di questo orizzonte: gli scalpelli a codolo dei tipi Pariana (fig. 3: 12), Goluzzo (fig. 3: 9) e Mottola (fig. 3: 11), a lama lanceolata tipo Pariana (fig. 3: 13) ed a cannone tipo Limone (fig. 3: 10), le fiocine ed i braccialetti tipo Pariana (fig. 3: 6, 20), le fibule dei tipi ad arco con noduli (fig. 3: 17), ad arco ritorto (fig. 3: 16), ad arco serpeggiante a due pezzi con ago diritto (fig. 3: 19), ad arco elicoidale e staffa semiellittica (fig. 3: 15), ad arco costolato e staffa semicircolare (fig. 3: 18), i coltelli a codolo dei tipi Piediluco (fig. 3: 7) e Palombara Sabina (fig. 3: 8), le punte di lancia a cannone poligonale tipo Limone (fig. 3: 21), le asce ad alette dei tipi Campese (fig. 3: 4), Tolfa (fig. 3: 2) e Gabbro (fig. 3: 3), e quelle ad occhio dei tipi Cerchiara (fig. 3: 5) e Chiusi (fig. 3: 1), le falci a lingua da presa tipo Piediluco (fig. 3: 14).

Va infine rilevata l'esistenza di alcuni ripostigli — Santa Marinella, Goluzzo, Piediluco e "Contigliano" — e, quindi, di alcuni tipi che per logica combinatoria si collocano fra il terzo orizzonte del Bronzo finale e il primissimo dell'età del ferro, quali le fibule ad arco serpeggiante con grande molla (fig. 3: 24), ad arco serpeggiante a due pezzi con ago ricurvo (fig. 3: 27), ad arco ingrossato (fig. 3: 26), ad arco elicoidale con staffa a spirale (fig. 3: 22), ad arco costolato con staffa a disco (fig. 3: 25), ad arco a tutto sesto con staffa a disco o a disco - spirale (fig. 3: 23), le punte di lancia a cannone poligonale dei tipi Goluzzo (fig. 3: 31) e Contigliano (fig. 3: 36), gli scalpelli a codolo con fermo a disco tipo Goluzzo (fig. 3: 30), le asce ad alette a spalla breve dei tipi Piediluco (fig. 3: 32) e Contigliano (fig. 3: 33), a spalla obliqua tipo Grotte Santo Stefano varietà B e C (fig. 3: 34), ad occhio tipo Contigliano (fig. 3: 35), le falci a lingua da presa con tre costolature sulla lama (fig. 3: 29), le roncole con innesto a codolo tipo Piediluco (fig. 3: 28), le incudini tipo Contigliano (fig. 3: 37).

L'esame approfondito di tipi metallici del Bronzo finale italiano ha tratto particolare impulso dalla pubblicazione dei grandi repertori costituiti dai *Prähistorische Bronzefunde*, che hanno portato a sviluppare alcune nuove ed interessanti tematiche nella lettura dei dati archeologici. Particolare menzione merita il tentativo, compiuto da alcuni studiosi, di evidenziare delle aree di distribuzione ricorrenti di alcuni manufatti bronzei, finalizzato a porre in risalto l'ambito nel quale singole officine metallurgiche e/o cerchie officinali operavano e diffondevano la loro produzione ([29]).

La cronologia della prima età del ferro è correlata con le fasi Hallstatt B 2 (I Ferro 1 italiano) ed Hallstatt B 3 (I Ferro 2 italiano) dell'età dei Campi d'Urne a nord delle Alpi ([30]).

L'inizio dell'età del ferro è in Italia un momento di notevole complessità storica, che precede ed accompagna l'inizio della colonizzazione ellenica in Sicilia e nella Magna Grecia ed il nascere di quelli che diverranno poi in età storica i grandi centri dell'Etruria, del Lazio e della Campania, momento nel quale si manifesta una evidente diversificazione di gruppi culturali di ambito regionale ([31]).

Come già ricordato, sono stati evidenziati due orizzonti di ripostigli della prima età del ferro ([32]). Allo scopo di privilegiare le cesure maggiormente significative nel quadro più

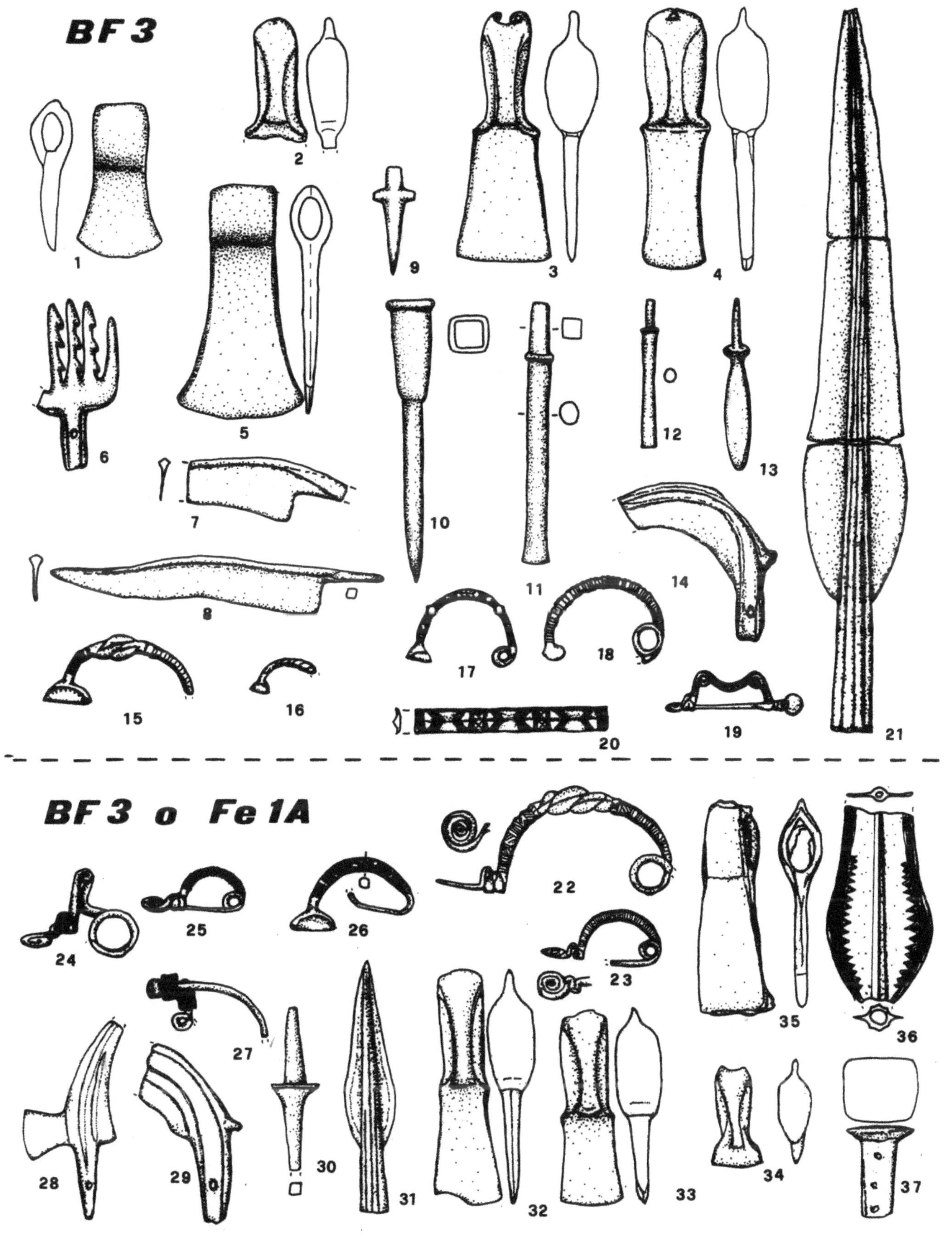

Fig. 3. Tipi metallici caratteristici del Bronzo finale italiano.
1-21: terzo orizzonte (BF 3); 22-37: terzo orizzonte del Bronzo finale o primissimo dell'età del ferro (BF 3 o Fe 1 A). Non in scala.

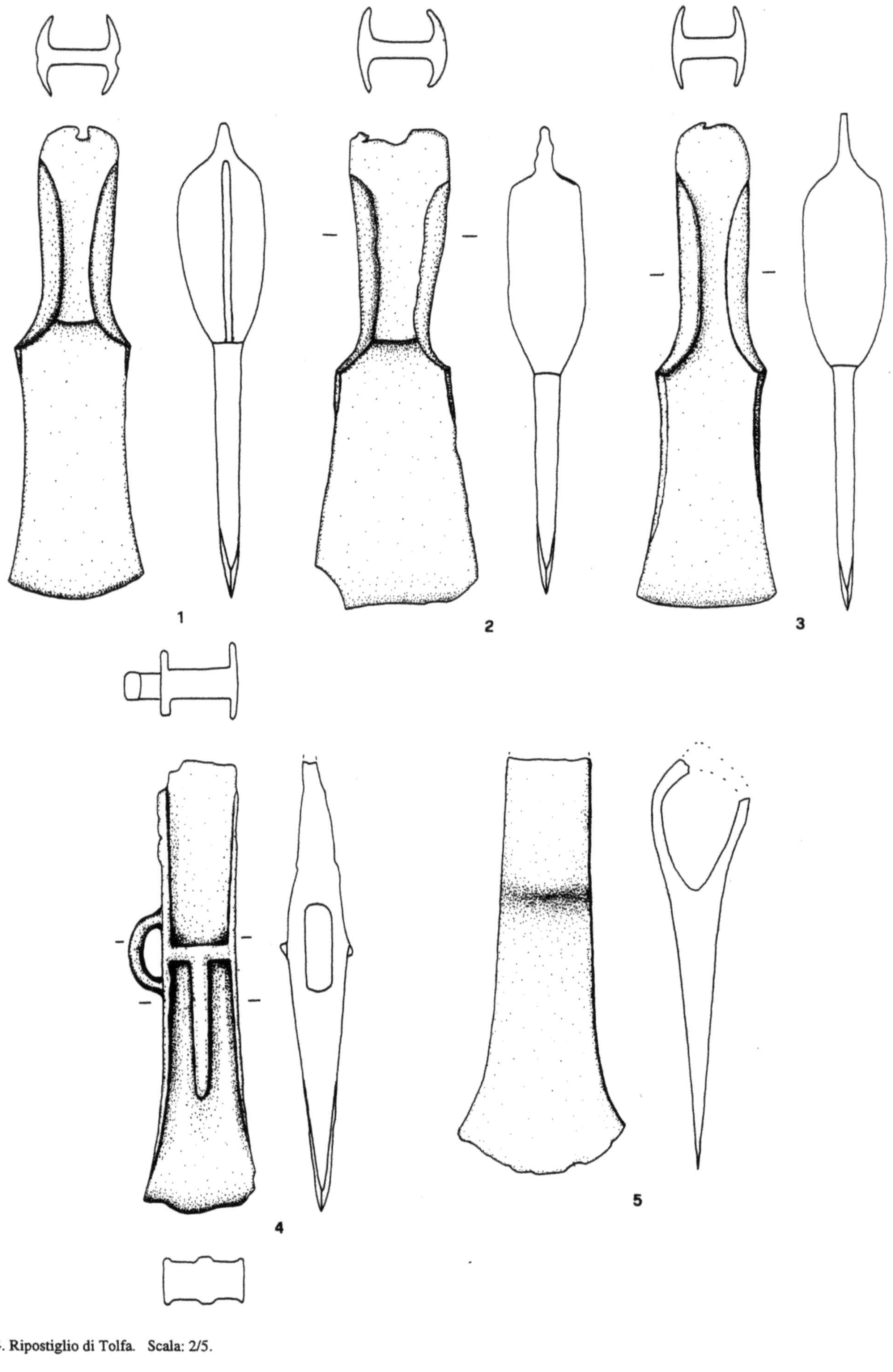

Fig. 4. Ripostiglio di Tolfa. Scala: 2/5.

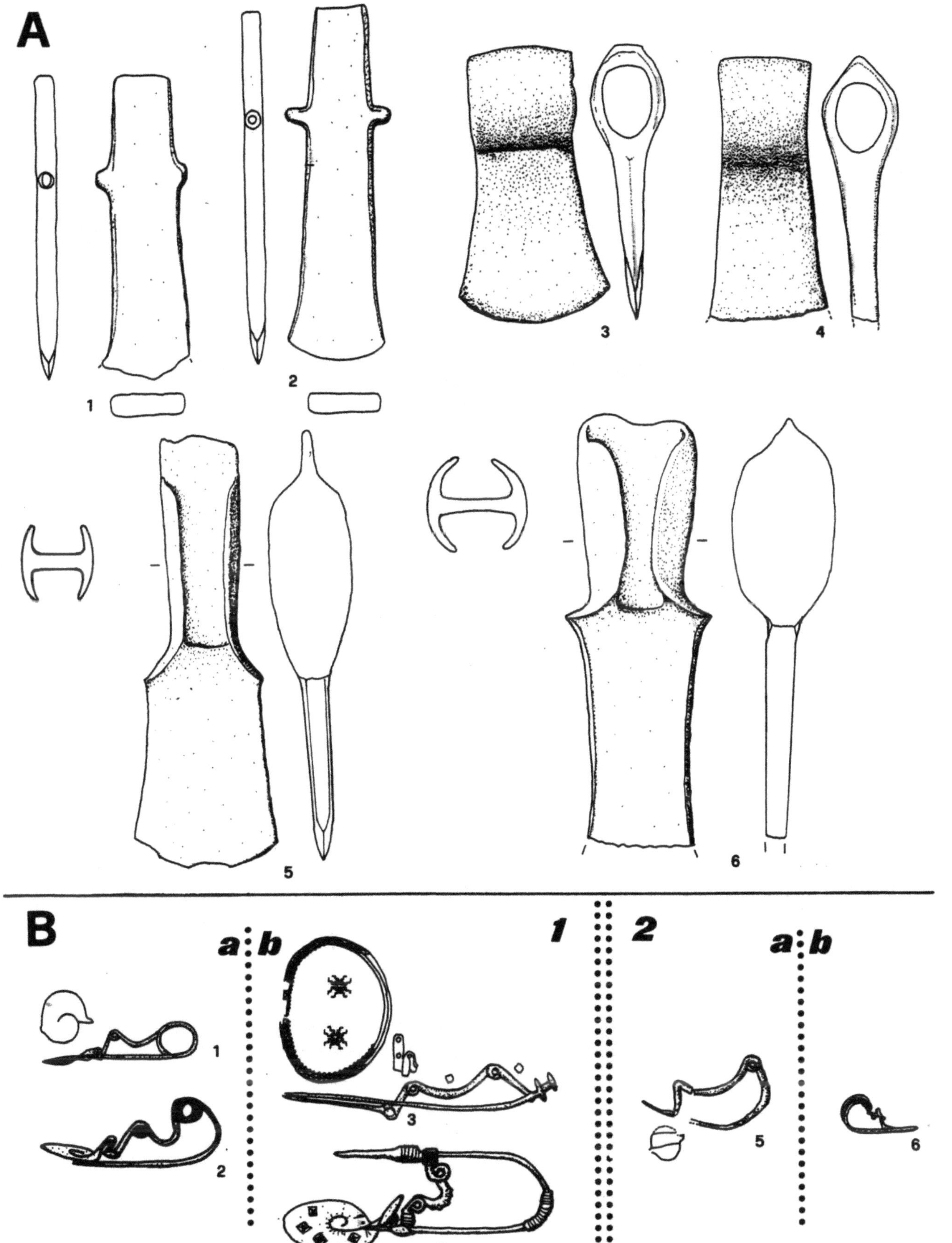

Fig. 5. A. Ripostiglio di Monte Rovello. Scala: 2/5.
B. Fibule caratteristiche della prima età del ferro italiana.
Fase iniziale, primo orizzonte (*1 a*): 1, 2) fibule serpeggianti con staffa a disco. Fase iniziale, secondo orizzonte (*1 b*): 3, 4) fibule serpeggianti a due pezzi.
Fase recente, primo orizzonte (*2 a*): 5) fibula serpeggiante a gomito. Fase recente, secondo orizzonte (*2 b*): 6) antica fibula a drago. Scala: 2/5.

	EGEO	ITALIA CONTINENTALE	EUROPA CENTRALE	
	T.E. 2 T.E. 3A	Bronzo Medio 3	Bz C	
1300				1350
	T.E. 3B	Bronzo Recente	Bz D	
1200				1220
1150	T.E. 3C		Ha A1	1200
		Bronzo Finale 1		
1100	Submiceneo			1150
		Bronzo Finale 2	Ha A2	
1000				1080
	Protogeometrico	Bronzo Finale 3	Ha B 1	
900				1020
	Geometrico Antico	I Ferro 1A		
			Ha B2	950
		I Ferro 1B		
800	Geometrico Medio			850
		I Ferro 2A		
	Geometrico Tardo		Ha B3	820
		I Ferro 2B		
700	Orientalizzante			750
		I Ferro 3	Ha C	

Tab. I. Schema cronologico di correlazione fra l'Italia peninsulare, l'Egeo e l'Europa centrale. A sinistra le datazioni assolute fondate sulle cronologie storiche, a destra quelle dendrocronologiche.

generale della penisola, le sequenze locali italiane elaborate da Müller-Karpe alla fine degli anni '50 ([33]), hanno subito successivi adattamenti, con puntualizzazioni cronologiche ed ulteriori articolazioni all'interno delle varie fasi ([34]).

Sono stati così distinti due principali orizzonti nell'ambito della fase iniziale della prima età del ferro nell'Italia centro-meridionale tirrenica, area questa di speciale interesse per il presente studio: uno, più antico (I Fe 1 A), corrispondente alle fasi Tarquinia I A, Terni II A, Roma-Colli Albani II A, Pontecagnano I A, Sala Consilina I A, ed uno, più recente (I Fe 1 B), corrispondente invece alle fasi Tarquinia I B, Terni II B, Roma-Colli Albani II B 1, Cuma Osta, Pontecagnano I B, Sala Consilina I B. Le due sottofasi, definite sulla base dell'associazione di numerosi tipi metallici, hanno, fra gli elementi più caratteristici, le fibule serpeggianti con staffa a disco e spillone ricurvo per il momento più antico e le fibule serpeggianti a due pezzi per il più recente (fig. 5 B: *1 a, b*).

Due orizzonti sono anche distinguibili per la fase recente della prima età del ferro: le fasi Tarquinia II A, Roma-Colli Albani II B 2 - 3 A, Cuma preellenica II, Pontecagnano II A, Sala Consilina II A sono collegabili con il momento immediatamente precedente la colonizzazione greca dell'Italia meridionale (I Ferro 2 A). Il momento successivo, espresso in Etruria dalla fase Tarquinia II B, nel Lazio da Roma-Colli Albani III ed in area meridionale da Pontecagnano II B e Sala Consilina II B presenta attinenze con materiali rinvenuti nelle più antiche deposizioni delle colonie della Magna Grecia e della Sicilia (I Ferro 2 B).

Tipi paradigmatici di queste due sottofasi possono essere considerati, fra gli altri, le fibule serpeggianti a gomito, anche in ferro, (I Ferro 2 A) e le prime fibule a drago (I Ferro 2 B) (fig. 5 B: *2 a, b*).

Trasporre in termini di cronologia assoluta lo schema sin qui tratteggiato non è al momento esente da una certa problematicità. Come si è infatti accennato precedentemente, le datazioni ottenute con metodi fisico-naturalistici — e particolarmente con l'ausilio della dendrocronologia — per l'area a nord delle Alpi ([35]) si riflettono sulla sequenza italiana, che con l'Europa centrale presenta continue e strette correlazioni (tab. I).

Sulla base della "cronologia storica" il Bronzo recente italiano veniva tradizionalmente fatto iniziare nel XIII secolo a.C. e terminare nell'ambito del XII, mentre la cesura fra Bronzo finale e prima età del ferro era posta al principio del IX secolo a.C.

I due orizzonti di quest'ultima erano genericamente assegnati alla prima ed alla seconda metà del IX.

Le corrispondenze con la sequenza centroeuropea inducono oggi a rialzare queste datazioni, anche se l'assenza di una sequenza dendrocronologica specifica, italiana e mediterranea, comparabile con quella d'oltralpe non consente di disporre ancora di dati definitivi.

In via provvisoria, rapportando le date transalpine al quadro peninsulare, il Bronzo recente andrebbe collocato fra il 1350 ed il 1200 a.C. circa, mentre il passaggio fra Bronzo finale e prima età del ferro andrebbe anticipato al 1020 a.C. La cesura fra I Ferro 1 e I Ferro 2 si avrebbe intorno all'850 a.C. ([36]).

L'innalzamento della cronologia pone nuovi problemi di carattere storico, specie per quanto concerne il complesso fenomeno della protourbanizzazione ed i rapporti con il bacino orientale del Mediterraneo, che potranno però essere risolti solo disponendo di una trama organica di seriazioni realmente comparabili per l'insieme dei paesi mediterranei.

NOTE

1) Su questi aspetti dell'indagine paletnologica e, più in generale, sulla storia degli studi, esaminata con particolare riguardo per la situazione italiana, cfr. Guidi 1988.
2) Per l'Italia peninsulare il sistema cronologico si ricollega nelle sue linee generali al *Beiträge zur Chronologie der Urnenfelderzeit nördlicher und südlicher der Alpen* di H. Müller-Karpe (Müller-Karpe 1959), che rappresenta tuttora, a distanza di oltre un trentennio dalla sua pubblicazione, un necessario quadro di riferimento per la sequenza italiana, pur con gli aggiustamenti dettati dal progredire degli studi.
3) Müller-Karpe 1959, pp. 144-162.
4) Peroni 1970 b, p. 7; Peroni 1989, p. 33.
5) I più recenti studi tendono ad articolare l'età del bronzo recente in due distinti momenti cronologici: cfr. Damiani 1991, pp. 9-15; Giardino 1994, pp. 250-264. La definizione della facies subappenninica risale alla fine degli anni '50, ad opera di S.M. Puglisi (Puglisi 1959, pp. 79-85) e, soprattutto, di R. Peroni (Peroni 1959).
Gli apporti successivi sono consistiti soprattutto in studi a carattere prevalentemente regionale, in genere condotti traendo occasione dallo studio dei materiali rinvenuti nel corso di campagne di scavo (cfr. Lo Porto 1963 e Lo Porto 1964; Östenberg 1967; Pannuti, Peroni 1969; Puglisi 1975; Potter 1976; Vigliardi, Ghezzi 1976; Massi Pasi 1978; Lollini 1979). In tale ambito meritano particolare menzione, per l'Italia centrale, il riesame sistematico dei dati esistenti nel territorio del Lazio compiuto da M.A. Fugazzola Delpino (Fugazzola Delpino 1976 a, pp. 265-268) e quello effettuato per la Toscana da D. Cocchi Genick, quest'ulti-

mo nel contesto dell'analisi della stratigrafia del Riparo dell'Ambra di Candalla (Lucca) (Cocchi Genick 1986, pp. 151-165). Per quanto più specificamente concerne l'Italia meridionale, vanno ricordati i contributi tipologici di C. Giardino (Giardino 1982; Capoferri, Giardino 1984 a; Capoferri, Giardino 1984 b; Giardino 1994) e da A. Cazzella e M. Moscoloni (Cazzella, Moscoloni 1987), compiuti rispettivamente nel quadro dello studio dei reperti ceramici del sito calabrese di Broglio di Trebisacce (Cosenza) e di quello pugliese di Coppa Nevigata (Foggia). Va inoltre rilevato come non si disponga ancora, per alcuni dei più significativi, moderni scavi di siti subappenninici del sud della penisola, che di brevi note preliminari, come nel caso di Toppo d'Aguzzo (Potenza) (Cipolloni Sampò 1982), di Termitito (Matera) (Bianco, De Siena 1982; De Siena 1986) e di Torre del Mordillo (Cosenza) (Trucco 1987-88; Trucco 1989-90). Un fondamentale apporto per lo studio del subappenninico dell'Italia meridionale è infine costituito dalla pubblicazione da parte di L. Bernabò Brea e M. Cavalier dei materiali dell'Ausonio I dell'Acropoli di Lipari (Bernabò Brea, Cavalier 1980). Un quadro d'insieme sul subappenninico, essenzialmente basato sulla produzione ceramica, è stato recentemente presentato da I. Damiani (Damiani 1991).

6) Carancini 1979 b, pp. 44-48, fig. 7; cfr. anche Peroni 1989, pp. 78-82, figg. 22-24; Peroni 1994, pp. 172-175, fig. 61.

7) Va ricordato come tale tipo fosse già stato ascritto al Bronzo recente da Müller-Karpe, che aveva sottolineato, tra l'altro, l'esistenza di paralleli in ambito tardo miceneo: Müller-Karpe 1960-1961, pp. 196-199.

8) Per la distribuzione e le definizioni di questi due tipi di coltelli a lingua da presa, dei quali il tipo Scoglio del Tonno rappresenta la forma meridionale coeva del tipo Baierdorf, quest'ultimo a diffusione esclusivamente settentrionale, cfr. Bianco Peroni 1976, pp. 13-15. Per i coltelli a lingua da presa tipo Matrei, cfr. Bianco Peroni 1976, pp. 16-19.

9) Per la definizione tipologica e la distribuzione di questi tipi, cfr. Carancini 1975, rispettivamente, per il tipo Vidolasco, pp. 212-213; per gli spilloni a doppia spirale tipo Garda, pp. 129-130; per quelli a doppia spirale tipo Peschiera, pp. 130-133; per quelli a spirale semplice, pp. 120-121.

10) Per la definizione e la distribuzione del tipo cfr. Bianco Peroni 1970, pp. 35-36.

11) Per la distribuzione dei due tipi cfr. Carancini 1979 b, p. 45, note 93, 95.

12) Cfr, per questo tipo, Carancini 1979 b, p. 46, nota 109.

13) Per la definizione tipologica e la distribuzione geografica dei rasoi bitaglienti a lama stretta tipo Pertosa, cfr. Bianco Peroni 1979, pp. 12-14; Peroni 1984, p. 264, nota 24. Per i rasoi fenestrati tipo Scoglio del Tonno, cfr. Bianco Peroni 1979, pp. 9-11.

14) Carancini 1979 b, p. 47.

15) Peroni 1989, pp. 85-86; Peroni 1994, p. 205.

16) Presenza di ceramica di tipo egeo prodotta localmente è stata riscontrata sia in Calabria, a Broglio ed a Torre del Mordillo, che nel sito protostorico di Termitito, in Basilicata: cfr. Jones 1986, pp. 207-209; Vagnetti, Jones 1988, pp. 337-346; Jones, Vagnetti 1991, p. 132; Jones, Lazzarini, Mariottini, Orvini 1994, pp. 440-449. Sui materiali di quest'ultima località, vedi Bianco, De Siena 1982, pp. 69-96; De Siena 1986, pp. 41-54. Per il vasellame rinvenuto a Broglio, cfr. Vagnetti, Panichelli 1994, pp. 399-410.
L'esistenza di una produzione vascolare di modello miceneo in centri subappenninici dell'Italia meridionale costituisce una delle più interessanti scoperte di questi anni, che apre all'indagine archeologica tutta una serie di nuove prospettive: cfr. Vagnetti, Jones 1988, pp. 346-347; Jones, Vagnetti 1991, pp. 131-132, 140-141.

17) H. Müller-Karpe, nel 1959, pose convenzionalmente il limite fra le due fasi nel 1200 a. C. (Müller-Karpe 1959, pp. 226-227, ill. 64). Il suo studio agì da stimolo nel campo degli studi di cronologia protostorica italiana; vedi a tale proposito Pallottino 1960, pp. 11-14, 22-24. Cfr. anche, tra gli altri, i contributi di R. Peroni (Peroni 1970 a, pp. 598-599) e di A.M. Bietti Sestieri (Bietti Sestieri 1973, pp. 384, 414-415, nota 10).

18) Vagnetti 1979, p. 545; cfr. anche Peroni 1994, p. 206.

19) Cfr. in particolare, per la Baviera, Müller-Karpe 1980, pp. 258-261.

20) Müller-Karpe 1959, pp. 151-161, 191-195.

21) Guidi, Tusa 1981, pp. 105-106; Tusa 1983, pp. 21-27. L'eccezionalità del rinvenimento era apparsa subito chiara già al momento della scoperta: cfr. Laviosa 1981, p. 56.

22) Tusa 1983, pp. 25-26.

23) Peroni 1984, p. 264; Peroni 1989, pp. 83-84. Va rilevato che le fibule ad arco di violino con noduli sono state rinvenute in Grecia in ambiti del T.E. III B 2 e del III C, ma mai in quelli submicenei: cfr. Müller-Karpe 1959, pp. 22-23, 67; Bietti Sestieri 1973, nota 40; Kilian 1983, pp. 84-86, figg. 11-12.

24) Peroni 1984, p. 264.

25) Peroni 1970 b, p. 7; Peroni 1989, p. 33.

26) Tra questi merita particolare menzione lo studio di A.M. Bietti Sestieri volto ad investigare i contatti nell'ambito della produzione metallurgica fra Italia continentale ed Egeo nel Bronzo recente e finale (Bietti Sestieri 1973, pp. 383-424).

27) Carancini 1979 a, pp. 631-640; cfr. anche Peroni 1989, pp. 86-97; Peroni 1994, pp. 178-184.

28) Carancini 1979 b.

29) Peroni et alii 1980, pp. 9-86.

30) Peroni 1970 b, p. 7; Peroni 1989, pp. 395-397.

31) Pallottino 1973, p. 43.

32) Carancini 1979 a, pp. 639-640.

33) Müller-Karpe 1959, pp. 30-88.

34) Peroni 1979, pp. 192-200; Peroni 1989, pp. 396-426; Peroni 1994, pp. 184-198, figg. 54, 67-74.

35) Cfr. Ruoff, Rychner 1986, pp. 73-79; Sperber 1987, pp. 253-254; Becker, Schmidt 1990, pp. 37-42; Randsborg 1992, pp. 95-101.

36) Peroni 1994, pp. 213-216, figg. 79-80.

SICILIA

Gli approfondimenti raggiunti in questi anni nello studio dei materiali metallici della Penisola Italiana ed il riesame di vari depositi di bronzi dell'isola hanno indotto a tentare di definire per la Sicilia una serie di orizzonti di ripostigli, che copre un arco cronologico compreso fra il Bronzo recente e la prima età del ferro dell'Italia continentale.

Il *primo orizzonte* è caratterizzato da un gruppo di complessi la cui deposizione deve essere avvenuta verso la fine del Bronzo recente italiano, benché contengano al loro interno anche alcuni materiali più antichi. Ad esso appartengono i ripostigli di Lipari (Messina) e quelli di Cannatello (Agrigento), di Biancavilla (Catania), di Malvagna (Messina) e di Gratteri (Cefalù).

Il ripostiglio eoliano venne rinvenuto nel corso della campagna di scavi del 1964 nel villaggio dell'Acropoli di Lipari, contenuto in un dolio d'impasto (1).

Esso è costituito da un gran numero di oggetti, quasi tutti frammentati, tra i quali si possono riconoscere armi, strumenti ed ornamenti di varie fogge, per un peso complessivo di 75 kg; tra l'altro vi sono anche pezzi di lingotti "a pelle di bue" (figg. 6-7 A).

Fra i vari materiali si incontrano pure reperti alquanto antichi, come un frammento di ascia a margini fortemente rilevati (fig. 6: 16), che Carancini colloca agli inizi della media età del bronzo (2), ed uno di spada a base semplice tipo Pertosa (fig. 6: 3) (3); quest'ultimo trova, tra l'altro, un confronto assai interessante in Sicilia, dove, nella tomba 37 di Thapsos (4), un esemplare simile compare associato con una brocca a becco micenea databile ai tempi del T.E. III A (5).

Nel complesso prevalgono tuttavia di gran lunga gli oggetti caratteristici del Bronzo recente italiano, orizzonte al quale questo ripostiglio va collegato. Tra essi vanno menzionati il rasoio fenestrato tipo Scoglio del Tonno (fig. 7 A: 9) (6), le asce ad alette mediane convergenti verso il basso, con tallone distinto ed accenno di spalla (fig. 6: 17-18), i pugnaletti e le spade a lingua da presa (fig. 6: 1-2, 6) — queste ultime troppo frammentarie per poter venire attribuite con certezza ad un tipo ben determinato, ma che ben s'inquadrano nell'ambito delle spade a lingua da presa dei tipi Montegiorgio e Cetona (7) — nonché, assai verosimilmente, una fibula ad arco di violino ritorto (fig. 7 A: 10) (8).

La deposizione del ripostiglio deve essere avvenuta in un momento molto avanzato dell'Ausonio I, facies locale le cui forme ceramiche sono in stretto rapporto con quelle subappenniniche (9). A tale proposito va rilevato come questa facies sembri essere ancora perdurata per un breve periodo dopo che il "protovillanoviano" si era già formato sul continente, come indica il rinvenimento di ceramica "protovillanoviana" nello strato di incendio che segna la fine dell'Ausonio I (10).

Alquanto interessante è la presenza, nel ripostiglio, di asce ad occhio appartenenti a tipi fra loro affini (fig. 7 A: 1-3), che si collocano nella linea evolutiva dei tipi Menaforno e Cuma (11).

La maggiore antichità dei reperti eoliani rispetto agli esemplari dell'Italia continentale è tra l'altro indicata dal confronto instaurabile fra essi ed un'ascia miniaturistica assai simile proveniente dalla tomba XXII del Plemmyrion (12), nonché con una forma di fusione in pietra dalla capanna XIV del villaggio della Montagnola di Capo Graziano (Filicudi) (13).

Alle asce ad occhio di Lipari sono strettamente connesse quelle dei ripostigli siciliani di Biancavilla (14), di Cannatello (15) e di Malvagna (16): tali ripostigli debbono quindi appartenere allo stesso orizzonte del complesso eoliano.

Il ripostiglio catanese di Biancavilla (fig. 7 B), conservato parte al Museo Regionale di Palermo e parte al Museo di Catania (17), era unicamente composto da asce ad occhio di bronzo di diverse dimensioni, ma assai simili fra loro (18).

Il piccolo ripostiglio di Cannatello, rinvenuto all'interno di un dolio biansato d'impasto nel corso di lavori agricoli nel 1897, era costituito, oltre che dall'ascia già ricordata, anche da due spade, una delle quali frammentaria; l'altra, a breve codolo triangolare, non finita poiché scarto di fusione, presenta caratteri di particolare arcaicità (19).

Del ripostiglio di Malvagna sono pervenuti solo cinque pezzi, costituiti da quattro asce, di cui tre ad occhio ed una piatta, e da uno spuntone a cannone (20). Di esso, oltre alle asce ad occhio (21), anche l'ascia piatta sembra trovare riferimenti tipologici con il ripostiglio di Lipari (fig. 6: 19), per l'andamento della lama e del taglio, anche se la frammentarietà di questo pezzo non consente di instaurare un confronto preciso.

A questo stesso orizzonte si può attribuire, pur senza collegarsi con i rinvenimenti precedenti, anche il ripostiglio di Gratteri (22) (fig. 8 A), composto da otto asce a margini lievemente rialzati (fig. 8 A: 2-3), da un anello di bronzo (fig. 8 A: 4) e da due asce ad occhio con lama ricurva (fig. 8 A: 1). Queste ultime asce presentano caratteri, quali l'occhio poco o non distinto dalla lama e lo spigolo vivo nella faccia superiore della lama, estranei alle fogge più tarde, ma propri di tipi peninsulari assai caratteristici, come le asce ad occhio con nervatura e tallone crestato e quelle tipo Menaforno e Cuma (23).

L'orizzonte successivo a quello di Lipari (*secondo orizzonte*) è rappresentato da due complessi la cui deposizione va collocata nell'ambito del Bronzo finale 2 peninsulare, ma che, come abbiamo visto per quelli di Lipari e di Cannatello, contengono anche materiali che potrebbero essere più antichi.

Esso è costituito dal ripostiglio di Niscemi (Gela), nonché da un gruppo di bronzi — verosimilmente un ripostiglio — custoditi al Museo di Siracusa come provenienti da Noto Antica (Siracusa) (24) .

Il complesso di Niscemi (figg. 8 B, 9), o, più precisamente, di S. Maria di Niscemi (25), è composto da asce, spade, pugnali, rasoi, punte di lancia, fibule e spuntoni a cannone.

Di questi materiali il pugnale a breve codolo (fig. 9: 7) e la spada a base semplice tipo Pertosa (fig. 9: 8), nonché il

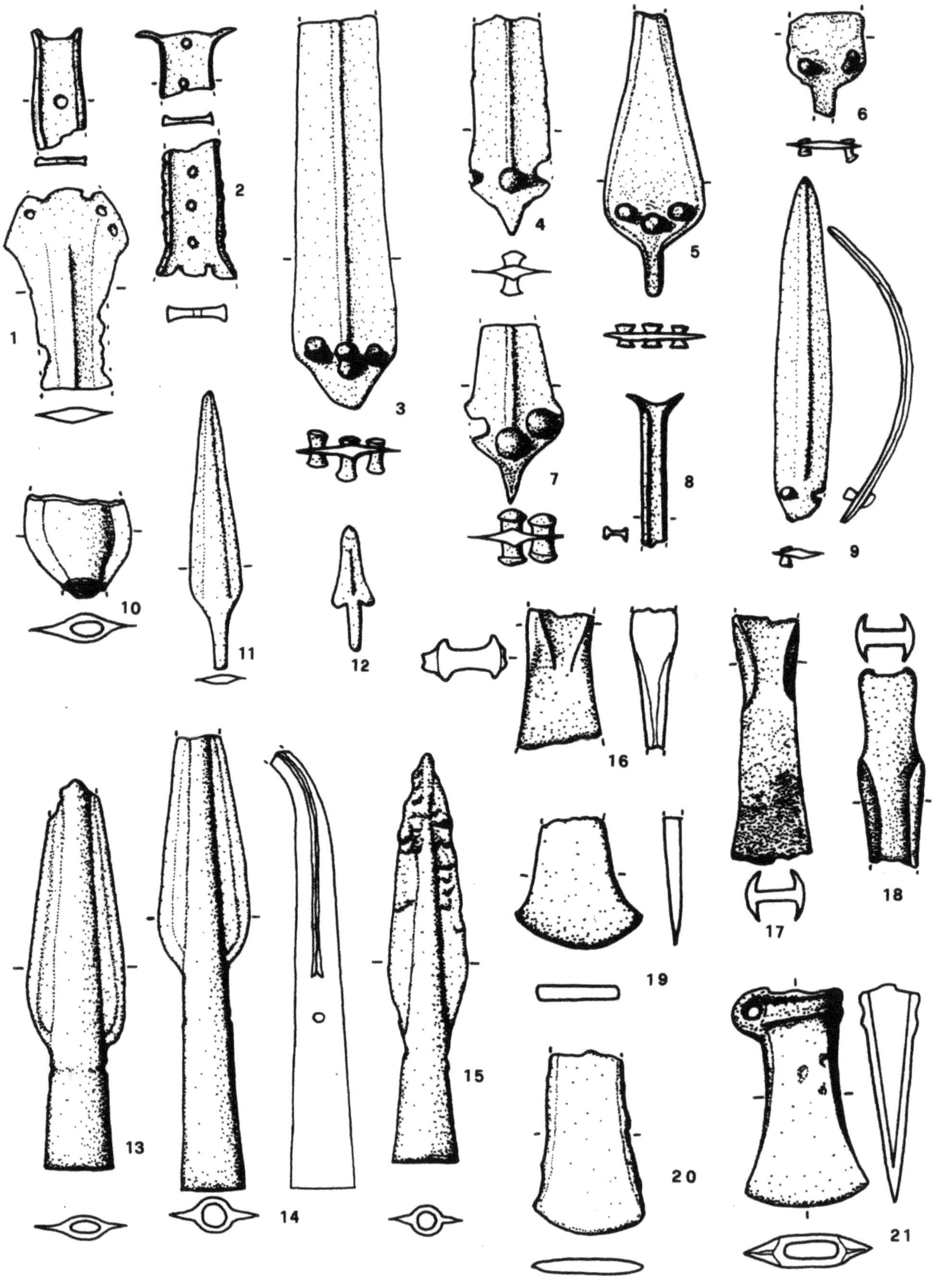

Fig. 6. Ripostiglio di Lipari. Scala: 2/5.

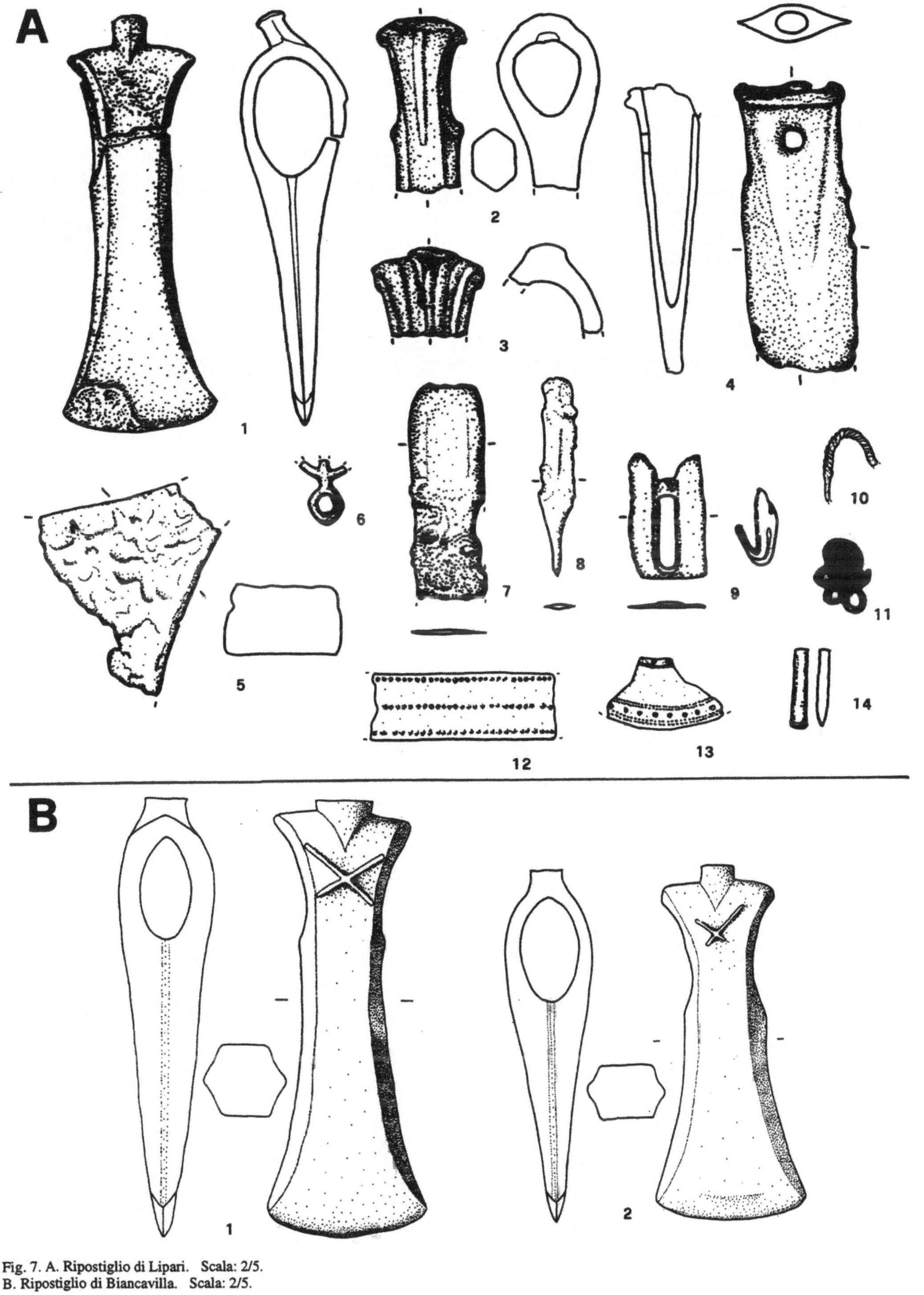

Fig. 7. A. Ripostiglio di Lipari. Scala: 2/5.
B. Ripostiglio di Biancavilla. Scala: 2/5.

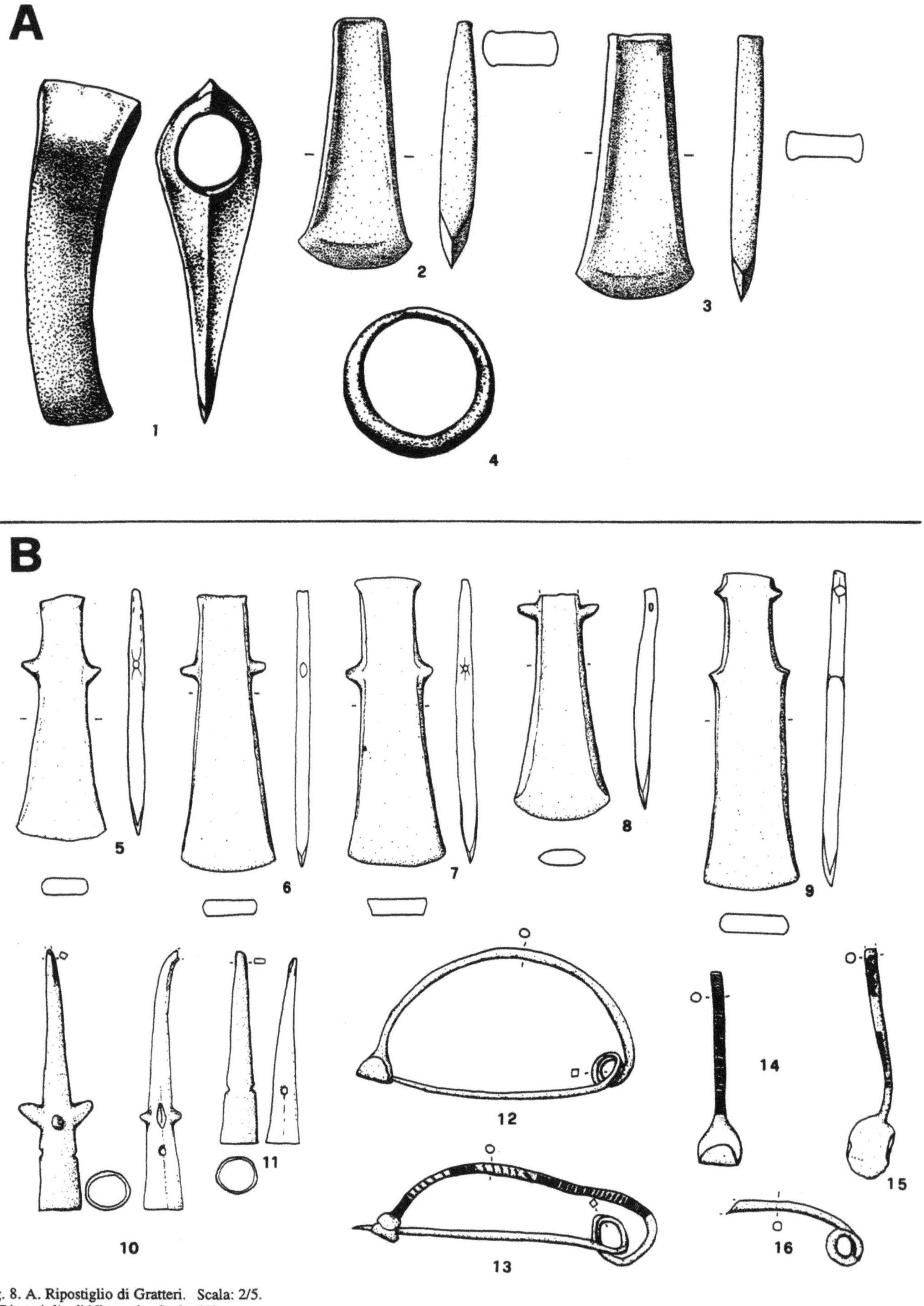

Fig. 8. A. Ripostiglio di Gratteri. Scala: 2/5.
B. Ripostiglio di Niscemi. Scala: 2/5.

rasoio tipo Pantalica (fig. 9: 9) ([26]), appartengono con ogni verosimiglianza a periodi più antichi.

Fra le asce rileviamo la presenza di quattro esemplari a spuntoni laterali (fig. 8 B: 5-8), che sembrano quindi, in Sicilia, comparire già in questo orizzonte cronologico, e di un'ascia piatta a lama espansa con codolo munito di spuntoni laterali (fig. 8 B: 9).

Nell'ambito delle fibule, tutte ad arco semplice, si distinguono tre pezzi decorati con uno schema a zone alternate (fig. 8 B: 13-15) e due ad arco inornato (fig. 8 B: 12, 16) ([27]); una di queste ultime (fig. 8 B: 12) mostra stretti confronti con esemplari greci del T.E. III C 1 ([28]).

Sono inoltre attestati alcuni "strumenti a cannone traforato", oggetti questi ultimi tipicamente siciliani e di incerta funzione, probabilmente da interpretarsi come attrezzi agricoli ([29]).

Forti affinità con il materiale di Niscemi si riscontrano nel complesso di bronzi da Noto Antica località situata sul pianoro del Monte Alveria, presso Noto (fig. 10 A), probabilmente, come si è detto, un ripostiglio, conservato nel Museo Archeologico di Siracusa ([30]). Va rilevata la combinazione dell'ascia a spuntoni laterali con tre "strumenti a cannone traforato" (fig. 10 A: 1, 3-5) appartenenti a due fogge diverse, una delle quali, alquanto poco diffusa, con lama posta ad angolo retto rispetto al cannone, entrambe documentate nel ripostiglio di Niscemi.

All'orizzonte di Niscemi segue quello composto da una serie di ripostigli deposti al termine del Bronzo finale o databili a cavallo tra la fine dell'età del Bronzo e gli inizi dell'età del ferro dell'Italia continentale (*terzo orizzonte*).

È costituito dai complessi di Modica (Ragusa), di Castelluccio (Ragusa), di Vizzini-Tre Canali (Catania), nonché da quello, forse un poco più tardo, degli inizi dell'età del ferro, di Lentini (Siracusa).

Il ripostiglio di Modica (figg. 10 B, 11) ([31]), rinvenuto nel 1898 al Molino del Salto, nel Ragusano, comprende vari reperti caratteristici di un momento terminale del Bronzo finale ([32]), tra i quali due spade a lingua da presa del tipo Torre Galli (fig. 11: 1-2) ([33]), fibule a gomito (fig. 11: 14, 16-17) e fibule ad arco leggermente ingrossato (fig. 11: 18, 20). Sono pure presenti un frammento di rasoio bitagliente tipo Castiglione di Paludi (fig. 11: 9) ([34]), tipo quest'ultimo che si ritrova associato, come a Modica, ad una fibula a gomito anche nella tomba 8 della necropoli del Molino della Badia ([35]). Anche il coltello cosiddetto "a fiamma", con manico ad anello (fig. 11: 7) si ritrova, insieme a fibule a gomito e ad arco lievemente ingrossato, in sepolture del Molino della Badia, rispettivamente nelle tombe 5 e 16 (con fibule a gomito) e 45 (con fibule ad arco lievemente ingrossato) ([36]). Nel ripostiglio di Modica è pure documentato un lanciotto a lama foliata del tipo Monte Primo (fig. 11: 5), tipo questo caratteristico sia del secondo che del terzo orizzonte del Bronzo finale dei ripostigli italiani ([37]), nonché alcuni "strumenti a cannone traforato" (fig. 10 B: 4, 7-8) simili a pezzi già incontrati in orizzonti più antichi.

Quanto alle asce, ne sono state rinvenute tre ad occhio (fig. 10 B: 1-3), di cui due miniaturistiche, tutte inquadrabili nell'ambito delle asce ad occhio con lama a bordi a spigoli vivi ([38]). Sono pure documentate due asce piatte a lama espansa: una di esse, avente il codolo provvisto di veri e propri spuntoni laterali (fig. 10 B: 5), verosimilmente più antica, va confrontata con un simile esemplare da Niscemi (fig. 8 B: 9); l'altra, più simile alle asce piatte a lama espansa tipo Scorrano ([39]), per la presenza di accenni di spuntoni alla sommità del codolo (fig. 10 B: 6) trova paralleli in taluni esemplari sardi dal ripostiglio di Monte Arrubiu-Sarroch (fig. 24: 2-3).

Allo stesso orizzonte del ripostiglio di Modica va ascritto, come già accennato, il ripostiglio rinvenuto in contrada Tre Canali di Vizzini (fig. 12 A) nel 1888 all'interno di un vaso d'impasto ([40]). Esso è composto, oltre che da numerosi pezzi di pani di bronzo, da punte di lancia, da asce, da frammenti di pugnaletto e di spada, e da una decina di fibule, i cui esemplari a gomito (fig. 12 A: 3-8) e ad arco lievemente ingrossato (fig. 12 A: 2) sono ben confrontabili con quelli del complesso del Molino del Salto.

Il grosso ripostiglio di Castelluccio (fig. 12 B), località questa posta a pochi chilometri da Modica, fu casualmente rinvenuto nel 1978 nel corso di lavori agricoli. Esso è composto da circa 30 kg di bronzi, fra lingotti ed oggetti più o meno frammentati, nei quali sono rappresentate numerose classi di materiali: armi, utensili, oggetti di ornamento, vasellame bronzeo ([41]).

Numerosi i confronti tipologici con il ripostiglio di Modica: fibule a gomito e ad arco lievemente ingrossato, lanciotti a lama foliata tipo Monte Primo, una spada a lingua da presa tipo Torre Galli, uno "strumento a cannone traforato" con fusto a margini diritti e paralleli, oltre a salsaleoni e lame di sega.

Sono pure attestati vari elementi di notevole importanza per il presente studio, poiché indizio di rapporti con l'area occidentale, quale asce piatte con spuntoni laterali (fig. 12 B: 1), asce piatte con un occhiello ed uno spuntone laterali (fig. 12 B: 5), asce a tallone con uno e due occhielli (fig. 12 B: 6-7), frammenti di spade a lingua da presa verosimilmente attribuibili al tipo Huelva (fig. 12 B: 3), un rasoio ed una fibula di foggia occidentale (fig. 12 B: 2, 4). Va infine rilevata, nel ripostiglio di Castelluccio, e quindi in un orizzonte relativamente avanzato, la presenza di un'ascia piatta ([42]).

Il ripostiglio di Lentini, rinvenuto sul finire del secolo scorso, finì in gran parte disperso ([43]). Al Museo di Siracusa giunsero unicamente due punte di lancia, un paio di anellini, il manichetto di un coltello, alcuni pezzi di verga ed una decina di frammenti di fibule assai lacunosi e di difficile lettura, appartenenti a fibule serpeggianti a gomito e/o ad occhio ([44]). L'eventuale presenza di fibule ad occhio porterebbe ad attribuire cronologicamente il deposito, pur nell'ambito di questo orizzonte, ad un momento forse più tardo, probabilmente parallelizzabile con la fase antica del primo ferro italiano, dei tre complessi sin ad ora esaminati.

L'orizzonte successivo (*quarto orizzonte*) è costituito da un gruppo di ripostigli deposti in un momento a cavallo fra l'orizzonte iniziale e quello avanzato della fase recente

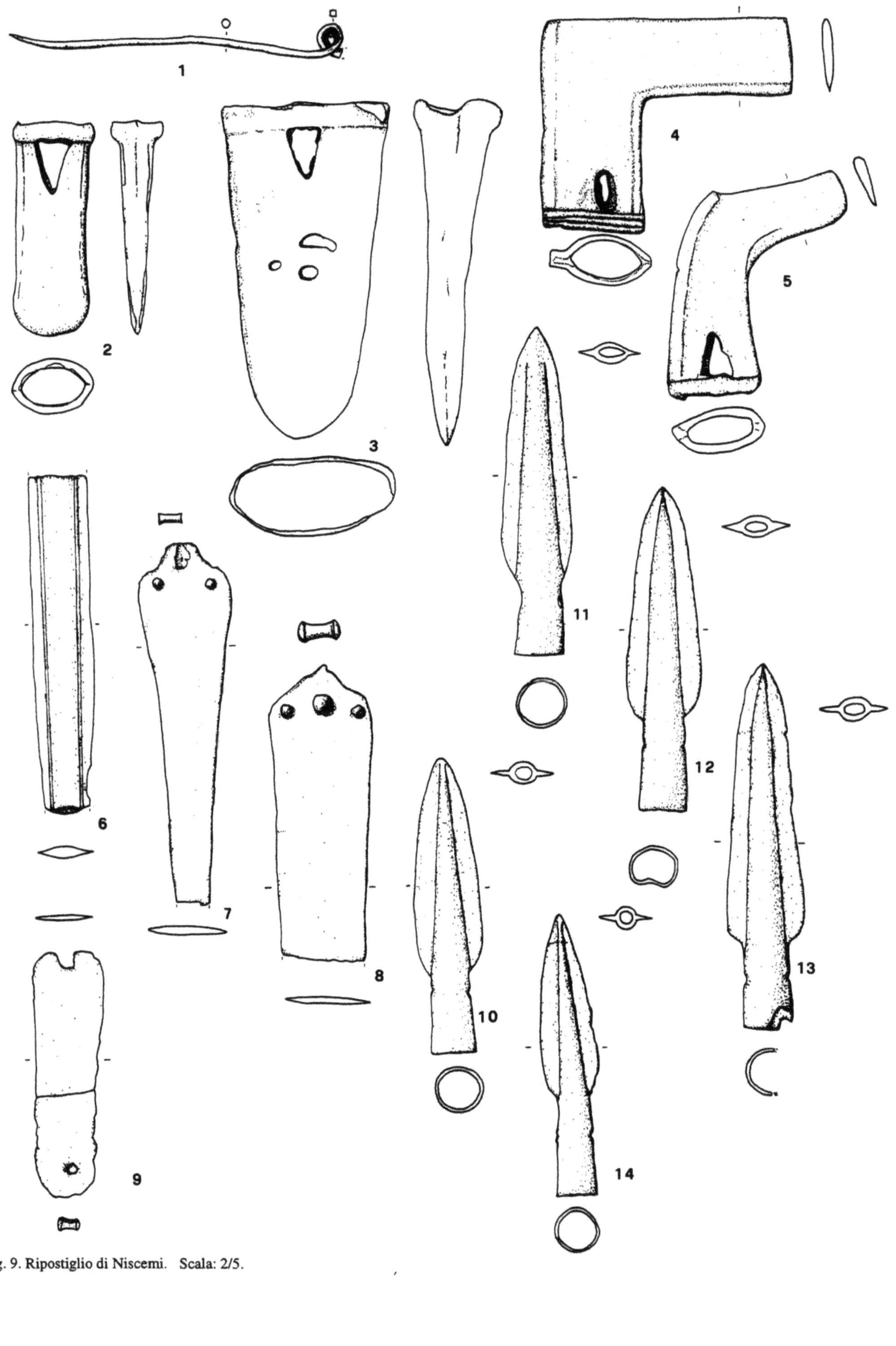

Fig. 9. Ripostiglio di Niscemi. Scala: 2/5.

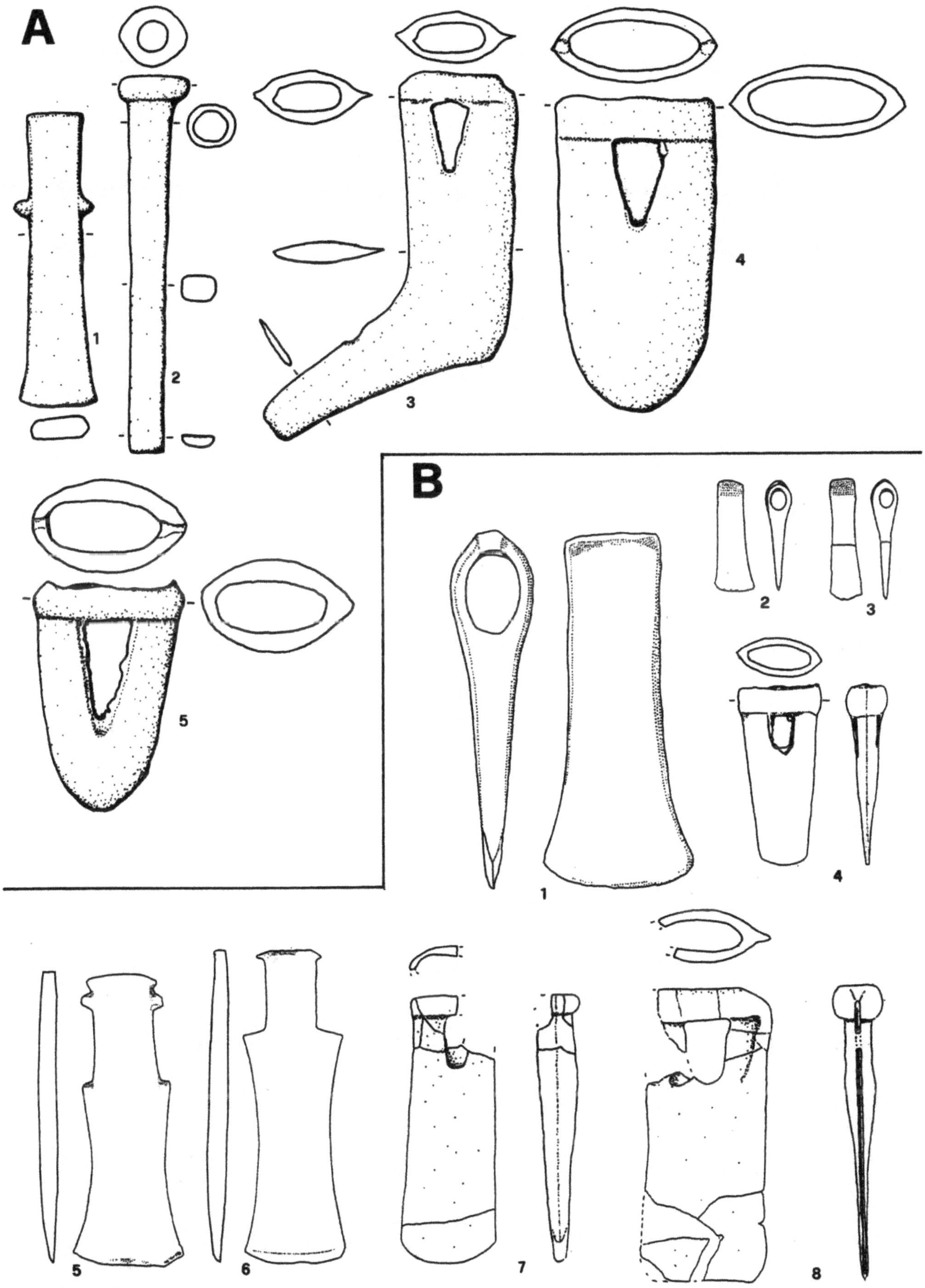

Fig. 10. A. Ripostiglio di Noto. Scala: 2/5.
B. Ripostiglio di Modica. Scala: 2/5.

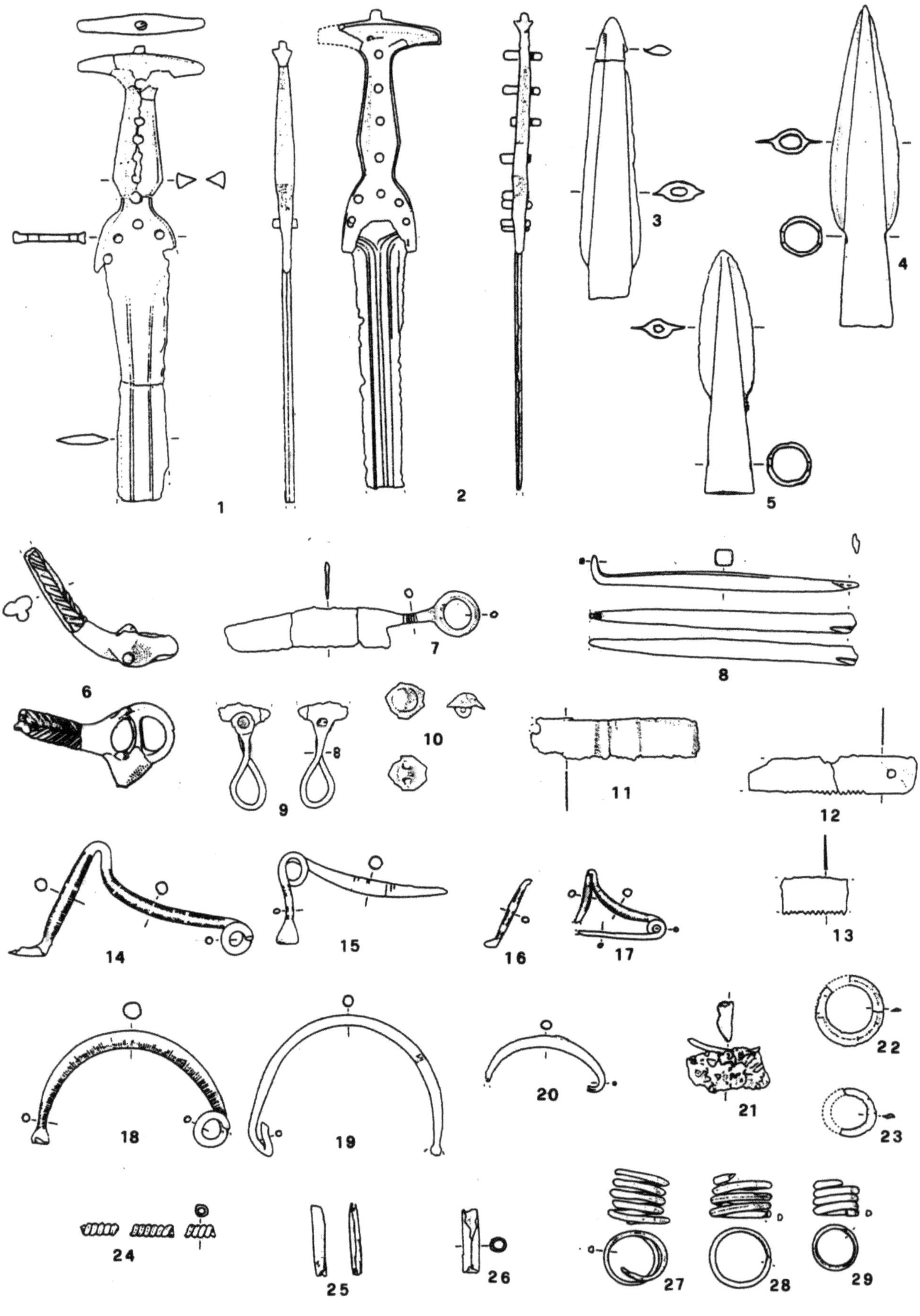

Fig. 11. Ripostiglio di Modica. Scala: 2/5.

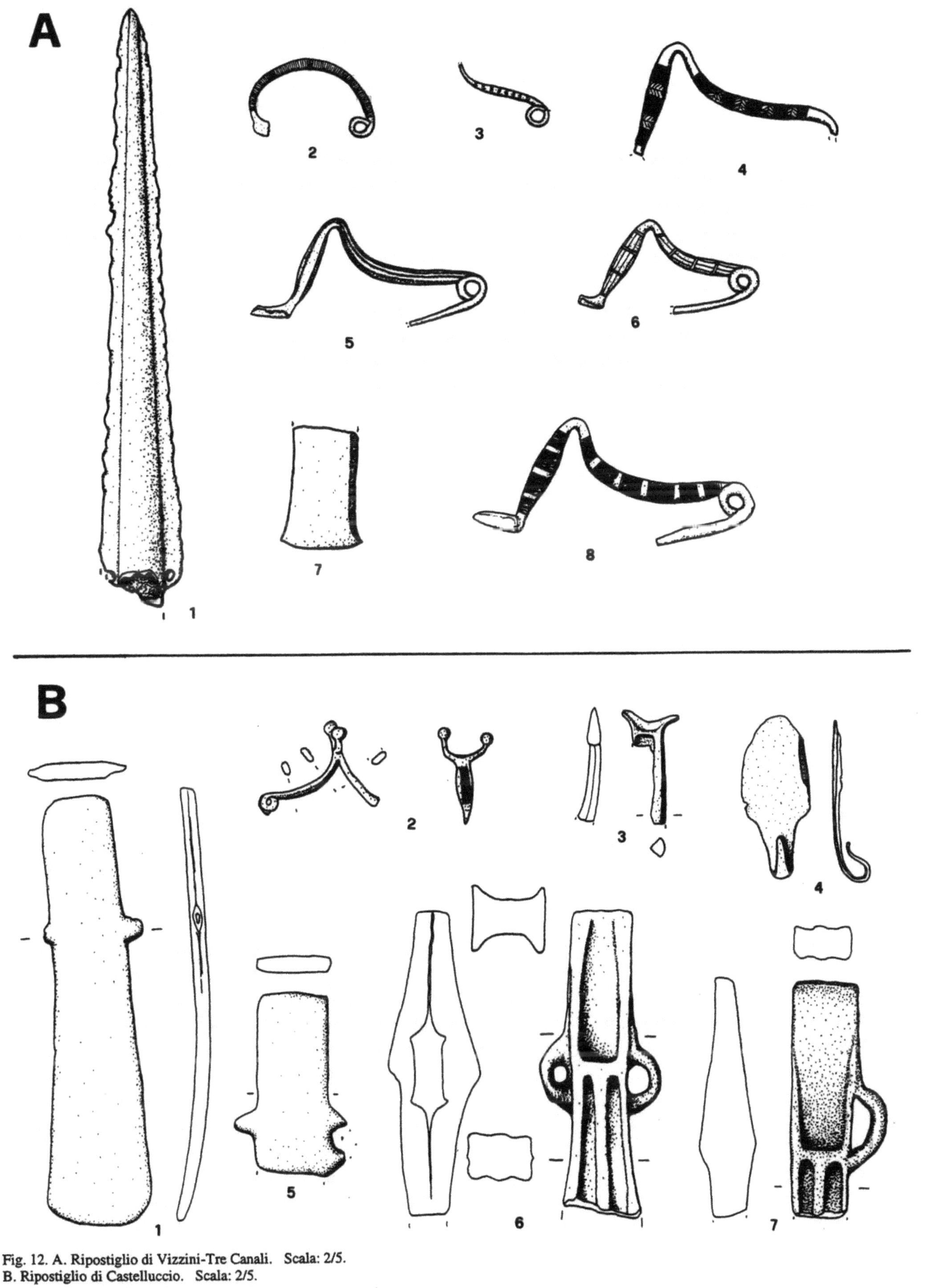

Fig. 12. A. Ripostiglio di Vizzini-Tre Canali. Scala: 2/5.
B. Ripostiglio di Castelluccio. Scala: 2/5.

della prima età del ferro peninsulare, ma contenenti anche, al loro interno, materiali più antichi.

Ad esso vanno ascritti i ripostigli di Polizzello (Mussomeli), di Monte S. Mauro (Caltagirone) e di Spaccaforno (Ragusa).

Il ripostiglio di Polizzello fu scoperto nel 1889 nel corso di un'aratura; il materiale, rinvenuto all'interno di un rozzo vaso di terracotta era costituito, oltre che da vari oggetti bronzei, anche da pezzi informi di rame e, pare, di stagno (figg. 13, 14 A) ([45]).

Esso va messo in relazione con l'insediamento e la necropoli protostorica della Montagna di Polizzello, alcune tombe della quale sono coeve del ripostiglio ([46]).

Nel ripostiglio in questione, oltre a materiali più antichi, tra cui due asce ad occhio con lama simmetrica dei tipi Soleto (fig. 13: 3) e Cirò (fig. 13: 2) e, verosimilmente, l'ascia piatta a lama espansa (fig. 13: 8) ([47]), sono presenti tipi come l'ascia a cannone con spalla tipo Ardea (fig. 13: 5) e l'ascia ad alette tipo Ardea (fig. 13: 4), la cui fabbricazione è da porre in un momento avanzato del I Ferro 2 A ([48]). Quanto invece alle due asce a cannone con larga spalla sporgente tipo S. Francesco (fig. 13: 6-7), esse appartengono ad un tipo di lunga durata, ma diffuso prevalentemente nella fase recente della prima età del ferro ([49]).

Allo stesso orizzonte cronologico del ripostiglio di Polizzello va attribuito, come si è accennato, anche il ripostiglio di Monte S. Mauro presso Caltagirone ([50]), parte di un complesso maggiore andato disperso. Fra i pezzi acquisiti dal Museo di Siracusa vi sono, tra l'altro, un'ascia ad alette tipo Volterra, databile al I Ferro 2 B, ed una a cannone avvicinabile a quelle con spalla tipo Ardea già ricordate, ma che ne differisce per la breve spalla priva di appendice e per il fusto, che non invade la base della lama. Va inoltre segnalato un frammento verosimilmente attribuibile ad una valva di fusione in bronzo, l'unica in metallo sino ad ora attestata in Sicilia ([51]).

Il ripostiglio di Spaccaforno, oggi Ispica, infine, si compone di cinque asce ad occhio, raccolte nella Valle d'Ispica, in territorio di Modica ([52]). Gran parte dei pezzi si colloca fra il Bronzo Finale 3 ed il I Ferro 1 A italiani: a questo ambito cronologico si richiamano infatti sia due asce di forma slanciata, con breve appendice a bottone sul tallone e lama a sezione quadrangolare, confrontabili con esemplari miniaturistici dal sepolcreto di Cassibile e di Realmese ([53]), che l'ascia tipo Cerchiara e quella ad occhio ovale tipo S. Francesco ([54]). Ad un momento decisamente più recente, inoltrato nell'ambito del I Ferro 2, si richiama invece l'ascia ad occhio tipo Ardea ([55]), che costituisce così il *terminus non ante quem* del deposito.

L'orizzonte più avanzato (*quinto orizzonte*), comprendente ripostigli sepolti verso la fine della fase recente della prima età del ferro italiana, è costituito dai complessi di Giarratana (Siracusa), di S. Cataldo (Caltagirone) e di Adrano (Catania). A questi ripostigli si avvicina inoltre per composizione il complesso di bronzi "dal Siracusano" conservato nel Römisch-Germanischen Zentralmuseum di Mainz, nonostante che il suo interramento sia avvenuto certamente più tardi.

Il ripostiglio di Giarratana (fig. 16 A), di notevoli dimensioni (oltre 200 kg di bronzi, per lo più pezzi di lingotti e di metallo grezzo), venne rinvenuto nel 1892 in contrada Donna Scala ([56]). Esso contiene, quali elementi caratteristici, delle fibule a sanguisuga con staffa simmetrica (fig. 16 A: 2-3) — una delle quali decorata sia sulla faccia dorsale che su quella ventrale dell'arco — un'ansa in bronzo pertinente ad un grosso bacile (fig. 16 A: 1), tre punte di lancia a cannone con fori alla base delle alette ed una borchia forata, elementi questi che si incontrano tutti nel complesso di Adrano.

Il ripostiglio di Adrano (figg. 14 B, 15) venne rinvenuto nel 1908 sulle pendici occidentali dell'Etna, in contrada Mendolito, all'interno di un grosso dolio; esso era costituito da alcune migliaia di pezzi, con un peso complessivo valutabile intorno a 900 kg ([57]). Di questo materiale una parte cospicua è costituita da pani di bronzo, che da soli raggiungono circa i 600 kg ([58]).

Esso rappresenta di gran lunga il più grande ripostiglio siciliano e, in Italia, è secondo soltanto a quello di S. Francesco di Bologna. Tranne alcuni materiali più antichi, della fase iniziale del primo ferro, come le asce ad occhio tipo Cirò (fig. 15: 8) e ad occhio ovale tipo S. Francesco (fig. 15: 7) ([59]), la massa dei reperti appartiene pienamente alla fase recente ([60]). Sono documentati ad Adrano, e ne costituiscono elementi caratteristici, i rasoi bitaglienti tipo Torre del Mordillo (fig. 15: 9) ([61]), le fibule a gomito con più coppie di protuberanze laterali (fig. 14 B: 4-6), foggia che prelude alle classiche fibule a drago ([62]), le fibule a sanguisuga con staffa simmetrica e decorazione estesa sia alla faccia dorsale che a quella ventrale dell'arco (fig. 14 B: 1), le fibule a sanguisuga con staffa allungata (fig. 14 B: 2) e le fibule a navicella e staffa lunga (fig. 14 B: 7-9) ([63]).

Fra il numerosissimo materiale presente meritano di essere ricordate, oltre ai numerosi calderoni di lamina, indice di stretti rapporti con l'Egeo (fig. 14 B: 11) ([64]), alcuni frammenti di lingotti, da cui sporgono elementi pertinenti a fibule, lamine, piastre, etc., inglobati nel bronzo, e solo parzialmente fusi ([65]); essi costituiscono un'ulteriore dimostrazione di quanto fosse diffusa in età protostorica la pratica della rifusione.

Al ripostiglio di Adrano è connesso quello di S. Cataldo (fig. 16 B) ([66]), rinvenuto nel 1906 in contrada Sette Feudi, per la presenza in quest'ultimo di alcune tazze di lamina bronzea (fig. 16 B: 1-2), di borchie di lamina coniche forate e di bottoni pure di lamina a calotta sferica (fig. 16 B: 4-5) confrontabili con oggetti consimili da Adrano (fig. 14 B: 10, 15: 10-11).

Materiali assai simili a quelli del ripostiglio di Adrano si riscontrano anche nel complesso dal "Siracusano" appartenente alle collezioni del Römisch-Germanischen Zentralmuseum di Mainz ([67]), composto prevalentemente da lamine metalliche decorate, con dischi a calotta pure di lamina ed una fibula a placchetta a quattro spirali. Il deposito non può tuttavia venire datato anteriormente alla seconda metà del VII secolo a. C. per la presenza di un frammento di corazza strettamente avvicinabile ad esemplari greci di tale periodo ([68]).

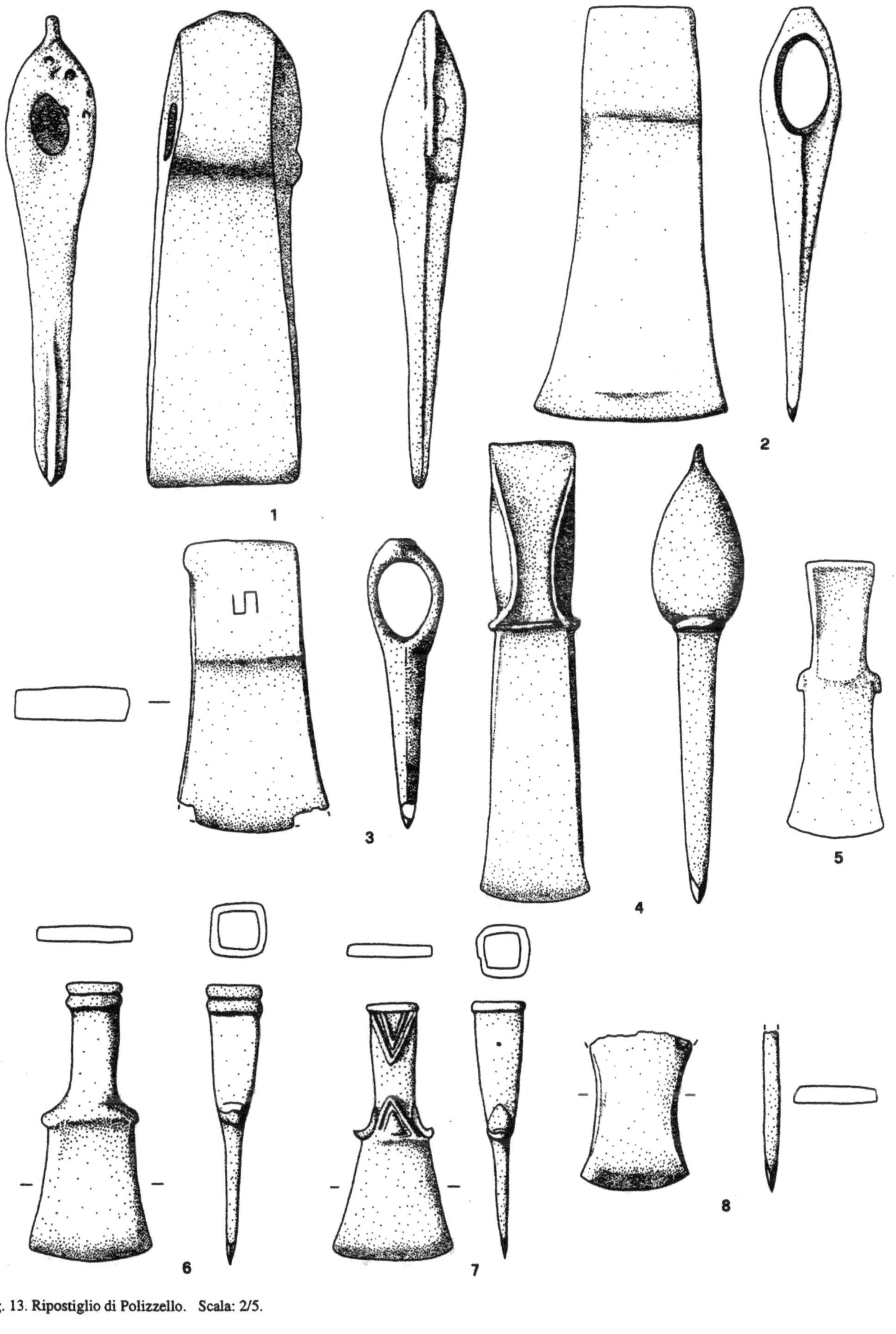

Fig. 13. Ripostiglio di Polizzello. Scala: 2/5.

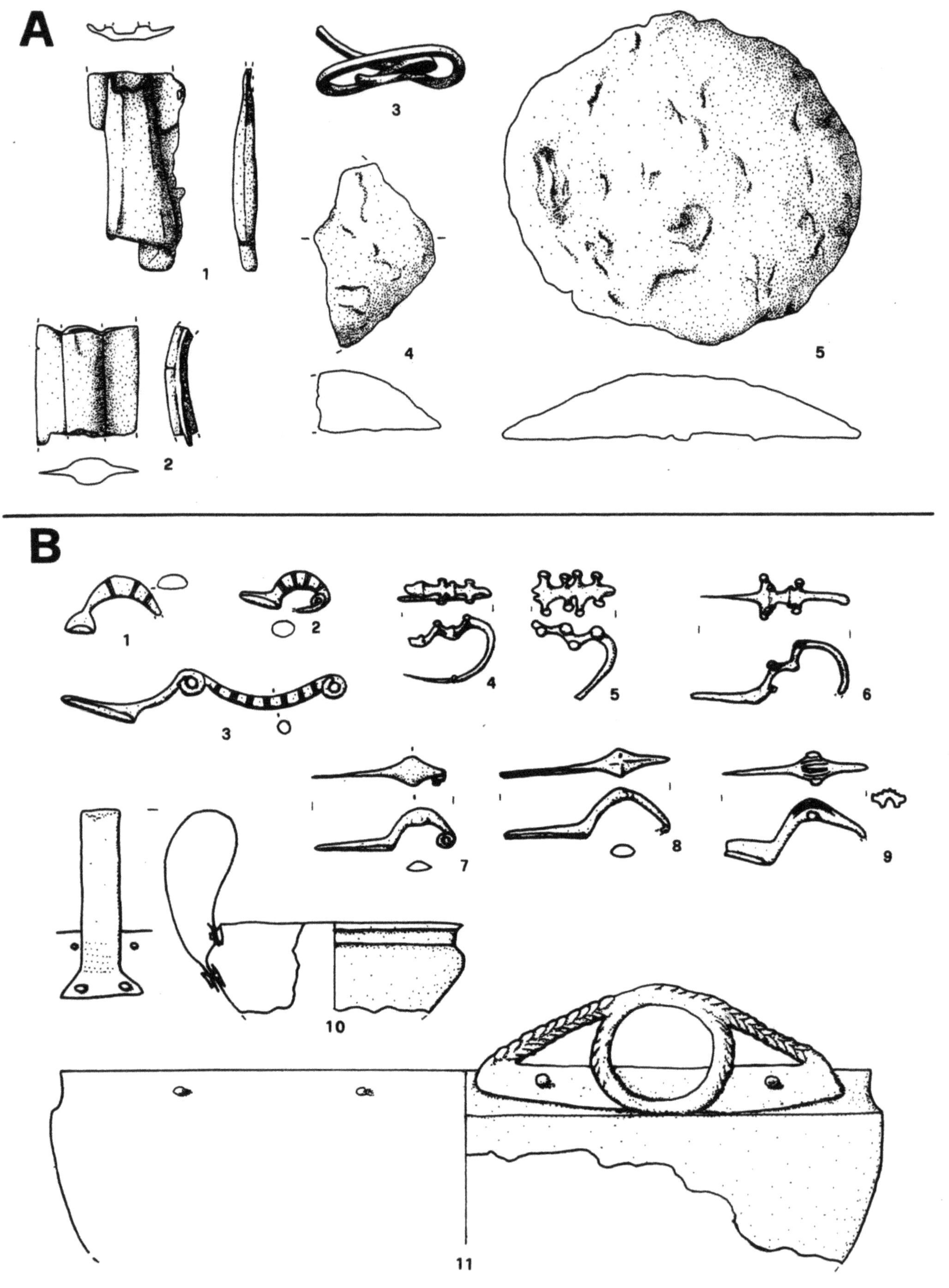

Fig. 14. A. Ripostiglio di Polizzello. Scala: 2/5.
B. Ripostiglio di Adrano. Scala: 2/5.

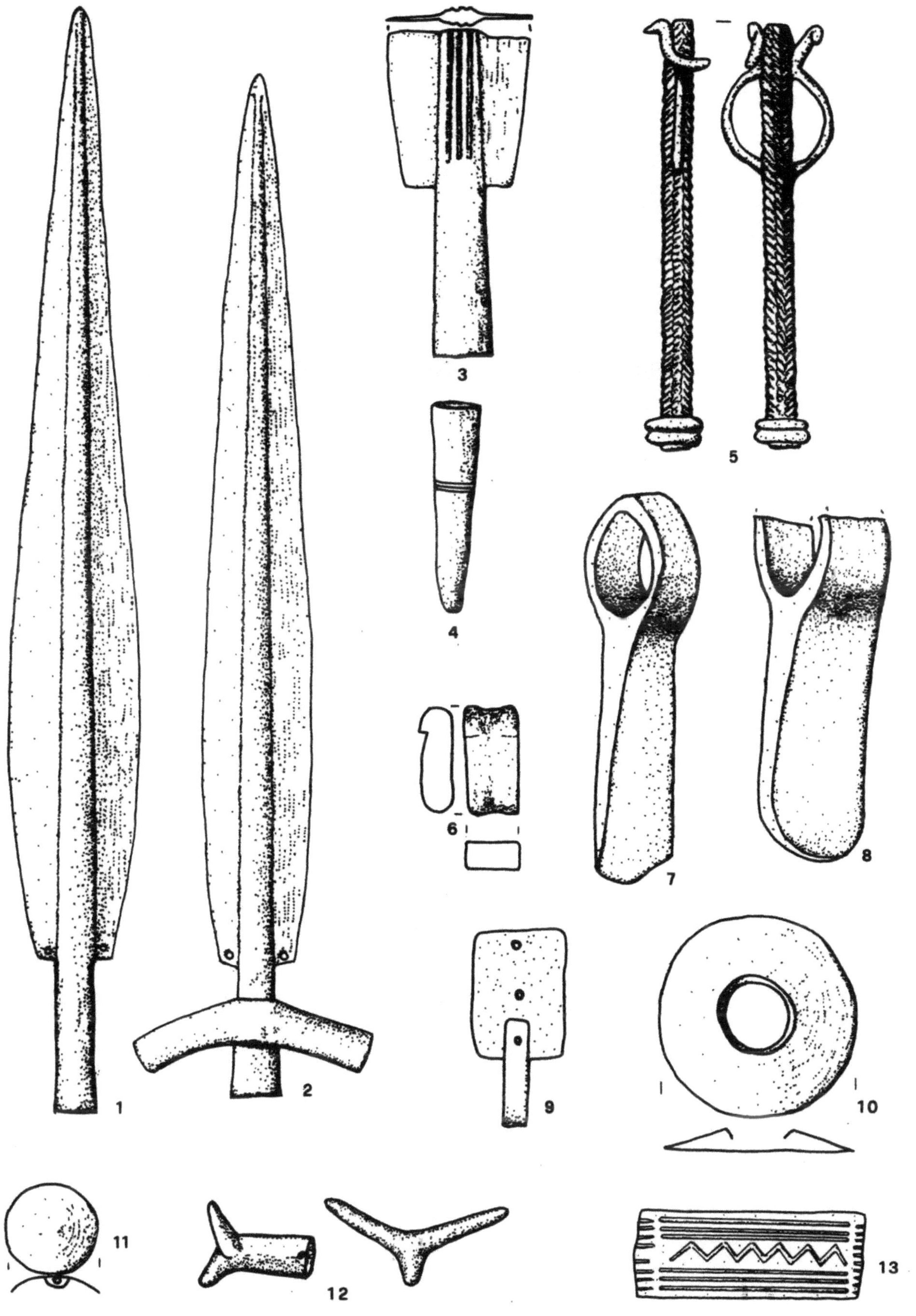

Fig. 15. Ripostiglio di Adrano. Scala: 2/5.

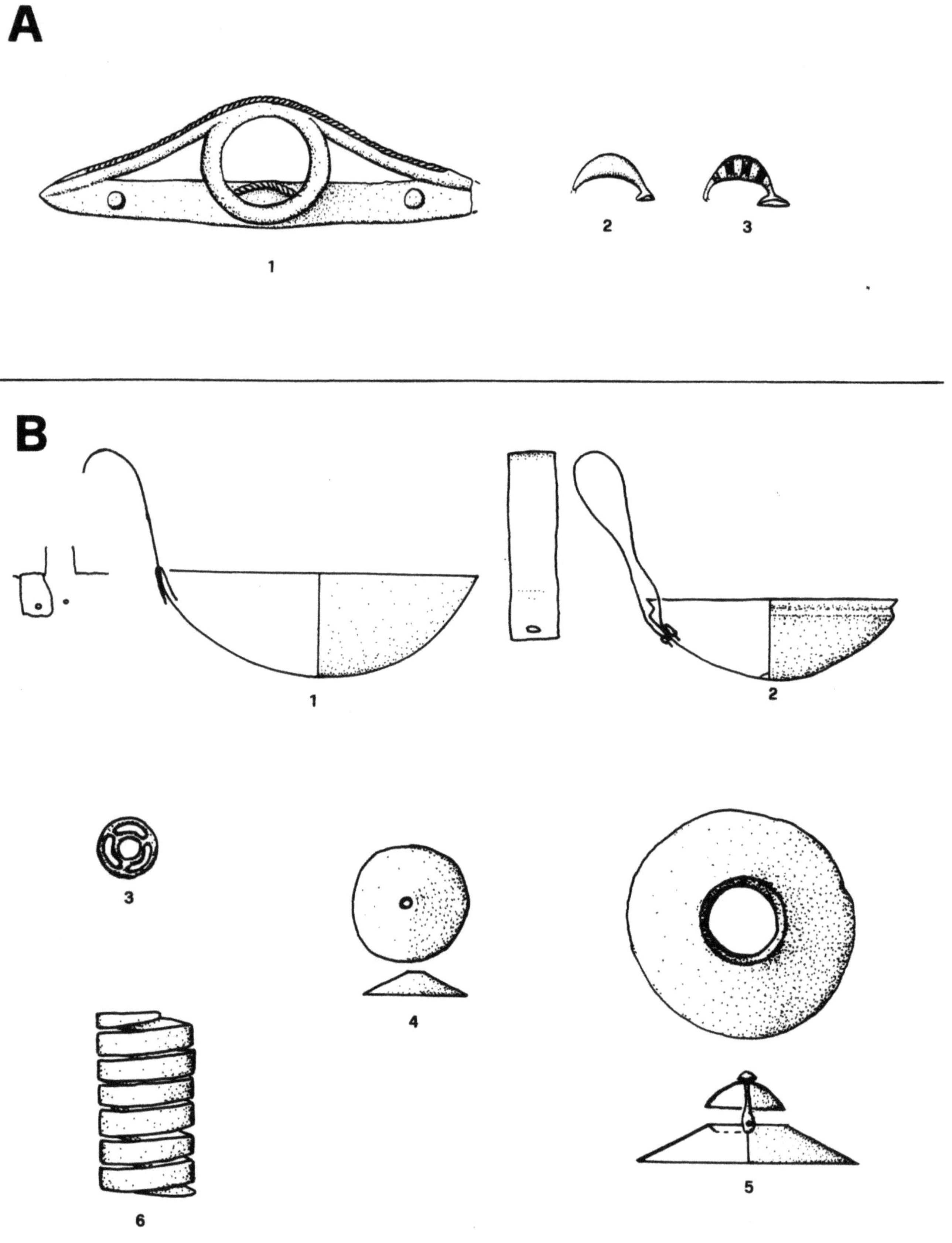

Fig. 16. A. Ripostiglio di Giarratana. Scala: 2/5.
B. Ripostiglio di S. Cataldo. Scala: 2/5.

Gli orizzonti così individuati sulla base dei ripostigli sono confrontabili, sulla base dei materiali bronzei, con quelli delle necropoli siciliane.

In particolare il I orizzonte (o di Lipari) è probabilmente coevo, nel momento della sua deposizione, alla fase antica di Pantalica Nord, mentre la sua formazione deve essere avvenuta durante l'età di Thapsos. Il limite fra l'orizzonte di Thapsos e quello di Pantalica Nord cade proprio nel corso del Bronzo recente continentale, ed anzi nella necropoli di Pantalica possono riconoscersi sepolture rapportabili con questa fase peninsulare, contenenti elementi miceneizzanti (69) — come specchi, fibule ad arco di violino con due noduli e pugnali a lingua da presa con estremità a ventaglio — ed altre, ormai collegabili con il Protovillanoviano, che di tali elementi sono prive.

Il II orizzonte (o di Niscemi) ed il III (o di Modica) sono pressoché contemporanei, rispettivamente, a Pantalica Nord ed a Cassibile e Molino della Badia, necropoli quest'ultima, che, come si è visto, fornisce numerosi ed interessanti confronti.

Il IV orizzonte (o di Polizzello) ed il V (o di Adrano) possono venire rispettivamente messi in relazione con i sepolcreti di Pantalica Sud e di Monte Finocchito.

L'esistenza di rapporti assai stretti fra la Sicilia, le Eolie e l'Italia continentale, separate soltanto da un breve tratto di mare, è attestata almeno già dal neolitico (70). Del resto gli stessi confronti con i materiali peninsulari, già ricordati in precedenza, stanno ad indicare come queste regioni fossero interconnesse nei periodi cronologici che sono oggetto del presente studio. Il ricordo di contatti avvenuti in età protostorica ci è stato anche tramandato dagli autori classici, trasfigurato attraverso il racconto delle tradizioni mitiche e leggendarie (71).

Un importante veicolo di comunicazione nell'età del Bronzo deve essere stato costituito dalla marineria egea; le più antiche importazioni micenee nel territorio italiano coincidono con gli inizi del Tardo Elladico (72).

La posizione geografica della Penisola Italiana e della Sicilia, al centro del Mediterraneo, ne fanno, del resto, punti di riferimento fondamentale per le rotte a lunga distanza.

L'articolazione di tali contatti, il loro sviluppo nel tempo, il ruolo svolto in essi dai naviganti egei ed indigeni, le influenze economiche e socio-culturali, costituiscono una problematica estremamente vasta e complessa, attualmente oggetto di precisazione e di dibattito nel mondo scientifico, alla luce delle nuove scoperte archeologiche ed al riesame dei vecchi materiali (73).

Oltre che con la Penisola Italiana, la Sicilia intrattenne rapporti anche con l'altra grande isola del Mediterraneo centro-occidentale, la Sardegna (74).

Le testimonianze di tali rapporti appaiono relativamente numerose nella tarda età del bronzo, mentre sembrano rarefarsi nella successiva età del ferro, in coincidenza con il deciso intensificarsi dei traffici fra il mondo nuragico ed i centri villanoviani dell'Italia centrale (fig. 17 A) (75).

Va rilevato come sia talora alquanto difficile e problematica l'identificazione di reperti la cui diffusione possa attribuirsi a fenomeni di scambio diretto fra le due isole.

La stretta interrelazione fra la Sicilia e la penisola rende infatti estremamente arduo stabilire la reale provenienza di oggetti diffusi in entrambe le aree. Vi sono inoltre alcuni materiali la cui presenza nelle due regioni è piuttosto da porre in relazione con influenze culturali e circuiti commerciali di assai maggiore ampiezza, cui Sicilia e Sardegna erano entrambe connesse, sia pure con modalità differenti.

Del resto la stessa posizione geografica, nel cuore del Mediterraneo, attribuisce loro un ruolo di cerniera fra Oriente e Occidente, crocevia obbligato di traffici e rotte.

Fra i materiali legati a scambi a vasto raggio particolare interesse rivestono alcuni manufatti bronzei, come le asce a spuntoni laterali e le asce a tallone con due occhielli, e gli elementi d'ambra, quali in particolare i grani "ad astragalo" appartenenti al tipo Tesoro di Tirinto, caratterizzati da una forma sub-cilindrica e dalla costolatura mediana. Tali grani "ad astragalo" sono documentati a Lipari, nella tomba 3 di Piazza Monfalcone (76), ed in Sardegna, nel nuraghe Attentu (Sassari) ed a S. Vittoria di Serri (77).

È nota l'esistenza di giacimenti d'ambra in Sicilia, nel Catanese (bacino del Simeto) e nell'Agrigentino (Porto Empedocle). Non sembra, tuttavia, sulla base delle analisi effettuate, che essi siano stati sfruttati in età protostorica: la quasi totalità dei reperti italiani campionati risulta infatti essere di provenienza baltica (78).

I grani ad astragalo mostrano un'ampia area di distribuzione; sono infatti anche attestati in ambiti protovillanoviani della Penisola Italiana, in Dalmazia, nell'Egeo e sulla costa siriana (79). Piuttosto che scambi commerciali fra le due maggiori isole italiane, i grani d'ambra rappresentano quindi, più verosimilmente, la testimonianza di correnti di traffico collegate con il Mediterraneo orientale.

Pure connessi con traffici a largo raggio, di cui le isole tirreniche rappresentano una tappa fondamentale, sono assai probabilmente i lingotti "*ox-hide*".

Essi sono stati rinvenuti in Sicilia durante lo scavo del villaggio di Cannatello (80), nel ripostiglio di Lipari (81) ed a Thapsos (82).

La foggia di questi lingotti, particolarmente idonea al trasporto, è di chiara origine orientale (83), come è anche attestato dall'iconografia egizia (84).

In Sardegna sono documentati rinvenimenti di lingotti "a pelle di bue" da oltre una ventina di località (85). In considerazione dell'abbondanza e ricchezza dei giacimenti cupriferi dell'isola si pone quindi il quesito se, ed eventualmente in che misura, i lingotti sardi siano da considerarsi importazioni o non piuttosto manufatti indigeni.

Tale domanda manca ancora di una risposta definitiva (86); è tuttavia ragionevole ipotizzare l'esistenza di due distinti momenti: la loro produzione sarebbe iniziata grazie ad impulsi provenienti dall'Oriente, ma sarebbe poi continuata su base locale (87).

In questa complessa problematica si inserisce la questione dei pezzi rinvenuti in ambito siciliano.

Anche in assenza di moderne analisi metallografiche, non è purtroppo possibile stabilire se tali reperti siano lega-

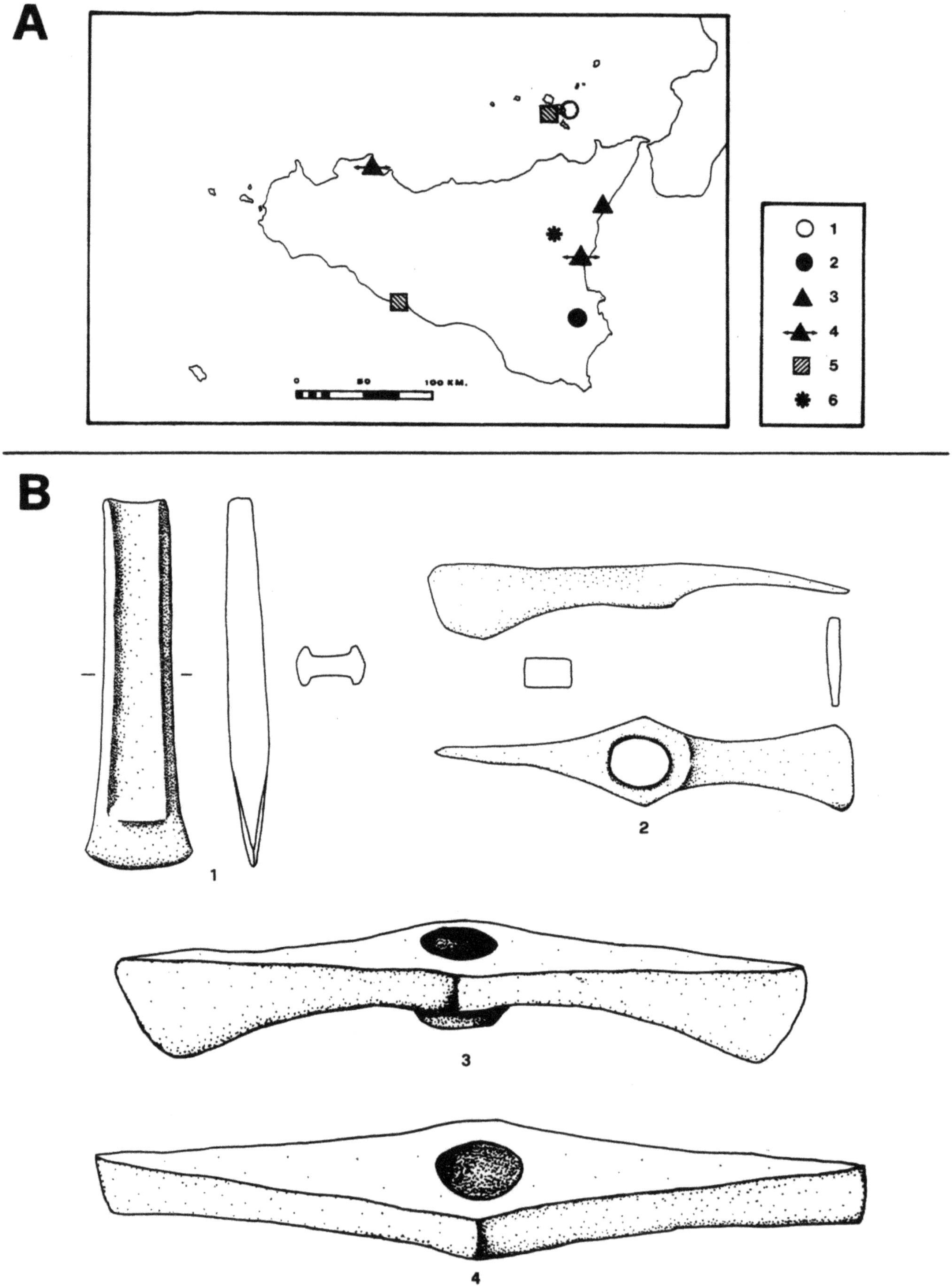

Fig. 17. Reperti nuragici in Sicilia.
A. Distribuzione.
B. 1) Palermo, Museo Archeologico Regionale; 2) Taormina; 3, 4) Catania, collezione Biscari. Scala: 2/5.

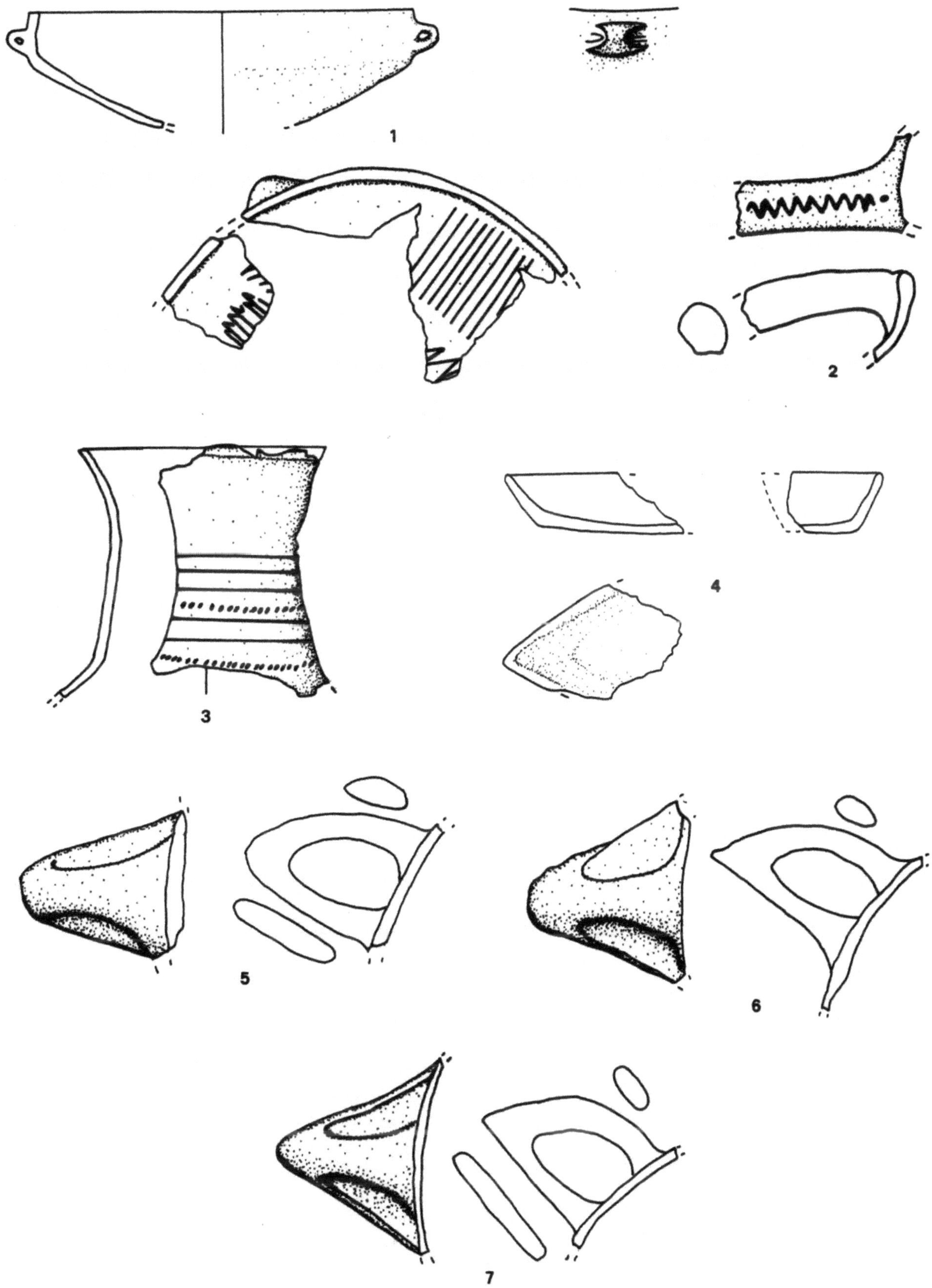

Fig. 18. Ceramica nuragica dai livelli dell'Ausonio II dell'Acropoli di Lipari. Scala: 1/4.

ti a commerci di metallo con la vicina Sardegna, avvenuti utilizzando una forma di lingotto ben conosciuta ed accettata in ambito mediterraneo, o non piuttosto a contatti con il mondo levantino.

Va rilevato come in quest'ultima area una parte assai importante del carico delle navi impiegate nei traffici appare essere stata costituita proprio dai lingotti "*ox-hide*", come ci è documentato dai relitti dell'età del bronzo di Capo Gelidonya ([88]), di Ulu Burun ([89]) e di Haifa ([90]).

Passando ad analizzare le testimonianze di rapporti diretti fra Sardegna e Sicilia, va anzitutto rilevato un numero maggiore di attestazioni in quest'ultima isola piuttosto che in ambiente nuragico ([91]).

Per quanto concerne la Sicilia è necessario premettere come l'assenza di contesto archeologico di alcuni dei reperti presi in esame, appartenenti a vecchie raccolte museali, renda ardua una loro precisa collocazione temporale, anche a causa del problematico inquadramento cronologico di taluni materiali nuragici.

Sono ascrivibili genericamente alla tarda età del bronzo le tre doppie asce rinvenute nell'isola ([92]).

Una di esse, a tagli ortogonali, da Taormina (Messina), è conservata al Museo Preistorico Etnografico L. Pigorini di Roma ([93]) (fig. 17 B: 2). Delle altre due, a tagli paralleli, custodite nella collezione Biscari di Catania, è ignota la località di provenienza ([94]). Queste ultime appartengono tipologicamente a fogge diverse ([95]): una (fig. 17 B: 4) si colloca fra le doppie asce massicce con lama diritta e lati dritti, profilo romboidale e foro rotondo ([96]), asce di cui esistono esemplari simili anche in ambito cipriota. L'altra (fig. 17 B: 3) appartiene invece alle doppie asce a tagli paralleli o convergenti ([97]), foggia questa esclusivamente sarda ([98]).

Allo stesso ambito cronologico, se non forse ad un momento più antico ([99]), va anche riferita l'ascia a margini rialzati con taglio espanso (fig. 17 B: 1), foggia questa abbondantemente attestata in contesti nuragici ([100]), conservata al Museo Archeologico Regionale di Palermo ([101]), purtroppo priva di indicazioni di provenienza.

Un ruolo non secondario nelle relazioni con la Sardegna è quello svolto nel Bronzo finale dalle Isole Eolie. A Lipari infatti, in livelli dell'Ausonio II dell'Acropoli, sono stati rinvenuti numerosi frammenti ceramici di produzione nuragica, nell'insieme appartenenti a circa una trentina di vasi, prevalentemente grosse olle e brocche askoidi (fig. 18) ([102]).

Sono documentate, tra l'altro, forme assai caratteristiche, come le olle con ansa a gomito rovescio (fig. 18: 5-7), le brocche askoidi con beccuccio e quelle con larga bocca obliqua. Va inoltre ricordata la presenza di una lucerna a navicella d'impasto (fig. 18: 4) ([103]) e di una ciotola a corpo arrotondato, il cui fondo è decorato da motivi a graticola ottenuti a stralucido (fig. 18: 1) ([104]).

Come già accennato, l'inizio dell'età del ferro sembra coincidere con un allentamento dei contatti fra Sardegna e Sicilia, nella cui bronzistica tuttavia non mancano echi della produzione nuragica, come, verosimilmente, nel caso dell'asticciola a treccia sormontata da una coppia d'uccelli del ripostiglio di Adrano (fig. 15: 5) ([105]).

Costituisce invece una importazione dal mondo sardo la brocca askoide d'impasto nero lucido, con il collo decorato da due fili di cerchielli impressi delimitanti una fascia di linee incise parallele, proveniente dalla tomba 81 della necropoli S. E. di Pantalica (tav. I: 3). P. Orsi riferisce che nella sepoltura vennero rinvenuti tre scheletri, circondati dagli elementi di corredo: «due fibule serpeggianti ad occhio, la maggiore delle quali decorata di spina - pesce nella parte centrale dell'arco; due perle in pietra dura (corniola e quarzite bionda) ed una terza conica in piombo; una fusaiola, un piccolo coltello di ferro arcuato; due askoi, di cui uno piccolo a stralucido nero decorato di cerchielli impressi; un fiaschettino» ([106]).

Particolarmente significativa, ai fini dell'inquadramento cronologico dei reperti, è l'associazione con la fibula serpeggiante ad occhio con staffa allungata e spillone ricurvo (tav. I: 4), foggia questa che compare in un momento avanzato della fase iniziale della prima età del ferro, e perdura sino al primo orizzonte della fase recente ([107]).

È opportuno infine ricordare, fra i materiali presenti in Sicilia, una problematica verghetta di bronzo con due figurine di animali contrapposte rinvenuta durante gli scavi dell'abitato dell'età del bronzo di Thapsos ([108]), che presenta una certa generica somiglianza con materiali nuragici ([109]).

Per quanto concerne i rinvenimenti di materiali di probabile origine siciliana in contesti nuragici, essi sono rappresentati, al momento attuale, unicamente da due fibule, provenienti una dallo strato 6 della torre del complesso di Antigori di Sarroch (Cagliari), l'altra da un ripostiglio scoperto nel 1985 ad Usini, in località S'Adde 'e S'Ulumu ([110]). Le due fibule, entrambe serpeggianti con arco a sezione poligonale, appartengono ad un tipo diffuso sia in Italia meridionale che in Sicilia ([111]), i cui esemplari sono riferibili prevalentemente al I Ferro 1 A ([112]). Tale distribuzione non consente di attribuire con certezza gli esemplari sardi ad uno dei due possibili ambiti di provenienza.

NOTE

1) Bernabò Brea, Cavalier 1980, pp. 739-757, tavv. CCLXX-VIII-CCCXXII.
2) Carancini 1982, p. 158.
3) Per la definizione della spada a base semplice tipo Pertosa cfr. Bianco Peroni 1970, pp. 23-27.
4) Orsi 1895, coll. 121-122, fig. 31.
5) Orsi 1895, tav. V: 4; Taylour 1958, p. 59, tav. 9: 2.
6) Per l'inquadramento tipologico e la cronologia di questo tipo di rasoi, cfr. Bianco Peroni 1979, pp. 9-11.
7) Per l'inquadramento tipologico e la cronologia delle spade a lingua da presa tipo Montegiorgio e Cetona, cfr. Bianco Peroni 1970, pp. 57-61, 63-65. Confronta anche quanto scritto sui pugnaletti e le spade a lingua da presa del ripostiglio di Lipari da Carancini 1982, p. 156.
8) L'esemplare di Lipari, frammentato e contorto, è di non facile lettura. Come correttamente rilevato da L. Bernabò Brea si tratta di una fibula «che con tutta probabilità era ad arco di violino e che conserva ad un estremo l'inizio dell'incurvatura della molla o forse meglio del gancetto che regge la staffa» (Bernabò Brea, Cavalier 1980, p. 783). Per l'inquadramento delle fibule ad arco di violino ritorto ed i loro confronti, cfr. Carancini 1979 b, p. 45.
9) Sull'appartenenza del ripostiglio all'Ausonio I, cfr. anche Bernabò Brea, Cavalier 1980, p. 788. Di diversa opinione M. P. Moscetta, che ha invece proposto di inquadrarlo nell'ambito dell'Ausonio II, datandone la deposizione «...in una fase avanzata dell'XI [secolo]» (Moscetta 1988, p. 69). A tale momento attribuisce infatti dei tipi — particolarmente l'ascia a cannone, il rasoio tipo Pertosa ed il pendaglio a rotella — per i quali lo scrivente ritiene invece preferibile proporre una cronologia più alta.
L'ascia a cannone con doppia costolatura all'imboccatura ed occhiello laterale (fig. 6: 21) mostra somiglianze con asce italiane del tipo Manduria (Carancini 1984, pp. 149-159), tipo la cui quasi totalità degli esemplari proviene dall'omonimo ripostiglio pugliese; recenti studi tendono ad attribuire al Bronzo recente parte dei materiali di questo deposito (G.L. Carancini, R. Peroni, comunicazione al congresso "Absolute Chronology. Archaeological Europe 2500-500 B.C.", Verona 1995) Come rilevato tuttavia da M.P. Moscetta, questi differiscono dal pezzo liparese per avere il collarino più sviluppato e rilevato ed il taglio maggiormente espanso; più puntuali sono i riferimenti con materiali dell'età del bronzo d'oltralpe (Moscetta 1988, p. 67).
Particolarmente significativi i confronti con pezzi dei ripostigli croati di Bizovac (Vinski-Gasparini 1973, tab. 37: 9) e di Podcrkavlje-Slavonski Brod (Vinski-Gasparini 1973, tab. 67: 5), complessi attribuiti entrambi da K. Vinski-Gasparini alla sua fase II, parallela del momento tardo del Bz D e dell'Ha A 1 centro-europei (Vinski-Gasparini 1973, pp. 196, 212, 217).
Anche in Europa centrale asce consimili compaiono in contesti alquanto antichi: cfr., in particolare, l'esemplare austriaco da Limberg, N.Ö.(Mayer 1977, p. 189, tav. 74: 1027 e relativo inquadramento cronologico, p. 190); vedi anche l'ascia dal ripostiglio di Jevíčko, in Moravia, datato da Říhovský alla fase Hrubcice-Velatice I, ampiamente sincronizzabile con la fase Ha A 1 (Říhovský 1972, p. 46, tav. 39: B 27).
Quanto al rasoio (fig. 7 A: 8), va ricordato come il tipo Pertosa dei rasoi peninsulari sia stato articolato in due varietà attribuibili una al Bronzo recente, l'altra al Bronzo finale. Gli esemplari più antichi sarebbero distinti, secondo la formulazione di V. Bianco Peroni, dalla concavità sulla base superiore maggiormente stretta e marcata, nonché dalla lama più allungata e con costolatura (Bianco Peroni 1979, pp. 12-14); secondo R. Peroni invece i rasoi del Bronzo recente avrebbero tagli divergenti, mentre quelli del Bronzo finale tagli paralleli o quasi (Peroni 1984, nota 24 a p. 264). In entrambe le tipologie, tuttavia, il pezzo senza contesto dal Fucino — di forma allungata, ma pressoché privo di concavità superiore e di costolatura — che presenta le maggiori affinità con l'esemplare del ripostiglio di Lipari non viene incluso in nessuna delle varietà indicate.
Va inoltre sottolineato come lo sviluppo tipologico dei rasoi siciliani sembri seguire linee diverse rispetto a quello dei peninsulari, oltre ad avere in genere una maggiore precocità. Nei rasoi della fase iniziale di Pantalica, infatti, coesistono esemplari stretti ed allungati, a tagli paralleli — cfr. Pantalica tomba 1 N.O. deposizione A, tomba 64 N.O, tomba 16 N. deposizione A (Peroni 1956 figg. 3, 4, 7) — con pezzi più larghi ed a tagli divergenti — cfr. Pantalica tomba 191 S.O., tomba 18 N. (Peroni 1956 fig. 15) —; degli orizzonti successivi, anzi, al contrario che nella penisola, sembrano caratteristici proprio questi ultimi (si veda Peroni 1956, tabelle figg. 1-2): cfr. Pantalica tomba 161 S.O., tomba 67 S.E. (Peroni 1956 figg. 10, 11), ripostiglio di Niscemi (fig. 9: 9).
Il frammento di pendaglio a rotella con quattro raggi incrociati (fig. 7 A: 6), infine, è confrontabile, per la presenza di un occhiello distinto, peduncolato, con un pezzo rinvenuto in strati rimaneggiati — in cui erano frammisti materiali dell'Ausonio I e II — dell'Acropoli di Lipari (Bernabò Brea, Cavalier 1980, p. 641, fig. 129 a), con i sei esemplari provenienti dalla tomba 31 di Piazza Monfalcone (Bernabò Brea, Cavalier 1960, p. 118, tav. XLI: 2 b), nonché, forse, con un pendaglio sporadico e frammentario, dall'area del sepolcreto di Molino della Badia-Madonna del Piano (Bernabò Brea, Militello, La Piana 1969, fig. 17: q).
Un pendaglio simile, incompleto, si riscontra in ambiente egeo a Micene, da livelli del Miceneo III C, anteriori alla distruzione dell'ultima cittadella (Kilian-Dirlmeier 1979, p. 16, tav. 4: 54; Vagnetti 1982, p. 170, fig. 1: 3).
Nell'Italia peninsulare una variante del tipo è documentata nel ripostiglio laziale di Coste del Marano, ma il pezzo appare però «consumato dal lungo uso» (Peroni 1961 a, I. 1. 11. 6: 34); un ulteriore esemplare, sporadico, proviene da Amendolara (Cosenza) località della Calabria ionica dove sono stati individuati resti di sepolture del Bronzo recente e finale.
Interessanti i confronti con l'Europa orientale, dove pendagli a rotella con occhiello peduncolato, sia pure di un tipo diverso dall'esemplare siciliano, si incontrano in contesti coevi del tardo Bz D e dell'Ha A 1 centroeuropei, come Brodski Varoš e Bingula-Divoš (Vinski-Gasparini 1973, pp. 198-205, tav. 53: 7; 56: 34; 86: 13).

10) Bernabò Brea, Cavalier 1980, p. 708.

11) Carancini 1984, pp. 199-201. Va rilevato che gli esemplari italiani del tipo Cuma sono privi di elementi di associazione; il tipo è stato quindi datato da G.L. Carancini sulla base dell'affinità con il tipo Menaforno. L'inquadramento cronologico di quest'ultimo è basato sui materiali che compongono il "complesso del Fucino".
In tale complesso, costituito da tombe ad inumazione, un'ascia del tipo Menaforno era associata, sulla base della patina, a coltelli a codolo tipo Ortucchio - tipo la cui stessa datazione è basata su quella del "complesso del Fucino" (Bianco Peroni 1976, p. 55) - e ad una spada a lingua da presa del tipo Allerona (Bianco Peroni 1970, p. 68, n. 158), tipo ascrivibile non oltre la prima fase del Bronzo finale (intervento di R. Peroni alle "Giornate in onore di S.M. Puglisi" tenutesi a Roma nel 1988; cfr. anche Peroni 1989, p. 215). Va a questo proposito ricordato quanto sottolineato da R. Peroni relativamente all'età del bronzo recente ed alla prima fase del Bronzo finale della penisola: «...i limiti tra l'una e l'altra, chiarissimi nell'Italia centro-meridionale per ciò che concerne lo sviluppo degli stili ceramici, sono invece [...] alquanto controversi proprio per ciò che concerne la rispettiva attribuzione di alcuni complessi e tipi di bronzi» (Peroni 1989, pp. 216-217).
Quanto ad un altro coltello tipo Ortucchio, alle due grandi fibule ad arco di violino con moduli e staffa a dischetto ed alla piccola punta di lancia, non è affatto certa l'appartenenza allo stesso contesto (Carancini 1984, pp. 199-200).
Si deve quindi ritenere che gli oggetti del "complesso del Fucino" appartenessero a sepolture diverse nell'ambito della stessa necropoli, una delle quali, collocabile in un momento non successivo al Bronzo Finale 1, avente nel corredo la spada e l'ascia; questa tomba costituisce quindi un preciso riferimento cronologico per le asce del tipo Menaforno e, di conseguenza, per quelle del tipo Cuma.

12) Orsi 1891, tav. XI: 18.

13) La matrice proviene da uno strato relativo alla fase finale della facies di Capo Graziano: Albanese Procelli 1991, pp. 309-313, fig. a p. 310.

14) Orsi 1890, p. 49.

15) Orsi, Rizzo 1897, tav. V: 2.

16) Orsi 1927, pp. 39-41, tav. I: 4-6.

17) Orsi riferisce che nel 1886 vennero acquistate dal Museo di Palermo 11 asce ad occhio, simili fra loro e contraddistinte da una fine costolatura ad X sulla testa; 5 esemplari di forme consimili, provenienti dallo stesso ripostiglio, si conservavano invece al civico Museo ai Benedettini di Catania (Orsi 1890, p. 49; Orsi, Rizzo 1897, p. 119). L. Bernabò Brea, nel suo studio sul ripostiglio di Lipari, indica essere in numero di sei le asce custodite a Catania, dandone riscontro con i pezzi descritti da Libertini nel suo libro sul Museo Biscari (Libertini 1930, p. 113, e tav. LVIII, nn. 391-393, 395-397), includendo anche un esemplare, il numero 393, che G. Libertini dice provenire da Siracusa (gli altri pezzi sono, per tale autore, di provenienza ignota: Libertini 1930, pp. 113-114). Tutte le asce in questione presentano comunque strette connessioni tipologiche con quelle del ripostiglio di Lipari.

18) Orsi 1890, p. 49.

19) Orsi, Rizzo 1897, pp. 111, 115, 118-122, tav. V: 1, 2, 14. Erronea è la descrizione data di questo ripostiglio, anni dopo, da F. von Duhn (von Duhn 1925, pp. 374-375). Va segnalato che, nello stesso sito, venne pure rinvenuto un altro piccolo deposito di bronzi, costituito da quattro punte di lancia collocate all'interno di un contenitore fittile (Orsi, Rizzo 1897, pp. 111, 117-118, tav. V: 13).

20) Orsi 1927, pp. 39-43, tav. I: 4-6; Albanese Procelli 1993, pp. 50-51, fig. 15, tav. 6: BM 1-5.

21) Bernabò Brea, Cavalier 1980, p. 759.

22) Gabrici 1923-1925 a, pp. 5-6, figg. 13-16.

23) Carancini 1984, pp. 199-201. Sulla datazione dei tipi Menaforno e Cuma, vedi nota 11. Si rilevi che anche le asce ad occhio con nervatura e tallone crestato sono prive di associazioni (Carancini 1984, p. 200). Vale quindi anche per esse quanto osservato per il tipo Cuma.

24) Tali reperti non hanno alcun rapporto con un altro complesso di bronzi, pure custodito al Museo di Siracusa, proveniente "dalle montagne di Noto", acquistato nel 1916 da P. Orsi ed appartenente ad un gruppo di sepolture databili fra il Bronzo Finale 3 ed il I Ferro 2. Sui questi ultimi materiali, cfr. Bernabò Brea 1972, pp. 199-201; Albanese Procelli, Lo Schiavo 1993, pp. 255-265, figg. 68-70.

25) Orsi 1927, pp. 43-50, tavv. I: 1-3, II: 1-8; Müller-Karpe 1959, tav. 12 C; Albanese Procelli 1993, pp. 51-54, fig. 16, tavv. 6-7: N 1-26. La dizione "abbreviata" di Niscemi al posto di S. Maria di Niscemi era già di uso corrente al tempo di P. Orsi (Orsi 1927, p. 43). Si ringrazia la dr. A.M. Bietti Sestieri che ha permesso di pubblicare i materiali da Niscemi da lei disegnati.

26) Il pezzo si inquadra tipologicamente, secondo la classificazione di R. Peroni, nel gruppo A dei rasoi di Pantalica; tale gruppo è caratteristico della prima fase di tale sepolcreto, collocabile nell'ambito del Bronzo recente: cfr. Peroni 1956, pp. 392, 400-402, fig. 1.

27) Per un inquadramento crono-tipologico delle fibule di Niscemi, cfr. Lo Schiavo 1993, pp. 239-240.

28) Cfr., in particolare, Kilian 1983, fig. XIII, colonna T.E. III C, seconda dall'alto.

29) Orsi 1927, tavv. I: 1, 3; II: 5, 7; secondo P. Orsi i primi due, dalla sagoma angolata, avrebbero avuto forse la funzione di scortecciare i tronchi, mentre i secondi sarebbero invece serviti a rompere le zolle di terra: Orsi 1927, pp. 47-49. Cfr. anche Bernabò Brea, Cavalier 1980, pp. 775-776; Albanese Procelli 1993, p. 90.

30) Nel Museo Archeologico di Siracusa sono conservati cinque oggetti provenienti da Noto Antica, di cui non si conoscono però le esatte circostanze di rinvenimento: un'ascia a spuntoni laterali, due "strumenti a cannone traforato" ed uno scalpello a cannone: cfr. Albanese Procelli 1986-1987, pp. 45-62, tav. I: 1-5; II; .Albanese Procelli 1993, pp. 54-56, fig. 17, tav. 8: NA 1-5.

31) Orsi 1900, pp. 166-174, fig. A, tav. XII; Tusa, Giardino in corso di pubblicazione. Si ringrazia il dr. S. Tusa, che ha acconsentito a riprodurre i materiali del ripostiglio, ancora inediti.

32) Bianco Peroni 1970, pp. 81-83.

33) Cfr. Bianco Peroni 1970, pp. 79-83.

34) Per la definizione tipologica dei rasoi bitaglienti tipo Castiglione di Paludi e la loro datazione in un ambito com-

preso fra il Bronzo Finale 3 ed il I Ferro 1, cfr. Bianco Peroni 1979, pp. 19-20.
35) Bernabò Brea, Militello, La Piana 1969, fig. 20, a,b.
36) Bernabò Brea, Militello, La Piana 1969, figg. 21: l, f; 12: a, f, g; 16: r, g.
37) Carancini 1979 a, p. 635.
38) Su tale tipo, databile nell'ambito del Bronzo Finale 3, cfr. Carancini 1984, pp. 213-215.
39) Carancini 1984, pp. 233-234.
40) Cafici 1888, pp. 167-178, tavv. XIV-XV; Albanese Procelli 1993: 57-59, fig. 19, tav. 9; Albanese Procelli, Lo Schiavo 1993: 240-242, fig. 65: 6-14.
41) Di Stefano 1980-1981, p. 758; Di Stefano 1984, 94-100; Di Stefano, Giardino 1990-91. Si ringrazia il dr. G. Di Stefano, la cui cortesia ha permesso di studiare i pezzi del ripostiglio, nonché di riprodurne alcuni.
42) Di Stefano, Giardino 1990-91, fig. 6: 1.
43) Orsi 1900, pp. 274-275, tav. IX: 9; Bernabò Brea 1958, p. 193; Albanese Procelli 1993, p. 56, fig. 18, tav. 8: L 1-14.
44) Sull'identificazione dei frammenti con fibule serpeggianti a gomito, cfr. Albanese Procelli 1993, p. 56. Diversa è l'opinione di P. Orsi, secondo il quale i pezzi apparterrebbero invece a fibule serpeggianti ad occhio: Orsi 1900, pp. 274-275. Secondo L. Bernabò Brea nel ripostiglio di Lentini sarebbero presenti frammenti sia del tipo a gomito che ad occhio (Bernabò Brea 1958, p. 193). In entrambi questi ultimi due casi il ripostiglio avrebbe un carattere di recenziorità rispetto agli altri depositi dell'orizzonte di Modica.
45) Sorge 1910, p. 34.
46) Gabrici 1923-25 b, pp. 3-11; Palermo 1983, pp. 105-120, Giardino 1987 c, pp. 39-55.
47) Per l'inquadramento tipologico e la cronologia, nell'Italia peninsulare, di questi tipi cfr. Carancini 1984, pp. 221-222 (ascia ad occhio tipo Soleto), 216-217 (ascia ad occhio tipo Cirò), 232-235 (ascia piatta a lama espansa).
48) Giardino 1987 c, pp. 46, 52. Per la definizione dei tipi citati e la loro cronologia, cfr. Carancini 1984, pp. 19-39 (ascia ad alette tipo Ardea), 172-174 (ascia a cannone tipo Ardea). Fondamentale, per l'inquadramento di questi due tipi, è la datazione del ripostiglio di Ardea, deposto verso gli inizi del I Ferro 2 B, e del quale la produzione della maggior parte degli oggetti risale ad un momento avanzato del I Ferro 2 A (Peroni 1967, I 9-46).
49) Cfr., a tale proposito, Carancini 1984, pp. 175-186.
Va sottolineato come, mentre i materiali più antichi trovano confronti in Italia meridionale, quelli più recenti mostrino invece strette affinità con l'Etruria (Giardino 1987 c, p. 52, tav 10). Le analisi archeometriche condotte sul ripostiglio sembrano confermare il dato tipologico: l'ascia a cannone di tipo S. Francesco, l'unica di questo secondo gruppo che è stato possibile analizzare, differisce infatti dagli altri reperti per contenuto di ferro, comportandosi in maniera analoga a gran parte dei bronzi dell'Italia centrale, ed inducendo così ad ipotizzare che si tratti di una importazione (Caneva, Giardino 1992, pp. 298-299, tab. 1).
50) Orsi 1927, pp. 38-39, fig. 1; Albanese Procelli 1993, pp. 60-61, fig. 21, tav. 10: SM 1-11.
51) Cfr. Albanese Procelli 1993, fig. 21: SM 1 (ascia a cannone), SM 2 (ascia ad alette), SM 11 (forma di fusione). Sulle asce ascia ad alette tipo Volterra ed il loro inquadramento cronologico, vedi Carancini 1984, pp. 62-69.
Orsi 1927, pp. 38-39, fig. 1.
52) Pigorini 1888, p. 104; Orsi 1890, p. 49; Orsi 1897, p. 119; Albanese Procelli 1993, p. 60, fig. 20, tav. 10: S 1-5.
53) Cassibile: tomba 7 (Müller-Karpe 1959, tav. 4: D 3), sepolcro 70 (Orsi 1899, coll. 128-129, tav. XIII: 12); Realmese, necropoli di Cozzo S. Giuseppe (Calascibetta): tomba E 56 (Bernabò Brea, Albanese Procelli 1982, p. 517, figg. 91: 6; 92 E 56: 6).
54) Albanese Procelli 1993, fig. 20: S 1 (ascia ad occhio tipo Cerchiara), 2 (ascia occhio ovale tipo S. Francesco: il pezzo presenta una leggera lacuna al tallone e delle bave di fusione), 3, 5 (asce con appendice a bottone).
55) Albanese Procelli 1993, fig. 20: S 4. Per la definizione, l'inquadramento cronologico e la distribuzione nella Penisola Italiana dei tipi di asce ad occhio citati, cfr. Carancini 1984, pp. 205-206 (tipo Cerchiara); 210-211 (ad occhio ovale tipo S. Francesco); 222-223 (tipo Ardea). La disomogeneità cronologica delle asce di Spaccaforno, unita ad una diversità nelle patine ed alla assenza di dati sul rinvenimento hanno indotto R.M. Albanese Procelli a dubitare della provenienza unitaria del ripostiglio: Albanese Procelli 1993, pp. 85, 213.
56) Orsi 1900, pp. 267-274, tav. XI: 18, 10-11; Bernabò Brea 1972, p. 199, fig. 50; Albanese Procelli 1993, pp. 61-67, figg. 22-24, tav. 11.
57) Orsi 1909 a, pp. 43-44; Orsi 1909 b, pp. 387-388; Müller-Karpe 1959, tavv. 8-11; Bernabò Brea 1972, p. 194-197, fig. 48; Albanese Procelli 1993, pp. 109-207, figg. 26-58, tavv. 15-45. Il ripostiglio di Adrano è anche noto nella letteratura archeologica con la vecchia denominazione di Adernò, nome questo del paese fino al 1929.
58) Consolo Langher 1965, p. 7. Sulla ipotetica valenza premonetale del ripostiglio di Adrano, particolarmente riscontrabile in alcune classi di materiali, tra cui i pani di bronzo, cfr. Consolo Langher 1965, pp. 3-16.
59) Cfr. Carancini 1984, pp. 211-212 (asce ad occhio tipo Cirò); 210-211 (asce ad occhio ovale tipo S. Francesco).
60) Alquanto controverso è il problema della datazione del ripostiglio di Adrano. H. Müller-Karpe, inquadrando il deposito non solo tipologicamente, ma anche sulla base del contesto storico ed archeologico della Sicilia orientale, sostiene che la sua deposizione non possa essere posteriore agli inizi della colonizzazione ellenica (Müller-Karpe 1959, pp. 26-30). Anche per L. Bernabò Brea il ripostiglio va datato «alla fine dell'VIII sec. a. C.» (Bernabò Brea, Cavalier 1980, p. 761). Secondo A.M. Albanese Procelli, invece, alcuni elementi indurrebbero a collocare il momento di interramento del complesso «nella seconda metà del VII» (Albanese Procelli 1993, pp. 214-215): tra questi particolare rilievo presenta, posto che non si tratti di una intrusione, un ambiguo e lacunoso frammento di scarto di fusione ipoteticamente interpretato come una punta di freccia a cannone con tre alette ancora aderente al canaletto di colata; fra gli oggetti più recenti vi sarebbero inoltre gli astragali ed i cinturoni. Sul problematico inquadramento cronologico dei c.d. astragali, cfr. Albanese Procelli 1993, pp. 198-199. Per quanto concerne i cinturoni, si può osservare che

tale produzione mostra comunque rapporti con l'artigianato centro-italico della prima età del ferro (cfr. Müller-Karpe 1959, p. 29; sui cinturoni di area siciliana, vedi Albanese Procelli 1993, pp. 198-199, pp. 172-175). Va infine rilevato che tutti i tipi di fibule attestati nel ripostiglio sono «dell'VIII secolo (o precedenti)» e manchino esemplari «della seconda metà del VII» (Lo Schiavo 1993, p. 251).

61) Cfr. Bianco Peroni 1979, pp. 40-41 e nota 36.

62) Peroni 1979, p. 197.

63) Per le fibule del ripostiglio di Adrano, vedi anche Lo Schiavo 1993, pp. 243-251, figg. 66-67.

64) Sui calderoni di Adrano e la loro problematica, cfr. Albanese Procelli 1989, pp. 648-677.

65) Bernabò Brea 1972, p. 195; Albanese Procelli 1993, pp. 165-166, fig. 56, tav. 45: M 648-656.

66) Orsi 1927, pp. 50-57, fig. 4, tavv. III-IV; Müller-Karpe 1959, tav. 12 A; Albanese Procelli 1993, pp. 67-71, fig. 25, tavv. 12-14: SC 129/163-195-221.

67) Egg 1983, pp. 195-200, figg. 1-4, tavv. 21-25: 1.

68) Egg 1983, fig. 4: 1. Per i confronti in ambiente greco del frammento di *Glockenpanzer*, cfr Egg 1983, pp. 204-205.

69) Cfr. Peroni 1956, pp. 400-402; Müller Karpe 1959, pp. 21-23; Bietti Sestieri 1988, pp. 44-45.

70) Per un dettagliato esame della questione, sulla base dell'evidenza archeologica, cfr. Bietti Sestieri 1980-81.

71) Bernabò Brea 1964-65, pp. 1-7, 24-33; Bietti Sestieri 1979, pp. 599-600.

72) Vagnetti 1983, pp. 717-718; Marazzi 1988, pp. 7-19.

73) Tale problematica, che esula in gran parte dal presente studio, volto piuttosto ad esaminare i rapporti fra le varie aree del Mediterraneo occidentale, è stata oggetto negli ultimi anni di numerosi, approfonditi studi, alcuni rivolti ad analizzare specifici momenti cronologici (Tusa 1985; Bergonzi 1985; Marazzi et alii 1987; Marazzi 1988), altri, di carattere più generale, tendenti a seguire il fenomeno nel corso del suo sviluppo cronologico (Marazzi, Tusa 1979; Holloway 1981; Kilian 1983; Peroni 1983; Bietti Sestieri 1985; Bietti Sestieri 1988).

74) È stata ipotizzata l'esistenza di contatti fra le due isole già nell'antica età del bronzo, durante il periodo di fioritura, nelle Eolie, della facies di Capo Graziano: Bernabò Brea 1980, pp. 194-196; Bernabò Brea 1981, p. 17; Tusa 1992, pp. 433-434.

75) Sui contatti fra Sardegna ed Etruria allo scorcio del II millennio si veda, tra gli altri, Bartoloni, Delpino 1975, pp. 40-45; Lo Schiavo 1981 a, pp. 300-306; Gras 1985, pp. 113-162; Lo Schiavo, Ridgway 1987, pp. 392-404 e tav. I; Tore 1981, pp. 261-268.

76) Bernabò Brea, Cavalier 1960, p. 119.

77) Lo Schiavo 1985, p. 260.

78) Guerreschi 1975, pp. 323-327.

79) Rittatore Vonwiller 1975 a, p. 98, Negroni Catacchio 1975, pp. 227-228; Lo Schiavo 1982 a, p. 260; Lo Schiavo, Ridgway 1987, pp. 396-397.

80) Mosso 1906, p. 524; Mosso 1908, col. 669; De Miro 1968, p. 77.

81) Bernabò Brea, Cavalier 1980, pp. 756, 785-787, tavv. CCXIX: a-b; CCXXIII: 3-4.

82) Giardino 1992, p. 307.

83) Buchholz 1958, pp. 92-115; Bass 1967, pp. 52-78; Parise 1968, pp. 117-133.

84) Nibbi 1986, pp. 41-65.

85) Lo Schiavo, Macnamara, Vagnetti 1985, pp. 10-13; Ferrarese Ceruti, Vagnetti, Lo Schiavo 1987, p. 23.

86) Sullo stato della questione e sulle indagini condotte sui lingotti sardi medinate analisi del rapporto isotopico del Pb, vedi più oltre pp. 46, 144.

87) Ferrarese Ceruti, Vagnetti, Lo Schiavo 1987, p. 23.

88) Bass 1967, pp. 52-83.

89) Bass, Frey, Pulak 1984, pp. 273-278.

90) Galili, Shmueli, Artzy 1986, pp. 25-36.

91) Giardino 1987 b, p. 420.

92) Per l'attribuzione al "*Late Bronze Age*" di doppie asce provenienti da vari complessi sardi, cfr. Lo Schiavo, Macnamara, Vagnetti 1985, pp. 18-20.

93) Lo Schiavo 1985, p. 261, figg. 36-37.

94) La collezione Biscari non è fornita, tranne che in rari casi, di indicazioni di provenienza per gli oggetti protostorici, il che rende necessaria una certa cautela nel prenderli in esame. Si tenga tuttavia presente che, in generale, numerosi pezzi della raccolta furono rinvenuti nei feudi dei principi Biscari presso Vittoria (Ragusa) e dall'agro centuripino (Libertini 1930, p. XVI). Per quanto concerne l'ascia fig. 17 B: 3, pubblicata da Libertini con il n. 407, A. De Gregorio afferma comunque che essa è stata rinvenuta in Sicilia: De Gregorio 1917, p. 93.

95) Sulla classificazione tipologica delle doppie asce sarde, cfr. Lo Schiavo 1983 b, pp. 302-307.

96) De Gregorio 1917, tav. LXXXVII: 5; Libertini 1930, tav. LVIII: 406.

97) De Gregorio 1917, tav. LXXXVII: 4; Libertini 1930, tav. LVIII: 407.

98) Lo Schiavo, Macnamara, Vagnetti 1985, pp. 18-22.

99) Il confronto instaurabile fra le asce a margini fortemente rialzati sarde e quelle del tipo Sezze dell'Italia continentale, databili alla media età del bronzo, depone per una comparsa assai precoce di questa foggia: Carancini 1982, p. 158.

100) Vedi, tra gli altri: ripostiglio di Chilivani (Taramelli 1923 b, p. 153, fig. 1: 3); ripostiglio di Terralba (Lilliu 1953, p. 7, tav. I: 2,4); villaggio di Serra Orrios (Lo Schiavo 1980 a, p. 149, tav. XLI: 7); ripostiglio di Porto Torres (Haeberlin 1910, p. 7, taf. 2: 5).

101) Giardino 1987 b, fig. 1: 2.

102) Contu 1980 b, pp. 829-835; Ferrarese Ceruti 1987, pp. 431-435, tavv. I-VI.

103) La presenza di questo oggetto in un contesto dell'Ausonio II costituisce un interessante punto di riferimento cronologico per le navicelle bronzee a scafo rigido nuragiche, che debbono avere costituito il modello per gli esemplari ceramici (Ferrarese Ceruti 1987, pp. 432-433).

104) Cfr. Ferrarese Ceruti 1987, pp. 431-432, tavv. I: 4-5; II: 7 (ciotola a corpo arrotondato con fondo decorato a stralucido); II: 5-6, III: 7-8 (brocche askoidi con beccuccio); III: 1-2 (brocche askoidi con larga bocca obliqua); III: 9-11 (olle con ansa a gomito rovescio).

105) Sulla presenza della decorazione a treccia e del motivo della coppia d'uccelli nella bronzistica sarda, vedi Bartoloni, Delpino 1975, p. 43, nota 178.

106)Orsi 1912, col. 317, tavv. VII: 28 (fibula serpeggiante), IX: 66 (brocca askoide).

107)Peroni 1979, pp. 195-197.

108)Bernabò Brea 1970, pp. 144-145, fig. 5.

109)Lo Schiavo, Ridgway 1987, nota 19. Secondo L. Bernabò Brea il contesto ceramico nel quale il manufatto è stato rinvenuto sarebbe inquadrabile nell'ambito dello stile di Thapsos: Bernabò Brea 1970, pp. 145-146. L'antichità del complesso di provenienza costituisce quindi un ulteriore elemento di problematicità.

110)Lo Schiavo, Ridgway 1987, p. 397.

111)Sono noti infatti 44 esemplari provenienti dall'Italia meridionale (40 dei quali dalla sola Calabria) e 19 dalla Sicilia: Lo Schiavo 1985, p. 267, fig. 60.

112)Lo Schiavo 1985, p. 267.

LE ISOLE DEL TIRRENO CENTRALE

Sardegna

La cultura nuragica presenta ancora oggi un inquadramento cronologico problematico; la Sardegna si differenzia così da altre regioni, quali l'Italia continentale o l'Europa centrale, in cui già da tempo è stata in gran parte acquisita una periodizzazione alquanto puntuale e precisa.

Questa situazione è stata causata da molteplici fattori, alcuni legati alla peculiarità della cultura nuragica — si pensi all'assenza pressoché totale nell'isola di sepolture individuali sino ad una fase alquanto avanzata — altri connessi con le vicende della storia degli studi. I numerosi ripostigli sardi — F.K. von Duhn già nel 1925 ne elencava ben 27 (1), ora pressoché raddoppiati — con rare eccezioni, sono a tutt'oggi in gran parte inediti, oppure pubblicati solo in modo parziale e/o approssimativo, per lo più scarsamente utilizzabili per un moderno studio tipologico dei materiali. Una situazione analoga si incontra anche nell'edizione degli scavi di insediamenti e di santuari, studi che di norma costituiscono la chiave per la comprensione della dinamica di sviluppo delle forme ceramiche. A fronte di relativamente numerosi scavi condotti nell'isola e di stratigrafie, talora anche accurate e dettagliate, di villaggi e di altre strutture nuragiche, sta generalmente, purtroppo, la pubblicazione di una scarsa quantità di materiali.

Benché, specie negli ultimi anni, si registri una chiara inversione di tendenza, tuttavia il lungo perdurare della situazione precedente continua ad influire sul corso della ricerca.

Nell'affrontare un pur breve inquadramento della civiltà nuragica è necessario premettere come prevalga, in tutte le varie fasi di questa cultura, l'impressione di un forte attaccamento ai modelli elaborati in precedenza, suscitata forse in parte anche dalla carenza di dati cui si è fatto cenno poc'anzi.

V. G. Childe, già nel 1947, evidenziò tale carattere, rilevando che:

«the island industry was extraordinarily conservative. Hoards of nuragic age may contain every sort of axe from flat or flanged types [...] up to socketed forms of the Late Bronze Age and of stabbing weapons from archaic round-heeled daggers to flange-hilted swords» (2).

Tale visione è stata infatti, in sostanza, confermata e ribadita anche da più recenti studi: G. Lilliu, riesaminando i dati acquisiti sul mondo nuragico, afferma infatti che:

«tra fase e fase si indovinano leggeri stacchi più che vere rotture; e il sustrato è come percorso da una linea fondamentale di continuità: appunto la linea "nuragica", segnata dallo specifico monumento che le dà il nome. Sembra, dunque, di percepire una storia a «morbida dialettica», che va per evoluzione progressiva (a parte l'involuzione finale) anziché per frattura o rivoluzione» (3).

Non va comunque dimenticato come fra le due posizioni, benché per molti versi analoghe, intercorra oltre un trentennio di ricerche che hanno portato a modificare la cronologia assoluta della civiltà nuragica in modo talora anche radicale.

Ancora nel 1972 G. Lilliu evidenziava tre grosse fasi (4), fondate essenzialmente sulla sequenza stratigrafica del complesso nuragico di Su Nuraxi-Barumini (Cagliari), da lui stesso scavato (5) (tab. II):

Nuragico arcaico o protonuragico, in cui erano inquadrate la cultura di Bonnànaro («circa 1500-1200 a. C.») e quella di Monte Claro («preparata prima del 1500 a. C., si svolge, con maggiore intensità, dal 1200 al X secolo a. C.»).

Nuragico medio o apogeico («X-VI secolo a. C.»), a sua volta distinto, sulla base della stratigrafia del villaggio di Su Nuraxi-Barumini, in un Nuragico Medio I (o Nuragico I Inferiore di Barumini: «X-IX secolo a. C.»), ed un Nuragico Medio II (o Nuragico I Superiore di Barumini: «VIII-VI secolo a. C.»).

Nuragico recente o finale, o della decadenza, o Nuragico II di Barumini («V-II secolo a. C.»), che si spingeva oltre la conquista romana della Sardegna, avvenuta fra la I e la II guerra punica, nel 238 a. C.

Dalla fine degli anni '70 la preistoria sarda è stata oggetto di un ampio dibattito scientifico, che ha indotto a profonde riconsiderazioni e modifiche, anche grazie a recenti scoperte archeologiche che hanno apportato nuova luce alla problematica cronologica. Fra queste ultime vanno ricordati, per la loro importanza, i rinvenimenti di materiale nuragico nelle Eolie, a Lipari, in livelli dell'Ausonio II (6) e di ceramiche micenee nel complesso di Antigori di Sarroch (Cagliari), in contesto stratigrafico (7).

Per meglio comprendere l'attuale problematica della ricerca, è opportuno premettere dei cenni su alcuni dei principali contributi alla più recente storia degli studi (8).

V. Santoni, nel 1977, riesaminando le ceramiche di Barumini, identificò come materiale figulino dipinto d'importazione inquadrabile nella seconda metà del VI secolo a. C. alcuni materiali prima di allora considerati di età ellenistica, datando conseguentemente «al pieno del VII secolo» — ed in alcuni casi «a tempi pieni dell'VIII a. C.» — le strutture del Nuragico Recente (Nuragico II di Barumini, fase d) situate nel livello sottostante a quello con tale ceramica; la distruzione del monumento, prima attribuita «ad intervento punico del VI sec.», dovette quindi essere anticipata «intorno alla fine del IX» (9).

In un'analisi generale della cronologia sarda dal Neolitico all'età del ferro tendente ad utilizzare gli apporti forniti dagli studi archeometrici, E. Contu pubblicò, nel 1980, una tabella con le datazioni assolute al ^{14}C disponibili allora per i materiali preistorici sardi (10). Da tale tabella emergeva con chiarezza come il maggior numero di datazioni per strutture nuragiche ed insediamenti disponibili per l'età del bronzo si addensassero attorno ai secoli dal 1100

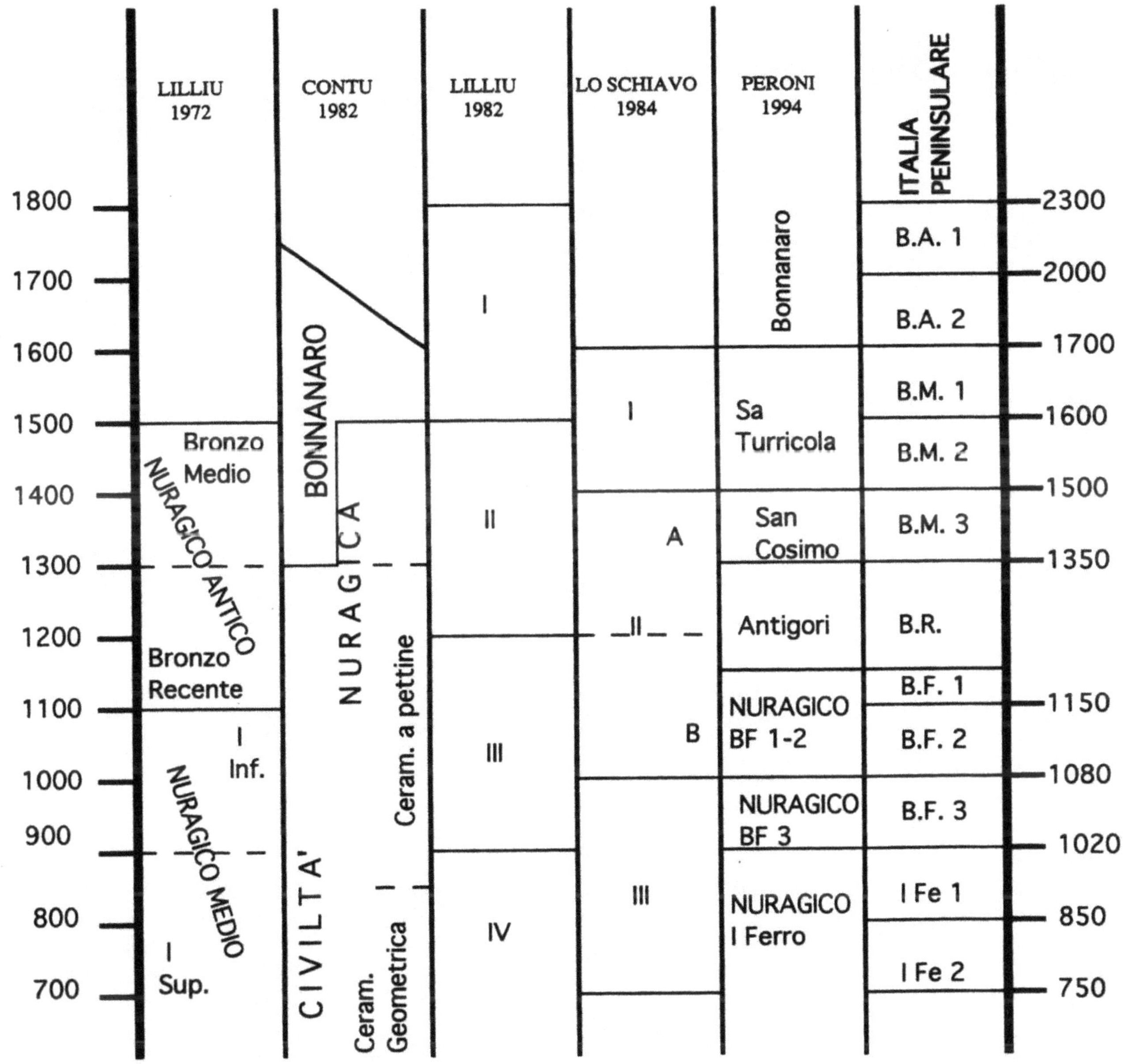

Tab. II. Cronologie nuragiche correlate con l'Italia peninsulare. A sinistra le datazioni assolute fondate sulle cronologie storiche, a destra quelle dendro-cronologiche.

al 1500 a. C., fornendo così un chiaro indizio sulla opportunità di arretrare di vari secoli la cronologia nuragica tradizionale ([11]). Questi dati sono stati in seguito confermati dalle successive analisi radiocarboniche e dalle datazioni fornite dalla misura dello strato di idratazione delle ossidiane. È anzi emerso come la gran parte delle date al ^{14}C ricalibrate ricadano nella fascia compresa fra il 1600 ed il 1500 a. C.; un certo numero di esse sono anteriori al XVI secolo (fig. 19 B) ([12]).

Anche F. Lo Schiavo, nei suoi numerosi studi prevalentemente rivolti all'esame dei bronzi sardi, ha più volte indicato come i contatti con altre aree culturali, e segnatamente con il mondo cipriota-levantino, obbligassero ad una visione rialzista.

Il complesso di bronzi di Ottana presenta precisi richiami ad orizzonti ciprioti della metà del III millennio ([13]) e del Bronzo antico-medio inglese ([14]). Di esso facevano parte, tra l'altro, un pugnale con lama fogliata e nervatura mediana ed una daga con lama a contorno ovale e spalla ristretta, arrotondata, ambedue con massiccio codolo ad uncino, nonché una serie di quattro daghe con lama triangolare lunga e stretta, spalla obliqua e codolo con foro ([15]). Questo complesso costituisce quindi un'importante testimonianza della presenza della Sardegna nelle rotte commerciali a lunga distanza già a partire dalla media età del bronzo ([16]), presenza avvalorata dai rinvenimenti di spade collegabili con tipologie argariche a Sant'Iroxi di Decimoputzu (Cagliari) ([17]) ed a Maracalagonis (Cagliari) ([18]), nonché di ceramiche, anch'esse di stile argarico, a Montessu (Villaperuccio, Cagliari) ed a Pani-Lóriga (Santadi, Cagliari) (fig. 19 A) ([19]).

Nel 1982 G. Lilliu, tenendo conto dei vari sviluppi della problematica sino a quel momento e, in particolare, delle datazioni radiocarboniche, ha presentato una proposta di rielaborazione della cronologia nuragica suddividendola in cinque fasi, le prime tre delle quali pertinenti all'età del bronzo e le ultime due all'età del ferro ([20]). Questa articolazione è stata poi ribadita ed ulteriormente precisata nei suoi studi successivi ([21]).

Va tuttavia rilevato che, nonostante i rilevanti apporti forniti dagli studiosi, non è stato ancora possibile elaborare una sequenza cronologica complessiva delle varie classi di materiali, sia a causa della lacunosità nell'edizione dei reperti, lacunosità che impedisce di realizzare uno studio tipologico globale, che anche per via delle peculiarità stilistiche dei manufatti ceramici e bronzei sardi, che spesso non permettono precisi agganci con altre culture protostoriche ([22]).

La disomogeneità dei dati deducibili dalla letteratura archeologica costituisce infatti un limite difficilmente valicabile alla costituzione di una impalcatura tipologica. Le riproduzioni grafiche, specie nelle pubblicazioni più antiche, che sono purtroppo, talora, le uniche utilizzabili, sono inoltre spesso poco attendibili e/o di ambigua lettura ([23]).

È opportuno sintetizzare brevemente l'inquadramento cronologico proposto da G. Lilliu ([24]), che si può considerare a tutt'oggi un punto di riferimento per le problematiche relative alla civiltà nuragica, pur con alcune precisazioni, anche legate agli ultimi sviluppi delle ricerche (tab. II).

La I fase nuragica (Nuragico arcaico o protonuragico: «1800-1500 a.C.») viene inquadrata nell'ambito del Bronzo antico dell'Europa occidentale ed è costituita dal momento più arcaico della cultura di Bonnànaro (facies Bonnànaro A o di Corona Moltana, da una tomba rinvenuta in questa località posta presso Bonnànaro - Sassari). L'aspetto archeologicamente più documentato è quello delle sepolture, di molteplice tipologia (ipogei, grotte naturali, *allées couvertes*, tombe a cista), mentre rari sono i villaggi conosciuti; vengono ascritti a questo orizzonte i più antichi nuraghi, come quello monotorre di Trobas presso Lunamatrona (Cagliari).

La II fase (Medionuragico: «1500-1200 a.C.») copre l'arco cronologico corrispondente al Bronzo medio, in cui si sviluppa la fase tarda della cultura di Bonnànaro (facies Bonnànaro B o di Sa Turricula o Subbonnànaro). Questo periodo sarebbe caratterizzato dal completamento della maggior parte dei nuraghi singoli. Un particolare impulso avrebbe anche ricevuto l'utilizzo di un genere particolare di monumento collettivo megalitico, la cosiddetta tomba di giganti — nelle due distinte forme, di tipo dolmenico-ortostatico ed a struttura isodoma — ([25]), pur conservandosi sistemi di sepoltura di origine più antica, con il reimpiego di ipogei artificiali e la deposizione in grotte. Nella produzione vascolare pur prevalendo il gusto per la ceramica inornata, si diffondono i recipienti decorati a nervature.

La III fase (Nuragico recente: 1200-900 a.C.) inquadra il Bronzo recente e finale. In questo momento avrebbe origine il nuraghe plurimo o complesso, affiancando altri corpi di costruzione alle precedenti torri semplici. La gran parte di tali strutture più articolate sarebbe secondo Lilliu da ascrivere a questo periodo. Nell'architettura funeraria dalle arcaiche tombe di giganti di tipo ortostatico si svilupperebbero ora strutture costruite con lastre squadrate e ben levigate e caratterizzate dalla presenza, al centro dell'esedra, di un blocco a dentelli ([26]); esse sarebbero accompagnate da betili troncoconici lisci od ornati per lo più da incavi. Una particolare attenzione per il sacro trasparirebbe anche dai tempietti a pianta rettangolare, forniti di ante sui lati brevi (i cosiddetti templi a "megaron"), che si ritrovano in alcune zone dell'isola ([27]) e dai ben più numerosi pozzi e fonti sacre, con camere circolari a tholos e talora forniti di scale dall'impianto monumentale per accedere all'acqua ([28]). Assai variata è, nella cultura materiale, la ceramica, con olle e dolii globulari ed ovoidi con orlo ispessito, ciotole a calotta, troncoconiche e carenate, bollitoi, teglie; fra le anse caratteristica è quella a gomito rovesciato.

La IV fase (nuragico finale: «900-500 a.C.») coincide con la prima età del ferro ed è coeva della colonizzazione fenicia e della successiva conquista cartaginese (VI secolo) ([29]). È posto in questo momento l'affermarsi di un'aristocrazia nuragica e la realizzazione dei monumenti al suo prestigio e potere. Restando il controllo del territorio affidato alla rete di nuraghi costruiti in precedenza, vengono ampliati ed abbelliti i santuari, anche con l'impiego di una raffinata tecnica isodoma. All'interno di essi non mancano edifici particolari, probabilmente a carattere pubblico, come la cosiddetta "Capanna delle Assemblee federali" di Santa Vittoria di Serri. In ambito sepolcrale oltre alle antiche deposizioni collettive compaiono sepolture singole, anche di carattere

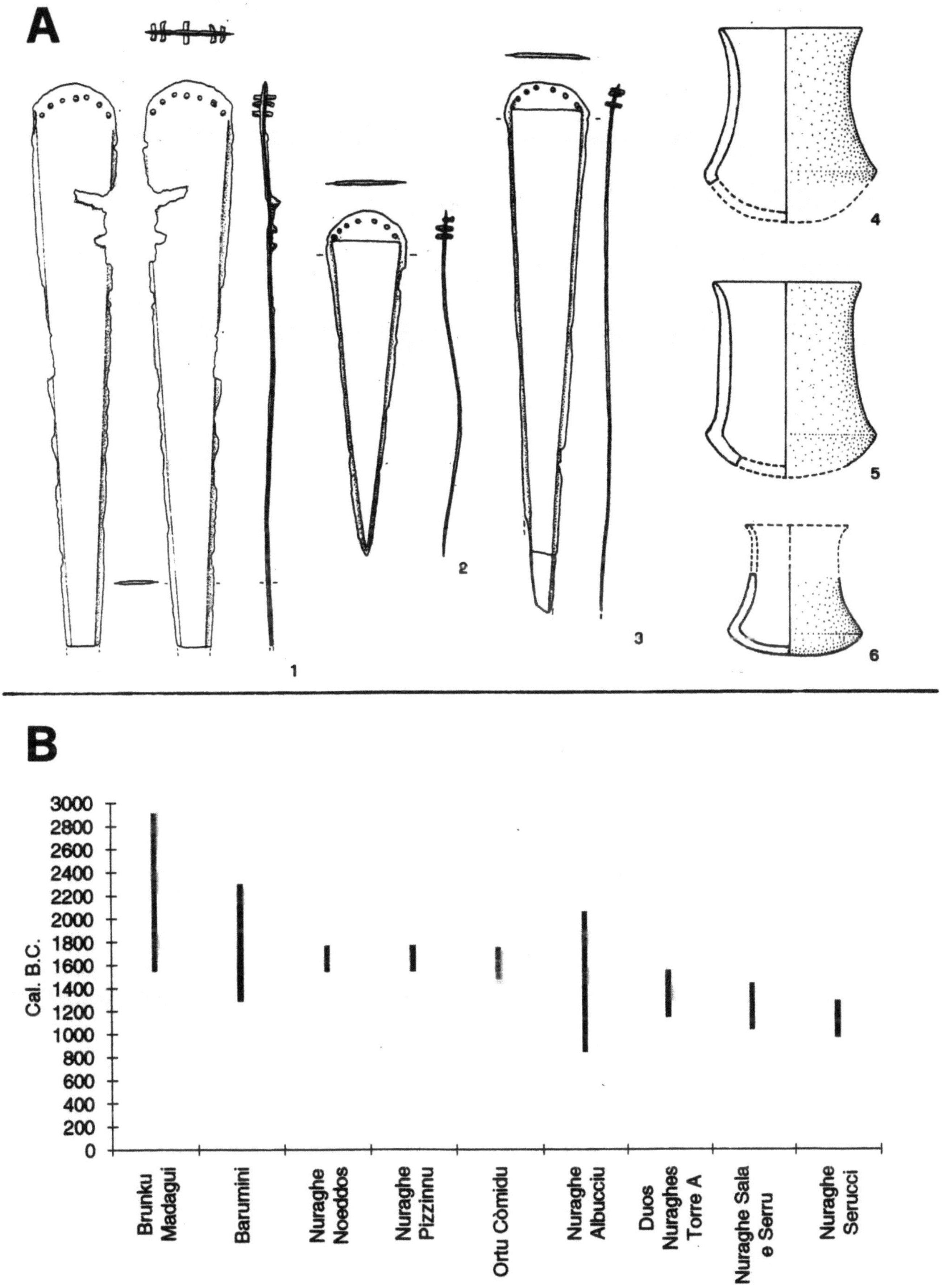

Fig. 19. A. Reperti di stile argarico in Sardegna: 1) Maracalagonis; 2-3) Sant'Iroxi - Decimoputzu; 4-6) Villaperuccio. Scala: 1-3: 1/5; 4-6: 1/4.
B. Grafico delle più antiche datazioni al ^{14}C di nuraghi, ricalibrate sulla base di 2 σ.

monumentale. In questo contesto si collocherebbe, e sin da un momento abbastanza iniziale, il sorgere di una vera e propria arte plastica nuragica, che trova concreta espressione nei bronzetti ([30]) e nella statuaria. La ceramica di questo periodo è caratterizzata dalla decorazione geometrica, con motivi angolari, a linee parallele ed a cerchielli, spesso realizzati sulle anse di brocche askoidi.

La V fase (nuragico della sopravvivenza: «500-238 a.C.») segna, durante la seconda età del ferro, la definitiva dissoluzione della civiltà nuragica. La gran parte degli abitanti dell'isola si integra in posizione subalterna con i Cartaginesi vincitori, mentre nelle regioni più interne una minoranza mantiene ancora moduli culturali che, sebbene impoveriti ed imbarbariti, mantengono dei collegamenti col passato ([31]). Nel 238 a. C. i Romani occupano l'isola, anche se è solo nel 111 a. C. che Roma ha ragione delle ultime resistenze organizzate.

La sequenza di Lilliu, qui riassunta nelle sue linee essenziali, è stata in parte riesaminata da F. Lo Schiavo, al fine di meglio adeguarla alle periodizzazioni esistenti per l'insieme dell'area italiana, nonché ai dati offerti dai rinvenimenti di materiale miceneo (tab. II) ([32]).

In concreto vengono così spostati i termini cronologici delle fasi di Lilliu, che mantengono però il loro contenuto.

In particolare, per quel che concerne più specificamente i limiti temporali imposti al presente lavoro, va rilevato come, mentre l'inizio della fase II di Lilliu viene sincronizzato con il principio del Bronzo medio peninsulare (fase I di F. Lo Schiavo: «1600-1400 a. C.»), la III fase copre tutto l'ambito compreso tra le fasi evolute della media età del Bronzo e quasi tutto il Bronzo finale (fase II di F. Lo Schiavo: «1400-1000 a. C.»), con una cesura interna intorno al «1200 a. C.». La IV fase occupa quindi il periodo fra la conclusione del Bronzo finale e l'età del ferro (fase III di F. Lo Schiavo: «1000-700 a. C.»).

Quest'ultima seriazione, correlandosi in termini di cronologia relativa con la penisola, la Sicilia, le Eolie e l'Egeo, rende meglio conto dei rapporti e dei legami esistenti fra la civiltà nuragica ed le altre culture coeve del bacino del Mediterraneo.

La I fase viene così a rapportarsi con un momento non avanzato di Capo Graziano nell'arcipelago eoliano e con l'orizzonte arcaico del Bronzo medio dell'Italia centro-meridionale (Bronzo Medio 1-2) secondo la sua più recente definizione ([33]). Va ricordato come a questo orizzonte venga ascritta da G.L. Carancini l'ascia a margini fortemente rialzati tipo Sezze, che presenta forti somiglianze con l'analoga foggia ampiamente diffusa in ambiente nuragico ([34]). La forma deve aver fatto quindi la sua comparsa nell'isola in questo momento cronologico, anche se il suo uso deve essersi protratto sino al Bronzo finale-prima età del ferro, articolandosi in vari tipi ([35]).

L'aggiustamento proposto da F. Lo Schiavo permette inoltre di tenere distinti e di evidenziare due momenti storici assai diversi tra loro, quello contraddistinto dalle influenze cipriote, da quello, ad esso successivo, in cui nel mondo nuragico si diffondono materiali di ambiente "occidentale" ed "atlantico".

Ai fini di questo studio viene analizzato in dettaglio particolarmente il periodo compreso fra il Bronzo tardo e la prima età del ferro.

Una testina di avorio frammentaria con il caratteristico elmo a zanne di cinghiale, da Mitza Pùrdia di Decimoputzu ([36]), del T.E. III A-B, e dei grani di pasta vitrea e faïance dalla tomba di giganti di S. Cosimo di Gonnasfanadiga, provenienti da un contesto del Bronzo medio ([37]), costituiscono i più antichi reperti egei sino ad ora rinvenuti in Sardegna. Essi sembrano inquadrare le prime e probabilmente non sistematiche relazioni con l'isola in un momento parallelizzabile con il Bronzo Medio 3 della penisola ([38]).

L'inizio della vera e propria frequentazione micenea è però da collocarsi nel corso del Bronzo recente, per quanto attualmente noto principalmente sulla base della stratigrafia del complesso nuragico di Antigori di Sarroch (Cagliari).

Gli studi sulla ceramica d'importazione di tale sito hanno infatti stabilito come essa vada attribuita pressoché interamente al T.E./T.M. III B ([39]), ad eccezione di un solo frammento, dal vano n, del T.E. III C, di un tipo che compare a partire dal T.E. medio, e che costituisce quindi il reperto egeo più recente; anche il materiale dipinto di fabbrica locale imita moduli attestati nel Mic. III B e che continuano poi nel Mic. III C ([40]).

Al Bronzo recente va quindi ascritta la ceramica "grigio-ardesia" di produzione indigena che si accompagna ai recipienti egei (fig. 20 A).

Almeno nell'area di Sarroch è stato infatti sino ad ora rinvenuto, costantemente associato a materiale "miceneo", vasellame fine, cotto ad alta temperatura, dalle caratteristiche superfici grigio-ardesia, accuratamente lucidate, come dimostrato da quanto sino ad ora edito sia per il complesso di Antigori ([41]) che per il nuraghe Domu s'Orku di Sarroch ([42]).

In tale classe ceramica risultano assolutamente prevalenti le forme aperte, fra le quali si distinguono scodelle e scodelloni tronco-conici (fig. 20 A: 1-2), ciotole ad orlo rientrante e labbro fortemente ingrossato (fig. 20 A: 4), ciotole carenate con parete pressoché rettilinea e diametro della carena pressoché uguale a quello dell'orlo (fig. 20 A: 5); non mancano tuttavia le forme chiuse come olle ad orlo alquanto rientrante e labbro ingrossato (fig. 20 A: 7); va inoltre segnalato che, talora, alcuni frammenti di "grigio-ardesia" nuragica recano chiari segni di tornitura.

È stato rilevato come questa ceramica presenti una certa vicinanza formale con la "minia" presente a Scoglio del Tonno ([43]) ed in numerosi altri siti dell'Italia meridionale (fig. 20 C) ([44]). La "minia", fabbricata al tornio veloce, molto depurata ed in genere ingubbiata, benché presenti contatti con la ceramica micenea, è di fattura locale ([45]), come confermato anche dai risultati delle analisi chimico-fisiche effettuate ([46]).

Al di là di quelle che possono essere eventuali somiglianze nella tecnica e nel colore, fra la produzione isolana e quella meridionale, va anzitutto rilevato che quest'ultima tende talora ad imitare tipologicamente prototipi di norma realizzati in impasto, come testimoniato, tra l'altro, dalla presenza delle tipiche anse cornute del subappenninico nella produzione "grigia" sia di Broglio di Trebisacce ([47]),

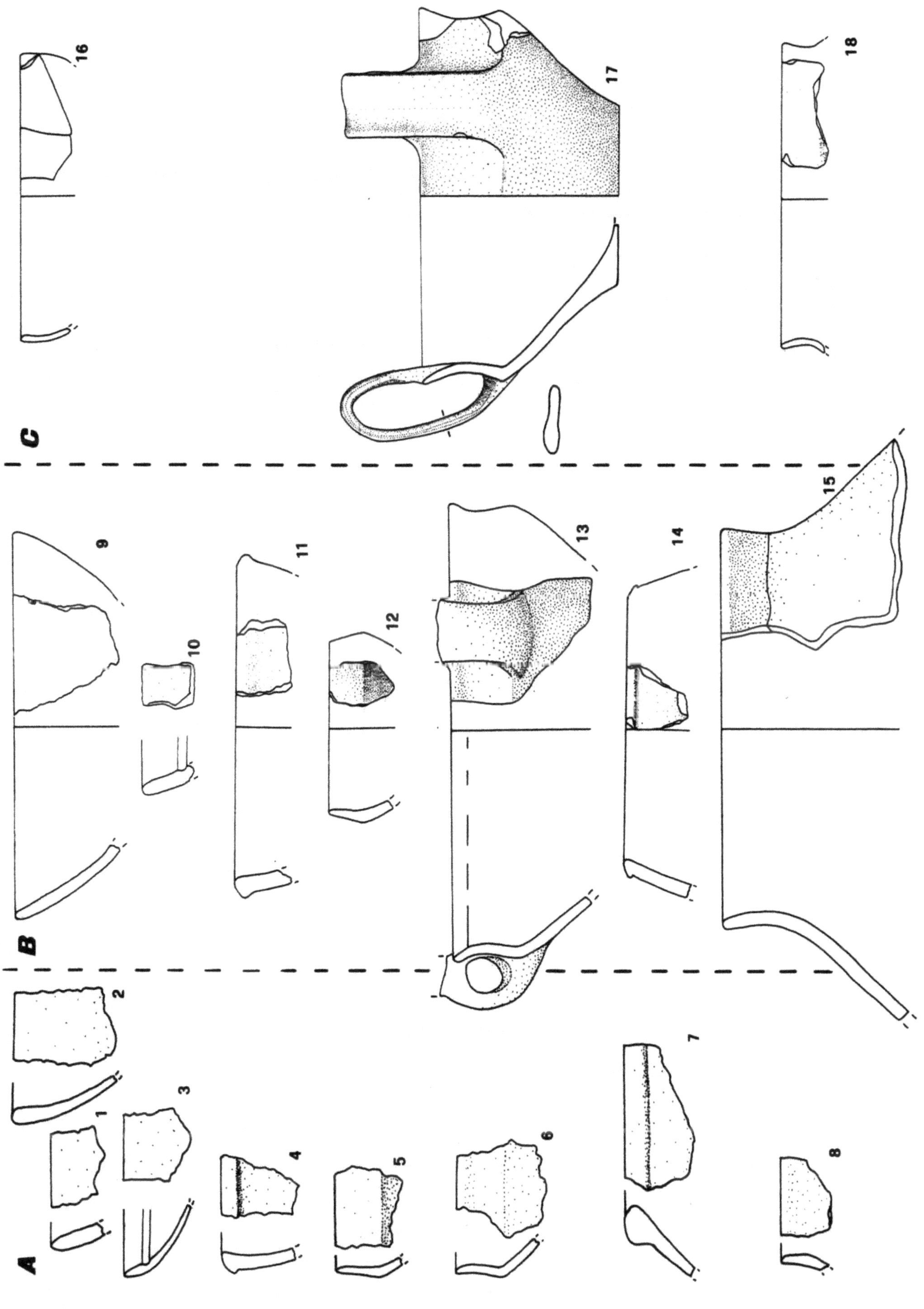

Fig. 20. Parallelismi fra forme vascolari sarde e dell'Italia meridionale.
A. 1-8) ceramica "grigio-ardesia" nuragica (da Antigori di Sarroch). B. 9-15) ceramica d'impasto subappenninica (da Broglio di Trebisacce). C. 16-18) ceramica "minia" dell'Italia meridionale (da Broglio di Trebisacce). Scala: 1/4.

che di Scoglio del Tonno (tav. I: 5). Si può inoltre osservare come talune fogge di "grigio-ardesia" presentino paralleli, anche se, in verità, alquanto generici, con materiali peninsulari coevi (fig. 20) ([48]); la somiglianza tra le due produzioni "grigie" è da ritenersi, quindi, indiretta ([49]).

L'importanza assai rilevante della ceramica "grigio-ardesia" è data dal carattere di "fossile guida" del Bronzo recente — e, in parte, del Bronzo finale — che alcuni studiosi tendono ad attribuirgli. M.L. Ferrarese Ceruti ha infatti evidenziato come, rispetto ad una generale tendenza conservatrice nella tipologia vascolare, si avrebbero invece, nei vari periodi, mutamenti nella fattura e nel colore superficiale degli impasti che permetterebbero di stabilire una seriazione ([50]).

La ceramica "grigio-ardesia", come si è visto, costituisce la classe di ceramica locale caratteristica dei livelli con materiale miceneo del Bronzo recente. Essa tende infatti, almeno ad Antigori, a diminuire progressivamente negli strati superiori: nella torre f, pressoché esclusiva nello strato 8, è invece nello strato 7 associata a recipienti aventi forme assai simili, ma impasto diverso sia per cottura che per qualità e tecnica di lavorazione. È assai scarsa, infine, nello strato 6, strato quest'ultimo datato dalla presenza di una fibula ad arco serpeggiante caratteristica dell'Italia meridionale, dove è inquadrabile fra il I Ferro 1 B e gli inizi del I Ferro 2 A. I rari frammenti rinvenuti negli strati 4 e 5 (due pezzi in entrambi i casi) sono verosimilmente da considerarsi intrusioni dai livelli sottostanti ([51]).

Ci si è soffermati particolarmente sui materiali di Antigori a causa dell'eccezionalità delle condizioni di rinvenimento: la presenza di importazioni del Mic. III B in strato attribuisce infatti estrema rilevanza a questo sito ([52]). Gli sviluppi delle ricerche hanno dimostrato come quello di Antigori non costituisca un fenomeno isolato. Reperti egei e di imitazione locale sono stati infatti rinvenuti in vari altri siti, anche dell'interno, come nel caso dell'alabastron del Mic. III A-B proveniente dal nuraghe Arrubiu di Orroli, nel medio corso del Flumendosa ([53]).

È attualmente alquanto complesso tentare di definire la produzione metallurgica del Bronzo recente sardo. Essa dovette comunque attraversare un momento di particolare floridezza, come dimostra l'elevato numero di lingotti di rame scoperti nei contesti di questo periodo. Fra tali lingotti meritano una particolare attenzione quelli conformati a "pelle di bue", una morfologia assai frequente nel Mediterraneo orientale.

Alcuni lingotti "*ox-hide*" sarebbero stati rinvenuti sotto il pavimento della camera centrale del nuraghe Tedde presso S. Antioco (Ozieri, Sassari), nelle fondamenta ([54]). La prima introduzione di tali lingotti in Sardegna potrebbe quindi risalire al momento di costruzione di questi edifici, cioè alla media età del bronzo ([55]).

Va ricordato che alcuni frammenti di tali lingotti sono stati pure rinvenuti, tra l'altro, nell'arcipelago eoliano, nel ripostiglio di Lipari ([56]), quest'ultimo assegnabile cronologicamente al Bronzo recente.

I lingotti "a pelle di bue" potrebbero comunque essere rimasti in uso in Sardegna, come rottami di metallo, per un periodo assai lungo ([57]).

Si è molto discusso, fin dai tempi di Pigorini e di Nissardi ([58]), se i lingotti di tale foggia fossero prodotti con rame locale o non, piuttosto, provenienti dal mondo egeo-levantino. I contrassegni incisi o impressi sulla superficie di alcuni di essi costituiscono precisi richiami a quest'area; essi infatti trovano confronti con le scritture in lineare A e B, nel Cipro-Minoico ed in marche da vasai vicino-orientali ([59]).

È stata quindi ipotizzata una importazione almeno iniziale della forma dei lingotti, nel momento più antico dei contatti fra la Sardegna ed il bacino orientale del Mediterraneo, ed una riproduzione successiva di tale foggia in ambito nuragico ([60]).

Anche se i modelli formali sono di origine orientale, non sono facilmente comprensibili i motivi di una massiccia importazione di rame in un'isola ricca di giacimenti cupriferi, anche alla luce delle recenti scoperte, che moltiplicano le attestazioni di questi lingotti in Sardegna, segnalati in una ventina di località ([61]).

Indagini condotte su 31 campioni di lingotti "*ox-hide*" rinvenuti nell'isola, analizzandone sia la composizione isotopica del piombo che il tenore di oro ed argento presenti in tracce, sembrano escludere come origine del metallo i depositi sardi ([62]).

L'età geologica dei giacimenti di provenienza del rame dei lingotti è risultata essere di circa 100 milioni di anni, corrispondente al Cretaceo inferiore. Benché non vi siano giacimenti di quest'era nella Sardegna sud-occidentale, che sono invece cambriani o comunque risalenti al Paleozoico ([63]), vi sono tuttavia vari depositi cretacei, o anche più recenti, nella parte centrale e nord-occidentale dell'isola. Tuttavia i loro minerali — almeno in quelli sino ad ora campionati — differiscono come composizione isotopica dai lingotti a pelle di bue. Essa è risultata invece vicina a quella del rame cipriota, pure di origine cretacea ([64]).

Tale comportamento non si riscontra in altri reperti nuragici esaminati con lo stesso metodo, tra cui alcuni bronzi del ripostiglio di Santa Maria in Paulis (Sassari) e panelle da Baccu Simeone (Villanovaforru), che presentano una composizione isotopica affine a quella del minerale del deposito di Sa Duchessa, nell'Iglesiente ([65]).

È evidente come l'eventuale importazione dei lingotti ponga considerevoli problemi di natura interpretativa. Prima di formulare tuttavia un definitivo giudizio sulla loro provenienza è quindi opportuno attendere il completamento delle ricerche archeometriche in corso.

Nell'ambito dei manufatti metallici nuragici del tardo Bronzo un rilievo del tutto particolare rivestono le doppie asce, una famiglia tipologica assai diffusa e caratteristica; di essa F. Lo Schiavo ha proposto un'articolata classificazione ([66]), distinguendo: *a*) doppie asce massicce, con lama dritta e lati dritti, profilo romboidale e largo foro rotondo, sezione quadrata, forma generale slanciata; *b*) doppie asce massicce, a lati inflessi e taglio allargato, profilo romboidale od ovale e largo foro rotondo, sezione quadrata, forma generale slanciata; *c*) doppie asce a tagli paralleli o convergenti; *d*) picconi; *e*) doppie asce a tagli ortogonali (fig. 21 A).

Mentre i raggruppamenti *a* e *b* sono stati elaborati in veri e propri tipi, comprensivi di varianti interne ([67]), gli

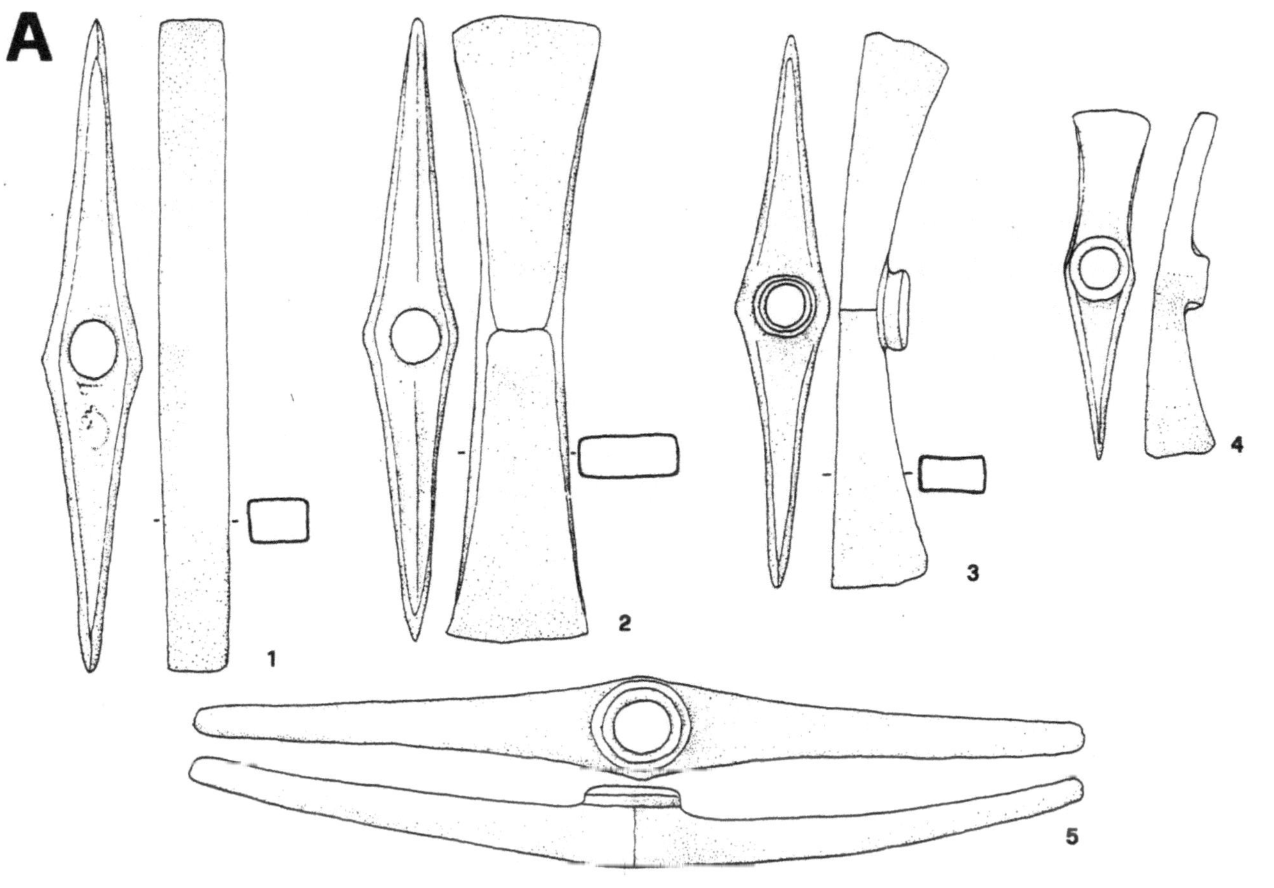

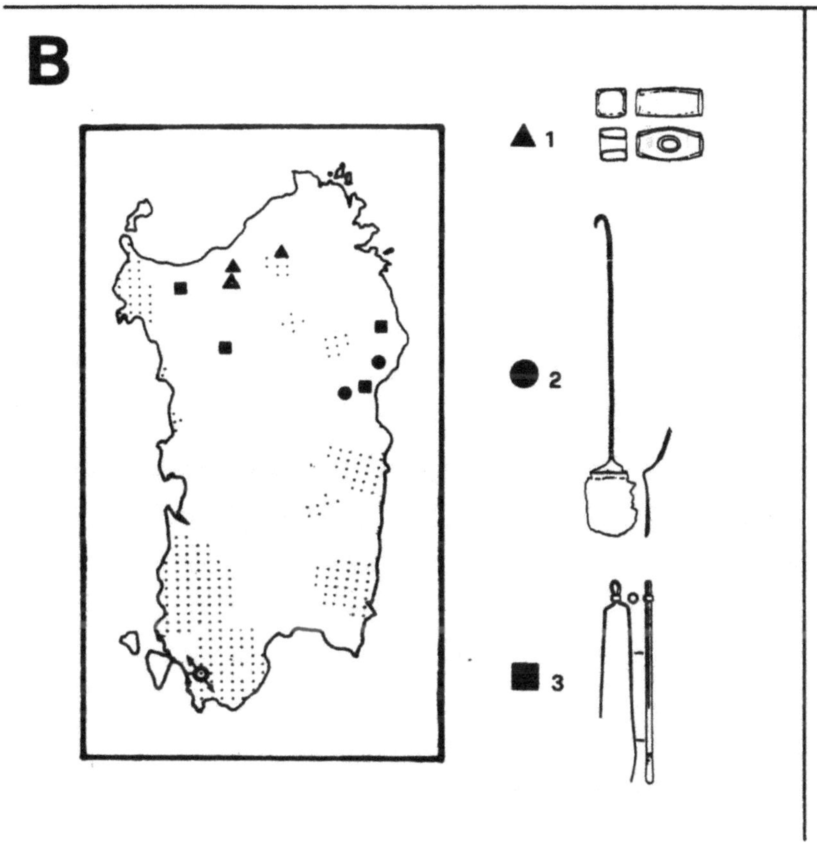

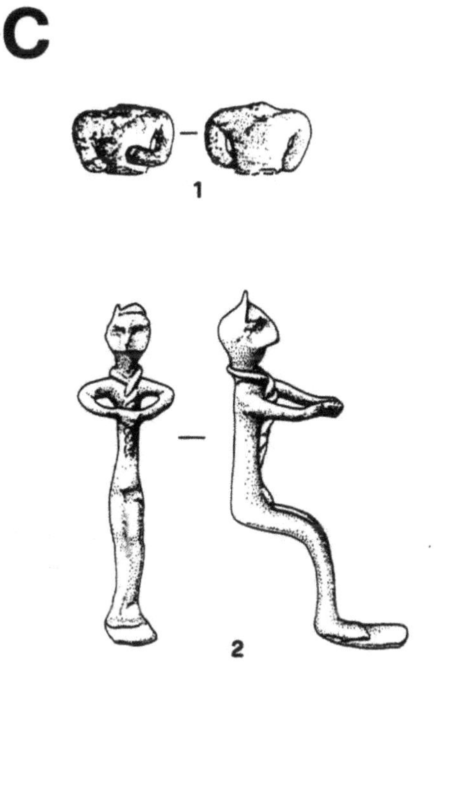

Fig. 21. A. Tipologia delle doppie asce sarde. 1) *a*; 2) *b*; 3) *c*; 4) *d*; 5) *e*. Scala 2/5.
B. Distribuzione degli strumenti da fonditore in Sardegna, rapportati alla dislocazione dei principali giacimenti metalliferi: 1) martelli; 2) palette; 3) molle. Sono indicati, rispettivamente, con un triangolo ed un cerchio vuoti, un martello ricavato da una doppia ascia mediante asportazione del taglio ed una paletta a cannone di foggia particolare, diversa dalle altre. Scala 2/5.
C. Bronzetti di importazione: 1) Galtellì; 2) Paulilatino. Scala: 2/5.

altri, *c*, *d*, *e*, costituiscono piuttosto dei modelli generici. La sproporzione esistente fra materiale edito ed inedito non consente tuttavia al momento un più puntuale ordinamento, né più precise definizioni tipologiche ([68]).

Dal punto di vista cronologico vanno anzitutto rilevate le affinità esistenti fra le doppie asce massicce — particolarmente quelle di tipo *a* — e forme consimili presenti in contesti sia ciprioti, quali il ripostiglio della Fonderia e quello delle Armi di Enkomi ([69]) che egei, come il relitto di Capo Gelidonya ([70]). Secondo H.W. Catling nessuno di questi complessi può esser ascritto al T.E.II C — né del resto alcuno dei 15 depositi tardo ciprioti noti —: i ripostigli sarebbero perciò stati deposti «dopo il 1200 a.C.», mentre per il relitto di Capo Gelidonya la data del naufragio andrebbe collocata «nella prima metà del XII secolo a.C.» ([71]).

Questi dati per i confronti egei e levantini non contrastano con l'attribuzione al "*Late Bronze Age*" del ripostiglio di Santa Maria in Paulis (Sassari) ([72]), ripostiglio questo che contiene, oltre ad un'ascia di tipo *a*, anche altri oggetti di notevole interesse, tra i quali una navicella nuragica ed un tripode con lavorazione "a giorno" ispirato a modelli del *Late Cypriot III* ([73]).

Sulla base di tali dati le doppie asce in esame sembrano potersi ascrivere al Bronzo finale, se non ad un momento immediatamente precedente ([74]).

Quanto alle doppie asce con tagli paralleli o convergenti, *c*, ed alle doppie asce con tagli ortogonali, *e*, esse sono verosimilmente da considerarsi un poco più tarde delle doppie asce massicce: essendo le prime del tutto ignote al di fuori della Sardegna, e le seconde di foggia alquanto diversa da consimili strumenti ciprioti ([75]), sono quindi evidentemente da considerarsi, così come i picconi, rielaborazioni e sviluppi locali nuragici di modelli levantini ([76]).

Le numerose testimonianze che dimostrano l'esistenza di contatti intercorsi fra la Sardegna e Cipro nella tarda età del Bronzo sono state oggetto di approfonditi studi da parte di F. Lo Schiavo, L. Vagnetti ed E. Macnamara ([77]). Tali contatti dovettero essere particolarmente fiorenti nel campo della metallurgia, come è suggerito dalla presenza in Sardegna di un vasto strumentario di arnesi per fonditore, aventi fogge per lo più di derivazione cipriota.

Martelli, pinze e palette da fonditore sono stati rinvenuti in numerose località dell'isola (fig. 21 B). È tuttavia sconcertante osservare come tale strumentario presenti una distribuzione che interessa pressoché esclusivamente la Sardegna settentrionale e centro-orientale, non coinvolgendo quindi la parte meridionale dell'isola, che è la più ricca di giacimenti minerari. L'unica eccezione è costituita da una paletta con immanicatura a cannone proveniente da una località ignota del Sulcis, peraltro senza uguali in Sardegna e priva di associazioni.

In aree di interesse minerario sono stati rinvenuti soltanto alcuni martelli, che possono però anche essere stati impiegati nell'ambito dei processi estrattivi. Tutti gli altri strumenti vengono da aree limitrofe ai giacimenti, ma prive di filoni di un qualche interesse.

Tale distribuzione sembra quindi suggerire che i centri officinali, nei quali avevano luogo i processi fusori, erano dislocati all'esterno delle aree minerarie vere e proprie.

Molteplici testimonianze indicano, come si è visto, che durante la tarda età del bronzo in Sardegna alcuni gruppi abbiano attraversato un periodo di particolare floridezza in rapporto alla fioritura dei traffici con l'Oriente mediterraneo e, in ultima analisi, ad uno sfruttamento delle risorse naturali dell'isola, forse intensificato e/o più razionale. Tale momento si riflette anche a livello culturale nell'intensificarsi e nel perfezionarsi dell'edilizia nuragica ([78]). Essa trova espressione, come accennato in precedenza, nell'evoluzione del nuraghe, che, dalla semplice struttura monotorre dei secoli precedenti, viene ora arricchendosi di altri corpi di costruzione, dando origine al così detto nuraghe multiplo o complesso, nell'erezione dei tempietti "a megaron" ([79]) e nella costruzione dei pozzi sacri. Si ricordi come nel santuario di Santa Vittoria di Serri, presso il muro che si dirigeva dal tempio a pozzo alla "capanna del sacerdote", sia stata rinvenuta, insieme ad altri oggetti ([80]), una fibula ad arco di violino foliato ([81]) databile ai tempi del Miceneo III C ([82]).

La produzione ceramica sembra conservare forme e tecniche decorative già attestate in periodi più antichi, corrispondenti in parte alla media età del bronzo della penisola. Vengono quindi ancora prodotti vasi con decorazione al pettine, oppure ornati da nervature verticali a rilievo, o anche con ornato metopale, così detto per il ritmo dello schema iconografico, in cui a spazi vuoti si alternano vari motivi, quali cuppelle impresse, gruppi di linee, etc. ([83]).

È opportuno esaminare in maggiore dettaglio il primo di questi gruppi ceramici, quello con decorazione a pettine, poiché i problemi cronologici che esso pone si riflettono, data la sua vasta diffusione, sulla datazione di numerosi complessi sardi.

Tale tipo di ornato, che si incontra di regola sulla parete interna di tegami o di teglie, veniva realizzato mediante l'uso di un pettine impresso o strisciato, a costituire per lo più motivi a raggiera o a linee concentriche (tav. II: 1). Questa tecnica, benché sia di frequente riscontro in materiali provenienti dalla Sardegna settentrionale e centrale ([84]) non sembra però raggiungere la parte meridionale dell'isola, se non in rari casi ed in pochi frammenti verosimilmente importati ([85]).

Sino ad ora inoltre la ceramica a pettine non è mai stata rinvenuta insieme a quella con ornato metopale in contesti stratigrafici intatti ([86]). Mancano quindi elementi precisi e statisticamente significativi che permettano di rapportare la ceramica a pettine alla sequenza cronologica che si sta iniziando a delineare grazie soprattutto alla stratigrafia del complesso nuragico di Antigori di Sarroch ([87]).

La maggior parte degli autori concordano comunque su una lunga durata nel tempo della decorazione a pettine, benché la sua esatta collocazione cronologica faccia ancora discutere. G. Lilliu tende ad assegnarla principalmente alla sua fase III ([88]); M.A. Fadda suggerisce un inquadramento nella media età del bronzo ([89]); F. Lo Schiavo la considera distintiva di un momento avanzato del Bronzo medio ([90]), benché la ritenga prolungarsi anche durante il Bronzo recente, ma non successivamente ([91]); V. Santoni pone questa produzione nell'ambito del Bronzo medio e di parte del recente ([92]); E. Contu la collega con la ceramica micenea, assegnandola al periodo compreso fra il 1500 e l'850 a. C. (date espresse in anni reali) ([93]).

Al novero delle fogge ceramiche caratteristiche del Bronzo finale sardo vanno ascritte alcune particolari anse, quali quelle a ponte, a nastro, a bastoncello ed a gomito rovescio ([94]). La posizione cronologica di queste ultime è attestata, tra l'altro, dalla loro presenza in strati dell'Ausonio II di Lipari ([95]). È opportuno soffermarsi un poco su questo materiale nuragico scoperto in ambiente eoliano ed al quale si è accennato in precedenza, poiché, per la sua collocazione stratigrafica, costituisce un importante punto di riferimento nella sequenza della ceramica nuragica (fig. 18).

Tali reperti, già studiati da E. Contu, sono stati successivamente riesaminati da parte di M.L. Ferrarese Ceruti ([96]). Oltre alle già citate anse a gomito rovescio, negli strati di Lipari sono stati rinvenuti anche numerosi frammenti di brocchette askoidi a becco con imboccatura larga ([97]), foggia quest'ultima che in passato, prima degli scavi di Lipari, veniva comunemente attribuita ai sec. VIII - inizi VII a. C. ([98]). Degni di particolare rilievo sono inoltre alcuni frammenti decorati a stralucido, un'ansa di brocca, un collo cilindrico ed una ciotola in ceramica nerastra; quest'ultima, ornata con motivi radiali, trova precisi confronti nel complesso Genna Maria di Villanovaforru (fig. 18: 1-3). Appare invece significativamente assente la ceramica con cerchielli a occhi di dado, la cui diffusione in ambiente nuragico segnerebbe quindi un momento successivo alle importazioni eoliane ([99]).

Nel corso del Bronzo finale si verificarono in Sardegna degli eventi storici che determinarono un importante cambiamento rispetto al passato; nella cultura materiale continua tuttavia a riscontrarsi una certa tendenza a proseguire nel solco delle fasi precedenti.

F.M. Cross tende a considerare «non più tardo dell'XI secolo a. C.», per motivi paleografici, un controverso frammento di stele da Nora con iscrizione bustrofedica CIS I, 145 ([100]) e, conseguentemente, la prima presenza dei Fenici in terra sarda; è interessante osservare che Nora, la più antica colonia fenicia nell'isola, è ubicata sul Golfo di Cagliari, a circa 12 km dal complesso di Antigori. Va tuttavia sottolineato come, secondo altri, il già citato frammento andrebbe datato «verso la prima metà» ([101]) o «alla fine del IX secolo» ([102]), ossia, in termini archeologici, non molto più antico degli inizi della fase precoloniale greca in Occidente.

Ad un Bronzo finale non troppo avanzato vanno comunque assegnati i più arcaici bronzetti di importazione rinvenuti in contesti nuragici, come la dama seduta da Santa Cristina di Paulilatino (fig. 21 C: 2), la figura maschile in posa benedicente da Flumenelongu ([103]) e forse, la figuretta frammentaria da Galtellì (fig. 21 C: 1) ([104]). Va rilevato come i due bronzetti da Paulilatino e da Galtellì siano di origine cipriota o imitanti tipi ciprioti ([105]).

Nella famosa stele di Nora CIS I, 144 = KAI 46— da non confondere con il frammento sopra ricordato —, e di esso verosimilmente più recente ([106]), è menzionato, secondo l'interpretazione più diffusa, il dio Pumay, divinità locale del pantheon cipriota assimilato al fenicio Adone-Eshmun ([107]); al mondo cipriota richiamano inoltre alcuni caratteri paleografici sia della stele che del frammento precedentemente ricordato ([108]).

I templi di Tharros e di Monte Sirai, inoltre, sebbene assai più tardi del periodo in esame, presentano stretti paralleli con edifici sacri di Cipro degli inizi del I millennio a. C. ([109]).

È opportuno ricordare che Cipro era sede di fiorenti colonie fenicie, alle quali le fonti classiche concordano nell'attribuire grande antichità ([110]), sino ad ora solo parzialmente confortate dai dati archeologici, che comunque documentano una consistente presenza fenicia nell'isola almeno dagli inizi del Cipro-Geometrico III ([111]).

Il momento compreso fra lo scorcio del Bronzo finale e l'inizio della prima età del ferro appare contraddistinto dalla deposizione di importanti ripostigli di bronzi, quali quelli di Monte Sa Idda (Decimoputzu, Cagliari) (figg. 22-23) ([112]) e di Monte Arrubiu di Sarroch (Cagliari) (fig. 24) ([113]), nonché del complesso votivo di Abini presso Teti (Nuoro) ([114]).

Il ripostiglio di Flumenelongu (Alghero, Sassari) (fig. 25) ([115]) si colloca invece ancora interamente nell'ambito del Bronzo finale, sia pure in un momento molto avanzato, come indicano i confronti instaurabili per l'ascia piatta a spuntoni laterali e per quella a tallone con occhiello con i ripostigli laziali di Tolfa e di Monte Rovello, che G.L. Carancini ascrive, in una sequenza propria dei tipi metallici, al terzo orizzonte del Bronzo finale ([116]); a questo stesso orizzonte riporta anche l'ascia ad occhio, inquadrabile nel tipo Cerchiara ([117]).

Caratteristica di questo orizzonte è la presenza, in Sardegna, di fogge la cui diffusione abbraccia varie aree del Mediterraneo occidentale, dalla Sicilia alla Penisola Iberica, sino a raggiungere, talora, anche le regioni atlantiche.

Questo è il caso, ad esempio, delle asce a tallone con occhiello e delle asce piatte a spuntoni laterali già ricordate poc'anzi; le prime sono attestate in Sardegna nei ripostigli di Monte Sa Idda (fig. 22: 15-30), Monte Arrubiu (fig. 24: 6-7) e Forraxi Nioi-Nuragus ([118]), le seconde a Monte Sa Idda (fig. 22: 8) ed a Flumenelongu (fig. 25: 1).

Va rilevato come le due fogge si trovino associate fra loro nel deposito di Monte Sa Idda; tale situazione non sembra affatto essere casuale: si ripete infatti anche nel ripostiglio siciliano di Castelluccio (fig. 12: 1, 6-7) ed in quello portoghese di Castelo Novo (prov. Beira Baixa) (fig. 40: 2-9, 12), costituendo evidentemente un modello distributivo connesso con le rotte commerciali occidentali.

Alle rotte occidentali vi sono anche altri richiami nel ripostiglio di Monte Sa Idda, quali le asce a cannone quadrangolare con grossa costolatura, talora doppia o tripla, all'imboccatura su cui sono impostati uno o due occhielli laterali (fig. 22: 21-28) ([119]), le spade a lingua da presa tipo Monte Sa Idda (fig. 23: 1, 3, 5, 7-8) ([120]), alcuni frammenti di spada a lingua da presa con impugnatura fenestrata (fig. 23: 4, 6), nei quali l'andamento concavo delle spalle, i due trafori tra esse e, soprattutto, i due ampi e profondi incavi pressoché rettangolari, caratteristica quest'ultima non molto frequente nelle spade occidentali, presentano precisi

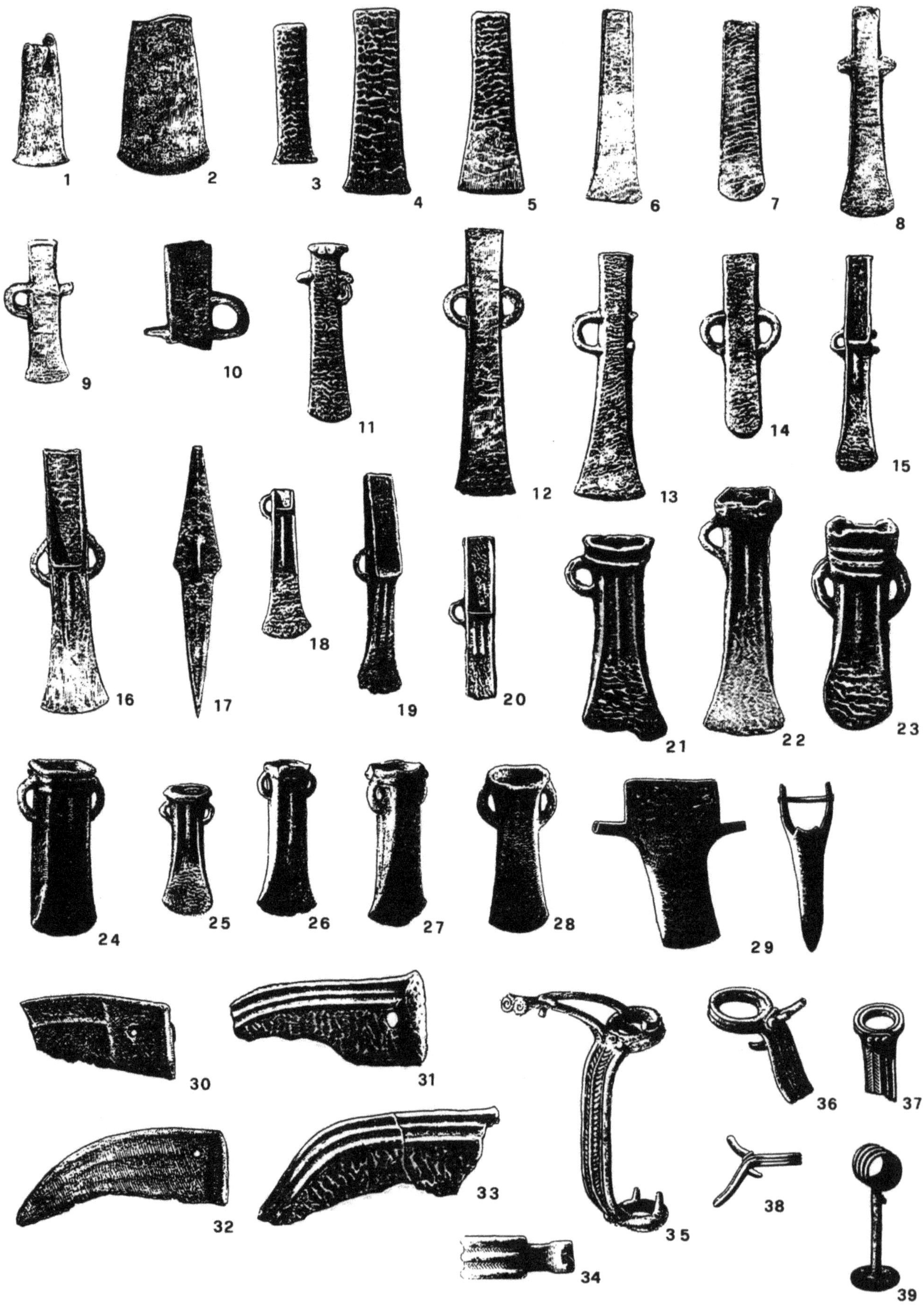

Fig. 22. Ripostiglio di Monte Sa Idda. Non in scala.

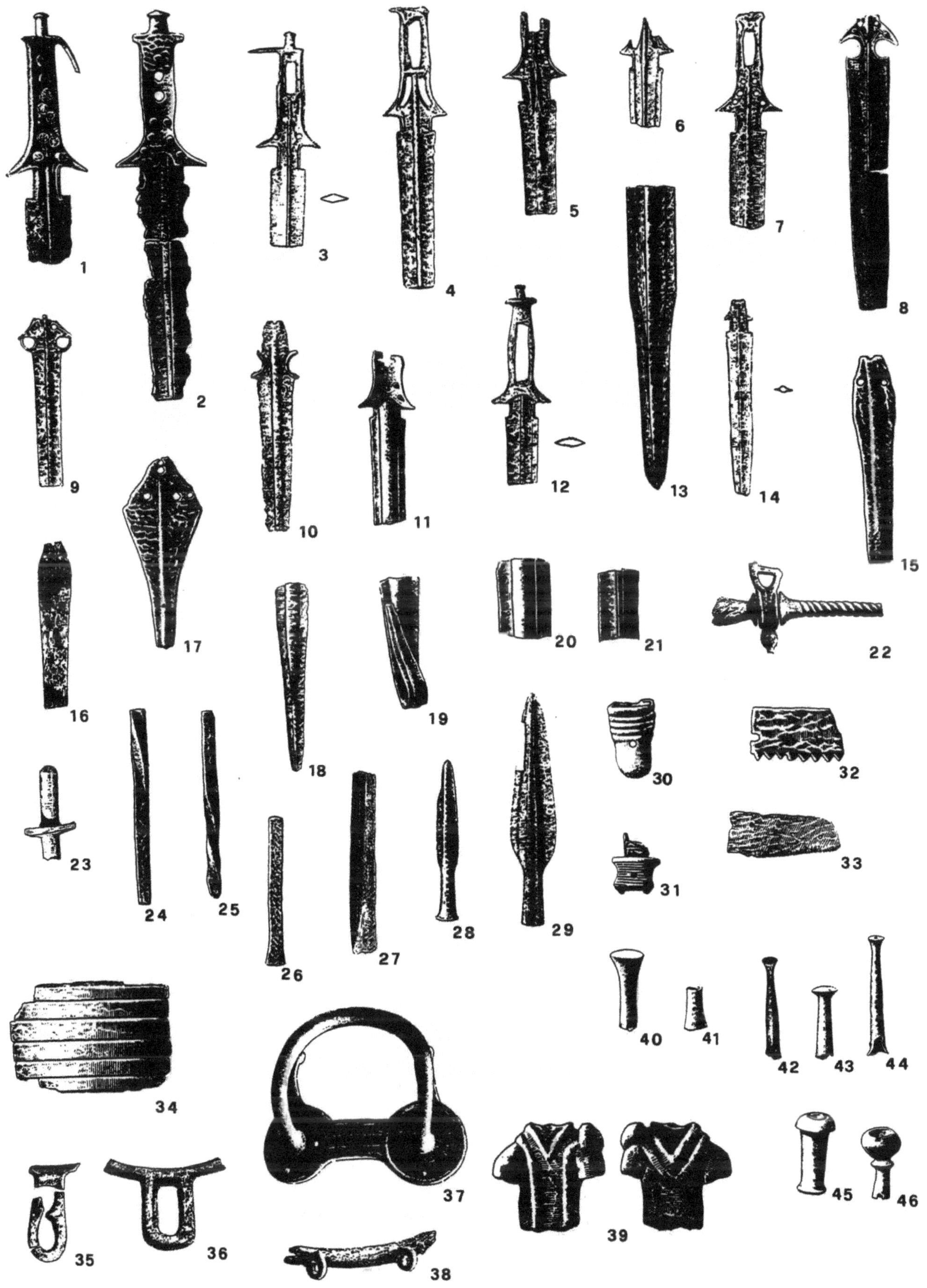

Fig. 23. Ripostiglio di Monte Sa Idda. Non in scala.

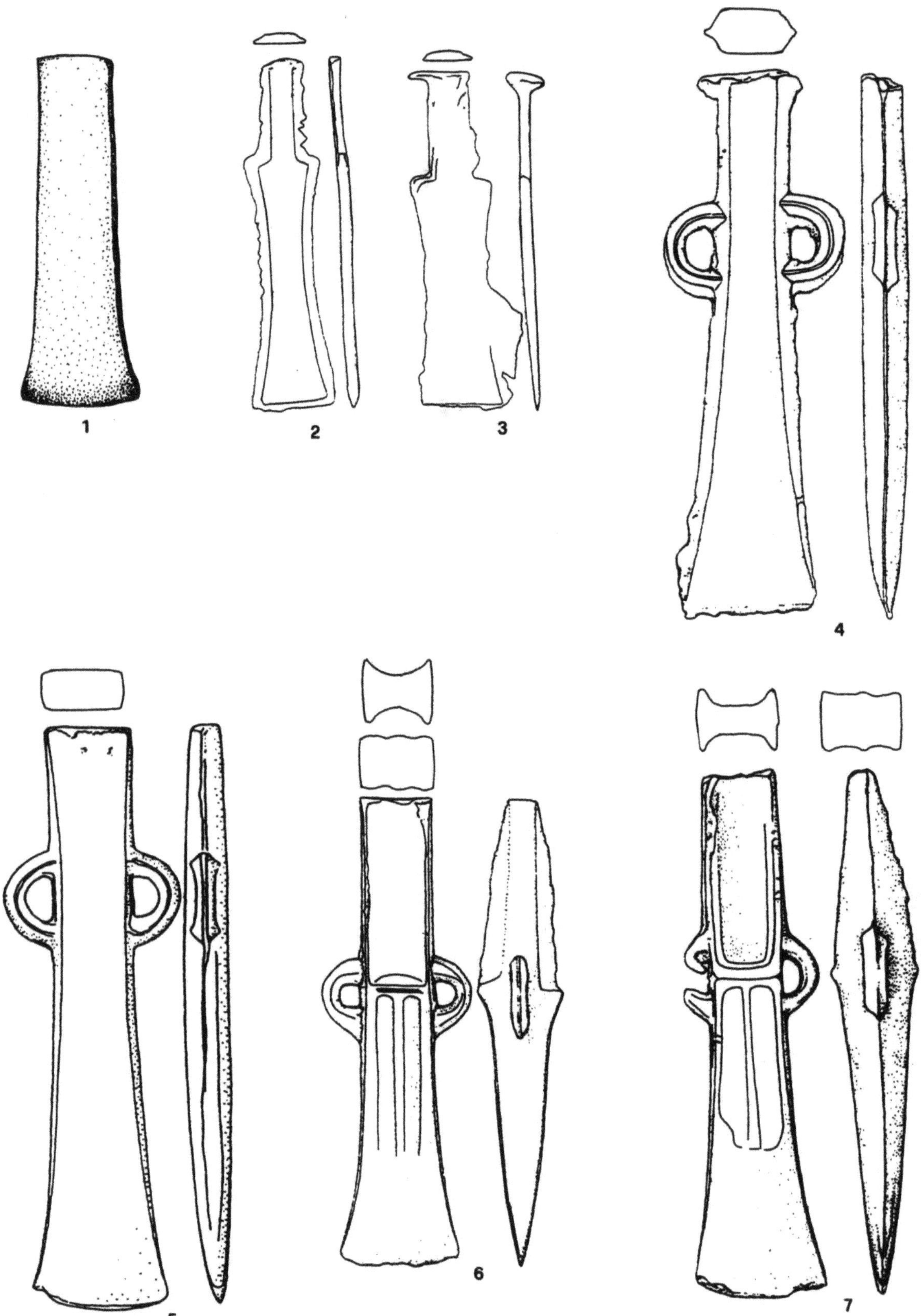

Fig. 24. Ripostiglio di Monte Arrubiu. Scala: 2/5.

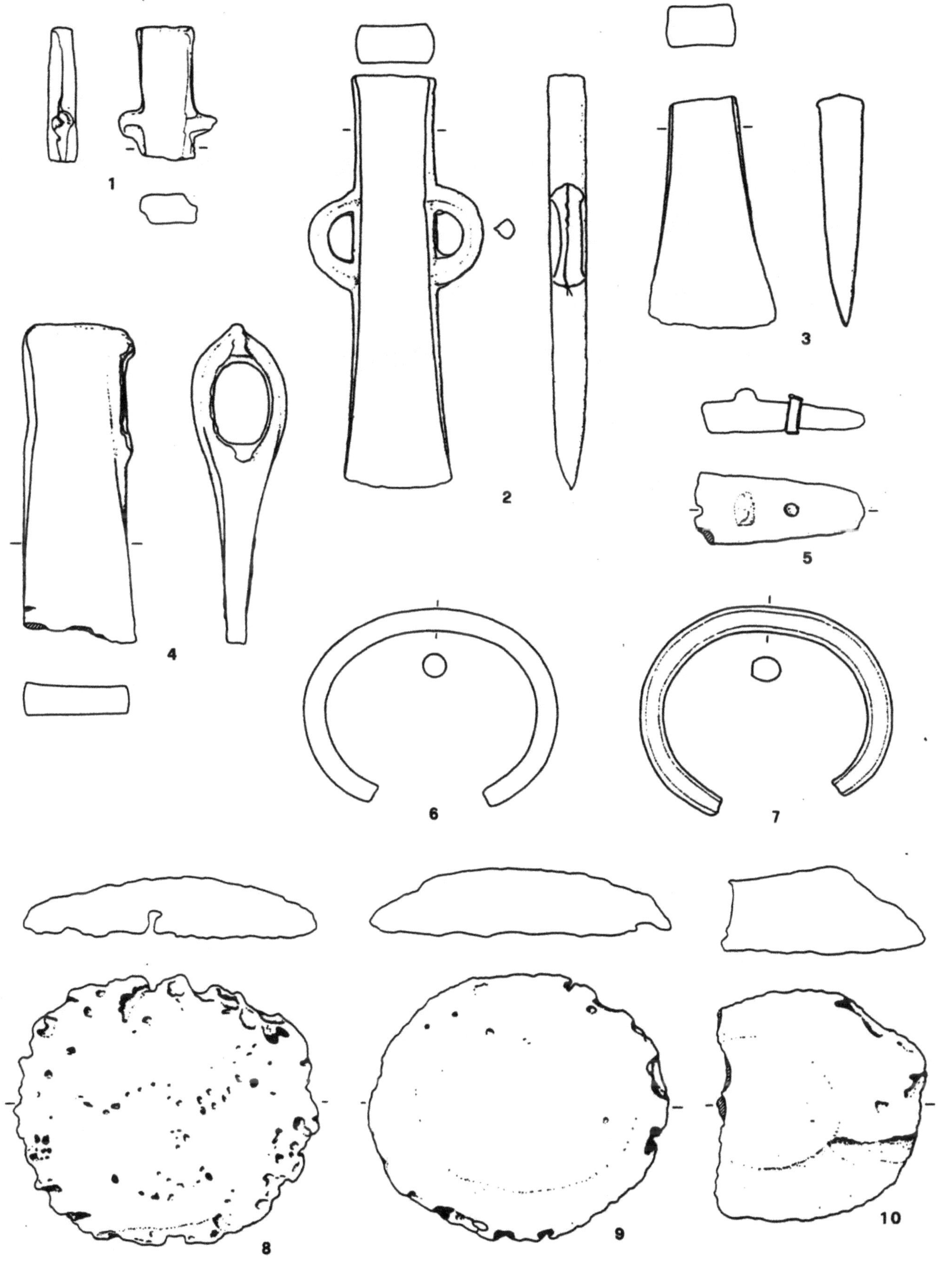

Fig. 25. Ripostiglio di Flumenelongu. Scala: 2/5.

confronti con materiali iberici — in particolare con una spada spagnola da Sigüenza ([121]) e con un pugnale portoghese da Elvas ([122]) —; anche il frammento di spada a lingua da presa con impugnatura fenestrata a sommità discoidale, sormontata da breve codolo cilindrico (fig. 23: 12), presenta forti analogie con le "*épées en langue de carpe type de Vénat*", come definite da J.D. Cowen ([123]) e, in seguito, da A. Coffyn, J. Gomez e J.P. Mohen ([124]).

L'importanza di questo fenomeno risiede nel fatto che esso non è legato soltanto ad alcuni ripostigli, ma appare alquanto diffuso nell'isola, né è limitato a poche classi di materiali ([125]).

A titolo esemplificativo — ma sull'argomento ci si soffermerà diffusamente più avanti nella parte relativa ai contatti transmarini — si possono qui ricordare fra i bronzi, oltre ai pezzi già citati, la spada a lingua da presa con impugnatura fenestrata tipo Huelva proveniente, probabilmente, da Siniscola ([126]), le fibule "*a doble resorte*" dalla Grotta Pirosu-Su Benatzu di Santadi (Cagliari) ([127]) e dalla necropoli di Bithia ([128]), la punta di freccia con lama a profilo ogivale e immanicatura a cannone con sperone dal villaggio nuragico di Santu Antine di Torralba ([129]).

Da questa sommaria esemplificazione di alcuni fra i principali dati archeologici si può rilevare come il periodo compreso fra la conclusione del Bronzo finale e la prima età del ferro sia caratterizzato da ininterrotti contatti con l'Occidente e, in particolare, con la Penisola Iberica, contatti nei quali l'isola gioca un ruolo cruciale. L'esistenza di rapporti con il Mediterraneo occidentale anche in un momento avanzato della prima età del ferro è segnalata dai frammenti di grosse ciotole carenate — tra cui una d'impasto tornito — riconducibili alla forma del "*cuenco*" spagnolo provenienti dal complesso nuragico di Santu Antine di Torralba, databili «tra la fine dell'VIII e la metà del VII sec. a. C.», che sono stati confrontati con coevi tipi protoiberici, in particolare con quelli prodotti nell'area, ricca di giacimenti minerari, del basso Guadalquivir ([130]).

In questa luce può essere interessante ricordare come, secondo un'antica tradizione, la più antica colonia fenicia della Sardegna, Nora, sarebbe stata fondata da Iberi provenienti da Tartessos ([131]).

Non bisogna tuttavia dimenticare come questo sia anche il momento in cui maggiormente si sviluppano i traffici con l'Etruria. Alquanto numerosi sono infatti gli oggetti italici presenti nell'isola, come la spada ad antenne tipo Tarquinia dal nuraghe Attentu di Ploaghe ([132]), il frammento di spada ad antenne tipo Weltenburg da Sa Sedda 'e sos Carros ([133]), il rasoio lunato tipo Vetulonia da Laerru (o forse da Cuglieri) ([134]), il rasoio bitagliente variante del tipo Marino proveniente "da un ripostiglio entro un nuraghe della Nurra" ([135]), nonché le fibule da varie località della Sardegna, tutte, tranne poche eccezioni, originarie della penisola ([136]).

Ad essi fanno riscontro i materiali nuragici rinvenuti in molti contesti villanoviani, dei quali è stato recentemente curato un approfondito riesame da parte di M. Gras ([137]) e, successivamente, di F. Lo Schiavo e D. Ridgway ([138]) (fig. 26).

Va anzitutto rilevato come questi reperti appartengano a classi di materiali fra loro differenziate, come armi, ornamenti, oggetti votivi, vasellame metallico e ceramico, ma che comunque dovevano rivestire, nel contesto culturale di arrivo, il carattere di beni di prestigio, non disgiunto da una qualche valenza sociale, come è indicato dalla loro frequente inclusione all'interno di corredi tombali.

Per quanto concerne più nel dettaglio i bronzi, è documentata nella penisola la presenza di vari esemplari di pugnali ([139]), di doppie asce ([140]), di bottoni sormontati da protomi o figurine zoomorfe ([141]), di faretrine votive ([142]); dai ripostigli di Bologna e di Piediluco provengono attacchi di calderone ([143]).

Particolare interesse hanno inoltre destato, sin dal momento della loro scoperta, i tre ben noti bronzetti della "tomba dei bronzetti sardi", posta ai limiti sud-occidentali della necropoli di Cavalupo, Vulci, deposizione inquadrabile nel momento avanzato della fase iniziale della prima età del ferro ([144]), nonché le navicelle sarde ([145]), delle quali sono stati rinvenuti nella penisola una decina di esemplari. Per quanto concerne questi ultimi manufatti, come sottolineato sia da M. Gras che da F. Lo Schiavo, è tuttavia necessario tenere distinti anche cronologicamente il fenomeno della loro produzione e utilizzazione nell'isola da quello della loro circolazione in ambienti culturali diversi ([146]).

È comunque significativo che nello stesso complesso in cui era stata deposta una barchetta votiva con prora a testa di cervo, il ripostiglio di Falda della Guardiola, a Populonia ([147]), sia pure stata rinvenuta una spada a lingua da presa del tipo Monte Sa Idda più sopra ricordato ([148]). Sempre nel medesimo ripostiglio era anche un'ascia ad alette, appartenente al tipo Elba ([149]) tipo al quale va ascritto uno dei rari esemplari di asce ad alette sarde, forse da Bonnànaro ([150]).

Restando nell'ambito dei bronzi, un particolare problema, che solo da poco tempo viene fatto oggetto di indagine, è costituito dai grandi spilloni nuragici a testa mobile costolata con gambo affusolato a sezione circolare e collo ristretto, a sezione quadrangolare. L'assenza della capocchia rende infatti incerta l'identificazione degli esemplari rinvenuti nelle necropoli di Veio, Cerveteri, Tarquinia, Osteria dell'Osa e Bologna ([151]).

Per quanto concerne la ceramica, non vanno dimenticate le numerose brocchette askoidi "nuragiche" diffuse in varie località dell'Etruria costiera, frutto sia di importazioni dall'isola che di imitazione villanoviana di modelli sardi ([152]).

Come si può rilevare dalla carta di distribuzione dei materiali sardi in Italia (fig. 26), le presenze nuragiche nell'Italia peninsulare sono concentrate nelle regioni centrali e centro-settentrionali tirreniche. Se si esclude Bologna, dove peraltro i reperti sardi erano contenuti quasi tutti nell'enorme ripostiglio di S. Francesco, gli oggetti d'importazione presentano una diffusione eminentemente costiera. In essa giocano un ruolo del tutto particolare i centri di Populonia e di Vetulonia, nei quali, considerati assieme, sono attestate il 60 % delle classi di materiali esportati dall'isola verso il continente.

In questo contesto riveste un particolare interesse il rinvenimento di una brocchetta askoide nuragica a Marsiglia ([153]), uno dei principali porti naturali della Francia mediterranea,

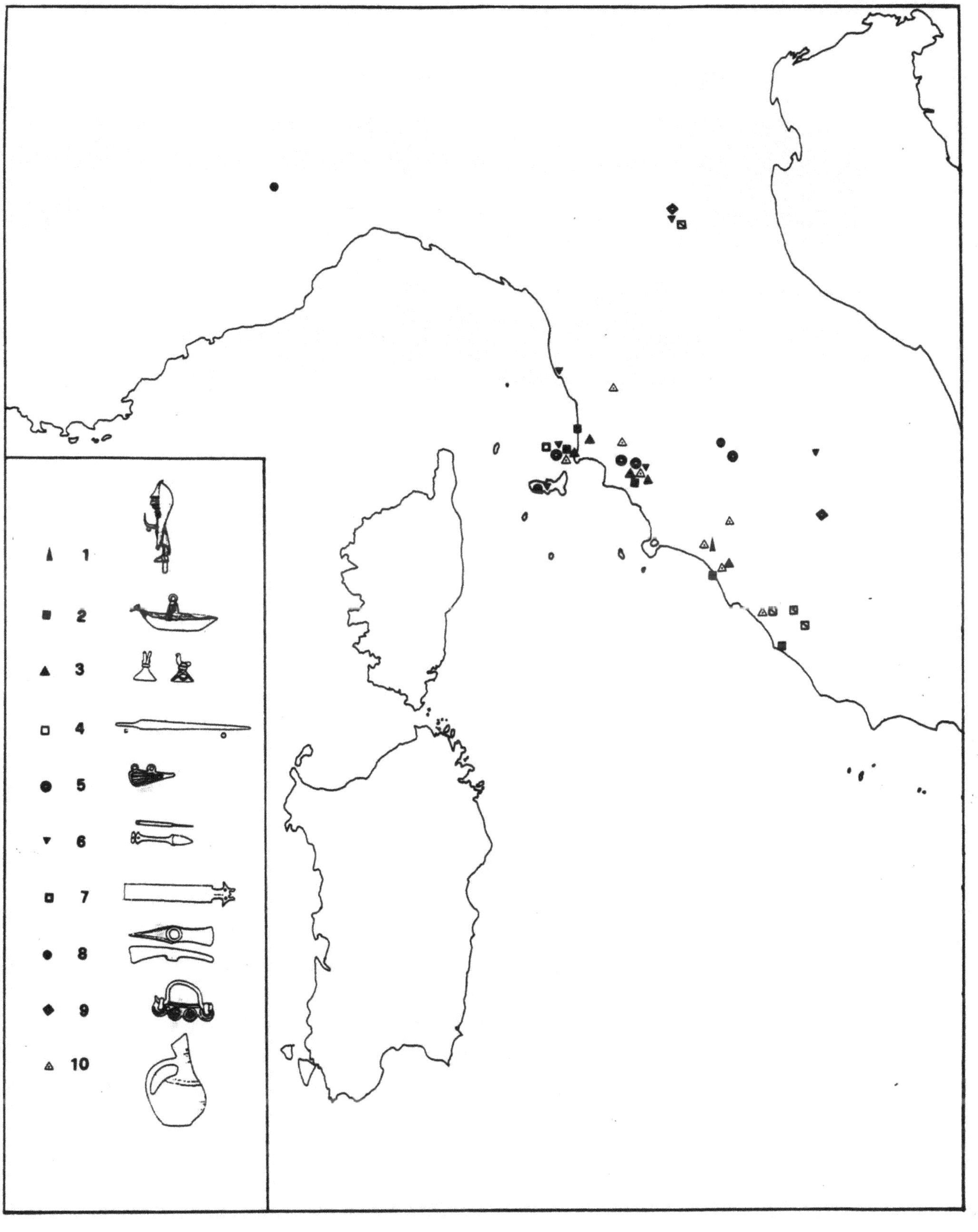

Fig. 26. Distribuzione delle importazioni in Italia centrale e settentrionale di materiali sardi.
1) bronzetti; 2) barchette; 3) bottoni; 4) spilloni; 5) faretrine; 6) pugnali; 7) spade; 8) asce; 9) attacchi di calderone; 10) brocchette askoidi.

non lontano dalla foce del Rodano, via fluviale di penetrazione verso l'interno continentale. Dalle coste tosco-laziali è infatti agevole, anche tenendo conto della circolazione delle correnti superficiali marine, risalire il Tirreno ed il Mar Ligure raggiungendo così il Golfo del Leone.

È stato messo in risalto da M. Pallottino come l'attività estrattiva e metallurgica accumuni l'isola alla zona di Populonia e di Vetulonia ([154]); anche l'Etruria mineraria possedeva infatti in entrambi questi settori, come la Sardegna, tradizioni ed esperienze assai antiche ([155]).

Come si è visto, la Sardegna è in questa fase al centro di traffici di particolare ampiezza ed intensità, traffici nei quali le genti nuragiche non dovettero limitarsi ad esercitare un ruolo esclusivamente passivo; un'eco è costituita dalla notizia di Strabone, secondo cui dei pirati sardi avrebbero effettuato scorrerie lungo la costa pisana ([156]). Le numerose navicelle bronzee sarde hanno tramandato le forme delle imbarcazioni impiegate dalla marineria nuragica ([157]) (tavv. VIII-X).

In questo momento, forse anche sulla spinta di mutamenti economici legati ai commerci, si intravedono dei cambiamenti nell'ambito sociale, con l'emergere di una struttura fortemente differenziata.

Tale situazione è indicata archeologicamente dal diffondersi dell'uso della sepoltura individuale, a fossa ed a pozzetto, che si affianca a quella collettiva, "egualitaria", dei secoli precedenti ([158]). Un esempio monumentale di questa nuova concezione è fornito dal santuario sepolcrale di Monti Prama-Cabras, dove venivano venerate le statue antropomorfe di antenati - eroi divinizzati, collocate insieme a betili ed a cippi nuraghiformi sopra una trentina di tombe singole a pozzetto in cui i defunti, evidentemente di rango particolare, erano stati sepolti in posizione seduta ([159]).

Tutto ciò mentre è ormai praticamente cessata la costruzione dei nuraghi, benché gran parte delle torri mantenesse l'utilizzazione originaria. Inoltre solo occasionalmente vengono restaurati ed ampliati alcuni di quelli vecchi, mentre altri subiscono parziali demolizioni o vengono adibiti ad uso differente, spesso connesso al culto ([160]). È significativo che nell'ambito del riassetto dei complessi nuragici effettuato nel nuragico finale vi sia la costruzione, nei villaggi di Palmavera e di Barumini, di grossi ambienti circolari — rispettivamente noti come vani 2 ed 80 — in cui erano posti ben in evidenza i simboli del potere-prestigio, realizzati in pietra calcarea ed in arenaria. Questi erano rappresentati da un tronetto cilindrico e da un grosso cippo sagomato in forma di torre nuragica a Palmavera e da un cippo analogo al precedente accoppiato ad un bacile a Barumini. Tali elementi hanno indotto ad ipotizzare che queste aule fossero sale principesche deputate alle riunioni degli *aristoi* ([161]).

Nelle ceramiche, che pure mantengono per lo più le forme precedenti, questo periodo è caratterizzato dal diffuso impiego dell'ornato geometrico, con motivi costituiti da file orizzontali di cerchielli concentrici impressi, così detti ad occhio di dado, localizzati in particolare alla base delle anse, da zig-zag in fasci orizzontali e verticali, da bande multiple contrapposte a "spina di pesce", queste ultime specie sulla vasca e sul fondo di ciotole carenate ([162]).

Tra le fogge vascolari incontra speciale fortuna, in tale periodo, la brocchetta askoide, già attestata ai tempi dell'Ausonio II di Lipari ([163]).

Analogamente sembra presentare un particolare momento di fioritura in concomitanza con il diffondersi dello stile geometrico anche la ceramica decorata a stralucido (tav. XI), che compariva pur'essa già fra le importazioni eoliane, ed alla quale si sta porgendo attenzione soltanto da alcuni anni.

Numerosi esemplari provengono dallo scavo del complesso nuragico Genna Maria di Villanovaforru, nella Marmilla ([164]), ma se ne hanno esempi anche in altre località dell'isola, come a Cuccuru Nuraxi di Settimo S. Pietro, nel nuraghe Sa Mandra 'e sa Giua di Ossi ([165]) e nella tomba di giganti di Bidistili-Fonni ([166]).

Tale decorazione è presente a Villanovaforru su forme sia aperte che chiuse, provenienti da vari ambienti del complesso nuragico stratigraficamente pertinenti alla prima età del ferro (vani 4, 10, 11, 12, 17, 18). Linee radiali a stralucido occupano infatti l'interno della vasca di grosse ciotole carenate; motivi semplici, a rete, sono disposti sull'intera superficie esterna di vasi "a borraccia", mentre ornati più complessi, con zig-zag a stralucido alternati a fasce parallele, si incontrano su brocchette askoidi e "sàssole" ([167]).

Più diffuso dell'ornato a stralucido che ricopre l'intera superficie del vaso o gran parte di essa è, invece, quello limitato alla parte interna dell'orlo. Va segnalato come, a Genna Maria, tale uso sia stato osservato anche su forme vascolari caratteristiche del Bronzo finale ([168]).

NOTE

1) von Duhn 1925, pp. 378-381.
2) Childe 1947, p. 255.
3) Lilliu 1982, p. 11. Anche in pubblicazioni successive G. Lilliu ha continuato a riscontrare nella cultura nuragica una carattere essenzialmente conservatore: cfr. Lilliu 1988, pp. 417-418.
4) Lilliu 1972, pp. 164; 213-214, 229; 268.
5) Lilliu 1952-1954, pp. 143-469.
6) Contu 1980 b, pp. 829-836.
7) Ferrarese Ceruti 1979, pp. 243-253; Ferrarese Ceruti 1980, pp. 391-393.
8) Per una rassegna dettagliata delle ricerche condotte in Sardegna sino alla fine degli anni '80, cfr. Lilliu 1988, pp. 583-590. Per un successivo aggiornamento, cfr. Balmuth 1992.
9) Santoni 1977, pp. 450, 457-460.
10) Contu 1980 a, fig. 3.
11) Sulle datazioni al ^{14}C rapportate ai dati forniti dalla dendrocronologia, nonché sull'impiego ed i limiti delle curve di ricalibrazione, cfr. Cortesi, Improta 1986, pp. 69-81. Il grafico in fig. 19 B è stato realizzato approssimando per eccesso i valori assoluti ≥ 50 e per difetto quelli < 50.
12) Vedi Contu 1992, pp. 21-22, tav. I-II e nota 12 a p. 28 (considerazioni metodologiche alla base delle datazioni presentate in tabella); cfr. anche, in particolare, Tykot 1994, tab. 1, da cui sono state tratte le datazioni per il grafico in fig. 19 B.
13) Cfr. Catling 1964, p. 56 e sgg., p. 177 e sgg.; figg. 1-2, 12-13; tavv. 2, 12-13
14) Gerloff 1975, pp. 137 e sgg., 149 e sgg., 172, tavv. 27, 49, 50-51, 56. È fonte di controversia l'origine cipriota di alcuni tipi inglesi appartenenti all'orizzonte del ripostiglio di Arreton Down (Isola di Wight): cfr. Gerloff 1975, pp. 148-152; Needam 1979, p. 7.
15) Lo Schiavo 1978 a, pp. 77-78, tav. XXXIII: 1-2, 4-7.
16) Lo Schiavo 1978 a, p. 76.
17) Ugas 1990, pp. 108-109, tavv. XXVIII: 7-10; XXIX-XXXI.
18) Lo Schiavo 1991, p. 72, tav. I.
19) Atzeni 1987, p. 42, fig. 10.
20) Lilliu 1982.
21) Lilliu 1988, pp. 273-579: la terza edizione della sua opera *La civiltà dei Sardi*, edizione completamente riveduta rispetto alle precedenti, costituisce un fondamentale lavoro di sintesi sulla preistoria dell'isola in generale e sull'età nuragica in particolare.
22) Lo Schiavo 1981 b, pp. 255-256. L'esigenza di individuare collegamenti extrainsulari ed in particolare con la Penisola italiana per i materiali ceramici sardi dell'età del bronzo e del ferro è ben evidente nei lavori di V. Santoni (Santoni 1985, pp. 107-123; Santoni 1989, pp. 82-90).
23) Un caso particolarmente significativo è costituito, ad esempio, da un martello da Nuchis (Lo Schiavo 1983 b, p. 295 e nota 21, fig. 2: 4): nella prima pubblicazione, di G. Spano (Spano 1876, p. 17, tav. n. 16), il disegnatore, probabilmente nel tentativo di fornire una resa prospettica del pezzo, lo aveva in realtà completamente falsato, tanto da renderlo pressoché irriconoscibile. Anche un'ascia ad occhio, pure edita da G. Spano (Spano 1876, p. 13, tav. n. 5), differiva talmente dall'oggetto reale (Lo Schiavo 1979, p. 81, tav. VII: 1) da rendere impossibile ed erroneo qualsiasi inquadramento tipologico basato sul vecchio disegno.
24) Lilliu 1982; Lilliu 1988, pp. 273-481.
25) Nella tomba di giganti di tipo dolmenico - ortostatico lastre litiche poste di taglio costituiscono la struttura interna della camera e, sul davanti, l'esedra; nel mezzo di quest'ultima si trova un'alta stele centinata dove è ricavata la porta d'ingresso. La tomba a struttura isodoma è invece costruita con filari sovrapposti sia nella camera che nella facciata dell'esedra; questa, a differenza del tipo precedente, è priva di stele, sostituita da un ingresso architravato. Il primo tipo, probabilmente di origine più antica, è diffuso nel centro-nord dell'isola, mentre il secondo, proprio dell'area centro-meridionale, sembra comparire nella media età del bronzo (Lilliu 1988, pp. 326-339; Ferrarese Ceruti, Lo Schiavo 1991-92, pp. 125-126). Attorno alle tombe di giganti si rinvengono talora dei betili, testimonianza delle antiche credenze magico-religiose.
26) Recenti scavi condotti nella tomba di giganti n. 2 di Iloi-Sedilo portano a collocare la costruzione anche di questo tipo tombale nel Bronzo medio (Tanda et alii 1991-92, p. 776). La funzione del blocco a dentelli, sino ad ora mai ritrovato in situ, ha dato luogo a differenti ipotesi. G. Lilliu identifica in esso una sorta di emblema distintivo del tipo tombale, connesso con un simbolismo sacro-rituale (Lilliu 1982, p. 96; Lilliu 1988, pp. 375-376). Di diversa opinione E. Contu, secondo il quale gli incavi che dividono i dentelli avrebbero una finalità statica anziché ornamentale e servirebbero a saldare, mediante grappe, la fronte del monumento con la parte retrostante; questi particolari conci sarebbero anzi restati nascosti all'interno della struttura (Contu 1981, pp. 151-152). Indizi di una funzione non decorativa, ma eminentemente pratica dei dentelli sarebbero forniti dagli esemplari, pur non in posizione originaria, rinvenuti nella tomba di giganti n. 2 di Iloi-Sedilo e nella tomba di Monte Jurado-Mamoiada, quest'ultima una domus de janas modificata nella fronte. In entrambi i casi gli incavi del concio costituirebbero la metà di un incavo in cui avrebbero trovato posto dei betilini di coronamento della facciata: cfr. Tanda 1992, pp. 57-59, tavv. III-IV; Tanda et alii 1991-92, pp. 776-777.
27) Se ne conoscono sino ad ora solo cinque, distribuiti fra la Sardegna settentrionale - Manchittu (Arzachena, Sassari), Sos Nuratolos (Alà dei Sardi, Sassari) - e centrale - Serra Orrios (Dorgali, Nuoro), Domu de Orgía (Esterzili, Nuoro). A Serra Orrios sono stati rinvenuti due distinti templi a megaron, integrati nella struttura del villaggio nuragico.
28) I pozzi sacri sono distribuiti su tutta la superficie dell'isola, con maggiore concentrazione nella parte centro-settentrionale: cfr. Lilliu 1988, fig. 197.
29) Una prima spedizione, effettuata in Sardegna dal cartaginese Malco nel 545-535 a. C., fu respinta. Nel 540 la battaglia del Mare Sardo, con la vittoria degli Etruschi e dei Cartaginesi sui Focesi di Alalia, sancì l'appartenenza dell'isola alla sfera della potenza africana. La conquista definitiva avvenne verso la fine del VI secolo dopo lunghe lotte condotte da Asdrubale ed Amilcare, figli di Magone. Il primo trattato fra Roma e Cartagine, databile intorno al 509 a. C., indica chiaramente come fosse saldamente nelle mani di quest'ultima la Sardegna e quindi i commerci con essa.

Cfr. Moscati 1966, p. 265; Lilliu 1988, pp. 418-419; sul trattato fra Roma e Cartagine, vedi anche Heurgon 1972, pp. 379-389.

30) Tuttora fondamentale per lo studio dei bronzetti sardi è il *corpus* pubblicato una trentina di anni fa da G. Lilliu (Lilliu 1966). La loro datazione costituisce tuttora un argomento controverso. La stragrande maggioranza degli esemplari rinvenuti in Sardegna proviene infatti da contesti non databili con precisione. Per quanto concerne invece quelli scoperti in area etrusco-villanoviana, in ambiti ben puntualizzabili cronologicamente - come nel caso dei tre pezzi della tomba di Cavalupo a Vulci, del I Ferro 1 B -, vale la considerazione che il momento della trasmissione alla penisola non necessariamente deve essere coinciso con quello della produzione. Secondo Lilliu l'attività dei bronzisti nuragici si sarebbe svolta «dalla fine del IX secolo alla metà circa del VII» (Lilliu 1988, pp. 559-560). Assai consistenti sono tuttavia gli indizi a favore di una loro comparsa già in un momento coincidente con il Bronzo finale italiano. Tra essi è la tecnica stessa con cui furono realizzati, la "cera perduta", una tecnica di probabile ascendenza cipriotolevantina. La loro produzione si sarebbe poi protratta per tutta la prima età del ferro: cfr. Lo Schiavo, Macnamara, Vagnetti 1985, pp. 58-63; Lo Schiavo 1986 c, pp. 92-96.
Va segnalata la presenza, fra le numerose evidenze metallurgiche rinvenute nello scavo del nuraghe S. Barbara di Bauladu (Oristano), di frammenti di forme di fusione in argilla utilizzate per la produzione a cera perduta di vari manufatti, fra cui bronzetti (cfr. Gallin, Tykot 1993, pp. 339-340, figg. 4-5 A).

31) Costituirebbero, secondo Lilliu, un'espressione di quest'ultima fase nuragica le "*muras*" dell'altopiano della Campeda, recinti in opera muraria grezza, di forma tondeggiante o quadrangolare ad angoli smussati dislocati in punti strategici, in contrapposizione alle fortificazioni puniche (Lilliu 1988, pp. 474-477). Secondo E. Contu invece le "*muras*" della Campeda - che, sino ad ora, è bene sottolinearlo, non sono state oggetto di scavi archeologici - e, più in generale, questo tipo di mura e recinti megalitici sarebbero da attribuirsi alla cultura eneolitica di Monte Claro (Atzeni, Contu, Ferrarese Ceruti 1988, p. 448).

32) Lo Schiavo 1984, pp. 28-36, tab. a p. 25; Lo Schiavo 1986 c, p. 64, fig. 84.

33) Peroni 1985, pp. 24-25; Cocchi Genick et alii 1991-92, pp. 69-103; Peroni 1991-92, pp. 611-616; Peroni 1994, pp. 168-171.

34) Carancini 1982, p. 158; Carancini 1991-92, p. 239.

35) Lo Schiavo 1984, p. 31; Lo Schiavo 1988 b, pp. 209-214; Lo Schiavo 1989-90, pp. 264-266.

36) Il frammento, frutto di una raccolta di superficie e quindi privo di un preciso contesto archeologico, proviene, assieme a frammenti ceramici alcuni dei quali inquadrabili nell'ambito del Bronzo medio, dallo scasso di un edificio megalitico non più identificabile: cfr. Sanna 1981-1985, pp. 63-65, 88-89, tav. I: 1-2.

37) Ugas 1982 a, pp. 180-185, tavv. LXVII-LXVIII. G. Ugas segnala l'opportunità, alla luce di questa scoperta, di riconsiderare la cronologia di esemplari analoghi provenienti da contesti nuragici del tardo Bronzo generalmente ritenuti materiali intrusivi di importazione fenicio-punica: Ugas 1982 a, p. 183. Altri vaghi consimili sono stati rinvenuti anche in una tomba megalitica a Villa S. Pietro (Cagliari), in località Perda 'e Accuzzai, questa volta in un contesto del Bronzo recente; ciò ha fatto ipotizzare una lunga persistenza di questi elementi: Cocco, Usai 1992, pp. 191-192, tav. IV: 2-3.

38) Ferrarese Ceruti, Vagnetti, Lo Schiavo 1987, pp. 12-14, 25.

39) L. Vagnetti ha riscontrato una forte impronta tardo minoica sia in un frammento di coppa profonda con motivo floreale combinato con archetti concentrici (Ferrarese Ceruti 1981 b, p. 609, M 10), che in un frammento di *pithos* decorato con nastri in rilievo recanti tacche oblique (Ferrarese Ceruti 1981 b, p. 609, M 9), entrambi attribuibili al T.M. III B (Vagnetti 1985 a, p. 826). Sul problema della ceramica tardo minoica proveniente dal complesso di Antigori di Sarroch e, più in generale, dalla Sardegna cfr. anche Pålsson Hallager 1985, pp. 300-302, tenendo conto delle precisazioni e delle critiche a tale lavoro effettuate da L. Vagnetti: Vagnetti 1985 b, pp. 29-33.

40) Ferrarese Ceruti, Vagnetti, Lo Schiavo 1987, pp. 14-21. Sulle analisi chimiche e petrografiche che hanno permesso di accertare l'esistenza in Sardegna di una produzione locale di ceramiche di imitazione egea, cfr. Jones, Day 1987, pp. 257-263.

41) Tale situazione è stata riscontrata infatti nel vano a, a partire dallo strato 9 (Assorgia 1982, p. 169), nella torre f, strato 9 (Ferrarese Ceruti 1983, pp. 192-197), e nel livello 3 b della torre c (Ferrarese Ceruti 1986, p. 184; Ferrarese Ceruti, Vagnetti, Lo Schiavo 1987, p. 8).

42) Ferrarese Ceruti 1982, pp. 178-179; Ferrarese Ceruti, Vagnetti, Lo Schiavo 1987, pp. 8-12.

43) Assorgia 1982, p. 196.

44) Ceramica "grigia" è stata rinvenuta in molteplici contesti pugliesi, lucani e calabresi, con assoluta prevalenza per la costa ionica: Coppa Nevigata costituisce a tutt'oggi l'unica presenza documentata sul versante adriatico. Gli esempi più antichi, attribuibili al Bronzo medio, sono attualmente documentati unicamente a Broglio di Trebisacce ed a Porto Perone: Belardelli 1991-92, p. 750; Belardelli 1994, p. 267.
Coppa Nevigata (Foggia) (Marazzi, Tusa 1976, p. 82, n. 15; Belardelli 1984, p. 130, fig. 16); Torre Castelluccia (Taranto) (Taylour 1958, p. 152; Lo Porto 1963, p. 332); Porto Perone (Taranto) (Lo Porto 1963, pp. 330-333, fig. 48; Lo Porto 1964, p. 197, fig. 15: 5-7, 9); Satyrion (Taranto) (Lo Porto 1964, pp. 195-197, fig. 15: 1-4, 8, 10); Scoglio del Tonno (Taranto) (Säflund 1939, pp. 472-475, figg. 15-19; Taylour 1958, p. 126; Biancofiore 1967, p. 37, nota 1, tav. I: a-c); S. Vito di Pisticci (Matera) (Cardarelli 1983, p. 118); Broglio di Trebisacce (Cosenza) (Bergonzi, Cardarelli 1982 a, pp. 94-103, tavv. 17-19; Bergonzi, Cardarelli 1982 b, pp. 63-87, tavv. 11-17; Bergonzi, Cardarelli 1984, pp. 101-143, tavv. 20-33; Belardelli 1984, pp. 124-136, tavv. 29-37; Belardelli 1994, pp. 267-279, tavv. 52-57); Amendolara (Cosenza) (Belardelli 1991-92, pp. 750-751, n. 7); La Motta di Francavilla (Cosenza) (Belardelli 1991-92, pp. 750-751, n. 9); Torre del Mordillo (Cosenza) (Belardelli 1991-92, pp. 750-751, n. 10); Belloluco (Cosenza) (Belardelli 1991-92, pp. 750-751, n. 11); S. Maria del Castello (Cosenza) (Belardelli 1991-92, pp. 750-751, n. 12); La Motta di Cirò Marina (Catanzaro) (Marino 1995); Crotone (Catanzaro) (Marino 1995).

Nelle Eolie, a Lipari, sono presenti solo pochi frammenti attribuibili a questa produzione ceramica (Bernabò Brea, Cavalier, 1980, p. 815, tavv. CXCII: a, CXCIII: g).

45) Bergonzi, Cardarelli 1984, pp. 117-133; Belardelli 1984, pp. 133-145; Belardelli 1994, pp. 265-267; 344-346.

46) Jones 1986, pp. 207, 212; Jones, Lazzarini, Mariottini, Orvini 1994, pp. 445-448, fig. 146.

47) Belardelli 1984, tav. 35: 1, 5.

48) Per scodelle e scodelloni troncoconici cfr. la foggia "scodelloni tronco-conici bassi" di Broglio di Trebisacce (Capoferri, Giardino 1984 b, pp. 46-47); per le ciotole carenate cfr. Grotta a Male str. 3, taglio 1 (transizione al Bronzo finale): Pannuti, Peroni 1969, p. 207, fig. 33: 5; la forma del labbro, caratteristica di vari esemplari sardi (Ferrarese Ceruti 1983, fig. 6 b: 5-8), è pure attestata nel Bronzo recente calabrese: cfr. Capoferri, Giardino 1984 b, p. 80, tav. 8: 8 (dallo strato 1 A III di Broglio di Trebisacce).

49) Può presentare qualche interesse il confronto fra un frammento di scodella tronco-conica a pareti convesse inclinate verso l'esterno, con profonda scanalatura interna, al di sotto dell'orlo, da Antigori (fig. 20 A: 3) ed un analogo pezzo, d'impasto, da strati del Bronzo recente (settore D, livelli 1A + 1B) di Broglio di Trebisacce (fig. 20 B: 10).

50) Ferrarese Ceruti 1983, pp. 201-202.

51) Ferrarese Ceruti 1983, pp. 202-204.

52) Un'alta percentuale di ferro (maggiore del 15 %) e di nichel contraddistingue un certo numero di ceramiche di Antigori, alcune delle quali definite da R. Jones, che li ha esaminati, "*Local/Provincial Mycenaean*" (Jones 1986, pp. 208-214; Jones, Day 1987, pp. 259-260), e quindi da ascriversi, sulla base di quanto detto, al Bronzo recente. L'elevato tenore di metalli nei reperti suggerisce che l'argilla provenisse da aree vicine a giacimenti minerari, e la zona di Sarroch non è molto distante dalle zone metallifere dell'Iglesiente e del Sulcis (Jones, Vagnetti 1991, p. 133). L'argilla potrebbe forse anche essere, in questo caso, un prodotto secondario di eventuali lavori estrattivi.

53) Cfr. a tale proposito i dati forniti in Ferrarese Ceruti, Vagnetti, Lo Schiavo 1987, integrati da quelli, più recenti, in Lo Schiavo, D'Oriano 1990, pp. 101-103.

54) Lo Schiavo, Vagnetti 1980, p. 380.

55) Lo Schiavo 1990, p. 36.

56) Fig. 7: 5. Cfr. Bernabò Brea, Cavalier 1980, pp. 756, 785-787, tavv. CCCXIX: a, b; CCCXXIII: 3,4.

57) Lo Schiavo 1986 b, p. 240. Recentemente F. Lo Schiavo ha espresso l'opinione che l'uso dei lingotti "*ox-hide*" non oltrepassi la media età del bronzo: Lo Schiavo 1990, p. 36.

58) A proposito di tale controversia, cfr. Nissardi 1884, p. 6; Pigorini 1904, pp. 105-107. Per gli studi più recenti, cfr. in particolare Lo Schiavo, Vagnetti 1980, pp. 379-388, con bibliografia; Lo Schiavo; Muhly 1982, pp. 261-262; Bass, Frey, Pulak 1984, pp. 277-278; Macnamara, Vagnetti 1985, pp. 10-13 e relativi riferimenti bibliografici; Gale, Stos-Gale 1988, pp. 349-384; Gale 1991, pp. 212-224; Lo Schiavo 1989, pp. 33-37; Stos-Gale, Gale 1992, pp. 317-337.

59) Lo Schiavo, Vagnetti 1980, pp. 387-388.

60) Ferrarese Ceruti, Vagnetti, Lo Schiavo 1987, p. 23.

61) Lo Schiavo, Macnamara, Vagnetti 1985, p. 10-13; Ferrarese Ceruti, Vagnetti, Lo Schiavo 1987, p. 23; Lo Schiavo 1989, pp. 33-37; Lo Schiavo 1990, pp. 18-31.

62) I campioni sono stati prelevati dai lingotti "*ox-hide*" provenienti da Serra Ilixi (3 campioni), Baccu Simeone, Villanovaforru (9 campioni), Tertenia, Villanovaforru (2 campioni), Lanusei (4 campioni), Ortueri (2 campioni), Valle dell'Isolle (Nuoro), Nuoro, Capoterra, Ittireddu (2 campioni), Teti (Abini), Ossi, Belvi, Arzachena, provenienza ignota al Museo di Cagliari (Gale, Stos-Gale 1987, figg. 7: 16, 7: 22; Stos-Gale, Gale 1992, pp. 330-333, tab. 3).

63) Swainbank et alii 1982, pp. 275-285.

64) Gale, Stos-Gale 1987, pp. 156-162, figg. 7.16-22; Gale 1991, pp. 212-224, figg. 12-17. Sull'ipotesi di una provenienza da Cipro dei lingotti "*ox-hide*" sardi J.D. Muhly esprime alcune perplessità: cfr. Muhly 1991, pp. 189-191.

65) Gale, Stos-Gale 1987, pp. 154-155, figg. 7. 15, 23; Gale 1991, pp. 216-217, figg. 13, 15.

66) Lo Schiavo 1983 b, pp. 300-309; Lo Schiavo, Macnamara, Vagnetti 1985, pp. 14-22.

67) Tale elaborazione si riscontra nel suo studio in Lo Schiavo, Macnamara, Vagnetti 1985, benché fosse già *in nuce* nel precedente lavoro Lo Schiavo 1983 b: i raggruppamenti *a*) e *b*) del 1983 vengono rielaborati, successivamente, nei tipi I e II.

68) Cfr. Lo Schiavo 1983 b, pp. 302 nota 43, 306 nota 49, 308 nota 54; si attende la pubblicazione del *corpus* delle doppie asce sarde attualmente in preparazione da parte di F. Lo Schiavo.

69) Catling 1964, pp. 88-89, fig. 9: 1,2.

70) Bass 1967, p. 95, fig. 102-103.

71) Catling 1988, pp. 68-71. G.F. Bass, in disaccordo con Catling, ha invece sostenuto che «if we do not begin with the assumption that the hoards are from the twelfth century, however, we see that the best evidence does not point to that date at all. Of the stratified single parallels on Cyprus, more may be dated before the twelfth century than to it, and good Near Eastern parallels are also generally earlier than 1200 B.C.» (Bass 1967, pp. 119-120). Pur rilevando che il ripostiglio "Trésor de Bronzes" da Enkomi, ora a Parigi, è datato stratigraficamente al T.E. III C (cfr. Catling 1964, pp. 286-287), Bass sottolinea come questo offra «the only stong evidence against a thirteenth-century date for the Gelidonya cargo», concludendo che «one cannot ignore the much greater mass of evidence that the other hoards were of the thirteenth century» (Bass 1967, p. 121).

72) Lo Schiavo, Macnamara, Vagnetti 1985, p. 18.

73) Macnamara, Ridgway, Ridgway 1984, pp. 2-7, 9, 12-13, pl. II: 2, 4; figg. 2, 4, 9.

74) Si tenga presente l'incertezza esistente sulle datazioni dei materiali egei: cfr. nota 71.

75) Le doppie asce a tagli ortogonali cipriote si differenziano da quelle sarde per l'assenza di un profilo continuo e per un aspetto generale decisamente più massiccio: cfr. Lo Schiavo, Macnamara, Vagnetti 1985, pp. 20-22.

76) Lo Schiavo, Macnamara, Vagnetti 1985, p. 22.

77) Lo Schiavo, Macnamara, Vagnetti 1985, pp. 1-71.

78) Contu 1981, pp. 172-173.

79) Fra le rare evidenze cronologiche per i tempietti, si ricordi la datazione al ^{14}C ricalibrato ricavata da materiale dal tempietto di Malchittu: 1030-1080 (Contu 1981, p. 141).

80) «Accanto a questo muro si ebbero prove della dispersione violenta cui andò sottoposto *il materiale votivo della cella ipetrale*: insieme a frustoli di pugnali e di spade votive si ebbero tre statuette frammentarie di guerriero» (Taramelli 1922, p. 325).
81) Taramelli 1922, pp. 325,327, fig. 55.
82) Lo Schiavo 1978 b, pp. 28-30, fig. 1: 2. Per tale datazione cfr. anche quanto scritto, su un analogo esemplare da Amendolara (Cosenza), località Agliastroso, in Lo Schiavo, Peroni 1979, p. 551, fig. 2: 1.
83) Lilliu 1982, pp. 71-72.
84) Ceramica con decorazione a pettine è stata rinvenuta in numerosi nuraghi: Chesseddu (Uri), Logomache (Fonni), La Prisciona, Albucciu-Arzachena, Bullittas, Palmavera-Alghero, Don Michele-Ploaghe, Sa Iddazza, Sa Pigalvedda, S'Alzoledda, Sa Cudina-Valle del Cuga, Santu Antine-Torralba, Pizzinnu-Posada, S. Pietro-Torpè, Sa Viùda-Fonni, Losa-Abbasanta, Lugherras-Paulilatino, Marfudi-Barùmini; è anche attestata in abitati nuragici, come a Serra Orrios, ed in tombe, come a Bidistìli-Fonni (cfr. Lilliu 1982, pp. 77, 84, 102-103).
85) Lilliu 1982, pp. 77, 88-93.
86) Ferrarese Ceruti, Vagnetti, Lo Schiavo 1987, p. 10.
87) Va rilevata la scoperta di un frammento decorato a pettine associato con ceramica "grigio-ardesia" nel nuraghe Corti Beccia di Sanluri (Cagliari), segnalata da G. Ugas nel corso del dibattito al III Colloquio internazionale sull'archeologia sarda "Sardegna nuragica e mondo miceneo" tenuto a Roma nel settembre del 1986; cfr. Ugas 1982 b, p. 39, tav. XXVII: 80-81, 86.
88) Secondo Lilliu la decorazione a pettine compare raramente nel Bronzo medio, in cui tegami e teglie sono invece, di norma, inornati, ed è invece caratteristica del nuragico recente: Lilliu 1988, pp. 332, 344, 358-359.
89) Fadda 1984, pp. 680-685, fig. 11 (carta di distribuzione della ceramica a pettine).
90) Di questa stessa opinione M.L. Ferrarese Ceruti, che ipotizza una diffusione della ceramica grigio-ardesia nella Sardegna meridionale contemporanea o di poco successiva alla ceramica a pettine nel centro-nord: Ferrarese Ceruti, Vagnetti, Lo Schiavo 1987, p. 10; Ferrarese Ceruti, Lo Schiavo 1991-92, p. 138.
91) Lo Schiavo 1986 c, pp. 81-83; Ferrarese Ceruti, Lo Schiavo 1991-92, pp. 128-132, 138.
92) Santoni 1985, pp. 93, 123; 1992, p. 175.
93) Le date 1500-850 a. C. proposte da Contu sono formulate in anni reali, secondo una ipotesi di ricalibrazione dendrocronologica, e sono corrispondenti al 1300-850 a. C. della cronologia archeologica-storica tradizionale: Contu 1982, tab. a p. 102; Contu 1988, p. 409.
94) Lilliu 1982, pp. 71-72.
95) Contu 1980 b, pp. 833-834, tav. CCXLVII: 1-3; Ferrarese Ceruti 1987, pp. 431, 433, tavv. V-VI.
96) Contu 1980 b, pp. 829-836; Ferrarese Ceruti 1987.
97) Ferrarese Ceruti 1987, tav. III: 1-2.
98) Contu 1974, p. 179. Un discorso completo ed esauriente su questa classe di materiali, di lunga durata cronologica ed assai importante quale oggetto di traffici e scambi al di fuori dell'isola, come documentano i numerosi rinvenimenti in contesti villanoviani e siciliani della prima età del ferro, sarà possibile solo dopo la completa pubblicazione del corpus delle brocchette sardi esistenti, studio questo attualmente in corso da parte del dr. A. Moravetti.
99) Ferrarese Ceruti 1987, pp. 431-432, 435. Cerchielli a occhi di dado compaiono anche, con schemi decorativi simili a quelli nuragici, nella ceramica siciliana di S. Angelo Muxaro: cfr. Fatta 1983, pp.87, 91, 190, figg. 190, 195, 196, tav. 190, 192, 195; è tuttavia ancora da stabilire l'esistenza di eventuali rapporti fra le due produzioni.
100) Cross 1984, pp. 60-63.
101) Secondo W.F. Albright questo pezzo (CIS I, 145), la stele di Nora ed un altro frammento da Bosa — località presso la costa occidentale, a nord di Tarros — (CIS I, 162) «come from the first half of the ninth century B.C., with extreme dates cir. 925-825 B.C. They prove conclusively that Phoenicians were erecting monumental stone inscriptions at Nora and Bosa in Sardinia not later than the third quarter of the ninth century B.C. and probably half a century earlier» (Albright 1941, p. 20). Il frammento da Bosa rappresenterebbe, per Garbini, la più antica testimonianza fenicia nell'isola, essendo, sia pure di poco, anteriore alla stele di Nora: Garbini 1983, p. 160; cfr. anche Amadasi Guzzo 1995, p. 24.
102) Amadasi Guzzo 1995, pp. 23-24; cfr. anche, sulla datazione della CIS I, 145, Röllig 1982, pp. 126-127.
103) Barreca 1986, pp.134-135.
104) Lo Schiavo, Macnamara, Vagnetti 1985, pp. 54-55.
105) Bisi 1977, pp. 919-921; Lo Schiavo 1983 a, pp. 464-465, 468-469; Lo Schiavo, Macnamara, Vagnetti 1985, pp. 54-56; Bisi 1987, pp. 226-227, 229-231.
106) Moscati 1985, p. 181; una datazione approssimativa «fra l'ultimo quarto del IX e la prima metà dell'VIII sec.». è stata proposta da M.G. Amadasi Guzzo in base a criteri paleografici: Amadasi Guzzo 1995, p. 24.
107) Moscati 1966, pp. 139, 141, 269; Bisi 1987, p. 227.
108) Amadasi Guzzo 1987, p. 378.
109) Moscati 1966, p. 273.
110) Giuseppe Flavio (37-100 d.C.) riferisce che Hiram, re di Tiro, avrebbe domato la rivolta di una colonia in una regione non individuata (Giuseppe Flavio, *Contra Apionem*, 119; Giuseppe Flavio, *Ant. Jud.*, VIII, 146): Hiram regnò al tempio di Salomone (c. 961-922 a. C.), ed è ricordato, oltre che dagli Annali di Tiro, riportati da Giuseppe Flavio, anche in alcuni passi della Bibbia (*I Re*, 5, 1-11; 9, 10-14; 10, 11; 10, 22); la colonia sottomessa con la forza viene identificata da vari studiosi moderni con Kition (Moscati 1966, p. 34; Karageorghis 1988, p. 152). Sui problemi interpretativi posti da Giuseppe Flavio relativamente alle vicende di Tiro, e sulle sue fonti, cfr. Mazza 1983, pp. 239-242. Giova, per inciso, ricordare che le fonti bibliche associano il nome di Hiram al naviglio di Tarshish (*I Re*, 10, 22), toponimo questo la cui localizzazione ha creato grossi problemi interpretativi e che secondo alcuni è da identificare con Tartessos, nella Spagna meridionale.
111) Moscati 1988 c, p. 49; Baurain, Destrooper-Georgiades 1995, pp. 605-606.
112) Taramelli 1921 a.
113) Taramelli 1926, coll. 446-456.

114)Pais 1884.
Per la datazione dei ripostigli di Monte Sa Idda e di Monte Arrubiu, nonché del complesso di Abini, cfr. Lo Schiavo 1983 b, pp. 300-301; Karageorghis, Lo Schiavo 1989, pp. 20-22.

115)Lo Schiavo 1976.

116)Carancini 1979 a, p. 635; Carancini 1984, pp. 142, 235.

117)Per la definizione delle asce ad occhio tipo Cerchiara, e il loro inquadramento cronologico, cfr. Carancini 1984, pp. 205-206.

118)Nissardi 1882, tav. XVIII: 24; Lo Schiavo, D'Oriano 1990, fig. 3: 8.

119)Confronta con asce consimili dalla Penisola Iberica, Monteagudo 1977, tavv. 117-120: 1687-1750.

120)Cfr. Bianco Peroni 1970, pp. 97-99.

121)Almagro Bash 1940, fig. 19: 2.

122)Almagro Bash 1940, fig. 12: 2.

123)Cowen 1971 a, pp. 154-155.

124)Coffyn, Gomez, Mohen 1981, p. 47, tavv. 3:2, 4:1-2. Va rilevata la diffusione tipicamente occidentale delle "*épées en langue de carpe type de Vénat*"; esse sono infatti presenti in Bretagna, nell'Angiò, nel Poitou, in Linguadoca, nelle Asturie ed in Estremadura: cfr. Cowen 1971 a, fig. 4; Coffyn, Gomez, Mohen 1981, carte 1.

125)Sul ruolo svolto della Sardegna nelle rotte verso l'Occidente dalla preistoria all'età romana, cfr. anche Lo Schiavo, D'Oriano 1990.

126)Lo Schiavo 1985, fig. 52.

127)Lo Schiavo 1978 b, fig. 7: 1.

128)Tronchetti 1985, pp. 19-20 e nota 27.

129)Contu 1965, p. 383; Lo Schiavo 1988 b, p. 233, fig. 9: 8, tav. XV; Lo Schiavo, Ridgway 1987, p. 398, tav. VI: 4.

130)Madau 1986, pp. 95-96, tav. XXVIII: 2; 1988, p. 246, fig. 1: 6-8.

131)Tale notizia è riportata da autori tardi, Pausania (X, 17, 15), del II secolo d.C., e Caio Giulio Solino (*Collectanea rerum memorabilium*, IV, 2), del III d.C., i quali, tuttavia, la derivarono da due diverse fonti più antiche; quella di Solino sembra da riconoscere nelle *Storie* di Sallustio Crispo, opera del I sec. a. C., pressoché interamente perduta (cfr. Pesce 1972, p. 11).

132)Gras 1980, pp. 516-518, fig. 2, 3. Per l'inquadramento del tipo Tarquinia cfr. Bianco Peroni 1970, pp. 113-115: secondo l'autrice il tipo, di lunga durata, è attribuibile alle fasi iniziale e recente della prima età del ferro.

133)Lo Schiavo 1981 a, p. 304, tav. LX: e. Per l'inquadramento del tipo Weltenburg cfr. Bianco Peroni 1970, pp. 121-123.

134)Lo Schiavo 1981 b, fig. 357; Gras 1985, fig. 21 sinistra. Il pezzo, appartenente alla collezione Dessi, ora al Museo Sanna di Sassari, è stato da G. Pinza indicato come proveniente da località incerta presso Cuglieri (Oristano) (Pinza 1901, p. 190, fig. 101). Per la definizione tipologica dei rasoi lunati tipo Vetulonia e la loro collocazione all'orizzonte Tarquinia I B (I Ferro 1 B), cfr. Bianco Peroni 1979, pp. 88-90.

135)Pinza 1901, fig. 84; Gras 1985, fig. 21 destra. Per l'inquadramento tipologico dei rasoi bitaglienti tipo Marino, cfr. Bianco Peroni 1979, pp. 48-49; l'autrice colloca cronologicamente il tipo fra un momento terminale del Bronzo finale e la prima età del ferro (Bianco Peroni 1979, p. 48).

136)Lo Schiavo 1978 b, pp. 44-46; Lo Schiavo, Ridgway 1987, pp. 397-398.

137)Gras 1985, pp. 113-162.

138)Lo Schiavo, Ridgway 1987, pp. 391-418.

139)Da Vetulonia: tomba a pozzetto di Poggio delle Birbe (Falchi 1891, pp. 57-58, tav. IV: 8; Lo Schiavo 1981 a, p. 301, tav. LX: d); Poggio Baroncio (Pernier 1905, pp. 238-239, tav. IV: 2). Da Populonia: Piano delle Granate, tomba 8 (Minto 1943, p. 66; Talocchini 1942, p. 21, nota 53). Da Monterotondo presso Limone (Livorno) (Mantovani 1892, p. 33, tav. III: 1). Dal ripostiglio dell'Elba (Kilian 1975, p. 123, tav. 34: 1). Da Bologna, ripostiglio di S. Francesco (Montelius 1895-1910, I, col. 352, tav. 70: 2; Lo Schiavo 1981 a, p. 302, tav. LX: c). Da Marcellano (Perugia) (Lo Schiavo 1981 a, p. 302, tav. LX: b). Un esemplare di provenienza ignota nel Museo di Perugia (Lo Schiavo 1981 a, p. 302, tav. LX: a).

140)A tagli ortogonali: Isola d'Elba, loc. Montagna di Campo (Montelius 1895-1910, II, col. 599, tav. 125: 18; Carancini 1984, p. 232, tav. 171: 4471); Isola d'Elba (Carancini 1984, p. 232, tav. 171: 4472); Pollenzo, Real Castello (Cuneo) (Angelucci 1890, p. II, fig. 7; Carancini 1984, p. 232, tav. 171: 4470).
A tagli paralleli: Chianciano (?) (conservata al Museo del Castello Sforzesco di Milano) (Lo Schiavo, Macnamara, Vagnetti 1985, p. 16, fig. 5: 7); un esemplare di provenienza ignota nel Museo di Perugia (Calzoni 1971, p. 17, fig. a p. 58; Lo Schiavo, Macnamara, Vagnetti 1985, p. 16, fig. 5: 6).

141)Populonia (cfr. Bartoloni, Delpino 1975, p. 37, nota 155): San Cerbone, tomba a fossa XL (Lilliu 1966, p. 444, n. 334, figg. 621-622); Piano delle Granate, tomba a fossa X (Minto 1922, pp. 66,99, fig. 10: 11). Vetulonia (Camporeale 1969, p. 95, tav. XXXII: 3). Tarquinia, necropoli Le Rose, tomba LXI (Hencken 1968, pp. 424-425, fig. 450: a; Buranelli 1983, pp. 70-71, fig. 72: 5; Gras 1985, p. 141, fig. 28). Forse da Roselle, conservato al Museo Civico di Livorno (Buranelli 1983, p. 111).
Secondo G. Bartoloni ed F. Delpino potrebbero essere di produzione sarda anche altri esemplari di bottoni "a tutulus" con estremità globulare (Bartoloni, Delpino 1975, p. 38, nota 157) rinvenuti nelle necropoli di Tarquinia (Selciatello Sopra, tomba 202: Hencken 1968, p. 172, fig. 157: c), del Lago dell'Accesa (tomba a fossa XIV: Levi 1933, tav. VIII), di Cerveteri (tombe a fossa 272 e 384: Pohl 1972, p. 160, fig. 139: 1; p. 258, fig. 258: 6).

142)Donoratico: due esemplari (Pellegrini 1902, p. 220); Caldana: due esemplari (Delpino 1981, p. 283, nota 54); Vetulonia (Falchi 1885, p. 124, tav. IX: 23); Sarteano (Minto 1926, p. 377); Populonia: tre esemplari dal territorio di Populonia ed uno dallo "scavo della biga" (Minto 1926, p. 376, fig. 18; Delpino 1981, p. 283, nota 54). Cinque ulteriori esemplari sono di provenienza ignota, nel Museo Archeologico di Firenze e nella collezione Ancona (Delpino 1981, p. 283, nota 54).

143)Bologna, ripostiglio di S. Francesco (Zannoni 1888, pp. 41, 45, tavv. XLIV: 35, XLVII: 4; Lo Schiavo 1981 a, tav. LXI: a, b, d, e); Piediluco-Contigliano (cosiddetto "ripostiglio di Terni", conservato nel Museo Nazionale di Copenaghen, in realtà, verosimilmente, parte del ripostiglio di Piediluco-Contigliano) (Lo Schiavo, Macnamara, Vagnetti 1985, pp. 33-34, fig. 13: 6).

144)Falconi Amorelli 1966, pp. 1-15; Fugazzola Delpino 1984, pp. 96-106. La deposizione, una sepoltura femminile ad incinerazione in tomba a pozzo con custodia, ha restituito, oltre ai tre bronzetti - una figurina umana, verosimilmente un sacerdote, un oggetto a cinque gambe interpretabile come uno sgabello-trono miniaturistico o forse come uno strumento musicale, ed un modellino di cesto di vimini con coperchio -, un cinturone a losanga di bronzo decorato ad incisione, quindici fibule - la maggior parte delle quali con staffa a disco -, elementi di collana, spiraline ed anellini. Va rilevato, inoltre, che sia l'urna, un biconico monoansato, che la ciotola di copertura erano decorati a motivi geometrici ottenuti mediante applicazione di lamelle metalliche. Su tale tecnica decorativa, alquanto diffusa nell'Europa protostorica, cfr. Cornaggia Castiglioni 1956, pp. 29-61; Stjernquist 1960, pp. 431-440; Bartoloni Delpino 1975, pp. 22-32.

145)Populonia, ripostiglio di Falda della Guardiola (Minto 1926, pp. 374-375, figg. 14-15). Vetulonia, Circolo delle Tre Navicelle: tre esemplari (Camporeale 1969, p. 94, tav. XXXI: 1-3); Circolo della Navicella (Camporeale 1969, p. 94, tav. XXXII: 1); tomba del Duce, V fossa (Camporeale 1969, p. 94, tav. XXXII: 4). Castagneto Carducci o Donoratico: due esemplari (Tore 1981, p. 266, nota 21). Gravisca, tempio di Hera (Lilliu 1971, pp. 289-298, fig. 92). Porto (Ostia), ora a Leningrado (Wylie 1869, p. 487, tav. XXVIII: 2; Colonna 1981, pp. 171-172). Una navicella da località imprecisata del Lazio, nella collezione Este Milani di Busto Arsizio (Varese) (Lilliu 1966, p. 422, n. 314, fig. 593). Capo Colonna (Crotone), edificio B del santuario di Hera Lacinia (Lattanzi 1988, pp. 251-252). Un ulteriore esemplare, di provenienza ignota, nella collezione del Museo Provinciale di Lecce (Delli Ponti 1973, p. 81, tav. LXIV: 107).
Va ricordato inoltre, ma con prudenza, un piccolo frammento con protome dalla tomba S. Antonio 6 di Sala Consilina (Kilian 1962, p. 93, fig. 5: 6; Kilian 1970, tav. 242: I, 6 f); su questo oggetto, cfr. anche Lo Schiavo, Ridgway 1987, p. 392 e nota 11.
Quanto infine alla presunta barchetta della collezione Caselli di Roma ricordata da Falchi (Falchi 1887, p. 503), essa è in realtà un vaso a barchetta laziale d'impasto rinvenuto sui Colli Albani: cfr. Wylie 1869, p. 847, tav. XXI: 1.

146)Gras 1985, p. 139; Lo Schiavo, Ridgway 1987, p. 392.

147)Minto 1926, pp. 374-375, figg. 14-15; Minto 1943, p. 53, tav. XI: 1-7.

148)Bianco Peroni 1970, pp. 97-99, tav. 40: 270. Sia V. Bianco Peroni che G.L. Carancini concordano nell'attribuire il ripostiglio di Falda della Guardiola al I Ferro 2 B (Bianco Peroni 1970, p. 99; Carancini 1984, p. 9), che costituisce però soltanto un *terminus ante quem* per il tipo di spada sardo.

149)Carancini 1984, p. 113, tav. 108: 3539.

150)Lo Schiavo 1985, fig. 66. È interessante osservare come la distribuzione dell'ascia ad alette tipo Elba sia praticamente ristretta alla limitata area compresa fra l'Isola d'Elba e Populonia (Carancini 1984, p. 113), cioè ad una delle zone maggiormente toccate dalla navigazione da e verso la Sardegna.

151)Veio, tombe X 2-3 e WX a (Ward-Perkins et alii 1970, pp. 199, 244, figg. 11: 3, 39: 1); Cerveteri, tomba a pozzo 425 (Pohl 1972, p. 199, fig. 177: 3); Tarquinia, Selciatello Sopra, tombe 64, 99 (Hencken 1968, figg. 41: a, 83: f), Osteria dell'Osa, tombe 6, 12, 196, 360, 415, 525, 533, 539, 578 (Acanfora 1972-1974, figg. 6: 5, 12: 4; Bietti Sestieri 1992, figg. 3 a 116: 3, 3 a 188: 4, 3 a 277: 3, 3 a 333: 6, 3 a 369: 4, 3 a 375: 8, 3 a 382: 5, 3 a 419: 5, 3 a 421: 4); Bologna, S. Vitale, tomba 303 (Pincelli, Morigi Govi 1975, pp. 196-197, tav. 160: 3). Cfr. Lo Schiavo, Ridgway 1987, p. 395.

152)Uno studio analitico ed approfondito di questa classe vascolare non è stato ancora compiuto. Esemplari di brocchette askoidi sono stati rinvenuti in varie necropoli dell'Etruria. Populonia, tombe a camera 4 del sepolcreto delle Granate (Minto 1923, p. 150, tav. I: 2; Minto 1943, p. 70, tav. XV: 1). Vetulonia (Levi 1931, IV Bk, pp. 3-26, tavv. 1-13: 36 esemplari; Naldi Vinattieri 1957, fig. 5: b; Michelucci 1981, fig. 105). Vulci, tomba a pozzo LXXXIII (Gsell 1891, pp. 191, 193, n. 17). Tarquinia, Selciatello Sopra, tomba 91 (Hencken 1968, p. 300, fig. 290: c). Cerveteri, Sorbo, tombe a fossa 73, 233, 281 (Pohl 1972, pp. 57, 74-76, 119-122, figg. 48: 1, 60: 4, 100: 3-4). Volterra, sepolcreto della Guerruccia, tombe 6 e XV (Ghirardini 1898, coll. 156, 193, figg. 21, 40). Lago dell'Accesa (Levi 1933, col. 37). Bisenzio (Delpino 1977, tav. XVII: a).
Sul complesso problema della distinzione fra brocchette importate dalla Sardegna e brocchette prodotte localmente, imitando modelli nuragici, cfr. Bartoloni, Delpino 1975, pp. 36-42; Gras 1980, pp. 522-526; Torelli 1981, p. 60; Gras 1985, pp. 152-154; Lo Schiavo, Ridgway 1987, pp. 394-395.

153)«Hallado en la calle Imperial de Marsella», ed ivi conservato nel Museo Borély: Almagro Bash 1940, p. 117, fig. 38.

154)Pallottino 1973, pp. 127-128.

155)Peroni 1971, pp. 234-236; Bietti Sestieri 1981, pp. 228-230; Barker 1984, pp. 89-91.

156)Strabone, V: 2, 7.

157)Le barchette in bronzo e le lucerne a navicella fittili costituiscono un evidente indizio della vocazione marinara delle genti nuragiche. Sull'argomento delle imbarcazioni nuragiche, vedi più oltre, p. 264.

158)Lilliu 1982, p. 135.

159)Lilliu 1977, pp. 72-73, tavv. XXI-XXXIX; 1988, pp. 431, 547-550.

160)Lilliu 1982, pp. 136-137; 1988, pp. 433-436.

161)Lilliu 1988, pp. 429-430.

162)Lilliu 1982, pp. 142-144.

163)Va rilevato come, fra i frammenti di brocchette askoidi rinvenuti negli strati dell'Ausonio II di Lipari (Contu 1980 b, pp. 830-832; Ferrarese Ceruti 1987, p. 433), fossero assenti le brocchette con lungo collo stretto e quelle "a paperella", verosimilmente più tarde.

164)Lo Schiavo 1981 b, p. 304.

165)Ferrarese Ceruti 1987, p. 432.

166)Lilliu 1982, pp. 102-103. I reperti in questione, alcune ciotole di colore scuro decorate nell'interno della vasca a stralucido nero, erano associati, nella sepoltura, con materiali attribuiti da Lilliu alla sua III fase (Lilliu 1982, pp. 102-103).

167)Lo Schiavo 1981 b, figg. 342-345; Badas 1987, tavv. II-V.

168)Informazione verbale cortesemente fornitami dal dr. U. Badas, che vivamente ringrazio.

Corsica

Lo studio sistematico della preistoria còrsa, mediante ricerche di superficie e scavi stratigrafici, è praticamente iniziato solo nel secondo dopoguerra, principalmente ad opera di R. Grosjean. In precedenza informazioni sul passato dell'isola, alquanto scarse, comparivano solo saltuariamente sulle riviste scientifiche francesi o su pubblicazioni a diffusione prevalentemente locale.

Anche in conseguenza di questa situazione, nonostante il considerevole incremento degli studi negli ultimi anni, la periodizzazione di cui si dispone presenta ancora, per molti versi, un qualche carattere di provvisorietà. Soltanto il prosieguo delle indagini sul campo potrà permettere definizioni più precise.

A differenza da quanto si riscontra nella vicina Sardegna, dove numerosi e relativamente frequenti sono i rinvenimenti di manufatti metallici, questi ultimi sono invece assai rari in Corsica ([1]). Anche se scarse, le tracce di metallurgia nell'isola non sono tuttavia assenti del tutto.

Che processi fusori venissero effettuati in Corsica già in età calcolitica è attestato dal rinvenimento nei livelli di Terrina IV (Aleria), nella parte centro-orientale dell'isola, di venticinque frammenti di crogiuoli d'argilla a cucchiaio, alcuni dei quali parzialmente vetrificati, con residui di colata ancora aderenti al bordo, di una tuyère, di alcune scorie e gocce di metallo, nonché di una lesina di rame arsenicale ([2]). I crogioli sono assai simili ad esemplari sardi pressoché coevi rinvenuti a Monte d'Accoddi in un contesto Filigosa ([3]).

Dalle indagini archeometriche effettuate, gli esemplari di Terrina sono risultati impregnati di carbonati di rame, con elevati tenori di ossidi di ferro, compresi intorno al 10-40 %. Significativi i valori di arsenico rilevati in alcuni campioni (As 0,5 - 0,8 %), che sembrano suggerire l'impiego dei crogioli nella realizzazione di rame arsenicale ([4]).

La presenza di attività metallurgiche in quest'area in un momento alquanto precoce è verosimilmente da porre in rapporto con l'esistenza di numerosi affioramenti di rame, sia nativo che sotto forma di solfuri, in un raggio compreso fra i 10 ed i 25 km da Terrina. Va anzi rilevato come le stesse analisi condotte sulle scorie, sui frammenti metallici e sui residui di fusione all'interno dei crogioli abbiano fornito una composizione chimica compatibile con quella del minerale cuprifero rinvenuto nel giacimento di Linguizetta, posto a circa 16 km dal sito archeologico, giacimento che era oggetto di sfruttamento ancora agli inizi di questo secolo ([5]).

Attività metallurgiche sono anche documentate durante la media età del bronzo, come dimostrano la presenza di un crogiuolo d'argilla e di un frammento di forma di fusione doppia per asce rinvenuti ad Alo-Bisuccè in un contesto attribuito a tale orizzonte ([6]), nonché un'ulteriore forma di fusione proveniente dai livelli del Bronzo medio di Capula ([7]).

L'età del bronzo còrsa è caratterizzata, a partire dal Bronzo medio, dalla presenza di particolari monumenti megalitici circolari con copertura a tholos, strutturalmente vicine ai nuraghi sardi, diffuse nella parte meridionale dell'isola ([8]), dal cui nome, *"torre"*, deriva quello dato alla cultura che le ha prodotte, chiamata appunto Torreana ([9]).

Secondo R. Grosjean la media età del bronzo («1600-1200 a. C.») andrebbe suddivisa in Torreano Antico (o Torreano I) e Torreano medio (o Torreano II); restano tuttavia alquanto vaghi i limiti cronologici fra i due momenti; ad essa seguirebbe il Bronzo finale, o Torreano finale («1200-700 a. C.») ([10]).

Uno degli elementi più caratteristici ed interessanti del Torreano medio — periodo di particolare interesse dato l'ambito cronologico di questo studio — è costituito da alcune stele, provenienti da varie località dell'isola ([11]), con raffigurazioni di spade la cui forma, pur nell'inevitabile schematismo proprio di questo tipo di rilievi, è collegabile a prototipi minoici e micenei ([12]) (fig. 27 A). Tali armi, frutto evidentemente di contatti transmarini, debbono essere state elevate a simbolo di status sociale da parte delle comunità dell'isola ([13]).

Vanno rilevati i confronti instaurabili fra le spade rappresentate su alcune stele — Filitosa VII, Scalsa Murta e Santa-Maria ([14]) — e le *"horned" swords type C I* della tipologia di N. K. Sandars, cronologicamente inquadrabili fra il T.M. II ed il T.E. III A 1 ([15]) (fig. 27 B: a); un altro gruppo di stele, un poco più numeroso ed evidentemente più tardo — Filitosa I, Filitosa V, Filitosa VI, Valle, Filitosa frammento 1 ([16]) —, trova invece puntuali riscontri, nella morfologia delle spade, nelle *"cruciform" swords type D II*, tipo quest'ultimo databile fra il T.M. o T.E. III A 2 ed il T.M. III B e, forse, anche un poco posteriore ([17]) (fig. 27 B: b). È quindi assai verosimile che la produzione dei due gruppi di stele in questione vada ascritta a due momenti cronologici e culturali differenti: il gruppo avente la spada *type C I* è da inquadrarsi ancora pienamente nell'ambito della media età del bronzo, mentre quello successivo con la spada *type D II* è invece, piuttosto, da riferire almeno in parte al Bronzo recente.

È interessante osservare come entrambe le fogge di spade siano completamente assenti in ambito cipriota, mentre sono invece alquanto diffuse sia in Grecia che nel Dodecanneso ([18]).

In Corsica quindi, sulla base dei dati attualmente disponibili, non abbiamo prove o indizi di quell'influenza cipriota che sembra investire il Mediterraneo centro-occidentale a partire dalla Sicilia del medio Bonzo thapsiano e che incomincia a manifestarsi in Italia Meridionale (Scoglio del Tonno) ed in Sardegna almeno dal Bronzo recente ([19]); in quest'ultima isola gli influssi ciprioti raggiungeranno poi il loro massimo sviluppo nelle fasi iniziale e piena del Bronzo finale ([20]). Va inoltre rilevata la totale assenza

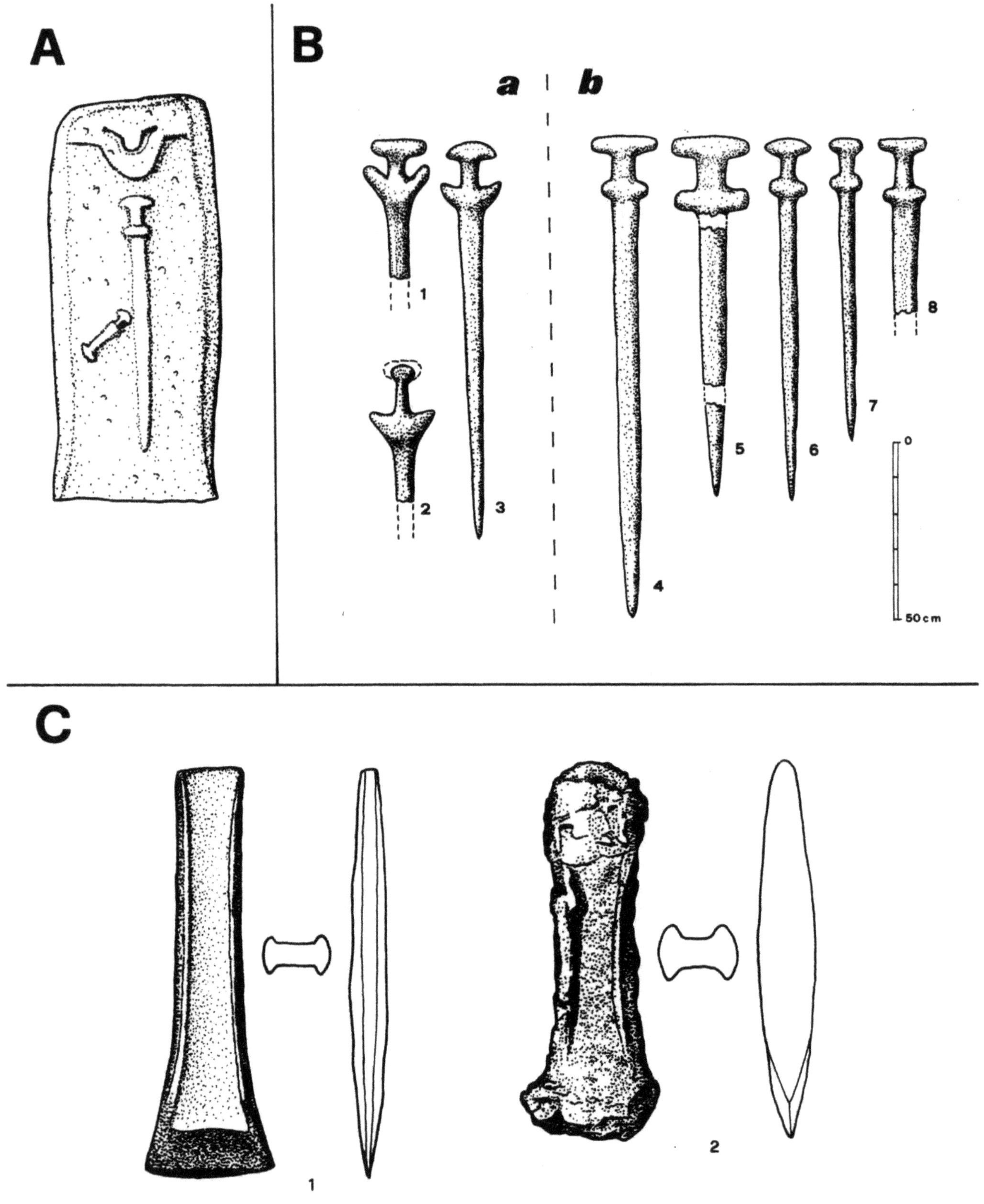

Fig. 27. A. Stele da Filitosa.
B. Spade di foggia egea raffigurate su stele còrse. *a* - "horned swords": 1) Filitosa VII; 2) Scalsa Murta; 3) Santa-Maria. *b* - "cruciform swords": 4) Filitosa V; 5) Filitosa VI; 6) Valle; 7) Filitosa I; 8) Filitosa frammento 1.
C. Asce dell'età del bronzo sarda ed italiana in Corsica: 1) Torre; 2) Monte Barbato. Scala: 2/5.

nell'Italia peninsulare, in Sardegna ed in Sicilia di spade egee tipologicamente affini a quelle della Corsica ([21]).

Per quanto concerne i rapporti fra la Corsica e le regioni limitrofe in età protostorica, assai numerose sono le attestazioni di contatti sia con la vicina Sardegna, da cui è separata dal breve braccio di mare delle Bocche di Bonifacio, che con la Penisola Italiana, verso la quale le isole dell'Arcipelago Toscano costituiscono una sorte di ponte naturale.

Lo stringente confronto fra i crogioli di Terrina IV e quelli di Monte d'Accoddi indica l'esistenza di rapporti e scambi culturali nel campo assai specialistico della metallurgia già in un momento finale della facies eneolitica sarda di Filigosa.

Per l'età del Bronzo, oltre alle affinità nell'ambito dell'architettura megalitica cui si è accennato in precedenza, è stata da tempo messa in risalto da vari autori la presenza di fogge ceramiche analoghe a quelle caratteristiche dell'orizzonte di Bonnànaro in numerosi siti della Corsica (Filitosa, Tappa, Foce, Cuccuruzzu, ecc.), e particolarmente nella sua parte meridionale ([22]). Assai stretti appaiono in particolare i rapporti fra il Torreano II ed il Medio nuragico gallurese, accumunati da forme vascolari — come i bollitoi — e da esperienze costruttive molto simili, tanto da indurre talora ad ipotizzare l'esistenza di un'unitaria cultura "torreano-gallurese" ([23]). La comune appartenenza ad uno stesso ambito culturale, forse anche connessa con rapporti di consanguineità, contribuirebbe a spiegare la stretta affinità riscontrabile fra le strutture megalitiche corse ed i nuraghi sardi, sia a tholos che a corridoio ([24]).

La generale scarsità di manufatti metallici nell'isola aggiunge significatività al rinvenimento di un'ascia a margini rialzati con taglio espanso di età nuragica proveniente dal sito di Torre (fig. 27 C: 1) ([25]), che attesta la ricettività della "civiltà" torreana nei confronti dei prodotti della metallurgia sarda.

Apporti provenienti dell'Italia continentale, e particolarmente dalle regioni centrali tirreniche, sono anch'essi ben documentati fin dai momenti più antichi del Torreano.

Ceramiche del Bronzo medio peninsulare sono state rinvenute sia nella parte settentrionale che meridionale dell'isola ([26]); in particolare da Filitosa, nella Corsica sud-occidentale, provengono alcuni materiali che presentano precisi confronti con forme vascolari toscane e laziali ascrivibili ad un momento iniziale di questo periodo (fig. 28 A: 4-6) ([27]). Pure alla media età del bronzo si ricollega la massiccia ascia a margini fortemente rilevati, alquanto deteriorata, rinvenuta a Monte Barbato (Olmeto) (fig. 27 C: 2) ([28]), che presenta nessi tipologici con alcuni esemplari laziali ([29]).

La scarsezza di materiale edito relativo alla tarda età del bronzo rende difficile giudicare se ci si trovi di fronte a lacune della documentazione o, piuttosto, ad un diradarsi dei contatti con l'Italia continentale in questo periodo.

Di provenienza peninsulare sono sia i frammenti di ansa cilindro-retta rinvenuti nei due vicini villaggi di Castellucciu e di Filitosa (fig. 28 A: 1, 2), nella valle del Taravo, nella Corsica meridionale, ascrivibili al Bronzo recente ([30]), che il frammento di ciotola carenata a parete con concavità fortemente accentuata e carena bassa, anch'esso da Filitosa (fig. 28 A: 3), che va invece più verosimilmente attribuito al Bronzo finale ([31]). Purtroppo l'assenza nell'edizione dei materiali di Filitosa di precise indicazioni sul contesto stratigrafico di rinvenimento impedisce una più puntuale collocazione sia cronologica che culturale ([32]).

Più numerose sono le testimonianze di rapporti con la Penisola Italiana per la prima età del ferro.

In particolare ad un momento compreso fra lo scorcio del Bronzo finale e la prima età del ferro vanno ascritte le due fibule con arco serpeggiante con grande molla, una conservata nel Museo di Sartène (fig. 28 B: 1), l'altra, probabilmente da Vizzavona, al Museo Archeologico di Firenze e che trovano precisi confronti nell'Etruria settentrionale tirrenica, alla quale quindi è necessario rifarsi per stabilire la datazione ([33]). La più antica attestazione di tale fibula si ha nel ripostiglio elbano di S. Martino, del Bronzo Finale 3; la gran parte degli esemplari è tuttavia da attribuire all'inizio dell'età del ferro ([34]).

Allo stesso orizzonte cronologico vanno pure attribuite quattro altre fibule, queste ultime ad arco serpeggiante con due occhielli e staffa corta, una conservata come la precedente nel Museo di Sartène (fig. 28 B: 2), un'altra rinvenuta in una tomba collettiva a Cime presso Saint-Florent (fig. 28 B: 3) ([35]), una terza nel riparo sotto roccia di Costa di Muro, presso Pieve ([36]); un ultimo esemplare proveniente da una località imprecisata dell'isola è allo University Museum of Archaeology and Anthropology di Cambridge (fig. 28 B: 4).

Come la precedente anche questa foggia è attestata, oltre che in Corsica e nell'Italia centro-occidentale, anche in Sardegna (fig. 29).

L'esemplare sardo, frammentario, proviene da Sa Sedda 'e sos Carros (Oliena), nel Nuorese ([37]); quelli italiani da Populonia, Vetulonia e Terni; se ne conosce inoltre un ulteriore esemplare nel museo di Livorno ([38]).

La distribuzione di entrambi i tipi di fibule sopra citate è di considerevole interesse, giacché configura una sfera di diffusione dei prodotti metallurgici dai connotati nettamente alto e medio tirrenici. Essa è verosimilmente da mettere in rapporto con la fitta rete di scambi esistente in quel tratto di mare durante l'età del ferro, cui si è già accennato parlando della Sardegna ([39]), scambi nei quali sembrano aver rivestito un ruolo del tutto particolare i centri villanoviani dell'Etruria settentrionale, ed in particolare Populonia e Vetulonia.

Che tali traffici, verosimilmente assai intensi, includessero anche la Corsica, come appare evidente dall'area di diffusione delle fibule esaminate, non costituisce motivo di sorpresa, anche in considerazione del fatto che l'isola costituisce un punto chiave nelle rotte per l'attraversamento dell'alto Tirreno anche grazie ai venti ed alle correnti dominanti in questa zona di mare. Ciò è del resto adombrato anche dalla tradizione classica, che sembra conservare un confuso ricordo di contatti fra Corsica ed Etruria: Servio ([40]) riferisce una leggenda secondo la quale Populonia sarebbe stata fondata da genti còrse.

Al periodo terminale della cultura torreana, o forse ad un momento di poco precedente, vanno ascritte alcune

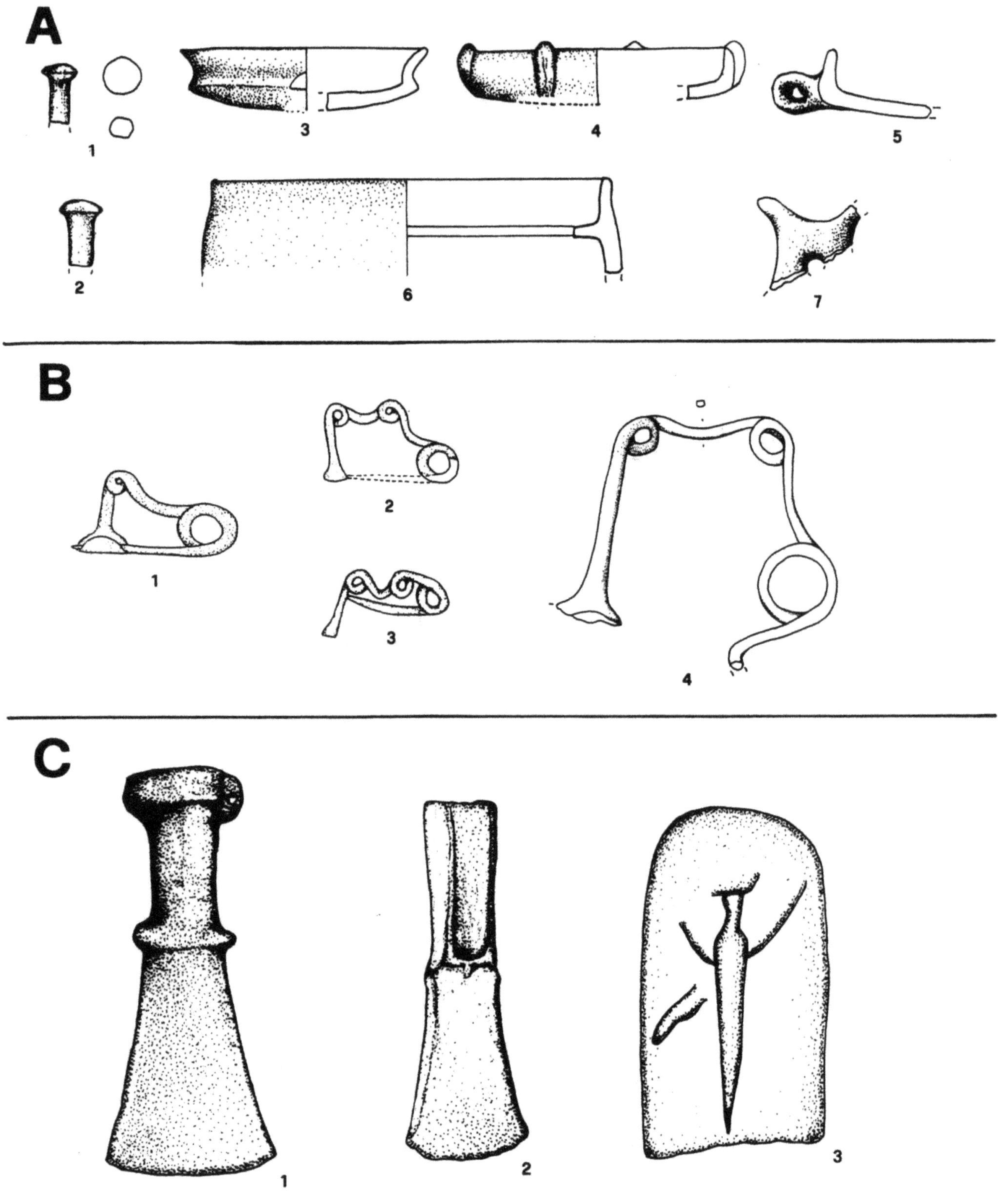

Fig. 28. A. Ceramica dell'età del Bronzo media e tarda dell'Italia continentale rinvenuta in siti corsi: 1-6: Filitosa; 7: Castellucciu. Scala: 1/3.
B. Fibule ad arco serpeggiante con grande molla e fibule ad arco serpeggiante con due occhielli e staffa corta, dalla Corsica: 1, 2) Museo di Sartène; 3) Cime; 4) Corsica, località imprecisata. Scala: 2/5.
C. Asce e spade dell'età del ferro italiana in Corsica: 1) Maison Pierragi; 2) Castifao; 3) stele da Palaggiu. Non in scala.

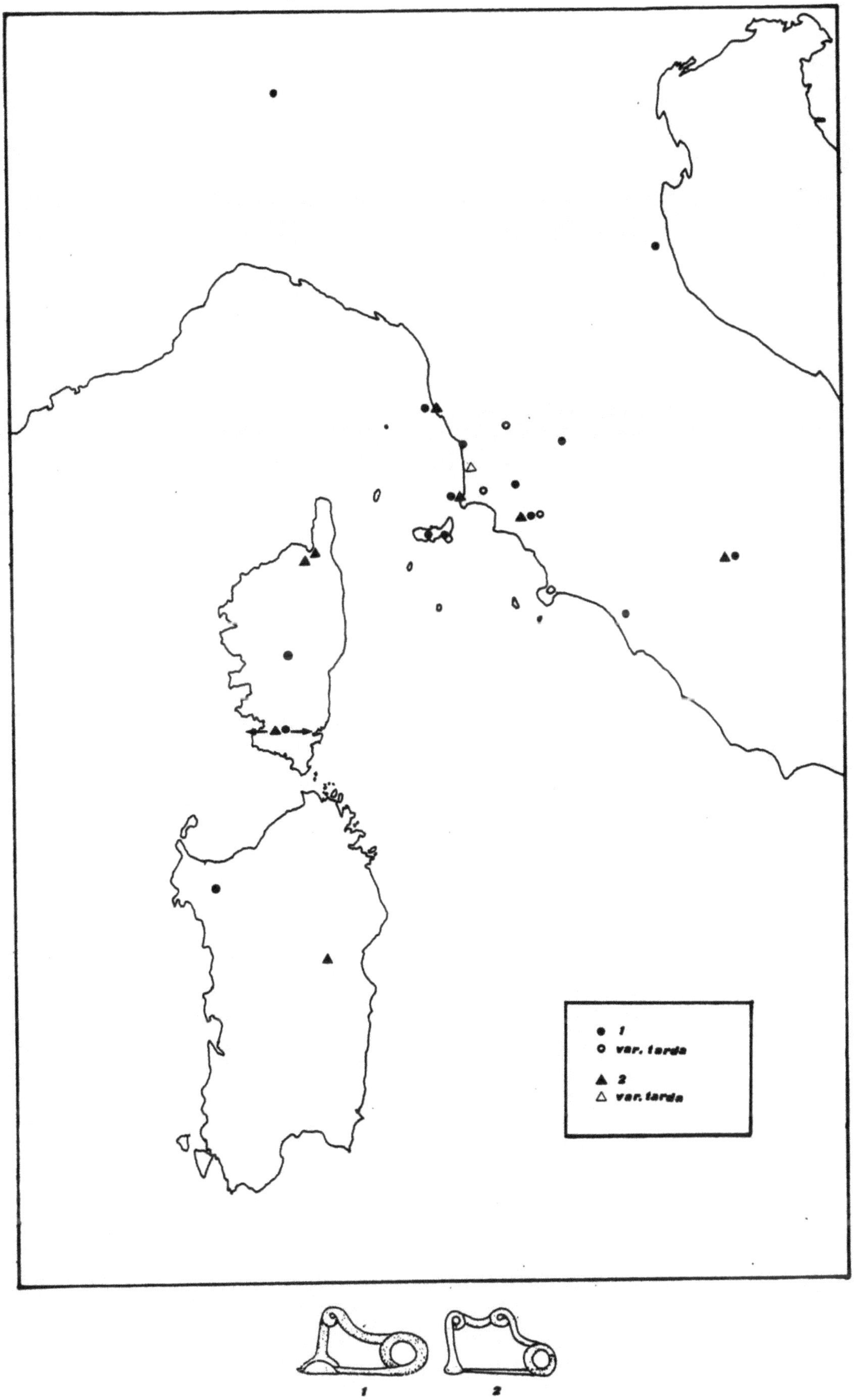

Fig. 29. Distribuzione delle fibule ad arco serpeggiante con grande molla e delle fibule ad arco serpeggiante con due occhielli e staffa corta. 1: fibule ad arco serpeggiante con grande molla; 2: fibule ad arco serpeggiante con due occhielli e staffa corta.

stele, tra cui una, in particolare, da Palaggiu, raffigurante, secondo alcuni studiosi, una spada ad antenne (fig. 28 C: 3) ([41]); lo stato di conservazione del monumento ne rende però problematica la lettura ([42]).

In tale spada, comunque troppo schematica per potersi ricondurre ad un tipo ben determinato, la spalla presenta tuttavia un andamento ricurvo, caratteristico di molti tipi italiani di spade ad antenne ([43]). Può essere suggestivo ricordare, al proposito, il rinvenimento di spade ad antenne in contesti sardi, da Ploaghe e da Sa Sedda 'e sos Carros ([44]).

Anche in questo momento più tardo perdurano le importazioni di manufatti metallici dall'area villanoviana. Ciò è indicato dalla presenza a Castifao ([45]) di un'ascia ad alette tipo Vetulonia (fig. 28 C: 2), tipo che in Italia sembra comparire nel I Ferro 1 B ([46]), e dal rinvenimento di un'ascia a cannone con larga spalla sporgente inquadrabile nella varietà C del tipo S. Francesco, databile alla fase recente della prima età del ferro, ([47]) da Maison Pierragi conservata nel Museo J. Carcopino di Aleria (fig. 28 C: 1) ([48]).

NOTE

1) de Lanfranchi 1978, p. 269; Guilaine 1987, p. 451-453; Camps 1988 a, pp. 233-235.
2) Jehasse 1978 b, p. 723, fig. 1: 10, 12; Camps 1988 b, pp. 239-250, figg. 100, 104; le datazioni radiocarboniche, una volta calibrate, si collocano intorno alla metà del IV millennio: Mohen 1990, p. 87.
3) Contu 1983, p. 100, nota 16; Camps 1988 b, p. 241, fig. 101: 2,4.
4) Bourhis 1988, pp. 251-253, tab. XXXIV.
5) Gauthier 1988, pp. 253-256.
6) Grosjean 1976, p. 647, pl. IV, B 1-2.
7) de Lanfranchi 1978 pp. 140, 150, 269-270, fig. 59: 7.
8) Lilliu, Schubart 1968, cartina alle pp. 32-33.
9) Nell'accezione originaria, Grosjean intendeva il Torreano come un periodo «essentiellement caractérisée par l'arrivée d'éléments allogènes, navigateurs, guerriers, porteurs de bronze et bâtisseurs de "torre" — les Torréens. Ils vont apporter une culture bien différente de celle des autochtones avant tout représentée par le mégalithisme» (Grosjean 1976, p. 647). Gli studi successivi hanno seriamente criticato l'ipotesi di un'invasione dell'isola da parte dei "Torreani": cfr., su questa problematica e sull'uso del termine Torreano per designare il Bronzo medio e tardo della Corsica, cfr. de Lanfranchi 1978, pp. 255-260; Camps 1988, pp. 231-232.
10) Grosjean 1976, pp. 647-652.
11) Per una distribuzione geografica delle stele còrse, cfr. de Lanfranchi 1988, pp. 39-50, fig. 2; Weiss 1988, pp. 57-65, fig. 1.
Si rilevi l'assenza di raffigurazioni di armi su questo tipo di monumenti nella Corsica settentrionale: Weiss 1988, p. 64; Weiss, de Lanfranchi 1986, p. 188.
12) Grosjean 1976, p. 650; Kilian 1986 a, fig. 9.
13) Kilian 1986 b, p. 443.
14) Grosjean 1976, tav. III B.
15) Sandars 1963, pp. 119-121.
16) Grosjean 1976, tav. III A.
17) Sandars 1963, p. 130: sulla cronologia di questo tipo Sandars afferma: «the dates range from the early or mid-fourteenth century (LM or LH III A 2), after the fall of the LM II Palace at Knossos, down into thirteenth century (LM III B); possibly even later, for they survived long enough to appear in founders' hoards which are dated LM III B "at earliest"».
18) Catling 1964, p. 117.
19) Si ricorda tuttavia che le armi bronzee da Ottana, di incerta cronologia, potrebbero essere più antiche, della media età del bronzo sarda (Lo Schiavo, Macnamara, Vagnetti 1985, p. 9).
20) Lo Schiavo 1984, pp. 32-33; Lo Schiavo, Macnamara, Vagnetti 1985, pp. 62-63.
21) Cfr. Kilian 1986 a, fig. 9.
22) Lilliu 1966-1967, pp. 16-28; Grosjean 1976, p. 647; Ferrarese Ceruti 1981 a, p. LXXVI; Camps 1988 a, p. 232; de Lanfranchi 1991-92, p. 586.
23) Cfr. Lilliu 1988, pp. 324-325, 340.
24) Vedi, a tale proposito, Contu 1981, pp. 73-74; Lilliu 1988, pp. 514-515, fig. 196.

25) Camps 1988 a, fig. a p. 233; de Lanfranchi 1991-92, fig. 4: 1 a.
26) Cfr. Weiss 1992, pp. 370-371; de Lanfranchi 1991-92, p. 586. In particolare frammenti con la caratteristica decorazione appenninica provengono da Monte Ortu de Lumio: Weiss 1992, tav. III.
27) Atzeni 1966, tav. X: 14, 20; Grosjean 1976, tav. IV C: 1, 3-5. Confronta in particolare, per la ciotola con prese a bugna impostate sull'orlo (fig. 28 A: 4): Pian Sultano (Fugazzola Delpino 1976 a, p. 39, fig. 9: 10); per la scodella con ansa a rocchetto (fig. 28 A: 5): Riparo dell'Ambra str. 6 (Cocchi Genick 1986, fig. 40: 2; per il vaso a listello interno (fig. 28 A: 6): Spallette di S. Margherita - Roma (Cardarelli 1979, fig. 4: 1); per il manico a nastro forato (fig. 28 A: 7): Spallette di S. Margherita - Roma (Cardarelli 1979, figg. 3: 7; 4: 5), Riparo dell'Ambra str. 6 (Bronzo medio iniziale) (Cocchi Genick 1986, fig. 40: 5, 6, 8).
28) Camps 1988 a, fig. a p. 234; de Lanfranchi 1991-92, fig. 4: 1b.
29) Cfr. Carancini 1979 c, fig. 2: 9-13.
30) Cesari, Jehasse 1978, p. 64, fig. 17: 12 (Castellucciu); Atzeni 1966, tav. X: 8 (Filitosa).
31) Atzeni 1966, tav. X: 13. I migliori confronti per questo pezzo richiamano al Bronzo finale: Narce phase III C, site V, Potter 1976, fig. 19: 341; non mancano tuttavia paralleli, sia pure meno stretti, anche con materiali del Bronzo recente: Broglio di Trebisacce, settore D, str. 1A1 (Capoferri, Giardino 1984 b, p. 90, tav. 17: 11). Il frammento non sembra quindi da attribuirsi al protoappenninico, come suggerito da K. Kilian (Kilian 1986 b, didascalia fig. 2 a p. 443, fig. 2).
32) Va osservato che sono radunati nella stessa figura, sotto la comune indicazione di reperti rinvenuti a Filitosa, nel settore delle abitazioni A-H durante gli scavi Grosjean, tutti i reperti "italiani" che sembrerebbero da ascrivere a periodi distinti dell'età del bronzo (Atzeni 1966, pl. X).
33) Museo di Sartène: Delpino 1981, fig.10: 1; Vizzavona: Jeasse 1985-1986, p. 59, nota 3, fig. 1: 11.
34) Delpino 1981, p. 285 e note 63, 66, fig. 6: 1. Va rilevata l'esistenza di una varietà, cronologicamente più tarda, caratterizzata dalla presenza di un netto rigonfiamento o di una sagomatura del tratto sopra la staffa (Delpino 1981, p. 287 e nota 65).
35) Per l'attribuzione cronologica della foggia, cfr. Lo Schiavo 1978 b, p. 37.
36) Museo di Sartène: Delpino 1981, fig.10: 2; Cime: Jehasse 1978 a, p. 469, fig. 18; Costa di Muro: Grosjean 1958, p. 43, fig. 6: 1.
37) Lo Schiavo 1978 b, p. 37, fig. 6: 1.
38) Per l'esemplare da Populonia, necropoli delle Granate o di S. Cerbone, cfr. Minto 1943, pp. 59-60, fig. 14: 6. Per Vetulonia, Colle Baroncio, cfr. Delpino 1981, nota 66, tav. LIX: c; Poggio alla Guardia T. 106, Delpino 1981, nota 66, tav. LIX: e. Per Terni, necropoli delle Acciaierie T. 3, Müller-Karpe 1959, tav. 44: B 5. Per il pezzo del museo di Livorno, Delpino 1981, nota 66, tav. LIX: d. Costituisce una variante per la molla più piccola e l'ago ricurvo, l'esemplare da Vetulonia, Poggio alla Guardia T. 32, Falchi 1891, tav. III: 12; Delpino 1981, nota 66, tav. LIX: f.
Un ulteriore esemplare, dal ripostiglio di Bambolo, databile alla fase recente della prima età del ferro (Müller-Karpe 1959, p. 65, tav. 52 C: 9), differisce dagli altri esemplari per presentare, nel tratto al di sopra della staffa, un rigonfiamento con sagomatura; esso quindi va considerato una variante più tarda, analogamente agli esemplari di fibula con arco serpeggiante con grande molla con simile rigonfiamento già citati alla nota 33: cfr. Delpino 1981, p. 287 e nota 65.
39) Vedi carta di distribuzione in Italia centrale e settentrionale delle importazioni di materiali sardi con indicate le principali correnti marine del medio ed alto Tirreno, fig. 26. Di difficile inquadramento cronologico, ma assai suggestiva è l'ipotesi, sostenuta da F. de Lanfranchi e M.C. Weiss, di un influsso nuragico su alcune stele corse, da Cauria e da Filitosa: esse vengono confrontate per alcuni particolari, con dei bronzetti nuragici: vedi, a tale proposito, de Lanfranchi, Weiss 1975, pp. 31-34
40) *Ad Aen.*, X, 172.
41) Lilliu, Schubart 1968, fig. 12 a p. 36.
42) de Lanfranchi, Weiss 1975, pp. 29-30.
43) Confronta i tipi Tarquinia, Rocca di Morro, Fermo, Zürich di V. Bianco Peroni, inquadrabili nell'ambito del I Ferro 1 e 2 dell'Italia peninsulare: Bianco Peroni 1970, pp. 113-121.
44) Lo Schiavo 1981 a, pp. 303-304. Delle spade ad antenne sarde in quella da Ploaghe la spalla presenta un andamento ricurvo come nell'esemplare raffigurato nella stele còrsa; del pezzo da Sa Sedda 'e sos Carros è conservata unicamente la sommità dell'impugnatura.
45) de Lanfranchi 1978, tav. XX: 3-4.
46) Carancini 1984, pp. 1-7.
47) Carancini 1984, pp. 176-177, 186.
48) Camps 1988 a, fig. a p. 249.

FRANCIA

La Francia, punto di confluenza di influssi molteplici provenienti dal mondo atlantico a nord-ovest e dalla cultura dei Campi d' Urne ad est, è caratterizzata nella tarda età del bronzo da uno sviluppo spiccatamente regionale.

Tale situazione si riflette nello stato degli studi, assai spesso dispersi in un gran numero di pubblicazioni talora a carattere prevalentemente locale e quindi di scarsa diffusione o comunque di difficile reperibilità.

Un notevole rilievo riveste ancora oggi, in questo quadro, la sezione dedicata alla protostoria ne *La Préhistoire Française*, pubblicata nel 1976 a cura di J. Guilane in occasione del IX Congresso de l'U.I.S.P.P. tenutosi a Nizza. In essa sono stati raccolti lavori di numerosi autori, ad ognuno dei quali era stato affidato il compito di fare il punto sullo stato delle conoscenze sull'età del bronzo e del ferro nelle varie regioni francesi.

Va però rilevato come, purtroppo, a fianco di questo notevole sforzo espositivo, sia mancato un tentativo organico di offrire una sintesi più generale dell'intero territorio nazionale, raccordando e/o mediando le posizioni talora anche discordanti espresse dai vari studiosi nei loro singoli contributi.

Ciò va anche messo in rapporto con la volontà, da parte dei curatori di alcune sezioni, di evitare problemi di cronologia assoluta, fornendo così, in questi casi, un quadro confuso ed ambiguo ([1]).

Tuttora alquanto importante, per lo studio della cronologia dell'intera Francia meridionale, può considerarsi lo studio di P. Schauer, pubblicato nel 1975 ([2]), in cui questi, dopo aver riesaminato l'intera problematica, propone una sequenza basata sulle necropoli ed i ripostigli della Francia meridionale e sud orientale, articolata in 5 fasi, agganciate alla sequenza centro-europea dei Campi d'Urne, che vanno dal Bronzo D all'Hallstatt B 3.

Alla prima fase appartengono, tra l'altro, il ripostiglio di Clans (Nizza), dove va rilevata la presenza di uno spillone con capocchia discoidale e collo ingrossato e costolato, affine ad esemplari italiani del Bronzo recente ([3]).

Ad un orizzonte successivo, coevo alla fase antica dei Campi d'Urne centro-europei (Ha A 1) vanno ascritte le più antiche sepolture delle necropoli di Las Fados (Ar. Carcassonne, Dép. Aude), di Le Moulin presso Mailhac (Ar. Narbonne, Dép. Aude) e di Quarante (Ar. Béziers, Dép. Hérault), necropoli che perdurano tutte anche nella seguente fase Ha A 2 ([4]). Appartengono inoltre ad Ha A numerosi rinvenimenti in grotta, come quelli delle Grotte du Prével presso Pont-Saint-Esprit (Ar. Nîmes, Dép. Gard) e delle Grotte des Chats presso Saint-Rémy-de-Provence (Ar. Arles, Dép. Bouches-du-Rhône) ([5]).

Le necropoli già ricordate di Le Moulin, Quarante, nonché quella di Millas continuano nella successiva fase di Ha B1 e, ad eccezione di Millas, anche nell'Ha B 2 ([6]). In questo periodo, coincidente con il momento terminale del Bronzo finale italiano e la fase recente dell'età dei Campi d'Urne (Ha B 1), sembra registrarsi, nell'insieme nella Francia meridionale, un considerevole accumulo di ricchezza, testimoniato dai numerosi ripostigli rinvenuti in varie aree.

Fra questi vanno ricordati quelli di "La Farigourière" presso Pourrières (Ar. Toulon, Dép. Var), di Albertville (Dép. Savoie), di Peyriac-Minervois (Ar. Carcassonne, Dép. Aude), di Ribiers (Ar. Gap, Dép. Hautes-Alpes), di Villard-d'Arène (Ar. Briançon, Dép. Hautes-Alpes) ([7]). Dal complesso di Albertville proviene, tra l'altro, un lingotto del tipo a piccone, foggia per la quale A. Bocquet ha segnalato, riferendosi agli esemplari d'oltralpe, l'influenza dei modelli provenienti dall'Italia protovillanoviana ([8]).

La fase finale dell'età dei Campi d' Urne della Francia meridionale, parallela all'età del ferro dell'Italia continentale, viene definita dai ripostigli di Réallon (Ar. Gap, Dép. Hautes-Alpes), di Briod (Ar. Lons-le-Saunier, Dép. Jura), di Rieu-Sec (Ar. Béziers, Dép. Hérault), cui vanno aggiunti, probabilmente, quelli di Savournon (Ar. Gap, Dép. Hautes-Alpes) e di Beauriéres (Ar. Die, Dép. Drôme) ([9]). Nel ripostiglio di Rieu-Sec è attestato un coltello con innesto a cannone; benché esso non trovi puntuali riscontri in ambiente italiano, dove questa famiglia tipologica compare soltanto nella valle padana, va rilevato come nella penisola tali oggetti non compaiano prima della fase recente della prima età del ferro ([10]).

Mentre relativamente chiara è la seriazione nella Francia meridionale, assai più complesso è l'inquadramento cronologico del periodo in esame per l'area atlantica, articolato in tre fasi: *Bronze Final I, II, III* ([11]). Questa regione presenta infatti caratteristiche sue proprie, che non sempre consentono un agevole raccordo con la cronologia centro-europea.

Il *Bronze Final I* atlantico è comunque certamente in parte da correlare al Bronzo D dell'Europa centrale, come è stato rilevato da vari autori ([12]).

Più problematico è il rapporto fra la fase *Bronze Final I* e la successiva *Bronze Final II.* Purtroppo assai scarsi sono per questo orizzonte gli elementi di contatto con l'Europa centrale ed in particolar modo quelli provenienti da complessi chiusi ([13]).

A. Jockenhövel sostiene, anche sulla base dei confronti con le vicine Isole Britanniche, che il Bronzo Finale I debba perdurare sino alla fase Ha B 1 centro-europea ([14]).

Secondo M. Almagro Gorbea, invece, la fase del Bronzo Finale II atlantico coinciderebbe in parte, nel suo momento iniziale, con la fase Ha A 1 e comprenderebbe per intero le successive Ha A 2 ed Ha B 1 ([15]), al fine di rendere pressoché paralleli, nel loro sviluppo, il Bronzo finale dell'Estremadura con il Bronzo Finale II atlantico. Il momento finale di quest'ultimo viene quindi a coincidere per Almagro Gorbea con l'inizio della fase caratterizzata dal ripostiglio di Huelva ([16]).

Questa sequenza viene ripresa, con un lieve aggiustamento, per l'area centro-occidentale — completa sincronia fra l'inizio del Bronzo Finale II atlantico e l' Ha B 1 centro-europeo — da A. Coffyn ([17]), nel tentativo, anche qui, di affiancare la Francia atlantica alla Spagna atlantica.

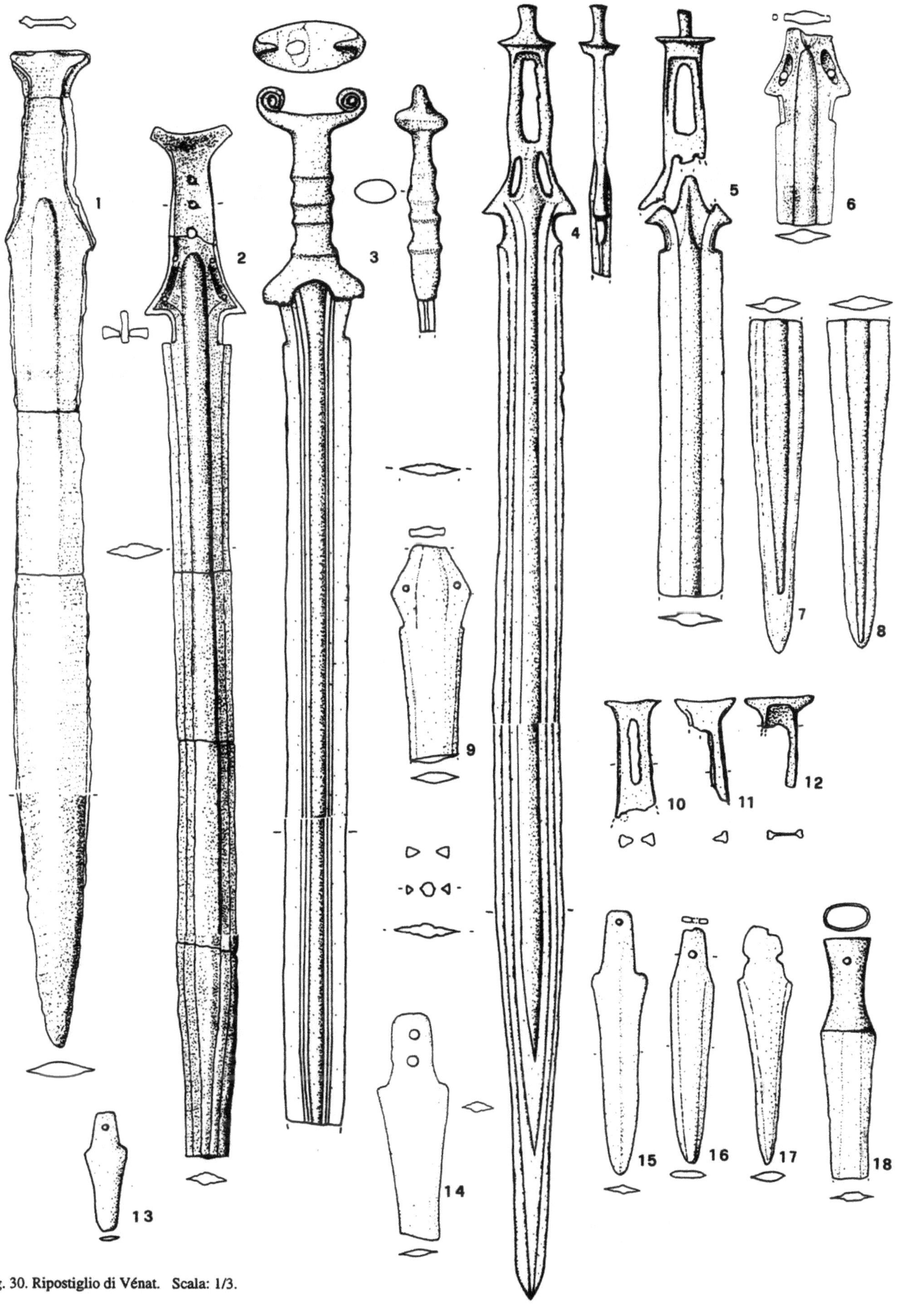

Fig. 30. Ripostiglio di Vénat. Scala: 1/3.

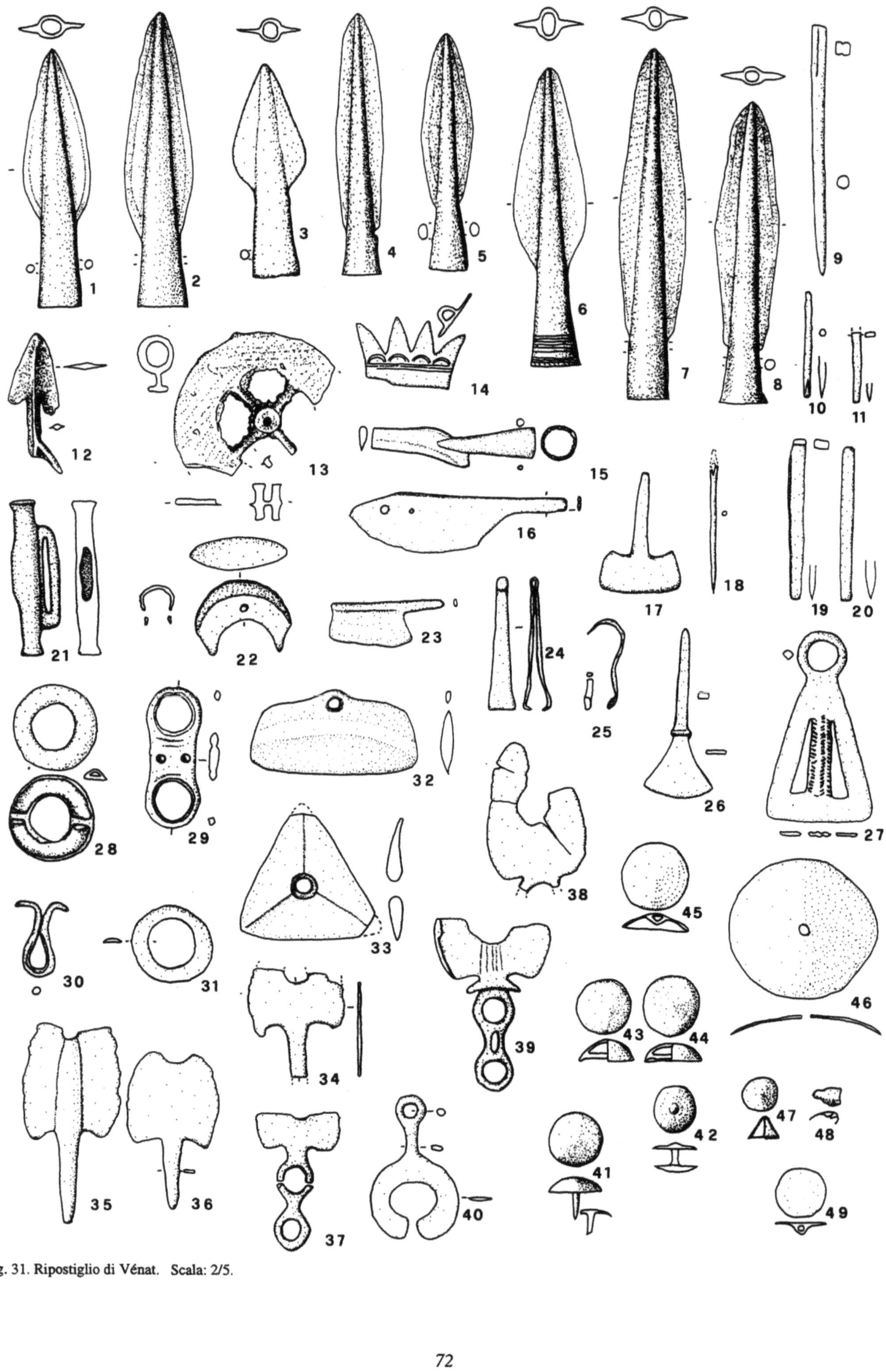

Fig. 31. Ripostiglio di Vénat. Scala: 2/5.

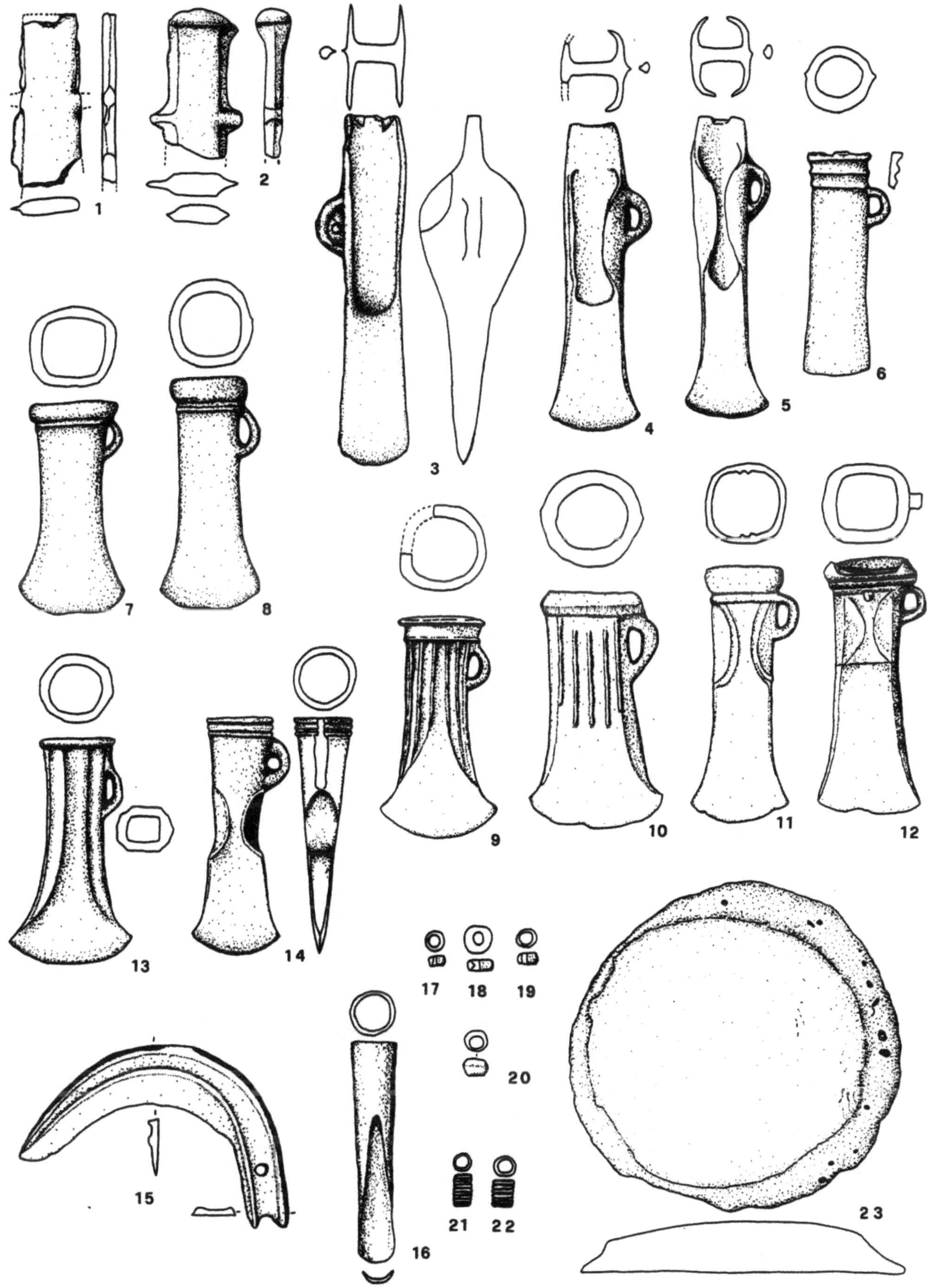

Fig. 32. Ripostiglio di Vénat. Scala: 1-22: 2/5; 23: 1/3.

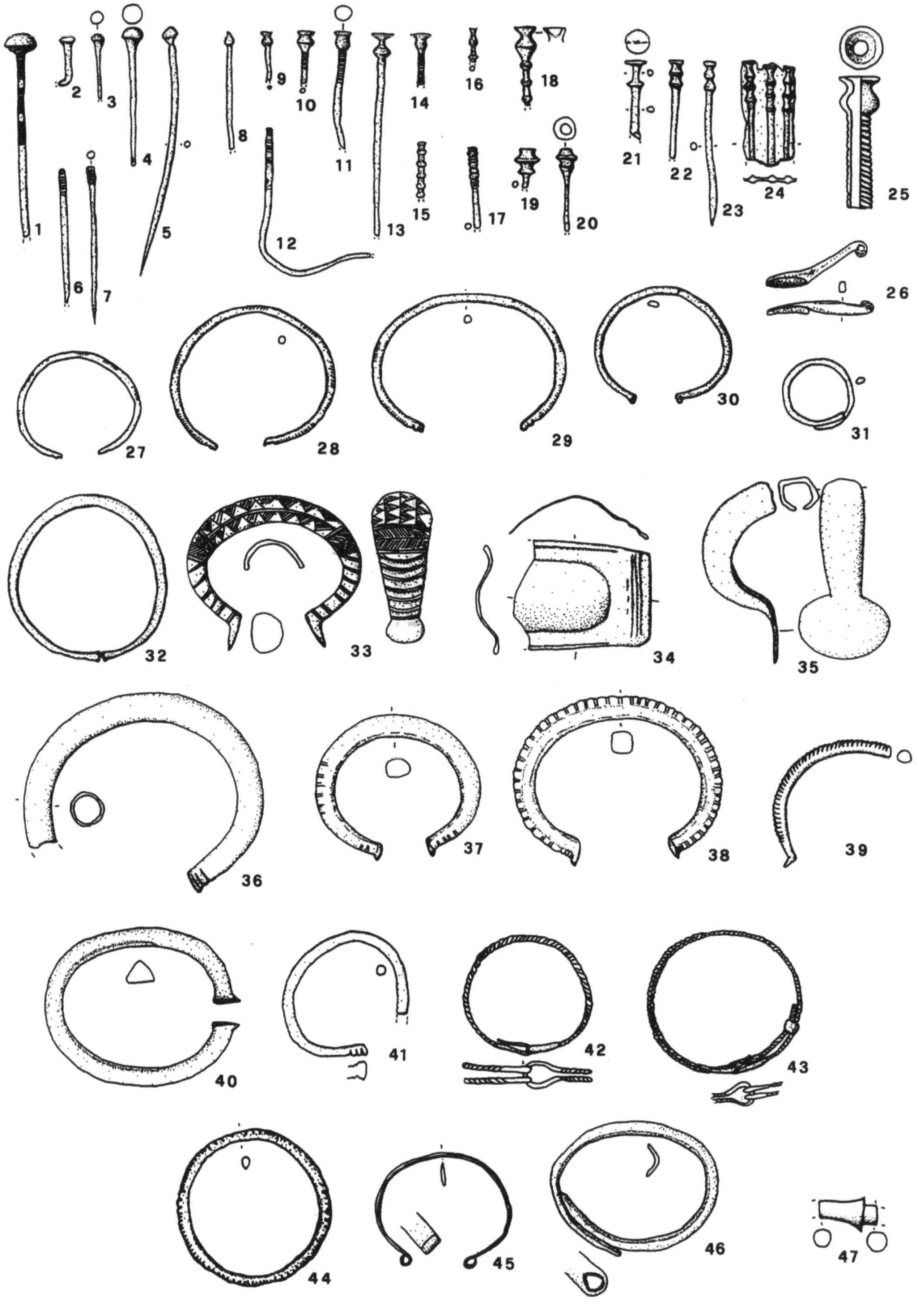

Fig. 33. Ripostiglio di Vénat. Scala: 2/5.

In entrambi i casi si sente la mancanza di una chiara e dettagliata analisi che illustri tali scelte di cronologia comparata; ciò è verosimilmente anche legato al carattere di questi due studi, aventi come punto di riferimento la Penisola Iberica.

Nel suo esame della cronologia della Francia settentrionale rapportata alla sequenza tedesca B. O' Connor rileva, a proposito del Bronzo Finale II, come una correlazione con l'area centro-europea per tale fase sia assai problematica, a causa della scarsità di elementi comuni, presenti invece in misura assai maggiore nel Bronzo Finale I e III ([18]).

J. Briard ha peraltro osservato come le spade a lingua da presa del Bronzo Finale II atlantico deriverebbero da prototipi dell'Europa centrale, prototipi attribuibili ad un momento avanzato dell'Ha A ([19]).

Sembra quindi da condividere la posizione di O' Connor quando afferma che: «*Bronze Final II* should be broadly contemporary with the earlier part of Ha B», pur rilevando che i suoi limiti superiori ed inferiori non possono essere definiti con precisione ([20]).

Quanto al *Bronze Final III*, esso va certamente rapportato alla fase Ha B 3 dell'Europa centrale ([21]). Il suo inizio è tuttavia da collocarsi in un momento più antico, almeno nell'ambito della fase Ha B 2, come sostengono alcuni autori francesi ([22]), se non piuttosto della fase Ha B 1, come suggeriscono i confronti tipologici esistenti fra alcuni materiali caratteristici dell'orizzonte spagnolo di Huelva e reperti di foggia "atlantica" contenuti all'interno di taluni complessi italiani ([23]). Tali complessi appartengono infatti in parte al terzo orizzonte dei ripostigli del Bronzo finale italiano (Tolfa, Monte Rovello), ed in parte ad un momento intermedio fra il terzo orizzonte del Bronzo finale e la prima età del ferro (Santa Marinella, Contigliano) ([24]).

Si collocano nell'ambito del *Bronze Final III* numerosi ed importanti ripostigli dell'area atlantica francese, come Vénat, Saint-Yriex (Charente), Challans (Vandea), Déville-lès-Rouen (Seine-Maritime); questi presentano al loro interno associazioni di materiali più antichi con altri decisamente più recenti ([25]). Uno speciale interesse presenta il deposito di Vénat, scoperto fortuitamente nel 1893 e recuperato pressoché integralmente (figg. 30-33). Esso conteneva oltre 2.700 oggetti tra interi e frammentati, fra cui erano rappresentati utensili, armi, ornamenti, finimenti equini, strumenti musicali, vasellame, spiedi, lingotti e residui di fonderia.

La varietà tipologica di tale considerevole massa di materiali offre un quadro rappresentativo della produzione metallurgica del Bronzo Finale della Francia atlantica e fornisce preziosi dati su rapporti e contatti, estesi, oltre che al resto della Francia, alle altre regioni affacciate sull'Atlantico (quali le Isole Britanniche ed il Portogallo), all'Europa centrale (Germania, Paesi Bassi, Svizzera) e al Mediterraneo occidentale e centro-occidentale (Spagna meridionale, Sardegna, Sicilia, Italia) ([26]).

NOTE

1) È questo purtroppo il caso del lavoro di C. Lagrand sull'età del bronzo della Provenza, regione questa di notevole interesse per il presente studio (Lagrand 1976, pp. 452-457). Egli distingue il Bronzo finale provenzale in tre fasi, di cui la seconda «peut-être originaire de l'Italie car les influences des civilisations apennine, terramaricole e de la Polada s'y affirment clairement» (Lagrand 1976, p. 455), facendo quindi riferimento a culture in realtà ben più antiche del periodo in questione. Non viene presentata alcuna ipotesi di datazione assoluta delle tre fasi; va tuttavia rilevato come al Bronzo Finale I egli ascriva, tra l'altro, il ripostiglio di Clans, nel Nizzardo, che, come giustamente osserva, mostra contatti con il Bz D della cronologia centro-europea (Lagrand 1976, p. 455).
Per l'indeterminatezza delle fasi individuate da Lagrand la sequenza provenzale non può essere agevolmente raccordata, ad esempio, con quella della vicina Linguadoca, regione quest'ultima curata nello stesso volume, da J.L. Roudil e J. Guilame (Roudil, Guilame 1976, pp. 459-469).
Per la cronologia della Linguadoca particolare interesse presenta lo studio compiuto da R. Peroni, M.A. Fugazzola Delpino, A.P. Anzidei, G. Baldelli, G. Bergonzi, O. Bernardi, L. Minnucci, D. Sansonetti, I. Scarabello (Peroni et alii 1976, pp. 245-281). In tale lavoro, effettuato mediante logica combinatoria, sono state evidenziate tre fasi, delle quali la prima, articolata in due orizzonti di lunga durata, è interamente coeva ai Campi d'Urne centro-europei (Peroni et alii 1976, p.280).
2) Schauer 1975, pp. 47-60.
3) Cfr., in particolare gli spilloni con collo costolato tipo Pieve S. Giacomo e quello con capocchia a suggello e collo ingrossato da Bor di Pacengo, attribuiti da G.L. Carancini al Bronzo recente (Carancini 1975, pp. 181-182, 184).
4) Schauer 1975, pp. 50-54.
5) Schauer 1975, pp. 54-55.
6) Schauer 1975, p. 55.
7) Schauer 1975, pp. 55-56.
8) Bocquet 1976, pp. 489-490. Lingotti a forma di piccone sono documentati in Europa centro-occidentale in ripostigli francesi (Larnaud, Goncelin, Albertville), svizzeri (Filisur) ed austriaci (Mahrersdorf); nell'Italia peninsulare sono stati rinvenuti nei ripostigli di Madriolo, Chiuse di Frontone, San Francesco di Bologna, Manciano-Samprugnano: cfr. a tale proposito, Peroni 1961 b, I 5 (5), con la bibliografia relativa, cui va aggiunto il rinvenimento di un ulteriore lingotto dal ripostiglio di Montagnana (De Min, Bietti Sestieri 1979, p. 212, fig. 5: 4).
9) Schauer 1975, pp. 56-60.
10) Bianco Peroni 1976, pp. 45-50.
11) Nell'ambito degli studi sulla Francia atlantica particolare rilevanza presentano quelli condotti da J. Briard. Egli ha articolato il Bronzo Finale in tre fasi: *Bronze Final I*: gruppo di Rosnoën (Finistère), caratterizzato dalle "*épées a languettes munies de rivets ou d'encoches latérales*"; *Bronze Final II*: gruppo di ripostigli di Saint-Brieuc-des-Iffs (Ille-et-Vilaine), caratterizzato dall'adozione delle "*épée pistilliformes*"; *Bronze Final III*: gruppo della spada a lingua di carpa, caratterizzato dalla "*épée à crans ou ricassos rectangulaires sous la garde et lame à renflement médian*" (Briard 1965, pp. 291-294, tab. a p. 298; Briard 1976 b, pp. 569-571).
12) Briard 1965, p. 173; Briard 1976 b, pp. 569-571; Kubach 1973, p. 301-303; Jockenhövel 1975, pp. 140-143; Blanchet, Mohen 1977, pp. 477-481; O' Connor 1980, p. 31. Un momento più antico, di transizione fra la fase *Bronze Moyen III* e *Bronze Final I*, è rappresentato da un importante gruppo di ripostigli, quale quello di Malassis (Dép. Cher), che presenta numerosi tipi che trovano riscontri nel Bz C centro-europeo. Sul problema della collocazione cronologica di Malassis e del cosiddetto "*Zeitstufe der Schmuck-Depotfunde*", cfr. Jockenhövel 1975, pp. 136-140; O' Connor 1980, pp. 31-39.
Coerentemente con le tendenze innovative nella terminologia cronologica emerse in ambiente germanico, che, tra l'altro, auspicano l'adozione di nomenclature regionali non più vincolate ai riferimenti alle diverse età dei metalli (cfr. Müller-Karpe 1974 b, pp. 7-18; Peroni 1979, p. 200, nota 75), A. Jockenhövel propone, per il momento successivo, interamente correlato al Bz D centro-europeo, il nome di "*Zeitstufe der Schwerter mit schilfblattförmiger Klinge*", al quale segue la "*Zeitstufe der ältesten Schwerter mit weidenblattförmiger Klinge*", coincidente, nel suo momento conclusivo, con il *Jüngeren Urnenfelderzeit* dell'Europa centrale (Ha B 1) (Jockenhövel 1975, pp. 140-147).
13) Jockenhövel 1975, p. 144; O' Connor 1980, p. 31.
14) Jockenhövel 1975, pp. 146-147.
15) Almagro Gorbea 1977, p. 487.
16) Almagro Gorbea 1977, fig. 202.
17) Coffyn 1985, pp. 120-122.
18) O' Connor 1980, pp. 31-32; 132; 155-157.
19) Briard 1965, p. 198; Briard 1976 b, p. 571.
20) O' Connor 1980, pp. 31-32.
21) Jockenhövel 1972, p. 205; O' Connor 1980, p. 31.
22) Coffyn, Gomez, Mohen 1981, p. 61.
23) Ci si riferisce in particolare alla spada tipo Huelva rinvenuta nel ripostiglio di S. Marinella, alla terminazione della lama "a lingua di carpa" in un frammento di spada da Contigliano, all'ascia a tallone di Tolfa ed alle due asce a spuntoni laterali di Monte Rovello (Bianco Peroni 1970, p. 97, tavv. 40: 269, tav. 78: C 5; Carancini 1984, pp. 142-235, tavv. 120: 3715; 172: 4486-4487).
24) Carancini 1979, pp. 635-639.
25) Coffyn, Gomez, Mohen 1981, p. 61.
26) Coffyn, Gomez, Mohen 1981, pp. 9-67.

L'AREA IBERICA

La Penisola

Come è stato in passato più volte rilevato, la protostoria della Penisola Iberica è caratterizzata da connotati fortemente regionali, connessi almeno in parte alla natura stessa del territorio, suddiviso da numerose catene montuose (1).

Tale situazione culturale, già evidente nel Bronzo antico e medio (2), si mantiene anche nella tarda età del bronzo; va peraltro rilevata l'assenza, per molte zone della penisola, di seriazioni ben definite e completamente comparabili con quelle di altre aree.

Un ulteriore ostacolo all'elaborazione di uno schema cronologico generale, allo stato attuale della ricerca, è costituito dalla qualità e quantità dei dati archeologici, giacché, come ha rilevato M. Almagro Gorbea «el primer problema [...] común a bastantes regiones de la Península Ibérica [...] es debido a la escasez de documentos arqueológicos lo suficientemente firmes para poder ser interpretados con seguridad y sin ambigüedades. Da este problema derivan las dificultades para fijar la secuencia cultural, la cronología y les variaciones geográficas, así como para interpretar el desarrollo material, cultural y social» (3).

Fra le facies culturali della Penisola Iberica un interesse del tutto particolare riveste, alla luce delle più recenti scoperte, quella propria del Bronzo finale della Meseta, detta di Cogotas I, dal sito omonimo presso l'Avila.

Questa cultura è caratterizzata da un peculiare stile di decorazione ceramica, denominato tipo Bouquique o "*punto en raja*" dalla tecnica usata per ottenere una migliore incrostazione dei vasi, stile la cui diffusione, partendo dalla Meseta settentrionale da cui origina, raggiunge la Meseta meridionale, la Valenza e l'Andalusia (4). Attestazioni isolate si hanno anche in territorio portoghese, in Estremadura e nel Tras-os-Montes (5). La cultura di Cogotas I sembra coprire un arco di tempo piuttosto ampio, dalla fine del Bronzo medio sino all'età del ferro (fase di Cogotas II), coincidendo di fatto, nella Meseta, con il Bronzo finale (6).

Il rinvenimento di ceramica micenea databile fra il T.E. III A tardo ed il T.E. III B iniziale nell'abitato di El Llanete de los Moros (Montoro, Cordova), nell'Andalusia meridionale (fig. 34 A: 7-8), fornisce per l'area andalusa un *terminus post quem* per l'orizzonte indigeno di Cogotas I, con i cui materiali i reperti egei erano associati in contesto stratigrafico (fig. fig. 34 A: 1-6) (7).

Benché il materiale d'importazione sia costituito sino ad ora da soli due frammenti (8), tale rinvenimento, oltre ad aprire la strada ad una riconsiderazione della cronologia iberica, analogamente a quanto avvenuto in Sardegna, costituisce anche un nuovo dato di estrema importanza nello studio delle rotte e dei traffici che dovevano congiungere le diverse sponde del Mediterraneo negli ultimi secoli del secondo millennio.

La località di El Llanete de los Moros non si trova sulla costa, ma è situata all'interno, presso l'importante via di penetrazione fluviale costituita dal Guadalquivir, e non è distante dalle miniere di Sierra de Cordoba e di Cerro Muriano. Il sito potrebbe quindi essere in relazione con le importanti risorse metallifere della regione.

Il "*Bronce final*" si configura come un momento in cui la Penisola Iberica viene raggiunta da nuovi impulsi provenienti sia dall'area mediterranea che dal mondo atlantico e dall'Europa centrale. Tali impulsi interagiscono in maniera ed intensità diversa sui differenti substrati indigeni nelle varie aree culturali sviluppatesi nel corso del Bronzo medio (9).

Nel tentativo di correlare fra loro le varie sequenze cronologiche della Penisola Iberica, sono state tenute in particolare conto alcune ricerche di carattere più complessivo, le quali, pur partendo dall'esame di un'area specifica — H. Schubart per il Sud-Ovest della penisola (10), M. Almagro Gorbea per l'Estremadura (11), A. Coffyn per l'area atlantica (12) —, hanno tentato poi di fornire un quadro d'insieme di numerose regioni iberiche.

Per il Sud-Ovest Schubart ha identificato, negli anni '70, due lunghe fasi, il cui svolgimento è compreso rispettivamente, in termini di cronologia assoluta, fra il «1500/1400-1100» ed il «1100-800/700» a. C. (13).

La I fase del Bronzo del Sud-Ovest (o di Atalaia) è caratterizzata dalle strette relazioni che la connettono con la cultura di El Argar, cultura quest'ultima che continua la sua evoluzione nelle vicine province di Almeria, Murcia e Granada. Tale fase si differenzia, tra l'altro, dal precedente orizzonte, detto di "Ferradeira", per la dominanza delle forme carenate nella ceramica, con una tendenza verso fogge biconiche. Nei bronzi, le punte di freccia a codolo fortemente allungato, gli anelli a spirali multiple, le alabarde di tipo Montejicar ed i pugnali a base semplice caratteristici di El Argar B collegano fra loro questi due orizzonti, per cui, secondo Schubart, non si può escludere che l'inizio del Bronzo I del Sud-Ovest sia da collocarsi intorno alla fine di El Argar A (14).

Alla fase I segue la II, o di Santa Vitoria, che, pur possedendo caratteristiche sue proprie, mantiene tuttavia rapporti con l'orizzonte che succede ad El Argar nel Sud-Est (S.O.-Br. C). Notevole importanza presentano in questo momento cronologico i rilievi che ornano la lastra superiore delle tombe a cista, raffiguranti armi, quali asce e alabarde, non attestate invece, per motivi verosimilmente rituali, nei corredi. Nella ceramica accanto alle forme carenate si incontrano ora forme chiuse con bocca stretta, spesso a profilo rotondeggiante, decorate da solcature poco profonde a motivi curvilinei (15).

Il periodo II del Bronzo del S.O. si evolve verso un momento di transizione alla prima età del ferro, che è caratterizzata tra l'altro, nel suo momento più antico, da tombe a cista poste in recinti rettangolari (16).

Alcuni anni più tardi (17) M. Almagro Gorbea, nell'ambito del suo studio sull'Estremadura, ha in gran parte rece-

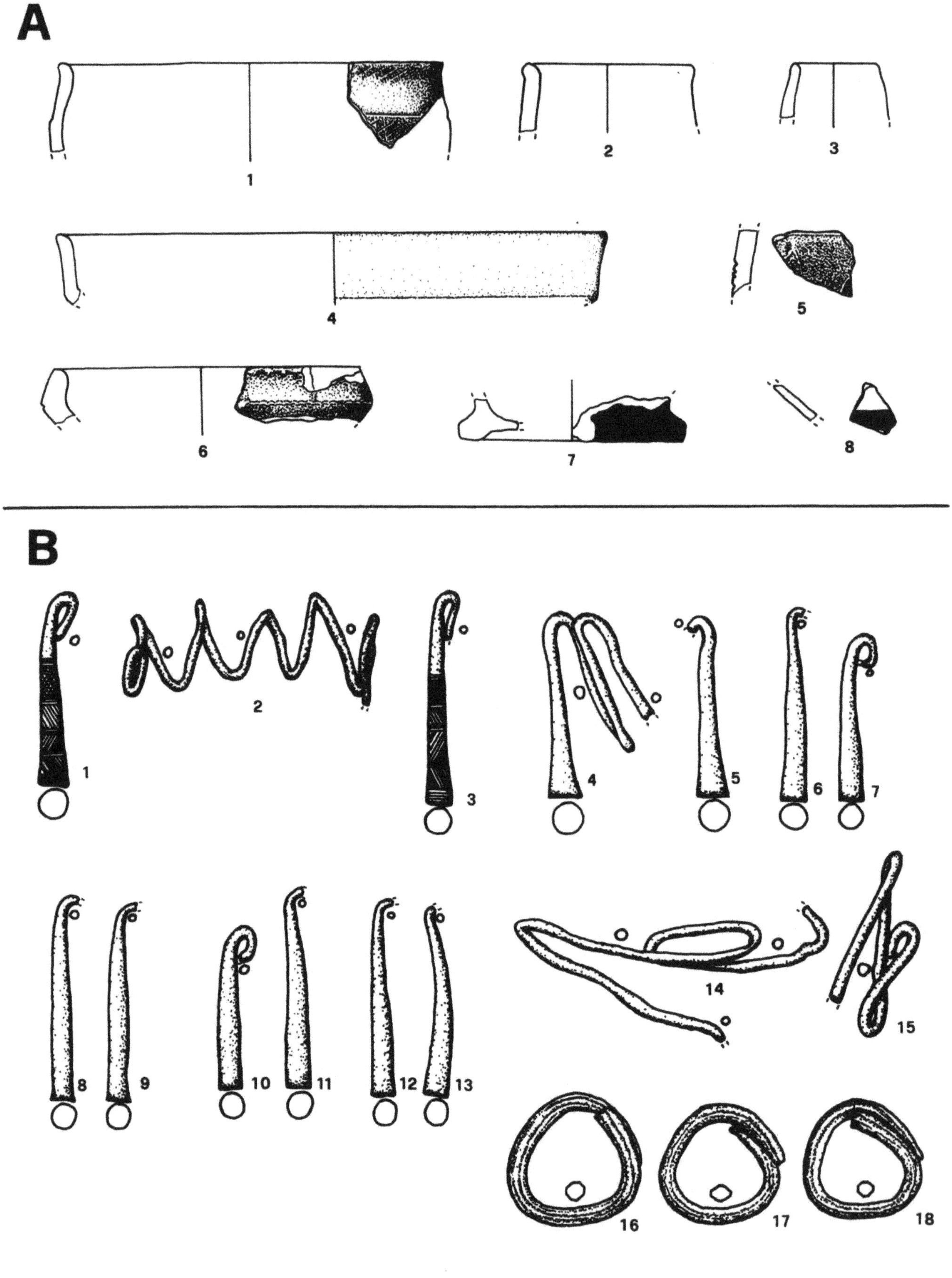

Fig. 34. A. Ceramica indigena (1-6) e micenea (7-8) dall'abitato di El Llanete de los Moros. Scala: 1/4.
B. Ripostiglio aureo di Bodonal. Scala: 2/5.

pito e ripresentato nel suo schema cronologico complessivo le ipotesi di datazione formulate da Schubart per l'area della Spagna meridionale. Elabora tuttavia alcune modifiche, tra le quali una più netta divisione nell'area del Sud-Est tra El Argar B e la fase successiva, denominata *Bronce Final Meridional*, cui viene rapportata la transizione fra il *Bronce Tardío* del S.O. I - Atalaia ed il *Bronce Tardío* del S.O. II - Santa Vitoria, pur mantenendo sfumato (come peraltro aveva fatto anche Schubart) il limite finale di quest'ultima fase ([18]).

Lo studio di M. Almagro Gorbea presenta ai fini di questo lavoro un interesse del tutto particolare, anche per i numerosi contatti ed agganci esistenti fra la sequenza dell'Estremadura e l'area atlantica.

M. Almagro Gorbea, pur rilevando la persistenza di tradizioni ancora legate a momenti precedenti, sincronizza l'inizio del Bronzo finale in Estremadura, così come in altre regioni iberiche — Portogallo centrale, Andalusia occidentale, Meseta, Sud-Est, Tartessos e Sud-Ovest (fase di Santa Vitoria) — con il passaggio, in Europa centrale, fra il Bz D e l'Ha A 1.

Ad un momento iniziale del *Bronce Final* estremegno attribuisce i più antichi elementi del ripostiglio aureo di Bodonal de la Sierra (Badajoz) ([19]), ripostiglio costituito da 19 oggetti d'oro, fra i quali varie torques a capi ripiegati che presentano confronti con complessi irlandesi ed atlantici (fig. 34 B) ([20]).

Già con il complesso di Bodonal de la Sierra, quindi, inizia ad essere documentata quella rete di rapporti fra Estremadura e mondo atlantico che caratterizza, come si è già accennato, l'intero periodo del Bronzo Finale di questa regione.

Tale ripostiglio offre inoltre una significativa indicazione a favore di uno sfruttamento, già almeno a partire da questo periodo, dei numerosi giacimenti auriferi della regione ([21]). Va sottolineato come questo deposito non costituisca un caso isolato, ma soltanto uno dei numerosi rinvenimenti di oggetti d'oro dell'Estremadura e, più in generale, della penisola (fig. 35 A). Al Bronzo finale vanno infatti ascritti, oltre a vari reperti sporadici, altri quattro ripostigli di reperti aurei: Sagrajas (Badajoz), Berzocana (Cáceres), Mérida (Badajoz), Navavillar de Pela (Badajoz) ([22]).

In un momento pieno del *Bronce Final* si colloca la spada ad impugnatura massiccia, fusa in un solo pezzo con la lama, rinvenuta ad Alconétar (Cáceres), sulle rive del Tago (fig. 35 B). La tecnica alquanto particolare con cui è stato realizzato questo esemplare trova riscontro anche in spade del ripostiglio di Huelva (fig. 36: 7), di poco più tarde ([23]).

Dal punto di vista del rituale funebre va rilevata l'assoluta prevalenza, nel Bronzo finale dell'Estremadura dell'inumazione in cista, similmente a quanto riscontrabile nelle regioni del Sud-Ovest.

La fase tarda del *Bronce Final* è denominata da M. Almagro Gorbea *"Período Protoorientalizante"* e rappresenta un momento di particolare sviluppo culturale nella regione. Compaiono ora le prime manifestazioni della presenza di attività fenicie nel meridione spagnolo, contatti che sfoceranno nella fase successiva, detta *"Período Orientalizante" o "Tartésico"*, quando il processo di acculturazione porterà a diffondere sempre più gli elementi allogeni nella cultura indigena.

Il *Protoorientalizante*, che corrisponde all'Ha B 2 ed a parte dell'Ha B 3 centroeuropei, coincide con la diffusione in Estremadura dell'orizzonte caratterizzato dal ripostiglio de la Ría de Huelva nell'area atlantica ([24]).

Tale ripostiglio (figg. 36-39) costituisce, per il numero e la varietà dei materiali contenuti, un punto di riferimento fondamentale non soltanto per la seriazione cronologica della Penisola Iberica e dell'area atlantica, ma anche per il complesso problema dei rapporti fra l'Occidente ed il mondo mediterraneo.

Esso venne rinvenuto nel 1923 nel corso di lavori di dragaggio per l'ampliamento del porto di Huelva, ad una profondità tra i 7 e i 9 metri. Il deposito è costituito da un gran numero di oggetti, oltre 400, tra i quali sono rappresentate spade a lingua da presa, punte di lancia e di freccia, pugnali, fibule ed altri oggetti vari ([25]).

M. Almagro Bash, nel 1940, datò il ripostiglio «verso l'anno 750» a. C. ([26]), mentre W. Schüle sostenne in seguito l'impossibilità di collocarlo «più tardi del IX secolo» ([27]).

Il problema cronologico è stato efficacemente impostato da Schubart, il quale, partendo dalla constatazione che i materiali in questione sono per lo più allo stato di rottami, ha rilevato come la composizione del ripostiglio presupponga un certo periodo di accumulo, che si sarebbe, secondo lui, protratto dalla «seconda metà del IX secolo» sino alla «prima metà dell'VIII», momento in cui sarebbe avvenuta la deposizione ([28]).

Secondo Almagro Gorbea, invece, «el depósito de Huelva hoy día parece que debe datarse algo antes del 800 a. C.»; riconosce tuttavia che alcuni oggetti debbono essere più antichi ([29]).

Nell'inquadramento cronologico del ripostiglio giocano un ruolo primario le numerose spade a lingua da presa del tipo denominato, appunto, Huelva, tipo presente, tra l'altro, nel ripostiglio italiano di Santa Marinella. Come rilevato da V. Bianco Peroni «il frammento di spada da Santa Marinella presenta tutti i caratteri peculiari del tipo Huelva pienamente sviluppato, e costituisce dunque senza dubbio un *terminus ante quem* per l'apparizione di esso. Anche la terminazione della lama "a lingua di carpa", presente costantemente negli esemplari del ripostiglio di Huelva, non è ignota tra i materiali dei ripostigli dell'Italia centrale tirrenica contemporanei a Santa Marinella: si veda ad es. un frammento di lama da Contigliano» ([30]). È significativo che entrambi i complessi di Santa Marinella e di Contigliano appartengano, secondo G.L. Carancini, a quel ristretto numero di ripostigli «la cui datazione in termini di logica combinatoria abbraccia sia il terzo orizzonte del Bronzo finale (Bronzo Finale 3), sia il primissimo dell'età del ferro (I Ferro 1 A)» ([31]).

Si può quindi ragionevolmente ipotizzare che a questo orizzonte, piuttosto che ad un momento più tardo, vada collegato il momento di formazione del ripostiglio spagnolo di Huelva.

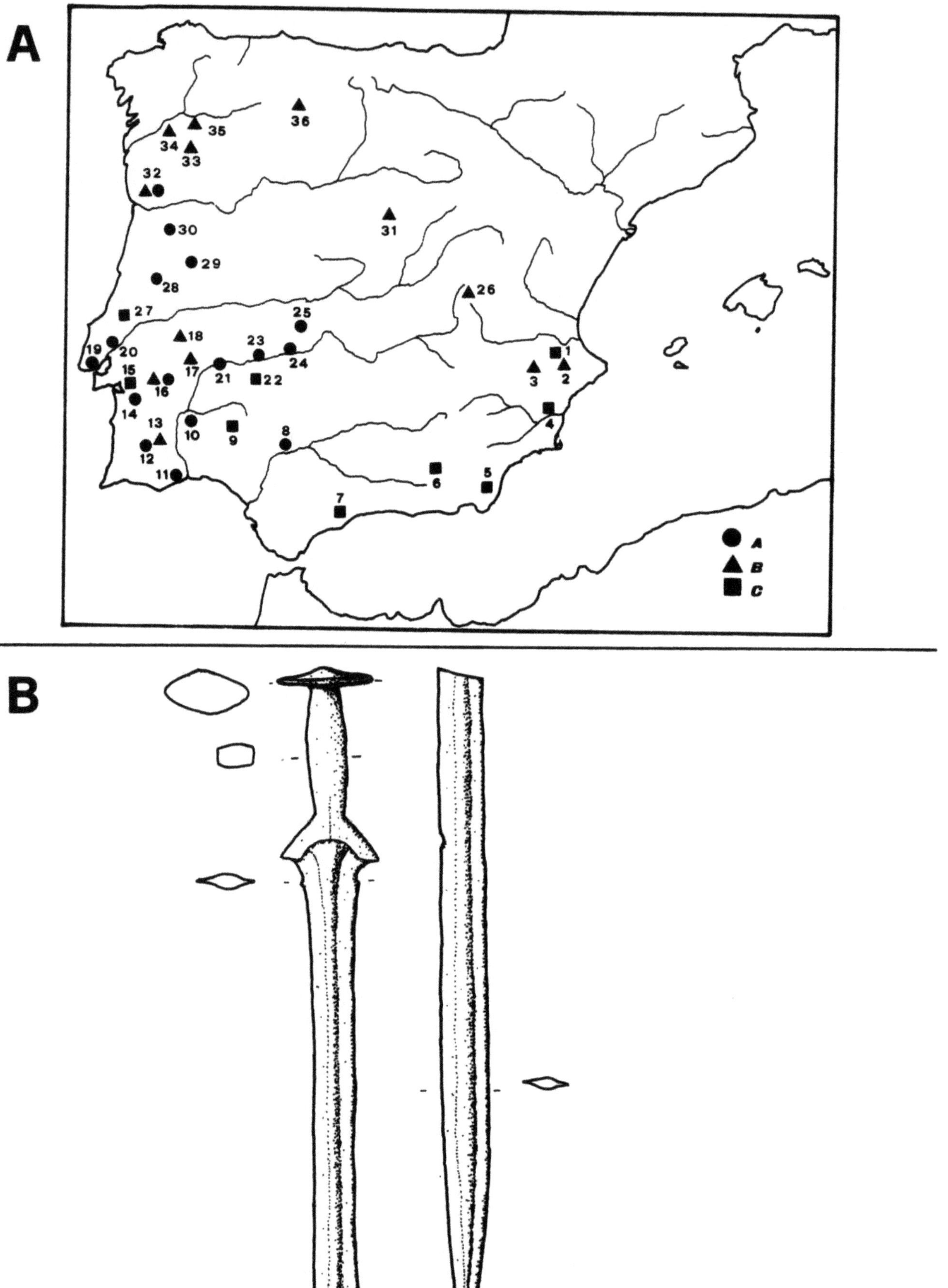

Fig. 35. A. Distribuzione dei rinvenimenti di oggetti d'oro nella Penisola Iberica. *A*: torques; *B*: braccialetti; *C*: "tutuli".
1: Tomba di Cabezo Redondo (Alicante); 2: tesoro di Cabezo Redondo (Alicante); 3: tesoro di Villena (Alicante); 4: Orihuela (Alicante); 5: El Argar (Almeria); 6: Purullena (Granada); 7: Jorox (Malaga); 8: Villanueva del Rio (Siviglia); 9: El Castañuelo (Huelva); 10: Moura (Bajo Alentejo); 11: Conceiçao (Algarve); 12: Serra das Antas (Bajo Alentejo); 13: Trindade (Bajo Alentejo); 14: Castelejos (Bajo Alentejo); 15: São Martinho (Bajo Alentejo); 16: Evora (Alto Alentejo); 17: Estremoz (Alto Alentejo); 18: Portalegre (Alto Alentejo); 19: Sintra (Estremadura); 20: Almoster (Ribatejo); 21: Sagrajas (Badajoz); 22: Alanje (Badajoz); 23: Mérida (Badajoz); 24: Orellana la Vieja (Badajoz); 25: Berzocana (Cáceres); 26: Abía de la Obispalía (Cuenca); 27: Mira de Aire (Estremadura); 28: Penela (Beira Litoral); 29: Sierra de la Estrella (Beira); 30: Sarraces (Beira Alta); 31: Sepúlveda (Segovia); 32: Guimarães (Beira Litoral); 33: Chaves (Tras os Montes); 34: Toen (Orense); 35: Provincia di Orense; 36: Provincia di León ?
B. Spada ad impugnatura massiccia da Alconétar (Cáceres). Scala: 1/3.

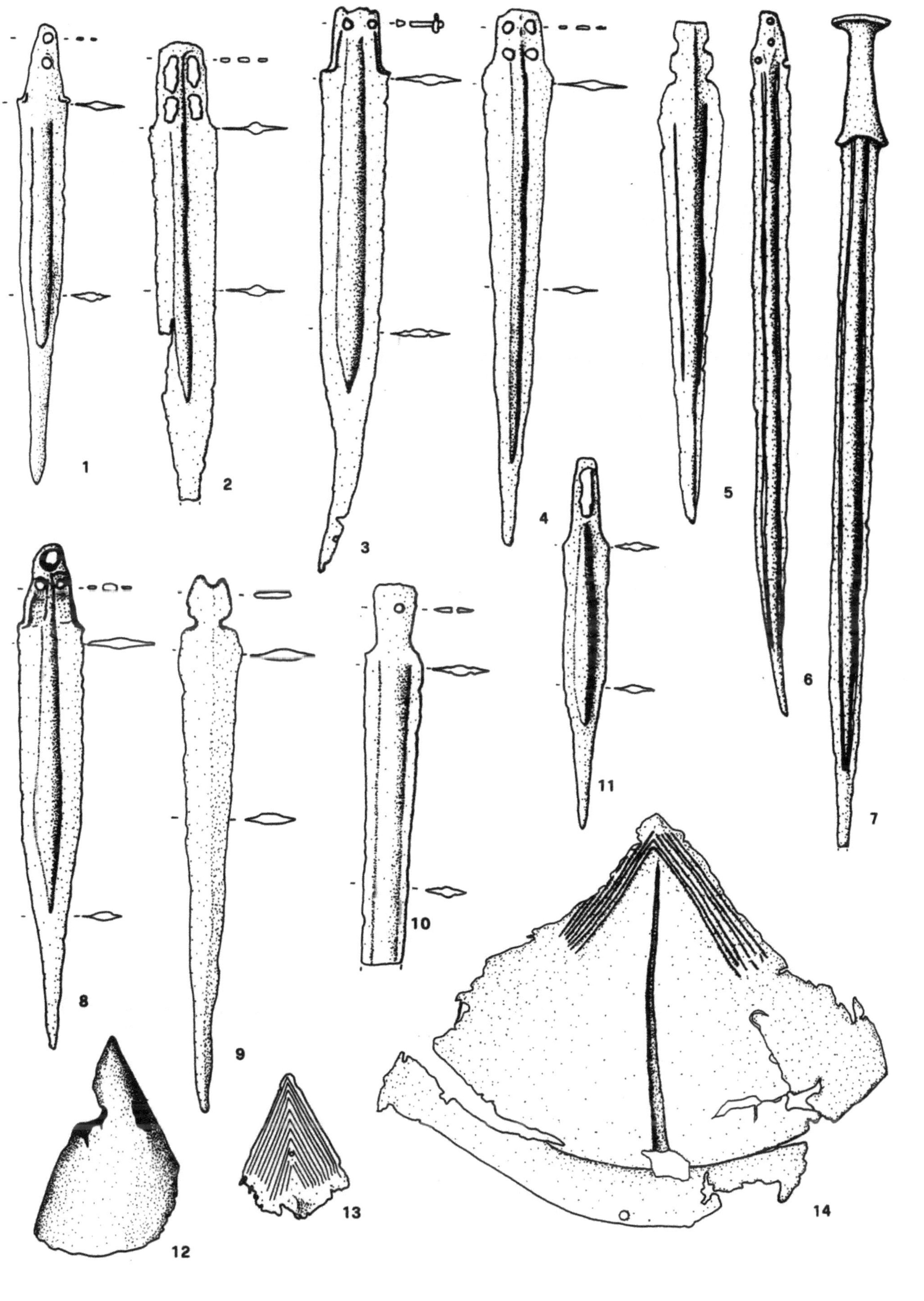

Fig. 36. Ripostiglio de la Ría de Huelva. Scala: 1-4, 8-14: 2/5; 6-7: 1/4.

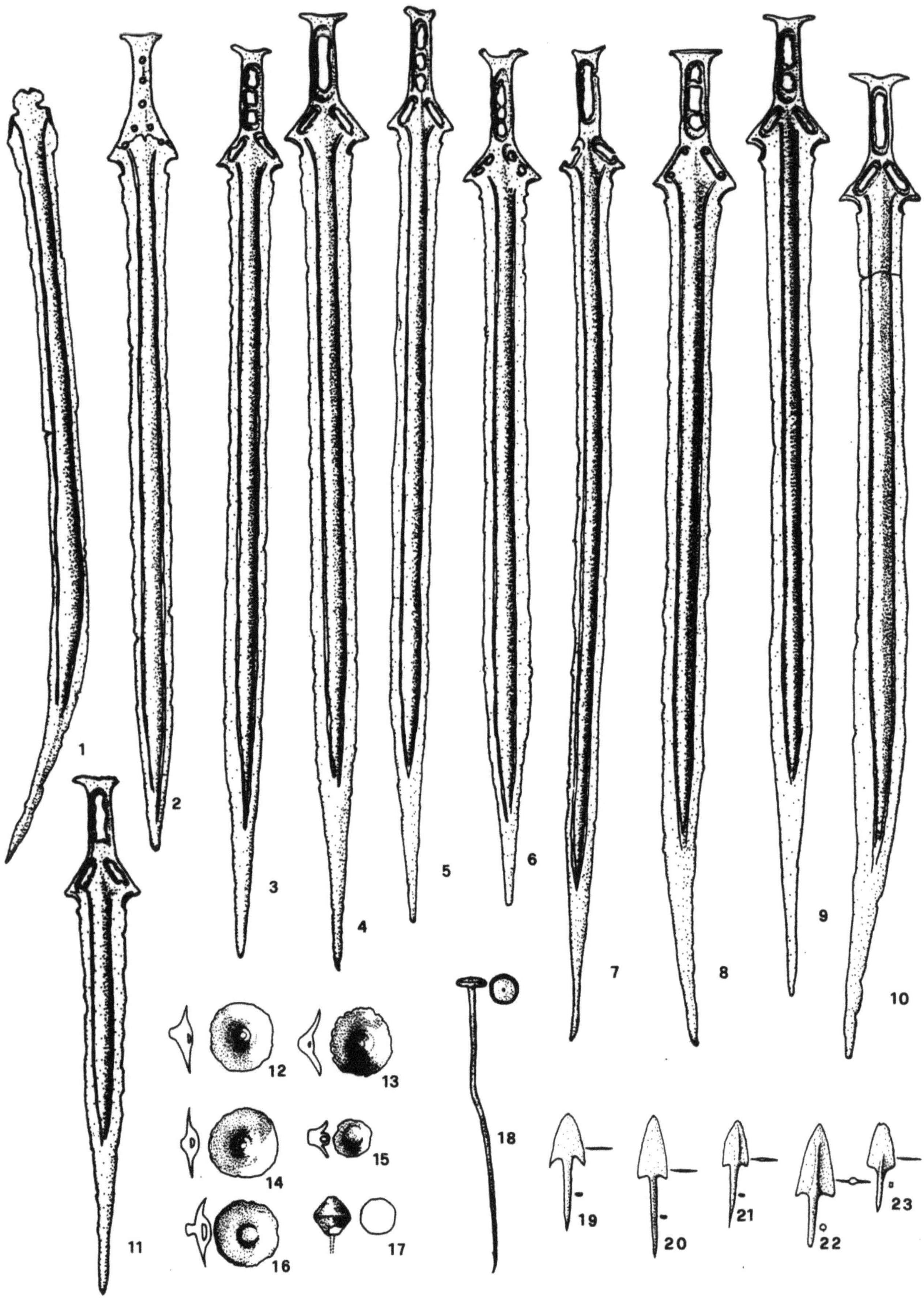

Fig. 37. Ripostiglio de la Ría de Huelva. Scala: 1-11: 1/4; 12-23: 2/5.

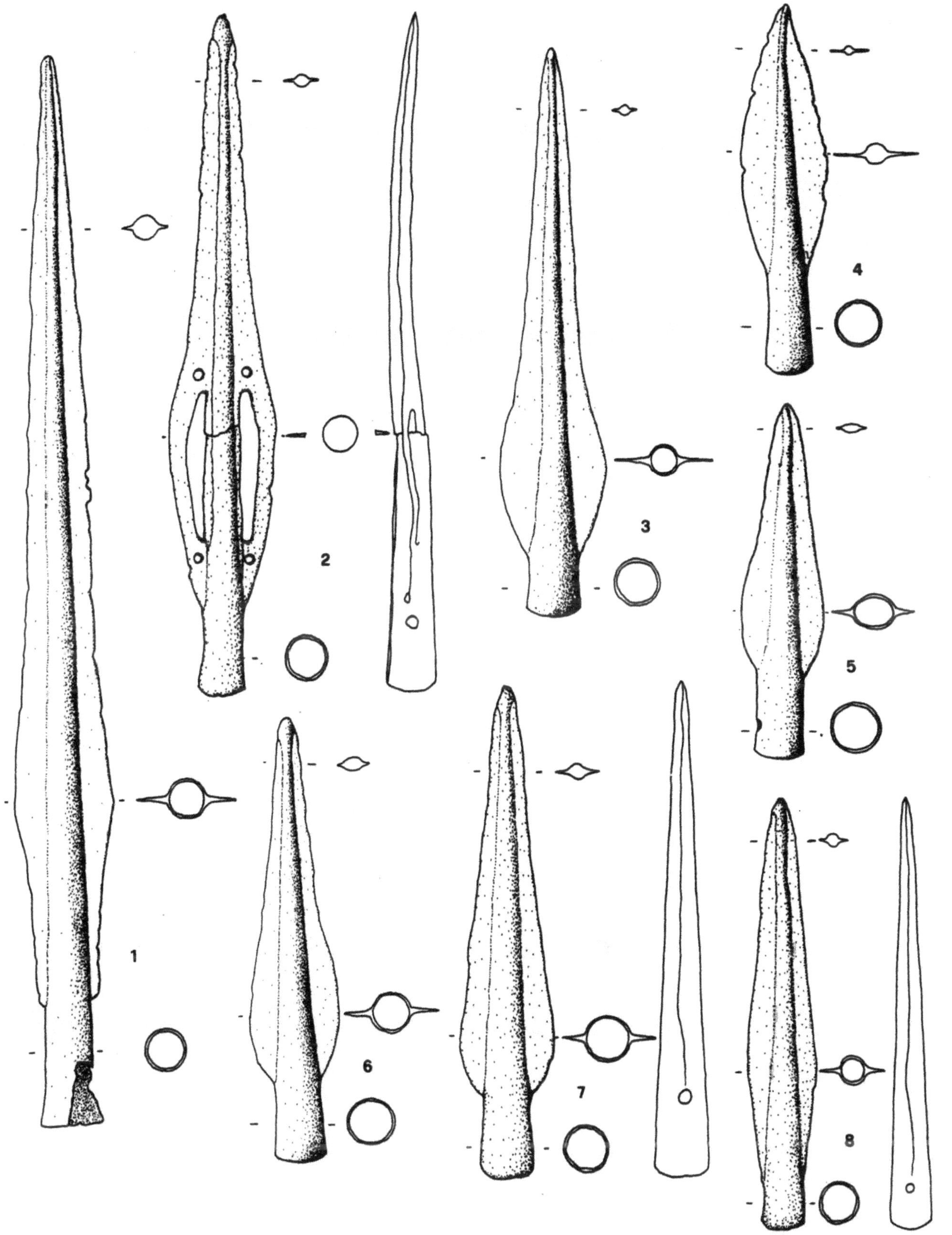

Fig. 38. Ripostiglio de la Ría de Huelva. Scala: 2/5.

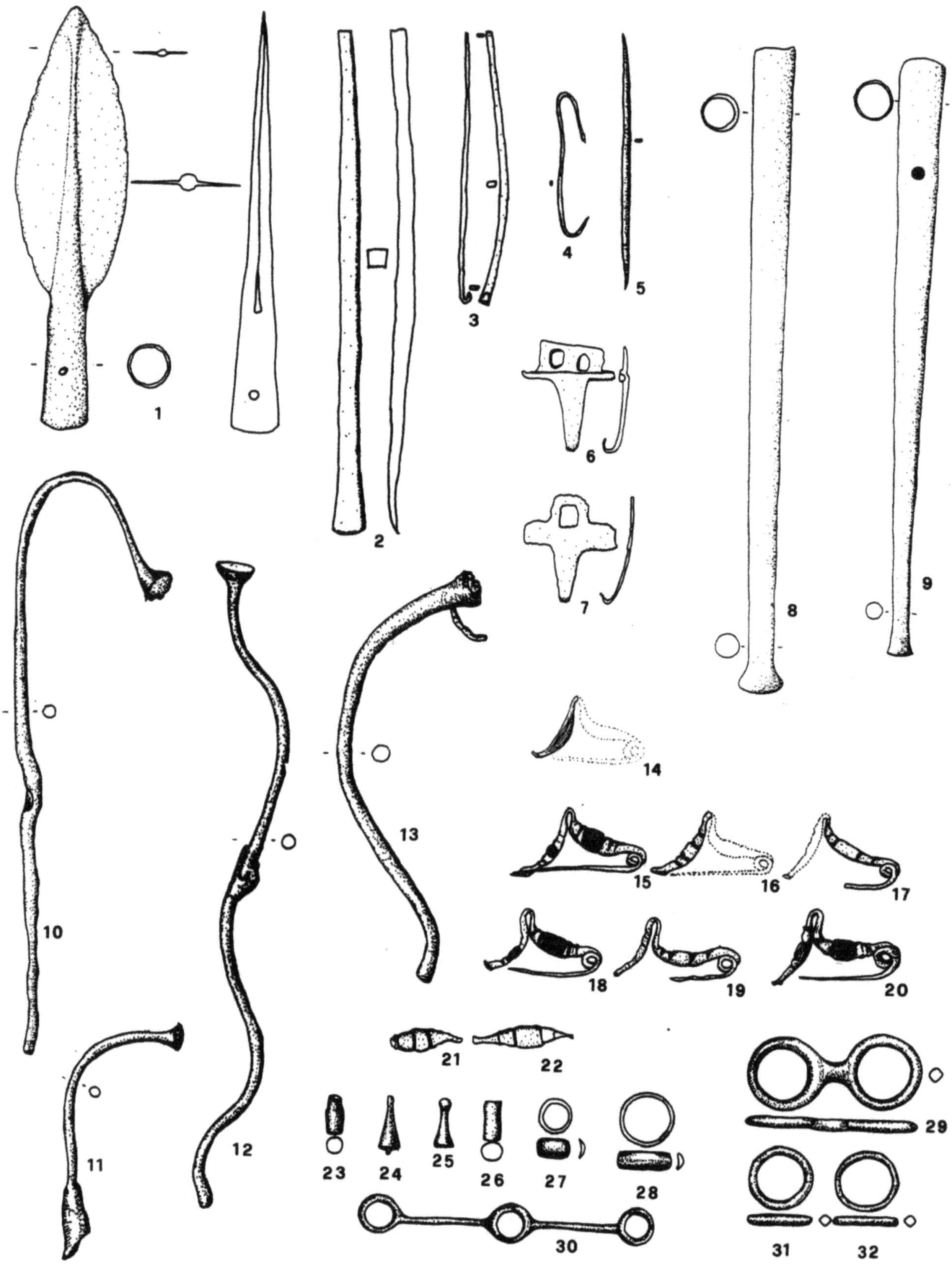

Fig. 39. Ripostiglio de la Ría de Huelva. Scala: 2/5.

È interessante rilevare come le datazioni al ^{14}C effettuate nel 1974 su alcuni frammenti di legno conservati nella parte interna di sei puntali di lancia del ripostiglio indichino date non calibrate inquadrabili fra l'880 ed l'850 ± 70 a. C. (32), che, calibrate, collocano i campioni esaminati intorno al XII-X sec. a. C. (33). Va sottolineato come i legni analizzati appartenessero alle aste delle lance, e quindi le date che se ne ricavano sono relative ad un momento di utilizzo delle armi, e non alla loro deposizione nel ripostiglio.

Come già accennato in precedenza, il parallelismo fra il periodo *"Protoorientalizante"* dell'Estremadura con l'orizzonte di Huelva (o Bronzo finale III) nell'area atlantica rende di estremo interesse questo momento cronologico (34).

Secondo Almagro Gorbea a questo orizzonte vanno ascritte, oltre le spade e le lance del tipo Huelva, anche altri elementi come le asce a tallone con occhielli (35) e quelle a spuntoni laterali (36), elementi dei quali sottolinea l'importanza come indizi di rapporti con la Sardegna (37).

Queste fogge di asce benché assai numerose nella Penisola Iberica sono purtroppo state per lo più rinvenute prive di contesto.

È tuttavia significativa la scoperta, nella Penisola Iberica, di asce a tallone con occhiello associate ad asce a spuntoni laterali nei ripostigli di Galera (Granada), di Covaleda (Soria) e di Castelo Novo (Beira Baixa) (fig. 40) (38), fenomeno questo che si verifica anche nel ripostiglio sardo di Monte Sa Idda ed in quello siciliano di Castelluccio, e che indica una diffusione in qualche modo parallela delle due fogge.

La presenza in due ripostigli italiani, peraltro topograficamente assai vicini tra loro, di un'ascia a tallone con occhiello (Tolfa) e di due asce a spuntoni laterali (Monte Rovello) (39), ripostigli attribuibili entrambi al terzo orizzonte dei ripostigli del Bronzo finale italiano (40), inducono — insieme ai già ricordati confronti fra spade del ripostiglio di Huelva ed esemplari italiani da Santa Marinella e da Contigliano — ad ipotizzare per l'orizzonte di Huelva (o Bronzo finale III atlantico) un inizio nell'ambito dell'ultimo orizzonte del Bronzo finale dell'Italia continentale.

Al *"Protoorientalizante"* dell'Estremadura vengono da Almagro Gorbea ascritti i due ripostigli di Montijo (Badajoz) e del Cabezo de Araya (Cáceres).

Quello di Montijo, più antico, era composto da quattro spade simili tra loro (41), tre delle quali ora perdute e che, per il particolare carattere del manico composito — formato da una lingua da presa a margini rialzati con chiodi, fusa in un solo pezzo con la base dell'impugnatura a tutto tondo e della lama — trovano un confronto con la spada italiana a manico pieno tipo Casalgrasso, datata da V. Bianco Peroni alla fase iniziale della prima età del ferro italiana (42).

Più recente invece il ripostiglio del Cabezo de Araya (Cáceres), databile ad un momento terminale del Bronzo Finale, poco prima dell'inizio dell'età del ferro (43). Questo ripostiglio presenta, insieme a 56 oggetti di bronzo, anche un pezzo d'oro.

Grande importanza ai fini della cronologia di questa fase dell'Estremadura rivestono inoltre le stele, nelle quali sono incisi, anche se in maniera assai stilizzata, oggetti di ornamento ed armi (fig. 41).

Si possono comunque riconoscere, tra l'altro, delle fibule a gomito che, per M. Almagro Gorbea, «hacen pensar sobre todo en las fíbulas sicilianas de la fase Pantálica II» (44).

Va rilevato come una fibula di questa foggia sia stata rinvenuta in un corredo funebre nella Roça do Casal do Meio, in Portogallo (fig. 42 A: 2) (45).

Nelle stele sono inoltre riprodotti elmi, spade a lingua di carpa del tipo Huelva, scudi circolari con incavo a V (46). Questi ultimi sono stati oggetto di particolareggiati studi, che hanno messo in rapporto la loro diffusione nella Penisola Iberica con i traffici fenici (47).

Va ricordato che, nel Sud-Est, una produzione di lastre tombali incise, ritualmente affine alle stele dell'Estremadura viene da Schubart ascritta alla sua II fase (Santa Vitoria) (48).

L'insieme degli elementi induce ad attribuire le stele ad un arco di tempo relativamente ampio, compreso fra un momento avanzato, ma non terminale del Bronzo finale, anteriore all'orizzonte di Huelva, e la penetrazione dell'influsso orientalizzante, coincidente con l'introduzione piena del ferro (49).

Speciale attenzione va posta, ai fini del presente lavoro, ad un tipo particolare di decorazione ceramica a motivi per lo più di carattere geometrico ottenuti a stralucido, che è attestata in numerosi siti dell'Estremadura e della Penisola Iberica sud-occidentale (fig. 43). Questa produzione, che mostra caratteri regionali assai spiccati, è stata oggetto di approfondita analisi da parte di vari studiosi (50).

Nel materiale fittile rinvenuto nella regione del Bajo Tajo la decorazione si incontra nella parte esterna del vaso, sia in forme aperte che chiuse (la così detta ceramica tipo Lapa do Fumo), mentre nella zona del Bajo Guadalquivir è esclusiva di forme aperte, dove viene applicata nella parte interna del manufatto (ceramica tipo *"retícula bruñida"*) (fig. 42 B) (51).

Nell'area del Bajo Guadalquivir la decorazione *"bruñida"* si incontra per lo più su ciotole carenate, di argilla assai depurata, dal colore variabile dal bruno-rossiccio al nerogrigiastro. Oltre ad una fascia orizzontale sull'orlo interno ed esterno del vaso, vengono eseguiti a stralucido motivi vari, in genere a carattere geometrizzante.

Per la cronologia della ceramica tipo Lapa do Fumo Almagro Gorbea sottolinea la relazione tra le forme vascolari su cui si incontra la decorazione *"bruñida"* e quelle del Periodo II del *Bronce* del S.O. (o di Santa Vitoria) di Schubart (52).

Un importante elemento di datazione per questo tipo di ceramica è verosimilmente costituito dall'associazione, nella già ricordata sepoltura di Roça do Casal do Meio, con una fibula con arco serpeggiante ad occhio e spillone rettilineo, che in Sicilia si rinviene in complessi dell'orizzonte di Modica (fig. 42 A) (53).

Ceramica tipo Lapa do Fumo è pure attestata, tra l'altro, nell'insediamento sotto roccia di Valcorchero, nel saggio dell'Entrada Norte, un contesto questo dalla stratigrafia sconvolta, ma cronologicamente inquadrabile nel *"Período Protoorientalizante"* dell'Estremadura (54).

Quanto invece alla ceramica del tipo *"retícula bruñida"*, essa è stata rinvenuta in numerosi scavi di abitato.

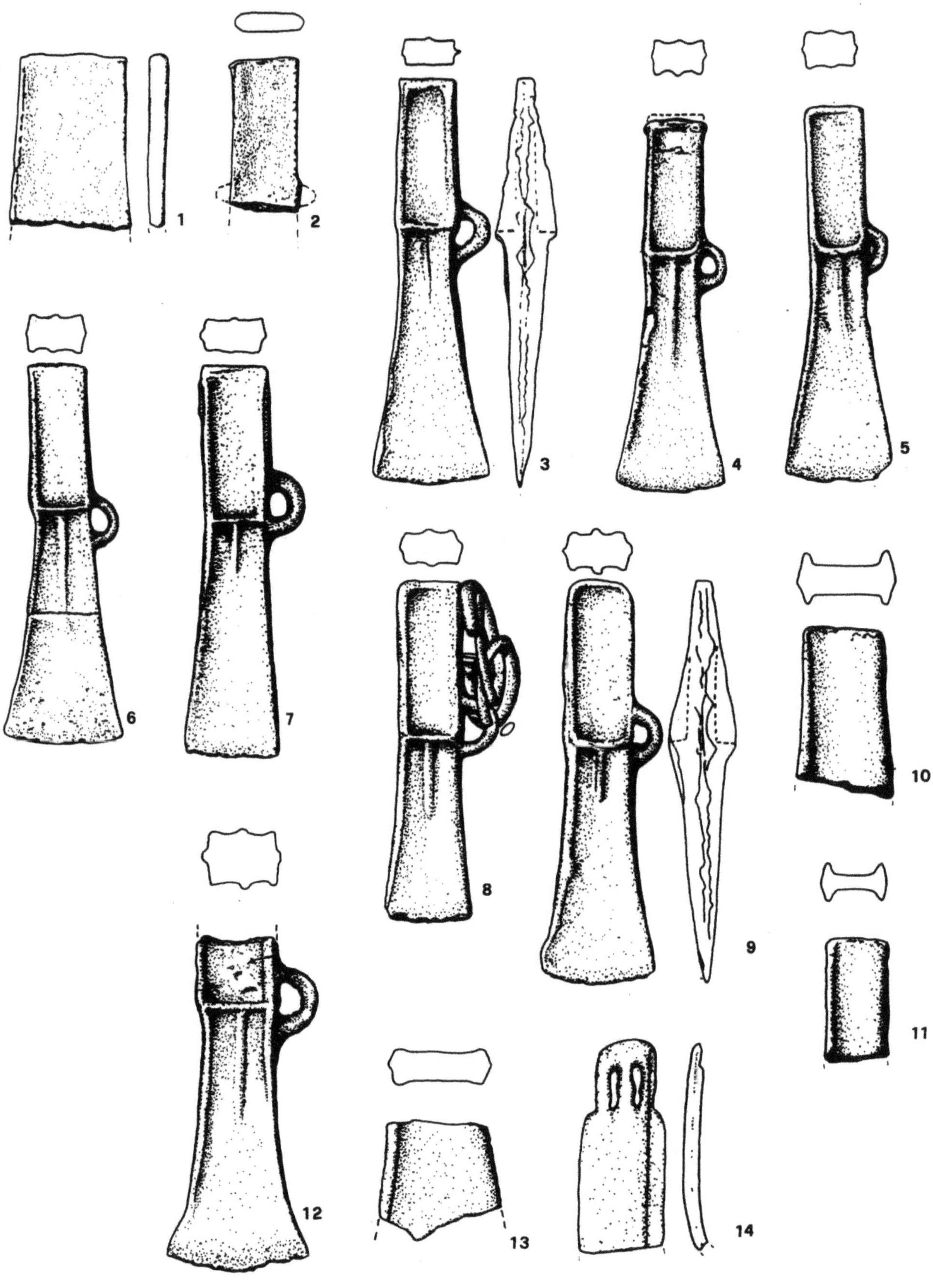

Fig. 40. Ripostiglio di Castelo Novo. Scala: 2/5.

Fig. 41. Stele dell'Estremadura e del Portogallo meridionale. 1: Assento, Santa Vitoria; 2: Ervidel I; 3: Santa Ana de Trujillo; 4: Torrejón del Rubio I; 5: Brozas; 6: Torrejón del Rubio II; 7: San Martinho II; 8: Ervidel II; 9: Solana de Cabañas; 10: Cabeza de Buey. Non in scala.

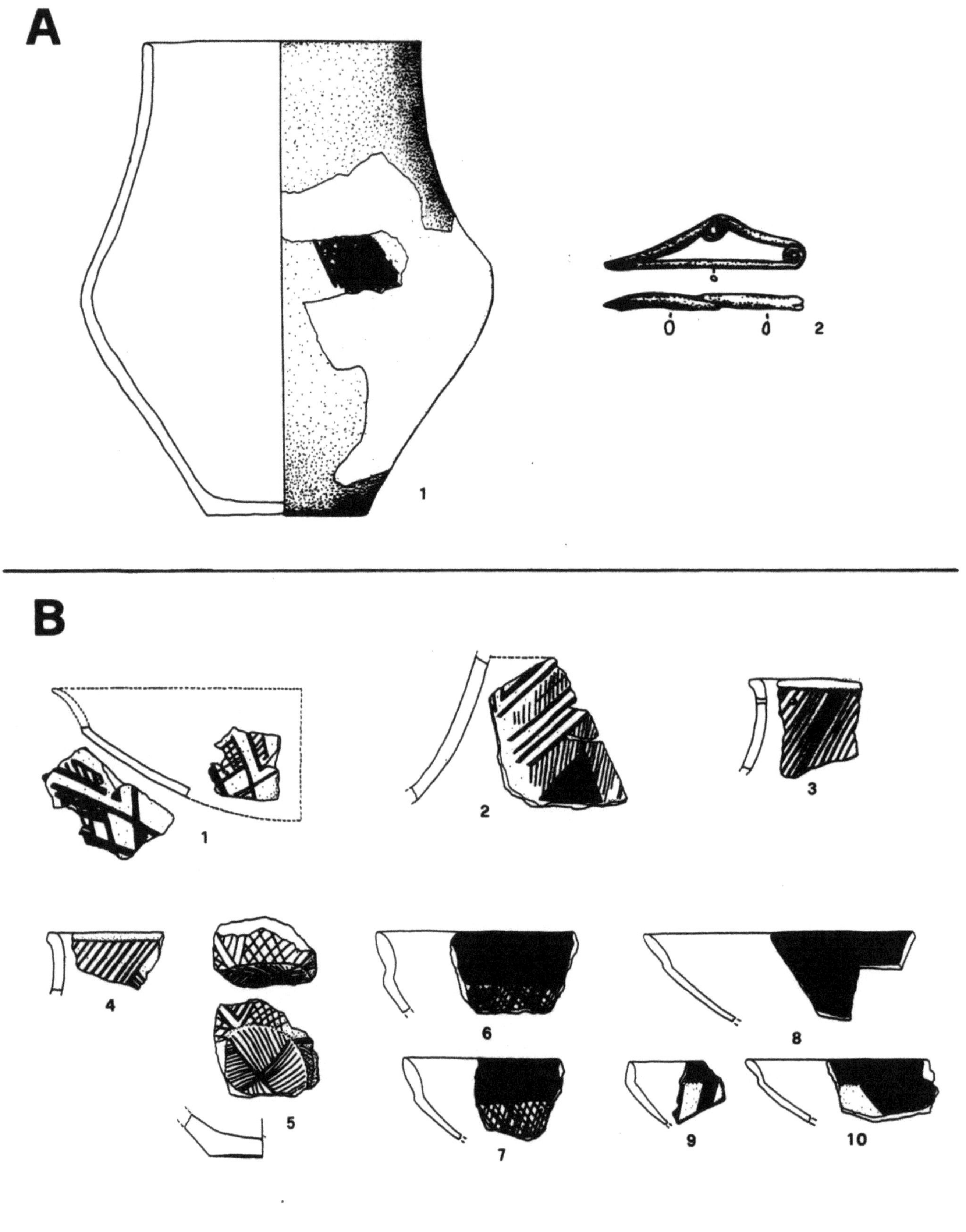

Fig. 42. A. Sepoltura di Roça do Casal do Meío. Scala: 1: 1/4; 2: 2/5.
B. Ceramica con decorazione a stralucido iberica: 1-5: tipo "Lapa do Fumo"; 6-10: tipo "retìcula bruñida". 1: Manganche (Aljustrel); 2: Gruta do Vimeiro (Torres Vedras); 3-4: Giraldo (Evora); 5: Monge (Sintra); 6-10: Cabezo de la Esperanza (Huelva). Non in scala.

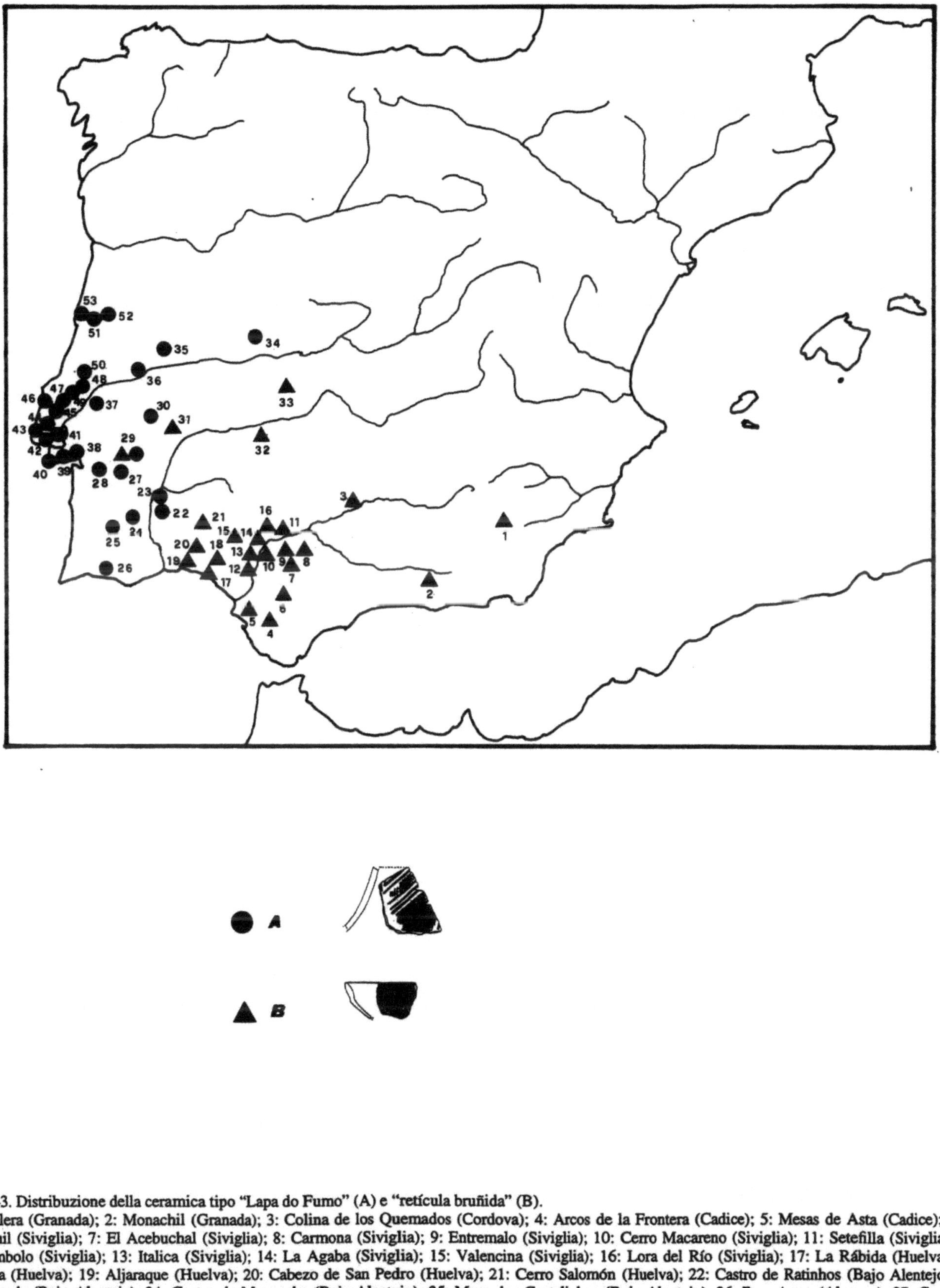

Fig. 43. Distribuzione della ceramica tipo "Lapa do Fumo" (A) e "retícula bruñida" (B).
1: Galera (Granada); 2: Monachil (Granada); 3: Colina de los Quemados (Cordova); 4: Arcos de la Frontera (Cadice); 5: Mesas de Asta (Cadice); 6: El Coronil (Siviglia); 7: El Acebuchal (Siviglia); 8: Carmona (Siviglia); 9: Entremalo (Siviglia); 10: Cerro Macareno (Siviglia); 11: Setefilla (Siviglia); 12: Carambolo (Siviglia); 13: Italica (Siviglia); 14: La Agaba (Siviglia); 15: Valencina (Siviglia); 16: Lora del Río (Siviglia); 17: La Rábida (Huelva); 18: Niebla (Huelva); 19: Aljaraque (Huelva); 20: Cabezo de San Pedro (Huelva); 21: Cerro Salomón (Huelva); 22: Castro de Ratinhos (Bajo Alentejo); 23: Azougada (Bajo Alentejo); 24: Castro de Mengache (Bajo Alentejo); 25: Mesa dos Castelinhos (Bajo Alentejo); 26: Ibne Amar (Algarve); 27: Castro de Giraldo (Alto Alentejo); 28: Alcacer do Sal (Bajo Alentejo); 29: Coroa do Frade (Alto Alentejo); 30: Cabeço de Vaiamonte (Alto Alentejo); 31: Segovia (Alto Alentejo); 32: Medellín (Badajoz); 33: Cueva del Escobar (Cáceres); 34: Valcochero (Cáceres); 35: Monte de São Martinho (Beira Baja); 36: Caratão (Beira Baja); 37: Alpiarça (Ribatejo); 38: Chibanes (Estremadura); 39: Roça do Casal do Meio (Estremadura); 40: Lapa do Fumo (Estremadura); 41: Ponte de Lage (Estremadura); 42: Grutas de Cascais (Estremadura); 43: Monge (Estremadura); 44: Fojo dos Morcegos (Estremadura); 45: Cabezo de Moinhos (Estremadura); 46: Gruta de Vimerio (Estremadura); 47: Barro (Estremadura); 48: Pragança (Estremadura); 49: Gruta de Portucheira II, Cova de Moura (Estremadura); 50: Gruta de Bocas (Ribatejo); 51: Castro de Santa Olaia (Beira Litoral); 52: Coimbra (Beira Litoral); 53: Castro de Tavarede (Beira Litoral).

Frammenti di tale ceramica provengono dallo strato inferiore del Poblado Alto y Bajo di El Carambolo, ([55]), dallo strato 4 di Carmona ([56]), dallo strato 8 del Cerro del Real, (Granada) ([57]), dai livelli 5a e 5b del Cabezo de San Pedro (Huelva) ([58]), dal Cerro de los Quemados (Cordova), strato 12 ([59]), dal saggio Est del teatro romano di Medellín, str. XVI (?), XV, XIV, XIII, IX ([60]), dal Cerro de la Encina (Granada), str. III ([61]).

L'insieme di tali relazioni stratigrafiche indica abbastanza chiaramente che tale tipo di ceramica a stralucido va collegata con la fase *"Protoorientalizante"* dell'Estremadura, con una sopravvivenza, talora, fino agli inizi dell'orientalizzante ([62]).

Va segnalato il rapporto fra questa classe ceramica iberica e lo stralucido nuragico ([63]), che vede appunto il suo momento di massima fioritura negli stessi secoli di quello spagnolo, ulteriore indizio a favore di una rete di traffici e di influenze culturali fra queste due aree, fenomeno questo già osservato per il materiale bronzeo, ma che adesso la ceramica sembra suggerire fosse più profondo di quanto fino ad ora ipotizzato.

È da rilevare come la decorazione a stralucido interessi in Sardegna e nella Penisola Iberica forme sia chiuse che aperte e che, in queste ultime, l'ornato, di ispirazione geometrica, decori l'interno del vaso; pure da sottolineare è il particolare della decorazione sull'orlo.

Un aspetto assai importante della produzione metallica iberica è costituito dalle asce piatte, aspetto del quale si è occupato tempo fa Schubart, il quale ha potuto constatare come tale famiglia tipologica non sia cronologicamente limitata esclusivamente a periodi molto antichi, ma che taluni esemplari possano incontrarsi anche in contesti recenti ([64]). Particolarmente significativa, in questo senso, è, secondo Schubart, una raffigurazione su stele rinvenuta presso Assento (Santa Vitoria), nel Baixo Alentejo, dove, accanto ad un'ascia ad occhio, sarebbe raffigurata un'ascia piatta immanicata appartenente, verosimilmente, ad un gruppo di asce dal taglio assai sviluppato, più che doppio rispetto al tallone, diffuso nell'area dell'Alentejo (fig. 41: 1): «durch die Darstellungen der Stele wird das Flachbeil dieser Form noch im frühen 1. Jahrtausend belegt, ohne daß mit dieser Datierung die Gesamtgruppe fixiert würde. Hingewiesen sei an dieser Stelle auch darauf, daß nicht nur im engeren Arbeitsbereich, sondern auf der gesamten Iberischen Halbinsel Flachbeile bis in die späte Bronzezeit hinein benutzt, wenn nicht hergestellt wurden» ([65]).

Schubart ipotizza una linea di sviluppo tipologico interno delle asce piatte che vedrebbe, in generale, come più antiche le asce rettangolari e trapezoidali, a margini pressoché diritti e con taglio poco espanso, rispetto alle asce a margini rialzati ed alle asce pure piatte, ma di forme più slanciate, dai margini più o meno concavi e divergenti verso il taglio arcuato. Osserva tuttavia che tale ipotesi non è sufficientemente suffragata dai dati archeologici; rileva anzi l'esistenza di asce della prima foggia prodotte in bronzo e di altre, della seconda, in rame ([66]).

Il riconoscere che le asce piatte nella Penisola Iberica possono avere una durata assai ampia costituisce un punto di notevole rilevanza, anche in considerazione del fatto che in Sardegna ed in Sicilia asce piatte si sono rinvenute in contesti che, nella sequenza italiana, si collocano tra l'orizzonte avanzato del Bronzo finale e la prima età del ferro, quali i ripostigli di Monte Sa Idda e di Castelluccio.

Nella storia e nello sviluppo socio-culturale della Penisola Iberica un ruolo chiave è quello svolto dai navigatori levantini.

Un problema assai dibattuto è costituito dalla identificazione della biblica Tarshish ([67]) con Tartessos, luogo questo più volte ricordato dalle fonti classiche come emporio di metalli preziosi, situato chiaramente nella Penisola Iberica e descritto da Avieno nell'*Ora Maritima*, riprendendo i dati da una fonte imprecisabile massaliota o punica della fine del VI - inizi del V secolo a. C. ([68]). Nel *Primo Libro dei Re* è infatti scritto che da Tarshish Salomone e Hiram, re di Tiro, all'inizio del I millennio a. C., traevano oro, argento, avorio, scimmie e pavoni ([69]).

Nonostante i numerosi riferimenti letterari, le fonti antiche non permettono, tuttavia, una precisa localizzazione di Tartessos, cosicché i vari autori che si sono occupati del problema sono divisi fra il collocare questo centro nell'area del Guadalquivir ([70]) o in quella della Ría de Huelva ([71]).

A favore di questa seconda ipotesi milita indubbiamente la ricchezza di giacimenti metalliferi del distretto minerario di Rio Tinto, giacimenti peraltro ben conosciuti e certamente sfruttati, come testimoniano le antiche scorie di fusione che in questa sola area sono state stimate a 20 milioni di tonnellate, i 2/3 di tutte quelle attestate nel Sud-Ovest della penisola ([72]).

Un ulteriore indizio è pure offerto dal ripostiglio di Huelva, composto, come si è visto, da rottami metallici verosimilmente trasportati per via fluviale verso la rifusione.

Secondo Blazquez «lo probable es que Tartessos exportara objetos manufacturados y lingotes de fundición, algo parecido a lo que pasa hoy con los grandes centros metalúrgicos. Tartessos recibía chatarra, como lo prueba el depósito de la Ría de Huelva y otros depósitos que son objetos viejos, camino de algún centro metalúrgico, probablemente situado en el sur, que él reelaboraba y exportaba, bien en objetos, bien en lingotes; no creemos, como supone Maluquer, que chatarra, que siempre es incómoda de transportar al Oriente. Tartessos recibía el metal en bruto y chatarra del resto de la Península, come se desprende de las espadas de la Ría de Huelva, que se emparentan con las del interior de la Península (Esla, Segovia, Alconétar, Mérida, etc.); los botones, anillos y cascos, obedecen también a tipos continentales europeos» ([73]).

Quanto alla identificazione di Tartessos con la Tarshish di cui parla la Bibbia, essa è assai controversa, e comunque non vi sono, al momento attuale, dati archeologici che possano suffragare tale ipotesi, pure assai suggestiva ([74]).

Al di là della dibattuta questione di Tarshish, va comunque rilevato come le fonti classiche concordino nel segnalare una frequentazione fenicia oltre lo Stretto di Gibilterra in periodi assai antichi, che avrebbe portato anche alla fondazione di colonie ([75]).

Strabone, sulla base di Posidonio, afferma che i naviganti fenici, poco tempo dopo la guerra di Troia, avrebbero esplorato la regione al di là delle Colonne d'Ercole, fondandovi delle città ([76]); più oltre riferisce poi che i Tiri effettuarono varie spedizioni verso lo Stretto di Gibilterra, e che nella terza fondarono Cadice ed eressero un tempio ad Eracle ([77]). Velleio Patercolo specifica che la fondazione di Cadice sarebbe avvenuta ottanta anni dopo la distruzione di Troia (1184 a. C. secondo gli antichi cronografi) ([78]). Secondo le fonti, quindi, questa città sarebbe stata fondata intorno al 1100 a. C.

Dal punto di vista archeologico mancano dati intorno alla Cadice dell'inizio del I millennio ed una presenza stanziale fenicia non è documentata in Spagna anteriormente agli inizi della fase precoloniale greca ([79]).

Alcuni indizi però possono suggerire dei precedenti nei contatti fra Penisola Iberica e Vicino Oriente; uno di essi è costituito dal sigillo cilindrico proveniente da Vélez (Malaga) rinvenuto nel secolo scorso in una tomba insieme a perline di pietra — alcune delle quali di lapislazzuli — e di vetro colorato; il sigillo riproduce una scena mitologica, i cui confronti tematici e stilistici inducono ad attribuire il pezzo ad ambiente siriano o cipriota della «prima metà del XIV secolo» a. C. ([80]).

Allo stesso orizzonte cronologico potrebbe richiamare anche uno scarabeo col nome di Amenofi III — faraone questo appartenente alla XVIII dinastia e che regnò nella prima metà del XIV secolo ([81]) — rinvenuto nel 1967 in una località non meglio precisata della Sierra de Gibalbin (Prov. di Cadice) ([82]); anche per questo pezzo, come anche per l'analogo scarabeo proveniente da Lixus, sulla costa del Marocco ([83]), pur'esso di Amenofi III, sussiste tuttavia il dubbio che non si tratti, piuttosto, di un prodotto assai più tardo ([84]).

È stato infatti correttamente rilevato da Garcia y Bellido che «los escarabeos, al convertir sus signos heráldicos en valore meramente simbólicos se trasformaron con el tiempo en simples amuletos o talismanes, que come tales fueron exportados e imitados en muchos lugares del Mediterráneo, dando lugar incluso a producciones locales» ([85]).

Un contributo all'inquadramento storico di queste antiche testimonianze può essere fornito dalla statuetta bronzea raffigurante una divinità maschile combattente rinvenuta nel Canale di Sicilia a circa venti miglia dalla costa, tra Capo Granitola e Capo S. Marco; essa appartiene ad un tipo iconografico attestato in Siria durante il medio e tardo Bronzo e particolarmente in ambiente ugaritico, dove viene generalmente datato «al XIV-XIII sec. a. C.» ([86]). A tale esemplare più recentemente si è affiancata una scoperta analoga effettuata a Cadice ([87]).

Qui sono state rinvenute due statuette, anch'esse del tipo della divinità combattente, che, secondo E. Acquaro, «rientrano in pieno nella [...] produzione siriana del XIV-XIII secolo, ripresa da Cipro nel XII-XI secolo a. C.» ([88]).

Come affermato da S. Moscati, «che una frequentazione del mare occidentale da parte dei Fenici esistesse dal X secolo è indubbio: anzi esisteva già prima, esisteva addirittura da parte di genti siro-palestinesi quando ancora di Fenici in senso stretto non si può parlare» ([89]).

La discrepanza cronologica tra la colonizzazione fenicia della Penisola Iberica dell'VIII secolo e l'insieme dei dati, incluso quello dei commerci con Tarshish, che indicano una presenza levantina più antica, va quindi inquadrata nel complesso fenomeno della precolonizzazione fenicia.

Tale fenomeno mira al reperimento di approdi e di mercanzie, ed è privo di quegli intenti di conquista e quindi di quelle conflittualità che caratterizzeranno in seguito la vera e propria colonizzazione ([90]).

L'irradiazione fenicia rappresenta quindi l'ultima e più intensa fase di una realtà prodottasi in precedenza, costituita dalla frequentazione delle rotte occidentali da parte dei marinai levantini ([91]). Un contributo determinante per il passaggio a quest'ultima fase deve essere stato fornito dall'aumento della pressione assira sulle città fenice che si manifesta, appunto, nella seconda metà dell'VIII secolo a. C. ([92]).

NOTE

1) Tali connotati a forte impronta regionale furono ben evidenziati, a suo tempo, da Savory nel suo lavoro di sintesi sulla Spagna ed il Portogallo in età pre- e protostorica, come si può chiaramente rilevare dalla tabella cronologica che egli acclude. Tale tabella, di per sé ormai superata e non più utilizzabile per le periodizzazioni proposte, è tuttavia da segnalare poiché in essa la penisola viene suddivisa in otto "aree culturali" distinte: 1) Andalusia orientale e Murcia; 2) Andalusia occidentale; 3) Algarve e Alentejo meridionale; 4) Alentejo settentrionale ed Estremadura; 5) Portogallo centrale; 6) Costa orientale; 7) Nord-Est; 8) Costa settentrionale; 9) Meseta; 10) Galizia e Portogallo settentrionale (Savory 1968, pp. 190-238, tab. a pp. 260-261). Successivamente M. Almagro Gorbea, nel suo studio sul Bronzo finale dell'Estremadura, ha affiancato sette sequenze cronologiche fra loro differenziate, nel tentativo di offrire un quadro complessivo di questo periodo specie per la parte meridionale e nord-occidentale della Penisola (Almagro Gorbea 1977, p. 486, fig. 201).
2) Ruiz-Galvez Priego 1984, pp. 324-337.
3) Almagro Gorbea 1977, p. 483.
4) Su tale particolare stile decorativo, cfr. Maluquer de Motes 1956, pp. 188-192; Almagro Gorbea 1977, pp. 108-110.
5) Almagro Gorbea 1977, fig. 52; Coffyn 1985, carta 31.
6) Coffyn 1985, pp. 193-198; Almagro Gorbea 1977, fig. 201; Fernández-Posse, Martín 1991, pp. 80-84.
7) de la Cruz 1984-85, p. 213; de la Cruz 1987, p. 63; de la Cruz 1988, p. 89.
8) de la Cruz 1987, pp. 62-63, fig. a p. 63; de la Cruz 1988, fig. 4: 91, tav. 9: b-d.
9) Cfr. Nieto Gallo 1985 b, pp. 434-484. Tale autore rileva l'esistenza nella penisola di una serie di aree culturali differenziate, nell'ambito delle quali possono distinguersi, all'interno del "*Bronce final*" (o "*Bronce reciente*"), tre fasi: I, II, III. Egli osserva tuttavia che queste fasi «no están representadas ni igualmente bien definidas en todos los yacimientos, ni siquiera en todos los horizontes, y que, cuando se han podido aislar, se ve que no empiezan ni terminan en todos al mismo tiempo, pero que, a pesar de todo, sirven para intentar reconstruir una serie de cambios en relación con el período anterior sumamente expresivos» (Nieto Gallo 1985 b, p. 436).
10) Schubart 1975. L'importanza dello studio di Schubart è stata più volte sottolineata fin dal suo apparire; lo stesso Savory, pur talora in disaccordo con Schubart, specie per quanto concerne la parte dedicata ai periodi più antichi, non ha mancato di considerarlo «a definitive work of reference [...] indispensable for many years to come» (Savory 1976, pp. 551-554).
11) Almagro Gorbea 1977.
12) Coffyn 1985.
13) Schubart 1971, fig. 4; Schubart 1975, fig. 26.
14) Schubart 1975, p. 166.
15) Schubart 1975, pp. 166-168.
16) Schubart 1975, p. 168.
17) Si tenga presente che l'impianto cronologico generale del lavoro di Schubart per l'età del Bronzo risale agli inizi degli anni '70, come si può rilevare dalla pubblicazione già nel 1971 (Schubart 1971) di alcune parti fondamentali, comprese le tabelle cronologiche e ripresentate poi nel successivo lavoro edito nel 1975 senza sostanziali modifiche.
18) Almagro Gorbea 1977, p. 486, fig. 201.
19) Almagro Gorbea 1977, pp. 485-486.
20) Almagro Gorbea 1977, pp. 43-50, figg. 10-11.
21) Sulle ricchezze minerarie dell'Estremadura, consistenti in giacimenti di oro, argento, rame e stagno, cfr. Almagro Gorbea 1977, pp. 6-10, fig. 2.
22) Almagro Gorbea 1977, pp. 17-43. I rinvenimenti di oggetti d'oro, nella Penisola Iberica, possono venire distinti in due grossi gruppi, entrambi inquadrabili nell'ambito del Bronzo finale, ma con caratteri ed aree di distribuzione distinte. Uno, con caratteristiche "occidentali", che si concentra nell'Estremadura ed in Portogallo; un secondo, più disperso, localizzato nell'area centrale ed orientale della Spagna, che presenta invece contatti con l'area centro-europea (cfr. Almagro Gorbea 1974 b, pp. 39-40).
23) Almagro Gorbea 1977, pp. 68-70, 79; sulla struttura interna degli esemplari di Alconétar e di Huelva, si veda la radiografia in Almagro Gorbea 1977, tav. XIII.
24) Almagro Gorbea 1977, pp. 486-500.
25) Almagro Bash 1940, pp. 85-143.
26) Almagro Bash 1940, p. 142.
27) Schüle 1969, p. 81.
28) Schubart 1975, p. 88.
29) Almagro Gorbea 1977, pp. 65, 182, 186.
30) Bianco Peroni 1970, p. 97.
31) Carancini 1979 a, pp. 638-639.
32) In particolare: CSIC-202: 2830 ± 70 B.P. = 880 a. C.; CSIC-203: 2820 ± 70 B.P. = 870 a. C.; CSIC-207: 2820 ± 70 B.P. = 870 a. C. (quest'ultimo campione proviene dall'unico puntale del gruppo pubblicato in *Inventaria Archaeologica*: Almagro Bash 1958, E 1. 33: 175); CSIC-206: 2820 ± 70 B.P. = 870 a. C.; CSIC-205: 2810 ± 70 B.P. = 860 a. C.; CSIC-204: 2800 ± 70 B.P. = 850 a. C.: cfr. Almagro Gorbea 1977, pp. 524-525.
33) Almagro Gorbea 1977, p. 542, fig. 204.
34) Almagro Gorbea 1977, pp. 491-492, 498, figg. 201-202.
35) Le asce a tallone con occhiello costituiscono una famiglia tipologica assai diffusa nella Penisola Iberica: Monteagudo ne elenca oltre 700 esemplari provenienti principalmente dalle regioni centrali e nord-occidentali (Monteagudo 1977, pp. 147-240). Tale famiglia, assai rappresentata in area atlantica, è caratterizzata da una notevole e complessa articolazione tipologica.
Alcune fogge più antiche sono già presenti nella così detta "*Zeitstufe der Schmuck-Depotfunde*" di Jockenhövel - periodo questo in cui pure compaiono, in Europa occidentale, le più antiche asce a cannone - orizzonte che trova riscontri in materiali ancora pertinenti al Bz D della sequenza centro-europea (Jockenhövel 1975, pp. 136-140).
Va tuttavia rilevato come quelle asce a tallone con occhiello che presentano invece paralleli tipologici con il Mediterraneo centro-occidentale appartengano, però, a fogge assai più tarde, attribuibili alla tarda età del bronzo (Monteagudo 1977, tabella cronologica riassuntiva) e, più in particolare, verosimilmente inquadrabili nell'ambito del-

l'orizzonte di Huelva (Almagro Gorbea 1977, pp. 73-79, 491-492).

36) Monteagudo accenna alla possibilità che alcune asce a spuntoni laterali iberiche, anche indipendentemente dal loro inquadramento tipologico, siano alquanto più antiche della massa delle altre. Non vi sono, però, in realtà, elementi per suffragare tale ipotesi. Uno dei casi ricordati da Monteagudo è costituito dal ripostiglio di Maella (prov. di Saragozza), nel quale la presunta maggiore antichità, anche ipotizzata da Savory (Savory 1979, p. 548), è dovuta all'associazione di un ascia a spuntoni laterali con tre asce piatte, che peraltro, queste ultime, non poterono essere da Monteagudo identificate nel museo e quindi disegnate (Monteagudo 1977, p. 140); in realtà, come dimostrato da Schubart (Schubart 1975, p. 67), il pregiudizio che tutte le asce piatte debbano essere necessariamente assai antiche è infondato.
Del pari scarsamente consistente è il dato costituito da una forma di fusione scoperta nel sito argarico di Verdolay (prov. Murcia), giacché non si conoscono i dati precisi di rinvenimento (Monteagudo 1977, p. 140).
Quanto infine all'ascia descritta da Monteagudo come proveniente dalla necropoli portoghese di S. Suzana (Baixo Alentejo) e da lui ritenuta associata - sia pure dubitativamente - con un pugnale argarico a due ribattini d'oro e con due vasi carenati d'impasto (Monteagudo 1977, p. 142), si tratta in realtà di un reperto sporadico da Castelejos (Baixo Alentejo) (cfr., a tale proposito, Schubart 1975, p. 68). Come sottolineato da Schubart «die beiden aus dem Arbeitsgebiet [cioè il Sud Ovest della Penisola Iberica] stammenden Ärmchenbeile von Santa Barbara de Padrões bei Castro Verde und von Castelejos bei Alcácer do Sal stellen Einzelfunde dar und stehen in keinerlei direktem Verhältnis zu Nekropolen der Südwest-Bronzezeit» (Schubart 1975, p. 68).

37) Almagro Gorbea 1977, pp. 73, 491-492. Anche Schubart rileva, per le asce a spuntoni laterali iberiche, le connessioni con il Mediterraneo centro-occidentale (Schubart 1975, pp. 68-70); per la cronologia di queste forme in tali aree, X-IX secolo a. C., va osservato come la datazione di Schüle, riportata da Schubart, sia ormai da considerarsi superata dagli studi più recenti. Schüle infatti basa tale cronologia sull'attribuzione del ripostiglio di Monte Rovello agli inizi del IX e di quello siciliano di Niscemi al X a. C. (Schüle 1969, pp. 20-21). È opportuno segnalare la scarsa affidabilità della lista delle asce a spuntoni laterali dell'area italiana fornita da Schüle (Schüle 1969, p. 182).

38) Monteagudo 1977, pp. 140-141, tav. 148.

39) Carancini 1984, pp. 142-235, tavv. 120: 3715; 172: 4486-4487.

40) Carancini 1979 a, p. 635.

41) Almagro Bash 1943, pp. 277-278.

42) Bianco Peroni 1970, p. 107.

43) Almagro Bash 1960, E - 4; Almagro Gorbea 1977, pp. 63-65.

44) Almagro Gorbea 1977, p. 183.

45) Spindler, Da Vega Ferreira 1973, p. 84, fig. 10: d.

46) Almagro Gorbea 1977 pp. 178, 186-187.

47) Gräslund 1967, p. 71; Blazquez 1987, pp. 469-486; cfr. anche, per un'analisi d'insieme della problematica relativa agli scudi con incavo a V ed a U, Chenorkian 1988, pp. 260-272.

48) Schubart 1975, pp. 100 e sgg.

49) Almagro Gorbea 1977, pp. 186-188.

50) Cfr. in particolare Schubart 1971, pp. 161-182; Almagro Gorbea 1977, pp. 125-134; Lopez Roa 1978; Chamorro 1987, pp. 210-211.

51) Oltre ai due grossi gruppi così delineati, quello del Guadalquivir e del Tajo, Schubart aveva ipotizzato l'esistenza di un terzo gruppo che, per la presenza di alcuni elementi comuni ad entrambi i due principali si sarebbe dovuto considerare «die Brücke zwischen den beiden Hauptverbreitungsgebieten der Glättmusterverzierung» (Schubart 1975, p. 62). Studi successivi e ulteriori ritrovamenti hanno dimostrato trattarsi, più verosimilmente, di una variante della ceramica tipo Lapa do Fumo (Almagro Gorbea 1977, p. 126).

52) Almagro Gorbea 1977, p. 126.

53) Cfr. anche Almagro Gorbea 1977, p. 126: «la asociación a una fíbula de codo con bucle de tipo Pantalica II fechable en el siglo X o IX a. de J.C. nos da una referencia segura por su relación con las más antiguas fíbulas de la Península Ibérica». Va tuttavia rilevato che nella sepoltura megalitica portoghese di Roça do Casal do Meio l'attribuzione degli oggetti di corredo non è del tutto sicura. Nella tomba sono state rinvenute due deposizioni, una accompagnata da un pettine d'osso e da pinzette, l'altra dalla fibula ad occhio, da pinzette e da un gancio di cintura; il materiale ceramico era costituito da un grosso vaso biconico con decorazione a stralucido e da una ciotola carenata (Spindler, Da Veiga Ferreira 1973, pp. 82-84).

54) Almagro Gorbea 1977, pp. 95-96, 148, fig. 42: 1,2.

55) Si veda, a tale proposito, quanto osservato da M. Almagro Gorbea: Almagro Gorbea 1977, p. 137, nota 264.

56) Carriazo, Raddatz 1961, pp. 95-96.

57) Pellicer Catàlan, Schüle 1966, p. 21, fig. 14: 14.

58) Blàzquez et alii 1970, pp. 13-17.

59) Luzón, Ruiz Mata 1973, pp. 20 e sgg.

60) Almagro Gorbea 1977, pp. 430-431, 436-449; 451-454. Nello str. XVI di Medellín: «Retícula bruñida: 1 posible fragmento de borde con el inicio del interior sin bruñír» (Almagro Gorbea 1977, p. 446, fig. 181: 7191). Dalla figura sembra trattarsi di un frammento di orlo di ciotola carenata con stralucido sul lato esterno del labbro.

61) Arribas Palau et alii 1974, p. 141.

62) Almagro Gorbea 1977, pp. 149, 495-496; cfr. anche Schubart 1971, p. 171.

63) Contatti fra le ceramiche a stralucido sarde e quelle iberiche con "*decoración bruñida*" erano stati già presi in esame in passato (Schubart 1971, p. 176, nota 43), ma sempre facendo riferimento ai vasi a stralucido della cultura di Monte Claro (Lilliu, Ferrarese Ceruti 1958-1959, figg. 46-47, tavv. I, XIX) che, anche in considerazione della loro antichità, non hanno invece alcun rapporto con la produzione in esame.

64) Schubart 1975, pp. 62-68.

65) Shubart 1975, p. 67.

66) Schubart 1975, p. 67.

67) Sulle fonti letterarie riguardanti Tartessos e Tarshish, con relativa bibliografia, cfr. Blazquez 1975, pp. 11-21; Bunnes

1979, pp. 311-348. Una revisione critica delle fonti letterarie relative a Tarshish, con particolare riguardo a quelle dell'Antico Testamento, ma estesa anche alle fonti sia del Vicino Oriente che del mondo greco romano, è stata compiuta da M. Koch (Koch 1984).

68) Schulten 1922, pp. 5-6; Blazquez 1975, pp. 13-14; Murphy 1977, pp. V-VII.

69) *I Re* 10, 22.

70) Schulten 1941, pp. 249-256; Schulten 1950, pp. 155-176.

71) Luzon 1962, pp. 97-104; Blazquez 1975, pp. 226-229.

72) Martín, Rauret 1969, p. 382.

73) Blazquez 1975, pp. 48-49.

74) La polemica fra coloro i quali localizzano la biblica Tarshish nella Spagna meridionale e coloro che, invece, la pongono in altre regioni, per lo più in India o in Cilicia, risale all'antichità: Eusebio (*Chron.* I, 5, I), ad esempio, la poneva in Cilicia, mentre S. Geronimo (*Hier. Ep.* XXXVII, 1-2) in India.
A favore di una localizzazione in Spagna si è espresso, tra gli altri, S. Moscati secondo il quale «sembra certo che ad un momento determinato, Tarshish sia effettivamente passata a designare Tartessos, evidentemente per l'affinità fonetica» (Moscati 1972, pp. 148-149).
Di opinione contraria Blazquez, per il quale è invece da preferire la localizzazione indiana. Quest'ultimo appuntando il suo interesse sulla presenza, fra i vari prodotti provenienti da Tarshish, anche di avorio (*I Re* 10, 21), cita, come argomento a favore della tesi asiatica, le analisi sulla provenienza degli avori fenici, che hanno rivelato essere nella quasi totalità di origine indiana; vi è però un caso di avorio africano, senegalese (cfr. Blazquez 1975, pp. 19-21 e relativa bibliografia). Successivi studi, tuttavia, portano sempre più ad avvalorare l'ipotesi di una localizzazione nell'estremo occidente: cfr. Alvar 1982, pp. 228-230; Moscati 1983, p. 5; Wagner 1986, pp. 206-207.

75) Strabone I, 2, 3; Velleio Patercolo I, 2, 1-3; Mela III, 6, 46; Diodoro V, 20, 1.

76) Strabone I, 2, 3.

77) Strabone III, 5, 5.

78) Velleio Patercolo I: 2, 3. La fonte per la cronologia di Velleio Patercolo, così come per quella di Mela, che lo riassume più sinteticamente, sembra essere stata Timeo: cfr. Parroni 1984, pp. 403-404.

79) Moscati 1972, pp. 146-147; Bisi 1980, p. 232; Moscati 1983, p. 4; Aubet Semmler 1988, pp. 226-237; Schubart 1995, pp. 745-746.

80) Blazquez 1975, fig. 1, pp. 23-25.

81) 1390-1352 a. C.: Kitchen 1987, pp. 40-43, tab. 4.

82) Garcia y Bellido 1970, pp. 48-49, fig. 53.

83) Blazquez 1975, pp. 25-26, fig. 2. Su Lixus che, secondo le fonti classiche, sarebbe stata fra i primissimi centri coloniali fenici in occidente (Plinio, *Nat. Hist.* XIX, 63) e sui dati forniti dalla ricerca archeologica, cfr. Moscati 1972, pp. 124-125, 137.

84) Secondo Garcia y Bellido l'esemplare della Sierra de Gibalbin potrebbe essere in realtà «un prodotto tardo, forse dei secoli VIII-VII o anche posteriore»; precisa però che non ha avuto modo di esaminarlo direttamente, ma soltanto sulla base di una riproduzione fotografica (Garcia y Bellido 1970, pp. 48-49). Quanto allo scarabeo di Lixus, alcuni studiosi tendono ad attribuirlo ad un momento alquanto successivo alla morte di Amenofi III, stabilendo il momento di fabbricazione al tempo della XXII dinastia, cioè al X secolo a. C.; altri invece, ricordando che scarabei della XXII dinastia vennero imitati nella XXVI, lo attribuiscono al VI a. C.: su tale polemica cfr. Blazquez 1975, pp. 25-26, con relativa bibliografia.

85) Garcia y Bellido 1970, pp. 47-48. Sul complesso problema degli scarabei, cfr. Breglia 1966, pp. 88-90; Moscati 1966, pp. 213-215. Per quanto concerne lo scarabeo in bronzo di Amenofi III che sarebbe stato rinvenuto dragando la Ría de Huelva, conservato nella collezione Bonsor (Garcia y Bellido 1970, pp. 44-48, figg. 51-52; Moscati 1972, p. 147), sembra trattarsi di una copia moderna (Blazquez 1975, p. 246).

86) Tusa 1973, pp. 173-177, tavv. LI-LIII; cfr. anche Seeden 1980, pp. 126, 130-132, tav. 114: 1811; Moscati 1983, pp. 5-6; Acquaro 1988, p. 422; sulla problematica, vedi pure Tusa 1992, p. 607.

87) Moscati 1985, p. 187, nota 13.

88) Acquaro 1988, p. 428.

89) Moscati 1985, p. 186.

90) Moscati 1983, pp. 6-7: si deve quindi ipotizzare in questa fase una situazione assai differente da quella esistente fra Fenici e Greci di età storica, caratterizzata dalla mutua esclusione.

91) Moscati 1983, p. 7.

92) Cfr. Moscati 1985, pp. 186-187; cfr. anche Garbini 1983, pp. 155-156.. L'espansione assira sulla Fenicia si sviluppò a partire da Assurnasirpal II (883-859) e Salmanassar III (858-824), ma fu soprattutto con Tiglatpileser III (745-727) che questa venne rivolta chiaramente all'annessione territoriale piuttosto che alla riscossione di tributi; Salmanassar V (726-722) conquistò Samaria, Sargon II (721-705) Cipro, mentre nei primi anni del suo regno Sennacherib (705-681) condusse una spedizione vittoriosa nella regione (Moscati 1966, pp. 38-44).

L'AREA IBERICA

Le Baleari

L'arcipelago delle Baleari si considera oggi costituito da Maiorca, Minorca, Ibiza e Formentera, ma in antico con il termine di Baleari erano designate solo le prime due isole, che venivano così distinte dalle restanti, denominate Pitiuse.

Benché geograficamente connesse all'area iberica, esse presentano caratteristiche storiche e culturali proprie, anche grazie alla loro posizione geografica che le rende un punto nodale del Mediterraneo occidentale, aperte a molteplici influssi provenienti non soltanto dalla prospicente costa catalana, ma anche dalla Sardegna e dalla Corsica.

Il nome che viene dato alla cultura preistorica balearica, "Talaiotico", deriva dalle particolari strutture megalitiche a forma di torre tronco-conica o tronco-piramidale chiamate, con un termine di derivazione araba, "*talaiot*" ([1]).

Numerose, specie in questi ultimi anni, sono state le proposte di sequenze cronologiche per queste isole, alle quali hanno fornito un significativo contributo i risultati delle analisi radiocarboniche ([2]).

Nel 1963 G. Rosselló-Bordoy identificò per le Baleari tre grosse fasi: una Cultura pretalaiotica (con inizio «intorno al 1800 a. C.»), una Cultura talaiotica («a partire dal 1200 a. C.») ed una Cultura post-talaiotica (dalla fondazione di Ibiza alla conquista romana ad opera di Quinto Cecilio Metello) ([3]).

Nel 1967 G. Lilliu propose una suddivisione in due grosse età, una, pretalaiotica («*ante* 2000-1500 a. C.») ed una talaiotica («1500-123/121 a. C.»), quest'ultima articolata in: Talaiotico I (corrispondente al Bronzo medio e recente: «1500-1000 a. C.»), Talaiotico II, o di apogeo (prima età del ferro: «1000-500 a. C.»), Talaiotico III (seconda età del ferro: «500-123/121 a. C.») ([4]).

Negli anni '70 Rosselló-Bordoy rielaborò, meglio precisandola, la sua periodizzazione sulla base di nuove ricerche e scavi. La cultura talaiotica venne così ad essere organizzata in Talaiotico I («fra 1300 e 1000» a. C.), Talaiotico II («fra 1000 e 800»), Talaiotico III («fra 800 e 500»), Talaiotico IV («dal 500 fino alla completa acculturazione imposta con la conquista romana») ([5]).

C. Veny suddivise invece, nel 1974, il Talaiotico in Talaiotico arcaico (corrispondente al Bronzo medio, «dal 1500 o 1400 fino al 1000 a. C.»), Talaiotico medio (Bronzo finale, «dal 1000 fino al 600 a. C.») e Talaiotico recente (età del ferro, contraddistinto dai contatti con gli ambienti punici ed iberici) ([6]).

Simile a questo schema è quello seguito da L. Plantalamor Massanet e da M.C. Rita Larrucea per l'isola di Minorca: Fase Pretalaiotica (eneolitico - prima età del bronzo: «2000-1450 a. C.»); Talaiotico I (Bronzo medio - finale: «1450-1000 a. C.»); Talaiotico II (Bronzo finale - prima età del ferro: «1000-700 a. C.»); Talaiotico III (età del ferro - Colonizzazione: «700-300 a. C.»); Talaiotico IV (Colonizzazione e influenze classiche: «300-123 a. C.») ([7]). Più recentemente L. Plantalamor ha spostato al «1500 a. C.» la cesura fra Pretalaiotico e Talaiotico I ([8]).

Nella sequenza cronologica di M. Fernández-Miranda ([9]) si ha un *horizonte cultural del Bronce Pretalayotico* («1800-1300»), mentre il Talaiotico è distinto in due orizzonti (Talaiotico I o antico: «1300-700»; Talaiotico II o recente: «a partire dal 700» fino alla completa romanizzazione); questa seriazione è stata anche adottata da G. Nieto Gallo ([10]).

Un altro schema per alcuni versi non molto diverso da quello di Rosselló-Bordoy venne proposto alcuni anni più tardi, nel 1982, da W.H. Waldren ([11]). In quest'ultimo, però, il "*Talayotic Period*" viene a coincidere con l'età del Bronzo ed il "*Post Talayotic Period*" con l'età del ferro, sottolineando in tal modo una cesura con i periodi precedenti e ponendo quindi l'accento soprattutto sulle trasformazioni insorgenti a livello socio-culturale. Si differenzia così dagli altri autori che tendono invece, mantenendo l'uso del termine "talaiotico", a rimarcare implicitamente una continuità culturale. La sequenza di Waldren ha subito in seguito alcuni aggiustamenti cronologici con la calibrazione delle date radiocarboniche disponibili per i siti balearici ([12]). Vengono quindi distinti un "*Pretalayotic Period*" («3900-1400 a. C.») ([13]), un "*Talayotic Period*" («1400-1000 a. C.»), un "*Post Talayotic Period*" («1000-123 a. C.»). Per quanto concerne in particolare il "*Talayotic Period*", si individuano un Bronzo antico (*E.B.A.*: «1400-1200 a. C.»), un Bronzo medio (*M.B.A.*: «1200-1100 a. C.») ed un Bronzo tardo (*L.B.A.*: «1100-1000 a. C.») ([14]); per il "*Post Talayotic*", un'antica età del ferro (*E.I.A.*: «1000-800 a. C.»), una media età del ferro (*M.I.A.*: «800-600 a. C.») ed una tarda età del ferro (*L.I.A.*: «600-123 a. C.»).

Un riesame della sequenza balearica, basato sul metodo combinatorio, è stato compiuto da G. Bocconi Montella ([15]), nel tentativo di raccordare la cronologia talaiotica alle altre aree mediterranee mediante la ricerca di comparazioni tipologiche con ambienti esterni alle isole ([16]). La sequenza da lei proposta è la seguente: Pretalaiotico (articolato in un orizzonte più antico ed uno più recente, quest'ultimo collocato «tra il XVIII e il XVI secolo a. C. ed oltre»); Talaiotico I (con principio «non molto prima del X sec. a. C.» e termine «tra la fine del IX e l'inizio dell'VIII sec. a. C.»); Talaiotico II («dall'inizio dell'VIII sec. a. C., ad un momento non determinabile del VII sec. a. C.»); Talaiotico III (da «un momento imprecisato del VII a. C.» sino « all'incirca verso la fine del V sec. a. C.»); Talaiotico IV (dal «IV secolo a. C. [...] fino alla colonizzazione romana») ([17]).

Un inquadramento particolarmente dettagliato delle manifestazioni storiche e degli aspetti socio-culturali del periodo talaiotico, pur incentrato prevalentemente sulle sue manifestazioni maiorchine, è rappresentato dallo studio di Rosselló-Bordoy ([18]), le cui linee fondamentali sono attualmente condivise da vari studiosi ([19]).

Il momento finale del Pretalaiotico appare contraddistinto nel rituale funebre da inumazioni collettive in grotte

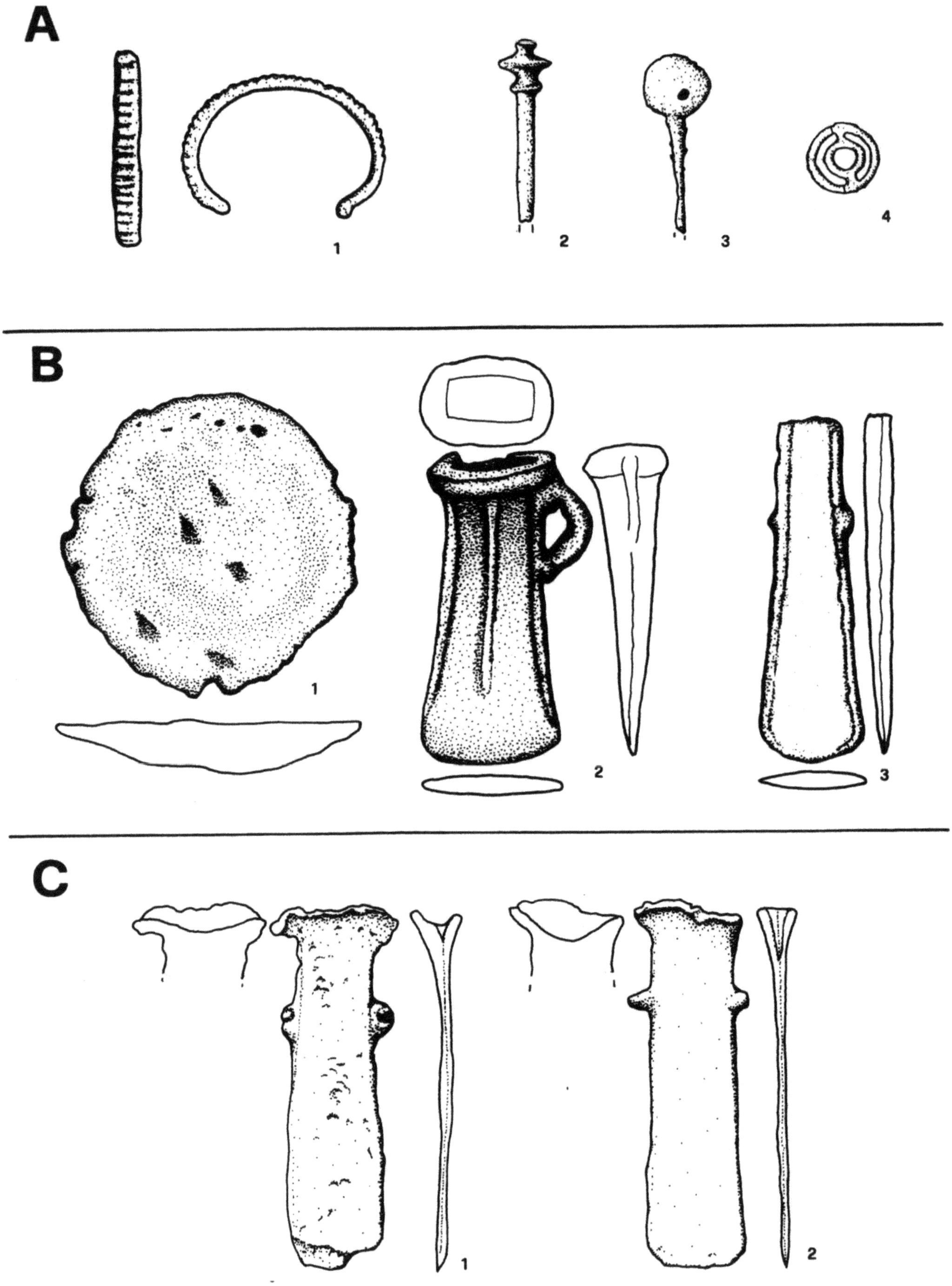

Fig. 44. A. Bronzi balearici di tipologia italiana e centro-europea.
1: Es Coll; 2-3: Son Matge; 4: Cueva I di Biniparratx.
B. Ripostiglio di La Sabina. Scala 2/5.
C. Ripostiglio di Can Gallet. Scala: 2/5.

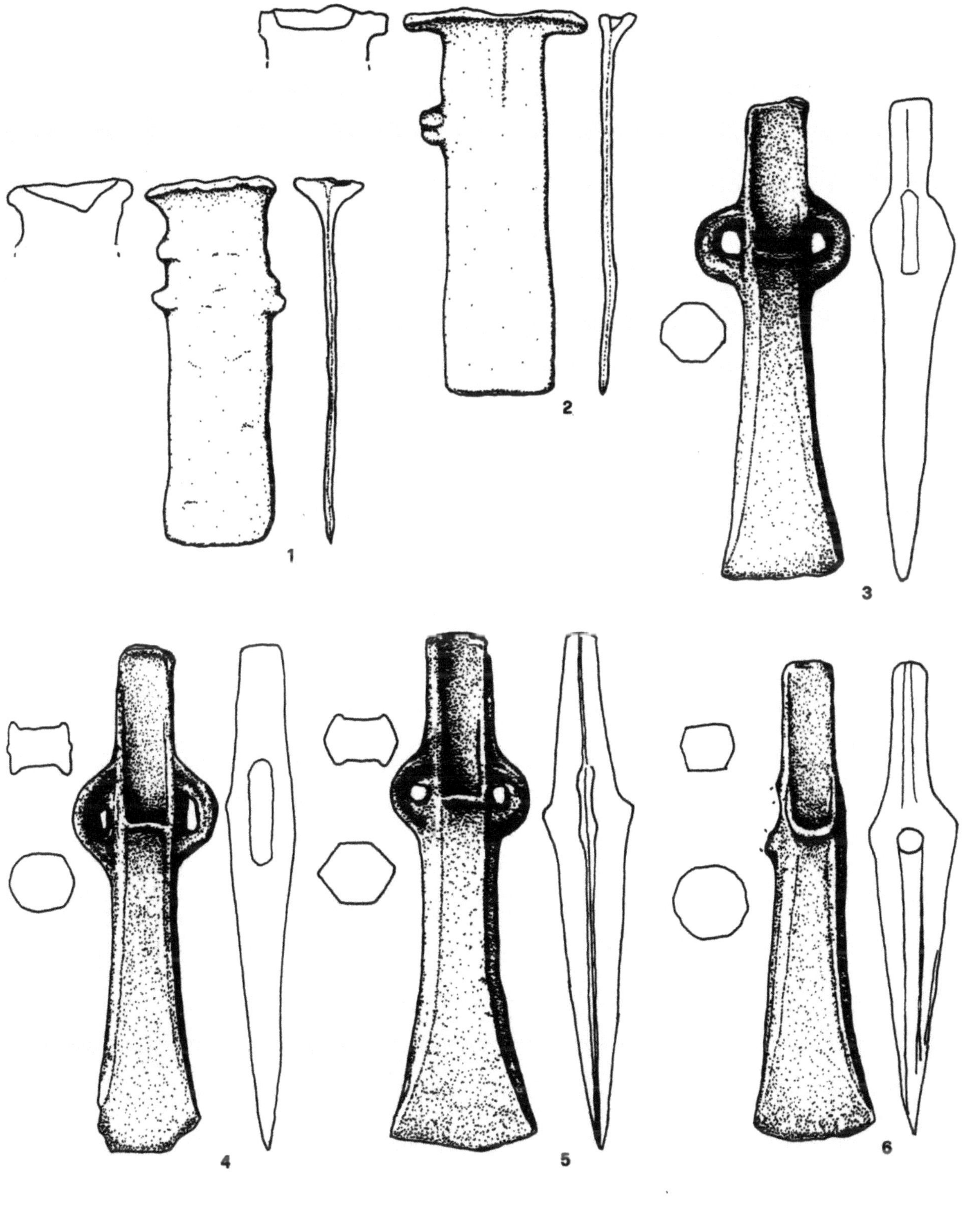

Fig. 45. Ripostiglio di Can Gallet. Scala 2/5.

naturali o artificiali (*cuevas*), da ipogei a pianta complessa e da tombe megalitiche; nella cultura materiale pugnali o alabarde e ciotole carenate indicano l'influenza della cultura di El Argar ([20]).

Monumenti caratteristici di questo momento sono le *navetas*, strutture megalitiche dalla pianta lunga e stretta, terminanti da un lato in un'abside dal profilo appuntito. Esse vengono tradizionalmente distinte in due gruppi: quelle usate come monumenti sepolcrali (*navetas* propriamente dette), caratteristiche di Minorca, e quelle d'abitazione (chiamate anche *navetiformes*), attestate in entrambe le isole ([21]); questa suddivisione è stata tuttavia recentemente contestata da L. Plantalamor Massanet a favore dell'uso del termine *naveta* per entrambe le strutture ([22]).

Per quanto concerne il Talaiotico I va rilevato ancora una volta come non vi sia uniformità fra i vari autori sul limite inferiore di questa fase; la datazione di Rosselló-Bordoy tuttavia, che lo poneva intorno al 1300 a. C., trovando appoggio nella più antica datazione radiocarbonica riscontrata in contesti di cultura talaiotica, quella di Pula: 3260 ± 60 B.P. = 1310 ± 60 a. C. (data non calibrata) ([23]), una volta calibrata andrebbe spostata indietro verso il XV-XVII sec. a. C.

Tale fase è caratterizzata dall'erezione dei primi *talaiots*, ma continuano pure ad essere riutilizzate le *navetas*; viene anche mantenuto il rituale sepolcrale delle inumazioni collettive, effettuate in *navetas* o nelle *cuevas*.

Va rilevato come l'esistenza di una attività metallurgica nell'ambito dei *poblados* sia, tra l'altro, sottolineata dal rinvenimento di forme di fusione nei naviformi di Can Roig Nou (Felanitx, Maiorca) ([24]), di Hospitalet Vell (Manacor, Maiorca) ([25]) e di Cala Blanca (Ciutadella, Minorca), nonché nel talaiot 1 di Torelló (Mahón, Minorca) ([26]). È opportuno ricordare che nelle Baleari non mancano giacimenti di minerali metallici, in particolare di rame, piombo e ferro; non vi sono tuttavia attualmente notizie di uno sfruttamento di queste risorse in età protostorica.

Il successivo orizzonte del Talaiotico II presenta caratteri culturali abbastanza simili al momento precedente; esso appare caratterizzato dalla comparsa di fortificazioni intorno agli insediamenti.

Nel Talaiotico III il fenomeno più appariscente è costituito dall'affermazione dell'uso del ferro; gli abitati precedenti vengono ristrutturati, con l'introduzione di edifici a pianta quadrangolare e rettangolare. È avvertibile l'influsso fenicio-punico legato allo stabilirsi, intorno alla metà del VII sec. a. C., nella vicina isola di Ibiza, dei primi insediamenti di Fenici ([27]), ai quali, verso la metà del VI secolo, subentra l'elemento cartaginese ([28]).

Nel Talaiotico IV, infine, la civiltà balearica subisce un vero e proprio fenomeno di acculturazione, prima punica ([29]), poi romana.

Particolare interesse rivestono alcuni bronzi talaiotici per gli agganci che offrono con l'Europa continentale e con l'Italia. Alla fase Ha B 3 dell'area centro-europea richiamano infatti i braccialetti a capi aperti tipo Homburg ([30]) da Can Roig Nou e da Es Coll (fig. 44 A: 1); sono confrontabili con materiali francesi gli spilloni a testa globulare con perforazione ([31]) rinvenuti a Capocorb Vell ed a Son Matge (fig. 44 A: 3) e le rotelle di bronzo fenestrate da Cala Coves e dalla Cueva I di Biniparratx (fig. 44 A: 4) ([32]), che trovano entrambi riscontri nel ripostiglio di Ribiers, databile ad un momento coincidente con l'Ha B 1 dell'Europa centrale ([33]). Sembra collegarsi con l'Italia continentale uno spillone con capocchia a vaso da Son Matge (fig. 44 A: 2), riconducibile ad un gruppo assai diffuso nella penisola durante la prima età del ferro ([34]).

Un elemento cronologicamente alquanto problematico è costituito dalle spade a manico pieno, con impugnatura esile e pomo discoidale, rinvenute in varie località delle Baleari ([35]), che secondo alcuni autori andrebbero collocate in momento alquanto antico, sulla base di una datazione al ^{14}C non calibrata del 1250 ± 100 relativa al livello di inumazione di Son Matge nel quale è stato rinvenuto un esemplare ([36]). Va tuttavia rilevata l'affinità tipologica che lega queste spade con quella ad impugnatura massiccia da Alconétar (Cáceres), attribuibile ad un momento non troppo avanzato del Bronzo finale estremegno, ed ai due esemplari da questa derivati rinvenuti nel deposito della Ría de Huelva ([37]).

Nell'ambito cronologico di questo ripostiglio vanno inquadrati i materiali dei depositi di Can Gallet e di La Sabina, rinvenuti, rispettivamente, a Formentera e ad Ibiza, isole che, in realtà, sembrano partecipare solo marginalmente alla fioritura della civiltà talaiotica ([38]).

Il ripostiglio rinvenuto a Can Gallet (Sant Francisco Javier) era composto da quattro asce a tallone con due occhielli laterali associate con altrettante asce a spuntoni laterali (figg. 44 C, 45) ([39]). Queste ultime, di aspetto alquanto tozzo, rappresentano uno scarto di lavorazione dovuto ad una imperfetta fusione: hanno infatti conservato il cono di fusione e mostrano una imperfetta sovrapposizione delle due valve ([40]).

L'altro ripostiglio, quello di La Sabina, conteneva invece, oltre ad altri oggetti andati perduti, una panella circolare a sezione piano-convessa ([41]), un'ascia a spuntoni laterali ed un'ascia a cannone con occhiello (fig. 44 B) ([42]). È stata richiamata l'attenzione da parte di alcuni autori sull'affinità di questo pezzo e di altri esemplari simili da Ibiza (Los Salinas), Maiorca (Santa Eugenia, Son Ribes, Sa Covas, Can Pa amb Oli) e Minorca (incerta provenienza; forma di fusione da Torelló) con analoghe asce a cannone dal complesso sardo di Monte Sa Idda ([43]).

Note

1) Esso deriva dal termine *at-talay* = sentinella; in età medioevale "*talaia*" indicava sia le torri di vedetta che le rovine di strutture aventi forma di torri; il nome originario, di età preistorica, sarebbe stato forse, secondo Lilliu, "*nurra*", come sarebbe indicato dall'antica denominazione di Minorca, chiamata appunto "Nura" (Lilliu, Shubart 1968, pp. 137-138). Sul complesso ed assai dibattuto problema dell'eventuale rapporto fra i nuraghi sardi ed i monumenti megalitici balearici e, più in generale, sulle manifestazioni ciclopiche del Mediterraneo centrale ed occidentale, cfr. Rosselló-Bordoy 1979, pp. 124-132; Lewthwaite 1985, pp. 220-242; Fernández-Miranda 1987, pp. 481-482.
2) Rosselló-Bordoy, Waldren, Kopper 1967; Rosselló-Bordoy 1979, pp. 187-192; Waldren 1982, pp. 483-514; Waldren 1991.
3) Rosselló-Bordoy 1963, pp. 137-163.
4) Lilliu, Schubart 1968, p. 116.
5) Rosselló-Bordoy 1979, pp. 195-196; cfr. anche Rosselló-Bordoy, Waldren 1973, pp. 258-260.
6) Veny 1974 a, pp. 134-136.
7) Plantalamor Massanet, Rita Larrucea 1984, pp. 798-804.
8) Plantalamor Massanet 1991, tabella accanto a p. 12.
9) Fernández-Miranda 1978, pp. 345-359, tab. a p. 357.
10) Nieto Gallo 1985 c, pp. 501-515.
11) Waldren 1982, p. IV, 9-14, fig. 3.
12) Waldren 1991, pp. 49-56, fig. 2. Si consideri quindi che le date relative alla periodizzazione di Waldren sono espresse in anni radiocarbonici calibrati (B.C.). Sulla differenza fra le datazioni calibrate e quelle non calibrate, cfr. Waldren 1991, figg. 2-2 a.
13) Questo periodo più antico è al suo interno così ripartito: a) *Neolithic Early Ceramic Phase* («3900-2500 a. C.»); b) *Early Beaker Phase* («2500-1800 a. C.»); c) *Late Beaker Phase* («1800-1400 a. C.»): Waldren 1991, fig. 2.
14) A differenza di Rosselló-Bordoy, Waldren considerava margine di oscillazione più alto per la datazione al 14C di Pula (1310 ± 60), ponendo così la data di questa struttura, e quindi l'inizio della più antica civiltà Talaiotica, al «1400 a. C. circa» (Waldren 1982, p. 13). Per quanto concerne il Bronzo medio e tardo, essi erano in gran parte assimilabili, anche per le datazioni, al Talaiotico I e II di Rosselló-Bordoy; anche l'antica età del ferro era in gran parte sovrapponibile con il Talaiotico III.
15) Bocconi Montella 1984.
16) Va tuttavia segnalato come, anche a causa della relativa esiguità dei materiali editi, G. Bocconi lasci talora nel vago i termini di cronologia assoluta cui agganciare le fasi da lei elaborate.
17) Bocconi Montella 1984, pp. 47-52.
18) Rosselló-Bordoy 1979.
19) Guerrero Ayuso 1982, pp. 26-28; Gual Cerdó, Guerrero Ayuso, López i Pons, Pons i Homar 1986, p. 30.
20) Bocconi Montella 1984, pp. 47-48; Gual Cerdó, Guerrero Ayuso, López i Pons, Pons i Homar 1986, pp. 35-36. Un pugnale di tipo argarico è stato rinvenuto nel naviforme di Alemany (Bocconi Montella 1984, p. 48).
21) Pericot Garcia 1972, pp. 59-60, 75-79; Rosselló-Bordoy 1987, p. 150.
22) L. Plantalamor Massanet ha proposto, nel suo studio sull'architettura pre- protostorica minorchina, di denominare "*navetas*" sia i monumenti sepolcrali che quelli con funzione abitativa, adducendo le seguenti motivazioni: 1) la difficoltà di effettuare una distinzione nel caso in cui non sia stato preliminarmente condotto uno scavo della struttura; 2) la derivazione formale della *naveta* sepolcrale da quella abitativa e non viceversa; 3) l'impiego generalizzato ed indiscriminato del termine sia nel linguaggio comune che da parte della comunità scientifica; 4) dai risultati degli scavi di Canyamel (Artà, Maiorca) emergerebbe un l'uso sepolcrale di alcuni monumenti maiorchini connesso con un momento di riutilizzo delle strutture. Inoltre, dopo aver suddiviso le navetas minorchine in "*navetes d'habitatació*", con funzioni insediamentali, "*navetes d'inhumació de tipus intermig*" e "*navetes d'inhumació de planta allargada*", entrambe sepolcrali, osserva la stretta somiglianza esterna fra le "*navetes d'habitatació*" e quelle "*de planta allargada*", nonché l'impiego, in ambedue i monumenti, delle stesse tecniche di costruzione, anche all'interno (cfr. Plantalamor Massanet 1991, pp. 16-17, 169-170, 187-188).
23) Rosselló-Bordoy 1979, pp. 190-191.
24) Rosselló-Bordoy 1979, p. 35.
25) Rosselló-Bordoy 1987, pp. 148-150, tavv. I-II.
26) Plantalamor Massanet 1991, pp. 47, 293, figg. 23: in basso, 168.
27) Aubet Semmler 1988, pp. 237-238; Goméz Bellard 1995, pp. 765-769.
28) Moscati 1988 b, p. 12; Goméz Bellard 1995, pp. 769-770.
29) Sulle complesse dinamiche socio-culturali legate all'impatto della civiltà fenicio-punica sul mondo indigeno balearico a partire dal Talaiotico III, cfr. Guerrero Ayuso 1985, pp. 89-132.
30) Richter 1970, pp. 17, 155-159.
31) Cfr. il gruppo *M* di Audouze, Courtois 1970, pp. 32-34.
32) Si osservi che nella Cueva I di Biniparratx vennero rinvenuti tre esemplari di rotelle fenestrate a sezione ovale, di cui uno soltanto integro: Veny 1974 b, p. 188, fig. 2: fila superiore.
33) Cfr. Schauer 1975, pp. 55-56..
34) Bocconi Montella 1984, pp. 21-22, 48-49 e relativa bibliografia. In particolare, per lo spillone con capocchia a vaso da Son Matge, cfr. Carancini 1975, pp. 257-265.
35) Per una tipologia di queste spade, con le relative provenienze ed indicazioni bibliografiche cfr. Bocconi Montella 1984, p. 18, tipo 6.
36) Rosselló-Bordoy 1974, p. 122; Rosselló-Bordoy 1979, pp. 155,191; Fernández-Miranda 1987, p. 483.
37) Almagro Bash 1958, E 1-39 (12): 56-57. Gli esemplari balearici rappresenterebbero uno sviluppo particolarmente avanzato di queste spade ed i pezzi più antichi andrebbero datati ad un momento ampiamente parallelizzabile con l'orizzonte di Huelva: cfr. Almagro Gorbea 1977, pp. 68-70; cfr. anche Nieto Gallo 1985 c, p. 508.
38) J.H. Fernández ricorda l'assenza, ad Ibiza e Formentera, di resti monumentali relativi alla cultura delle *talayots*: Fernández 1974, p. 63. È stata data recentemente notizia, peraltro non confermata direttamente, dell'esistenza di strutture simili alle *navetas* d'abitazione minorchine a Formentera, a Cap de Berberia (Plantalamor Massanet

1991, p. 53). Per un breve quadro dei ritrovamenti preistorici nelle Pitiuse, cfr. Fernandez, Topp 1984, pp. 763-768. Dalle isole Pitiuse provengono anche alcune asce piatte, prive, però, di contesto: per il problema costituito dall'inquadramento cronologico di tale famiglia tipologica nella Penisola Iberica si rimanda a quanto già detto al riguardo in precedenza. Va comunque rilevato come secondo alcuni queste asce, come quelle di Maiorca e Minorca, costituirebbero un indizio ulteriore di rapporti fra Sardegna e Baleari (Fernández-Miranda 1987, p. 483).

39) Monteagudo 1977, pp. 146, 162, tavv. 60: 961 A-B; 157: 889 A-C. Delibes de Castro, Fernández-Miranda 1984, figg. 7-10.

40) Tali caratteri si ritrovano anche nelle asce a spuntoni laterali del ripostiglio di Elche: cfr. Monteagudo 1977, pp. 145-146 (*Typ 22 A*).

41) È stato ipotizzato che questa panella sia da mettere in rapporto a traffici con la Sardegna: Delibes de Castro, Fenández-Miranda 1984, pp. 1003, 1011.

42) Almagro Bash 1967, E 12 1 (1); Fernández 1974, pp. 66-67, Delibes De Castro, Fernández-Miranda 1984, fig. 6.

43) Cfr. le asce a cannone del tipo denominato "*balear*" da Delibes de Castro e Fernández-Miranda e la sua distribuzione Delibes De Castro, Fernández-Miranda 1984, pp. 1001-1007, 1010, fig. 1.

RISORSE MINERARIE

CENNI DI TECNICA MINERARIA PROTOSTORICA

Nell'intento di esaminare lo sfruttamento delle risorse del sottosuolo in età protostorica, è necessario premettere alcune brevi note intorno ai sistemi di coltivazione delle miniere durante la tarda età del bronzo e la prima età del ferro.

Nelle aree metallifere si assiste di norma, nel corso dei secoli, all'alternarsi di momenti di abbandono e di ripresa delle attività estrattive, talora anche con la perdita della memoria storica del lavoro passato. Questo protrarsi spesso fino ai nostri giorni dello sfruttamento dei giacimenti, sia pure in maniera discontinua, ha il più delle volte obliterato o distrutto le tracce delle lavorazioni più antiche.

In assenza di manufatti datanti o di determinazioni radiocarboniche (1) è inoltre alquanto difficile stabilire se una vecchia galleria sia stata scavata in età preistorica o in momenti successivi.

Un indizio di primitive coltivazioni può talora essere costituito dalle tracce lasciate sulle pareti dagli strumenti usati per l'estrazione. L'uso di utensili in bronzo ed in ferro, in particolare picconi, ha in genere prodotto sulla roccia solchi lunghi e relativamente sottili, ben diversi dalle concavità pressoché circolari causate nei periodi più antichi dall'impiego di attrezzi litici (2), attrezzi questi ultimi che dovettero comunque rimanere in uso fino alle soglie dell'età storica in molte regioni, tra cui forse la Sardegna.

Specie nella tarda età del bronzo è documentato l'utilizzo in Europa, nell'attività mineraria, oltre che di mazze di pietra, anche di strumenti metallici; se ne hanno attestazioni, ad esempio, nelle miniere cuprifere austriache del Mitterberg (3).

Benché sia evidente come gli scavi a cielo aperto abbiano sempre presentato, ovviamente, minori difficoltà che i lavori in galleria, questi ultimi sono già documentati nel continente europeo a partire da periodi assai antichi. Per estrarre la selce furono infatti utilizzati pozzi talora anche con ramificazioni estese; essi sono alquanto diffusi in età neolitica in numerose regioni. Sono ben noti, fra gli altri, quelli di Grimes Graves e Cissbury in Inghilterra, di Obourg e Spiennes in Belgio, di Mur de Banez e Champigneulles in Francia, di Kvarnby in Scandinavia, di Rocio Tunnel in Portogallo e di Monte Tabuto in Sicilia (4).

Direttamente a queste tecnologie neolitiche si collegano le più antiche coltivazioni di giacimenti metalliferi, quale quella di Rudna Glava, in Serbia, ai confini della Romania, il cui primo impianto può essere attribuito, sulla base dei materiali rinvenuti all'interno dei pozzi, ad un momento di transizione fra la fase iniziale e la fase tarda della cultura Vinča, intorno alla fine, quindi, del V millennio a. C. sulla base della determinazione radiocarbonica (5).

I sistemi di estrazione e di scavo delle gallerie si mantennero comunque assai simili, senza subire rilevanti innovazioni, per tutta l'età del bronzo (fig. 46). Tali metodologie sono state particolarmente oggetto di accurati studi e ricerche nel settore delle Alpi Orientali, che quindi costituiscono in questo campo un importante punto di riferimento (6).

Una volta individuato un affioramento, questo veniva messo a nudo ed attaccato con l'ausilio di fuochi che, per effetto termico producevano la disgregazione della roccia. Una catasta di legna secca veniva accostata alla superficie da attaccare e lasciata bruciare per alcune ore.

Il forte calore prodotto, valutabile in centinaia di gradi °C, genera modifiche nella struttura della roccia. L'effetto varia in rapporto sia alla temperatura raggiunta, che alla composizione chimica e mineralogica delle rocce, alla loro granulometria ed all'esistenza di venature e fessurazioni, creando, al termine dell'operazione, una concavità irregolare più o meno profonda sulla superficie esterna del deposito (7).

Già nella Bibbia si accenna all'impiego del fuoco per spaccare la roccia (8); Diodoro Siculo e Plinio ricordano come tale tecnica venisse applicata nello scavo delle vene aurifere quando queste erano incassate in una matrice di particolare durezza (9). L'uso del metodo è proseguito sia nel medioevo che nel rinascimento, ed Agricola ne tratta nel *De Re Metallica* (10) (fig. 47 A); in Scandinavia ed in area centroeuropea questa pratica era ancora eseguita alla fine del secolo scorso (11). Numerose sono le evidenze archeologiche osservate in Europa nell'ambito di coltivazioni metallifere preistoriche, in Egeo (Siphnos), nei Balcani (Rudna Glava), in Austria (Mitterberg), in Francia (Cambrieres), nelle Isole Britanniche (Mount Gabriel, Great Orme's Head, Parys Mountain, Nantyreira, Cwmystwyth) (12).

Le prove sperimentali hanno dimostrato come l'impiego di getti d'acqua sulla roccia rovente, al fine di contribuire con un violento shock termico alla fessurazione della matrice, in realtà risulti assai meno vantaggioso di quanto non si ritenga comunemente (13). La superficie così trattata veniva poi attaccata con l'impiego di mazze litiche e di picconi; fra questi ultimi quelli di corno di cervo, robusti ed elastici, si sono dimostrati sperimentalmente molto efficaci nello scalzare dalla parete le schegge prodotte (14).

A differenza di quanto riscontrabile negli scavi attuali, le gallerie preistoriche tendevano a seguire le vene procedendo per lo più diagonalmente, secondo un piano inclinato verso l'interno del giacimento, affinché il calore del fuoco potesse trasmettersi non solo lateralmente, ma anche verso il basso (fig. 48) (15).

L'impiego di fuochi, oltre a permettere lo sgretolamento della roccia, e quindi a facilitare l'estrazione del minerale, contribuiva a favorire la ventilazione delle gallerie, giacché il fumo, irritante se respirato direttamente, tendeva tuttavia a defluire verso l'aperto attraverso il pozzo più vicino, che agiva così come camino, consentendo al minatore di lavorare in aria non viziata (fig. 46 B) (16). Ciò è dovuto ad un semplice principio fisico: essendo l'aria calda più legge-

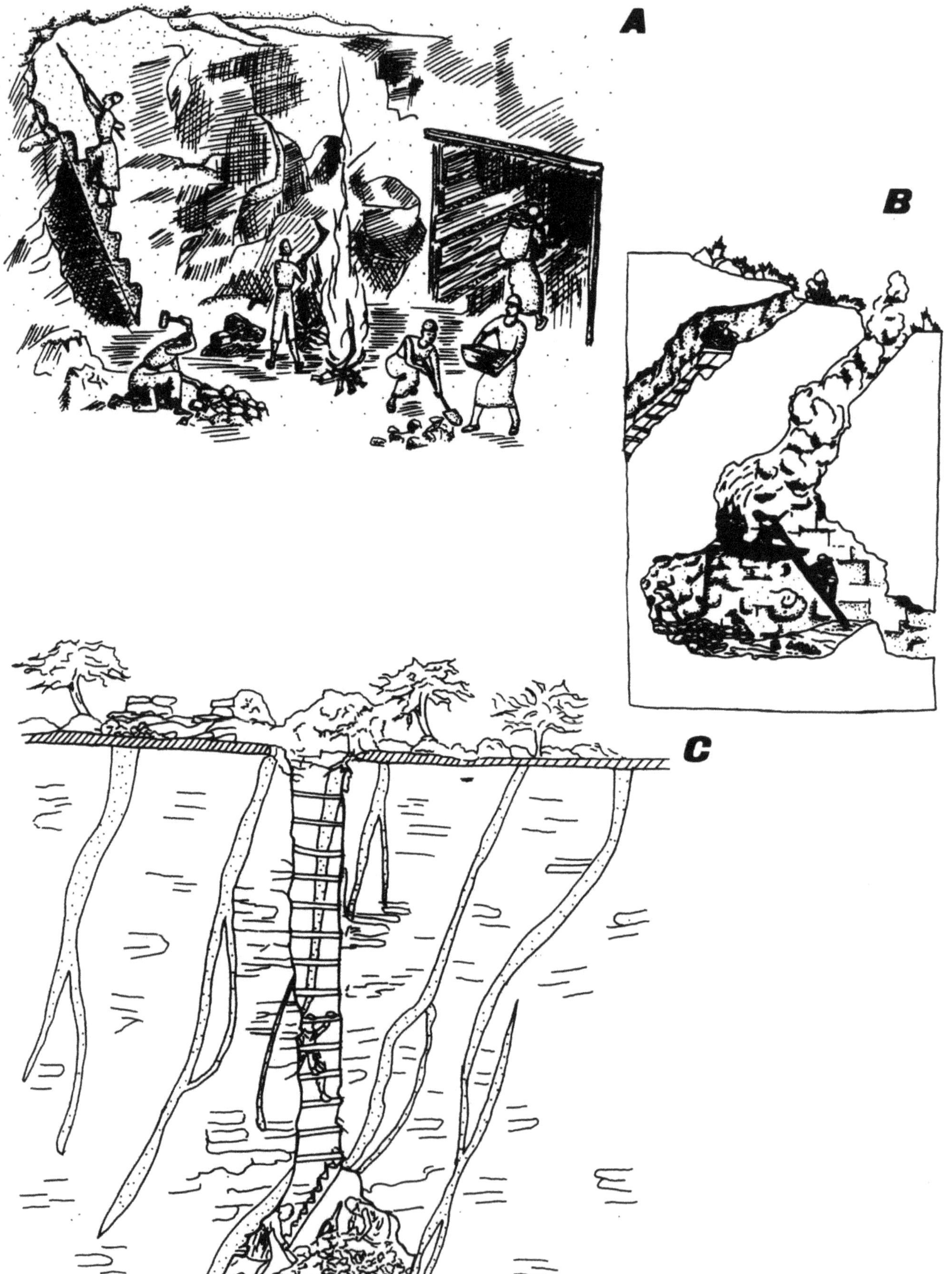

Fig. 46. A, B, C: Ricostruzione delle attività di scavo all'interno di una miniera protostorica.

A

B

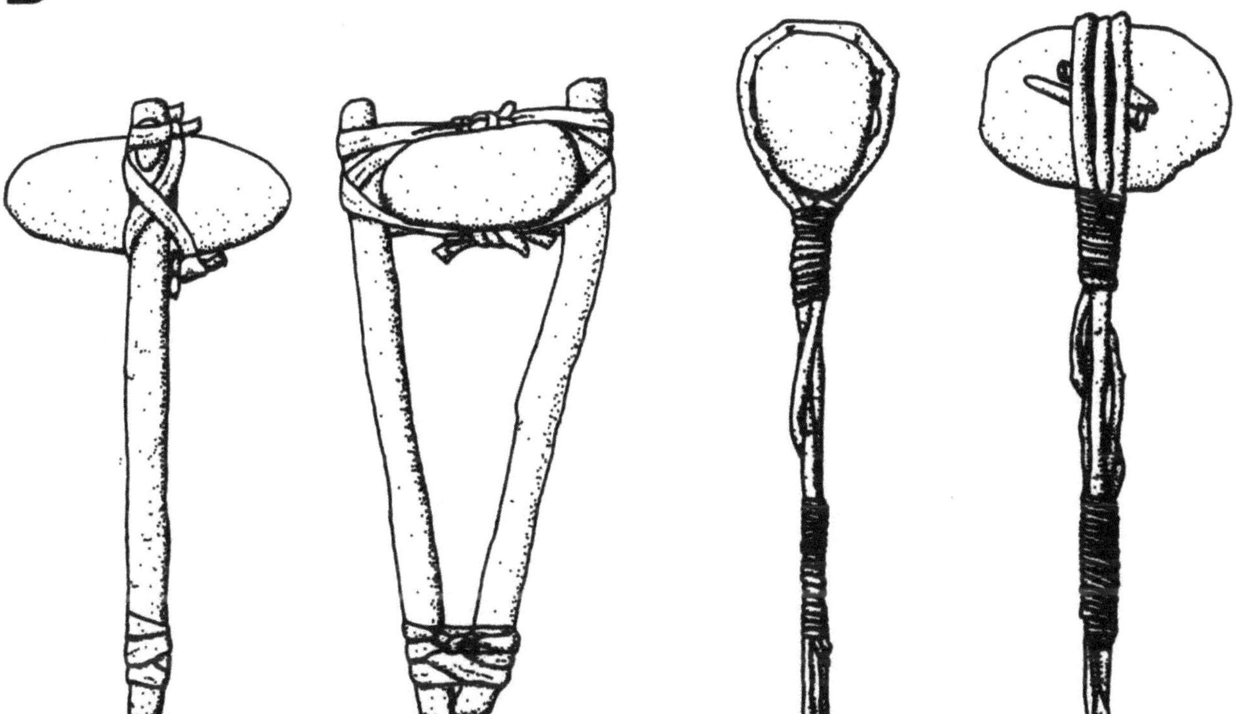

Fig. 47. A. Uso del fuoco nello scavo minerario, da Agricola.
B. Immanicature sperimentali di teste di mazza litiche per uso estrattivo. Scala: 1/4.

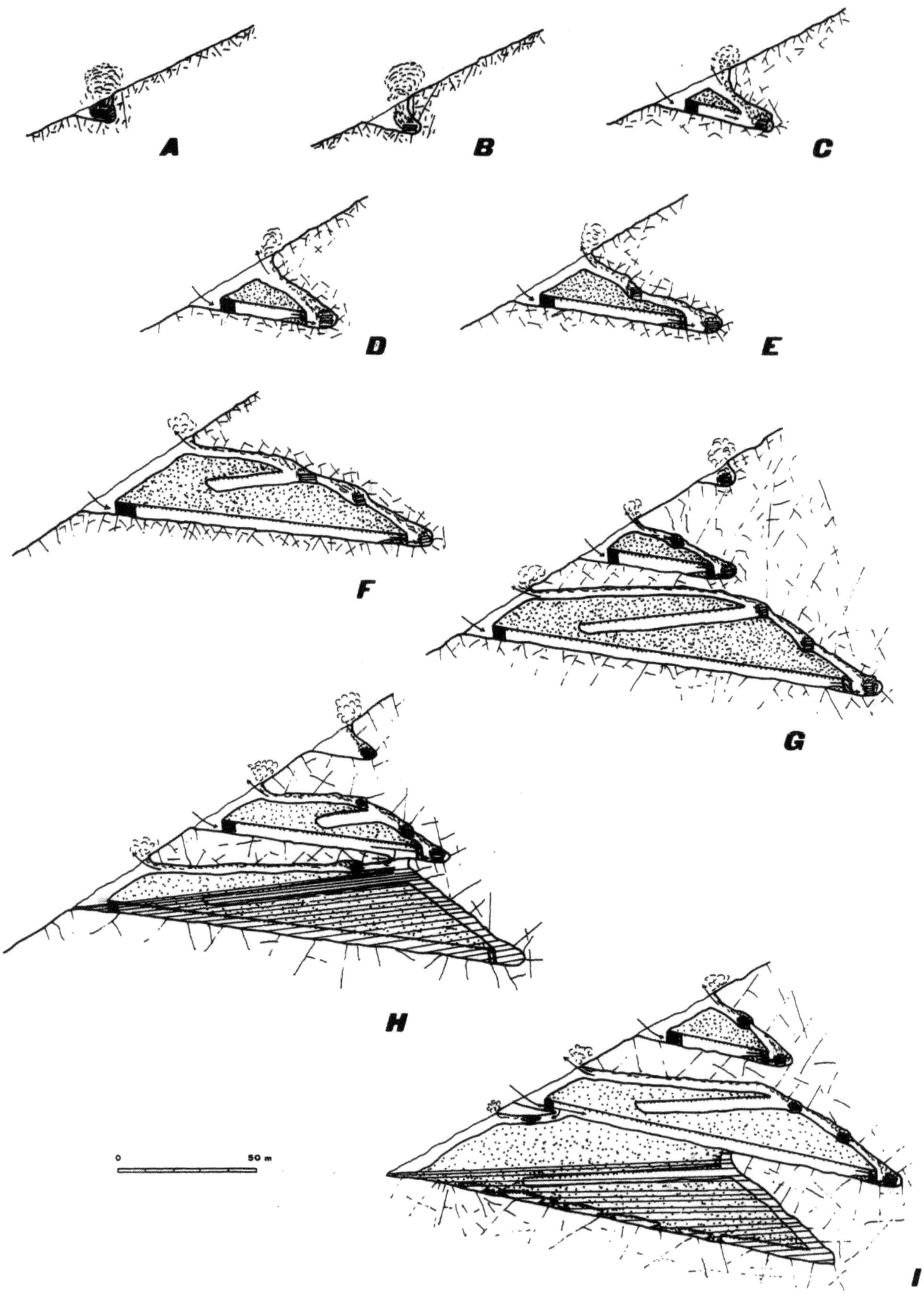

Fig. 48. Stadi successivi di apertura e scavo di una miniera.

ra, essa tende a salire e ad uscire dal cunicolo; il suo posto viene preso dall'aria esterna, più fresca, con il risultato di ventilare gli ambienti sotterranei.

Le varie gallerie, scavate con il metodo sopra descritto, venivano collegate fra loro, anche per ottenere che l'acqua di eventuali piccole falde sotterranee venisse drenata e si raccogliesse negli ambienti più bassi non appena i lavori in questi ultimi fossero terminati (fig. 48).

Per evitare il pericolo di frane, le pareti dei cunicoli erano puntellate per mezzo di travi in legno o anche, talvolta, impiegando il pietrame prodotto nei lavori di scavo per la costruzione di muretti a secco.

L'accesso alle gallerie avveniva mediante pali posti lungo le pareti dei pozzi, o tramite tronchi intagliati in modo da costituire una scala, uso quest'ultimo continuato, in Europa, sino al XVII secolo (fig. 46 C) ([17]).

L'illuminazione negli ambienti sotterranei veniva ottenuta mediante torce, ricavate da legni assai resinosi come a Kelchalpe, in Austria ([18]), o anche tramite lucernette, come quelle rinvenute in Sardegna nella miniera di Masua (fig. 69 B).

Quanto allo strumentario, l'impiego prevalente nell'attività estrattiva di strumenti in metallo durante la tarda età del bronzo è stato segnalato, per le miniere del sud-ovest della Spagna, da B. Rothenberg e da A. Blanco-Freijeiro ([19]); ciò non esclude tuttavia la persistenza nell'uso, in talune regioni europee, di strumenti litici.

Tra questi merita un particolare accenno una specifica foggia di mazza, di forma ovoidale con larga scanalatura trasversale, rinvenuta in numerose località in contesti minerari. Essa era generalmente ricavata da grossi ciottoli di origine marina o fluviale, grossolanamente incavati nella parte mediana per alloggiare l'immanicatura ([20]). Alcune prove hanno evidenziato come una struttura lignea trapezoidale permettesse di fissare fermamente la pietra, garantendo una buona praticità d'impiego (fig. 47 B: 1); anche assai efficace si è dimostrato un manico ottenuto intrecciando e curvando attorno al solco della mazza un legno flessibile, come vimini o salice (fig. 47 B: 2) ([21]). Strumenti simili vennero rinvenuti ancora intatti nel 1899 accanto al cadavere di un minatore del VII secolo d. C. nella miniera di rame cilena di Chuquicamata, e vanno verosimilmente interpretati in questo stesso senso i resti di salice ritorti provenienti dalle coltivazioni preistoriche di Mount Gabriel, nell'Irlanda sud-occidentale ([22]).

Il solco centrale poteva anche costituire l'alloggiamento di una correggia di cuoio o di corda, consentendo così di maneggiare agevolmente l'attrezzo senza bisogno un manico di legno, che sarebbe risultato di difficile impiego nel ristretto spazio di un pozzo ([23]).

Il minerale, una volta frantumato, veniva portato all'esterno mediante argani ([24]) o anche a spalla, con zaini di vimini o di pelle, sul tipo di quello conservatosi nelle miniere di salgemma di Hallstatt ([25]).

K. Zschocke e E. Preuschen, agli inizi degli anni '30, studiando gli antichi lavori estrattivi del Mitterberg, hanno tentato di ricostruire i metodi e le tecniche minerarie protostoriche analizzando, tra l'altro, il numero di individui che sarebbero stati impiegati nello sfruttamento dei giacimenti ([26]). Secondo i loro calcoli sarebbero stati necessari 6 uomini per l'apertura di una galleria e per la prima lavorazione iniziale, 14 per il primo momento di produzione e 27 per quello successivo; per lo stadio finale, infine, sarebbero occorsi solo 5 uomini.

Tuttavia, in considerazione dell'antieconomicità di condurre un singolo scavo, gli autori considerarono necessario prendere in esame un insieme composto da tre scavi limitrofi. Il gruppo di lavoro tipo sarebbe dovuto essere quindi costituito da 40 minatori, 60 carpentieri, 20 addetti alla cernita, 30 trasportatori del minerale, 10 controllori delle operazioni di trasporto, 10 addetti agli animali, 10 supervisori, per un totale di 180 uomini.

È stato calcolato che un tale gruppo avrebbe potuto scavare giornalmente un filone di 4,2 m^3, per un totale di 12,6 tonnellate di minerale utile misto a ganga. Tenendo conto della concentrazione di rame nei minerali cupriferi del Mitterberg si sarebbero così, in definitiva, estratti 315 kg di metallo grezzo al giorno, con il risultato, quindi, di 1,75 kg di rame per ogni lavoratore. È impressionante la quantità di legname richiesto quotidianamente, calcolato sulla base di 20 m^3, il che spiega il grosso vantaggio che presentava l'apertura di miniere in zone boscose ([27]).

Sebbene un primo lavoro di cernita venisse verosimilmente svolto anche all'interno della miniera, questo doveva essere per lo più effettuato all'esterno, nelle immediate vicinanze dell'ingresso alle gallerie, come dimostrano i notevoli cumuli delle discariche preistoriche rinvenuti nelle aree minerarie tirolesi ([28]). Il minerale veniva frantumato mediante mazze sia metalliche che litiche; veniva poi ulteriormente triturato con l'ausilio di macine e pestelli ([29]), strumenti che sono stati rinvenuti in numerose regioni europee all'interno e nei pressi immediati di miniere, come in Sardegna, in Tirolo, in Andalusia.

Il minerale veniva quindi separato dai resti della matrice tramite setacciatura in acqua, sfruttando il diverso peso specifico dei due componenti, così da ricavare un metallo sufficientemente depurato per i successivi processi fusori.

Molti di questi procedimenti sino ad ora descritti, e che sono attestati, come si è detto, nelle miniere preistoriche alpine, che ne hanno restituito sino ad ora la migliore documentazione, si sono conservati nell'Europa centrale per molti secoli, talora sino all'avvento della rivoluzione industriale.

In alcune xilografie pubblicate nella metà del XVI secolo da Sebastian Münster, nel capitolo relativo alle tecnologie allora in uso nella coltivazione dei giacimenti minerari in Germania, sono riprodotte infatti alcune di queste operazioni (fig. 49) ([30]). È interessante osservare come il compito della cernita venisse eseguito da personale femminile; il lavoro nell'area mineraria quindi, non solo non veniva svolto da soli uomini, ma la donna rivestiva ruoli e compiti ben precisi nell'ambito degli stessi processi di produzione. È assai verosimile che una analoga distribuzione delle mansioni potesse realizzarsi anche in età protostorica, coinvolgendo quindi una porzione consistente della comunità, e non solo parte della frazione maschile di questa.

Diodoro Siculo fornisce un'accurata descrizione della struttura operativa e dei sistemi di sfruttamento in uso nelle antiche coltivazioni ([31]). Il brano in cui narra delle miniere d'oro egizie costituisce una fonte di indicazioni assai signi-

Liber III. 435

Hic lauatur metallũ, agitatq́; palis furcatis, unde et germanice lotores illi uocantur Kruckenwescher.

Hic per cribra agitatũ metallũ, lauaturq́; tertio, & uocātur Germanice lotores isti Sypwescher.

Hic secernunt mulieres seligũtq́; metallum antea malleo fractum & toties lotum. Germani uocãt eiusmodi laborẽ ertzklauben.

Hic

Fig. 49. Operazioni manuali di cernita ed arricchimento operate all'esterno di una miniera nella Germania rinascimentale, da Munster.

ficative sui lavori minerari in genere, come quella relativa ad un'organizzazione basata, oltre che sul sesso, sulle classi di età. Benché sia necessario tener conto del carattere punitivo, e quindi fortemente coattivo che caratterizzava nell'Egitto faraonico queste coltivazioni, veri e propri lavori forzati, tuttavia il quadro generale che emerge doveva trovare una certa rispondenza anche negli sfruttamenti di minerali metallici dell'Europa protostorica.

Diodoro racconta che i minatori frantumavano preliminarmente la roccia più dura col fuoco, mentre quella meno resistente veniva direttamente attaccata con le mazze. Degli esperti soprintendevano ai lavori, selezionando la roccia metallifera ed indicandola agli uomini addetti allo scavo; i cunicoli quindi venivano realizzati seguendo accuratamente i filoni. Il compito di raccogliere i pezzi del minerale era affidato a fanciulli non ancora adolescenti che, infilandosi nelle strette gallerie, li portavano fuori, all'entrata dei pozzi. I pezzi venivano qui presi in consegna da uomini di età intorno alla trentina, che li pestavano in mortai fino a ridurli a piccole dimensioni. Successivamente donne ed anziani macinavano i frammenti, polverizzandoli. Infine degli operai specializzati, ricevuta questa fine sabbia, la setacciavano, strofinandola ripetutamente su di un'asse lievemente inclinata, versando acqua contemporaneamente, fino a che restava solo la polvere di metallo pura.

Il metallo infatti, a causa del maggior peso specifico, restava sul legno, mentre la ganga era trascinata via. Il prodotto veniva quindi fuso in lingotti.

Nel contesto preistorico europeo si può ipotizzare l'esistenza di gruppi di minatori, operanti in un rapporto di continuo interscambio con le comunità agricole; si può parimenti anche postulare che comunità residenti nei pressi di filoni coltivabili ne praticassero lo sfruttamento impiegando o una parte della loro popolazione, o anche la totalità, mediante un'attività stagionale effettuata verosimilmente durante l'inverno, quando il lavoro dei campi era sospeso.

Connesso con lo sfruttamento delle risorse minerarie è il problema, non secondario, costituito dai metodi usati dagli antichi prospettori per identificare le aree di interesse estrattivo.

Senza dubbio le macchie di colore formate dagli affioramenti delle vene metallifere sulla roccia base dovevano rappresentare un indizio fondamentale. È però anche assai verosimile che, specialmente in terreni ricchi di vegetazione, individui forniti di particolare esperienza fossero in grado di rilevare le modifiche riscontrabili in genere nella flora locale in presenza di giacimenti di minerali metallici.

Infatti in tali zone si può talora osservare, oltre ad alterazioni nella normale pigmentazione del fogliame, anche la crescita di piante particolari, dovuta alla diversa tolleranza ai metalli che presentano alcune specie vegetali rispetto ad altre.

A tale proposito è interessante ricordare come, nella seconda metà del XV secolo, secondo la narrazione scritta dal pontefice allora regnante, Pio II Piccolomini ([32]), Giovanni di Castro avrebbe individuato i giacimenti di alunite (un solfato di alluminio e potassio) della Tolfa osservando come in quei luoghi crescessero speciali piante, tipiche delle zone alluminifere; tali piante secondo alcuni sarebbero state costituite da agrifogli ([33]) (tav. II: 2).

Talora venivano anche effettuati veri e propri sondaggi in terreni superficialmente sterili, ma che presentavano caratteristiche tali da far presagire la presenza, al di sotto, di giacimenti minerari. Abbiamo esempi di questo in Grecia ed in Spagna ([34]) dove, a scopo di prospezione, sono stati scavati pozzi attraverso strati di materiali privi di interesse estrattivo, per raggiungere giacimenti di piombo o di rame. Un caso particolarmente significativo di questo sistema di ricerca è costituito dalle numerose escavazioni — circa 300 — condotte al Cabezo de los Palos (Huelva) perforando rocce sterili, senza però che nessuna di esse riuscisse a raggiungere le mineralizzazioni desiderate; è evidente che un tale lavoro non sarebbe stato intrapreso casualmente ([35]).

Va rilevato, peraltro, come ancora oggi, nonostante le raffinate tecniche moderne, vengano talora condotti numerosi sondaggi prima di incontrare delle vene sfruttabili.

NOTE

1) Legno, anche carbonizzato, torba ed ossa sono i materiali principalmente utilizzati nelle indagini radiocarboniche effettuate in contesto archeominerario: su questa problematica, cfr. Ambers 1990, pp. 59-62.
2) Weisgerber 1982, pp. 26-27, tavv. V:1-2, VI:1-2.
3) Shepherd 1980, p. 182; sul rinvenimento di strumenti in bronzo all'interno della miniera di Great Orme's Head, nel Galles settentrionale, cfr. Lewis 1990 a, p. 7.
4) Bromehead 1966, pp. 567-572, fig. 374.
5) Jovanović 1980, pp. 126-129, fig. a p. 132. Sulle indagini archeometriche — tra le quali lo studio del rapporto isotopico del piombo — condotte su minerali di Rudna Glava e su reperti dell'eneolitico antico della Serbia orientale, cfr. Pernicka et alii 1993, pp. 33, 37, fig. 6; Jovanović 1993, pp. 55-57.
6) Pittioni 1951, pp. 21-27.
7) Cfr. Timberlake 1990 a, p. 49. Prove sperimentali condotte nel sito gallese di Great Orme hanno dimostrato come un fuoco alimentato con 161 kg di legna/carbone, della durata di un'ora, abbia prodotto la rimozione di 254,5 kg di roccia (fra schegge distaccatesi sia spontaneamente che manualmente), con un rapporto fra combustibile e roccia frammentata di 1:1,5 (Lewis 1990 b, pp. 55-56, tab. 1).
8) Geremia 23, 29.
9) Diodoro III, 12, 4; *Nat. Hist.* XXXIII: 71.
10) Agricola 1556, pp. 79-81, fig. a p. 80.
11) In età medievale si hanno indicazioni dell'impiego del fuoco per scavi minerari sia in Sardegna che in Germania. Le più tarde attestazioni in Europa di tale tecnica datano alla seconda metà del secolo scorso, e sono localizzate in Norvegia, Germania ed Ungheria; queste regioni dispongono di abbondante legname ed hanno mineralizzazioni spesso incassate in rocce di considerevole durezza: cfr. Timberlake 1990 a, pp. 49-50.
12) Timberlake 1990 a, p. 52.
13) Timberlake 1990 b, p. 53; Craddock 1993, p. 315.
14) Lewis 1990 b, p. 55.
15) Zschocke, Preuschen 1932, pp. 26-33, tavv. Ia, Ib; Pittioni 1951, pp. 22-24.
16) Shepherd 1980, pp. 178-181.
17) Bromehead 1966, p. 575.
18) Pittioni 1951, tav. IV: 6.
19) Rothenberg, Blanco-Freijeiro 1980, pp. 51-52.
20) Le differenze morfologiche riscontrate nelle teste di mazza scanalate da minatore inglesi e gallesi hanno indotto J. Pickin a distinguere sei classi: cfr. Pickin 1990, pp. 39-42, fig. 2.
21) Craddock 1990, p. 58, figg. 1-3.
22) Craddock 1993, p. 317, figg. 12; Craddock 1990, p. 58.
23) Jovanović 1980, p. 129.
24) Bromehead 1966, p. 575.
25) Morton 1938, pp. 157-166, figg. 2-7.
26) Zschocke, Preuschen 1932, pp. 61-72, tab. 3, tav. II b: 4.
27) Zschocke, Preuschen 1932, p. 67.
28) Pittioni 1951, p. 26.
29) Strumenti sia in pietra (pestelli) che in bronzo (martelli) furono rinvenuti nelle miniere austriache, rispettivamente a Mitterberg ed a Kelchalpe (Pittioni 1951, tav. IV, 2, 4-5, 9).
30) Münster 1552, pp. 434-435.
31) Diodoro III, 12-14.
32) *Commentarii*, VII: 12
33) All'agrifoglio fa esplicito riferimento un manoscritto ufficiale illustrato del XVII secolo relativo alla scoperta dell'allume della Tolfa, depositato negli archivi dello Stato pontificio ed ora nell'Archivio di Stato di Roma (Disegni e mappe, ord. 211, cart. 122).
34) In Macedonia, alle miniere di Monte Pangeo e di Cassandra, sono stati rinvenuti antichi pozzi scavati attraverso rocce di natura cristallina (Sagui 1930, p. 70); analogamente, nella provincia di Huelva, nelle miniere di Rio Tinto, era stato perforato il cappellaccio ferroso che copriva i giacimenti cupro-piombiferi (Luzon 1970, p. 225).
35) Ramin 1977, pp. 50-51.

ITALIA CONTINENTALE: L'AREA CENTRALE TIRRENICA

Lazio

Il Lazio, ed in particolare la sua parte settentrionale, si presta particolarmente ad una indagine che tenda ad esaminare i rapporti esistenti fra le testimonianze archeologiche e la localizzazione dei giacimenti minerari, allo scopo di determinare le possibilità che tali risorse fossero oggetto di sfruttamento da parte delle comunità protostoriche. Si possiede infatti una conoscenza relativamente buona del territorio per quanto concerne la situazione insediamentale pre- protostorica, specie per alcune zone dell'Etruria meridionale come l'area tolfetano-cerite. Quest'area è stata oggetto di ricerche sistematiche specie negli ultimi anni, anche se va sottolineato che si tratta, nella quasi totalità dei casi, unicamente di raccolte di superficie, non connesse quindi con veri e propri scavi archeologici; in essa sono inoltre concentrate le principali manifestazioni metallifere dell'intera regione.

Attualmente i giacimenti non sono più oggetto di coltivazione, non essendo per le loro caratteristiche economicamente vantaggiosi ai fini di una estrazione intensiva di tipo moderno. Essi sono stati tuttavia sfruttati per molti secoli, come dimostrano gli imponenti lavori di cava che caratterizzano tutt'ora il paesaggio di questi luoghi ([1]).

Come per altre aree, il perdurare delle attività estrattive per un così lungo periodo di tempo ha, verosimilmente, finito per obliterare o cancellare completamente le tracce di eventuali lavorazioni preistoriche.

Dal punto di vista giacimentologico le mineralizzazioni tolfetane sono state originate da una profonda azione idrotermale che nelle fasi finali del vulcanismo ha agito sulle ignimbriti riolitiche di età tardo-pliocenica, affioranti ancor oggi nelle zone più alte della Tolfa ([2]), portando alla formazione di filoni alunitici e di manifestazioni ferrifere, cuprifere e piombifere.

I minerali ferrosi sono diffusi sotto varie forme, pirite, marcasite, ematite, limonite; loro concentrazioni sono state segnalate in numerose aree, ma i depositi più considerevoli sono quelli di Pian Ceraso, della Roccaccia, dell'Edificio del Ferro ([3]).

I solfuri, quali la pirite e la marcasite, non si prestano a processi metallurgici per la produzione del ferro; di norma tuttavia, in quelle stesse località in cui essi si rinvengono, la parte superiore del giacimento (il cosiddetto "cappellaccio" o cappello di ossidazione) è costituita da ossidi ferrosi (limonite). Questi livelli superficiali di ossidazione, che al giorno d'oggi per le esigenze industriali non posseggono alcun interesse estrattivo, potevano invece essere assai importanti per le comunità protostoriche ([4]).

Le ricerche effettuate in passato da F. Millosevich registrarono l'alto tenore di ferro riscontrabile nei banchi limonitici della Tolfa. In special modo nel banco di limonite di Pian Ceraso fu rilevata una percentuale di ferro variabile fra il 47 % ed il 56 % ([5]). Affioramenti limonitici vi sono pure a Canale Monterano e nell'area cerite, accompagnati a pirite e marcasite.

Quanto ai minerali di rame, sono stati osservati nel massiccio della Tolfa sia solfuri (calcopirite, bornite), che ossidi (malachite, azzurrite), di norma associati fra loro, ma con assoluta prevalenza dei primi. Fra le località di rinvenimento vanno citate particolarmente La Roccaccia, il Fosso delle Cave, I Pozzi, Poggio Ombricolo ([6]).

Negli stessi punti, pure in associazione, è attestata la galena, segnalata anche alla Cava del Piombo ed alla Cava Grande; il minerale è stato oggetto di antiche lavorazioni ([7]).

Geneticamente connesse con quelle metallifere sono, nel settore sud-occidentale dei Monti della Tolfa, le manifestazioni alunitiche, cosicché si ha presenza di alunite insieme a minerali metallici e viceversa.

Vari autori hanno sottolineato l'interesse che rivestiva, in età protostorica, l'alunite ([8]), che qui si rinviene in filoni di notevole estensione e purezza. È questo uno dei principali depositi europei del minerale, tanto che la sua esportazione ha costituito per secoli una delle principali entrate economiche dello Stato Pontificio ([9]). È stato calcolato che, dal momento in cui, nel 1462, Giovanni Di Castro scoprì le mineralizzazioni alunitiche tolfetane, fino ai giorni nostri, ne siano state estratte oltre 18 milioni di tonnellate; si ritiene che la ricchezza dei giacimenti sia ancora oggi di decine di milioni di tonnellate ([10]).

L'importanza dell'alunite risiede nel fatto che da essa si ricava, mediante arrostimento seguito da bollitura in acqua, l'allume, sostanza base per molte lavorazioni: è infatti indispensabile nell'ambito dei processi tintori, per dare il mordente ai tessuti, e nella concia delle pelli, di cui impedisce l'indurimento e la putrefazione; trova anche impiego nella farmacopea, per le sue proprietà astringenti, emostatiche e caustiche ([11]).

Va inoltre ricordato come una delle caratteristiche dell'allume sia quella di rendere incombustibile il legno, proprietà questa assai utile nella fabbricazione di strumenti da guerra o di palizzate difensive ([12]).

Nel territorio si rinvengono inoltre alcuni minerali utilizzabili come pigmenti, quali il realgar e l'orpimento, presenti nelle trachiti di Sasso di Furbara ([13]), la limonite e la malachite, già ricordate, che potevano anche venire usate per ricavarne, rispettivamente, coloranti gialli e verdi. Il rosso poteva essere fornito dal cinabro, frequente nei pressi di Allumiere ([14]). Bruni e neri sono infine ottenibili dagli ossidi di manganese della zona di Pian Sultano ([15]).

Dall'esame delle carte di distribuzione dei rinvenimenti archeologici dell'area tolfetano-cerite ([16]) si può osservare come già dal Bronzo recente una particolare preferenza sembri venire accordata a quelle località che, a posizioni naturalmente difese, univano anche potenzialità dal punto di vista estrattivo (fig. 51). Che tale area rivestisse un interesse del tutto speciale, a partire almeno da questo momento, è peraltro suggerito anche dalla concentrazione, qui,

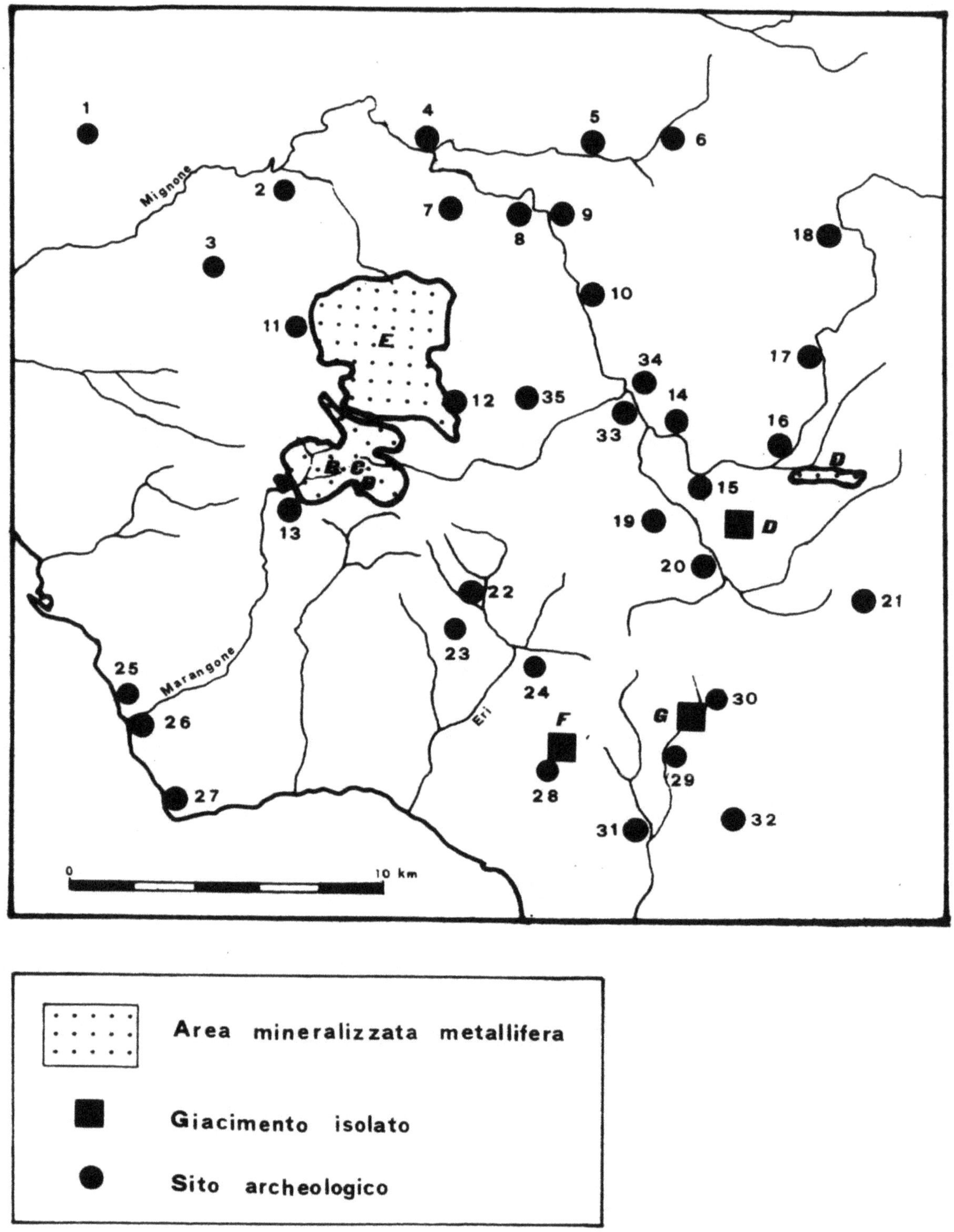

Fig. 50. Siti archeologici e località d'interesse minerario nell'area Tolfetano - Cerite durante il Bronzo medio.
B: Pb, Ag; *C*: Cu; *D*: Fe; *E*: alunite; *F*: Mn; *G*: realgar.
1: Pisciarello; 2: Bufalareccia; 3: Uliveto di Cencelle; 4: Luni sul Mignone; 5: S. Giovenale; 6: La Banditella; 7: La Cerreta; 8: Lampregnana; 9: Castellina delle Pampanare; 10: Pontone Cavaliere; 11: Monte Rovello; 12: Tolfa; 13: Codata delle Macine; 14: Castellina del Cerasolo - Poggio Capecchio; 15: Pian Mozzela - Piana di Stigliano; 16: Gatta Pelosa; 17: Pontone della Bandita; 18: Valle Campane; 19: Monte Radicata; 20: Riserva Capannone; 21: La Caldara; 22: Le Tufarelle; 23: La Cicugnola; 24: Monte Pozzo di Ferro; 25: Foce Fosso Malpasso; 26: Foce Torrente Marangone; 27: Torre Chiaruccia; 28: Pian Sultano; 29: Monte Sassone; 30: Monte delle Fate; 31: Monte Bischero; 32: Monte Tosto; 33: Rota; 34: San Pietrino; 35: Cesone.

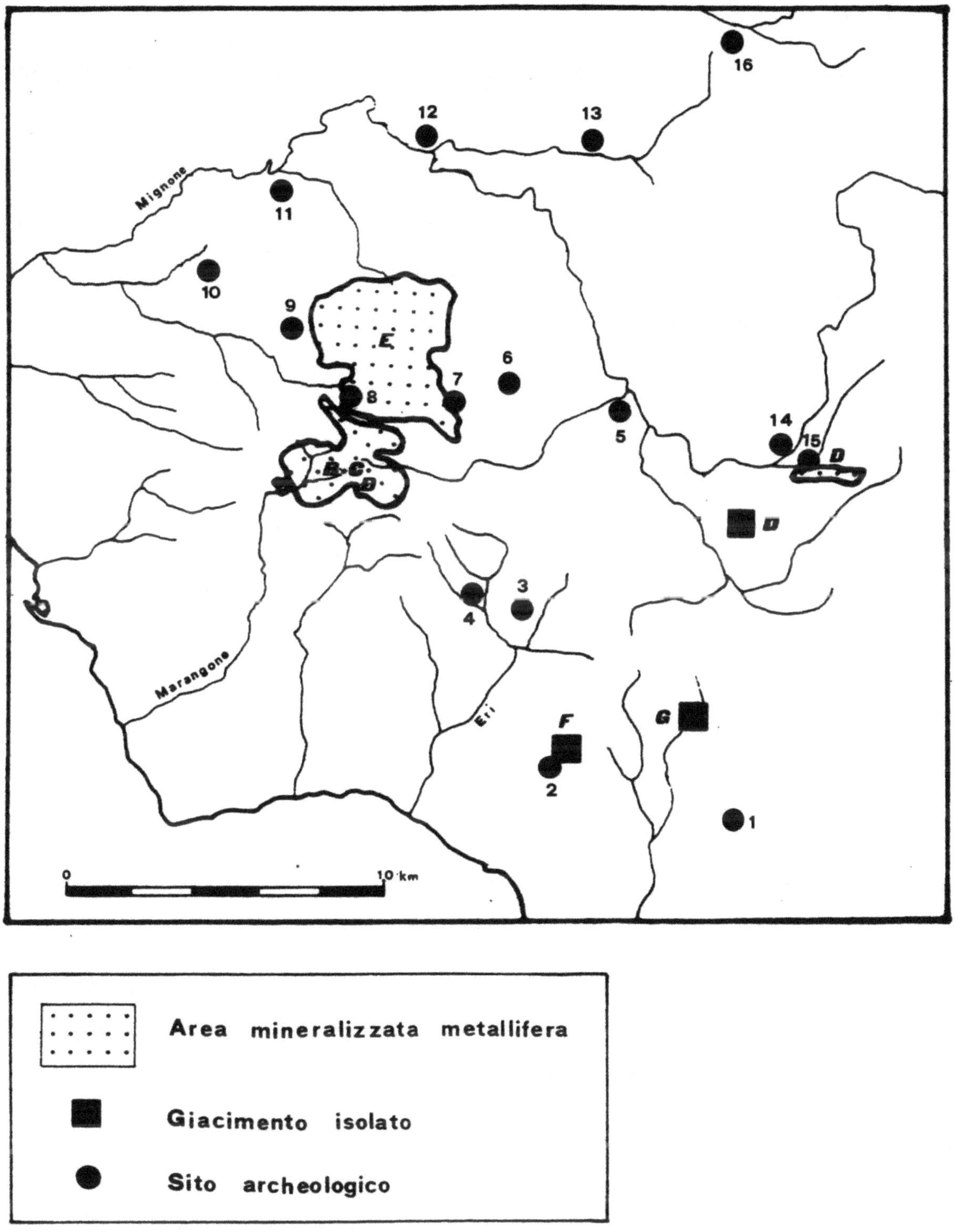

Fig. 51. Siti archeologici e località d'interesse minerario nell'area Tolfetano - Cerite durante il Bronzo recente.
B: Pb, Ag; *C*: Cu; *D*: Fe; *E*: alunite; *F*: Mn; *G*: realgar.
1: Monte Tosto; 2: Pian Sultano; 3: Scialatte di Monte Janne; 4: Le Tufarelle; 5: Rota; 6: Casaletto Mignanti; 7: Tolfa; 8: L'Elceto; 9: Monte Rovello; 10: Uliveto di Cencelle; 11: Bufalareccia; 12: Luni, Fornicchio; 13: S. Giovenale; 14: Gatta Pelosa; 15: Monterano; 16: Il Pontone.

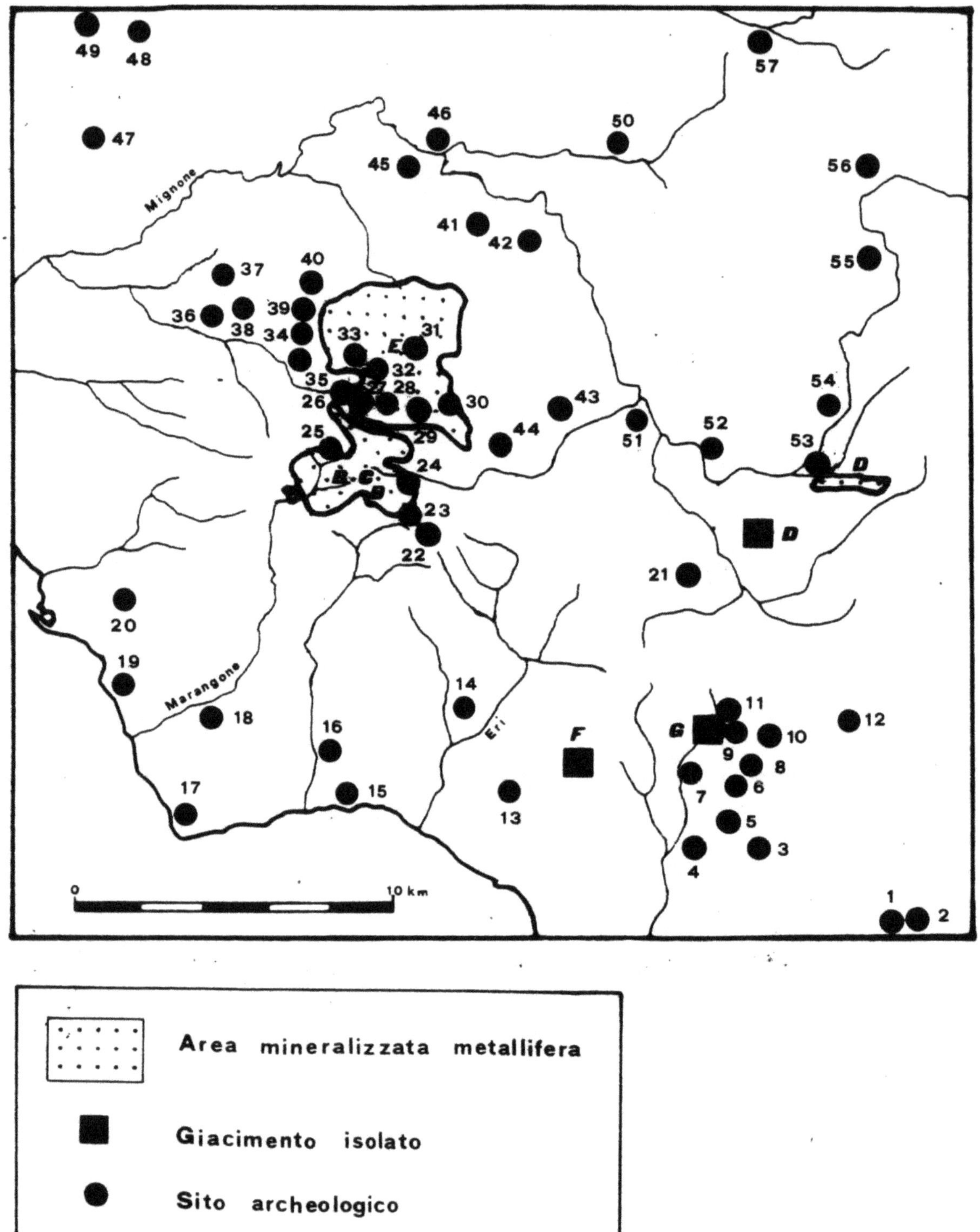

Fig. 52. Siti archeologici e località d'interesse minerario nell'area Tolfetano - Cerite durante il Bronzo finale.
B: Pb, Ag; *C*: Cu; *D*: Fe; *E*: alunite; *F*: Mn; *G*: realgar.
1: Sorbo; 2: Monte Abbadone; 3: Monte Tosto; 4: Montetosto Alto; 5: Puntone al Norcino, Puntone all'Oliveto; Monte della Ginestra; 6: Cerqueto; 7: La Muracciola; 8: Monte Santo; 9: Forchetta del Sasso; 10: Grottebarca; 11 Montorgano; 12: Monte Marino, Monte Paparano; 13: Caolino di S. Severa; 14: Poggio Finocchiara; 15: Selciata a mare; 16: Poggio Castelsecco; 17: Torre Chiaruccia (?); 18: Castellina del Marangone; 19: Malpasso (?); 20: Campanile di S. Giovanni; 21: Castellina delle Ciovitte; 22: Bandita Grande; 23: Monte Tolfaccia; 24: Granciare; 25: Poggio Ombricolo; 26: Pian del Pero; 27: Elceto; 28: Monte Urbano; 29: Gangalandi; 30: La Rocca di Tolfa; 31: Cave Vecchie; 32: Monte delle Grazie (?); 33: Miniera la Provvidenza - Trincere; 34: Monte Rovello; 35: Poggio la Pozza; 36: Monte Sassetto; 37: Uliveto di Cencelle; 38: Ripa della Fonte presso Ripa Maiale; 39: Forchetta di Palano; 40: Campaccio; 41: Costa Grande; 42: Coste del Marano; 43: Poggio della Capanna; 44: Pian della Conserva (?); 45: Fornicchio; 46: Luni sul Mignone; 47: Fontanile Trocche di Casalta al Pisciarello; 48: Poggio Selciatello di Sopra (?); 49: Castellina della Civita, Tarquinia; 50: S. Giovenale; 51: Rota; 52: Castellina del Cerasolo - Poggio Capecchio; 53: Gatta Pelosa, Monterano; 54: La Lega; 55: Torre d'Ischia; 56: Veiano; 57: San Giuliano, Il Pontone.

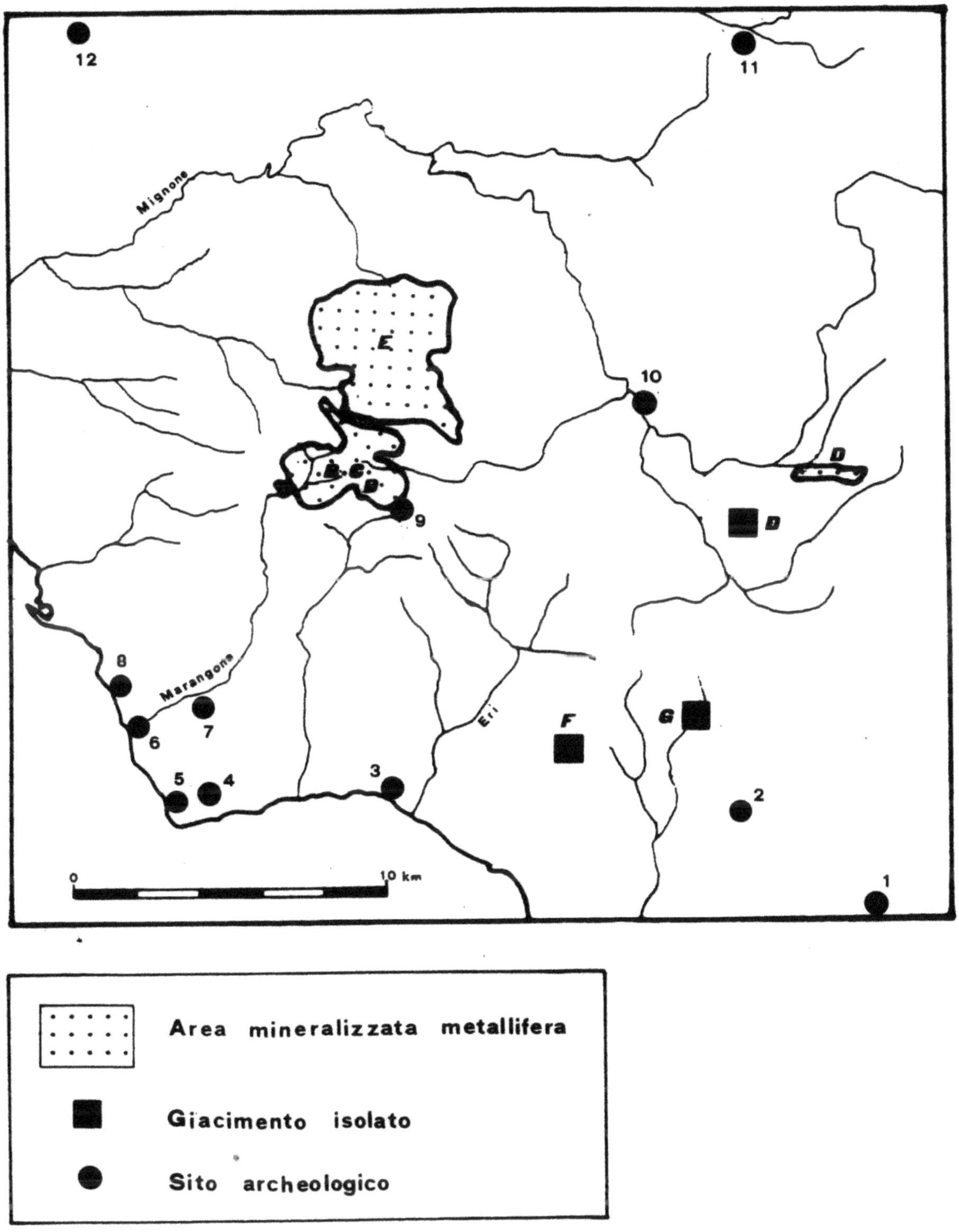

Fig. 53. Siti archeologici e località d'interesse minerario nell'area Tolfetano - Cerite durante la prima età del ferro.
B: Pb, Ag; *C*: Cu; *D*: Fe; *E*: alunite; *F*: Mn; *G*: realgar.
1: Cerveteri; 2: Monte Tosto; 3: Quartaccia a mare; 4: Santa Marinella - Puntone del Castrato; 5: Torre Chiaruccia; 6: Foce del Torrente Marangone; 7: Castellina del Marangone; 8: Foce del Fosso Malpasso; 9: Monte Tolfaccia; 10: Riva del Mignone, S. Pietrino - Rota; 11: San Giuliano; 12: Tarquinia.

degli unici frammenti ceramici di importazione egea del Lazio, sette in tutto, provenienti da Luni sul Mignone, S. Giovenale e Monte Rovello ([17]). Nonostante l'oggettiva scarsità dei reperti ed il loro difficile inquadramento cronologico, essi paiono tuttavia indicare come proprio il massiccio Tolfetano costituisse un ambiente privilegiato negli scambi diretti o indiretti fra l'Italia tirrenica ed il mondo miceneo.

Si può notare, dal confronto con la situazione topografica della media età del bronzo (fig. 50), un diradarsi nel Bronzo recente degli insediamenti ed un loro accentrarsi in luoghi di interesse minerario.

Tale tendenza pare sempre più consolidarsi durante il Bronzo finale (fig. 52), in cui si rileva anzi un cospicuo incremento di attestazioni protostoriche in aree mineralizzate. In tale contesto va inquadrato il dato, già di per sé assai indicativo, costituito dalla presenza nell'ambito del territorio tolfetano-cerite di ben quattro dei cinque ripostigli di questa fase noti nell'Etruria meridionale, tre dei quali rinvenuti proprio sui Monti della Tolfa (Monte Rovello, Coste del Marano e Tolfa) e l'altro nelle immediate vicinanze (Santa Marinella). Residui di fusione del rame e pezzi di minerali ferrosi sono documentati inoltre nell'abitato protovillanoviano dell'Elceto ([18]), sito posto nel cuore del bacino minerario di Allumiere.

Esistono quindi consistenti indizi di uno sfruttamento delle risorse metallifere della Tolfa già a partire dalla tarda età del bronzo.

Come è già stato rilevato, in questa zona il rame si rinviene in netta prevalenza sotto forma di solfuri, soprattutto calcopirite e bornite. È quindi necessario ammettere che la tecnologia per lo sfruttamento dei solfuri cupriferi fosse nota ed utilizzata nell'Etruria meridionale già da questo momento cronologico, cosa peraltro assai verosimile anche sulla base di quanto noto, per lo stesso periodo, sulla metallurgia dell'Europa centrale ed occidentale.

Quanto al ferro, va osservato come nei pressi delle aree di affioramento, ed in particolare delle manifestazioni limonitiche tolfetane e di Canale Monterano, siano state individuate varie presenze protostoriche attribuibili al Bronzo finale. È quindi probabilmente da ipotizzare anche in Etruria meridionale uno sfruttamento precoce di questo metallo, incoraggiato dalle diffuse e facilmente accessibili risorse ferrifere ([19]). A favore di questa ipotesi militano, oltre ai già ricordati frammenti di minerale ferroso dall'Elceto, la scoperta effettuata da A. Klitsche de la Grange nel sepolcreto protovillanoviano di Forchetta di Palano, presso Allumiere, di un "dischetto ferreo" assai ossidato ([20]), nonché, probabilmente, i resti di un paio di minuti manufatti in ferro provenienti dai livelli di vita e di abbandono di una struttura abitativa protovillanoviana di S. Giovenale (Blera), il cosiddetto "*Building I*" ([21]).

Tale situazione mostra, peraltro, decise analogie con quanto noto dalla vicina Toscana, dove non mancano indizi di una precoce comparsa del ferro, come l'oggetto in questo metallo rinvenuto all'interno di una tomba ad incinerazione a Colognole, presso Livorno, databile all'ultimo orizzonte del Bronzo finale ([22]).

Nella prima età del ferro (fig. 53) assistiamo, nell'area dei Monti della Tolfa, alla scomparsa di tutte quelle presenze che avevano caratterizzato il periodo precedente, a seguito del fenomeno di concentrazione insediativa connesso con la formazione delle città etrusche di età storica. Si osserva tuttavia il fiorire di alcuni insediamenti nel tratto di costa compreso fra Civitavecchia e Santa Marinella.

L'attività estrattiva non deve comunque essere completamente cessata nel territorio tolfetano-cerite; un indizio di frequentazione ci è fornito dal rinvenimento sul Monte Tolfaccia di una fibula ad arco ingrossato, attribuibile per l'appunto a questo periodo cronologico ([23]).

Va inoltre osservato come nel vicino litorale civitavecchiese i siti costieri si distribuiscano presso la foce e nelle immediate vicinanze del torrente Marangone, che costituisce una naturale via di comunicazione fra il Mar Tirreno ed il massiccio Tolfetano, da cui nasce. È quindi verosimile mettere in relazione tali centri, ed in particolare quello di Castellina del Marangone (Santa Marinella), con traffici di minerali metallici provenienti dai monti limitrofi ([24])

Un interessante indizio di metallurgia protostorica è costituito dal recente rinvenimento effettuato a Tarquinia, lungo un terrazzo del Pian di Civita, nel corso di ricerche di superficie, di frammenti d'impasto, vaghi d'osso e resti di pasta vitrea blu associati con pezzi informi di bronzo fuso, una scoria ed ematite. Il complesso sembra databile, sulla base dei materiali, nell'ambito dell'età del ferro. Il minerale ferrifero, in frammenti di piccola pezzatura, non era stato sottoposto ad alcuna preparazione preventiva: poteva quindi essere destinato o all'impiego in processi siderurgici o, come scorificante, nella metallurgia del rame ([25]).

NOTE

1) L'importanza rivestita in passato dalle miniere del territorio tolfetano-cerite è, tra l'altro, indirettamente attestata dal ricorrere di toponimi collegati con l'attività estrattiva, come Monte Pozzo di Ferro, le Colline dell'Argento, Monte Ferrara.
2) de Michele 1974 2, p. 97; Parotto 1982, pp. 42-43.
3) Lotti 1900, pp. 11-12; Millosevich 1933, pp. 11-13; Del Caldo et alii 1973, p. 169
4) Giardino 1984, p. 132.
5) Millosevich 1933, pp. 11-12.
6) Carlini 1979, pp. 16-17; Stoppani, Curti 1982, pp. 216-217.
7) Millosevich 1933, pp. 13-14; Di Carlo et alii 1984, pp. 96-101. Nella metà del 1700 vennero aperte ben sei miniere per l'estrazione del piombo nella zona compresa fra Cibona e La Roccaccia, a sud di Allumiere, che rimasero in attività per circa un secolo. In esse per alcuni anni venne anche rinvenuto ed estratto l'argento.
8) Pugliese Carratelli 1962, pp. 6-10; Östemberg 1967, p. 252.
9) Di Carlo et alii 1984, pp. 28-39.
10) Lombardi, Mattias 1979, p. 166.
11) Forbes 1966, pp. 252, 265-266; Di Carlo et alii 1984, pp. 23-24.
12) de Michele 1974 2, p. 96.
13) Sella 1877, pp. 66-67; Stoppani, Curti 1982, pp. 220-221.
14) Camponeschi, Nolasco 1978, p. 136.
15) Del Caldo et alii 1973, p. 170.
16) Sull'ubicazione e la cronologia dei siti protostorici, con relativa bibliografia, cfr. Fugazzola Delpino 1976 a; Fugazzola Delpino 1976 b; Cardarelli 1979; Fugazzola Delpino 1979; di Gennaro 1979; Pacciarelli 1979; Cardarelli et alii 1980; Pacciarelli 1982; di Gennaro 1986; Fugazzola Delpino 1992.
17) Vagnetti 1981, p. 107, fig. B 80-86: per quanto concerne il loro inquadramento cronologico, dei cinque frammenti da Luni, uno non è databile, mentre due sono attribuiti al T.E. III B (?), ed uno, rispettivamente, al T.E. III A:2 - III B (?) ed al T.E. III B - III C (?); quello da San Giovenale al T.E. III C (?); quello da Monte Rovello al T.E. III B - III C (?).
18) Toti 1986, pp. 42-43, fig. 90; Delpino 1989-1990, p. 5, nota 10.
19) Una situazione per alcuni versi simile è riscontrabile, ad esempio, nel Carso triestino, area quest'ultima pure ricca di manifestazioni limonitiche. In tale regione sono attestate archeologicamente presenze di reperti in ferro già nel Bronzo finale, quali una spada di ferro proveniente dalla Grotta delle Mosche di San Canziano sul Timavo (Szombathy 1913, pp. 148-149, fig. 92), appartenente ad un tipo attribuibile ad un momento non molto avanzato della tarda età del bronzo, nonché alcuni oggetti dalle tombe della necropoli di S. Canziano sul Timavo, databili fra lo scorcio del Bronzo finale e l'inizio dell'età del ferro (Malizia 1990, p. 150).
20) Klitsche de la Grange 1891, p. 224.
21) Per la presenza, nei livelli da cui provengono i reperti in ferro (gli strati 3 e 2 della stanza principale del "*Building I*"), di alcuni materiali più tardi, sebbene scarsi, l'attribuzione al Bronzo finale dei pezzi in questione, benché assai verosimile, non può dirsi certa. Cfr. Berggren, Berggren 1981, pp. 16, 44, tav. 39: 58-59; cfr. anche Delpino 1989-1990, p. 5.
22) Delpino 1988, p. 50; Delpino 1989-1990, tab. a p. 9. Vanno inoltre segnalate le incrostazioni ferrose su materiali bronzei provenienti dai ripostigli di Gabbro e di S. Martino all'Elba, anch'essi attribuibili all'ultimo orizzonte del Bronzo finale; la rilevanza di queste testimonianze rende particolarmente necessarie specifiche indagini archeometriche e metallografiche, mirate allo studio di tali patine ed ai processi che hanno condotto alla loro formazione.
23) Toti 1976, tav. I: 14; Toti 1986, fig. 111.
24) Alla Castellina del Marangone sono state rinvenute alcune scorie, in condizioni di giacitura, però, non ben determinate: esse sembrerebbero associate a tagli con reperti della fase recente della prima età del ferro e di periodo orientalizzante: cfr. Toti 1967, pp. 62-74; Toti 1984, p. 73; Zifferero 1991, p. 218 e nota 31.
25) Zifferero 1991, pp. 215-216; Zifferero 1992, pp. 82-83, figg. 1-4.

Toscana

I vasti giacimenti metalliferi della Toscana sono stati oggetto di coltivazione dalla preistoria sino all'epoca attuale.

Assai sfruttati agli inizi del secolo, oggi le attività sono concentrate principalmente nelle miniere di Fenice Capanne (rame), Niccioleta, Boccheggiano-Campiano (pirite) e delle Alpi Apuane (ossidi di ferro e pirite) (1). Questo interesse ha prodotto un'ampia letteratura sulla giacimentologia e la metallogenesi della regione, che significativamente riflette l'evoluzione stessa del pensiero scientifico in questi campi, fino alle posizioni più recenti (2).

Nel presente studio sono stati presi in considerazione alcuni principali distretti minerari, anche in rapporto alla situazione dei dati disponibili sulle presenze protostoriche.

Sono stati quindi analizzati in dettaglio il bacino dell'Isola d'Elba, quello costituito dal promontorio di Piombino con le vicine Colline Metallifere e quello dell'Argentario e del corso del fiume Fiora.

Purtroppo, a differenza di quanto si può osservare nell'Etruria meridionale, ed in particolare nella zona dei Monti della Tolfa, per la quale si dispone di una discreta quantità di informazioni sulla dinamica insediamentale, nella Toscana questo genere di dati sono estremamente frammentari, talvolta casuali, essendo mancato sino ad oggi un piano sistematico di ricerche archeologiche protostoriche sul territorio.

Tale situazione non può non riflettersi su una ricerca che analizza e compara il rapporto fra la situazione archeologica dell'area e la dislocazione dei giacimenti minerari.

Nonostante questo, vi sono numerosi e consistenti indizi che indicano uno sfruttamento assai precoce, risalente all'eneolitico, delle risorse minerarie della regione, specialmente per quel che concerne i metalli (3).

Già nella metà del secolo scorso l'ingegnere minerario francese M.L. Simonin segnalava l'esistenza nell'allora territorio del Granducato di Toscana di numerose vestigia di antiche attività estrattive, rappresentate da pozzi, forni fusori, campi di scorie. Simonin definì come "etrusche" tali testimonianze, premettendo tuttavia di non essere in grado di fornirne una precisa attribuzione cronologica e riconoscendo ad esse una durata plurisecolare, rimontante a suo giudizio, talora, ad età protostorica (4).

Agli inizi del '900 G.A. Colini ricordava alcuni rinvenimenti di materiali preistorici effettuati all'interno di miniere: in quella di Montauto, presso Arezzo, fu recuperata un'accetta di rame, mentre in quella di Cugnano, presso Massa Marittima, una "formella", pure di rame (5).

Nella miniera di Cornacchino presso Castellazzara, sul Monte Amiata, inoltre, furono osservati, agli inizi del secolo, dei cunicoli che seguivano i filoni di cinabro, all'interno dei quali furono trovati degli oggetti litici, fra cui teste di mazza scanalate. Nella stessa miniera, come pure in quelle vicine di Corte Vecchia presso Santa Fiora e del Sele-Solforate, vennero anche rinvenuti alcuni picconi di corno di cervo, evidentemente connessi con l'estrazione del minerale (6).

Tracce di lavori minerari preistorici sono state segnalate, in passato, anche nelle miniere di Campiglia Marittima, di Monte Rombolo presso Grotta Lanzi, di Boccheggiano e di Montieri (7).

Purtroppo, nonostante l'interesse mostrato dagli studiosi, non è stata a tutt'oggi effettuata una indagine sistematica delle aree minerarie toscane volta alla specifica ricerca delle più antiche lavorazioni.

A - L'area dalla Nova all'Argentario e l'Isola del Giglio

Grazie alle ricerche condotte dall'Università di Milano nella zona delle sorgenti della Nova si dispone, per quel che riguarda il circondario del fiume Fiora, di una quantità di dati decisamente superiore a quella delle altre aree toscane (8).

Esaminando la carta di distribuzione relativa alle attestazioni attribuibili al Bronzo recente (fig. 54), si osserva come in tale momento gli insediamenti nella valle del Fiora siano localizzati lungo il corso del fiume e dei suoi affluenti.

È opportuno rilevare a questo proposito che il Fiora attraversa una regione ricca di risorse estrattive e ne costituisce una fondamentale via d'acqua: esso connette infatti il Mar Tirreno con l'importante area mineraria del Monte Amiata che possiede, oltre a vasti giacimenti di cinabro già sfruttati durante la preistoria, anche filoni di galena (S. Martino sul Fiora) e mineralizzazioni cuprifere (Roccalbegna, Monte Aquilaia, Abbadia S. Salvatore, Siele).

La mancanza di attestazioni relative a questo periodo al di fuori del bacino del Fiora è probabilmente da imputarsi all'assenza di ricerche sistematiche nella restante parte meridionale del Grossetano.

La situazione nel Bronzo finale (fig. 55) mostra, nella zona della Nova, un notevole incremento delle presenze archeologiche; va in particolare rilevata la vicinanza di alcuni siti a giacimenti minerari. In special modo vanno ricordati i rinvenimenti di Cavallini del Bufalo, nelle vicinanze degli unici filoni piombo-cupriferi del medio corso del Fiora, e di Le Bagnare, presso gli affioramenti di solfuri ed ossidi ferrosi di Montauto. Inoltre anche il ripostiglio di Piano di Tallone (9) è stato scoperto nei pressi di giacimenti ferriferi.

Assai significativa è l'evidenza fornita dall'insediamento di Scarceta (Manciano), dove, in un contesto del protovillanoviano iniziale, sono stati identificati resti di attività metallurgica. Qui infatti, all'interno della capanna XIII, sono stati rinvenuti un frammento di ugello fittile,

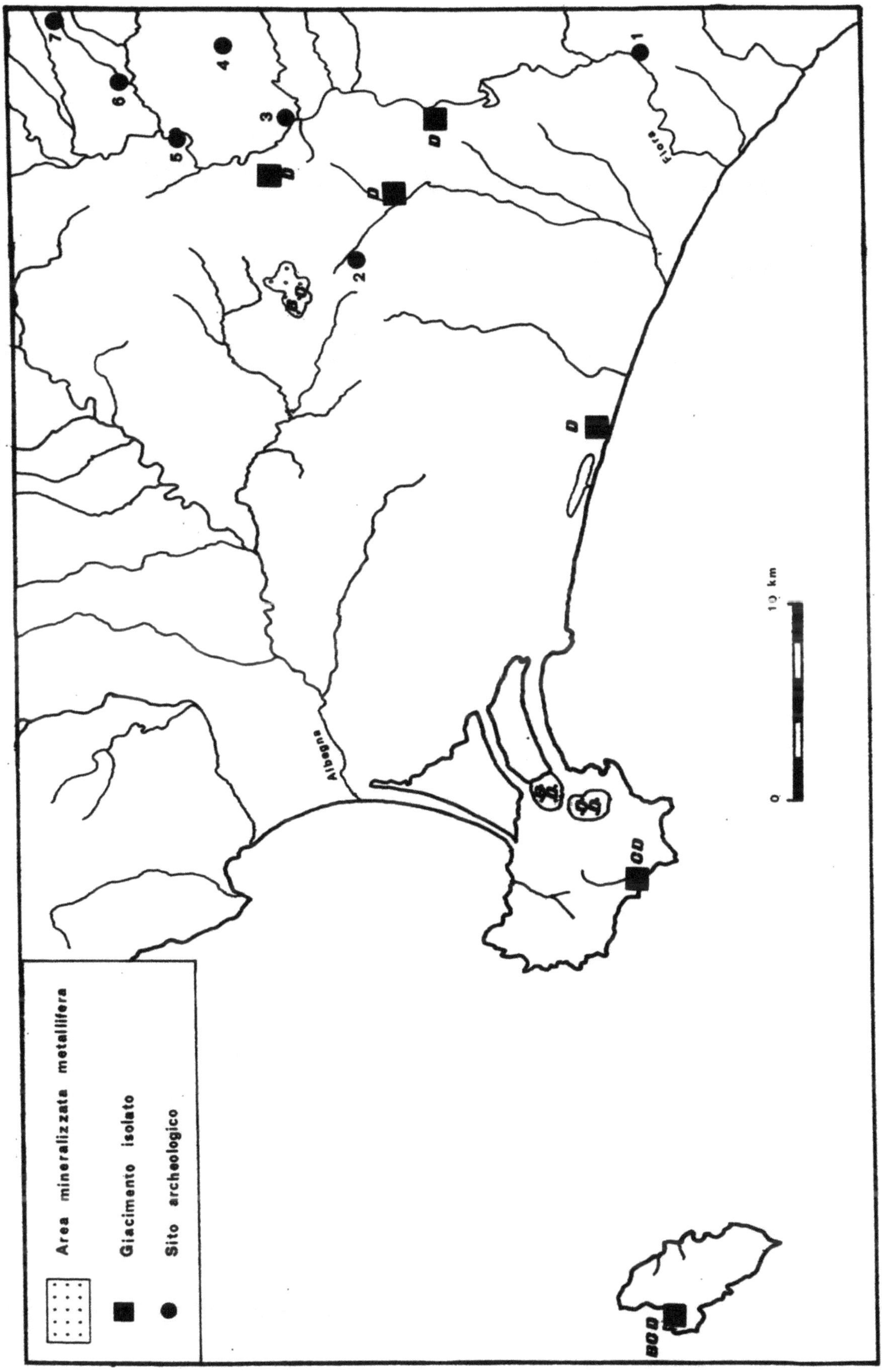

Fig. 54. Siti archeologici e località d'interesse minerario nell'area dalla Nova all'Argentario e nell'Isola del Giglio durante il Bronzo recente.
B: Pb, Ag; *C*: Cu; *D*: Fe.
1: Archi di Pontecchio; 2: Pietrisco Rosso; 3: Ponte S. Pietro - Valle; 4: Crostoletto di Lamone; 5: Scarceta; 6: Piano della Concezione; 7: Pitigliano.

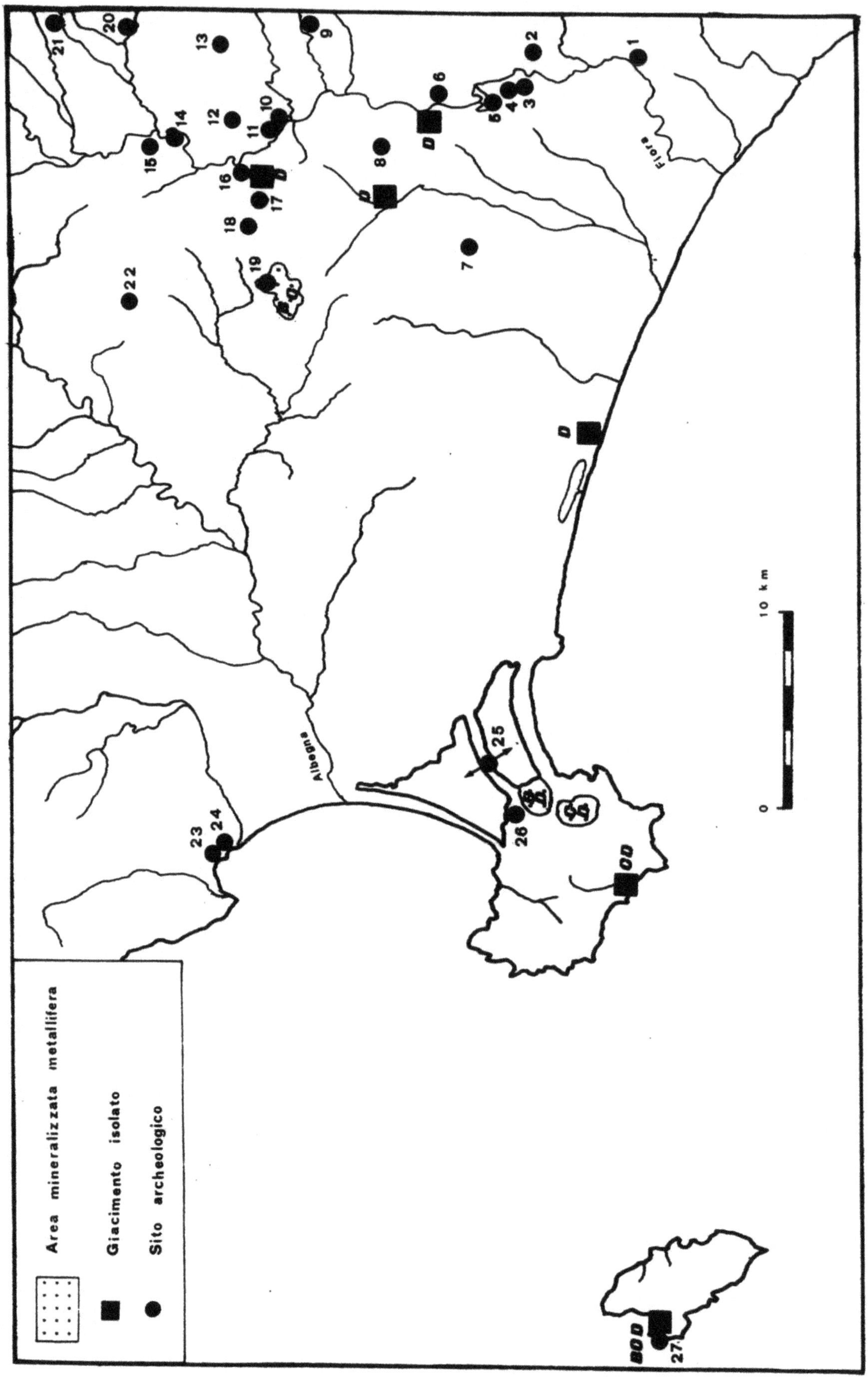

Fig. 55. Siti archeologici e località d'interesse minerario nell'area dalla Nova all'Argentario e nell'Isola del Giglio durante il Bronzo finale.
B: Pb, Ag; *C*: Cu; *D*: Fe.
1: Archi di Pontecchio; 2: Vulci - Necropoli orientale - Cuccumella; 3: Vulci - città; Vulci - Ponte Rotto; 4: Vulci - Osteria; 5: Vulci - Poggio Maremma; 6: Le Bagnare; 7: Sassi Neri; 8: Castel S. Angelo; 9: Punton di Villa - Pianoro sulla Paternale; 10: Ponte S. Pietro - Valle; 11: Pianizza; 12: Castelfranco Lamoncello; 13: Crostoletto di Lamone; 14: Insuglietti; 15: Poggio Buco; 16: Scarceta; 17: Piano di Tallone; 18: Poderi del Bufalo; 19: Cavallini del Bufalo; 20: Morranaccio; 21: Pitigliano; 22: "Tra Manciano e Samprugnano"; 23: Fonteblanda; 24: Colle di Talamonaccio; ; 25: Territorio di Orbetello; 26: Monte Argentario - La Tradita; 27: Campese.

scorie metalliche e nove forme di fusione, otto delle quali in arenaria ed una in terracotta. Nello stesso villaggio, ma dalla struttura ovale, sono segnalate tracce di lavorazione del ferro; qualora confermato da analisi, il dato sarebbe di notevole rilevanza, essendo anch'esse riferibili ad un orizzonte antico del protovillanoviano ([10]).

Nell'Argentario l'unica presenza attribuibile con certezza al Bronzo finale ([11]) si localizza di fronte all'istmo di Orbetello, in un'area di interesse strategico non lontana dalle due principali aree metallifere della penisoletta, nelle quali sono presenti solfuri misti di ferro associati nell'area più settentrionale a galena, ed in quella più meridionale a calcopirite. Ulteriori materiali provenienti dal territorio di Orbetello sono inoltre conservati nel locale museo civico, purtroppo, però, senza precise indicazioni di provenienza ([12]).

Un interesse del tutto particolare riveste il ripostiglio di Campese, nell'Isola del Giglio, inquadrato da G.L. Carancini nell'ambito terzo orizzonte dei ripostigli del Bronzo finale italiano ([13]). Tale ripostiglio venne alla luce, come descrive Bizzarri «nel corso dei lavori per l'estrazione della pirite nella miniera di proprietà della Società Mineraria Tirrena» ([14]). Va tuttavia rilevato come nella miniera di Campese, sfruttata industrialmente per l'estrazione di pirite, si rinvengano anche altri solfuri, quali la calcopirite e la galena.

L'età del ferro (fig. 56) vede un deciso rarefarsi delle presenze, coerentemente al nuovo assetto territoriale che caratterizza questa fase in Etruria ([15]).

Al posto degli insediamenti del Bronzo finale del Fiora vi è ora il centro villanoviano di Vulci, sorto in una posizione che consente, tra l'altro, di controllare l'importante via d'acqua; sull'Argentario questa fase è segnalata nei dintorni di Orbetello ([16]), anche qui in un punto nodale per i collegamenti con l'entroterra ([17]).

L'impossibilità di attribuire con precisione i materiali ceramici di età protostorica rinvenuti nella penisoletta e nelle vicine isole ([18]) costituisce un grosso ostacolo alla conoscenza del popolamento di quest'area e quindi dell'eventuale sfruttamento delle risorse naturali.

Va infine ricordato come eventuali indizi di attività metallurgiche pre-protostoriche nell'Isola del Giglio potrebbero essere rappresentati dalla presenza di scorie metalliche associate a frammenti d'impasto riscontrata in varie località nel corso delle ricognizioni compiute da R.C. Bronson e G. Uggeri ([19]).

B - L'Isola d'Elba

L'Isola d'Elba godeva, nell'antichità, di notevole fama per le sue miniere ferrifere; Diodoro Siculo ([20]) parlando dell'isola si sofferma infatti sulla grande quantità e sull'alto tenore del minerale di ferro scavato. È tuttavia opportuno richiamare l'attenzione su di un passo dello Pseudo-Aristotele, autore del II sec. d.C. ([21]), che afferma come nell'isola dapprima si fosse estratto esclusivamente rame, con cui venivano fabbricati gli oggetti, e solo in seguito, in un momento successivo, iniziasse l'estrazione del ferro. L'Elba possiede, infatti, giacimenti di minerali cupriferi e piombiferi oltre che ferrosi.

Dal punto di vista geologico l'isola è formata da una serie di placche di diversa natura e morfologia, scivolate l'una sull'altra.

Nella parte orientale un'intrusione granitica ha metamorfosato per contatto e mineralizzato i sovrastanti terreni, costituiti da rocce scistose del Paleozoico finale coperte da sedimenti parzialmente metamorfici del Trias e del Lias. Il risultato di tale processo è stata la formazione di skarn e di filoni metalliferi di particolare potenza e spessore ([22]). I minerali più diffusi, presenti un poco ovunque nei giacimenti elbani, sono costituiti da ematite e pirite in associazione. Nella zona di Rio Marina si rinvengono però anche minerali cupriferi, come calcopirite, calcocite e rame nativo, nonché di piombo, quali galena, cerussite e anglesite.

Non mancano inoltre altri minerali di ferro, come la limonite, la goethite, la magnetite, l'hedenbergite, la marcasite e l'ilvaite, che prende il nome proprio dall'Isola d'Elba.

Vasti giacimenti ferrosi associati con minerali cupriferi sono localizzati pure nell'area compresa fra Capo Ortano e Punta delle Cannelle, ed in quella fra Punta di Buzzancone e Punta dei Ripalti, nonché a Punta Calamita. In quest'ultima località sono attestati, oltre ai composti di rame già incontrati a Rio Marina, anche azzurrite, crisocolla, malachite, paratacamite; rame nativo, ossidi, carbonati e solfuri di rame provengono inoltre dalla zona di Santa Lucia, Colle Reciso e Monte Orello.

La parte centrale e quella occidentale dell'isola, geneticamente assai diverse da quella orientale, sono invece meno ricche di giacimenti. Vanno tuttavia ricordate le presenze di minerali cupriferi a Punta le Tombe ed a Punta Massellone.

Assai scarse sono le testimonianze attribuibili all'età del Bronzo finale e, peraltro, quelle di cui è nota la localizzazione sono lontane dai filoni metalliferi (fig. 57) ([23]). Va però rilevato come, pure in assenza di ricerche sistematiche, siano documentati ben due ripostigli attribuibili a questo orizzonte ([24]), che testimoniano la ricchezza e la disponibilità di metalli delle comunità elbane.

Un interesse particolare riveste il ripostiglio di S. Martino; in esso vari oggetti presentano una patina con incrostazioni di ossido di ferro, che, come sottolineato da F. Delpino, doveva essere assai più spessa nel secolo scorso, tanto da far descrivere, nell'inventario del Museo fiorentino di Preistoria dove sono conservati, alcuni frammenti di asce come "di ferro" ([25]). È questo un tipico caso in cui moderne indagini archeometallurgiche specificamente mirate sarebbero in gradi di fornire un sostanziale apporto alla problematica archeologica: le analisi potrebbero infatti chiarire la genesi delle patine sopra descritte, forse connessa con la presenza di qualche oggetto di ferro con cui i bronzi dovevano essere a contatto al momento della deposizione del ripostiglio, oggetto del quale, a causa di fenomeni di corrosione, sarebbero restate queste uniche tracce.

Ci si troverebbe quindi, in tal caso, di fronte ad una delle più antiche testimonianze dell'uso e, quindi, probabil-

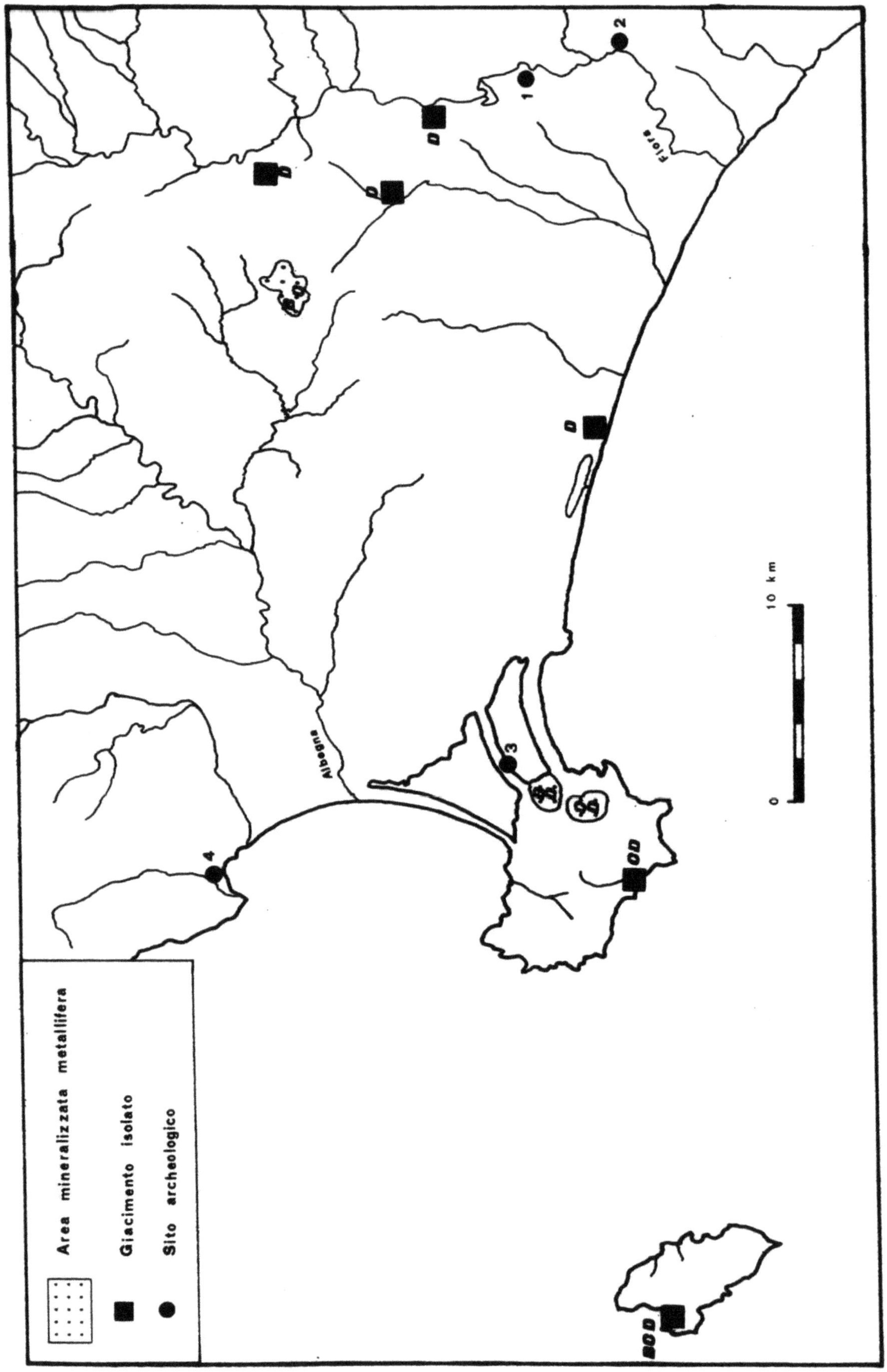

Fig. 56. Siti archeologici e località d'interesse minerario nell'area dalla Nova all'Argentario e nell'Isola del Giglio durante la prima età del ferro.
B: Pb, Ag; *C*: Cu; *D*: Fe.
1: Vulci (abitati e necropoli); 2: Tenuta di Campomorto; 3: Orbetello; 4: Talamone - S. Giuseppe.

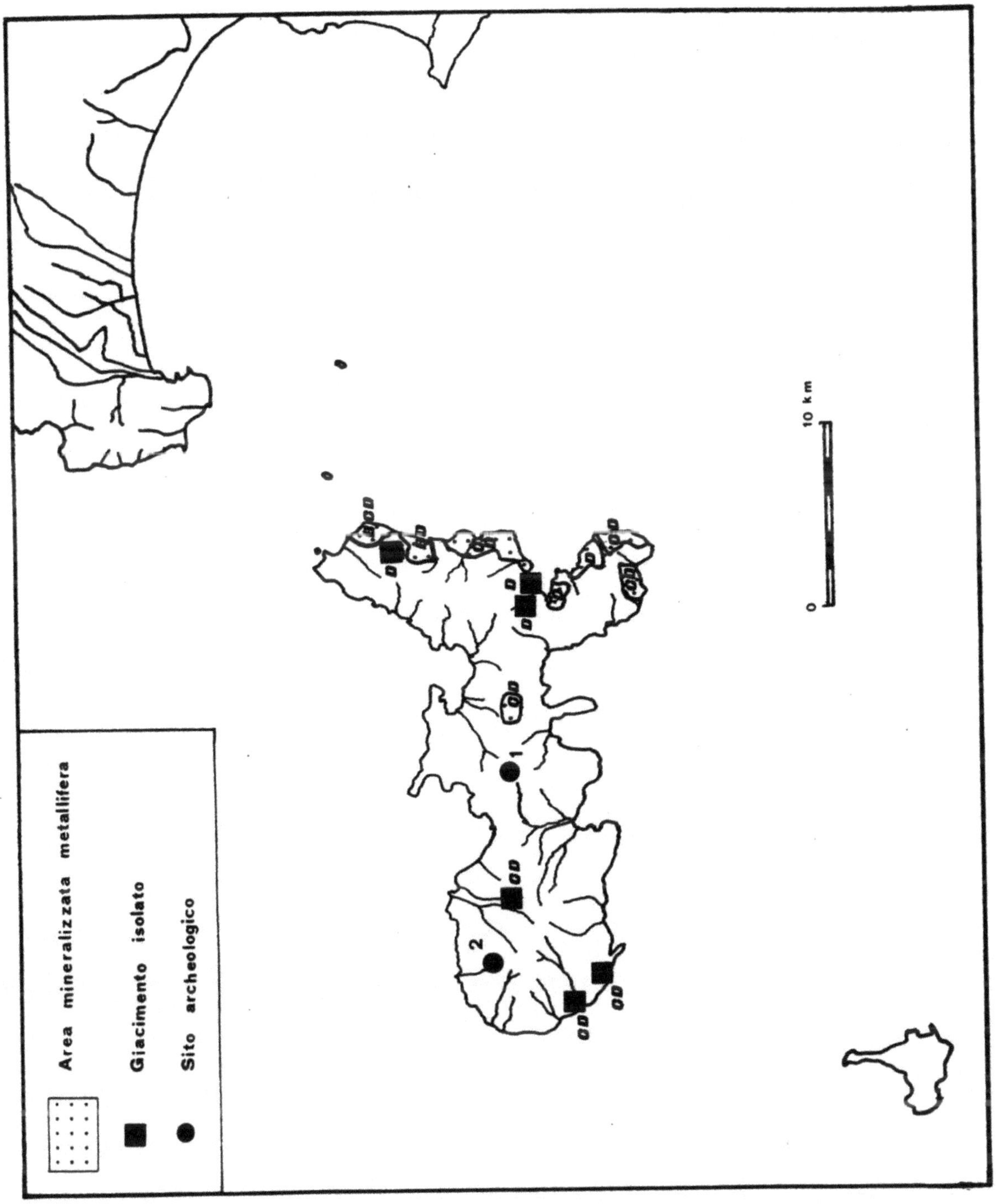

Fig. 57. Siti archeologici e località d'interesse minerario nell'Isola d'Elba durante il Bronzo finale.
B: Pb, Ag; *C*: Cu; *D*: Fe.
1: S. Martino; 2: Marciana.

mente, dell'estrazione del ferro in Etruria. È assai significativo che, come riscontrabile anche in altre aree geografiche, la precoce comparsa dell'uso del ferro si verifichi in zone ricche di questo minerale ([26]).

Anche per la prima età del ferro (fig. 58) le testimonianze archeologiche continuano ad essere estremamente scarse, verosimilmente a causa della già ricordata mancanza di ricerche volte alla loro individuazione. Va rilevata la presenza in questa fase di tre ripostigli; di essi uno è da ignota località (il cosiddetto "ripostiglio dell'Elba"), mentre mentre i restanti provengono da Chiessi-Valle Gneccarina, e da Colle Reciso ([27]), sito quest'ultimo posto nelle immediate vicinanze di vecchie cave cupro-ferrifere. A Colle Reciso, o forse nella vicina Santa Lucia, è stato inoltre rinvenuto, nel secolo scorso, un frammento di forma di fusione per asce in arenaria; negli stessi luoghi vennero alla luce resti di rame fuso e scorie ([28]).

Significativa è l'esistenza di sepolture di questo periodo a Punta Calamita ([29]), sito di notevole importanza per la ricchezza dei depositi di minerali ferriferi e cupriferi.

Pure in prossimità di affioramenti di rame è Pomonte, dove vennero recuperati vari manufatti bronzei ([30]).

È particolarmente interessante ricordare come un frammento di ematite rinvenuto nello Scarico Gosetti, un antico scarico secondario alle pendici orientali di Monte di Vico, sull'acropoli di Pitecusa, sia stato riconosciuto di provenienza elbana ([31]). Purtroppo tale frammento non è databile, giacché nello scarico erano presenti materiali — tra cui numerose scorie di fusione — attribuibili ad un vasto arco cronologico, dal medio Bronzo al II sec. a. C.; vi sono tuttavia dati certi di attività metallurgiche a Pitecusa almeno dalla fase recente della prima età del ferro ([32]). Il frammento di ematite sopra ricordato costituisce un indizio che il minerale lavorato ad Ischia provenisse, almeno in parte, dall'Elba; va incidentalmente rilevata l'assenza, in Campania, di giacimenti metalliferi. Che la volontà di creare un avamposto verso i centri minerari etruschi costituisse uno dei motivi che spinsero i Greci a fondare la colonia di Pitecusa è, del resto, un'opinione ribadita anche in tempi recenti da vari studiosi ([33]).

Traffici legati al commercio di minerali metallici fra l'Elba e l'area Flegrea sono ricordati in età romana da Diodoro Siculo ([34]), forse sopravvivenza di un'antica tradizione.

Il rinvenimento di ematite elbana a Pitecusa apre uno spiraglio su un importante problema, su come cioè venisse commerciato il metallo, se sotto forma di prodotto già raffinato, o piuttosto come minerale. La presenza di minerale grezzo e di abbondanti scorie di lavorazione a Pitecusa induce a ritenere che almeno una parte del minerale estratto venisse esportato senza lavorazioni preliminari.

Le fonti classiche, tra cui il già citato Diodoro Siculo ([35]), parlano comunque, almeno per la loro epoca, dell'esistenza di forni fusori nell'Isola d'Elba; peraltro lo stesso nome greco dell'Elba, "*Αἰθαλία*", è connesso con il termine "*αἰθάλη*", il cui significato, "fuliggine, favilla", è strettamente in rapporto con i processi metallurgici. Nel secolo scorso M.L. Simonin rilevava l'esistenza di scorie "etrusche" in più punti dell'isola: ferrose particolarmente verso Porto Longone, legate invece alla produzione del rame fra Porto Ferraio e Manciana, presso la riva ([36]).

Che parte dei minerali elbani venissero pure raffinati in epoca storica nella vicina Populonia, forse anche per una sopravvenuta carenza di combustibile nell'isola, è cosa ben nota.

C - Il promontorio di Piombino e le Colline Metallifere

Il promontorio di Piombino è geograficamente e storicamente strettamente connesso con la prospicente Isola d'Elba, di cui costituisce il naturale collegamento con la Penisola Italiana; il fiume Cornia ed i suoi affluenti lo pongono in diretta comunicazione con l'entroterra rappresentato dalle Colline Metallifere.

L'area nel suo insieme è di notevole interesse dal punto di vista giacimentologico: lo stesso nome dato dai romani alla città di Massa Marittima, Massa Metallorum, indica la ricchezza e la potenzialità estrattiva di quest'area. L'importanza del distretto minerario attorno a Massa ha suggerito, in passato, il nome di Catena Metallifera per designare questa zona.

Particolare rilievo rivestono, tra le altre, le aree di Gavorrano, Boccheggiano, Niccioleta, ben note per la potenza degli affioramenti, benché geologicamente diverse fra loro. Nella prima le masse di pirite si sono formate per il contatto fra graniti intrusivi e rocce triassiche; a Boccheggiano la grande faglia, sede di un filone cuprifero a ganga quarzifera, è legata ad attività intrusiva di età tardoterziaria; a Niccioleta infine gli ammassi piritosi sono localizzati sia in filladi triassiche che tra le filladi ed i sovrastanti calcari ([37]).

A tale diversa origine fa riscontro una differente distribuzione delle specie minerali, benché comuni a tutte le aree esaminate siano i solfuri di ferro, particolarmente la pirite.

A Gavorrano, tuttavia, è pure presente la galena, mentre a Niccioleta si rinvengono, invece, minerali di rame come calcopirite e malachite.

A Boccheggiano, come pure nei dintorni di Massa Marittima (ad esempio a Capanne Vecchie ed a Pesta del Campignone), si rinvengono invece mineralizzazioni a solfuri misti (pirite, galena, calcopirite), cui si aggiungono limonite ed azzurrite a Boccheggiano e limonite, azzurrite, cuprite, malachite e rame nativo nella zona di Massa.

Va ricordato che le galene estratte nelle Colline Metallifere presentano spesso un discreto contenuto di argento, tale da poter essere estratto ed isolato mediante coppellazione, processo questo ben noto già in tempi preistorici ([38]).

Assai diversa è la situazione nel Campigliese, a nord del promontorio di Piombino, ove l'area mineraria occupa le colline a settentrione ed a sud-ovest di Campiglia Marittima; qui le principali zone estrattive sono costituite da Monte Spinosa, Campo alle Buche, Botro ai Marmi, Monte Rombolo, Valle Lanzi e Valle del Temperino.

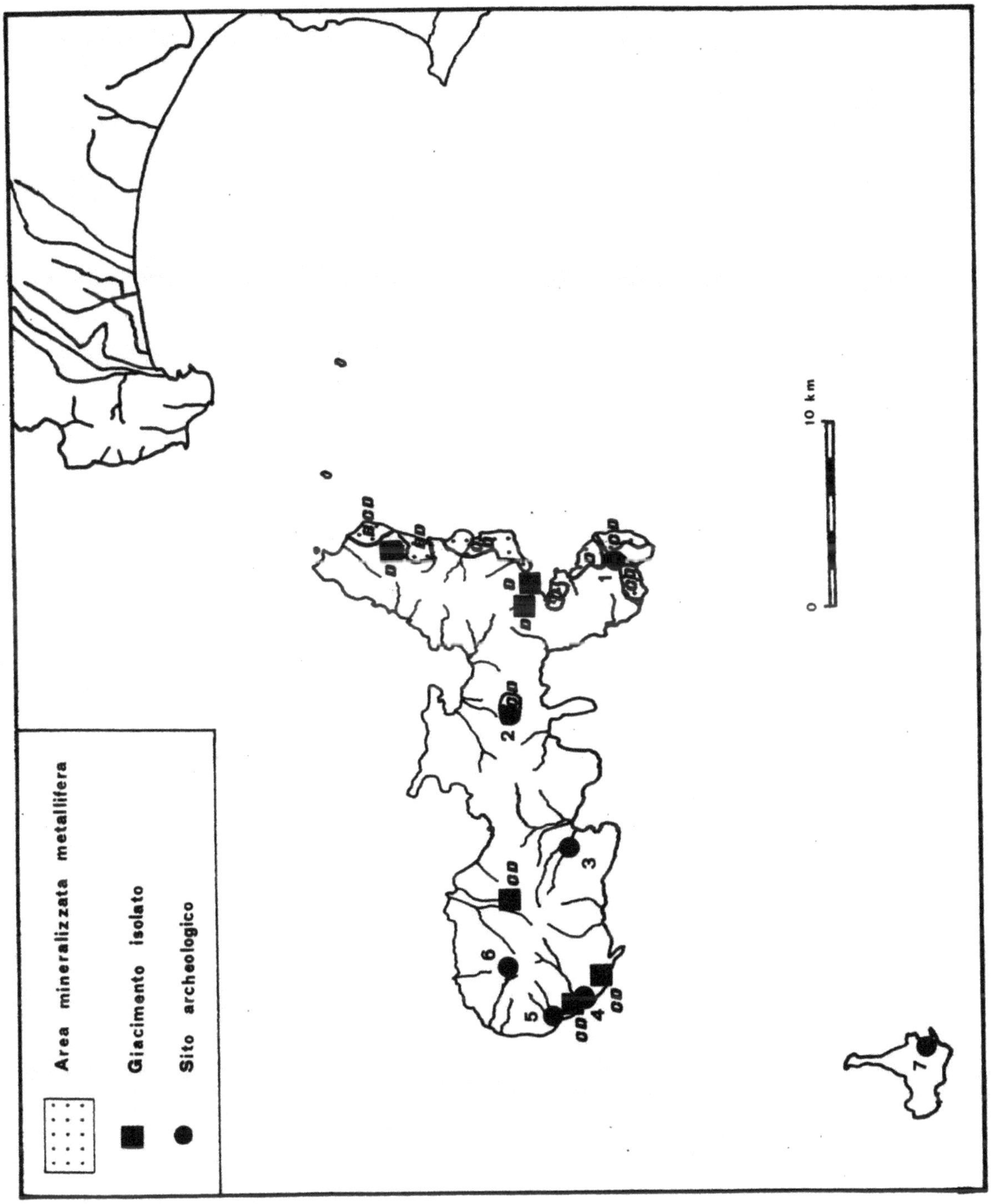

Fig. 58. Siti archeologici e località d'interesse minerario nell'Isola d'Elba durante la prima età del ferro.
B: Pb, Ag; *C*: Cu; *D*: Fe.
1: Monte Calamita; 2: Colle Reciso; 3: Montagna di Campo; 4: Pomonte; 5: Valle Gneccarina; 6: Monte Giove; 7: Pianosa (Cala S. Giovanni, Punta Secca ?).

La genesi delle mineralizzazioni è dovuta a fenomeni di termometamorfismo provocati da intrusioni granitiche nelle formazioni sedimentarie, calcari e argilloscisti, affioranti.

I minerali, che si trovano anche in grosse concentrazioni nelle masse silicatiche, sono costituiti da pirite, calcopirite, galena, arsenopirite, hedenbergite, ilvaite, magnetite, limonite, malachite, azzurrite, auricalcite, cerussite, anglesite, ematite e siderite.

Mineralizzazioni a stagno sono presenti nella zona di Campo alle Buche, alle Cento Camerelle, sul Monte Rombolo ed a Monte Valerio. La cassiterite, che rappresenta praticamente l'unica fonte utilizzabile di stagno, si rinviene nel Campigliese diffusa minutamente in granuli e piccole lenti nella massa del minerale di ferro, ematite e limonite. Il maggiore peso specifico del minerale ferrostannifero (peso specifico 6-7) in confronto a quello unicamente ferrifero (peso specifico 3-4) deve essere stato utilizzato dagli antichi minatori per effettuare la cernita ([39]).

Analisi condotte sulla cassiterite di Cento Camerelle hanno messo in rilievo la sua alta percentuale di stagno, che raggiunge talora anche il 72 % ([40]); l'elevato tenore medio, del 46 %, indusse sul finire del secolo scorso ad iniziarne lo sfruttamento nella miniera di Monte Fumacchio ([41]).

A Cento Camerelle, Calvina, Campo alle Buche e Monte Valerio i numerosi pozzi praticati seguivano con cura le vene di stagno ([42]). Non vi sono dati oggettivi che permettano di datare con certezza tali coltivazioni all'età antica ([43]), anche se la conformazione dei pozzetti, stretti e profondi, e la mancata conoscenza dei giacimenti di stagno anteriormente della loro casuale riscoperta avvenuta nel 1875 ([44]) sembrerebbero indurre ad ipotizzare che gli scavi non siano di epoca medioevale ([45]).

Purtroppo la ripresa dei lavori per l'estrazione dello stagno prima e l'impianto di cave di calcare poi hanno determinato che ai giorni nostri gran parte delle vecchie gallerie rilevate in passato siano andate distrutte ([46]).

Altre tracce di coltivazioni, spesso genericamente attribuite ad epoca etrusca, sono state osservate nel Massetano, in particolare a Serrabottini, Castel Borello, Speziala, Castellaccia, Poggio al Montone, Niccioleta, Cugnano, Rocche, Rocchette dei Pannocchieschi, Gerfalco ([47]). In quest'ultima località, in un'antica galleria, venne rinvenuto nel secolo scorso uno scalpello in rame ([48]), probabile indizio di coltivazioni preistoriche.

A fronte della ricchezza e varietà di giacimenti metalliferi di quest'area vi è, specie nelle Colline Metallifere, una sconcertante esiguità di tracce protostoriche attribuibili al Bronzo tardo ed alla prima età del ferro, causata, verosimilmente, dalla carenza di ricerche sistematiche, che solo in tempi recenti nuove indagini stanno iniziando a colmare ([49]).

A ciò va aggiunto che spesso la scarsità del materiale recuperato, talora generico e poco caratteristico, contribuisce a rendere molto difficile un preciso inquadramento cronologico dei siti, specie nell'ambito della tarda età del bronzo ([50]).

G. Bartoloni, in un'analisi dei complessi protostorici di quest'area, ha espresso la tendenza ad attribuire al Bronzo recente o ad un momento di transizione fra Bronzo recente e Bronzo finale quelle località ove siano assenti fogge sicuramente assegnabili al Bronzo finale, e siano invece attestati tipi comuni sia al subappenninico che al protovillanoviano, pur non escludendo tuttavia l'esistenza anche di materiali più tardi, trattandosi spesso di rinvenimenti di superficie ([51]).

Si osservi come da alcuni di questi siti provengano anche materiali tipicamente subappenninici, come le anse con sopraelevazione plastica ([52]). I complessi inquadrabili in questo orizzonte più antico si distribuiscono in netta prevalenza lungo la linea di costa ed i corsi d'acqua (fig. 59).

Un rilevante numero di presenze sono concentrate nel tratto compreso fra i golfi di Baratti e di Follonica, in posizione chiave per il controllo del Canale di Piombino, braccio di mare di considerevole importanza per le rotte verso l'Isola d'Elba e le altre isole del medio ed alto Tirreno.

Non mancano tuttavia siti che per la loro collocazione topografica potrebbero essere in rapporto con le ricchezze minerarie della regione, quali Orto di Ippolito (Caldana), Poggio del Molino, Riva degli Etruschi.

Mentre il primo è posto in un'area, come le alture intorno a Caldana, di diretto interesse minerario per i numerosi affioramenti di minerali piombiferi e ferriferi situati nei pressi, gli altri sono entrambi localizzati alle foci di vie d'acqua che mettono in comunicazione il ricco bacino minerario del Campigliese col Tirreno. Va inoltre segnalata la presenza nella collezione Chigi-Zondadari del Museo Archeologico di Siena di un'ascia ad alette estese databile al Bronzo recente proveniente dalla Val di Cecina, area questa intensamente mineralizzata ([53]).

In un momento successivo, rappresentato dai siti che hanno restituito materiali caratteristici protovillanoviani ([54]), sembra riscontrarsi una modifica nell'assetto territoriale (fig. 60).

Sulla base dei dati attualmente disponibili si osserva infatti una rarefazione delle presenze, forse connessa con una concentrazione degli insediamenti nei luoghi dove sorgeranno in seguito i centri di età etrusca, Volterra, Populonia (Poggio del Molino e Villa del Barone) e Vetulonia, centri questi ultimi entrambi legati allo sfruttamento delle risorse metallifere.

L'unica località che sino ad ora mostra una continuità di vita con la fase precedente pare rappresentata da Poggio del Molino; può essere significativa la sopravvivenza di questo nucleo, probabilmente connesso, come si è già osservato, con il controllo di un corso d'acqua proveniente dal distretto minerario del Campigliese, area questa sul cui popolamento nel corso del Bronzo finale non si dispone di dati diretti ad eccezione di un falcetto bronzeo proveniente da Campiglia Marittima conservato al Museo Archeologico di Firenze ([55]).

Un particolare interesse per le risorse metallifere è anche suggerito dalle più antiche evidenze di Vetulonia, che, come è noto, sorge nelle immediate vicinanze di numerosi affioramenti piombiferi e ferriferi. Del resto anche i siti di Belora, Volterra e Monte Bradoni ([56]) distano non più di sei chilometri da affioramenti cupriferi.

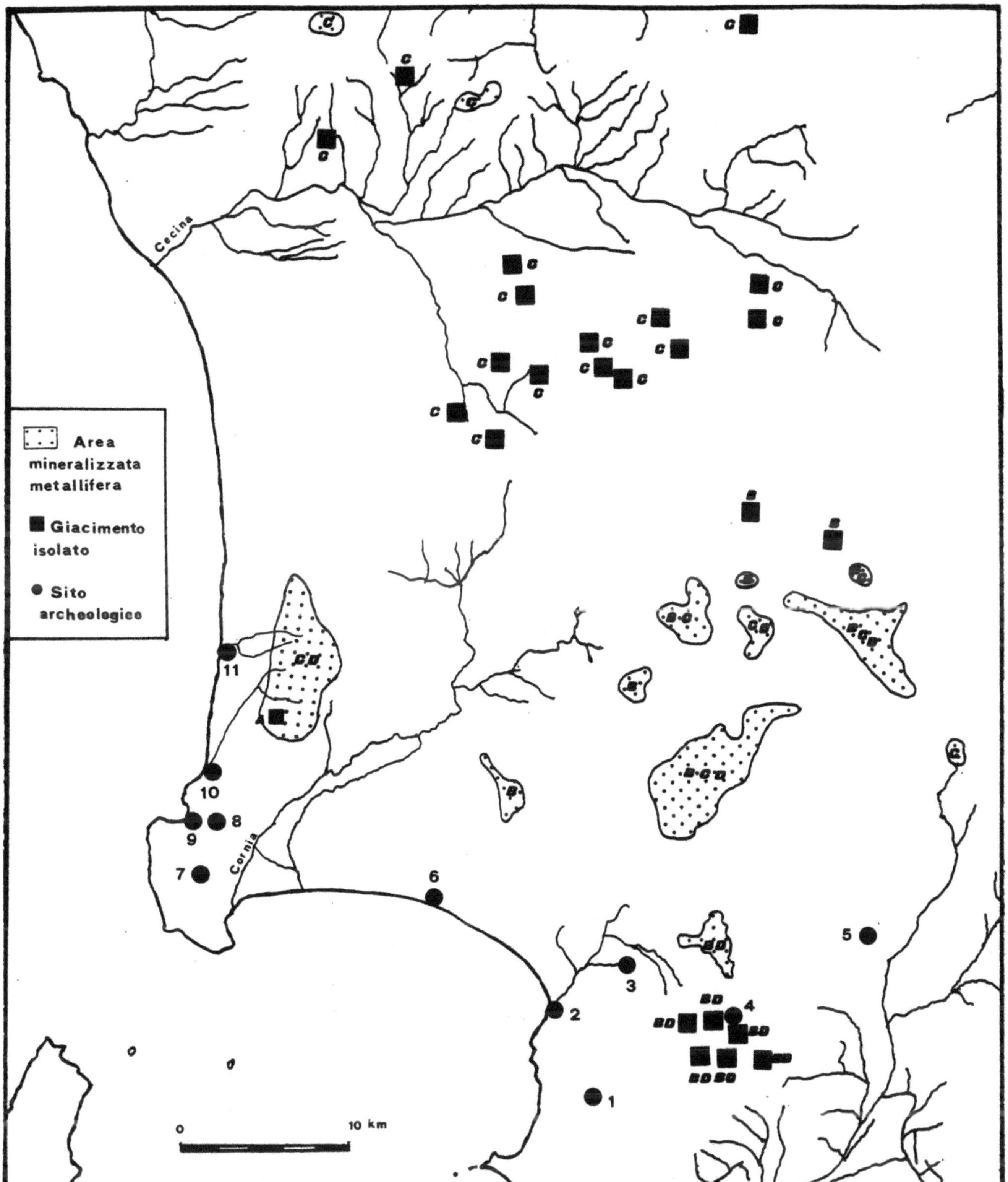

Fig. 59. Siti archeologici e località d'interesse minerario nell'area del Promontorio di Piombino e delle Colline Metallifere durante il Bronzo recente.
A: Sn; *B*: Pb, Ag; *C*: Cu; *D*: Fe.
1: Pian d'Alma; 2: Meleta; 3: Scarlino; 4: Orto di Ippolito (Caldana); 5: Poggio Zenone; 6: Torre Mozza; 7: Poggio La Cagliana; 8: Ponte alle Bufale; 9: Fosso di Valgranita-Casone; 10: Poggio del Molino; 11: Riva degli Etruschi.

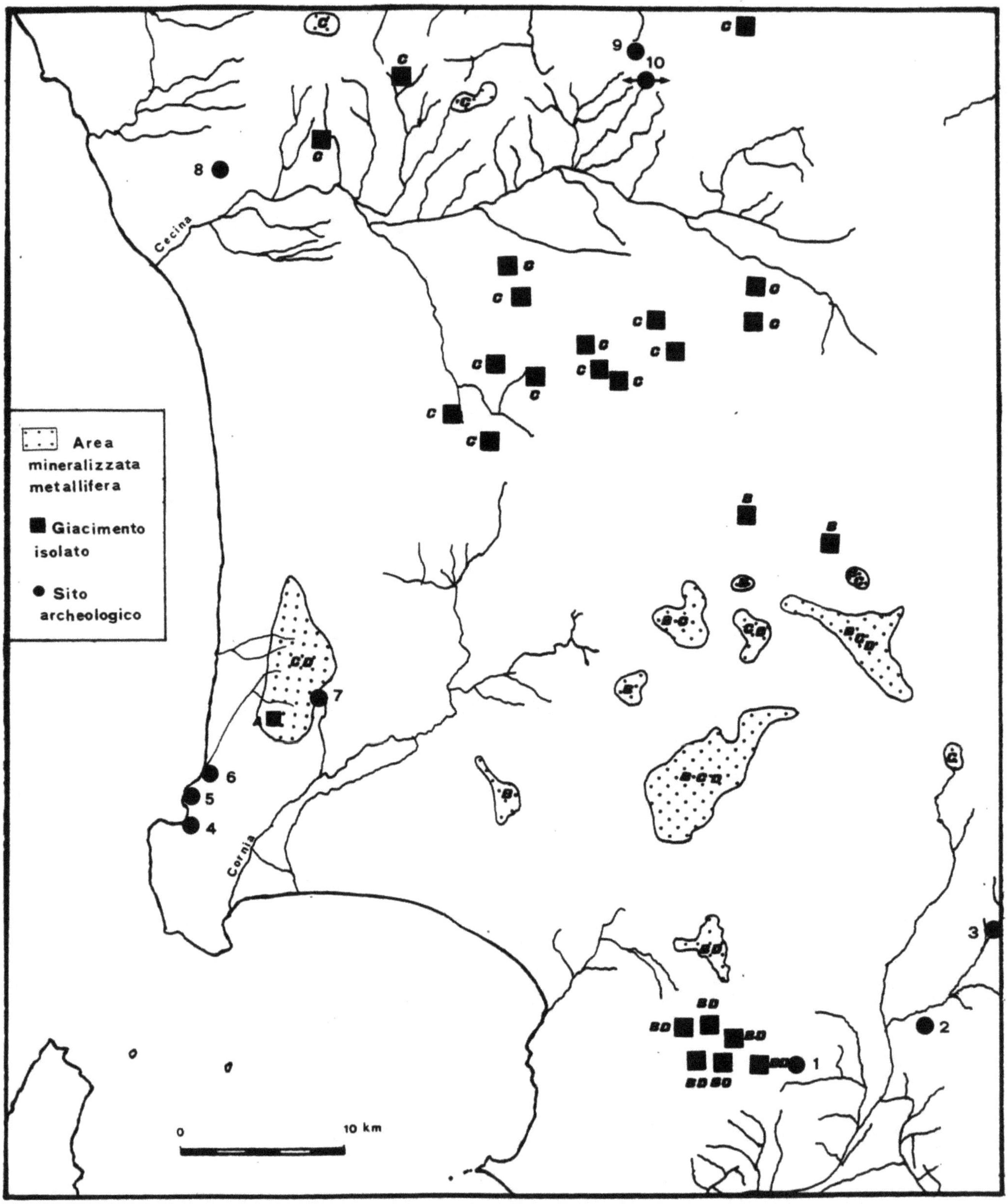

Fig. 60. Siti archeologici e località d'interesse minerario nell'area del Promontorio di Piombino e delle Colline Metallifere durante il Bronzo finale.
A: Sn; *B*: Pb, Ag; *C*: Cu; *D*: Fe.
1: Vetulonia; 2: La Torraccia; 3: Sticciano Scalo; 4: Golfo di Baratti; 5: Villa del Barone; 6: Poggio del Molino; 7: Campiglia; 8: Belora; 9: Montebradoni; 10: Volterra.

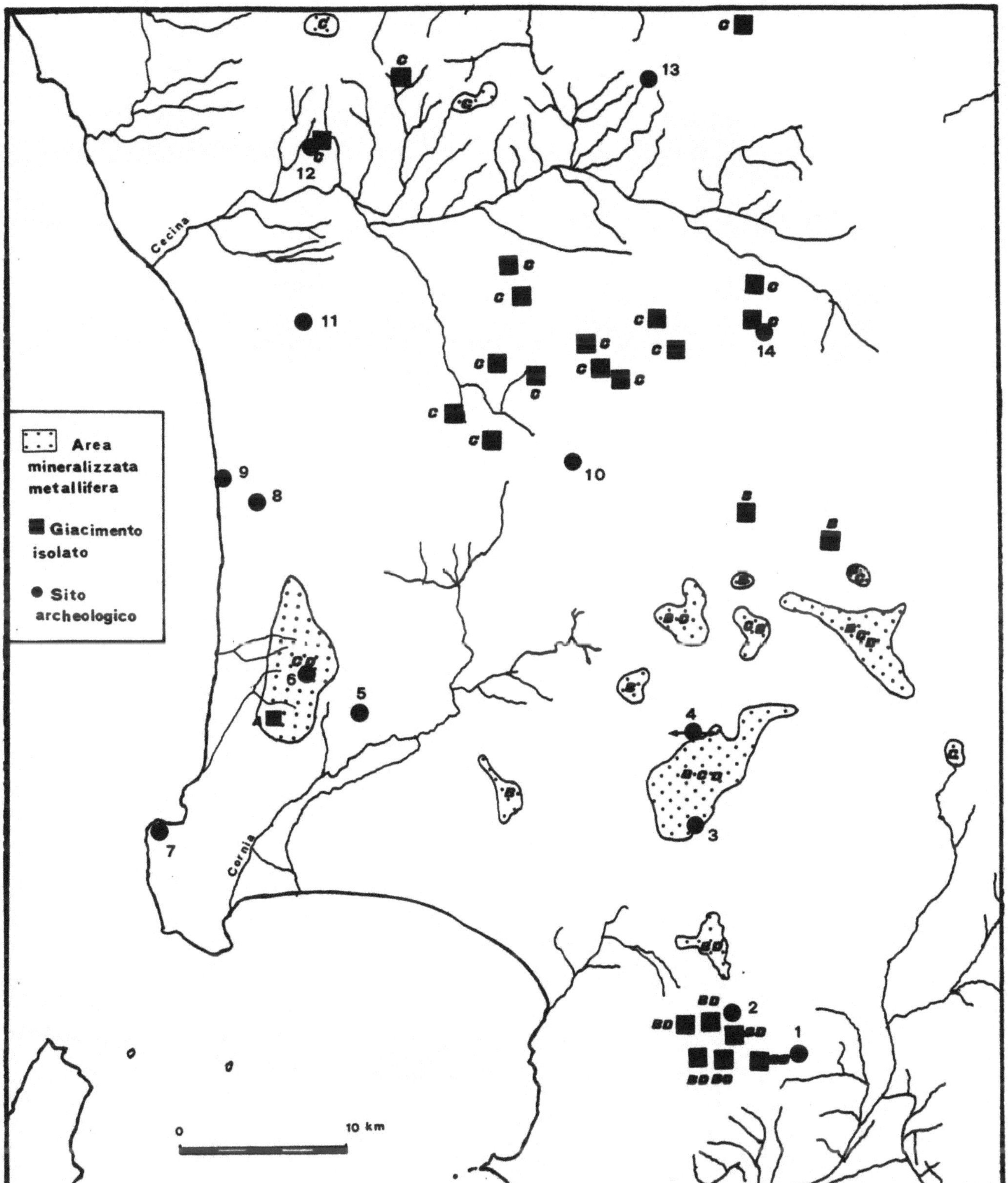

Fig. 61. Siti archeologici e località d'interesse minerario nell'area del Promontorio di Piombino e delle Colline Metallifere durante la prima età del ferro.
A: Sn; *B*: Pb, Ag; *C*: Cu; *D*: Fe.
1: Vetulonia; 2: Caldana; 3: Lago dell'Accesa; 4: Massa Marittima; 5: Monte Pitti; 6: Val Fucinaia; 7: Populonia; 8: Bambolo; 9: Donoratico; 10: Lustignano; 11: Bibbona; 12: Riparbella; 13: Volterra; 14: Montecastelli.

A

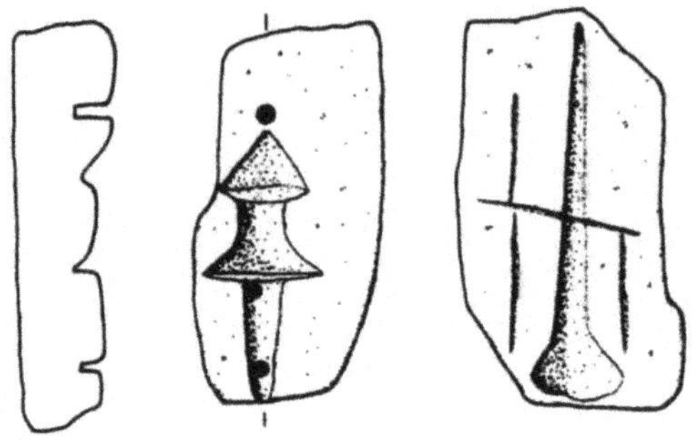

B

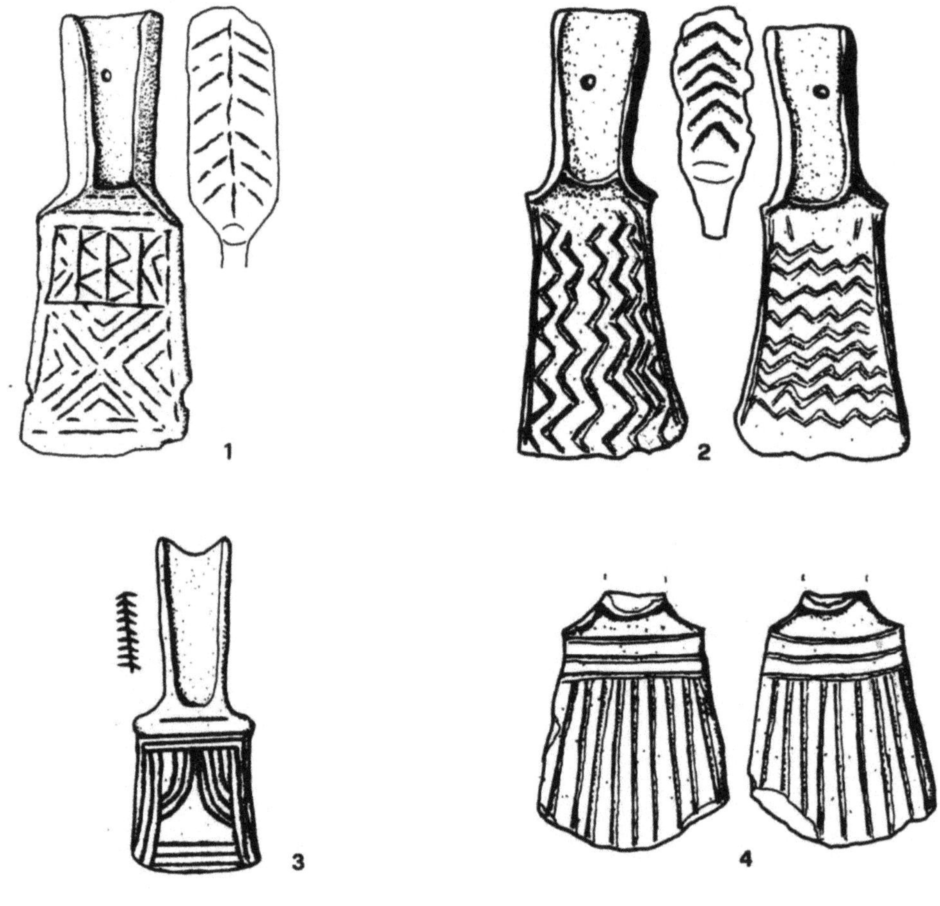

Fig. 62. A. Forma di fusione da Poggio del Molino (Populonia).
B. Asce in piombo.
1: Lustignano; 2: Volterra sepolcreto della Guerruccia; 3: Sarteano; 4: Riparbella.

Immediatamente a nord del territorio preso in esame, nel Livornese, i ripostigli di Gabbro e di Limone ci forniscono un indizio indiretto sulla disponibilità di metalli da parte delle comunità di questa regione. Entrambi i depositi sono attribuibili al terzo orizzonte dei ripostigli del Bronzo finale ([57]).

In quello di Limone in particolare sono presenti numerosi scalpelli ([58]), strumenti questi che trovano impiego, tra l'altro, nell'ambito delle attività estrattive e metallurgiche.

Destano inoltre interesse le estese incrostazioni di ossido di ferro su talune asce e pani di bronzo del ripostiglio di Gabbro ([59]), forse tracce lasciate da manufatti in ferro corrosi ([60]). La presenza di un oggetto di ferro non identificabile in una sepoltura ad incinerazione protovillanoviana rinvenuta a Colognole (Livorno) ([61]) induce a prospettare l'ipotesi di un uso di questo metallo, connesso con le risorse ferrifere della zona, già nel Bronzo finale, analogamente a quanto già si era fatto per l'area del Fiora ([62]).

Per quanto concerne l'età del ferro (fig. 61) si rileva anzitutto la fioritura dei due grossi centri di Vetulonia e di Populonia, quest'ultima celebrata nell'antichità per le sue industrie siderurgiche, a testimonianza delle quali sono giunti sino a noi impressionanti cumuli di scorie ferrose, che hanno, fra l'altro, preservato, seppellendole, le più antiche necropoli ([63]).

Tale fioritura è connessa verosimilmente, oltre che con lo sfruttamento delle risorse minerarie del loro entroterra, anche con gli intensi scambi commerciali con le due grandi isole del Tirreno centro-settentrionale, la Sardegna e la Corsica. Come si è osservato nei precedenti capitoli, numerose sono le testimonianze di tali traffici rinvenute, oltre che nelle necropoli di Vetulonia e di Populonia — e, in quest'ultima, anche nel ripostiglio di Falda della Guardiola ([64]) —, anche in altre località di questa zona (fig. 26) ([65]).

Una valva di matrice per fusione databile alla fase recente della prima età del ferro rinvenuta al Poggio del Molino attesta l'esistenza di un'attività metallurgica destinata alla produzione di manufatti nell'area di Populonia in età villanoviana (fig. 62 A) ([66]).

Che il vasto ed importante distretto minerario di Massa Marittima fosse, in quest'epoca, sede di insediamenti, è documentato non soltanto dai materiali villanoviani della necropoli del Lago dell'Accesa ([67]), posta nelle vicinanze dei giacimenti di Fenice Capanne e di Serrabottini, ma anche da un'ascia ad alette tipo Grottazzolina proveniente dal "territorio di Massa Marittima" custodita nel Museo Civico di questa città ([68]).

Nell'area vetuloniese va inoltre osservata la presenza di attestazioni pertinenti alla prima età del ferro a Caldana ([69]), località posta nelle immediate vicinanze di affioramenti misti a piombo e ferro.

Per quel che concerne invece il bacino minerario di Campiglia, oltre all'insediamento di Monte Pitti, che dista circa tre chilometri dai giacimenti, materiali villanoviani e/o orientalizzanti sono stati rinvenuti da A. Minto nel corso delle sue ricerche in Val Fucinaia ([70]).

Non mancano infine attestazioni nel ricco distretto minerario della Val di Cecina, a Montecastelli ([71]) ed a Riparbella ([72]).

Notevole interesse presentano le asce in piombo rinvenute, oltre che in quest'ultima località (fig. 62 B: 4), caratterizzata geologicamente da affioramenti cupriferi, anche a Lustignano (Pomarance) (fig. 62 B: 1), a Volterra, dove ne è attestata una nel sepolcreto della Guerruccia (fig. 62 B: 2) ed a Bibbona (Livorno) ([73]). Tali asce sono ascrivibili ad un momento avanzato della prima età del ferro. Reperti consimili, del tutto inconsueti in Italia, sembrano provenire sino ad ora unicamente dalla Toscana: ne è noto infatti un solo altro esemplare, da Sarteano (Siena) (fig. 62 B: 3) ([74]): è quindi ragionevole mettere in rapporto tali rinvenimenti con lo sfruttamento delle risorse piombifere delle Colline Metallifere.

Va rilevato come in genere gli oggetti in piombo siano alquanto poco frequenti nell'ambito della protostoria della Penisola Italiana ([75]). Nell'età del ferro va rilevata la presenza di capocchie di spillone a rotella in piombo ai confini della Toscana, nel Viterbese, negli insediamenti del Gran Carro e di Sermugnano ([76]).

Un accenno particolare merita, dal punto di vista della metallurgia, la serie di forni scavati da A. Minto in Val Fucinaia, zona questa nella quale le intense attività fusorie del passato sono anche documentate dai numerosi cumuli di scorie ancora oggi sparsi sul terreno ([77]).

Che tali forni, appartenenti comunque, almeno per quel che concerne la struttura conservata, ad età più tarda di quella oggetto del presente lavoro, fossero usati per la fusione del rame, venne dedotto dalle scorie rinvenute nel corso dello scavo ([77]). La loro struttura, simile a quella dei forni per la cottura della ceramica, induce tuttavia ad una certa prudenza intorno alla loro destinazione ([77]).

L'impianto originario dei forni sarebbe, secondo Minto, da ascriversi ad un momento alquanto antico, risalibile, come si è accennato in precedenza, "alla facies culturale villanoviana ed orientalizzante" ([80]). Tali testimonianze dell'età del ferro sarebbero state associate a scorie e carboni, chiare attestazioni di attività metallurgica ([81]).

Qualsiasi sia, tuttavia, il significato che debba attribuirsi ai forni, le ricerche interdisciplinari compiute da Minto in Val Fucinaia ([82]) hanno fornito importanti informazioni sui minerali che venivano estratti nella zona; nei pressi dei suddetti forni vennero infatti rinvenuti frammenti di calcopirite e di galena.

L'esame dei rosticci, minuti frammenti di circa 5 cm di grandezza, rivelò inoltre che in essi era ancora presente in notevole quantità calcopirite associata ad ilvaite, oltre a monosolfuro di rame formatosi per effetto termico e, talora, a frammenti di carbone vegetale ([83]). Questa abbondanza di minerale grezzo mostra come il rendimento del trattamento metallurgico fosse in realtà alquanto scarso.

Anche nelle scorie è stata riscontrata una notevole quantità di rame, con abbondanti incrostazioni di carbonati, azzurrite e malachite ([84]).

L'analisi chimica di un frammento metallico diede quali componenti rame, ferro, zinco e argento, ulteriore indizio che il minerale fosse costituito da calcopirite argentifera mista a blenda, di cui sono ricche le colline nelle vicinanze dei forni ([85]).

NOTE

1) de Michele, Ostroman 1987, pp. 5-17, Tanelli 1983, p. 92.
2) Tanelli 1983, pp. 91-104.
3) Peroni 1971, p. 198; Bietti Sestieri 1981, pp. 227-229; Barker 1984, pp. 89-90. Le sepolture eneolitiche toscane sono caratterizzate dalla frequente attestazione nel corredo di armi metalliche, particolarmente pugnali ed asce. Sono inoltre da attribuire verosimilmente a questo momento le teste di mazza da miniera ed i picconi di corno di cervo rinvenuti in passato all'interno di antichi cunicoli estrattivi del Monte Amiata.
La relativamente intensa frequentazione della regione e delle sue isole durante l'età del rame, così come la concentrazione di presenze disseminate nella media valle del Fiora, possono venire agevolmente messe in relazione con l'inizio della ricerca mineraria (Cazzella et alii 1988, p. 347).
Lo sfruttamento delle risorse metallifere prosegue poi nell'antica età del bronzo. Pur in assenza di prove dirette di una attività estrattiva, è stato da tempo rilevato come un chiaro indizio di tale attività sia costituito dall'accentrarsi nell'area delle Colline Metallifere e lungo il corso dell'Ombrone e dell'Albegna di rinvenimenti costituiti, tra l'altro, da ripostigli e da bronzi isolati.
Un rilievo particolare rivestono le panelle di rame, di cui ben 66 esemplari sono stati rinvenuti nel raggio di appena una cinquantina di chilometri, talora associate con asce, come nei ripostigli di Campiglia d'Orcia e di Montemerano I, ad attestare l'esistenza di processi di lavorazione, oltre che estrattivi, del metallo (Peroni 1971, pp. 198, 234).
Con la media età del bronzo la documentazione diviene invece scarsa; non si può tuttavia escludere una persistenza di sfruttamento, forse discontinuo, delle risorse minerarie, implicante una costante specializzazione delle attività connesse con la metallurgia (Bietti Sestieri 1981, p. 229).
4) Simonin 1858, pp. 559-587.
5) Colini 1901, p. 117.
6) Grifoni Cremonesi 1971, pp. 208-209.
7) Andrèe 1922.
8) Per una sintesi delle ricerche compiute nella valle del fiume Fiora, con l'inquadramento cronologico e la localizzazione topografica dei siti fino ad ora noti, cfr. Negroni Catacchio 1981; Negroni Catacchio 1988.
9) Peroni 1961 b, I, 4; Pellegrini 1992, 341-344, figg. 1-2, 3: 1-4.
10) Poggiani Keller 1988, pp. 162-163; Poggiani Keller 1993. Fra le forme di fusione sono riconoscibili quella per ascia ad alette, per arpione, per paletta e per punta di freccia con immanicatura a cannone. Per l'inquadramento cronologico della locale produzione metallurgica, collocata da R. Poggiani Keller «in un arco di tempo piuttosto ampio, tra XII e XI secolo», vedi in particolare Poggiani Keller 1993, p. 124.
11) Graziani, Rittatore Vonwiller 1961; cfr. anche Bergonzi, Cateni 1979, p. 261. Le ricognizioni effettuate alcuni anni fa da G. Uggeri e R.C. Bronson sull'Argentario e nelle isole limitrofe hanno portato al rinvenimento, in oltre cinquanta località, delle quali una quarantina localizzate sull'Argentario, di materiali d'impasto protostorico; purtroppo tale materiale non è, sulla base delle scarne descrizioni e dei pochissimi disegni forniti dagli autori, inquadrabile nell'ambito di precisi momenti cronologici (Bronson, Uggeri 1970, pp. 201-214).
12) Ciampoltrini 1993, pp. 491-496, figg. 1-2.
13) Carancini 1979 a, p. 635.
14) Bizzarri 1965, p. 515.
15) Peroni 1983, pp. 238-240.
16) Reperti villanoviani ceramici e bronzei di probabile o certa provenienza locale sono custoditi presso l'Antiquarium Comunale di Orbetello: cfr. Delpino 1981, p. 269, nota 7.
17) Sui rinvenimenti di Talamone cfr. per il Bronzo finale, Negroni Catacchio 1979; per l'età del ferro, Delpino 1981, fig. 1.
18) Bronson, Uggeri 1970, pp. 201-214.
19) Bronson, Uggeri 1970, pp. 203-204. Si ricorda che nell'Isola del Giglio Bronson ed Uggeri rinvennero, in sei località distribuite nella parte settentrionale e centrale dell'isola, materiali d'impasto talora associati a frammenti di intonaco di capanna ed a scorie ferrose (Bronson, Uggeri 1970, pp. 202-204).
20) Diodoro V 13, 1-2.
21) *De mir. ausc.*, 93.
22) de Michele 1974, 2, p. 53.
23) L'insediamento di Madonna del Monte presso Marciana Alta (Radmilli 1967, p. 443; Radmilli 1968, p. 410) e il ripostiglio di San Martino (Delpino 1981, pp. 294-298) sono, rispettivamente, nella parte occidentale e centrale dell'isola. Non è invece nota la provenienza precisa di un gruppo di bronzi, con ogni verosimiglianza un ripostiglio, conservato al Museo di Berlino anteriormente alla seconda guerra mondiale (Kilian 1975, pp. 121-124).
24) G.L. Carancini attribuisce sia il ripostiglio "dell'Elba" che quello di S. Martino al terzo orizzonte dei ripostigli del Bronzo finale (Carancini 1979 a, p. 635).
25) Delpino 1981, pp. 296-298.
26) Giardino 1984, p. 132.
27) Delpino 1981, pp. 270-271.
28) Cocchi 1865, p. 10, tav. I: 11-12; Foresi 1867, pp. 18-19; Delpino 1981, p. 275, nota 27.
29) Delpino 1981, p. 272.
30) Pinza 1905, col. 424, nota 1.
31) La determinazione è stata effettuata dal prof. G. Marinelli, direttore dell'Istituto di Mineralogia e Petrografia dell'Università di Pisa: «Il minerale di ferro [...] è ematite (Fe_2O_3) pura e di sicura [sottolineatura di Marinelli] provenienza elbana. Più precisamente il campione proviene da uno dei cantieri, notoriamente sfruttati fin da tempi molto antichi, che fanno parte delle cosi dette "Miniere di Rio", perché si trovano subito a monte del paese di Rio Marina. Nessuna delle altre miniere elbane possiede dell'ematite di quel tipo» (Buchner 1969, pp. 97-98).
32) G. Buchner riferisce che «una singola spugna sporadica (Fe 63,4 %, Si 21, 2 %, tracce di Cu, Ca, Mg) è stata rinvenuta nel livello più profondo, contenente esclusivamente materiale dell'VIII secolo della necropoli pithecusana in località San Montano, ma soprattutto si è scoperto, e parzialmente scavato negli anni 1969-1971, un abitato suburbano in loca-

lità Mazzola che era un vero e proprio quartiere industriale metallurgico attivo dalla metà dell'VIII agli inizi del VII sec. a. C. e di cui sono state finora messe in luce un'officina per la lavorazione del bronzo e un'officina di un fabbro ferraio» (Buchner 1985, p. 46).

33) Buchner 1969, p. 97; Johannowsky 1969 b, p. 70; Camporeale 1985, p. 28.

34) Diodoro V, 13, 2.

35) Diodoro V, 13, 2.

36) Simonin 1858, pp. 564, 567. Moderne ricognizioni di superficie condotte da A. Corretti hanno permesso di identificare sull'isola più di un centinaio di accumuli di scorie. Di questi una ventina sono databili, sulla base dei materiali associati, ad epoca romana, mentre un'altra ventina ad età medievale; i restanti sono invece privi di materiali datanti, e fra questi, numerosi sarebbero anch'essi medievali (cfr. Corretti 1991, p. 27, tav. I-II).

37) de Michele 1974, 2, pp. 76-78.

38) Sperl 1985, p. 39.

39) D'Achiardi 1927, p. 413; Stella 1927, pp. 423-424. Ancora nella metà del secolo scorso nella regione di Monte Valerio, Monte Calvi e Monte Rombolo erano visibili all'imboccatura dei pozzi cumuli del minerale che aveva subito i processi di frantumazione e di selezione manuale. Una successiva frantumazione, seguita da lavaggio, doveva essere poi stata effettuata presso i vicini corsi d'acqua (Simonin 1858, pp. 566-567; D'Achiardi 1927, pp. 415-416).

40) D'Achiardi 1883, II, pp. 529-530.

41) Jervis 1873-1889, III, pp. 522-523.

42) Strobel 1879, pp. 28-29; D'Achiardi 1927, p. 413; Tanelli 1985, p. 37.

43) Sperl 1985, p. 39.

44) D'Achiardi 1927, p. 413.

45) I pozzi medioevali della vicina zona di Massa Marittima, regolati da apposite leggi comunali e spesso menzionati negli statuti minerari della Repubblica Massetana, presentano una struttura alquanto diversa da quelli più antichi: essi sono anzitutto atti al funzionamento di argani; inoltre sono spesso rivestiti di muratura e presentano un'ampia imboccatura (Badii 1931, pp. 461, 467).
G. D'Achiardi, rilevando assenza di tracce di lavorazione di stagno sia a Baratti che a Torre Nuova, nell'area di Populonia, le cui antiche scorie erano ai suoi tempi oggetto di sfruttamento industriale, formulò l'ipotesi che la cassiterite venisse lavorata in loco presso i giacimenti del Campigliese, oppure, in alternativa, che già in età etrusca, al momento quindi del massimo sviluppo dell'industria metallurgica di Populonia, i giacimenti di stagno fossero già praticamente esauriti, in considerazione della loro non grande ricchezza (D'Achiardi 1929, p. 402).

46) Fedeli 1983, p. 410.

47) Badii 1931, pp. 463-473, e carta allegata delle cave antiche.

48) Badii 1931, p. 472.

49) Fra lo scorcio degli anni '20 ed il finire degli anni '30 vi fu un notevole interesse verso lo sfruttamento delle risorse minerarie in Etruria.
Promotore di queste ricerche fu l'Istituto di Studi Etruschi, creato e presieduto da A. Minto. Come ebbe a riassumere nel 1939 lo stesso Minto in un suo intervento durante i lavori della XXVIII Riunione della Società Italiana per il Progresso delle Scienze, tale istituto: «consapevole dell'importanza che ha lo studio dell'entità e della durata degli sfruttamenti delle antiche miniere della Toscana, per la ricostruzione del problema delle origini e dello sviluppo della civiltà etrusca, in relazione alla vita economica della regione, ha lanciata l'idea di una carta sulle antiche coltivazioni minerarie, idea che è stata accolta dal Consiglio Nazionale delle Ricerche, col programma di estenderla a tutte le regioni d'Italia.
La speciale Commissione all'uopo istituita ha pensato di concentrare i suoi lavori sulle antiche coltivazioni dei Monti metalliferi del Campigliese [...] Le prime ricerche compiute in Val Fucinaia, lungo il Temperino sono state veramente fruttuose. Si tratta tuttavia di ricerche metodiche, lunghe, laboriose, pazienti, in collaborazione con studiosi di varie discipline (geologi, mineralogisti, botanici, chimici, archeologi ecc.) dovendosi determinare e valutare con la massima cura la natura, gli inizi e la durata di ogni coltivazione, inquadrando le ricerche con quelle dei giacimenti viciniori.
Il metodo seguito per la raccolta delle notizie e dei documenti per la registrazione dei dati e per la costruzione futura delle carte è stato da me illustrato, presentando i moduli questionario (destinati agli uffici Distrettuali delle Miniere, alle Soprintendenze alle Antichità e agli altri organi scientifici e tecnici interessati), il cui formulario è stato accuratamente studiato e preparato con rara dottrina e competenza, dal compianto Stefanini.
Nutriamo fiducia che il primo saggio di questa tanto auspicata carta archeologica possa essere presentato in occasione del secondo Congresso Internazionale etrusco che sarà tenuto in Roma per l' E 42» (Minto 1939, p. 549).
Lo scoppio della seconda guerra mondiale impedì, purtroppo, la realizzazione di tale ambizioso progetto (cfr. anche, a questo proposito, Camporeale 1985, p. 22). Nel 1946 A. Minto constatava con amarezza come la carta archeologica delle antiche coltivazioni minerarie delle Colline Metallifere, parte di un più vasto studio cartografico relativo all'intero bacino Mediterraneo, fosse rimasta inattuata (Minto 1946 b, p. 363). Egli tuttavia riproponeva il progetto, pubblicando su Studi Etruschi i modelli dei questionari per la schedatura delle miniere antiche (Minto 1946 a, pp. 304-311). Ancora nel 1950 rilanciò questo programma durante la sessione fiorentina dell'UNESCO. A tali iniziative è connessa, nel 1952, la costituzione del Centro per la Storia della Metallurgia presso l'Istituto di Studi Etruschi.
Con la scomparsa di A. Minto, avvenuta nel 1954, venne a mancare la spinta propulsiva alle ricerche. Soltanto da alcuni anni si riscontra un nuovo impegno, da parte degli studiosi, verso questa problematica, come dimostra, tra l'altro, il convegno "L'Etruria Mineraria", organizzato a Firenze nel 1979 dall'Istituto di Studi Etruschi ed Italici con la dichiarata intenzione, espressa da M. Pallottino, di fornire «un impulso e una rinnovata attenzione [...] verso una materia che non è solo di interesse strettamente scientifico in senso accademico, ma investe più vaste prospettive storiche e culturali, e perfino problemi di continuità nello sfrut-

tamento produttivo delle risorse economiche dei nostri territori» (Pallottino 1981, pp. XI-XII).
Va peraltro rilevato come, recentemente, ricerche sistematiche siano state intraprese nell'area del Golfo di Follonica e nel Campigliese, promosse da R. Francovich, e nella zona di Populonia, ad opera di F. Fedeli. Frutto di questo rinnovato interesse è stata la pubblicazione, da parte della Regione Toscana, di un archivio cartografico del patrimonio minerario e mineralogico toscano realizzato su base bibliografica tenendo conto degli aspetti storico-archeologici dei siti estrattivi (Francovich et alii 1991).

50) Verosimilmente la situazione insediativa doveva presentare in realtà, per la tarda età del bronzo, una concentrazione di abitati costieri maggiore di quella riscontrabile dalle carte di distribuzione allegate.
Secondo F. Fedeli e A. Galiberti, che effettuarono una serie di ricerche di superficie in quest'area, «gli insediamenti localizzati ammontano ad una decina; essi risultano distribuiti prevalentemente lungo la fascia costiera delimitata ad E. dalla località di Torre Mozza (Golfo di Follonica) ed a N. dalla cittadina di S. Vincenzo, con forte concentrazione nell'area adiacente al Golfo di Baratti ed alle località di Villa del Barone e Torraccia»; alcuni « insediamenti hanno restituito per lo più scarsi frammenti ceramici. Purtroppo, in alcuni casi, tale carenza di materiali non permette di formulare puntuali valutazioni sia sotto il profilo culturale che cronologico» (Fedeli, Galiberti 1979, p. 147).

51) Bartoloni 1988, pp. 79-80.

52) Anse con sopraelevazione plastica sono attestate nei seguenti siti: Orto di Ippolito (Caldana), dal deposito sconvolto del ripiano antistante la grotta Buca delle Fate (Dani 1965, p. 253, fig. 4: 2); Poggio del Molino (Baratti) (Ceccanti 1982, p. 363); Poggio La Cagliana (Fedeli 1983, p. 200, n. 25); Ponte alle Bufale (Fedeli 1983, p. 213, n. 55).

53) Sarti 1984, p. 245, fig. 6: 6. Il pezzo, che reca come indicazione di provenienza "Paganina, Val di Cecina, Pisa", è confrontabile con un esemplare da Micigliano, Rieti (Carancini 1979 c, pp. 183-184, fig. 2: 19).

54) Reperti ceramici con tipica decorazione protovillanoviana provengono da Poggio del Molino (Fedeli 1983, pp. 72, 403-405, fig. 50: 13; Fedeli 1989, pp. 502-503); Villa del Barone (Fedeli 1983, pp. 71, 397, fig. 347); Golfo di Baratti (Fedeli, Galiberti 1979, pp. 166-183; Fedeli 1989, pp. 506-507); La Torraccia (Curri 1978, pp. 94-98, fig. 97: 7, 12); Sticciano Scalo (Bergonzi, Cateni 1979, pp. 259-261; Rittatore Vonwiller 1975 b, tavv. 15-16); Vetulonia (Bergonzi, Cateni 1979, p. 257).

55) Bergonzi, Cateni 1979, p. 251.

56) Attestazioni del Bronzo finale sono costituite da reperti metallici. Belora: fibula serpeggiante con occhiello e staffa a spirale e molla di grandi dimensioni (Mantovani 1892, p. 35, tav. 8: 2; Delpino 1981, p. 277, fig. 4: 1); Monte Bradoni e "Volterra": asce ad alette tipo Gabbro nel Museo Civico di Volterra (Peroni et alii 1980, pp. 22, 40, isoide 18 e 57).

57) Carancini 1979 a, p. 635.

58) Cateni 1977, pp. 22-23.

59) Delpino 1981, p. 292.

60) Le incrostazioni ferrose riscontrabili su manufatti bronzei costituiscono un campo di indagine privilegiato per gli studi archeometrici e metallografici. Solo specifiche indagini mirate sono infatti in grado di chiarire, caso per caso, i complessi problemi connessi con la formazione di queste patine, riconducibili ad una molteplicità di cause, tra cui la presenza di oggetti ferrosi nelle immediate vicinanze, un alto tenore di ferro nella lega di rame, la natura del suolo in cui i reperti archeologici erano sepolti.

61) «A due metri circa di profondità [...] era uno strato di carbone, avanzo certamente del rogo, e fra esso alcune pietre, che circondavano un vaso, od urna, ridotto in minuti frammenti da schiacciamento e da naturale scorrimento del terreno. Fra le ceneri e frammenti d'ossa mal combuste, che lo riempivano, si trovò un oggetto di ferro, tanto guasto da non poterne riconoscere la forma, e la bella fibula [...] del noto tipo quadrangolare, coll'arco nodoso» (Mantovani 1892, p. 35). La fibula, del tipo serpeggiante con occhiello e staffa a spirale, arco costolato e molla di grandi dimensioni, trova confronti nell'ambito del Bronzo finale (Mantovani 1892, tav. 8: 3; Delpino 1981, p. 277, fig. 4: 2; cfr. Peroni et alii 1980, p. 28, isoida 29).

62) Una precoce attestazione dell'uso del ferro è stata ipotizzata anche nell'Appennino Tosco-Emiliano, dove incrostazioni ferrose sono state osservate su una panella in lega di rame del ripostiglio del Bronzo finale di Monte Battaglia: Delpino 1989-1990, p. 5, nota 7; per il ripostiglio di Monte Battaglia, cfr. Bermond Montanari 1987, pp. 21-26.

63) Minto 1943, pp. 6, 44-45.

64) Minto 1943, p. 53.

65) Si ricordino, fra i numerosi esempi, le faretrine sarde provenienti da Sarteano, Caldana e Donoratico (Camporeale 1969, pp. 94-95; Delpino 1981, p. 283, fig. 5).

66) Fedeli 1982-83, pp. 157-164, figg. 2-3.

67) Levi 1933, coll. 5-135.

68) Carancini 1984, p. 14, n. 2087.

69) Levi 1928, pp. 49-55.

70) Minto 1954, p. 303. Che nell'età del ferro venissero sfruttati i giacimenti di Monte Rombolo, Val Fucinaia e Monte Valerio è opinione di vari studiosi, tra i quali M. Cristofani, secondo cui tale area sarebbe stata oggetto di «un'attività produttiva costante dall'VIII al I secolo a. C.» (Cristofani 1981, p. 432).
Quanto ai materiali rinvenuti da Minto in Val Fucinaia «anche se sulla base dei reperti menzionati non è probabile una datazione troppo puntuale è comunque certo che i materiali non possono essere posteriori all'VIII - VII sec. a. C.» (Fedeli 1983, p. 410).

71) Sarti 1984, p. 269, fig. 9.

72) In località Ortacavoli presso Riparbella (Pisa) vennero rinvenute negli anni '50, durante lavori di sistemazione stradale, due asce in piombo contenute in cinerari fittili (Grifoni Cremonesi 1964, pp. 1-3).

73) Pernier 1911, p. 126, fig. 1 (Lustignano); Grifoni Cremonesi 1964, pp. 2-7, figg. 1-4 (Volterra); De Mortillet 1903, tav. XCVIII, fig. 1308 (Bibbona).

74) Montelius 1895-1910, col. 956, tav. 213: 7.

75) Per la tarda età del bronzo si ricordino il pendaglio proveniente dall'insediamento lacustre di Peschiera Golfo,

(Aspes 1976, pp. 135-136, fig. 3: 6), ed il piccolo frammento informe di piombo rinvenuto nello scavo di Casale Nuovo (Latina) associato a materiali del Bronzo finale. Per alcune notizie preliminari su quest'ultimo sito, che ha restituito, tra l'altro, un frammento di ceramica micenea ascrivibile al T.E. III B, cfr. Angle et alii 1988, p. 83; Angle et alii 1992, pp. 272-278.

76) Un esemplare è stato rinvenuto nei livelli superficiali dell'insediamento sommerso del Gran Carro, nel Lago di Bolsena, in contesto villanoviano; su questo sito, cfr. Tamburini 1995. Un altro esemplare, frammentario, proviene da Sermugnano, presso Castiglione in Teverina; dati preliminari su quest'ultimo insediamento in Cosimi 1986, pp. 25-32. Ringrazio il dr. P. Tamburini per avermi cortesemente fornito le informazioni sui due pezzi.

77) D'Achiardi et alii 1937, pp. 311-330; Minto 1954, pp. 297-304, figg. 2-7, Sperl 1981, pp. 34-35, tab. II, fig. 5.

78) Va osservato a tale proposito come, secondo P. Rossoni, a differenza che nei forni di Populonia, dove veniva trattato sicuramente del ferro, in questi le evidenze indicavano che venissero elaborati esclusivamente, o quasi, minerali di rame (D'Achiardi et alii 1937, p. 329).

79) Coglan 1975, p. 34; Sperl 1981, p. 48.

80) Minto 1954, p. 303.

81) «Dallo studio della natura dei depositi e dalle relazioni stratigrafiche dei diversi livelli, si è potuto giungere a delle determinazioni cronologiche sull'attività dell'industria.
L'intero impianto metallurgico dei forni corrisponde ai livelli inferiori: la sua topografia è risultata chiaramente dallo scavo.
La documentazione archeologica di questi strati inferiori è scarsa, ma sicura: si scoprirono, insieme a scorie, a carboni, a resti faunistici, frammenti di collane con perle di pasta vitrea, resti di catenelle ad anellini ed armille di bronzo; frammenti di vasi d'impasto; rocchetti, pure d'impasto, con testate discoidali, liscie od ornate a circoletti concentrici od a motivi a croce, impressi a cordoncino.
Tutti questi materiali, più antichi, ci riportano alla facies culturale villanoviana ed orientalizzante» (Minto 1954, pp. 302-303).

82) Minto condusse due campagne di scavo in Val Fucinaia, di cui la seconda, brevissima, fu troncata dallo scoppio della seconda guerra mondiale (D'Achiardi et alii 1937, pp. 305-341; Minto 1940, pp. 315-320).

83) D'Achiardi et alii 1937, pp. 325-326.

84) D'Achiardi et alii 1937, pp. 326-327: dall'analisi chimica effettuata a suo tempo su una scoria si rileva un elevato tenore di ossidi di ferro, silicio ed alluminio, evidentemente presenti nella ganga:
« Perd. arrov. = 4,10; SiO_2 = 55,00; Fe_2O_3 = 10,22; Al_2O_3 = 21,68; Cu_2O = 4,82; CaO = 1,12; MgO = 2,21».

85) D'Achiardi et alii 1937, p. 329.

SICILIA

L'AREA DEI MONTI PELORITANI

La catena dei Monti Peloritani, nella cuspide nord-orientale della Sicilia, rappresenta la continuazione oltre lo Stretto di Messina dell'Aspromonte e come questo è costituita da scisti cristallini. È all'interno di queste rocce che si rinvengono le manifestazioni metallifere, costituite da solfuri e solfosali di piombo, rame, zinco, argento, ferro, arsenico, antimonio ([1]).

Negli studi archeologici è stata rivolta scarsa attenzione a queste mineralizzazioni, sia a causa della loro relativamente esigua ricchezza, specie se confrontata con la situazione della Sardegna e della Toscana, che, per la di gran lunga maggiore importanza rivestita, nell'economia dell'isola, dalle cave di zolfo ([2]).

Le risorse metallifere peloritane furono in passato oggetto di sfruttamento anche intenso; nella metà del '700, che costituisce il momento di maggiore sviluppo delle locali coltivazioni, erano infatti aperte nella zona ben 73 miniere che alimentavano l'attività di due fonderie ([3]).

La resa doveva essere alquanto elevata se nella prima metà del secolo scorso dalle miniere di S. Carlo si ricavava per ogni 79 kg di minerale, 32 kg di rame e 290 g di argento ([4]). Nel XVIII secolo il sovrano Carlo VI d'Austria fece coniare, con questo argento, alcune monete siciliane.

In età antica le risorse metallifere dei Peloritani erano note ed oggetto di sfruttamento. Nell'insediamento fortificato su altura di Monte S. Onofrio ([5]), situato all'interno del bacino minerario di Barcellona-Pozzo di Gotto, sono stati rinvenuti, in un contesto di età classica, pezzi di calcopirite verosimilmente proveniente dai vicini filoni di Valle Pumia o di Valle Carbone, chiaro indizio di attività estrattiva ([6]). Va rilevato che tale sito mostra continuità di abitato dal Bronzo finale sino al periodo greco.

La presenza di "antichissime" coltivazioni è già ricordata in una memoria redatta nel 1798 da Pietro Gambadauro, un fabbro-orefice di Barcellona (Messina), che ne segnalava l'esistenza presso Novara e Limina ([7]). Lo stesso autore affermava inoltre che ai suoi tempi i metalli di Fiumedinisi e di Castroreale venivano anche estratti — evidentemente con tecniche del tutto artigianali — dai vasai al fine di ottenere piombo per la smaltatura delle ceramiche e da falsari che se ne servivano per produrre monete contraffatte ([8]).

Con il XIX secolo le attività estrattive dei Peloritani entrarono in crisi, acuita dalle gravi catastrofi naturali che colpirono la regione e che causarono il crollo di numerose miniere ([9]).

Un certo interesse per i giacimenti metalliferi siciliani si ebbe nel periodo intorno alla seconda guerra mondiale, in conseguenza dell'autarchia ([10]), e nell'immediato periodo post-bellico. Questi ultimi tentativi ebbero però durata effimera, ed i vari cantieri d'esplorazione vennero presto chiusi ([11]).

La metallogenesi nelle rocce cristalline dei Monti Peloritani, in prevalenza gneiss e filladi, avrebbe avuto secondo alcune ipotesi come sede la formazione delle filladi quarzifere; la scarsezza di giacimenti nel cristallino di zona profonda sarebbe da attribuirsi a dispersione di materia durante fenomeni metamorfici che avrebbero interessato tali filladi ([12]). La stessa natura geologica e geochimica dei filoni dimostra come essi siano in prevalenza superficiali o comunque di scarsa profondità ([13]).

Tali condizioni giacimentologiche, se ne impediscono oggi la coltivazione, costituivano, al contrario, un evidente vantaggio per le tecnologie antiche.

Numerose sono le specie minerarie che potevano costituire oggetto di interesse per la metallurgia pre- e protostorica. Sono infatti alquanto diffusi minerali di rame (malachite, azzurrite, tetraedrite, calcopirite), di piombo (galena, anglesite, jamesonite) e di ferro (limonite, siderite, ematite, ankerite). Nella galena di molti giacimenti è stato inoltre rilevato un elevato tenore d'argento ([14]).

Per quel che concerne la situazione insediativa in età protostorica di quest'area, va anzitutto premesso come il quadro generale possa talora risultare, per alcuni versi, falsato dalla scarsezza e dalla discontinuità delle attuali conoscenze sul territorio. Ad esempio alla discreta quantità di dati disponibili per il settore centro-settentrionale dei Peloritani fa riscontro l'esiguità di informazioni che si hanno, invece, per quello sud-occidentale ([15]).

Tuttavia, pur con questi limiti, è significativo osservare come già durante il Bronzo recente più della metà delle attestazioni note sia localizzata all'interno o nelle immediate vicinanze di zone di interesse estrattivo (fig. 63). Sul versante tirrenico ([16]) i siti di Santa Venera, Ciavolaro, Serro Maloto e Castroreale sono tutti collocati entro il vasto distretto minerario di Barcellona-Pozzo di Gotto, notevole per i giacimenti di galena, calcopirite, malachite, siderite, ematite e pirite ([17]); quello di Pietro Pallio si trova pur'esso presso affioramenti piombo-cupriferi. Quanto al versante ionico, l'insediamento di Naxos ([18]) sorge vicino a giacimenti di galena.

Tale situazione si accentua nel Bronzo finale (fig. 64), rilevandosi un intensificarsi delle presenze nell'area del bacino metallifero di Barcellona-Pozzo di Gotto. Mentre permane il sito di Santa Venera, si affiancano ad esso quelli di Santa Domenica, Acquaficara, Case Miano, Croce Maloto, Monte S. Onofrio, Argentieri. Perdura anche l'insediamento di Pietro Pallio.

Due nuovi siti, Monte Le Croci e Monte Marro, sono entrambi situati il primo a breve distanza (circa un chilometro) da vene piombifere, il secondo nell'ambito di un affioramento piombo-cuprifero.

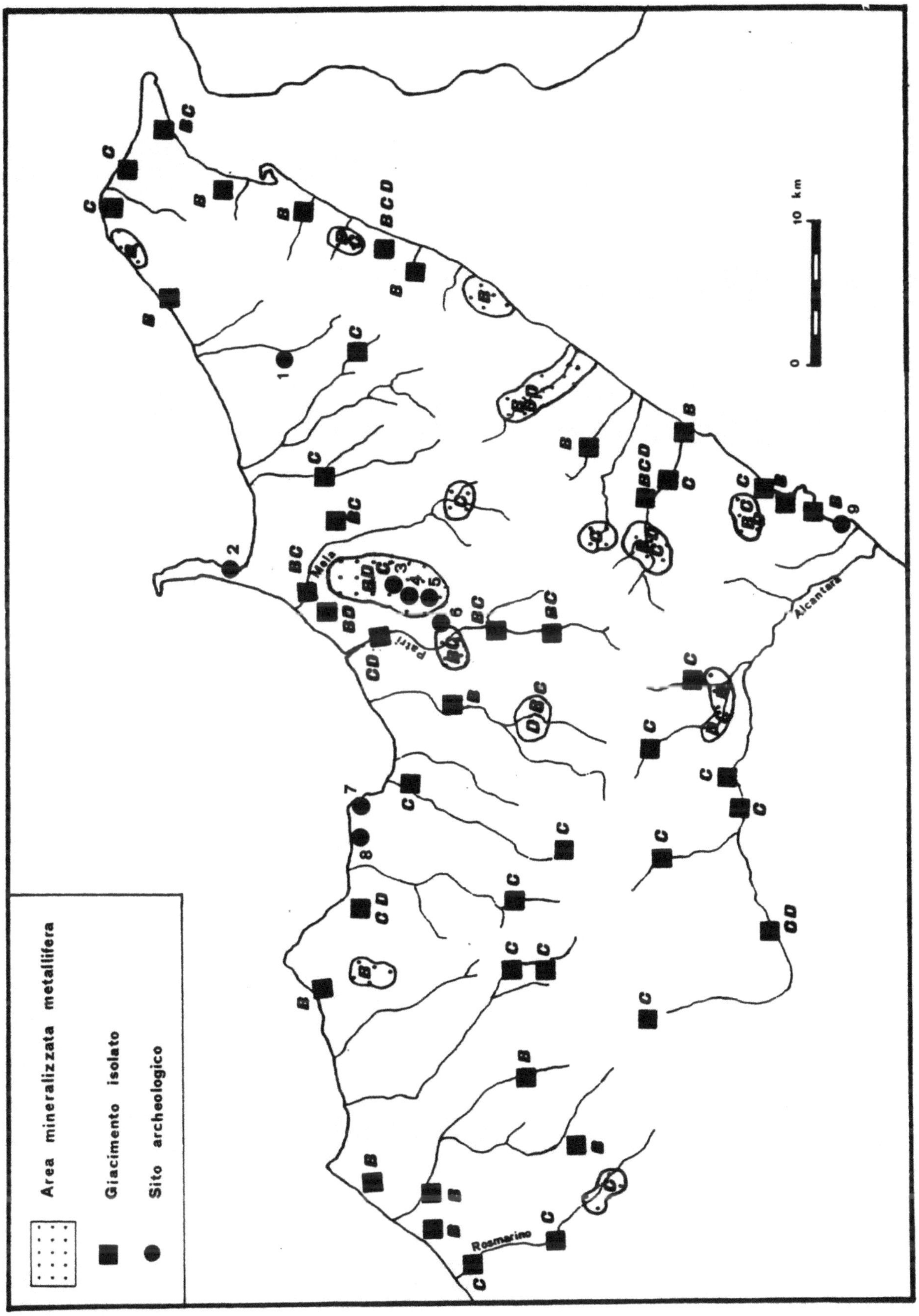

Fig. 63. Siti archeologici e località d'interesse minerario nell'area dei Monti Peloritani: Bronzo recente.
B: Pb, Ag; *C*: Cu; *D*: Fe.
1: Rometta; 2: Milazzo; 3: Contrada Grotta di S. Venera; 4: Ciavolaro, Serro Maloto; 5: Castroreale; 6: Pietro Pallio; 7: Tindari; 8: Mongiove; 9: Naxos.

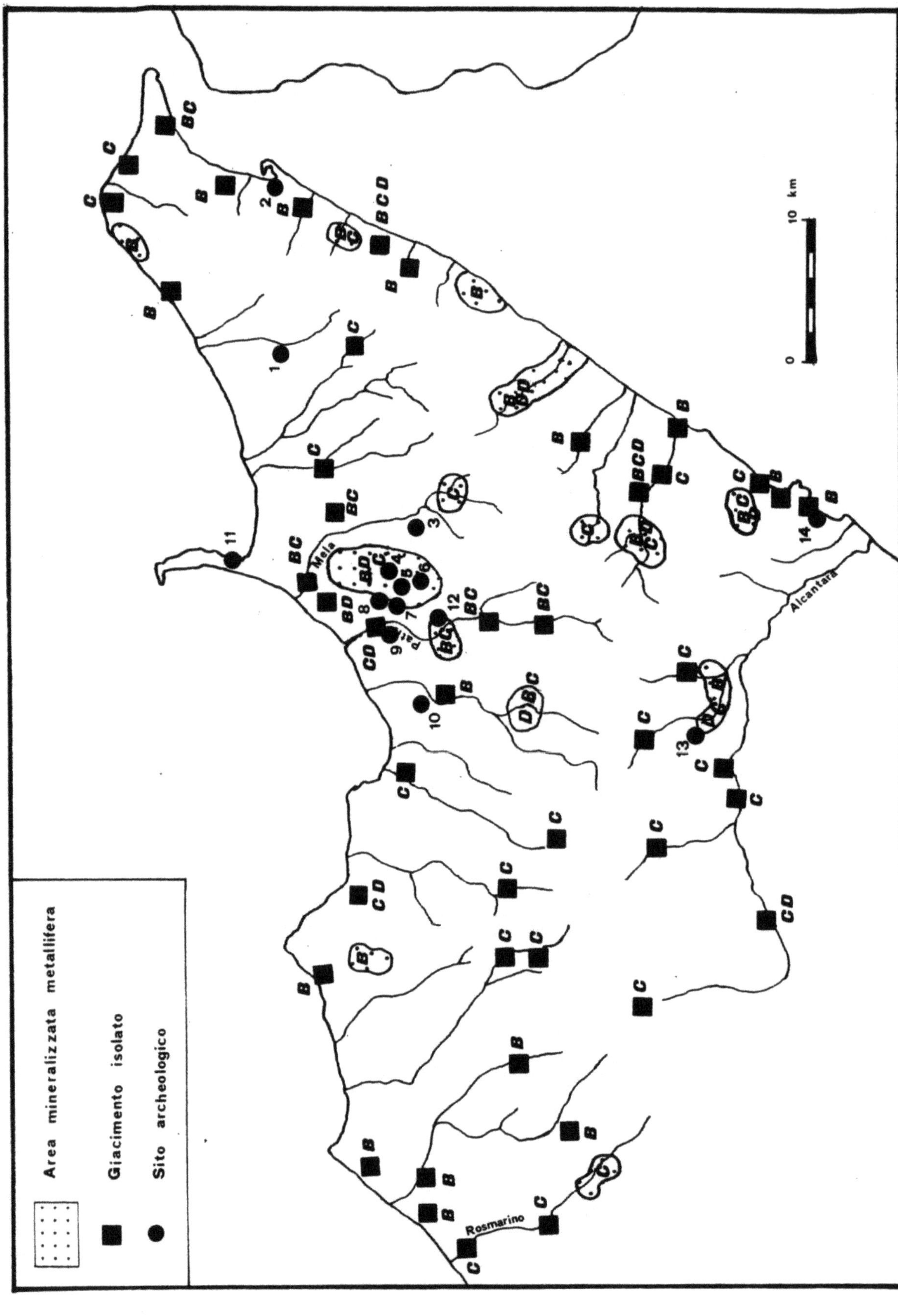

Fig. 64. Siti archeologici e località d'interesse minerario nell'area dei Monti Peloritani: Bronzo finale.
B: Pb, Ag; *C*: Cu; *D*: Fe.
1: Rometta; 2: Messina; 3: Piano Cannafè; 4: Contrada Grotta di S. Venera; 5: Case Miano, Case Crisafulli; 6: Croce Maloto; 7: Monte S. Onofrio, Impiso, Valle dell'Argentieri; 8: Valle di Acquaficara, Valle di S. Domenica; 9: Monte Marro; 10: Monte Le Croci - Furnari; 11: Milazzo; 12: Pietro Pallio; 13: Malvagna; 14: Taormina.

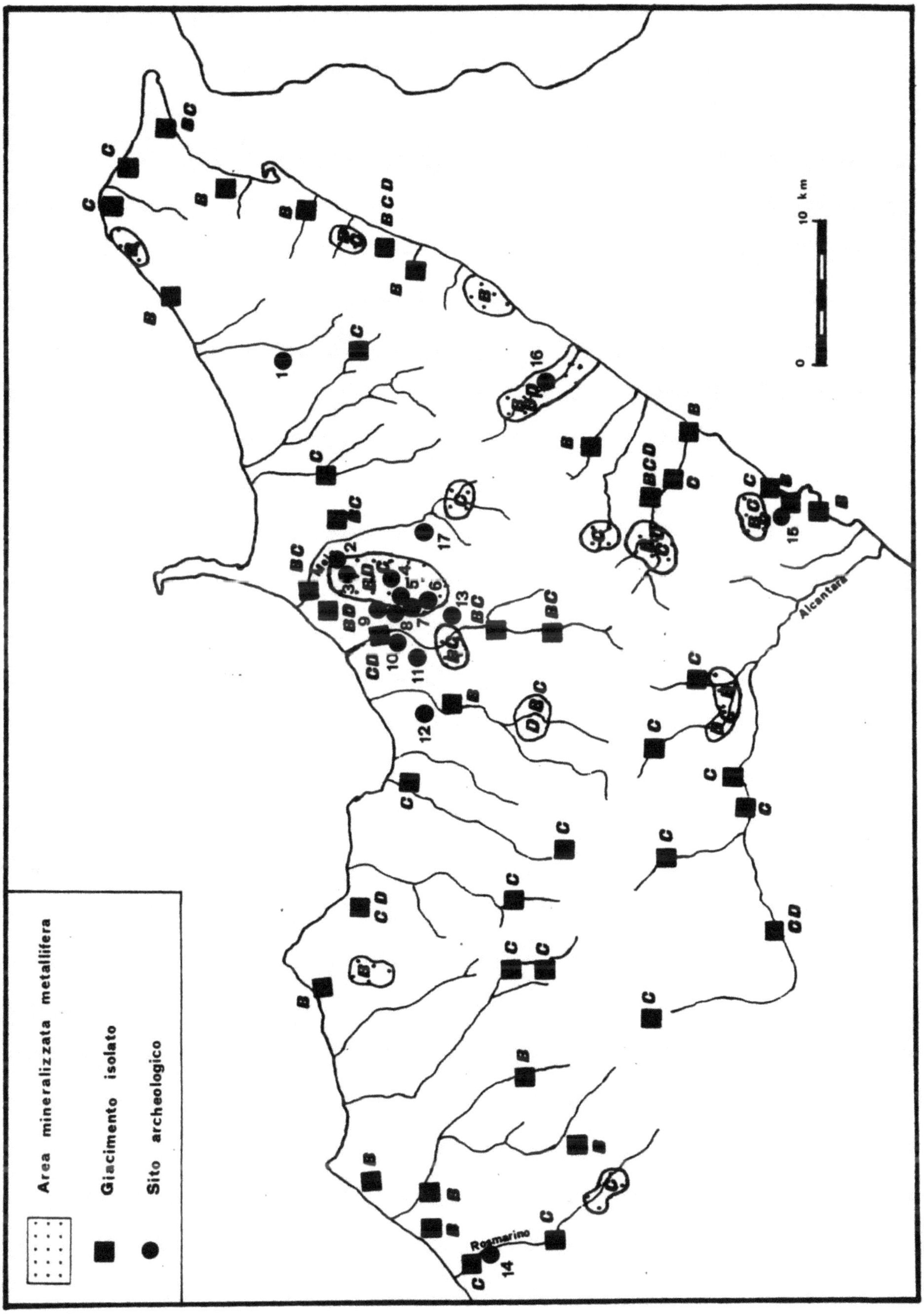

Fig. 65. Siti archeologici e località d'interesse minerario nell'area dei Monti Peloritani: prima età del ferro.
B: Pb, Ag; *C*: Cu; *D*: Fe.
1: Rometta; 2: Contrada Cavalieri; 3: Monte Oliveto; 4: Contrada Grotta di S. Venera; 5: Case Miano, Case Crisafulli; 6: Castroreale; 7: Serro Maloto; 8: Monte S. Onofrio, Grotta Mandra, Impiso, Valle dell'Argentieri; 9: Valle di Acquaficara, Valle di S. Domenica; 10: Monte Marro 11: Contrada Scorciacapre, Contrada Sgrassorella; 12: Monte Le Croci - Furnari; 13: Catalimita; 14: Monte Scurzi, Militello; 15: Castel Mola; 16: Fiumedinisi; 17: Piano Cannafè.

Nell'insieme sembra che la diecina di presenze attribuibili al Bronzo finale, con la sola eccezione di Piano Cannafè, individuate nell'area compresa tra i bacini dei torrenti Mela e Sàia Feliciotto, siano tutte poste o all'interno o nei pressi di zone d'interesse estrattivo.

Pure significativo è il rinvenimento, nel versante ionico, di un ripostiglio, quello di Malvagna, nell'ambito di un distretto minerario nel quale sono segnalati affioramenti di piombo, rame e ferro ([19]). Inoltre da Taormina, località pure prossima a giacimenti metalliferi, proviene una doppia ascia a tagli ortogonali di origine sarda (fig. 17 B: 2) ([20]), indizio questo di traffici nei quali l'area costiera svolge un ruolo protagonista.

Il concentrarsi delle presenze archeologiche in aree mineralizzate si ripete anche nella prima età del ferro (fig. 65). La quasi totalità dei siti rinvenuti sui Monti Peloritani sembrano infatti essere in relazione topografica con i filoni a solfuri misti.

Procedendo lungo il versante tirrenico l'abitato di Monte Scurzi, presso Militello Rosmarino ([21]), sorge presso un affioramento cuprifero; l'area poi intorno al bacino del Longane vede un moltiplicarsi delle strutture insediative attorno ai locali giacimenti piombo-cupriferi e ferriferi, più di un terzo delle quali già attestate anche nella fase precedente.

Quanto al versante ionico, si deve osservare come la rocca di Castel Mola, cui verosimilmente doveva corrispondere la necropoli del Cocolonazzo di Mola ([22]), si trovi nell'ambito di importanti mineralizzazioni metallifere.

Particolare importanza riveste inoltre l'abitato di Fiumedinisi, che associa ad una posizione naturalmente difesa la possibilità di controllo e di sfruttamento dei ricchi giacimenti del suo circondario, ben noti nell'antichità ([23]). In quest'area fra i vari minerali metallici — tetraedrite e galena argentifere ([24]), jamesonite, azzurrite, malachite, calcopirite, siderite, limonite — troviamo anche dell'allume, dal quale prendono nome sia l'attuale paese di Allume che l'omonimo torrente che attraversa la zona ([25]).

Purtroppo, come già è stato rilevato per altre regioni italiane, l'assenza di studi specifici volti a ricercare le tracce degli antichi giacimenti impedisce, al momento attuale, di trovare un riscontro archeologico diretto agli indizi offerti dalla distribuzione degli insediamenti protostorici.

La Sicilia, a differenza di altre aree, sembrerebbe presentare delle condizioni di un certo interesse per gli studi di archeologia mineraria, anche se il lungo periodo di abbandono e le vicende sismiche che hanno interessato la regione hanno generalmente causato l'obliterazione degli imbocchi delle gallerie, che sono comunque di assai pericolosa transitabilità a causa del tipo di roccia in cui sono scavate.

Se da un lato, come si è visto, la localizzazione di buona parte degli insediamenti nei pressi di aree di interesse estrattivo conforta l'ipotesi di uno sfruttamento del sottosuolo, dall'altro il carattere dei giacimenti, non economici per una coltivazione moderna, potrebbe aver qui preservato meglio che altrove tracce di antiche lavorazioni.

Note

1) Oteri et alii 1986, pp. 42-44.
2) Ancora al principio di questo secolo, prima dell'affermazione a livello internazionale degli enormi giacimenti americani, la Sicilia forniva i 4/5 della produzione mondiale di zolfo; ai giorni nostri, benché, causa la situazione di mercato, l'industria zolfifera dell'isola sia in pieno declino (copre infatti meno dell'1 % della produzione mondiale), tuttavia rappresenta oltre i 3/4 della produzione italiana (Sestini 1968, p. 102).
3) Erano attive 26 miniere in territorio di Alì e Fiumedinisi, 2 di Castroreale, 26 di Fondachelli di Novara, 1 di Forza d'Agrò, 2 di Francavilla, 6 di Limina, 2 di Mandanici, 7 di Savoca, 1 di Taormina. Delle due fonderie la più grande era a Fiumedinisi, mentre la minore si trovava presso Limina. Cfr. Baldanza, Triscari 1987, p. 45.
4) Tali cifre sembrano oggi eccessive, tanto che gli autori moderni tendono a considerarle riferite a minerale "lavato", cioè a tetraedrite praticamente pura: Donati, Stagno, Triscari 1980, p. 180.
5) Sulla sommità di Monte S. Onofrio, oltre a due cinte murarie di età storica, sono state rilevate tracce di una fortificazione che, per l'andamento e la struttura, paiono essere anteriori alla penetrazione dei colonizzatori greci: Genovese 1977, pp. 20, 39, tav. 22.
6) Genovese 1977, p. 45.
7) Secondo Gambadauro la miniera d'argento di contrada Spuches (Novara) «è veramente antichissima, discavata dai nostri antenati come si può vedere da talune sue chiare caratteristiche»; del pari antiche sarebbero le coltivazioni piombo-argentifere in contrada Cruvisero (Novara) ed in territorio di Limina: Baldanza, Triscari 1987, pp. 246-250.
8) Baldanza, Triscari 1987, pp. 252-253.
9) Nel 1783 un periodo sismico di circa due mesi devastò Sicilia e Calabria; nel 1840 piogge eccezionali colpirono il territorio di Fondachelli e di Novara, causando allagamenti e crolli alle miniere (Baldanza, Triscari 1987, pp. 49, 55). Altri terremoti si ebbero poi nel 1894 e nel 1908. Quest'ultimo, violentissimo, con epicentro nello Stretto, rase al suolo la città di Messina.
10) In occasione della "Mostra autarchica del minerale italiano", tenutasi a Roma dal novembre 1938 al maggio 1939, venne anche pubblicato un saggio di R. Fabiani sulle ricchezze del sottosuolo siciliano, che sottolineava la necessità di uno studio sulla regione metallifera peloritana condotto con criteri moderni (Fabiani 1938, pp. 19-20).
11) Donati et alii 1980, pp. 181-182. A tutt'oggi si rileva la mancanza di una moderna cartografia per le mineralizzazioni dei Monti Peloritani. Le uniche carte geologiche disponibili per quest'area sono infatti ancora quelle pubblicate negli anni 1884-1885.
12) Andreatta 1955, pp. 3-8.
13) Dall'Aglio, Locardi 1967, pp. 21-22.
14) La Valle 1899, p. 3.
15) Indagini territoriali basate su un programma sistematico di raccolte di superficie sono state in passato compiute da Pietro Genovese nel territorio compreso fra i bacini dei torrenti Mela ad est e Sàia Feliciotto ad ovest (Genovese 1977, pp. 9-37; Genovese 1979, pp. 71-78) e da Pietro Villari nell'area di Capo Tindari e lungo il corso del torrente Fiumedinisi (Villari 1981). Le ricognizioni di Genovese si sono avvalse dell'apporto di Luigi Bernabò Brea nella determinazione dei materiali rinvenuti (Genovese 1977, p. 13, nota 8).
16) Genovese 1977, tavv. 1-2.
17) La Valle 1904, pp. 51-53.
18) Bernabò Brea 1972, p. 170.
19) La Valle 1904, pp. 45-46.
20) Lo Schiavo 1985, p. 261, figg. 36-37; Giardino 1987 b, p. 419.
21) Bernabò Brea 1972, p. 183.
22) Bernabò Brea 1972, pp. 183-184.
23) Villari 1981, pp. 49-50.
24) Analisi effettuate su campioni di galena proveniente dai pressi del moderno paese di Fiumedinisi, in località Lummola, hanno rilevato la presenza del 74,5 % di Pb e di 138 g di Ag per 100 kg di minerale: Jervis 1873-1889, III, p. 315.
25) La Valle 1899, pp. 11-18, 23-24.

Le isole del Tirreno centrale

Sardegna

I ricchi giacimenti metalliferi sardi furono oggetto di sfruttamento, pur con alterne vicende, dalla preistoria sino ai giorni nostri ([1]).

L'isola possiede infatti numerosi ed abbondanti affioramenti di minerali di rame, piombo, ferro e argento; è anche presente, sia pure in modeste quantità, lo stagno.

Purtroppo le tracce delle più antiche coltivazioni sono state in gran parte cancellate da quelle successive ([2]). È tuttavia significativo come, in un contesto di cospicue risorse minerarie, le prime testimonianze di attività metallurgiche compaiano in un momento alquanto precoce: nell'insediamento tardo eneolitico di Su Coddu a Selargius, nel Cagliaritano, sono state infatti rinvenute scorie di lavorazione contenenti residui di rame e argento ([3]).

La tecnica per ricavare, mediante desolforazione, il piombo dalla galena doveva essere nota in Sardegna già a partire dall'eneolitico: alla facies di Abealzu-Filigosa vanno ascritti i due crogiuoli di terracotta a cucchiaio rinvenuti, con piombo metallico e galena, nell'abitato adiacente a Monte d'Accoddi (Sassari) ([4]). Alla stessa facies appartengono pure alcuni frammenti di piombo scoperti nel dolmen Sa Corte Noa di Laconi (Nuoro) ([5]). L'uso del piombo nella realizzazione di grappe metalliche per il restauro di vasi è attestato nella cultura di Monte Claro, dell'eneolitico avanzato: una ciotola riparata in tal modo proviene dalla grotta di Cùccuru Tiria (Iglesias) ([6]).

Va rilevato come queste prime testimonianze dell'impiego del piombo provengano tutte da aree ricche di giacimenti di galena: Monte d'Accoddi è situato nei pressi del grosso bacino minerario della Nurra, Laconi dista solo una decina di chilometri dai filoni piombo-cupro-zinciferi di Funtana Raminosa, mentre la grotta di Cùccuru Tiria è posta all'interno stesso del distretto dell'Iglesiente.

La galena, del resto, rappresenta un minerale assai frequente ed abbondante nell'isola, dove compare per lo più associata a blenda e pirite, dando luogo a giacimenti a solfuri misti ([7]). E. Billows giunse a localizzare addirittura circa 400 ubicazioni di rinvenimento ([8]). Come si può rilevare dalla carta metallogenica, affioramenti di varia entità sono distribuiti su gran parte della superficie della Sardegna ([9]). Vanno tuttavia ricordate, per la loro importanza estrattiva, alcune particolari regioni, quali l'Iglesiente e l'Arburese (con in particolare le miniere di Montevecchio, Gennamari, S. Lucia, Gonnesa, Monteponi, Masua, Nebida, S. Giovanni, Seddas Moddizis, Sa Duchessa, Tiny e Arenas), il Gerrei (miniere di Genna Tres Montis e Muscadroxiu), il Sarrabus (miniere di Baccu Arrodas, Monte Narba, Giovanni Bonu, Masaloni, Serra S'Ilixi, Tuviois), il Nuorese (miniere di Genna Ollastu, Serra Tetti, Serra Murvonis, Correboi, Sos Enattos, Argentaria), la Nurra (miniere dell'Argentiera e di Calabona) ([10]).

La Sardegna è caratterizzata da una geologia assai complessa, essendo presenti, in una superficie relativamente esigua (circa 24.000 km^2), affioramenti di rocce databili dal paleozoico al quaternario ([11]): i vari distretti sono quindi assai diversi fra loro per origine e giacitura delle mineralizzazioni. Mentre i depositi dell'Iglesiente e delle parti contigue del Sulcis sono compresi nella serie cambrica, quelli dell'Arburese, della Nurra e del Nuorese sono contenuti nel granito ercinico o in scisti paleozoici o post-silurici ([12]).

In età nuragica si osserva in Sardegna un impiego del piombo assai accentuato, elemento questo che distingue nettamente l'isola dal coevo contesto protostorico italiano. Il metallo veniva usato, oltre che nella riparazione di vasellame, nel fissaggio degli elementi litici di costruzione, per fissare alle loro basi in pietra oggetti bronzei come statuine ed armi votive, per foderare internamente vasi, o come contenitore. Con esso venivano anche realizzati piccoli oggetti, come il modellino di nave rinvenuto nel complesso di Antigori di Sarroch ([13]). La presenza di tenori di piombo relativamente elevati (dal 2 % al 7 %), specie in alcuni bronzetti, induce ad ipotizzare che esso venisse talora aggiunto intenzionalmente nella lega per fluidificare la colata ed abbassare la temperatura di fusione ([14]).

È stato recentemente ipotizzato che i segni geometrici impressi su alcuni lingotti di piombo rinvenuti a Sant'Anastasia di Sardara stessero ad indicare il loro valore ponderale ([15]). Tali lingotti, aventi lo stesso tipo di numerazione dei pesi da bilancia in steatite da Santu Brau-Furtei e da Forraxi Nioi-Nuragus ([16]), avrebbero quindi svolto verosimilmente una funzione simile ([17]).

Lingotti di piombo, diversi fra loro per forma, dimensione e peso sono stati rinvenuti in numerose zone dell'isola ([18]), talune anche alquanto distanti da giacimenti di galena. È quindi evidente che il metallo dovesse essere commerciato dalle comunità isolane mediante un sistema più o meno articolato di scambi. Una testimonianza che questi traffici dovessero svolgersi anche per via marittima è costituita dal rinvenimento del relitto di un barcone di età nuragica contenente, tra l'altro, un carico di lingotti e placchette di piombo ([19]). Tale rinvenimento è stato effettuato nella Marina di Arbus, località sulla costa sud-occidentale dell'isola, a breve distanza del grosso centro minerario di Montevecchio, in un tratto di mare lungo il quale gravitano i bacini metalliferi di Iglesias e di Fluminimaggiore.

Alquanto suggestiva è l'ipotesi formulata da G. Ugas secondo cui una delle funzioni svolte dai santuari nuragici fosse quella di centri di commercio e di smistamento dei metalli. Un indizio in tal senso è rappresentato dal santuario di Sant'Anastasia di Sardara (Cagliari), che sorge non lontano dai giacimenti dell'Iglesiente e del Guspinese e nel quale sono venuti alla luce numerosi lingotti rame ([20]) e di piombo, sia interi che frammentati. Dalla sola capanna 5 di questo complesso provengono oltre 190 kg di piombo ([21]).

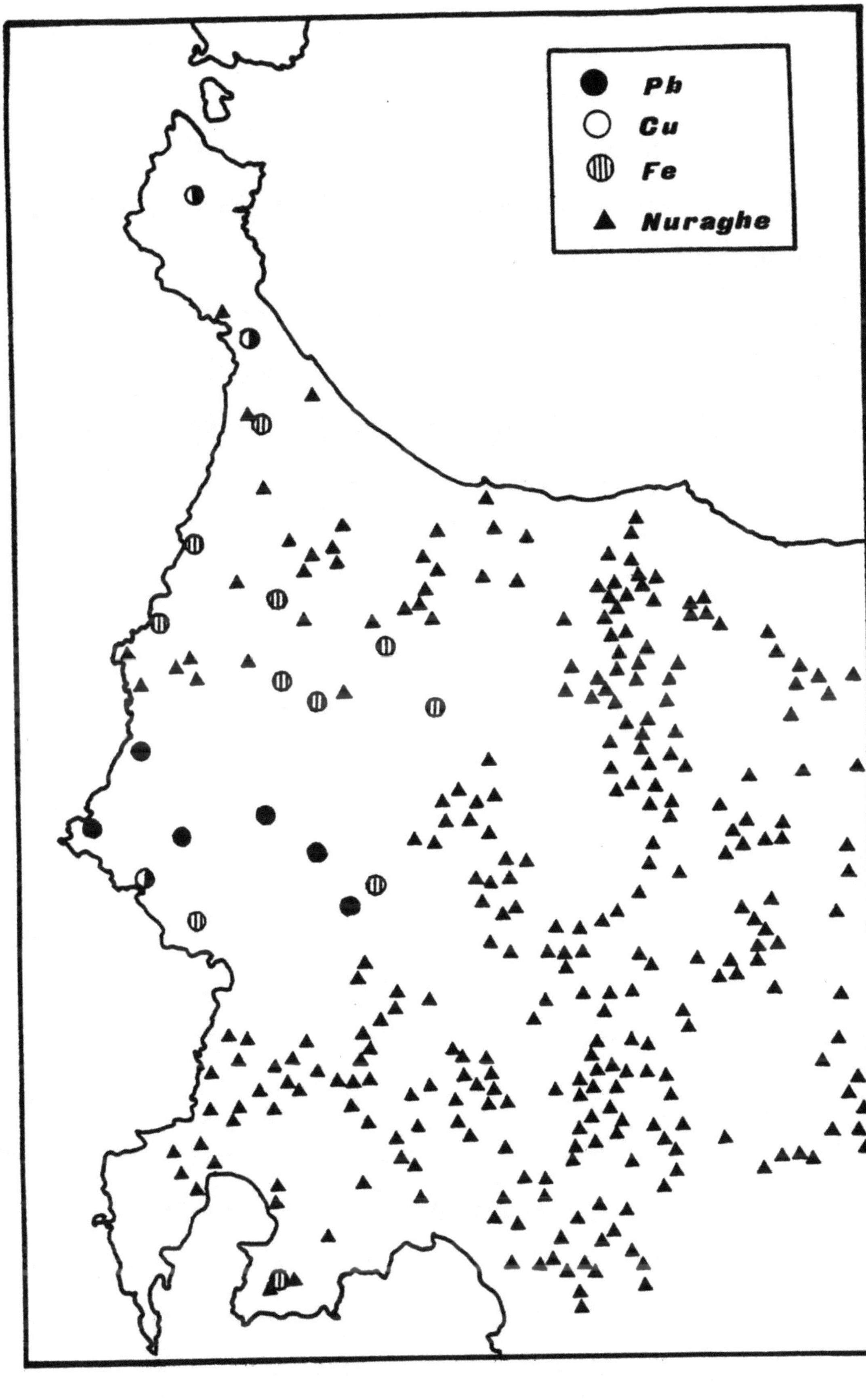

Fig. 66. Nuraghi e località d'interesse minerario nell'area della Nurra.

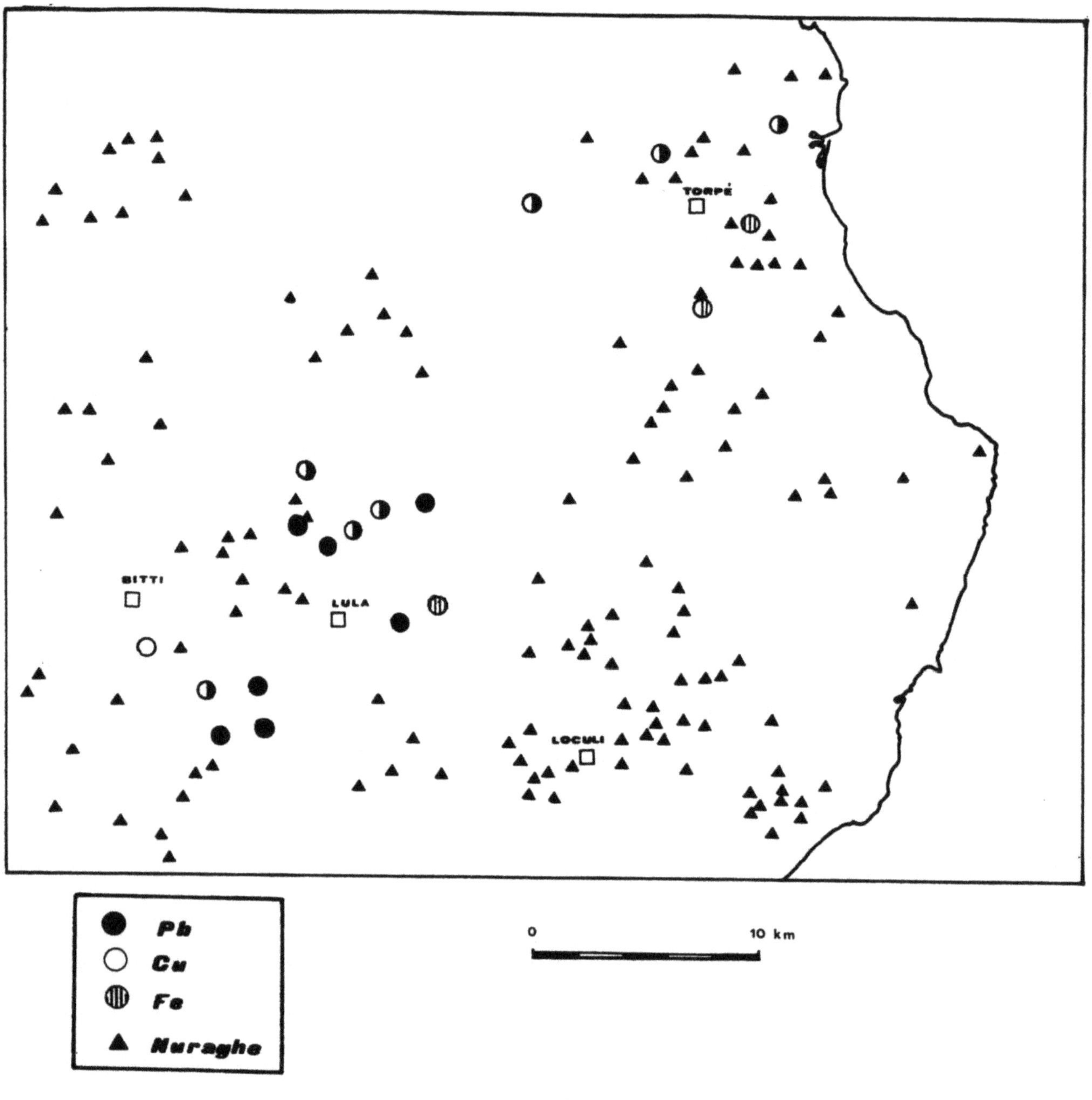

Fig. 67. Nuraghi e località d'interesse minerario nel Nuorese.

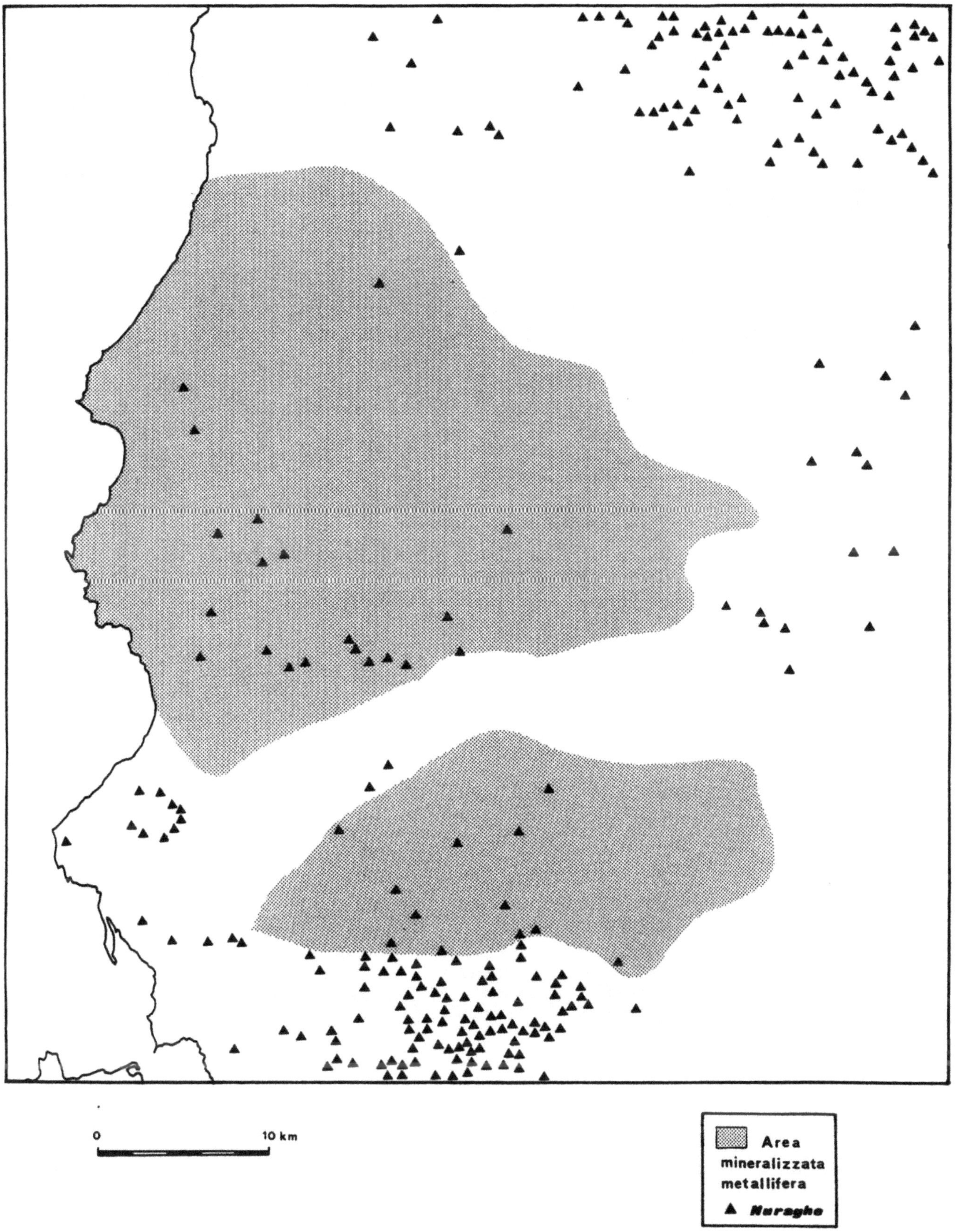

Fig. 68. Nuraghi e località d'interesse minerario nell'Iglesiente.

Analisi isotopiche condotte su piombi di età nuragica provenienti dai nuraghi Albucciu di Arzachena (Sassari) e Antigori di Sarroch (Cagliari) indicano come comune origine del metallo i depositi di giacitura cambriana del Sulcis-Iglesiente ([22]). Tale dato mostra chiaramente come il piombo dell'Iglesiente raggiungesse non soltanto l'area relativamente vicina del Cagliaritano, ma anche la lontana Gallura.

Consistenti tracce di attività mineraria preistorica furono rilevate al principio del secolo in Barbagia ([23]). Qui, nell'alta valle del Flumendosa, in territorio di Gadoni, sono presenti numerosi giacimenti a solfuri misti di particolare ricchezza, quali quelli di Funtana Raminosa ([24]). I filoni metalliferi si rinvengono nelle rocce metamorfiche del contatto dei porfidi con gli scisti ed i calcari ([25]); essi vennero sfruttati in antico per centinaia di metri, seguendoli dal basso verso l'alto.

La roccia, preliminarmente disgregata per effetto termico mediante l'accensione di fuochi, veniva poi scavata con strumenti litici, scaricando i cumuli di materiale alle pareti della montagna. Furono osservati pozzi verticali e inclinati, alcuni dei quali del diametro di circa trenta metri, ed anche piccole gallerie.

Nella miniera di Gadoni, in fondo ad un pozzo lungo una ventina di metri, venne trovato lo scheletro di un minatore nuragico schiacciato da un masso, con intorno il mucchio di minerale da lui stesso raccolto. Alla Galleria Romana, posta presso la confluenza del Riu Sarraxinus con il Flumendosa, furono notate brevi gallerie interrate nelle quali vennero rinvenuti pestelli e mortai di porfido insieme con carboni e cenere. In una galleria scavata nel fianco del monte, il cui imbocco era stato occultato in antico con un muretto a secco coperto di terriccio, furono scoperti, oltre a cumuli di minerale ferroso, macinelli e mortai di diorite, anche una catasta di legno di quercia fossilizzatasi grazie all'alto tenore di sali contenuti nelle acque sotterranee.

Testimonianze di antiche coltivazioni vennero riscontrate anche in altre aree dell'isola, particolarmente nell'Iglesiente ([26]).

Grossi pestelli in diorite di forma pressoché cilindrica ad estremità arrotondate del peso di 7-8 kg sono anche stati segnalati in località Su Mansuela, a Barrali (Cagliari), dove vi sono affioramenti piombo-cupriferi. Mortai e pestelli, questi ultimi sia di granito che di ematite, provenienti dalle miniere di Planu Dentis e di Campigeddu sono custoditi nel Museo dell'Istituto Tecnico Industriale Minerario di Iglesias (fig. 70: 8-12). Esso conserva anche una raccolta di lucernette fittili nuragiche rinvenute nella miniera di Masua (figg. 69 B; 70: 1-2) e delle teste di mazza litiche forate, da Tintillonis e Planu Dentis (fig. 70: 4-7). Analoghe teste di mazza sono state anche raccolte in passato nelle aree minerarie di Rosas, di Narcao e di Guspini ([27]).

L'uso di strumenti litici appare in generale alquanto diffuso in età nuragica; in ambito minerario tali attrezzi dovettero comunque essere affiancati, a partire dalla tarda età del bronzo, da quelli metallici. Tra questi vanno in particolare ricordati i picconi, significativamente tutti rinvenuti in località non distanti da giacimenti. Potevano inoltre trovare impiego nei lavori estrattivi e nella frantumazione del minerale anche le doppie asce, i martelli e gli scalpelli, provenienti da numerosi punti dell'isola ([28]).

Taluni degli arnesi sopra elencati potevano anche venire utilizzati nell'ambito di officine fusorie, di cui sono documentate molteplici tracce in Sardegna: è stato anzi rilevato come quasi tutti i grossi nuraghi con annesso villaggio avessero una propria fonderia ([29]). Particolarmente significativo è il caso del complesso nuragico di Santa Barbara di Bauladu (Oristano), che ha restituito abbondanti evidenze di attività metallurgiche, quali scorie, crogioli fittili con residui di metallo fuso ([30]), un lingotto di piombo, forme di fusione in argilla, frammenti di anime in terracotta per la realizzazione di manufatti cavi, pezzi di bronzo, rame e piombo ([31]).

Va rilevato come nello strumentario siano osservabili influenze levantine, come nelle pinze fusorie e nelle palette da fornace, che riecheggiano modelli ciprioti ([32]).

L'intensa attività delle officine sarde è testimoniata anche dall'elevato numero di matrici di fusione nuragiche che sono giunte sino a noi, la quasi totalità delle quali in pietra, benché non manchino, come si è detto, esemplari pure in argilla ([33]).

Queste ultime, utilizzate nella tecnica della "cera persa", sono state rinvenute, oltre che al nuraghe S. Barbara, anche nello scavo di una capanna del villaggio di Sant'Anastasia di Sardara ([34]). Esse erano impiegate per la realizzazione sia di manufatti d'uso, che di bronzetti votivi: alcuni frammenti da S. Barbara recano una decorazione incisa, destinata ad essere riprodotta sull'oggetto finito ([35]).

Un ulteriore, significativo indizio di una fiorente metallurgia è rappresentato dalla rilevante produzione di oggetti bronzei e dal cospicuo numero di lingotti trovati nell'isola ([36]). A tale proposito è necessario accennare, sia pur brevemente, al complesso problema della provenienza dei lingotti "a pelle di bue" sardi, la cui origine, indigena o frutto di importazione dal Mediterraneo orientale, è al centro di controversie fra gli studiosi sino dal momento della loro prima scoperta, avvenuta nel secolo scorso ([37]).

Lingotti di questa particolare foggia sono oggi documentati, interi o in pezzi, in una ventina di località della Sardegna ([38]). La loro cronologia sembra allo stato attuale inquadrarsi in un periodo compreso fra il Bronzo medio ed il Bronzo finale; secondo recenti studi i lingotti *"ox-hide"* non parrebbero essere stati in uso dopo la fine della tarda età del bronzo ([39]). Analisi metallografiche, sia sulla composizione chimica che sul rapporto isotopico del piombo, condotte su 31 differenti campioni hanno escluso che il metallo dei pezzi esaminati provenga dai giacimenti del Sulcis-Iglesiente, o da alcuni di quelli del nuorese — a differenza di quello di alcuni bronzi nuragici — come pure dai depositi del distretto toscano delle Colline Metallifere ([40]). L'ipotesi di una provenienza del metallo da Cipro, come sembrano suggerire tali indagini, non può tuttavia ritenersi definitivamente provata; come rilevato da vari autori, allo stato attuale della ricerca i dati delle analisi infatti non sono sufficienti ad escludere del tutto una origine indigena di tali reperti ([41]). Si dispone infatti ancora di scarsi dati sulla composizione del metallo proveniente dai giacimenti sardi di età cretacea e più recenti, quali quelli presenti in particolare nell'area nord-occidentale dell'isola ([42]).

A

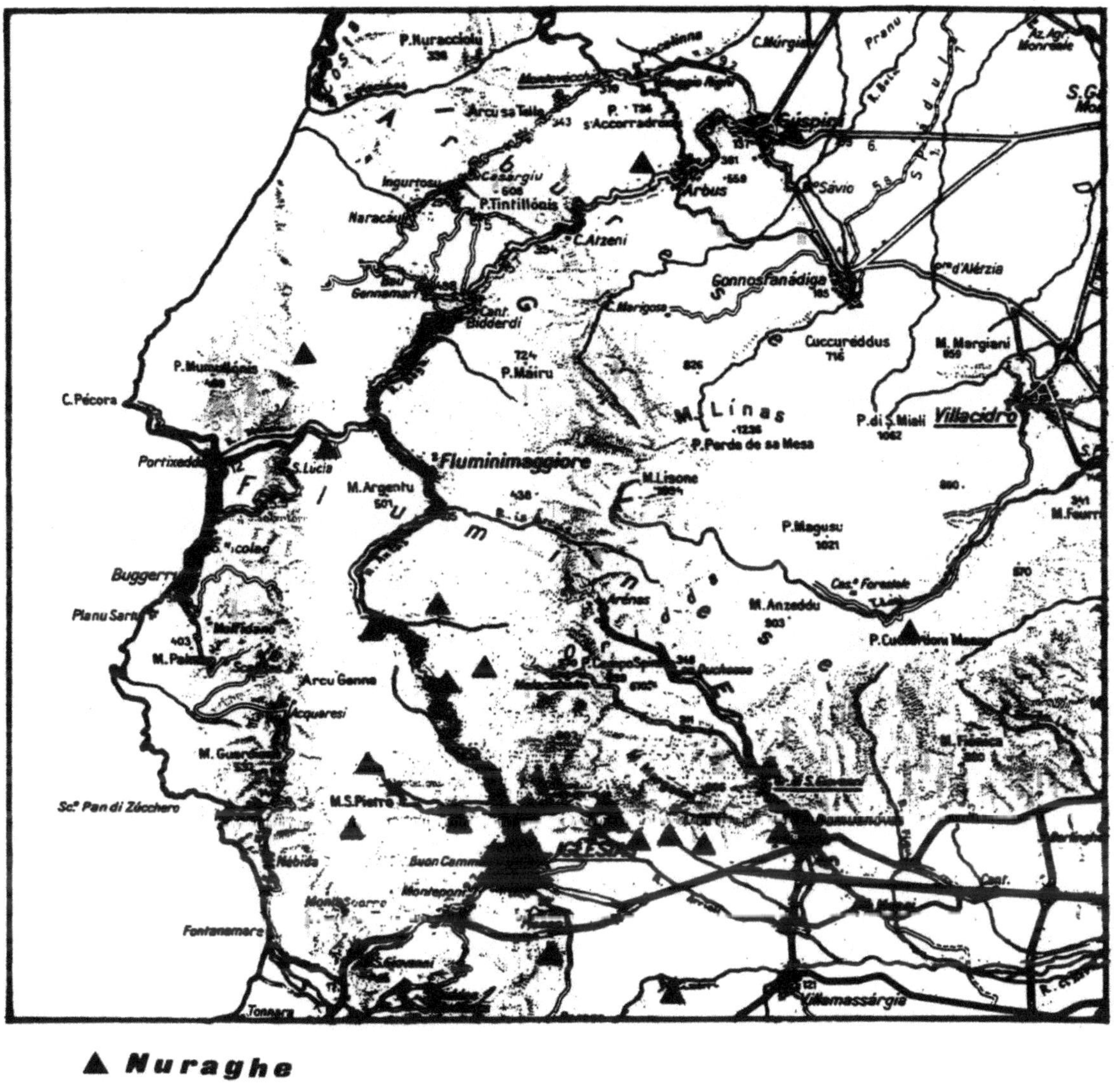

B

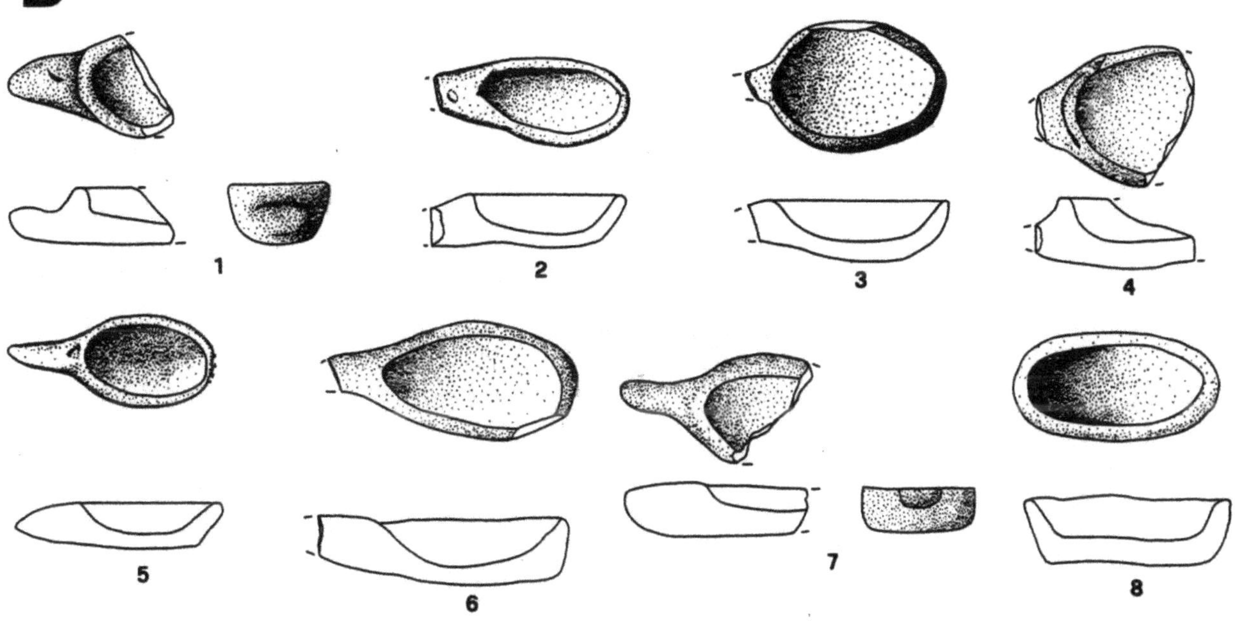

Fig. 69. A. Distribuzione dei nuraghi nel distretto di Iglesias.
B. Lucerne d'impasto dalla miniera di Masua. Scala: 1/3.

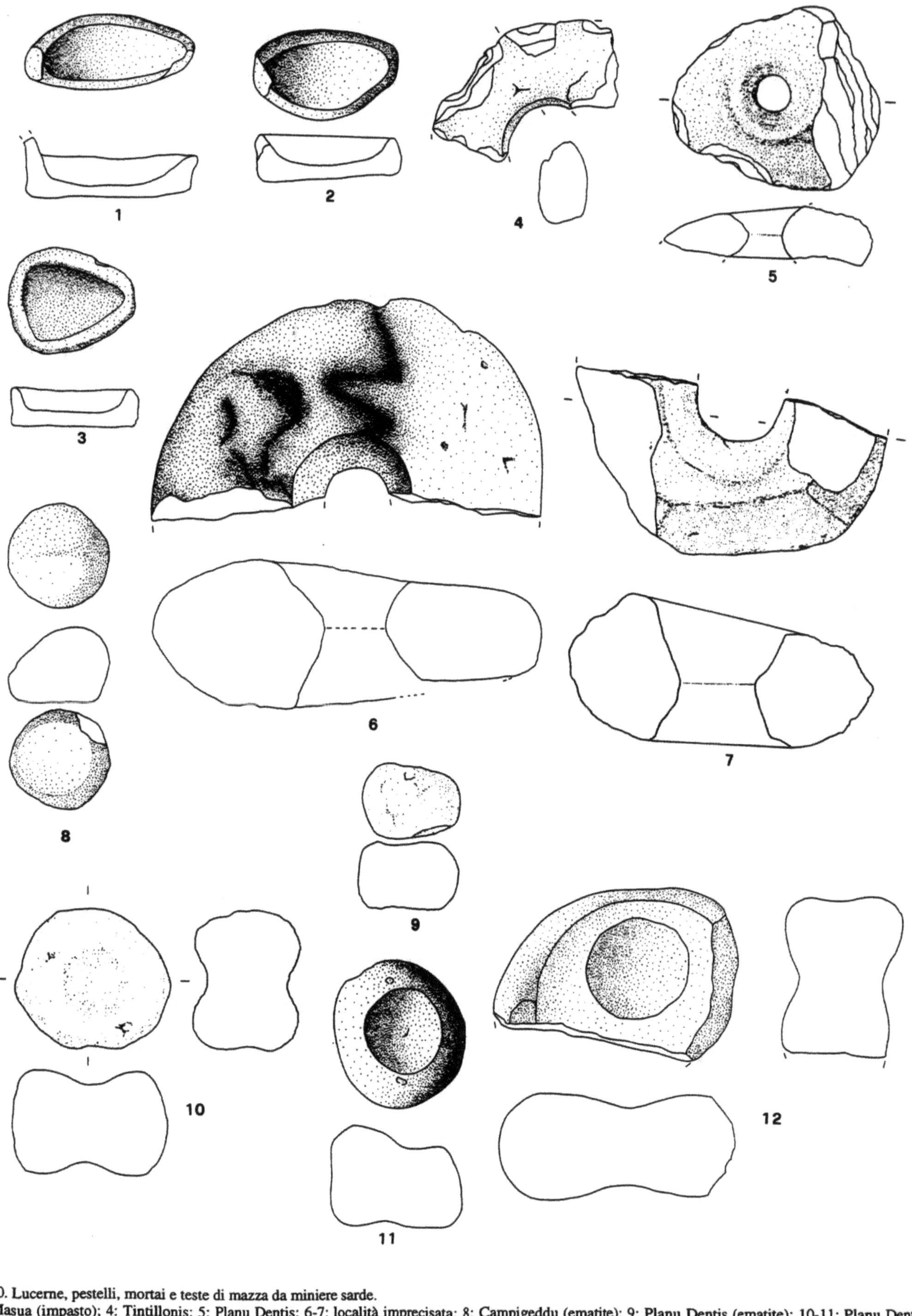

Fig. 70. Lucerne, pestelli, mortai e teste di mazza da miniere sarde.
1-3: Masua (impasto); 4: Tintillonis; 5: Planu Dentis; 6-7: località imprecisata; 8: Campigeddu (ematite); 9: Planu Dentis (ematite); 10-11: Planu Dentis (granito); 12: Campigeddu (granito). Scala: 1/3.

La galena sarda, particolarmente quella proveniente da alcune aree dell'Iglesiente, è caratterizzata da un alto tenore di argento, compreso tra i 2 ed i 6 kg per tonnellata ([43]), con punte che possono anche raggiungere i 14 kg per tonnellata ([44]); tale argento è estraibile dalla galena mediante processi di coppellazione.

Argento è stato inoltre rinvenuto, in ricche concentrazioni, nel Sarrabus sia allo stato nativo che in minerali di alterazione ([45]); esso è anche presente, come accessorio, nelle mineralizzazioni dell'Arburese, del Gennargentu, dell'Arborea e dell'Ogliastra ([46]).

Piccoli oggetti di questo metallo sono attestati già in contesti tardo-neolitici e dell'eneolitico iniziale. A Pranu Mutteddu di Goni (Cagliari), in un corredo tombale della cultura di Ozieri, sono stati rinvenuti due piccoli anelli d'argento ([47]) ed anelli e spiraline dello stesso metallo sono documentati nel dolmen Sa Corte Noa di Laconi, associati a materiali della facies Abealzu-Filigosa; come già accennato, inoltre, dallo stesso dolmen provengono anche dei reperti di piombo ([48]). Altri oggetti in argento, in questo caso perline, sono poi attestati nel sepolcreto algherese di Anghelu Ruju ([49]).

In età nuragica vennero realizzati in argento prevalentemente bracciali, anelli ed orecchini. La distribuzione di tali ornamenti, principalmente concentrata nel Nuorese, potrebbe collegarsi con lo sfruttamento dei locali affioramenti di galena. Sono infatti localizzati nel territorio della provincia di Nuoro il nuraghe S. Pietro di Torpè, dal quale provengono anelli a fascetta ed orecchini, la voragine di Ispingoli (Dorgali) ed il ripostiglio di Loculi, in cui sono stati rinvenuti bracciali a capi aperti massicci, nonché il sito di Sa Sedda 'e Sos Carros dove si segnala un braccialetto a fascia composto da cordoncini paralleli di argento e di bronzo. Altri braccialetti sono inoltre segnalati pure in altre località del Dorgalese ([50]).

La Sardegna possiede anche numerosi giacimenti di minerali ferriferi, come ematite, magnetite e limonite. Essi sono diffusi un poco dovunque, ma particolarmente nel Sulcis-Iglesiente (miniere di Funtana Perda e di Capoterra), nel Sarrabus (Villaputzu, S. Vito), nel Nuorese (Orani), nella Nurra (Canaglia) ([51]). Recenti studi condotti da F. Lo Schiavo sui rinvenimenti di oggetti di ferro in contesti nuragici dimostrano che l'introduzione di questo metallo nell'isola è da porre nell'ambito della tarda età del bronzo ([52]).

Particolarmente significativi, a tale proposito, sono alcuni moderni rinvenimenti; purtroppo infatti il pregiudizio che gli oggetti in ferro dovessero necessariamente essere tardi ha spesso portato nei vecchi scavi a trascurare tali attestazioni.

Un frammento di ferro proviene dallo strato 4 del vano superiore della torre C del complesso nuragico di Antigori, dove è associato a ceramica del T.C. II ([53]).

Al tardo Bronzo viene attribuito un amo da pesca in ferro dalla tomba di giganti di S. Cosimo di Gonnasfanadiga ([54]).

Una daga con lama di ferro ed elsa in steatite è stata rinvenuta in una tomba collettiva megalitica "a cassone" a Motrox 'e Bois (Uselus, Oristano) insieme, tra l'altro, a grani d'ambra "ad astragalo" tipo "tesoro di Tirinto" ed a costolature tipo Allumiere, materiali questi ultimi da attribuire al Bronzo finale ([55]). Pure nell'ambito del Bronzo finale s'inquadra il ripostiglio composto da ventisei strumenti di artigiano in bronzo e ferro rinvenuto nello spessore murario del cortile del nuraghe Sa Mandra 'e Sa Giua di Ossi (Sassari) ([56]).

In Sardegna, oltre ai metalli già ricordati è presente anche lo stagno. La cassiterite è stata trovata esclusivamente nella zona di Fluminimaggiore, presso Villacidro (Monte Mannu e Muzzioli Nieddu), a Gonnasfanadiga (Togoro e San Pietro) ed a Punta Santa Vittoria ([57]). Lo stagno, alquanto raro nel mondo mediterraneo, e quindi considerato in età protostorica assai prezioso ([58]), costituiva indubbiamente un prodotto assai ricercato e pregiato.

Sul finire del secolo scorso venne riscontrata la presenza di stagno e/o cassiterite all'interno dei ripostigli nuragici di Lei (0,7 kg), Abini e Forraxi Nioi (10 kg) ([59]). Nel caso di quest'ultimo complesso recenti analisi hanno appurato trattarsi di frammenti di lingotti di stagno ([60]), piuttosto che di minerale, come era stato invece sostenuto in passato ([61]).

Numerosi autori hanno rilevato una connessione fra le attività metallurgiche ed i nuraghi, con i loro eventuali, relativi villaggi, dove sono state talora rinvenute tracce di tali attività ([62]).

Può quindi costituire motivo di interesse mettere in rapporto queste strutture con i giacimenti minerari, selezionando come aree campione quelle che, sulla base della ricchezza di mineralizzazioni e della loro agevole sfruttabilità, posseggono le caratteristiche più idonee ad una coltivazione effettuata con le tecnologie protostoriche.

Sono state quindi analizzate tre regioni, differenti per caratteristiche geografiche, morfologiche e geologiche: la Nurra, nell'estremità nord-occidentale dell'isola, il Nuorese, nella parte centro-orientale, e l'Iglesiente, in quella sud-orientale.

È comunque opportuno premettere che, essendosi protratti la costruzione e l'impiego dei nuraghi nell'arco di vari secoli, l'assenza di una griglia cronologica che permetta un esame diacronico dell'occupazione territoriale, porta necessariamente ad appiattire in una visione apparentemente sincronica fenomeni e monumenti distribuiti in realtà in un ampio lasso di tempo. L'esame delle relative carte di distribuzione non può quindi prescindere da una certa cautela, particolarmente nell'ipotizzare modelli insediativi: non tutti i nuraghi indicati nelle carte, infatti, debbono essere stati in uso contemporaneamente.

Per quanto concerne la Nurra (fig. 66), si può osservare come i nuraghi, di norma presenti nella regione in numero assai elevato ([63]), risultino assenti proprio dalle aree di maggiore interesse giacimentologico.

Essi sembrano infatti recingere, senza tuttavia penetrare al suo interno, la zona di Capo dell'Argentiera e del suo entroterra, geologicamente caratterizzata da rocce paleozoiche nelle quali si rinvengono mineralizzazioni piombifere (galena, anglesite, cerussite),cuprifere (malachite, azzurrite) e ferrifere (ematite, limonite, goethite, siderite) ([64]).

Nel Nuorese (fig. 67) i giacimenti di rame, che sono spesso associati a quelli piombo-zinciferi, come pure i minerali ferrosi, si addensano attorno ai centri di Torpè e di Lula. Si rinvengono, in particolare calcopirite, malachite, azzurrite e galena argentifera.

Ad un primo, superficiale esame, non paiono esservi dirette relazioni fra miniere e nuraghi; un'analisi più attenta sembra tuttavia suggerire un qualche rapporto fra le aree estrattive ed alcuni raggruppamenti di nuraghi, collocati nelle immediate adiacenze delle zone metallifere ed intorno ad esse.

Più in dettaglio, si può rilevare come, nell'area di Torpè, una ventina di nuraghi sorgano ad una distanza massima di 3 km dai centri estrattivi, ed anzi, in taluni casi, a soli 500 m da essi (nuraghi Chiriddula, Pizzinnu, Su Frau, S. Pietro, Oliena Uliana).

Una situazione per molti versi simile si incontra anche a Lula, dove anche qui, in un raggio di 3 km dai giacimenti, sono presenti circa una quindicina di nuraghi, alcuni dei quali sono lontani soltanto 500 m dalle mineralizzazioni (nuraghi Lapasiu, Jaccu Enna, S. Lulla).

Un ruolo di particolare importanza fra i giacimenti sardi, e più in generale, dell'intero bacino mediterraneo, hanno rivestito sin dall'antichità classica i giacimenti a solfuri misti dell'Iglesiente.

Le analisi isotopiche del piombo condotte su bronzi nuragici del ripostiglio di Santa Maria in Paulis (Sassari) ([65]) indicano come la più probabile origine del metallo sia il distretto dell'Iglesiente-Sulcis ([66]); si è già accennato ad analoghi risultati ottenuti esaminando alcuni oggetti in piombo rinvenuti nei nuraghi Antigori ed Albucciu.

Nel cosiddetto "anello metallifero dell'Iglesiente" i minerali più abbondanti sono quelli piombiferi, prima fra tutti la galena, che è qui frequentemente argentifera, ma sono pure assai diffusi minerali cupriferi (calcopirite, covellite, cuprite, azzurrite, malachite, calcocite, bornite) e ferriferi (goethite, limonite, ematite) ([67]). Come ricordato in precedenza sono anche segnalati affioramenti di cassiterite.

La carta di distribuzione mostra invece in tale area una delle più basse concentrazioni di nuraghi dell'isola, con un rapporto fra nuraghi e superficie inferiore allo 0,1 per km^2 (fig. 68) ([68]).

Da un'analisi più dettagliata (fig. 69 A) si rileva però che le sporadiche presenze sono dislocate lungo le naturali vie di accesso al bacino minerario di Iglesias: in questa regione montagnosa i due soli assi di penetrazione sono costituiti a sud-est dalla valle del fiume Cixerri, che la pone in contatto con il Campidano, ed a nord-ovest dalla stretta valle che la collega con il Fluminese e l'Arburese.

È verosimile che nell'Iglesiente, come anche in parte della Nurra, la situazione geo-litologica abbia influito sulla distribuzione dei nuraghi: sono infatti significativamente assenti in entrambe le aree quelle rocce basaltiche e trachitiche il cui uso appare nettamente prevalente nell'edificazione delle costruzioni nuragiche ([69]).

Quanto alla posizione dei nuraghi, che suggerisce una loro azione di vigilanza sul sistema viario, va rilevato come numerosi autori abbiano da tempo postulato come tali strutture esercitassero, tra l'altro, funzioni di controllo territoriale, particolarmente nelle zone di interesse produttivo ([70]).

Si può quindi ipotizzare, sulla base dei modelli distributivi esaminati, che in queste aree i nuraghi avrebbero esercitato un ruolo di sorveglianza e di controllo sui giacimenti e sull'accesso ad essi, specie nei confronti delle altre comunità isolane. Alcuni nuraghi, con i relativi villaggi, potrebbero talora avere anche costituito centri di raccolta e di lavorazione del minerale.

NOTE

1) La coltivazione dei giacimenti metalliferi, attiva sia in età fenicio-punica che romana (Vardabasso 1939, pp. 24-38; Lilliu 1986, pp. 14-17), venne progressivamente in gran parte abbandonata durante l'alto medioevo (Rolandi 1969-1970, pp. 621-629); riprese poi nell'XI secolo, anche grazie all'impulso dei Pisani (Rolandi 1969-1970, pp. 2-5). L'avvento degli Aragonesi causò un ulteriore, lungo periodo di crisi dell'industria mineraria sarda, protrattosi per circa trecento anni. Il passaggio dell'isola ai Savoia, nel 1720, favorì il risveglio dell'interesse per lo sfruttamento delle risorse del sottosuolo (Carta 1967, pp. 89-90).
2) La lunga storia estrattiva dell'isola, come in numerose altre regioni minerarie, ha inevitabilmente portato alla obliterazione dei più antichi pozzi: cfr. Vardabasso 1939, p. 32; Lo Schiavo 1981 b, p. 275; Tylecote, Balmuth, Massoli-Novelli 1984, pp. 117-118. Il rinvenimento di materiali archeologici all'interno di miniere, avvenuto in passato prima dell'introduzione delle moderne tecniche di estrazione, assai più distruttive, dimostra come alcune coltivazioni abbiano spesso avuto una lunga continuità nel tempo. Va tuttavia ricordato che in età preistorica venivano utilizzati anche affioramenti assai modesti, non più vantaggiosamente sfruttabili in età successive; indagini territoriali mirate potrebbero forse ancora permettere la scoperta di eventuali evidenze di questo tipo: cfr. Weisgerber 1982, pp. 27, 29-30.
3) Lilliu 1986, p. 8.
4) Lilliu 1986, p. 8; Lo Schiavo 1988 c, p. 93, fig. 9. 3: a; Giardino 1992, p. 305.
5) Atzeni 1982, pp. 336-337.
6) Atzeni 1981, p. XLIII, figg. 22, N 124. Sulle varie grotte dell'Iglesiente che hanno restituito materiale archeologico e, in particolare, sulla localizzazione e la morfologia della grotta di Cùccuru Tiria, situata alle pendici occidentali del Monte Morganai, cfr. Alba 1982, p. 36; Forti, Perna 1982, p. 64, tavv. 105-106.
7) Pietracaprina, Brizzi 1987, pp. 87-88. In età medioevale, e quindi con l'impiego di una tecnologia ancora poco evoluta, è stato calcolato che la produzione di piombo ricavato dalle galene sarde si aggirasse intorno alle 6.000-8.000 tonnellate annue (Rolandi 1969-1970, p. 194). Si consideri inoltre che nel solo distretto minerario di Iglesias furono prodotti, negli anni 1860, 1870 e 1880, rispettivamente 9.165, 25.000 e 36.143 tonnellate di minerale di piombo (D'Achiardi 1883, I, p. 243). Nel ventennio compreso fra le due guerre mondiali (1919-1939) la produzione di piombo sardo giunse a 848.333 tonnellate (Rollandi 1981, p. 142, tab. 1).
8) Billows 1935, p. 25.
9) Marcello, Pretti, Salvatori 1978.
10) Jervis 1873-1889, III, pp. 17-189; Pietracaprina, Brizzi 1987, p. 88.
11) Pietracaprina, Brizzi 1987, pp. 11-17.
12) Brusca, Dessau 1968, pp. 472-477; Swainbank et alii 1982, pp. 275-285; Garbarino et alii 1983, pp. 202-222; Boni 1985, pp. 10-11.
13) Lo Schiavo 1986 a, pp. 193-196, fig. 1.
14) Giardino 1987 a, p. 206, fig. 9.9.3.
15) Lingotti nuragici in piombo contrassegnati da marchi o tacche incisi sul metallo molle sono stati rinvenuti a Sant'Anastasia di Sardara (5 esemplari), a Monte Olladiri di Monastir (1 esemplare) ed a Cagliari-Giorgino (1 esemplare) (Ugas 1984, p. 531, tav. XCVI b; Ugas 1985, p. 216, fig. 20; Ugas 1986, pp. 41-43, tav. VIII; Ugas, Usai 1987, pp. 174-176, 186-189, tab. 2-3).
16) Ugas 1986, pp. 45-46, tavv. XVI: 3-6; XVII: 1-5.
17) Ugas, Usai 1987, pp. 188-191, tab. 3-4.
18) G. Ugas distingue fra essi 7 tipi: a macina (A), a panella a calotta (B), a panella emisferica (C), a disco (D), a barra rettangolare (E), a barra quadrata (F), a vassoio (G); il loro peso varia fra i 4,800 ed i 23,100 kg (Ugas, Usai 1987, pp. 186-187, tab. 2-3); per la carta di distribuzione dei lingotti in piombo nuragici distinti tipologicamente, cfr. Ugas, Usai 1987, tav. XI. Le località di rinvenimento sono le seguenti:
Provincia di Sassari: Nuraghe Badu e Trovu - Tula; Ploaghe.
Provincia di Nuoro: Lei; Sa Sedda 'e Sos Carros - Oliena; Abini - Teti; Forraxi Nioi - Nuragus.
Provincia di Oristano: Nuraxi Mannu - Cabras, Santa Barbara - Bauladu.
Provincia di Cagliari: Marina - Arbus, Sant'Anastasia - Sardara, Crabai - Villasor, Monte Olladiri - Monastir, Marina - Cagliari.
19) Ugas, Usai 1987, p. 188.
20) Tra essi anche vari frammenti di lingotti "a pelle di bue", alcuni dei quali recavano impressi dei contrassegni (Ugas, Usai 1987, pp. 170-171).
21) Ugas, Usai 1987, pp. 182-188.
22) Tylecote, Balmuth, Massoli-Novelli 1984, pp. 132-133; Gale, Stos-Gale 1987, pp. 150-152; Gale, Stos-Gale 1988, p. 353.
23) Taricco 1911, pp. 135-136; Taramelli 1912, p. 80; Rellini 1923, pp. 58-61.
24) Nell'area di Funtana Raminosa si rinvengono numerosi minerali metallici, con netta prevalenza di quelli cupriferi (rame nativo, cuprite, azzurrite, calcopirite, malachite) e ferriferi (ferro nativo, magnetite, marcasite, pirite, pirrotina); è anche segnalata la presenza di galena: cfr. Taricco 1911, pp. 142-143; Pietracaprina, Brizzi 1987, pp. 770,190.
25) Taricco 1911, pp. 115, 133, 135.
26) Sui vecchi lavori minerari condotti nel secolo scorso nell'Iglesiente, con indicazioni su giacimenti ora abbandonati, cfr. Zoppi 1888, pp. 79-109, con pianta dell'Iglesiente; Jervis 1873-1889, III, pp. 19-32, 38-117.
27) Taramelli 1923 a, pp. 71-72.
28) Giardino 1987 a, pp. 199-202.
29) Lo Schiavo 1982 b, p. 273, fig. 4.
30) L'analisi metallografica del residuo di rame contenuto in uno dei crogioli (75,9 % Cu; 20,7 % Pb; 3,5 % Sn) mostra l'aggiunta di piombo al bronzo, probabilmente per migliorarne la colabilità: Gallin, Tykot 1993, pp. 340-341, fig. 7.
31) Gallin, Tykot 1993.
32) Lo Schiavo 1983 b, pp. 291-299, 313-318; Lo Schiavo, Macnamara, Vagnetti 1985, pp. 22-28.
33) Sono attestate forme di fusione litiche univalvi, bivalvi e multiple. Non si conosce invece alcun esemplare di forma di fusione in bronzo: cfr. Lo Schiavo 1981 b, p. 278; Lo Schiavo 1982 b, p. 273, fig. 3; Becker 1984, pp. 163-208.

34) Ugas, Usai 1987, pp. 201-203, tav. XIV.

35) Gallin, Tykot 1993, p. 339, fig. 4: B. Fra i 92 frammenti di matrici di fusione in argilla rinvenuti nello scavo del complesso del nuraghe S. Barbara, sono state identificate, tra le altre, la forma per la produzione di un pestello e quella di un cono di colata relativo, assai verosimilmente, ad un bronzetto (Gallin, Tykot 1993, pp. 339-340, figg. 4: A, 5: A). Un'interpretazione analoga a quest'ultima potrebbero peraltro avere anche taluni dei frammenti da Sardara.

36) Sulle panelle bronzee sarde vedi Birocchi 1934, pp. 40-53, 81-108; cfr. anche Lo Schiavo 1982 b, p. 275; Lilliu 1986, p. 10.

37) Sembra che E. Pais propendesse a favore di una produzione indigena, giacché credeva di ravvisare in un segno impresso su uno degli esemplari da Serra Ilixi un pugnaletto nuragico (Pais 1884, p. 130); più nettamente si espresse F. Nissardi, che riteneva invece i lingotti a pelle di bue sardi di produzione indigena (Nissardi 1884, p. 6). Secondo L. Pigorini, invece, essi sarebbero stati importati dall'Egeo (Pigorini 1904, pp. 97-107). Sulla questione e la relativa bibliografia, cfr. Lo Schiavo, Vagnetti, Macnamara 1985, pp. 10-13.

38) Ferrarese Ceruti, Vagnetti, Lo Schiavo 1987, p. 25; Lo Schiavo 1990, pp. 16-31.

39) Lo Schiavo 1990, pp. 36-37; Muhly, Stech 1990, pp. 204-206; di differente avviso ed a favore di una persistenza nell'uso anche nell'età del ferro, Lo Schiavo 1981 b, p. 274; Ugas, Usai 1987, p. 183.

40) Il metallo dei lingotti "a pelle di bue" sardi che sono stati analizzati sembra provenire da depositi del Cretaceo inferiore. Sono stati sino ad ora analizzati campioni provenienti da Arenas (Oridda-Cagliari), Perda S'Oliu (Fluminimaggiore-Cagliari), Pranu e Sanguini (Cagliari), Rosas (Narcao-Cagliari), Sa Duchessa (Domusnovas-Cagliari), Sa Marchesa (Narcao-Cagliari), Truba Niedda (Narcao-Cagliari), Gozzura (Nuoro), Sos Enattos (Lula-Nuoro), Canale Barisone (Torpé-Nuoro), Funtana Raminosa (Gadoni-Nuoro), Genna Gadoni (Nuoro): cfr. Gale, Stos-Gale 1988, p. 375; Stos-Gale, Gale 1992, pp. 327-333, tab. 1.

41) Gale, Stos-Gale 1987, pp. 148-163; Gale, Stos-Gale 1988, pp. 372-383; Stos-Gale, Gale 1992, p. 336; cfr. anche Muhly, Stech 1990, pp. 202-203.

42) Gale, Stos-Gale 1988, p. 375; Stos-Gale, Gale 1992, pp. 336-337. Sul problema del posizionamento dei campioni sardi verso il margine del campo degli isotopi del piombo ciprioti: cfr. Gale, Stos-Gale 1988, p. 375, fig. 17; Muhly, Stech 1990, pp. 202-203; Stos-Gale, Gale 1992, p. 331.

43) Brusca, Dessau 1968, p. 555.

44) Rolandi 1969-1970, p. 61.

45) Traverso 1890, pp. 26-34; Traverso 1909, pp. 22-36; Valera 1975, pp. 1092-1094.

46) Pietracaprina, Brizzi 1987, pp. 34-35.

47) Atzeni 1981, p. XL, fig. N 106-107.

48) Atzeni 1982, pp. 336-337.

49) Lilliu 1972, p. 58.

50) Cfr. Lo Schiavo 1981 b, pp. 288-289.

51) Pietracaprina, Brizzi 1987, pp. 75, 102, 105-106.

52) Lo Schiavo 1981 b, pp. 289-290; Ferrarese Ceruti, Vagnetti, Lo Schiavo 1987, pp. 24-25; Lo Schiavo 1988 a, pp. 83-89.

53) Ferrarese Ceruti 1986, p. 185; Ferrarese Ceruti, Vagnetti, Lo Schiavo 1987, pp. 17, 24.

54) Ugas 1981, p. 10, n. 45; Ferrarese Ceruti, Vagnetti, Lo Schiavo 1987, p. 25.

55) Contu 1955-1957, p. 167-170; Lo Schiavo 1981 b, pp. 289-290; Lo Schiavo 1982 a, pp. 265-266.

56) Ferrarese Ceruti 1985, p. 53; Ferrarese Ceruti, Vagnetti, Lo Schiavo 1987, p. 25.

57) Zuffardi 1958, pp. 3-15; Pietracaprina, Brizzi 1987, pp. 60-61.

58) Muhly 1973 b, p. 406.

59) Pais 1884, pp. 147-148; Vivanet 1890, p. 335; Cambi 1959, p. 427.

60) Tylecote, Balmuth, Massoli Novelli 1984, pp. 134, 150. Nell'ambito dello stesso programma analisi è stato per la prima volta possibile dimostrare l'esistenza di un'attività di fusione primaria del rame nella Sardegna nuragica, grazie alle indagini condotte su di una scoria proveniente da Forraxi Nioi (Tylecote, Balmuth, Massoli Novelli 1984, pp. 135, 150, tab. 6.8). Sui rinvenimenti di scorie nell'isola, cfr. Lo Schiavo 1982 b, p. 273.

61) Cambi 1959, p. 427.

62) Balmuth, Tylecote 1976, pp. 195-196; Lilliu 1986, p. 10; Gallin, Tykot 1993, pp. 343-344; Lo Schiavo 1988 c, p. 98.

63) Pinza 1901, tav. IX; Melis 1967, tavv. I-II; Lilliu 1972, fig. 53.

64) Pietracaprina, Brizzi 1987, pp. 106, 181, 185; Del Caldo et alii 1973, p. 188.

65) Macnamara, Ridgway, Ridway 1984.

66) Gale, Stos-Gale 1987, pp. 154-155; Gale, Stos-Gale 1988, pp. 353-363.

67) de Michele 1974, 2, pp. 156-152; Pietracaprina, Brizzi 1987, pp. 75, 191-192, 197-201.

68) Lilliu 1972, fig. 53.

69) Contu 1974, pp. 5-6, schema geo-litologico a p. 162.

70) Taramelli 1934, p. 107; Lilliu 1972, pp. 290-292; Contu 1981, p. 80.

Corsica

Come nella vicina Sardegna, anche in Corsica gli indizi di attività metallurgiche compaiono già in un momento assai antico.

Il rinvenimento negli strati eneolitici di Terrina — una collina presso Aleria, sulla costa tirrenica della Corsica centrale — di numerosi frammenti di crogioli in terracotta, di una tuyère, di scorie e gocce di metallo testimonia infatti l'esistenza di processi fusori già in tale periodo (1).

I crogioli, a forma di cucchiaio di circa 7-9 cm di diametro, presentano l'immanicatura a cannone a sezione quadrata per l'incastro di un'impugnatura lignea (fig. 71 B). Al loro interno sono state riscontrate vetrificazioni e scorie dovute alla fusione di minerali che, analizzate, hanno rivelato essere costituite da ossidi e carbonati cupriferi e da particelle di rame metallico assai puro; gli elevati tenori di arsenico riscontrati in alcuni campioni fanno ipotizzare un impiego dei crogioli per la produzione di rame arsenicale (2). Le indagini archeometriche hanno inoltre rilevato la compatibilità nella composizione elementare fra le evidenze archeologiche metalliche di Terrina ed i minerali dei vicini affioramenti cupriferi di Linguizetta, distanti solo una quindicina di chilometri (3).

È verosimile che, a somiglianza con la Sardegna, anche qui tale precocità nell'uso dei metalli sia da porre in rapporto con l'impiego di risorse estrattive locali.

L'isola possiede infatti numerose mineralizzazioni, prevalentemente piombo-cuprifere, localizzate nella sua parte settentrionale (fig. 71 A); al sud non vi sono invece che alcuni giacimenti ferriferi.

I depositi cupriferi còrsi sono connessi con le rocce serpentinose. Particolarmente ricco è il già ricordato distretto di Linguizetta, nel versante orientale, dove in passato abbondava il rame, sia nativo che sotto forma di ossidi. Nella regione attorno a Moltifao, dove si trova la miniera di S. Agostino, è invece prevalente la calcopirite, che qui presenta un tenore di rame attorno al 15-25 % (4). Oltre una ventina di altri giacimenti cupriferi, piccoli, ma tali da attirare l'interesse di prospettori pre- protostorici, sono distribuiti prevalentemente nel settore centro-settentrionale della Corsica (5).

La galena forma dei filoni incassanti nella roccia granitica, come al Monte Asinaio ed a Zilia (Calenzana), nel versante nord-occidentale; nella parte nord-orientale si rinviene invece negli scisti, come a Pietralba ed a Paterno (Bastia). Il minerale è di norma poco argentifero, tranne che all'Argentella, presso Capo Mossetta, dove è stato possibile estrarre sino a 592 g di argento per quintale di piombo (6); è quest'ultimo, insieme con quello di La Finosa, uno dei due principali giacimenti piombo-zinciferi còrsi (7).

Quanto al ferro, esso, come si è accennato, risulta diffuso, oltre che al nord, anche al sud dell'isola. Tracce di minerali di stagno sono infine segnalate nel sito di La Testa (8).

Mentre, come si è visto, vi sono vari elementi che inducono ad ipotizzare una coltivazione dei giacimenti cupriferi della Corsica centro-orientale durante l'età del rame, mancano invece sino ad ora indizi di uno sfruttamento delle locali risorse minerarie durante l'età del bronzo e la prima età del ferro.

Secondo J. Jehasse l'estrazione mineraria si sarebbe sviluppata in periodi tardi, successivi a quelli esaminati nel presente lavoro (9).

Un indizio indiretto di un momento di sfruttamento è probabilmente costituito dal relativo incremento dei rinvenimenti di materiali metallici pertinenti all'età del ferro avanzata, tra i quali spicca, per importanza, il complesso di bronzi di Cagnano, a Capo Corso, consistente in circa 17 kg di oggetti, dove reperti d'impronta peninsulare sono associati a materiali dalle caratteristiche spiccatamente locali (10).

NOTE

1) Le analisi al ^{14}C effettuate su carboni e su valve di ostriche raccolti nello strato 4 b, il più profondo, hanno fornito, rispettivamente, le datazioni di 4610 ± 110, corrispondente al 2660 a. C., e di 4420 ± 100, corrispondente al 2470 a.C (Jehasse 1978 b, p. 723).
2) Le indagini, condotte mediante fluorescenza X, hanno riscontrato nel rame metallico un tenore del 97,3 % di Cu: Jehasse 1978 b, p. 723; cfr. anche Bourhis 1988, pp. 251-253, tab. XXXIV.
3) Gauthier 1988, pp. 253-256.
4) D'Achiardi 1883 I, p. 340.
5) Giacimenti cupriferi sono segnalati a Griscione, Cardo, Frangone, Venzolasca, Scata San Gavino, Casaluna, Russio, San Alexis, Erbajolo, Altiani, La Finosa, Vezzani, Noceta, San Quilico, Ponte Leccia, Pietralba, Piana, Asco, Targine, Salice, Monte Grosso, Lozari, Argentella, Bocca Bassa, Partinello, Prunelli Marignana, Ghioni Lozzi, Tavaco e La Testa: de Lanfranchi 1978, pp. 332-333.
6) D'Achiardi 1883 I, pp. 163, 243.
7) Demange, 1973, p. 19.
8) de Lanfranchi 1978, p. 333: presenze ferrifere sono attestate a Baccino, Raghino, Pietralonga Sotta, Santa Giulia, Bavella, Mocca Croce, Molindino, Cardo, Olmeta du Cap.
9) Jehasse 1976, p. 850.
10) Romagnoli 1912, pp. 323-328; Guilaine 1987, pp. 452-453.

A

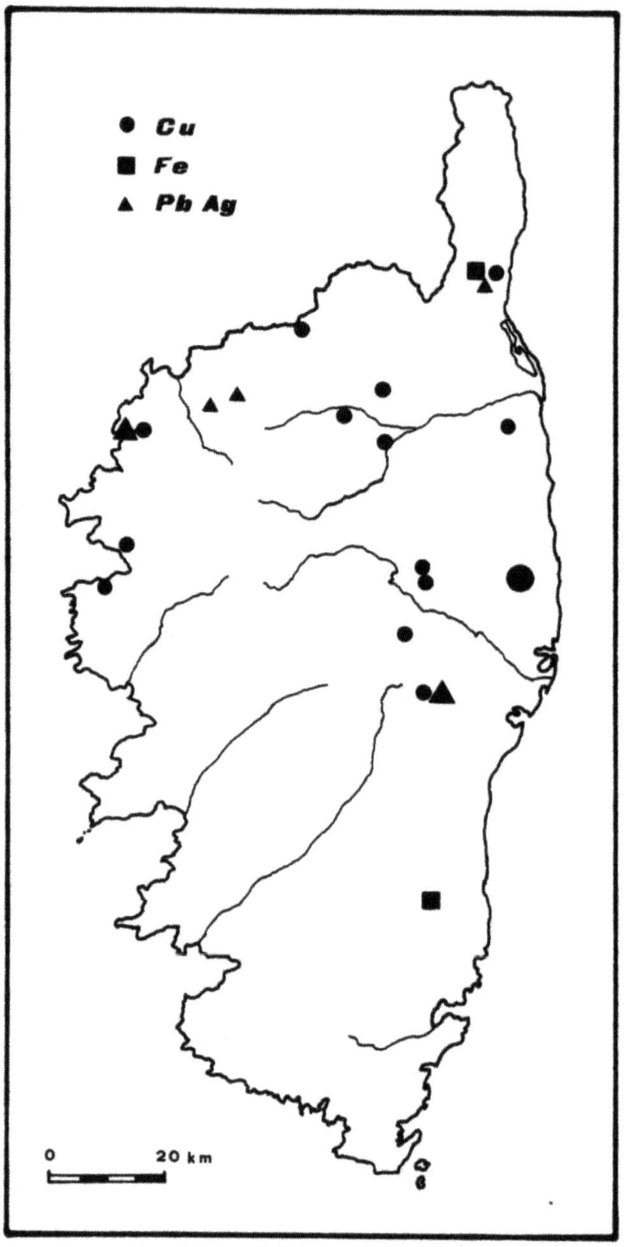

B

Fig. 71. A. Principali giacimenti metalliferi in Corsica.
B. Crogioli in terracotta da Terrina IV (Aleria). Scala: 1/3.

FRANCIA

Plinio il Vecchio paragonava la Francia alla Spagna per l'abbondanza nel sottosuolo di minerali di ogni genere [1].

In effetti la Francia possiede nel suo territorio numerosi ed importanti giacimenti metalliferi, alcuni dei quali sicuramente già sfruttati sin dalla preistoria (fig. 72 A).

Un attivo interesse dovevano rivestire soprattutto i depositi di natura alluvionale, quelli stanniferi e fors'anche quelli auriferi, di facile sfruttamento anche con tecnologie poco sofisticate [2].

Benché il rame non risulti particolarmente abbondante e diffuso nel territorio francese, sono tuttavia presenti mineralizzazioni di una certa importanza [3]; in vari siti sono stati anche rinvenuti evidenti indizi di antiche coltivazioni.

Numerosi filoni di fenditura, in cui il rame è associato alla tetraedrite argentifera, sono attestati in area alpina (e particolarmente nel dipartimento dell'Isère), nei Vosgi (dipartimenti Vosges e Haut-Rhin) e nei Pirenei. Qui, nel Seronais (dipartimento dell'Ariège), sono stati identificati una decina di scavi antichi; questi sono stati condotti a cielo aperto (Gayet presso il comune di Cadarcet), in galleria (Les Atiels, Le Goutil nel cantone di La-Bastide-de-Sérou) ed in una tecnica mista, in cui una trincea si prolunga in una galleria (Hautech nel comune di Larbant). Il materiale archeologico in essi rinvenuto indica che la massima attività mineraria si ebbe intorno al I secolo a. C.; è però assai verosimile che le coltivazioni romane abbiano cancellato le tracce di lavori precedenti [4].

Nel Lionese, nelle zone di Chessy e di Saint Bel, la calcopirite dei giacimenti è talora sostituita dai prodotti della sua decomposizione, cosicché in passato si rinvenivano in abbondanza ossidi e carbonati di rame all'interno di arenarie e argille sovrastanti ai livelli a solfuri. Calcopirite associata a bornite è inoltre presente nella regione del Massiccio Centrale, dove, nel dipartimento dell'Allier, alimenta la miniera di Charrier.

Livelli cupriferi sono stati anche riscontrati nelle arenarie triassico-permiane provenzali dei dipartimenti di Var e delle Alpi Marittime.

Un'antichissima area di trattamento per i minerali di rame, consistente in un punto di frantumazione, triturazione e cernita del minerale con annesse tre fosse di lavaggio ed una zona per l'arrostimento e la fusione è stata scoperta nel sito di Pioch-Farrus, nel distretto minerario di Cambrières, presso Clermont l'Hérault (Linguadoca) [5]. L'area metallurgica ha restituito ceramiche del Neolitico finale; i numerosi frammenti di carbone di legna hanno fornito come datazione al ^{14}C 2689-4100 ± 130 B.P.

Nelle vicinanze sono stati identificati una dozzina di luoghi di estrazione del minerale cuprifero, il cui sfruttamento risale al calcolitico ed al Bronzo antico [6]. Sulla collina sovrastante il villaggio di Cambrières una galleria di età gallo-romana attesta un'attività plurimillenaria di coltivazioni.

Depositi a solfuri misti, in cui il rame è associato a piombo, zinco ed argento sono infine presenti nel Massiccio Armoricano [7].

Particolare rilevanza hanno per la Francia i depositi auriferi, come testimoniato anche dagli autori classici, che sottolineano concordemente la ricchezza d'oro della Gallia [8].

Nelle Alpi il prezioso metallo si rinviene ancora oggi nelle alluvioni del Reno, dell'Arve e del Rodano ed in particolare, nelle sabbie di quest'ultimo, lungo il tratto fra Lione e Tournon; nei Pirenei si trova nelle valli dell'Ariège, della Garonna e del Salat; nel Massiccio Centrale e nelle Cevenne lungo le vallate dell'Ardèche, del Vienne, del Gaze e dell'Hérault [9]. Nel Massiccio Armoricano e nel Limosino assai numerose sono le antiche miniere a cielo aperto, dalla caratteristica forma di lunghe trincee, conosciute come "*fosses*" o "*aurières*", che seguono i giacimenti filoniani [10]. Tenendo conto del volume di roccia scavata e del tenore attuale del minerale è stato calcolato che questi sfruttamenti abbiano potuto fornire da 10 a 20 tonnellate circa d'oro [11].

Le ricerche condotte nella miniera di Les Foulloux, presso St. Yrieix-la-Perche, nel Limosino, una miniera a cielo aperto nella quale si aprono dei lavori in galleria, hanno restituito testimonianze attribuibili ad epoca gallica (La Tène III) e gallo-romana [12].

L'ipotesi, pure assai probabile, di una coltivazione dei giacimenti auriferi del Limosino, e più in generale del Massiccio Centrale, durante l'età del Bronzo non ha trovato sino ad ora conferma, a differenza di quanto riscontrabile invece per la seconda età del ferro, quando i Galli dovettero condurre una ricerca sistematica ed un fiorente sfruttamento di tali risorse [13]. È probabile che proprio a questa intensa attività sia legata la scomparsa di testimonianze più antiche.

Estraendosi entrambi dalla galena, la produzione di piombo e di argento è strettamente collegata; nel territorio francese non mancano importanti giacimenti, che alimentarono nei secoli passati floride miniere [14].

Particolare importanza per la loro ricchezza rivestono i filoni piombo-argentiferi dei Vosgi, distinti in due grossi sistemi, quello del distretto di Sainte-Marie-aux-Mines, che attraversa il gneiss, e quello di Giromagny, posizionato in argilloscisti connessi con porfidi. La regione è stata oggetto di un'intensa attività estrattiva, come dimostrano la grande quantità di trincee, pozzi e gallerie che ancora caratterizzano il territorio, e che risalgono principalmente ad età medievale e rinascimentale; lo sfruttamento esaustivo dei filoni può tuttavia aver distrutto eventuali tracce più antiche [15].

Altri giacimenti sono distribuiti nei Pirenei nel distretto dell'Ariège, sulle Alpi specie nel Delfinato, in Bretagna. In quest'ultima regione sono segnalate tracce di antiche lavorazioni, di imprecisata datazione, presso i giacimenti di Plérin-Trémuson (presso Saint-Brieuc, Côtes-du-Nord), Pont-Névez (Côtes-du-Nord) e Douges-Crossac (Loire-Atlantique) [16]. Sulla base di analisi archeometriche condotte sul piombo di alcune asce a cannone armoricane provenienti dalla Côtes-du-Nord (Plestin-les-Grèves) sembra rilevabile una stretta connessione fra questo ed il minerale di Trémuson [17]. Tale dato costituisce un significativo indizio di uno sfruttamento del piombo bretone durante l'età del bronzo.

A

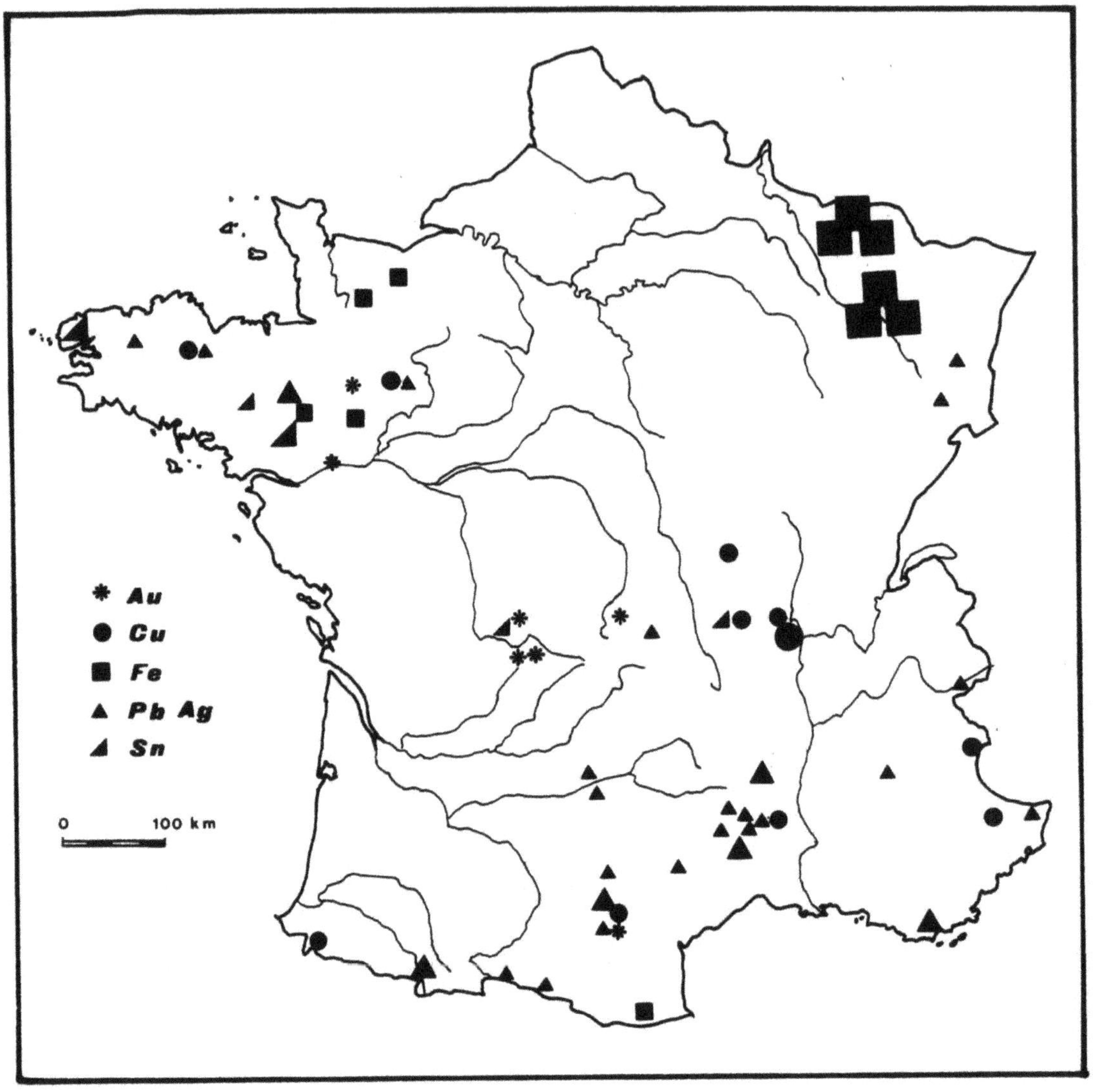

B

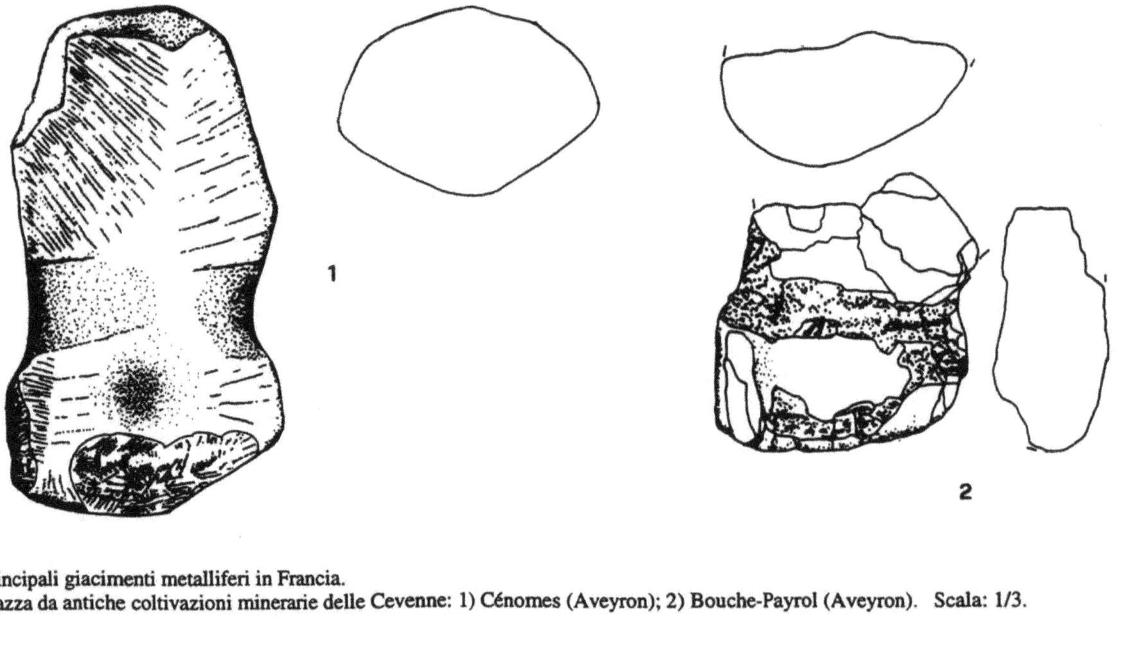

Fig. 72. A. Principali giacimenti metalliferi in Francia.
B. Teste di mazza da antiche coltivazioni minerarie delle Cevenne: 1) Cénomes (Aveyron); 2) Bouche-Payrol (Aveyron). Scala: 1/3.

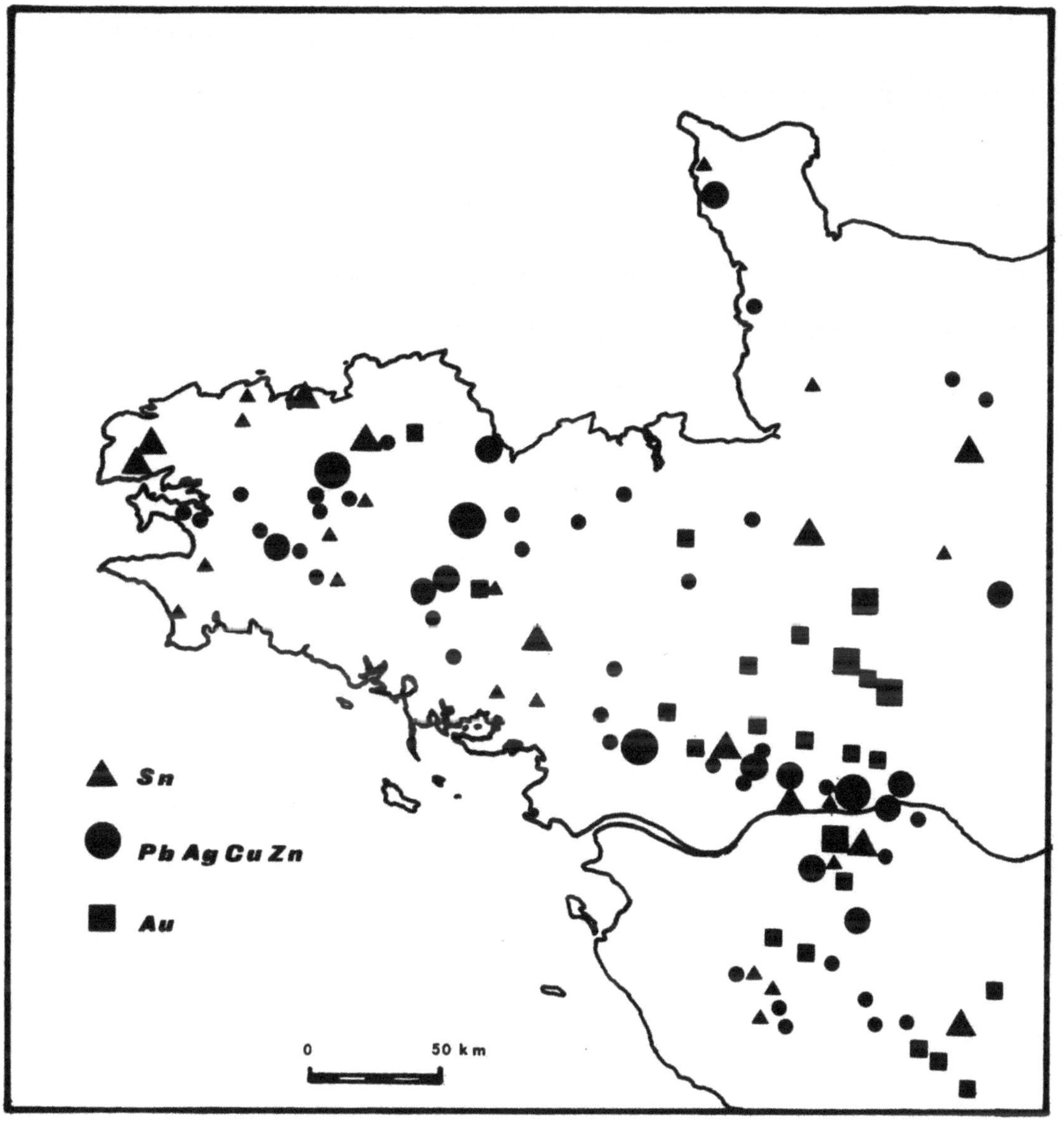

Fig. 73. Principali giacimenti metalliferi bretoni.

Una galena assai ricca d'argento si rinviene pure nel Massiccio Centrale, inclusi i Monti dell'Alvernia e le Cevenne, area quest'ultima dove ancora oggi sono coltivate, oltre alle mineralizzazioni piombo-argentifere, anche quelle aurifere e cuprifere ([18]). Qui, nel dipartimento di Aveyron, sono state rinvenute delle teste di mazza litiche scanalate, segno di coltivazioni pre-protostoriche, in prossimità di uno sfruttamento gallo-romano nella regione di Cénomes e presso la miniera di Bouche-Payrol ([19]) (fig. 72 B).

Lo stagno costituiva un metallo assai raro ed attivamente ricercato in età pre-protostorica. Particolarmente ricca ne era in passato la Bretagna — dal secolo scorso la produzione è nulla o insignificante — che possiede numerose ed importanti mineralizzazioni stannifere ([20]), in cui si hanno significative attestazioni di uno sfruttamento durante l'età del bronzo.

Cassiterite si rinviene anche nel Limosino, particolarmente nell'ammasso granitico di Vaulry e di Puy-les-Vignes, nel dipartimento dell'Haute-Vienne. Le miniere moderne sfruttano il minerale presente nelle vene di quarzo, ma vi sono anche dei giacimenti alluvionali nei quali sono state rinvenute tracce di antiche lavorazioni, come a Montebras e Faye-Auzereix nel dipartimento di Creuse, Vaulry, Cieux e Puy-de-Sauvagnac in quello dell'Haute-Vienne, ed Etagnac nello Charente ([21]).

Indizi di ricerche effettuate in "tempi remoti" sono stati pure segnalati nel distretto dell'Allier, presso i comuni di Échessières, La Lizolle e Coutansouze, dove si sarebbe coltivato un deposito quaternario di trasporto nel quale si sarebbe concentrata la cassiterite per effetto della disgregazione dei sottostanti graniti caolinizzati ([22]).

Le mineralizzazioni bretoni (fig. 73), di gran lunga le più importanti, ripetono le stesse condizioni di giacitura di quelle della prospicente Cornovaglia, di cui ben note sono le coltivazioni preistoriche ([23]). La cassiterite si presenta all'interno degli scisti granitici sia in vene o filoni che in ammassi o disseminata nella matrice; talora al di sopra di tali rocce riposano strati più o meno profondi di alluvioni stannifere, di norma nel fondo delle vallate o delle depressioni litoranee.

Un esempio della prima modalità di giacitura è osservabile a Villader, nel dipartimento di Morbihan, dove il minerale si rinviene al contatto fra graniti e scisti, mentre uno della seconda è fornito dalle sabbie stannifere che si incontrano presso la foce della Vilaine, presso Piriac (Loire-Inférieure). Entrambi i tipi di deposito erano sfruttati in antico, e non soltanto quelli di natura alluvionale, di più facile coltivazione. È infatti verosimile che inizialmente i primi prospettori dovessero, spesso, solo limitarsi a scegliere ed a raccogliere a mano i ciottoli nerastri e pesanti di cassiterite, nei casi in cui il terreno di copertura fosse già stato dilavato naturalmente. Viene tuttavia ricordato il rinvenimento di bronzo, ceramica ed utensili in pietra avvenuto nel secolo scorso nelle vecchie cave presso Ploërmel (Morbihan), dove esiste un potente filone a matrice quarzosa ([24]).

Non può probabilmente considerarsi casuale la relativa abbondanza di tombe dell'età del bronzo e di ripostigli del Bronzo finale nella regione di Saint-Renan, nella parte settentrionale del Finistère ([25]), un'area caratterizzata dalla presenza di depositi alluvionali di cassiterite localizzati in vicinanza del mare, dove il minerale si rinviene mescolato alla sabbia ed è assai facile il lavoro di estrazione.

Non mancano tuttavia in Bretagna prove anche dirette di antiche coltivazioni. Nelle miniere a cielo aperto di Abbaretz-Nozay, che sfruttano giacimenti filoniani, sono state scoperte, nel corso di lavorazioni moderne, tracce delle antiche escavazioni gallo-romane ([26]); la presenza inoltre di alcune asce in lega di rame e di una piccola torques d'oro attesta una frequentazione del sito già durante l'età del bronzo ([27]).

Nello sfruttamento dei depositi metalliferi — principalmente stanniferi, ma anche probabilmente, come si è detto, piombo-argentiferi, cupriferi ed auriferi — trova ragione il considerevole sviluppo delle attività metallurgiche preistoriche. L'Armorica rappresentò infatti in età protostorica un attivo centro di produzione, come testimoniano, oltre agli accumuli di metallo costituiti dai ripostigli del Bronzo medio e tardo, i numerosi oggetti legati ad attività di fonderia rinvenuti sul suo territorio, quali lingotti, incudini, martelli e matrici ([28]). Di queste ultime ne sono segnalati vari esemplari, sia integri che frammentari, in pietra (anche multipli), in bronzo ed in argilla ([29]).

È verosimile che una coltivazione dei giacimenti armoricani avesse già luogo durante il Bronzo antico. Nei tumuli della Bretagna occidentale si rinvengono infatti con relativa frequenza manufatti in metallo anche prezioso, come oro ed argento ([30]). Alcuni di questi reperti suggeriscono l'esistenza di contatti con altre facies culturali dell'Europa occidentale, quale quella britannica di Wessex e, forse, quella iberica di El Argar ([31]), entrambe assai attive nella produzione metallurgica.

Grazie alle risorse del suo sottosuolo l'Armorica emerge durante l'età del bronzo, ed in particolare nella fase finale, come un polo fondamentale nella rete di commerci interatlantici ([32]). Essa risulta inoltre in questo momento attivamente inserita in quel complesso circuito di scambi che lega l'Europa occidentale con il bacino del Mediterraneo, scambi che dovevano avvenire sia per mare, seguendo le coste atlantiche, che attraverso vie d'acqua interne. La Loira ed il sistema Soana-Rodano consentono infatti di porre in comunicazione, attraversando trasversalmente l'intera Francia, la Penisola Armoricana con il Golfo del Leone.

NOTE

1) *Nat. Hist.* XXXVII: 203.
2) Si consideri, ad esempio, che la ricchezza e la facilità di sfruttamento dei giacimenti che si trovano alla foce della Vilaine, nel sito di Pénestin, sulla spiaggia chiamata "*Mine d'Or*", erano tali che ancora nel 1878 tre operai, licenziati dalla miniera di stagno di Piriac, furono in grado, lavorando autonomamente per alcune settimane, di raccogliere da 600 a 700 kg di cassiterite mediante semplici operazioni artigianali di lavaggio delle sabbie: cfr. Briard 1976 c, p. 312.
3) D'Achiardi 1883, I, pp. 340-341.
4) Dubois, Guilbaut 1982, pp. 98-115.
5) Ambert, Barge, Landes 1985; Landes 1989 a.
6) All'interno dell'antica estrazione mineraria di La Vierge sono stati rinvenuti minerali frantumati e frammenti di un grosso vaso del Bronzo antico: cfr. Ambert, Barge, Landes 1985, p. 97.
7) Le Fur 1984, pp. 5-6; Aye 1984, pp. 11-18.
8) Cfr. tra gli altri, Strabone, III, 2, 8; Diodoro Siculo, V, 27.
9) D'Achiardi 1883, I, p. 20; Dumas 1987, pp. 13-15, fig. 1.
10) Si consideri che solo nel Limosino sono state censite più di 2000 "*fosses*": Dumas 1987, p. 15.
11) Dumas 1987, p. 12.
12) Cauuet-Contri 1989.
13) Tamain, Ratz 1982, pp. 65-66.
14) D'Achiardi 1883, I, pp. 166-167, 245-246; Demange 1973.
15) All'interno delle antiche miniere l'estrazione era infatti totale, tanto da non lasciare traccia delle mineralizzazioni, come è stato riscontrato nella coltivazione dei filoni di Plancher-les-Mines, nell'alta valle del Reno, dove, con l'ausilio di dati d'archivio, si è riusciti a ricostruire la storia delle attività estrattive a partire dalla metà del XV secolo. Qui, su un'area lunga 8 km e larga 1,5, sono stati censiti circa 1000 m di scavi a cielo aperto, 60 entrate di gallerie, 7 pozzi verticali, 8 *depilages* all'aperto e 6 sotterranei: cfr. Parietti 1990, pp. 19-20. Anche nel settore dell'Altenberg le ricerche hanno documentato più fasi di estrazione, le più antiche delle quali di età medievale, risalenti al X secolo: cfr. Fluck 1990; Ancel, Fluck 1990.
16) Galliou 1982, p. 21.
17) Briard 1984, pp. 139-140.
18) Ancora sfruttate sono le mineralizzazioni ad oro, rame ed argento di Salsigne (Aude), e quelle a piombo, argento e zinco di Les Mâlines (Gard) e di Largentère (Ardèche): Landes 1989 b, p. 223.
19) Landes 1989 b, p. 224, fig. 2.
20) D'Achiardi 1883, II, pp. 539-540; Lacroix 1962, pp. 223-227, 234-235; Le Fur 1984, pp. 6-7, figg. 4-5.
21) Cfr. Pautreau 1984, p. 100: è stato ipotizzato un inizio degli sfruttamenti già verso la fine del Bronzo medio, benché manchino elementi archeologici per un preciso inquadramento cronologico.
22) D'Achiardi 1883, II, pp. 539-540.
23) Le importanti mineralizzazioni stannifere presenti in Cornovaglia e nella vicina parte occidentale del Devon sono state oggetto di sfruttamento sin dalla preistoria ed hanno alimentato buona parte dei traffici commerciali con l'Europa continentale e mediterranea. Erodoto (III: 115) riferisce che lo stagno usato dai Greci proveniva dalle lontane Isole Cassiteridi, generalmente identificate nelle Isole Scilly, ad ovest della Cornovaglia (Muhly 1973 b, p. 409). Più tardi Diodoro Siculo, riferendo del commercio di stagno, afferma che esso era prodotto in Cornovaglia (Diodoro, V: 22). Numerosi reperti archeologici vennero rinvenuti nel '700 e '800 durante lo sfruttamento dei depositi alluvionali della Cornovaglia (Shell 1979, pp. 256-259). A Carnon Valley, a circa 10 m dalla superficie, venne trovato un piccone di corno di cervo; a Pentuan Valley, nel fondo di un breve pozzo rivestito di legno, una punta di giavellotto in bronzo con immanicatura a cannone ed uno scalpello; a Lanherne, presso St. Mawgan, proprio al di sopra delle mineralizzazioni, un ripostiglio della tarda età del bronzo contenente uno stocco, una sega, un'ascia a tallone e delle asce a cannone. Al Bronzo antico appartengono invece lo stocco scoperto nel 1759 a St. Ewe e l'ascia piatta associata a resti umani dal deposito di Carnon Valley e probabilmente lo spillone a capocchia globulare proveniente dalle coltivazioni di St. Columb. Durante lavori esplorativi condotti presso il fiume Fowey venne recuperato a 20 m di profondità un ulteriore spillone bronzeo, quest'ultimo a collo rigonfio, attribuito ad un tipo centroeuropeo della tarda età dei Tumuli/antica età dei Campi d'Urne. Pepite di cassiterite alluvionale sono state inoltre scoperte nel corso di scavi condotti in insediamenti dell'età del bronzo sia in Cornovaglia che nel Devon, a Dean Moor (Dartmoor) ed a Trevisker (St. Eval).
Per quanto concerne poi le attestazioni relative ai processi metallurgici successivi alla raccolta del minerale, dal sito di Caerloggas Down I (St. Austell Moor), in un contesto del Bronzo antico, provengono sei frammenti di scorie ottenute nel corso di fusioni per l'estrazione dello stagno. Un frammento fuso di tale metallo è infine presente nel ripostiglio della tarda età del bronzo di Kenidjack Castle (St. Just).
24) D'Achiardi 1883, II, p. 540.
25) Cfr. Briard 1965, p. 20, figg. 2-3, 5.
26) I materiali recuperati, risalenti agli inizi dell'era volgare, consistevano, oltre a tracce di canalizzazioni, in pale e zappe di legno e mazze di ferro abbandonate dagli antichi minatori: cfr. Briard 1976 c, p. 312.
27) Briard 1976 c, p. 312-313. Secondo J. Briard le risorse stannifere e piombifere armoricane avrebbero alimentato, nel corso del Bronzo finale, una rete di traffici commerciali con la zona alpina; quest'ultima avrebbe fornito le panelle piano-convesse di rame molto raffinato che si incontrano nei ripostigli bretoni di questo periodo: cfr. Briard 1976 b, p. 571.
28) Assai frequenti sono i rinvenimenti di forme di fusione in area bretone, alcune delle quali riscontrate all'interno di ripostigli. Particolarmente numerose soprattutto le matrici in bronzo (oltre una dozzina di esemplari), mentre circa la metà sono quelle in pietra. Queste ultime provengono dai siti di Hanvec (Finistère); Plumieux (Côtes-du-Nord); Plounévez-Lochrist (Finistère); Landudal (Finistère); Port-Sain-Père (Loire-Atlantique). Esemplari in bronzo sono segnalati a Saint-Dolay (Morbihan); Dinard (?) (Ille-et-Vilaine); Ile de Groix (Morbihan); La Brétèche à Saint-Grégoire (Ille-et-Vilaine); Calastrène-Belle-Ile (Morbihan);

Clisson, Le Jardin des Plantes, Nantes (Loire-Atlantique); Saint-Aignant de Grand-Lieu (Loire-Atlantique); Saint-Philbert-de-Grandlieu (Loire-Atlantique); Prairie de Mauves, Nantes (Loire-Atlantique); Lestiala en Plomeur (Finistère); Kernaour en Mellac (Morbihan); Saint-Marc-le-Blanc (Ille-et-Vilaine); Museo di Nantes (Loire-Atlantique). Cfr. Briard 1984, pp. 140-165.

29) Un certo numero di asce a cannone armoricane, specie quelle di dimensioni maggiori, hanno conservato l'anima interna in argilla cruda, rimasta saldata al metallo durante la colata e quindi di difficile rimozione: cfr. Briard 1984, pp. 149-152.

30) Cfr. Briard 1976 b, p. 561-564. Una complessa tecnica decorativa ottenuta mediante l'incrostazione di oro o elettro su una superficie in lega di rame si riscontra su una lama da Priziac, nel Finistère: vedi Briard 1976 b, fig. 2: 7.

31) Sui rapporti fra l'Armorica e l'area occidentale durante il Bronzo antico, cfr. Briard 1976 b, p. 564; Coles, Harding 1979, pp. 238-243.

32) Si consideri anche che la posizione geografica della Bretagna ne fa un naturale punto di arrivo nel continente per i prodotti della Cornovaglia, tra cui in special modo lo stagno.

L'AREA IBERICA

La Penisola

Nel mondo antico la Penisola Iberica era famosa per le sue ricchezze minerarie. Numerosi autori classici, da Polibio a Strabone, da Diodoro Siculo a Livio, Posidonio e Plinio, celebrano concordemente il gran numero di metalli che venivano estratti da questa regione (1).

Per comprendere tale giudizio, forse in qualche caso persino esagerato, va tenuto presente come i giacimenti metalliferi della Penisola Iberica, certamente fra i più abbondanti in Europa, siano anche in genere alquanto superficiali, e quindi particolarmente idonei ad essere coltivati mediante le tecnologie disponibili nell'antichità.

Si consideri inoltre come in età romana, per tutto il periodo compreso fra le Guerre civili e la fine della dinastia Flavia, la penisola sia stata il più importante paese produttore di metalli del mondo allora conosciuto (2).

Verosimilmente la concorrenza dei giacimenti iberici, conquistati dai Romani con la seconda guerra punica — poco dopo, nel 197 a. C., l'Iiberia fu ordinata nelle due province di Hispania Citerior ed Hispania Ulterior — dovette, se non essere alla base, certamente influire alquanto sulla promulgazione del famoso decreto del senatorio ricordato da Plinio che faceva divieto di praticare l'arte mineraria in Italia (3). Tale decreto contribuì alla decadenza di quei centri dell'Etruria tirrenica che dalle miniere toscane traevano sostentamento (4).

È stato osservato come il possesso delle miniere spagnole sia stato determinante nella risoluzione del conflitto che opponeva Roma a Cartagine (5): fra la conquista di Cartagena (209 a. C.), e quindi la cacciata dei Cartaginesi dalla Spagna, e la battaglia di Zama (202 a. C.) intercorrono soltanto sette anni.

Le stesse ricchezze di minerali metallici avevano spinto i naviganti fenici, secoli prima, in direzione dell'estremo occidente, dapprima, almeno secondo Diodoro, a scopi puramente commerciali ed in seguito con la fondazione di vere e proprie colonie (6).

Le fonti classiche affermano che alcuni anni dopo la fine della guerra di Troia naviganti di Tiro avrebbero fondato oltre lo stretto di Gibilterra la colonia di Cadice (7).

Ai traffici levantini connessi con il commercio dei metalli si riferiscono numerosi passi biblici riferiti a Tarshish, che taluni storici hanno identificato con Tartessos, centro questo posto alle foci del Guadalquivir.

Particolarmente significativo sulla natura di tali scambi è un brano tratto dal primo libro dei Re, in cui viene detto che il re Salomone (X sec. a. C.) «aveva in mare la flotta di Tarshish insieme con le navi di Hiram; ogni tre anni la flotta di Tarshish portava oro, argento, avorio, scimmie e pavoni» (8). In un secondo passo, da Ezechiele, è inoltre scritto: «Tarshish commerciava con te ogni sorta di prodotti: con argento, ferro, stagno e piombo pagava le tue mercanzie» (9).

Una circostanza che favoriva i commerci di minerali metallici col mondo mediterraneo è costituita dalla localizzazione dei giacimenti, posti spesso in regioni costiere, come quelli dell'Algarve e delle province spagnole di Murcia, Almeria, La Coruña, Oviedo, Santander.

A. Schulten ha schematicamente distinto, per lo sfruttamento minerario nell'antichità, la Penisola Iberica in tre grosse aree (10):

1) *Il Mezzogiorno*, suddiviso nel sud-est, con le miniere d'argento di Castulo, Cartagena, Herrerias, e nel sud-ovest, con le coltivazioni di rame di Rio Tinto e di mercurio di Sisapo.

2) *La costa settentrionale*, con i giacimenti d'oro e di stagno della Galizia, quelli auriferi delle Asturie e quelli ferriferi di Bilbao.

3) *I Monti Iberici*, con i filoni di ferro di Bilbilis e Turiasso, presso il Moncayo.

È opportuno, per avere un quadro più preciso delle mineralizzazioni spagnole, esaminare singolarmente i vari metalli, tenendo conto delle località di provenienza (11).

Oro è stato rinvenuto, in notevole quantità, soprattutto nella parte nord-occidentale della Spagna, in Galizia, nelle Asturie e nel León (12), ma anche nel Portogallo settentrionale (13) e nella Sierra Nevada (14).

La ricchezza dei giacimenti è indicata, fra l'altro, dalle dimensioni dell'enorme filone di schisto aurifero, peraltro già noto in età romana, che attraversa le province di Oviedo, Lugo, León, Orense e Zamora, per una lunghezza di 250 km ed una larghezza oscillante fra i 40 ed i 130 km (15).

L'oro spagnolo presenta in genere un elevato tenore di argento, che gli conferisce un caratteristico colore chiaro: si tratta quindi, a rigore, di elettro naturale, una lega cioè di argento ed oro (16).

In Galizia e nelle Asturie, in particolare, si osservano toponimi connessi con i lavori minerari: tra questi vanno ricordati Montefurado in provincia di Lugo, Rio del Oro ed Arroyo del Oro, entrambi in provincia di Oviedo (17).

Talora il nome antico dei fiumi richiamava la presenza nelle loro acque del prezioso metallo, come nel caso del Chrysus, ora Guadiaro, che scorre presso Gibilterra.

Di fatto concentrazioni di oro nelle sabbie sono segnalate in numerosi fiumi, quali il Tago, il Duero, il Miño con il suo affluente Sil ed il Tuerto nel nord della penisola; il Darro, il Genil ed il Segura nel sud.

Va ricordato come ancora in età moderna in Galizia il compito di ricercare nelle sabbie dei fiumi le pepite d'oro fosse affidato a delle donne, dette "*aureanas*" (18).

L'argento è da considerarsi il più abbondante fra i metalli preziosi spagnoli. Numerosi sono infatti i filoni di galena argentifera sparsi per la penisola; è pure attestata la presenza di giacimenti di argento nativo, sebbene esso sia, di norma, più raro dello stesso oro (19).

L'argento nativo si rinviene principalmente nel sud-est della penisola, presso le località di Herrerias (Almeria) e di

Hiendelaecina (Nuova Castiglia); è stato anche scoperto, tra l'altro, nelle miniere di Cuevas de Almanzora, Almodovar, Guadalcanal e di Cazalla ([20]).

Importanti giacimenti di galena argentifera sono quelli della Sierra Morena, presso Linares; la loro fama in età classica era tale da indurre a denominare "Monte dell'Argento" le alture a sud-est di tale centro. In effetti la galena di queste zone è particolarmente ricca di argento, con un rapporto compreso fra i 300 ed 1000 g per tonnellata. A circa 7 km da Linares sorgeva Castulo, capoluogo in antico del distretto minerario di Oretania, centro che «iniziò ad acquistare importanza intorno al 700 a. C., quando cominciò nelle sue vicinanze la coltivazione su larga scala delle miniere d'argento» ([21]).

Per comprendere le grandi capacità estrattive di questa area si consideri come nel 1838, in un momento quindi anteriore all'introduzione delle moderne tecnologie di sfruttamento di tipo industriale, la produzione nella sola miniera di Arrayanes era di 2.300.000 kg di galena argentifera.

Grande fama ed importanza rivestivano nel mondo classico i giacimenti della Murcia, che hanno restituito numerose tracce delle antiche coltivazioni ([22]), con i due importanti centri minerari di Cartagena e di Mazarrón. In entrambe le aree, peraltro assai vicine fra loro, giacché distano soltanto una trentina di chilometri l'una dall'altra, l'argento veniva in passato ricavato dalla galena argentifera affiorante in vari filoni.

A Cartagena il tenore di argento nel solfuro è in media di circa 1000-1500 g per tonnellata; talora raggiunge tuttavia anche concentrazioni assai più elevate, di 6000 g per tonnellata ([23]).

In Almeria è situato l'importante centro minerario di Herrerias, i cui giacimenti argentiferi sono posti presso la foce dell'Almanzora. Qui, come si è già accennato, oltre alla galena argentifera, dal tenore di circa 1500-3000 g di argento per tonnellata, si è rinvenuto anche argento nativo.

Nella parte meridionale della penisola altri cospicui filoni di galena sono inoltre in Catalogna a nord dell'Ebro, in Andalusia presso Siviglia, e nella Sierra Morena a sud di Mérida; in Portogallo vanno segnalati quelli di Aljustrel a sud di Beja. Risalendo verso nord si incontrano gli importanti depositi argentiferi della Galizia e dei Pirenei; in quest'ultima regione le miniere di Alditurro presso Oyarzuri e di Bagnéres presso Luchon sembrano essere state sfruttate sin dall'antichità ([24]).

Relativamente ai giacimenti pirenaici, va ricordata la fantasiosa tradizione, riferita da Diodoro Siculo ([25]), secondo cui gli indigeni di questi luoghi avrebbero scoperto l'argento a causa di un gigantesco incendio che si sarebbe prodotto nelle antiche selve boscose dei Pirenei, che ne sarebbero restate completamente bruciate. L'enorme calore sviluppato dalla combustione avrebbe fatto fondere l'argento del sottosuolo, facendo scorrere rivoli di prezioso metallo in superficie. Tale avvenimento avrebbe anche dato il nome a questi monti, derivandolo dal termine greco indicante il fuoco.

Alcuni Fenici che erano nei paraggi acquistarono immediatamente l'argento a poco prezzo dagli abitanti del luogo, cui era sconosciuto.

Tale leggenda potrebbe nascondere un fondo di verità: è infatti probabile che degli incendi venissero provocati, ma volontariamente, per eliminare con rapidità il manto boschivo al fine di facilitare le prospezioni in aree altrimenti impenetrabili. Ancora oggi in alcune regioni spagnole, come nella Sierra Morena, i boschi vengono bruciati da pastori e contadini per ottenere nuovi pascoli e terra arabile ([26]).

Strettamente connesso con lo sfruttamento dell'argento è quello del piombo, che pure si ricava dalla galena; è quindi evidente che essi venissero estratti nelle stesse località.

Ai giorni nostri, data la situazione del mercato internazionale dell'argento, la gran parte dei giacimenti piomboargentiferi iberici vengono coltivati pressoché esclusivamente per ricavare il piombo, del quale la penisola, ed in particolare la Spagna, è tuttora un notevole produttore a livello mondiale ([27]). Nonostante ciò, l'argento prodotto in Spagna raggiunge ancora, secondo statistiche effettuate nel 1980, le 100 tonnellate annue ([28]).

Enorme importanza economica rivestono le grandi concentrazioni di minerali cupriferi disseminate nella Penisola Iberica. Si consideri che, fino alla prima guerra mondiale, la Spagna da sola produceva più rame di tutto il resto d'Europa messo insieme ([29]). Attualmente vengono ancora estratte quantità considerevoli di questo metallo: 42.800 tonnellate in Spagna e 4.500 in Portogallo ([30]).

Le principali miniere sono concentrate nel bacino di Rio Tinto (Huelva); in numerosi altri distretti sono comunque localizzate cospicue mineralizzazioni cuprifere.

Nel sud della Spagna ricchi giacimenti sono infatti presenti nella Murcia e nell'Andalusia, nelle provincie di Almeria, Cordova e Huelva. Nel centro del paese vi sono affioramenti in Estremadura e nella Mancia, particolarmente nelle provincie di Badajoz e di Ciudad Real; nel nord vanno poi ricordati i filoni cupriferi della Galizia e delle Asturie, nonché quelli della Navarra, nella regione pirenaica.

Grandi concentrazioni di minerale di rame si riscontrano pure nel Portogallo meridionale, nell'Algarve e nel Baixo Alentejo, dove è il centro di Aljustrel, con i suoi affioramenti piombo-cupriferi ben noti in età classica, all'interno di un vasto bacino metallifero. Più a nord importanti concentrazioni sono nell'Estremadura, presso Caldas da Rainha, e nella Beira Alta.

Ai metalli sin qui ricordati va aggiunto il ferro, di cui la Penisola Iberica possiede importanti mineralizzazioni, specie nella sua parte settentrionale, sotto forma principalmente di siderite, ematite, limonite, magnetite. Il minerale estratto nelle miniere del Moncayo, ai confini nord-orientali della Meseta, ad esempio, è assai ricco di ferro, con un tenore medio intorno al 60 % ([31]).

Assai importanti sono i giacimenti del Paese Basco, con le miniere di Somorrostro, a circa 12 km da Bilbao, e quelli delle Asturie, presso Santander; numerosi sono pure i filoni affioranti nella Galizia orientale.

Anche il sud della penisola possiede minerali ferriferi in abbondanza, dalla Catalogna all'Andalusia. Nel Levante gli antichi avevano addirittura denominato "Ferraria" l'attuale Capo de la Nao, in provincia di Alicante, a causa delle numerose miniere di ferro presenti presso Denia.

In Andalusia lo stesso Rio Tinto sembra dovere il nome al colore sanguigno delle sue acque, conferito loro dalla terra ferrosa del suo bacino ([32]).

In questa sommaria disamina dei metalli presenti nella Penisola Iberica si è lasciato per ultimo lo stagno, proprio per la considerevole importanza che i suoi giacimenti dovevano rivestire nell'economia delle società protostoriche. Come ha rilevato J.D. Muhly, i suoi depositi alluvionali sono al tempo stesso fra i più ricchi ed i più facilmente accessibili del mondo intero ([33]). Va sottolineata ancora una volta l'estrema rarità dello stagno del mondo antico: secondo alcuni autori una crisi nelle vie di approvvigionamento di tale metallo sarebbe tra le cause che avrebbero portato all'introduzione massiccia del ferro in sostituzione del bronzo ([34]).

Lo stagno viene ricavato dal suo ossido, la cassiterite, che ne contiene in genere il 70 %. La produzione attuale della penisola è di circa 800 tonnellate annue, ripartite in 356 per il Portogallo e 444 per la Spagna ([35]).

Le ricchezze di stagno iberiche erano già ben note nell'antichità. Strabone, che riprende la notizia da Posidonio, riferisce che questo metallo veniva rinvenuto nelle terre a nord dei Lusitani e nelle Cassiteridi; aggiunge inoltre che nelle terre degli Artabri, collocate nel nord-est della Lusitania, le donne raccoglievano stagno, insieme ad argento ed elettro, setacciando le sabbie fluviali ([36]).

Anche Diodoro Siculo sostiene che vi era stagno in molte regioni dell'Iberia; afferma inoltre che le Cassiteridi, le isole dello stagno, erano piccole isole situate nell'Oceano presso l'Iberia ([37]).

Secondo alcuni autori le Cassiteridi sarebbero da identificarsi con un gruppo di isole situate in Galizia, nei golfi di Arosa, Pontevedra e Vigo; la loro attuale scarsità di stagno potrebbe essere giustificata dall'eccessivo sfruttamento cui sarebbero state sottoposte nell'antichità, che avrebbe completamente esaurito i giacimenti ([38]). Viene invece tuttora estratta la cassiterite che si rinviene nella costa galiziana, sulle rive del fiume Miño.

Altre attuali fonti di stagno spagnole sono, oltre ad alcuni filoni presenti nei graniti galiziani, i giacimenti della Meseta, particolarmente quelli delle province di Zamora e Salamanca in Castiglia e di Cáceres in Estremadura. Stagno concrezionato è stato anche scavato nelle vicinanze di Cartagena, nella Murcia.

In Portogallo notevole importanza economica rivestono ai nostri giorni le miniere stannifere di Bejanca, di Lagares, Borralheira, Montesinhos e Gaia. Va rilevato come i depositi di quest'ultima località, situata nella Beira Alta, siano facilmente sfruttabili anche con primitive tecnologie.

Nella Penisola Iberica sono presenti, oltre alle ricordate ricchezze metallifere, anche altri prodotti estrattivi d'interesse per le comunità protostoriche. Tra essi va anzitutto ricordato l'allume, il cui principale minerale, l'alunite, è stato rinvenuto nei bacini metalliferi di Mazarrón e Cartagena.

Fra le pietre ornamentali va citato il giaietto, un tipo particolare di lignite fossile, attestato archeologicamente in sepolture dolmeniche del Paese Basco ([39]) ed a Los Millares, in Almeria ([40]). La sua presenza in tali contesti potrebbe collegarsi allo sfruttamento degli affioramenti esistenti in Aragona e nelle Asturie, piuttosto che a traffici commerciali a lunga distanza come a suo tempo proposto da Childe ([41]).

Dopo aver sommariamente esaminato le potenzialità estrattive del sottosuolo iberico, è necessario stabilire se, e fino a qual punto, in età pre e protostorica esse fossero note ed utilizzate.

Specie in passato sono state espresse opinioni dubitative intorno a tali coltivazioni, spesso anche per il preconcetto che i solfuri di rame, come la calcopirite, di cui la penisola è particolarmente ricca, non potessero venire utilizzati dalle tecnologie preistoriche, limitate all'uso dei soli ossidi ([42]).

Secondo H. Müller-Karpe la stessa distribuzione degli insediamenti calcolitici spagnoli indicherebbe chiaramente un interesse rivolto ai giacimenti metalliferi già in età molto antica; egli ricorda anche, del resto, come la presenza attuale, nei giacimenti, di solfuri di rame non escluda affatto che in precedenza vi fossero anche degli affioramenti di ossidi ([43]). A tale proposito va anzi rilevato che le parti più superficiali degli affioramenti sono di norma costituite da prodotti di ossidazione.

Anche per C. Renfrew le risorse metallifere spagnole, ed in particolare quelle cuprifere e stannifere, avrebbero avuto uno sfruttamento precoce, risalente almeno all'eneolitico ([44]).

Secondo H.N. Savory le prime testimonianze metallurgiche si avrebbero già nel neolitico: in un simile contesto sarebbe stata infatti rinvenuta una scoria di fusione di rame ad El Garcel, vicino Almeria ([45]).

Scorie comprovanti l'estrazione dal minerale, oltre che del rame, anche del piombo e dell'argento, sono state rinvenute ad Almizaraque, presso la foce dell'Almanzora, in uno stanziamento pertinente alla cultura eneolitica di Los Millares ([46]). Qui, all'interno di resti di forni fusori, sono state rinvenute tracce di piombo e finanche un pezzo di litargirio, prodotto secondario della coppellazione.

Va sottolineata l'importanza di questo dato, poiché la produzione di argento e piombo, metalli che si ottengono entrambi dalla galena, un solfuro, implica l'impiego, e quindi la conoscenza, dei processi tecnologici di desolforizzazione del minerale.

Ulteriori indizi, nella Penisola Iberica, a favore di avanzate conoscenze tecnologiche tali da permettere uno sfruttamento dei solfuri, sono stati rinvenuti anche in complessi più tardi, del periodo di El Argar. Nei corredi funebri di questo periodo si incontrano infatti, oltre ad ornamenti di rame e d'oro, anche numerosi esemplari d'argento, particolarmente orecchini, anelli, braccialetti e diademi ([47]).

Benché sia necessario tenere presente che l'argento è stato trovato in alcune regioni spagnole anche allo stato nativo, la notevole rarità di quest'ultimo, oltre alla presenza di scorie di piombo documentate, come si è detto, già dall'eneolitico, induce ad ipotizzare uno sfruttamento precoce dei ricchissimi giacimenti di galena argentifera e, conseguentemente, il possesso di una tecnologia in grado di utilizzare i solfuri. È opportuno ricordare come in altre aree mediterranee, quali l'Egeo e la Sardegna, la produzione di piombo ed argento, entrambi ricavati, come si è detto, dalla galena, sia attestata fin dall'eneolitico ([48]).

Secondo R. Shepherd le aree iberiche nelle quali avrebbero avuto luogo le principali coltivazioni preistoriche di rame sarebbero state le Asturie nel nord, Lerida nel nord-est ed Alicante nel sud-est ([49]).

Di fatto i rinvenimenti di materiale preistorico all'interno di miniere sono in Spagna alquanto numerosi, anche se, come già ebbe a rilevare P. Bosch Gimpera, gli intensivi sfruttamenti dei filoni in età successive, specie ad opera dei romani, hanno contribuito non poco ad obliterare le tracce di quelli più antichi ([50]), che pure, in qualche caso fortunato, sono sopravvissuti sino alla nostra epoca, come nelle Asturie e nel León (fig. 75 B).

Fra i primi studi su questi significativi rinvenimenti va annoverato quello di H.W. Sandars, pubblicato nel 1910, ma che riferisce di scoperte avvenute sul finire del secolo scorso, tuttora assai importanti dal punto di vista archeo-minerario.

Nel 1888 Van Straalen, allora dirigente delle miniere di Mieres in provincia di Oviedo, nelle Asturie, effettuando delle ricerche, identificò vari pozzi verticali che conducevano ad una serie di gallerie. Queste erano alquanto estese ed erano state scavate con l'accortezza di mantenere *in situ* dei piloni di roccia allo scopo di sorreggere la volta; i minatori preistorici avevano seguito le vene di minerale cuprifero, consistente in rame nativo e noduli di ossido di rame.

Uno di essi era rimasto sepolto da un crollo verificatosi nella galleria con il suo strumentario, consistente in teste di mazza di pietra ed attrezzi di corno di cervo, un piccone, una zappa o rastrello ed una mazzetta costituita dall'attacco delle corna.

Il minerale, frammentato, veniva portato alla superficie in contenitori di legno forniti di maniglie. I cunicoli, molto stretti, venivano illuminati da torce fatte con legno resinoso ([51]).

Anche in un'altra miniera preistorica, quella di El Milagro presso Cangas de Onís, pure nel bacino di Mieres, vennero rinvenuti strumenti di corno di cervo, mazze in pietra scanalate, ceramica ed un'ascia piatta in lega di rame (fig. 74: 1-4) ([52]).

In passato teste di mazza di pietra e picconi di cervo sono stati rinvenuti all'interno di gallerie anche in Andalusia, nelle zone montagnose presso Cordova, Siviglia e Huelva, in Estremadura e nell'Algarve ([53]).

In tempi a noi più vicini una revisione dei dati relativi a testimonianze preistoriche osservate nei pressi di località di interesse minerario, o all'interno stesso di miniere, è stata compiuta da L. Monteagudo nell'ambito dell'edizione delle asce iberiche ([54]). Specie per la provincia di Huelva, nuove informazioni sono state poi fornite dalla pluriennale attività dell'Institute for Archeo-Metallurgical Studies. Questo ha condotto per anni un progetto di ricerca integrato, con scavi e ricerche di superficie, The Huelva Archeo-Metallurgical Project, allo scopo di indagare sull'antico sfruttamento della parte centrale della cosiddetta "cintura piritifera iberica", nella Spagna sud-occidentale ([55]).

Un rilievo del tutto particolare rivestono inoltre, per questi studi, i recenti lavori di C. Domergue, i quali, benché prevalentemente mirati alla situazione estrattiva in età classica, offrono una ricognizione sistematica dei giacimenti iberici e delle testimonianze archeologiche ad essi collegate ([56]).

Nell'elenco che segue vengono sintetizzati i dati relativi ai rinvenimenti pre-protostorici iberici di carattere minerario e metallurgico avvenuti nell'ambito di aree estrattive. Le varie località spagnole sono state ordinate partendo dalle regioni mediterranee per poi risalire verso l'area atlantica e pirenaica; ad esse fanno seguito quelle portoghesi ([57]). Il numero attribuito a ciascuno dei siti esaminati corrisponde a quello delle relative carte di distribuzione (figg. 78-79).

SPAGNA

CATALOGNA

- *Provincia di Lerida*: Riner (Solsona) (n. 1): scorie e forme di fusione per punteruoli ed asce piatte di tipo argarico presso un affioramento di carbonati, ossidi di rame e calcopirite; il minerale di rame si presenta talora naturalmente associato con stagno ([58]).

Provincia di Terragona: La Solana del Bepo (Ulldemolins) (n. 2): numerose teste di mazza scanalate in scisto, granito, sienite, porfido e selce sul sito di una miniera di ossidi e carbonati di rame (malachite ed azzurrite).

MURCIA

- *Provincia di Murcia*: Sierra de Cartagena (Cartagena) (n. 3): i ricchi giacimenti, a carbonati e solfuri misti (rame, piombo, argento), in cui è stato anche rinvenuto dello stagno, sono stati oggetto di lavorazione almeno dall'età di El Argar: presso il filone Consuelo, nella discarica, sono stati rinvenuti frammenti di teste di mazza scanalate in anfibolite verdastra, un piccolo mortaio per pestare il minerale ed un vaso carenato. Data l'enorme quantità di scorie nell'area, valutata intorno a 1.100.000 tonnellate ([59]), non si può escludere la possibilità di una metallurgia del rame e/o del piombo risalente già ad età protostorica, sepolta dai resti delle fusioni successive.

La Panadera (Aguilas) (n. 4): a 3 km dal sito argarico di Parazuelos sono localizzati giacimenti di minerale cuprifero; nell'insediamento sono state rinvenute, nel corso di ricerche archeologiche, una decina di kg di carbonati e solfuri di rame, lingotti di rame, scorie, ceramica, frammenti di crogioli e mortai per la frantumazione del minerale.

La Carrasquilla (Lorca) (n. 5): intorno al 1916-1917, nella locale miniera di ossidi di ferro, vennero rinvenuti i resti scheletrici di cinque minatori sepolti da una frana, alla profondità di circa cinque metri; accanto ad essi giacevano della ceramica inornata, del minerale ferroso finemente triturato, una testa di mazza in diorite, un'ascia ed una freccia metallica.

ANDALUSIA

- *Provincia di Almeria*: Herrerías (Cuevas de Almanzora) (n. 6): resti di un abitato di El Argar sulla stessa collina dove è posta una miniera, a 600 m dalla quale si trova

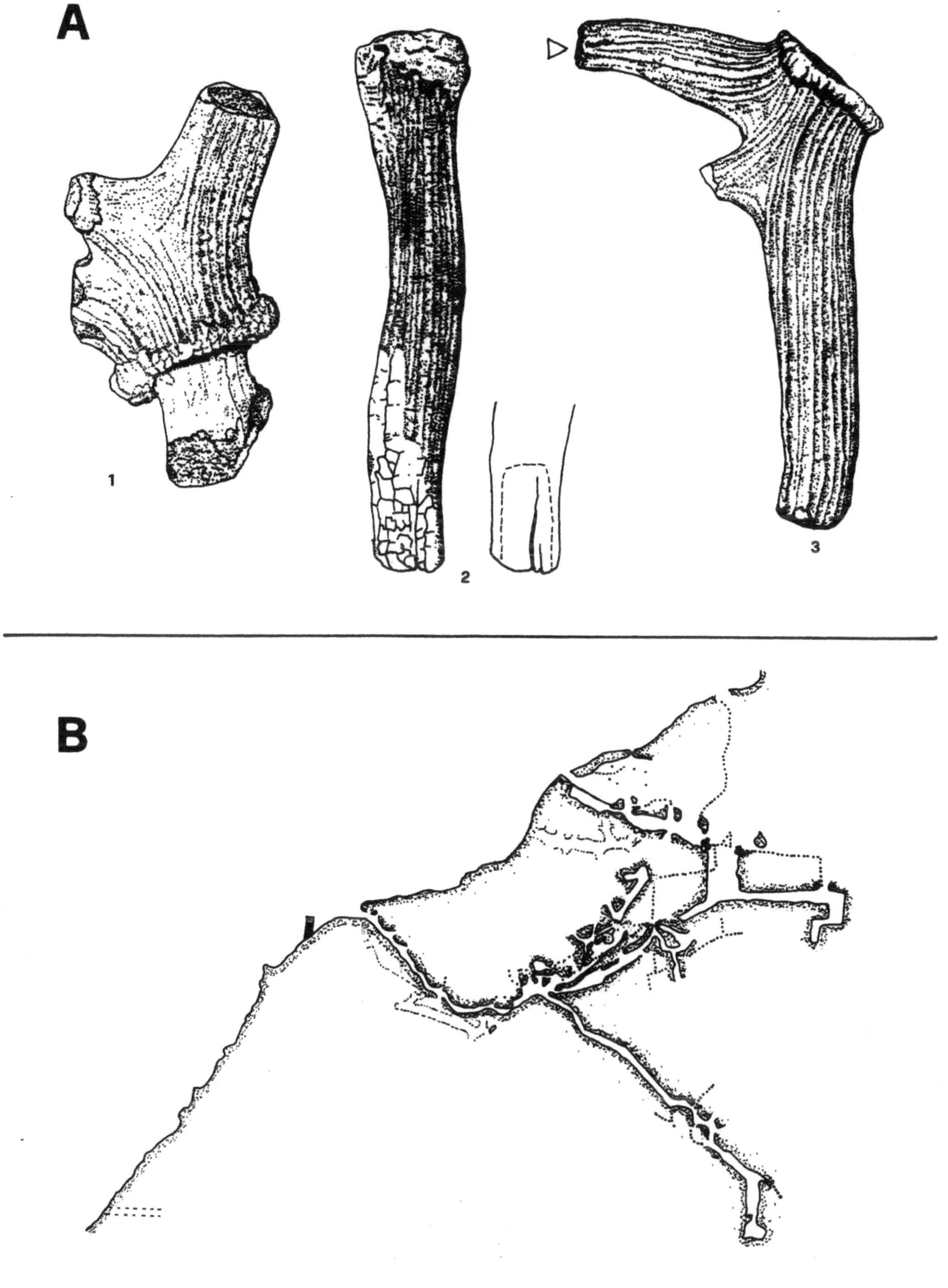

Fig. 74. A. Strumenti in corno di cervo dalla miniera di El Aramo (Riosa). Scala: 1/3.
B. Sezione delle antiche coltivazioni di El Aramo (Riosa).

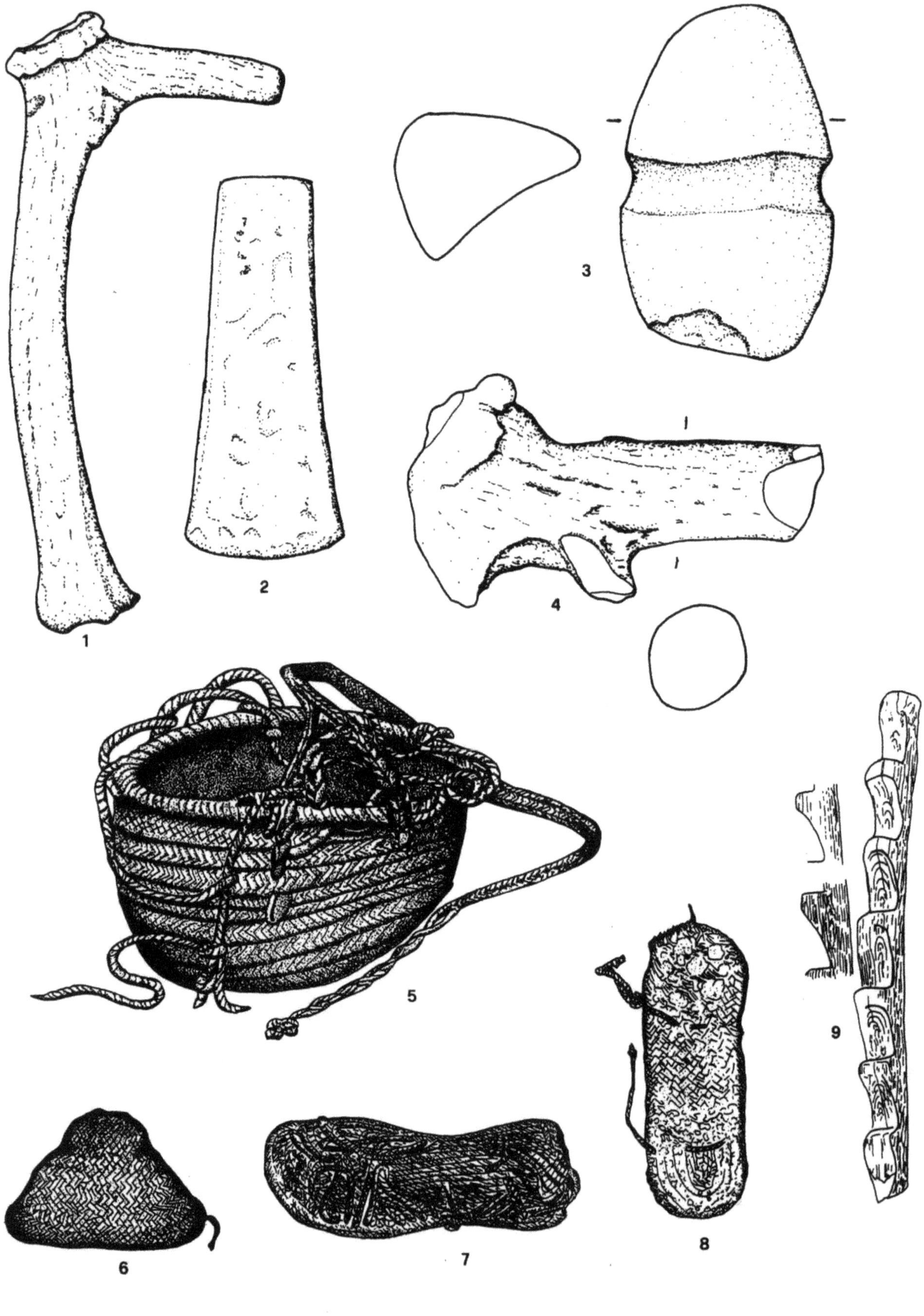

Fig. 75. Manufatti rinvenuti nell'ambito di coltivazioni minerarie.
1-4: El Milagro (Cangas de Onís); 5-9: La Fortuna (Mazarrón). Non in scala.

anche il sito eneolitico di Almizaraque, le cui strutture in pietra sono state realizzate con rocce provenienti da essa. L'affioramento è costituito da minerali di ferro, baritina, sali d'argento ed argento nativo. Nella miniera venne rinvenuto uno scalpello di rame eneolitico. Nel villaggio di Almizaraque, che probabilmente sfruttava anche i vicini giacimenti di solfuri misti di Sierra Almagrera, sono documentate testimonianze di metallurgia del piombo, dell'argento e del rame: minerali metalliferi, forni fusori, scorie. Va ricordata inoltre l'esistenza di vari stazioni argariche in un raggio di 15 km dalla zona mineraria, che hanno restituito numerosi oggetti in argento.

Cerro Minado (Huercal Oveja) (n. 7): nella discarica presso le mineralizzazione ad ossidi e carbonati di rame sono state rinvenute alcune teste di mazza scanalate in diorite.

- *Provincia di Jaén*: Los Escoriales (Andújar) (n. 8): teste di mazza scanalate in diorite in una miniera di rame.

Arroyo Valquemado (Andújar) (n. 9): teste di mazza scanalate presso le antiche coltivazioni superficiali dei filoni di carbonati cupriferi.

Cerro de los Venados (Andújar) (n. 10): nell'area di antichi scavi superficiali per l'estrazione di carbonati di rame vennero rinvenute alcune teste di mazza scanalate.

Mina de Valquemado (Andújar) (n. 11): frammenti di teste di mazza scanalate nelle discariche della miniera.

Arroyo de la Lisea (Andújar) (n. 12): numerose teste di mazza scanalate in pietra verde rinvenute nelle discariche della miniera cuprifera.

El Fresnillo (Andújar) (n. 13): dalle discariche della miniera di rame provengono varie teste di mazza scanalate in pietra verde.

El Humiliadero (Andújar) (n. 14): un certo numero di teste di mazza scanalate in pietra verde è stato rinvenuto nelle discariche della miniera cuprifera.

Navalasno (Andújar) (n. 15): teste di mazza scanalate in diorite nella discarica della miniera di rame.

Los Arrayanes (Linares) (n. 16): un'alabarda di rame ed uno pseudo-brassard argarico in pietra verde in una miniera piombo-cuprifera.

- *Provincia di Cordova*: Los Pobos (Adamuz) (n. 17): nell'area degli affioramenti cupriferi sono state rinvenute alcune teste di mazza scanalate.

Cantos Blancos (Alcaracejos) (n. 18): teste di mazza scanalate in discariche di minerale di rame.

Madereros (Almodovar del Rio) (n. 19): nelle discariche delle miniere di solfuri misti (argento, piombo, rame) è attestato il ritrovamento di teste di mazza scanalate.

Dehesa de Covatillas (Almodovar del Rio) (n. 20): teste di mazza scanalate nell'area della miniera di galena argentifera.

El Ingertal (Almodovar del Rio) (n. 21): nell'area della miniera di galena argentifera rinvenute alcune teste di mazza scanalate.

El Francés (Almodovar del Rio) (n. 22): teste di mazza scanalate nell'area della miniera di solfuri misti (argento, piombo, rame).

Peña del Aguila (Almodovar del Rio) (n. 23): nell'area della miniera di solfuri misti (argento, piombo, rame) sono state rinvenute teste di mazza scanalate.

Piedra de la Atalaya (Añora) (n. 24): nella discarica della miniera di solfuri misti, in cui sono presenti anche ossidi di rame ed argento nativo, sono stati rinvenuti un mortaio multiplo in granito ed una testa di mazza scanalata in pietra verde.

Motilla (Añora) (n. 25): una testa di mazza scanalata ed un mortaio doppio in trachite negli affioramenti di malachite.

Torril de Medioduro (Añora) (n. 26): rinvenute ceramica di impasto e frammenti di teste di mazza scanalate negli affioramenti di quarzo cuprifero.

Canada (Añora) (n. 27): ceramica dell'età del bronzo ed un frammento di testa di mazza scanalata in riolite porfirica trovate negli affioramenti malachitici.

La Solana (Belalcázar) (n. 28): teste di mazza scanalate e ceramica dell'età del bronzo negli affioramenti di rame ed argento nativo.

Peña del Cuervo (Belalcázar) (n. 29): teste di mazza scanalate presso gli affioramenti di malachite.

La Encinilla (Belalcázar) (n. 30): frammenti di teste di mazza scanalate in roccia verde rinvenute nella discarica della miniera di rame.

Minillas del Quinto del Huerto (Belalcázar) (n. 31): teste di mazza scanalate nella discarica della miniera di rame.

Arroyo del Hato del Pozo de la Torre (Belalcázar) (n. 32): nella discarica della miniera di rame trovate alcune teste di mazza scanalate in roccia porfirica verde.

La Pastora (Belalcázar) (n. 33): rinvenuti dei frammenti di teste di mazza scanalate insieme a pezzi di malachite.

Arroyo de la Virgen (Cordena) (n. 34): frammenti di teste di mazza scanalate in roccia verde trovati nella discarica connessa ad affioramenti di quarzo cuprifero.

Barranco de las Minas (Cordena) (n. 35): teste di mazza scanalate in roccia verde negli affioramenti cupriferi.

Cerro de las Minillas (Cordena) (n. 36): numerose teste di mazza scanalate in roccia verde ed in scisto metamorfico negli affioramenti cupriferi; nei pressi di questi, resti di un villaggio preistorico al cui interno sono state rinvenute alcune teste di mazza scanalate.

Almadenejos de Torrubia (Cordena) (n. 37): nell'area degli affioramenti di carbonato di rame, teste di mazza scanalate in diorite e gabbro ed un mortaio multiplo d'arenaria.

Filon Zumajo (Cordena) (n. 38): nella discarica un mortaio multiplo in trachite ed alcuni frammenti di malachite.

Dehesa Quebradillas (Cordena) (n. 39): frammenti di malachite e di teste di mazza scanalate in trachite rinvenuti nella discarica.

Mortecino (Cordena) (n. 39): nella discarica, frammenti di malachite e di teste di mazza scanalate in trachite.

Estercoladas (Cordena) (n. 39): frammenti di teste di mazza scanalate trovate nella discarica di minerale cuprifero.

Cerro del Cura (Cordena) (n. 40): teste di mazza scanalate in riolite nella discarica della miniera di quarzo cuprifero.

Arroyo de la Higueruela (Cordena) (n. 41): frammenti di teste di mazza scanalate nella discarica della miniera di rame.

Cerro Muriano (Cordova) (n. 42): nelle discariche di queste importanti e ricche miniere di rame sono state rinvenuti reperti fittili di età eneolitica, nonché teste di mazza scanalate e mortai multipli. Nei pressi, resti di un insediamento del Bronzo finale, con numerose ceramiche d'impasto, frammenti di teste di mazza scanalate in roccia verde, pestelli e pezzi di malachite; un frammento di crogiolo parzialmente scorificato, sul quale è ancora attaccata della malachite, indica la presenza di operazioni fusorie nel sito.

El Mico (Cordova) (n. 43): teste di mazza scanalate nella discarica di minerali di rame.

Castripicon (Cordova) (n. 44): teste di mazza scanalate di sienite nella discarica di minerali di rame.

Arroyo tras-Sierra (Cordova) (n. 45): teste di mazza scanalate nell'area degli affioramenti di carbonati di rame.

Lagar de la Cruz (Cordova) (n. 46): nell'area degli affioramenti di carbonati di rame, alcune teste di mazza scanalate.

La Pililla (Dos Torres) (n. 47): rinvenimento di teste di mazza scanalate nell'area degli affioramenti di carbonati di rame.

Cortijo de Peralbo (Dos Torres) (n. 48): frammenti di teste di mazza scanalate in trachite nella discarica di minerale cuprifero.

La Loba (Fuenteovejuna) (n. 49): teste di mazza scanalate in roccia verde e resti di un mortaio multiplo in riolite nelle discariche, insieme a frammenti di galena argentifera e di carbonati di rame.

Navalespino (Fuenteovejuna) (n. 50): fra gli affioramenti di galena argentifera, cerussite, malachite e calcopirite, rinvenuta una testa di mazza scanalata in roccia porfirica verde.

El Piconcillo (Fuenteovejuna) (n. 51): teste di mazza scanalate e mortai litici nell'area dei giacimenti di rame, argento e piombo.

Cerro de las Minillas (Fuente la Lancha) (n. 52): frammenti di teste di mazza scanalate in riolite nelle discariche della miniera cuprifera.

Dehesa Lavera (Hinojosa del Duque) (n. 53): teste di mazza scanalate in riolite porfirica ed un piccolo mortaio litico trovati nella discarica della miniera di malachite, nei cui pressi sono anche state rinvenute delle scorie.

Almadenes del Bembézar (Hornachuelos) (n. 54): nella discarica della miniera cuprifera frammenti di impasto, teste di mazza scanalate in pietra verdastra ed un piccolo mortaio litico.

La Herrería (Montoro) (n. 55): nella discarica della miniera di galena argentifera e rame sono state rinvenute alcune teste di mazza scanalate in pietra verdastra.

Arroyo de los Almadenejos (Montoro) (n. 56): numerose teste di mazza scanalate in roccia verdastra nelle coltivazioni di minerale cuprifero.

Navalamoheda (Montoro) (n. 56): teste di mazza in porfirite augitica di dimensioni comprese fra i 7 ed i 17 cm nella discarica di minerale cuprifero.

Arroyo del Cuezo (Montoro) (n. 57): frammenti di teste di mazza scanalate in roccia verdastra nella discarica della miniera cuprifera.

Los Patalos (Montoro) (n. 58): teste di mazza scanalate in roccia verde nella discarica di minerale di rame.

Almadenes de la Solana (Pozoblanco) (n. 59): una testa di mazza scanalata di riolite nella discarica di minerale di rame.

Cuesta de Romo (Pozoblanco) (n. 60): nella discarica di minerale cuprifero sono state trovate alcune teste di mazza scanalate in riolite e trachite.

Dehesa Boyal (Pozoblanco) (n. 60): presso i lavori per l'estrazione di quarzo cuprifero e malachite sono stati rinvenuti i resti di un abitato protostorico con frammenti ceramici d'impasto.

Dehesa de Quiros (Pozoblanco) (n. 60): frammenti di teste di mazza scanalate in trachite nella discarica, insieme a frammenti di malachite.

La Romana (Pozoblanco) (n. 61): numerose teste di mazza scanalate in riolite e trachite nelle discariche di minerale cuprifero (calcopirite, calcocite, malachite).

La Osi (Pozoblanco) (n. 62): numerosi frammenti di teste di mazza scanalate in riolite nella discarica di minerale cuprifero.

Almadenejos del Garabato (Pozoblanco) (n. 63): frammenti di teste di mazza scanalate in roccia verde nelle discariche della miniera di rame.

Arroyo Tomilloso (Pozoblanco) (n. 63): un frammento di testa di mazza scanalata in trachite nella discarica della miniera di malachite ed ossidi di ferro.

Sortijón del Cuzna (Pozoblanco) (n. 63): mortai multipli in arenaria quarzitica ed una testa di mazza scanalata in roccia verde nelle discariche delle coltivazioni di galena argentifera e minerale cuprifero.

Almadenes del Soberbio (Pozoblanco) (n. 64): teste di mazza scanalate in roccia verde e frammenti di malachite nelle discariche della miniera cuprifera.

Santa Eufemia (El Viso) (n. 65): una testa di mazza scanalata in roccia verde nella discarica della miniera di argento, piombo e rame.

La Gran Mina (Villaviciosa) (n. 66): una testa di mazza scanalata in sienite ed un frammento di ceramica dell'età del bronzo sono state rinvenute nella discarica degli sfruttamenti di galena argentifera e minerale cuprifero.

Arroyo del Alamo (Villaviciosa) (n. 67): presso i vecchi lavori superficiali di magnetite e pirite argentifera sono state trovate alcune teste di mazza scanalate.

Cerro de Valfrío (Villaviciosa) (n. 68): nelle discariche delle coltivazioni dei filoni a calcopirite, teste di mazza scanalate.

Dehesa de los Llanos (Villaviciosa) (n. 69): nelle discariche sono state rinvenute delle teste di mazza scanalate con accanto frammenti di azzurrite e malachite.

- *Provincia di Siviglia*: La Onza (Alanís) (n. 70): teste di mazza scanalate in diorite e mortai sono stati rinvenuti nelle discariche delle locali miniere di solfuri misti (galena argentifera e calcopirite).

Río Crispinejo (Aznacollar) (n. 71): una testa di mazza scanalata ed un piccolo mortaio presso le miniere cuprifere.

Gibla (Constantina) (n. 72): nelle discariche delle coltivazioni di calcopirite, teste di mazza scanalate e piccoli mortai in quarzite ed in diorite.

Potosí (Guadalcanal) (n. 73): nella miniera di rame vennero rinvenute in passato alcune asce litiche.

Juan Teniente (El Pedroso) (n. 74): fra gli arricchimenti superficiali in rame di un filone a pirite, una testa di mazza scanalata in diorite.

La Preciosa (Peñaflor) (n. 75): alla fine del XIX secolo venne rinvenuta una coppia di scheletri con due teste di mazza scanalate in una vecchia galleria della miniera di rame (azzurrite e malachite).

Area del comune di Puebla de los Infantes (miniere indeterminate) (n. 76): nel secolo scorso comparvero una ventina di teste di mazza scanalate provenienti dalle antiche miniere di quest'area.

- *Provincia di Huelva*: Cueva de la Mora (Almonaster La Real) (n. 77): la coltivazione di filoni cupriferi ed argentiferi ha restituito delle teste di mazza scanalate in roccia porfiritica.

Monte Romero (Almonaster La Real) (n. 77): nella miniera di rame nativo, calcopirite, calcocite e carbonati furono rinvenuti nel 1870 più di 40 teste di mazza scanalate e picconi in diorite; recenti ricerche hanno poi portato alla luce, nei pressi delle antiche escavazioni, oltre ad ulteriori strumenti litici, scorie e frammenti di ugelli di forni fusori.

San Miguel (Almonaster La Real) (n. 77): attestate alcune teste di mazza scanalate provenienti dalla miniera di calcopirite e calcocite.

El Lagunazo (Alosno) (n. 78): nel sito della miniera di solfuri misti sono stati raccolte alcune teste di mazza scanalate.

Tharsis (Alosno) (n. 79): in passato sarebbero state trovate a Tharsis numerose teste di mazza scanalate, che indicherebbero uno sfruttamento dei cospicui affioramenti di minerali di ferro, rame, argento ed oro già in età protostorica, indiziato peraltro anche da alcune tombe dell'età del bronzo rinvenute nei pressi. Le molte migliaia di tonnellate di vecchie scorie presenti in zona potrebbero celare tracce di antiche lavorazioni. Dall'area del filone sud provengono un mortaio ed un pestello in roccia verde ed in quarzite.

Minas de Cala (Cala) (n. 80): mineralizzazioni di magnetite, calcopirite, malachite; presso le antiche lavorazioni, un'ascia in roccia verde probabilmente neo-eneolitica e varie teste di mazza scanalate dell'età del bronzo.

Sultana-San Rafael (Cala) (n. 81): nella discarica dell'antica miniera di rame ed oro nativo, un testa di mazza scanalata sulla cui superficie erano microscopiche pagliuzze d'oro, usata evidentemente per frantumare la ganga quarzosa del minerale aurifero.

La Zarza (Calañas) (n. 82): nei giacimenti cupriferi vennero rinvenute alcune teste di mazza scanalate.

Sotiel Coronada (Calañas) (n. 83): nell'area della miniera, da cui si estraevano principalmente solfuri di rame, ma nella quale è anche segnalata la presenza di galena argentifera, vennero rinvenute numerose teste di mazza scanalate.

Joya (El Campillo) (n. 84): proveniente probabilmente da questa miniera di rame è una testa di mazza scanalata di diorite conservata al Museo di Scienze Naturali di Siviglia.

Herrerias de los Confesionarios (Cortegana) (n. 85): dall'antica miniera di rame proviene verosimilmente una testa di mazza scanalata in roccia verde, custodita nel Museo di Scienze Naturali di Siviglia.

San Telmo (Cortegana) (n. 86): presso antichi lavori superficiali per lo sfruttamento del minerale di rame sono venute alla luce alcune teste di mazza scanalate.

El Juncal (Encinasola) (n. 87): presso i vecchi scavi superficiali per l'estrazione di solfuri ed ossidi di rame vennero rinvenute una quarantina di teste di mazza scanalate ed alcuni scalpelli in ferro a sezione quadrata.

Trinidad (Escacena del Campo) (n. 88): un testa di mazza scanalata è stata rinvenuta presso gli affioramenti di calcopirite.

Cueva del Monje (Paterna) (n. 89): varie trincee, pozzi e discariche attribuibili a vari periodi, dall'eneolitico all'età del ferro, con strumenti litici utilizzati nello sfruttamento dei filoni di malachite e calcopirite, ceramica e scorie di fusione.

Río Corumbel (Paterna) (n. 90): antiche coltivazioni minerarie a cielo aperto; le ricerche hanno restituito strumenti litici impiegati nelle coltivazioni delle locali mineralizzazioni a solfuri misti (calcopirite, galena argentifera), quali pestelli, mazze, picconi, nonché scorie e ceramiche della tarda età del bronzo (fig. 76: 4-11).

Las Herrerías (Puebla de Guzmán) (n. 91): dall'area del giacimento, assai ricco di rame (ossidi, solfuri, rame nativo), ma anche con minerali di argento, provengono alcune teste di mazza scanalate.

Rio Tinto (Rio Tinto) (n. 92): lo sfruttamento degli enormi giacimenti metalliferi ha prodotto nel tempo una massa di scorie valutata intorno ai 16-20 milioni di tonnellate. Enorme è quindi stata la mole di lavoro estrattivo che si è protratto nei secoli, sfruttando i filoni di minerali di rame (rame nativo, carbonati, ossidi, ma anche e principalmente solfuri: covellite, calcocite, calcopirite), argento (galena argentifera e soprattutto solfati complessi, come jarosite, plumbojarosite, argentojarosite) e ferro (ematite e limonite). Nelle vaste miniere vennero rinvenuti in passato numerosi strumenti connessi con coltivazioni di età pre- protostorica, tra cui teste di mazza scanalate e mortai litici ([60]); in una galleria per lo sfruttamento di un deposito di ossidi di ferro in località Mesa de los Pinos venne addirittura trovato un gruppo di teste di mazza scanalate del peso complessivo superiore ad una tonnellata. Recenti ricerche hanno rivelato a Corta Lago, che costituisce una parte del complesso minerario, enormi cumuli di antiche scorie in sequenza stratigrafica, che dimostrano come nella tarda età del bronzo venissero condotti nell'area estrattiva anche processi fusori ([61]). Sull'alta collina che domina Rio Tinto, detta Monte Salomón o Cerro Salomón, vi sono inoltre i resti di un villaggio protostorico che ha restituito abbondante documentazione di attività minerarie e fusorie; i materiali più antichi sino ad ora rinvenuti «risalgono all'VIII secolo a. C.» ([62]). Provengono da qui teste di mazza scanalate in porfirite e diorite, pestelli, mortai multipli, frammenti di crogioli ed ugelli fusori, scorie, gocce di piombo ([63]). Al Museo Archeologico Provinciale di Oviedo sono inoltre conservate due asce a tallone ed un'ascia piatta in bronzo attribuite genericamente alle miniere di Huelva, ma provenienti molto probabilmente da Rio Tinto (fig. 77: 2, 6-7).

Mina Teuler (Santa Olalla de Cala) (n. 93): una vena di malachite sarebbe stata sfruttata in età eneolitica, come indicherebbero schegge di quarzite ed un'ascia cilindrica in roccia verde, nonché un molare di bue trovato a circa 9 m di profondità, impregnato di fosfato di rame.

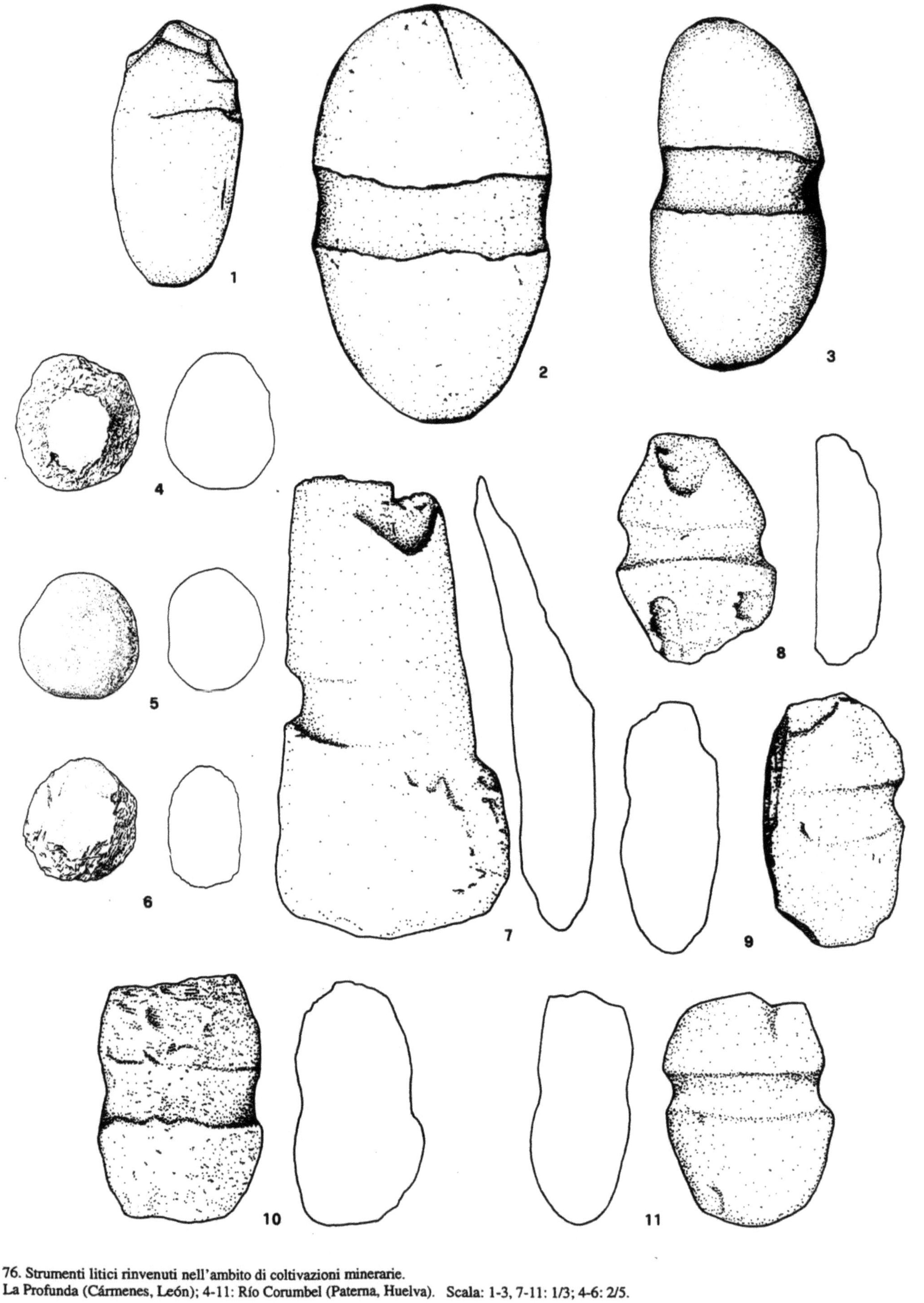

Fig. 76. Strumenti litici rinvenuti nell'ambito di coltivazioni minerarie.
1-3: La Profunda (Cármenes, León); 4-11: Río Corumbel (Paterna, Huelva). Scala: 1-3, 7-11: 1/3; 4-6: 2/5.

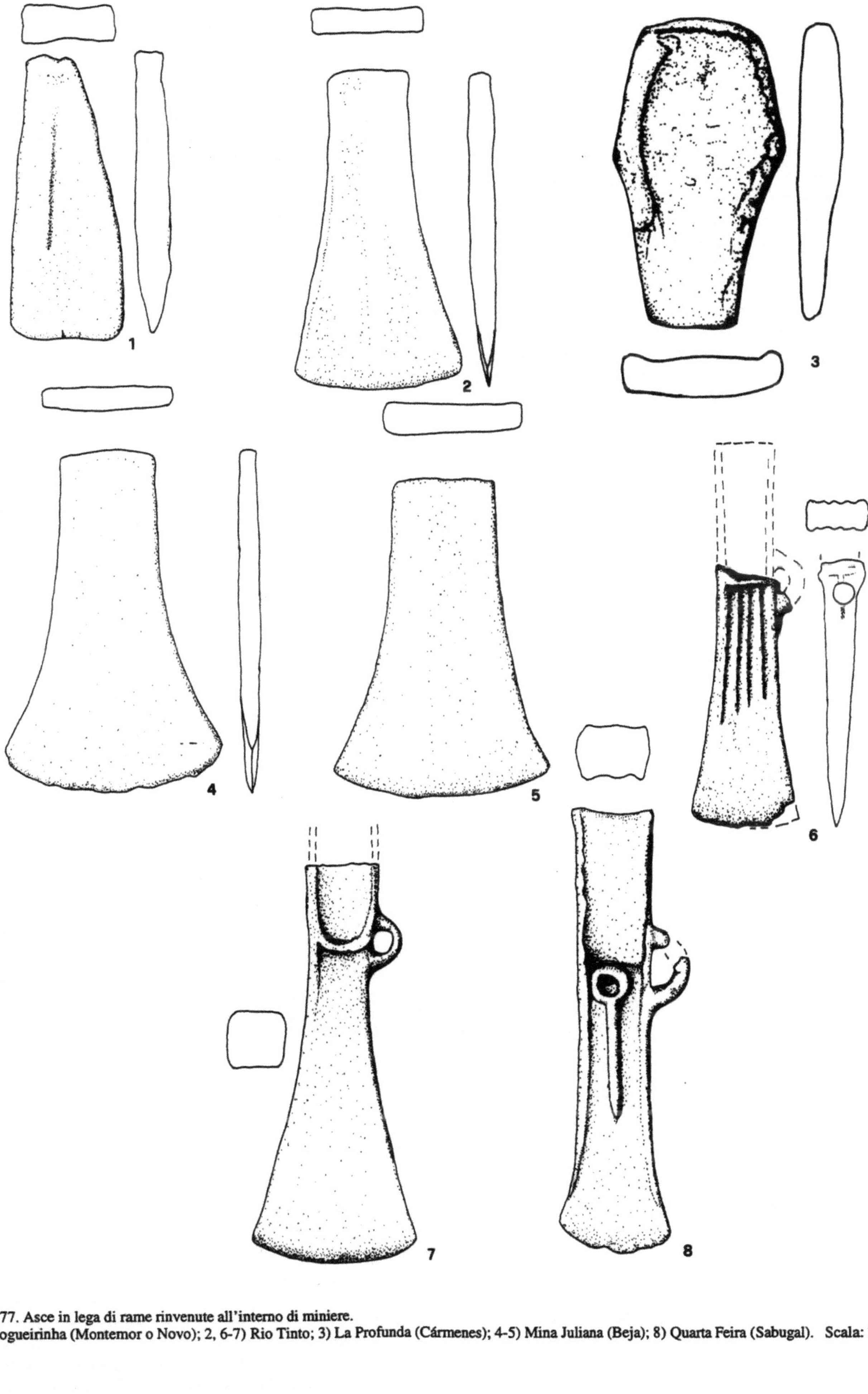

Fig. 77. Asce in lega di rame rinvenute all'interno di miniere.
1) Nogueirinha (Montemor o Novo); 2, 6-7) Rio Tinto; 3) La Profunda (Cármenes); 4-5) Mina Juliana (Beja); 8) Quarta Feira (Sabugal). Scala: 2/5.

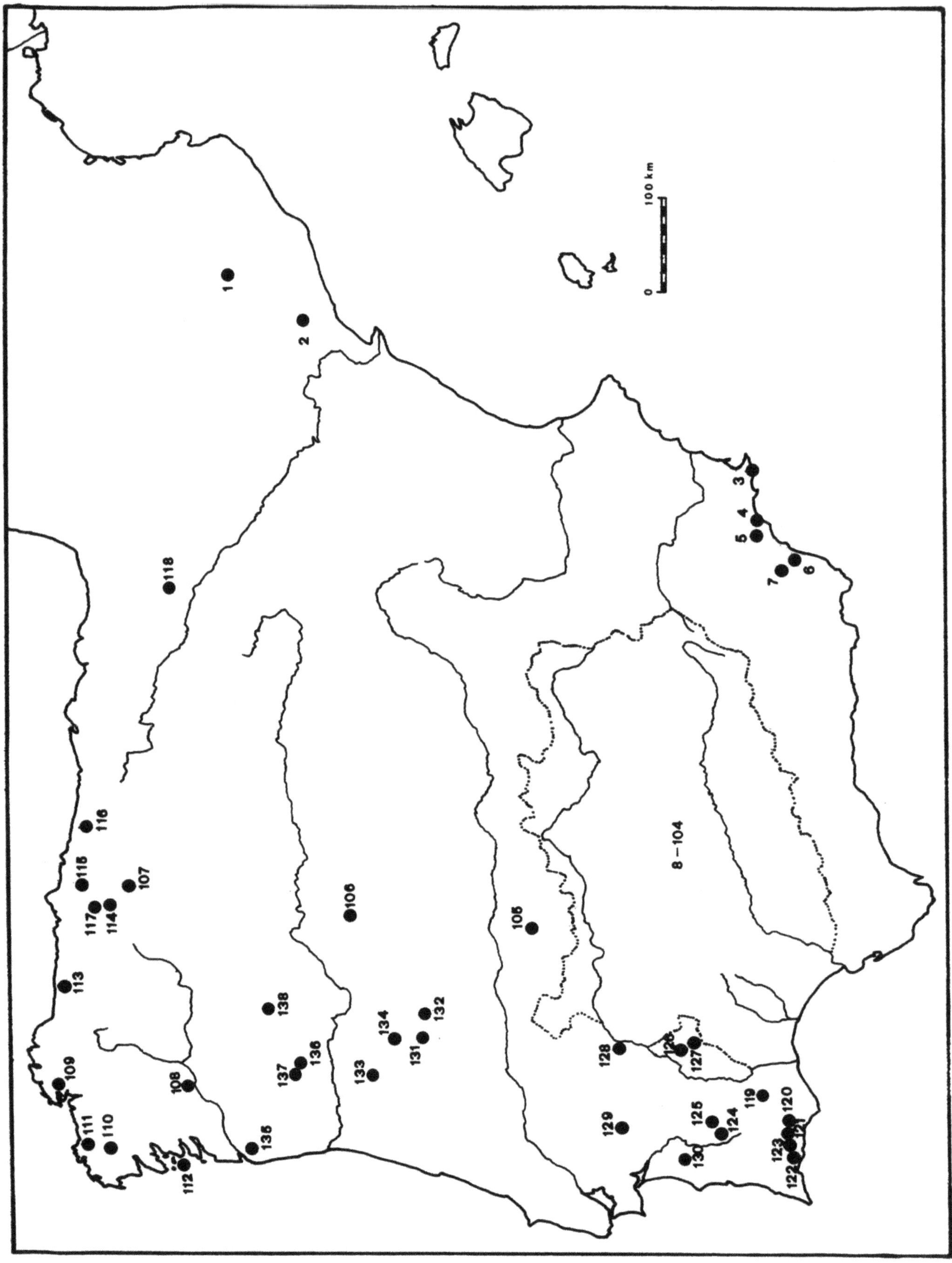

Fig. 78. Rinvenimenti pre-protostorici effettuati in contesti minerari nella Penisola Iberica (eccetto la Sierra Morena).

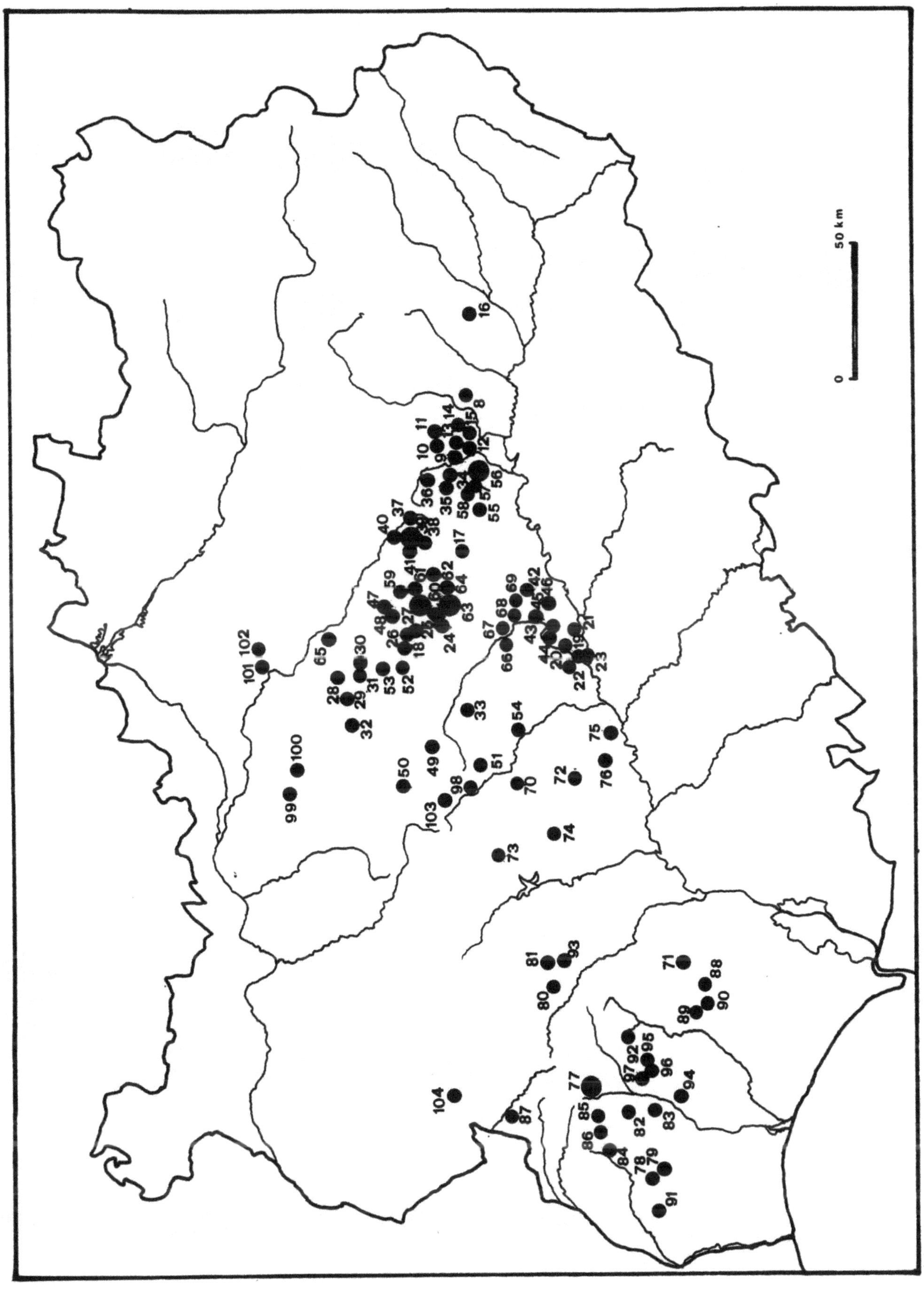

Fig. 79. Rinvenimenti pre-protostorici effettuati in contesti minerari nella Sierra Morena.

Campanario (Valverde del Camino) (n. 94): sono presenti antichi lavori per l'estrazione di solfuri di rame, da cui probabilmente provengono alcune teste di mazza scanalate in diorite rinvenute in passato ed indicate come trovate a Rodeo del Madroño.

Chinflón (Zalamea la Real) (n. 95): lavori parzialmente a cielo aperto consistenti in lunghe trincee nelle quali si aprono profondi pozzi per la coltivazione delle vene di calcopirite superficialmente ossidate a malachite: tali lavori appartengono verosimilmente a periodi diversi ([64]); accanto alle coltivazioni vennero rinvenute scorie di fusione, mazze e picconi di andesite e frammenti ceramici, questi ultimi attribuibili alla tarda età del bronzo.

Cerro Masegoso (Zalamea la Real) (n. 96): pozzi ed altre tracce di lavorazioni antiche, teste di mazza scanalate e picconi in pietra; l'attività metallurgica è attestata, oltre che dalle scorie di fusione, alcune delle quali assai ricche di stagno, anche da pietre fortemente bruciate, resti di un forno fusorio; in un'area vicina, altri pozzi estrattivi con strumenti litici e ceramica della tarda età del bronzo.

La Venta del Quico (Zalamea la Real) (n. 97): nelle discariche in vicinanza dei giacimenti, pestelli e mortai litici impiegati per frammentare le scorie e recuperare il minerale residuo.

ESTREMADURA

- *Provincia di Badajoz*: Mesas del Castaño (Aznaga) (n. 98): nelle discariche, frammenti di minerali cupriferi e di teste di mazza scanalate; nei pressi, vicino al rio Bembézar, scorie di lavorazione del rame.

Miraflores (Castuera) (n. 99): nella discarica della miniera di galena argentifera, frammenti di malachite e strumenti in pietra.

Lomo de Perro (Castuera) (n. 100): teste di mazza scanalate e mortai litici nella discarica della miniera a solfuri misti; una delle teste di mazza era stata riutilizzata come mortaio.

Las Minillas (Garlitos) (n. 101): rinvenute alcune teste di mazza scanalate ed altri indizi di sfruttamento dei filoni di galena fortemente argentifera.

El Borracho (Garlitos) (n. 102): presso gli antichi lavori per l'estrazione della galena fortemente argentifera, in paragenesi con la calcopirite, sono state rinvenute alcune teste di mazza scanalate.

Las Minillas (Granja de Torrehermosa) (n. 103): teste di mazza scanalate in roccia vulcanica e frammenti di malachite nella discarica della miniera che sfrutta i filoni di solfuri misti (calcopirite, bornite, galena).

Cerro de las Minas (Jerez de los Caballeros) (n. 104): teste di mazza scanalate nelle discariche della miniera di rame.

- *Provincia di Cáceres*: Plasenzuela (Plasenzuela) (n. 105): uno sfruttamento del rame e dell'argento nativo presenti nei livelli di ossidazione superficiali del giacimento è attestato da teste di mazza scanalate e da un mortaio multiplo in granito.

CASTIGLIA E LÉON

- *Provincia di Salamanca*: Golpejas (Golpejas) (n. 106): frammenti di ceramica d'impasto verosimilmente dell'età del bronzo sono stati rinvenuti presso le mineralizzazioni superficiali di stagno, sfruttate ancora oggi.

- *Provincia di León*: La Profunda (Cármenes) (n. 107): alla fine del secolo scorso vennero scoperte tracce degli antichi lavori per lo sfruttamento dei carbonati di rame. Le gallerie, basse e tortuose, raggiungevano la profondità di 45 m. Fra gli scarti furono rinvenute numerose teste di mazza scanalate in roccia verde, alcuni picconi in corno di cervo, nonché un'ascia a spuntoni laterali in bronzo (figg. 76: 1-3; 77: 3). Venne osservato sulle pareti uno spesso strato di fuliggine che, insieme a pezzi di legno carbonizzati, indicava come si fosse fatto ricorso al fuoco al fine di fratturare la roccia. Anche nella vicina miniera La Providencia sarebbero stati rinvenute teste di mazza scanalate.

GALIZIA

- *Provincia di Orense*: Barbantes (Razamonde) (n. 108): nell'area del deposito aurifero sono stati trovati pestelli e mortai litici.

- *Provincia di La Coruña*: Moeche (Moeche) (n. 109): un'ascia a tallone di bronzo è stata rinvenuta nei pressi di antiche coltivazioni per l'estrazione del minerale di rame.

Santa Comba (Santa Comba) (n. 110): in un giacimento di cassiterite, una panella di stagno.

Rial de Cuns (Coristanco) (n. 111): in una discarica delle miniere stannifere, una panella rotonda.

- *Provincia di Pontevedra*: Isola di Ons (Bueu) (n. 112): da una vecchia miniera di stagno proviene un'ascia a tallone con due occhielli.

ASTURIE

- *Provincia di Oviedo*: Río Navía (Boal et Navía) (n. 113): il minerale aurifero si trova nelle terrazze del corso inferiore del fiume; a circa un chilometro, in un abitato, è stata rinvenuta un'ascia a tallone con occhiello.

Riospaso (Lena) (n. 114): in queste miniere di rame sembra che nel secolo scorso siano stati rinvenuti oggetti in bronzo, forse delle asce.

La Peña (Mieres) (n. 115): nella miniera di cinabro, due picconi in pietra.

El Milagro (Onís) (n. 116): antichi lavori superficiali per l'estrazione di carbonati di rame e tracce di attività fusoria; vennero rinvenuti resti ossei umani, picconi di corno di cervo, martelli anch'essi di corno di cervo, teste di mazza scanalate di quarzite, asce piatte di bronzo o rame, un crogiolo emisferico con tracce di minerale fuso (fig. 75: 1-4). Nei pozzi l'uso del fuoco per spaccare la roccia è testimoniato da abbondante cenere e carbone di legna.

El Aramo (Riosa) (n. 117): nelle antiche gallerie per lo sfruttamento di ossidi e carbonati di rame vennero scoperti 16 scheletri: di essi due erano in posizione fetale; un paio di individui avevano in mano una testa di mazza scanalata. Un cranio apparteneva ad una donna, mentre un altro era stato posto a raccogliere le acque sorgive che sgorgavano in un settore della miniera. I particolari caratteri del rinvenimento fecero ipotizzare un reimpiego ad uso funerario delle gallerie (fig. 74 B). Furono inoltre trovate numerose teste di mazza, scanalate e non, alcune anche del peso di 9,5 kg, picconi e martelli di corno di cervo, vassoi in legno (fig. 74 A). Di questi ultimi, uno era stato riparato con budello animale, mentre l'altro recava ancora tracce di una correggia in pelle. Non è noto se un'ascia piatta, in rame o bronzo, rinvenuta in quest'area provenga anch'essa dall'interno della miniera. Non mancano infine indizi di metallurgia, rappresentati da un crogiolo in argilla alle cui pareti aderiva ancora del minerale non completamente ridotto, nonché dagli accumuli di scorie rinvenute nei pressi.

NAVARRA

- *Provincia di Navarra*: Urbiola (Estella) (n. 118): una galleria per lo sfruttamento dei carbonati di rame fu riutilizzata come sepoltura verso la fine dell'età del bronzo.

PORTOGALLO

ALGARVE

- *Distretto di Faro*: Cerro da Mina (Alcoutim) (n. 119): nelle discariche della miniera di rame è stata trovata una testa di mazza scanalata in arenaria.

Atalaia de Alte (Loulé) (n. 120): nella miniera di rame furono rinvenute nel secolo scorso alcune asce in pietra ed altre in rame (o in sue leghe).

Picalto (Silves) (n. 121): si ha notizia del ritrovamento, negli antichi scavi per l'estrazione del rame, di scalpelli in rame (o bronzo), che vennero poi rifusi.

Cisterna dos Cães (Silves) (n. 122): teste di mazza scanalate nei pressi degli affioramenti cupriferi.

Santo Estevao (Silves) (n. 123): teste di mazza scanalate sono state rinvenute nella miniera cuprifera; da questa e da altre miniere vicine proverrebbero inoltre anche alcune asce in rame o bronzo.

BAIXO ALENTEJO

- *Distretto di Beja*: Aljustrel (Aljustrel) (n. 124): l'area mineraria si articola in tre giacimenti principali, sfruttati in antico con un gran numero di pozzi per l'estrazione dei solfuri misti (calcopirite, calcocite, galena argentifera) e dei carbonati di rame. Sono stati rinvenuti frammenti ceramici attribuibili al campaniforme, mentre a diversi momenti dell'età del bronzo appartengono le varie teste di mazza scanalate ed una punta di freccia metallica trovata all'interno della miniera.

Mina Juliana (Beja) (n. 125): la miniera, per l'estrazione della calcopirite e, superficialmente, di malachite, è situata pochi chilometri a sud di Santa Vitoria. Al suo interno sono state rinvenute un paio di asce piatte in bronzo ([65]), scalpelli in lega di rame e pestelli sferici in pietra (fig. 77: 4-5).

Ruy Gomes (Moura) (n. 126): il filone cuprifero è stato oggetto di sfruttamento nell'età del bronzo, come provano la trentina di teste di mazza scanalate in diorite, gabbro, quarzite, scisto verde rinvenute in diversi momenti. Fra esse si distinguono alcuni esemplari più grandi (circa 19 x 15 cm) ed altri di dimensioni minori (circa 11 x 8 cm); presenti anche dei mortai multipli. Nei pressi degli affioramenti, tracce di capanne preistoriche.

Mina do Monte Judeu (Moura) (n. 127): alcune teste di mazza scanalate nelle miniere di rame.

ALTO ALENTEJO

- *Distretto di Évora*: Mina do Bugalho (Alandroal) (n. 128): sono state rinvenute teste di mazza scanalate nei pressi del filone che è costituito da calcopirite e, superficialmente, da rame nativo, ossidi e carbonati.

Nogueirinha (Montemor o Novo) (n. 129): alcune vene cuprifere localizzate all'interno degli ammassi ferrosi vennero probabilmente sfruttate in età preistorica; rinvenute un'ascia piatta in bronzo arsenicale e tre asce in pietra (fig. 77: 1).

ESTREMADURA

- *Distretto di Setúbal*: Serra de Caveira (Grándola) (n. 130): un'ascia a tallone in bronzo a due occhielli proviene dai pressi della miniera, dove si coltiva un grande giacimento di pirite cuprifera.

BEIRA BAIXA

- *Distretto di Castelo Branco*: Belmonte (Belmonte) (n. 131): nella miniera, che sfrutta le alluvioni stannifere, sono stati rinvenuti picconi piatti ed allungati in pietra dura, di incerta datazione.

BEIRA ALTA

- *Distretto di Guarda*: Quarta Feira (Sabugal) (n. 132): nella miniera cuprifera venne rinvenuta nel secolo scorso, a 12 m di profondità, un'ascia a tallone con occhiello in bronzo (fig. 77: 8). Probabilmente da questa stessa miniera provengono pure cinque asce cilindriche in pietra.

Serra da Queiriga (Sátao) (n. 133): fra gli scarti dei lavori di sfruttamento del giacimento stannifero, un'ascia in pietra levigata.

Cabeço da Quinta das Flores (Vela) (n. 134): nella coltivazione dei depositi stanniferi è stata rinvenuta, a 2 m di profondità, un'ascia piatta in bronzo.

MINHO

- *Distretto di Viana do Castelo*: Folgadouro (Viana) (n. 135): nella miniera di stagno sono state rinvenute un'ascia piatta in bronzo ed una lastrina di rame decorata.

TRAS OS MONTES E ALTO DOURO

- *Distretto di Vila Real*: Mina de Jales (Vila Pouca de Aguilar) (n. 136): fra gli scarti della miniera, che sfruttava i depositi di oro nativo e di solfuri auro-argentiferi, è stata trovata un'ascia a tallone a due occhielli, nonché numerosi mortai multipli in pietra.

Três Minas (Vila Pouca de Aguilar) (n. 137): i mortai multipli in pietra rinvenuti costituiscono indizi di uno sfruttamento protostorico dei filoni auriferi.

- *Distretto di Bragança*: Ervedosa (Vinhais) (n. 138): nella miniera di cassiterite sono stati rinvenuti due mortai multipli, uno dei quali presenta cavità di lavorazione su tre lati.

Dall'analisi effettuata emergono in particolare alcuni fenomeni di particolare rilievo. Si può anzitutto rilevare come l'antico sfruttamento delle risorse minerarie sembri essere avvenuto in quasi tutte le aree che presentavano geologicamente interessanti potenzialità dal punto di vista estrattivo. La coltivazione di molti filoni, iniziata già in un periodo alquanto precoce, sarebbe inoltre continuata, forse anche saltuariamente, durante tutta la preistoria. Non sono inoltre eccezionali i casi in cui, negli immediati pressi dell'area estrattiva, risultano essere stati impiantati anche dei centri per la raffinazione del minerale, che veniva così, almeno in questi casi, evidentemente commerciato dopo essere stato sottoposto ai preliminari processi fusori.

Oltre all'ovvia constatazione che le indicazioni di antichi sfruttamenti si moltiplicano là dove, come nella provincia di Huelva, sono state condotte specifiche ricerche,

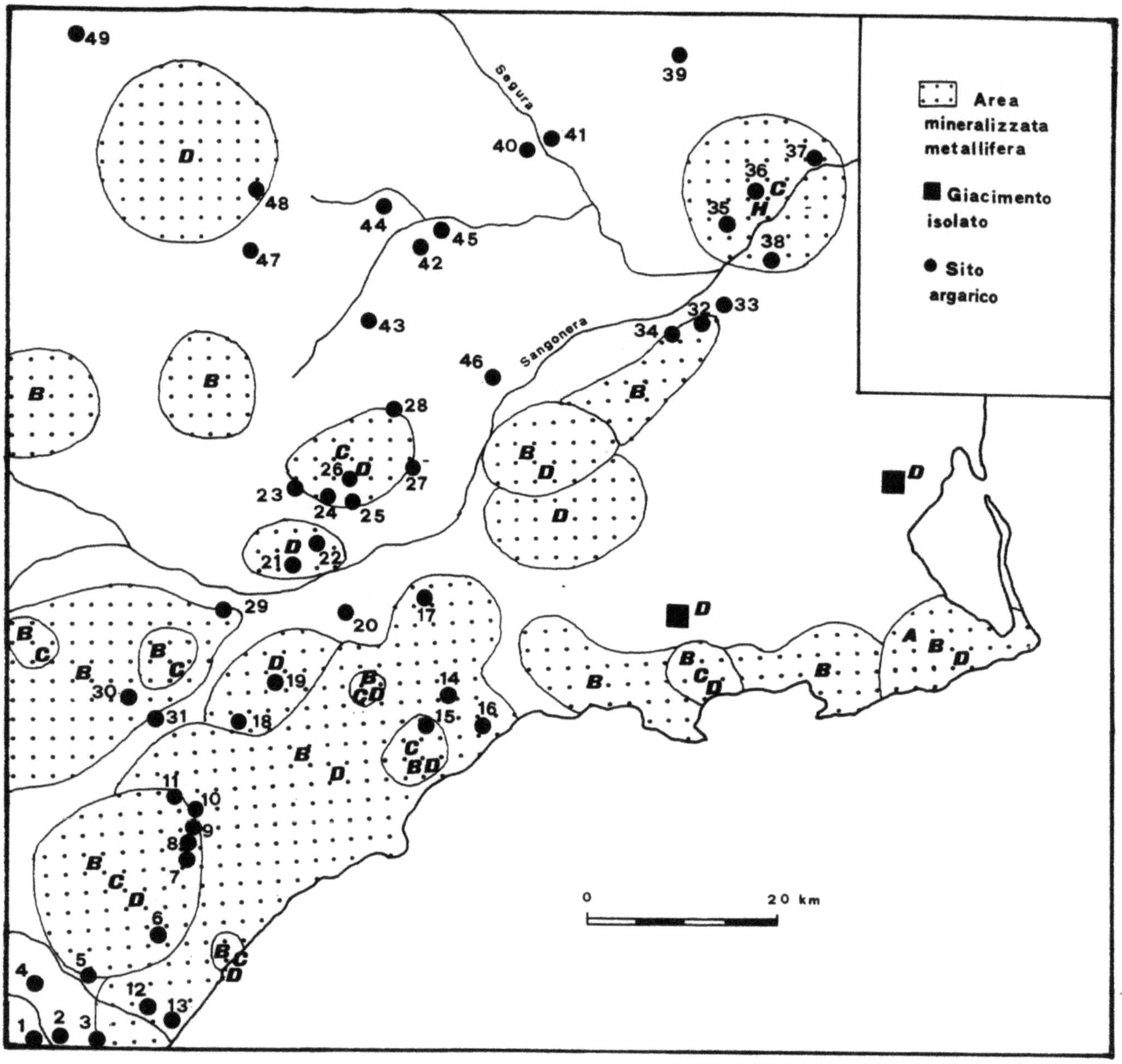

Fig. 80. Siti archeologici e località d'interesse minerario nella Murcia in età argarica.
A: Sn; ***B***: Pb, Ag; ***C***: Cu; ***D***: Fe; ***H***: Au.
1: Fuente Vermeja; 2 La Pernera; 3: Vera; 4: Cabezo de San Miguel; 5: Fuente Alamo; 6: El Oficio; 7: Pino Real; 8: Cerro del Moro; 9: Cabezo de las Piedras; 10: Cabezo Lirón; 11: El Rincón de los Almendricos; 12: Las Herrerías; 13: Almizaraque; 14: Cabezo Negro; 15: Zapata; 16: Ifre; 17: La Ceñuela; 18: La Alcanara; 19: La Capellanía-Puries; 20: Cerro del Tesoro; 21: Cabezo de la Yesera; 22: Llano Alto de la Parrilla; 23: Altos de la Sierra de Chichar; 24: Las Anchuras; 25: Los Picarios; 26: La Bastida; 27: Cabeza Gorda; 28: Morrón de Totana; 29: Lorca; 30: Cerro de la Cruz; 31: Cañada del Alba; 32: La Fuensanta; 33: El Puntarron Chico; 34: Cerro de S.ta Catalina; 35: Monteagudo; 36: Las Peñicas de Santomera; 37: San Antón; 38: Cañada de San Pedro; 39: Cabezo de la Mesa; 40: Archena; 41: Cabezo Redondo; 42: Cerro de la Plata; 43: Almoloya de Mula; 44: Piedra Plomera; 45: Castillo de Puebla; 46: Castellar de Librilla; 47: El Castellar; 48: Fonte Higuera; 49: Moratalla la Vieja.

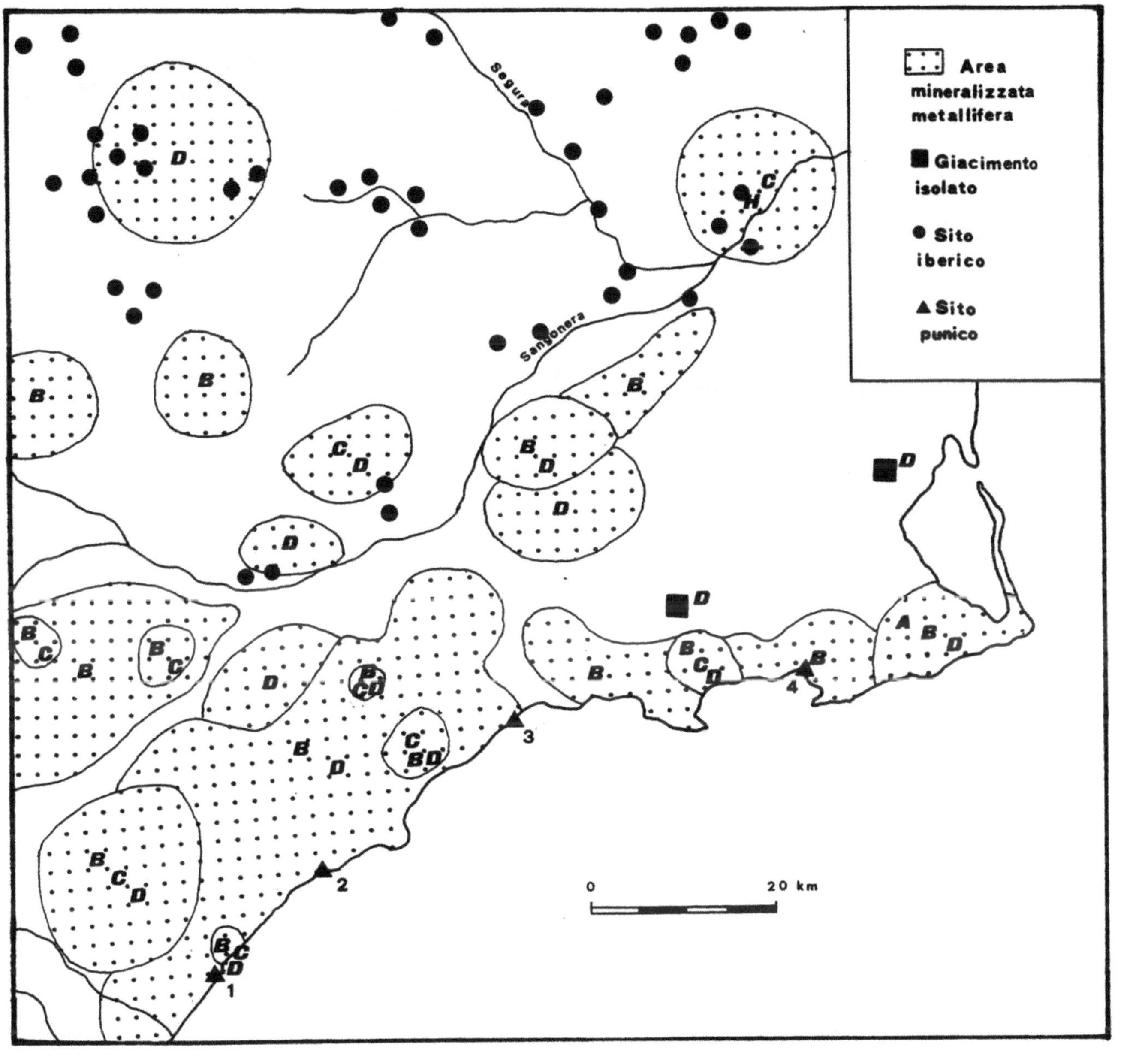

Fig. 81. Siti archeologici (secondo Lillo Carpio 1979-1980) e località d'interesse minerario nella Murcia durante il periodo della colonizzazione.
A: Sn; *B*: Pb, Ag; *C*: Cu; *D*: Fe; *H*: Au.
1: Villaricos; 2: Aguilas; 3: Mazarrón; 4: Cartagena.

osservando la carta di distribuzione dei rinvenimenti in miniera della Penisola Iberica colpisce, tra l'altro, la scarsità di presenze riscontrabile nella Murcia, regione questa che è invece assai ricca di giacimenti metalliferi, specie nella zona di Cartagena. Si osservi che in quest'ultimo distretto sono anche attestati depositi stanniferi.

In realtà mettendo in rapporto la dislocazione insediamentale con la distribuzione delle mineralizzazioni murciane appare evidente la connessione fra i due fenomeni. Ciò sembra valere almeno per quel che concerne la media età del bronzo, periodo questo fra i meglio conosciuti della preistoria della Murcia; è purtroppo invece meno nota la topografia abitativa della tarda età del bronzo ([66]).

Come si può rilevare dalla carta di distribuzione relativa (fig. 80), le presenze argariche si distribuiscono con assoluta prevalenza nelle zone ricche di concentrazioni di oro, rame e di minerali piombo-argentiferi ([67]); vengono invece trascurati i giacimenti stanniferi, privi di interesse per una metallurgia legata, anche nelle fasi più tarde, alle leghe cupro-arsenicali.

Può essere assai interessante confrontare questa evidenza con quanto osservabile per l'età del ferro, periodo nel quale elementi esterni, connessi con la colonizzazione fenicio-punica, appaiono di fatto essersi impadroniti dei giacimenti costieri (fig. 81). Gli abitati indigeni, totalmente esclusi dalla zona rivierasca, sembrano essere stati respinti verso l'interno montagnoso, dove tuttavia almeno alcuni di essi continuano a localizzarsi presso aree minerarie ([68]).

Anche il rinvenimento di ceramica micenea compiuto recentemente in Andalusia sembra porsi in relazione con le cospicue ricchezze del sottosuolo iberico. Il sito di El Llanete de los Moros (Montoro, Cordova), da cui provengono i frammenti egei (fig. 34 A), è infatti posto a breve distanza dagli importanti giacimenti cupriferi della Sierra de Cordoba e del Cerro Muriano, località quest'ultima dove sono attestate attività sia estrattive che fusorie in contesti della tarda età del bronzo.

Anche alla luce delle scoperte riferite in precedenza, è opportuno analizzare ancora un ulteriore aspetto dell'industria estrattiva spagnola, quello costituito dallo strumentario del minatore. Esso era costituito, come si è visto, in primo luogo da mazze litiche a testa scanalata, il cui uso, benché decisamente prevalente e caratteristico nei periodi più antichi, si è però protratto anche nella tarda età del bronzo; la presenza di tale utensile non è quindi di per sé datante ([69]).

All'interno delle miniere sono stati rinvenuti anche strumenti di corno di cervo, nonché asce metalliche, di rame e bronzo (fig. 77). Scarsi dati si hanno invece intorno a quegli attrezzi e materiali realizzati con sostanze deperibili e di cui non si sono conservate tracce, se si escludono alcune brevi note, peraltro non corredate da illustrazioni, nella letteratura dell'inizio del secolo.

Sulla base di quanto ci è però noto da scavi effettuati in altre regioni europee, possiamo ritenere che alcuni oggetti rinvenuti in contesti minerari più tardi, romani, non dovessero differire molto, data anche la loro estrema semplicità, da quelli usati nei periodi precedenti.

Nella miniera La Fortuna presso Mazarrón, nella Murcia, sono state trovate antiche gallerie, databili almeno all'età romana, una delle quali lunga circa 1800 m, che raggiungevano una profondità di 80 m ([70]). Nei cunicoli di questa miniera è stata rinvenuta, tra l'altro, una sacca di corda intrecciata ancora piena di minerale, nel cui orlo era cucita una larga fascia piatta destinata verosimilmente a passare lungo la fronte per lasciare al minatore le mani libere (fig. 75: 5). Da qui provengono anche delle calzature, costituite da sandali di corda (fig. 75: 7), e delle ginocchiere, pure di corda (fig. 75: 8). Queste erano indispensabili sia nei momenti in cui il lavoro andava compiuto in ginocchio, sopra rocce taglienti, che per proteggere le gambe dalle schegge di pietra che saltavano via durante l'estrazione del minerale.

Per riparare la testa è stato trovato un copricapo conico di palma intrecciata provvisto di cordone (fig. 75: 6), non molto dissimile, nella forma e nella funzione, da quelli in cuoio rinvenuti nelle miniere preistoriche dell'area alpina.

Anche le scale di collegamento fra i vari cunicoli, costituite da tronchi di legno tagliati a gradini, non presentano differenze sostanziali da quelle che in altre regioni si sono rinvenute nell'ambito di coltivazioni preistoriche (fig. 75: 9).

NOTE

1) Taluni autori spagnoli moderni hanno considerato tale ricchezza di metalli più una disgrazia che un vantaggio, poiché avrebbe spinto conquistatori stranieri, come i Romani ed i Cartaginesi, ad asservire il paese, analogamente a come, due millenni più tardi, avrebbero fatto gli stessi spagnoli con i popoli amerindiani: «es verdad, sin embargo, que los metales preciosos han sido no sólo la fortuna, sino tambien la desdicha de España. Fueron los metales los que desde los tiempos más antiguos astraìan la codicia ajena, y fue a causa de su oro y de su plata que los cartagineses y romanos conquistaron España. Así, los españoles sufrieron en la Antigüedad por las mismas razones la misma suerte que la que produjeron sus secuaces, los conquistadores del Perú y de Méjico, a los habitantes de América» (Schulten 1963, pp. 223-224).
2) Davies 1935, p. 94; Blázquez 1978, pp. 309-319; 409-419. Sullo sfruttamento minerario della Penisola Iberica durante il periodo romano, il suo rapporto con l'economia di Roma e le tecniche estrattive in uso, cfr. in particolare Blázquez 1978, pp. 182-202; 309-319; 359-364; 409-419; 500-501; 576; 591-592, con relativa bibliografia.
3) *Nat. Hist.* III: 20, 138; XXXIII: 21, 78.
4) Cfr. Camporeale 1985, p. 34. Strabone (V: 2, 7) esprime meraviglia per lo stato di decadenza pressoché totale in cui, intorno agli inizi dell'età imperiale, era ormai caduta Populonia e per l'abbandono delle miniere; l'Isola d'Elba sembra però essere stata risparmiata dal decreto senatorio, forse in quanto isola.
5) Schulten 1963, p. 231.
6) Diodoro V: 35, 5.
7) Cfr. Strabone III: 5, 5; Velleio Patercolo I: 2, 3.
8) *I Re* 10, 22.
9) Ezechiele 27, 12.
10) Schulten 1963, p. 234.
11) Per lo studio delle mineralizzazioni iberiche, cfr. le mappe metallogeniche della Spagna edite dall'Instituto Geólogico y Minero de España relative ai principali metalli: rame (Adaro 1972 a), piombo-zinco (Adaro 1972 b), ferro (Adaro 1972 c), stagno (Adaro 1972 d) ed oro (Adaro 1972 e).
12) Sulla natura geologica dei giacimenti auriferi del nord della Spagna, cfr. Hérail 1984, pp. 49-68, con relativa bibliografia.
13) Carvoeiras Goinhas 1987, p. 31.
14) Sulle miniere d'oro di età romana della Spagna nord-occidentale ed i metodi di coltivazione utilizzati, cfr. Bird 1984.
15) Schulten 1963, p. 255.
16) Gossé 1942, p. 52.
17) Domergue 1987, pp. 349-350, 421, 428.
18) Schulten 1963, p. 243.
19) Boegel 1972, p. 68.
20) Gossé 1942, pp. 51-52.
21) Blázquez 1984, p. 397.
22) Domergue 1987, pp. 356-405.
23) Schulten 1963, p. 275.
24) Davies 1935, p. 96.
25) Diodoro V: 35-37.
26) Gossé 1942, p. 50.
27) Si consideri che nel 1980 la Spagna ha prodotto 87.100 tonnellate di piombo (Soldani 1986, p. 43).
28) Soldani 1986, p. 40. Ben più alta era in passato la produzione spagnola d'argento, attestata intorno ai 50.200 kg annui nella metà del secolo scorso, fra il 1849 ed il 1857 (D'Achiardi 1883, I, p. 166).
29) Schulten 1963, pp. 310-311.
30) Dati relativi al 1980: Soldani 1986, pp. 43, 237.
31) Schulten 1963, p. 330.
32) Schulten 1963, p. 336.
33) Muhly 1973 a, p. 183.
34) Maddin, Muhly, Wheeler 1978, pp. 133-134.
35) Dati rispettivamente del 1981 e del 1982: Soldani 1986, pp. 236, 251.
36) Strabone III: 2, 9.
37) Diodoro V: 38, 4.
38) Sul complesso problema dell'identificazione delle Isole Cassiteridi, cfr. Schulten 1963, pp. 298-302; Monteagudo 1977, p. 16; Muhly 1973 b, pp. 409-412.
39) Schulten 1963, p. 215.
40) Childe 1972, p. 312.
41) Childe 1972, pp. 322-323.
42) Cfr., in particolare, Muhly 1973 a, pp. 181-182, 253-254.
43) Müller-Karpe 1974 a, p. 429.
44) Renfrew 1967, pp. 276-287.
45) Savory 1968, p. 80.
46) Siret 1934, pp. 250-251; Childe 1972, p. 311.
47) Childe 1972, p. 324; Lull 1983, pp. 201-207.
48) Giardino 1984, p. 128.
49) Shepherd 1980, p. 196.
50) Bosch Gimpera 1924, p. 425.
51) Sandars 1910, pp. 119-120.
52) Sandars 1910, p. 120; de Blas Cortina 1989, pp. 148-149, fig. 9.
53) Bosch Gimpera 1924, p. 425.
54) Monteagudo 1977, in particolare pp. 10-20.
55) Rothenberg, Blanco-Freijeiro 1980, pp. 41-62; Rothenberg, Blanco-Freijeiro 1981.
56) Domergue 1987; Domergue 1990.
57) La Spagna è stata suddivisa in regioni e queste per province, mentre il Portogallo, invece, in province e distretti, per il diverso ordinamento territoriale dei due paesi. Per la bibliografia, cfr. Schulten 1963, pp. 238-241; Monteagudo 1977, pp. 11-20; Rothenberg, Blanco-Freijeiro 1981, pp. 36-162; Domergue 1987.
58) In proporzione dell' 87,9 % di rame e del 12,8 % circa di stagno; costituisce così una sorta di "bronzo naturale": Monteagudo 1977, p. 15.
59) Domergue 1987, pp. 369-370.
60) È stata recentemente proposta l'attribuzione di una testa di piccone scanalata in pietra, appuntita ad una estremità, al IV-III millennio a. C.; essa rappresenterebbe, insieme a delle supposte coti in riolite, una delle più antiche testimonianze di attività mineraria a Rio Tinto (Domergue 1987, p. 247).
61) L'analisi delle scorie rinvenute nei livelli del tardo Bronzo ha mostrato un loro alto tenore di piombo e argento, indizio di intensa attività fusoria per la produzione di argento, ottenuto mediante una sofisticata tecnologia. Il minerale di base proveniva,verosimilmente, dagli affioramenti di Cueva

del Lago. È interessante rilevare che a Rio Tinto sembra che i processi fusori per i minerali cupriferi avvenissero in località diverse, anche se vicine, rispetto a quelli per i minerali piombo-argentiferi (Rothenberg, Blanco-Freijeiro 1981, pp. 96-115).

62) Blanco Freijeiro, Luzón 1969, pp. 125-126.

63) Mortai multipli analoghi a quelli di Rio Tinto, costituiti da lastre litiche sulla cui superficie compaiono ampie e relativamente profonde depressioni circolari, connesse con la triturazione del minerale, «erano usati in Palestina nelle comunità di minatori nel X secolo a. C.» (Blanco Freijeiro, Luzón 1969, p. 126). Il rinvenimento di scorie all'interno dei vari edifici che compongono il villaggio di Cerro Salomón ha indotto coloro i quali hanno scavato il sito a ritenere che i processi fusori avvenissero nell'ambito dell'attività domestica e non fossero, come in età romana, accentrati in un luogo specificamente adibito a questo scopo. Le analisi delle scorie rinvenute sul sito mostrano che queste erano ricche d'argento (da 600 a 650 g / 1000 kg), ma assai povere di rame (0,5-0,11 %). Ciò indica che esse erano il ricavato di processi volti ad estrarre il prezioso metallo dai minerali argentiferi, e che il rame veniva invece trascurato da questa comunità (Blanco Freijeiro, Luzón 1969, pp. 126-130).

64) A Chinflon si possono evidenziare, sulla base delle tecnologie impiegate, una fase di estrazione più antica, dell'Eneolitico - Bronzo antico, ed una più recente, quest'ultima attribuibile alla tarda età del bronzo (Rothenberg, Blanco-Freijeiro 1981, pp. 36-40).

65) È verosimile che le asce rinvenute nella Mina Juliana siano due, che si conservano una nel Museu Nacional de Arqueologia e Etnologia de Belem, l'altra nel Museo Regionale di Beja (cfr. in questo senso, Domergue 1987, pp. 503-504). Secondo L. Monteagudo invece le asce sarebbero state tre: vedi Monteagudo 1977, pp. 109-110, tav. 38: 689-691; egli accenna tuttavia alla possibilità che la n. 690 e la n. 691 (di cui è sconosciuto il luogo di conservazione) possano in realtà essere lo stesso pezzo.

66) Garcia Sanchez 1963, pp. 93-95; Lillo Carpio 1979-1980, pp. 167-170.

67) Per la dislocazione topografica dei siti argarici, cfr. Lull 1983, pp. 411-415, fig. 30; Nieto Gallo 1985 a, tav. a p. 372.

68) Per la localizzazione degli insediamenti iberici, cfr. Lillo Carpio 1979-1980, pp. 171-174, fig. 2.

69) Cfr. anche Rothenberg, Blanco-Freijeiro 1980, pp. 51-52.

70) Sulle antiche coltivazioni scoperte nella miniera La Fortuna e sui manufatti, anche di natura organica, in esse rinvenuti, cfr. Gossé 1942, pp. 52-54, tavv. I-VII.

Le Baleari

Nelle Baleari, a Maiorca, Minorca ed Ibiza sono presenti varie mineralizzazioni metallifere (fig. 82 A). Per la loro scarsa entità i giacimenti sono oggi totalmente improduttivi, ma, secondo i criteri estrattivi pre-protostorici, potevano ben essere sufficienti a permettere l'instaurarsi di coltivazioni. Non vi sono quindi ragioni concrete per escludere aprioristicamente l'utilizzazione di tali risorse da parte delle comunità talaiotiche.

Sulla base di indizi indiretti, giacché mancano sistematiche ricerche archeometallurgiche in queste isole, vari autori hanno ipotizzato che la produzione metallurgica indigena si sia avvalsa non solo del metallo importato per mezzo di traffici marittimi, ma anche, in qualche misura, del rame estratto localmente ([1]).

Giacimenti cupriferi sia ad ossidi e carbonati, quali malachite e azzurrite, che a solfuri sono segnalati in varie località di Maiorca, a Fornalutx, Sóller, Albarca (Escorca), Estellencs e Banyalbufar. Altre mineralizzazioni sono localizzate nella parte settentrionale e centrale di Minorca, ad Alfurient, La Catalana, La Castellana.

A Maiorca si rinviene anche della galena, a Estrella (Bunyola); essa è pure presente a Minorca, presso Capifort e Torreblanca. Depositi piombiferi sono situati, oltre che nelle due isole maggiori, ad Ibiza, a S'Argentera.

A Maiorca, ad Artá, si riscontra inoltre del minerale ferroso ([2]).

Con questo articolato quadro giacimentologico vanno probabilmente collegate le attestazioni di metallurgia, risalenti nelle Baleari a momenti abbastanza antichi. Vengono infatti datati al 1750 ± 60 b.c. (anni radiocarbonici non calibrati) i livelli più profondi da cui provengono frammenti di crogiolo d'impasto dello scavo di Son Matge; sui resti del crogiolo dallo strato 11 aderivano piccole scorie di ossido di rame, che l'analisi delle sezioni sottili ha rivelato diffuse anche all'interno del materiale ceramico ([3]).

Nei contesti abitativi delle *navetas* maiorchine di Can Roig Nou (Felanitx) e di Hospitalet Vell (Manacor) è invece documentata la presenza di varie forme di fusione ([4]). Una situazione analoga è stata osservata anche a Minorca, nella *naveta* di abitazione di Cala Blanca (Ciutadella) e nel *talaiot* 1 di Torelló (Mahón) ([5]), dimostrando così come in entrambe le isole maggiori, dove non mancano i depositi cupriferi, fossero attivamente praticate le tecniche fusorie.

All'interno del navetiforme settentrionale di Hospitalet Vell sono stati rinvenuti sette frammenti di valve in arenaria, riutilizzate nella costruzione del focolare centrale (fig. 82 B: 1). L'assenza nella *naveta* di scorie od altri indizi di fusioni, situazione peraltro analoga a quella riscontrata a Can Roig Nou, induce a ritenere che le operazioni metallurgiche avvenissero all'aria aperta piuttosto che nel chiuso delle strutture monumentali. Secondo G. Rosselló-Bordoy l'impiego delle forme di fusione di Hospitalet Vell andrebbe collocata cronologicamente nell'ambito del Talaiotico iniziale ([6]).

A Minorca la forma di fusione di Cala Blanca, pertinente ad un'ascia piatta a spuntoni laterali, proviene dagli strati occupazionali del Talaiotico iniziale (fig. 82 B: 6); a Torelló, al di sopra del livello di fondazione del muro esterno del talaiot, erano i resti di un'officina metallurgica in cui si sono trovati lo scarto di fusione di un'ascia a spuntoni laterali e tre valve, una delle quali relativa ad una punta di lancia e le altre due ad asce, rispettivamente a spuntoni laterali ed a cannone con occhiello (fig. 82 B: 2-5).

Ulteriori indizi della fabbricazione *in loco* di manufatti bronzei da parte delle comunità baleariche sono forniti, specie per il Bronzo finale, dalla rielaborazione tipologica indigena di modelli transmarini ([7]).

Possono infine venire posti in rapporto con l'impiego delle risorse galenifere isolane gli esempi di riparazioni effettuate mediante l'impiego di piombo che sono state osservate su manufatti pre-protostorici maiorchini ([8]).

NOTE

1) Cfr. Delibes de Castro, Fernandez-Miranda 1984, p. 1000; Hoffman 1991 a, pp. 22-24.
2) Sulle mineralizzazioni baleariche, cfr. Adaro 1972 a; Adaro 1972 b; Barceló Pons 1973, p. 127.
3) Hoffman 1991 a, p. 23; Hoffman 1991 b, p. 177.
4) Cfr. Rosselló-Bordoy 1979, p. 35 (Can Roig Nou); Rosselló-Bordoy 1987, pp. 148-150, tavv. I-II (Hospitalet Vell).
5) Plantalamor Massanet 1991, pp. 47, 293, figg. 23: in basso, 168. Ringrazio il dr. L. Plantalamor Massanet per avermi cortesemente fornito i disegni originali delle forme di fusione e di altri reperti da Cala Blanca e da Torelló.
6) Per la sequenza proposta da Rosselló-Bordoy, cfr. pp. 95, 98. L'autore sostiene, per l'abbandono del navetiforme settentrionale di Hospitalet Vell, una datazione analoga a quella ottenuta mediante ^{14}C per la naveta di Son Oms, 960 ± 60 b.c. (anni radiocarbonici non calibrati): «por tanto la cronología de los útiles obtenidos a partir de las valvas identificadas corresponderían a esta época con unas variaciones cronológicas en más y en menos que pueden abarcar unos cinquenta a cien años en ambas direcciones» (Rosselló-Bordoy 1987, pp. 150-153).
7) Lo sviluppo di forme proprie, insulari, originate come adattamento locale di prototipi provenienti dall'esterno è stato sostenuto particolarmente in rapporto alle asce a cannone baleariche: Delibes de Castro, Fernandez-Miranda 1984, p. 1001-1007.
8) Su quest'uso del piombo, cfr. Rosselló-Bordoy 1979, p. 149.

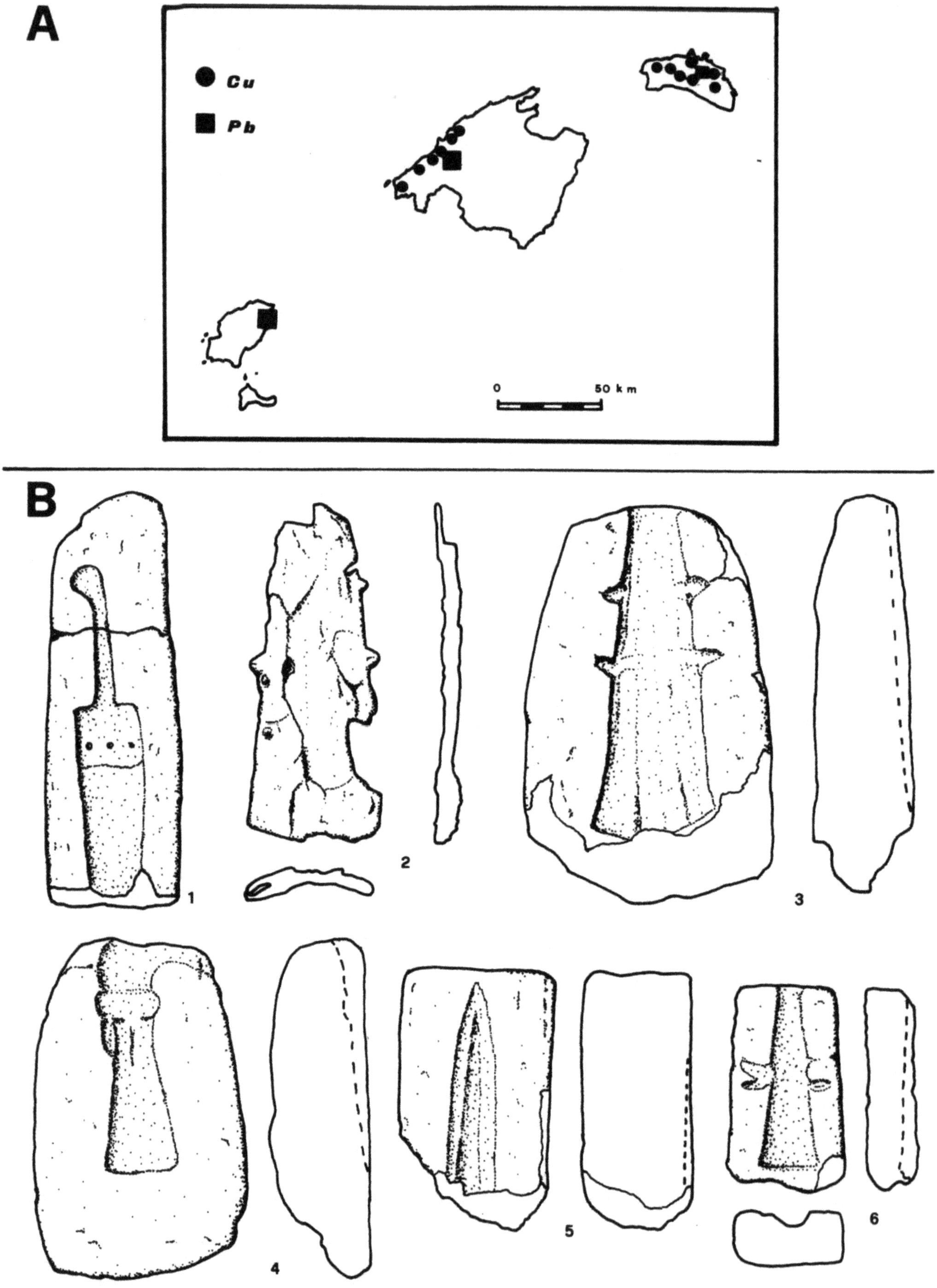

Fig. 82. A. Principali giacimenti metalliferi nelle Isole Baleari.
B. Matrici (1, 3-6) e scarto di fusione (2) da siti balearici.
1: *naveta* di Hospitalet Vell (Manacor, Maiorca); 2-5: *talaiot* 1 di Torelló (Mahón, Minorca); 6: *naveta* di Cala Blanca (Ciutadella, Minorca). Scala: 1/3.

NOTE DI TECNOLOGIA METALLURGICA PROTOSTORICA

TECNICHE DI ESTRAZIONE DEI METALLI

Dopo aver preso in considerazione gli antichi sistemi di coltivazione mineraria ed i principali bacini metalliferi del Mediterraneo centrale ed occidentale, è opportuno esaminare sia pure brevemente i processi metallurgici con i quali i vari metalli venivano estratti dai loro minerali nell'Europa protostorica.

La rimozione meccanica della ganga che di norma accompagna il minerale metallifero costituiva la necessaria premessa ad ogni trattamento fusorio. Con tali procedimenti si realizzava inoltre anche quella concentrazione della frazione metallica che garantiva in seguito l'efficace e vantaggioso svolgersi delle operazioni fusorie ([1]).

Il minerale veniva perciò accuratamente selezionato e poi frantumato in minuti grani, che venivano poi sottoposti a flottazione, sfruttando il diverso peso specifico del metallo rispetto alla roccia inglobante (fig. 83 a). Ciò che restava della ganga veniva in seguito eliminato mediante raffinazioni successive.

Nel caso del rame i processi estrattivi erano diversi a seconda che venissero impiegati carbonati (come la malachite: $CuCO_3 \cdot Cu(OH)_2$, e l'azzurrite: $Cu_2CO_3 \cdot Cu(OH)_2$) ed ossidi (quali la cuprite: Cu_2O), oppure composti solforati (la calcopirite: $CuFeS_2$, la calcocite: Cu_2S, la bornite: Cu_5FeS_2, la covellite: CuS).

Il procedimento più semplice per ottenere il rame metallico era quello che utilizzava i carbonati e gli ossidi.

Il rame puro fonde a 1083 °C: la fornace in cui veniva raggiunta la temperatura necessaria all'estrazione del metallo era inizialmente costituita da una semplice cavità praticata nel terreno con dei mantici per il tiraggio; in essa era acceso il fuoco dove erano posti gli ossidi cupriferi ed il carbone ([2]).

Alimentando con una certa quantità d'aria forzata il fuoco di una fornace in cui è stato posta della malachite ed utilizzando come combustibile del carbone di legna, quest'ultimo, bruciando, interagisce con l'ossigeno, formando del monossido di carbonio che a sua volta, combinandosi con il carbonato di rame, lo riduce a rame ([3]), secondo le reazioni:

$$2\,C + O_2 = 2\,CO$$

$$CO + CuCO_3 = 2\,CO_2 + Cu$$

Rispetto al modello sopra descritto le fornaci della tarda età del bronzo erano ovviamente di concezione più avanzata, prevedendo, tra l'altro, un sistema di apertura per la fuoriuscita della scoria ([4]). Esse erano costituite da una cavità scavata nel suolo oppure da una camera in alzato di forma parallelepipeda o cilindrica, larghe circa una cinquantina di centimetri. Una buca di fronte al forno permetteva l'agevole raccolta della scoria eliminata nel corso della fusione.

Più complesso si presentava il trattamento dei composti solforati, anche perché in essi il rame è sovente combinato con metalloidi ed altri metalli, in particolare il ferro. Questi composti, peraltro, costituiscono i minerali cupriferi di gran lunga più diffusi nel vecchio mondo.

Il procedimento consisteva nel ricorrere a fasi successive di arrostimento, di fusione con carbone e di fusione in corrente d'aria (fig. 83 b) ([5])

La prima operazione da compiere consisteva nell'arrostimento del minerale frammentato ([6]); oltre allo zolfo venivano così eliminate, trasformandole in ossidi volatili, anche intrusioni come arsenico, antimonio e bismuto. Ad essa seguiva una prima fusione con carbone di legna, cui erano aggiunti, come scorificanti, minerali silicei (quarzo) e, talora, ferrosi. Il risultato era una metallina (solfuro cuproso e composti di ferro) con circa il 40 - 60 % di rame e la scoria, costituita da silicato ferroso (fayalite: Fe_2SiO_4); essendo quest'ultima, allo stato fluido, meno densa e pesante della precedente, era possibile operare una separazione fra le due. Poteva però avvenire che una parte di metallina passasse nella scoria: era quindi necessario frantumare quest'ultima per recuperarla ([7]).

Immettendo ossigeno nella metallina fusa mediante mantici, il ferro residuo si ossidava, passando così nella scoria. Una volta eliminato il ferro, il solfuro cuproso poteva quindi essere arrostito e l'ossido di rame ottenuto venire ridotto a rame metallico. Era anche possibile, continuando ad immettere aria forzata nel solfuro cuproso fuso, trasformarlo parzialmente in ossido; la reazione fra le due sostanze produceva un rame avente una purezza di oltre il 90 %. Questo veniva infine fuso in lingotti per essere immagazzinato e commerciato.

Particolarmente diffusa era in Europa la forma discoidale piano-convessa, che poteva venire prodotta direttamente per solidificazione del metallo all'interno della fornace, senza l'uso di matrici. I pani di questa foggia mostrano una superficie superiore fortemente irregolare per le macroporosità causate dallo sviluppo di gas nella massa liquida.

Nel periodo oggetto del presente lavoro in tutte le aree esaminate era uso comune produrre oggetti in bronzo, lega costituita da rame e stagno in rapporto fra loro variabile.

In età protostorica, oltre che dalla raffinazione del minerale, il rame veniva di norma recuperato dagli oggetti non più utilizzabili, sottoponendoli a rifusione ([8]).

Lo stagno metallico, il cui punto di fusione (232 °C) è assai più basso di quello del rame (1083 °C), poteva venire aggiunto quando quest'ultimo era già allo stato liquido; nel caso invece fosse stato immesso nel crogiolo insieme al rame quando questo era ancora solido, liquefacendosi, avrebbe facilitato la fusione, abbassandone il punto critico a circa 950 °C.

Non si può tuttavia escludere che talora lo stagno fosse posto direttamente sotto forma di cassiterite e che l'operazione avvenisse in condizioni riducenti, ad esempio sotto

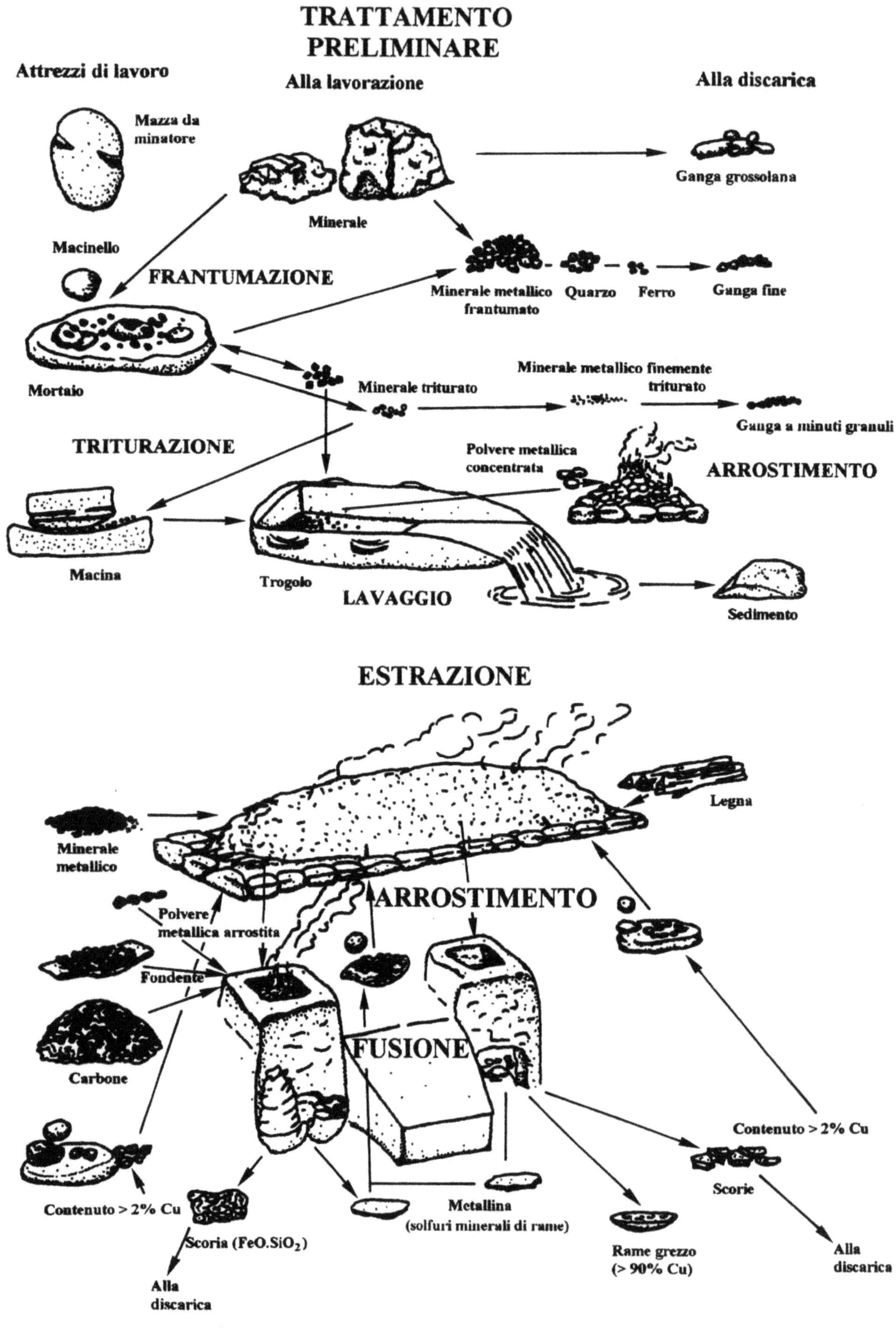

Fig. 83. Trattamenti preliminari e processi estrattivi nella metallurgia dei rame.

del carbone, così da trasformare l'ossido in stagno direttamente in presenza del rame ([9]).

L'impiego di leghe oltre a permettere, come si è accennato, un abbassamento del punto di fusione rispetto a quello del rame puro, conferisce anche una maggiore robustezza al prodotto finito. La resistenza alla rottura di un oggetto in bronzo è infatti quasi doppia rispetto a quella di uno simile in rame.

È stato misurato che la resistenza alla trazione di un bronzo all'11 % di stagno è, allo stato di getto, di circa 42 kg/mm^2, mentre quella del rame da solo è di circa 22 kg/mm^2. Questa già alta resistenza del bronzo viene poi ulteriormente accresciuta dalla martellatura a freddo, raggiungendo il valore di circa 84 kg/ mm^2 ([10]).

La lega presenta inoltre il notevole vantaggio di ridurre al minimo la liberazione dei gas che di norma si sviluppano durante la colata, permettendo l'uso di forme di fusione chiuse.

L'argento ed il piombo erano, per le antiche metallurgie, strettamente collegati. Benché l'argento si rinvenga anche talora allo stato nativo in piccole masserelle filamentose nei filoni come raro minerale accessorio, esso era pressoché esclusivamente ottenuto con particolari procedimenti fusori dai composti di piombo argentifero quali la cerussite ($PbCO_3$), l'anglesite ($PbSO_4$) e la galena (PbS). È soprattutto questo solfuro che, per la sua abbondanza e diffusione, ha sempre costituito la fonte principale sia dell'argento che del piombo.

La tecnica di estrazione dei due metalli, verosimilmente già nota intorno al IV millennio a. C. ([11]), prevedeva un preventivo arrostimento del minerale per eliminare, almeno parzialmente, lo zolfo, cui seguiva un processo di fusione in presenza di un agente riducente, costituito dallo stesso carbone di legna utilizzato anche come combustibile.

Si ricavava così una lega di piombo-argento (biglione) che veniva successivamente ossidata mediante immissione di aria forzata. L'ossido di piombo (litargirio) risultante si separava in tal modo dall'argento che, non ossidandosi, era finalmente isolato; questo processo, svolgendosi in crogiolo, è detto coppellazione ([12]).

Il litargirio (PbO) era infine fuso in ambiente riducente così da produrre un piombo sufficientemente puro.

La quantità di argento ricavata con queste tecniche era alquanto ridotta: si consideri infatti che la galena ne contiene ordinariamente fra lo 0,05 e lo 0,25 % ([13]). Il biglione che se ne otteneva aveva un tenore di Ag compreso fra lo 0,5 ed il 2 %, cosicché erano necessari da 50 a 200 kg di litargirio per ottenere un solo chilogrammo di argento ([14]).

Rispetto all'argento l'oro appare di assai più facile ed immediato impiego. Esso si rinviene infatti allo stato nativo, sia in giacimenti primari, in filoni, che secondari, in depositi alluvionali originati dalla disgregazione di rocce aurifere, concentrato per effetto della sua pesantezza nel letto dei corsi d'acqua. In entrambi i casi non è necessaria alcuna operazione metallurgica per isolarlo.

L'oro nativo è combinato con argento, rame o ferro: esso fonde quindi ad una temperatura sensibilmente inferiore ai 1062 °C necessari quando si trova invece allo stato puro ([15]). Qualora si intenda separarlo dagli altri metalli di base si deve invece ricorrere a processi di affinamento. Questi consistevano in antico nel fondere in crogiolo l'oro grezzo con del piombo in presenza di aria; l'ossido di piombo (litargirio) ottenuto rimuove le impurezze cosicché, quando questo viene eliminato, resta sul fondo del contenitore l'oro puro ([16]). Frequentemente l'oro nativo si accompagna ad argento (elettro naturale), che gli conferisce una colorazione gialla assai pallida; questa poteva tuttavia venire resa più carica con l'aggiunta di rame, raggiungendo una tonalità giallo-rossiccia maggiormente apprezzata ([17]).

Il ferro nativo di origine meteoritica, sempre sensibilmente nichilifero, è notevolmente raro e, conseguentemente, il suo uso fu molto limitato.

Assai diffusi sulla crosta terrestre sono invece i minerali di ferro, come la limonite ($Fe_2O_3 \cdot H_2O$), la siderite ($FeCO_3$), la magnetite (Fe_3O_4) e l'ematite (Fe_2O_3).

L'origine della metallurgia del ferro è collegata con quella del rame. Come si è visto, i processi estrattivi utilizzati per ricavare il rame implicavano infatti l'impiego di una certa quantità di ossidi di ferro, utilizzati come scorificanti. Tali procedimenti potevano talora, in particolari condizioni, dar luogo alla produzione di modeste quantità di ferro metallico ([18]).

Rispetto agli altri metalli sin qui esaminati, il punto critico del ferro puro è considerevolmente più alto, intorno ai 1540 °C; tuttavia quando il ferro è legato a carbonio la fusione avviene a temperature più basse, intorno ai 1150 °C ([19]). È stato sperimentalmente dimostrato come anche forni alquanto semplici, correttamente gestiti con un sistema di tiraggio forzato costituito da ugelli in terracotta, potessero agevolmente raggiungere e superare anche di molto tali temperature ([20]).

Studi etnologici ed archeologici condotti nell'Africa centrale hanno ulteriormente evidenziato come facies culturali in possesso di strutture siderurgiche non particolarmente avanzate fossero in grado di realizzare l'estrazione del ferro dal minerale. La tecnica fusoria diffusa nella regione interlacustre centro africana, apparsa durante il I millennio a C. e protrattasi sino agli inizi del XX secolo, utilizzava un forno a tino in argilla costruito su un'ampia buca, alla base del quale erano disposti radialmente vari ugelli; i fonditori, alimentando la fornace con carbone di legna, riuscivano a raggiungere ed a mantenere temperature comprese fra i 1150 °C ed i 1540 °C ([21]).

In età protostorica la tecnologia per estrarre il ferro dai suoi minerali portava ad ottenere una massa dalla struttura spugnosa (bluma), costituita da metallo misto carbone ed scoria; quest'ultima era composta da ossido ferroso e silicato di ferro (fayalite: Fe_2SiO_4). La fayalite resta allo stato viscoso sino ad una temperatura di 1177 °C; era così possibile ricavare un massello di ferro dolce espellendo meccanicamente la scoria con ripetuti martellamenti a caldo.

Per lavorare il massello era poi necessario martellarlo e scaldarlo ulteriormente sulla forgia. Il carbone infuocato, a contatto prolungato con il ferro, lo convertiva superficialmente per diffusione del carbonio in acciaio, lega di carbonio e ferro (cementazione).

Successivamente il rapido raffreddamento causato dall'immersione del metallo arroventato in acqua (tempera) conferiva al ferro una durezza assai superiore al bronzo ([22]).

La tecnica della tempra era già ben nota nella Grecia di età omerica, come testimoniato dal passo dell'Odissea relativo all'accecamento di Polifemo:

«Come un fabbro una gran scure o un'ascia
nell'acqua fredda immerge, con sibilo acuto,
temprandola: e questa è appunto la forza del ferro;
così strideva l'occhio del mostro intorno al palo d'olivo» (23).

Recenti indagini, unite alla rilettura critica dei vecchi scavi mostrano come in area italiana, sia nella penisola che in Sicilia e Sardegna, oggetti in ferro compaiano già durante il Bronzo finale (24), indizio di una probabile, precoce metallurgia di questo metallo nel Mediterraneo centrale.

NOTE

1) La corretta esecuzione di queste operazioni preliminari consentiva successivamente, nel corso della fusione, un sensibile risparmio di combustibile e di scorificante, e quindi una minore quantità di scorie, nonché un incremento quantitativo nella produzione finale di metallo: cfr. Merkel 1985, pp.164-168.
2) Tylecote 1962, p. 27.
3) Tylecote 1962, pp. 25-27. Varie prove sperimentali sono state condotte al fine di determinare gli antichi processi metallurgici: cfr. Böne 1968, pp. 49-60; Coles 1973, p. 135; Coghlan 1975, pp. 28-29; Caneva, Frangipane, Palmieri 1992, pp. 405-409.
4) Esempi di fornaci della tarda età del bronzo sono state osservate nel Vicino Oriente nel deserto del Neghev (Wadi Arabah), a Cipro (Apliki), nelle Alpi Austriache (Kitzbühel, Bischofshofen): cfr. Coghlan 1975, pp. 31-33, fig. 5; Tylecote 1976, p. 29, figg. 16-18; Preßlinger, Walach, Eibner 1988, pp. 341-343, figg. 6-8; Eibner 1989, pp. 34-35, fig. 4.
5) Forbes 1966, pp. 595-596.
6) C. Eibner ha ipotizzato che il minerale cuprifero, minutamente frammentato, venisse posto nel fuoco preventivamente inglobato in palline di sterco, secondo un procedimento praticato ancora nel secolo scorso in India. Di un impiego di tale tecnica in età protostorica sono infatti indizi nell'impianto metallurgico dell'età dei Campi d'Urne di Kitzbühel, in Tirolo, nei cui livelli d'uso è stato rinvenuto dello sterco bovino: cfr. Eibner 1989, pp. 32-33.
7) A queste operazioni di riciclaggio è dovuta la presenza, negli antichi scarichi fusori, di scorie finemente frantumate: cfr. Tylecote 1976, p. 30.
8) L'uso, assai frequente nell'Europa protostorica di rifondere gli oggetti bronzei costituisce un grosso ostacolo ai tentativi di localizzare, mediante indagini chimico-fisiche condotte su reperti metallici, i giacimenti in cui era stato estratto in origine il rame. Va peraltro ricordato come, per altre regioni e, soprattutto, per periodi storici più antichi, caratterizzati quindi da tecnologie alquanto diverse, siano stati effettuati, con interessanti risultati, tentativi di individuazione delle aree estrattive sulla base di analisi metallurgiche: cfr. Berthoud 1979; Berthoud 1980; Berthoud, Francaix 1980. Negli ultimi anni è stata impiegata, nella ricerca delle mineralizzazioni sfruttate in antico, una tecnica di indagine mirante a determinare la provenienza del metallo dei bronzi archeologici mediante l'esame della composizione isotopica del piombo, elemento questo presente in tracce nei minerali cupriferi, e quindi, nelle leghe da essi ottenuti: cfr. Gale, Stos-Gale 1982 a, pp. 12-18. È tuttavia opportuno, nel valutare i risultati, tenere conto delle critiche e delle precisazioni effettuate da Muhly 1983, pp. 212-218.
9) Tylecote 1976, pp. 15-16.
10) Maddin, Muhly, Wheeler 1978, p. 135.
11) Bachmann 1993, p. 493; accenni alle tecniche di estrazione dell'argento si incontrano anche nella Bibbia: *Ger.* 6: 29-30.
12) Un grosso crogiolo, verosimilmente usato per la coppellazione, è stato rinvenuto ad Hagia Irini sull'isola di Kéa, nelle Cicladi, in livelli del "Periodo IV", corrispondente all'incirca al M.M. II A di Creta: al suo interno era un deposito di piombo (Overbeck 1989, pp. 1, 86). Conophagos segnala la presenza nell'isola, in un contesto databile «intorno al 1500 a. C.», di piccoli contenitori, alti circa 20 cm e larghi 10 cm, le cui pareti erano rivestite da litargirio (Conophagos 1980, p. 61). Negli strati del "Periodo V", corrispondente al M.M. II B/III, gli scavi hanno portato alla luce evidenze di coppellazione, per le quali le analisi sul rapporto isotopico del piombo hanno indicato l'origine del minerale piombo-argentifero nei giacimenti attici del Lávrion, area ben nota in età classica per l'estrazione e la produzione di piombo ed argento (Davis 1986, pp. 1, 89, 39).
Evidenti attestazioni di coppellazione sono state rinvenute anche Thoricos, nel distretto minerario del Lávrion, in un ambito medio elladico: le indagini archeometriche hanno dimostrato che il processo cui era stato sottoposto il minerale — anche in questo caso proveniente dai giacimenti del Lávrion — era alquanto raffinato: il litargirio contenva infatti solo 14 ppm di argento: Gale, Stos Gale 1982 b, pp. 99-100, fig. 4. 3.
13) Artini 1941, p. 325.
14) Bachmann 1993, p. 493.
15) Tale caratteristica indusse gli antichi artigiani del Vicino Oriente ad utilizzare le leghe d'oro come materiale per saldatura. In una lega di 90 parti di oro e 10 di rame il punto di fusione è di 960 °C; con 18 parti di rame ed 82 di oro si raggiungono invece gli 878 °C: cfr. Maryon, Plenderleith 1966, pp. 659-660.
16) Forbes 1966, pp. 590-591.
17) Tylecote 1976, p. 37, fig. 29.
18) Wertime 1980, pp. 12-17; Charles 1980, pp. 164-167.
19) È questo il punto di fusione per un ferro con il 4 % di carbonio: cfr. Maddin, Muhly, Wheeler 1978, p. 113.
20) In fornaci sperimentali cilindriche in pietra e fango, con una coppia di ugelli, alimentate da carbone di legna, è stata ottenuta ordinariamente, senza alcuna difficoltà, una temperatura fra i 1200 ed i 1250 °C (Caneva, Sertok, Palmieri 1990, tab. I); si sono raggiunte anche, aumentando l'immissione di aria forzata, temperature più elevate di centinaia di gradi.
21) Van Noten, Raymaekers 1988.
22) Forbes 1966, pp. 603-604; Maddin, Muhly, Wheeler 1978, pp. 111-115.
23) *Od.* IX: 391-394. Traduzione di R. Calzecchi Onesti, Milano 1968.
24) Delpino 1988, pp. 49-55; Delpino 1989-1990, pp. 5-9; Lo Schiavo 1988 a, pp. 83-89.

Composizione delle leghe bronzee nell'Europa mediterranea ed atlantica

È stato osservato più volte come esistano, nell'Europa protostorica, differenze assai rilevanti fra le tecnologie delle varie aree, differenze, ad esempio, rese evidenti dal diverso uso del piombo nelle leghe bronzee. Nell'area atlantica, ed in particolare in Francia — specie nella Bretagna —, nella Penisola Iberica occidentale ed in Inghilterra di norma i reperti della tarda età del bronzo presentano valori assai elevati di piombo (1).

In uno studio sulla composizione dei bronzi protostorici iberici, P.T. Craddock ha rilevato, nell'ambito di un insieme di asce atlantiche della tarda età del bronzo, l'esistenza di due gruppi, distinti sulla base della percentuale di piombo presente: uno con un contenuto inferiore al 6 % — che pure rappresenta un valore considerevolmente elevato — ed un altro con oltre il 20 % di Pb (2).

Va sottolineato come questo alto tenore di piombo rendesse necessariamente le asce assai poco robuste, giacché tale metallo resta insolubile allo stato solido nelle leghe di rame.

Il motivo di un così abbondante contenuto di piombo nelle leghe di stagno dell'area occidentale non è ancora stato chiarito in modo definitivo.

Alcuni studiosi hanno espresso l'opinione che fosse connesso alla volontà di economizzare stagno e rame, oppure al desiderio di facilitare in tal modo la lavorazione, benché a scapito delle proprietà meccaniche dell'oggetto (3).

H.H. Coghlan ha però rilevato, analizzando un gruppo di reperti inglesi della tarda età del bronzo conservati presso il Pitt Rivers Museum di Oxford, come in realtà l'ipotesi di un uso del piombo come sostituto a buon mercato dello stagno non sia valida, giacché nei materiali esaminati la percentuale di stagno rimane invariata sia negli oggetti con piombo che in quelli che ne sono privi (4).

Restano praticabili, anche se non molto probabili, le ipotesi che si utilizzasse un minerale di rame ricco naturalmente di piombo, oppure che questo dovesse supplire proprio al rame (5).

In relazione all'uso del piombo nella metallurgia iberica, è interessante ricordare l'esistenza di un'ascia a tallone con due occhielli proveniente da Oviedo, custodita al British Museum. Tale ascia, che mostra un elevato tenore di Pb (22,9 % rispetto al 4,75 % di Sn), presenta il cono di fusione riempito da un globo di piombo pressoché puro di circa 3 cm di diametro, colato successivamente al resto del metallo, forse per riempire la forma di fusione (6) (tav. II: 3-4).

In Italia peninsulare invece, come del resto nell'Europa centrale, le analisi indicano che in età protostorica l'uso di aggiungere piombo al bronzo era poco frequente. Non mancano tuttavia nella penisola taluni casi particolari di oggetti con tenore elevato di piombo, per lo più ornamenti o bronzetti (7). Si consideri comunque che in tali oggetti la presenza di piombo risultava vantaggiosa, per la sua azione di fluidificare la colata e di abbassare il punto di fusione, mentre non costituiva nocumento l'eccessiva fragilità dell'oggetto stesso, che anzi favoriva eventuali lavori di incisione, torsione, ecc.

Relativamente al contenuto di stagno, gli oggetti italiani esaminati tendono in genere a presentare valori compresi fra il 4 % ed il 14 %, con punte di massimo addensamento attorno alle percentuali dell'8 % e del 10 % (8).

La Sardegna mostra un comportamento simile, dal punto di vista della tecnologia delle leghe bronzee, all'Italia continentale. Analizzando il diagramma a blocchi relativo alla presenza percentuale di stagno in reperti sardi si riscontra la maggiore frequenza attorno ai valori di 8-10 % (fig. 84) (9).

Il fonditore nuragico controllava verosimilmente, per quanto gli era possibile, il contenuto di stagno della lega, tenendo conto delle caratteristiche dell'oggetto finito cui il bronzo era destinato. Si consideri infatti che negli ornamenti, per i quali era preferibile disporre di un metallo ad elevato contenuto di stagno (10), questo non si riscontra in quantità inferiori al 6 %, raggiungendo anzi di norma valori superiori al 9 % (11). Un frammento di lima, di incerta provenienza, aveva addirittura un contenuto di stagno del 13 %, che conferiva allo strumento la durezza necessaria al suo uso (12).

Di contro l'analisi di fascette metalliche da Abini, destinate a venire avvolte attorno a delle armi votive, e che quindi necessitavano di una particolare flessibilità, ha rivelato che queste avevano un tenore di stagno assai basso, compreso fra 1 e 2 % (13).

Quanto al piombo, esso appare invece presente in percentuali assai basse (fig. 85).

L'assoluta maggioranza dei reperti analizzati (precisamente il 74 %) mostra valori attorno a 0 - 1 %, troppo scarsi per essere attribuiti ad una scelta deliberata del fonditore. Ciò può invece essere messo in rapporto con la presenza, nei giacimenti sardi, dell'associazione fra mineralizzazioni cuprifere e galena (14).

Tale carattere discosta nettamente la metallurgia sarda da quelle dell'area occidentale, nonostante la somiglianza formale di alcune fogge, area dove invece, come si è detto, l'impiego del piombo nel bronzo costituisce un fenomeno macroscopico e costante.

Per quanto concerne la Sicilia, la scarsità di analisi di cui si dispone non consente ancora che di delineare un quadro provvisorio della sua metallurgia. Essa non sembra tuttavia mostrare sostanziali differenze da quella della vicina Penisola Italiana (15).

Recenti studi condotti mediante microscopia elettronica e microanalisi sui reperti dell'isola, tra cui l'insieme dei materiali del ripostiglio di Polizzello, costituito da oggetti sia del Bronzo finale che della prima età del ferro (16), hanno rilevato in vari campioni, fra l'altro, la presenza di inclusi ricchi di zolfo e di ferro (tav. III; fig. 86) (17). Si tratta, verosimilmente, di tracce da porre in rapporto con il minerale primario da cui è stato ricavato il rame e quindi di indizi di una metallurgia dei solfuri. Tale dato è di particolare interesse anche nell'ottica di uno sfruttamento delle risorse estrattive della Sicilia, il cui unico significativo bacino metallifero è localizzato nell'area dei Monti Peloritani, dove il principale minerale cuprifero è costituito dalla calcopirite (18).

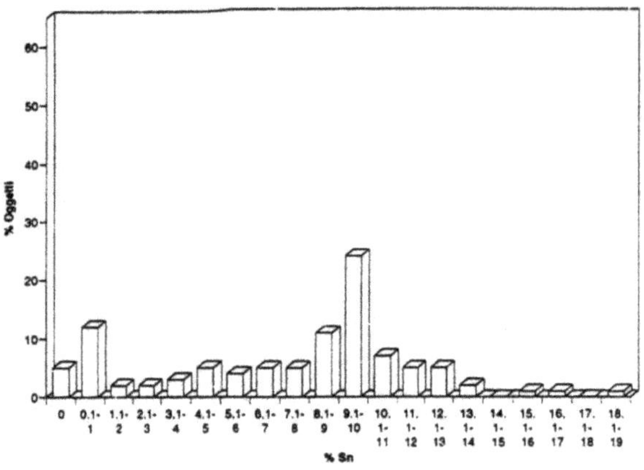

1

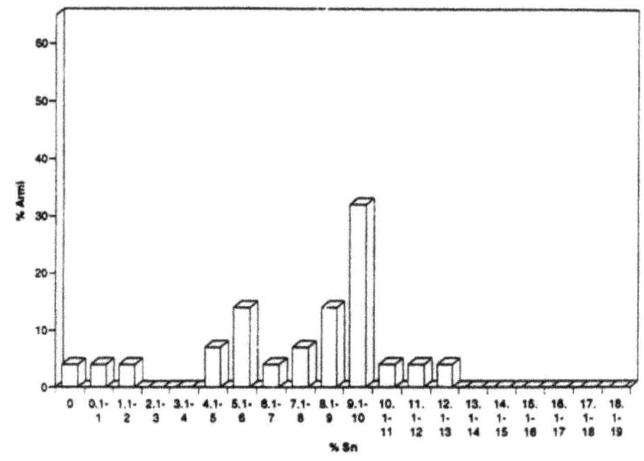

2

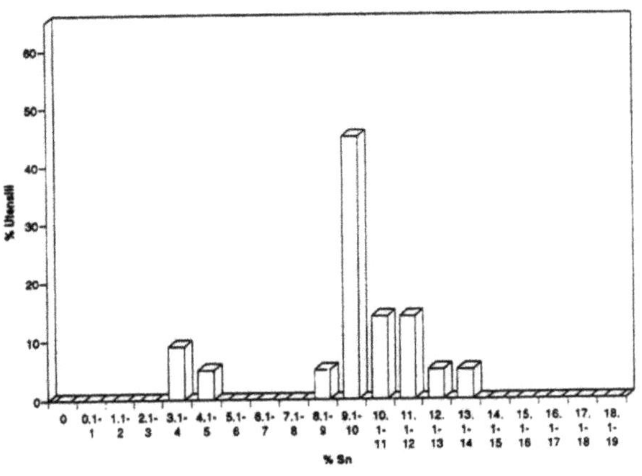

3

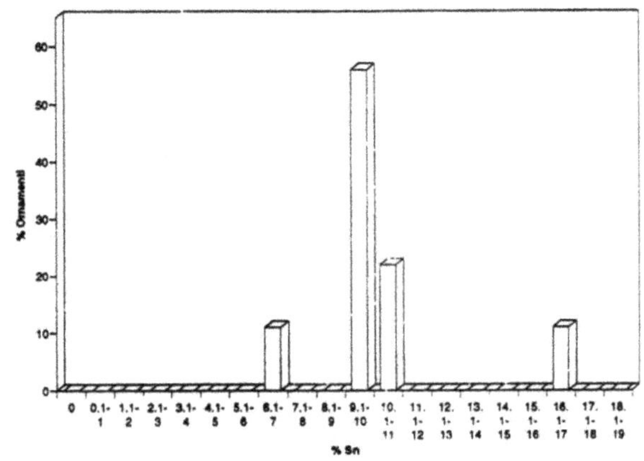

4

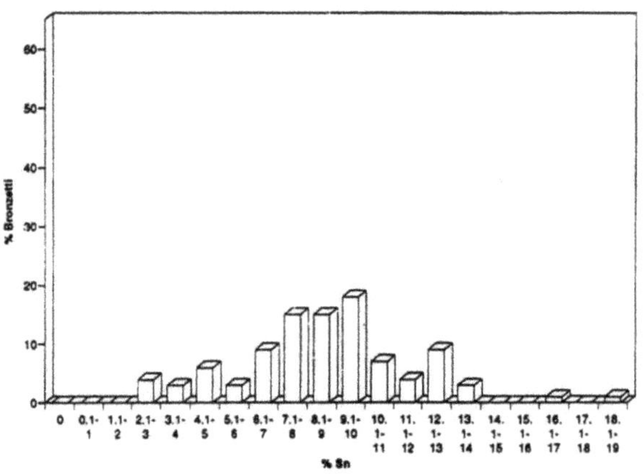

5

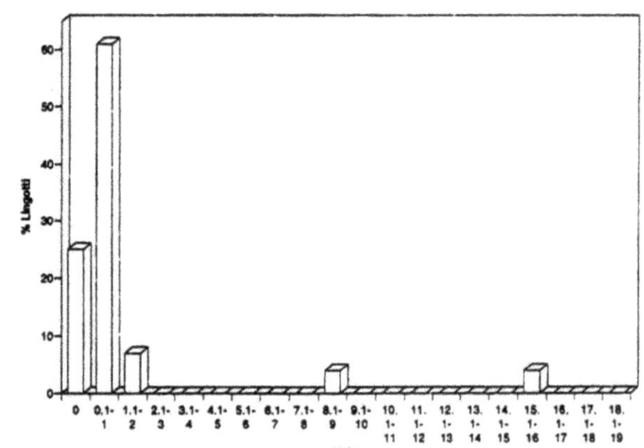

6

Fig. 84. Presenze percentuali di stagno in manufatti protostorici sardi distinti per classi di materiali: 1) diagramma generale; 2) armi; 3) utensili; 4) ornamenti; 5) bronzetti; 6) lingotti.

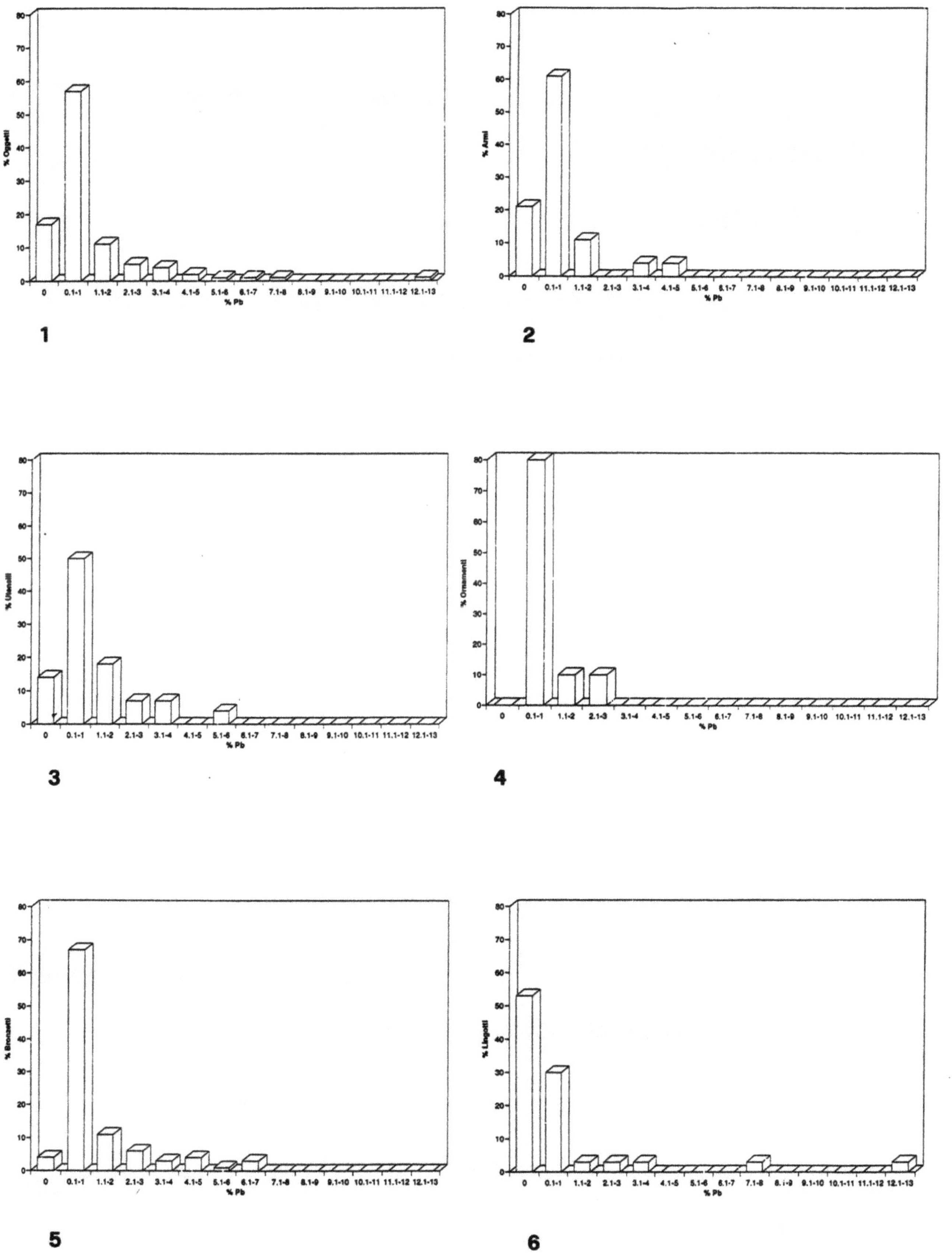

Fig. 85. Presenze percentuali di piombo in manufatti protostorici sardi distinti per classi di materiali: 1) diagramma generale; 2) armi; 3) utensili; 4) ornamenti; 5) bronzetti; 6) lingotti.

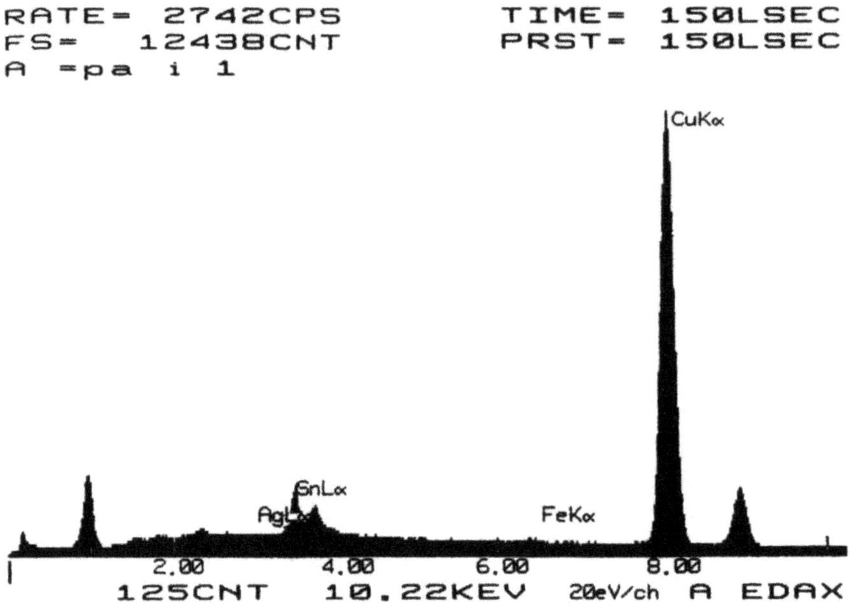

1

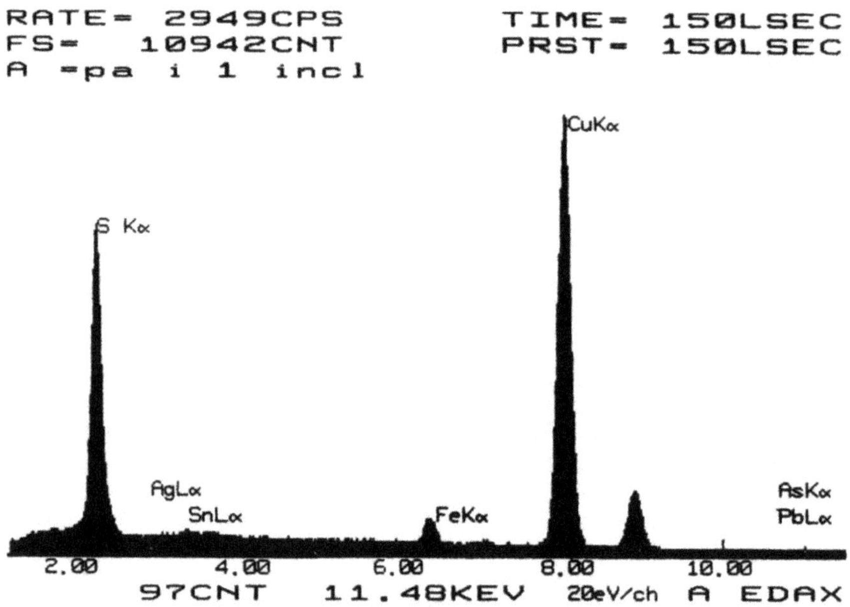

2

Fig. 86. Ascia piatta a lama espansa dal ripostiglio di Polizzello: spettrogrammi EDAX. 1) Vasta area; 2) incluso.

NOTE

1) Briard 1965, p. 44, fig. 9; Briard 1976 a, pp. 241-244; Craddock 1980, pp. 54-55; Northover 1980, pp. 66-67.
2) Craddock 1980, p. 54.
3) Brown, Bljn-Stojle 1959, p. 193.
4) Coghlan 1970, p. 22.
5) Coghlan 1970, p. 22.
6) Harrison, Craddock, Hughes 1981, pp. 152-155, fig. 21.
7) Craddock 1986, p. 146, tab. 2.
8) Craddock 1986, fig. 3 b.
9) Si consideri che il tenore di stagno più frequentemente riscontrato nei bronzi preistorici è dell'ordine del 10 % (Coghlan 1975, p. 81).
10) Un elevato contenuto di stagno, tra l'altro, favorisce la fusione di oggetti piccoli, quali sono appunto gli ornamenti, fluidificando la colata, nonché rende maggiormente persistente la lucentezza del manufatto finito.
11) Giardino 1987 a, p. 205.
12) Vodret 1959, p. 263, tab. 4.
13) Vodret 1959, p. 261, tab. 3.
14) D'Achiardi 1883, I, p. 241.
15) Si vedano, a tale proposito, le poche analisi condotte su pezzi siciliani dal gruppo di lavoro sulla metallurgia antica presso il Römisch-Germanischen Zentralmuseum Mainz: Junghans, Sangmeister, Schröder 1968, pp. 222-225; Junghans, Sangmeister, Schröder 1974, pp. 310-311, 314-317.
16) Giardino 1987 c, pp. 46-52.
17) Caneva, Giardino 1992, pp. 294-300.
18) Dall'Aglio, Locardi 1967, p. 4.

RAPPORTI TRA LE VARIE AREE

CONSIDERAZIONI PRELIMINARI

I rapporti fra le varie aree del Mediterraneo occidentale sono stati indagati da molteplici punti di vista, sulla base di somiglianze ed affinità tipologiche (1), di assonanze fonetico-linguistiche (2), oppure anche sulla ricorrenza di strutture monumentali fra loro simili (3).

Questo studio, anche in considerazione dell'arco cronologico di cui si occupa, esclude, necessariamente, la disamina dei complessi problemi del megalitismo, connessi, nella parte iniziale, a periodi più antichi, come pure prescinde da un'analisi dei fenomeni linguistici, che debbono necessariamente prendere come punto di partenza documenti ormai di piena età storica.

Va premesso inoltre che nell'analisi dei reperti si è talora seguita una classificazione tipologica a maglie relativamente larghe; ciò al fine di estendere la base documentaria e di potere così meglio evidenziare l'ampiezza dei contatti e la significatività delle relazioni indicate dalla comunanza di forme e/o di decorazioni. Una tipologia troppo stretta, frammentando eccessivamente il quadro d'insieme, non avrebbe ad esempio consentito di cogliere appieno il significato della diffusione delle asce ad occhio nell'Occidente mediterraneo, dove queste sono documentate in un numero limitato di esemplari, appartenenti a tipi differenti; sarebbe stato inoltre alquanto arduo il collegamento con le schematiche raffigurazioni su stele attestate nella tarda età del bronzo iberica.

Al contrario in altri casi, come nelle spade, si è preferito privilegiare un inquadramento più rigoroso, che ha permesso di riscontrare analogie e differenze negli itinerari di diffusione dei modelli.

È stato quindi necessario operare di volta in volta una scelta sulla base delle caratteristiche stesse, sia quantitative che qualitative, del campione in esame.

In questa parte dello studio ci si è inoltre preoccupati di analizzare quelle fogge che ricorrono nell'ambito del Mediterraneo occidentale, soprattutto nei rapporti a medio e lungo raggio. Non sono stati quindi presi in esame in dettaglio — anche se, talora, se ne è necessariamente tenuto conto — quei materiali, peculiari dell'area atlantica, che non sembrano però, sulla base dell'attuale documentazione, aver raggiunto il Mediterraneo.

SPADE

L'importanza rivestita da alcune fogge di spade nell'ambito dei contatti fra l'area centro-occidentale e quella occidentale del Mediterraneo è stata ripetutamente e da tempo sottolineata (4).

Fin dal periodo precedente alla seconda guerra mondiale tre rinvenimenti, in particolare, costituirono a tale proposito dei punti di riferimenti essenziali: il ripostiglio francese di Vénat, scoperto nel 1893 (5), il ripostiglio sardo di Monte Sa Idda, trovato verso la fine del 1914 (6) ed il deposito de la Ría de Huelva, venuto alla luce alcuni anni dopo, nel 1932 (7).

Tutti e tre questi complessi sono accomunati, tra l'altro, dal gran numero di oggetti raccolti al loro interno: Vénat, il maggiore, ne conteneva 2.822 (8), Monte Sa Idda 122, oltre ad un numero imprecisato di frammenti (9), Huelva più di 400 (10).

Nella presente analisi vengono esaminate in dettaglio le spade appartenenti al tipo Monte Sa Idda, al tipo Huelva ed al gruppo di Vénat. Sono inoltre prese in considerazione le daghe appartenenti al tipo Boom, che presentano delle affinità, nella presenza di due lunghi speroni laterali alla fine dell'impugnatura, con le spade del tipo Monte Sa Idda.

SPADE A LINGUA DA PRESA TIPO MONTE SA IDDA

Il gruppo di spade qui riunite (fig. 87 A), pur presentando un ampio campo di variabilità — per l'andamento delle spalle e la conformazione del ricasso —, è riconducibile ad uno stesso tipo grazie ad alcune caratteristiche ricorrenti nell'immanicatura.

La lingua da presa è a profilo leggermente sinuoso; al termine di essa si dipartono due lunghi speroni laterali, al centro dei quali si innesta una protuberanza cilindrica. Nella parte inferiore dell'immanicatura si ha una fila di chiodetti, talora doppi, che continuano nelle spalle; nella parte superiore i fori per i chiodi possono venire sostituiti da un ampio traforo (11).

Alcune caratteristiche variabili suggeriscono l'articolazione del tipo in varietà: esse sono rappresentate dalle spalle, passanti da concave a ricurve, e dal ricasso, di forma rettangolare o semilunata, ma sempre costituito da incavi ampi e profondi a margini rilevati alla base della lama. Si possono così distinguere una varietà *A*, con spalle concave e ricasso rettangolare (fig. 87 A 1: 1-5), ed un'altra *B*, con spalle ricurve e ricasso semilunato (fig. 87 A 2: 6-8) (12).

Al fine di meglio evidenziare la trama dei rapporti transmarini, è tuttavia preferibile considerare il tipo come un insieme unitario.

SPADE A LINGUA DA PRESA TIPO HUELVA

Le spade di questa foggia (figg. 87 B, 88) sono caratterizzate da una lingua da presa ad andamento rettilineo o appena sinuoso, con terminazione a coda di rondine più o meno accentuata; essa curva gradatamente verso le spalle, diritte, che, a causa di tale curva, possono talora apparire concave.

L'immanicatura presenta, nella parte superiore e mediana, dei fori per i chiodetti oppure un ampio traforo.

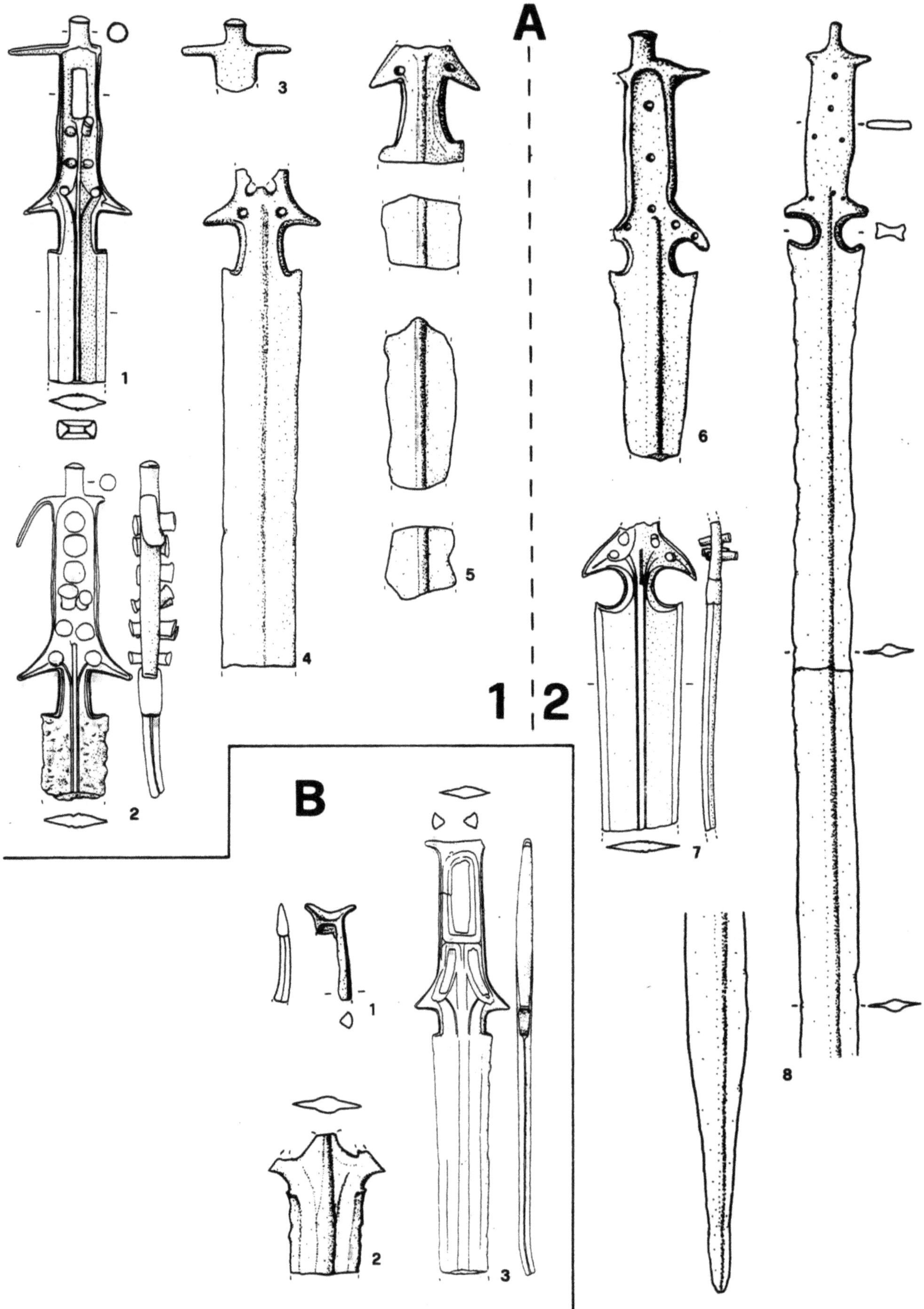

Fig. 87. A. Spade a lingua da presa tipo Monte Sa Idda.
1 - Varietà A: 1, 2: Monte Sa Idda; 3: Abini; 4: Falda della Guardiola, Populonia; 5: Río Guadalete. 2 - Varietà B: 6: Dalias; 7: Monte Sa Idda; 8: Alcalá del Río. Scala: 1-2, 4-8: 1/3; 3: non in scala.
B. Spade a lingua da presa tipo Huelva.
1: Castelluccio; 2: Santa Marinella; 3: Monte Sa Idda. Scala: 1/3.

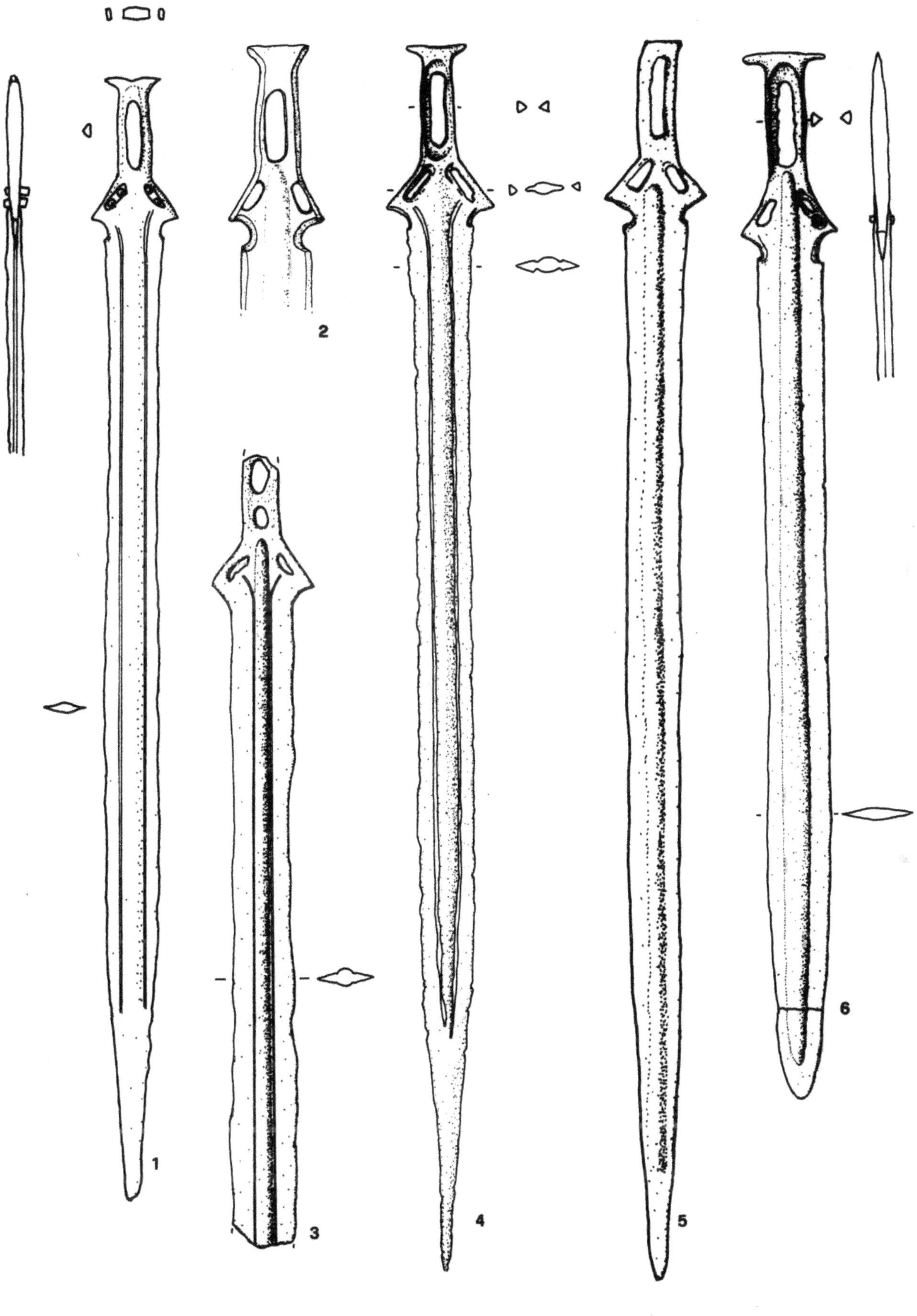

Fig. 88. Spade a lingua da presa tipo Huelva.
1: Siniscola; 2: Saint-Philbert-de-Grand-Lieu; 3: Los Castellares; 4: Huelva; 5: Fra Marmolejo e Villa del Río; 6: Bordeaux. Scala: 1: 1/4; 2: non in scala; 3-6: 1/3.

Due piccoli trafori laterali occupano la parte inferiore e continuano sulle spalle; incavi marcati, in genere con margini rilevati, sono alla base della lama.

Quest'ultima, a margini paralleli, assai lunga, con una costolatura o un risalto mediano, si allarga lievemente nella porzione centrale per poi restringersi sensibilmente a circa tre quarti della sua estensione, terminando "a lingua di carpa".

È necessario rilevare, analizzando le spade a lingua da presa iberiche ed italiane del tipo Huelva, che esse in particolare confluiscono nella più vasta problematica delle spade del complesso "a lingua di carpa" dell'Europa atlantica.

È infatti innegabile una stretta connessione fra le spade tipo Huelva e quelle inglesi appartenenti al "*Carp's Tongue Type*" di I. Colquhoun e C.B. Burgess ([13]), anche se sono rilevabili lievi differenze, ad esempio nella presenza in queste ultime, sulle spalle, di fori per i chiodetti invece che di trafori.

Anche gli esemplari francesi appaiono estremamente vicini tipologicamente a quelli iberici.

I reperti da Cambes e da Bordeaux nella Gironda, da Saint-Leon-sur-l'Isle in Dordogna e da Saint-Philbert-de-Grand-Lieu nella Loire-Inférieure, ad esempio, potrebbero anzi considerarsi pertinenti al tipo Huelva.

Purtroppo è però assai difficile, attualmente, disporre di una completa e dettagliata carta di distribuzione delle "*épée en langue de carpe*" francesi, essendo i pezzi assai numerosi e la loro pubblicazione dispersa in un gran numero di lavori spesso di assai difficoltosa reperibilità ([14]).

Spade del gruppo di Vénat

Questo gruppo di spade (fig. 89 A) è caratterizzato dalla particolare immanicatura, ad andamento appena sinuoso ed a margini rilevati, sormontata da un pomo circolare od ovale dal cui centro sporge una protuberanza cilindrica.

L'immanicatura può presentare, nella parte superiore e mediana, un ampio traforo oppure dei fori per i chiodetti. Nella sua parte inferiore sono due trafori minori che continuano sulle spalle, diritte. Incavi piuttosto pronunciati si trovano alla base della lama. Quest'ultima, a margini paralleli, alquanto lunga, con rivolto mediano, si restringe sensibilmente verso la punta, terminando "a lingua di carpa".

È molto vicino, come forma generale, a questa foggia, tanto da potersi considerare una sua variante, un esemplare da Monte Sa Idda, dove però il manico con ampio traforo centrale, ma privo di trafori sulle spalle, è stato fuso sulla lama (fig. 89 A: 3). L'esemplare sardo, per l'ampio traforo mediano, può porsi a metà strada tra le tipiche spade del gruppo Vénat e la loro traduzione in una foggia decisamente a manico pieno, rappresentata da un esemplare da Saumurois ([15]).

Daghe a lingua da presa tipo Boom

Questo particolare tipo di daga (fig. 89 B) si ricollega strettamente alle spade tipo Monte Sa Idda della varietà *A*, di cui riproduce con esattezza l'impugnatura ([16]). La lingua presenta, nella parte superiore, un ampio traforo ([17]); la lama è di forma triangolare.

Distribuzione

Che queste armi vadano considerate nel loro insieme, nell'analizzarne la distribuzione geografica (fig. 90), è suggerito dal rinvenimento di Monte Sa Idda, dove sono tutte presenti. Anche nel ripostiglio francese di Vénat spade del gruppo omonimo sono associate con frammenti di spade a lingua di carpa, strettamente collegabili, come si è detto, a quelle iberiche del tipo Huelva ([18]).

È interessante rilevare inoltre come la quasi totalità dei reperti provenga da aree costiere — o prossime alla costa — oppure in comunicazione con il mare per via fluviale. Gran parte dei rinvenimenti avvenuti in regioni interne sono infatti localizzati nei pressi di vie d'acqua.

Il vasto raggio di diffusione va dalle Fiandre alla Bretagna, lungo le coste atlantiche francesi e iberiche e da là, oltre lo Stretto di Gibilterra, nel Mediterraneo. Qui particolare importanza rivestono i rinvenimenti di Carcassonne, nella Linguadoca, e di Bouches-du-Rhône, in Provenza.

Queste ultime due località sono di speciale interesse in quanto entrambe gravitanti nell'ambito del Golfo del Leone: anche Carcassonne è infatti in diretta comunicazione con il Mediterraneo mediante il fiume Aude.

Verso tale golfo si dirigono le correnti marine superficiali provenienti dal Mediterraneo centro-occidentale dopo aver lambito le coste italiane, sarde e còrse (fig. 131).

Nel Golfo del Leone sbocca inoltre il Rodano che, mediante i suoi numerosi affluenti, costituisce una fondamentale via di comunicazione per l'Europa centrale ed occidentale. È anzi opportuno sottolineare che sia il Rodano, presso la cui foce è stato effettuato il rinvenimento di Bouches-du-Rhône, che il suo affluente Saona scorrono per un lungo tratto di circa 200 km pressoché paralleli alla Loira, separati da essa, in alcuni punti, soltanto da una quarantina di chilometri.

La spada di Carcassonne, inoltre, richiama con la sua localizzazione l'esistenza, nei pressi, di una seconda importante via d'acqua verso l'Atlantico, quella della rete fluviale della Garonna.

Osservando la distribuzione dei singoli tipi si rileva come la spada tipo Monte Sa Idda, una foggia che i relativamente numerosi rinvenimenti nell'isola indicano come eminentemente di carattere sardo ([19]) e che pure risulta alquanto diffusa nel mezzogiorno spagnolo ([20]), sia attestata nel Mediterraneo a Populonia — nel ripostiglio di Falda della Guardiola — in Toscana, a Dalias ed al Peñon de la Reina in Almeria, a Ronda in Andalusia ed al Río Guadalete presso Cadice. Giacché la daga tipo Boom è evidentemente influenzata da tale modello di spada, si può inserire in questo ambito di diffusione anche il rinvenimento di Bouches-du-Rhône. Se si confronta tale distribuzione con le correnti superficiali mediterranee già ricordate notiamo come vi sia una coincidenza troppo precisa tra i due fenomeni per poter essere casuale.

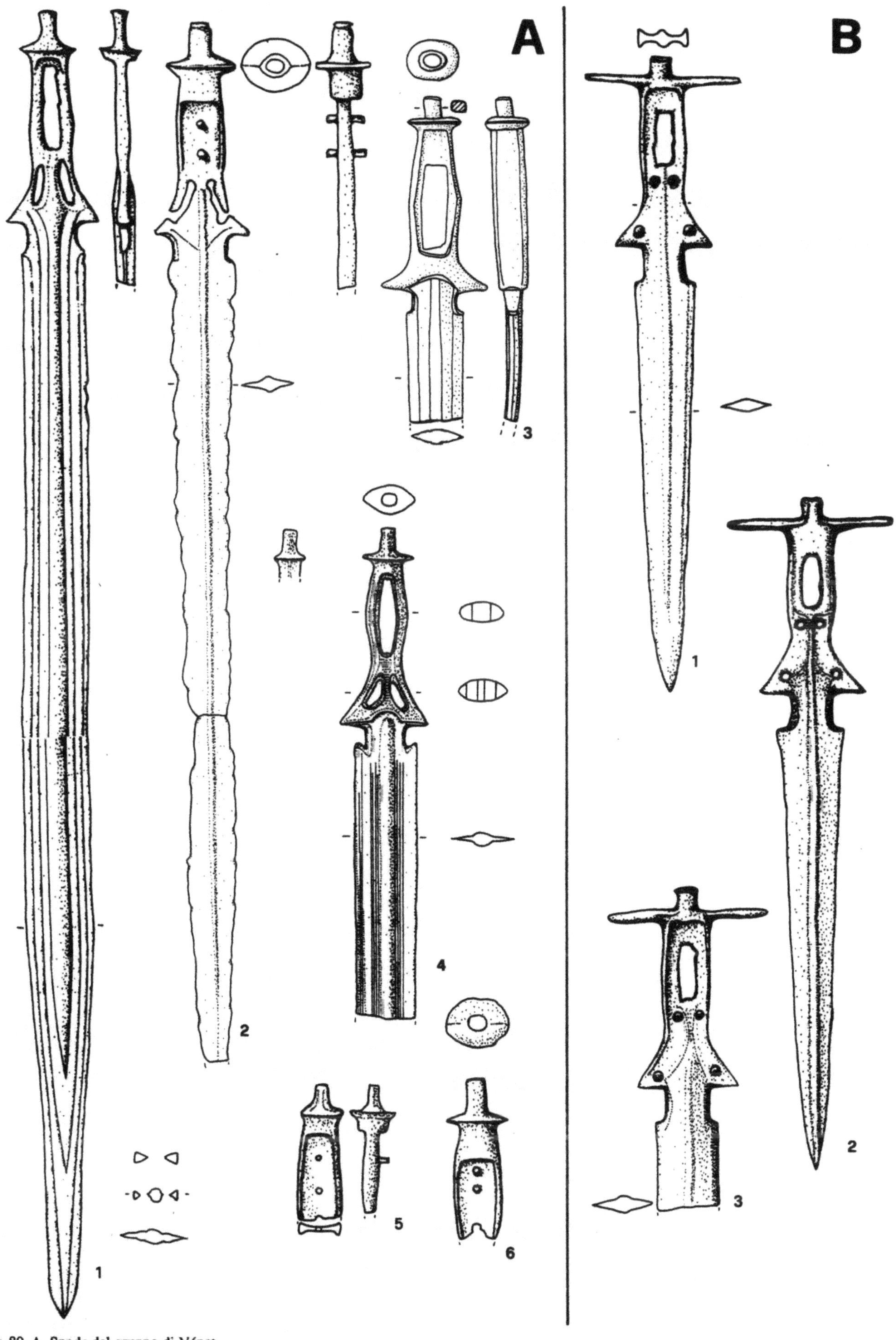

Fig. 89. A. Spade del gruppo di Vénat.
1: Vénat, Saint-Yriex; 2: Fiéis de Deus; 3: Monte Sa Idda; 4: El Bierzo; 5: Parc-Bodenez-en-Plouescat; 6: Pont-er-Vil. Scala: 1/3.
B. Daghe a lingua da presa tipo Boom.
1: "Bouches-du-Rhône"; 2: Boom; 3: "Gironda". Scala: 1/3.

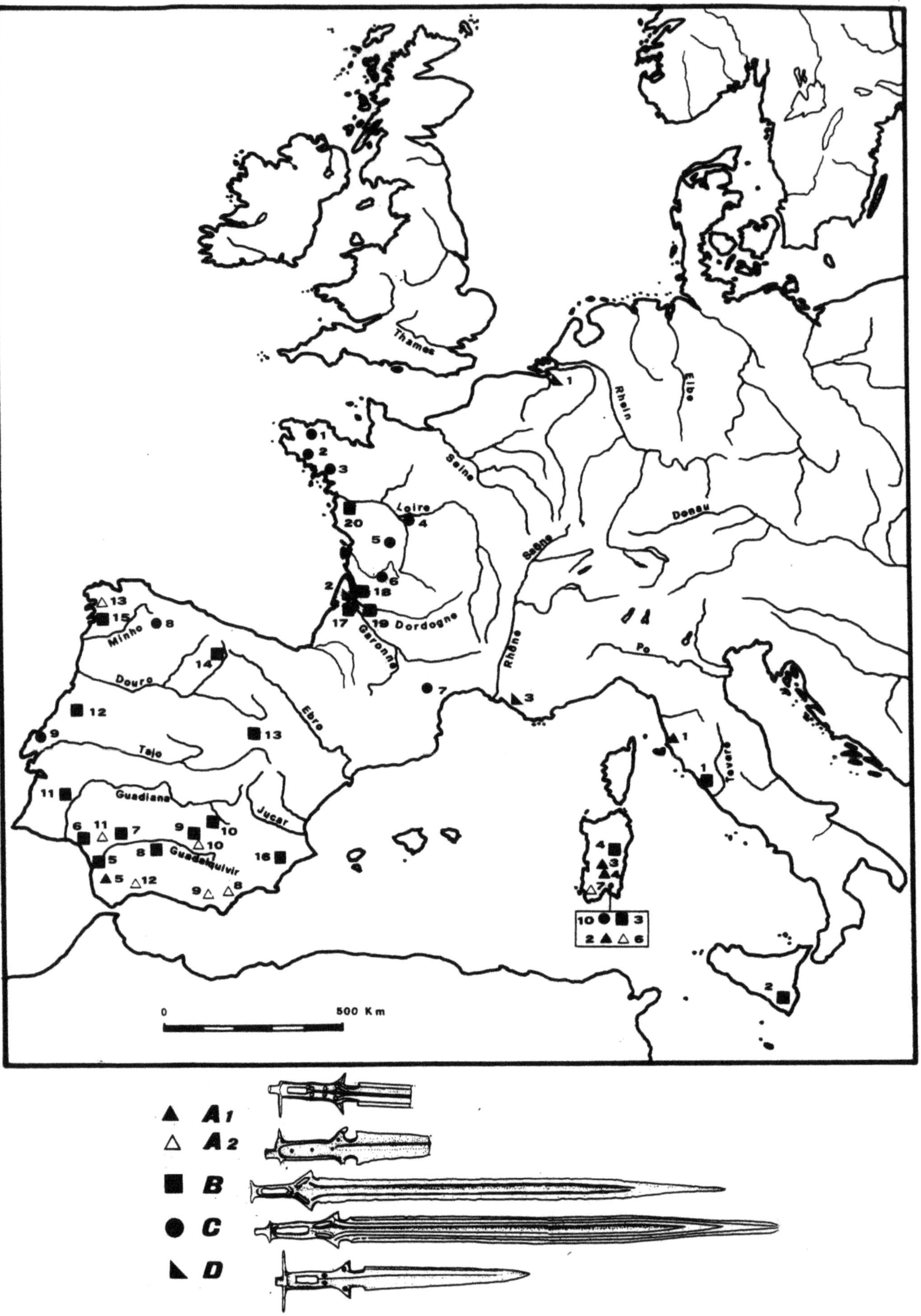

Fig. 90. Distribuzione delle spade a lingua da presa tipo Monte Sa Idda (*A1* = varietà A; *A2* = varietà B), spade a lingua da presa tipo Huelva (*B*), spade del gruppo di Vénat (*C*), daghe a lingua da presa tipo Boom (*D*).

Le correnti del Tirreno, infatti, dalla costa orientale sarda raggiungono il litorale italiano, ed in particolare il Lazio e la Toscana (Populonia), e da qui, attraverso l'arcipelago toscano, il Mar Ligure ed il Golfo del Leone (Bouches-du-Rhône), per poi proseguire, costeggiando le rive spagnole (Dalias), in direzione dello Stretto di Gibilterra (Río Guadalete).

Non meno significativi i rinvenimenti del tipo Monte Sa Idda in località lontane dall'area costiera mediterranea, ad Alcalá del Río e nel centro estrattivo di Castulo, entrambi lungo il corso del Guadalquivir, ed a Isorna, nella regione mineraria della Galizia.

Una rotta diversa sembrano aver seguito le spade tipo Huelva e Vénat; questi materiali a diffusione tipicamente atlantica non sembrano documentati, con l'eccezione delle attestazioni di Carcassonne e di La Peña Negra — quest'ultima rappresentata da una forma di fusione in argilla ([21]) —, lungo le coste mediterranee franco-iberiche. Tale distribuzione può essere giustificata anch'essa dalle correnti superficiali del Mediterraneo centrale ed occidentale, che, da Gibilterra, seguono la costa africana per poi biforcarsi, dirigendosi da un lato verso le coste sarde (rinvenimenti di Monte Sa Idda e di Siniscola) e dall'altro verso la Sicilia (Castelluccio).

L'esistenza di due possibili rotte alternative rende alquanto problematico stabilire se la Sardegna abbia agito da tramite, mediante la rotta tirrenica prima descritta, nella diffusione di tale tipo di spada nell'area laziale (Santa Marinella), o se essa abbia invece raggiunto l'Italia centrale dalla Sicilia seguendo le correnti che, dopo avere attraversato lo Stretto di Messina, risalgono lungo le coste occidentali della penisola.

I dati forniti dalle spade tipo Huelva possono venire vantaggiosamente integrati da quelli ricavabili dalle spade "a lingua di carpa" franco-britanniche.

La distribuzione di queste ultime, con le grosse concentrazioni in Bretagna, Vandea e Saintonge sul continente, ed alla foce del Tamigi nell'Inghilterra meridionale, mostra chiaramente come le direttrici dei traffici, oltrepassato il Golfo di Biscaglia, costeggiassero la costa atlantica francese per varcare la Manica in prossimità dello stretto di Calais. I grossi fiumi della Francia atlantica lungo le cui rive sono ben documentati i rinvenimenti di queste spade (Garonna, Charente, Loira, Senna) debbono inoltre aver costituito fondamentali vie di transito per la penetrazione verso le regioni più interne.

Un discorso a parte merita infine la distribuzione della daga tipo Boom, limitata alle foci del Rodano, della Loira e della Schelda, e per la quale si possono ipotizzare, come via di diffusione, le reti fluviali già ricordate che uniscono, attraverso l'Europa centro-occidentale, il Mediterraneo all'Atlantico.

La distribuzione dei tipi in esame presenta un ulteriore motivo di interesse, oltre alla possibilità di individuare delle rotte.

Essa pare essere infatti intimamente connessa con le località di approvvigionamento e di smistamento delle risorse metallifere dell'intera Europa occidentale.

Va infatti osservato come sia le Fiandre che la Bretagna costituiscano, con i loro approdi, importanti e naturali punti di collegamento fra il continente e le Isole Britanniche, ricche queste ultime, così come l'Armorica, di giacimenti di minerali metallici, fra i quali, in particolare, lo stagno.

Nella Penisola Iberica queste spade sono localizzate, pressoché costantemente, all'interno o nei pressi di aree di considerevole interesse minerario, quali la Galizia, le Asturie, la Beira Baixa, l'Estremadura, l'Alentejo, l'Andalusia e la Murcia.

Una situazione analoga si riscontra anche nel Mediterraneo centro-occidentale: Monte Sa Idda è situato nei pressi del Golfo di Cagliari, non molto lontano dagli importanti bacini metalliferi del Sulcis e dell'Iglesiente, e Siniscola è anch'essa prossima agli affioramenti del Nuorese; nell'immediato entroterra di Santa Marinella vi sono le mineralizzazioni dei Monti della Tolfa, mentre su Populonia gravitano i distretti minerari dell'Isola d'Elba e delle Colline Metallifere.

Il riscontro dei dati archeologici, costituiti dai rinvenimenti in esame, con quelli geo-giacimentologici delle varie regioni europee in cui essi sono stati effettuati, appare puntuale.

Queste spade indicano quindi, come si è visto, delle rotte intimamente connesse ai traffici commerciali per il reperimento e l'acquisizione dei metalli.

Quanto all'inquadramento cronologico di tali rapporti, che in area atlantica caratterizzano l'orizzonte del Bronzo Finale 3, un importante punto di riferimento è costituito dal ripostiglio di Santa Marinella, la cui datazione, secondo G.L. Carancini «in termini di logica combinatoria abbraccia sia il terzo orizzonte del Bronzo finale (BF 3), sia il primissimo dell'età del ferro (Fe 1 A)» ([22]). Va inoltre ricordato, come indicato da V. Bianco Peroni, che «anche la terminazione della lama "a lingua di carpa", presente quasi costantemente negli esemplari del ripostiglio di Huelva, non è ignota tra i materiali dei ripostigli dell'Italia centrale tirrenica contemporanei a quello di Santa Marinella: si veda ad es. un frammento di lama da Contigliano» ([23]).

ELENCO DEI PEZZI ESAMINATI ED INDICAZIONI BIBLIOGRAFICHE ([24]).

Spade a lingua da presa tipo Monte Sa Idda

Varietà A:

- Italia continentale:

Falda della Guardiola, Populonia (Livorno) (fig. 87 A 1: 4) (1) (Bianco Peroni 1970, p. 99, tav. 40: 270).

- Sardegna:

Monte Sa Idda (Decimoputzu, Cagliari) (fig. 87 A 1: 1-2) (2) (Taramelli 1921 a, figg. 35, 37, 39, 40; Lo Schiavo 1985, figg. 55 a destra, 56 a sinistra; Lo Schiavo, D'Oriano 1990, fig. 2: 3); Abini (Teti, Nuoro) (fig. 87 A 1: 3) (3) (Pinza 1901, col. 144, tav. XV: 20); Forraxi Nioi (Nuragus, Nuoro) (4) (Lo Schiavo, D'Oriano 1990, p. 108, nota 38).

- Penisola Iberica:

Río Guadalete (Alcobainas, Cadice, Andalusia) (fig. 87 A 1: 5) (5) (Coffyn 1985, tav. XXXII: 1).

Varietà B:

- Sardegna:

Monte Sa Idda (Decimoputzu, Cagliari) (fig. 87 A 2: 7) (6) (Taramelli 1921 a, fig. 44; Lo Schiavo, D'Oriano 1990, fig. 2: 4); Pirosu-Su Benatzu (Santadi, Cagliari) (7) (Lo Schiavo, D'Oriano 1990, p. 108, nota 39).

- Penisola Iberica:

Peñon de la Reina (Alboloduy, Almeria) (8) (Coffyn 1985, tav. XXXII: 2); Dalias (Andalusia) (fig. 87 A 2: 6) (9) (Coffyn 1985, tav. XXXII: 3); Castulo (Jaén) (esemplare in ferro) (10) (Blanco-Freijeiro 1963, fig. 10); Alcalá del Río (Siviglia) (fig. 87 A 2: 8) (11) (Coffyn 1985, tav. XXXII: 6); Ronda (Malaga) (forma di fusione in arenaria) (12) (Del Amo 1983, fig. 1, tavv. I-II); Isorna (La Coruña) (13) (Coffyn 1985, tav. XXXII: 5) (incerta attribuzione, a causa dello stato di corrosione del pezzo).

Spade a lingua da presa tipo Huelva

- Italia continentale:

Santa Marinella (Roma) (fig. 87 B: 2) (1) (Bastianelli 1934, p. 446, fig. 2 c; Bianco Peroni 1970, p. 97, tav. 40: 269).

- Sicilia:

Castelluccio (Ragusa) (fig. 87 B: 1) (2) (Di Stefano, Giardino 1990-91, fig. 15: 39-40).

- Sardegna:

Monte Sa Idda (Decimoputzu, Cagliari) (fig. 87 B: 3) (3) (Taramelli 1921 a, figg. 38, 41; Lo Schiavo 1985, fig. 55 a sinistra); Siniscola (Nuoro) (fig. 88: 1) (4) (Lo Schiavo 1985, fig. 52).

- Penisola Iberica:

Bornos (Cadice) (5) (Esteve Guerrero 1969, tav. III, fig. 4, ultimo in basso); Huelva (fig. 88: 4) (6) (Almagro Bash 1940, fig. 1: 1, 4, 6, 10-14; tav. I: 1-6; Almagro Bash 1958, E.1. 39.1: 1-4; 2: 5-8; 3: 9-12; 4: 13-16; 5: 17-20; 6: 21-24; 7: 25-37; 8: 38-41; 9: 43-45); Corta de la Cartuja (Siviglia) (7) (Coffyn 1985, tav. XXVIII: 1); Los Castellares (Herrera, Siviglia) (fig. 88: 3) (8) (Coffyn 1985, tav. XXXIII: 1, 2); Fra Marmolejo e Villa del Río (Cordova) (fig. 88: 5) (9) (Almagro Bash 1940, fig. 19: 4); Río Guadalimar (Jaén) (10) (Coffyn 1985, tav. XXVIII: 5); Safará (Beja, Baixo Alentejo) (11) (Kalb 1980, tav. 17: 73.1-2); Teixoso (Castelo Branco, Beira Baixa) (12) (Coffyn 1985, tav. XXXVIII: 3); Sigüenza (Guadalajara) (13) (Almagro Bash 1940, fig. 19: 1-2; Coffyn 1985, tav. XXVIII: 3); Peña Amaya (Burgos) (14) (Almagro Bash 1940, fig. 18: 4); Covapodre (Liméns, Pontevedra) (15) (Coffyn 1985, tav. LX: 1); La Peña Negra (Crevillente, Alicante) (16) (González Prats 1992, fig. 3).

- Francia:

Cambes (Gironde) (17) (Coffyn 1985, fig. 48: 1-2); Bordeaux (Gironde) (fig. 88: 6) (18) (Coffyn 1985, fig. 49: 1); Saint-Leon-sur-l'Isle (Dordogna) (19) (Coffyn 1985, fig. 48: 3); Saint-Philbert-de-Grand-Lieu (Loire-Inférieure) (fig. 88: 2) (20) (Almagro Bash 1940, fig. 16: 7).

Spade del gruppo di Vénat

- Francia:

Parc-Bodenez-en-Plouescat (Finistère) (fig. 89 A: 5) (1) (Cowen 1971 a, fig. 1: 1); Pont-er-Vil (Morbihan) (fig. 89 A: 6) (2) (Cowen 1971 a, fig. 1: 2); Parc-aux-Boeufs (Morbihan) (3) (Cowen 1971 a, fig. 1: 3); Azay-le-Rideau (Indre-et-Loire) (4) (Cordier, Millotte, Riquet 1959, tav. 3: 22); Notre-Dame d'Or (Vienne) (5) (Cordier, Millotte, Riquet 1959, tav. 5: 41); Vénat, Saint-Yriex (Charente) (fig. 89 A: 1) (6) (Coffyn, Gomez, Mohen 1981, tavv. 3: 2; 4: 1, 2); Carcassonne (Aude) (7) (Guilaine 1969, tav. 15: 142).

- Penisola Iberica:

El Bierzo (León) (fig. 89 A: 4) (8) (Delibes, Fèrnandez Manzano 1979, fig. 1); Fiéis de Deus (Leiría) (fig. 89 A: 2) (9) (Cowen 1971 a, fig. 1: 4; Coffyn 1985, fig. 15: 1).

- Sardegna:

Monte Sa Idda (Decimoputzu, Cagliari) (fig. 89 A: 3) (10) (Taramelli 1921 a, fig. 42; Lo Schiavo, D'Oriano 1990, fig. 2: 5).

Daghe a lingua da presa tipo Boom

- Belgio:

Boom (Willebroek) (fig. 89 B: 2) (1) (Cowen 1971 a, fig. 3: 1).

- Francia:

"Gironda" (fig. 89 B: 3) (2) (Cowen 1971 a, fig. 3: 2; Gallay 1988, tav. 47: 1436); "Bouches-du-Rhône" (fig. 89 B: 1) (3) (Cowen 1971 a, fig. 3: 3; Gallay 1988, tav. 47: 1435).

ASCE PIATTE CON OCCHIELLI LATERALI

Le asce piatte con occhielli posti lateralmente all'attacco della lama hanno aspetto slanciato, con tallone trapezoidale alquanto sviluppato; presentano lama di forma trapezoidale a margini più o meno concavi, talora diritti, divergenti verso il taglio. Esse possono venire distinte tipologicamente in due gruppi principali, a seconda che siano fornite di uno soltanto (*A*) oppure di due occhielli (*B*).

Le asce con un occhiello (fig. 91 A), note soltanto in tre esemplari, sono tutte di provenienza sporadica; la somiglianza formale e, nella Penisola Iberica, l'area di distribuzione — ambedue i gruppi appaiono concentrati nella Vecchia Castiglia — inducono a considerarle connesse, verosimilmente anche in senso cronologico, con quelle a due occhielli (fig. 91 B).

L'abbinamento delle due fogge riscontrabile in Spagna non trova riscontro in area italiana, dove sembrano peraltro documentate unicamente in ambito insulare. In quest'area infatti l'ascia piatta con due occhielli appare sino ad ora esclusiva della Sardegna, dove è invece assente quella con un solo occhiello.

Va peraltro rilevato che, mentre gli esemplari sardi provengono tutti da ripostigli (Monte Sa Idda, Flumenelongu, Monte Arrubiu), quello di probabile origine siciliana è invece privo di contesto ([25]).

La relativa frequenza dei rinvenimenti sardi e la presenza, nel ripostiglio di Monte Arrubiu, insieme ad altri

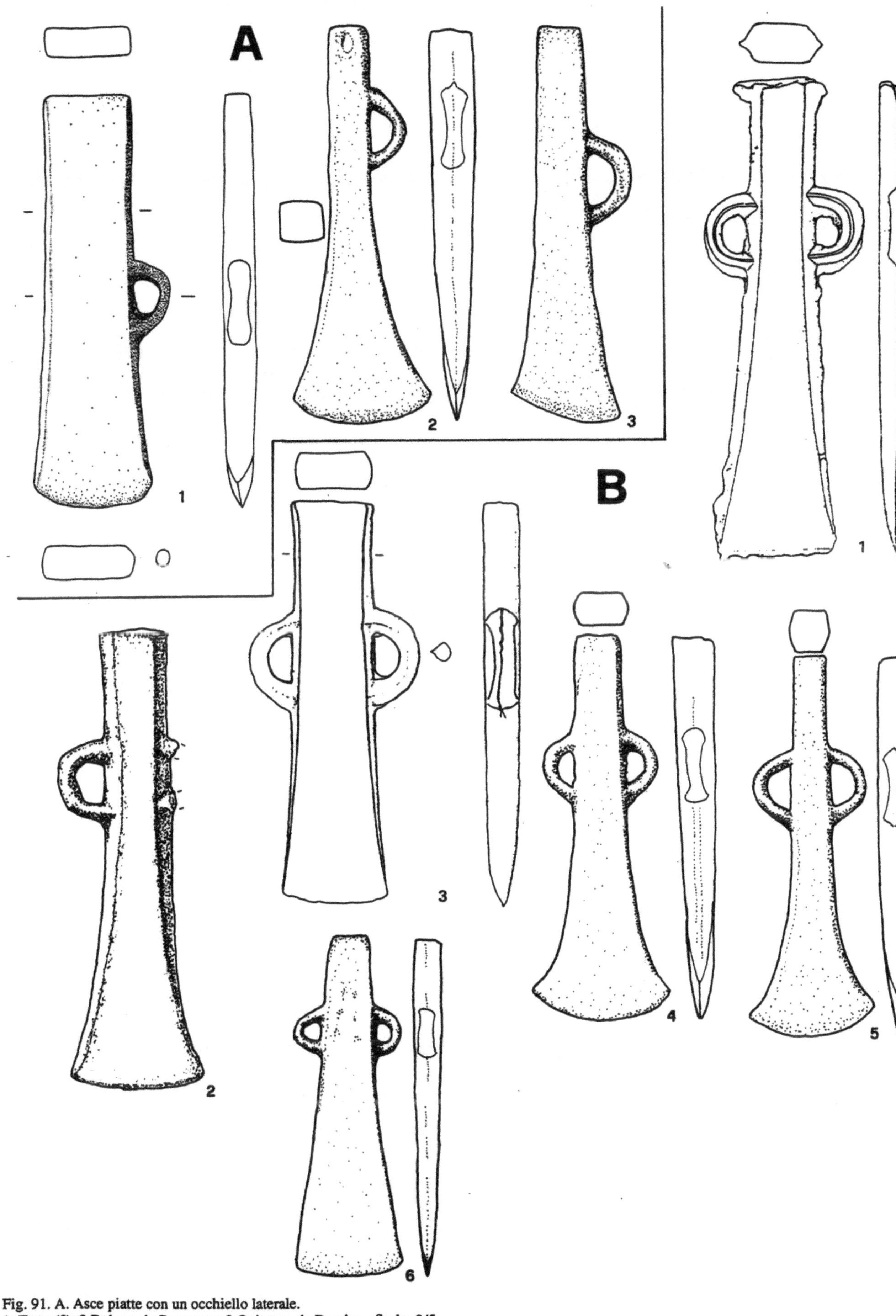

Fig. 91. A. Asce piatte con un occhiello laterale.
1: Enna (?); 2 Debesa de Romanos; 3 Quintana de Bureba. Scala: 2/5.
B. Asce piatte con due occhielli laterali.
1: Monte Arrubiu; 2: Monte Sa Idda; 3: Flumenelongu; 4: Renedo de Amaya; 5: Valdelateja; 6: Sotoscueva. Scala: 2/5.

oggetti non rifiniti, di un esemplare con ancora le bave di fusione lungo i margini laterali, induce a ritenere che almeno parte di questi manufatti siano stati fabbricati in ambiente nuragico e non importati.

La distribuzione degli esemplari (fig. 92) suggerisce comunque una probabile origine spagnola del modello. Esso avrebbe raggiunto il Mediterraneo centrale grazie a scambi transmarini, come indicherebbe la diffusione della foggia in area italiana.

Notevole importanza ai fini della datazione rivestono le asce piatte con due occhielli rinvenute nei ripostigli di Flumenelongu, della fine dell'età del bronzo ([26]), e di Monte Sa Idda e Monte Arrubiu, ambedue inquadrabili tra l'orizzonte avanzato del Bronzo finale e l'inizio dell'età del ferro ([27]).

ELENCO DEI PEZZI ESAMINATI ED INDICAZIONI BIBLIOGRAFICHE

A) Asce piatte con un occhiello laterale

- Sicilia:

Enna (?) (1) (fig. 91 A: 1; tav. IV: 1).

- Penisola Iberica:

Quintana de Bureba (Burgos) (fig. 91 A: 3) (2) (Monteagudo 1977, tav. 58: 932); Debesa de Romanos (Palencia) (fig. 91 A: 2) (3) (Monteagudo 1977, tav. 58: 931).

B) Asce piatte con due occhielli laterali

- Penisola Iberica:

Valdelateja (Burgos) (fig. 91 B: 5) (4) (Monteagudo 1977, tav. 58: 940); Sotoscueva (Villarcayo, Burgos) (fig. 91 B: 6) (5) (Monteagudo 1977, tav. 58: 937); Fitero (Peña del Saco, Navarra) (6) (Monteagudo 1977, tav. 58: 942); Renedo de Amaya (Burgos) (fig. 91 B: 4) (7) (Monteagudo 1977, tav. 58:.938); Padilla de Abajo (Castrogeriz, Burgos) (8) (Monteagudo 1977, tav. 58: 939).

- Sardegna:

Monte Arrubiu (Sarroch, Cagliari) (fig. 91 B: 1) (9) (Taramelli 1926, fig. 17; Lo Schiavo 1981 b: fig. 359; Lo Schiavo 1985, fig. 44 in basso); Monte Sa Idda (Decimoputzu, Cagliari) (fig. 91 B: 2) (10) (Taramelli 1921 a, figg. 16-18); Flumenelongu (Alghero, Sassari) (fig. 91 B: 3) (11) (Lo Schiavo 1976 a, tav. III).

ASCE PIATTE A SPUNTONI LATERALI

Le asce a spuntoni laterali sono state in passato oggetto di numerosi studi miranti ad evidenziare la loro diffusione in aree culturali diverse e spesso lontane fra loro ([28]). Talora si è però considerata questa vasta famiglia tipologica come un insieme unitario, senza cioè tenere conto delle sue articolazioni interne, con il risultato di ingenerare sovente confusione.

Nel presente studio viene presa in esame una particolare foggia di asce a spuntoni laterali, diffusa e caratteristica del Mediterraneo centro-occidentale nel suo insieme.

Essa è costituita da asce piatte di aspetto alquanto slanciato, con tallone sviluppato, di forma trapezoidale. Due appendici laterali aculeate sono impostate all'attacco della lama, che è di forma trapezoidale, relativamente larga, a margini diritti e taglio espanso (figg. 93-94 A) ([29]).

L'origine di questa foggia va ricercata nel mondo egeo. Qui essa è attestata, in forme assai vicine a quelle in esame, ad Asine, in uno strato del T.E. III ([30]) ed a Troia VII ([31]).

Particolare antichità rivestono anche alcuni degli esemplari siciliani, quali quelli provenienti dal ripostiglio di Niscemi (Caltanissetta), deposto in un momento non troppo avanzato del Bronzo finale.

L'importante ruolo svolto dalla Sicilia nella diffusione di questa foggia verso l'occidente editerraneo è anche sottolineato dal rilevante numero delle presenze riscontrate nell'isola, concentrate prevalentemente nella parte centrale ed orientale di essa, quella rivolta verso l'Egeo, che costituiscono da sole il 20 % delle attestazioni ([32]).

In Sardegna essa è documentata nei ripostigli di Monte Sa Idda (Decimoputzu, Cagliari) e di Flumenelongu (Alghero, Sassari), mentre dall'Italia continentale provengono unicamente due esemplari, entrambi da Monte Rovello (Allumiere, Roma) ([33]).

Sono quindi inesatte le indicazioni fornite da R. Maxwell Hyslop ([34]) e riprese poi in seguito da altri ([35]) secondo cui tali asce sarebbero state rinvenute anche a Civitavecchia ed a Pozzuoli. I due esemplari da Civitavecchia, frutto di un errore di lettura di W.M. Flinders Petrie ([36]), che è la fonte principale di Maxwell Hyslop, altro non sono che le due asce di Monte Rovello ([37]), località questa, per l'appunto, non lontana da Civitavecchia. Quanto invece all'ascia da Pozzuoli, conservata al British Museum (tav. IV: 2-3) ([38]), essa non è in realtà un'ascia a spuntoni laterali, ma un particolare tipo di ascia a margini rialzati del Bronzo antico ([39]).

Va rilevato come la distribuzione della foggia in esame (fig. 95) differisca da quella dei manufatti tipicamente atlantici.

È infatti presente nelle Baleari e, nella Penisola Iberica, prevalentemente nelle regioni mediterranee ed in quelle centrali della Spagna; scarsamente attestata nel Portogallo centrale e meridionale (cinque esemplari), è invece del tutto assente nel nord della penisola ([40]). Compare infine con tre esemplari nella Francia atlantica.

Non sembra che questa foggia abbia raggiunto le Isole Britanniche, le cui "*trunnion celts*" ([41]) hanno caratteri tipologici assai diversi dagli esemplari in oggetto.

Le asce a spuntoni laterali atlantiche, assenti nel Mediterraneo, differiscono da quelle esaminate per l'aspetto estremamente slanciato, il tallone poco sviluppato e la lama trapezoidale estremamente stretta con sezione tendente a quadrata.

Alla luce di quanto sopra esposto sembra assai verosimile che questa foggia sia giunta dal Mediterraneo orientale in Sicilia, e da questa si sia diffusa attraverso il Tirreno in Italia ed in Sardegna. Essa avrebbe poi raggiunto le Baleari e la Spagna meridionale da dove, anche forse in parte per via fluviale, come indicano le presenze nella Spagna centrale, sarebbe pervenuta in Portogallo e probabilmente da qui nella Francia atlantica.

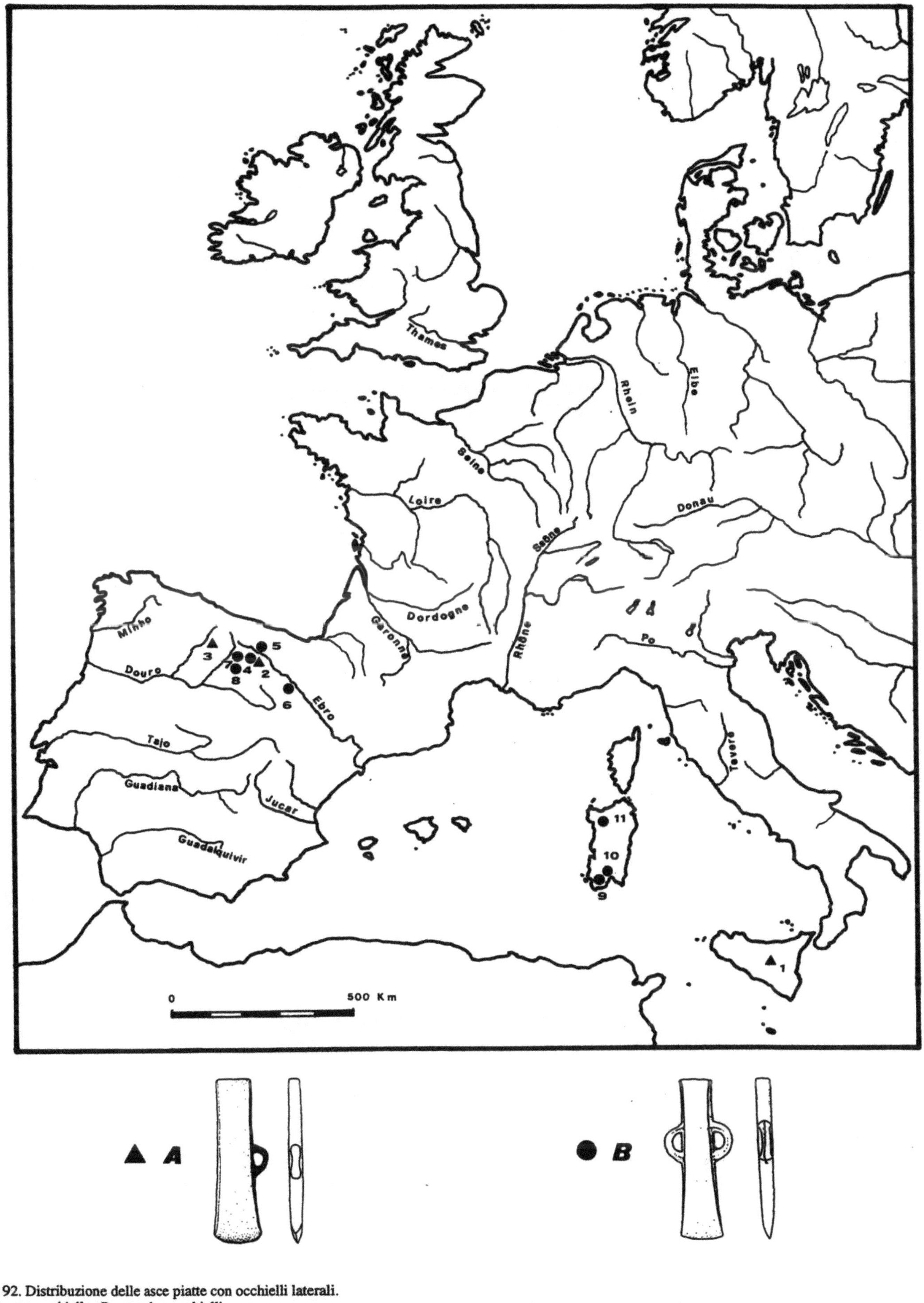

Fig. 92. Distribuzione delle asce piatte con occhielli laterali.
A: con un occhiello; *B* : con due occhielli.

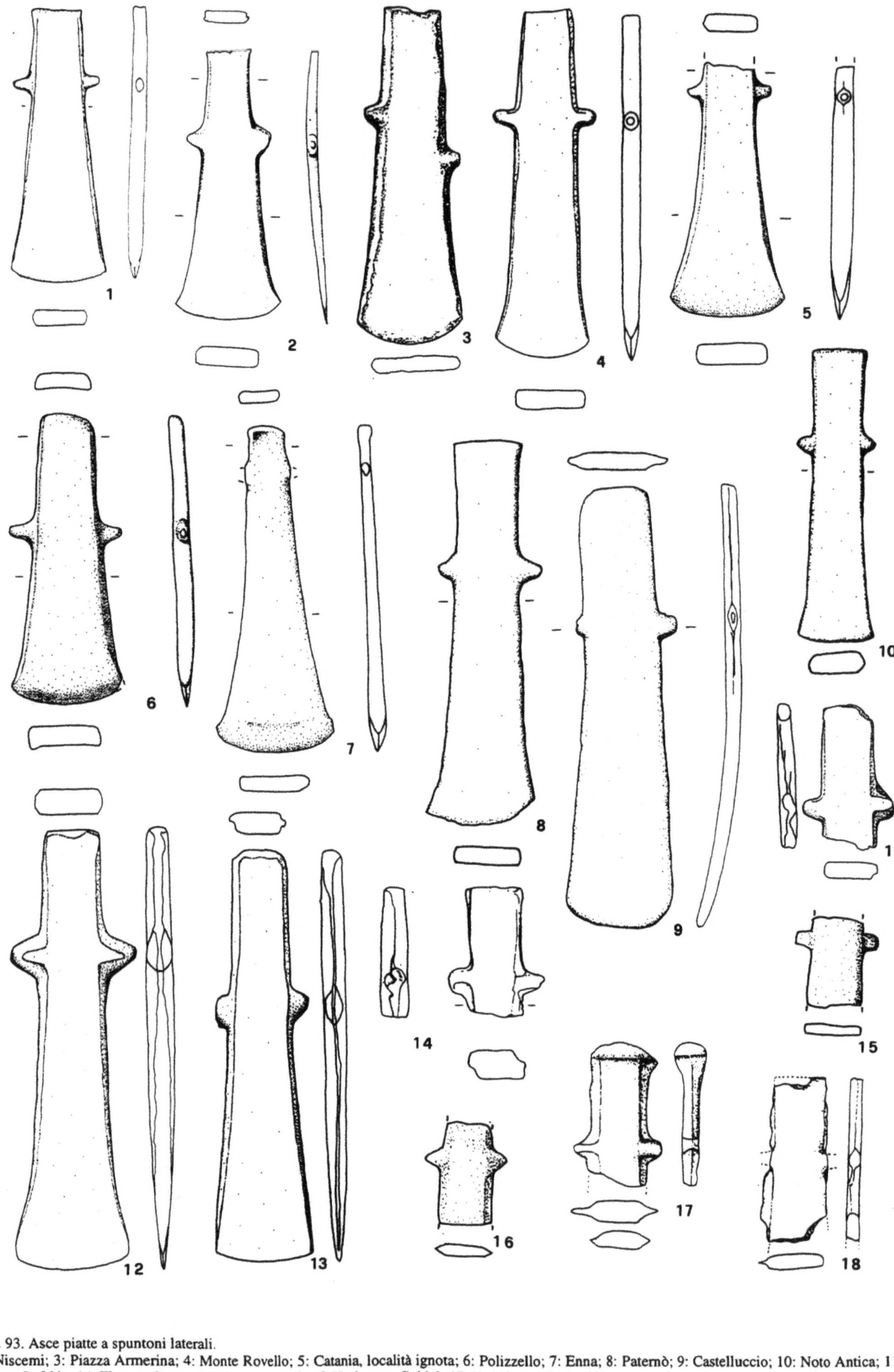

Fig. 93. Asce piatte a spuntoni laterali.
1: Niscemi; 3: Piazza Armerina; 4: Monte Rovello; 5: Catania, località ignota; 6: Polizzello; 7: Enna; 8: Paternò; 9: Castelluccio; 10: Noto Antica; 11-13: Monte Sa Idda; 14: Flumenelongu; 15: Planguenoual; 16: Kerhar-en-Guidel; 17-18: Vénat. Scala: 2/5.

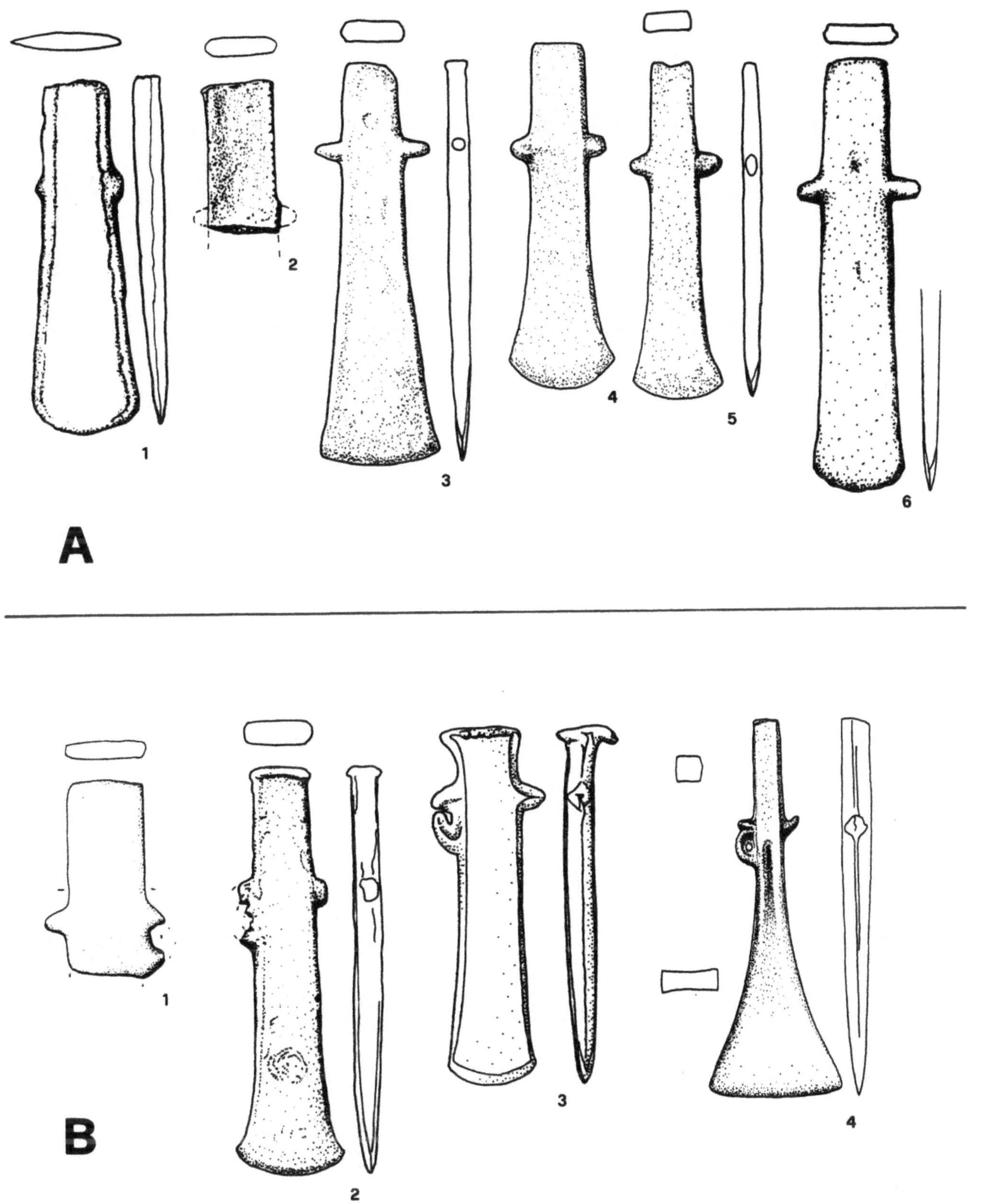

Fig. 94. A. Asce piatte a spuntoni laterali.
1: La Sabina; 2: Castelo Novo; 3: Guadix; 4: La Iglesia; 5: prov. Teruel; 6: Monforte da Beira. Scala: 2/5.
B. Asce piatte con un occhiello ed uno spuntone.
1: Castelluccio; 2: Villacarillo; 3: Monte Sa Idda; 4: Almanza. Scala: 2/5.

Fig. 95. Distribuzione delle asce piatte a spuntoni laterali.

ELENCO DEI PEZZI ESAMINATI ED INDICAZIONI BIBLIOGRAFICHE

- Sicilia

Polizzello (Mussomeli, Caltanissetta) (fig. 93: 6) (1) (Palermo 1983, tav. XXXIX: 36); Noto Antica (Siracusa) (fig. 93: 10) (2) (Albanese Procelli 1986-1987, p. 46, tavv. I: 1; II: 1; Albanese Procelli 1993: fig. 17: NA 1); Castelluccio (Ragusa) (fig. 93: 9) (3) (Di Stefano, Giardino 1990-91, fig. 6: 2-4); Niscemi (Caltanissetta) (fig. 93: 1) (4) (Müller-Karpe 1959, tav. 12: C 3; Albanese Procelli 1993: fig. 16: N 2-N 5); Piazza Armerina (Enna) (fig. 93: 3) (5) (Orsi 1898, p. 163, fig. 2; Albanese Procelli 1986-1987, tav. I: 7; Lo Schiavo, D'Oriano 1990, fig. 7: 7; Albanese Procelli 1993: fig. 4: 24); Enna (fig. 93: 7) (6); Paternò (Catania) (fig. 93: 8) (7) (Albanese Procelli 1986-1987, tav. I: 6; Lo Schiavo, D'Oriano 1990, fig. 7: 1; Albanese Procelli 1993: fig. 4: 23); Catania, località ignota (fig. 93: 5) (8); Agrigento (?) (fig. 93: 2) (9).

- Sardegna:

Monte Sa Idda (Decimoputzu, Cagliari) (fig. 93: 11-13) (10) (Taramelli 1921 a, coll. 18-20, fig. 12; Lo Schiavo, D'Oriano 1990, fig. 3: 1-2); Flumenelongu (Alghero, Sassari) (fig. 93: 14) (11) (Lo Schiavo 1976 a, tav. VI: 1).

- Italia continentale:

Monte Rovello (Allumiere, Roma) (fig. 93: 4) (12) (Peroni 1961 a, I. 2, 4-(4): 15-16; Carancini 1984, tav. 172: 4486-4487).

- Baleari:

La Sabina (Formentera) (fig. 94 A: 1) (13) (Fernández 1974, p. 66, tav. IV: 7).

- Penisola Iberica:

Maella (Saragozza) (14) (Monteagudo 1977, tav. 51: 830); Ejulve o Zulve (Teruel) (15) (Monteagudo 1977, tav. 50: 822); Iglesuela del Cid (Teruel) (16) (Monteagudo 1977, tav. 50: 823); La Iglesia (Teruel) (fig. 94 A: 4) (17) (Monteagudo 1977, tav. 50: 824); prov. Teruel (18) (Monteagudo 1977, tav. 50: 825); prov. Teruel (fig. 94 A: 5) (19) (Monteagudo 1977, tav. 51: 829); Alarcón (Cuenca) (20) (Monteagudo 1977, tav. 50: 826); Alicante (?) (21) (Monteagudo 1977, tav. 51: 833); Verdolay (Murcia) (forma di fusione) (22) (Monteagudo 1977, tav. 51: 827); Galera (Granada) (23) (Monteagudo 1977, tav. 51: 834); Guadix (Granada) (fig. 94 A: 3) (24) (Monteagudo 1977, tav. 51: 835); Santa Bárbara de Pedrões (Baixo Alentejo) (25) (Monteagudo 1977, tav. 51: 837); territorio di Elvas (Alto Alentejo) (26) (Monteagudo 1977, tav. 52: 852); distr. Santarém (?) (27) (Monteagudo 1977, tav. 51: 839); Teira (Ribatejo) (28) (Monteagudo 1977, tav. 51: 838); Monforte da Beira (Beira Baixa) (fig. 94 A: 6) (29) (Monteagudo 1977, tav. 51: 840); prov. Beira Baixa (?) (30) (Monteagudo 1977, tav. 52: 842); Castelo Novo (Beira Baixa) (fig. 94 A: 2) (31) (Monteagudo 1977, tav. 52: 841); Villareal de San-Carlos (Cáceres) (32) (Monteagudo 1977, tav. 52: 845); prov. Cáceres (?) (33) (Monteagudo 1977, tav. 52: 847); Villar de Plasencia (Cáceres) (34) (Monteagudo 1977, tav. 52: 843-844); Póvoa de Varzím (Douro Litoral) (35) (Monteagudo 1977, tav. 52: 854); Duratón (Segovia) (36) (Monteagudo 1977, tav. 52: 850); Langa de Duero (Soria) (37) (Monteagudo 1977, tav. 51: 828); Coruña del Conde (Burgos) (38) (Monteagudo 1977, tav. 52: 848-849); Covaleda (Soria) (39) (Monteagudo 1977, tav. 51: 832); prov. Palencia (40) (Monteagudo 1977, tav. 53: 857); Villamayor de Monjardín (Navarra) (41) (Monteagudo 1977, tav. 51: 831); prov. Barcellona (?) (42) (Monteagudo 1977, tav. 50: 820 A); La Peña Negra (Crevillente, Alicante) (forme di fusione) (43) (González Prats 1992, tav. I).

- Francia:

Vénat, Saint-Yriex (Charente) (fig. 93: 17-18) (44) (Coffyn, Gomez, Mohen 1981, tav. 17: 3-4); Kerhar-en-Guidel (Morbihan) (fig. 93: 16) (45) (Coffyn 1985, fig. 69: 9); Planguenoual (Ville-Eon, Côtes-du-Nord) (fig. 93: 15) (46) (Coffyn 1985, fig. 69: 10).

ASCE PIATTE CON UN OCCHIELLO ED UNO SPUNTONE

Questa foggia è composta da esemplari di asce piatte con tallone sviluppato, trapezoidale, il cui carattere saliente è rappresentato dalla presenza, all'attacco della lama, da un lato di uno spuntone di forma conica o tendente al cilindrico e, dalla parte opposta ad esso, di un occhiello (fig. 94 B).

Tali asce sono state sino ad oggi rinvenute soltanto in quattro località, peraltro situate in aree fra loro distanti (fig. 96).

Sono infatti attestate in ambiente iberico, in Andalusia e nel León, e nell'Italia insulare, nel ripostiglio siciliano di Castelluccio ([42]) ed in quello sardo di Monte Sa Idda. In entrambi questi due ultimi complessi sono associate con asce a spuntoni laterali.

Particolare interesse riveste l'esemplare di Almanza (fig. 94 B: 4), nel quale la parte superiore dell'anello è congiunta con un secondo spuntone; questa caratteristica suggerisce come il pezzo, e verosimilmente l'intera foggia, costituisca una sorta di ibrido fra le asce piatte a spuntoni laterali e quelle piatte con due occhielli.

Non è questo peraltro il solo caso in cui si può osservare, nelle asce dell'area in esame, una tendenza a mescolare fra loro elementi caratteristici di fogge differenti. Si veda l'esempio fornito dall'ascia portoghese da Monforte da Beira (Castelo Branco, Beira Baixa) ([43]), sino ad oggi un *unicum*, in cui la forma dell'ascia a tallone a profilo triangolare si coniuga con gli spuntoni laterali.

Tale fenomeno dimostra ulteriormente l'appartenenza di tutte queste fogge di asce ad uno stesso ambito di diffusione culturale, esteso dall'Atlantico al Mediterraneo, come è del resto anche indicato dalla loro associazione in vari ripostigli, come a Monte Sa Idda, Castelluccio, Covaleda (Soria) ([44]), Coruña del Conde (Burgos) ([45]).

ELENCO DEI PEZZI ESAMINATI ED INDICAZIONI BIBLIOGRAFICHE

- Sicilia:

Castelluccio (Ragusa) (fig. 94 B: 1) (1) (Di Stefano, Giardino 1990-91, fig. 6: 5).

- Sardegna:

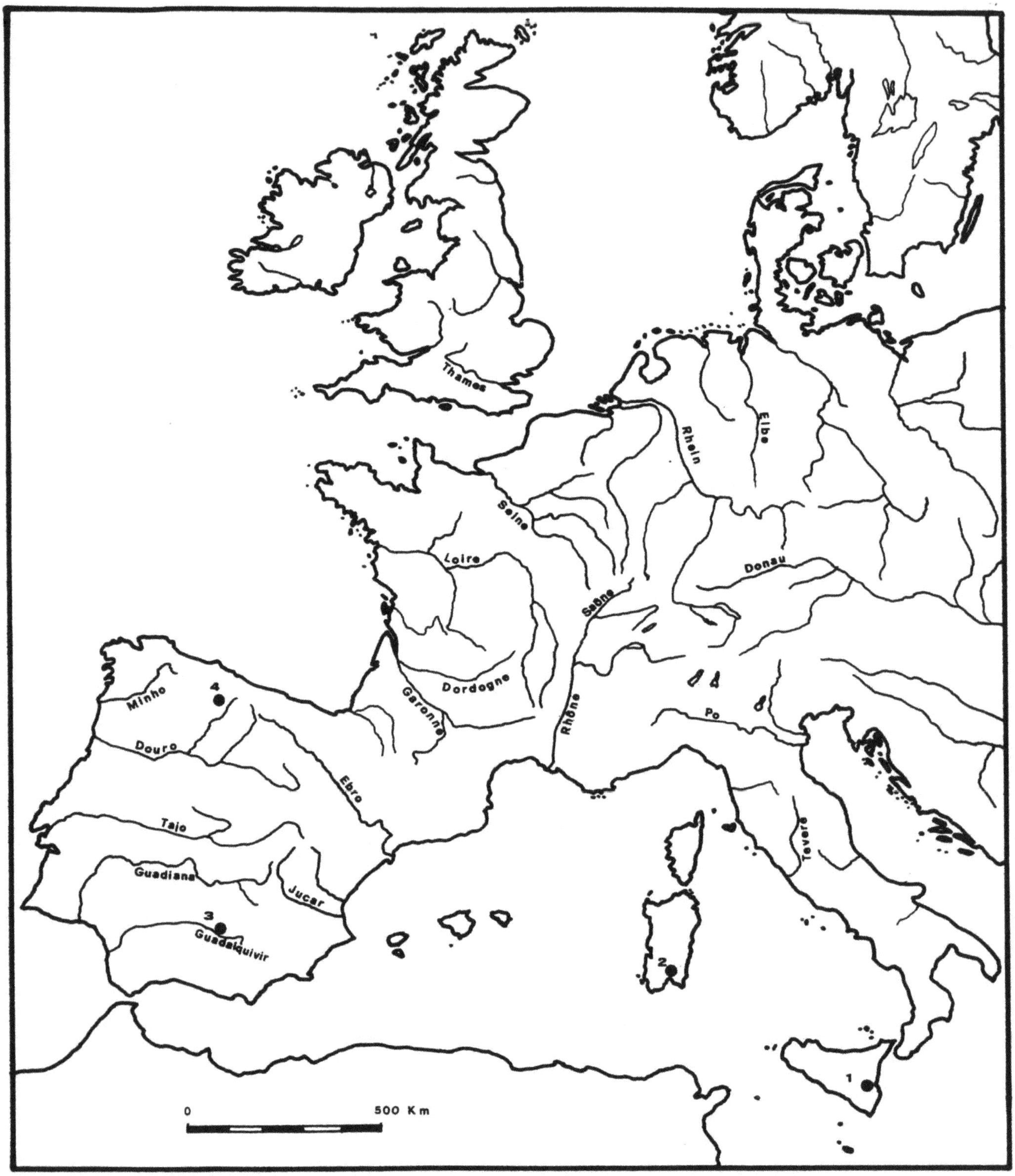

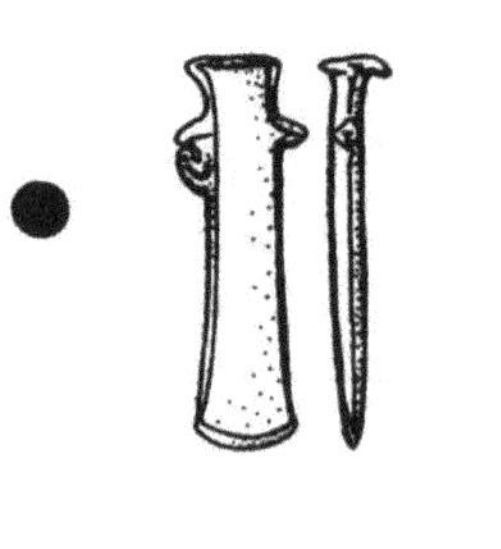

Fig. 96. Distribuzione delle asce piatte con un occhiello ed uno spuntone.

Monte Sa Idda (Decimoputzu, Cagliari) (fig. 94 B: 3) (2) (Taramelli 1921 a, figg. 13-15; Lo Schiavo, D'Oriano 1990, fig. 8: 8).

- Penisola Iberica:

Villacarillo (Jaén) (fig. 94 B: 2) (3) (Monteagudo 1977, tav. 51: 832 A); Almanza (León) (fig. 94 B: 4) (4) (Delibes de Castro, Fernandez Manzano 1986, fig. 1).

ASCE A TALLONE CON UN OCCHIELLO LATERALE

Di questa importante ed alquanto diffusa famiglia tipologica vengono qui prese in esame unicamente quelle fogge che, oltre ad essere attestate in area atlantica, sono pure documentate in ambiente mediterraneo.

Tali fogge possono venire articolate in due grossi gruppi, a seconda che gli esemplari presentino, in veduta laterale, un contorno triangolare o romboidale.

ASCE A CONTORNO TRIANGOLARE

Il primo gruppo (*A*) è costituito da asce a tallone di forma assai slanciata, caratterizzate dall'avere l'immanicatura con l'incasso su una sola delle facce, mentre l'altra è appiattita (fig. 97 A). Esse mostrano quindi, in visione laterale, un tipico contorno triangolare. Posseggono un setto di divisione fra l'immanicatura e la lama, a fianco del quale è posto l'occhiello. La lama è a margini rilevati, con costolatura mediana, costolatura che, in alcuni esemplari, può anche essere doppia, come nei pezzi da Monte Sa Idda (fig. 22: 20), Pragança ed Évora de Alcobaça.

Queste asce sono attestate pressoché esclusivamente nel centro e nel nord del Portogallo, dove risultano alquanto frequenti, specie in Estremadura e nella Beira (fig. 99) ([46]).

Esemplari, evidentemente di origine portoghese, sono segnalati nella parte settentrionale dell'Irlanda, ad Armagh o Monaghan e ad Antrim o Cavan, ed in Sardegna, a Monte Sa Idda. Va sottolineato come tutte e cinque le asce a tallone con un occhiello del ripostiglio nuragico appartengano a tale gruppo ([47]).

Mancando in Sardegna altre asce appartenenti alla foggia in esame, sembra quindi improbabile che l'isola abbia avuto un qualche ruolo nella diffusione dell'ascia a tallone di Tolfa, contraddistinta dal contorno romboidale.

ASCE A CONTORNO ROMBOIDALE

Il secondo gruppo (*B*) è formato da asce a tallone aventi un'immanicatura con incasso su entrambe le facce; in veduta laterale gli esemplari presentano così un contorno romboidale (figg. 97 B-98). Si tratta di asce più o meno slanciate, con immanicatura a lati paralleli e con margini rialzati. La lama, stretta, ha margini diritti e rilevati, divaricati verso il taglio; la sua forma varia dal rettangolare al trapezoidale ed è ornata da una costolatura mediana. Il setto di divisione fra l'immanicatura e la lama è rettilineo, spesso e sporgente; a fianco di esso è collocato l'occhiello.

La notevole rarità con cui queste asce, tipiche dell'occidente iberico, compaiono nel Mediterraneo induce ad accostare in un unico gruppo dal campo di variabilità assai ampio pezzi talora alquanto diversi fra loro, al fine di meglio delineare il modello distributivo generale.

Va inoltre rilevato come nell'unico complesso italiano al cui interno siano stati rinvenuti più esemplari di tali asce, il ripostiglio di Castelluccio, essi presentavano caratteristiche tali — come la lama, in un caso rettangolare, nell'altro trapezoidale — da giustificare, in un altro contesto, un inquadramento tipologico differenziato.

Le asce di questo gruppo sono distribuite con assoluta prevalenza nella Penisola Iberica a nord del Tago, area nella quale va ricercato il luogo d'origine del modello (fig. 100).

Particolarmente fitte sono le presenze lungo le coste atlantiche del Portogallo e della Spagna ([48]), punto di irradiazione per i traffici transmarini che debbono aver diffuso i pezzi sia verso nord-est, verso la Francia nord-occidentale e la Scozia([49]), che verso sud, entrando nel Mediterraneo.

I reperti francesi sono attestati alla foce o presso il corso di importanti vie d'acqua, la Garonna, la Dordogna e la Loira, lungo quindi quelle reti fluviali che rappresentano una fondamentale via di penetrazione interna.

In ambito mediterraneo queste asce sono tutte localizzate in regioni costiere o comunque a non eccessiva distanza dal mare. Il rinvenimento di Tortosa, alla foce dell'Ebro, assume in questo contesto una valenza particolare; infatti questo fiume, originando nella regione Cantabrica ed attraversando per ben 927 km l'intera sezione nord-orientale della Penisola Iberica, potrebbe aver costituito una via di transito per i traffici diretti dalla Spagna settentrionale verso il Mediterraneo. La pressoché totale assenza di altre presenze in tutta la vasta area compresa fra il Tago ed il Guadalaviár può rappresentare un indizio in tal senso.

Direttamente a scambi marittimi vanno invece verosimilmente attribuite le altre attestazioni mediterranee di queste asce, rinvenute nella Costa di Levante — all'imbocco del Golfo del Leone —, presso le coste tirreniche del Lazio e nella cuspide meridionale della Sicilia.

È opportuno soffermarsi brevemente sulle attestazioni siciliane, per la problematicità di alcune di esse. Oltre ad un esemplare dal ripostiglio di Castelluccio, la letteratura ricorda l'esistenza di altre due asce, entrambe depositate al Museo di Palermo.

Di una di esse, proveniente da Siracusa, esiste soltanto un sommario disegno pubblicato da L. Bernabò Brea ([50]), nel quale però non sono indicati né la sezione né il profilo laterale. Il fatto tuttavia che lo stesso Bernabò Brea paragoni questo pezzo con le asce da Huerta de Arriba ([51]), ripostiglio questo dove in realtà vi sono unicamente asce a tallone con due occhielli, ma comunque a profilo romboidale ([52]), e la recente scoperta di esemplari della foggia in esame nel ripostiglio di Castelluccio, inducono ad attribuire a tale foggia anche l'ascia siracusana.

Un'altra ascia a tallone, pure conservata nel Museo di Palermo, è stata illustrata nel 1917 da A. De Gregorio,

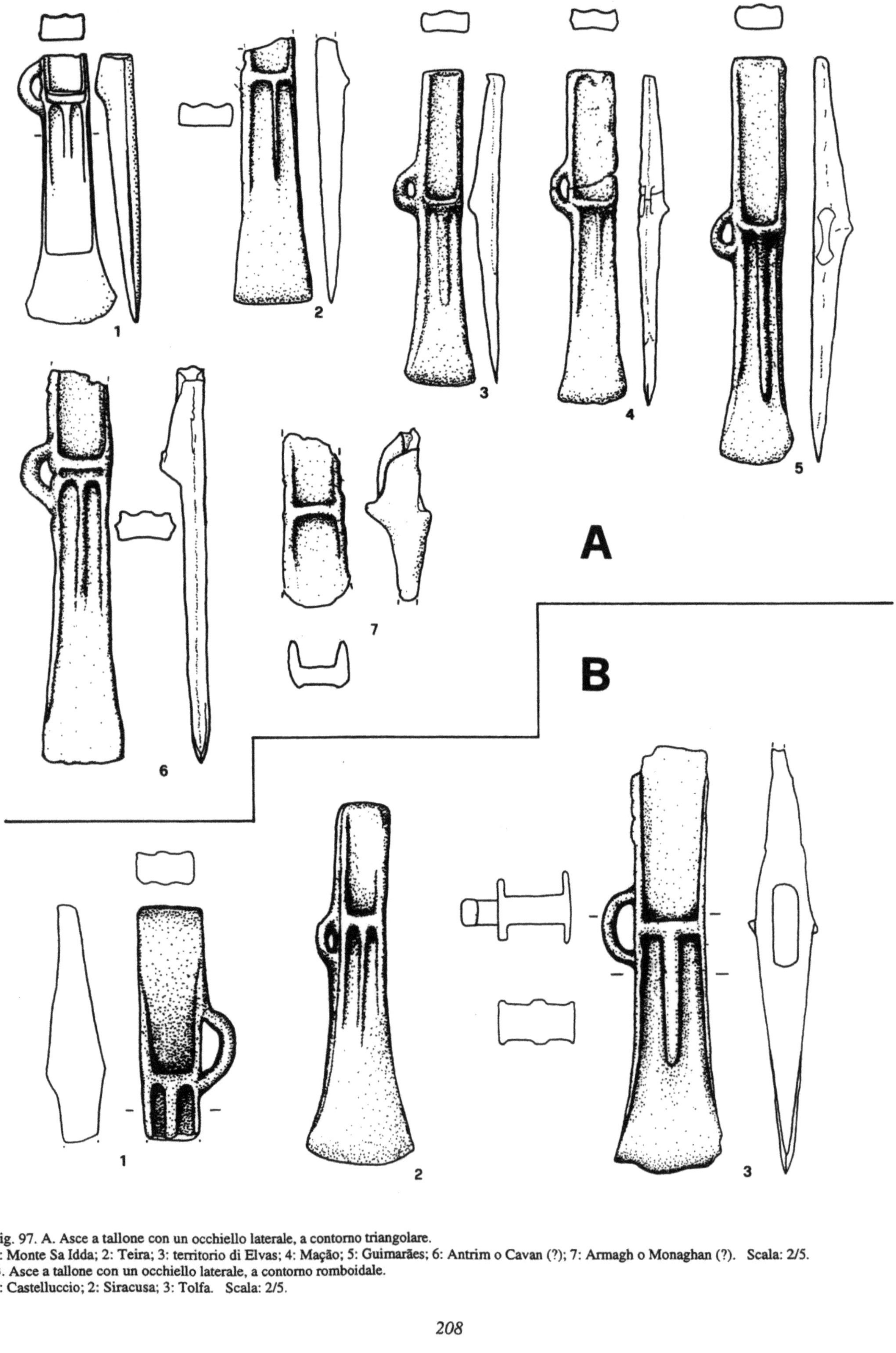

Fig. 97. A. Asce a tallone con un occhiello laterale, a contorno triangolare.
1: Monte Sa Idda; 2: Teira; 3: territorio di Elvas; 4: Mação; 5: Guimarães; 6: Antrim o Cavan (?); 7: Armagh o Monaghan (?). Scala: 2/5.
B. Asce a tallone con un occhiello laterale, a contorno romboidale.
1: Castelluccio; 2: Siracusa; 3: Tolfa. Scala: 2/5.

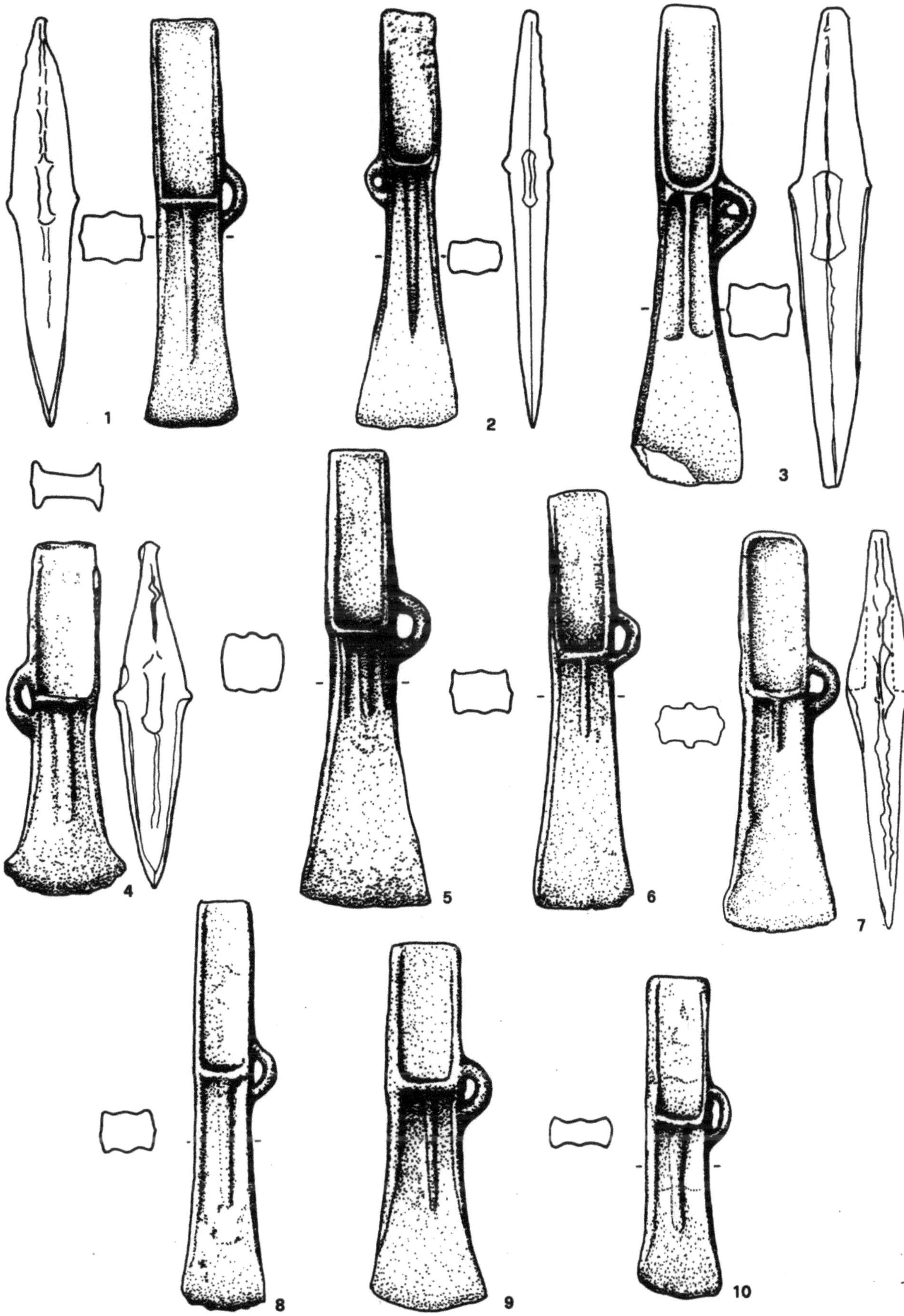

Fig. 98. Asce a tallone con un occhiello laterale, a contorno romboidale.
1: Dintorni di Saumur; 2: La Rouillasse; 3: Blaye; 4: Dalmore Rock; 5: Oviedo (?); 6: distretto di Castelo Branco; 7: Castelo Novo; 8: Mondim da Beira; 9: Descargamaría; 10: Barcelos. Scala: 2/5.

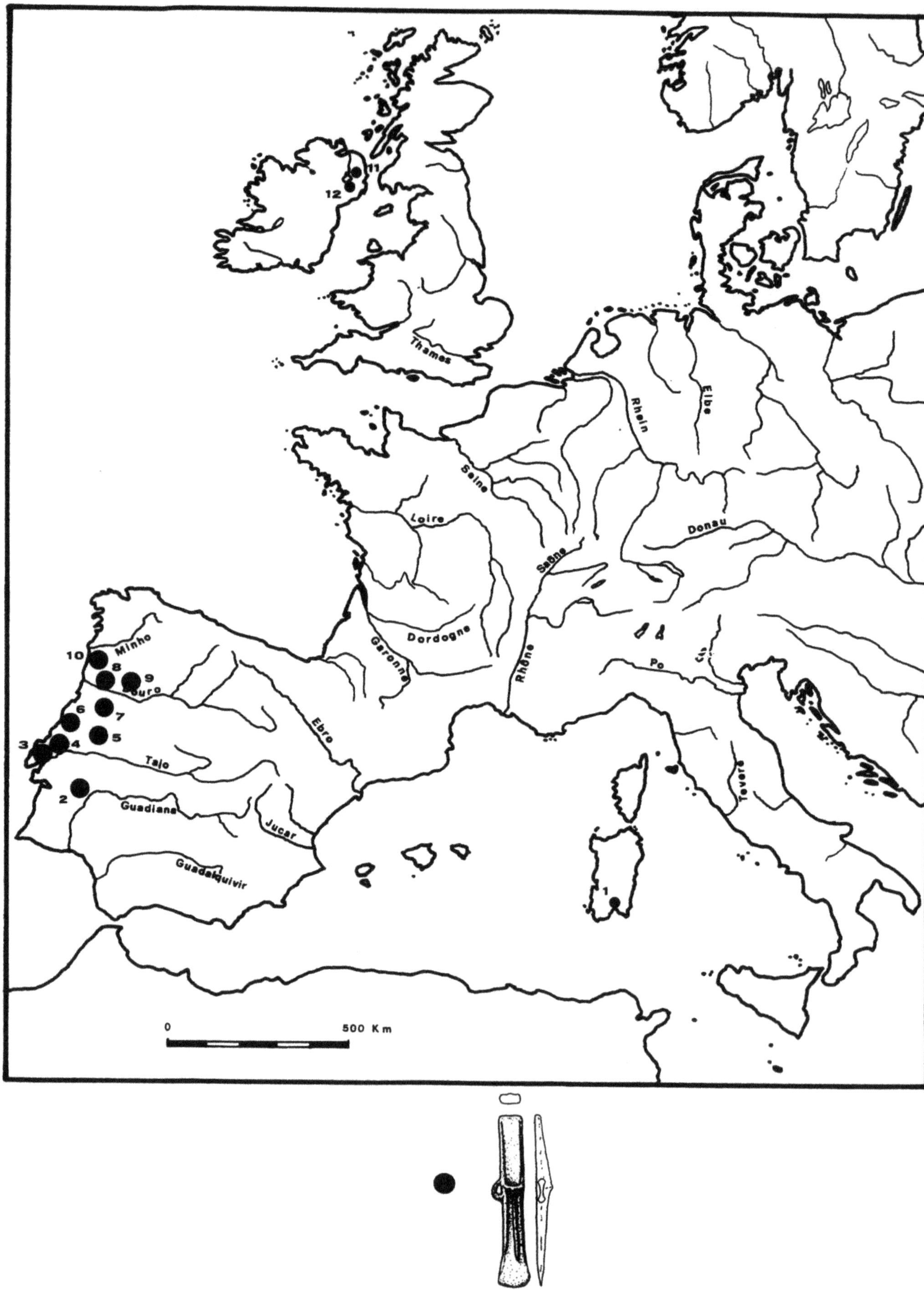

Fig. 99. Distribuzione delle asce a tallone con un occhiello laterale, a contorno triangolare.

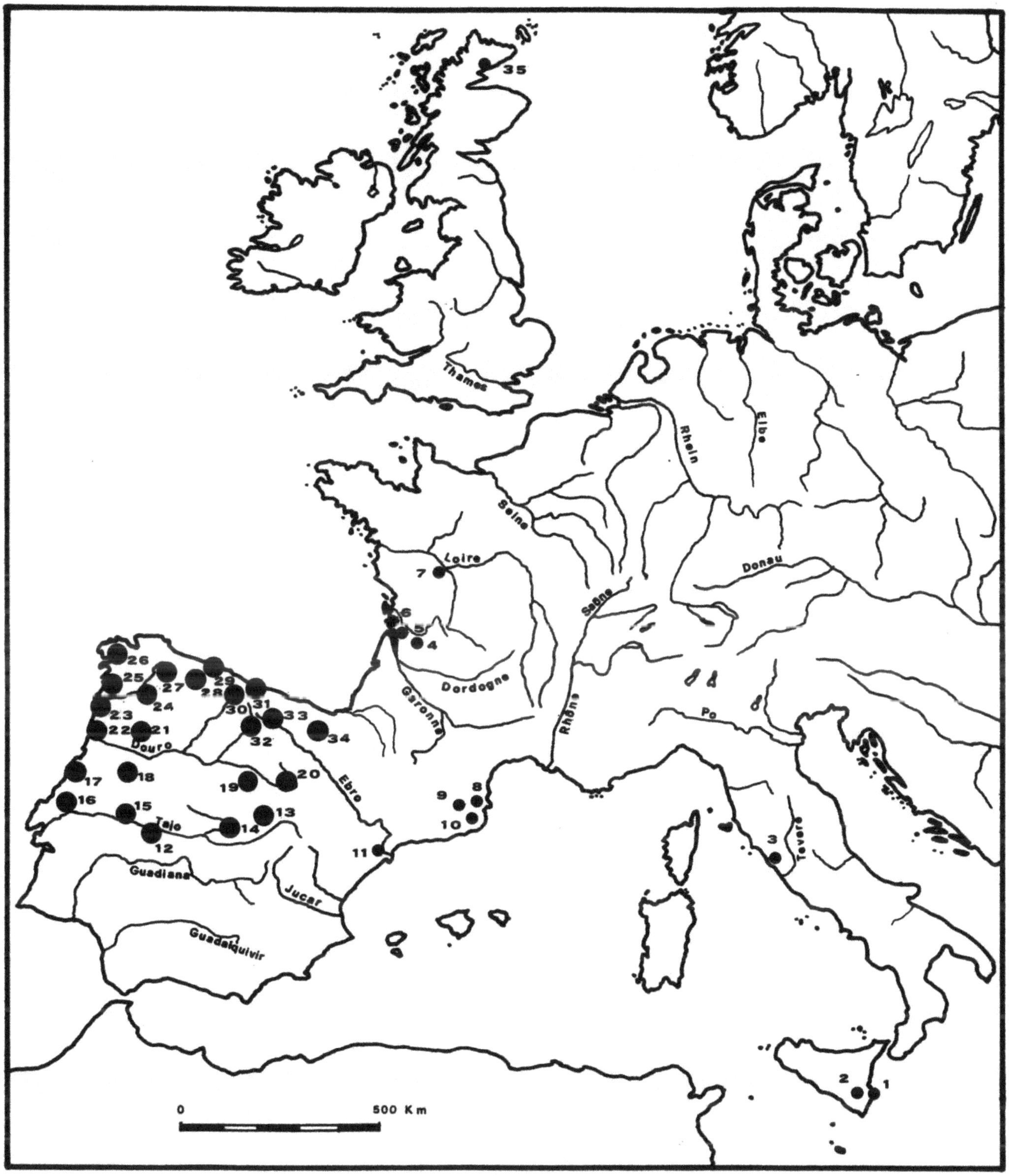

Fig. 100. Distribuzione delle asce a tallone con un occhiello laterale, a contorno romboidale.

omettendo però di indicarne la provenienza ([53]). Benché quest'ultima appaia priva di occhiello (tagliato ?), essa è apparentemente simile alla precedente, tanto che si è in dubbio che non si tratti, piuttosto, proprio dello stesso pezzo, data la scarsa qualità della riproduzione grafica fornita, poco più di uno schizzo ([54]). Purtroppo accurate ricognizioni effettuate nei magazzini del Museo Archeologico di Palermo non hanno avuto esito e non è stato quindi possibile rintracciare ed esaminare tale materiale.

La distribuzione generale nel bacino del Mediterraneo dell'insieme delle asce a tallone con occhiello (figg. 99-100) sembra suggerire che esse vi siano pervenute sfruttando rotte marittime e/o circuiti commerciali differenziati. Assai suggestiva è infatti la totale assenza sino ad ora riscontrabile di asce a contorno triangolare in questo mare, con la sola eccezione della Sardegna, dove, peraltro, non è ancora noto alcun esemplare dell'altro gruppo, che è invece attestato sia nell'Italia continentale tirrenica che in Sicilia.

Per quanto concerne l'inquadramento cronologico dei traffici che hanno portato nel Mediterraneo centro-occidentale le asce a tallone con occhiello, questo viene fornito dai ripostigli di area italiana nei quali tali asce sono state rinvenute e che risultano essere stati deposti in un periodo compreso fra la fine dell'età del bronzo e l'inizio dell'età del ferro.

ELENCO DEI PEZZI ESAMINATI ED INDICAZIONI BIBLIOGRAFICHE

Asce a contorno triangolare

- Sardegna:

Monte Sa Idda (Decimoputzu, Cagliari) (fig. 97 A: 1) (1) (Taramelli 1921 a, coll. 22-23, figg. 19-22; Lo Schiavo, D'Oriano 1990, fig. 3: 9).

- Penisola Iberica:

L'elevato numero di rinvenimenti iberici ha indotto ad individuarli, nella numerazione, raggruppati per province.

Alto Alentejo (1 rinv.) (2): territorio di Elvas (fig. 97 A: 3) (Monteagudo 1977, tav. 96: 1342). Estremadura (8 rinv.) (3): Pragança (Monteagudo 1977, tav. 96: 1343); Castro de Pragança (Monteagudo 1977, tav. 97: 1362); Cesareda (Monteagudo 1977, tav. 96: 1344 A); Évora de Alcobaça (Monteagudo 1977, tav. 97: 1364); Obidos (Monteagudo 1977, tav. 97: 1363); Obidos-Columbeira (Monteagudo 1977, tav. 96: 1344); Serra de Monte Junto (Monteagudo 1977, tav. 97: 1353); Cabeço de Moinhos (Monteagudo 1977, tav. 96: 1342 A). Ribatejo (1 rinv.) (4): Teira (fig. 97 A: 2) (Monteagudo 1977, tav. 96: 1345-1346). Beira Baixa (3 rinv.) (5): Mação (fig. 97 A: 4) (Monteagudo 1977, tav. 96: 1347-1348); Monsanto da Beira (Monteagudo 1977, tav. 97: 1354); Pedrogão (Monteagudo 1977, tav. 96: 1339). Beira Litoral (6 rinv.) (6): Arganil (Monteagudo 1977, tav. 96: 1340); Leiría o Alcobaça (Monteagudo 1977, tav. 96: 1349); Serra (Monteagudo 1977, tav. 96: 1350); Soure (Monteagudo 1977, tav. 96: 1351); distr. Coimbra (?) (Monteagudo 1977, tav. 96: 1352); Vila Cova de Perrinho (Monteagudo 1977, tav. 158: 1341 A). Beira Alta (3 rinv.) (7): Chans de Tavares (Monteagudo 1977, tav. 96: 1341); Mondim da Beira (Monteagudo 1977, tav. 97: 1355 A); Sabugal (Monteagudo 1977, tav. 97: 1355). Douro Litoral (1 rinv.) (8): Souzelo (Monteagudo 1977, tav. 97: 1356). Tras-os-Montes (2 rinv.) (9): Carrazedo de Montenegro (Monteagudo 1977, tav. 97: 1358); provincia di Tras-os-Montes (Monteagudo 1977, tav. 97: 1361). Minho (1 rinv.) (10): Guimarães (fig. 97 A: 5) (Monteagudo 1977, tav. 97: 1357).

- Irlanda:

Armagh o Monaghan (?) (fig. 97 A: 7) (11) (Chitty 1936, p. 237, fig. 2); Antrim o Cavan (?) (fig. 97 A: 6) (12) (Chitty 1936, p. 237, fig. 3).

Asce a contorno romboidale

- Sicilia:

Siracusa (fig. 97 B: 2) (1) (Bernabò Brea 1972, fig. 35: 5); Castelluccio (Ragusa) (fig. 97 B: 1) (2) (Di Stefano, Giardino 1990-91, fig. 9: 10-11).

- Italia continentale:

Tolfa (Roma) (fig. 97 B: 3) (3) (Peroni 1961 a, I. 3: 5; Carancini 1984, tav. 120, 3715).

- Francia:

Beaufort (Saint-Front-de-Pradoux, Dordogna) (4) (Coffyn 1985, fig. 65: 2); Blaye (Gironde) (fig. 98: 3) (5) (Coffyn 1985, figg. 65: 7; 67: 5); La Rouillasse (Soubise, Charente-maritime) (fig. 98: 2) (6) (Coffyn 1985, figg. 64: 2-4; 67: 1); dintorni di Saumur (Maine-et-Loire) (fig. 98: 1) (7) (Cordier, Gruet 1975, fig. 44: 4).

- Penisola Iberica:

Analogamente alle asce del gruppo *A*, anche in questo caso l'elevato numero di rinvenimenti iberici ha indotto ad individuarli, nella numerazione, raggruppati per province; è stata fatta eccezione per i quattro siti catalani, tenuti distinti per il rilievo del tutto particolare che rivestono per la distribuzione di questi materiali in area mediterranea.

Catalogna: La Estrada (Gerona) (8) (Monteagudo 1977, tav. 81: 1197); Ripoll (Gerona) (9) (Monteagudo 1977, tav. 80: 1170 A); Vic (?) (Barcellona) (10) (Monteagudo 1977, tav. 82: 1197 A); Tortosa (?) (Tarragona) (11) (Monteagudo 1977, tav. 83: 1215).

Cáceres (2 rinv.) (12): Descargamaría (fig. 98: 9) (Monteagudo 1977, tav. 90: 1293); prov. Cáceres (?) (Monteagudo 1977, tav. 90: 1294). Guadalajara (2 rinv.) (13): Fuente Sabiñán (Monteagudo 1977, tav. 91: 1303 A); Rueda (Monteagudo 1977, tav. 83: 1213). Madrid (1 rinv.) (14): Meco (Monteagudo 1977, tav. 81: 1193). Beira Baixa (3 rinv.) (15): distr. Castelo Branco (fig. 98: 6) (Monteagudo 1977, tav. 79: 1150- 1151); Castelo Novo (fig. 98: 7) (Monteagudo 1977, tavv. 90: 1290-1292; 79: 1152-1157, 1162-1163); provincia di Beira Baixa (?) (Monteagudo 1977, tav. 79: 1164). Ribatejo (1 rinv.) (16): Vila Nova de Rainha (Monteagudo 1977, tav. 90: 1289). Beira Litoral (1 rinv.) (17): Vila Cova de Perrinho (Monteagudo 1977, tav. 158: 1297 A). Beira Alta (5 rinv.) (18): Canas de Sabugosa (Monteagudo 1977, tav. 80: 1165-1167); Mondim da Beira (fig. 98: 8) (Monteagudo 1977, tav. 80: 1168); Sortelha (Monteagudo 1977, tav. 98: 1368); Tourais (Monteagudo 1977, tav. 90: 1295); Viseu (Monteagudo 1977, tav. 90: 1296-

1297). Segovia (1 rinv.) (19): Sepúlveda (Monteagudo 1977, tav. 81: 1192). Soria (2 rinv.) (20): Covaleda (Monteagudo 1977, tav. 81: 1196); San Esteban de Gormaz (Monteagudo 1977, tav. 83: 1212 A). Tras-os-Montes (3 rinv.) (21): Chaves (Monteagudo 1977, tav. 90: 1299); Linhares (Monteagudo 1977, tav. 90: 1298); Vimioso (Monteagudo 1977, tav. 79: 1158). Douro Litoral (2 rinv.) (22): Penafiel (Monteagudo 1977, tav. 91: 1300 A); São Paio de Portela (Monteagudo 1977, tav. 90: 1300). Minho (8 rinv.) (23): Barcelos (fig. 98: 10) (Monteagudo 1977, tavv. 80: 1169; 99: 1382); Cabeceiras de Basto (Monteagudo 1977, tav. 99: 1376-1378); Corvite (Monteagudo 1977, tav. 99: 1380); Guimarães (Monteagudo 1977, tav. 99: 1379); Louro (Monteagudo 1977, tav. 98: 1369); Monte da Penha (Monteagudo 1977, tavv. 78: 1143; 99: 1381); Pêso (Monteagudo 1977, tav. 91: 1304); São João de Calendario (Monteagudo 1977, tav. 80: 1170). Orense (1 rinv.) (24): Maus de Salas (Monteagudo 1977, tav. 99: 1384). Pontevedra (4 rinv.) (25): Hío (Monteagudo 1977, tavv. 78: 1145; 98: 1370-1374); Marcón (Monteagudo 1977, tav. 107: 1459); Mougás (Monteagudo 1977, tav. 158: 1383 E, G, K, M, O, P); provincia di Pontevedra (?) (Monteagudo 1977, tav. 99: 1383). Coruña (2 rinv.) (26): Oleiros (Monteagudo 1977, tav. 79: 1160); Senra (Monteagudo 1977, tavv. 91: 1301; 106: 1447). Lugo (5 rinv.) (27): Hospital de Quiroga (Monteagudo 1977, tavv. 99: 1385; 103: 1422); Landrove (Monteagudo 1977, tav. 91: 1301 A); Moncelos (Monteagudo 1977, tav. 98: 1375); Monforte de Lemos (Monteagudo 1977, tav. 80: 1172); provincia di Lugo (Monteagudo 1977, tav. 80: 1172 A). León (4 rinv.) (28): Cofiñal Lillo (Monteagudo 1977, tav. 81: 1186); Riello (Monteagudo 1977, tav. 81: 1185); San Emiliano (Monteagudo 1977, tav. 82: 1200); Villaverde de Arcayos (Monteagudo 1977, tav. 81: 1187). Oviedo (7 rinv.) (29): Cangas de Onís (Monteagudo 1977, tav. 82: 1203); Cibea (Monteagudo 1977, tav. 80: 1173); Cueña (Monteagudo 1977, tav. 80: 1176); Lastres (Monteagudo 1977, tavv. 79: 1161; 91: 1302); San Pedro de Nora (Monteagudo 1977, tav. 82: 1201); provincia di Oviedo (?) (Monteagudo 1977, tav. 80: 1177-1182); Oviedo (?) (fig. 98: 5) (Monteagudo 1977, tavv. 82: 1204-1207; 83: 1208-1209). Oviedo o León (1 rinv.): province di Oviedo o León (Monteagudo 1977, tav. 82: 1199). Palencia (3 rinv.) (30): Acera de la Vega ((Monteagudo 1977, tav. 81: 1188); Becerril de Campos (Monteagudo 1977, tav. 83: 1211); Palencia provincia di Palencia (?) (Monteagudo 1977, tav. 81: 1189-1191). Santander (4 rinv.) (31): Escobedo de Camargo (Monteagudo 1977, tav. 83: 1210); Peña Cabarga (Monteagudo 1977, tav. 81: 1183); Requejo (Monteagudo 1977, tav. 91: 1303); Salcedo de Valderredible (Monteagudo 1977, tav. 81: 1184). Burgos (2 rinv.) (32): Coruña del Conde (Monteagudo 1977, tavv. 81: 1195; 83: 1212); Huerta de Arriba (Monteagudo 1977, tav. 81: 1194). Alava (1 rinv.) (33): Portilla la Alta (Monteagudo 1977, tav. 158: 1208 A). Navarra (1 rinv.) (34): Monte Aralar (?) (Monteagudo 1977, tav. 83: 1214).

- Gran Bretagna:

Dalmore Rock (Rogart, Sutherland) (fig. 98: 4) (35) (Schmidt, Burgess 1981, tav. 64: 888).

ASCE A TALLONE CON DUE OCCHIELLI LATERALI

Le asce a tallone con due occhielli laterali hanno richiamato l'attenzione di vari studiosi già da lungo tempo a causa della loro larga diffusione (55).

In realtà in queste analisi sono state generalmente prese in considerazione tutte quelle asce a tallone fornite di due occhielli di cui si aveva segnalazione, indipendentemente dalle peculiarità tipologiche e dalla loro appartenenza a differenti contesti cronologici.

L'appartenenza degli esemplari britannici, o comunque della gran parte di essi, al Bronzo medio inglese è stata sostenuta da vari autori (56).

La maggiore concentrazione di queste asce si riscontra, almeno durante la tarda età del bronzo, nella Penisola Iberica e particolarmente dalle sue regioni atlantiche (57).

La loro diffusione nel Mediterraneo è alquanto sporadica: ne sono infatti documentati alcuni esemplari unicamente in Sicilia, in Sardegna e nella Spagna meridionale.

Le asce a tallone con due occhielli laterali sono inquadrabili in due gruppi distinti, a seconda che la lama presenti o meno una costolatura mediana.

Le asce del primo raggruppamento (*A*) sono caratterizzate dall'incasso limitato, su entrambe le facce, alla parte inferiore dell'immanicatura, con setto di divisione tra immanicatura e lama, quest'ultima di forma pressoché trapezoidale (fig. 101).

Il secondo gruppo (*B*) è invece rappresentato da asce alquanto massicce aventi un'immanicatura a margini paralleli, con incasso su ambedue le facce, setto di divisione fra immanicatura e lama, lama a margini rilevati con costolatura mediana (figg. 102-103).

Nell'area di maggior diffusione di queste asce, la Penisola Iberica nord-occidentale, questi caratteri accomunano diversi tipi. Del resto anche nel ristrettissimo ambito degli esemplari italiani il pezzo dal ripostiglio siciliano di Castelluccio differisce da quelli sardi per l'andamento della lama, più nettamente divergente verso il taglio sin dal suo tratto iniziale (58).

Si è tuttavia preferito adottare una griglia tipologica a maglie più larghe che consentisse agevolmente l'inclusione anche dei materiali francesi ed inglesi, così da poter meglio comprendere la dinamica distributiva generale delle asce in esame.

Si delineano in tal modo due distinte aree (fig. 104).

Quella legata alle asce del primo gruppo (*A*) è incentrata nella Spagna meridionale e nelle Baleari, dove sono attestati gli esemplari più caratteristici (59). Ad essa è connesso il pezzo da Forraxi Nioi-Nuragus, giunto in Sardegna verosimilmente per mezzo di scambi transmarini con queste regioni (60). Pochi esemplari sono pure presenti nel settentrione della Penisola Iberica e ad essi si rifanno più direttamente alcuni reperti francesi (61). È particolarmente significativo che uno di questi ultimi pezzi sia stato rinvenuto nei pressi dell'importante via fluviale costituita dalla Garonna.

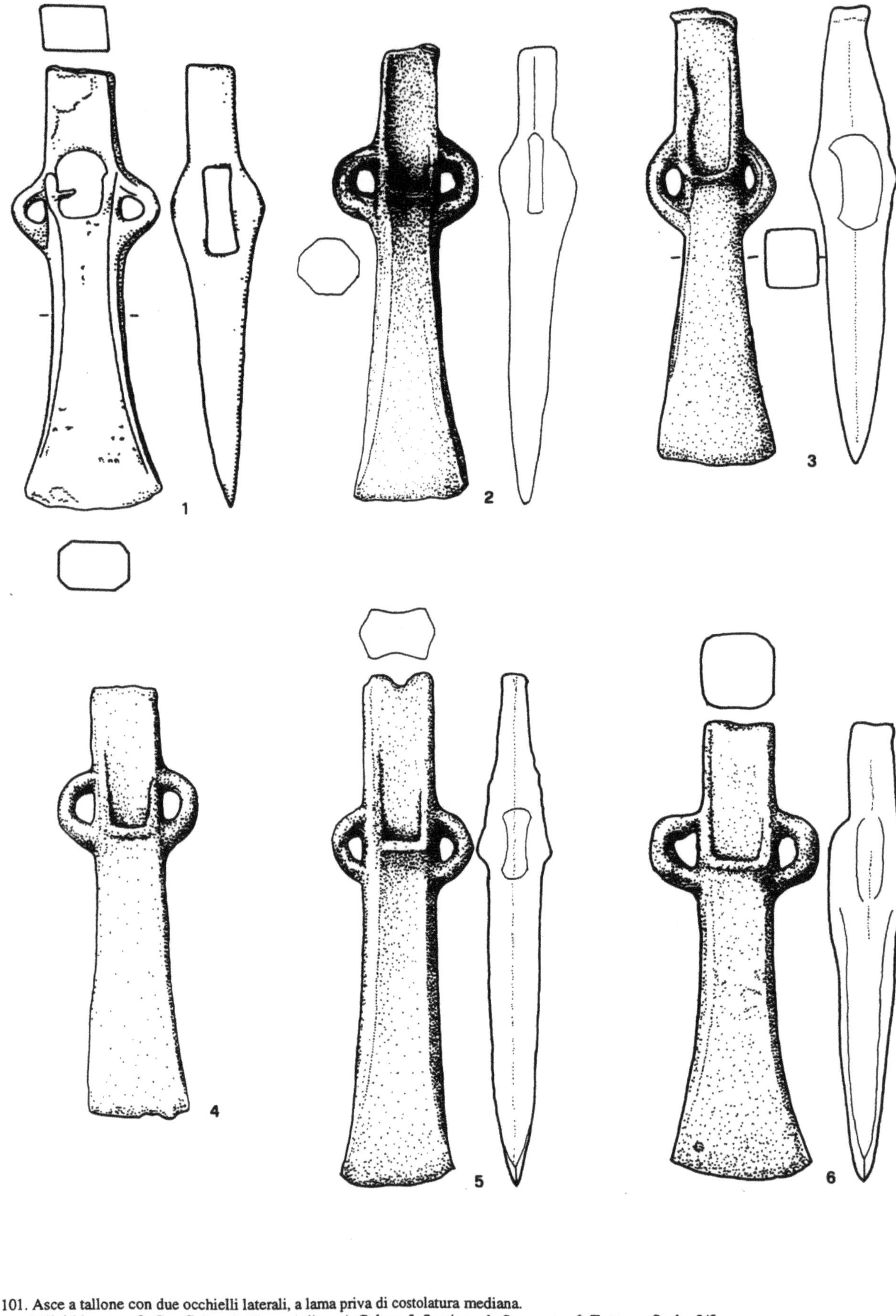

Fig. 101. Asce a tallone con due occhielli laterali, a lama priva di costolatura mediana.
1: Forraxi Nioi-Nuragus; 2: Can Gallet; 3: Haute-Ariège; 4: Galera; 5: Santiago de Samarugo; 6: Totana. Scala: 2/5.

Le asce del secondo gruppo (*B*) si caratterizzano invece per una diffusione tipicamente atlantica. Gli unici esempi mediterranei sono infatti quelli sardi e siciliani.

La maggiore concentrazione di queste asce si ha in Galizia e nelle Asturie ([62]); i rinvenimenti francesi ([63]) ed inglesi appaiono chiaramente legati ai traffici transmarini con la Penisola Iberica. Ne rappresenta un chiaro indizio la loro distribuzione, costiera o connessa con grosse vie d'acqua interne, quali l'Adour, la Garonna, lo Charente, la Loira, il Tamigi.

ELENCO DEI PEZZI ESAMINATI ED INDICAZIONI BIBLIOGRAFICHE

Gruppo A (Asce senza costolatura sulla lama)

- Sardegna:

Forraxi Nioi-Nuragus (fig. 101: 1) (1) (Pinza 1901, tav. XVI: 12; Lo Schiavo, D'Oriano 1990, fig. 3: 8).

- Baleari:

Can Gallet (Sant Francisco Javier, Formentera) (fig. 101: 2) (2) (Monteagudo 1977, tav. 60: 961 A-B; Delibes de Castro, Fernandez-Miranda 1984, figg. 9-10).

- Penisola Iberica:

Galera (Cerro del Real, prov. Granada) (fig. 101: 4) (3) (Monteagudo 1977, tav. 60: 958); Caniles (prov. Granada) (4) (Monteagudo 1977, tav. 60: 959); Totana (prov. Murcia) (fig. 101: 6) (5) (Monteagudo 1977, tav. 60: 960); Cardenete (prov. Cuenca) (6) (Monteagudo 1977, tav. 60: 957); Santiago de Samarugo (Córneas, prov. Lugo) (fig. 101: 5) (7) (Monteagudo 1977, tav. 61: 971); distretto di Bragança (?) (prov. Tras-os-Montes) (8) (Monteagudo 1977, tav. 59: 952).

- Francia:

Haute-Ariège (fig. 101: 3) (9) (Chardenuox, Courtois 1979, tav. 39: 661; Coffyn 1985, fig. 63: 7).

Gruppo B (Asce con costolatura)

- Sicilia:

Castelluccio (Ragusa) (fig. 102: 1) (1) (Di Stefano, Giardino 1990-91, fig. 9: 12).

- Sardegna:

Monte Sa Idda (Decimoputzu, Cagliari) (fig. 102: 4) (2) (Taramelli 1921 a, figg. 23-24; Lo Schiavo, D'Oriano 1990, fig. 3: 7); Monte Arrubiu (Sarroch, Cagliari) (fig. 102: 2-3) (3) (Taramelli 1926, fig. 18; Lo Schiavo 1981 b: fig. 359; Lo Schiavo 1985, fig. 44 in alto).

- Francia:

Courbillac (Herpes, Charente) (4) (Coffyn 1985, fig. 66: 5); Saumurois (Maine-et-Loire) (fig. 103: 1) (5) (Coffyn 1985, fig. 66: 6); Pen-er-Prat (Le Folgoüet, Finistère) (6) (Coffyn 1985, fig. 66: 1); Langoiran (Gironde) (fig. 102: 6) (7) (Coffyn 1985, fig. 65: 8); Saint-Lombès-Créon (Gironde) (8) (Coffyn 1985, fig. 65: 3, 5); Tarbes (Haute-Pyrénées) (fig. 102: 5) (9) (Chardenuox, Courtois 1979, tav. 39: 659).

- Inghilterra:

Rotherfield Peppard (Berkshire) (fig. 103: 2) (10) (Rowlands 1976, tav. 33: 316); Wejmouth (Dorset) (fig. 103: 3) (11) (Rowlands 1976, tav. 33: 496).

- Penisola Iberica:

Cfr. gli esemplari appartenenti ai tipi di L. Monteagudo *29 H* (fig. 103: 5), *32 C*, *32 C1*, *32 E*, *35 B*, *35 C*, *37 C*, *37 D* (fig. 103: 4), *38 A* (fig. 103: 6-7), *38 B*: Monteagudo 1977, pp. 180-181, 194-198, 208-210, 218-222, 223-227.

ASCE ED ACCETTE A CANNONE QUADRANGOLARE

ASCE A CANNONE QUADRANGOLARE CON OCCHIELLI LATERALI

Nell'ambito delle asce a cannone con occhielli laterali si distingue un gruppo di esemplari dall'aspetto generale alquanto slanciato e caratterizzati da un cannone quadrangolare con una o più costolature orizzontali all'imboccatura, sulla quale si innestano i due occhielli laterali. Il fusto, pressoché trapezoidale, tende ad avere i lati leggermente convergenti verso il basso; i margini della lama divergono verso il taglio.

All'interno di questa particolare foggia alcuni pezzi presentano il fusto liscio, mentre in altri esso è decorato da una o più costolature longitudinali (fig. 105 A).

Va rilevato come, nella Penisola Italiana, dove pure non mancano asce a cannone con due occhielli laterali simili alla prima versione ([64]) — le numerose asce a cannone prive di spalla tipo Ardea di G.L. Carancini ([65]) —, queste siano caratterizzate dall'avere gli anelli laterali impostati sempre nella parte superiore del fusto, al di sotto della costolatura, mentre negli esemplari in esame l'attacco superiore degli occhielli è di norma sulla costolatura.

Nell'insieme le asce in questione mostrano una diffusione tipicamente atlantica. Di esse tuttavia unicamente quelle con fusto costolato (fig. 106) sembrano aver raggiunto il bacino mediterraneo; qui sono attestate nella sola Sardegna, nei due ripostigli di Monte Sa Idda e Funtana Janna.

L'origine di questa versione è da porsi nel Portogallo occidentale dove, nell'Estremadura, sono concentrati la quasi totalità degli esemplari conosciuti ([66]). È significativa l'assenza di asce a cannone con due occhielli e costolature longitudinali nel resto della Penisola Iberica e nella Francia.

Esse costituiscono un significativo indizio del rilievo rivestito dall'area portoghese nei traffici transmarini con il Mediterraneo centro-occidentale e con il mondo nuragico in particolare.

ASCE A CANNONE QUADRANGOLARE CON UN OCCHIELLO LATERALE

Questa foggia, come la precedente, è sino ad ora attestata nel bacino del Mediterraneo unicamente in Sardegna, nel ripostiglio di Monte Sa Idda ([67]).

Essa è costituita da esemplari assai slanciati, con cannone quadrangolare avente una o più costolature orizzontali all'imboccatura, sulla quale è innestato l'occhiello (fig. 105

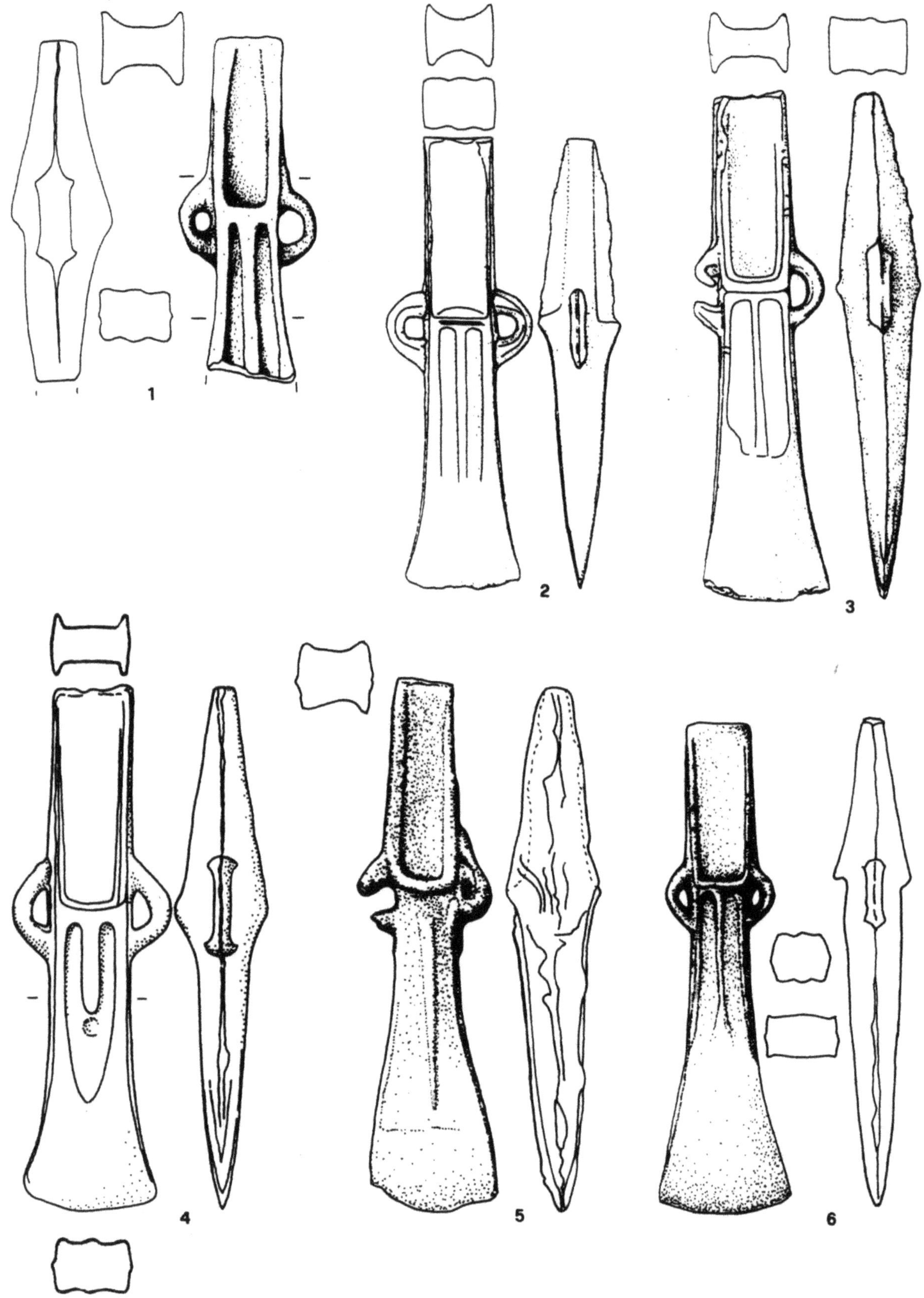

Fig. 102. Asce a tallone con due occhielli laterali, a lama con costolatura mediana.
1: Castelluccio; 2-3: Monte Arrubiu; 4: Monte Sa Idda; Tarbes; 6: Langoiran. Scala: 2/5.

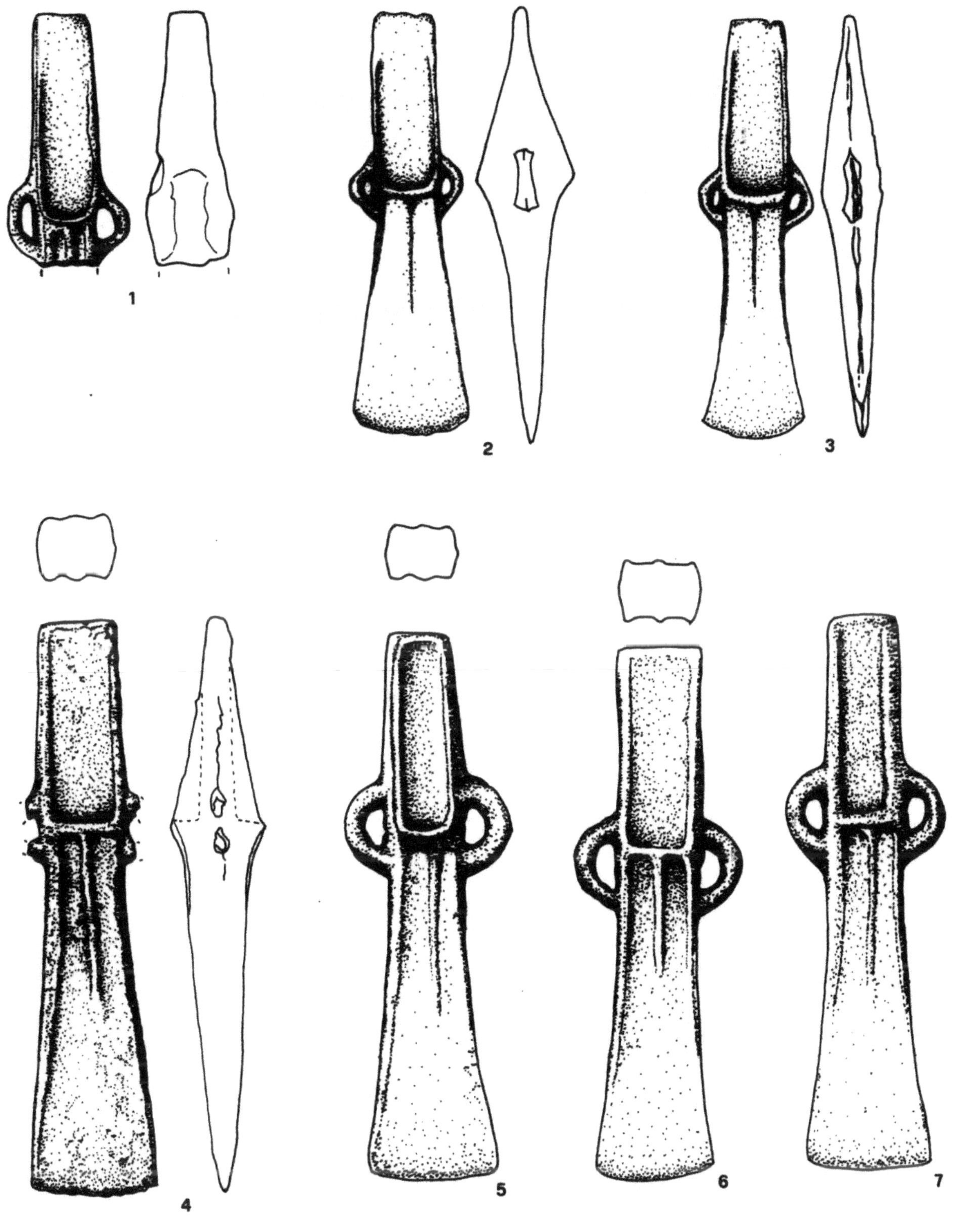

Fig. 103. Asce a tallone con due occhielli laterali, a lama con costolatura mediana.
1: Saumurois; 2: Rotherfield Peppard; 3: Wejmouth; 4: Vimianzo (Castro, La Coruña); 5: Veatodos (Fontevelha, Minho); 6: Monforte da Beira (Castelo Branco, Beira Baixa); 7: Moreira (Catelinha, Minho). Scala: 2/5.

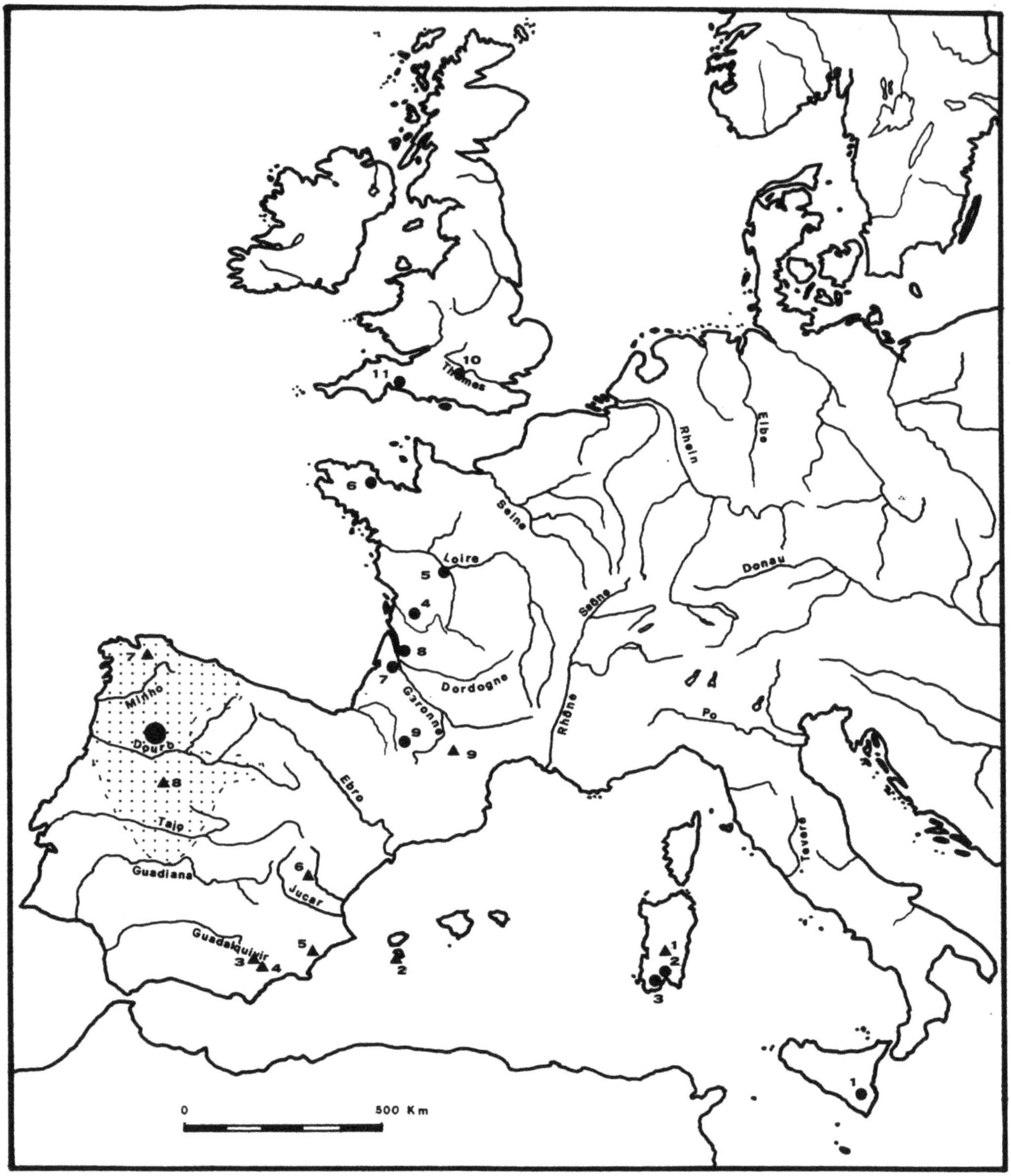

▲ *A*

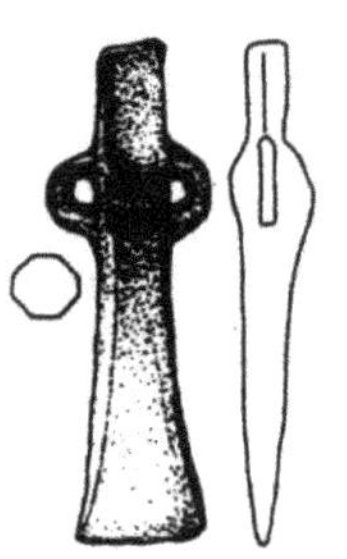

● *B*

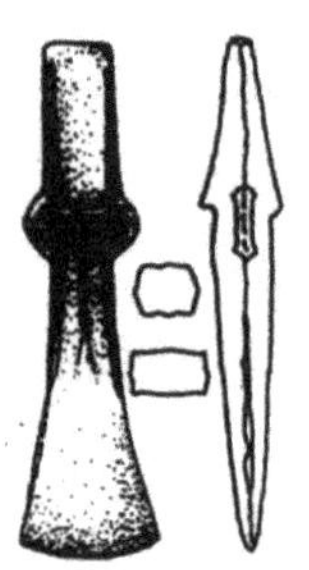

Fig. 104. Distribuzione delle asce a tallone con due occhielli laterali.
A: a lama priva di costolatura mediana; *B*: a lama con costolatura mediana.

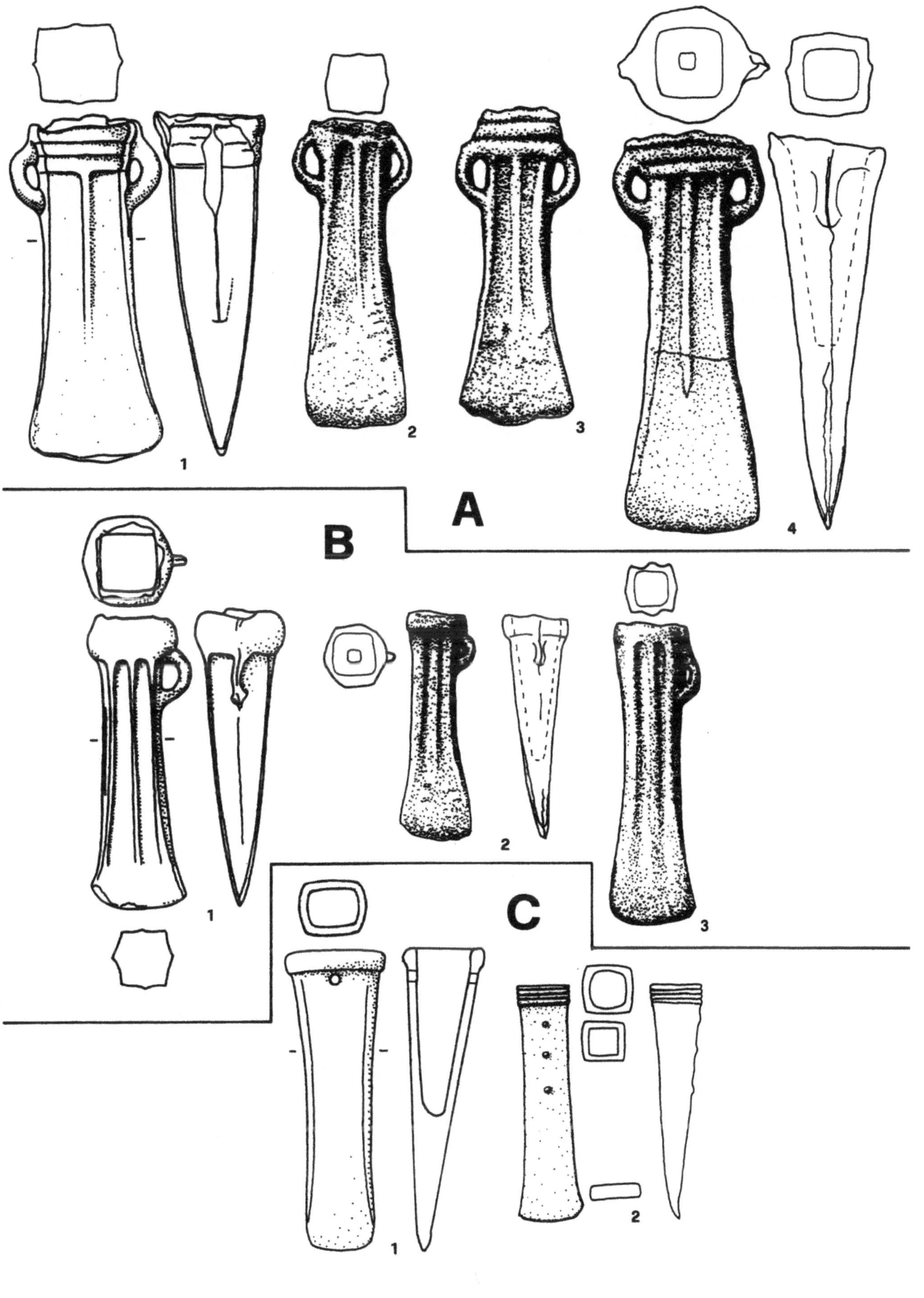

Fig. 105. A. Asce a cannone quadrangolare con occhielli laterali. 1: Monte Sa Idda; 2: Bombarral; 3: Teira; 4: Soure. Scala: 2/5.
B. Asce a cannone quadrangolare con un occhiello laterale. 1: Monte Sa Idda; 2: Lérez; Serra de Montemuro. Scala: 2/5.
C. Accette a cannone quadrangolare. 1: Collezione privata dell'Oristanese; 2: Hío. Scala: 2/5.

B). Il fusto, i cui lati tendono a convergere verso il basso, è decorato da una o più costolature longitudinali; margini della lama divergenti verso il taglio.

Come nelle precedenti asce a cannone con due occhielli la distribuzione di tale foggia è caratteristica della parte occidentale della Penisola Iberica ([68]); è infatti esclusiva del Portogallo nord-orientale e della Galizia (fig. 106). Gli esemplari sardi sono quindi da collegare a rapporti transmarini con quest'area.

Le asce a cannone con un occhiello laterale documentate nella Penisola Italiana vengono tutte attribuite da G.L. Carancini al suo tipo Manduria, tipo questo suddiviso in numerose varietà, ma le cui caratteristiche generali sono il cannone ellittico, la forma alquanto tozza ed il fusto a sezione esagonale ([69]). Tali caratteristiche le diversificano nettamente dalla foggia iberica in esame, che ha invece, come si è detto, cannone e sezione quadrangolari e forma assai slanciata.

Entrambe le fogge di asce a cannone esaminate, sia con uno che con due occhielli laterali, oltre ad essere accumunate dall'avere un areale di diffusione assai simile, si presentano anche strettamente collegate per quanto concerne la cronologia. Loro esemplari infatti compaiono associati insieme in due ripostigli, peraltro geograficamente assai lontani, quello portoghese di Serra da Montemuro, nella Beira Alta, e quello sardo di Monte Sa Idda, deposito quest'ultimo che fornisce un importante punto di riferimento cronologico per tali manufatti.

ACCETTE A CANNONE QUADRANGOLARE

I reperti appartenenti a tale foggia sono caratterizzati da una forma molto slanciata, cannone quadrangolare e fusto a margini pressoché paralleli, con lama a taglio lievemente espanso (fig. 105 C).

Nonostante la scarsezza di esemplari sino ad ora noti, uno dal ripostiglio di Hío, in Galizia, l'altro in una collezione privata dell'Oristanese, questa foggia presenta considerevole interesse, contribuendo ad arricchire la tipologia di quei manufatti metallici che attestano l'entità dei contatti fra la Penisola Iberica nord-occidentale e la Sardegna nuragica (fig. 106).

ELENCO DEI PEZZI ESAMINATI ED INDICAZIONI BIBLIOGRAFICHE

Asce a cannone quadrangolare con due occhielli laterali a fusto costolato

- Sardegna:

Monte Sa Idda (Cagliari) (fig. 105 A: 1) (1) (Taramelli 1921 a, figg. 25-30; per quanto concerne l'esemplare in fig. 27, apparentemente privo di costolatura longitudinale, la presenza di questa è esplicitamente rilevata, nel testo, da Taramelli; Lo Schiavo, D'Oriano 1990, fig. 3: 10); Funtana Janna (Sassari) (3) (Lo Schiavo 1981 b, fig. 297).

- Penisola Iberica:

Alfarim (Baixo Alentejo) (4) (Monteagudo 1977, tav. 119: 1719); Cabeço de Moinhos (Lisbona) (5) (Monteagudo 1977, tav. 120: 1740 B); Bombarral (Estremadura) (fig. 105 A: 2) (6) (Monteagudo 1977, tav. 119: 1724); Caldas da Rainha (Estremadura) (7) (Monteagudo 1977, tav. 119: 1726); Redondas (Estremadura) (8) (Monteagudo 1977, tav. 119: 1727); Teira (Ribatejo) (fig. 105 A: 3) (9) (Monteagudo 1977, tav. 119: 1725); Leiría o Alcobaça (Beira Litoral) (10) (Monteagudo 1977, tav. 119: 1728-1730); Figueira da Foz (Beira Litoral) (11) (Monteagudo 1977, tav. 120: 1738); Soure (Beira Litoral) (fig. 105 A: 4) (12) (Monteagudo 1977, tav. 120: 1734, 1736); São Vicente de Beira (Beira Baixa) (13) (Monteagudo 1977, tav. 119: 1733); Serra da Montemuro (Beira Alta) (15) (Monteagudo 1977, tav. 120: 1739).

Asce a cannone quadrangolare con un occhiello laterale

- Sardegna:

Monte Sa Idda (Cagliari) (fig. 105 B: 1) (1) (Taramelli 1921 a, figg. 31-32; Lo Schiavo, D'Oriano 1990, fig. 3: 11).

- Penisola Iberica:

Sarzedas (Beira Baixa) (14) (Monteagudo 1977, tav. 120: 1743); Serra de Montemuro (Beira Alta) (fig. 105 B: 3) (15) (Monteagudo 1977, tav. 120: 1744); Alijo (Tras-os-Montes) (16) (Monteagudo 1977, tav. 120: 1745); Arcade (Pontevedra) (17) (Monteagudo 1977, tav. 120: 1746); Lérez (Pontevedra) (fig. 105 B: 2) (18) (Monteagudo 1977, tav. 120: 1747); Cespón (Coruña) (19) (Monteagudo 1977, tav. 120: 1748) (forma di fusione).

Accette a cannone quadrangolare

- Sardegna:

Collezione privata dell'Oristanese (fig. 105 C: 1) (2) (Lo Schiavo, D'Oriano 1990, fig. 3: 12).

- Penisola Iberica:

Hío (Pontevedra) (fig. 105 C: 2) (20) (Almagro Bash 1962, E. 9, 4-(3): 11; Monteagudo 1977, tav. 119: 1714).

ASCE AD OCCHIO

Le asce ad occhio, alquanto rare nell'Europa occidentale ed in Sardegna, sono invece assai diffuse in Sicilia — da dove provengono esemplari assai antichi ([70]) — ed in Italia continentale.

È quindi da ricercarsi in quest'area l'origine dei modelli che sono alla base di tale produzione in contesti occidentali, qualora non si abbia a che fare, piuttosto, con vere e proprie importazioni di singoli oggetti.

Le numerose asce ad occhio italiane sono articolate in molti tipi ([71]); per poter tuttavia inquadrare il vasto fenomeno della diffusione di queste asce in ambito mediterraneo ed atlantico è tuttavia necessario considerare tali manufatti come un insieme unitario.

La scarsità dei rinvenimenti extra-italiani costringe infatti a raggruppare pezzi fra loro anche molto dissimili,

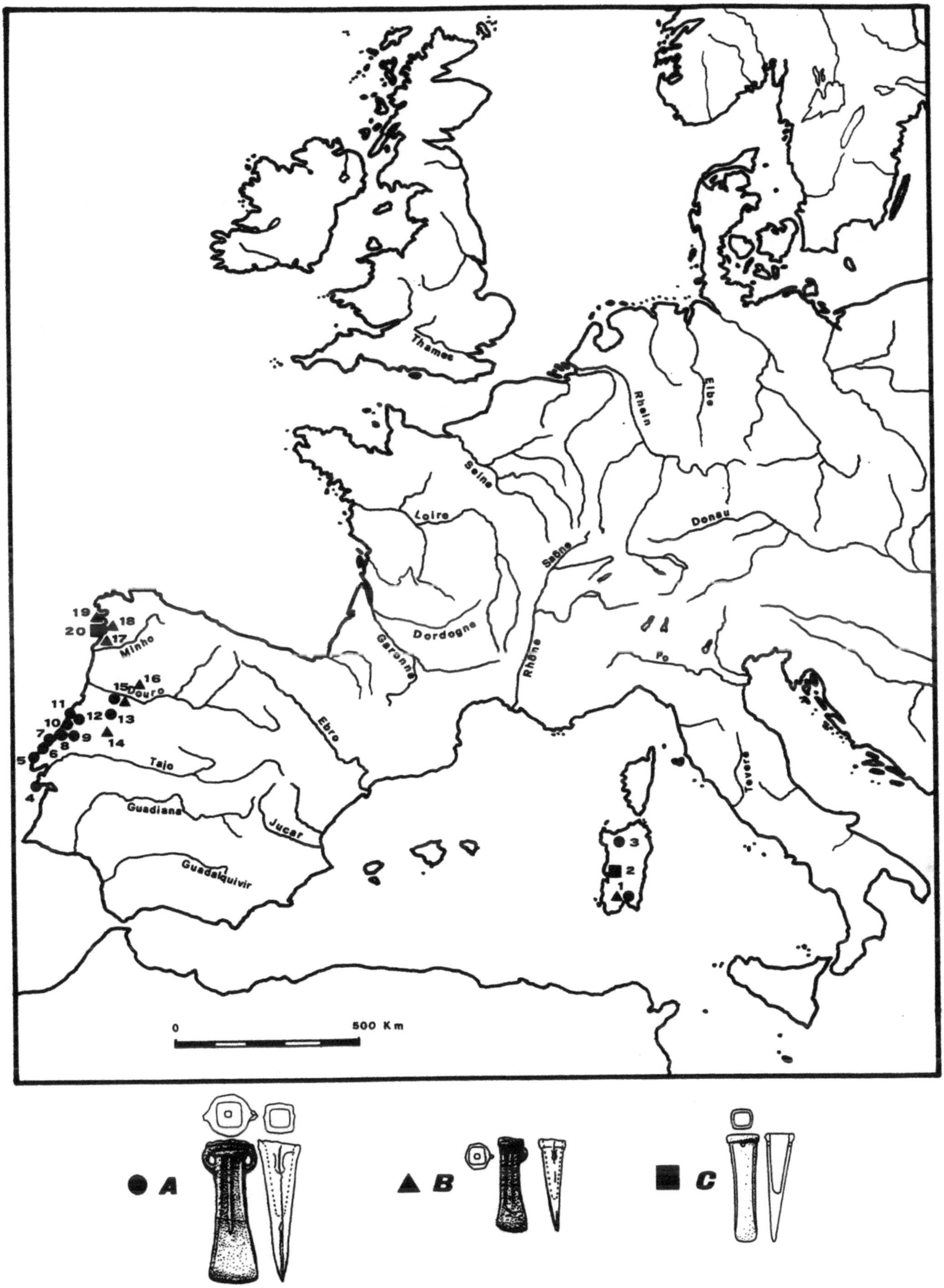

Fig. 106. Distribuzione delle asce ed accette a cannone quadrangolare.
A: asce a cannone con occhielli laterali; *B*: asce a cannone con un occhiello laterale; *C*: accette.

ma unificati dal caratteristico e specifico sistema di immanicatura (fig. 107). Ciò consente una migliore analisi del fenomeno della diffusione di queste asce nell'ambito europeo; possono così venire presi in considerazione anche gli esemplari riprodotti schematicamente su stele, che costituiscono sino ad ora le uniche attestazioni di asce ad occhio in area portoghese.

Del resto già in passato alcuni autori, per analizzare le asce ad occhio occidentali, avevano ravvicinato fogge totalmente dissimili; tra essi M. Almagro Bash, che aveva postulato l'esistenza di un gruppo definito "*Tipo Módica - Ripoll - Hengistbury*" dal nome delle tre principali località di rinvenimento ([72]).

In realtà, se si esclude la comune appartenenza alle asce ad occhio, fra le asce del ripostiglio di Modica ([73]) non vi è alcun esemplare avvicinabile né a quello di Ripoll, né a quello di Hengistbury Head.

Quest'ultimo pezzo, rinvenuto nelle acque presso la costa dell'Hampshire ([74]), presenta un interesse del tutto particolare. Esso trova infatti diretti confronti in area italiana, e specificamente in Sicilia, in reperti attribuibili al primo orizzonte dei ripostigli dell'isola ([75]). Particolarmente significativo quello con due esemplari, uno da Piazza Armerina ([76]), l'altro conservato al Museo di Palermo, di provenienza imprecisata (fig. 107: 3).

L'ascia di Hengistbury Head è quindi frutto di importazione: oltre ai paralleli siciliani, lo indicano anche la completa assenza di asce ad occhio in Inghilterra, nonché il luogo di ritrovamento, avvenuto in mare, forse resto isolato di qualche naufragio. Vari dettagli inducono a ritenere che il pezzo, cronologicamente collegabile con l'orizzonte di Lipari e Malvagna, abbia raggiunto la Gran Bretagna dopo un certo lasso di tempo dalla sua fabbricazione, probabilmente come rottame: le forti tracce d'usura della lama, più volte martellata per affilarla, e l'occhio, deformato, costituiscono indicazioni in questo senso.

Quanto invece all'ascia da Ripoll ([77]), si può notare come in essa l'occhio sia di forma quadrangolare, carattere questo che non si riscontra mai in area italiana. Si tratta quindi evidentemente di una rielaborazione locale di un modello e non di un'importazione come invece nel caso dell'esemplare inglese.

L'altro pezzo iberico, da Muros, mostra invece maggiori affinità con i materiali italiani, in particolare con alcune asce ad occhio circolare con nervature, asce che G.L. Carancini attribuisce all'orizzonte degli inizi della colonizzazione ellenica ([78]).

Un indizio a favore di una più ampia diffusione delle asce ad occhio nella Penisola Iberica rispetto a quanto riscontrabile dai due soli esemplari noti ci è offerto da alcune raffigurazioni su stele dell'Alentejo, nel Portogallo meridionale, dove esse compaiono insieme ad altri oggetti (fig. 41: 1-2) ([79]).

In Francia tale famiglia tipologica è rappresentata da un certo numero di reperti. Benché non manchino probabili importazioni, come nel caso di Périgueux ([80]), anche qui sembra trattarsi, per lo più, di rielaborazioni locali di modelli italiani, come negli esemplari di Rennes ([81]) e di Montrichard (Indre-et-Loire). In quest'ultimo caso, in particolare, la stretta vicinanza tipologica della foggia francese con le asce ad occhio con nervature tipo Talasch ([82]), attestate esclusivamente nell'area altoatesina, indica chiaramente che la via di diffusione delle asce ad occhio verso l'area francese non dovette essere solo quella mediterranea, ma, talora, anche quella transalpina.

Quanto ai pezzi sardi, documentati unicamente nei ripostigli di La Maddalena (Silanus) e di Flumenelongu, sono da considerarsi entrambi importazioni dalla penisola, e vanno quindi principalmente inquadrati nell'ambito dei rapporti fra l'isola e l'Italia continentale. In particolare i due esemplari rientrano nel campo di variazione, rispettivamente, delle asce ad occhio tipo Doss Trento (l'esemplare da Silanus) e di quelle tipo Cerchiara (l'esemplare da Flumenelongu) ([83]).

Nel complesso la distribuzione delle asce ad occhio appare assai significativa (fig. 108). Essa sembra infatti seguire quelle correnti, e quindi la rotta che di tali correnti si avvaleva, che dalla Sicilia e dall'Italia continentale si dirigevano sia verso la Sardegna (Flumenelongu, La Maddalena), che verso il Golfo del Leone (Ripoll) (fig. 131).

Al di là dello Stretto di Gibilterra attestazioni di asce ad occhio si hanno nel Portogallo meridionale (raffigurazioni su stele di Santa Vitoria, Ervidel ed Assento) ed in Galizia (Muros), aree entrambe ricche, come anche la Sardegna, di risorse metallifere.

Nella Francia atlantica tali asce sono distribuite nell'interno, lungo vie di penetrazione fluviale, come nel caso di Montrichard lungo la Loira, o di Ville d'Avray lungo la Senna. Ciò conforta l'idea di una diffusione dall'area alpina attraverso vie interne, incluse quelle d'acqua.

Il rinvenimento più settentrionale è quello inglese di Hengistbury Head. Va rilevato come questa località si trovi nei pressi del porto naturale di Bournemouth che, come le vicine insenature di Southampton e di Portsmouth, costituisce ancora oggi uno dei principali punti di attraversamento del Canale della Manica, riparato dai venti meridionali dall'adiacente Isola di Wight. È lecito ipotizzare che proprio da luoghi come questo dovessero transitare, in età protostorica, i carichi di minerali metallici, ed in particolar modo di stagno, diretti dall'Inghilterra verso il continente europeo.

ELENCO DEI PEZZI ESAMINATI ED INDICAZIONI BIBLIOGRAFICHE

- Italia continentale:

A causa dell'elevato numero di esemplari — oltre duecento — si rimanda alla sezione relativa alle asce ad occhio del volume dei *Prähistorische Bronzefunde* sulle asce della Penisola Italiana: Carancini 1984, pp. 196-231.

- Sicilia:

Per le asce siciliane, a differenza di quelle dell'Italia continentale, non esiste alcun lavoro di sintesi; gran parte delle asce ad occhio dell'isola sono tutt'ora inedite, conservate in collezioni italiane e straniere (fig. 107: 3). Una delle maggiori raccolte iconografiche è ancora oggi costituita dal lavoro di Antonio De Gregorio, in cui è illustrato, sia pure in maniera assai sommaria, un notevole numero di

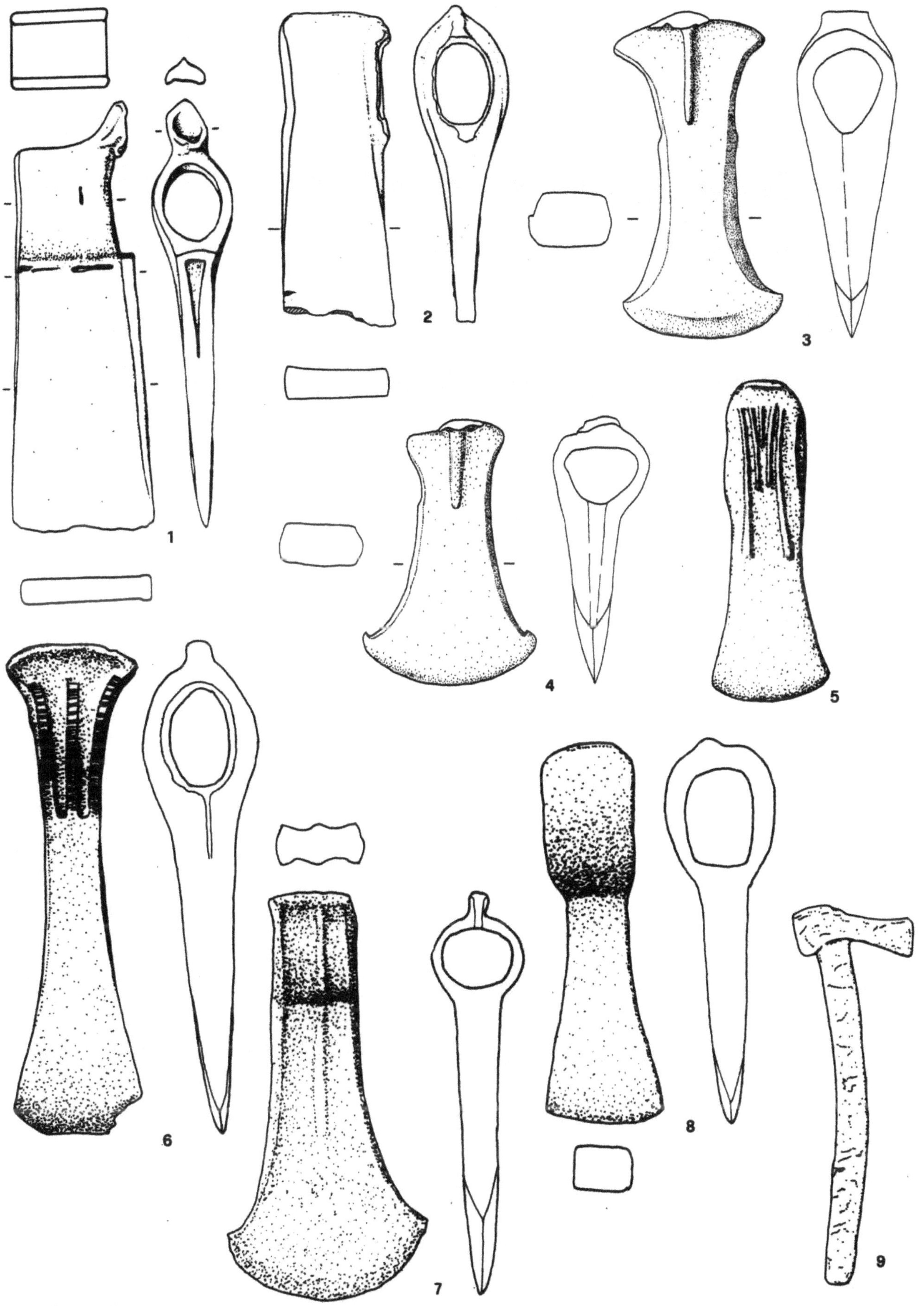

Fig. 107. Asce ad occhio.
1: Silanus; 2: Flumenelongu; 3: Museo Archeologico Regionale di Palermo; 4: Hengistbury Head; 5: Périgueux; 6: Montrichard; 7: Muros; 8: Ripoll; 9: Ervidel I, raffigurazione su stele. 1-8: scala: 2/5; 9: non in scala.

Fig. 108. Distribuzione delle asce ad occhio.

reperti: De Gregorio 1917, tavv. XLIII; XLIV: 1-5, 7-8; XLV: 1,3,6; LXXXIX: 6; XCVI: 1-2, 4-5. Cfr. anche, per i molti esemplari custoditi nel Museo Archeologico di Siracusa, Albanese Procelli 1993, pp. 81-88.

- Sardegna:

Silanus (loc. La Maddalena, Nuoro) (fig. 107: 1) (1) (Lo Schiavo 1979, fig. VII: 1); Flumenelongu (Alghero, Sassari) (fig. 107: 2) (2) (Lo Schiavo 1976 a, tav. V).

- Penisola Iberica:

Ripoll (Gerona) (fig. 107: 8) (3) (Almagro Bash 1967, E. 14 1-(1): 2; Monteagudo 1977, tav. 124: 1794); Assento (Santa Vitoria, Baixo Alentejo), raffigurazione su stele (4) (Almagro Bash 1966 a, fig. 31); Santa Vitoria (Baixo Alentejo), raffigurazione su stele (5) (Almagro Bash 1966 a, fig. 7); Ervidel I (Aljustrel, Baixo Alentejo), raffigurazione su stele (6) (Varela Gomes, Pinho Monteiro 1977, fig. 3); Muros (Coruña) (fig. 107: 7) (7) (Monteagudo 1977, tav. 124: 1793).

- Francia:

Provenienza ignota, conservata al Museo Calvet di Avignone (Vaucluse) (8) (Chardenoux, Courtois 1979, p. 145, tav. 81: 1594); Pinenilh (Gironde) (9) (Coffyn 1985, carte 25: 53); Périgueux (Dordogne) (fig. 107: 5) (10) (Cowen 1971 b, p. 230, fig. 3); Montrichard (Indre-et-Loire) (fig. 107: 6) (11) (Cordier 1976, fig. 3: 25); Rennes (Ille-et-Vilaine) (12) (Briard 1965, fig. 75: 1); Ville d'Avray (Hauts-de-Seine) (13) (Briard, Verron 1976, tav. 221, p. 17).

- Inghilterra:

Hengistbury Head (Dorset) (fig. 107: 4) (14) (Hawkes 1938, tav. I: 1).

RASOI BITAGLIENTI A LAMA OVALE E BITAGLIENTI TIPO PANTALICA

Il recente rinvenimento, nel ripostiglio siciliano di Castelluccio, di un rasoio bitagliente a lama ovale con codolo piatto, triangolare, ha fornito un ulteriore dato sulla diffusione di rasoi tipicamente occidentali nel Mediterraneo centrale.

In passato era noto un solo altro esemplare, scoperto da Paolo Orsi nel sepolcro 78 di Cassibile, dove era associato ad una fibula ad arco semplice e ad un piattello su alto piede ([84]).

Vari studiosi hanno in passato sottolineato l'importanza del pezzo di Cassibile come testimonianza di contatti transmarini fra la Sicilia e le regioni dell'Europa occidentale, rilevandone l'affinità con rasoi inglesi e spagnoli, ed in particolare con quelli del ripostiglio di Huerta de Arriba presso Burgos ([85]).

È possibile distinguere tre differenti momenti nell'evoluzione di questa famiglia tipologica di rasoi con codolo di forma allungata, tutti contraddistinti dalla lama ovale, talora con sezione lenticolare accentuata da un largo risalto mediano, e nella cui caratterizzazione svolge un ruolo fondamentale il margine superiore della lama, in cui può essere o meno presente un incavo circolare. Di tale famiglia fanno parte taluni pezzi iberici ([86]) e siciliani, nonché i rasoi del tipo Hénon ed alcuni altri esemplari con incavo ad U ed a V della classificazione proposta da A. Jockenhövel per i rasoi dell'Europa occidentale ([87]).

Al primo dei tre momenti evolutivi vanno riferiti quei rasoi con foro tondo comunicante con il margine superiore della lama mediante un incavo a V (gruppo *A*) (fig. 109 A). Appartengono al gruppo, fra gli altri, gli esemplari di Hénon e di Rosnoën, esemplari che vengono datati da Jockenhövel, sulla base delle associazioni con altri materiali di quei ripostigli, alla fase *Bronzezeit D* centroeuropea ([88]), cronologia tuttavia problematica, data la somiglianza con esemplari italiani del Bronzo Finale 2 ([89]).

In esso non vanno tuttavia inclusi i rasoi il cui incavo non è più collegato con il foro, carattere questo che in Italia non compare anteriormente alla fase iniziale della prima età del ferro ([90]), e che si osserva negli esemplari da Plougoulm ed in un pezzo di Huerta de Arriba, la cui datazione è fornita dall'associazione, in questo ripostiglio, con rasoi privi di foro (gruppo *B*) (fig. 109 B).

A questi ultimi, senza ormai più foro, appartengono, oltre ad alcuni rasoi di Huerta de Arriba, anche gli esemplari siciliani, tra cui il pezzo di Cassibile, databili nell'ambito dell'orizzonte di Modica, un momento a cavallo fra il Bronzo Finale 3 ed il I Ferro 1 A dell'Italia continentale (gruppo *C*) (fig. 109 C).

Lo sviluppo tipologico che si è delineato fornisce dati di un certo interesse sulla diffusione di questi rasoi, tipicamente atlantici (fig. 110); essi infatti appaiono in origine attestati unicamente in Gran Bretagna e nelle regioni francesi che si affacciano sul Canale della Manica.

In seguito si diffondono anche nella Penisola Iberica, e solo da ultimo raggiungono la Sicilia, unica area del Mediterraneo in cui siano sino ad ora attestati.

Tali rasoi rappresentano quindi un'altra testimonianza di quella rete di traffici transmarini già più volte osservata e di cui la Sicilia costituiva un polo essenziale grazie alla sua posizione di centralità nell'ambito del Mediterraneo.

Un'ulteriore conferma di questa funzione del tutto particolare esercitata dall'isola nei rapporti con l'Europa atlantica ci è anche offerta dalla presenza di rasoi bitaglienti del tipo Pantalica in complessi inglesi ed olandesi, a Lakenheath nella contea del Suffolk, ed a Ommerschans in provincia di Overijssel.

Gli esemplari "occidentali" di questo tipo sono strettamente confrontabili con rasoi siciliani propri della più antica fase della necropoli di Pantalica Nord ([91]). Questi rasoi sono caratterizzati da una lama stretta ed allungata, spesso con un piccolo incavo semicircolare all'estremità, e dalla base semplice, con uno o due chiodetti per l'immanicatura (fig. 109 D).

I reperti di Lakenheath e di Ommerschans rappresentano evidentemente delle importazioni dalla Sicilia e documentano come questi traffici dovessero essere già sviluppati in un momento coincidente con il Bronzo recente italiano (fig. 110).

L'assenza di esemplari analoghi nell'Italia continentale e nel resto del Mediterraneo occidentale sottolinea ulteriormente

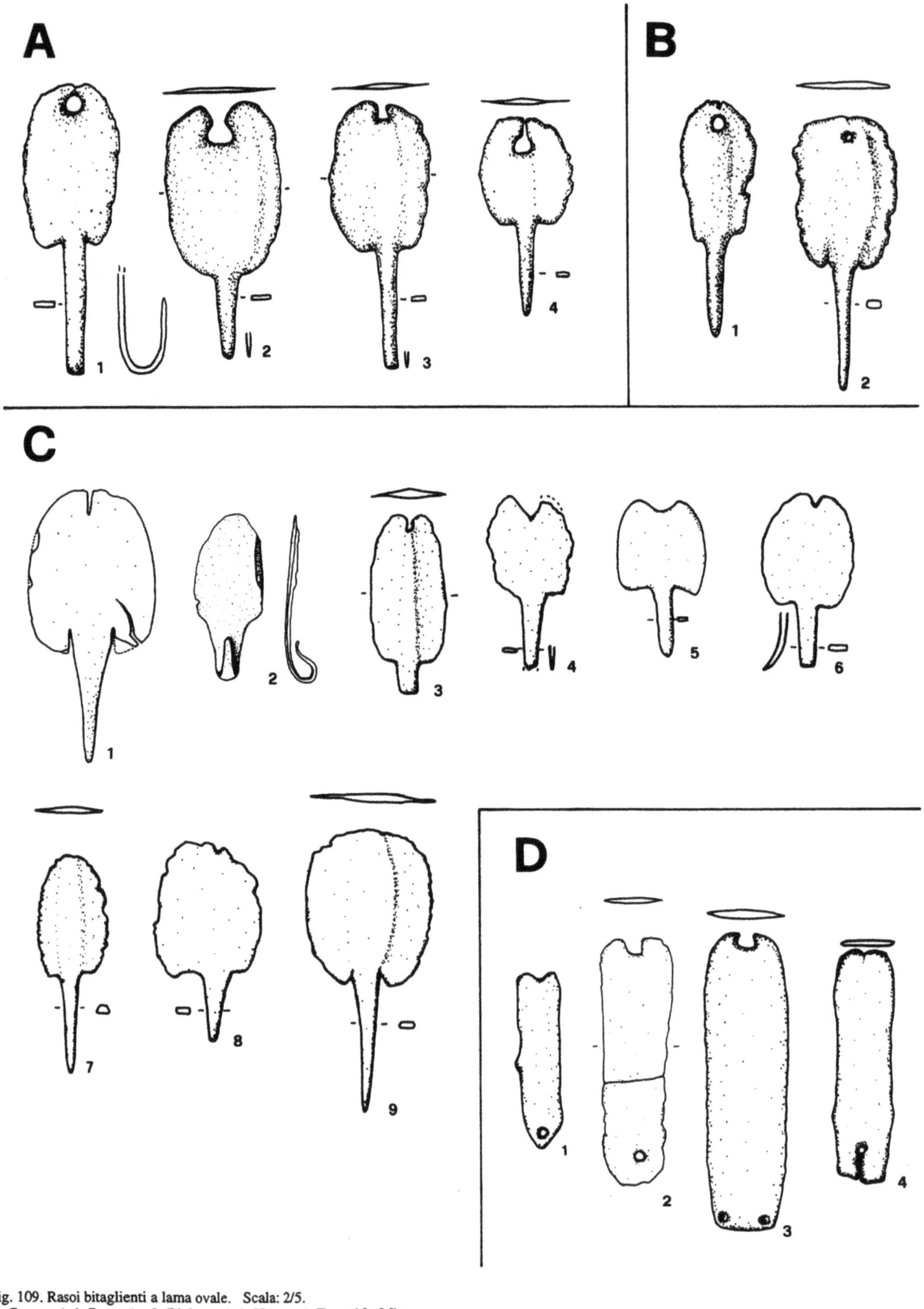

Fig. 109. Rasoi bitaglienti a lama ovale. Scala: 2/5.
A. Gruppo *A*. 1: Rosnoën; 2: Richmond; 3: Hénon; 4: Fresné-la-Mère.
B. Gruppo *B*. 1: Plougoulm; 2: Huerta de Arriba.
C. Gruppo *C*. 1: Cassibile; 2: Castelluccio; 3: High Toynton; 4: Bowerhouses; 5: Vénat; 6: Rathinaun; 7, 9: Huerta de Arriba; 8: Braes of Gight.
D. Rasoi tipo Pantalica. 1: Pantalica; 2: Niscemi; 3: Ommerschans; 4: Lakenheath.

l'importanza rivestita dall'isola nei contatti transmarini e la sua natura di punto di mediazione fra il Mediterraneo e l'Atlantico.

ELENCO DEI PEZZI ESAMINATI ED INDICAZIONI BIBLIOGRAFICHE

RASOI BITAGLIENTI A LAMA OVALE

Gruppo A

- Francia:

Rosnoën (Finistère) (fig. 109 A: 1) (1) (Jockenhövel 1980, tav. 8: 137); Hénon (Côtes-du-Nord) (fig. 109 A: 3) (2) (Jockenhövel 1980, tavv. 8-9: 138-150, 152); Fresné-la-Mère (Calvados) (fig. 109 A: 4) (3) (Jockenhövel 1980, tav. 9: 156); Sorel-Moussel (Eure-et-Loir) (4) (Jockenhövel 1980, tav. 9: 153-155).

- Gran Bretagna:

Richmond (Surrey) (fig. 109 A: 2) (5) (Jockenhövel 1980, tav. 9: 151).

Gruppo B

- Francia:

Plougoulm (Finistère) (fig. 109 B: 1) (6) (Jockenhövel 1980, tav. 9: 156 A-B).

- Penisola Iberica:

Huerta de Arriba (Burgos) (fig. 109 B: 2) (7) (Monteagudo 1977, tav. 153: A 10).

Gruppo C

- Francia:

Vénat, Saint-Yriex (Charente) (fig. 109 C: 5) (8) (Jockenhövel 1980, tav. 12: 213-214; Coffyn, Gomez, Mohen 1981, tav. 25: 1-2).

- Gran Bretagna:

Worth Matravers (Dorset) (9) (Jockenhövel 1980, tav. 12: 207); All Canning Cross (Wiltshire) (10) (Jockenhövel 1980, tav. 12: 209); Backhampton Down (Wiltshire) (11) (Jockenhövel 1980, tav. 12: 211); High Toynton (Lincolnshire) (fig. 109 C: 3) (12) (Jockenhövel 1980, tav. 12: 205); Bowerhouses (East Lothian) (fig. 109 C: 4) (13) (Jockenhövel 1980, tav. 12: 206); Braes of Gight (Aberdeen) (fig. 109 C: 8) (14) (Jockenhövel 1980, tav. 12: 210).

- Irlanda:

Rathinaun (Sligo) (fig. 109 C: 6) (15) (Jockenhövel 1980, tav. 12: 216).

- Penisola Iberica:

Bocas (Santarém) (16) (Kalb 1980, fig. 51: 65); Huerta de Arriba (Burgos) (fig. 109 C: 7, 9) (17) (Monteagudo 1977, tav. 153: A 7-9).

- Sicilia:

Castelluccio (Ragusa) (fig. 109 C: 2) (18) (Di Stefano, Giardino 1990-91, fig. 18: 63); Cassibile (Siracusa) (fig. 109 C: 1) (19) (Orsi 1899, fig. 49).

RASOI TIPO PANTALICA

- Sicilia:

Pantalica (Siracusa) (fig. 109 D: 1) (1) (Peroni 1956, figg. 1, 2); Niscemi (Caltanissetta) (fig. 109 D: 2) (2) (Orsi 1927, tav. II: 1); Monte Dessueri (Caltanissetta) (3) (Orsi 1912, tav. XVIII: 17-18; Müller Karpe 1959, tav. 1 B: 3).

- Olanda:

Ommerschans (Overijssel) (fig. 109 D: 3) (4) (Jochenhövel 1980, p. 81, tav. 13: 232).

- Gran Bretagna:

Lakenheath (Suffolk) (fig. 109 D: 4) (5) (Jochenhövel 1980, p. 81, tav. 13: 231).

PUNTE DI FRECCIA OGIVALI A CANNONE CON SPERONE

Questo particolare tipo di punta di freccia è caratterizzato dalla lama a profilo ogivale e dalla immanicatura a cannone a sezione circolare, da cui si diparte uno sperone, collocato in posizione diagonale in prosecuzione della lama, la cui evidente funzione era quella di impedire la fuoriuscita dell'arma una volta conficcatasi nel bersaglio (fig. 111 A).

Tale punta è attestata in varie regioni del Mediterraneo centro-occidentale; la sua origine, come sottolineato da A. Snodgrass, è tuttavia da ricercarsi in ambiente orientale ([92]).

Le punte con sperone hanno attratto da vari anni l'attenzione degli studiosi iberici, che ne hanno tentato l'inquadramento crono-tipologico ed esaminato la dispersione geografica. Esse sono infatti relativamente alquanto frequenti nei siti della Spagna mediterranea: attestazioni si hanno nelle Pitiuse, nella Catalogna costiera, in Andalusia e nella Murcia.

Vanno in particolare ricordati gli studi di M.A. Garcia Guinea, che ne ha definito il tipo Macalón ([93]), e di J. Sánchez Meseguer, che ha elaborato una complessa tipologia dell'insieme dei reperti a lui noti ([94]); una ulteriore suddivisione tipologica è stata in seguito proposta anche da J. Ramon ([95]).

Per quanto concerne la cronologia degli esemplari iberici, speciale significato riveste il pezzo frammentario rinvenuto a Toscanos, negli strati superiori di una fattoria paleopunica situata presso la foce del Río Vélez, nella costa andalusa, strati databili verso gli inizi del VII secolo a. C. ([96]).

Le punte di freccia con sperone iberiche vengono generalmente poste in rapporto con i Fenici, che avrebbero portato questi materiali nell'estremo occidente intorno al VII secolo, se non prima ([97]).

A differenza di quanto osservabile nella Penisola Iberica, in area italiana questo tipo di punta di freccia appare scarsamente documentato. Dal Lazio, e più precisamente da Castel Gandolfo, sui Colli Albani, proviene un esemplare appartenente alle raccolte del Bernisches Historisches Museum. Il pezzo, scavato agli inizi del XIX secolo, è purtroppo privo di associazioni ([98]). Va tuttavia sottolineato come l'oggetto più tardo della collezione di bronzi di cui la punta fa parte sembri essere una fibula a navicella ([99]), caratteristica di un orizzonte avanzato della fase recente della prima età del ferro ([100]); il resto del materiale è inquadrabile fra il Bronzo finale e la prima età del ferro.

La foggia compare in Sardegna, dove è attestata nel complesso nuragico di Santu Antine di Torralba ([101]).

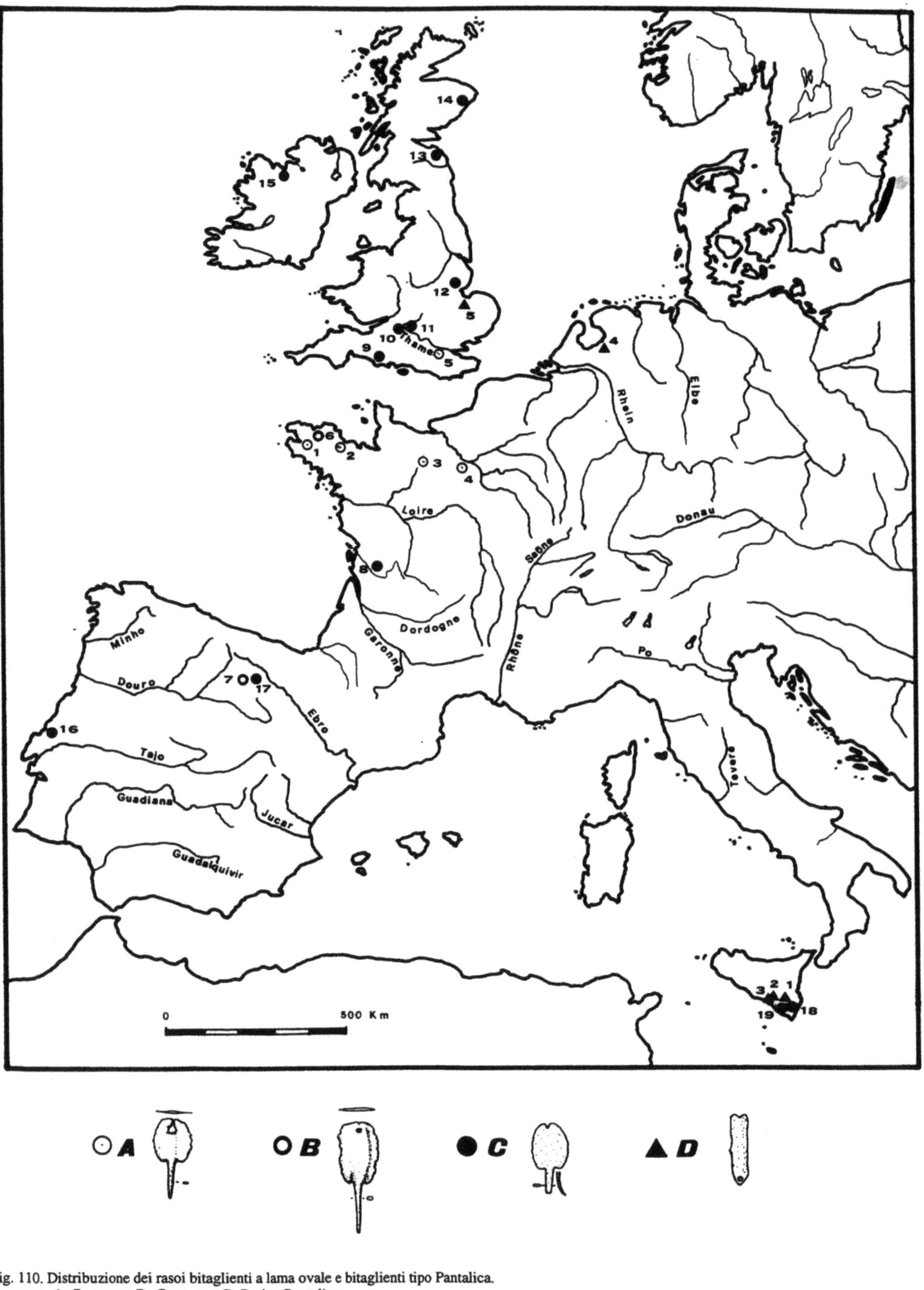

Fig. 110. Distribuzione dei rasoi bitaglienti a lama ovale e bitaglienti tipo Pantalica. *A*: gruppo A; *B*: gruppo B; *C*: gruppo C; *D*: tipo Pantalica.

In Sicilia, nella parte meridionale dell'isola, è stato rinvenuto un esemplare negli scavi di Morgantina, in un contesto stratigrafico attribuibile alla prima età del ferro ([102]).

Esaminando la distribuzione della foggia nel suo insieme (fig. 111 B), le sue attestazioni sembrano costituire i punti di una rotta transmarina che, dall'area orientale e toccando le due maggiori isole del Mediterraneo centrale, raggiungeva la Costa di Levante e di qui le Baleari ed il meridione della Spagna.

Quanto all'esemplare laziale, esso è probabilmente da porre in rapporto con gli intensi traffici fra l'Italia centrale tirrenica ed il mondo nuragico.

ELENCO DEI PEZZI ESAMINATI ED INDICAZIONI BIBLIOGRAFICHE

- Sardegna:

Santu Antine (Torralba, Sassari) (fig. 111 A: 3) (1) (Contu 1965, p. 383; Lo Schiavo, Ridgway 1987, tav. VI: 4).

- Italia continentale:

Castel Gandolfo (Roma) (fig. 111 A: 1) (2) (Gierow 1964, fig. 209: 35).

- Sicilia:

Morgantina (Enna) (fig. 111 A: 2) (3) (Leighton 1993, tav. 154: 634).

- Isole Baleari:

Ibiza (fig. 111 A: 4-6) (4) (Garcia Guinea 1967, fig. 4: 7; Ramon 1983, fig. 2: 1-6, 14, 25).

- Penisola Iberica:

Ullastret (Gerona) (5) (Ramon 1983, p. 319); Crevillente (Alicante) (fig. 111 A: 7) (6) (González Prats 1977, tav. IV: 1); El Cigarralejo (Murcia) (7) (Garcia Guinea 1967, fig. 4: 6); Coimbra del Barranco Ancho (Jumilla, Murcia) (fig. 111 A: 10) (8) (Molina Garcia, Molina Gunde, Nordstrom 1976, p. 67, fig. 43: 281, tav. XXV: 281); El Macalón (Nerpio, Albacete) (fig. 111 A: 8-9) (9) (Garcia Guinea 1967, figg. 2-3); Toscanos (Malaga) (fig. 111 A: 11) (10) (Schubart, Niemeyer 1969, fig. 4: b); Peal del Becerro (Jaén) (11) (Garcia Guinea 1967, p. 74).

FALCI A BASE RETTILINEA A TALLONE

La Sardegna costituisce il punto di arrivo e, sino ad ora, l'unica attestazione nel Mediterraneo centrale di due tipi di falci a base rettilinea, a tallone, di origine e diffusione tipicamente atlantica, i tipi Rocanes e Castropol ([103]).

Le falci tipo Rocanes (fig. 112 B) si caratterizzano per avere una lama breve, poco arcuata, dal dorso spesso e rinforzato da nervature, con base rettilinea, a tallone fortemente rilevato, generalmente fornita di foro per il fissaggio.

Nella Penisola Iberica la loro distribuzione è pressoché esclusivamente portoghese; gli unici due rinvenimenti spagnoli sono quelli di Castro de Santa Tecla, presso la foce del Miño, in zona di confine, e di La Peña Negra, nella Valenza, quest'ultimo costituito da un frammento di forma di fusione in arenaria (fig. 113).

Esse sono documentate in vari ripostigli, quali quello di Figueredo da Donas nella Beira Alta, di Coles de Samuel nella Beira Litoral, e di Porto de Concelho nella Beira Baixa; da questi ultimi provengono rispettivamente sei e due esemplari.

Le falci tipo Castropol (fig. 112 A) presentano invece la lama di dimensioni maggiori, più arcuata, liscia o ornata da nervature di rinforzo, ed un tallone rilevato, sporgente a T alle due estremità della base.

Si tratta di falci originarie del nord-est della Spagna, come dimostra la diffusione nella Penisola Iberica, limitata al León ed alle Asturie, dove sono state anche rinvenute delle forme di fusione per la loro produzione (fig. 113) ([104]).

In Sardegna sono state recentemente identificate da F. Lo Schiavo come affini al tipo Rocanes due delle falci da Monte Sa Idda, un esemplare inedito da Abini, un esemplare di provenienza ignota pubblicato agli inizi del secolo da Pinza ([105]), nonché altri due pezzi di provenienza ignota.

Sarebbero invece probabilmente da avvicinare al tipo Castropol le restanti due falci da Monte Sa Idda ([106]).

Questi materiali confermano ancora una volta la centralità dell'isola nei rapporti tra l'area mediterranea ed il mondo atlantico ([107]).

La presenza degli esemplari di falci occidentali nel ripostiglio nuragico di Monte Sa Idda, deposto fra lo scorcio del Bronzo finale e l'inizio della prima età del ferro, pone inoltre un importante punto di riferimento cronologico per i prototipi iberici, che debbono necessariamente essere comparsi in un momento anteriore alla trasmissione del modello nel Mediterraneo centrale.

ELENCO DEI PEZZI ESAMINATI ED INDICAZIONI BIBLIOGRAFICHE

Tipo Rocanes

- Sardegna:

Monte Sa Idda (Cagliari) (fig. 112 B: 1) (1) (Taramelli 1921 a, col. 49, figg. 62-63; Lo Schiavo, D'Oriano 1990, fig. 4: 2); Abini (2) (Lo Schiavo, D'Oriano 1990, p. 113, nota 58).

- Penisola Iberica:

La Peña Negra (Crevillente, Alicante) (forma di fusione) (3) (González Prats 1992, pp. 248, 251, tav. I); Castro de Santa Tecla (La Guardia, Pontevedra) (4) (Coffyn 1985, p. 223); Conimbriga (Condeixa-a-Velha, Coimbra, Beira Litoral) (fig. 112 B: 4) (5) (Kalb 1980, fig. 10: 48; Coffyn 1985, tav. LVII: 2); Coles de Samuel (Saure, Beira Litoral) (6) (Coffyn 1985, p. 223); Porto de Concelho (Mação, Beira Baixa) (fig. 112 B: 2) (7) (Monteagudo 1977, tav. 153: C 4, 5; Coffyn 1985, tav. LVII: 3); Castelo de São Martinho (Rio Maior, Estremadura) (8) (Kalb 1980, fig. 15: 64 6; Coffyn 1985, tav. LVII: 5); Castro de Pragança (Cadaval, Lisbona, Estremadura) (9) (Coffyn 1985, p. 223); Casal de Rocanes (Cacém, Lisbona, Estremadura) (forma di fusione) (10) (Coffyn 1985, tav. LVII: 7); Pedreiras (Sesimbra, Setúbal) (11) (Coffyn 1985, p. 223); Calhariz (Sesimbra, Setúbal,

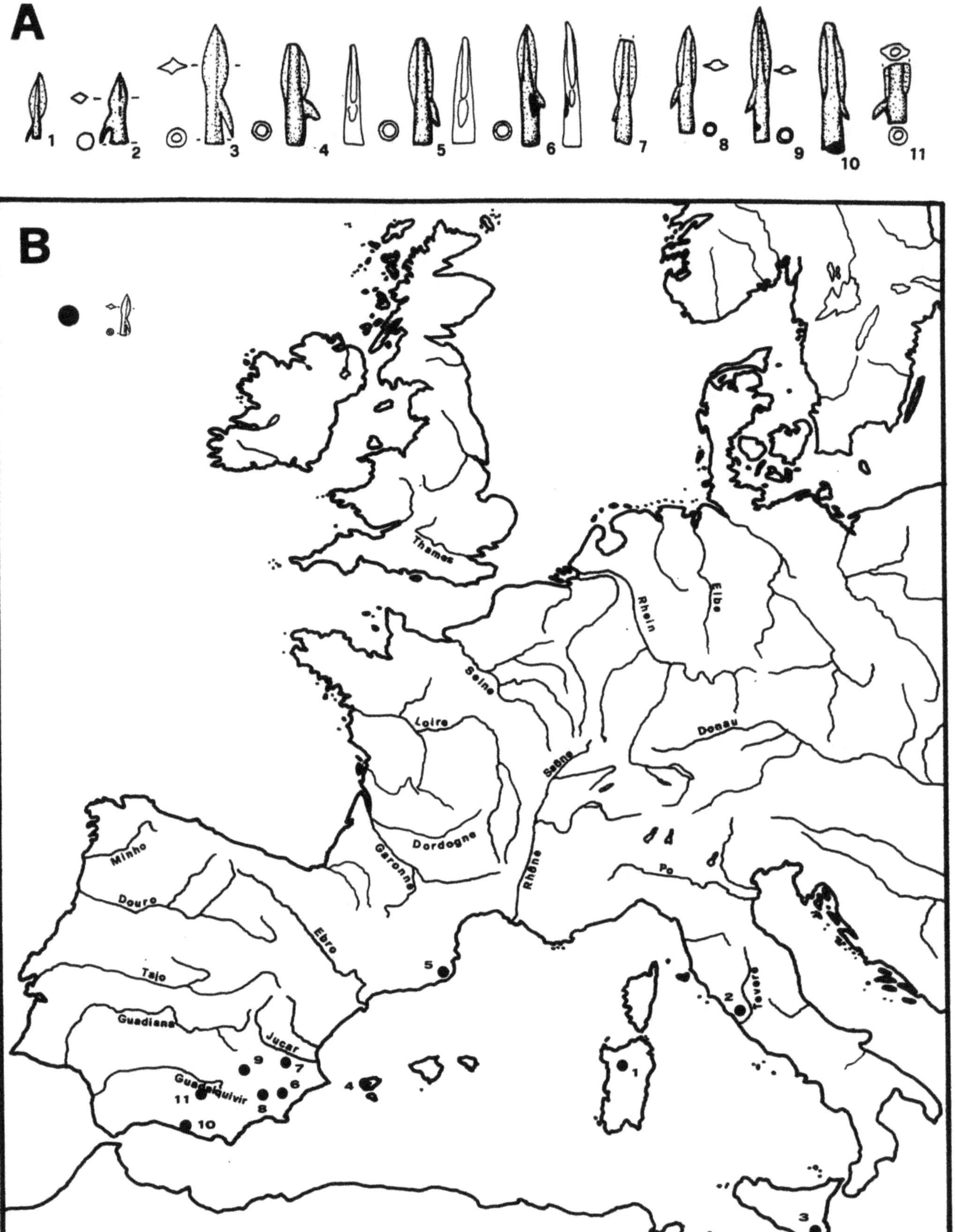

Fig. 111. A. Punte di freccia ogivali a cannone con sperone. Scala: 1/2.
1: Castel Gandolfo; 2: Morgantina; 3: Santu Antine; 4-6: Ibiza; 7: Crevillente; 8-9: El Macalón; 10: Coimbra del Barranco Ancho; 11: Toscanos.
B. Distribuzione delle punte di freccia ogivali a cannone con sperone.

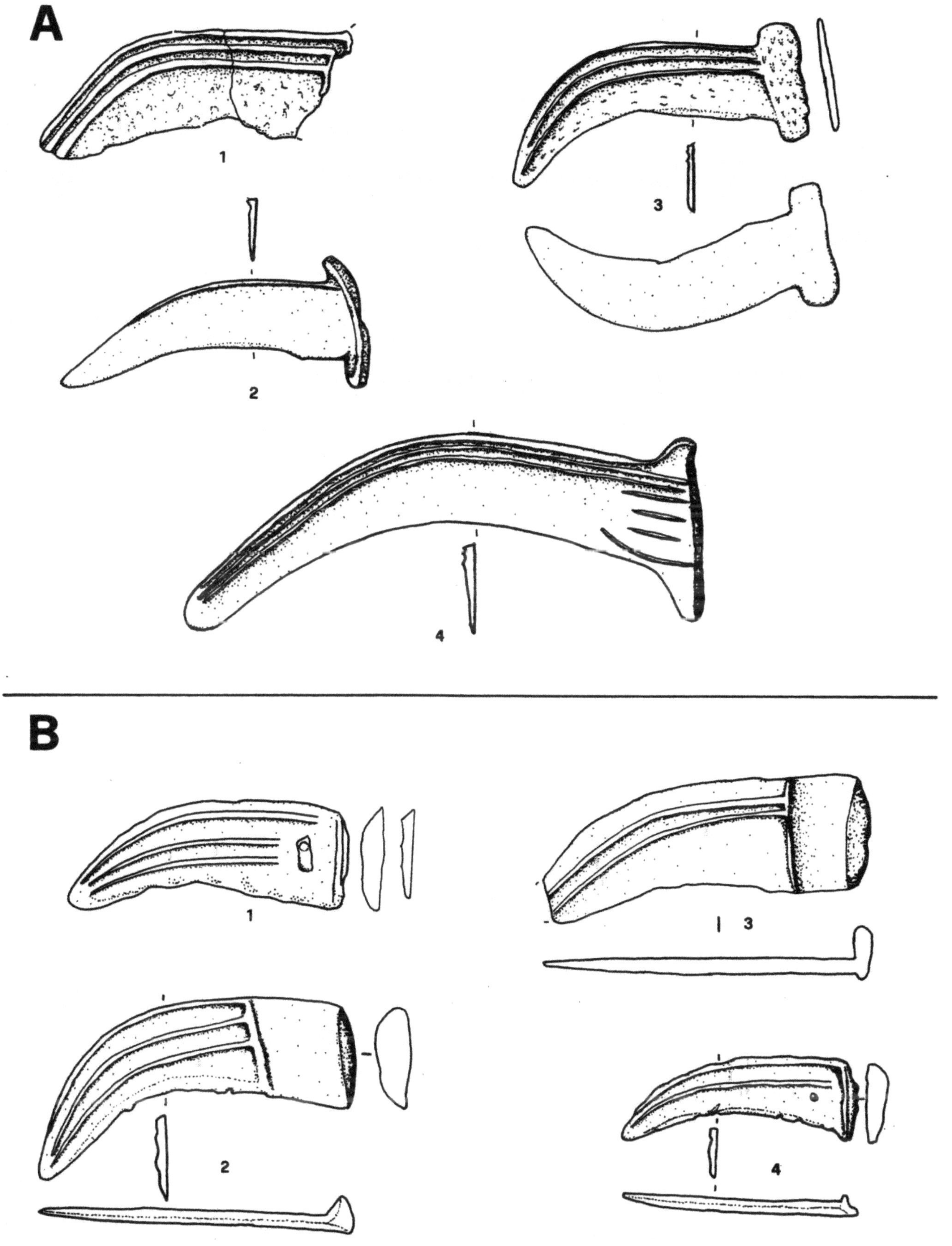

Fig. 112. A. Falci a base rettilinea, a tallone, tipo Castropol. Scala: 2/5.
1: Monte Sa Idda; 2: Sobrefoz; 3: Castropol; 4: Castropol, ricavata dalla forma di fusione.
B. Falci a base rettilinea, a tallone, tipo Rocanes. Scala: 2/5.
1: Monte Sa Idda; 2: Porto de Concelho; 3: Sobral de Várzea; 4: Conimbriga.

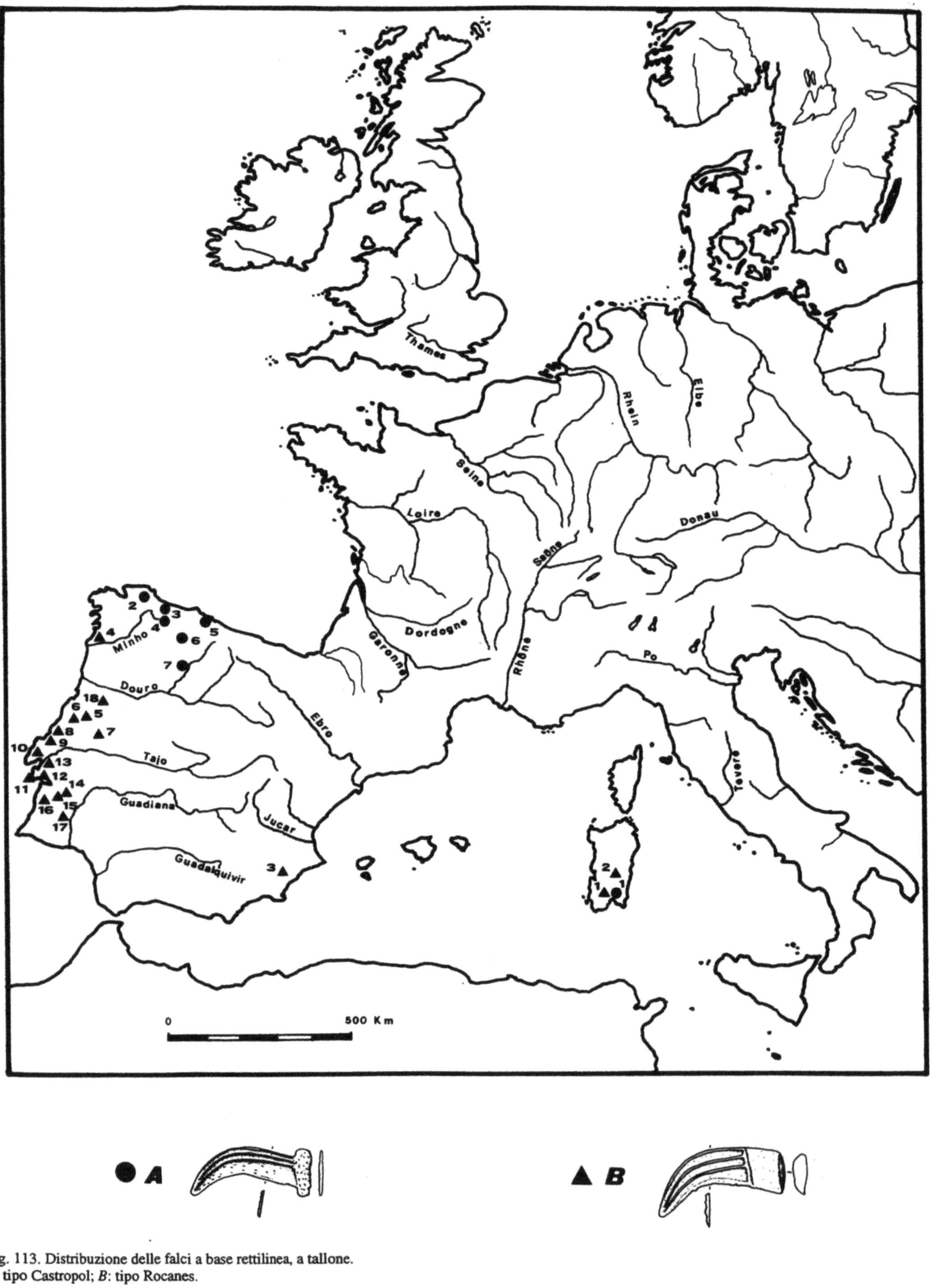

Fig. 113. Distribuzione delle falci a base rettilinea, a tallone.
A: tipo Castropol; *B*: tipo Rocanes.

Estremadura) (12) (Coffyn 1985, tav. LVII: 8); Fonte de Rotura (Setúbal, Estremadura) (13) (Coffyn 1985, tav. LVII: 6); Évora (Alto Alentejo) (14) (Coffyn 1985, p. 223); Alentejo ? (15) (Coffyn 1985, p. 223); Sobral de Várzea (Santa Cruz, Santiago do Cacém, Baixo Alentejo) (fig. 112 B: 3) (16) (Coffyn 1985, tav. LVII: 1); Mértola (Baixo Alentejo) (17) (Coffyn 1985, tav. LVII: 4); Figueredo da Donas (Viseu, Beira Alta) (18) (Coffyn 1985, p. 223).

Tipo Castropol:

- Sardegna:

Monte Sa Idda (Cagliari) (fig. 112 A: 1) (1) (Taramelli 1921 a, col. 49, figg. 60-61).

- Penisola Iberica:

Castropol (Oviedo) (fig. 112 A: 3-4) (2) (Coffyn 1985, tav. LXIII: 1, 3-4); Miranda (Oviedo) (3) (Coffyn 1985, p. 223); Monte Las Verdes (Torre de Babia, León) (4) (Coffyn 1985, tav. LXIII: 5); Sobrefoz (Ponga, Cangas de Onís, Oviedo) (fig. 112 A: 2) (5) (Coffyn 1985, tav. LXIII: 2); Paramo del Sil (León) (6) (Coffyn 1985, p. 223); Castro de Sacaojos (La Baniza, León) (7) (Coffyn 1985, p. 223).

FALCI A CANNONE

Le falci con immanicatura a cannone sono attestate prevalentemente nelle Isole Britanniche, che vengono considerate il loro centro di diffusione ([108]). Gli oltre sessanta pezzi ivi rinvenuti sono stati oggetto, sul finire degli anni '30, di approfondite indagini da parte di C. Fox, che ne affrontò lo studio tipologico, delineando una sequenza di sviluppo evolutivo della forma.

Alla base pose la distinzione fondamentale fra falci il cui cannone risulta perpendicolare all'asse della lama, rispetto alla quale è posto lateralmente (*group I: sickles socketed laterally*) e quelle nelle quali il cannone è sullo stesso asse della lama, come un prolungamento di essa (*group II: sickles socketed vertically*) ([109]).

Ad una foggia particolare di falci a cannone laterale, caratterizzate da un cannone cilindrico, aperto ad ambedue le estremità (fig. 114), appartengono due esemplari rinvenuti in Sardegna, a Sarule ed a Forraxi Nioi-Nuragus.

Tale foggia rappresenta un momento arcaico nella linea evolutiva delle falci a cannone ([110]); la sua antichità è indicata dall'esemplare inglese dal ripostiglio di Downham Fen, deposito che Jockenhövel ascrive ad un orizzonte parallelizzabile con il Bz D della sequenza centroeuropea ([111]). Essa è attestata, oltre che in Irlanda ([112]) ed in Inghilterra, anche nella vicina regione francese della Piccardia, sul versante opposto della Manica, e lungo le coste atlantiche della Penisola Iberica, in Galizia e nel Portogallo occidentale (fig. 116).

Di qui verosimilmente deve essere avvenuta la trasmissione, attraverso il Mediterraneo, in Sardegna, il punto più meridionale raggiunto dalla diffusione di queste particolari falci dalla distribuzione eminentemente marittima.

Le falci appartenenti al secondo gruppo ("*sickles socketed vertically*"), meno frequenti anche nell'area atlantica ([113]), sono attestate, nell'ambito del bacino del Mediterraneo, unicamente da un esemplare rinvenuto nel ripostiglio bolognese di S. Francesco. Il pezzo italiano differisce alquanto dagli esemplari atlantici ([114]), oltre che per la costolatura sul dorso, anche per avere il cannone aperto alle due estremità ed a sezione semiellittica. La presenza, nel deposito di S. Francesco, di oggetti nuragici consente di ipotizzare che il reperto possa anche essere giunto in Emilia per il tramite della Sardegna.

ELENCO DEI PEZZI ESAMINATI ED INDICAZIONI BIBLIOGRAFICHE

Gruppo A (Falci a cannone laterale)

- Sardegna:

Forraxi Nioi-Nuragus (Nuoro) (fig. 114: 1) (1) (Nissardi 1882, tav. XVIII: 22; Lo Schiavo, D'Oriano 1990, fig. 4: 1); Sarule (Nuoro) (2) (Spano 1876, tav. n. 4).

- Penisola Iberica:

Alto de Bocas (Rio Maior, Satarém, Ribatejo) (3) (Kalb 1980, fig. 16: 65); Moura da Serra (Arganil, Beira Litoral) (fig. 114: 2) (4) (Coffyn 1985, tav. XLIII: 3); Cova da Moura (Carreço, Viana do Castelo, Minho) (5) (Viana 1955, p. 495, tav. V: 2 b); Castro de la Lanzada (Sanxeuxo, Pontevedra) (6) (Coffyn 1985, fig. 21: 3).

- Francia:

Le Plainseau (Amiens, Somme) (fig. 114: 3) (7) (Breuil 1901, fig. 4: 38; Gaucher, Mohen 1974, fig. 54).

- Gran Bretagna:

Tamigi, presso Windsor (Berkshire) (fig. 114: 4) (8) (Fox 1939, tav. XXIV: 7); Tamigi, Tilehurst (Berkshire) (9) (Fox 1939, tav. XXIV: 5); Isleham (Cambridgeshire) (fig. 114: 5) (10) (O'Connor 1980, fig. 44: 26); Downham Fen (Norfolk) (11) (Fox 1939, fig. 2: 10).

- Irlanda:

Lawrencetown (Meath) (fig. 114: 6) (12) (Fox 1939, fig. 2: 13); Castle Dowson (Derry) (fig. 114: 7) (13) (Fox 1939, fig. 2: 62).

Gruppo B (Falci a cannone verticale)

- Italia continentale:

Bologna, S. Francesco (fig. 115: 1) (1) (Montelius 1895-1910, I B, tav. 69: 11).

- Francia:

La Rouillasse (Soubise, Charente-maritime) (fig. 115: 3) (2) (Coffyn 1985, fig. 64: 10); Senna, presso Vernon (Eure) (fig. 115: 2) (3) (Briard 1964, fig. 1: 4).

- Gran Bretagna:

Tamigi, Sion Reach (Middlesex) (4) (Fox 1939, fig. 8: 11); Norfolk (fig. 115: 4) (5) (Fox 1939, tav. XXVI: 12); Rosebury Topping (Yorkshire) (fig. 115: 5) (6) (Fox 1939, fig. 8: 19).

- Irlanda:

Athlone (West Meath) (fig. 115: 6) (7) (Fox 1939, fig. 8: 34); Kilfeakle (Tipperary) (8) (Fox 1939, fig. 7: 32).

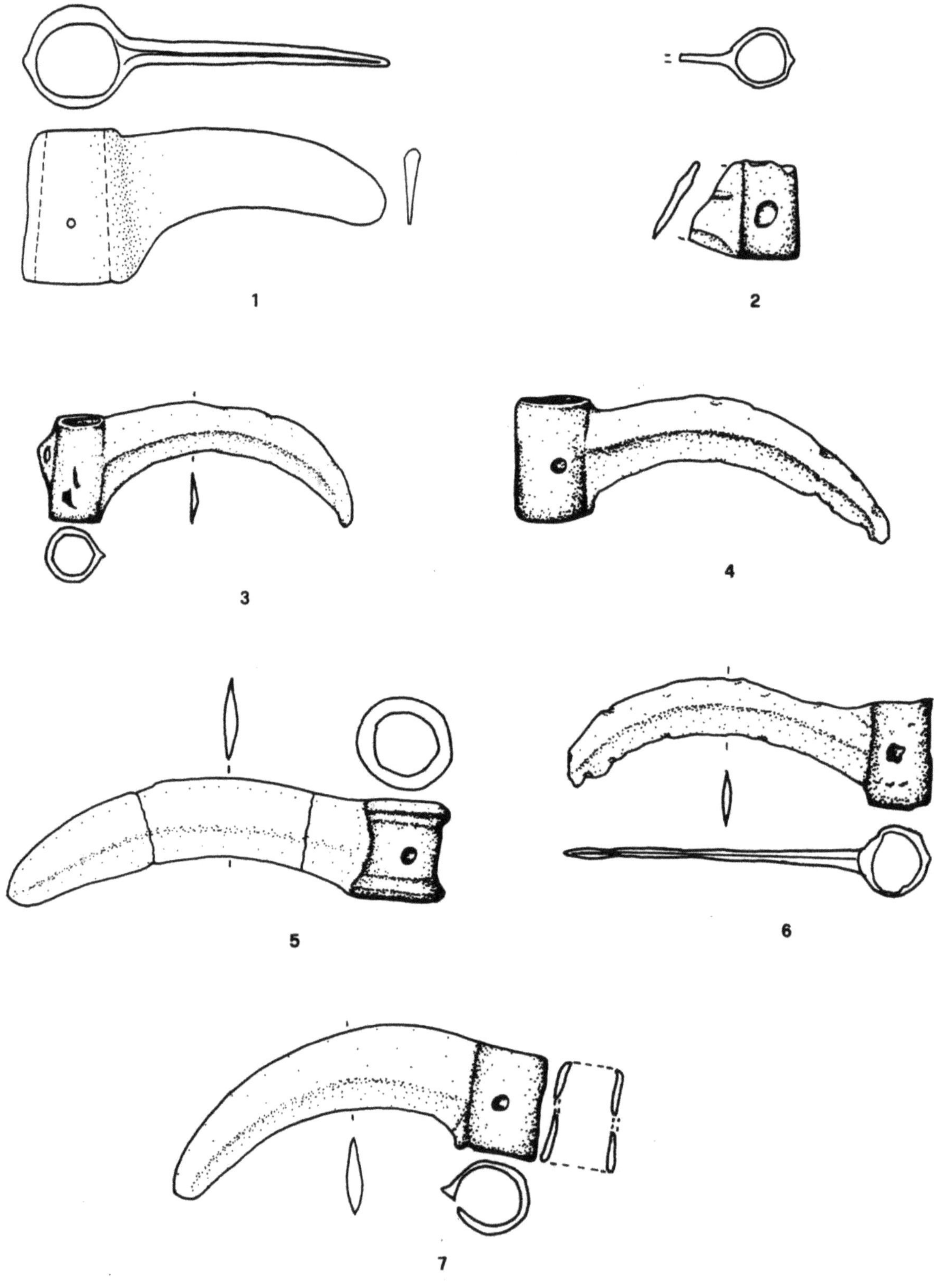

Fig. 114. Falci a cannone laterale. Scala: 2/5.
1: Forraxi Nioi-Nuragus; 2 Moura da Serra; 3: Le Plainseau; 4: Tamigi presso Windsor; 5: Isleham; 6: Lawrencetown; 7: Castle Dowson.

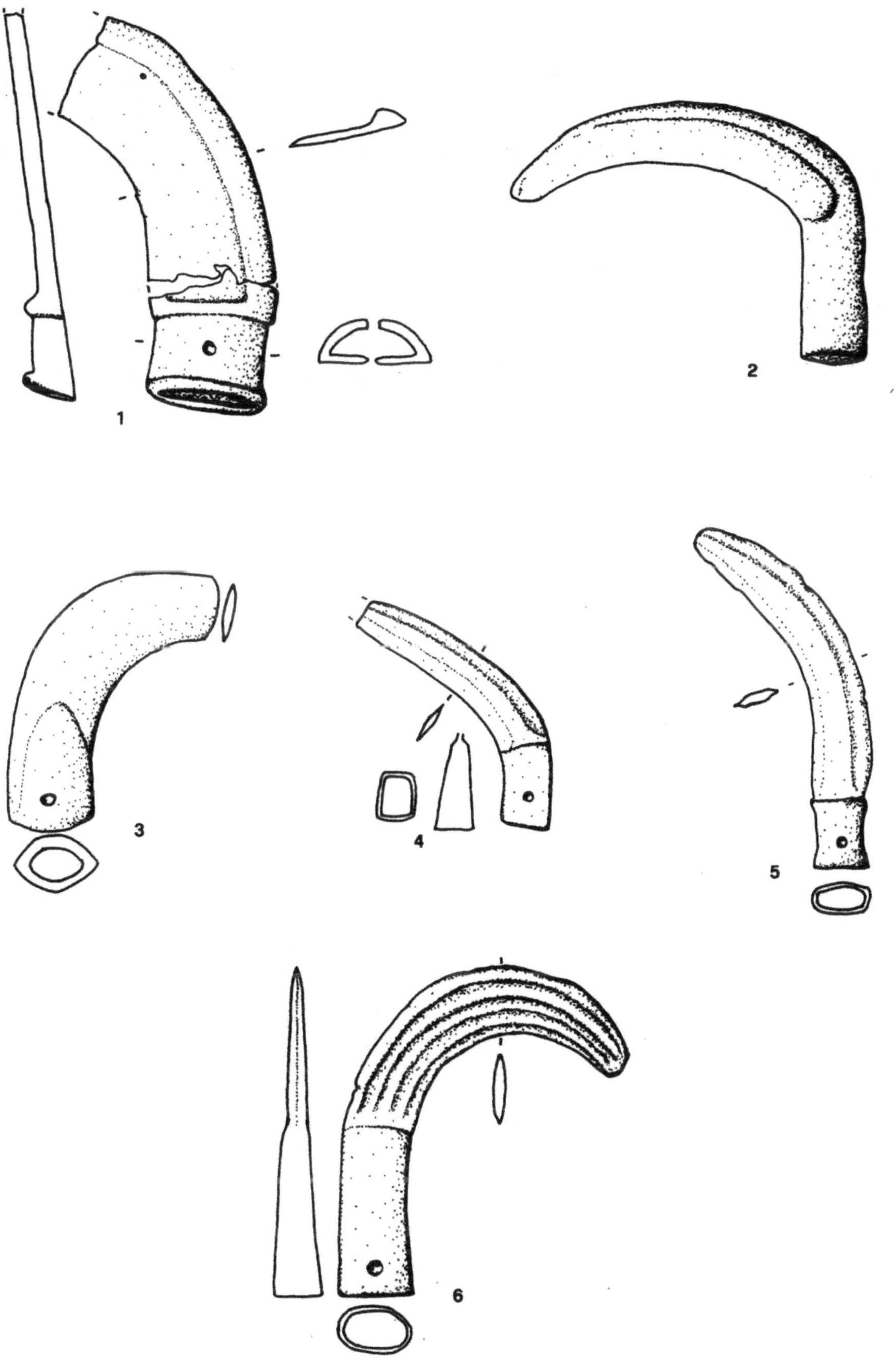

Fig. 115. Falci a cannone verticale. Scala: 2/5.
1: Bologna, S. Francesco; 2: Senna presso Vernon; 3: La Rouillasse; 4: Norfolk; 5: Rosebury Topping; 6: Athlone.

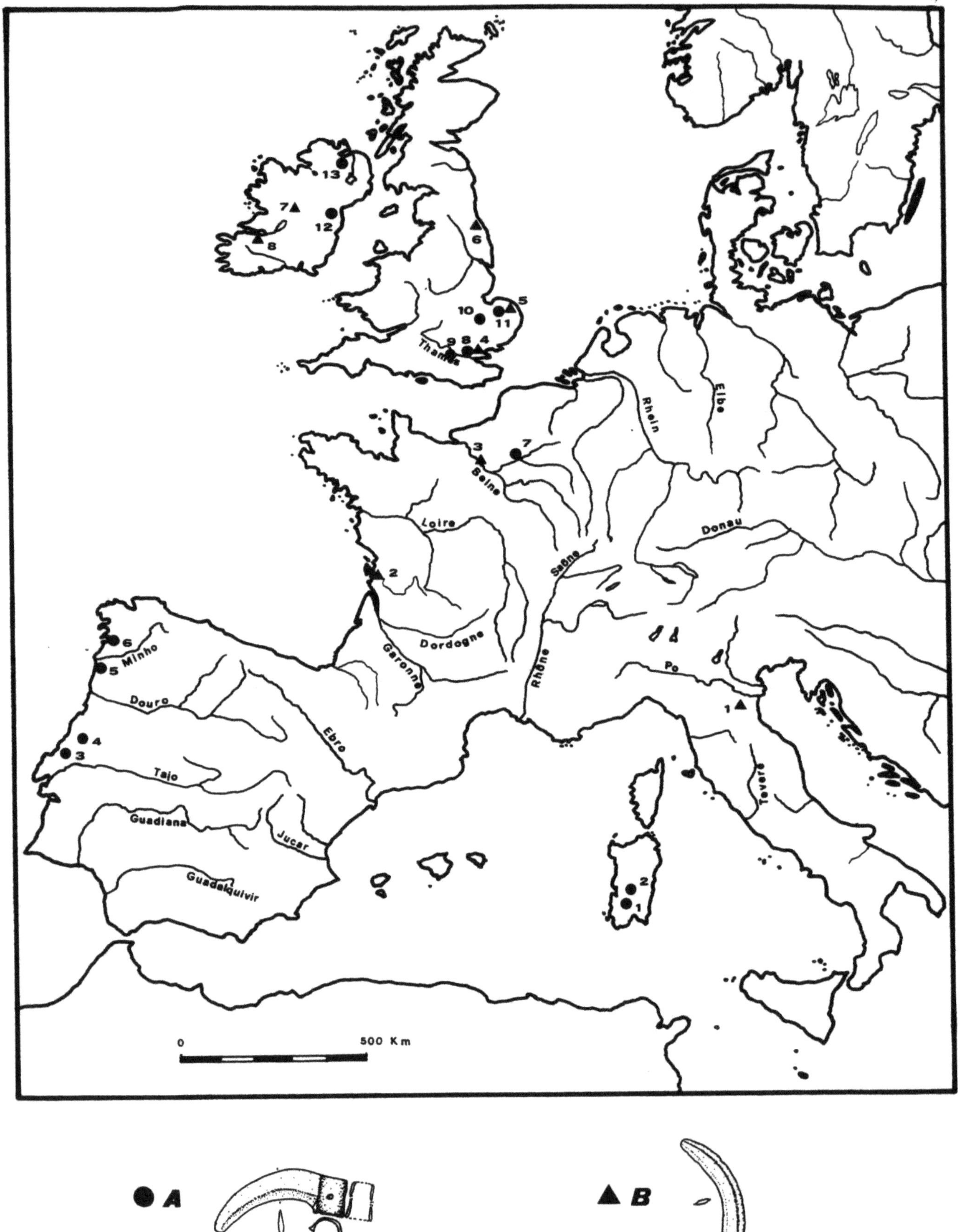

Fig. 116. Distribuzione delle falci a cannone.
A: a cannone laterale; *B*: a cannone verticale.

SPIEDI ARTICOLATI

Questi particolari utensili dalla caratteristica diffusione atlantica sono attestati sino ad ora nel Mediterraneo centro-occidentale unicamente nel ripostiglio di Monte Sa Idda; da qui proviene infatti un frammento erroneamente interpretato a suo tempo da A. Taramelli come un morso equino (115).

La problematica relativa agli spiedi rinvenuti nella Penisola Iberica è stata oggetto di approfondimento negli anni '70 da parte di M. Almagro Gorbea (116); tali studi sono stati in seguito ripresi, ponendo invece l'accento principalmente sugli esemplari francesi, da J.P. Mohen (117).

Sulla base della classificazione proposta da M. Almagro Gorbea i frammenti sardi rientrano nel tipo Alvaiacere. Esso è caratterizzato da una lunga asta terminante in una testa ad anello e da un'impugnatura con uno snodo, nel quale si inserisce una forcella ad U di verga, avente la funzione di sorreggere lo spiedo (fig. 117) (118).

Di regola alla forcella è contrapposta, sullo snodo, una figurina zoomorfa stilizzata, un cervo (come negli esemplari da Monte Sa Idda e da Notre-Dame d'Or) od un uccello (come negli spiedi dalla Forêt de Compiègne e dalla Serra de Alvaiacere); nel pezzo da Challans è invece riprodotta una protome cervina.

M. Almagro Gorbea propone, per gli spiedi tipo Alvaiacere, alcuni confronti con materiali dell'Europa centrale inquadrabili fra la fine della fase Hallstatt A e l'Hallstatt B, tra i quali due esemplari svizzeri non articolati — uno da Zurigo-Alpenquai, l'altro conservato nel museo di Neuchatel — sul cui manico, con testa ad anello, è raffigurato un uccello (119).

J.P. Mohen rileva l'omogeneità tipologica degli spiedi articolati, che rappresenterebbero a suo giudizio un prodotto originale degli *ateliers* metallurgici occidentali e che andrebbero collocati nella fase finale dell'età del bronzo atlantica (120).

Determinante per l'inquadramento cronologico di questi manufatti è il rinvenimento di un esemplare in ferro, morfologicamente analogo a quelli in bronzo del tipo Alvaiacere, nella tomba 523 della necropoli cipriota di Amatunte. La datazione al Cipro-Geometrico I per questo oggetto, il cui modello è da ricercarsi nei pezzi occidentali esaminati, costituisce un importante punto di riferimento non soltanto per tali manufatti, ma anche, più in generale, per la cronologia del gruppo atlantico delle spade a lingua di carpa, nei ripostigli del cui orizzonte questi spiedi sono stati spesso rinvenuti (121).

Particolarmente significativa appare la distribuzione degli spiedi articolati (fig. 118). Il centro di diffusione è chiaramente l'area atlantica, come dimostra la loro concentrazione nel nord della Francia in Normandia, Bretagna e Poitou, e nel Portogallo settentrionale; va inoltre rilevata la loro presenza anche nelle Isole Britanniche, con attestazioni nell'Inghilterra sud-orientale. Il frammento attestato nel ripostiglio di Monte Sa Idda (122), in Sardegna, è quindi da porre in relazione con traffici marittimi con queste regioni (123); il rinvenimento di Amatunte inoltre indica, ancora una volta, come l'isola costituisca un importante tramite fra Occidente ed Oriente, e sottolinea ulteriormente i legami di questa con il mondo cipriota.

ELENCO DEI PEZZI ESAMINATI ED INDICAZIONI BIBLIOGRAFICHE

- Gran Bretagna:

Isleham (Cambridgeshire) (fig. 117: 13) (1) (O'Connor 1980, p. 366, fig. 45: 37-38); Saltwood (Kent) (fig. 117: 14) (2) (Coffyn 1985, fig. 51: 6).

- Francia:

Forêt de Compiègne (Oise) (fig. 117: 6) (3) (Mohen 1977, p. 34, figg. 1: 3; 3: 1); Sainte-Marguerite (Loire-atlantique) (4) (Bigoteau 1976, tav. 12: 81); Challans (Vandea) (fig. 117: 4) (5) (Mohen 1977, p. 34, fig. 1: 4); Notre-Dame d'Or (Vienne) (fig. 117: 2) (6) (Mohen 1977, pp. 34-37, fig. 1: 1); Vénat, Saint-Yriex (Charente) (fig. 117: 5) (7) (Mohen 1977, p. 37, fig. 1: 2); Port-Sainte-Foy, (Périgord) (fig. 117: 3) (8) (Chevillot 1989, p. 161, figg. 32).

- Penisola Iberica:

Monte da Costa Figueira (Porto) (9) (Kalb 1980, p. 28, tav. 4: 23); Castro de Nossa Senhora da Guia (Viseu, Beira Alta) (fig. 117: 7-8) (10) (Kalb 1980, p. 30, tav. 9: 43. 21); Serra de Alvaiacere (Beira Litoral) (fig. 117: 9-12) (11) (Almagro Gorbea 1974 a, pp. 355-357, figg. 1: 1-3; 9: 1-3; Kalb 1980, tav. 10: 49. 2-4, 7-8); Orellana la Vieja (Badajoz) (12) (Almagro Gorbea 1986, fig. a p. 354, n. 3).

- Sardegna:

Monte Sa Idda (Cagliari) (fig. 117: 1) (13) (Taramelli 1921 a, fig. 79; Karageorghis, Lo Schiavo 1989, fig. 4: a).

- Cipro:

Amatunte (Limassol) (fig. 117: 15) (14) (Karageorghis, Lo Schiavo 1989, fig. 3: b; tav. III: 1).

FIBULE

La presenza di fibule in ambiente occidentale ha da molti anni attratto l'attenzione degli studiosi, che le hanno collegate a rapporti con il Mediterraneo centrale ed orientale (124). Purtroppo la natura della documentazione disponibile, rappresentata sovente da esemplari privi di contesto provenienti da vecchie raccolte museali ed anche da schematiche incisioni su stele, rende arduo ed incerto lo studio di questi materiali, in assenza di chiari punti di riferimento cronologici.

Gran parte delle fibule in oggetto, benché tipologicamente appartenenti a fogge distinte, sono accumunate dalla conformazione triangolare della sagoma; ad esse vanno inoltre aggiunte quelle a gomito a due pezzi e quelle a doppia molla.

FIBULE CON ARCO A GOMITO TIPO HUELVA

Nel deposito di Huelva è ben attestato un tipo di fibula, che dal ripostiglio prende il nome, caratterizzato da un arco ad andamento triangolare con vertice superiore a gomito spostato più o meno verso la staffa; l'arco è decorato da profonde scanalature seguite da costolature (fig. 119 A). Ad esso si richiamano, con alcune varianti, anche altri esemplari dalla Spagna centro-settentrionale: San Román de la Hornija, Castro de Alto de Yecla, provincia di Burgos, Meseta Castigliana.

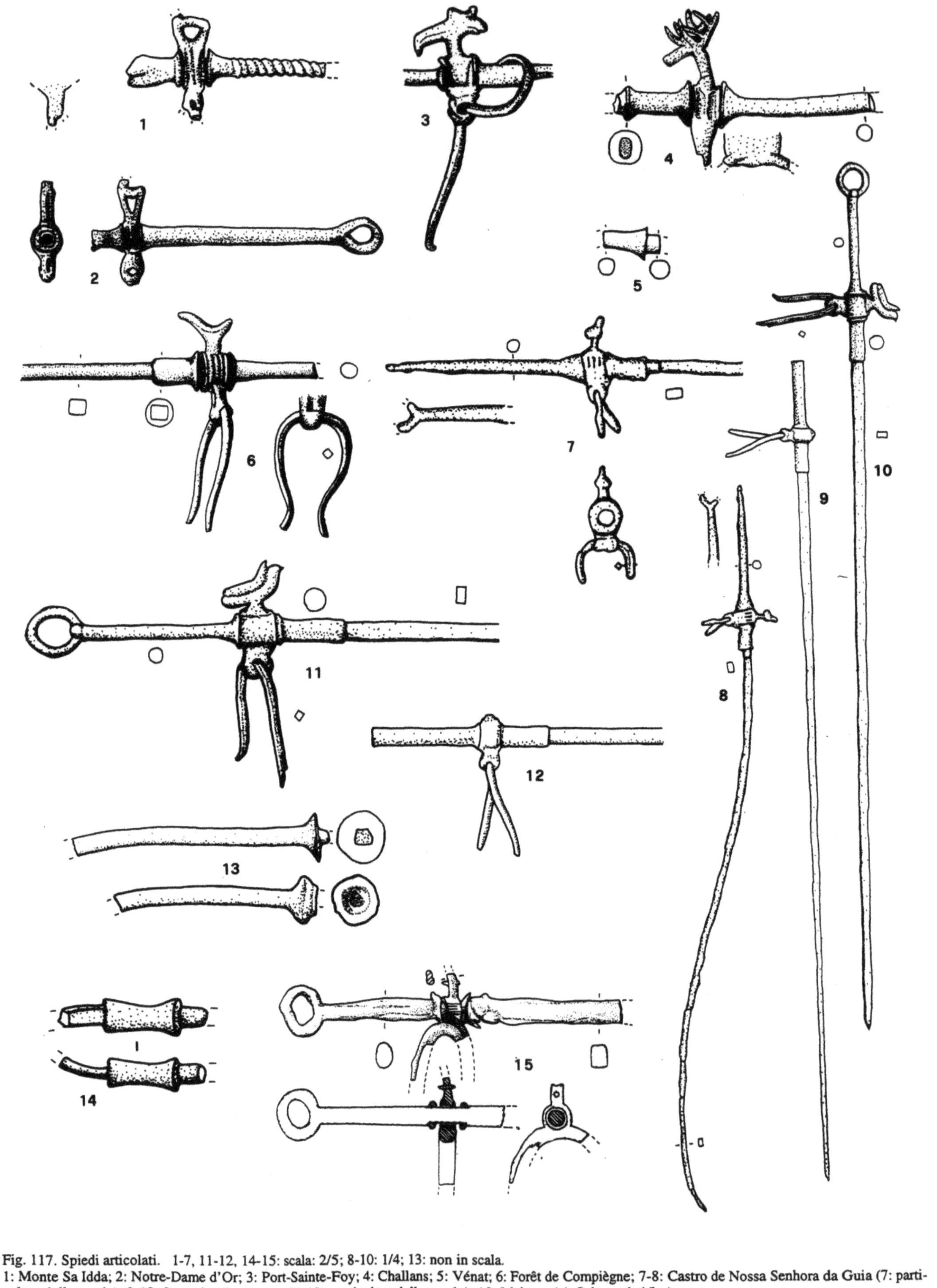

Fig. 117. Spiedi articolati. 1-7, 11-12, 14-15: scala: 2/5; 8-10: 1/4; 13: non in scala.
1: Monte Sa Idda; 2: Notre-Dame d'Or; 3: Port-Sainte-Foy; 4: Challans; 5: Vénat; 6: Forêt de Compiègne; 7-8: Castro de Nossa Senhora da Guia (7: particolare dello snodo); 9-12: Serra de Alvaiacere (11-12: particolare dello snodo); 13: Isleham; 14: Saltwood; 15: Amatunte.

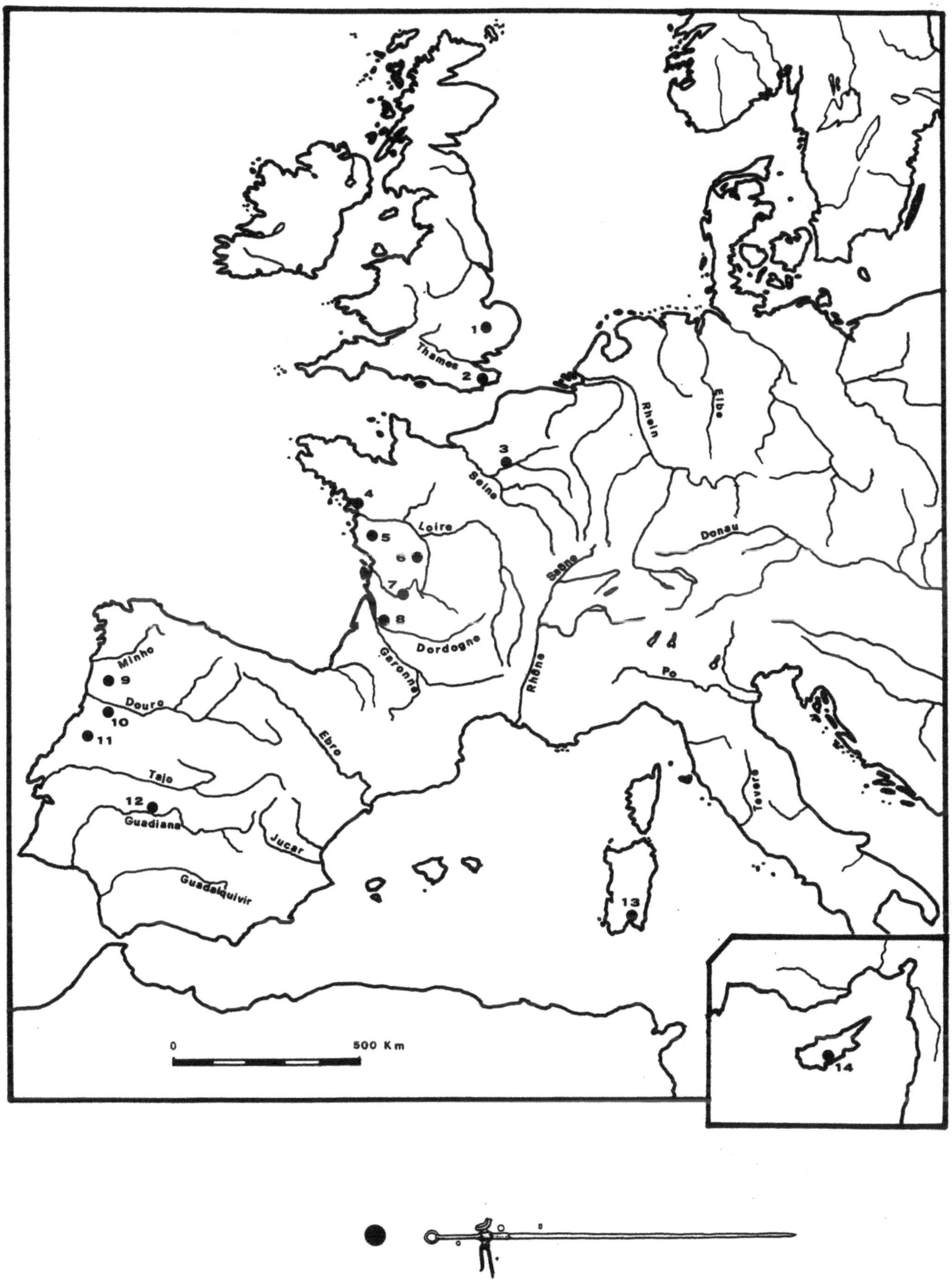

Fig. 118. Distribuzione degli spiedi articolati.

Quest'ultimo pezzo può considerarsi una variante del tipo Huelva per la chiusura del gomito dell'arco, la conformazione della staffa e lo schema del profilo ([125]). Ad esso si richiamano strettamente un esemplare francese da Beaume-les-Créancey ed uno sardo rinvenuto nel nuraghe-santuario di Nurdole ([126]).

Il tipo è stato talora messo in rapporto ([127]) con alcune fibule cipriote anch'esse a schema triangolare. Queste ultime appartengono a due distinti gruppi, uno più semplice, a gomito ([128]), l'altro morfologicamente più articolato, in cui il gomito, chiuso, può essere sostituito da un nodulo ([129]). Come tuttavia rilevato da P.G. Guzzo: «esaminando queste fibule cipriote e vicino-orientali, si notano alcune differenze con quelle da Huelva e dalla Meseta: già l'impostazione della sagoma (a triangolo isoscele in Oriente; a triangolo con vertice spostato verso la staffa in Spagna) è diversa. Anche il sistema decorativo è diversamente concepito: in Spagna si hanno ingrossamenti cilindrici, non sporgenti eccessivamente dal profilo dell'arco; negli esemplari orientali, mentre quelli della II categoria mostrano addirittura 'alette', i pezzi della I categoria [...] riducono molto questi ingrossamenti, costituiti tuttavia con spigoli più netti che negli esemplari dalla Spagna» ([130]).

La testimonianza più occidentale delle fibule cipriote sino ad ora sicuramente accertata mediante scavi sarebbe quindi costituita da un esemplare a gomito con nodulo forato rinvenuto in Sardegna nel vano 135 del villaggio nuragico di Barumini, fase *d* ([131]). Va segnalata tuttavia l'esistenza di un ulteriore esemplare, purtroppo privo di indicazioni sulla provenienza, nel Museo archeologico di Baune, nella Francia centrale ([132]). Di altri due esemplari, conservati nel Museo di St. Germain-en-Laye, non è nota che una generica provenienza "dall'Italia" ([133]).

FIBULE CON ARCO A GOMITO E SPILLONE RETTILINEO

Alquanto simili alle fibule iberiche di Huelva sono quelle serpeggianti siciliane con arco a gomito e spillone rettilineo appartenenti all'orizzonte di Modica (fig. 119 B). Anche in esse infatti il vertice del triangolo è spostato verso la staffa e, in genere, la sezione al gomito è minore di quella delle altre parti dell'arco.

La decorazione è ottenuta ad incisione; va sottolineato che talvolta, come in alcuni esemplari dal ripostiglio di Vizzini-Tre Canali (fig. 119 B: 3-4), le linee incise sull'arco realizzano graficamente una sintassi analoga a quella, a rilievo, degli esemplari occidentali e levantini.

In Sicilia esse costituiscono un elemento caratteristico della cultura di Cassibile, ben documentato sia in ripostigli che in contesti sepolcrali e di abitato ([134]): sono infatti attestate nei ripostigli di Modica, Castelluccio, Vizzini-Tre Canali; nelle necropoli di Molino della Badia, di Madonna del Piano, di Cassibile, di Noto, oltre che nel complesso di Grammichele; nei livelli dell'Ausonio II dell'insediamento dell'Acropoli di Lipari.

Alquanto problematico e controverso è il rapporto fra queste fibule siciliane e quelle del Mediterraneo orientale ([135]); del resto nell'isola non mancano indizi di contatti con tale area durante il Bronzo finale e la prima età del ferro ([136]).

L'elemento strutturale caratteristicamente siciliano costituito dalla sagoma triangolare con vertice spostato verso la staffa si mescola, nelle fibule spagnole del tipo Huelva, con quello orientale della decorazione a rilievo. La produzione iberica è quindi chiaramente frutto di un gusto locale che rielabora, facendoli confluire insieme, modelli originati in ambienti diversi ([137]).

Nel ripostiglio di Huelva è pure attestata, tra le altre, una fibula a gomito avvicinabile direttamente al modello siciliano poc'anzi descritto. Essa non costituisce in ambiente occidentale un caso isolato, giacché esemplari analoghi provengono anche da altre località spagnole e francesi, e precisamente dal Levante, da Lancia, da Monachil, da Notre-Dame d'Or. Di questi, almeno per i pezzi da Huelva e dal Levante spagnolo, la stretta somiglianza con i materiali siciliani induce a pensare a vere e proprie importazioni.

FIBULE CON ARCO SERPEGGIANTE AD OCCHIO E SPILLONE RETTILINEO

Pure a fibule "siciliane", ma di una foggia differente, con arco serpeggiante ad occhio e spillone rettilineo (fig. 120 C), si rifanno alcuni altri pezzi rinvenuti nell'Europa atlantica, al Cerro del Berrueco, a Roça do Casal do Meio, ad Amiens. In area italiana la lunghezza della staffa consente di operare, nell'ambito del modello, una distinzione fra gli esemplari più antichi e quelli più recenti, caratterizzati questi ultimi dalla staffa allungata.

I primi, del Bronzo finale, sono attestati in Sicilia nel ripostiglio di Modica, nelle necropoli di Madonna del Piano (tomba 27) e del Molino della Badia, nel complesso di bronzi rinvenuti "nelle campagne di Grammichele", mentre, nella penisola, a Vibo Valentia ([138]), nel "Sulmonese" ([139]), a Cetona ([140]), a Frattesina ([141]); un ulteriore esemplare, da località italiana sconosciuta, è conservato nel Münz- und Antiken-Kabinettes di Vienna ([142]). I secondi si incontrano in Sicilia in complessi dell'orizzonte di Modica, nelle necropoli di Dessueri (sep. 47) e di Cassibile (sep. 3), mentre nell'Italia continentale sono caratteristici degli inizi della prima dell'età del ferro ([143]).

FIBULE CON ARCO SERPEGGIANTE AD OCCHIO CON STAFFA ALLUNGATA E SPILLONE RICURVO

Le fibule serpeggianti ad occhio con staffa allungata e spillone ricurvo, con arco a sezione circolare o poligonale (fig. 120 D), che vengono qui considerate unitariamente, sono assai diffuse sia in Sicilia che in Italia meridionale ([144]), dove sono inquadrabili cronologicamente fra le fasi I Ferro 1 A e I Ferro 2 A, benché raggiungano la massima diffusione nell'orizzonte avanzato della fase iniziale della prima età del ferro ([145]).

Scarse le attestazioni in altre aree, rappresentate dagli esemplari da Amiens e da Vieille-Toulouse e da due pezzi

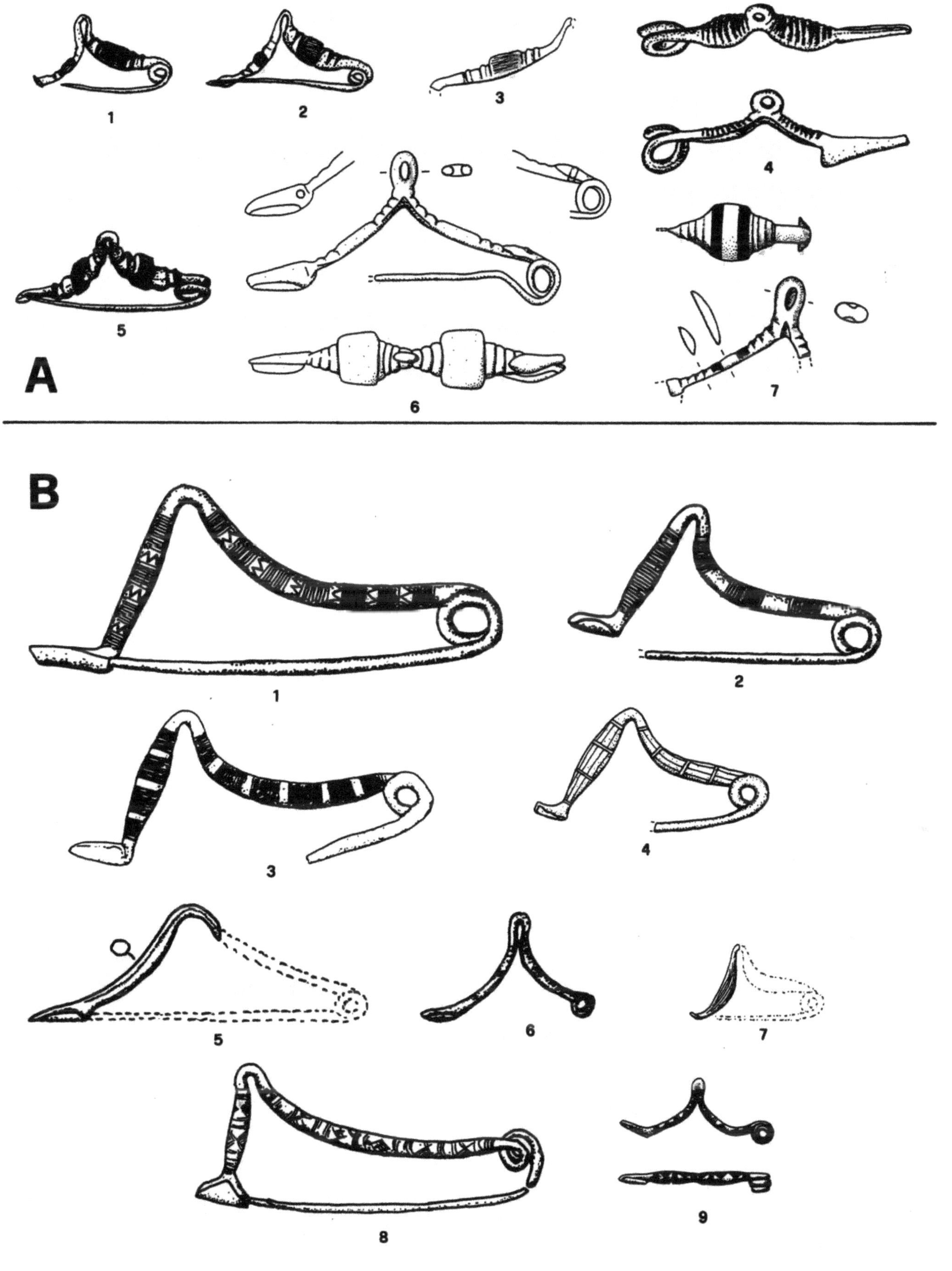

Fig. 119. A. Fibule con arco a gomito tipo Huelva. Scala: 1/2.
1-2: Huelva; 3: Cerro del Berrueco; 4: Meseta Castigliana; 5: provincia di Burgos; 6: Beaume-les-Créancey; 7: Nurdole.
B. Fibule con arco a gomito e spillone rettilineo. Scala: 1/2.
1-2: Molino della Badia; 3-4: Vizzini-Tre Canali; 5: Notre-Dame d'Or; 6: Monachil; 7: Huelva; 8: Levante; 9: Cerro Alcalà.

sardi, dal nuraghe Antigori di Sarroch e dal ripostiglio di Usini.

Quanto ai due frammenti da Vénat ([146]), il loro scarso stato di conservazione non permette di ascriverli con certezza a questa foggia o a quella simile, ma con spillone rettilineo.

FIBULE CON ARCO A GOMITO CON APOFISI CORNUTE

Nel vasto ambito delle fibule serpeggianti merita infine un particolare risalto un esemplare a gomito rinvenuto nel ripostiglio siciliano di Castelluccio. In esso le parti anteriore e centrale dell'arco sono raccordate da una coppia di bastoncelli terminanti con un globetto, realizzando evidentemente in tal modo la rappresentazione schematica di una protome taurina ([147]).

Il pezzo di Castelluccio appare isolato nel contesto italiano ed il migliore confronto è costituito da un esemplare iberico proveniente da Soria o Guadalajara conservato nelle collezioni del Museo Arqueológico Nacional di Madrid. Una fibula simile appare anche raffigurata, sinteticamente, nella stele Torrejon el Rubio II (fig. 120 A).

FIBULE CON ARCO A GOMITO SU STELE

Alquanto problematiche sono le rappresentazioni di fibule che si riscontrano su varie stele spagnole e portoghesi (fig. 120 B) ([148]). L'assenza di contesto cronologico che caratterizza questi monumenti e soprattutto la schematicità della raffigurazione non permettono infatti l'attribuzione ad una specifica foggia.

Si possono tuttavia genericamente interpretare come fibule a gomito quelle che compaiono sulle stele San Martinho II, Cabeza de Buey I, Brozas, Torrejon el Rubio I, Ervidel II.

Queste raffigurazioni ci attestano comunque, più ancora del numero di esemplari effettivamente rinvenuti, quanto tale oggetto, influenzato da modelli provenienti dall'area italiana, fosse penetrato nel costume delle popolazioni iberiche.

FIBULE CON ARCO A GOMITO A DUE PEZZI

Le fibule a gomito a due pezzi possono tipologicamente venire ricollegate a quelle a gomito ordinarie (fig. 121 A) ([149]).

In area italiana esse sembrano essere attestate da un solo esemplare, rinvenuto in Sicilia a Priolo, nel Siracusano ([150])

Più numerosi gli esemplari iberici, caratterizzati però dall'avere, al posto della molla, una capocchia generalmente conica. Sono documentati a El Molá, Numanzia, Sanchorreja, dalla Meseta ed a Nules (il solo spillone). Un ulteriore pezzo, considerabile una variante, con i vertici dell'arco e l'estremità libera dello spillone ornati da globetti, proviene dalla tomba 69 di Agullana.

È stato rilevato da M. Almagro Bash che: «todos estos tipos, incluidos los sicilianos, pueden proceder del Mediterráneo Oriental, donde también hallamos tipos de fíbulas de dos piezas con relativa abundancia» ([151]).

FIBULE A DOPPIA MOLLA

Per quanto infine concerne le fibule a doppia molla (fig. 121 B), esse sono attestate solo sporadicamente in area italiana, mentre sono assai diffuse in ambiente occidentale, particolarmente nella Penisola Iberica.

Nell'Italia continentale se ne conosce infatti un solo pezzo, dal riempimento della tomba 700 della necropoli di S. Montano di Ischia ([152]). In Sardegna sono documentate nella grotta Pirosu-Su Benatzu e nella necropoli di Bithia.

Numerosi sono invece gli esemplari nell'area iberica, dove anzi rappresentano un elemento caratteristico e di lunga durata, la cui prima comparsa va collocata nell'ambito del Bronzo finale III ([153]).

Strettamente collegati ai rinvenimenti spagnoli della Catalogna sono quelli della contigua Linguadoca, che costituiscono le uniche attestazioni in ambito francese ([154]).

Sulla base di questa distribuzione le scarse presenze nell'area tirrenica sembrano assumere il valore di indizi di una rotta di ritorno, diretta dalla Penisola Iberica e dal Golfo del Leone verso la Sardegna e, da qui, all'Italia centro-meridionale (fig. 124).

ELENCO DEI PEZZI ESAMINATI ED INDICAZIONI BIBLIOGRAFICHE

Fibule con arco a gomito tipo Huelva

- Penisola Iberica:

Huelva (fig. 119 A: 1-2) (1) (Almagro Bash 1957, fig. 1: 1-9; Almagro Bash 1958, E.1, 39 (38): 257-265); Meseta Castigliana (Madrid, Museo dell'Instituto de Valencia de Don Juan) (fig. 119 A: 4) (2) (Almagro Bash 1957, fig. 28; Cuadrado 1963, fig. 1: h; Almagro Bash 1966 a, fig. 76); Cerro del Berrueco (Salamanca) (fig. 119 A: 3) (3) (Cuadrado 1963, fig. 1: a); San Román de la Hornija (4) (Valladolid) (Coffyn 1985, fig. 56: 2); Castro de Alto de Yecla (Silos, Burgos) (5) (Almagro Bash 1957, fig. 27: 2); provincia di Burgos (fig. 119 A: 5) (6) (Almagro Bash 1957, fig. 27: 1; Cuadrado 1963, fig. 1: b; Almagro Bash 1966 a, fig. 75: 3).

- Francia:

Beaume-les-Créancey (Côte d'Or (fig. 119 A: 6) (7) (Cunisset-Carnot, Mohen, Nicolardot 1971, fig. 1).

- Sardegna:

Nurdole (Orani, Nuoro) (fig. 119 A: 7) (8) (Lo Schiavo 1992, fig. 1: 1).

Fibule con arco a gomito e spillone rettilineo

- Sicilia:

Cassibile necropoli (Siracusa) (1) (Orsi 1899, tav. XIII: 4); Modica (Ragusa) (2) (Orsi 1900, tav. XII: 2, 9); Castelluccio (Ragusa) (3) (Di Stefano, Giardino 1990-91, fig. 22: 74-86); complesso di Grammichele (Catania) (4) (Martino 1981, pp. 251, 260-263,285-286, tavv. III: 4; IV: 1-9); Madonna del Piano (Mineo, Catania) (5) (Bernabò Brea, Militello, La Piana 1969: tomba 16, fig. 12: f-g; tomba 6, fig. 13: f; tomba 9, fig. 15: l; tomba 30, fig. 15: m; tomba 11, fig. 18: g; tomba 37, fig. 19: n; tomba 1, fig. 21: a;

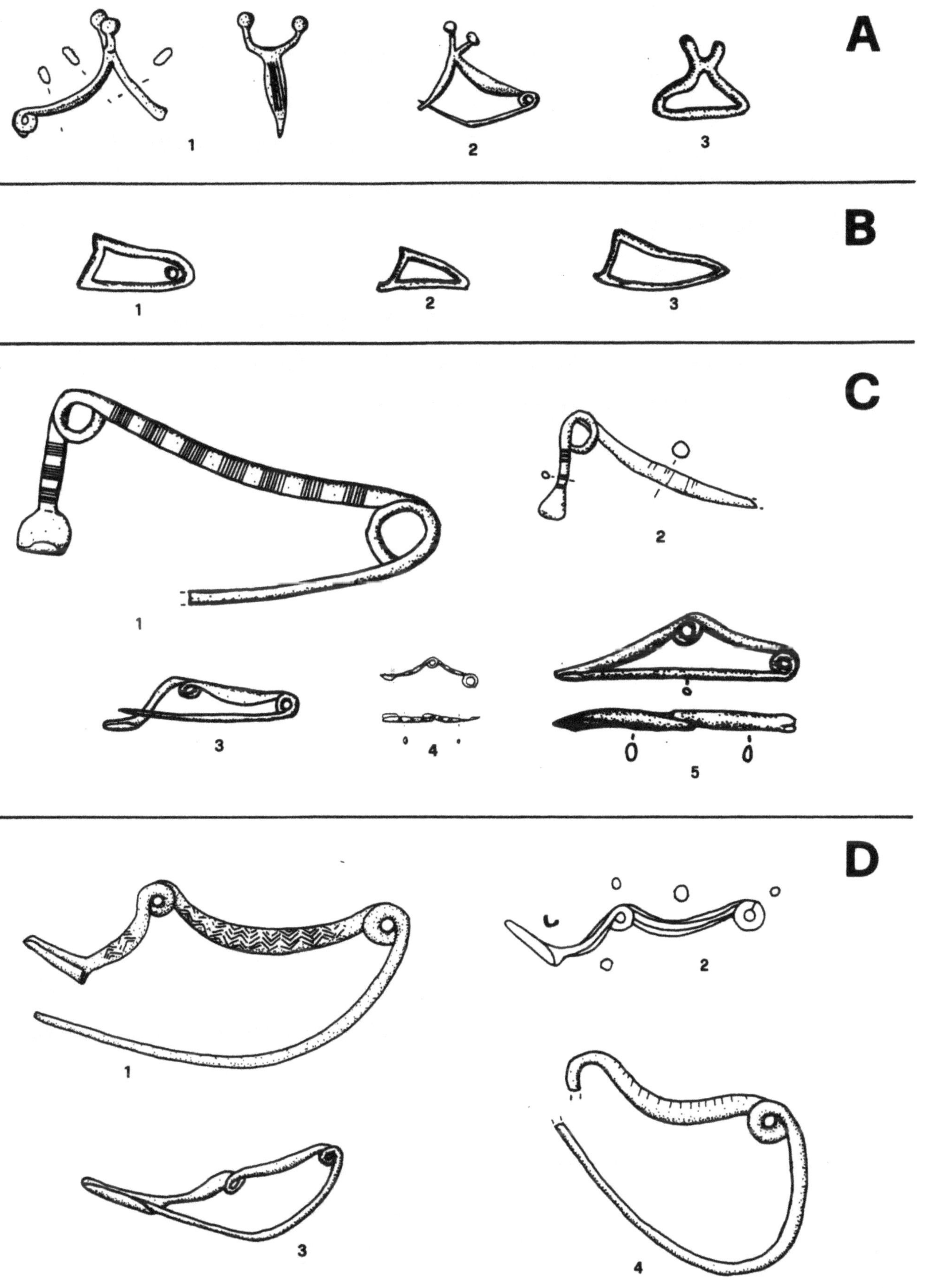

Fig. 120. A. Fibule con arco a gomito con apofisi cornute. 1-2: scala 1/2; 3: non in scala. 1: Castelluccio; 2: Soria o Guadalajara; 3: stele Torrejon el Rubio II.
B. Fibule con arco a gomito su stele. Non in scala. 1: Brozas; 2: San Martinho II; 3: Torrejon el Rubio I.
C. Fibule con arco serpeggiante ad occhio e spillone rettilineo. 1-2, 4-5: scala 1/2; 3: non in scala. 1: Molino della Badia; 2: Modica; 3: Amiens; 4: Perales del Rio; 5: Roça do Casal do Meio.
D. Fibule serpeggianti ad occhio con staffa allungata e spillone ricurvo 2: scala 1/2; 1, 3-4: non in scala. 1: Pantalica; 2: Antigori; 3: Amiens; 4: Vieille-Toulouse.

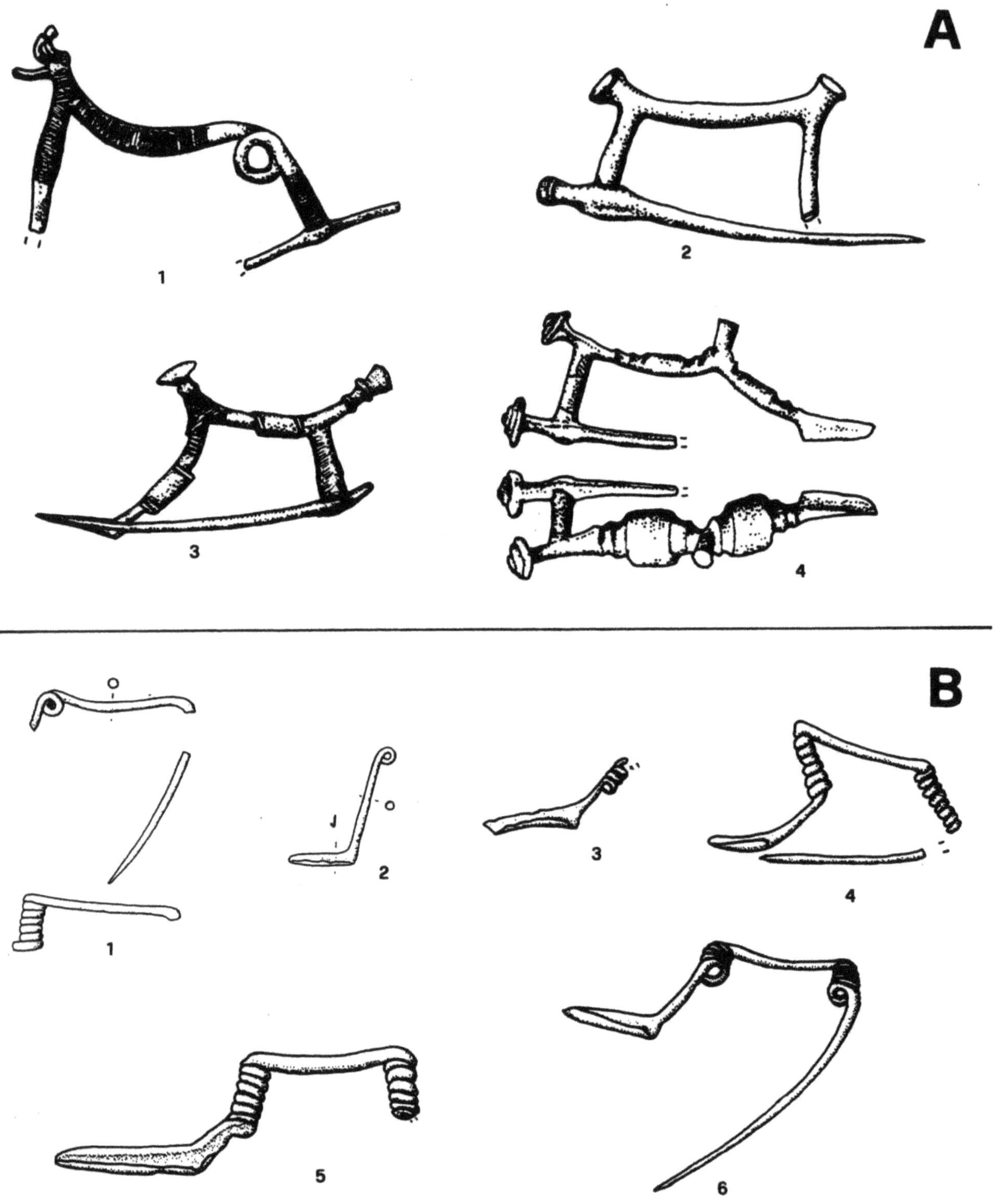

Fig. 121. A. Fibule a gomito a due pezzi. 1, 3-4: scala 1/2; 2: non in scala.
1: Priolo; 2: Sanchorreja; 3-4: Meseta.
B. Fibule a doppia molla. 1-2: scala 1/2; 3-6: non in scala.
1: S. Montano di Ischia; 2: Pirosu-Su Benatzu; 3: La Pave; 4: Cortes de Navarra; 5: Tossal Redó; 6: Los Alcores.

tomba 3, fig. 21: b; tomba 2, fig. 21: c; tomba 46, fig. 22: f); Molino della Badia (Mineo, Catania) (fig. 119 B: 1-2) (6) (Müller-Karpe 1959, tav. 6: 8,11,12,14,16,17); Vizzini-Tre Canali (Catania) (fig. 119 B: 3-4) (7) (Cafici 1888, tav. XIV: 2-6); Montagne di Noto (Siracusa) (8) (Albanese Procelli, Lo Schiavo 1993, fig. 68: 3); Calascibetta Calcarella necropoli (Enna) (9) (Bernabò Brea, Militello, La Piana 1969, p. 233); Monte Dessueri necropoli (Caltanissetta) (10) (Bernabò Brea 1972, fig. 34: b); S. Margherita Belice (Agrigento) (11) (Camerata Scovazzo 1978, tav. XXII: 1); Acropoli di Lipari (Messina) (12) (Bernabò Brea, Cavalier 1980, figg. 126: b-f; 127: f; 129: h).

- Penisola Iberica:

Levante (Museo di Valenza) (fig. 119 B: 8) (13) (Cuadrado 1963, fig. 1: g; Almagro Bash 1966 b, fig. 3: 7); La Peña Negra (Crevillente, Alicante) (14) (González Prats 1989, tav. a p. 475); Monachil (Granada) (fig. 119 B: 6) (15) (Coffyn 1985, fig. 56: 12); Cerro Alcalà (Jaen) (fig. 119 B: 9) (16) (Lo Schiavo, D'Oriano 1990, fig. 9: 10); Huelva (fig. 119 B: 7) (17) (Almagro Bash 1958, E.1, 39 (38): 267); Lancia, Mansillas de las Mulas (León) (18) (Coffyn 1985, fig. 56: 13); Villamorón (Burgos) (19) (Coffyn 1985, fig. 56: 11) (variante).

- Francia:

Notre-Dame d'Or (Vienne) (fig. 119 B: 5) (20) (Almagro Bash 1966 a, fig. 74: 2).

Fibule con arco a gomito con apofisi cornute

- Sicilia:

Castelluccio (Ragusa) (fig. 120 A: 1) (1) (Di Stefano, Giardino 1990-91, figg. 24-25).

- Penisola Iberica:

Soria o Guadalajara (fig. 120 A: 2) (2) (Cuadrado 1963, p. 12, fig. 1: f; Almagro Bash 1966 a, fig. 75: 1; Almagro Bash 1966 b, fig. 3: 6); stele Torrejon el Rubio II (Cáceres) (fig. 120 A: 3) (3) (Almagro Bash 1957-1958, fig. 9).

Fibule con arco a gomito su stele

- Penisola Iberica:

Cabeza de Buey I (Badajoz) (1) (Almagro Bash 1966 a, pp. 69-71, fig. 21); Torrejon el Rubio I (Cáceres) (fig. 120 B: 3) (2) (Almagro Bash 1966 a, pp. 83-85, fig. 26); Brozas (Cáceres) (fig. 120 B: 1) (3) (Almagro Bash 1966 a, pp. 75-77, fig. 23); Ervidel II (Aljustrel, Baixo Alentejo) (4) (Almagro Gorbea 1977, fig. 69: 2); San Martinho II (Castelo Branco, Beira Baixa) (fig. 120 B: 2) (5) (Almagro Bash 1966 a, pp. 36-38, fig. 5).

Fibule con arco serpeggiante ad occhio e spillone rettilineo

- Italia continentale:

Al ristretto numero di esemplari (cinque in tutto) del Bronzo finale a breve staffa, si aggiunge un più consistente gruppo di esemplari della prima età del ferro iniziale; per tali fibule non esiste ancora un lavoro di sintesi, in attesa che venga pubblicato il volume relativo della collana dei *P.B.F.* realizzato da F. Lo Schiavo.

- Sicilia:

Cassibile, sep. 3 (Siracusa) (1) (Orsi 1899, col. 121, tav. XIII: 6); Modica (Ragusa) (fig. 120 C: 2) (2); complesso di Grammichele (Catania) (3) (Martino 1981, tav. V: 1-2); Madonna del Piano, tomba 27 (Mineo, Catania) (4) (Bernabò Brea, Militello, La Piana 1969, fig. 20: g); Molino della Badia (Mineo, Catania) (fig. 120 C: 1) (5) (Müller-Karpe 1959, tav. 6: 9); Monte Dessueri, sep. 47 (Caltanissetta) (6) (Orsi 1912, col. 384, tav. XIX: 35); Calascibetta Calcarella, necropoli (Enna) (7) (Bernabò Brea, Militello, La Piana 1969, p. 235).

- Penisola Iberica:

Roça do Casal do Meio (Setúbal, Estremadura) (fig. 120 C: 5) (8) (Spindler, da Vega Ferreira 1973, fig. 10: d); Cerro del Berrueco (Salamanca) (9) (Cuadrado 1963, fig. 1: c; Almagro Bash 1966 b, fig. 3: 3); Perales del Rio (Getafe, Madrid) (fig. 120 C: 4) (10) (Lo Schiavo, D'Oriano 1990, fig. 9: 11).

- Francia:

Amiens (Somme) (fig. 120 C: 3) (11) (Coffyn 1985, fig. 56: 17).

Fibule serpeggianti ad occhio con staffa allungata e spillone ricurvo

- Italia continentale:

Si conoscono oltre un centinaio di esemplari: cfr. Lo Schiavo 1993, p. 247.

- Sicilia:

Queste fibule sono attestate nell'isola in numerosi esemplari: cfr. Lo Schiavo 1993, p. 247.

- Sardegna:

Nuraghe Antigori di Sarroch (Cagliari) (fig. 120 C: 2) (1) (Ferrarese Ceruti 1983, p. 192, fig. 4, 21); Usini (Sassari) (2) (Lo Schiavo, Ridgway 1987, p. 397).

- Francia:

Amiens (Somme) (fig. 120 C: 3) (3) (Coffyn 1985, fig. 56: 18); Vieille-Toulouse (Haute-Garonne) (fig. 120 C: 4) (4) (Coffyn 1985, fig. 56: 20).

Fibule a gomito a due pezzi

- Sicilia:

Priolo (Siracusa) (fig. 121 A: 1) (1) (Blinkenberg 1926, p. 44, fig. 8)

- Penisola Iberica:

Agullana, tomba 69 (Gerona) (2) (Cuadrado 1963, fig. 2: a; Almagro Bash 1966 b, fig. 5: 1) (variante); El Molá (Terragona) (3) (Cuadrado 1963, fig. 2: e; Almagro Bash 1966 b, fig. 5: 2); Nules (Castellón) (4) (Almagro Bash 1966 b, fig. 5: 3) (solo spillone); Sanchorreja (Avila) (fig. 121 A: 2) (5) (Cuadrado 1963, fig. 2: c, g; Almagro Bash 1966 b, fig. 5: 6); Meseta (Madrid, Museo Arqueológico Nacional e Museo dell'Instituto de Valencia de Don Juan) (fig. 121 A: 3-4) (6) (Almagro Bash 1957, fig. 29: 1-3; Almagro Bash 1966 b, fig. 4: 1-3); Numanzia (Soria) (7) (Almagro Bash 1966 b, fig. 5: 5).

Fibule a doppia molla

- Italia continentale:

Fig. 122. Distribuzione delle fibule con arco a gomito con apofisi cornute (*A*), fibule con arco a gomito e spillone rettilineo (*B*), fibule con arco a gomito tipo Huelva (*C*), fibule con arco a gomito su stele (*D*).

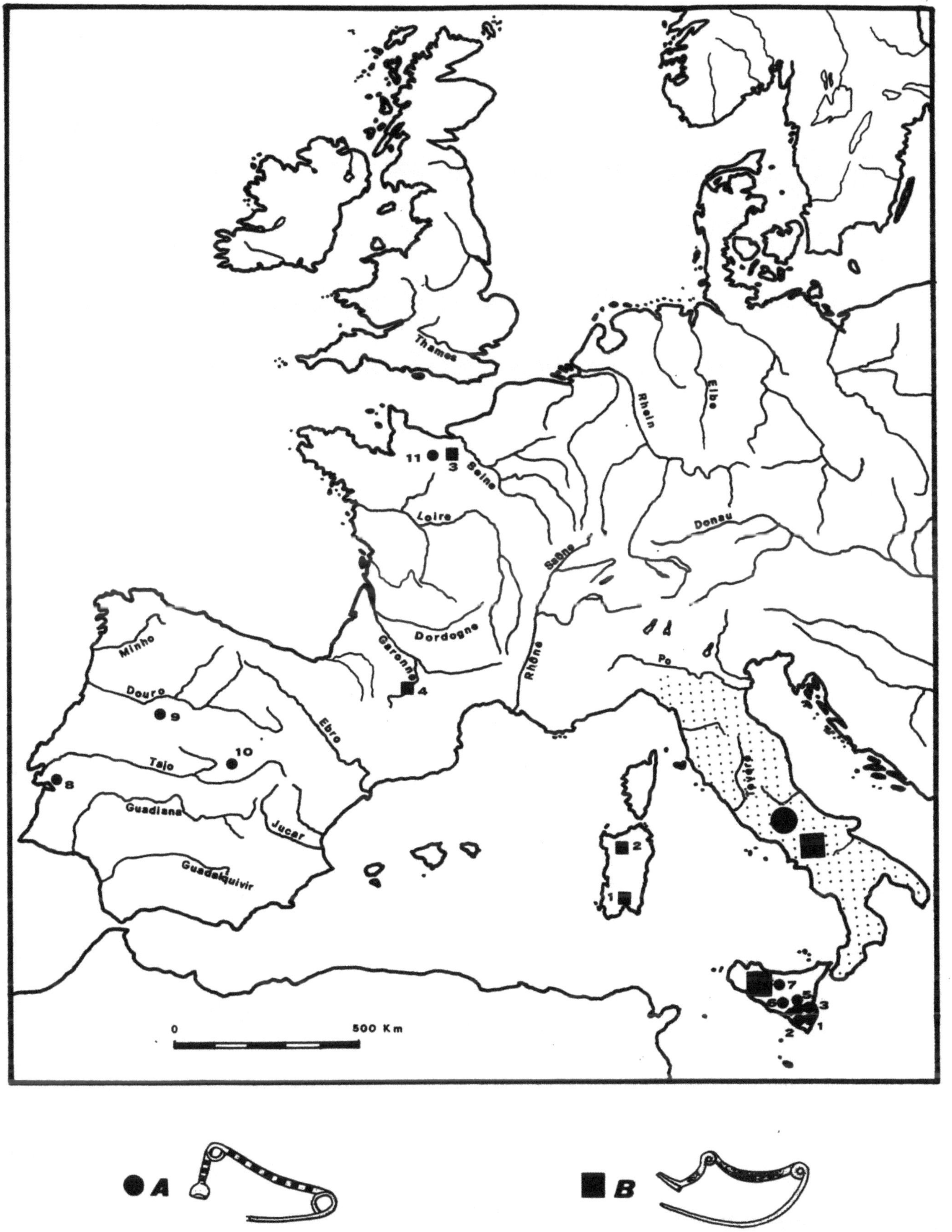

Fig. 123. Distribuzione delle fibule con arco serpeggiante ad occhio e spillone rettilineo (*A*), fibule serpeggianti ad occhio con staffa allungata e spillone ricurvo (*B*).

Fig. 124. Distribuzione delle fibule a gomito a due pezzi (*A*), fibule a doppia molla (*B*).

S. Montano di Ischia (Napoli) (fig. 121 B: 1) (1) (Lo Schiavo 1978 c, p. 41, fig. 7: 2).

- Sardegna:

Pirosu-Su Benatzu (Santadi, Cagliari) (fig. 121 B: 2) (2) (Lo Schiavo 1978 c, pp. 39-41, fig. 7: 1); Bithia necropoli (Cagliari) (3) (Tronchetti 1985, pp. 19-20, nota 27).

- Francia:

Launac (Fabrègeues, Hérault) (4) (Coffyn 1985, p. 273, carta 57: 1); Rochelongues (Agde, Hérault) (5) (Coffyn 1985, p. 273, carta 57: 2); Moulin (Mailhac, Aude) (6) (Coffyn 1985, p. 273, carta 57: 3); La Pave (Argelès-sur-Mer, Pyrénées-orientales) (fig. 121 B: 3) (7) (Cuadrado 1963, fig. 3: c).

- Penisola Iberica:

In considerazione del cospicuo numero di rinvenimenti in area iberica, questi sono stati individuati, nella numerazione, raggruppati per province; per la bibliografia di confronto, si veda Coffyn 1985, p. 273, carta 57:

Gerona (2 rinv.) (8): Agullana Ullastret. Barcellona (2 rinv.) (9): Anseresa de Olius; Cueva de San Sadurní, Begues. Lerida (2 rinv.) (10): Castellvell, Solsona; La Pedrera. Tarragona (8 rinv.) (11): Can Canyis; Coll del Moro; El Molá; San Antonio de Calaceite; Tossal Redó (fig. 121 B: 5); La Tosseta; La Palma; La Oriola. Valenza (2 rinv.) (12): La Solivella; Covalta. Alicante (2 rinv.) (13): Los Saladares; La Peña Negra. Almeria (2 rinv.) (14): Herrerias; Alboloduy. Malaga (2 rinv.) (15): Frigiliana; Trayamar. Jaén (2 rinv.) (16): Castellones de Ceal; Castellar de Santisteban. Cordova (1 rinv.) (17): Colina de Los Quemados. Siviglia (5 rinv.) (18): Setefilla; Cruz del Negro; Los Alcores (fig. 121 B: 6); Torres Alocaz; El Carambolo. Badajoz (1 rinv.) (19): Cerro de San Cristóbal. Alto Alentejo (2 rinv.) (20): Castro de Corôa do Frade, Évora; Castro de Arraiolos, Évora. Estremadura (4 rinv.) (21): Senhor dos Mártires, Alcácer do Sal; Monte da Pena, Torres Vedras; Castro de Pragança, Cadaval; Alto de Bocas. Beira Litoral (1 rinv.) (22): Conimbriga, Coimbra. Beira Alta (1 rinv.) (23): Castro de Nossa Senhora da Guia, Baiöes - Viseu. Salamanca (2 rinv.) (24): Salmantica; El Barrueco. Avila (1 rinv.) (25): Sanchorreja. Guadalajara (10 rinv.) (26): Aguilar de Anguita; Garbajosa; La Hortezuela; La Torresabiñán; Atienza; Carabias; Clares; La Olmeda; Higes; Valdenovillos. Cuenca (1 rinv.) (27): Las Madrigueras. Soria (2 rinv.) (28): Alpanseque; La Mercadera. Burgos (1 rinv.) (29): Lara de los Infantes. Alava (1 rinv.) (30): Castro de las Peñas de Oro, Murguia. Navarra (1 rinv.) (31): Cortes de Navarra (fig. 121 B: 4).

CERAMICA CON DECORAZIONE A STRALUCIDO

Il sistema decorativo dello stralucido appare alquanto diffuso sia nelle regioni occidentali della Penisola Iberica, durante il Bronzo finale, che in Sardegna, in ambiente nuragico (fig. 126).

Esso si incontra in vasellame di impasto generalmente ben compatto e depurato, realizzato a mano, ed è ottenuto lucidando accuratamente prima della cottura la superficie già essiccata del vaso secondo il disegno che si intende realizzare; a prodotto finito si ha così un motivo indelebile che risalta per contrasto sullo sfondo con una lucentezza quasi metallica.

Nell'area iberica sono distinguibili due grossi gruppi di ceramiche con ornato ottenuto mediante questa tecnica, geograficamente diversificati (figg. 43, 126).

Nel Portogallo centrale e meridionale si incontra la cosiddetta "*cerámica tipo Lapa do Fumo*", caratterizzata, principalmente, dall'uso dello stralucido nella parte esterna del vaso, sia su forme aperte che chiuse (figg. 42 B: 1-5; 125 A: 4).

L'altro gruppo, comunemente denominato "*cerámica tipo retícula bruñida*", è invece attestato nella Spagna sud-occidentale. Esso si differenzia dal precedente poiché si riscontra esclusivamente in forme aperte, per lo più ciotole carenate, dove è realizzato nella parte interna, con ornati in genere a carattere geometrico (figg. 42 B: 6-10; 125 A: 5-6; 125 B); va inoltre segnalato l'uso di eseguire una fascia a stralucido sull'orlo, sia nel lato interno che su quello esterno.

La datazione del vasellame iberico a stralucido è inquadrabile nell'ambito dell'arco cronologico del Bronzo finale. In particolare la ceramica tipo Lapa do Fumo sembrerebbe essere più antica, mentre quella "*retícula bruñida*" sopravvivrebbe anche sino al VII-VI sec. a. C. ([155]).

L'uso dello stralucido compare, pressoché nello stesso periodo, anche in Sardegna.

Dall'esame di numerosi vasi caratterizzati da questa decorazione, provenienti dal complesso nuragico Genna Maria e conservati nel Museo di Villanovaforru (Cagliari), si può riscontrare come essa sia diffusa sia su forme chiuse che aperte (fig. 125 A: 1-2; tav. V: 1-3) ([156]).

In queste ultime, costituite prevalentemente da grosse ciotole carenate larghe e non molto profonde, l'ornato occupa l'interno della vasca, come negli esemplari del sud-ovest spagnolo, formando motivi radiali.

Va rilevato come tali sintassi decorativa non sia infrequente anche in area iberica, dove è attestata, ad esempio, sul vasellame rinvenuto presso Huelva, al Cabezo de San Pedro ([157]).

Un ulteriore parallelismo con la Spagna sud-occidentale si rileva anche nell'uso di ornare a stralucido l'orlo del vaso.

A differenza di quanto osservabile per la "*cerámica tipo retícula bruñida*", tuttavia, a Genna Maria il gusto per lo stralucido, come si è detto, non è prerogativa soltanto delle forme aperte, ma è esteso anche a quelle chiuse. In questo complesso sardo si incontrano dunque associati alcuni caratteri, quali la decorazione all'interno della vasca di ciotole carenate e l'ornato sulla parete esterna di vasi chiusi, che nella Penisola Iberica sono invece di norma propri di aree geografiche e culturali ben diversificate.

Oltre che a Genna Maria di Villanovaforru, si hanno esempi di ceramica nuragica a stralucido anche a Sardara, a Barumini ([158]), a Bidistili-Fonni, a Cuccuru Nuraxi di Settimo S. Pietro e nel nuraghe Sa Mandra 'e sa Giua di Ossi ([159]). È però assai probabile che le attestazioni di questi materiali, sino ad ora non oggetto di specifici studi, siano in realtà ben più numerose.

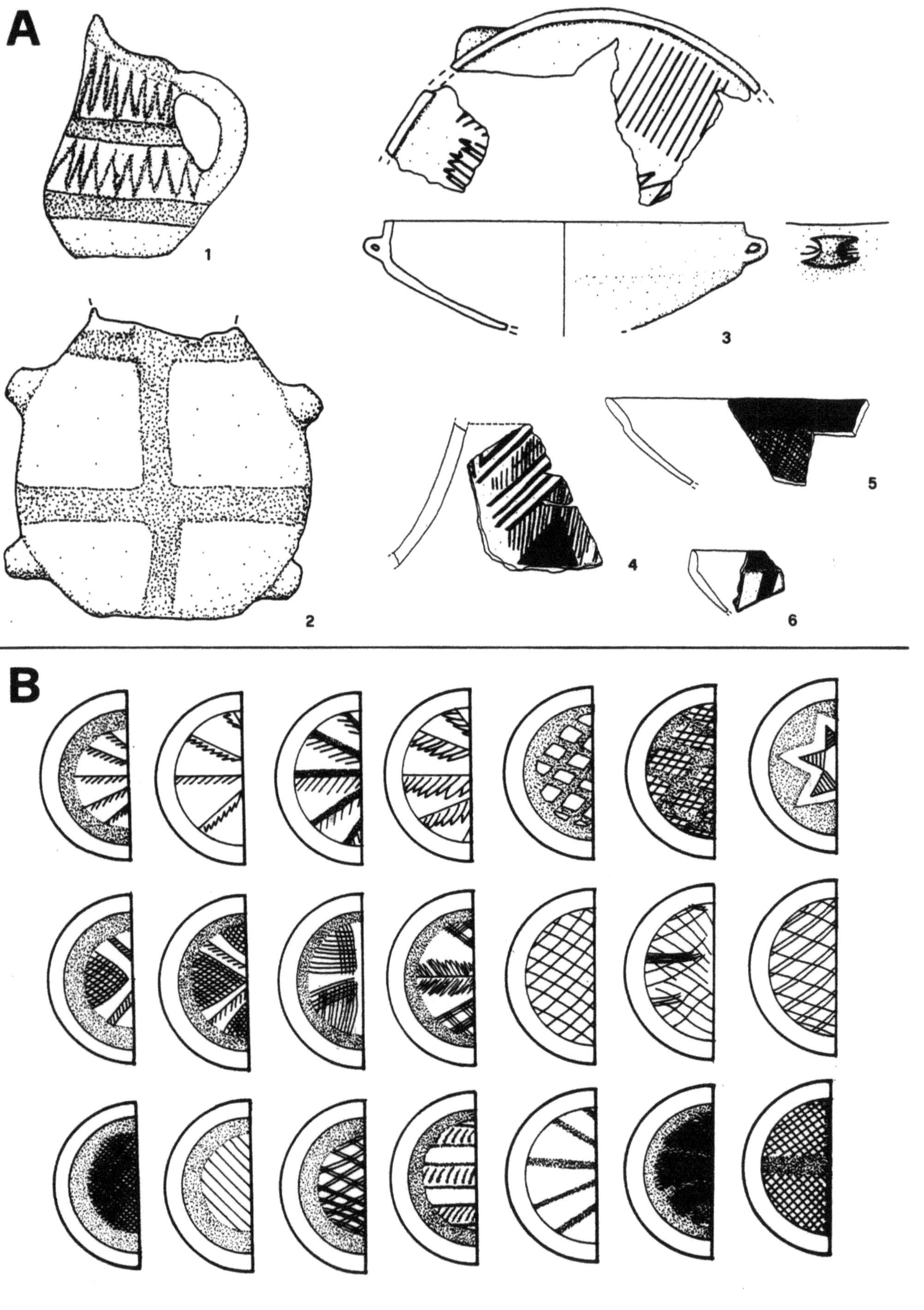

Fig. 125. Ceramica con decorazione a stralucido.
A. 1-2: Genna Maria di Villanovaforru; 3: Lipari; 4: Gruta do Vimeiro; 5-6: Cabezo de la Esperanza.
B. Schemi decorativi della ceramica a stralucido iberica.

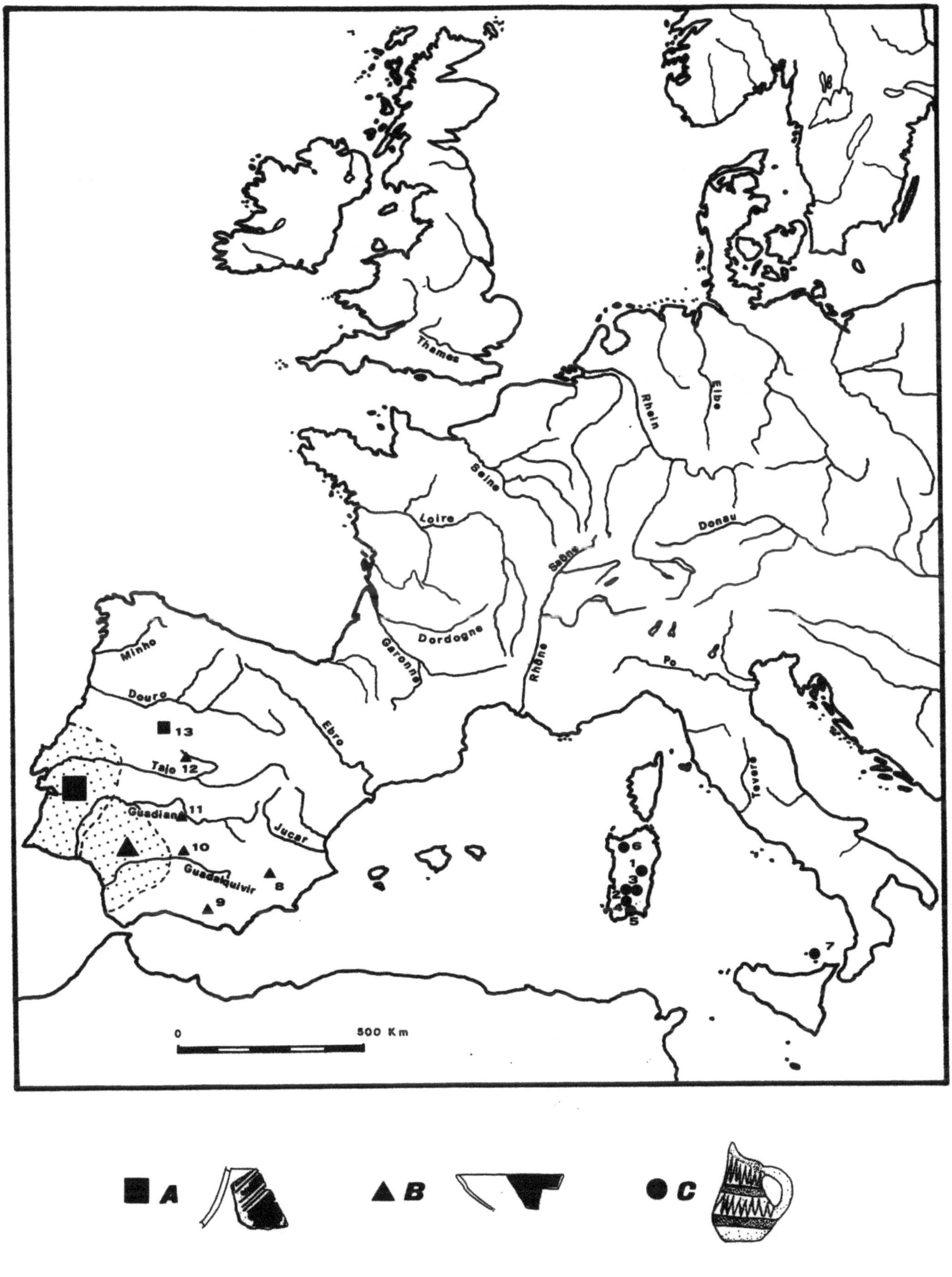

Fig. 126. Distribuzione della ceramica con decorazione a stralucido.
A: ceramica tipo Lapa do Fumo; *B*: ceramica tipo "*retícula bruñida*"; *C*: stralucido nuragico.

Sulla base dei dati attualmente disponibili, tale ceramica appare diffusa in tutta l'isola, benché sembri essere maggiormente concentrata nell'area meridionale, zona questa che, tra l'altro, gran parte delle evidenze metalliche indicano come la più interessata dai traffici con la Penisola Iberica.

Purtroppo le carenze nell'edizione di vasellame decorato con questa tecnica, impediscono di effettuare più precise comparazioni, nel repertorio decorativo e nelle forme vascolari, con il materiale iberico ([160]).

La decorazione a stralucido, che compare comunque su vasi propri ed esclusivi dell'ambiente sardo, come brocchette askoidi, sàssole e vasi a borraccia, è indubbiamente una produzione locale.

Per quel che concerne la datazione del materiale nuragico, va rilevato come a Genna Maria di Villanovaforru la maggioranza dei reperti contraddistinti da questo tipo di decorazione provengano da ambienti stratigraficamente appartenenti alla prima età del ferro ([161]); nel sito sono tuttavia stati osservati anche degli orli con ornato a stralucido su forme vascolari tipiche del Bronzo finale ([162]).

M.L. Ferrarese Ceruti ha riscontrato la presenza di decorazioni a stralucido fra il materiale nuragico rinvenuto negli scavi dell'Acropoli di Lipari, nei livelli dell'Ausonio II ([163]). Su un'ansa a bastoncello e su un frammento di collo cilindrico compaiono infatti, rispettivamente, una linea serpeggiante e cinque linee orizzontali parallele (fig. 18: 2-3). Particolare interesse riveste inoltre una piccola ciotola a corpo arrotondato dove, nella parte interna della vasca, è disegnato su fondo nero un ornato radiale realizzante motivi a graticola (fig. 125: 2), che trova confronti nei materiali degli strati a ceramica geometrica impressa nuragica di Genna Maria.

ELENCO DEI PEZZI ESAMINATI ED INDICAZIONI BIBLIOGRAFICHE

- Sardegna:

Bidistili-Fonni (Nuoro) (1) (Lilliu 1982, pp. 102-103); Genna Maria di Villanovaforru (Cagliari) (fig. 125 A: 1-2; tav. V: 1-3) (2) (Lo Schiavo 1981 b, figg. 342-345; Badas 1987, tav. II-V); Barumini (Cagliari) (3); Sardara (Cagliari) (4); Cuccuru Nuraxi di Settimo S. Pietro (Cagliari) (5) (Ferrarese Ceruti 1987, p. 432); Sa Mandra 'e sa Giua di Ossi (Sassari) (6) (Ferrarese Ceruti 1987, p. 432).

- Isole Eolie:

Lipari (Messina) (fig. 125 A: 3) (7) (Ferrarese Ceruti 1987, tavv. I: 4-5; II: 2, 4, 7; III: 3, 6).

- Penisola Iberica (vedi anche fig. 43):

Sulle attestazioni e relativa bibliografia, cfr. Almagro Gorbea 1977, pp. 125-132, fig. 53 A (tipo Lapa do Fumo) e B ("*tipo retícula bruñida*"); Lopez Roa 1978, pp. 177-179, fig. 1.

Oltre a sei rinvenimenti isolati, individuati con i relativi numeri (8-13), vengono segnalati nella carta di distribuzione fig. 126 i due principali areali di distribuzione della ceramica "*tipo Lapa do Fumo*" (*A*) e "*tipo retícula bruñida*" (*B*), comprendenti, rispettivamente, i 29 e 20 siti — raggruppati per province — che hanno restituito materiali decorati a stralucido e che costituiscono circa il 90 % della totalità dei rinvenimenti iberici.

Galera (Granada) (8); Monachil (Granada) (9); Colina de los Quemados (Cordova) (10); Medellín (Badajoz) (11); Cueva del Escobar (Cáceres) (12); Valcorchero (Cáceres) (13). (*A*): Beira Baixa: 2 presenze; Beira Litoral: 3 presenze; Ribatejo: 2 presenze; Estremadura: 13 presenze; Alto Alentejo: 3 presenze; Baixo Alentejo: 5 presenze; Algarve: 1 presenza. (*B*): Huelva: 7 presenze; Siviglia: 11 presenze; Cadice: 2 presenze.

NOTE

1) Numerosi i contributi pubblicati, in passato, su tale argomento. Per la moderna impostazione e lo sviluppo di questa problematica un'importanza del tutto particolare ebbero, nel secondo dopoguerra, gli studi condotti dallo spagnolo M. Almagro Bash, dall'italiano L. Bernabò Brea e dallo statunitense H. Hencken: cfr. Almagro Bash 1940; Bernabò Brea 1953-54; Hencken 1956.
2) Speciale interesse rivestono alcune osservazioni di M. Pallottino secondo il quale il linguaggio paleosardo - come sembra trasparire da alcuni termini legati alla toponomastica ed alla designazione di piante, animali ed ambienti geomorfologici - mostrerebbe analogie nell'ambito delle regioni centrali ed occidentali del Mediterraneo e particolarmente con l'area iberica, mentre non presenterebbe affinità né con gli idiomi semitici, né con quelli indoeuropei. Questi dati di carattere linguistico indicherebbero una notevole profondità ed antichità delle relazioni fra la Sardegna e l'Iberia. Un significativo gruppo di concordanze viene rilevata in special modo con il patrimonio linguistico basco: Pallottino 1950, pp. 21-26; 1952, pp. 138-141. Sull'argomento cfr. anche Lilliu 1988, pp. 268-270. Per un'analisi sulle attuali tendenze nell'ambito degli studi di paletnologia linguistica e sui rapporti fra dati archeologici e linguistici, cfr. Renfrew 1989, pp. 91-163; 297-325.
3) Lilliu, Schubart 1968.
4) Taramelli 1921 a, col. 37; Almagro Bash 1940, pp. 108-110. Talune di queste fogge sono state anche esaminate, già in passato, come indicatori di rapporti nell'ambito dell'area atlantica, fra Spagna, Francia ed Inghilterra: cfr. Evans 1930, pp. 160-162. Per un dettagliato esame ragionato della bibliografia precedente relativa alle spade "a lingua di carpa" e per un loro generale inquadramento, vedi Jacob-Friesen 1968, pp. 259-274.
5) Coffyn, Gomez, Mohen 1981, p. 9.
6) Taramelli 1921 a, col. 5.
7) Almagro Bash 1940, p. 85.
8) Coffyn 1985, p. 96.
9) Taramelli 1921 a, col. 8.
10) Almagro Bash 1940, p. 85.
11) Tali diverse caratteristiche dell'impugnatura si ritrovano entrambe nel ripostiglio di Monte Sa Idda: cfr. fig. 87 A: 1 (con traforo) e fig. 87 A: 2 (con chiodi).
12) Un esemplare da Monte Sa Idda (fig. 23: 9) a spalle concave e ricasso curvilineo può considerarsi un elemento di passaggio fra le due varietà.
13) Burgess, Colquhoun 1988, pp. 108-111.
14) Su questo problema confronta anche Coffyn 1985, p. 142, carta 18, anch'egli indotto a considerare unicamente nel loro insieme le spade "a lingua di carpa" francesi; cfr. anche Briard 1965, pp. 228-232, fig. 85, che pure lamenta l'assenza di uno studio esaustivo che tenga conto della totalità delle raccolte e delle pubblicazioni locali, particolarmente per il nord-ovest della Francia, che costituisce l'area più ricca di attestazioni.
15) Cordier, Gruet 1975, fig. 46: 3. Un simile fenomeno di trasposizione è stato osservato anche in altri tipi di spade; si veda ad esempio, per la Penisola Italiana, la spada a manico pieno da San Leo (Palmi, Reggio Calabria), che ripropone, in una foggia a manico pieno, le spade a lingua da presa tipo Torre Galli: cfr. Bianco Peroni 1970, p. 105.
16) Sull'autenticità di questi reperti, cfr. Cowen 1971 a, pp. 157-159.
17) Cfr. in particolare il pezzo da Monte Sa Idda, fig. 87 A: 1.
18) Coffyn, Gomez, Mohen 1981, tavv. 3: 2; 4: 1-13.
19) Bianco Peroni 1970, pp. 97-98.
20) La produzione in area iberica di spade di questo tipo e dimostrata dalla forma di fusione in arenaria rinvenuta completa di ambedue le valve a Ronda, presso Malaga: cfr. Del Amo 1983, pp. 81-90, fig. 1, tavv. I-II. È inoltre verosimile che in tale area il modello, realizzato però in ferro, sia perdurato a lungo, come sembrerebbe suggerire l'esemplare in tale metallo trovato in una tomba di Castulo, esemplare considerato da Blanco Freijeiro una spada tartessica: Blanco-Freijeiro 1963, pp. 46, 56-58, fig. 10.
21) La forma, frammentaria, proviene dallo scavo di un'officina metallurgica. La struttura dove si svolgevano le attività fusorie aveva pianta rettangolare con angoli curvilinei delle dimensioni di m 8 x 4,5; l'ingresso era posto nel lato minore, a sud-est. Al centro era un forno fusorio d'argilla, circolare, del diametro di 60 cm. Presso la parete di fondo si trovava una piattaforma quadrangolare di argilla con un foro circolare al centro ed una rientranza semicircolare su di un lato. All'esterno della struttura vennero rinvenute abbondanti scorie, insieme a ceneri, carboni, frammenti di argilla, teste di mazza e più di quattrocento resti di forme di fusione, alcune realizzate in arenaria, altre — la maggior parte — in argilla, nonché resti di un manufatto in ferro. Fra gli oggetti destinati ad essere prodotti con tali forme sono stati identificati spilloni, braccialetti, punte di lancia, spade ed ascie (González Prats 1992, pp. 245-252, fig. 2, tav. I).
22) Carancini 1979 a, p. 639.
23) Bianco Peroni 1970, p. 97; cfr. anche Carancini 1979 a, pp. 638-639.
24) In questo elenco, come pure, analogamente, in quelli seguenti, il numero che accompagna il pezzo coincide con quello che lo identifica nella relativa carta di distribuzione.
25) L'ascia, inedita, è conservata nel Department of Prehistoric and Romano-British Antiquities del British Museum, n. inv. 80 8-2 43; essa venne donata il 2 agosto 1880 da sir A. W. Franks. Nell'inventario il luogo di provenienza è indicato come "Viterbo"; sul pezzo è invece scritto, sopra la patina, ad inchiostro, "Castro Giovanni", che è stata la vecchia denominazione di Enna fino al 1927 (tav. IV: 1). Pur nell'ineliminabile dubbio, si è preferito privilegiare questa seconda ipotesi, ritenendo la scritta verosimilmente preesistente alla redazione del catalogo: in caso contrario una simile notazione si sarebbe riscontrata infatti anche sugli altri reperti, o comunque su quelli acquisiti nella medesima data.
26) Cfr. anche Lo Schiavo 1985, p. 263.
27) Vedi anche Lo Schiavo 1983 a, pp. 300-301.
28) Maxwell-Hyslop 1953; Dullo 1936 pp. 86-98; Petrie 1917, pp. 17-18.
29) Cfr., per questa definizione, quella formulata da G.L. Carancini relativamente alla sua foggia "asce piatte a spuntoni laterali": Carancini 1984, p. 235.
30) Frödin, Persson 1938, p. 311, fig. 214: 2.

31) Götze 1902, pp. 403-405, fig. 406; per un inquadramento dei livelli tardi di Troia, cfr. Blegen 1958, pp. 147-172.
32) Gli esemplari siciliani da Agrigento (?), Catania (località ignota) ed Enna (fig. 93: 2, 5, 7), inediti, sono conservati, rispettivamente, nel Museo Archeologico Regionale di Agrigento (inv. R 236) nel Museo Nazionale Preistorico ed Etnografico L. Pigorini di Roma (inv. 36471), nel Department of Prehistoric and Romano-British Antiquities del British Museum (inv. 80 8-2 39), che si ringraziano per averne permesso lo studio. Va rilevato che il pezzo del museo di Agrigento è privo di indicazioni sulla provenienza; esso faceva parte di una vecchia collezione privata agrigentina raccolta dal barone Giudice, formatasi prevalentemente con materiali della Sicilia centro-meridionale acquistati da contadini: sulla collezione Giudice, cfr. De Gregorio 1917, pp. 69-73.
33) Di un altro pezzo, conservato nelle Collezioni Reali del Fondo Vecchio del Museo Archeologico di Torino, troppo vaghe sono le indicazioni sulla provenienza, che si limitano ad un generico "Italia" (peninsulare ?, insulare ?) (Lo Schiavo, D'Oriano 1990, p. 115, fig. 6: 3).
34) Maxwell Hyslop 1953, p. 79, fig. 3.
35) Coffyn 1985, p. 151.
36) Petrie 1917, tav. XVIII: 103, 112.
37) Infatti si può rilevare come uno dei due disegni delle asce da "Civitavecchia" (Petrie 1917, tav. XVIII: 112; Maxwell Hyslop 1953, fig. 3: 4) sia pressoché identico a quello del pezzo da Monte Rovello (Petrie 1917, tav. XVIII: 108; Maxwell Hyslop 1953, fig. 3: 5).
38) Maryon 1938, fig. 19; Maxwell Hyslop 1953, tav. VIII: 2.
39) Cfr., in particolare, l'esemplare da Gambarella di Topinara, nel Veronese: Salzani 1986, p. 65, fig. 1.
40) Si vedano le asce dei tipi *20 A*, *20 B*, *20 C* di L. Monteagudo (Monteagudo 1977, pp. 139-143). Confronta pure il riesame della tipologia di Monteagudo compiuto, relativamente alle asce a spuntoni laterali, da A. Wesse e M. Díaz-Andreu ed in particolare i gruppi *III C 1* e *III C 2* di A. Wesse: Wesse, Díaz-Andreu 1988, pp. 97-100.
41) Hemp 1925, pp. 51-54.
42) Nell'esemplare di Castelluccio l'occhiello, per difetto di fusione, non è completo e si presenta come due abbozzi di spuntoni ricurvi diretti l'uno verso l'altro.
43) Monteagudo 1977, p. 215, tav. 97: 1366.
44) Monteagudo 1977, tavv. 51: 832; 56: 909; 81: 1196.
45) Coffyn 1985, tav. XXV: 8-10.
46) Cfr. i tipi *36 A*, *36 B*, *36 C*, *36 D* di L. Monteagudo e la loro diffusione: Monteagudo 1977, pp. 211-214, tav. 140: B.
47) Taramelli 1921 a, coll. 22-23, figg. 19-22.
48) Cfr. in generale i tipi *31 A*, *31 B*, *31 C*, *32 A*, *32 B*, *34 A*, *37 A*, *37 B*, *37 D1*, *38 A2*, *38 B1* di L. Monteagudo e la loro diffusione: Monteagudo 1977, pp. 185-194, 203-205, 216-218, tavv. 138: B; 139: B; 141 A.
49) Le asce a cannone britanniche mostrano, rispetto alla foggia in esame, i caratteri di un'evoluzione lungo linee parallele, sebbene distinte per alcuni caratteri. È stato del resto osservato come la produzione metallurgica britannica ed irlandese della tarda età del bronzo mantenga elementi suoi propri, nonostante l'ampia rete di contatti che la mantiene in stretto rapporto con quella continentale (Burgess 1974, p. 209). Le "*Transitional*" e le "*Late Palstaves*" insulari si differenziano infatti dalle asce del gruppo *B* qui considerato per l'assenza dei margini rilevati lungo la lama; in esse inoltre la costolatura centrale assume in genere forma triangolare, con base lungo il margine inferiore del setto.
Del tutto analoga ai pezzi continentali è invece l'ascia scozzese da Dalmore Rock, probabilmente d'importazione. Sulle "*Transitional*" e le "*Late Palstaves*" britanniche, cfr. Smith 1959, pp. 176-177; Schmidt, Burgess 1981, pp. 145-163.
50) Bernabò Brea 1972, p. 155, fig. 35: 5.
51) Bernabò Brea 1972, p. 156.
52) Monteagudo 1977, tav. 152 B: 1-3.
53) De Gregorio 1917, p. 58, tav. XLIV: 2.
54) Si consideri che A. De Gregorio, non avendo a propria disposizione i reperti, li riproduceva sommariamente, come meglio poteva, osservandoli dalle vetrine. Queste erano inoltre spesso in condizioni di illuminazione assai carente. Anche in considerazione del non elevato talento grafico dell'autore, non si può quindi escludere si tratti dello stesso pezzo riprodotto da Bernabò Brea. L'opera di De Gregorio resta comunque di notevole importanza documentaria, giacché vi si trovano rappresentati, sia pure in maniera talora scarsamente precisa, un gran numero di reperti pre- e protostorici conservati nelle vecchie collezioni siciliane, parte dei quali è in seguito andato perduto.
55) Gray 1937, pp. 63-68; Childe 1939, pp. 320-323, fig. 1.
56) Rowlands 1976, p. 39; O' Connor 1980, pp. 54-55.
57) Monteagudo 1977, tavv. 137: A; 138: A; 139: A, B; 140: A; 141: A-C.
58) Particolarmente vicini al pezzo siciliano sono alcuni esemplari iberici dei tipi *29 H*, *32 C1*, *32 C*, *32 E* di L. Monteagudo. A quelli sardi si connettono piuttosto le asce dei tipi *35 B*, *35 C*, *37 C*: cfr. Monteagudo 1977, pp. 180-181, 194-198, 208-210, 218-219.
59) Cfr. il tipo *27 B* di L. Monteagudo: Monteagudo 1977, pp. 161-162.
60) Un'ulteriore ascia di questa foggia è custodita nelle Collezioni Reali del Fondo Vecchio del Museo Archeologico di Torino. Eccessivamente generici sono però i dati relativi alla provenienza del pezzo, indicata come "Italia" (Lo Schiavo, D'Oriano 1990, p. 115, fig. 6: 7).
61) Va segnalato come il pezzo attribuito da Coffyn al ripostiglio di Arignac (Ariège) (Coffyn 1985, fig. 63: 7), proverrebbe invece, secondo Chardenuox e Courtois, dall'Haute-Ariège (Chardenuox, Courtois 1979, p. 89, tav. 39: 661).
62) Cfr. Monteagudo 1977, tav. 141: A.
63) Relativamente all'esemplare francese da Tarbes, va rilevato come la presenza di una costolatura mediana sulla lama, che consente di attribuirlo alle asce del gruppo *B*, non venga riportata nel disegno del pezzo che ne fornisce Coffyn (Coffyn 1985, fig. 66: 2); essa è invece esplicitamente menzionata nel testo e raffigurata nel volume dei *P.B.F.* relativo alle asce della Francia meridionale: Chardenuox, Courtois 1979, p. 877, tav. 39: 659.
64) Le asce a cannone quadrangolare con occhielli laterali a fusto liscio, di cui non sono sino ad ora attestati esemplari in area mediterranea, sono documentate pressoché in eguale misura sia in Portogallo (Caldas da Rainha ?, Estremadura:

Monteagudo 1977, tav. 118: 1711; Serra de Monte Junto, Estremadura: Monteagudo 1977, tav. 118: 1711 A; Porto de Mós, Estremadura: Monteagudo 1977, tav. 118: 1712), che in ambiente francese (Castelnaudary, Aude: Coffyn 1985, fig. 70: 4; Ehl, Alsazia: Coffyn 1985, fig. 70: 3; Caumont, dragaggio della Senna, Eure: Coffyn 1985, fig. 70: 2; Dolmen des Erves ?, Sainte-Suzanne, Mayenne: Coffyn 1985, fig. 70: 1).

65) Carancini 1984, pp. 166-169.

66) Cfr. il tipo *42 A* di Monteagudo: Monteagudo 1977, pp. 250-252 e tav. 142 B: *typ 42 A* (carta di distribuzione).

67) Asce a cannone quadrangolare con un solo occhiello compaiono anche nelle Baleari, fra le altre fogge di asce a cannone attestate in queste isole (Delibes de Castro, Fernandez-Miranda 1984, p. 1001). Particolarmente interessante è il confronto offerto dal tipo Son Real di G. Delibes de Castro e M. Fernandez-Miranda, per molti versi affine alle asce portoghesi e galleghe esaminate, ma nel quale l'anello è posto in posizione non laterale, ma frontale, e che rappresenta evidentemente un adattamento locale del modello peninsulare (Delibes de Castro, Fernandez-Miranda 1984, pp. 1001-1005).

68) Per tale foggia cfr. il tipo *42 C* di Monteagudo: Monteagudo 1977, pp. 252-253 e tav. 142 B: *typ 42 C* (carta di distribuzione).

69) Carancini 1984, pp. 149-159.

70) Si veda in particolare la valva litica rinvenuta nella capanna XIV del Villaggio della Montagnola di Capo Graziano, nell'isola di Filicudi, in un contesto della fase finale della facies di Capo Graziano: cfr. Albanese Procelli 1991, pp. 309-313, fig. a p. 310.

71) Carancini 1984, pp. 196-197. Si consideri che nella sola penisola sono documentati attualmente più di duecento esemplari di asce ad occhio.

72) Almagro Bash 1964-65, pp. 228-233, fig. 2.

73) Orsi 1900, tav. XII: 6, 8, 13.

74) L'ascia risulta, dal *Register of Antiquities British and Medieval of the British Museum* (vol. 13, Jan. 1935 - Dec. 1937, 11-9-1937, p. 187): «Purcheased from M.C. Audin, Bournemouth. Found by vendor while beach - fishing in sept. 1937: spot where fished up is off Southborne, Bournemouth Hants, a short distance W. of Hengistbury Head». Dallo stesso registro si rileva inoltre che l'esemplare presentava incrostazioni marine.
Hawkes, nell'articolo nel quale illustra l'ascia da Hengistbury Head, afferma anche che nel British Museum è conservata «a very Italian-looking spearhead [...] from Thames Ditton» (Hawkes 1938, p. 227), pezzo tuttavia rimasto inedito. Tale oggetto (British Museum: inv. n. 56 7-1 1363 C.R.S.) in realtà non presenta affatto paralleli, se non assai generici, con materiale italiano; ha invece confronti, oltre che per la forma della lama, anche per la caratteristica decorazione posta alla base del cannone, con le punte di lancia di alcuni ripostigli inglesi, fra cui quello di Watford, nell'Herdfordshire (Coombs 1979, pp. 205-207, 212-213, fig. 11. 5: 36-38, 40).

75) Gli elementi caratteristici dell'ascia di Hengistbury Head, quali la testa a lati concavi, divaricati verso il tallone, con grossa costolatura centrale, terminante in un'appendice tronco-conica e la lama a margini concavi, divaricati, verso il taglio, la pongono in rapporto con le asce ad occhio del I orizzonte dei ripostigli siciliani, e particolarmente con l'esemplare da Malvagna.
Per i rapporti fra queste asce e quelle peninsulari appartenenti ai tipi Menaforno e Cuma, vedi. p. 17. Cfr. anche con un'ascia sporadica da Polizzello, Palermo 1983, p. 110, tav. XXXIX, a sinistra.

76) Albanese Procelli 1993, p. 38, fig. 6: 40.

77) La pertinenza del pezzo al ripostiglio di Ripoll non è certa; essa venne donata al Museo di Gerona alla fine del secolo scorso insieme ad un'ascia ad alette: cfr. Almagro Bash 1964-65, pp. 226-228; Almagro Bash 1967, E. 14 1-(1).

78) Cfr. in particolare alcune asce da Ardea (Carancini 1984, tav. 170, 4456, 4458); per la datazione di tali pezzi, cfr. Carancini 1984, p. 229.

79) Coelho 1975, pp. 195-196; Varela Gomes, Pinho Monteiro 1977, figg. 3, 4.

80) Il pezzo, proveniente dalla Collezione Root, è conservato in Gran Bretagna al Pitt-Rivers Museum di Farnham; un'altra ascia ad occhio, di tipologia diversa, ma di provenienza sconosciuta, è conservata a Périgueux nel Musée du Périgord: Cowen 1971 b, p. 230; Chevillot 1981, pp. 42-43, fig. 4, tav. 11.

81) L'esemplare da Rennes (Ille-et-Vilaine) conservato al Museo di Nantes è stato talora, da alcuni autori, erroneamente indicato come proveniente dal ripostiglio di Jardin des Plantes: cfr. Chardenoux, Courtois 1979, p. 144.

82) Per la definizione e la distribuzione di tali asce, datate da G.L. Carancini alla fase recente della prima età del ferro, cfr. Carancini 1984, pp. 228-229.

83) Per la definizione e l'inquadramento cronologico delle asce ad occhio dei tipi Doss Trento e Cerchiara, cfr. Carancini 1984, pp. 229-230 e 205-206, rispettivamente.

84) Orsi 1899, pp. 129-130, fig. 49; Hencken 1955, tav. XXI.

85) Hencken 1955, p. 160; Bernabò Brea 1953-1954, p. 213; Bernabò Brea 1964-65, p. 17. In particolare H. Hencken ha sottolineato lo stretto rapporto fra il reperto di Cassibile ed i rasoi bifidi appartenenti alla II classe dei rasoi britannici secondo la classificazione di M.C. Piggott: cfr. Piggott 1946, pp. 126-128.

86) Da Huerta de Arriba e da Bocas; quanto all'esemplare da Cabezo de Araya, ricordato da A. Coffyn (Coffyn 1985, p. 57), la sezione del codolo, quadrata e non appiattita come in questi rasoi, conferma l'interpretazione di M. Almagro, secondo cui si tratterebbe piuttosto di una punta di freccia: cfr. Almagro Bash 1960, E 4.3-(2): 16.

87) Jockenhövel 1980, pp. 58-61, 75-77. Jockenhövel ha raggruppato sotto la denominazione "*sonstige zweischneidige Rasiermesser mit Griffangel und spitz V- oder U-förmigen Blatteinschnitt*" esemplari assai diversi fra loro, alcuni dei quali sono da considerare estranei alla famiglia tipologica in esame. Si osservi tra gli altri, ad esempio, il caso di un pezzo irlandese da Booltiaghadine (Clare) (Jockenhövel 1980, tav. 12: 215) comparabile con i rasoi bitaglienti tipo Pertosa italiani, o quello dell'esemplare scozzese frammentario da Glentrool (Kirkcudbright) (Jockenhövel 1980: tav. 12: 208), privo della parte superiore della lama, ma che mostra stretti rapporti con alcuni rasoi provenienti dalle Isole Britanniche (cfr. in particolare quelli da Carrickfergus,

Southlodge, Laughton's Knowe), uno dei quali con esso associato nello stesso ripostiglio, rasoi appartenenti al raggruppamento tipologico "*Zweischneidige Rasiermesser mit langovalem Blatt und Griffangel, Variante I*": cfr. Jockenhövel 1980, pp. 37-40, tav. 4: 79 (Carrickfergus), 80 (Glentrool), 81 (South Lodge), 82 (Laughton's Knowe).

88) Jockenhövel attribuisce i ripostigli francesi di Hénon (Côtes-du-Nord) e di Rosnoën (Finistère) alla sua fase "*Zeitstufe der Schwerter mit shilfblattförmiger Klinge*" (Jockenhovel 1980, p. 60), da lui stesso parallelizzata con il Bz D della sequenza centroeuropea (Jockenhövel 1975, pp. 140-143).

89) Il carattere dell'incavo circolare nella parte superiore della lama si riscontra infatti in rasoi bitaglienti con lama a contorno quadrangolare, come in un pezzo dalla tomba 84 del sepolcreto protovillanoviano di Timmari (Matera), appartenente al tipo Croson di Bovolone, tipo databile alla fase piena del Bronzo finale: cfr. Bianco Peroni 1979, pp. 17-18, 190, tav. 6: 80.

90) Si confronti con i rasoi bitaglienti dei tipi Capua e Camporeatino ed in particolare con l'*unicum* da Bisenzio, tutti databili al primo orizzonte della fase iniziale della prima età del ferro: Bianco Peroni 1979, pp. 23-24, 45-46.

91) Peroni 1956, pp. 392, 400, figg. 1, 2. Confronta i rasoi del gruppo *A* della classificazione di R. Peroni: Peroni 1956, p. 392.

92) A. Snodgrass, nel suo studio sulle armi in uso dalla tarda età del bronzo al VII secolo, la inquadra nel suo tipo *3 A 2* delle punte di freccia, mettendo in rilievo la sua origine orientale: Snodgrass 1964, pp. 148-151, fig. 10. Cfr. anche, relativamente al suo tipo *11 a*, Ramon 1983, p. 318.

93) «La punta de flecha "tipo Macalón" es decir con un solo apéndice o anzuelo, es siempre de bronce, de unos 4 centímetros de larga, vástago hueco de enmangue, dos filos separados por nervadura central destacada y anzuelo saliendo en el límite de unión entre la hoja y el vástago»: Garcia Guinea 1967, p. 70.

94) In questa tipologia Sánchez Meseguer analizza separatamente, per ciascun esemplare, l'andamento formale di tre elementi morfologici: sperone, lama e cannone: Sánchez Meseguer 1974, pp. 71-94.

95) Ramon 1983, pp. 310-314.

96) Schubart, Niemeyer 1969, pp. 212-219.

97) Sánchez Meseguer 1974, pp. 99-100; Ramon 1983, p. 320.

98) Gierow 1964, pp. 310-319, 348, 352, fig. 209: 35.

99) Gierow 1964, fig. 209: 26.

100) Peroni 1979, pp. 198-199.

101) Un ulteriore esemplare, da località imprecisata dell'isola, è custodito nel Museo Archeologico Nazionale di Cagliari (Lo Schiavo 1981 b, fig. 277, primo reperto a sinistra).

102) Il pezzo è stato rinvenuto nella trincea 31 A, strato 4: Leighton 1993, pp. 84, 216, tav. 154: 634. Un altro possibile esemplare di provenienza siciliana è forse da ravvisarsi in una punta di freccia pubblicata da L. Coutil agli inizi del secolo come proveniente da Atene o da Siracusa (Coutil 1912, p. 483, fig. 1).

103) Per la definizione dei tipi Rocanes e Castropol, cfr. anche Coffyn 1985, pp. 222, 408.

104) Una forma di fusione è stata scoperta, insieme a due esemplari già realizzati, nel sito eponimo di Castropol (Oviedo); un'ulteriore forma di fusione, proveniente genericamente dalle Asturie, è conservata presso la collezione Posada di Cangas de Onís (Coffyn 1985, p. 223).

105) Pinza 1901, tav. XVII: 3; Lo Schiavo, D'Oriano 1990, p. 113, nota 58.

106) Taramelli 1921 a, col. 49, figg. 60-61. Cfr., su queste falci e la loro affinità ai tipi Rocanes e Castropol, Lo Schiavo, D'Oriano 1990, p. 113, fig. 4: 2.

107) Forme collegate con i tipi esaminati sono attestate, nell'area atlantica, anche in Inghilterra: cfr. l'esemplare da Edington Burtle, Somerset, Fox 1939, tav. XXIV: 0.

108) Fox 1939, p. 223; Briard 1964, p. 133; Coffyn 1985, p. 55.

109) Fox 1939, pp. 223-238.

110) Fox 1939, p. 223, fig. 9.

111) Jockenhövel 1975, pp. 142-143.

112) Alcuni esemplari di "*sickles socketed laterally*" irlandesi con cannone cilindrico aperto alle estremità sono conservati, privi di precise indicazioni sulla loro provenienza, al National Museum di Dublino: cfr. Fox 1939, figg. 2: 49, 57; 3: 53.

113) Fox 1939, pp. 237-238; si rilevi come il gruppo sia caratterizzato tipologicamente, al suo interno, da un campo di variabilità abbastanza ampio. Per la Francia, cfr. Briard 1964, pp. 134-135.

114) Di alcuni esemplari irlandesi non si conosce l'esatto luogo di provenienza: Fox 1939, fig. 8: 42-43.

115) Taramelli 1921 a, coll. 56-57, fig. 79.

116) Almagro Gorbea 1974 a.

117) Mohen 1977.

118) Almagro Gorbea 1974 a, pp. 378-379.

119) Almagro Gorbea 1974 a, p. 380, fig. 21: 1-2.

120) Mohen 1977, p. 38.

121) Karageorghis, Lo Schiavo 1989, pp. 16, 22-23.

122) È riconoscibile nel frammento sardo l'asta ritorta, frammentaria, nonché la testa dello spiedo, con l'alloggiamento e parte dell'elemento a snodo con forcella e, opposto ad essa, il resto di una figurina di cervo stilizzata, realizzata a giorno; cfr. Karageorghis, Lo Schiavo 1989, p. 19.

123) È da segnalare l'identificazione proposta in via ipotetica da F. Lo Schiavo di un frammento proveniente dalla grotta-santuario di Pirosu-Su Benatzu di Santadi (Cagliari) come appartenente ad uno spiedo a manico fisso tipo El Barrueco (Lo Schiavo, D'Oriano 1990, p. 128). Questo tipo di spiedo, rinvenuto nei pressi di El Barrueco (Salamanca) è costituito da due pezzi saldati fra loro: un'impugnatura cilindrica terminante a vaso che si innesta, all'estremità opposta, con la lunga asta mediante un ingrossamento avente anche funzione di sostegno (Almagro Gorbea 1974 a, pp. 376, 378; figg. 4: 3; 9: 4).

124) Almagro Bash 1940, pp. 138-141; Almagro Bash 1957-1958, pp. 198-206.

125) Cfr. Guzzo 1969, p. 300.

126) F. Lo Schiavo, segnalando l'indipendenza dell'esemplare sardo dai modelli ciprioti, suggerisce per esso una fabbricazione locale o una provenienza iberica: Lo Schiavo 1992, pp. 296-301.

127) Almagro Bash 1966 a, pp. 182-188.

128) Blinkenberg 1926, pp. 247-248; Guzzo 1969, pp. 302-303.

129) Blinkenberg 1926, pp. 248-253; Guzzo 1969, pp. 303-305.

130)Guzzo 1969, pp. 304-305.

131)Lo Schiavo 1978 b, pp. 42-44, fig. 6: 3. Il migliore confronto per questa fibula è costituito da un esemplare da Egina: cfr. Blinkenberg 1926, p. 253, fig. 301.

132)Cunisset-Carnot, Mohen, Nicolardot 1971, p. 607.

133)Cunisset-Carnot, Mohen, Nicolardot 1971, fig. 2: 2-3. Su questi due esemplari cfr. anche Lo Schiavo 1992, p. 301.

134)F. Lo Schiavo ha identificato 74 esemplari di fibule a gomito con spillone dritto tipo Cassibile: Lo Schiavo 1993, pp. 240-242.

135)L. Bernabò Brea mette in rapporto queste fibule con i commerci fenici (Bernabò Brea 1964-65, pp. 15-16); di opinione contraria A.M. Bisi (Bisi 1968, p. 1167, nota 56) e G. Garbini (Garbini 1964-65, p. 34; Garbini 1966, p. 116, nota 10); per quest'ultimo l'esistenza di esemplari nel mondo siro-palestinese costituisce piuttosto una presenza occidentale in Asia, essendo le fibule estranee al costume di quella regione.

136)Tali contatti transmarini sono indiziati, oltre che da alcune tradizioni leggendarie, anche dalla presenza in Sicilia di forme vascolari collegabili con l'ambiente cipriota, quali la teiera con versatoio a crivello; cfr. Vagnetti 1968, pp. 134-138.

137)Cfr. anche Guzzo 1969, p. 306.

138)Lo Schiavo, Peroni 1979, pp. 560-561, fig. 2: 6.

139)Peroni 1961 c, pp. 180-181, tav. 21: 4.

140)Colini 1909-1910, p. 141, fig. 34.

141)Bellintani, Peretto 1972, p. 36, tav. 1: 12.

142)Montelius 1895-1910, I, col. 12, tav. XVI: 219.

143)Per l'inquadramento cronologico delle fibule ad arco serpeggiante ad occhio con spillone diritto e staffa simmetrica nell'ambito del Bronzo finale, cfr. Lo Schiavo, Peroni 1979, pp. 560-561. Sulle fibule, assai simili alle precedenti, ma con staffa allungata, caratteristiche del più antico orizzonte dell'età del ferro dell'Italia continentale, cfr. Peroni 1979, pp. 193-194.

144)Se ne conoscono sino ad ora oltre duecento esemplari provenienti dall'Italia continentale e dalla Sicilia; cfr. Lo Schiavo 1993, p. 247.

145)Per l'inquadramento cronologico di queste fibule, vedi Lo Schiavo 1993, p. 247; cfr. anche Peroni 1979, pp. 194-195.

146)Coffyn, Gomez, Mohen 1981, tav. 27: 34-35.

147)La protome taurina si osserva anche, sebbene raffigurata in maniera più naturalistica, in altre due fibule siciliane, una, a due pezzi, da Priolo (Blinkenberg 1926, fig. 8), l'altra, inedita, conservata nel Museo di Gela. Va rilevato come sia nell'esemplare di Priolo che in quello di Castelluccio le corna taurine terminino con un ingrossamento; questo particolare si riscontra anche in alcuni bronzetti nuragici, dove è stato interpretato come la raffigurazione della difesa precauzionale che doveva venire posta in particolari occasioni sulle corna dei tori: cfr. Taramelli 1924, p. 531, fig. 7.

148)Almagro Bash 1966 a, pp. 182-188; Almagro Gorbea 1977, pp. 181-183.

149)In talune di queste fibule possono riscontrarsi, sulla base di alcuni dettagli, delle assonanze tipologiche, come si è accennato, con fibule a gomito. Un pezzo dalla Meseta conservato al Museo dell'Instituto de Valencia de Don Juan (fig. 121 A: 4) mostra una decorazione dell'arco a costolature e profonde scanalature analoga a quella delle fibule del tipo Huelva.

150)L. Bernabò Brea (Bernabò Brea 1972, fig. 35) e M. Almagro (Almagro Bash 1957-1958, fig. 3) accostano ad essa altre due fibule siciliane, nelle quali però il gomito è sostituito da un occhio, una dalle colline di Noto (Bernabò Brea 1972, fig. 35: 15) e l'altra, proveniente genericamente dalla Sicilia, conservata nel Museo di Palermo (Montelius 1895-1910, I, col. 22, tav. XVI: 233).

151)Almagro Bash 1966 b, p. 220.

152)La tomba 700, che conteneva la fibula, aveva questo solo oggetto di corredo; sulla base della stratigrafia orizzontale si può tuttavia proporre una datazione nell'ambito del I Ferro 2 B: cfr. Lo Schiavo 1978 b, p. 41.

153)Pons i Brun 1984, p. 178; sulla cronologia delle fibule a doppia molla iberiche, specie in rapporto con gli esemplari dell'Italia tirrenica, cfr. anche Lo Schiavo 1978 b, pp. 39-42.

154)Sulle fibule a doppia molla catalane e della Linguadoca, cfr. Pons i Brun 1984, pp. 178-179. Fra i rinvenimenti spagnoli va segnalato il sito di La Peña Negra (Crevillente, Alicante), un insediamento dove scavi recenti hanno messo in luce i resti di un'officina metallurgica: González Prats 1989, tav. a p. 475; González Prats 1992, p. 249.

155)Schubart 1971, p. 171; Almagro Gorbea 1977, pp. 95-96, 126, 149, 495-496; Lopez Roa 1978, p. 176; Chamorro 1987, p. 211. Un impulso all'introduzione di questa tecnica potrebbe essere stato fornito dalle relazioni con la Sardegna (Schubart 1971, pp. 176-177, nota 43). Va tuttavia rilevato che la ceramica a stralucido cui Schubart fa riferimento non è quella nuragica, ma quella, di troppo più antica, della cultura eneolitica di Monte Claro, che egli attribuisce, tratto in errore da una vecchia datazione degli anni '50, ad un periodo compreso fra il 1200 ed il X sec. a. C. (Lilliu, Ferrarese Ceruti 1958-1959, pp. 265-266, fig. 46, tav. XIX). Anche Maluquer de Motes rapporta la ceramica a stralucido iberica a quella della Sardegna (Maluquer de Motes 1970, p. 144).

156)Cfr. Badas 1987, tav. II-V.

157)Blázquez, Luzón, Gómez, Clauss 1970, tav. XXVII: h.

158)Materiali inediti. Ringrazio il dr. U. Badas per la cortese indicazione.

159)Lilliu 1982, pp. 102-103; Ferrarese Ceruti 1987, p. 432; Giardino 1992, p. 308.

160)Scarse sono anche le illustrazioni riproducenti questi materiali: in *Ichnussa* sono brevemente presentati 5 pezzi, esclusivamente pertinenti a forme chiuse: vedi Lo Schiavo 1981 b, figg. 342-345.

161)Badas 1987, p. 133.

162)Informazione gentilmente fornitami dal dr. U. Badas.

163)Ferrarese Ceruti 1987, pp. 431-432.

IMBARCAZIONI E NAVIGAZIONE IN ETA' PROTOSTORICA

LE NAVI

Per meglio comprendere la dinamica dei traffici marittimi della fine del II millennio a. C. è opportuno tener conto sia delle caratteristiche tecniche delle navi protostoriche che dei sistemi di navigazione in uso.

Ben poco si conosce sulla struttura delle imbarcazioni che in quel periodo dovevano solcare il Mediterraneo. Le fonti di informazione sono costituite principalmente dalle rappresentazioni, sempre assai schematiche, forniteci dai modellini fittili o metallici di navi e dalle raffigurazioni dipinte o in rilievo. Una importanza non trascurabile rivestono poi quei passi dei poemi omerici in cui vengono descritte in dettaglio le imbarcazioni, le operazioni connesse con la loro costruzione e la stessa navigazione.

Decisamente scarsi sono invece, purtroppo, i dati ricavabili dai rari relitti del periodo in esame sino ad ora scavati scientificamente, anche se ci forniscono informazioni fondamentali sulle caratteristiche e la natura del carico.

Della nave naufragata presso Capo Gelidonya (1) troppo poco era conservato per poter offrire elementi utili sulla sua struttura, giacché il fondale roccioso dove è avvenuto l'affondamento era coperto soltanto da pochi centimetri di sabbia.

L'assenza di un rivestimento protettivo di melma non ha quindi consentito la conservazione del materiale organico di cui era composto lo scafo. È anche incerta quale fosse l'esatta funzione strutturale degli esigui frammenti di legno che è stato possibile recuperare (2). Della distribuzione del carico George F. Bass ha dedotto che la lunghezza della nave dovesse essere forse intorno ai 10 metri (3).

Neppure del relitto rinvenuto negli anni '80 ad Hof ha-Carmel, presso Haifa, è stato possibile ricostruire la forma della nave; come il precedente trasportava stagno e rame, quest'ultimo sotto forma di lingotti "*ox-hide*" (4).

Il relitto di Ulu Burun presso Caş, nella costa turca (5), le cui indagini sono ancora in corso, costituisce senza dubbio uno dei più importanti ritrovamenti sottomarini risalenti all'età del bronzo.

La nave, il cui naufragio sarebbe inquadrabile cronologicamente fra «tardo XIV/inizi del XIII secolo a. C.» (6), trasportava oltre ad un considerevole numero di lingotti di rame, sia del tipo "a pelle di bue" che a panella, un ricco carico costituito da stagno, legname pregiato, avorio grezzo, lingotti di vetro blu cobalto, ambra, uova di struzzo, gusci di tartaruga, armi bronzee, vasellame cipriota e miceneo, manufatti in oro ed argento, anfore cananee contenenti perle di pasta vitrea, orpimento, resina di terebinto, spezie.

Sulla base dei rinvenimenti G.F. Bass ha ipotizzato che la nave di Ulu Burun fosse originaria dell'area levantino-cipriota (7).

Le imbarcazioni di tale area presentano, dal punto di vista morfologico, una tipologia loro propria, di cui un buon esempio ci è fornito dalle pitture della tomba 162 della necropoli egizia di Tebe. La tomba, appartenuta a Kenamun, un funzionario di questa città vissuto durante il regno di Amenophis III, va datata alla prima metà del XIV sec. a. C. (8). L'affresco mostra alcune navi governate da equipaggio siriano durante le operazioni di scarico delle merci in un porto egiziano. Le imbarcazioni (fig. 127: 1-2) hanno i caratteri propri della marineria levantina: scafo arrotondato, con le estremità rialzate, bagli di collocamento fra i fianchi, una grossa e larga vela quadrata. Uno steccato circondava il ponte, consentendo agevolmente di collocarvi le mercanzie.

Un altro affresco tombale egizio, coevo del precedente, benché assai rovinato, mostra un'imbarcazione simile, pure "siriana", ma con il pennone curvato verso il basso (9).

Un'importante testimonianza sulle navi di tipo levantino della tarda età del bronzo è costituita dal famoso rilievo del tempio di Medinet Habu, presso Tebe (fig. 127: 3) (10).

Il tempio, fatto costruire dal faraone Ramesses III (11), è del XII secolo a. C.; nel rilievo in questione è raffigurata una battaglia navale fra gli Egizi ed i Popoli del Mare.

Le imbarcazioni, apparentemente prive di ponte, sono a scafo arrotondato; una coffa posta in cima all'albero consente l'avvistamento a lunga distanza. Il pennone curvato verso il basso sostiene la vela, che ha l'estremità inferiore libera. Va rilevata la presenza di corde che consentivano di accorciare la velatura.

I vascelli egizi differiscono per alcuni caratteri da quelli dei loro avversari (12): hanno infatti il castelletto di prua più in basso di quello di poppa e la sagoma falciforme; all'estremità della prora è posta una testa di leonessa (13).

Le navi dei Popoli del Mare hanno invece entrambe le estremità, quella di prua e quella di poppa, simmetriche e terminanti a protome di uccello, un simbolo delle divinità uranie assai diffuso durante la tarda età del bronzo nei paesi centro-europei e del Mediterraneo centrale (14).

La simmetria nel profilo, che compare pure nel naviglio levantino ed egeo del tardo Bronzo, è verosimilmente da porre in rapporto con la possibilità, per le imbarcazioni di questo periodo, di poter navigare anche di poppa. L'usanza di servirsi come approdi di corsi d'acqua talora anche assai stretti rendeva infatti questo accorgimento tecnico spesso indispensabile per ovviare alla corrente fluviale. Alla medesima esigenza risponderebbero anche le relativamente ridotte dimensioni dei remi direzionali riscontrabili, oltre che nel rilievo di Medinet Habu, anche in altre raffigurazioni dell'età del bronzo. Tali dimensioni avrebbero infatti agevolmente consentito, quando necessario, un rapido spostamento dei timoni da poppa a prua (15).

Le imbarcazioni degli invasori sono rappresentate prive di remi; questo elemento, così come le vele serrate, è da porre in rapporto con l'episodio che l'artista ha voluto narrare, un attacco di sorpresa degli Egiziani mentre il nemico era all'ancora (16).

Fig. 127. Raffigurazioni di imbarcazioni egiziane e del Vicino Oriente.
1-2: Tomba di Kenamun, Tebe; 3: tempio di Medinet Habu, Tebe; 4: cratere di Enkomi; 5: vaso cipriota (Metropolitan Museum of Art); 6: vaso cipriota (British Museum); 7: porte di Balawat; 8: palazzo di Sargon II, Khorsabad; 9-10: palazzo di Sennacherib, Ninive.

Va rilevato come, nella forma generale, lo scafo dei Popoli del Mare richiami quelli siriani raffigurati nella già ricordata tomba di Kenamun, di circa due secoli più antica ([17]).

L'esistenza nella marineria cipriotto-levantina di imbarcazioni fornite di ponte è dimostrata dalla doppia raffigurazione che compare nel cratere cipro-miceneo di Enkomi, appartenente al T.E. III B ([18]).

La nave (fig. 127: 4), a profilo arrotondato, è stata rappresentata come fosse in sezione, attraversata per tutta la sua lunghezza dal ponte. Al di sopra di esso sono ritratti due personaggi armati, mentre al di sotto, al centro dell'ampia stiva, un gruppo di quattro uomini di dimensioni minori appaiono occupati attorno all'albero; sulla prua è l'immagine di un uccello.

Gli elementi principali di questo tipo di nave del tardo Bronzo — scafo alto ed arrotondato, vela centrale e quadrata — si riscontrano anche nelle successive imbarcazioni levantine di età storica.

Le raffigurazioni che compaiono su due vasi del Cipro-Arcaico I (700-600 a. C.), uno conservato al British Museum, da Karpas (fig. 127: 6), l'altro al Metropolitan Museum of Art di New York, forse da Ormidia (fig. 127: 5) ([19]), mostrano appunto navi con queste caratteristiche, fornite di castelletto di prua e di una coppia di remi-timone ([20]).

Le porte bronzee di Balawat, risalenti al tempo di Salmanassar II (858-824 a. C.) ([21]), riproducono delle piccole imbarcazioni fenice di IX secolo dallo scafo arrotondato, prive sia di vele che di ponte (fig. 127: 7); le estremità, ambedue rialzate ed ornate da protomi animali, riecheggiano la tradizione di Medinet Habu ([22]).

Alquanto simili per forma appaiono le navi, anch'esse fenice, raffigurate nel rilievo del palazzo di Sargon II (721-705 a. C.) a Khorsabad ([23]) (fig. 127: 8). A differenza delle precedenti, talune di esse sono fornite di albero recante sulla sommità la coffa; inoltre la protome zoomorfa, una testa equina, è qui presente unicamente sulla prua ([24]).

Ulteriori figurazioni di imbarcazioni fenice sono fornite dai rilievi rinvenuti nel palazzo di Sennacherib (705-681 a. C.) a Ninive, risalenti agli inizi del VII secolo, che narrano la fuga per mare del re di Tiro, Luli, a seguito della campagna intrapresa contro di lui dal sovrano assiro nel 700-701 a. C. ([25]). Le navi fenice qui dettagliatamente rappresentate appartengono a due distinte tipologie, in entrambe le quali troviamo tuttavia traccia delle antiche tradizioni costruttive. Un modello (fig. 127: 9) da guerra, con poppa fortemente ricurva e rostro a prua, ha l'albero centrale che sostiene un'unica grossa vela quadrata, fissata sul pennone; l'altro (fig. 127: 10), destinato prevalentemente ad uso commerciale, appare più simile ai prototipi dell'età del bronzo; non mostra velatura, ma lo scafo è alto ed arrotondato, con entrambe le estremità rialzate. Anche questo tipo, come il precedente, è provvisto di ponte e di doppio timone.

Il modello d'imbarcazione in uso in ambiente egeo differisce alquanto da quello sino ad ora descritto.

Il vascello tardo elladico, dallo scafo cavo ed angoloso, con la prua sopraelevata, e quindi dal profilo generale diritto, anziché arrotondato come quello levantino, era immediatamente distinguibile in maniera evidente anche da lunga distanza.

Nel caso di queste navi disponiamo, oltre che di varie raffigurazioni, anche delle descrizioni forniteci in numerosi passi dai poemi omerici. Essi, nonostante siano stati composti alcuni secoli più tardi, ci forniscono elementi di conoscenza di grande importanza, specie quando li si ponga in rapporto con le evidenze figurative.

Particolarmente significative le raffigurazioni presenti su una coppia di vasi micenei, entrambi assai frammentari, venuti alla luce a Creta negli scavi di Festós. Il primo di essi, un *pitharaki*, è stato trovato nel riempimento fra il pavimento superiore ed inferiore del vano 4° della casa T.M. III ad ovest del Piazzale del Teatro, il secondo, una coppa, in un riempimento sottostante a resti del T.M. III C, nell'area del Museo Stratigrafico ([26]).

Queste immagini, caratterizzate da un forte schematismo, mostrano scafi dal profilo fortemente angolato, dalla chiglia piatta e con prua e poppa assai alte, che vi si innestano quasi perpendicolarmente. Va rilevata l'assenza, sia qui che nelle altre raffigurazioni micenee, della coffa sulla cima dell'albero, che del resto non viene neppure menzionata da Omero, e che è invece un elemento più volte riscontrato nell'iconografia delle imbarcazioni levantine.

Due sono i tipi di imbarcazioni chiaramente leggibili dai frammenti dipinti del *pitharaki* (fig. 128: 1), una più leggera, fornita sia di albero che di remi, l'altra, più massiccia, con il solo albero centrale. È stato ipotizzato che la prima, maggiormente veloce, fosse prevalentemente destinata alle scorrerie da corsa e la seconda, invece, al trasporto commerciale ([27]).

La pirateria doveva costituire una realtà infatti ordinaria nei periodi in esame: nell'Odissea Ulisse, appena sbarcato ad Itaca, si presenta ad Eumeo come un pirata cretese, descrivendogli dettagliatamente una scorreria ([28]), certo che l'altro, aduso ad un fenomeno frequente nelle regioni costiere, non avrebbe nutrito dubbi sulla sua vera identità.

La nave corsara, a differenza di quella esclusivamente mercantile, necessitava di una linea affilata, di una facile manovrabilità e che la velocità fosse assicurata sia dalla vela che dai remi.

Nella coppa (fig. 128: 2), oltre ad una fila di cinque remi, è chiaramente rappresentata la barra del timone, retta dal marinaio posto a poppa; anche qui, come nel *pitharaki*, l'albero, collocato in posizione centrale, è sostenuto dagli stragli.

Entrambi i vasi di Festós mostrano imbarcazioni la cui conformazione generale, simmetrica, è ben descritta dall'attributo "cornute" che talora viene usato nell'Iliade per designare le navi achee ([29]).

Questa stessa forma si riscontra anche in alcuni modelli miniaturistici, come quello, in piombo, dalla "grotticella sepolcrale o" del complesso nuragico di Antigori di Sarroch (fig. 128: 3) ([30]), o quello, in terracotta, rinvenuto a Micene nella tomba rupestre 79 (Scavi Tsountas 1895), associato a materiali T.E. III B e C (tav. VI: 1-2) ([31]).

Quest'ultimo pezzo rende anche ragione dell'aggettivo "concave" che ricorre in Omero nella descrizione delle navi greche ([32]), ad indicare che lo scafo era scoperto ([33]); da vari

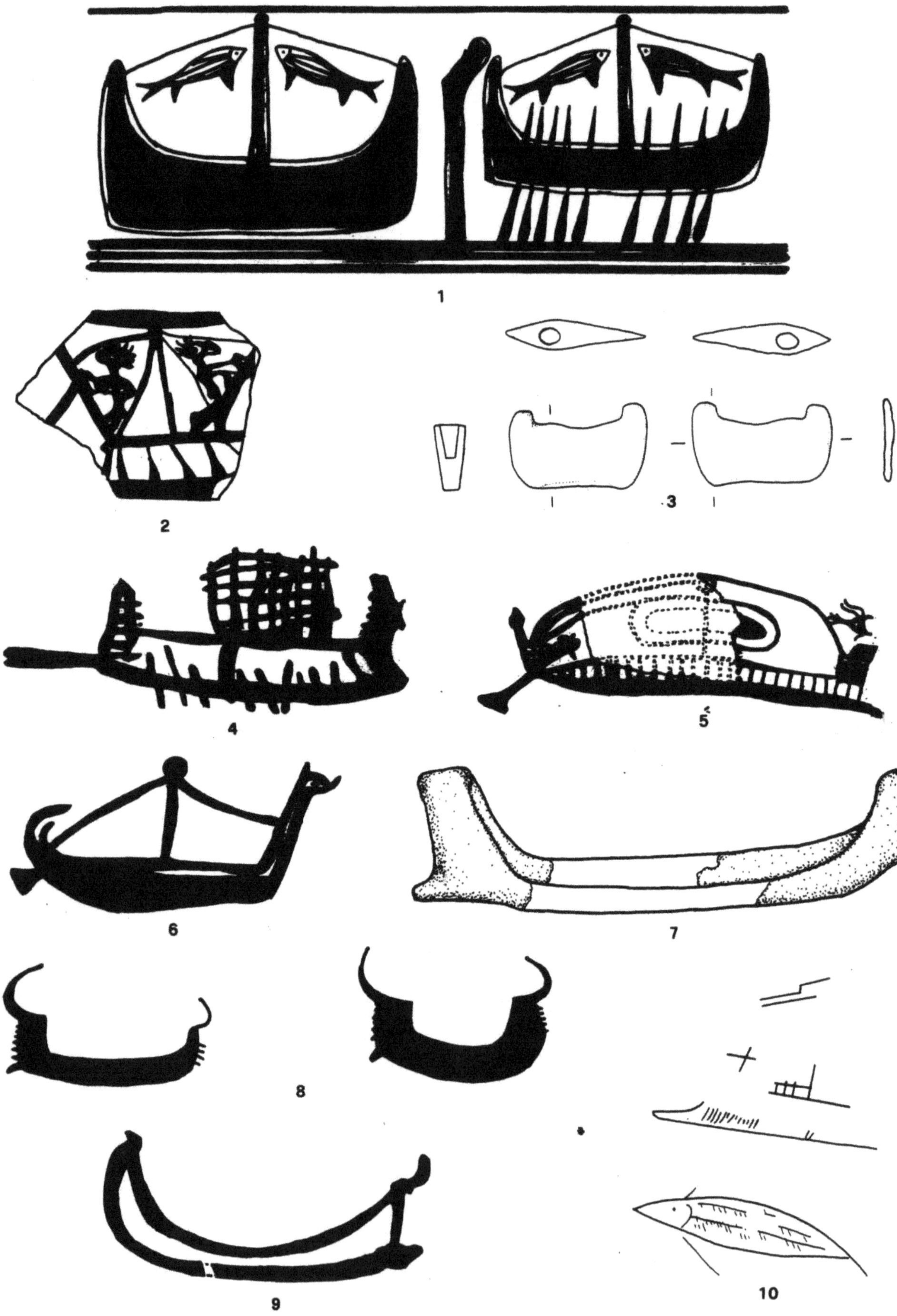

Fig. 128. Raffigurazioni di imbarcazioni egee.
1: Pitharaki da Festós; 2: coppa da Festós; 3: modellino da Antigori di Sarroch (scala 1/2); 4: anforetta a staffa da Asine; 5: pisside da Tragana; 6: anforetta a staffa da Skyros; 7: modellino da Oropos; 8: cratere da Fortetsa; 9: cratere da Dirmil; 10: fibula dal Ceramico di Atene.

passi dell'Odissea si comprende che vi erano due piccoli ponti, a prua ed a poppa, dove, tra l'altro, veniva stivato il carico ([34]).

All'interno del modellino di Micene è riprodotta una coppia di banchi, trasversali allo scafo, dove dovevano alloggiare i rematori; questo dettaglio si riscontra anche in un'altra barchetta miniaturistica, databile al T.E. III C, proveniente dal Piazzale dei Sacelli di Haghia Triada ([35]).

Il numero dei rematori dipendeva ovviamente dalla lunghezza della nave: in Omero si incontrano vascelli con 20 e con 50 rematori ([36]).

Su questa base, tenendo conto dello spazio necessario ad ogni rematore, le dimensioni di questi due tipi d'imbarcazioni si aggirerebbero intorno ai 12 metri e mezzo per la minore e 27 e mezzo per l'altra ([37]).

La velatura micenea consisteva in una singola vela quadrata appesa al pennone ed issata sull'albero, che era collocato verso il centro del vascello ([38]). Un'anforetta a staffa del T.E. III C 1 rinvenuta negli scavi della "Casa G" di Asine ([39]) ce ne fornisce, pur nello schematismo del disegno, un'immagine abbastanza dettagliata (fig. 128: 4). La vela appare infatti composta da piccoli quadrati, ad indicare come fosse in realtà costituita da numerose pezze di tessuto cucite assieme, al fine di renderla più resistente alla forza del vento ([40]).

L'albero non era fisso, ma, inserito nell'apposito alloggiamento nella chiglia, veniva drizzato tendendo gli stragli, mediante una manovra descritta nell'Odissea:

> «l'albero, un tronco d'abete, nel foro del trave mediano
> piantarono sollevandolo, poi gli stragli legarono,
> issaron le vele bianche con forti ritorte di cuoio» ([41]).

La vela poteva inoltre venire accorciata all'occorrenza mediante corde e tiranti ([42]).

La velatura quadrata, scarsamente manovrabile, consentiva soltanto uno sfruttamento limitato della propulsione eolica.

L'effetto ottimale si aveva soltanto con un vento di moderata intensità e proveniente da poppa; negli altri casi non solo era assai difficile manovrare per sfruttarlo, ma diveniva problematica la stessa navigazione.

Era infatti possibile che il vento, girando o aumentando di forza, mettesse in pericolo la stabilità dell'imbarcazione. L'assenza di ponte facilitava l'imbarco di acqua.

In condizioni di vento sfavorevoli non ci si limitava a serrare le vele, ma era anche possibile, data la sua mobilità, ammainare l'albero, quando questo creava problemi alla stabilità della nave ([43]).

La rotta era controllata da un unico timone ([44]), come si legge nell'Odissea ([45]) e come si riscontra in diverse raffigurazioni vascolari, tra cui la già citata coppa di Festós. Dalla pittura che orna una pisside rinvenuta nella tomba a tholos di Tragana presso Pylos, in un contesto T.E. III C ([46]), è ben evidente come il timone fosse costituito da una barra terminante in una pala (fig. 128: 5). È stato rilevato come il timone singolo, non essendo in asse con la carena, non consentisse di governare agevolmente la nave, ma nella manovra abbisognasse talora dell'aiuto fornito dai remi ([47]).

La raffigurazione di Tragana fornisce anche altri interessanti dettagli tecnici e strutturali; sono infatti chiaramente rappresentati il castelletto di prua ed il cassero, a poppa. La forma generale inoltre si differenzia da quella esemplificata dal modellino di Micene per avere la prua fortemente angolosa, probabilmente munita di uno spuntone, e la poppa invece più arrotondata ([48]). Tale netta diversità fra parte anteriore e posteriore si incontra anche in altre immagini, come nella nave dipinta sulla già citata anforetta a staffa di Asine ed in quella, pure su un'anforetta a staffa, da Skyros, ascrivibile al T.E. III C, la cui prua termina con una protome ornitomorfa (fig. 128: 6) ([49]). Non mancano inoltre riscontri nei modelli miniaturistici, quale quello da Phylakopí nell'isola di Melos, databile ai tempi del T.E. III (tav. VI: 3-6) ([50]), che illustra anche un ulteriore, importante elemento costruttivo: sia l'interno che l'esterno dell'imbarcazione presentano delle bande parallele dipinte, ad indicare la costolatura dello scafo. Sulla prua, provvista di tagliamare, compare anche l'occhio apotropaico, che sarà poi così frequente in età storica.

Un'analoga forma si riscontra anche in un altro modellino da Oropos, in Attica, assegnabile al tardo miceneo, la cui prua appare però fornita di uno spuntone orizzontale alla giunzione con la chiglia (fig. 128: 7) ([51]).

Il suo profilo avvicina l'esemplare ad una delle due navi riprodotte su un cratere protogeometrico cretese rinvenuto nella tomba VI di Fortetsa presso Knossos, databile «al 950-900 a. C. circa» ([52]) (fig. 128: 8). La prora, più massiccia ed angolosa della parte poppiera, presenta una sporgenza in basso che potrebbe essere uno sperone. Caratteri analoghi mostra anche un'altra nave (fig. 128: 9), pur'essa effigiata su un cratere coevo al precedente, trovato in una tomba a camera presso Dirmil, nella penisola di Alicarnasso ed appartenente al tardo protogeometrico cario ([53]).

L'evoluzione di questa struttura conduce al vero e proprio rostro che caratterizza le imbarcazioni greche di età geometrica ([54]).

Esso compare già riprodotto in una incisione sulla staffa di una fibula in bronzo rinvenuta nella tomba 41 del Ceramico di Atene ([55]), assegnabile al momento di transizione fra il Geometrico Antico II ed il Medio Geometrico I ([56]).

Maggiori dettagli fornisce una tazza geometrica proveniente dall'Attica (tav. VII: 1-2) ([57]): la nave mostra un massiccio rostro sulla prua, che è sormontata da un alto corno retrorso. La poppa è alta e fortemente ricurva all'interno, dotata di cassero e di doppio timone. Il ponte sembra sostenuto da una fila di pali verticali, che sporgono anche al di sopra di esso.

Una conformazione simile si rileva anche nella raffigurazione che compare sui frammenti di un cratere rinvenuto nella necropoli ateniese del Dipylon assegnabile al Tardo Geometrico I (tav. VII: 3) ([58]). La prua, ancora più solida, con quattro brevi spuntoni paralleli che sporgono sul rostro, è ornata da un occhio a forma di ruota raggiata. Al centro dello scafo è l'albero; al pennone è appesa la lunga vela quadrata. All'angolo inferiore di questa ed all'estremità del pennone sono fissate le corde per le manovre, cui attende l'unica figura umana rappresentata, il pilota. Come quella micenea, anche la vela di età geometrica appare costituita da numerose pezze di tessuto unite assieme. Il ponte è reso mediante una spessa banda di colore affiancata da due linee più sottili, parallele. Secondo L. Casson la prima intende rendere graficamente il massiccio tavolato del ponte, mentre le seconde, probabilmente, le travature poste sui fianchi per irrobustire lo scafo e riparare i rematori (59). Il ponte non occupava l'intera larghezza della nave, ma lasciava scoperto lo spazio accanto alle fiancate dove alloggiavano i rematori. Questo particolare costruttivo è chiarito da alcune raffigurazioni, come quella su un cratere attico ora al Louvre, in cui gli uomini ai remi appaiono seduti all'altezza del ponte (60).

Oltre che ai vascelli egei e levantini, i traffici mediterranei dovettero essere affidati, nel periodo compreso fra la tarda età del bronzo e la prima età del ferro, anche ad imbarcazioni appartenenti ad altre marinerie.

La settantina di navicelle bronzee sarde fino ad ora rinvenute costituisce una preziosa fonte di informazioni sulla marineria nuragica. Esse provengono, oltre che da varie località della Sardegna, anche da vari centri della penisola ed in particolare dell'Etruria, dove venivano attivamente importate.

Ai fini del loro inquadramento cronologico è necessario tenere ben distinti il fenomeno della realizzazione da quello della loro trasmissione nell'Italia continentale, che dovette avvenire nel corso della prima età del ferro (61). La produzione di barchette durante il tardo Bronzo è dimostrata dall'esemplare del ripostiglio di Santa Maria in Paulis (Sassari), cronologicamente ascrivibile appunto a tale periodo (62).

Gli esemplari, taluni più tozzi e tondeggianti, altri più slanciati, raffigurano imbarcazioni che dovettero essere impiegate sia a scopi commerciali che bellici.

La navicella detta del "Re Sole" conservata presso il Museo Nazionale "G. A. Sanna" di Sassari (tav. VIII: 1-3) (63) e quella da Orroli (Nuoro), del Museo di Cagliari (64), mostrano entrambe un vascello privo di ponte, dallo scafo allungato con sezione ad U. La ruota di poppa e quella di prua hanno eguale altezza, ma su quest'ultima è collocata l'alta protome. L'albero maestro, in posizione centrale, reca sulla cima la coffa, al di sopra della quale è fissato l'appiccagnolo di sospensione; su di esso, come di frequente, è posta una figuretta di uccello (tav. VIII: 3). Sulla parte mediana delle murate si erge un lungo parapetto traforato, ad intreccio, sostenuto lateralmente da pali capitellati.

Numerosi bronzetti (65), tra cui uno dalla collezione Dessì ora al Museo "Sanna" di Sassari (tav. IX: 1-3) (66) ed uno probabilmente da Tula (Sassari) (tav. IX: 4-5) (67), oltre a quello ben noto dalla tomba del Duce di Vetulonia, consentono di rilevare un interessante dettaglio costruttivo. In essi è infatti chiaramente indicato come la protome animale non fosse un diretto prolungamento della ruota di prua, come nelle imbarcazioni dei Popoli del Mare ritratte a Medinet Habu, ma costituisse invece un elemento distinto e separato, legato ad essa tramite cordami (tav. IX: 2, 5) (68). Dall'esame del bronzetto di Vetulonia è inoltre stato rilevato come le ruote di prua e di poppa non fossero giuntate ad incastro con le estremità laterali delle fiancate, ma collocate di rinforzo all'interno dell'angolo formato dall'incontro delle fiancate stesse e fissate tramite legature. Le legature assumevano quindi un ruolo primario per la coesione dell'intera struttura (fig. 129: 1) (69).

È lecito ipotizzare che le navi sarde fossero delle "*sutiles naves*" e che quindi le diverse parti dello scafo fossero giuntate mediante cuciture di corda, come suggerito dal già ricordato bronzetto della collezione Dessì. L'esistenza, talora, anche di legature esterne di rinforzo è suggerita dalle costolature verticali parallele che corrono lungo lo scafo della navicella proveniente dalla collezione Sini di Nuoro (fig. 129: 2; tav. X: 1) (70).

È possibile suddividere le imbarcazioni nuragiche quali ci appaiono dai bronzetti in due gruppi, a seconda che il loro fondo sia piatto oppure a sezione tonda. Quelle del primo tipo sono forse da considerare di concezione costruttiva più arcaica, essendo realizzate in modo simile ad una zattera cui vengano successivamente aggiunte le fiancate (71).

Ben più poveri di dettagli, e conseguentemente di indicazioni sulla struttura dei vascelli originali, sono i modellini, quasi esclusivamente fittili, rinvenuti nelle sepolture dell'Etruria villanoviana. Anche qui, come per le navicelle sarde, è possibile distinguere fra scafi dal fondo piatto e concavo. Alcuni, simili a canoe, hanno forma stretta ed affusolata, con estremità simmetriche (72), forma che doveva renderli particolarmente idonei alla navigazione fluviale. Su altri si osserva una netta distinzione fra prua e poppa per la presenza di una protome animale (fig. 129: 3) (73). In un esemplare da Tarquinia (fig. 129: 4) (74) una protome trova posto su entrambe le estremità dell'imbarcazione.

Va rilevato come la testa raffigurata nell'aplustre sia sempre quella di un uccello, elemento questo che differenzia il naviglio villanoviano da quello nuragico, nel quale vengono invece effigiate teste di mammiferi (ovini, bovini, cervidi).

Una protome ornitomorfa si osserva anche sulla nave dipinta sull'olla della tomba XXIV della necropoli dell'Olmo Bello di Bisenzio, databile agli «ultimi decenni dell'VIII secolo a. C.», la più antica immagine di questo tipo conosciuta in ambiente etrusco (fig. 129: 5) (75). L'imbarcazione, spinta unicamente da remi, ha scafo tondeggiante e poppa bassa.

Riproduzioni meno sommarie compaiono nel VII secolo (76): sono del 700 a. C. circa due *oinochoai* tarquiniesi che raffigurano una piccola flotta. I vascelli hanno scafo allungato, prua appuntita, probabilmente rostrata, poppa alta e ricurva verso l'interno, munita di timone direzionale. Al centro dell'imbarcazione è posto l'albero maestro con la grossa vela.

Per quanto riguarda la metodologia costruttiva, anche nell'Etruria villanoviana, come nella Sardegna nuragica, è da ipotizzarsi l'impiego di cuciture nell'assemblaggio dello scafo (77). Il relitto verosimilmente etrusco di Bon Porté, in cui è applicata la tecnica delle "navi cucite", benché più tardo, costituisce un significativo indizio in questo senso.

Per completare il quadro delle imbarcazioni impiegate nei traffici marittimi dell'Europa protostorica (78), è infine

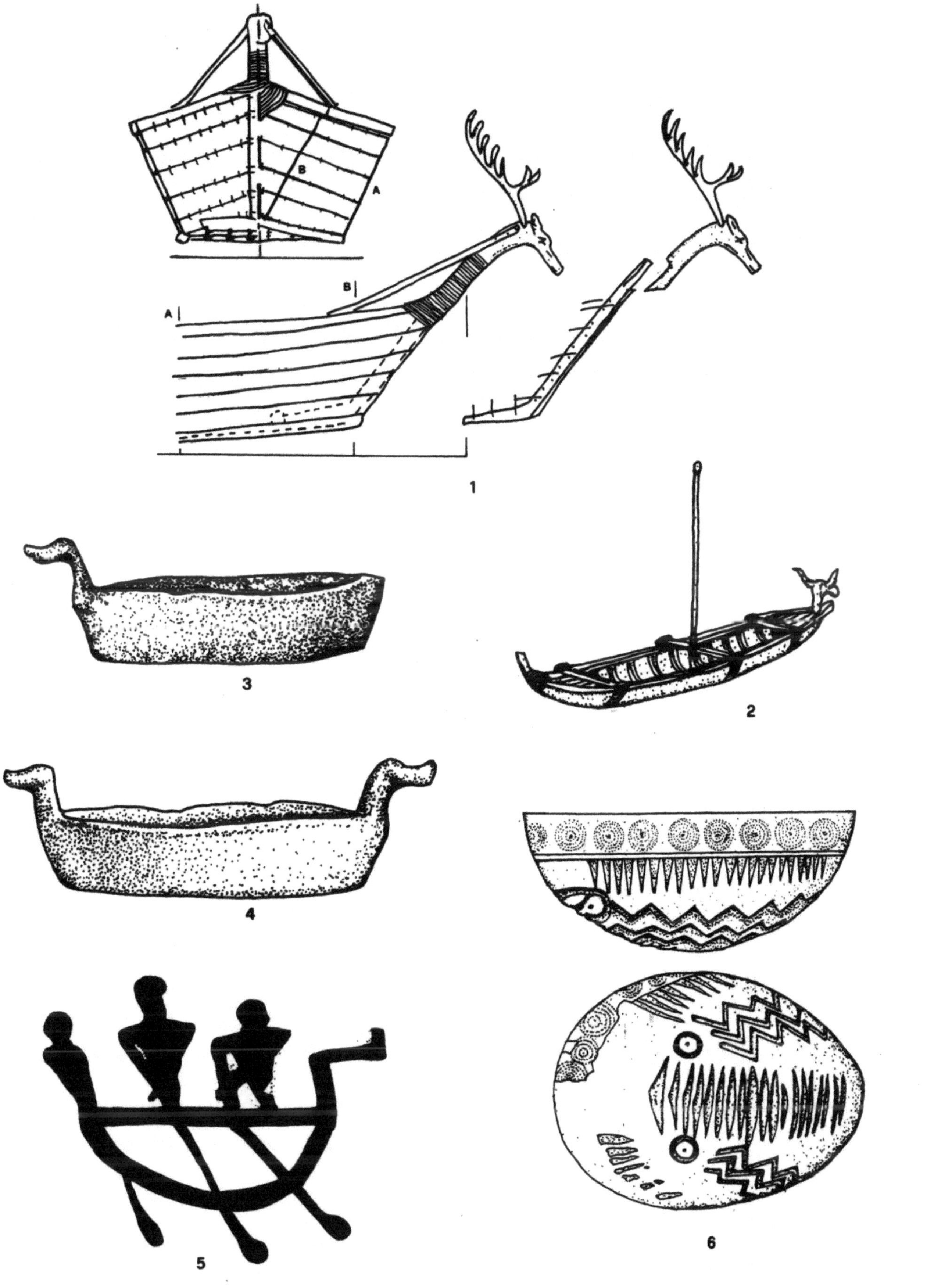

Fig. 129. Raffigurazioni di imbarcazioni del Mediterraneo centro-occidentale ed atlantiche.
1: "Arca di Noè" (Tomba del Duce, Vetulonia): ipotesi ricostruttiva; 2: navicella dalla collezione Sini (Nuoro): ipotesi ricostruttiva; 3-4: modellini da Tarquinia; 5: olla dalla necropoli dell'Olmo Bello, Bisenzio; 6: "Caergwrle bowl" (Clwyd).

opportuno accennare brevemente a quelle in uso presso le popolazioni dell'area atlantica.

I dati disponibili a tale riguardo sono purtroppo estremamente scarsi. La cosiddetta "*Caergwrle bowl*", un modellino in legno di forma tronco-ovoide con applicazioni in lamina d'oro rinvenuto presso Clwyd, nel Galles, è verosimilmente databile agli inizi della tarda età del bronzo inglese (fig. 129: 6) ([79]).

Esso riproduce, verosimilmente, un'imbarcazione in pelle assimilabile agli attuali "*coracles*" britannici e "*curraghs*" gallesi, barche più o meno grosse con intelaiatura lignea rivestita di cuoio. La larga banda di profonde solcature parallele, che corre centralmente lungo la parte inferiore del pezzo, rappresenterebbe la struttura interna in legno della nave, strettamente aderente alla pelle che la ricopre; sulla prua, una coppia di cerchi indicherebbe degli occhi, di significato analogo a quelli già osservati in modellini micenei.

Grazie alla sua grande stabilità, questo tipo di imbarcazione è particolarmente idonea a navigare anche nelle avverse condizioni meteorologiche frequenti nell'Atlantico e nel Mare d'Irlanda.

Le fonti classiche attestano in età romana il loro uso nella Penisola Iberica ed in Britannia ([80]). La propulsione era assicurata sia dai remi che da una vela, quest'ultima fissata all'albero posto al centro della nave ([81]).

Le dimensioni dovevano essere alquanto variabili; gli attuali "*curraghs*" della contea irlandese di Kerry sono normalmente lunghi circa 8 metri e vi possono prendere posto sei persone, di cui 4 ai remi, ma sono ricordati "*curraghs*" capaci di contenere anche sino a 30 uomini ([82]). Va inoltre rilevato come queste imbarcazioni siano in grado di trasportare grossi carichi ([83]).

NOTE

1) La datazione del relitto di Capo Gelidonya è stata oggetto di controversia: vedi p. 48 e nota 71 a p. 59; cfr. Catling 1964, p. 294; Bass 1967, pp. 117-121; Muhly 1982, pp. 255-256; Bass, Frey, Pulak 1984, pp. 277-278; Giveon 1985, pp. 99-101; Catling 1988, pp. 68-71; Bass 1991, pp. 71-73.
2) Bass 1967, pp. 44-51.
3) Bass 1967, p. 45.
4) Galili, Shmueli, Artzy 1986, pp. 25-37.
5) Bass 1986; Pulak 1988; Bass et alii 1989; Bass 1991.
6) Bass et alii 1989, p. 29.
7) Un particolare sostegno a tale attribuzione è fornito, secondo Bass, da 23 ancore in pietra rinvenute nel relitto, appartenenti a tipi comuni nel Vicino Oriente ed a Cipro, ma non nell'area egea: cfr. Bass 1991, pp. 74-75.
8) Davies, Faulkner 1947, p. 40, tav. VIII; sulla cronologia del regno di Amenophis III (1390-1352), cfr. Kitchen 1987, pp. 40-41, tab. 4.
9) Casson 1971, pp. 35-36, figg. 57-58.
10) Wachsmann 1981, pp. 191-196, figg. 1-10; Bass 1972, p. 21, fig. 18.
11) Ramesses III, della XX dinastia, avrebbe regnato dal 1184 al 1153: cfr. Kitchen 1987, tab. 6.
12) Le modifiche riscontrabili nelle navi egizie, che in periodi più antichi erano invece strutturalmente alquanto diverse, sono probabilmente da porre in rapporto con influenze tecnologiche esterne: cfr. Casson 1971, pp. 37-38.
13) È stato ipotizzato che la testa di leonessa rappresentata all'estremità della bassa prua del naviglio egizio, oltre a simboleggiare Sechmet, la dea della guerra, potesse assolvere ad una funzione offensiva, come una sorta di sperone: Raban 1988, pp. 269-270.
14) Una stretta somiglianza formale lega le imbarcazioni dei Popoli del Mare quali ci appaiono dal rilievo di Medinet Habu, caratterizzate da protomi ornitomorfe alle due estremità, con il simbolo solare della "barca ad uccelli", motivo iconografico frequentemente attestato durante il Bronzo tardo e la prima età del ferro nell'Europa centrale ed in Italia: cfr. Kossack 1954, pp. 28-29, 42-43. Sulla presenza di protomi ornitomorfe su imbarcazioni egee della tarda età del Bronzo, cfr. Wachsmann 1981, pp. 210-211, figg. 25-26.
15) Raban 1984, pp. 14-17; 1988, pp. 265-266.
16) Casson 1971, p. 38.
17) Morrison 1980, p. 13.
18) Laviosa 1972, pp. 30-33, fig. 35; Gray 1974, pp. 46-47, fig. 10; Demacopoulou 1987, p. 33, fig. VII.
19) Westerberg 1981, pp. 43-45, figg. 53, 55; cfr. anche Laviosa 1972, p. 33, figg. 37-38.
20) Si osservi, nell'esemplare del British Museum, la presenza dell'ancora, costituita da una pietra discoidale forata al centro.
21) Moscati 1972, fig. a p. 112.
22) Un'imbarcazione assai simile compare su un gioiello fenicio-punico rinvenuto ad Aliseda, in Spagna: cfr. Barnett 1958, p. 228, tav. XXIV: b.
23) Moscati 1972, tav. a p. 96.
24) Questa stessa caratteristica si riscontra anche nell'imbarcazione raffigurata su un rilievo assiro del VII secolo a. C.: vedi Barnett 1958, p. 228, tav. XII: a.
25) Casson 1971, fig. 78; Moscati 1972, pp. 111-112.

26) Laviosa 1972 pp. 9-13.
27) Laviosa 1972, pp. 112-13.
28) *Od.* XIV, 244-272.
29) *Il.* XVIII: 3; XIX: 344. Su tale attributo, cfr. Laviosa 1972, nota 1 a p. 14.
30) Lo Schiavo 1986 a, pp. 193-194, fig. 1.
31) Laviosa 1972, p. 26. Si ringrazia il Museo Archeologico Nazionale di Atene per aver fornito le fotografie di questo reperto, come pure di quelli delle tavv. VI: 3-5 e VII: 1-3, e di averne autorizzato la pubblicazione.
32) *Il.* I: 26; II: 454; *Od.* I: 211; III: 287.
33) Casson 1971, p. 44.
34) *Od.* II: 416-418; XII: 229-230; XIII: 73-75; XV: 285-286.
35) Laviosa 1972: 26-29, figg. 26-27. In questo esemplare si rileva anche la presenza, a circa metà altezza dello scafo, di una specie di ponte, aperto alle estremità, forse la copertura della stiva: cfr. Laviosa 1972, pp. 27-29.
36) Secondo M. Guglielmi una revisione critica delle fonti omeriche permette di asserire che la nave micenea aveva di norma 20 rematori; solo in un passo dell'Iliade (*Il.* XVI: 168) si avrebbe infatti una citazione certamente non interpolata riferentesi a navi di cinquanta rematori (Guglielmi 1971, p. 420, nota 3).
37) Casson 1976, pp. 40-41.
38) *Od.* V: 254, 318.
39) Laviosa 1972, pp. 24-25, fig. 23; Demacopoulou 1987, p. 156, fig. 57.
40) La struttura composita giustificherebbe l'uso frequente del plurale in luogo del singolare nel termine che indica la vela nei poemi omerici: cfr. Seymour 1914, p. 314.
41) *Od.* II: 424-426. Versione di R. Calzecchi Onesti, Milano 1968; nella parte in inglese la traduzione del passo è di A.T. Murray, London, New York 1919. Una descrizione del tutto analoga compare anche in *Od.* XV: 289-291.
42) *Od.* V: 260.
43) Guglielmi 1971, p. 422-423.
44) Si ricordi che già da un periodo più antico le imbarcazioni levantine impiegavano invece il doppio timone.
45) *Od.* III: 281; V: 255.
46) Laviosa 1972, p. 23, fig. 21; Demacopoulou 1987, p. 156, fig. 56.
47) Guglielmi 1971, p. 421.
48) Cfr. Morrison, Williams 1968, p. 9, tav. I b; Wachsmann 1981, pp. 202-205, fig. 20; nonché in particolare la nuova ricostruzione proposta da G. Korrés: Demacopoulou 1987, p. 156, fig. 56. Sui problemi interpretativi posti dal pezzo, vedi Laviosa 1972, nota 3 a p. 23.
49) Laviosa 1972, p. 25, fig. 24.
50) Palaiologou 1987, p. 154, fig. 54.
51) van Doorninch 1982, p. 282, fig. 6 B; Palaiologou 1987, p. 154, fig. 53. Va rilevato come un simile spuntone compaia anche su altre raffigurazioni di imbarcazioni della tarda età del bronzo egea. Si vedano, a tale proposito, la nave riprodotta su un *larnax* del T.M. III B da Gazi, nell'isola di Creta (Wachsmann 1981, p. 202, figg. 17-18), e quella della pisside di Tragana. Sul problema dello sviluppo del rostro di età geometrica ed i suoi precedenti della tarda età del bronzo, cfr. Wachsmann 1981, pp. 216-217; van Doorninch 1982, p. 283.
52) van Doorninch 1982, pp. 281-283, fig. 6 A; cfr. anche Kirk 1949, pp. 118-119, fig. 6; Brock 1957, p. 12, tav. 4: 45 [ii]; Morrison, Williams 1968, p. 12, tav. I d.
53) van Doorninch 1982, pp. 277-281, figg. 1-4.
54) Sui problemi interpretativi connessi con le convenzioni prospettiche e pittoriche usate dagli artisti di età geometrica nelle rappresentazioni navali, cfr. Casson 1971, pp. 71-74 e relativa bibliografia.
55) Kübler 1954, pp. 193-196, tavv. 160: 4840; 161: inv. M48.Grab 41; van Doorninch 1982, pp. 283-284, fig. 7.
56) Coldstream 1968, p. 14.
57) Il pezzo, conservato nel Museo Archeologico Nazionale di Atene, inv. 18471, viene assegnato da P. Kahane alla «Strenggeometrische Phase (c.a. 850-800), I. Stufe» (Kahane 1940, pp. 472, 481-482, tav. XXI: 6); da Kirk al «terzo quarto del IX secolo» (Kirk 1949, p. 96, fig. 1); Morrison e Williams lo considerano invece più tardo, attribuendolo al «Late Geometric II. c. 735- c. 710 B.C.» (Morrison, Williams 1968, pp. 28, 32, tav. 6 c).
58) Morrison, Williams 1968, p. 22, tav. 2 c; cfr. anche Pernice 1892, figg. 1, 3; Kirk 1949, p. 104, n. 15; Kunze 1953-1954, tav. VI: 1.
59) Casson 1971, p. 52, fig. 69.
60) Morrison, Williams 1968, p. 22, tav. 3 b; Casson 1971, fig. 72. Il cratere, frammentario, viene da Coldstream attribuito al Maestro del Dipylon, «LG I a; 760-750»: Coldstream 1968, pp. XI, 30 (n. 4), 349, tav. 7 a (la nave, dipinta sotto l'ansa, non è visibile).
61) Cfr., su tale impostazione, Gras 1985, pp. 137-139; Lo Schiavo, Ridgway 1987, p. 392.
62) Macnamara, Ridgway, Ridgway 1984, pp. 9, 17-18, fig. 4, tav. II: 4.
63) Si ringrazia la Soprintendenza Archeologica per le province di Sassari e Nuoro per aver consentito di esaminare e fotografare questo reperto, come pure quelli della tav. IX: 1-5, autorizzandone la pubblicazione, e per avere inoltre fornito le stampe relative ai pezzi della tav. X: 1-3.
64) Göttlicher 1978, p. 72, tav. 30: 387.
65) Göttlicher 1978, tavv. 31: 401; 32: 425, 426; 33: 431.
66) Il pezzo, inv. 1347, reca ancora la vecchia etichetta della collezione di V. Dessì.
67) La navicella, con protome incompleta, si trova presso il Museo Nazionale "G. A. Sanna" di Sassari, inv. 16/ 2670; la provenienza da Tula è incerta.
68) Si veda la ricostruzione proposta da M. Bonino sulla base dell' "Arca di Noè" della tomba del Duce di Vetulonia: Bonino 1985, fig. 7: 1; Bonino 1989, fig. 1.
69) Bonino 1985, p. 89; Pomey 1985, p. 37.
70) Bonino 1985, pp. 87-89; Bonino 1989, pp. 1519-1523, figg. 1; 2: B, C; 3: C. L'uso della tecnica a legature, complementare a quella a mortise e tenoni, nell'assemblare le diverse componenti degli scafi è attestata anche nel mondo egeo. Nell'Iliade si accenna al disfacimento delle funi che contribuivano a tenere assieme il fasciame delle navi achee dopo un troppo lungo periodo passato, invece che in acqua, all'asciutto sulle spiagge troiane: *Il.* II: 134-135.
71) Bonino 1989, pp. 1519-1521, fig. 2.
72) Göttlicher 1978, p. 77, tav. 34: 442-444.

73) Cfr., per gli esemplari tarquiniesi, Hencken 1968, p. 537, fig. 412: a, c, d.
74) Montelius 1895-1910, tav. 277: 2.
75) Delpino 1985, p. 78, fig. 2. 10. 5; cfr. anche Delpino 1977, p. 474, tav. XVI: a; Cristofani 1983, p. 27, fig. 11; Fugazzola Delpino 1984, pp. 161-163, fig. 65: A, B. Sull'interpretazione come barca per acque lacustri o fluviali, vedi Colonna 1980, p. 603, nota 18.
76) Cristofani 1983, pp. 27-29, figg. 9, 12, 15-17.
77) Bonino 1989, pp. 1521-1523.
78) Per quanto concerne la Sicilia dell'età del bronzo, va ricordato il graffito, estremamente schematico, presente nella parte bassa di un piattello su alto piede rinvenuto nel sepolcro 6 della necropoli di Thapsos. Già P. Orsi ravvisava nell'incisione il «tentativo di rappresentazione di una barca con alta prua ricurva e due remi a poppa» (Orsi 1895, col. 102, tav. IV: 7).
79) L'oggetto, che è privo di associazioni, venne scoperto durante delle operazioni di drenaggio condotte in un campo paludoso del Flintshire, nel Galles nord-orientale. A proposito della sua datazione, Corcoran rileva che «there is [...] nothing to suggest that the Caergwrle Bowl could not have been made in the Middle Bronze Age, and, although any attempt at closer dating is not possible, a date in the early part of the Late Bronze Age in Britain, perhaps within the century or so following 1000 B.C. may be offered in wiew of the possible dating of British circular bronze shields. This seems preferable to the suggestion that the bowl may date to the end of the Late Bronze Age on account of the supposed similarity of its concentric ornament to that of North Europaean and Irish gold work of the Late Bronze Age»: Corcoran 1961, p. 201. Cfr. anche Piggott, Daniel 1951, pp. 16-17, figg. 28-29; Göttlicher 1978, p. 97, tav. 48: 587 con relativa bibliografia; Johnstone 1988, pp. 124-127, figg. 10.1, 10.2.
80) Cfr. Strabone (III, 3, 7) e Cesare (*De Bello Civile*, I, 54).
81) Secondo P. Johnstone la barca di Broighter, un modellino aureo del I secolo a. C. rinvenuto presso Limavady, nell'Irlanda settentrionale, fornito sia di remi che di albero centrale, rappresenta verosimilmente una barca di cuoio; sulle caratteristiche costruttive di queste navi, cfr. anche Johnstone 1988, pp. 132-139.
82) Johnstone 1988, p. 133.
83) Gli odierni "*curraghs*" di Kerry, benché di ridotte dimensioni, possono agevolmente sopportare il peso di una coppia di mucche o di una ventina di pecore: cfr. Johnstone 1988, p. 139.

La navigazione

Le imbarcazioni protostoriche, come si è visto, erano particolarmente adatte ad una navigazione prevalentemente costiera, di piccolo cabotaggio.

La difficoltà di trasportare e conservare grosse quantità di alimenti, nonché la notevole scomodità, per l'equipaggio, di dormire sulle navi, essendo queste per lo più prive di ponte, rendevano necessari frequenti approdi, pressoché quotidiani.

Ciò non escludeva tuttavia il ricorso alla navigazione d'altura quando la rotta lo avesse richiesto, magari sfruttando le isole come scali intermedi.

Diversi erano i sistemi impiegati per orientarsi nei passaggi non a vista. Si consideri a tale proposito che spesso nel Mediterraneo si possono avere formazioni di foschie dense e di brume che tendono a ridurre alquanto la visibilità, offuscando la trasparenza dell'aria ed occultando eventuali punti di riferimento posti sulla terraferma (1).

Durante il giorno l'altezza del sole all'orizzonte permetteva comunque di conoscere approssimativamente la posizione del vascello. In condizioni invece particolarmente sfavorevoli, come dopo un fortunale che avesse fatto perdere la rotta o nel caso che il navigante si fosse ritrovato in alto mare in acque a lui sconosciute, si ricorreva all'osservazione del volo degli uccelli, che indicavano l'approssimarsi della terra e la sua direzione.

Le storie relative al diluvio accennano all'antica usanza marinara di far alzare degli uccelli, in particolare corvi e colombe, nei casi di incertezza sulla rotta da seguire per raggiungere un approdo (2). L'animale, grazie all'alto punto di osservazione raggiunto in volo ed alla vista assai acuta, può infatti scorgere la terra anche da grande distanza e, in caso positivo, mostrarne la direzione indirizzandosi verso di essa.

Che questo metodo fosse noto ed utilizzato in età protostorica in area mediterranea è suggerito dalla frequenza con cui risultano associate fra loro, sia nella ceramica che nella bronzistica, raffigurazioni di navi e di uccelli. Particolarmente significativo è il caso delle navicelle nuragiche, nelle quali è spesso rappresentata una colomba al di sopra della coffa, che, si rilevi, è proprio la struttura deputata all'avvistamento (tavv. VIII: 1-3; X: 2-3). Anche nel mondo egeo-cipriota non mancano esempi interpretabili in modo analogo, come l'uccello dipinto nell'atto di spiccare il volo dalla prua di una nave nel cratere di Enkomi (fig. 127: 4) (3) e quello, più problematico, che sembra disegnato sulla pisside di Tragana (fig. 128: 5) (4).

Di notte la navigazione astronomica era effettuata tramite rilevamento della posizione relativa degli astri, come è descritto nell'Odissea (fig. 130 A) (5).

Dai poemi omerici si rileva la conoscenza di stelle e di loro gruppi, designati questi con specifici nomi, come le *Pleiades* e le *Hyades* (ammassi stellari facenti parte della costellazione del Toro), *Orion*, *Arctos* (l'odierno Gran Carro), *Bootes*, con il suo astro maggiormente brillante, *Arcturus*; pure ben nota era *Sirius*, la più luminosa delle stelle (6). Essi dovevano costituire la base dell'orientamento notturno. Sia nell'Iliade (7) che nell'Odissea (8), a proposito di *Arctos* — insieme composto dai sette astri più splendenti dell'*Ursa Major* — viene detto che è il solo che non si immerge in Oceano. È questo il più antico riferimento greco alle costellazioni circumpolari, che, non partecipando al movimento apparente di rotazione della sfera celeste attorno al suo asse, non sorgono o tramontano in un punto particolare, ma sono sempre visibili (9). Nel primo millennio a. C. il punto di riferimento per il nord era costituito dalla stella *Kochab*, nella costellazione dell'*Ursa Minor*, chiamata in età classica "*Stella Phoenicia*", e che in quell'epoca ruotava attorno al Polo Nord celeste ad una distanza di 7°, sembrando quindi fissa (10).

Qualora il cielo notturno fosse stato coperto, il nocchiero sfruttava le sue conoscenze sulla costanza direzionale di alcuni venti e di talune correnti marine superficiali.

Durante la percorrenza di rotte costiere, tuttavia, si preferiva, quando possibile, prendere terra durante la notte. Assai indicativo dei costumi marinari del tempo è il passo dell'Odissea in cui Euriloco esorta i suoi compagni di equipaggio a scendere come consuetudine a terra:

> «dalle notti ineluttabili venti, rovina di navi,
> nascono: e come sfuggire all'abisso di morte,
> se a un tratto ci coglie una furia di vento,
> di Noto o di Zefiro urlante, quelli che peggio di tutti
> sconquassano i legni, malgrado gli dei sovrani ?» (11).

La nave approdava preferibilmente alla foce o lungo il corso dei fiumi o anche in paludi costiere; talora l'imbarcazione veniva tirata in secco.

Il passo dell'Odissea che descrive come le navi potessero venire agevolmente portate a riva per la notte e messe al riparo fuori dall'acqua (12) ci fornisce un ulteriore indizio, indiretto, del loro scarso pescaggio (13). Esso consentiva agevolmente di muoversi senza eccessivi pericoli presso riva, in acque anche basse, nonché di mettere in mare velocemente un vascello arenato in caso di pericolo (14).

Tali vantaggi erano tuttavia controbilanciati da una scarsa stabilità del mezzo, specie quando era drizzato l'albero, che con i suoi circa dieci metri e mezzo di lunghezza (15) doveva facilmente squilibrare l'imbarcazione.

Si è già accennato ai problemi causati dall'arcaico sistema di velatura allo sfruttamento razionale dei venti, che potevano in realtà essere vantaggiosamente utilizzati per la propulsione pressoché unicamente quando provenivano da poppa.

Nel Mediterraneo numerosi sono i venti locali prodotti dagli spostamenti delle grosse masse d'aria di provenienza polare e tropicale. Tali venti sono connessi con l'instaurarsi di particolari regimi di alte o basse pressioni ed hanno carattere occasionale, differenziandosi quindi dalle brezze di terra e di mare, periodiche e regolari poiché legate all'escursione diurna.

I principali venti locali mediterranei (fig. 130 B) (16) — la Tramontana (direzione NW-NE), la Bora ed il Grecale (NE), gli Etesii o Meltemi (NE), il Levante (E), il Khamsin, Ghibli, Scirocco e Marin (SE), il Libeccio (SO), il Vandeval

A

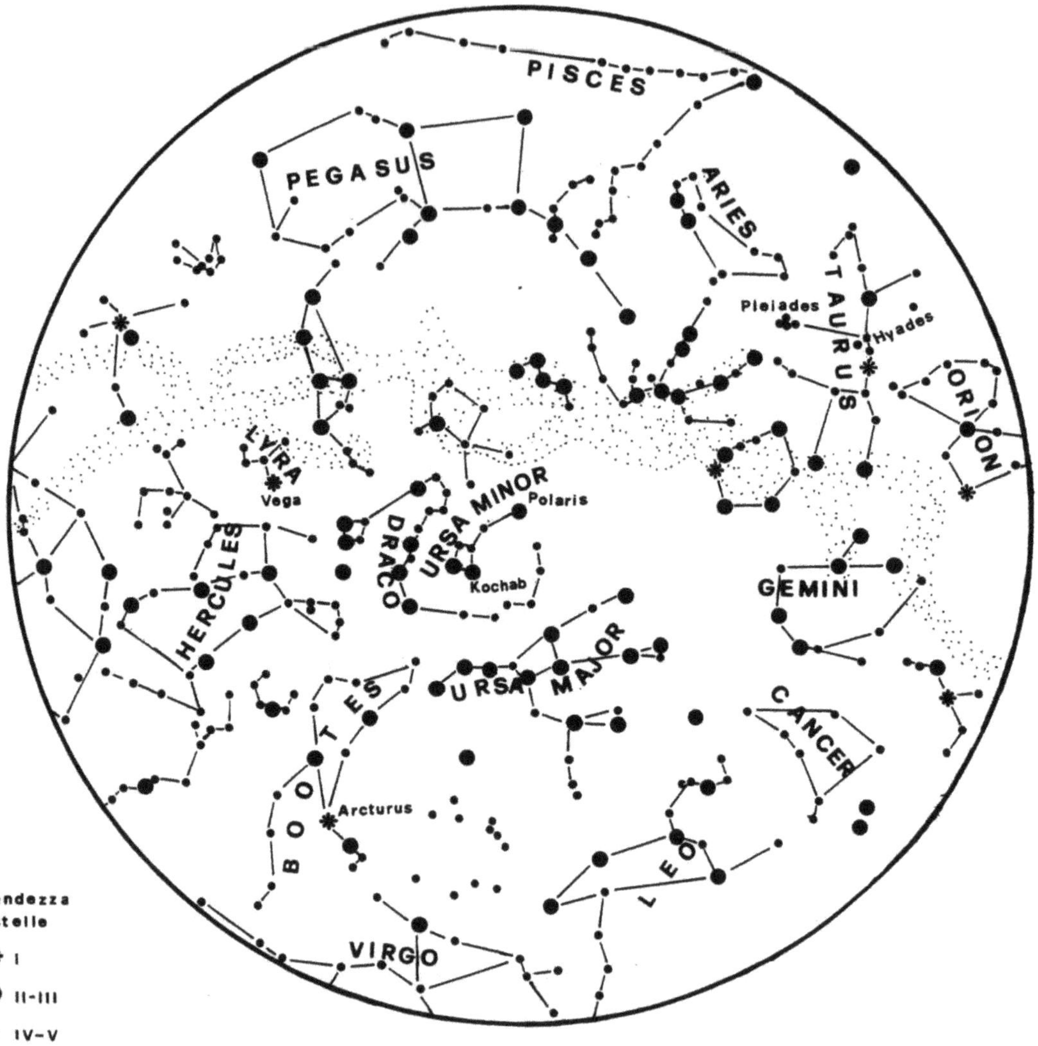

B

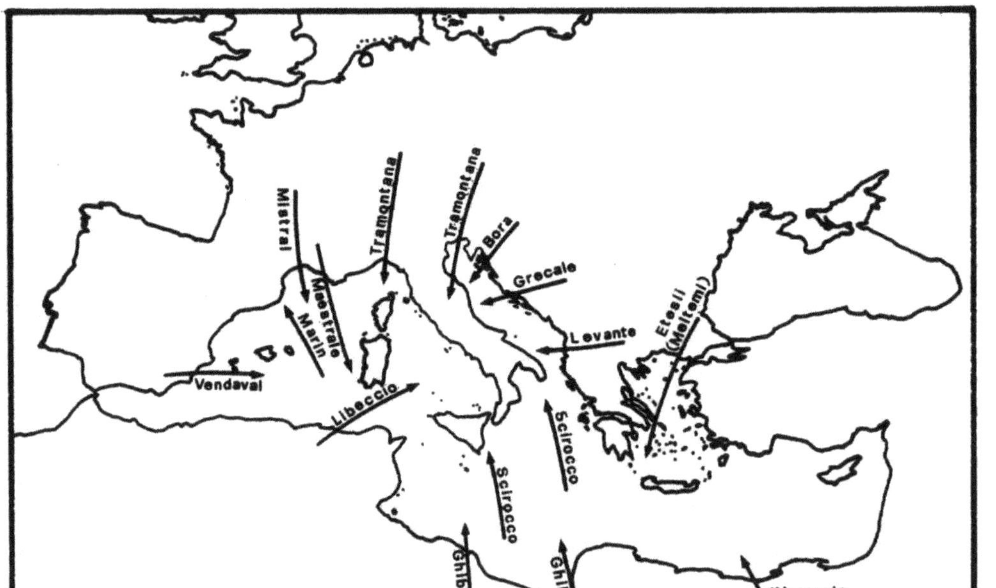

Fig. 130. A. Carta celeste dell'emisfero settentrionale.
B. Principali venti locali del Mediterraneo.

(O), il Mistral ed il Maestrale (NW) — sono caratterizzati da una notevole instabilità, sia nella durata che nell'intensità. Sono infatti frequenti bruschi ed improvvisi cambiamenti nella loro forza e direzione. È inoltre fondamentale tenere conto dell'influenza dell'orografia costiera sull'andamento dei flussi d'aria, tanto più che in una navigazione quale quella protostorica, prevalentemente anche se non esclusivamente rivierasca, essendo generalmente le coste mediterranee alquanto frastagliate, il seguirle doveva causare cambiamenti di direzione, con conseguenti deviazioni dall'asse portante del vento ([17]).

Tutte queste condizioni riducevano alquanto l'utilizzo della navigazione a vela nelle traversate, specie in quelle a lunga distanza, soprattutto in considerazione della già ricordata scarsa affidabilità e manovrabilità della vela quadra.

Né era possibile un uso continuativo della forza propulsiva dei remi in un lungo percorso. Gli uomini dell'equipaggio infatti realizzavano agevolmente la spinta necessaria ad avvicinarsi ed allontanarsi da terra o per effettuare particolari manovre, ma, dato anche il loro scarso numero, ben difficilmente avrebbero potuto reggere ad uno sforzo prolungato quale quello necessario a compiere lunghi tragitti.

Le correnti marine superficiali costituiscono un flusso d'acqua all'interno della massa liquida; benché in genere sottovalutate poiché non molto forti, potevano fornire anch'esse un contributo alla navigazione.

Questa doveva quindi in definitiva avvalersi di un sistema integrato ed interagente che sfruttava le spinte fornite sia dai venti che dai remi e dalle correnti.

Si consideri inoltre che le correnti disegnano, nelle acque del Mediterraneo, delle "linee di minore resistenza" lungo le quali è più agevole navigare, specie disponendo di imbarcazioni dalle caratteristiche tecniche che sono state delineate in precedenza. Esse possono produrre alla nave, qualora contrastate, scarrocci anche considerevoli ([18]); era quindi opportuno e necessario non dirigere la nave in senso contrario alla corrente, ma sfruttarne per quanto possibile la forza propulsiva.

Le correnti superficiali del Mediterraneo sono basilarmente di origine convettiva: sono cioè connesse con l'effetto termico prodotto dall'irradiazione solare sulle masse d'acqua. L'irradiazione scaldando la superficie marina produce evaporazione, causando variazioni della densità ([19]) e scambi di calore fra le masse liquide e quelle aeree. Queste correnti sono a carattere permanente, benché possano subire occasionalmente delle interruzioni e talora inversioni a causa dei venti ([20]).

Per comprendere la dinamica delle correnti è necessario considerare che il Mediterraneo, a causa della sua natura morfologica, si comporta in realtà come fosse costituito da diversi bacini — principalmente il bacino Algero-Provenzale, il Tirrenico, lo Ionico e quello di Levante — aventi ciascuno una propria circolazione, in prevalenza ciclonica destrogira, che si raccordano fra di loro in alcuni punti di contatto (fig. 131).

Nei diversi circuiti così configurati l'evoluzione stagionale della situazione meteorologica interagisce con la circolazione marina, causando ad essa periodicamente variazioni anche considerevoli ([21]).

La configurazione termo-barica del Mediterraneo, da cui dipende il sistema circolatorio superficiale, è collegata con i mutamenti di posizione stagionale assunti dai centri di azione barica rappresentati dalle aree di alta pressione (o anticiclone) atlantica ed euroasiatica e da quella di bassa pressione (o ciclonica) dell'Islanda.

Le zone settentrionali sono quindi interessate da un regime ciclonico, mentre quelle meridionali da uno anticiclonico; a seconda dei periodi dell'anno tali circuiti vengono ad includere alternativamente anche le regioni centrali. Queste sono impegnate in inverno dalle basse pressioni, dalle alte in estate.

In rapporto alle situazioni bariche si modificano di conseguenza i due principali sistemi circolatori superficiali mediterranei, diretti a sud in senso orario (anticiclonico) ed a nord antiorario (ciclonico) ([22]).

Considerando ad esempio il Tirreno, si osserva come le correnti nel periodo estivo siano dirette in senso orario dalla Sardegna verso la penisola, e non viceversa, agevolando quindi un viaggio dalle coste centro-orientali sarde a quelle dell'Italia centrale e meridionale. Nel periodo invernale, invece, le stesse correnti vanno in direzione opposta, dall'Italia verso la Sardegna, per poi da questa raggiungere il nord della Sicilia e risalire infine lungo la penisola ([23]).

Essendo le correnti connesse strettamente alle condizioni climatiche generali, è fondamentale, prima di esaminare l'ipotesi di eventuali rotte protostoriche suggerite dalla direzione delle correnti, stabilire se vi siano stati cambiamenti climatici nel bacino mediterraneo tali da modificare i circuiti rispetto alla situazione attuale.

Gli studi paleoclimatici inducono a fornire una risposta negativa a tale ipotesi.

Nei secoli in esame si sarebbero succeduti due distinti momenti: «intorno al 1300 a. C.» si sarebbe infatti avuto un periodo di clima caldo ed arido, mentre «intorno al 900 a. C.» sarebbe invece iniziata una fase fresca e umida che avrebbe caratterizzato «tutto il primo millennio» a. C. ([24]).

Se si analizzano gli ultimi quattrocento anni, per i quali possediamo rilevamenti sull'andamento delle correnti, osserviamo come non si siano registrati apprezzabili cambiamenti, nonostante che fra il 1590 ed il 1850 si sia attraversato uno dei periodi più freddi dalla glaciazione würmiana, tale da essere denominato "piccola età glaciale" ([25]), seguito da un periodo caldo protrattosi fino al 1950 ([26]).

L'osservazione dei grafici delle correnti marine superficiali del Mediterraneo, sia a carattere permanente che stagionale ([27]), può fornire una significativa chiave di lettura sulle possibili rotte transmarine seguite in età protostorica (figg. 131-135). Si consideri che la struttura stessa delle navi, caratterizzate da una chiglia poco profonda, consentiva di sfruttare al massimo le correnti superficiali, senza venire influenzata negativamente da quelle più profonde, talora aventi diversa direzione.

Va inoltre tenuto conto del fatto che i viaggi transmarini erano di norma limitati ad un periodo ristretto dell'anno: nell'Egeo dell'età del ferro le navi venivano infatti messe in acqua a primavera, intorno ad aprile, e tirate a secco in autunno, verso ottobre ([28]).

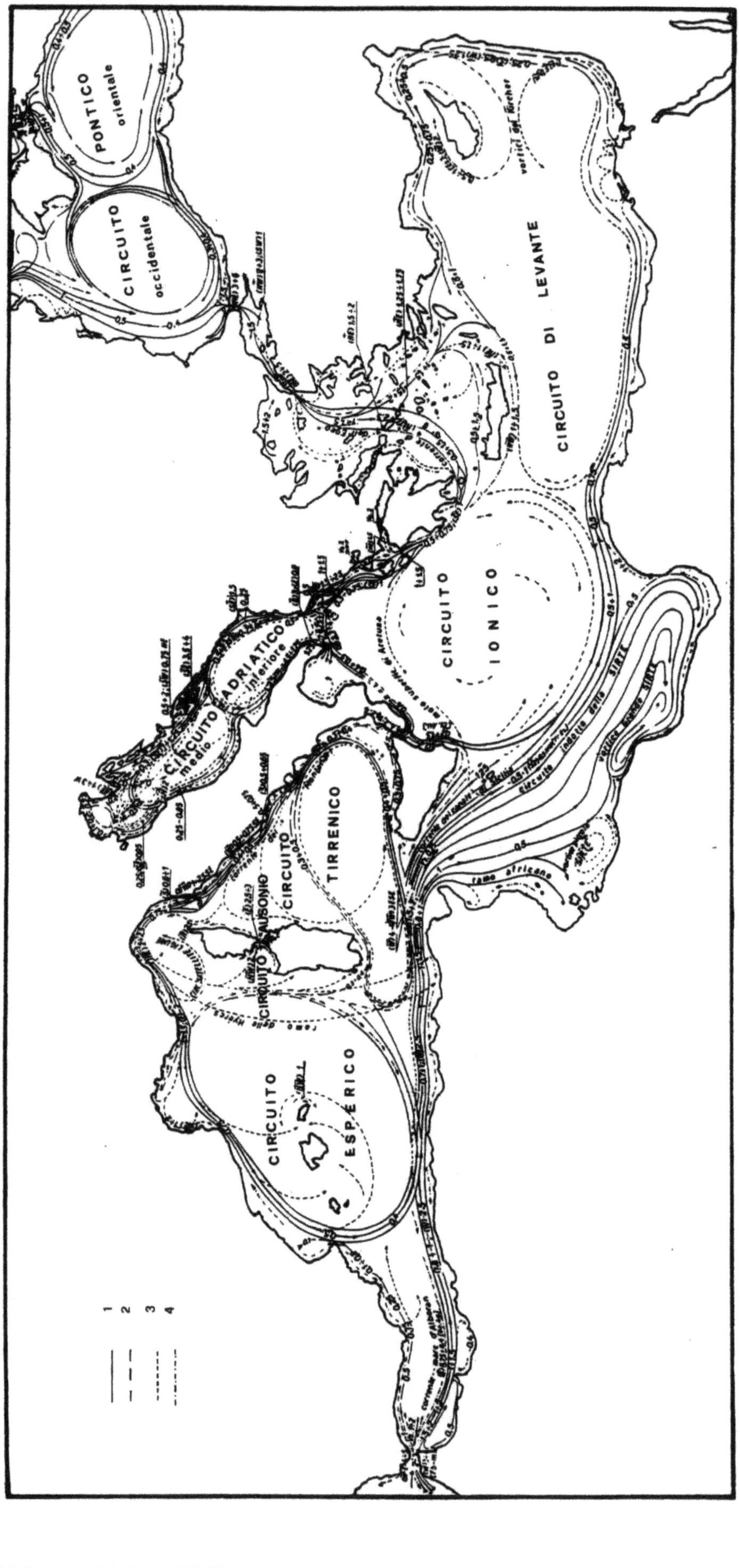

Fig. 131. Correnti marine superficiali e moti di deriva del Mediterraneo.
1: corrente di densità a carattere permanente; 2: corrente di densità di debole intensità e ridotta frequenza; 3: moti di deriva ciclonici; 4: moti di deriva anticiclonici.

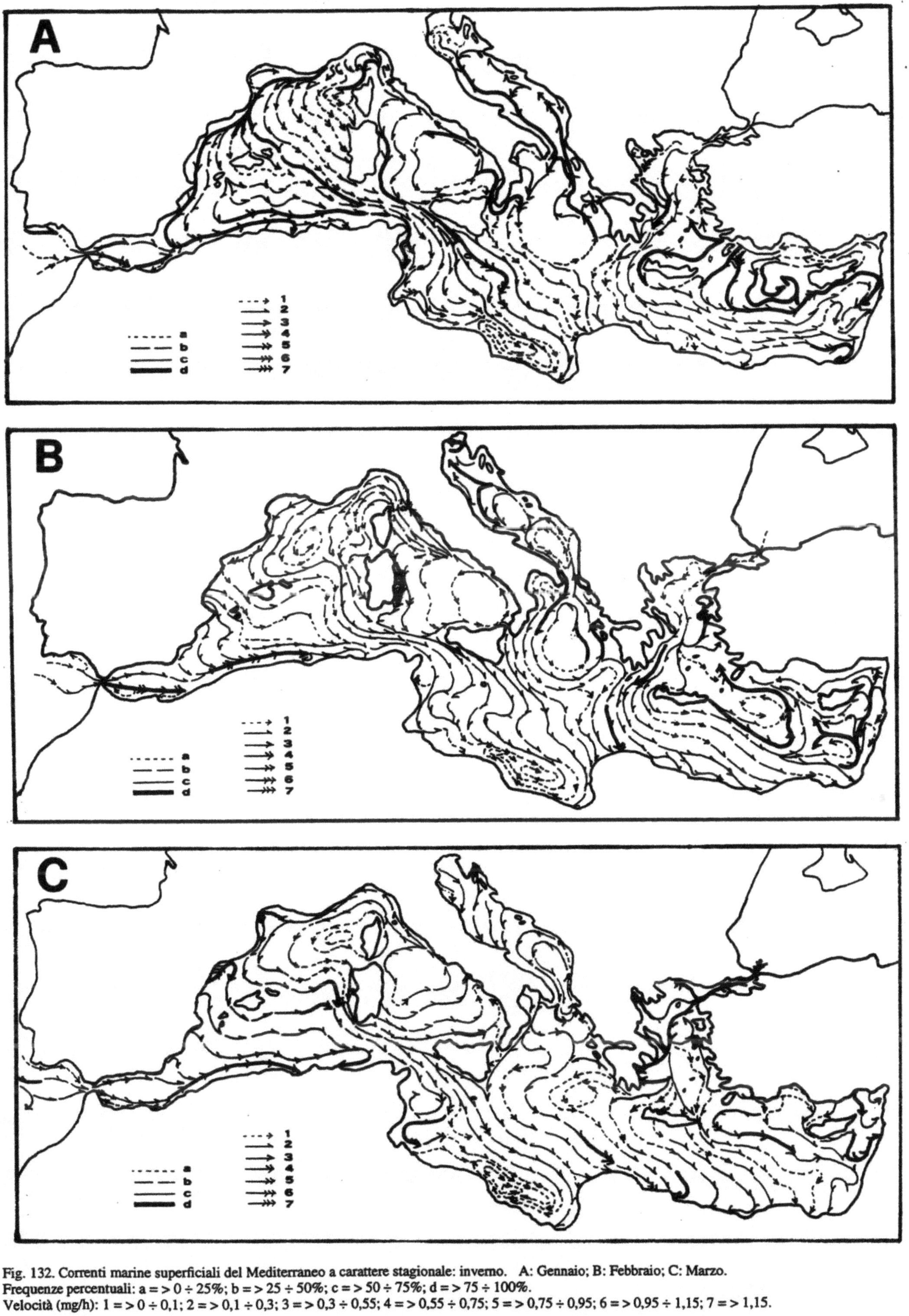

Fig. 132. Correnti marine superficiali del Mediterraneo a carattere stagionale: inverno. A: Gennaio; B: Febbraio; C: Marzo.
Frequenze percentuali: a = > 0 ÷ 25%; b = > 25 ÷ 50%; c = > 50 ÷ 75%; d = > 75 ÷ 100%.
Velocità (mg/h): 1 = > 0 ÷ 0,1; 2 = > 0,1 ÷ 0,3; 3 = > 0,3 ÷ 0,55; 4 = > 0,55 ÷ 0,75; 5 = > 0,75 ÷ 0,95; 6 = > 0,95 ÷ 1,15; 7 = > 1,15.

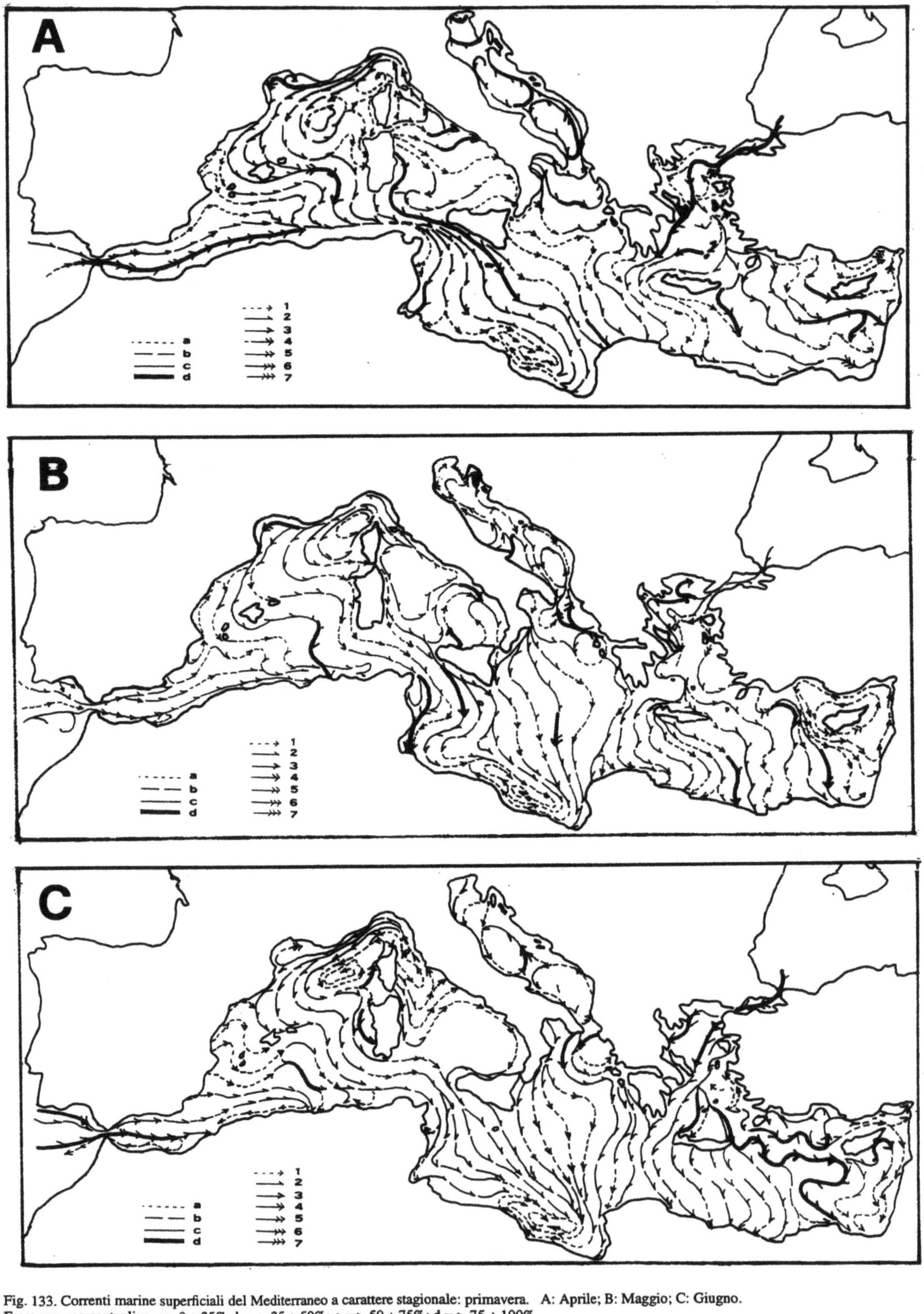

Fig. 133. Correnti marine superficiali del Mediterraneo a carattere stagionale: primavera. A: Aprile; B: Maggio; C: Giugno.
Frequenze percentuali: a = > 0 ÷ 25%; b = > 25 ÷ 50%; c = > 50 ÷ 75%; d = > 75 ÷ 100%.
Velocità (mg/h): 1 = > 0 ÷ 0,1; 2 = > 0,1 ÷ 0,3; 3 = > 0,3 ÷ 0,55; 4 = > 0,55 ÷ 0,75; 5 = > 0,75 ÷ 0,95; 6 = > 0,95 ÷ 1,15; 7 = > 1,15.

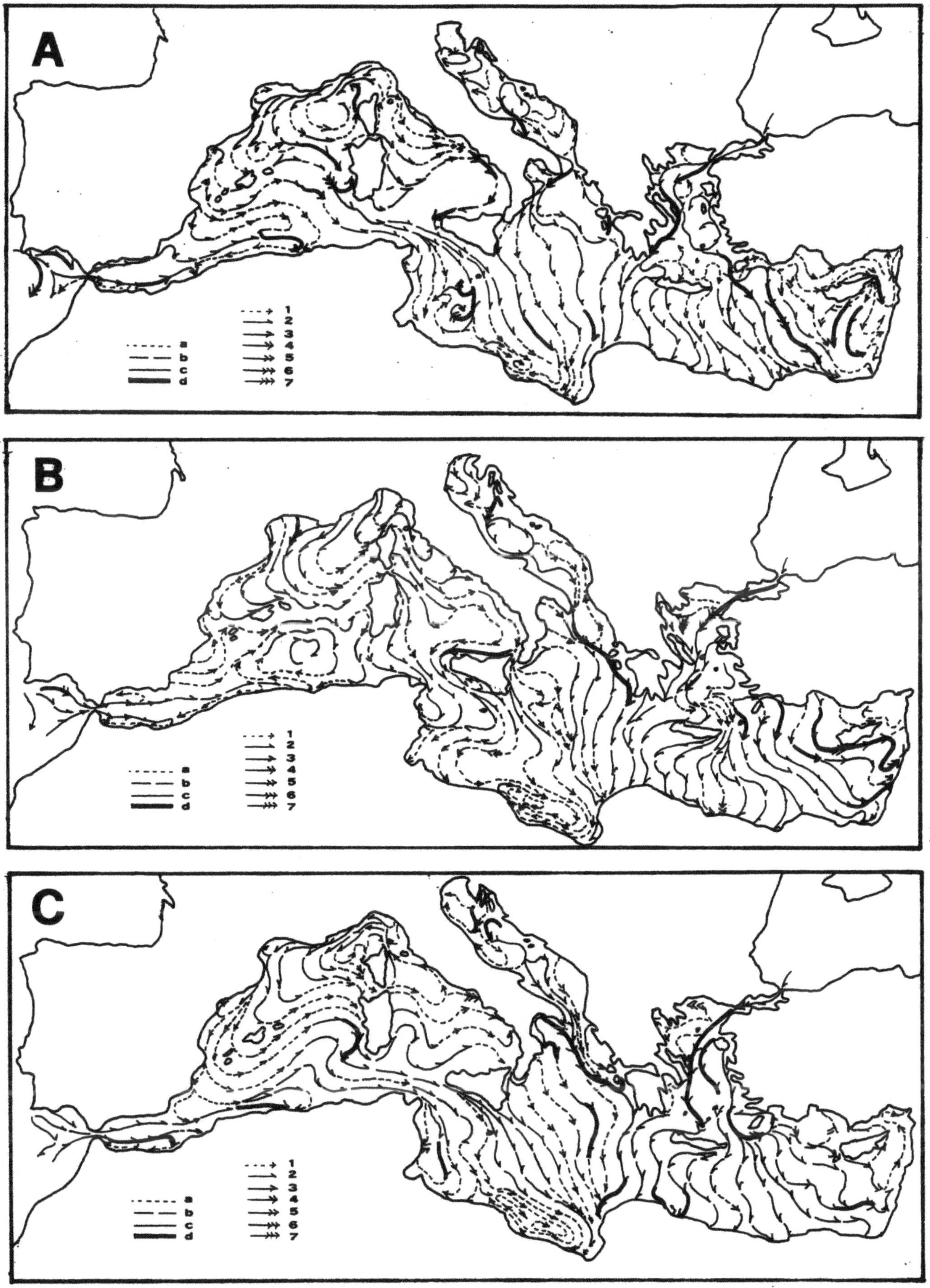

Fig. 134. Correnti marine superficiali del Mediterraneo a carattere stagionale: estate. A: Luglio; B: Agosto; C: Settembre.
Frequenze percentuali: a = > 0 ÷ 25%; b = > 25 ÷ 50%; c = > 50 ÷ 75%; d = > 75 ÷ 100%.
Velocità (mg/h): 1 = > 0 ÷ 0,1; 2 = > 0,1 ÷ 0,3; 3 = > 0,3 ÷ 0,55; 4 = > 0,55 ÷ 0,75; 5 = > 0,75 ÷ 0,95; 6 = > 0,95 ÷ 1,15; 7 = > 1,15.

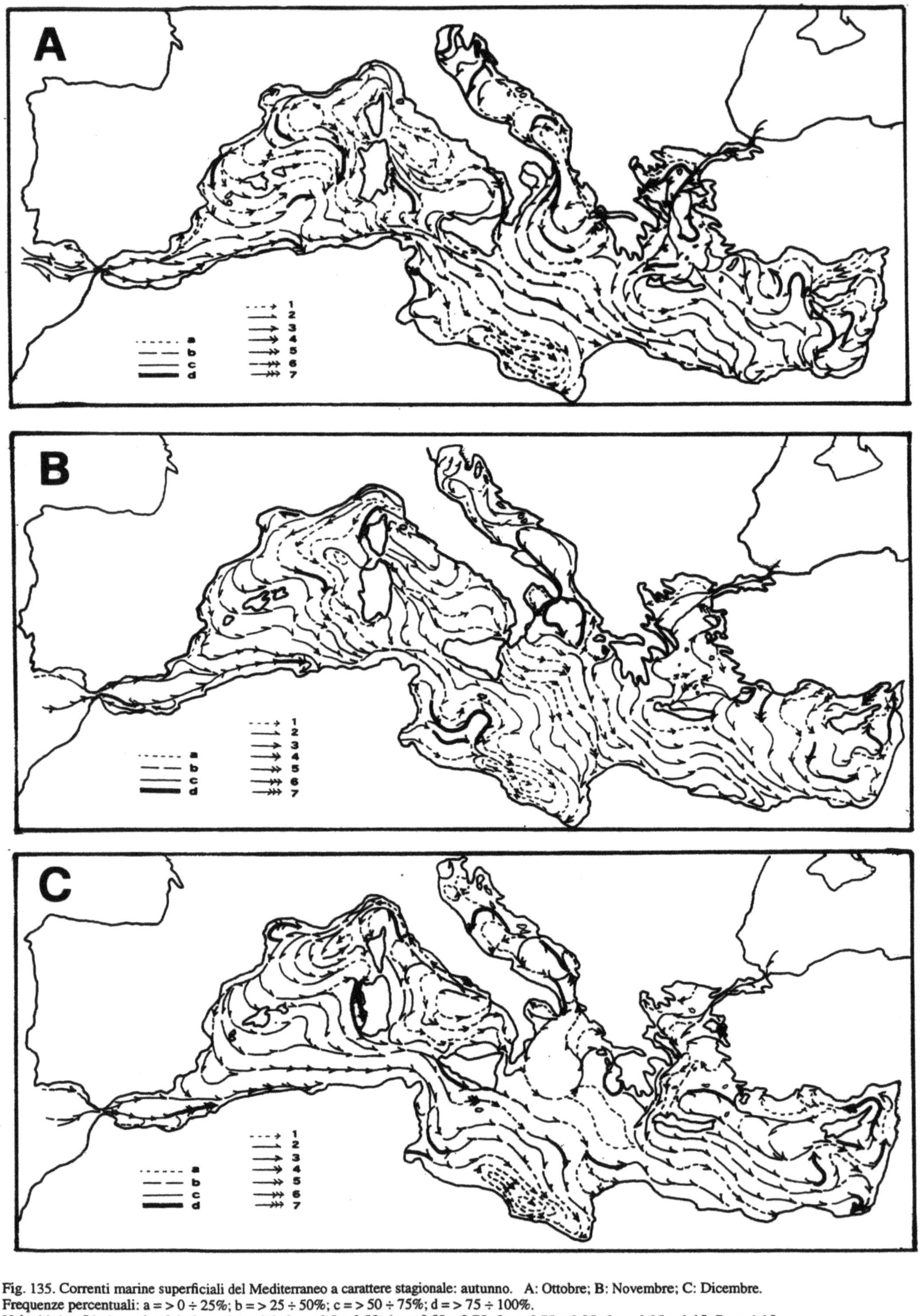

Fig. 135. Correnti marine superficiali del Mediterraneo a carattere stagionale: autunno. A: Ottobre; B: Novembre; C: Dicembre.
Frequenze percentuali: a = > 0 ÷ 25%; b = > 25 ÷ 50%; c = > 50 ÷ 75%; d = > 75 ÷ 100%.
Velocità (mg/h): 1 = > 0 ÷ 0,1; 2 = > 0,1 ÷ 0,3; 3 = > 0,3 ÷ 0,55; 4 = > 0,55 ÷ 0,75; 5 = > 0,75 ÷ 0,95; 6 = > 0,95 ÷ 1,15; 7 = > 1,15.

Le correnti prevalenti nei mesi maggiormente deputati alla navigazione permettono così di configurare una serie di tragitti a media distanza, talora anche alternativi, che, combinandosi insieme, consentivano in definitiva l'attraversamento dell'intero bacino mediterraneo.

Un'imbarcazione diretta dal Peloponneso — e quindi dall'area egea-levantina — verso il Mediterraneo centro-occidentale avrebbe potuto approfittare delle correnti che da maggio a luglio risalgono la costa dell'Epiro e dell'Albania per dirigersi verso la Puglia — correnti che agevolano invece il percorso inverso da luglio a novembre — e da qui, effettuando una navigazione costiera, lo Stretto di Messina e la Sicilia.

Le correnti del Circuito Tirrenico agevolavano, da dicembre a maggio, la risalita dalla Sicilia occidentale verso l'Italia meridionale, raggiungendo le rive campane e laziali.

L'attraversamento del tratto dalla Penisola Italiana verso la Sardegna è agevolato in alcuni mesi (dicembre-marzo, maggio, ottobre) da alcune correnti a carattere stagionale che dalle coste laziali si dirigono verso la Corsica meridionale e la Gallura, mentre nel restante periodo dell'anno, particolarmente in estate, il circuito anticiclonico favorisce la rotta di ritorno, dalla Sardegna centro e sud-orientale verso le coste pontine e campane.

A nord dell'Arcipelago Toscano è poi possibile seguire le correnti permanenti dirette verso il Golfo di Genova e la Provenza; oppure attraverso il Mar Ligure, dirigersi in primavera ed in estate verso la Corsica e, seguendo il versante occidentale di questa, la limitrofa Sardegna.

All'altezza di Capo Camarat e delle Isole di Hyères ci si immette nel grande Circuito Esperico, raggiungendo così la Catalogna e, successivamente, il Golfo di Valenza. Correnti di notevole forza e frequenza facilitano, specie da marzo a giugno ed in ottobre e dicembre, l'accesso al Golfo del Leone punto terminale dell'importante via europea di comunicazione fluviale del Rodano.

Da Capo Tortosa, alle foci dell'Ebro, e da Capo de la Nao, seguendo correnti stagionali differenti sono inoltre raggiungibili in qualsiasi periodo dell'anno le Isole Baleari e, da esse, la Sardegna occidentale. Ibiza e Formentera inoltre si trovano lungo un circuito che dalle coste meridionali iberiche si dirige verso quelle algerine, configurando una possibile rotta di ritorno.

Solo in inverno (dicembre-febbraio) le correnti agevolano il viaggio ad est di Capo de la Nao e, comunque, anche in questo periodo, solo fino a Capo de Gate, in Almeria.

È invece assai più facile il percorso che da Gibilterra risale la Penisola Iberica lungo il Mare d'Alboran. La differente salinità fra le acque del Mediterraneo (38 %) e quelle dell'Atlantico (33 %) è alla base della corrente superficiale permanente che dallo stretto di Gibilterra si dirige con discreta intensità verso oriente sia lungo le coste andaluse che lungo quelle del Marocco e dell'Algeria.

Essa, se da un lato agevola la navigazione diretta verso est, costituisce un considerevole ostacolo al superamento dello stretto di Gibilterra. La turbolenza che può incontrare nell'area dello stretto una nave che cerchi di attraversarlo in direzione dell'Atlantico giustifica il timore ad oltrepassare le Colonne d'Ercole che trova ancora eco in tempi storici nelle Odi di Pindaro, dove il mare al di là di esse è descritto come un luogo inaccessibile, dove non è né saggio né lecito andare ([29]).

Questa stessa corrente è invece rivolta nel verso favorevole per chi sia diretto verso il Mediterraneo. Le imbarcazioni provenienti dalle regioni settentrionali dell'Europa atlantica potevano quindi seguire la circolazione oceanica lungo la direttrice che dalla Galizia conduce verso il Capo S. Vincenzo seguendo le coste portoghesi e, doppiata la punta estrema dell'Algarve, attraversare il Golfo di Cadice ed entrare, sfruttando le correnti favorevoli, nel Mediterraneo.

Quelle stesse navi avrebbero potuto approfittare, nel ritorno, delle correnti litoranee che in alcuni momenti dell'anno (da novembre a marzo e maggiormente da giugno a settembre), seguendo le coste del Marocco, procedono dalle regione antistante a Capo Tres Forcas verso Capo de la Almina. In ottobre e febbraio esistono inoltre delle correnti che tendono a risalire da sud il Golfo di Cadice. Va rilevato come le condizioni più favorevoli dal punto di vista delle correnti si presentino solo nei mesi invernali. Tuttavia è opportuno considerare che, a differenza dei marinai provenienti dai climi temperati del Mediterraneo, quelli delle regioni più settentrionali dell'Europa atlantica erano usi, nei loro climi, a condizioni meteorologiche di particolare avversità, spesso peggiori di quelle riscontrabili in un inverno mediterraneo.

Ad un'imbarcazione proveniente dal sud della Penisola Iberica e diretta verso oriente si ponevano due possibili rotte alternative per navigare col favore delle correnti.

La prima, meridionale, approfittava delle correnti che, da settembre a maggio, seguono la costa nord-africana sino all'altezza di Capo Bon. Di qui dirigendosi verso sud-est si segue il circuito indotto della Sirte fino alla Cirenaica, per immettersi nei grandi circuiti Ionico e di Levante che caratterizzano il Mediterraneo orientale.

Da Capo Bon, utilizzando, eventualmente, come punto di appoggio l'isola di Pantelleria, era anche possibile, in alternativa, attraversare all'altezza dei Banchi di Sciacca ([30]) il Canale di Sicilia con l'aiuto dell'omonima corrente, di carattere permanente. Questa consente sia raggiungere il versante sud-occidentale della Sicilia, da cui, eventualmente, doppiando Capo Lilibeo, indirizzarsi verso la Penisola Italiana, sia, dirigendosi invece verso sud, di arrivare a Malta.

La seconda rotta utilizza correnti presenti da aprile a giugno, in agosto, e da ottobre a novembre; essa, dopo aver risalito la costa iberica sino a Capo de la Nao, si dirige verso le Baleari e le Pitiuse, per poi immettersi nel Circuito Esperico, raggiungendo così, quasi all'altezza di Algeri, le coste nord-africane.

Le correnti suggeriscono quindi l'esistenza di due grandi, opposti percorsi fra loro alternativi utilizzabili nei traffici transmarini fra Oriente ed Occidente. Il primo, adottato nei viaggi diretti da est ad ovest, segue il lato europeo del Mediterraneo; il secondo, di ritorno, utilizzato nei tragitti da ovest verso est, costeggia invece in parte o totalmente il versante africano.

Si consideri inoltre che, oltre alle correnti, anche i venti sconsigliano l'impiego della rotta africana per viaggi verso ponente: in estate infatti, periodo particolarmente favorevole alla navigazione, il Mediterraneo occidentale è interessato da venti di nord-ovest: navigando quindi lungo l'Africa settentrionale in direzione di Gibilterra si rischiava di trovare una costa sottovento ([31]).

Nel calcolare i tempi di percorrenza nelle rotte mediterranee sin qui prospettate va sottolineato come la velocità di un'imbarcazione dipenda da un complesso insieme di numerose variabili. Tra queste giocano un ruolo determinante le mutevoli forze dei venti e delle correnti combinate con la resistenza al moto prodotta dalla viscosità dell'acqua e dal peso della nave.

Le antiche fonti scritte possono tuttavia fornire preziose indicazioni. Da esse si apprende infatti che in età omerica una nave impiegava poco più di un giorno per recarsi da Itaca a Pilo, nella Messenia. In età classica erano necessarie nove ore per attraversare l'Adriatico, da Corfù a Brindisi, ed una quindicina di giorni per raggiungere dall'Egeo la Sicilia, il cui periplo una nave da carico poteva compiere in meno di otto giorni o in cinque giorni e cinque notti ([32]).

NOTE

1) Luzón Nogué, Coín Cuenca 1986, pp. 76-77. Tali autori hanno sottolineato, anche sulla base di prove sperimentali, come la buona visibilità in mare delle alture poste sulla terraferma, considerate come punti di riferimento, si abbia soltanto per pochi giorni all'anno. Anche nei mesi estivi, per gli antichi particolarmente propizi ai viaggi, sono frequenti in mare nebbie basse legate alla forte evaporazione superficiale. Non è quindi realistica l'ipotesi secondo cui sarebbe possibile attraversare gran parte del Mediterraneo senza perdere di vista la terra, intendendo con questo termine non la costa, ma i principali rilievi montuosi del continente e delle isole. Su questa ipotesi, che non tiene però conto delle peculiari condizioni atmosferiche sul mare, è stata elaborata anche una carta mediterranea dei limiti della visibilità teorica della terra, basata sul calcolo della distanza alla quale, al livello del mare, scompare un punto posto ad una data altezza: cfr. Schüle 1970, pp. 457-461, fig. 1.

2) Questa usanza è adombrata sia nella versione mesopotamica che in quella ebraica e greca: cfr. Luzón Nogué, Coín Cuenca 1986, pp. 68-84. Una descrizione particolarmente efficace si riscontra nell'episodio biblico che narra la fine del diluvio: «Noè aprì la finestra dell'arca, che aveva fatto, e mandò fuori il corvo, il quale uscì, andando e tornando, finché le acque non si furono prosciugate sulla terra. Dopo mandò fuori la colomba, per vedere se le acque fossero diminuite sulla superficie della terra. Ma la colomba, non trovando dove posare la pianta del suo piede, tornò da lui nell'arca, perché vi era ancora acqua sulla superficie di tutta la terra; egli stese la mano, la prese e l'accolse con sé nell'arca. Aspettò ancora sette giorni, poi fece uscire di nuovo dall'arca la colomba, la quale tornò da lui, verso sera; ed ecco, essa aveva nel becco una foglia fresca di ulivo. [...] Tuttavia aspettò ancora altri sette giorni, poi mandò fuori la colomba, ma essa non tornò più da lui» (*Gen.* 8, 6-12). I primi tentativi di trovare terra non hanno successo e gli uccelli fatti alzare in volo dall'arca, prima un corvo, poi una colomba, tornano indietro. Il viaggio ha termine solo quando l'uccello, avendo scorto la terra, ci si dirige e non ritorna più sull'imbarcazione.

3) L'uccello di questo vaso è comunemente interpretato come un ornamento della nave. Va tuttavia rilevato come, negli altri casi analoghi in cui è raffigurata una barca fornita di protome (cfr. l'anforetta a staffa da Skyros), quest'ultima costituisca parte integrante della ruota di prua, o sia comunque strettamente saldata ad essa. Qui invece l'uccello ne è chiaramente distinto, ed è solo poggiato con le zampe alla parte interna della prua, una posizione quindi staticamente inaccettabile qualora si trattasse di una sorta di polena, ma ben comprensibile se l'intento fosse stato quello di riprodurre l'animale nel momento di prendere il volo.

4) L'animale rappresentato al di sopra della prua del vascello della pisside di Tragana è conservato solo in parte: è stato quindi variamente interpretato, come un pesce (Morrison, Williams 1968, p. 9) o, più di recente, sia pure dubitativamente, come un uccello (Demacopoulou 1987, p. 156).

5) *Od.* V: 270-278.

6) Dicks 1970, pp. 29-31.

7) *Il.* XVIII: 485-489.

8) *Od.* V: 272-275.

9) Cfr. Dicks 1970, pp. 30-31.

10) Vedi Bartoloni 1991, p. 11, figg. 1-2. Si consideri che, per la precessione degli equinozi, il prolungamento ideale del polo nord non si mantiene costante, ma punta nel tempo verso stelle diverse. Quindi in antico la "stella polare" differiva da quella attuale, *Polaris* (o *Alpha Ursae Minoris*) nell'Orsa Minore, ed era invece *Kockab* (o *Beta Ursae*

Minoris), un astro della stessa costellazione, il cui nome significa appunto Stella del Nord.

11) *Od.* XII: 289-290. Traduzione di R. Calzecchi Onesti, Milano 1968; nella parte inglese la traduzione è di A.T. Murray, London, New York 1919.

12) *Od.* XII: 316-318.

13) Anche nell'Iliade non mancano allusioni al basso pescaggio delle imbarcazioni achee: Ettore, durante la battaglia presso le navi nemiche tirate a terra, può agevolmente giungere ad afferrare l'ornamento poppiero del vascello di Protesilao: *Il.* XV: 704-706, 716-717.

14) *Od.* IX: 484-490.

15) Morrison, Williams 1968, pp. 53-54.

16) Alcuni di essi, divinizzati, sono già ricordati nei poemi omerici come figli di Eolo, che li tiene racchiusi in un otre di cuoio. Nell'Iliade vengono ricordati Borea (vento del Nord) e Zefiro (vento dell'Ovest); nell'Odissea sono citati Euro (vento dell'Est) e Noto (vento del Sud). Più tardi il novero dei venti venne ampliato: Aristotele ne cita 11, mentre nei rilievi della Torre dei Venti di Atene ne compaiono 8. Cfr. Sichtermann 1966, p. 1132.

17) Guglielmi 1971, p. 423. Sugli effetti del vento nella navigazione a vela, cfr. anche Di Franco 1985, pp. 13-32.

18) Cfr. Bartoloni 1991, p. 10.

19) Le variazioni di densità sono in rapporto con la temperatura e la salinità; si consideri a tale proposito che il Mediterraneo, mare sostanzialmente chiuso, ha una salinità maggiore dell'Oceano Atlantico, con cui è in comunicazione tramite lo Stretto di Gibilterra.

20) Metallo 1955, pp. 290-293. Il legame fra velocità superficiale della corrente (υ_0) e lo sforzo del vento (τ) è definito dalla formula :

$$\upsilon_0 = \frac{\pi}{\sqrt{f\eta^* \rho}}$$

dove f = accelerazione geostrofica;
ρ = densità;
η^* = viscosità turbolenta.
L'accelerazione geostrofica è a sua volta in stretto rapporto con la latitudine, poiché
$f = 2\,\Omega \sin\varphi$
dove Ω = velocità angolare di rotazione terrestre e φ = latitudine.
Tuttora non chiaramente ed univocamente definito è il rapporto fra lo sforzo e la velocità del vento stabilito da formule empiriche:
$\tau = 3{,}2 \times 10^{-6}\, U^2\, (g\ cm^{-1}s^{-2})$
dove U = velocità del vento in cm/s misurata a 15 m sul livello del mare.
Sono state proposte anche formule empiriche per calcolare il rapporto fra velocità superficiale della corrente (υ_0) e velocità del vento (U):

$$\upsilon_0 = \frac{2{,}59\sqrt{U}}{\sqrt{\sin\varphi}}$$

per U < 6 m/s

$$\upsilon_0 = \frac{1{,}26\ U}{\sqrt{\sin\varphi}}$$

per U > 6 m/s
Ricerche sperimentali hanno stabilito che il valore di υ_0/U varia intorno a 0,01 e 0,03. Vedi Mosetti 1978, pp. 130-155.
Va inoltre considerato che studi compiuti sulle correnti mediterranee hanno appurato che i venti sono in grado di generare nel mare moti di traslazione soltanto qualora la loro velocità sia superiore a 7-8 m/s e la loro azione perduri almeno per due giorni: Metallo 1962, p. 65.

21) Metallo 1955, pp. 295-296; Metallo 1962, pp. 63-65, figg. 1-2.

22) Metallo 1962, pp. 61-64.

23) Metallo 1955, tavv. III-V; IX-X, XII.

24) Pinna 1969, pp. 222-226; Pinna 1984, pp. 118-131.

25) In questo periodo infatti l'estensione delle nevi e dei ghiacci raggiunse in tutto il globo terrestre i valori massimi dalla fine dell'età glaciale: Pinna 1984, pp. 165.

26) Pinna 1984, pp. 165-198; Metallo 1955, pp. 292-296. Al ciclo caldo terminato nel 1950 è subentrata una nuova fase di raffreddamento: Pinna 1984, pp. 199-202.

27) Metallo 1955, fig. 1A; tav. I; Metallo 1962, tavv. I-XII.

28) Casson 1976, pp. 42-43; Mele 1979, p. 53.

29) «Non gli è facile varcare più oltre l'inaccessibile mare al di là delle colonne d'Ercole» (*Nem.* III: 25-26); «Ma oltre Gades ad occidente procedere con lice; volgi di nuovo le vele verso il continente d'Europa» (*Nem.* IV: 69-70); «[Le colonne d'Ercole] varcare più oltre non lice ai saggi come al volgo; io non lo tenterò, chè vano sarei» (*Ol.* III: 44-45). Trad. di L. Cerrato, Genova 1918. Cfr. anche Smith 1878, pp. 1054-1055.

30) Si ricordi che proprio attorno all'area dei Banchi di Sciacca (Banco di Graham, Banco Terribile), ad una profondità compresa fra i 31 ed i 58 metri, venne casualmente rinvenuta nella metà degli anni '50 una statuetta statuetta bronzea di tipologia vicino-orientale raffigurante una divinità maschile combattente: cfr. Tusa 1973, p. 173.

31) Casson 1976, p. 73: L. Casson, analizzando l'espansione fenicia verso Occidente sulla base delle colonie da questi fondate, ipotizza che essi, partendo da Cartagine ed Utica, si dirigessero dapprima a nord, in Sardegna, da qui ad Ibiza e sulla costa mediterranea della Spagna, per giungere sino a Cadice, al di là dello stretto di Gibilterra. Punti strategici per la via di ritorno erano invece ad Orano ed in Algeria.

32) Mele 1979, p. 53.

CONCLUSIONI

Contatti a breve e medio raggio fra le varie aree mediterranee — quali quelli fra l'Italia continentale e le isole tirreniche, Corsica, Sardegna e Sicilia — sono documentati già da periodi più antichi di quelli oggetto del presente studio ([1]). Inoltre, la presenza in Sardegna di materiali di tipologia occidentale, e particolarmente iberica, in contesti del Bronzo medio e di transizione verso di esso([2]), indica che già da questi momenti esisteva una rete di collegamenti, sia pure ad uno stadio ancora iniziale, nell'ambito del Mediterraneo centro-occidentale.

È però soltanto nel Bronzo finale, e più specificamente nella fase terminale di esso, nonché nella successiva prima età del ferro, che i traffici transmarini raggiungono un'entità ed uno spessore mai riscontrato in precedenza. Si sviluppa infatti in questo periodo una rete di scambi a vasto raggio che connette fra loro non solo le varie regioni bagnate dal Mediterraneo occidentale — come l'Italia continentale ed insulare, il mezzogiorno francese e la Spagna meridionale — ma anche i paesi atlantici, dal Portogallo alle Isole Britanniche, e che consente, tra l'altro, di delineare una trama di concatenazioni cronologiche fra le diverse aree europee interessate (tab. III).

È assai interessante rilevare come questo momento coincida con un periodo in cui nel Mediterraneo è ormai tramontata la marineria micenea, né è ancora iniziato il complesso fenomeno della colonizzazione greca ([3]); inoltre, più ad Oriente, non può dirsi sviluppata appieno la marineria fenicia ([4]). Se da un lato le fonti bibliche ci tramandano delle spedizioni compiute da Hiram, re di Tiro, che nel X secolo avrebbe intrattenuto rapporti commerciali con Tarshish, da taluni studiosi identificata con Tartessos in Andalusia, non va però dimenticato come, già agli inizi del IX secolo, l'espansione assira avesse fortemente ridotto l'autonomia delle città fenice ([5]).

È comunque un dato di fatto l'assenza di testimonianze archeologiche levantine nella Penisola Iberica in età anteriore all'VIII secolo a. C., a parte, come si è visto, tracce sporadiche e d'incerta interpretazione.

Ciò non vuol dire che non vi fossero affatto naviganti orientali nell'estremo occidente, ma piuttosto che, sulla base delle fonti archeologiche, la loro presenza è in realtà tenue; non è quindi ragionevolmente possibile attribuire loro il ruolo di mediatori unici ed esclusivi in quegli scambi che, dall'analisi dei tipi comuni al Mediterraneo occidentale, si sono dimostrati invece essere stati assai fitti, intensi e multidirezionali.

Si rileva infatti da un lato la presenza di fogge occidentali ed atlantiche nell'area italiana (spade a lingua da presa tipo Huelva e spade del gruppo di Vénat, spiedi articolati, asce a tallone con uno e due occhielli laterali, asce a cannone quadrangolare, asce piatte con uno e due occhielli laterali, falci a tallone ed a cannone, rasoi bitaglienti a lama ovale, fibule con arco a gomito tipo Huelva ed a doppia molla) e, dall'altro lato, di fogge proprie del Mediterraneo centro-occidentale nell'estremo occidente (asce ad occhio, asce piatte con spuntoni laterali, fibule serpeggianti ad occhio con spillone rettilineo, con spillone ricurvo e staffa allungata, con arco a gomito e spillone rettilineo, spade tipo Monte Sa Idda) (tab. IV).

La notevole complessità raggiunta fra la fine del II e gli inizi del I millennio dalla rete di traffici transmarini condotti lungo la direttrice est-ovest è ulteriormente avvalorata dai rinvenimenti di materiali "occidentali" in siti dell'area egeo-levantina. Al Cipro-Geometrico I viene datata la tomba 523 della necropoli di Amatunte, sul litorale meridionale di Cipro, da cui proviene uno spiedo articolato in bronzo del tutto analogo agli esemplari dell'Europa occidentale ([6]). Più tarda è invece la tomba a *tholos* di Khaniale Tekké, nell'area di Knossos, nel nord-est di Creta, al cui interno è stata rinvenuta una brocchetta askoide di fattura nuragica ([7]).

È tuttavia arduo stabilire se i vettori di questi materiali fossero "occidentali" — e, nei casi sopra citati, probabilmente sardi — o non piuttosto "orientali" di ritorno da viaggi verso est. Del resto le indagini compiute sui relitti di navi dell'età del bronzo, come quelle di Capo Gelidonya e di Ulu Burun, mostrano ormai con sufficiente chiarezza come i carichi trasportati fossero estremamente eterogenei, accogliendo merci di disparate provenienze. Ad esempio, per limitarsi alle sole spade rinvenute ad Ulu Burun, si riconoscono esemplari di tipologia egea, levantina ed italiana ([8]).

Sulla base della distribuzione dei materiali archeologici è possibile evidenziare, per questo periodo, alcune rotte principali, alla cui identificazione possono fornire un contributo determinante le correnti marine superficiali del Mediterraneo (figg. 131-135).

Come si è visto, l'uso della vela permetteva all'imbarcazione sia di effettuare, grazie ai venti locali, una navigazione rivierasca, che di allontanarsi senza difficoltà dalla linea di costa sfruttando i venti costanti (brezze di mare e di terra) e di portarsi a largo seguendo il flusso delle principali correnti di superficie, che contribuivano così, insieme alla forza eolica ed a quella dei remi, alla propulsione del vascello.

Una nave proveniente dalla Sicilia — fondamentale punto di contatto e di transito nelle rotte da e per il Mediterraneo orientale — poteva così risalire, eventualmente appoggiandosi alle Isole Eolie, il versante tirrenico della Penisola Italiana seguendo un itinerario costiero ([9]), per poi immettersi, all'altezza dell'Etruria, nel circuito delle correnti dirette sia verso la Corsica e la Sardegna che verso il Golfo del Leone, le Baleari e la Spagna meridionale. Lungo questa via può essere avvenuta la propagazione verso occidente dell'ascia a spuntoni laterali, foggia di origine orientale che trova numerose attestazioni proprio in

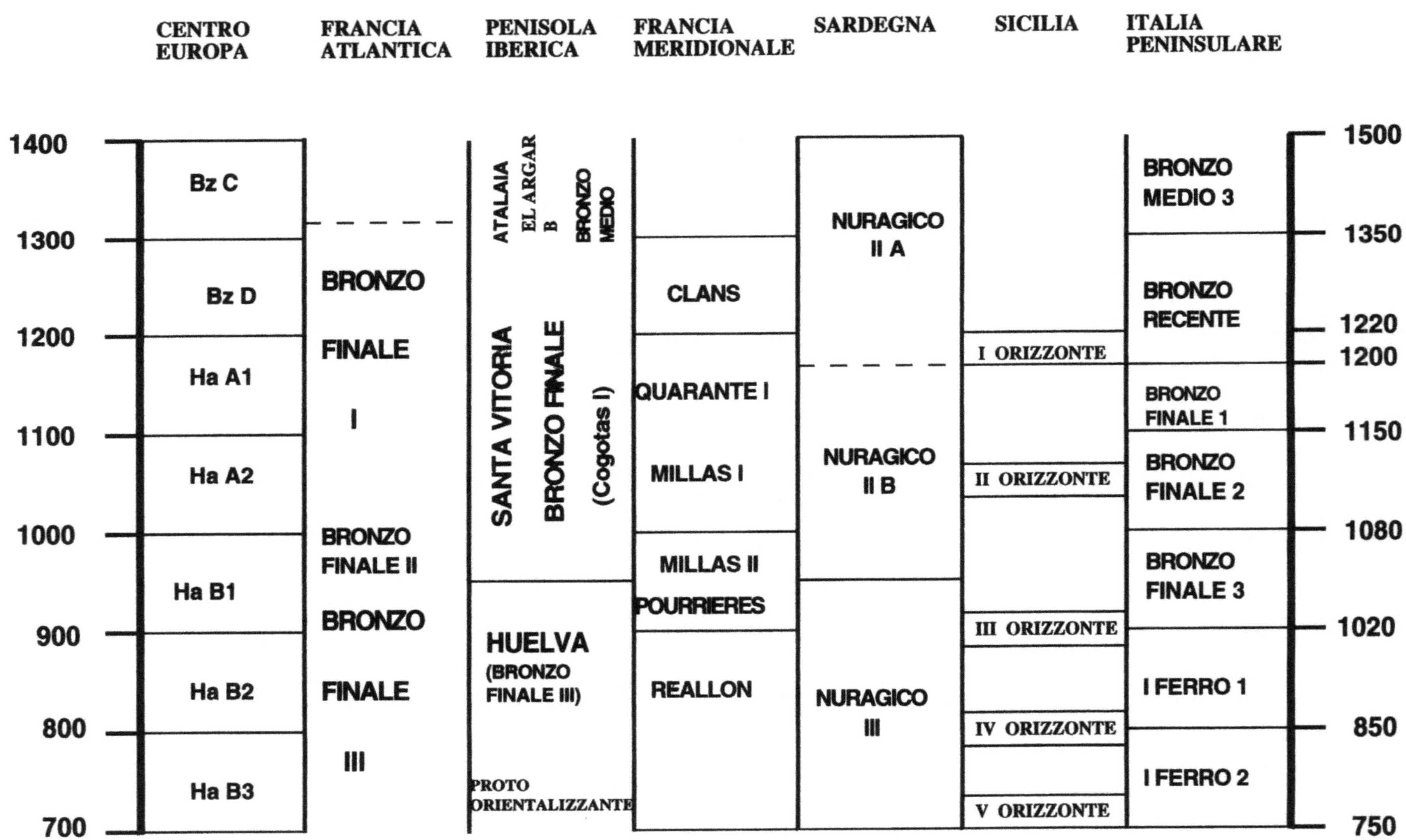

Tab. III. Schema di cronologia comparata. A sinistra le datazioni assolute fondate sulle cronologie storiche, a destra quelle dendrocronologiche.

	Italia peninsulare	Sicilia	Sardegna	Francia	Baleari	Penisola Iberica	Isole Britanniche
Fibule con arco a gomito e spillone rettilineo		•••		•		•	
Rasoi tipo Pantalica		•••					•
Fibule con arco serpeggiante a occhio, spillone rettilineo	•	•••		•		•	
Asce piatte a spuntoni laterali	•	•••	•	•	•	•	
Fibule serpeggianti a occhio, staffa allungata, spillone ricurvo	•••	•••	•	•			
Asce ad occhio	•••	•••	•	•		•	•
Spade a lingua da presa tipo Monte Sa Idda	•		•••			•	
Spade del gruppo di Vénat			•	•••		•	
Spiedi articolati			•	•••		•••	•
Asce a tallone con occhielli laterali, senza costolatura mediana			•	•	•	•••	
Asce a tallone con un occhiello laterale, a contorno triangolare			•			•••	•
Falci a base rettilinea, a tallone, tipo Castropol			•			•••	
Falci a base rettilinea, a tallone, tipo Rocanes			•			•••	
Asce piatte con due occhielli laterali			•			•••	
Asce a cannone quadrangolare con occhielli laterali			•			•••	
Asce a cannone quadrangolare con un occhiello laterale			•			•••	
Fibule con arco a gomito tipo Huelva			•	•		•••	
Asce a tallone con occhielli laterali, con costolatura mediana		•	•	•		•••	•
Spade a lingua da presa tipo Huelva	•	•	•	•		•••	
Fibule a doppia molla	•		•	•		•••	
Asce piatte con un occhiello laterale		•				•••	
Asce a tallone con un occhiello laterale, a contorno romboidale	•	•				•••	•
Falci a cannone laterale			•	•		•	•••
Falci a cannone verticale	•			•			•••
Rasoi bitaglienti a lama ovale, gruppo C		•		•			•••
Asce piatte con un occhiello ed uno spuntone		•	•			•	
Punte di freccia ogivali a cannone con sperone	•	•	•		•	•	
Fibule a gomito a due pezzi		•				•	
Accette a cannone quadrangolare			•			•	
Fibule con arco a gomito con apofisi cornute		•				•	
Ceramica con decorazione a stralucido			•••			•••	

Tab. IV. Tabella delle associazioni delle fogge a diffusione mediterranea centro-occidentale ed occidentale, nelle varie regioni geografiche. Sono indicati con ••• i probabili centri di irradiazione.

Sicilia, regione profondamente segnata, nel Bronzo tardo, da influenze egeo-levantine ([10]).

Questa stessa direttrice, che attraverso l'alto Tirreno connette la Sicilia e l'Italia meridionale con il Mediterraneo occidentale, ha verosimilmente diffuso anche una serie di altri elementi, quali le asce ad occhio e le fibule serpeggianti siciliane a gomito e ad occhio, i rasoi tipo Pantalica.

A questo circuito "di andata", dal sud-est verso l'ovest, si contrappongono due grosse rotte "di ritorno", dall'ovest verso l'est. La prima è identificata dalle correnti che dalla Penisola Iberica raggiungono, appoggiandosi alle Baleari, la Sardegna occidentale; la seconda è invece segnata dalle correnti che dall'Atlantico penetrano nel Mediterraneo attraverso lo Stretto di Gibilterra e, costeggiando il Nord Africa sino a Capo Bianco (Tunisia), raggiungono, attraverso il Canale di Sicilia, la Sicilia e di qui l'Italia e/o il Mediterraneo orientale.

Alla prima di queste direttrici "di ritorno", che esclude sia la Sicilia che la Penisola Italiana, sembra connessa la diffusione delle asce a cannone con occhielli laterali di foggia occidentale, degli spiedi articolati, delle falci a cannone laterale e di quelle a base rettilinea a tallone, delle spade del gruppo di Vénat, delle fibule a gomito tipo Huelva, delle asce piatte con occhielli laterali, delle asce a tallone con occhielli laterali prive di costolatura mediana e delle asce a tallone con un occhiello laterale a contorno triangolare, elementi questi tutti significativamente assenti sia nell'Italia continentale che in Sicilia.

Alla seconda possono invece ricollegarsi le asce a tallone a profilo romboidale con un occhiello laterale e, forse, le falci a cannone verticale, assenti in Sardegna, nonché le asce piatte con un occhiello ed i rasoi a lama bitagliente ovale con codolo di forma allungata, rinvenuti in area tirrenica unicamente in Sicilia.

È stata rilevata in passato da alcuni studiosi l'origine orientale di talune fogge metalliche, quali le asce a spuntoni laterali ([11]), nonché di alcune tecniche decorative nella ceramica — come l'uso dello stralucido — diffuse nel sud della Spagna ed in area atlantica ([12]).

Tuttavia, alla luce di quanto esposto in precedenza, è da ritenersi che questi elementi non siano in realtà dovuti ad un diretto apporto orientale, ma siano stati piuttosto filtrati e mediati dalle culture indigene, rispettivamente siciliane e nuragiche.

Anche questa constatazione induce a ritenere probabile l'esistenza, fra la fine dell'età del bronzo e la prima età del ferro, di una rete multidirezionale di traffici prevalentemente trans-mediterranei, nella quale le marinerie occidentali (includendo con questo termine anche quelle dell'area italiana nel suo insieme) ed atlantiche possono aver svolto un ruolo non secondario.

Tale rete, inoltre, era necessariamente in connessione con le vie interne fluviali che assicuravano i contatti con la parte continentale delle varie regioni.

Se osserviamo in dettaglio i singoli oggetti che testimoniano l'esistenza di questa trama di rapporti, rileviamo come essi in genere mostrino, più che uno stretto legame tipologico, un'affinità generica che, pur connettendoli fra loro, non permette tuttavia di ascriverli rigorosamente ad uno stesso tipo. Esemplificativi di tale situazione sono, tra gli altri, l'ascia ad occhio iberica da Ripoll, il cui occhio quadrangolare la distingue nettamente dagli esemplari italiani, e le daghe a lingua da presa tipo Boom, che presentano strette affinità, nei due lunghi speroni laterali alla fine dell'impugnatura, con le spade tipo Monte Sa Idda.

Ci si trova quindi di fronte, più che a scambi diretti di manufatti — che pure non dovettero mancare, come indica l'ascia ad occhio "siciliana" da Hengistbury Head —, ad una circolazione di modelli e di idee che, quando vengono realizzati nei paesi di arrivo, mantengono taluni caratteri originari, ma subiscono inevitabili modifiche ed adattamenti dovuti al diverso ambiente culturale che li recepisce.

Un ulteriore esempio di tale situazione è fornito dalle fibule a gomito e da quelle serpeggianti ad occhio; a parte infatti gli esemplari sardi, frutto evidentemente di importazione diretta, per gran parte degli altri reperti rinvenuti al di fuori delle aree di origine — Italia continentale e Sicilia — è evidente trattarsi per lo più di rielaborazioni locali, e non già di oggetti importati.

Che si delinei in tal modo una sorta di *koinè* occidentale, in cui i modelli si diffondono nelle varie aree subendo talora evoluzioni autonome, è indicato dall'esistenza di forme i cui caratteri prendono spunto da tradizioni diverse, fondendosi in qualcosa di nuovo ed originale. È questo il caso delle asce piatte con spuntone ed anello laterali, significativamente attestate in Sicilia, Sardegna e nella Penisola Iberica e che costituiscono una sorta di incrocio fra le asce piatte ad occhielli, di provenienza occidentale, e quelle piatte a spuntoni laterali, di origine orientale.

Alcuni indizi portano a ritenere che in realtà le forme proprie di questa *koinè* — forme che abbiamo dettagliatamente esaminato in precedenza — fossero maggiormente diffuse di quanto le fonti archeologiche non ci abbiano conservato. Ad esempio si può rilevare come le fogge "occidentali" rappresentino, da sole, una percentuale significativa del patrimonio tipologico sardo di questo periodo. Il recente rinvenimento del ripostiglio di Castelluccio (Ragusa) contribuisce a sottolineare la loro importanza anche in ambito siciliano.

Nella Penisola Iberica, inoltre, le raffigurazioni sulle stele di asce ad occhio e di fibule a gomito inducono a ritenere che questi oggetti fossero assai più frequenti di quanto non appaia sulla base dei loro rinvenimenti.

Un dato di notevole importanza per la comprensione della natura dei rapporti che connettono, come si è visto, il Mediterraneo occidentale e l'area atlantica, è fornito dall'osservazione che quasi tutte le regioni interessate a tali contatti sono ricche di giacimenti metalliferi.

Infatti, l'Italia centrale tirrenica, la Sardegna, la Penisola Iberica e l'Inghilterra sono accumunate dalla presenza di risorse minerarie sfruttate probabilmente almeno a partire dalla tarda età del bronzo. Quanto alla Francia, anch'essa ricca di mineralizzazioni metallifere, costituisce pure, sia sul versante mediterraneo che su quello atlantico, una fondamentale via di transito fra la Penisola Iberica e le Isole Britanniche ad ovest e nord e l'area italiana a sud.

Si può ritenere che proprio tali risorse minerarie abbiano costituito uno stimolo primario all'instaurazione della "*koinè* occidentale", non però nel senso, o comunque non unicamente, di esportazione di metalli; non ci sarebbe infatti ragione di supporre che la Penisola Iberica importasse dalla Sardegna o dalla Gran Bretagna il rame o lo stagno che era in grado di estrarre e produrre autonomanente in considerevole quantità.

Sulla base di quanto esposto in precedenza è ipotizzabile l'esistenza di metallurghi che, individualmente, si recavano da una regione all'altra, sfruttando le reti commerciali esistenti, al fine di scambiare più che prodotti finiti, le proprie conoscenze tecnologiche, sia nel campo della metallurgia che in quello delle coltivazioni minerarie. Quei "tecnici" svolgevano in tal modo un ruolo di collegamento tra le varie regioni, regioni fra le quali va sottolineata l'inesistenza di grossi dislivelli culturali, che invece intercorrevano fra l'Occidente nel suo complesso e l'Oriente mediterraneo.

Si giustificano in tal modo sia la rielaborazione che i modelli subiscono nelle varie aree, sia la distribuzione di talune fogge, che resterebbe altrimenti difficilmente spiegabile. Tra tali fogge va segnalato, in particolare, il caso delle asce a tallone con un occhiello aventi l'immanicatura con incasso su una sola delle facce e l'altra appiattita, presenti in Irlanda, ma non in Inghilterra né in Francia, in Portogallo, ma non in Spagna, ed in Sardegna, ma non in Italia continentale né in Sicilia.

Qualora si fosse trattato di oggetti di traffico, queste asce avrebbero probabilmente avuto una diversa diffusione, circolando verosimilmente anche nelle aree adiacenti; infatti è poco logico pensare a dei commercianti che evitassero di scambiare alcune loro mercanzie in regioni che inevitabilmente costituivano tappe obbligate nel loro itinerario.

È invece più plausibile ipotizzare che degli individui portatori di un determinato modello lo abbiano prodotto in una particolare regione e non in quelle vicine.

È stato rilevato come, nell'ambito della metallurgia, vi siano differenze tecnologiche fra l'ambiente italiano e l'area atlantica, caratterizzata quest'ultima dall'impiego di abbondante piombo nelle leghe bronzee, anche in oggetti, come le asce, in cui quest'uso è decisamente svantaggioso.

Va tuttavia osservato come tale soluzione metallurgica non fosse dettata da ignoranza tecnologica da parte degli artigiani dell'area atlantica, ma da altre ragioni tuttora poco chiare, connesse probabilmente a situazioni di carattere locale, come forse la necessità di smaltire una sovrapproduzione di piombo dovuta all'estrazione dell'argento dalle galene. Si osservi in proposito come l'uso, proprio di quest'area, di leghe di rame ad alta percentuale di piombo sia una caratteristica della tarda età del bronzo; nel Bronzo medio inglese, infatti, erano invece in uso leghe di rame e stagno prive di piombo. Peraltro anche nella tarda età del bronzo, l'impiego di piombo nei bronzi, seppure decisamente prevalente, non può tuttavia dirsi esclusivo ([13]).

Non vi sono quindi ragionevoli motivi per ritenere che i metallurghi "atlantici" non abbiano partecipato, come quelli del Mediterraneo centro-occidentale, a costruire questa complessa ed articolata rete di contatti interregionali che abbiamo sin qui cercato di delineare.

Si può così ipotizzare l'esistenza, nell'ultimo periodo del Bronzo finale e nella prima età del ferro, di marinerie anche occidentali che connettevano fra loro le varie aree esaminate, ed a bordo delle cui navi viaggiavano individui dotati di elevata specializzazione tecnologica ([14]), sia in campo metallurgico che minerario, individui che utilizzavano queste loro conoscenze come merce di scambio presso le popolazioni che li accoglievano ([15]).

Questi esponenti delle scienze applicate rendevano possibile il rapporto e la messa in comune di esperienze diverse, l'apprendimento di metodologie produttive e di modelli formali elaborati anche in aree lontane, fornendo così un contributo fondamentale allo sviluppo, non solo meramente tecnologico, dei paesi del Mediterraneo centrale ed occidentale.

NOTE

1) Per limitarsi alla media età del bronzo - contigua ai limiti cronologici di questo studio - si pensi alle ceramiche ed ai bronzi di fogge sarde ed italiane rinvenuti in Corsica (cfr. p. 65), ai frammenti appenninici provenienti da contesti del Milazzese di Lipari (Bernabò Brea 1972, p. 124, fig. 23), alle forti somiglianze fra l'ascia a margini rialzati di tipo Sezze, attribuibile al Bronzo medio, con l'analoga foggia ampiamente diffusa in ambiente nuragico (cfr. p. 44).
2) Oltre alle armi del complesso di bronzi Ottana (cfr. p. 42), sono venute recentemente alla luce 13 spade collegabili con tipi argarici nella "Tomba dei Guerrieri" di Sant'Iroxi (Cagliari) (Ugas 1990, pp. 108-109, tavv. XXVIII: 7-10, XXIX: 1-3, XXX: 1-3, XXXI: 1-3 XXXVI: a-b; Lo Schiavo 1991, pp. 72-76, tav. II) (fig. 19 A: 2-3); ad esse ne va inoltre aggiunta un'altra, rinvenuta fra i resti di una sepoltura, a Maracalagonis (Lo Schiavo 1991, p. 76, tav. I) (fig. 19 A: 1). Ceramiche inornate di stile argarico sono poi segnalate nelle necropoli di Montessu (Villaperuccio, Cagliari) e Pani-Lòriga (Santadi, Cagliari), nel Sulcis, purtroppo prive di contesto stratigrafico (Atzeni 1987, p. 42, fig. 10; Lo Schiavo 1991, p. 72) (fig. 19 A: 4-6).
3) Per la datazione dell'inizio della colonizzazione greca in Occidente alla metà dell'VIII secolo e sul rapporto fra dati archeologici e fonti classiche, cfr. Müller-Karpe 1959, pp. 40-42; cfr. anche Bérard 1957, pp. 12-33, 36-67, 278-299; Arias 1974, pp. 100-106; Lepore 1978, pp. 230-253; sulla prolematica relativa al fenomeno precoloniale vedi anche Ridgway 1969, pp. 29-30; Johannowsky 1969 a, pp. 31-40.
4) Sul complesso fenomeno dell'espansione fenicia in Occidente e sul rapporto fra fonti storiche e dati archeologici, cfr. Moscati 1966, pp. 123-125; Moscati 1988 a, pp. 13-17.
5) Moscati 1966, pp. 38-41.
6) Vedi p. 237; sullo spiedo di Amatunte e sulle problematiche ad esso connesse, cfr. Karageorghis, Lo Schiavo 1989, pp. 15-24.
7) Hudchinson, Boardman 1954, pp. 221, 226, tav. 25: 111. La brocchetta, dal lungo collo ad imbuto innestato in posizione decentrata sul corpo tondeggiante, presenta una decorazione complessa a occhi di dado e impressioni a falsa cordicella. Tale decorazione, assente negli esemplari più antichi di brocchette askoidi, si riscontra invece nei pezzi importati nelle necropoli dell'Etruria: cfr. Ferrarese Ceruti 1991, pp. 587-591, figg. 1-3; cfr. anche Balmuth 1992, p. 690, fig. 28.
8) Sulla spada di tipologia levantina (Ulu Burun, KW 275) e su quella di tipologia egea (Ulu Burun, KW 301), vedi Pulak 1988, pp. 20-22, figg. 20-21. Su quella di tipologia italiana, o forse siciliana, avvicinabile alle spade del tipo Pertosa (Ulu Burun, KW 155), cfr. Pulak 1988, fig. 22; Vagnetti, Lo Schiavo 1989, p. 222, fig. 28: 2a.
9) Questa stessa rotta, che sfrutta i venti estivi prevalenti di scirocco, maestrale e tramontana, è stata proposta da M. Marazzi in rapporto ai più antichi traffici micenei per il tratto compreso fra le Isole Eolie ed il Golfo di Napoli, ipotizzando anche una serie di punti di attracco intermedi lungo la costa del basso Tirreno: Marazzi 1988, pp. 12-19, carta 1a.
10) Sui profondi contatti fra la Sicilia ed l'area egeo-levantina nella media e tarda età del bronzo, cfr., tra gli altri, Bernabò Brea 1953-1954, pp. 77-79; Marazzi, Tusa 1979, pp. 341-350; Bietti Sestieri 1988, pp. 39-49. Come sottolineato da R. Leighton a proposito della cultura di Pantalica, il principale indicatore di contatti non sono tanto ed unicamente le dirette importazioni dall'Egeo, quanto l'esistenza di "imitazioni" e di "versioni locali", che implicano la trasmissione di idee (Leighton 1985, pp. 399-407). Di queste ultime un significativo esempio è rappresentato, nella ceramica, dalla produzione nell'ambito della facies di Pantalica I delle teiere con becco a cribro: cfr. Leighton 1981, pp. 288-289.
11) Dullo 1936, pp. 86-98; Maxwell-Hyslop 1953, pp. 72-80.
12) Schubart 1971, p. 171.
13) Coghlan 1970, pp. 21-23.
14) Che le navi effettuassero, dietro pagamento di un compenso, anche il trasporto occasionale di viaggiatori, pure di diversa nazionalità, ci è testimoniato dall'Odissea. Ulisse, appena sbarcato ad Itaca, racconta infatti ad Atena — apparsagli in sembianza di un giovane pastore — di essere un Cretese diretto a Pilo nell'Elide, imbarcatosi in cambio di una certa somma su una nave fenicia (*Od.* XIII: 256-286). Si consideri che tale racconto doveva apparire ben plausibile, essendo stato concepito allo scopo di non suscitare dubbi nell'ascoltatore.
15) V. G. Childe vide, nello stretto collegamento fra la libera circolazione dei metallurghi nell'Europa dell'età del bronzo e l'organizzazione interregionale dei commerci connessa con l'interdipendenza economica, la prefigurazione delle caratteristiche del substrato strutturale del continente sino ai giorni nostri: «Tutte le nazioni europee hanno continuato a dipendere, ogni giorno di più, per procurarsi le materie prime indispensabili e per assicurare uno sbocco ai propri prodotti, da un sistema economico supernazionale. Dovunque, mentre le classi agricole hanno conosciuto un servaggio ancor più rigoroso di quello sofferto sotto le monarchie dispotiche orientali dell'Età del Bronzo, gli artefici, esponenti della scienza applicata, hanno conservato la loro tradizionale libertà di movimento in seno ad un'economia supernazionale» (Childe 1962, p. 252).

WEST MEDITERRANEAN
BETWEEN THE 14TH AND THE 8TH CENTURY B.C.
MINING AND METALLURGICAL SPHERES

CHRONOLOGY

PRELIMINARY REMARKS

In any type of historical and archaeological research, the past must be organized into blocks, which can be put into sequence and related to one another.

Over a century of research aimed at identifying, characterizing and dating prehistoric cultures on the basis of numerous archaeological sources has led to the development of chronological schemes for various areas in Europe.

The classic research by H. Müller Karpe has long been a basic point of departure for studies on the chronology of the later prehistoric age. The sequence he proposes for the area north of the Alps, revising the previous hypothesis of P. Reineke, subdivides the Urnfield period — the Central European later Bronze Age — into six periods called Bz D, Ha A1-2, Ha B 1-3. Each of them has been assigned a conventional duration of a century, thus covering the entire period between the fourteenth and eighth century B.C.; the beginning of the Hallstatt period (Ha C), the Early Iron Age, is therefore placed around 700 B.C.

Although there are also individual links with the Aegean for the intermediate phases, the system is mainly based on the synchronism between Bz D and Late Helladic III B (dated to thirteenth century B.C.) on the one hand and between Ha B 3 and the start of Greek colonization in Sicily and Southern Italy (dated to eighth century B.C.) on the other.

Since the late 1980s, the increasing use of and advances in accurate dating methods based on the physical and natural sciences has provided a stimulus for archaeological debate on chronology.

The recent technical and methodological advances in nuclear physics have had an impact on ^{14}C dating, leading both to more accurate dating and, above all, a larger number of dates available. Since more laboratories are using Accelerator Mass Spectrometry (AMS), there has been a drastic reduction in the measurement time technically required, with an expansion of applications and the examination of artifacts which could not be analysed previously.

More importantly, results are coming in from dendrochronological research conducted in the Alpine Region and in Germany, providing complete dendroseries characterised by high accuracy, on the basis of the changes in the annual rings of the trees. This dating seems to confirm ^{14}C results, thus providing the basis for the drawing up of absolute dating for the Bronze Age and Iron Age in Central Europe.

With regard to the Urnfield period, on the basis of new data, it has been proposed by L. Sperber to set the start of Bz D at around 1365 B.C., and the end in 1225; a duration of 70 years has been assigned to Ha A1 and Ha B2, ending in 1175 and 1085 respectively. Ha B1 has been asigned 65 years, up to 1020. A longer period of 140 years each has been assigned to Ha B2 (1020-880) and Ha B3 (880-740).

The discrepancies between the traditional chronology — based on the comparison between archaeological and historical sources — and dating based on methods derived from the physical and natural sciences, are sometimes considerable. For example, the end of the Early Bronze Age is set back from 1600 to 1700 B.C., while the division between Ha B1 and Ha B2 is shifted from 900 to 1020 B.C. Nevertheless, the two basic dates of the Müller Karpe's sequence — which, as we have said, are based on firmer documentation — for the beginning of Bz D and the end of Ha B3, are the ones with the least difference, with 1365 instead of 1330 B.C. and 750 instead of 700 B.C.

While the new dating for Central Europe is currently being consolidated, a complete series of dating based on dendrochronology allowing for an independent, ^{14}C-associated assessment is not yet available for the Mediterranean area. In this area, an extensive introduction of the new chronology would lead to a general shifting back of the traditional dating.

In many cases, this could contribute to making some historical perspectives more comprehensible, though problems could arise in other cases, and further investigation will be required to overcome the discrepancies of a system which is still being developed.

Italian absolute chronology for the later Bronze Age — on which Central European dating has generally been based up to now — was developed in relation to some cross-datings with the Aegean Region, where dating, is, in turn, based on sometimes uncertain sequences in Egypt and Mesopotamia. L.H. III B and, to a lesser extent, L.H. III C, are related by numerous links with Egyptian and Middle Eastern contexts.

Calibrated ^{14}C dating for the Aegean seems to substantially confirm the "historical-archaeological" dating in its most recent version, assigning L.H. III B to between approximately 1350 and 1180, and L.H. III C to between 1180 and 1060 B.C.

Egyptian chronology for the XVIII and XIX dynasties, corresponding to the Late Helladic III B and C, seems to be confirmed by ^{14}C dating (unfortunately still rare).

Critical revision is still under way with regard to absolute chronology in the Mediterranean world; it is open to scientific debate until final data, fully comparable with dating to the north of the Alps, can be used.

In the near future, it will be essential to develop local chronological schemes which can be linked to a general scheme, taking into account recent developments in dating methodology, especially dendrochronology and ^{14}C, as well as archaeomagnetism and thermoluminescence, though to a lesser extent.

In this regard, it should be stressed that ^{14}C dating should also be subjected to critical assessment. For a correct evaluation of the measurements, we should take into account not only the correct application of calibration curves, but also the margens of error characterizing the methods used and the archaeological and stratigraphic characteristics of the sample examined; i.e., whether it really dates to the same period and not to an earlier period, or is definitely associated with the context being examined.

The drawing up of a new chronological scheme requires further discussion and refinement; in this regard, further complete dendroseries are necessary, as well as modern, accurate ^{14}C dating. In any case, the direction research should take in the future is now evident, with a more complete integration between the archaeological and the physical-natural methods.

It should be observed that in this book the absolute dating proposed by authors who had not yet adjusted their "historical" chronology to dendrochronology is showing in quotation marks.

ITALIAN PENINSULA

The Italian Late Bronze Age (L.B.A.) is synchronized with *"früe Urnenfelderzeit"* and, partially, with *"ältere Urnenfelderzeit"* of central Europe Urnfields chronology, corresponding to the *"Bronzezeit D"* and with *"Hallstatt A1"* respectively of the old Müller-Karpe's chronology. This is suggested by strong typological similarities occurring in some bronzes.

"Subapennine" pottery is mainly characterized by elaborated, modelled handles (horned handles, animal-head handles, tubular handles, etc), but it also has some peculiar forms of vases, such as S-shaped bowls and barrel shaped milk-boilers (fig. 1 A). Numerous types of bronzes are distinctive of this period (fig. 1 B): some of them are spread all over the Italian Peninsula. They were identified and studied by G.L. Carancini.

Of great importance for dating this period is the presence of Aegean ware of L.H. III B and earlier III C in South Italian Late Bronze Age. There are also examples of Aegean-type ware manufactured locally, in Calabria (Broglio di Trebisacce, Torre del Mordillo) and also in Basilicata (Termitito) (pl. I: 1-2). The identification of this kind of production opens new perspectives in archaeological studies.

New evidence found in recent years is particularly informative about the chronological boundaries between Late and Final Bronze Age. The cemetery of Cavallo Morto, near Anzio (Province of Rome), in Latium, has particular interest from this point of view.

Cavallo Morto is an urnfield of forty graves, where the funerary rites are specifically of the Final Bronze age, but pottery and bronzes have characteristics of the Late Bronze Age. The cinerary urns (covered with the bowl) were buried in ordinary pits dug in the sandy soil. Grave goods (bronzes) were inside the urn, with the ashes. The urns, sometimes cylinder-necked, have shapes from globular to ovoid, with small vertical handle on the shoulder (fig. 2 A: 1-2). The carenated bowls are large, with a single vertical handle.

In grave inventories there are violin-bow fibulae with nodes on the bow and one razor with narrow rectangular blade of the Pertosa type: they have great importance for chronology (fig. 2 A: 3). Both those bronze types are between Late and Final Bronze Age.

The evidence of Cavallo Morto shows that the characteristic bronze typology of Hallstatt A1 occurs in Italy in a very late moment of the Late Bronze Age.

The Italian Final Bronze Age (F.B.A.) is paralleled partially with *"ältere Urnenfelderzeit"* and also with *"mittlere"* and *"jungere Urnenfelderzeit"* (respectively corresponding to the Hallstatt A 1, Hallstatt A 2 and Hallstatt B 1) of Central Europe Urnfield chronology.

A relative sequence was recognized of three horizons in the hoards of continental Italy. The few types of the earliest period (F.B.A. 1) have some similarities with Late Bronze Age types (fig. 2 B: 1-3); the peculiar metalworks of the second period (F.B.A. 2) are rather more numerous (fig. 2 B: 4-14). The third period (F.B.A. 3) presents considerable interest for this study (fig. 3: 1-15): Tolfa (fig. 4) and Monte Rovello (fig. 5 A) hoards are assigned to it, with their bronzes, trunnions and palstave, related with the west Mediterranean. A group of hoards (Santa Marinella, Goluzzo, Piediluco and "Contigliano") is placed between the latest stage of Final Bronze Age and the initial moment of Early Iron Age (fig. 3: 16-37).

Early Iron Age hoards are divided into two horizons.

The Italian Early Iron Age is synchronized with the phases Hallstatt B 2 and Hallstatt B 3 of Central Europe Urnfield chronology: they correspond to the Italian Early Iron Age 1 (E.I.A. 1) and Early Iron Age 2 (E.I.A. 2) respectively.

The foundation of Greek colonies in Magna Graecia and in Sicily, the birth of the historical cities in Etruria, Latium and Campania, the cultural diversification of regional groups, all these circumstances make this period extremely complex.

R. Peroni proposed a relative sequence of two chronological horizons for the beginning of the Early Iron Age in Central and Southern Tyrrhenian Italy. The earliest (E.I.A. 1 A) corresponds to Tarquinia I A, Terni II A, Rome-Alban Hills II A, Pontecagnano I A, Sala Consilina I A; the second (E.I.A. 2 A) to Tarquinia I B, Terni II B, Rome-Alban Hills II B 1, Cumae Osta, Pontecagnano I B, Sala Consilina I B. Peculiar to the two horizons are serpentine fibulae with foot-disc and two-piece serpentine fibulae respectively (fig. 5 B: *1 a, b*).

It is possible to recognize two horizons also for the later phase of Early Iron Age. The first (E.I.A. 2 A) corresponds to Tarquinia II A, Rome-Alban Hills II B 2 - 3 A, pre-Hellenic II of Cumae, Pontecagnano II A, Sala Consilina II A; the second (E.I.A. 2 B), in Etruria, to Tarquinia II B and, in southern Italy and Sicily, to the earliest Greek graves. Among the material, paradigm types are serpentine ebowed fibulae (E.I.A. 2 A) and the first dragon fibulae (E.I.A. 2 B) respectively (fig. 5 B: *2 a, b*).

There are still problems involved in translating the scheme outlined here into terms of absolute dating. Dating methodologies for the area to the north of the Alps based on the physical and natural sciences — especially dendrochronology — have repercussions on the Italian sequence, which has close links with Central Europe (table I).

The Italian Late Bronze Age was traditionally dated to between the thirteenth and the twelfth century B.C., while the end of the Bronze Age and the beginning of the Iron Age was set at the beginning of the ninth century.

The links with the Central European sequence lead us to conclude that these dates should be set back, though definite dating cannot yet be established because of the lack of a specifically Italian tree-ring sequence. Relating Central European absolute dating and Italian scheme, the Late Bronze Age could be temporarily dated at between c. 1350 and 1200 B.C., and the transition from the Final Bronze Age to the Early Iron Age should be set at c. 1020 B.C. The transition from EIA1 to EIA2 should be set at c. 850 B.C.

SICILY

New studies on Italian bronzes permit us to distinguish a sequence of chronological horizons for Sicilian hoards. These horizons occupy the period between Late Bronze Age and First Iron Age of Continental Italy.

Horizon I: hoards from Lipari, Cannatello, Biancavilla, Malvagna and Gratteri. These hoards were deposited towards the end of Italian Late Bronze Age, but they also have objects belonging to even earlier types.

The Lipari hoard (figs. 6-7 A) was found in 1964 in the Bronze Age settlement of Lipari Acropolis. It is composed of 75 kg of metalworks, mostly broken: weapons, tools, ornaments, ingots (including fragments of "ox-hide" ingots). The objects are mainly peculiar to the Italian Late Bronze Age, as the razor of the Scoglio del Tonno type, the mid-hafted flanged axes, the flat-tang-hilted daggers and swords (whose fragments are in the typological range of Montegiorgio and Cetona types) and, probably, a violin-bow fibula with twisted bow.

In the Lipari hoard was also found shaft-hole axes comparable with a miniature axe from Grave XXII of Plemmyrion and with a stone mould from hut XIV of Villaggio della Montagnola at Capo Graziano (Filicudi).

Similar shaft-hole axes occur also in Biancavilla, Cannatello and Malvagna hoards: they belong to the same chronological horizon as the Lipari hoard.

The Biancavilla hoard (fig. 7 B) contained only shaft-hole axes, with different dimensions, but very close typologically.

Only five objects remain from the Malvagna hoard: three shaft-hole axes, one flat axe and one socketed pike.

In the Cannatello hoard the shaft-hole axe is associated with two fragmentary swords; one of these belongs to a rather archaic type.

The Gratteri hoard (fig. 8 A) can be ascribed to this horizon; it is composed of eight flanged axes, two shaft hole axes with curved blade and one bronze ring.

Horizon II: hoard from Niscemi and a group of bronzes from Noto Antica, probably another hoard. They were deposited during the Italian F.B.A. 2, but contain also earlier metal objects.

The Niscemi hoard (figs. 8 B, 9) contains axes, swords, daggers, razors, spear-heads, fibulae, socketed pikes. Different kinds of axes occur in the hoard: axes with holes and axes with small arm projections. They show that trunnions appear in Sicily during this horizon.

The thin arc fibula of the Niscemi hoard has corresponding types from the Aegean sphere, assigned to LH III C 1.

Trunnion is associated with axes with holes also in the complex from Noto Antica (fig. 10 A).

Horizon III consists of a series of hoards deposited at the end of the Bronze Age, or datable to the period covering the end of the Italian Final Bronze Age and beginning of the Early Iron Age. It includes the assemblages from Modica, Castelluccio, and Vizzini-Tre Canali, as well as the perhaps slightly later (beginning of E.I.A.) material from Lentini.

The hoard from Modica (figs. 10 B, 11) includes various metal artifacts characteristic of a terminal phase of the Final Bronze Age, such as flanged T-hilt swords of the Torre Galli type, elbow fibulae and fibulae with a slightly enlarged arc. In addition, in the Modica hoard, as in the tombs at Molino della Badia, a fragment of a double edged razor of the Castiglione di Paludi type and a so-called "flame" knife with a ring handle were found, together with elbow fibulae and fibulae with a slightly enlarged arc. A small spear-head with a foliate blade of the Monte Primo type places Modica within the third phase of the sequence of Continental Italy hoards attributable to the Final Bronze Age.

Perforated socketed tools, shaft-hole axes, including some miniature examples, and flat axes with wide blades are also present. Of the latter, one, having a tang with the original true lateral projection, may be compared with a similar example from Niscemi. The other, more similar to the flat axes with wide blade of the Scorrano type, because of the presence of signs of spikes at the top of the tang, has parallels with some Sardinian examples in the Monte Arrubiu-Sarroch hoard (fig. 24: 2-3).

The Vizzini-Tre Canali hoard (fig. 12 A) is comparable with that found at Modica, both in terms of the elbow fibulae and the fibulae with a slightly enlarged arc.

The hoard found at Castelluccio in 1978 is composed of almost 30 kg of bronzes (fig. 12 B). There are bronze ingots, weapons, tools, decorative items and bowls. Various similarities may be seen between this hoard and the other hoards attributable to this phase: elbow fibulae and fibulae with a slightly enlarged arc, a flanged T-hilt sword of the Torre Galli type, small spear-heads with a foliate blade of the Monte Primo type, and perforated socketed tools.

This hoard is rather important because of the parallels which may be drawn between it and the western Mediterranean: flat axes with lateral projections, flat axes with a loop and a lateral projection, single and double looped palstaves, fragments of flange-hilted swords most probably attributable to the Huelva type, as well as a bifid razor of Western style.

The hoard from Lentini includes, among other things, fragments of looped serpentine fibulae.

Horizon IV consists of a group of hoards deposited between the Italian Early Iron Age 2 A and 2 B, although they contain some objects of earlier date.

The hoards from Polizzello, Monte S. Mauro and Spaccaforno are attributable to this period.

In addition to earlier material, the Polizzello hoard (figs. 13, 14 A) contains objects such as a socketed axe with a shoulder of the Ardea type and a winged axe of the Ardea type, whose manufacture must be placed well into the E.I.A. 2 A. The two socketed axes with a projecting broad shoulder are of the S. Francesco type, a type which has a long duration but which was in circulation primarily in the recent phase of the Early Iron Age.

The hoard of Monte S. Mauro produced, amongst other things, a socketed axe similar to the Ardea type with a shoulder.

The hoard of Spaccaforno (now Ispica) consists of five shaft-hole axes, belonging to different types. Most specimens are placed between the tenth and the nineth century B.C., excepting a shaft-hole axe of the Ardea type, dated to the eighth century B.C.

Horizon V, that is hoards deposited towards the end of the recent phase of the Italian Early Iron Age, is represented by the hoards from Adrano, Giarratana and S. Cataldo.

The Adrano hoard (figs. 14 B, 15) was found at Mendolito, on the western slope of Mt. Etna. It is the largest Sicilian hoard, containing objects weighing some 900 kg. In addition to some earlier material, the bronzes have the characteristic typology of the eighth century B.C.: there are razors of the type Torre del Mordillo, elbow fibulae with several pairs of lateral protuberances, a form which foreshadows the classic dragon fibula, leech fibulae with a symmetric clasp and decoration upon the dorsal and ventral faces of the arc, leech fibulae with an elongated clasp, and boat fibulae with a long clasp.

The practice of remelting objects is shown by the appearance within the bronze, on the flattish surfaces of some ingots of elements characteristic of objects such as fibulae, sheet-metal, or plates.

The S. Cataldo hoard (fig. 16 B) is similar to that of Adrano in containing some cups of sheet bronze, studs of thin sheet bronze, conical and perforated, and of buttons with a spherical head, also of sheet bronze.

The hoard from Giarratana (fig. 16 A) (circa 200 kg of bronze objects, primarily ingots and coarse metal) contains, as characteristic elements, leech fibulae with symmetric clasps, one of which is decorated on both the dorsal and ventral sides of the arc, a bronze handle belonging to a large basin, three spear-heads with holes in the blade and a perforated stud: these have parallels in the Adrano hoard.

The group of bronzes from the region of Syracuse now in the Römisch-Germanischen Zentralmuseum of Mainz have a composition similar to the hoards of Horizon V, but it was deposed some time later: it includes a fragment of cuirass related to Greek models of the second half of the seventh century B.C.

The horizons thus defined on the basis of the hoards are comparable, by recurrence of the bronze objects, with the phases ascribed to the Sicilian necropoleis.

In particular the first phase (the Lipari horizon), in terms of the point at which the hoards were deposited, is probably of the same date as the early phase of Pantalica Nord, although the objects must have been made and the hoards assembled during the Thapsos period. The transition from Thapsos horizon and Pantalica Nord falls during the continental Late Bronze Age: there are burials in the Pantalica necropolis connected with this Italian phase showing Mycenean-type elements, and other tombs — already related to the proto-Villanovan culture — that lack these elements.

The second phase (Niscemi horizon) is more or less contemporary with Pantalica Nord, and the third phase (Modica horizon) with Cassibile and Molino della Badia, the latter a necropolis which, as has already been noted, provides numerous interesting comparisons.

The fourth phase (Polizzello horizon) and the fifth phase (Adrano horizon) may be related to the cemeteries of Pantalica Sud and of Finocchito respectively.

The connections between Sicily and Italy are shown by this material to have been quite close. An important vehicle of contact must have been the Mycenaean sea-farers.

Sicily also maintained links with the other large island of the central-western Mediterranean, that is Sardinia (fig. 17

A). Evidence for contact between these two areas is quite abundant for the Late Bronze Age.

It is important to distinguish between the material which results from direct imports to one area from another and the material which originates in other regions, but with which both areas have contact, even if in different ways and at different scales, involving cultural influences and commercial networks of much greater breadth.

Various bronze artifacts such as axes with lateral projections and double looped palstaves, present in both Sardinia and Sicily, are indicative of much more extensive trade, as will be discussed in more detail below.

The amber objects (in particular those of astragalus shape of the "treasure of Tirinto" type) and the ox-hide ingots are also connected with networks of notable extent. Fragments of ox-hide ingots have been found in Sicily at the village of Cannatello, at Thapsos and in the hoard found at Lipari, and they are present in some number in Sardinia. It is difficult to establish, in the absence of a detailed metal analysis, whether the few fragments found in Sicily should be seen as imports from the Eastern Mediterranean or whether they are rather evidence for commerce with nearby Sardinia.

The three examples of Sardinian double axes found in Sicily are probably of Late Bronze Age date (fig. 17 B: 2-4): one, with orthogonal cutting edges, is from Taormina and two, with parallel cutting edges, are in the Biscari collection in Catania.

A Sardinian flanged axe with expanded cutting edge (fig. 17 B: 1) is also of Late Bronze Age, or perhaps even earlier, date. The find spot of this item, now in the Museum of Palermo, is unknown.

The fragments of Nuragic pottery found in an Ausonian II context at Lipari is of Final Bronze Age date (fig. 18).

Sardinian imports to Sicily seem to have decreased markedly at the beginning of the Iron Age, although echoes of Nuragic production may be detected in the bronze working. The plaited rod surmounted by a pair of birds, from the Adrano hoard, is a result of Sardinian influence rather than being an actual import.

An askos of impasto, decorated with incised circles, from tomb 81 in the necropolis to the south east of Pantalica, is probably Nuragic (pl. I: 3).

Only two objects of possible Sicilian origin have been found in Nuragic contexts: two serpentine fibulae, the arcs of which have a polygonal section, have been found, one in layer 6 of tower 'f' in the complex at Antigori, the other in the hoard from Usini. This type of fibula is common both in Sicily and in southern Italy, primarily around the Early Iron Age 1 A. Such a distribution makes it difficult to attribute the Sardinian object to a particular source.

Finally the rather problematic presence of a bronze rod with two opposing animal figurines, similar to Nuragic material, in Middle Bronze Age levels in the settlement of Thapsos, must be mentioned.

THE CENTRAL TYRRHENIAN ISLANDS

Sardinia

The Nuragic culture represents a rather problematic chronological framework even today.

This situation has been caused by a number of factors: some are linked to the distinctive nature of Nuragic culture, such as the almost complete absence on the island of individual burials until a quite late phase; others are connected with the history of research in this field.

It must be said now that in all of the various phases of this culture, an impression of close similarity to the models already described prevails. This may be caused in part also by the lack of data.

Moreover, it must be realised that research in recent years has resulted in changes in the absolute chronology of the Nuragic culture; these changes have at times been radical.

In this respect some recent archaeological discoveries such as the Nuragic material found in Ausonian II levels on Lipari and the Mycenaean pottery in stratigraphic contexts in the Antigori - Sarroch complex, are particularly important.

In 1982 G. Lilliu reassessed Sardinian chronology, taking into account radiocarbon dates. He divided it into five phases, three of which belong to the Bronze Age (I: «1800-1500 B.C.»; II: «1500-1200 B.C.»; III: «1200-900 B.C.») and two to the Iron Age (IV: «900-500 B.C.»; V: «500-238 B.C.») (table II).

However, it is still not possible to establish a chronological sequence which includes all the various classes of material. This may be due in part to the lack of published reports, and in part to the stylistic distinctiveness of the pottery and bronze objects in Sardinia, which often are not comparable with those from other protohistoric cultures.

This sequence has been revised partially by F. Lo Schiavo, the phases defined by G. Lilliu being moved in chronological terms.

While the beginning of phase II as defined by Lilliu is synchronized with the beginning of Italian Middle Bronze Age (Lo Schiavo's phase I: «1600-1400 B.C.»), phase III covers the entire period between the main phases of the Middle Bronze Age and the Final Bronze Age (Lo Schiavo's phase II: «1400-1000 B.C.»), with an internal break around «1200 B.C.». Therefore phase IV includes the period between the end of the Final Bronze Age and the Iron Age (Lo Schiavo's phase III: «1000-700 B.C.»).

The latter chronology at present seems the more acceptable for it takes greater account of the relations and contacts which existed between Nuragic civilisation and other contemporary cultures in the Mediterranean basin.

Thus phase I coincides with the early phase of the Middle Bronze Age in central-southern Italy. Material which may be dated to this phase includes the axe with markedly raised edges of the Sezze type, a type which shows strong similarities with the analogous form common in Nuragic contexts, which must have appeared, therefore, at this moment in time.

The adjustment proposed by F. Lo Schiavo allows distinctions to be made between two quite diverse historical periods: first that marked by Cypriot influence, and second, that which follows, in which material from the "Western" and "Atlantic" areas spreads in the Nuragic world.

The beginning of Mycenaean contact can be placed within the Late Bronze Age, or so it seems at present, given the evidence from the stratigraphy of the Nuragic complex of Antigori - Sarroch (Cagliari).

With the exception of a single fragment of the early L.H. III C, the imported pottery from this site may almost all be attributed, in fact, to L.H. and/or L.M. III B. The painted pottery of local fabric imitates forms characteristic of Mycenaean III B, but which continue into III C.

"Slate grey" pottery of local production, sometimes wheelmade, may be dated to the thirteenth century (fig. 20 A). It accompanies the Aegean vessels. The rather remarkable importance of this pottery is due to the fact that some scholars regard it as an *index fossil* for the Sardinian Late Bronze Age and part of the Final Bronze Age. It tends in fact, at least at Antigori, to progressively diminish in more recent levels.

It is somewhat difficult at present to define Late Bronze Age metalworking in Sardinia.

Hypothetically one may date the introduction of ox-hide ingots to this period, if not to the Middle Bronze Age. Some of the ingots have letters of the Minoan alphabet upon them. They may in all probability be related to the traffic between the island and the Aegean. It should be recalled that some fragments of such ingots, moreover, have been found in the hoard on Lipari which is dated to the Late Bronze Age. Such ingots must have remained in use, however, in Sardinia, as scrap metal, for quite a long period.

It is still debatable whether the Sardinian ingots of this type are of local origin or whether they in fact come from the eastern Mediterranean. It may be suggested that they were imported initially, but that local Nuragic production soon began.

The precise chronological framework of one typological family of bronzes characteristic of the Nuragic world, that is the double axes, is problematic. F. Lo Schiavo proposed a typological classification which took into account the affinities which exist between double axes with vertical blades and similar forms present in both Cypriot and Aegean contexts (fig. 21 A). Such double axes seem to be of final Bronze Age date, or perhaps a little earlier.

The double axes with parallel or converging cutting edges and the double axes with orthogonal cutting edges are in all probability of a slightly later date than the double axes with vertical blades. As for the picks, these should be interpreted as elaborations upon and local Nuragic developments of eastern forms.

The considerable body of evidence for contacts between Sardinia and Cyprus in the later Bronze Age has been the subject recently of in-depth studies mainly by F. Lo Schiavo, E. Macnamara and L. Vagnetti. With regard to metalworking, a considerable range of tools used in casting has been found in Sardina: most of these are derived from Cypriot forms.

Metalworking hammers, tongs and shovels have been found in numerous places on the island (fig. 21 B). However, the distribution of such tools does not include the southern part of the island, the part which is the richest in mineral deposits. Only a few hammers, which may have had some use in the context of extraction processes, have been found in areas of mineralogical interest. All the other tools come from areas which border the mineral deposits, but which themselves lack veins of ore. This seems to indicate therefore that the workshop centres in which the smelting processes took place were located outside the actual mining area.

As has been seen, there is much evidence to indicate that in Sardinia during the later Bronze Age some groups experienced a period of particular prosperity. This was in response to the flourishing contact with the East Mediterranean and, in the final analysis, was a result of a more intensive or better organised exploitation of the natural resources of the island.

This phenomenon is reflected also at a cultural level, in the intensification and improvement of Nuragic construction.

From the point of view of ceramic production, it seems that forms and techniques already noted in earlier periods (corresponding in part to the Middle Bronze Age of the Italian peninsula) persist. Therefore vessels with comb decoration (pl. II: 1), vessels ornamented with vertical ribs in relief, and vessels with metopic decoration (so called because of the sequence of iconographic designs, in which empty spaces alternate with various motifs such as impressed dimples, groups of lines, etc.) were still produced.

To the list of ceramic forms characteristic of the Sardinian Final Bronze Age may be added some distinctive handles, such as bridge-handles, rod-handles and reverse elbow-handles. The chronological position of this latter, and also the askoid jugs with a large mouthed spout, is indicated by their presence in Ausonian II contexts on Lipari (fig. 18). In addition the handle and the neck of a vessel decorated with burnished horizontal lines and a fragment of a slate grey fabric small bowl, also with burnished decoration but with radial motifs, were found on Lipari.

During the Final Bronze Age certain historical events occurred in Sardinia which resulted in an important change with respect to the past. The material culture, however, tended to follow in the tracks established during the Nuragic phases.

The earliest imported small bronze figurines found in Nuragic contexts are dated to the middle phase of F.B.A.:

these include the seated woman from Santa Cristina-Paulilatino, the male figure in a benedictory position from Flumenelongu, and perhaps the fragment of a figurine from Galtellì (fig. 21 C).

The two small bronzes from Paulilatino and from Galtellì, mentioned above, are either imports from Cyprus or imitations of Cypriot types.

On the famous stele from Nora, of ninth century date, according to the most widely accepted interpretation, is represented the god Pumay, a local divinity of the Cypriot pantheon, who corresponds to the Phoenician Adone-Eshmun. Certain palaeographical characteristics are also reminiscent of the Cypriot world.

Moreover, the temples of Tharros and of Monte Sirai, even if quite late in the period under consideration here, have close parallels with sacred buildings of the beginning of the first millennium B.C. in Cyprus.

It is appropriate to remember that Cyprus was the site of flourishing Phoenician colonies, which are attributed great antiquity by the classical sources.

The period between the end of the Final Bronze Age and the beginning of the Early Iron Age seems to be marked by the deposition of some important bronze hoards, such as those of Monte Sa Idda (figs. 22-23) and of Monte Arrubiu-Sarroch (fig. 24), and by the votive complex of Abini near Teti.

The hoard from Flumenelongu (fig. 25), on the other hand, is clearly of Final Bronze Age date, even if a very late phase.

This period in Sardinia is characterised by the presence of types which are widespread throughout the western Mediterranean, from Sicily to the Iberian Peninsula, and, eventually, the Atlantic region as well. Typical forms are single-looped palstaves and trunnion axes.

These forms are associated with each other at Monte Sa Idda hoard. This has also been noted in the hoard at Castelluccio (Sicily) and in the hoard at Castelo Novo (Portugal).

This distribution model presumably reflects western commercial networks.

The importance of this phenomenon lies in the fact that it is not restricted only to a few hoards, but seems quite widespread in the island: nor is it limited to a few classes of material.

There are also indications of contact with the western Mediterranean in the ceramic evidence. Fragments of a carinated wheel-turned bowl, painted with a hazel brown slip on the outside of the lip and with irregular bands on the inside, found in the Nuragic complex of Santu Antine-Torralba, have been compared recently to proto-Iberian forms dating, according to Madau, «from the end of the eighth to the middle of the seventh century B.C».

The entire Nuragic III phase, from the end of the Final Bronze Age (Flumenelongu hoard) until the later Early Iron Age (the clay fragment from Torralba), is characterised by uninterrupted contact with the west and, in particular, with the Iberian Peninsula.

However, it should not be forgotten that this is also the period in which contact with Etruria developed markedly.

Italic objects found on Sardinia include an antenna sword of the Tarquinia type in the *nuraghe* Attentu - Ploaghe, an antenna sword of the Weltenburg type from Sa Sedda 'e Sos Carros, a lunate razor of the Vetulonia type from Laerru (or perhaps from Cuglieri), a razor with a rectangular blade of the Marino type found "in a hoard in a *nuraghe* of Nurra", and fibulae from various places on the island, all, with very few exceptions, coming from the peninsula.

With this should be contrasted the Nuragic material found in numerous Villanovan contexts: bronze figurines, buttons, votive quivers, miniature boats, swords, daggers, double axes, cauldron attachments, and pins (fig. 26). To this should be added the numerous Sardinian askoid jugs with spouts, or imitations of these, which are widespread in various areas of coastal Etruria.

Sardinian presence in peninsular Italy is concentrated in the central and central-northern Tyrrhenian area. If one excludes Bologna (where in fact almost all the Sardinian objects are contained in the great hoard of S. Francesco), the imported items show a predominantly coastal distribution.

The centres of Populonia and Vetulonia played a very particular rôle, linked to Sardinia by metalworking, and together they account for 60% of the material exported from the island to the continent.

A Nuragic askoid jug was found at Marseille, the important natural harbour of southern France near the mouth of the Rhone. Thanks to the sea currents, it was in fact relatively easy to reach the Gulf of Lions from the coast of Latium and Tuscany.

In this period Sardinia is at the centre of a particularly broad and intensive traffic, in which the Nuragic people played an active rôle. The miniature boats may provide an indication of the form of the craft used by the "Nuragic seafarer" (pls. VIII-X).

At this point one catches glimpses of changes also in the social sphere, which were perhaps instigated by economic changes linked to commerce. A strongly differentiated social structure emerges.

The construction of the *nuraghi* had practically stopped by this point. Even though the ceramic material retains more or less the same forms as before, this period is characterised by a widespread use of geometric decoration. One of the vessel forms which comes to the fore in this period is the askoid jug.

Pottery, both open and closed forms, with burnished decoration (of which numerous examples have been found in excavation of the Nuragic complex of Genna Maria - Villanovaforru) flourishes in particular (pl. XI). Burnished radial lines occur on the inside of the basin of large carinated bowls; simple motifs in patterns cover all the external surface of flasks. More complex decoration with burnished zig-zags alternating with parallel bands is found on askoid jugs.

These finds come from stratigraphic contexts dated to the Early Iron Age, even though such a phenomenon was noted for vessel forms characteristic of the Final Bronze Age at Genna Maria.

Corsica

The chronological framework available is, for many reasons, still of a provisional nature. More precise definitions will be possible only once more fieldwork has been undertaken.

Although evidence of smelting (clay crucibles, slags and a tuyère from Terrina IV, Aleria), has been noted in Corsica as early as the Chalcolithic, finds of metal objects are extremely rare.

A clay crucible and a fragment of a two-part mould for an axe were found at Alo-Bisuccè and a mould at Capula, in Middle Bronze Age contexts.

From the Middle Bronze Age, the Corsican Bronze Age is characterised by the presence of megalithic circular structures with a *tholos* vault. They are particularly widespread in the southern part of the island. The "culture" responsible for the construction of these structures is in fact the Torrean, the name deriving from the name of the structure, that is "*torre*" (tower).

According to R. Grosjean, the Middle Bronze Age («1600-1200 B.C.») may be sub-divided into the Early Torrean or Torrean I and the Middle Torrean or Torrean II, even if the chronological division between the two phases is somewhat vague; the Final Bronze Age or Final Torrean («1200-700 B.C.») follows this stage.

One of the most interesting elements of the Middle Torrean is the group of stelae, found in various parts of the island. The representations of swords on some of these, even if schematic, as is inevitable on this type of relief, have parallels with Minoan and Mycenaean prototypes (fig. 27 A).

The established comparisons between the swords represented on some stelae (such as Filitosa VII, Scalsa Murta and Santa-Maria) and the "horned" swords of type *C I* (as defined by N.K. Sandars and dated between L.M. II and L.H. III A 1) should be borne in mind (fig. 27 B: a). Another group of stelae (Filitosa I, Filitosa V, Filitosa VI, Valle, Filitosa fragment 1) have parallels with the "cruciform" swords of type *D II*, a type datable to the L.M. or L.H. III A 2 and the L.M. III B, perhaps also a little later (fig. 27 B: b).

It is probable that the group of stelae with swords of type *C I* should really be attributed to the Middle Bronze Age, whereas the following ones with the swords of type *D II* should be referred, at least in part, to the Late Bronze Age. These two sword types are not present in Cypriot contexts.

Therefore, on the basis of the data available at present, there is no real evidence or indications in Corsica for the Cypriot influence that seems to have assailed the central-western Mediterranean, beginning with Sicily in the Thapsos Middle Bronze Age and being seen in southern Italy (Scoglio del Tonno) and in Sardinia at least by the Late Bronze Age.

Numerous examples have been found right from the beginning of the Torrean "civilisation" which indicate contact with nearby Sardinia — ceramic forms characteristic of the Bonnanaro culture at Filitosa, Tappa, Foce, Cuccuruzzu, etc.; a Nuragic flanged axe from Torre (fig. 27 C: 1) — and with the Italian peninsula — including material found at Filitosa which is comparable to vessel forms in Tuscany and Latium, of the initial phase of the Middle Bronze Age (fig. 28 A: 4-6), and a Middle Bronze Age flanged axe from Monte Barbato (fig. 27 C: 2) —.

The small amount of later Bronze Age material published makes it difficult to assess whether one is faced with a lack of evidence or a reduction in contacts.

The fragments of cylinder handles from Filitosa and Castellucciu, which are of Late Bronze Age date, are from the Italian peninsula (fig. 28 A: 1, 2). The fragment of a carinated bowl which has walls with heavily pronounced concavities and a low carination, also found at Filitosa, is more probably of Final Bronze Age date (fig. 28 A: 3).

Evidence for contact with continental Italy is much greater for the Early Iron Age.

The fibulae with a serpentine arc and a large spring (Museum of Sartène, unknown provenance; Vizzavona) may be dated to a point towards the end of the Final Bronze Age or towards the beginning of the Iron Age (fig. 28 B: 1). They have precise parallels in northern Tyrrhenian Etruria and in Sardinia (S'Adde Ulumu - Usini). The earliest evidence, from the S. Martino hoard on the Island of Elba, is of Italian Final Bronze Age 3 date, although the majority of the examples are attributed to the beginning of the Iron Age.

The fibulae with a serpentine arc, two loops and a short clasp, found at Cime near Saint-Florent, Costa di Muro near Pieve, and at unknown find-spots (objects in the museums of Sartène and Cambridge University), are of similar date (fig. 28 B: 2-4). This type is known not only in Corsica but also in Sardinia and Central Tyrrhenian Italy (fig. 29).

The fragmentary Sardinian example comes from Nuorese, from the foundry of Sa Sedda 'e sos Carros (Oliena). The Italian examples are from Populonia, Vetulonia and Terni; although a further example is in the Livorno museum.

The distribution of both the fibulae types mentioned above in all probability may be related to the exchange network which existed in the central-northern Tyrrhenian during the Early Iron Age.

Some stelae may be dated to the final phase of the Torrean "civilisation", or perhaps slightly earlier. They include one in particular from Palaggiu which shows, according to some scholars, an antenna sword (fig. 28 C: 3). It may be interesting to recall the find of antenna swords in Sardinian contexts, at Ploaghe and at Sa Sedda 'e sos Carros.

Imports from Villanovan Etruria are a winged axe from Castifao and a socketed axe from Maison Pierragi (fig. 28 C: 1-2).

FRANCE

A distinctly regional development may be seen in France in the later Bronze Age, with influences coming both from the Atlantic area to the northwest and from the Urnfield culture to the east.

The work of P. Schauer is of some importance in establishing the chronological framework in southern France. After having re-examined the whole question, he proposes a sequence which is based upon the cemeteries and hoards of southern and southeastern France. This is divided into five phases, linked to the Central European Urnfield sequence, which go from Bronze D to Hallstatt B 3.

The hoard found at Clans is one of those which belong to the first phase. It contains a pin with a disk-shaped head and an enlarged ribbed neck: this is similar to examples of Late Bronze Age date in Italy.

The earliest tombs in the cemeteries of Las Fados, Le Moulin near Mailhac and Quarante are attributable to the next phase: this is comparable to the early phase of the Central European Urnfield sequence (Ha A 1). These cemeteries all persist into the following phase (Ha A 2).

The cemeteries of Le Moulin, Quarante and also Millas continue into the following Ha B 1 phase and, with the exception of Millas, also into Ha B 2.

A remarkable accumulation of wealth may be seen in southern France at this point, a period which coincides with the end of the Final Bronze Age in Italy and the recent phase of the Urnfield sequence (Ha B1). In fact numerous hoards have been found, including those from "La Farigourière", Albertville, Peyriac-Minervois, Ribiers, Villard-d'Arène.

The final phase of the Urnfield period in southern France is defined by the hoards from Réallon, Briod and Rieu-Sec: this corresponds to the Iron Age in Italy.

While the chronological sequence in southern France is relatively clear, the picture for the Atlantic region is more complex. It has its own particular characteristics which do not always allow an easy comparison with the Central European chronology.

As various scholars have pointed out, the Final Bronze Age I phase in the Atlantic region, however, may be correlated in part with phase Bz D in Central Europe.

The relationship between the Final Bronze Age I (*Bronze Final I*) and the following Final Bronze Age II (*Bronze Final II*) is more problematic.

According to A. Jockenövel the Final Bronze Age I phase should continue until the Central European Ha B 1 phase.

However, M. Almagro Gorbea sees the Atlantic Final Bronze Age II as coinciding in its initial part with the Ha A 1 phase and covering the whole of the following Ha A 2 and Ha B 1 phases. As a result he sees the Final Bronze Age of the Estremadura and the Atlantic Final Bronze Age II as being almost parallel in their development. The final moment in the Atlantic Final Bronze Age II then coincides, according to Almagro, with the beginning of the next phase, characterised by the Huelva hoard.

This sequence has, with a slight adjustment, been applied by A. Coffyn to the central-western region: there is complete synchrony between the beginning of the Atlantic Final Bronze Age II and the Central European Ha B 1.

In his study of the chronology of northern France in relation to the German sequence, B. O'Connor concludes that it is rather difficult to correlate the Final Bronze Age II with the Central European region because of the scarcity of common elements (which are, however, present in Final Bronze Age I and III). O'Connor's view that «Bronze Final II should be broadly contemporary with the earlier part of Ha B» is shared. However, it reveals that the starting and finishing points cannot be defined precisely.

The Final Bronze Age III (*Bronze Final III*) can definitely be related to phase Ha B 3 in Central Europe. Its initial part is to be correlated with an earlier moment, perhaps within the Ha B 2 phase, or perhaps within the Ha B 1. This date is suggested by the typological similarities between material characteristic of the Huelva phase and remains of "Atlantic" types included in some assemblages found in Italy.

These assemblages are placed by G.L. Carancini partly within the third phase of the Italian Final Bronze Age hoard sequence (Tolfa, Monte Rovello), and partly within a period bridging the third phase of the Final Bronze Age and the Early Iron Age (Santa Marinella, Contigliano).

Numerous important hoards in the French Atlantic region, such as those from Vénat, Challans, Déville-les-Rouen, Vaudrevauges, may be placed with the Final Bronze Age III phase. Although some of the material is earlier, some is clearly more recent. The great Vénat hoard has a remarkable significance (figs. 30-33): it shows contacts with the rest of France, the other Atlantic regions (British Isles, Portugal), Central Europe (Germany, the Low Countries, Switzerland), and the western Mediterranean (Southern Spain, Sardinia, Sicily, Italy).

THE IBERIAN AREA

The Peninsula

The protohistory of the Iberian Peninsula has strongly regional characteristics; for many regions of the peninsula well-defined chronological seriations are lacking, and comparisons between areas are therefore difficult.

Of particular interest is the cultural facies called Cogotas I, characterized by the style of ceramic decoration called the Bouquique type. Originating in the northern Meseta, it reached the southern Meseta, Valencia and Andalusia, and is also attested in Portugal.

The find of Mycenaean pottery dating to between the late L.H.III A and the initial L.H.III B in the settlement of El Llanete de los Moros (Montoro, Cordova) (fig. 34 A), in Southern Andalusia, provides a *terminus post quem* for the Cogotas I phase in the Andalusian region, because Aegean sherds were stratigraphically associated with local material of this phase.

The find also constitutes a date of extreme importance in the study of the Mediterranean routes in the last centuries of the second millennium B.C.

From the point of view of the relative chronology, certain studies which consider the correlation between various sequences in the peninsula will be mentioned.

For the Southwest, H. Schubart has proposed two phases, whose development covers the periods «1500/1400-1100» and «1100-800/700» B.C. respectively. Phase I of the Bronze Age of the Southwest (or of Atalaia) is characterized by the close relations which connect it with the culture of El Argar.

Phase I is followed by phase II (or of Santa Vitoria); in this period the reliefs which decorate the upper slabs of the cist tombs are of some importance: they show weapons, such as axes and halberds, which are not present amongst the grave goods.

In the pottery assemblage, together with carinated forms there are closed forms with a narrow mouth, decorated with light grooving and curvilinear motifs.

Period II develops to a transitional period to the Early Iron Age.

In contrast to this sequence, M. Almagro Gorbea proposes for the southeast region a clearer break between the El Argar B and the following phase, the Southern Final Bronze Age (*Bronce Final Meridional*).

As a consequence, he fixes at this point the transition between the later Bronze Age of the Southwest I (*Bronce Tardio* of S W I) (Atalaia) and the later Bronze Age of the Southwest II (*Bronce Tardio* of S W II) (Santa Vitoria), while leaving the end point of this last phase blurred.

In addition M. Almagro Gorbea synchronizes the beginning of the Final Bronze Age (*Bronce Final*) in the Estremadura and in other Iberian regions — central Portugal, western Andalusia, Meseta, Southeast, Tartessos, Southwest — with the transition between Bz D and Ha A 1 in Central Europe.

At this period he dates the most ancient objects of the golden hoard from Bodonal de la Sierra (Badajoz) (fig. 34 B). This hoard is only one of the numerous golden finds from the Iberian Peninsula (fig. 35 A), that are probably linked up with the exploitation of the Spanish gold ores.

The sword from Alconetár (Cáceres) (fig. 35 B) can be assigned to the end of the *Bronce Final*. The hilt was cast together with the blade in only one piece, a rare technique that is also testified in slightly later swords from the Huelva hoard (fig. 36: 7).

The phase following the Final Bronze Age, the "Proto-orientalizing" (*"Período Protoorientalizante"*), is considered to correspond with Ha B 2 and, partially, with Ha B 3. It coincides with the spread in the Estremadura of the horizon characterized, in the Atlantic area, by the hoard of Ría de Huelva (figs. 36-39).

This hoard provides a basic reference point for the chronological seriation of the Iberian Peninsula and of the Atlantic region, and for the problem of the relationship between the west and the Mediterranean world.

It consists of more than 400 objects, including flange hilted swords, spear and arrow heads, daggers and fibulae.

The date of this group of material has been the subject of much debate. The presence in the hoard of numerous flange hilted swords of the Huelva type should be noted. This type is present, moreover, in the Italian hoard at Santa Marinella: this therefore forms a *terminus ante quem* for the appearance of this same type. Also the end of the blade "carp's tongue"-shape is found in hoards in central Tyrrhenian Italy which are contemporary with Santa Marinella, as in a blade fragment from Contigliano.

Both the hoards from Santa Marinella and that from Contigliano may be dated between the third period of the Final Bronze Age and the earliest period of the Iron Age of the Italian hoard sequence. It may therefore be suggested that the date of formation of the Huelva hoard may be attributed to this moment and not to a later one.

The radiocarbon dates obtained from fragments of wood preserved in the inner part of six spear ferrules also suggest uncalibrated dates between 880 and 850 ± 70 b.c.; calibration has indeed provided indications favouring an earlier date for the material examined (twelfth-tenth centuries).

The parallels between the "Proto-orientalizing" phase in the Estremadura and the Huelva phase (or Final Bronze Age III) in the Atlantic region make this a particularly interesting period. In addition to the swords and spear-heads of the Huelva type, other elements such as the looped palstaves and the trunnion axes, all indicators of contacts with the Italian region, also may be assigned to this phase.

The association of single-looped palstaves with trunnion axes in the hoards of Galera (Granada), of Covaleda (Soria) and of Castelo Novo (Beira Baixa) (fig. 40) is significant. It is a phenomenon also noted in the hoards from Monte Sa Idda in Sardinia and Castelluccio in Sicily, which indicates a somehow parallel spread of the two forms.

The presence in two hoards (both dated to the third period of the Italian Final Bronze Age hoard sequence) in Continental Italy of a single-looped palstave (Tolfa) and of two trunnion axes (Monte Rovello) lead to the suggestion of a starting point for the Huelva phase (or Atlantic Final Bronze Age III) placed within the last phase of the Italian Final Bronze Age.

This hypothesis is supported also by comparisons between swords in the Huelva hoard and Italian examples from Santa Marinella and from Contigliano.

M. Almagro Gorbea places the Montijo (Badajoz) hoard in the "Proto-orientalizing" period. The swords here, and in particular the characteristic composite hilt, are similar to the Italian sword with a solid hilt of the Casalgrasso type, of the initial phase of the Italian Early Iron Age.

Of enormous importance in terms of the chronology of this phase in the Estremadura are the stelae, on which are incised depictions of weapons and decorative items (fig. 41). Among other things, elbow fibulae, which resemble the Sicilian ones, helmets, swords with "carp's tongue" of the Huelva type and V-notched shields may be identified.

In the southeast the production of incised tomb slabs ritually similar to the stele of the Estremadura is ascribed by Schubart to his phase II (Santa Vitoria). Together, these elements suggest a date for the stelae of a wide time-span, between a late stage of the Final Bronze Age — before the Huelva phase — and the penetration of the Orientalizing influence.

Special attention should be paid to a particular type of ceramic decoration, with geometric patterns primarily obtained by burnishing, which is present at numerous sites in the Estremadura and in the southwest part of the Iberian Peninsula (fig. 43).

In the region of Bajo Tajo the decoration is to be found on the outer surface of the vessel, both on open and closed forms (Lapa do Fumo type pottery); in the region of Bajo Guadalquivir it is found only on open forms, where it is applied on the inside of the vessel ("*retícula bruñida*" type pottery) (fig. 42 B).

With regard to the chronology of the pottery of the Lapa do Fumo type, the contexts — such as the tomb from Roça do Casal do Meio (fig. 42 A) — in which it has been found seem to date to the "Proto-orientalizing" period of the Estremadura. As for the "*retícula bruñida*" type pottery, the various stratigraphic contexts of the finds indicate that it may be dated to around the same period, with a survival into the beginnigs of the Orientalizing period.

Of some importance is the relationship between this Iberian pottery and the "Nuragic burnished ware". It flourished in particular in the same centuries as the Iberian material, and forms, therefore, a further indication of the deep cultural influences between these two areas.

Also in the context of inter-Mediterranean connections, it can be seen that in the Iberian Peninsula flat axes are not limited exclusively to the earliest periods, but are also present in more recent contexts. Also in Sardinia and Sicily flat axes have been found in contexts (such as the hoards from Monte Sa Idda and from Castelluccio) which may be dated between the late horizon of the Final Bronze Age and the Early Iron Age of the Italian chronology.

In the historic and socio-cultural evolution of the Iberian Peninsula, a key rôle is played by eastern seafarers.

The identification of biblical Tarshish with Tartessos, a place which the classical sources describe as an emporium for precious metals located in the Iberian Peninsula, has been much debated.

According to the *First Book of Kings* (10, 22), at the beginning of the first millennium B.C. Solomon and Hiram, king of Tyre, obtained gold, silver, ivory, monkeys and peacocks from Tarshish. The sources do not permit a precise identification of Tartessos, and it may be located in the area of the Guadalquivir or in that of the Ría de Huelva. In favour of this second hypothesis is the richness of the metal ore deposits in the mining district of Rio Tinto. The hoard from Huelva, consisting in all probability of metal scraps transported by river routes for remelting, also comes from this area.

The suggestive identification of Tartessos with biblical Tarshish is quite controversial, in the absence of archaeological data to support it.

It will be seen that the ancient sources agree upon placing the foundation of the earliest Phoenician colony in western Europe, at Cádiz, at about 1100 B.C. From the archaeological point of view, data on Cádiz at the beginning of the first millennium B.C. are lacking, and a permanent Phoenician presence in Spain is not documented before the beginnings of the Greek pre-colonising stage.

There are some indications, however, of earlier contacts between the Iberian Peninsula and the Near East, such as the cylinder seal from a tomb at Vélez (Malaga) which is attributable on stylistic grounds to a Syrian or Cypriot context of the «first half of the fourteenth century» B.C., according to Blazquez. To the same chronological phase may be assigned a scarab with the name of Amenhotep III (1390-1352 B.C.) found in the Sierra de Gibalbin (Province of Cádiz). Again for this object, as also for the similar scarab from Lixus, on the coast of Morocco, also of Amenhotep III, there remains however the doubt of whether one is dealing with a rather later product.

A contribution to the historical framework of this ancient evidence may be supplied by a bronze statuette showing a fighting male divinity — a Syrian iconographic type dating, according to Tusa, to «the fourteenth-thirteenth centuries B.C.» — found twenty miles from the coast off Selinunte, in the Sicilian Channel.

A similar discovery has been made more recently at Cádiz. Here two statuettes, also of the type with a fighting divinity, have been found: according to Acquaro, «they fully fall within the Syrian production of the fourteenth-thirteenth centuries, production being taken over by Cyprus in the twelfth-eleventh centuries». They provide evidence for the visiting of the western Mediterranean by Syrian-Palestinian people even in early times when, strictly speaking, one cannot speak of "Phoenicians".

The chronological discrepancy between the Phoenician colonization of the Iberian Peninsula in the eighth century and the accumulated evidence which suggests an earlier eastern presence must therefore be viewed as part of the complex phenomenon of Phoenician "pre-colonization". This phenomenon is concerned with the finding of suitable landing spots and of goods. There is no intention of conquest, and therefore no occurrence of that conflict which subsequently characterizes the real and true colonization. Therefore, the Phoenician irradiation represents the last and most intense phase of a much older phenomenon, which consisted of the visiting of the Western regions by eastern seafarers.

The Balearic Islands

The Balearic islands have their own historical and cultural characteristics: the name which is given to the prehistoric culture of the Balearics, "Talayotic", derives from the distinctive megalithic structures in the form of towers, either truncated cones or truncated pyramids, called "*talaiot*".

Numerous chronological sequences have been proposed for these islands.

In 1963 G. Rosselló Bordoy identified three big phases: Pretalayotic Culture (beginning «around 1800 B.C.»), Talayotic Culture («from 1200 B.C.»), Post-talayotic Culture (from the foundation of Ibiza to the Roman conquest).

Nel 1967 G. Lilliu proposed a division in two ages: Pretalayotic («*ante* 2000-1500 B.C.») and Talayotic («1500-123/121 B.C.»). The Talayotic age is sub-divided into the Talayotic I (Middle and Late Bronze Age: «1500-1000 B.C.»), the Talayotic II (Early Iron Age: «1000-500 B.C.»), Talayotic III (Late Iron Age: «500-123/121 B.C.»).

In the seventies Rosselló Bordoy reassessed his chronology, taking into account the new studies and excavations. He distinguished for the Talayotic Culture: I Talayotic («between 1300 and 1000» B.C.), II Talayotic («between 1000 and 800»), III Talayotic («between 800 and 500»), IV Talayotic («from 500» to the Roman Age).

In 1974 C. Veny divided Talayotic into Archaic Talayotic (Middle Bronze Age: «from 1500 or 1400 to 1000 B.C.»), Middle Talayotic (Final Bronze Age: «from 1000 to 600 B.C.») and Recent Talayotic (Iron Age, characterized by contacts with Punics and Iberians). L. Plantalamor and M.C. Rita defined a sequence very similar to this scheme for Minorca.

M. Fernández-Miranda differentiated the Pretalayotic Bronze Age (*Bronce Pretalayotico*: «1800-1300») and the Talayotic; this is divided into two phases: Talayotic I («1300-700»), Talayotic II («from 700 B.C. to the complete Romanization»). This scheme is also followed by Nieto Gallo.

W.H. Waldren's chronology is also not much different with Rosselló Bordoy' scheme. Talayotic Period coincides with Bronze Age and Post Talayotic Period with Iron Age.

Waldren distinguished (calibrated radiocarbon dates): Pretalayotic Period («3900-1400 B.C.»), Talayotic Period («1400-1000 B.C.»), Post Talayotic Period («1000-123 B.C.»). Talayotic Period is divided into: Early Bronze Age («1400-1200 B.C.»), Middle Bronze Age («1200-1100 B.C.») and Late Bronze Age («1100-1000 B.C.»); Post Talayotic: Early Iron Age («1000-800 B.C.»), Middle Iron Age («800-600 B.C.») and Late Iron Age («600-123 B.C.»).

A particularly detailed framework of the cultural aspects of the Talayotic age is provided by the research of Rosselló Bordoy.

The final moment of the Pre-Talayotic appears to be marked in the funerary ritual by collective inhumations in natural or artificial caves (*cuevas*), by hypogeums with a complex plan, and by megalithic tombs. In the material culture daggers or halberds and carinated bowls indicate the influence of the El Argar culture.

Characteristic of this period are the "*navetas*", megalithic apsidal structures with a long straight plan. They may be divided into two groups, those used as sepulchral monuments (*navetas* in the strict sense of the word), found exclusively on Minorca, and those used for living (*navetiformes*), found on both islands. Recently L. Plantalamor Massanet contested this distinction and proposed to use "*navetas*" for both monuments.

There is disagreement between the various scholars on the beginning of Talayotic I; however, the dating sequence which places it around 1300 b.c. is supported by the earliest uncalibrated date from contexts of the Talayotic (Pula: 3260 ± 60 B.P. = 1310 ± 60 b.c.); it corresponds to the fifteenth-seventeenth centuries cal. B.C.

This phase is characterized by the erection of the first talayots, although the navetas continue to be used. The burial ritual of collective inhumations was also maintained, using navetas and *cuevas*. The finding of casting moulds in the *navetiformes* of Can Roig Nou (Felanitx, Majorca), of Hospitalet Vell (Manacor, Majorca), of Cala Blanca (Ciutadella, Minorca) and in the *talayot* 1 of Torelló (Mahón, Minorca) indicates metal-working activity. It should be recalled that the Balearics are not lacking in metal ore deposits such as copper, lead and iron.

The following phase, the Talayotic II, whose cultural features are quite similar to the earlier phase, is characterized by the appearance of fortifications around the settlements.

In the Talayotic III there is clear evidence for the use of iron. The earlier settlements were rebuilt, with the introduction of buildings of rectangular and square plan. A Phoenician-Punic influx, linked to the establishment in Ibiza of the first Phoenician settlements (mid-seventh century B.C.) is noticeable: this was then replaced by a Carthaginian element (mid-sixth century B.C.).

In the Talayotic IV, finally, the Balearic civilization underwent a real and proper phenomenon of acculturation, first Punic, then Roman.

Of particular interest are some bronzes, given the similarities between them and examples in Central Europe — bracelets of the Homburg type (dating to the Ha B 3) found at Can Roig Nou and at Es Coll —, France — pins with a globular head and perforation at Capocorb Vell and at Son Matge, small bronze fenestrated wheels from Cala Coves and from Cueva di Biniparratx: both of which also occur in the hoard of Ribiers, dating to the Ha B 1 — and Italy — pins with a vase head (dating to the Italian Early Iron Age) at San Matge — (fig. 44 A).

In chronological terms, the swords with a solid, slender hilt and disk-shaped pommel, found in various places in the Balearics, are problematic. According to some scholars they should be dated to a quite early period: ^{14}C uncalibrated date of 1250 ± 100 b.c. relating to the inhumation layer at Son Matge in which one example was found. However, the typological affinity should be highlighted between these swords and that one with a solid hilt from Alconétar (Cáceres), dated to a not very late stage of the Final Bronze Age of the Estremadura, as well with two similar, later examples found in the hoard of Ria de Huelva.

Some bronzes can be attributed to the chronological period of this latter assemblage, in particular, the material from two hoards, La Sabina (Ibiza) and Can Gallet (Formentera).

The hoard from Can Gallet (Sant Francisco Javier) contains four double looped palstaves associated with as many trunnion axes (figs. 44 C, 45). That from La Sabina, in contrast, included a bun ingot, a trunnion axe and a single-looped socketed axe (fig. 44 B). This and other socketed axes from Ibiza (Los Salinas), Majorca (Santa Eugenia, Son Ribes, Sa Covas, Can Pa amb Oli) and Minorca (unknown place; mould from Torelló) have similarities with those from the Sardinian complex at Monte Sa Idda.

MINING

Protohistoric mining techniques: an outline

Continuous exploitation of mineral veins from earlier times often to the present day has frequently resulted in the obliteration or destruction of earlier activity.

In the absence of dated finds or radiocarbon determinations, it is somewhat difficult to establish if an old gallery had been excavated in prehistory or more recently. An indication may be provided by the marks left on the walls by the tools used for extracting the ore: the long grooves and relatively thin marks of iron picks may be distinguished from the almost circular concavities caused by the stone tools, used in many regions until the beginning of the historical period.

One of these stone tools merits particular attention: it is a type of hammer, ovoid in shape, with a broad transverse groove to allow the positioning of a wooden handle (fig. 47 B) or a strap. They are found in various parts of Europe, especially in mining contexts. The strap allowed the tool to be used easily, and avoided the need for a wooden handle, something which would be difficult to use in the restricted space of a pit.

However, the use of metal tools such as picks and hammers, in addition to stone hammers, in mining is documented in the later Bronze Age.

Open-cut mining obviously presents fewer difficulties than working in a gallery does. In the Neolithic the extraction of flint already made use of pits: these sometimes had branches extending from them, as at Grimes Graves and Cissbury (Great Britain), Spiennes (Belgium), Mur de Banez and Champignolles (France), and Kleinkelms (Germany).

The earliest mining of metal-bearing deposits, such as at Rudna Glava (Serbia) where the first exploitation may be dated to around the end of the fifth millennium B.C. (radiocarbon dating), is clearly linked to neolithic technology. The way in which the galleries were mined remained, however, almost unaltered throughout the Bronze Age.

Once an outcrop was found, it was laid bare and mined with the aid of fire which resulted in the breaking up of the rock. Ancient references to the practice of firesetting are in the Bible, in Diodorous and in Pliny; in the sixteenth century A.D. Agricola's De Re Metallica described and illustrated this technique (fig. 47 A). Evidences for a prehistoric use of firesetting were found in numerous European metal mines: in the Aegean (Siphnos), in the Balkans (Rudna Glava), in Austria (Mitterberg), in France (Cambrieres), in the British Isles (Mount Gabriel, Great Orme's Head, Parys Mountain, Nantyreira, Cwmystwyth).

Prehistoric galleries followed the veins, generally proceeding diagonally towards the interior of the deposit, so that the heat of the fire could be transmitted not only laterally but also downwards (fig. 48). Moreover, by a process of convection, the fires improved the ventilation of the galleries (fig. 46 B).

The walls of the passages were shored up either with wooden beams or with small dry-stone walls which used the rubble produced during the mining itself. Therefore considerable amounts of timber were required, which explains why mines were opened up primarily in wooded areas.

Light was provided by torches or by lamps, as at Masua in Sardinia (fig. 69 B).

The ore, once crushed, was then winched or carried to the surface in leather or wicker bags. Although preliminary sorting was in all probability undertaken within the mine, for the most part this was done at the surface, in the immediate area of the entrance to the gallery. The ore, which had been broken up with hammers, was then ground with pestles and mortars, tools which are found frequently within and in the immediate vicinity of mines in various regions (Sardinia, Spain and the Tirol, for example).

The mineral was then separated from the rest of the matrix by sieving. Many of the processes described so far, which have been observed in the prehistoric mines of the Alpine region, were preserved in Central Europe sometimes until the advent of the industrial revolution.

Wood-engravings from Munster (mid sixteenth century) reproduce some of these activities (fig. 49). The task of sorting is shown undertaken by women: in the mining area women assume very precise rôles and duties. It is quite likely that a similar situation may have existed also in the protohistoric period: therefore a substantial proportion of the community and not just part of the male fraction was involved.

With regard to the methods used by the ancient prospectors to identify areas of mining interest, the colour stains caused by the outcropping of the metal-bearing veins on the base rock represent a fundamental sign.

In addition, they should also be revealed by modifications in the local flora caused by the presence of metal deposits: this includes alterations in the normal pigmentation of the foliage and the growth of particular plants (for some species have a greater tolerance to metals than others). According to the tradition, in the second half of the fifteenth century Giovanni di Castro located deposits of alunite (a sulphate of aluminium and potassium) around Tolfa (Latium), by observing where particular plants, according to some, holly, which are typical of areas containing alum, grew (pl. II: 2).

Sometimes actual test trenches were made in areas which, although superficially sterile, had certain characteristics that suggested the presence beneath of mineral deposits: examples of this have been found in Greece and in Spain.

Continental Italy: the Central Tyrrhenian Area

Latium

This geographical region, and especially the area of southern Etruria, is rich in minerals which were of particular interest to protohistoric communities.

The veins are not really exploited now, although having been tapped for many centuries, since the quantities of minerals which might be recovered are not economically viable for modern exploitation. However, the persistence of mining activity for such a long period has resulted in the obliteration or complete destruction of all traces of probable prehistoric activity.

From a geological and depositional point of view, the mineralisation around Tolfa was caused by a deep hydrothermal action which, in the final phases of volcanism, worked upon the rhyolitic ignimbrites of the late Pliocene period which still outcrop today in the upper part of the Tolfa area. This action resulted in the formation of lodes of alunite and of metallic minerals such as iron (pyrite, marcasite, hematite, limonite), copper sulphides (chalcopyrite) and minerals which are in general associated with lead sulphides (galena).

Iron sulphides are extremely difficult to process metallurgically to obtain iron. However, in the areas where they exist, the gossan of superficial oxidization of the deposits is as a rule composed of iron oxides (limonite): these may have been used by the protohistoric communities. A high percentage (47% to 56%) of iron has been found in the seam of limonite of Pian Ceraso.

Among the copper-bearing deposits, in addition to chalcopyrite, malachite is also present in the area of Allumiere.

In the Tolfa Mountains, geologically connected with the metalliferous outcroppings, are those of alunite. Therefore together with metal ores was to be found alunite: this was of importance to the protohistoric economy. It is found, in deposits of remarkable extension and purity, in the southwestern part of the Tolfa Mountains: this is one of the principal deposits of this mineral in Europe.

For centuries the exportation of alunite has been one of the principle economic revenues of the Papal States. Even today the richness of the deposits is calculated in tens of millions of tons.

By roasting and then boiling in water alum can be obtained from alunite. Alum is an indispensable raw material in dying processes (for fixing the colour), in the tanning of hides, and also in medicine (for its astringent, haemostatic and caustic properties). It has a further use in particular in the manufacture of weapons and defensive fencing for it makes wood non-flammable.

In the area being considered here there are also various substances which may be used as pigments.

Realgar and orpiment, both of which are usable as dyes, are present in the trachytes of Sasso di Furbara. Hematite and limonite, which have already been mentioned, may be used for obtaining the colour yellow while from malachite the colour green may be obtained. Brown and black may be made from the manganese oxides in the area of Pian Sultano.

An examination of the distribution map of archaeological finds in the Tolfa-Cerveteri area indicates that already in the Late Bronze Age there was a particular preference for those localities that provided, in addition to a naturally defensive position, potential in mining terms (fig. 51). In comparison with the Middle Bronze Age one sees a thinning-out of settlements and their concentration in areas of mining potential (fig. 50).

Such a trend is even clearer in the Final Bronze Age for there is a conspicuous increase of protohistoric presence in areas of interest in mining terms (fig. 52). In addition it may be noted that four of the five hoards known in the region of southern Etruria and of this date, come from the Tolfa area (three being found in the Tolfa mountains and the other in the immediate vicinity). There is therefore consistent evidence for the exploitation of the metal-bearing resources of the Tolfa region as early as the later Bronze Age.

Copper is found here almost exclusively in the form of sulphides (above all, chalcopyrite and bornite). It must therefore be acknowledged that the technology required for the exploitation of copper sulphides was known and used in southern Etruria even in this period. This impression is reinforced by what is known of the metallurgy of central and western Europe at this time.

With regard to iron, in the neighbourhood of the iron-yielding areas, and in particular of the limonite outcrops in the Tolfa region and at Canale Monterano, Final Bronze Age presence has been identified. It may be suggested therefore that in southern Etruria also there was a precocious exploitation of this metal, encouraged by the diffuse and easily accessible iron-bearing resources. Fragments of iron ore were found in the Final Bronze Age settlement of Elceto, near Allumiere; a small iron disk comes from the Protovillanovan cemetery of Forchetta di Palano (Allumiere); a couple of iron fragments were discovered at S. Giovenale (Blera) in the habitation and abandonment layers of a Protovillanovan building: they can be ascribed probably to the Final Bronze Age.

This situation is comparable to that seen, for example, in the Trieste Karst. It is an area that is also rich in limonite outcrops and where archaeologically it has been shown that there are iron objects in the Final Bronze Age. These objects include an iron sword from Grotta delle Mosche - Jama II na Prevali (Fliegenhöhle), at Skocjan (formerly San Canziano) on Timavo, in Slovenia, which typologically is attributable to a not very late stage of the later Bronze Age, as well as objects in the tombs of the cemetery of S. Canziano, which are dated to the end of the Final Bronze Age and the beginning of the Iron Age.

Such a situation has, moreover, clear analogies with that noted for Tuscany where there are also signs of a precocious appearance of iron. A particular example of this is the iron object found in a cremation burial at Colognole, near Livorno, dated to the last horizon of the Final Bronze Age.

In the area of the Monti della Tolfa we may witness in the Iron Age the disappearance of all the characteristic presences of the preceding period (fig. 53).

In contrast we see the flourishing of some settlements in the coastal strip between Civitavecchia and Santa Marinella.

Mining activity, however, need not have ceased in the Tolfa-Cerveteri area. The continued use of the area is indicated by the presence of a fibula of this period on Monte Tolfaccia. In addition it may be seen that the coastal sites are concentrated near and at the mouth of the Marangone stream. This stream forms a communication route between the Tyrrhenian sea and the Tolfa massif, where it originates. It is probable therefore that such centres, and in particular Castellina del Marangone, may be related to the transport of metal ores from the source to the metal-working places.

Evidences of metallurgy were found at Pian di Civita, Tarquinia: pieces of melted bronze, a slag and iron ore (hematite); the complex seems to be dated to the Iron Age.

Tuscany

Certain particularly interesting metal-bearing areas have been considered: the Island of Elba, the Argentario, the course of the river Fiora, and the promontory of Piombino and the nearby Colline Metallifere.

As a result of the lack of systematic archaeological fieldwork in Tuscany upon the protohistoric period the data that are available are fragmentary, often fortuitous. This problem is apparent in an analysis such as this one which aims to relate the settlement pattern of the area to the depositional data on metal-bearing minerals.

However, there is much evidence that indicates a quite precocious exploitation, perhaps even in the Eneolithic, of the mineral resources of Tuscany.

In the past prehistoric objects have been found in mines: this includes a small copper axe found at Monte Aùto and a copper "tile" at Cugnano (Massa Marittima). At the beginning of the 1900s in the mines of Monte Amiata grooved stone hammers were found in drifts following the veins of cinnabar. Deer antler picks were found in other mines in the same area (Corte Vecchia near Santa Fiora, Sele Solforate, Cornacchino). Traces of prehistoric mining have also been noted in the mines of Campiglia Marittima, Monte Rombolo near Grotta Lanzi, Moccheggiano and Montieri.

A - The region from Nova river to Argentario and the Island of Giglio

In comparison with all other areas of Tuscany a much larger amount of material is available in this region.

In the Late Bronze Age settlements in the Fiora valley are located along the course of the river (fig. 54). This is particularly significant if one recalls that the Fiora was an important waterway which connected the mining area of Monte Amiata with the Tyrrhenian Sea.

The lack of evidence for this period in the rest of the area studied is probably due to the lack of systematic study with this goal.

In the area of Nova there is in the Final Bronze Age a noteable increase in the amount of archaeological evidence (fig. 55). The closeness of some of the finds to the mineral deposits, in this case ferrous sulphides, should be appreciated. The hoard of Piano di Tallone also was found near an iron-bearing deposit.

Evidences of metallurgical processes were found in the settlement of Scarceta (Manciano), in an early Protovillanovan context. A fragment of tuyère, bronze slags and nine moulds came from a hut; traces of ironworking were discovered in another structure.

In addition, in the Argentario the only clear evidence attributable to this phase is from an area located near the two principal metal-bearing regions of the small peninsula.

The hoard of Campese on the Island of Giglio is of particular interest. This hoard was found in a mine during work for the extraction of pyrite. In addition to pyrite, other metal sulphides such as chalcopyrite and galena are found in this mine.

In the Early Iron Age there is much less evidence (fig. 56): this is consistent with the new territorial structure which characterizes this period in Etruria. The Final Bronze Age settlements of the Nova valley are replaced by the Villanovan centre of Vulci and, on the Argentario, Orbetello. Both of these sites are at important points for contact with the inland area.

Slags has been found in various places on the Island of Giglio associated with coarse potsherds during the surveying.

B - The Island of Elba

In antiquity the Island of Elba enjoyed considerable fame for its ferriferous mines. However, Pseudo-Aristotle, an author writing in the second century A.D., stated that initially copper alone was extracted on the island, and only later did the mining of iron begin. The island does in fact possess deposits of copper-bearing and lead-bearing ores as well as the ferrous ones.

Geologically the island is formed of plates of different nature and morphology, sliding one on top of another.

In the eastern part of the island a granitic intrusion has metamorphosed through contact and mineralised the overlying ground, causing the formation of skarn and of particularly rich and extensive metalliferous veins.

The most common minerals, present in deposits throughout Elba, are hematite and pyrite. However, in the area of Rio Marina copper-bearing minerals such as chalcopyrite, chalcocite and native copper are present, as well as lead-bearing minerals such as galena, cerussite and anglesite. In addition there are also minerals of iron, such as limonite, goethite, magnetite, hedenbergite, marcasite and ilvaite.

Vast ferrous deposits, associated with copper-bearing minerals, are located in the area between Capo Ortano and Punta delle Cannelle, between Punta di Buzzancone and Punta dei Ripalti, and at Punta Calamita. In this latter area azurite, chrysocolla, malachite, paratacamite and native copper have also been found.

The central and western parts of the island are genetically different from the western part and have not so rich metal-bearing deposits.

Evidence for the Final Bronze Age on the island is rather scarse (fig. 57). Moreover, the material that is known, is at some distance from the metal veins.

However, two hoards are known on the island which are attributable to this phase and underline the richness and availability of metals for the Elban community. In the hoard of S. Martino various objects have a patina with incrustations of ferrous oxide. The patina should have been caused by the presence in the hoard of iron material of which, due to corrosion, only these traces remain; only archaeometallurgical analyses can confirm this hypothesis and explain the processes connected to the genesis of those incrustations.

This should be one of the earliest records for the use, and in all probability therefore, the extraction, of iron in Etruria. As in other geographical areas, the precocious appearance of the use of iron is noted in an area which is rich in the mineral.

Archaeological evidence is relatively slight for the Early Iron Age also (fig. 58). Three hoards are known: from an unknown location (the so-called "Island of Elba hoard"), Chiessi and Colle Reciso. The latter is in the immediate vicinity of copper and iron-bearing deposits, where melted copper, slags and a stone mould were found. Tombs of this period are located at Punta Calamita, a locality that is rich in copper- and iron-bearing ores. Bronze artifacts were collected at Pomonte, near copper-bearing deposits.

It is interesting to remember that a fragment of hematite from Elba, unfortunately in an undated context, was found in an ancient tip (Scarico Gosetti) on the eastern slope of Monte di Vico, at Pithekussai, where iron metallurgy was operating from at least the later phase of the Early Iron Age (E.I.A. 2). It may also be recalled that one of the reasons that persuaded the Greeks to found a colony at Pithekussai was their desire to create a trading outpost directed towards the Etruscan mining centres.

It is difficult to judge whether the metal was traded in the form of an already refined product or as an ore. The classical sources talk of smelting furnaces on the Island of Elba although part of the ore from Elba was also refined in nearby Populonia. However, the presence of raw material and slag at Pithekussai implies that at least part of the metal mined was exported without preliminary processing.

C - The Promontory of Piombino and the Colline Metallifere

From the point of view of geology and mineral deposits, this area is of great interest and richness.

Although in geological terms different to each other, the areas of Gavorrano, Boccheggiano and Niccioleta are particularly important. Their different geological histories have resulted in different mineral distributions, although ferrous sulphides, and in particular pyrite, are common to all the areas examined.

At Gavorrano galena is also present; at Niccioleta there are copper ores (chalcopyrite and malachite); at Boccheggiano, as in the vicinity of Massa Marittima (Capanne Vecchie, Pesta del Campignone), one finds in contrast mineralisation of mixed sulphides (pyrite, galena, chalcopyrite). In addition, limonite and azurite are found at Boccheggiano and limonite, azurite, cuprite, malachite and native copper are found in the area of Massa Marittima.

It will be recalled that when extracted from metal-bearing hills galena often has a discrete content of silver: this can be extracted by cupellation, a process which was already known in prehistoric times.

The situation in the Campiglia area is different for the genesis of mineralisations due to thermometamorphism. The minerals present, sometimes in large concentrations, include pyrite, chalcopyrite, galena, arsenopyrite, hedenbergite, ilvaite, magnetite, limonite, malachite, azurite, aurichalcite, cerussite, anglesite, hematite and siderite.

Tin mineralisations are present in the area of Campo alle Buche, at Cento Camerelle, on Monte Rombolo and at Monte Valerio. In the latter location they are represented by nodules of reduced dimension of cassiterite. Old excavations at Monte Valerio have revealed that the workings followed the veins of tin.

In contrast to the richness and variety of mineral deposits in this area, there is a disconcerting paucity of protohistoric evidence (due in all probability to a lack of systematic research and to the woody nature of the region).

For the Late Bronze Age there is a particularly marked lack of data (fig. 59). Material datable to this period has been found on the high ground around Caldana, an area in which there are numerous outcrops of lead-bearing and iron-bearing ores. The other evidence definitely attributable to this chronological period, that is the lower level of the settlement of Poggio del Molino, is of particular interest because of its topographical position: the site is in fact at the mouth of a waterway that connects the mining basin of the Campiglia area with the Tyrrhenian Sea. The settlement of Riva degli Etruschi also is situated at the mouth of a watercourse originating in the Campiglia area.

The settlement of Poggio del Molino continues to be occupied throughout the Final Bronze Age. In this period (fig. 60) the settlements thin away and they seem to concentrate in the places of the coming Etruscan cities, Volterra, Populonia (Poggio del Molino, Villa del Barone) and Vetulonia.

For the Campiglia area, moreover, with the exception of a bronze sickle from Campiglia Marittima, there is no clear evidence available for human presence during the Final Bronze Age.

The earliest evidence from Vetulonia, situated in the immediate vicinity of numerous lead- and iron-bearing outcrops, is dated to this period; Belora, Volterra and Monte Bradoni are also near metal ore (copper) deposits.

In the hoard of Gabbro (Livorno) extensive iron oxide incrustations have been noted on bronze axes and ingots. An iron object was also found in a Protovillanovan tomb at Colognole (Livorno). It is therefore reasonable to imagine that the iron-bearing resources of the area were already being exploited in the Final Bronze Age.

In the Iron Age the two large centres of Vetulonia and Populonia flourish (fig. 61).

This is due to the exploitation of mineral resources in their hinterlands and to trade with Sardinia and Corsica (of which there is much evidence). A mould from Poggio del Molino testifies the production of metal objects at Populonia in the later phase of the Early Iron Age (E.I.A. 2) (fig. 62 A).

Settlement in the mining area of Massa Marittima is indicated by the Villanovan cemetery of Lago dell'Accesa and by a winged axe found in the "territory of Massa Marittima".

Around Vetulonia there is evidence for the Early Iron Age at Caldana, which is near a mixed outcrop of lead and iron.

With regard to the mining area of Campiglia, in addition to the settlement of Monte Pitti, some three kilometres from the ores, Villanovan and/or Orientalizing style material has been found in the Val Fucinaia. A. Minto excavated here before the Second World War and found some furnaces which were perhaps used for smelting. Slag and charcoal, which are clear indications of metalworking activity, were associated with them. In the vicinity of the furnaces fragments of chalcopyrite and galena were also found. The examination of the dross revealed the presence of noteable quantities of chalcopyrite associated with ilvaite, as well as monosulphide of copper (formed by thermal effects) and, at times, fragments of vegetal carbon. Their richness in mineral raw material suggests that the output of the metallurgical treatment was quite low.

Chemical analysis of a metal fragment revealed copper, iron, zinc and silver: this indicates that the ore was composed of silver-bearing chalcopyrite mixed with blende, in which the hills around the furnaces are rich.

The lead axes found at Riparbella (Pisa), Lustignano (Pomarance), Volterra and Bibbona (Livorno) are of great interest (fig. 62 B: 1-2, 4). They are dated to a later period of the Early Iron Age.

Similar objects have been found only in Tuscany. In fact just another example is known: this is from Sarteano (Siena) (fig. 62 B: 3). It therefore seems reasonable to relate such finds to exploitation of the lead resources of the Colline Metallifere. It will be noted that lead objects are rather infrequent in protohistoric contexts in Italy.

SICILY: THE AREA OF THE MONTI PELORITANI

The limited metal ore deposits of Sicily are concentrated in the area of the Monti Peloritani.

These deposits were exploited in the past, even if not continuously. In the eighteenth century coins made from silver extracted from the argentiferous galena of this area were minted by king Charles VI.

The veins, primarily of copper-bearing and lead-bearing, although also iron-bearing, ores, are close to the surface. Such a depositional situation is an obvious advantage given protohistoric technology.

With regard to the settlement pattern of this area in the protohistoric period, it must first of all be said that the picture that we have may turn out, for various reasons, to be false partially, because of the paucity and fragmentary nature of our present knowledge of the region.

For the Late Bronze Age (fig. 63) it may be noted that more than half of the sites known have been found within or immediately adjacent to areas of interest in mineral terms, such as Santa Venera, Ciavolaro, Serro Maloto, Castroreale, Pietro Pallio and Naxos.

During the Final Bronze Age (fig. 64) an intensification of settlement occurred in the metalliferous basin of Barcellona-Pozzo di Gotto. On the whole, it seems that, with one exception (Piano Cannafè), all of the ten Final Bronze Age sites identified in the area between the basins of the Mela and Saia Feliciotto streams are located either within or very close to areas of mining interest.

The hoard of Malvagna also comes from an area in which outcrops of lead, copper and iron ores are indicated.

The concentration of protohistoric presence in localities with mining potential which was noted for the Final Bronze Age, is even more pronounced in the Early Iron Age (fig. 65): almost all the sites found on the Monti Peloritani, with just two exceptions, may be linked to areas of mining interest.

In particular the settlement of Fiumedinisi combines a naturally defensive position with the control and the possibility of exploitation of the rich deposits of the area, well known in antiquity. In addition to various metallic ores (argentiferous galena, azurite, malachite, chalcopyrite, siderite and limonite), allum is also found in this area.

The Central Tyrrhenian Islands

Sardinia

Large concentrations of copper, lead and iron ores are to be found in various parts of the island: in the Nurra, the Iglesias region, the Sulcis region (western part), the Ogliastra region and the Sarrabus region (eastern part). Other deposits are scattered across the rest of Sardinia: this includes those of the Nuoro region. These deposits have different origins and structures.

The continuous exploitation of the mines, from antiquity to the present day, has made it difficult to recognise the traces of earlier working. In addition, in the second half of this century, the introduction of new methods of extraction to the Sardinian mines, with the subsequent widening of the galleries, has often resulted in the erasure of the traces of all previous workings.

Signs of a rather precocious exploitation of the Sardinian mineral resources are however numerous. From a map of metalliferous mineralisations, it may be seen that lead/zinc-bearing deposits alone constitute 54 % of the known deposits. It is interesting to note that the use of lead appears to have occurred quite early on the island. Fragments of this metal have been found in Late Neolithic and Eneolithic contexts.

In a quite late phase of the Eneolithic, lead was used in the manufacture of mending strips for vessels: an example of such a use is a bowl found in a cave in the Iglesias region, an area in which there is a denser presence of lead-bearing deposits.

In the Nuragic period there is evidence on the island for various uses of this metal: for the repair of vessels, both large and small in dimension, as mentioned above; for soldering objects of ritual use such as small bronze figurines and votive weapons on to stone bases; for fixing the blocks in some stone constructions; for joining composite objects together; and as containers (in all probability because of its stability as a material) or occasionally for lining the inside of ceramic vessels.

The presence of some lead ingots which may have been used as weights, as they are countersigned with marks and notches, indicating the weight value, should also be recalled: such ingots have been found at Sant'Anastasia di Sardara and at Monte Olladiri di Monastir. Lead ingots have been found in fact on many sites: Plaghe, Abini, *nuraghe* Badu e Trovu-Tula, Lei, Forraxi Nioi, Sa Sedda 'e sos Carros, Santa Barbara di Bauladu and Sant'Anastasia di Sardara. Of the sites mentioned above, only Abini and Tula are located near lead-bearing veins: the ingots must therefore have arrived through a more or less articulated system of exchange. The isotopic analyses seem to confirm the existence of a middle-distance exchange network, at an inter-community level, of remarkable extent.

Associated with the exploitation of the lead deposits is the procurement of silver, documented archaeologically in contexts as early as the Early Eneolithic. Sardinian galena is in fact quite often argentiferous. In some areas such as the Sarrabus, Ogliastra, Flumini and Iglesias regions, there are even argentiferous veins composed of native silver, but at a depth inaccessible by prehistoric mining.

In order to recover information on the techniques used in the mining and working of metal in Sardinia, it may be interesting to examine some classes of objects found.

Stone pestles have been found in the surroundings of Barrali (Cagliari), near outcrops of copper-bearing veins. The hammer heads with a hole for the insertion of a handle which are known from Rosas and Narcao in the Iglesias region, an area rich in lead-bearing veins, may also have been used to crush the ore, an activity that was usually undertaken in the immediate vicinity of the mines. In the past there have been reports of piles of ore associated with pestles, mullers and mortars of diorite (that is evidence for the crushing of the ore) in the upper valley of the river Flumendosa.

In the mines of the Iglesias region various objects, including small clay lamps (Masua mine) (figs. 69 B; 70: 1-2), granite mortars, granite and hematite pestles (Campigeddu and Planu Dentis mine) (fig. 70: 8-12), and stone mallet heads have been found in the past (fig. 70: 4-7).

Traces of "most ancient" exploitation still existed at the beginning of the century at Galleria Romana, near Funtana Raminosa, in the Nuoro region.

Objects in bronze deserve to be mentioned separately: among these, the picks are particularly interesting. These may be considered a characteristic tool of the miner. Seven examples are known so far: those for which the provenance are known come from Olmedo, Monte Sa Idda, Lula and Fordongianus, all areas no great distance from mining areas.

Hammers, chisels, double axes may also have had a use in mining and metallurgy, not only for the actual extraction of the ore, but also, probably, for splitting and separating it from the "gangue". On some of these double axes both edges were cut; one of these has traces of having been reused as a hammer. On Sardinia, however, the presence of actual proper hammers in bronze is documented.

Some of the tools mentioned above may have been used not only in mining processes but also in the context of the smelting workshop. The tool-kit of the workshop was in fact highly specialised: numerous examples are known from Sardinia. Cypriot influence may be detected in some smelting tongs and furnace shovels.

In addition there are some forty, one-part, two-part and multi-part, stone moulds which have been found on the island: however, no bronze examples are known. Clay moulds have been found in the sanctuary of Sant'Anastasia di Sardara (Cagliari) and at *nuraghe* Santa Barbara di Bauladu: they were used to produce objects (included figurines) with lost-wax casting.

For the most part, the great *nuraghi* with villages probably had a foundry. The Nuragic complex of Santa Barbara (Bauladu, Oristano) revealed much evidence of a protohistoric foundry: metal slags, terra cotta crucibles with residues of molten metal, fragments of ceramic moulds, cores, a lead ingot, fragments of bronze, copper and lead.

A comparative analysis of the distribution of Sardinian deposits and protohistoric presence, in particular that related to the *nuraghi*, is particularly interesting. Three sample areas have been chosen for examination from amongst those areas which have greater concentrations of metal-bearing deposits and, consequently, greater probabilities of having been actively exploited as early as the Nuragic period: the Nurra, the Nuoro region and the Iglesias region.

However, it is suitable to suggest prudence in the elaboration of models of peopling in a situation such as this: given the rarity of precise archaeological data, a chronological framework which allows one to analyse through time the various phases of settlement of the territory is lacking. In fact it is quite improbable that all of the *nuraghi* known from these areas were in use, let alone built, at the same time. The lack of precise chronological subdivisions forces one to level out and to superimpose events and monuments, which in fact had developed differently through time, in a deceptively synchronic picture.

In the Nurra (fig. 66) the *nuraghi*, which in this region are usually quite densely concentrated, seem to be positioned in a ring around the mining area without actually occupying it however: it seems difficult to attribute their absence in the mining area purely to chance.

It should be noted for the Nuoro region that the deposits are most concentrated around the centres of Torpè and Lula (fig. 67). A careful analysis seems to suggest some sort of link between the mining areas and some groups of *nuraghi*, situated in the immediate vicinity of and around the metalliferous areas.

Among other metal deposits in the Iglesias region, between Fluminimaggiore and Gonnasfanadiga, on Monte Linas and on Monte Mannu, in the vicinity of Villacidro, there are veins of cassiterite. Although comparatively large quantities of cassiterite have been found in the complexes of Abini, Forraxi Nioi and Lei, it is difficult to imagine that the deposits on the island were exploited in the protohistoric period. This abundance of mineral riches may be contrasted with a definite scarcity of *nuraghi* (fig. 68): in the area in which the metalliferous outcrops are most concentrated there is one of the lowest concentrations of *nuraghi*, located primarily along the penetration roads (fig. 69 A), on the whole island.

It has been suggested more than once that one of the functions performed by the *nuraghi* may have been that of supervising production areas of various types, with the aim of enforcing territorial control. The distribution models just discussed may be included in this sphere.

The *nuraghi* in these particular areas would have performed a supervisory rôle and controlled the strategic resources and the access routes to them. In addition, individual *nuraghe* may have at times had a rôle as collecting centres in which the preliminary processing of the ores was carried out.

Corsica

In Corsica, evidence of mining activity dates back as early as the Eneolithic; in the deepest layers of Terrina IV, findings included stone pestles, fragments of a tuyere and crucibles containing slag from copper ore (fig. 71 B).

This early activity may be related to the use of local metal resources.

The island has several types of mineral deposits, mainly lead-copper ore in the northern part, while the south only has a few iron deposits (fig. 71 A). The area of Linguizetta, near Aleria, is especially rich in minerals; it is significant that the metal in the Terrina crucibles has a chemical composition compatible with this deposit.

There are over twenty other copper ore sites.

Galena is found at Monte Asinaio, Zilia (Calenzana), Pietralba, La Finosa and Paterno (Bastia). With the exception of Argentella (Cape Mossetta), the ore usually has a low silver content.

Traces of tin ore have been found at the La Testa site.

At present there is no evidence that indicates an exploitation of Corsican metal ores in the Bronze Age and in the Early Iron Age. The presence of metalworks increases during the Late Iron Age. The hoard of Cagnano (Capo Corso) contained 17 kg of objects, and it could be an indirect indication of the exploitation of local ore deposits.

FRANCE

France has a number of important metal deposits, some of which were certainly exploited in prehistoric times (fig. 72 A).

Alluvial deposits of tin and perhaps gold were the object of special interest, since they could be exploited using simple technology.

Copper and silver deposits are located in the Alps (department Isère), the Vosges (departments Vosges and Haut-Rhin) and the Pyrenees (department Ariège); here about ten ancient diggings have been identified in Seronais, for instance at Gayet near Cadarcet, Les Atiels, Le Goutil in the district of La-Bastide-de-Sérou and Hautech near Larbant.

Chalcopyrite can be found in Provence (departments Var and Alpes-Maritimes), in the Armorican mountains near Lyon (replaced here by oxides and carbonates) and in the Massif Central.

In Provence, at the Pioch-Farrus site, in the mining district of Cambrières, near Clermont l'Hérault (Languedoc), Late Neolithic traces of copper mining have been found; nearby, there is evidence of mining from the Eneolithic-Early Bronze Age.

Gold deposits are particularly important. Gold is found, in the Alps, in the alluvial sands of the Rhine, of the Arve and of the Rhone, and in the Ariege, the Garonne and the Salat valleys in the Pyrenees; in the Ardèche, the Vienne, the Gaze and the Herault valleys in the Massif Central and in the Cevennes.

Open mine sites are located in the Amorican mountains and in the Limousin. In the Late Iron Age, the Gauls undertook a systematic search for the precious mineral in this area.

In the Middle Ages, the lead and silver deposits in the Vosges (mining districts of Sainte-Marie-aux-Mines and Giromagny) were considerably exploited; this mining activity may well have destroyed more ancient traces. Other deposits can be found in the Pyrenees, in the Alps and in Brittany where, for example, there are ancient mining sites of uncertain date near Plérin-Trémuson (near Saint-Brieuc, Côtes-du-Nord), Pont-Névez (Côtes-du-Nord) and Douges-Crossac (Loire-Atlantique)

Silver-bearing galena also comes from the Cevennes. Here, in the department of Aveyron, grooved hammerstones have been found — a sign of pre- protohistoric mining — at these ancient sites (fig. 72 B).

In Limousin and Brittany there are numerous tin deposits, and ancient mining sites are found in both areas.

The Brittany mineralisations are particularly important (fig. 73), with the same type of ore deposition found in Cornwall across the English Channel. These deposits are related probably with an abundance of Bronze Age tombs and Final Bronze Age hoards in the Saint-Renan region (Finistère).

In ancient times mining took place on the rock face as well as in alluvial deposits; bronze, ceramic and stone tools were found during the last century near Ploërmel (Morbihan) in the quarries that exploit a lode with silica matrix. Gallo-Roman remains were found in the open mines at Abbaretz-Nozay. The presence of bronze axes and a small gold torque indicate that the area was occupied as early as the Bronze Age.

Thanks to the exploitation of mineral resources, the prehistoric Amorican area developed the manufacture of metal articles, and early on had contact with other cultures in the Atlantic area practising metallurgy, Wessex and, perhaps, El Argar.

Brittany was an important area in the later Bronze Age precisely because of its mineral wealth, and formed part of the complex trade network linking western Europe and the Mediterranean, with routes following both the Atlantic coastline and the French inland waterways such as the Loire and the Seine-Rhone system.

THE IBERIAN AREA

The Peninsula

The Iberian Peninsula was famous in the ancient world for its mineral richness. The abundant metalliferous deposits of the Iberian Peninsula are, in general, quite superficial, and so easily exploited with ancient technology.

This richness of metallic ores drew the Phoenician navigators towards the west. The biblical passages referring to Tarshish, identified by some as Tartessos, at the mouths of the Guadalquivir, refer to Levantine commerce and link it with trade in metallic ores. The trade of these metal ores with the Mediterranean world was favoured in particular by the often coastal location of the deposits.

Three main areas of mineral exploitation in antiquity may be distinguished:

1) *The South*, subdivided into two, the southeast (with the silver mines of Castulo, Cartagena, Herrerias), and the southwest (with the exploitation of copper at Rio Tinto and of mercury at Sisapo).

2) *The Northern coast*, with the deposits of gold and of iron in Galicia, of gold-bearing ores in Asturias and of lead-bearing ores at Bilbao.

3) *The Sistema Iberico*, with the iron veins of Bilbilis and Turiasso, near the Moncayo mountains.

Noteworthy quantities of gold have been found in various areas, primarily in Galicia and the Asturias, but also in the Sierra Nevada, in León and in northern Portugal. Concentrations of gold have been observed in the sands of numerous rivers. Iberian gold usually has a high silver content: one is dealing therefore with a natural electrum.

Silver is the most abundant of the Spanish precious metals; there are numerous veins of silver-bearing galena dispersed all over the peninsula, although deposits of native silver are found only in the southeast of the peninsula, in Almeria and New Castile. The silver-bearing galena deposits of the Sierra Morena, near Linares, which have a silver content of between 300 and 1000 g per ton, are important. The deposits of Murcia, with the important mining centres of Cartagena and Mazarrón, are of great importance, and were particularly so in antiquity.

Other veins of galena in southern Spain are in Catalonia to the north of the Ebro, near Seville, in Andalusia, and in the Sierra Morena, south of Merida.

In Portugal the mining centre of Aljustrel, south of Beja, assumes particular importance. Towards the north of the peninsula, in Galicia and in the Pyrenees, there are important silver-bearing deposits.

The exploitation of lead is closely linked to that of silver, for it is extracted from the same ore, galena. Therefore, lead was also extracted in the areas which have been mentioned above with reference to silver.

The large concentrations of copper-bearing ores dispersed throughout the peninsula were of enormous importance for the Iberian economy.

In the south of the peninsula, copper deposits are present in Murcia, in Andalusia and in the Algarve. In the Baixo Alentejo there is the important mining centre of Aljustrel, with its lead- and copper-bearing outcrops, located in the centre of an important metalliferous basin. Other deposits are also in the Estremadura and in the Beira Alta. In the northern part of Spain, finally, should be recalled the copper-bearing veins of Galicia, of the Asturias and of Navarra.

Iron is a further resource which must now be considered. The peninsula, and particularly the northern part, possesses important iron deposits, principally in the form of siderite, hematite, limonite and magnetite. The deposits of the Basque Country and of Cantabria are quite important, as are the numerous veins which outcrop in eastern Galicia. The southern peninsula also has abundant iron-bearing ores: among others, those of Catalonia and of the Levant, as well as those of Murcia and of Andalusia may be mentioned.

Tin is left to last in this description of the metals present in the Iberian Peninsula, precisely because of the importance which its rich deposits, well known in antiquity, may have assumed in the economy of protohistoric societies.

At present in the Iberian Peninsula the annual tin production is about 800 tons. The deposits of cassiterite located on the coast of Galicia on the banks of the river Miño, are still exploited today. Other rich deposits of tin ore, in addition to some veins present in the Galician granites, are those of the Meseta and, in particular, those of the provinces of Zamora and of Cáceres. In Portugal the tin ores of Bejanca, Lagares, Borralheira, Montesinhos and Gaia are of particular economic importance.

In the Iberian Peninsula there are also other raw materials that may be obtained by mining which may have been of interest to protohistoric communities. These include allum (alunite being found in the metalliferous basins of Mazarron and Cartagena) and, of the ornamental stones, jet. This latter is present in dolmen graves in the Basque country and at Los Millares, in Almeria.

There is evidence for the use of the Spanish mineral resources even in the Neolithic. At El Garcel, near Almeria, copper smelting slag has been found in a Neolithic context. Smelting slag, which confirms the extraction not only of copper but also of lead and silver, has been found at Almizaraque, near the mouth of the Almazora, in a context belonging to the Eneolithic culture of Los Millares. The importance of this date must be stressed because the production of silver and lead — both metals obtainable from the sulphide, galena — implies the knowledge of the technological processes involved in the desulphurization of metal ores.

Further indications also exist, for a later date, that is the El Argar phase: in the funerary goods are found decorative items of copper and of gold, in addition to some of silver, and especially bracelets and diadems.

Finds of prehistoric material within the Spanish mines are quite numerous, even if the more recent, intensive, exploitation of the veins has often obliterated all traces of earlier working. Evidences of the ancient mining of metals were discovered in the Asturias and in León (fig. 75 B).

In the mine of Mieres (Oviedo, Asturias) various vertical shafts have been identified: they lead to a series of quite extensive galleries which were excavated leaving *in situ* pillars of rock to support the vault. The prehistoric miners followed the veins of copper-bearing ore, composed of native copper and nodules of copper oxide. One of these miners was buried here together with his tool-kit by a collapse which occurred in the gallery. His tool-kit consisted of tools made of deer antler and stone hammers. The ore, once crushed, was taken to the surface in wooden containers which had a handle. The very narrow tunnels were illuminated by torches made from resinous wood.

In another prehistoric mine, that of El Milagro near Cangas de Onís, tools of deer antler, grooved hammerstones and pottery have been found together with a flat axe in copper alloy (fig. 74: 1-4).

In the past hammerstones and antler picks have been recovered inside the galleries of mines in Andalusia, in Estremadura and in the Algarve.

Traces of prehistoric and protohistoric working have been found inside various Iberian mines. The data of the pre-protohistoric finds in mining contexts are synthesized in the following list. The numbers in the list correspond to the numbers in the distribution maps (figs. 78-79).

SPAIN

CATALONIA

- *Province of Lerida*: Riner (Solsona) (n. 1): slags and moulds in a copper ore outcrop.

Province of Terragona: La Solana del Bepo (Ulldemolins) (n. 2): numerous grooved hammerstones in the area of a copper mine.

MURCIA

- *Province of Murcia*: Sierra de Cartagena (Cartagena) (n. 3): rich mineral deposits of mixed sulphides (copper, lead, silver), with presence of tin: they were exploited since the period of El Argar, as evidenced by finds near the lode Consuelo, in the mining dump: fragments of grooved hammerstones, a small mortar and a carinated vase.

La Panadera (Aguilas) (n. 4): copper deposits at 3 km from the Argaric site of Parazuelos; in the settlement: about ten kg of copper ore (carbonates and sulphides), copper ingots, slags, pottery, fragments of crucibles and mortars.

La Carrasquilla (Lorca) (n. 5): in the iron mine: remains of five miners, associated with pottery, iron ore, a hammerstone, an axe and a metal arrow-head.

ANDALUSIA

- *Province of Almeria*: Herrerías (Cuevas de Almanzora) (n. 6): an El Argar settlement is near a silver-iron mine; the Chalcolithic site of Almizaraque is about 600 m from the outcrop. A copper chisel was found in the mine. At Almizaraque: evidence of the metallurgy of lead, silver and copper (metal ores, furnaces, slags).

Cerro Minado (Huercal Oveja) (n. 7): hammerstones were in the mining dump near the copper mineralisations.

- *Province of Jaén*: Los Escoriales (Andújar) (n. 8): grooved hammerstones were found in a copper mine.

Arroyo Valquemado (Andújar) (n. 9): grooved hammerstones were found near the surface excavations for copper ore.

Cerro de los Venados (Andújar) (n. 10): grooved hammerstones were found near the ancient surface excavations for copper ore.

Mina de Valquemado (Andújar) (n. 11): fragments of grooved hammerstones were in the mining dumps.

Arroyo de la Lisea (Andújar) (n. 12): numerous grooved hammerstones were found in the dumps of the copper mine.

El Fresnillo (Andújar) (n. 13): grooved hammerstones come from the dumps of the copper mine.

El Humiliadero (Andújar) (n. 14): grooved hammerstones were found in the dumps of the copper mine.

Navalasno (Andújar) (n. 15): grooved hammerstones come from the dumps of the copper mine.

Los Arrayanes (Linares) (n. 16): a copper halberd and an Argaric stone wristguard were found in a copper-lead mine.

- *Province of Cordoba*: Los Pobos (Adamuz) (n. 17): grooved hammerstones were discovered in the area of the copper ore outcrops.

Cantos Blancos (Alcaracejos) (n. 18): grooved hammerstones were found in the dumps of the copper workings.

Madereros (Almodovar del Rio) (n. 19): grooved hammerstones were found in the dumps of the mixed sulphides mines (lead, silver, copper).

Dehesa de Covatillas (Almodovar del Rio) (n. 20): grooved hammerstones come from the argentiferous galena mine.

El Ingertal (Almodovar del Rio) (n. 21): grooved hammerstones come from the area of the argentiferous galena mine.

El Francés (Almodovar del Rio) (n. 22): grooved hammerstones were found in the area of the mixed sulphides mine (lead, silver, copper).

Peña del Aguila (Almodovar del Rio) (n. 23): grooved hammerstones come from the area of the mixed sulphides mine (lead, silver, copper).

Piedra de la Atalaya (Añora) (n. 24): a multiple mortar and a grooved hammerstone were found in the dump of the mixed sulphides mine.

Motilla (Añora) (n. 25): a double mortar and a grooved hammerstone were found in the malachite outcrops.

Torril de Medioduro (Añora) (n. 26): pottery and fragments of grooved hammerstones were found in the copper outcrops.

Canada (Añora) (n. 27): Bronze Age pottery and a fragment of grooved hammerstone were found in the malachite outcrops.

La Solana (Belalcázar) (n. 28): Bronze Age pottery and grooved hammerstones were found in the copper and native silver outcrops.

Peña del Cuervo (Belalcázar) (n. 29): grooved hammerstones were found near the malachite outcrops.

La Encinilla (Belalcázar) (n. 30): fragments of grooved hammerstones were found in the dump of the copper mine.

Minillas del Quinto del Huerto (Belalcázar) (n. 31): grooved hammerstones were found in the dump of the copper mine.

Arroyo del Hato del Pozo de la Torre (Belalcázar) (n. 32): grooved hammerstones were found in the dump of the copper mine.

La Pastora (Belalcázar) (n. 33): grooved hammerstones were found associated with fragments of malachite ore.

Arroyo de la Virgen (Cordena) (n. 34): fragments of grooved hammerstones were found in the dump of the copper workings.

Barranco de las Minas (Cordena) (n. 35): grooved hammerstones were found in the copper ore outcrops.

Cerro de las Minillas (Cordena) (n. 36): numerous grooved hammerstones were found in the copper ore outcrops; some grooved hammerstones were discovered in a prehistoric settlement nearby.

Almadenejos de Torrubia (Cordena) (n. 37): grooved hammerstones and a multiple mortar were found in the copper ore outcrops.

Filon Zumajo (Cordena) (n. 38): a multiple mortar and some fragments of malachite ore were found in the mining dump.

Dehesa Quebradillas (Cordena) (n. 39): grooved hammerstones and fragments of malachite ore were found in the mining dump.

Mortecino (Cordena) (n. 39): grooved hammerstones and fragments of malachite ore were discovered in the mining dump.

Estercoladas (Cordena) (n. 39): fragments of grooved hammerstones were found in the mining dump.

Cerro del Cura (Cordena) (n. 40): grooved hammerstones were found in the dump of the copper mine.

Arroyo de la Higueruela (Cordena) (n. 41): fragments of grooved hammerstones were found in the dump of the copper mine.

Cerro Muriano (Cordoba) (n. 42): Chalcolithic pottery, grooved hammerstones and a multiple mortars were found in the dump of the rich copper mines; a lot of sherds, fragments of grooved hammerstones, pestles and pieces of malachite ore were found in a Bronze Age settlement nearby, where a fragment of crucible testifies to smelting processes.

El Mico (Cordoba) (n. 43): grooved hammerstones were found in the dump of the copper workings.

Castripicon (Cordoba) (n. 44): grooved hammerstones were found in the dump of the copper workings.

Arroyo tras-Sierra (Cordoba) (n. 45): grooved hammerstones were found in the copper ore outcrops.

Lagar de la Cruz (Cordoba) (n. 46): grooved hammerstones were discovered in the copper ore outcrops.

La Pililla (Dos Torrės) (n. 47): grooved hammerstones were found in the copper ore outcrops.

Cortijo de Peralbo (Dos Torres) (n. 48): fragments of grooved hammerstones were found in the dump of the copper workings.

La Loba (Fuenteovejuna) (n. 49): grooved hammerstones, fragments of a multiple mortar, some pieces of argentiferous galena and of copper carbonates were found in the mining dump.

Navalespino (Fuenteovejuna) (n. 50): a grooved hammerstone was found in the mixed sulphides outcrops.

El Piconcillo (Fuenteovejuna) (n. 51): grooved hammerstones and mortars were found in the area of the mixed sulphides (copper, silver and lead) deposits.

Cerro de las Minillas (Fuente la Lancha) (n. 52): fragments of grooved hammerstones were found in the dump of the copper mine.

Dehesa Lavera (Hinojosa del Duque) (n. 53): grooved hammerstones and a small mortar were found in the dump of the copper mine; some slags was discovered nearby.

Almadenes del Bembézar (Hornachuelos) (n. 54): sherds, grooved hammerstones and a small mortar were found in the dump of the copper mine.

La Herrería (Montoro) (n. 55): grooved hammerstones were found in the dump of the copper-silver mine.

Arroyo de los Almadenejos (Montoro) (n. 56): numerous grooved hammerstones were found in the copper workings.

Navalamoheda (Montoro) (n. 56): grooved hammerstones were found in the dump of the copper workings.

Arroyo del Cuezo (Montoro) (n. 57): fragments of grooved hammerstones were found in the dump of the copper mine.

Los Patalos (Montoro) (n. 58): grooved hammerstones were found in the dump of the copper workings.

Almadenes de la Solana (Pozoblanco) (n. 59): a grooved hammerstone was found in the dump of the copper workings.

Cuesta de Romo (Pozoblanco) (n. 60): grooved hammerstones were found in the dump of the copper workings.

Dehesa Boyal (Pozoblanco) (n. 60): a protohistoric settlement was discovered near the copper workings

Dehesa de Quiros (Pozoblanco) (n. 60): fragments of grooved hammerstones and pieces of malachite ore were found in the mining dump.

La Romana (Pozoblanco) (n. 61): numerous grooved hammerstones were found in the dump of the copper workings.

La Osi (Pozoblanco) (n. 62): numerous fragments of grooved hammerstones were found in the dump of the copper workings.

Almadenejos del Garabato (Pozoblanco) (n. 63): fragments of grooved hammerstones were found in the dump of the copper mine.

Arroyo Tomilloso (Pozoblanco) (n. 63): a fragment of a grooved hammerstone was found in the dump of the copper-iron mine.

Sortijón del Cuzna (Pozoblanco) (n. 63): multiple mortars and a grooved hammerstone were found in the dump of the copper-silver workings.

Almadenes del Soberbio (Pozoblanco) (n. 64): grooved hammerstones and pieces of malachite ore were found in the dump of the copper mine.

Santa Eufemia (El Viso) (n. 65): a grooved hammerstone was found in the dump of the copper-silver-lead mine.

La Gran Mina (Villaviciosa) (n. 66): a grooved hammerstone and a Bronze Age sherd were found in the dump of the copper-silver-lead workings.

Arroyo del Alamo (Villaviciosa) (n. 67): grooved hammerstones were found near the ancient iron-silver workings.

Cerro de Valfrío (Villaviciosa) (n. 68): grooved hammerstones were found in the dump of the copper (chalcopyrite) workings.

Dehesa de los Llanos (Villaviciosa) (n. 69): pieces of azurite and malachite ore were found close to grooved hammerstones in the mining dumps.

- *Province of Seville*: La Onza (Alanís) (n. 70): grooved hammerstones and mortars were found in the dump of the mixed sulphides (argentiferous galena and chalcopyrite) mines.

Río Crispinejo (Aznacollar) (n. 71): a grooved hammerstone and a small mortar were found near the copper mines.

Gibla (Constantina) (n. 72): grooved hammerstones and small mortars were found in the dump of the copper (chalcopyrite) workings.

Potosí (Guadalcanal) (n. 73): some stone axes were discovered in the copper mine.

Juan Teniente (El Pedroso) (n. 74): a grooved hammerstone was found in copper ore outcrops.

La Preciosa (Peñaflor) (n. 75): a couple of skeletons with two grooved hammerstones were found in an ancient gallery of the copper mine.

Area of the municipality of Puebla de los Infantes (undetermined mines) (n. 76): about twenty grooved hammerstones were discovered in ancient copper mines of this area.

- *Province of Huelva*: Cueva de la Mora (Almonaster La Real) (n. 77): grooved hammerstones were found in the copper-silver workings.

Monte Romero (Almonaster La Real) (n. 77): more than 40 grooved hammerstones and stone picks were found in the copper (native copper, chalcopyrite, chalcocite, copper carbonates) mine; stone tools, slags and fragments of tuyeres were discovered near the ancient workings.

San Miguel (Almonaster La Real) (n. 77): grooved hammerstones were found in the copper mine.

El Lagunazo (Alosno) (n. 78): grooved hammerstones were collected in the area of the mixed sulphides mine.

Tharsis (Alosno) (n. 79): numerous grooved hammerstones were discovered at Tharsis: they testify a prehistoric exploitation of the rich mineral deposits (copper, silver, gold, iron); Bronze Age tombs were found nearby. Many thousands of slags are in the area. A mortar and a stone pestle come from the southern lode.

Minas de Cala (Cala) (n. 80): a Neo-eneolithic stone axe and some Bronze Age grooved hammerstones were found near the ancient workings.

Sultana-San Rafael (Cala) (n. 81): a grooved hammerstone weas collected in the dump of the gold-copper mine; golden particles were observed on the surface of this tool.

La Zarza (Calañas) (n. 82): grooved hammerstones were found in the copper ore deposits.

Sotiel Coronada (Calañas) (n. 83): grooved hammerstones were found in the area of the mixed sulphides (copper, argentiferous galena) mine.

Joya (El Campillo) (n. 84): a grooved hammerstone comes probably from the mine.

Herrerias de los Confesionarios (Cortegana) (n. 85): a grooved hammerstone comes probably from the copper mine.

San Telmo (Cortegana) (n. 86): grooved hammerstones were collected near the surface excavations for the exploitation of copper ore.

El Juncal (Encinasola) (n. 87): about forty grooved hammerstones and some iron chisels were found near the surface excavations for the exploitation of copper ore.

Trinidad (Escacena del Campo) (n. 88): a grooved hammerstone was found near the chalcopyrite ore outcrops.

Cueva del Monje (Paterna) (n. 89): trenches, pits and mining dumps were found in association with stone tools, pottery and slags: the evidences can be dated from the Chalcolithic to the Iron Age.

Río Corumbel (Paterna) (n. 90): opencast workings, pestles, hammerstones, picks, slags and later Bronze Age pottery were found in the mixed sulphides deposits (fig. 76: 4-11).

Las Herrerías (Puebla de Guzmán) (n. 91): grooved hammerstones were collected in the area of the rich copper-silver ore deposit.

Rio Tinto (Rio Tinto) (n. 92): the copper, silver and iron lodes were exploited from prehistory till now: 16-20 million tons of slags were produced. Numerous prehistoric mining tools (such as grooved hammerstones and mortars) were found in the huge mines; more than one ton of grooved hammerstones was collected in a gallery at Mesa de los Pinos. At Corta Lago, the stratigraphy of the ancient slags proves the existence of smelting processes in the mining area during the later Bronze Age. Evidences of mining and smelting activities (grooved hammerstones, pestles, multiple mortars, slags, lead droplets, fragments of crucibles and tuyeres) was found at the protohistoric settlement of Cerro Salomón, or Monte Salomón, the hill that overlooks Rio Tinto. Two palstaves and a bronze flat axe came very probably from Rio Tinto: they are in the Provincial Archaeological Museum of Oviedo (fig. 77: 2, 6-7).

Mina Teuler (Santa Olalla de Cala) (n. 93): a cylindrical stone axe, quartzite chips and a bovine molar tooth were found in a malachite ore vein, at nine meters deep.

Campanario (Valverde del Camino) (n. 94): some grooved hammerstones came very probably from the ancient copper workings.

Chinflón (Zalamea la Real) (n. 95): slags, hammerstones, stone picks and Bronze Age sherds were found near the partially opencast copper workings.

Cerro Masegoso (Zalamea la Real) (n. 96): grooved hammerstones, stone picks, remains of a furnace, slags (someone tin rich) were found near the ancient workings and the pits; more pits with mining tools and later Bronze Age pottery are in an area nearby.

La Venta del Quico (Zalamea la Real) (n. 97): pestles and mortars were found in the mining dumps.

ESTREMADURA

- *Province of Badajoz*: Mesas del Castaño (Aznaga) (n. 98): grooved hammerstones and pieces of copper ores were found in the mining dumps; copper slags were discovered nearby, close to rio Bembézar.

Miraflores (Castuera) (n. 99): mining stone tools and pieces of malachite ore were found in the dump of the argentiferous galena mine.

Lomo de Perro (Castuera) (n. 100): grooved hammerstones and mortars were found in the dump of the mixed sulphides mine.

Las Minillas (Garlitos) (n. 101): grooved hammerstones were found in the silver lodes.

El Borracho (Garlitos) (n. 102): grooved hammerstones were found near ancient silver-copper workings.

Las Minillas (Granja de Torrehermosa) (n. 103): grooved hammerstones and pieces of malachite ore were found in the dump of the mixed sulphides mine.

Cerro de las Minas (Jerez de los Caballeros) (n. 104): grooved hammerstones were found in the dump of the copper mine.

- *Province of Cáceres*: Plasenzuela (Plasenzuela) (n. 105): grooved hammerstones and a multiple mortar were found in the workings of the copper-silver ore outcrops.

CASTILE AND LÉON

- *Province of Salamanca*: Golpejas (Golpejas) (n. 106): sherds, probably of the Bronze Age, were found near the tin surface mineralisations.

- *Province of León*: La Profunda (Cármenes) (n. 107): the ancient galleries were low and meandering; they reached the depth of 45 m. Grooved hammerstones, antler picks and a bronze trunnion were found in the copper mine (figs. 76: 1-3; 77: 3); a sooty layer on the walls and some charcoal testify to the use of firesetting. Grooved hammerstones were discovered also in the nearby mine La Providencia.

GALICIA

- *Province of Orense*: Barbantes (Razamonde) (n. 108): stone pestles and mortars were found in the area of the gold deposit.

- *Province of La Coruña*: Moeche (Moeche) (n. 109): a palstave was found near the ancient copper workings.

Santa Comba (Santa Comba) (n. 110): a tin ingot was discovered in a cassiterite deposit.

Rial de Cuns (Coristanco) (n. 111): a bun ingot was found in a dump of the tin mines.

- *Province of Pontevedra*: Isle of Ons (Bueu) (n. 112): a double looped palstave comes from an ancient tin mine.

ASTURIAS

- *Province of Oviedo*: Río Navía (Boal et Navía) (n. 113): the gold ore is in the river terraces; a single-looped palstave was found in a settlement one kilometre distant from the river.

Riospaso (Lena) (n. 114): it seems that last century some bronze objects (perhaps axes) were discovered in the copper mines.

La Peña (Mieres) (n. 115): two stone picks were found in the cinnabar mine.

El Milagro (Onís) (n. 116): human bones, antler picks, antler hammers, grooved hammerstones, copper or bronze flat axes and a crucible were found in the copper surface excavations (fig. 75: 1-4). Ashes and charcoal testify to the use of firesetting in the pits.

El Aramo (Riosa) (n. 117): 16 skeletons were found in the ancient galleries of the copper mine: probably this is a reuse of the galleries for funeral practises. Numerous grooved and unmodified hammerstones, antler picks, antler hammers and wooden trays were discovered also in the mine (fig. 74 A). It is uncertain if a copper (or bronze) flat axe found in this area comes from the mine. Evidences of metallurgy are a pottery crucible with traces of a partially smelted ore and heaps of slags discovered nearby.

NAVARRA

- *Provincia di Navarra*: Urbiola (Estella) (n. 118): the gallery of a copper mine was reused as a burial place in the Final Bronze Age.

PORTUGAL

ALGARVE

- *District of Faro*: Cerro da Mina (Alcoutim) (n. 119): a grooved hammerstone was found in the dumps of the copper mines.

Atalaia de Alte (Loulé) (n. 120): some stone and copper (or copper alloy) axes were found in the copper mines.

Picalto (Silves) (n. 121): copper (or bronze) chisels were found in the ancient copper workings; later they were melted.

Cisterna dos Cães (Silves) (n. 122): grooved hammerstones were found near the copper ore outcrops.

Santo Estevao (Silves) (n. 123): grooved hammerstones were found in the copper mine; some copper (or bronze) axes come from this excavation or from other mines nearby.

BAIXO ALENTEJO

- *District of Beja*: Aljustrel (Aljustrel) (n. 124): the three main mineral deposits (chalcopyrite, chalcocite, argentiferous galena) were exploited in the ancient times along with numerous pits. Beakers Culture sherds, Bronze Age grooved hammerstones and a metal arrowhead were found in the mine

Mina Juliana (Beja) (n. 125): copper (or bronze) chisels, stone pestles and a couple of flat bronze axes were found inside the copper mine located a few kilometres south from Santa Vitoria (fig. 77: 4-5).

Ruy Gomes (Moura) (n. 126): the copper lode was exploited during the Bronze Age; about thirty grooved hammerstones and some multiple mortars were found in the mineral deposit. Prehistoric huts were discovered near the ore outcrops.

Mina do Monte Judeu (Moura) (n. 127): grooved hammerstones were found in the copper mine.

ALTO ALENTEJO

- *District of Évora*: Mina do Bugalho (Alandroal) (n. 128): grooved hammerstones were found near the copper lode.

Nogueirinha (Montemor o Novo) (n. 129): An arsenical copper flat axe and three stone axes were found in the copper-iron ore deposits (fig. 77: 1).

ESTREMADURA

- *District of Setúbal*: Serra de Caveira (Grándola) (n. 130): a double looped palstave was found near the copper mine.

BEIRA BAIXA

- *District of Castelo Branco*: Belmonte (Belmonte) (n. 131): stone picks were discovered in the tin mine.

BEIRA ALTA

- *District of Guarda*: Quarta Feira (Sabugal) (n. 132): a single-looped palstave was found in the copper mine, at the depth of 12 m (fig. 77: 8). Five cylindrical stone axes come probably from the same mine.

Serra da Queiriga (Sátao) (n. 133): a ground stone axe was found in the dump of the tin workings.

Cabeço da Quinta das Flores (Vela) (n. 134): a bronze flat axe was found in the tin workings, at the depth of 2 m.

MINHO

- *District of Viana do Castelo*: Folgadouro (Viana) (n. 135): a bronze flat axe and a small decorated copper plate were discovered in the tin mine.

TRAS OS MONTES E ALTO DOURO

- *District of Vila Real*: Mina de Jales (Vila Pouca de Aguilar) (n. 136): a double looped palstave and numerous stone multiple mortars were found in the dump of the gold-silver mine.

Três Minas (Vila Pouca de Aguilar) (n. 137): some multiple mortars point to the protohistoric exploitation of the gold ore lodes.

- *District of Bragança*: Ervedosa (Vinhais) (n. 138): two multiple mortars were found in the tin mine.

The analysis of the mining evidence in the Iberian Peninsula reveals that the exploitation of metal resources occurred in almost all of those areas which have geological potential for mining. In addition it seems that the exploitation of the veins occurred throughout prehistory, as is shown by the different types of axes found in the mines.

An examination of the distribution map of objects found in mines and in dumps in the Iberian Peninsula reveals evidence spread over most of the regions.

Murcia is quite rich in metal-bearing deposits, especially in the area of Cartagena. The Argaric settlements are concentrated, with rare exceptions, in the areas containing rich deposits of gold, copper, and lead- and silver-bearing ores (fig. 80). In the Iron Age, groups from outside the peninsula seem to have appropriated the coastal deposits: this is linked to Phoenician-Punic colonisation. The indigenous settlers seem to have been driven back completely from this area into the mountainous interior (fig. 81). However, some of the settlements now established in the interior continued to be located nevertheless near mining areas.

The recent find of Mycenaean pottery in Andalusia, at El Llanete de los Moros (Montoro, Cordoba) (fig. 34 A), can also be related with the metal mineralisations: the settlement is near the rich copper ore deposits of Sierra de Cordoba and of Cerro Muriano; in the last one evidence of mining and smelting activities were discovered in a later Bronze Age context.

The tool-kit of the miner was composed primarily of stone hammers. Although clearly most common in and characteristic of the earlier periods, these stone hammers continued to be used, however, in the later Bronze Age.

Tools made of deer antler, as well as axes of copper and bronze, have been found inside mines (fig. 77).

Few data are available, however, on the objects made from perishable materials: it may be suggested, nevertheless, that some of the objects found in Roman mining contexts cannot have differed greatly, given their extreme simplicity, from those used in earlier periods.

In the mine of La Fortuna near Mazarron (Murcia) a bag of interwoven cord, still full of ore, has been found. On the edge a broad flat strap was sewn: this was, in all probability, passed across the forehead to leave the miner's hands free (fig. 75: 5). Some cord sandals and cord knee-pads were also found in this same mine (fig. 75: 7). Knee-pads would have been indispensable at times when the work had to be undertaken kneeling down on the sharp rock, as well as for protecting the legs from the splinters of stone which flew off during the extraction of the ore (fig. 75: 8). A conical hat of interwoven palm leaves with strings has been found (fig. 75: 6): it is not dissimilar to those in leather found in prehistoric mines in the Alps and was no doubt to protect the head. The stairs linking the different tunnels were made of tree tunks, steps being cut into them (fig. 75: 9). They also do not differ substantially from those which have been found in prehistoric mining contexts in other areas.

The Balearic Islands

The Balearic Islands have small metal ore deposits, at Majorca, Minorca and Ibiza (fig. 82 A).

Copper-bearing deposits of malachite, azurite and sulfides are located in Majorca (Fornalutx, Sóller, Albarca, Estellencs and Banyalbufar) and in Minorca (Alfurient, La Catalana, La Castellana). At Majorca galena is also present (Estrella), as at Minorca (Capifort and Torreblanca) and at Ibiza (S'Argentera). In addition, ferrous sources are found at Majorca (Artà).

There is no real reason to exclude the possibility that the Balearic metallurgical production exploited both the imported metals and the copper smelted locally.

The evidence of metallurgy occurred quite early in the Balearics. Sherds of crucibles were found at Son Matge in levels dated to 1750 ± b.c. Fragments of moulds were collected in the Mallorquin *navetas* of Can Roig Nou (Felanitx) and Hospitalet Vell (Manacor), in settlement contexts; at Minorca, in the *naveta* of Cala Blanca (Ciutadella) and in the *talayot* 1 of Torelló (Mahón).

According to G. Rosselló-Bordoy, the moulds from Hospitalet Vell (fig. 82 B: 1) were in use during the phase Talayotic I.

At Minorca the mould from Cala Blanca (fig. 82 B: 6) comes from a level attributed to the beginning of Talayotic; indications of a metallurgical activity were also found at Torelló: a defective trunnion and three moulds (for production of spear-heads, socketed axes and trunnions) (fig. 82 B: 2-5).

Some lead repairing observed in the pre-protohistoric objects from Majorca suggests the exploitation of the local deposits of galena.

NOTES OF PROTOHISTORIC METALLURGICAL TECHNOLOGY

Extractive techniques of the metals

The careful ore benefication is the indispensable preliminary to the smelting processes of the metals. The ore was crushed to small size, hand sorted, ground and washed in order to remove most of the gangue and to concentrate the metal (fig. 83 a).

The ore normally still contains some part of the gangue: this is eliminated during successive smelting.

The initial processes for the copper ore differed according to whether carbonates (malachite: $CuCO_3 \cdot Cu(OH)_2$, azurite: $Cu_2CO_3 \cdot Cu(OH)_2$) and oxides (cuprite: Cu_2O) were used, or sulphur compounds (chalcopyrite: $CuFeS_2$, chalcocite: Cu_2S, bornite: Cu_5FeS_2, covellite: CuS).

The processes of purification continued for many hours; they were put into furnaces fed with charcoal; clay tuyeres supplied the required air. In the case of copper carbonates, the smelting processes are summarized by the following reactions:.

$2\,C + O_2 = 2\,CO$

$CO + CuCO_3 = 2\,CO_2 + Cu$

The copper sulphide ores need more complex refining methods (fig. 83 b). First they have to be roasted to remove the sulphur and some other impurities (arsenic, antimony, bismuth); then the ore is smelted with a flux, producing the matte (copper sulphide mixed with iron compounds) and slags. The matte was roasted and smelted: the final result was a copper containing more than 90 % Cu.

In the period under discussion here it was a common practice in all the areas examined to make objects in bronze, an alloy made up of copper and tin in various proportions.

The use of alloys not only permitted a lowering of the fusion point, in comparison to pure copper, but also gave the finished product a greater strength.

The possibility of precisely identifying the deposits exploited in prehistoric times has always been a source of particular interest to archaeologists. Unfortunately, the traditional practice of remelting bronze objects, which was common in protohistoric Europe, forms a basic obstacle in research aimed at obtaining indications of the provenance of the ores from the metal analyses of the objects themselves.

On the other hand, for those who wish to obtain from such analyses information about metal technology, the situation is quite different.

In the past the methods to obtain silver and lead were closely connected.

Native silver is very rare: therefore it was extracted from argentiferous lead ores, cerussite ($PbCO_3$), anglesite ($PbSO_4$) and galena (PbS). Galena was the main source for silver and lead.

The ore was preliminary roasted, then smelted in a reducing environment. The result was a silver-lead alloy (bullion) that was oxidised producing litharge (PbO) and silver (cupellation). Finally, the lead was obtained from the litharge with a reduction process.

Gold is found as native metal, combined with silver, copper and iron.

The ancient metallurgist used to melt the gold with lead in a crucible in order to remove the impurities and purify the precious metal.

Frequently the native gold contains silver: therefore it has a whitish colour (natural electrum). Copper could be added to obtain a yellow-reddish tonality.

Meteoritic iron is very rare; it always contains a certain amount of nickel.

On the contrary the iron ores (limonite: $Fe_2O_3 \cdot H_2O$; siderite: $FeCO_3$; magnetite: Fe_3O_4; hematite: Fe_2O_3) are quite common and easily accessible.

The protohistoric technology to extract the iron from the ores produced a spongy mixture of iron, charcoal and slag (bloom). A lump of iron was obtained removing the slag by hot hammering.

Then the lump was hammered again on the forge. The carbon of the hot charcoal was absorbed by the surface of the iron, that was converted into steel, an alloy of carbon and iron (cementation).

Afterwards, the hardness of the iron was considerably increased by a quick cooling, that was produced by plunging the very hot metal into water (quenching).

Iron objects were found in continental Italy, Sicily and Sardinia in Final Bronze Age contexts. They can be regarded as a probable indication of early iron metallurgy in the central Mediterranean.

COMPOSITION OF THE BRONZE ALLOYS IN MEDITERRANEAN AND ATLANTIC EUROPE

In protohistoric Europe there are quite revealing differences between the technology used in the various areas, differences which are made clear by the varied use of lead in the bronze alloys.

In the Atlantic region, and in particular in France (especially in Brittany), in the western Iberian Peninsula and in England, the objects of later Bronze Age date usually have quite high lead content. The high lead value makes the objects noticeably weak.

The reason for such a high presence of lead in the tin alloy has not yet been explained satisfactorily. According to some scholars it is due to a desire to economize on the use of tin and copper, or to facilitate manufacture.

However, Coghlan has shown that, in fact, the hypothesis that lead was used as a substitute for tin is not valid, given that the percentage of tin remains the same both in objects with lead and those without.

In contrast, in continental Italy, as in Central Europe, analyses seem to indicate that lead was rarely contained in the bronze: objects with a high amount of lead are for the most part ornaments or small bronzes. In terms of tin content, the Italian objects analysed tended to have points of maximum accumulation of around 8-10 %.

From the technological aspect of the bronze alloys, Sardinia is similar to Continental Italy. Therefore, although it recalls some of the metal types characteristic of the "West", it is dissimilar to "western" metalworking in having a low level of lead.

The Sicilian bronzes seem to behave in the same way as the Italian ones. Recent archaeometallurgical studies on the artifacts from the island (including the Polizzello hoard) revealed the presence of sulphur-rich and iron-rich inclusions in the objects (pl. III; fig. 86), an indication of the use of sulphide ores in the Sicilian copper metallurgy.

CONNECTIONS

SWORDS

Various types of swords will be examined here: the flange-hilted swords, Monte Sa Idda type (fig. 87 A) (*A*) and Huelva type (figs. 87 B, 88) (*B*), and the swords belonging to the Vénat group (fig. 89 A) (*C*), as well as some daggers: the Boom type (fig. 89 B) (*D*).

FLANGE-HILTED SWORDS, TYPE MONTE SA IDDA

In the Monte Sa Idda swords (fig. 87 A) the flange-hilt has a lightly winding profile; the hilt tang has two thin horizontal bars on either side across its end and, in the centre, a vertical cylindrical projection. A row of rivet holes is in the lower part of the hilt; a large slot can replace the rivet holes in the upper part.

Monte Sa Idda type can be subdivided into two variant forms, on the basis of the configuration of the shoulders and of the ricassi. Variant *A*, with concave shoulder and rectangular ricasso (fig. 87 A 1: 1-5); variant *B*, with curve shoulder and lunate ricasso (fig. 87 A 2: 6-8).

FLANGE-HILTED SWORDS, TYPE HUELVA

The hilt tang of the Huelva swords is T-shaped, with straight or lightly winding sides which curve gradually into straight shoulders, that, because of this curve, can look concave (figs. 87 B, 88). The upper and middle part of the hilt have some rivet holes or a large slot; two small slots are in the lower part and they extend to the shoulders.

These swords have a long straight blade with a midrib and with parallel sides; the blade narrows to the "carp's tongue" point, approximately three-quarters of the way along its length.

SWORDS OF THE GROUP OF VÉNAT

The swords of the Vénat group have a peculiar hilt, flanged, with lightly winding profile; a circular or oval base is at the end of the hilt tang, with, in the centre, a vertical cylindrical projection. A large slot or rivet holes are in the upper and middle part of the hilt.

These swords have straight shoulders and a long straight blade that narrows to the "carpe's tongue" point.

FLANGE-HILTED DAGGERS, TYPE BOOM

This particular form of dagger is strongly connected with the flange-hilted swords type Monte Sa Idda, variant A. In fact they reproduce exactly the same hilt. The Boom daggers have a large slot in the hilt; the blade is triangular (fig. 89 B).

DISTRIBUTION

Almost all the objects come from coastal areas, areas close to the coast, or from areas adjacent to rivers which lead to the sea (fig. 90).

The enormous area over which the objects are spread goes from Flanders to Brittany, along the French and Spanish Atlantic coasts and from there, beyond the Straits of Gibraltar, into the Mediterranean.

Here the finds of Carcassonne (Languedoc) and Bouches-du-Rhone (Provence) have a special interest. Both places are on the Gulf of Lions. After having lapped the coasts of Sardinia and Corsica, the superficial marine currents from the central-western Mediterranean move towards this gulf. It is interesting to note that the Rhone flows into the sea at the Gulf of Lions. This river, together with its tributaries, is a fundamental communication route for central and western Europe. Moreover, the sword found at Carcassonne, by its location, indicates that a second important water route, the Garonne and its tributaries, leading to the Atlantic, was exploited.

Let us now consider the typological distribution of the individual types of objects. The Monte Sa Idda type sword is found in Sardinia, Tuscany, Almeria, Andalusia and at Rio de Guadaleta, near Cádiz. If the dagger of the Boom type is regarded as a derivation of this, the find from Bouches-du-Rhône may be added to this distribution map.

Such a distribution may be compared with the superficial currents of the Mediterranean mentioned above. The Tyrrhenian currents move from the eastern coast of Sardinia to the Italian coast, and in particular Latium and Tuscany. From here they cross the Tuscan Archipelago to reach the Ligurian Sea and the Gulf of Lions, before arriving, via the Spanish coast, at the Straits of Gibraltar.

The swords of the Huelva and Vénat types seem to have followed a different route. Their distribution also may be explained by the superficial Mediterranean currents which, from Gibraltar, follow the African coast and then go in two directions, firstly towards the Sardinian coast, secondly, towards Sicily.

The distribution of the Boom type dagger is restricted to the mouths of the Rhone, Loire and Scheldt. It may be suggested that the river networks previously mentioned, which link the Mediterranean and the Atlantic, across central-western Europe, were the principal means by which such object were spread.

In addition to the possibility offered of identifying the routes used, the distribution pattern of the sword types discussed here holds further interest. It is related with the supply centres and the distribution of metal resources throughout western Europe.

Flanders and Brittany, which have important natural harbours, provide the connection between, on the one hand, the European continent, and on the other, the British Isles, which are rich in metal ores and in particular tin.

These swords are found in the Iberian Peninsula almost always within or in the immediate surroundings of areas of interest in mineralogical terms, such as Galicia, Asturias, Beira Baixa, Estremadura, Alentejo, Andalusia and Murcia.

A similar situation is also encountered in the central-western Mediterranean. The Gulf of Cagliari is not far from the metalliferous basins of the Sulcis and Iglesias regions; Siniscola is near the deposits of the Nuoro region; near Santa Marinella there are the outcrops of the Tolfa Mountains; the mineral rich areas of Elba and the Colline Metallifere gravitated towards Populonia.

These swords therefore indicate routes which are closely connected to the traffic for the supply of metal ores.

A point of reference in the chronological framework of these relations, which in the Atlantic area characterise the Final Bronze Age III horizon, is the hoard from Santa Marinella, which includes material of the third phase of the Final Bronze Age and of the first phase of the Iron Age, according with the chronology of Italian hoards.

LIST OF THE FINDS: THE NUMBERS CORRESPOND TO THE NUMBERS IN THE DISTRIBUTION MAP (FIG. 90).

Flange-hilted swords typeMonte Sa Idda

Variant A:

- Continental Italy:

Falda della Guardiola, Populonia (Livorno) (fig. 87 A 1: 4) (1).

- Sardinia:

Monte Sa Idda (Decimoputzu, Cagliari) (fig. 87 A 1: 1-2) (2); Abini (Teti, Nuoro) (fig. 87 A 1: 3) (3); Forraxi Nioi (Nuragus, Nuoro) (4).

- Iberian Peninsula:

Río Guadalete (Alcobainas, Cádiz, Andalusia) (fig. 87 A 1: 5) (5).

Variant B:

- Sardinia:

Monte Sa Idda (Decimoputzu, Cagliari) (fig. 87 A 2: 7) (6); Pirosu-Su Benatzu (Santadi, Cagliari) (7).

- Iberian Peninsula:

Peñon de la Reina (Alboloduy, Almeria) (8); Dalias (Andalusia) (fig. 87 A 2: 6) (9); Castulo (Jaén) (iron sword) (10); Alcalá del Río (Seville) (fig. 87 A 2: 8) (11); Ronda (Malaga) (mould) (12); Isorna (La Coruña) (13) (uncertain attribution: very corroded piece).

Flange-hilted swords type Huelva

- Continental Italy:

Santa Marinella (Rome) (fig. 87 B: 2) (1).

- Sicily:

Castelluccio (Ragusa) (fig. 87 B: 1) (2).

- Sardinia:

Monte Sa Idda (Decimoputzu, Cagliari) (fig. 87 B: 3) (3); Siniscola (Nuoro) (fig. 88: 1) (4).

- Iberian Peninsula:

Bornos (Cádiz) (5); Huelva (fig. 88: 4) (6); Corta de la Cartuja (Seville) (7); Los Castellares (Herrera, Seville) (fig. 88: 3) (8); Between Marmolejo and Villa del Río (Cordoba) (fig. 88: 5) (9); Río Guadalimar (Jaén) (10); Safará (Beja, Baixo Alentejo) (11); Teixoso (Castelo Branco, Beira Baixa) (12); Sigüenza (Guadalajara) (13); Peña Amaya (Burgos) (14); Covapodre (Liméns, Pontevedra) (15); La Peña Negra (Crevillente, Alicante) (16).

- France:

Cambes (Gironde) (17); Bordeaux (Gironde) (fig. 88: 6) (18); Saint-Leon-sur-l'Isle (Dordogna) (19); Saint-Philbert-de-Grand-Lieu (Loire-Inférieure) (fig. 88: 2) (20).

Swords of the group of Vénat

- France:

Parc-Bodenez-en-Plouescat (Finistère) (fig. 89 A: 5) (1); Pont-er-Vil (Morbihan) (fig. 89 A: 6) (2); Parc-aux-Boeufs (Morbihan) (3); Azay-le-Rideau (Indre-et-Loire) (4); Notre-Dame d'Or (Vienne) (5); Vénat, Saint-Yriex (Charente) (fig. 89 A: 1) (6); Carcassonne (Aude) (7).

- Iberian Peninsula:

El Bierzo (León) (fig. 89 A: 4) (8); Fiéis de Deus (Leiría) (fig. 89 A: 2) (9).

- Sardinia:

Monte Sa Idda (Decimoputzu, Cagliari) (fig. 89 A: 3) (10).

Flange-hilted daggers type Boom

- Belgium:

Boom (Willebroek) (fig. 89 B: 2) (1).

- France:

"Gironde" (fig. 89 B: 3) (2) ; "Bouches-du-Rhône" (fig. 89 B: 1) (3).

FLAT AXES WITH LATERAL LOOPS

The flat axes with lateral loops may, on typological grounds, be divided into two groups, depending upon whether there is one loop (A) or two (B).

Given their physical similarity and, in the Iberian Peninsula, their distribution, these groups may be regarded as being related.

The form with two loops is present in Sardinia only, where the single loop form is not found. The frequency of the finds and the presence of one unfinished example in Sardinia, in the Monte Arrubiu hoard, suggest that at least some of the objects were made here.

The hoard of Flumenelongu is of considerable importance in dating this material: it is attributable to the end of the Bronze Age.

LIST OF THE FINDS: THE NUMBERS CORRESPOND TO THE NUMBERS IN THE DISTRIBUTION MAP (FIG. 92).

A) Single-looped flat axes

- Sicily:

Enna (?) (1) (fig. 91 A: 1; pl. IV: 1).

- Iberian Peninsula:

Quintana de Bureba (Burgos) (fig. 91 A: 3) (2); Debesa de Romanos (Palencia) (fig. 91 A: 2) (3).

B) Twin-looped flat axes

- Iberian Peninsula:

Valdelateja (Burgos) (fig. 91 B: 5) (4); Sotoscueva (Villarcayo, Burgos) (fig. 91 B: 6) (5); Fitero (Peña del Saco, Navarra) (6); Renedo de Amaya (Burgos) (fig. 91 B: 4) (7); Padilla de Abajo (Castrogeriz, Burgos) (8).

- Sardinia:

Monte Arrubiu (Sarroch, Cagliari) (fig. 91 B: 1) (9); Monte Sa Idda (Decimoputzu, Cagliari) (fig. 91 B: 2) (10); Flumenelongu (Alghero, Sassari) (fig. 91 B: 3) (11).

FLAT TRUNNION AXES

The particular form of trunnion axes which is discussed here is distributed throughout and is characteristic of the entire central-western Mediterranean. These axes are flat with a somewhat slim appearance, with a large, trapezoidal butt; two lateral spikes at the base of the blade; a rather broad trapezoidal blade with straight edges and an expanded cutting edge (figs. 93-94 A).

This form originates in the Aegean world. Some Sicilian examples, such as those in the hoard of Niscemi, deposited in a not very late stage of the Final Bronze Age, are particularly early. The rôle played by Sicily in the spread of this form is emphasised by the large number of examples on the island (fig. 95).

It is also known in Sardinia, continental Italy, the Balearics, the Iberian Peninsula, and in the Atlantic areas of France.

It seems that this form did not reach the British Isles, where the "trunnion celts" are typologically quite distinct from the "Mediterranean" form.

This form seems to have moved from the eastern Mediterranean to Sicily, and from there spread, across the Tyrrhenian Sea, to Italy and Sardinia. It then reached the Balearics and southern Spain. From here, aided perhaps in part by the river systems (as is shown by the finds from central Spain), it reached Portugal and probably from here the Atlantic regions of France.

LIST OF THE FINDS: THE NUMBERS CORRESPOND TO THE NUMBERS IN THE DISTRIBUTION MAP (FIG. 95).

- Sicily

Polizzello (Mussomeli, Caltanissetta) (fig. 93: 6) (1); Noto Antica (Syracuse) (fig. 93: 10) (2); Castelluccio (Ragusa) (fig. 93: 9) (3); Niscemi (Caltanissetta) (fig. 93: 1) (4); Piazza Armerina (Enna) (fig. 93: 3) (5); Enna (fig. 93: 7) (6); Paternò (Catania) (fig. 93: 8) (7); Catania, unknown spot (fig. 93: 5) (8); Agrigento (?) (fig. 93: 2) (9).

- Sardinia:

Monte Sa Idda (Decimoputzu, Cagliari) (fig. 93: 11-13) (10) ; Flumenelongu (Alghero, Sassari) (fig. 93: 14) (11).

- Continental Italy:

Monte Rovello (Allumiere, Rome) (fig. 93: 4) (12).

- Balearic Islands:

La Sabina (Formentera) (fig. 94 A: 1) (13).

- Iberian Peninsula:

Maella (Saragossa) (14); Ejulve or Zulve (Teruel) (15); Iglesuela del Cid (Teruel) (16); La Iglesia (Teruel) (fig. 94 A: 4) (17); prov. Teruel (18); prov. Teruel (fig. 94 A: 5) (19); Alarcón (Cuenca) (20); Alicante (?) (21); Verdolay (Murcia) (mould) (22); Galera (Granada) (23); Guadix (Granada) (fig. 94 A: 3) (24); Santa Bárbara de Pedrões (Baixo Alentejo) (25) ; territory of Elvas (Alto Alentejo) (26); distr. Santarém (?) (27); Teira (Ribatejo) (28); Monforte da Beira (Beira Baixa) (fig. 94 A: 6) (29); prov. Beira Baixa (?) (30); Castelo Novo (Beira Baixa) (fig. 94 A: 2) (31); Villareal de San-Carlos (Cáceres) (32); prov. Cáceres (?) (33); Villar de Plasencia (Cáceres) (34); Póvoa de Varzím (Douro Litoral) (35); Duratón (Segovia) (36); Langa de Duero (Soria) (37); Coruña del Conde (Burgos) (38); Covaleda (Soria) (39); prov. Palencia (40); Villamayor de Monjardín (Navarra) (41); prov. Barcelona (?) (42); La Peña Negra (Crevillente, Alicante) (moulds) (43).

- France:

Vénat, Saint-Yriex (Charente) (fig. 93: 17-18) (44); Kerhar-en-Guidel (Morbihan) (fig. 93: 16) (45); Planguenoual (Ville-Eon, Côtes-du-Nord) (fig. 93: 15) (46).

FLAT AXES WITH ONE LOOP AND ONE SPIKE

These axes are flat, with a large, trapezoidal butt; they have a lateral spike on one side and a lateral loop on the other side (fig. 94 B).

The flat axes with one loop and one spike are known from only four places in, moreover, different regions of the central and western Mediterranean: Sicily, Sardinia, Andalusia and León (fig. 96).

The upper part of the loop joins a second spike in the find from Almanza (fig. 94 B: 4). This peculiarity suggests that this axe — and probably the whole form — is a hybrid between the trunnions and the flat axes with lateral loops.

LIST OF THE FINDS: THE NUMBERS CORRESPOND TO THE NUMBERS IN THE DISTRIBUTION MAP (FIG. 96).

- Sicily:

Castelluccio (Ragusa) (fig. 94 B: 1) (1).

- Sardinia:

Monte Sa Idda (Decimoputzu, Cagliari) (fig. 94 B: 3) (2).

- Iberian Peninsula:

Villacarillo (Jaén) (fig. 94 B: 2) (3); Almanza (León) (fig. 94 B: 4) (4).

SINGLE-LOOPED PALSTAVES

Out of this important and relatively widespread typological family, this research examines only forms which, besides occurring in the Atlantic area, have also been recorded in the Mediterranean.

These palstaves can be separated into two big groups, according to whether the artifacts have, laterally, a triangular or lozenged outline.

PALSTAVES WITH TRIANGULAR OUTLINE

The first group (*A*) is formed by slim palstaves, characterized by having flanges on one face only, while the other face is flat (fig. 97 A). Therefore these single-faced palstaves show a typical triangular outline in side-view.

They have a stop between the blade below and the flanges above; the loop is by its side. The blade has raised edges and one or two ribs.

The distribution of these palstaves is practically confined to central and northern Portugal (Estremadura and Beira); the examples from Ireland (Armagh or Monaghan, Antrim or Cavan) and Sardinia (Monte Sa Idda) should be regarded as imports (fig. 99).

PALSTAVES WITH LOZENGED OUTLINE

The second group (*B*) is formed by looped palstaves with flanges on both faces; so they show an essentially lozenged outline in side-view (figs. 97 B-98).

They have a shape more or less slim; the flanges are high and parallel. The narrow blade has straight sides with raised edges, diverging to the edge; the general shape of the body can range from rectangular to trapezoidal. The decoration consists of a midrib.

These palstaves have a prominent, straight and thick stop; the loop is placed by its side.

The fact that these axes — typical to and originating in western Iberia — are quite rare in the Mediterranean leads us to place somewhat different pieces into a single group with a wide range of variability, in order to be able to better define the overall distribution model.

The pieces must have been spread by sea traffic from the Iberian Atlantic coasts, both to the northeast, towards northwestern France and Scotland, and to the south, into the Mediterranean (fig. 100).

The find at Tortosa, at the mouth of the Ebrus, is especially significant since this river may have been a trade route for traffic from northern Spain towards the Mediterranean.

The other Mediterranean finds of these palstaves — northern coast of Catalonia, Tyrrhenian coasts of Latium, southern peak of Sicily — can be reasonably attributed to maritime traffic.

The general distribution of the single-looped palstaves, as a whole, in the Mediterranean suggests that they may have arrived via different maritime routes and/or trade lines (figs. 99-100). The triangular-shaped palstaves are absent in this sea, except for Sardinia, where there is no example of the other group, the lozenged-shaped palstaves; on the contrary these are known both in continental Italy — on the Tyrrhenian side — and in Sicily.

The chronological pattern of this maritime traffic is provided by Italian hoards containing these palstaves, which were deposited over a period ranging from the end of the Bronze Age to the beginning of the Iron Age.

LIST OF THE FINDS: THE NUMBERS CORRESPOND TO THE NUMBERS IN THE DISTRIBUTION MAP (FIGS. 97-98).

Palstaves with triangular outline

- Sardinia:

Monte Sa Idda (Decimoputzu, Cagliari) (fig. 97 A: 1) (1).

- Iberian Peninsula:

In the numbering, the numerous Iberian palstaves are collected into provinces.

Alto Alentejo (1 find) (2): territory of Elvas (fig. 97 A: 3). Estremadura (8 finds) (3): Pragança; Castro de Pragança; Cesareda; Évora de Alcobaça; Obidos; Obidos-Columbeira; Serra de Monte Junto; Cabeço de Moinhos. Ribatejo (1 find) (4): Teira (fig. 97 A: 2). Beira Baixa (3 finds) (5): Mação (fig. 97 A: 4); Monsanto da Beira; Pedrogão. Beira Litoral (6 finds) (6): Arganil; Leiría or Alcobaça; Serra; Soure; distr. Coimbra (?); Vila Cova de Perrinho. Beira Alta (3 finds) (7): Chans de Tavares; Mondim da Beira; Sabugal. Douro Litoral (1 find) (8): Souzelo. Tras-os-Montes (2 finds) (9): Carrazedo de Montenegro; province of Tras-os-Montes. Minho (1 find) (10): Guimarães (fig. 97 A: 5).

- Ireland:

Armagh or Monaghan (?) (fig. 97 A: 7) (11); Antrim or Cavan (?) (fig. 97 A: 6) (12).

Palstaves with lozenged outline

- Sicily:

Syracuse (fig. 97 B: 2) (1); Castelluccio (Ragusa) (fig. 97 B: 1) (2).

- Continental Italy:

Tolfa (Rome) (fig. 97 B: 3) (3).

- France:

Beaufort (Saint-Front-de-Pradoux, Dordogne) (4); Blaye (Gironde) (fig. 98: 3) (5); La Rouillasse (Soubise, Charente-maritime) (fig. 98: 2) (6); outskirts of Saumur (Maine-et-Loire) (fig. 98: 1) (7).

- Iberian Peninsula:

In the numbering, the numerous Iberian palstaves are collected into provinces (the four Catalan finds excepted).

Catalonia: La Estrada (Gerona) (8); Ripoll (Gerona) (9); Vic (?) (Barcelona) (10); Tortosa (?) (Tarragona) (11).

Cáceres (2 finds) (12): Descargamaría (fig. 98: 9); prov. of Cáceres (?). Guadalajara (2 finds) (13): Fuente Sabiñán; Rueda. Madrid (1 find) (14): Meco. Beira Baixa (3 finds) (15): distr. Castelo Branco (fig. 98: 6); Castelo Novo (fig. 98: 7); province of Beira Baixa (?). Ribatejo (1 find) (16): Vila Nova de Rainha. Beira Litoral (1 find) (17): Vila Cova de Perrinho. Beira Alta (5 finds) (18): Canas de Sabugosa; Mondim da Beira (fig. 98: 8); Sortelha; Tourais; Viseu. Segovia (1 find) (19): Sepúlveda. Soria (2 finds) (20): Covaleda; San Esteban de Gormaz. Tras-os-Montes (3 finds) (21): Chaves; Linhares; Vimioso. Douro Litoral (2 finds) (22): Penafiel; São Paio de Portela. Minho (8 finds) (23): Barcelos (fig. 98: 10); Cabeceiras de Basto; Corvite; Guimarães ; Louro; Monte da Penha; Pêso; São João de Calendario. Orense (1 find) (24): Maus de Salas. Pontevedra (4 finds) (25): Hío; Marcón; Mougás; province of Pontevedra (?). Coruña (2 finds) (26): Oleiros; Senra. Lugo (5 finds) (27): Hospital de Quiroga; Landrove; Moncelos; Monforte de Lemos; province of Lugo. León (4 finds) (28): Cofiñal Lillo; Riello; San Emiliano; Villaverde de Arcayos. Oviedo (7 finds) (29): Cangas de Onís; Cibea; Cueña; Lastres; San Pedro de Nora; province of Oviedo (?); Oviedo (?) (fig. 98: 5). Oviedo or León (1 find): provinces of Oviedo or León. Palencia (3 finds) (30): Acera de la Vega; Becerril de Campos; Palencia province of Palencia (?). Santander (4 finds) (31): Escobedo de Camargo; Peña Cabarga; Requejo; Salcedo de Valderredible. Burgos (2 finds) (32): Coruña del Conde; Huerta de Arriba. Alava (1 find) (33): Portilla la Alta. Navarra (1 find) (34): Monte Aralar (?).

- Great Britain:

Dalmore Rock (Rogart, Sutherland) (fig. 98: 4) (35).

TWIN-LOOPED PALSTAVES

Two groups of twin-looped palstaves can be distinguished, depending on the decoration of the blade, ribbed or plain.

The palstaves of the first group (A) are short flanged, with high stop and trapezoidal, plain blade (fig. 101).

The second group (B) is composed by massive palstaves; they have parallel flanges, high stop and blade with raised edges, decorated with a midrib (figs. 102-103).

In this case, a wide-mesh typological grid has been adopted to allow for the easy inclusion of French and British samples; this provides an overall picture of the diffusion of these palstaves.

We can distinguish two different areas of distribution (fig. 104).

The palstaves belonging to first group (*A*) are spread mostly in southern Spain and in the Balearic Islands; the Sardinian sample, from Forraxi Nioi-Nuragus, is probably related to maritime trade. A few examples have also been found in northern Iberia, and some French finds resemble them more closely.

The palstaves of the second group (*B*) have a typical Atlantic distribution; the only Mediterranean finds are from Sardinia and Sicily. They are concentrated in Galicia and in the Asturias; the French and English samples can be explained by trades with Iberian Peninsula.

LIST OF THE FINDS: THE NUMBERS CORRESPOND TO THE NUMBERS IN THE DISTRIBUTION MAPS (FIGS. 101-103).

Group A (plain blade)

- Sardinia:

Forraxi Nioi-Nuragus (fig. 101: 1) (1).

- Balearic Islands:

Can Gallet Sant Francisco Javier, Formentera) (fig. 101: 2) (2).

- Iberian Peninsula:

Galera (Cerro del Real, prov. Granada) (fig. 101: 4) (3); Caniles (prov. Granada) (4); Totana (prov. Murcia) (fig. 101: 6) (5); Cardenete (prov. Cuenca) (6); Santiago de Samarugo (Córneas, prov. Lugo) (fig. 101: 5) (7); distr. of Bragança (?) (prov. Tras-os-Montes) (8).

- France:

Haute-Ariège (fig. 101: 3) (9).

Group B (ribbed blade)

- Sicily:

Castelluccio (Ragusa) (fig. 102: 1) (1).

- Sardinia:

Monte Sa Idda (Decimoputzu, Cagliari) (fig. 102: 4) (2); Monte Arrubiu (Sarroch, Cagliari) (fig. 102: 2-3) (3).

- France:

Courbillac (Herpes, Charente) (4); Saumurois (Maine-et-Loire) (fig. 103: 1) (5); Pen-er-Prat (Le Folgoüet, Finistère) (6); Langoiran (Gironde) (fig. 102: 6) (7); Saint-Lombès-Créon (Gironde) (8); Tarbes (Haute-Pyrénées) (fig. 102: 5) (9).

- England:

Rotherfield Peppard (Berkshire) (fig. 103: 2) (10); Wejmouth (Dorset) (fig. 103: 3) (11).

- Iberian Peninsula:

Cf. the palstaves belonging to the L. Monteagudo's types *29 H* (fig. 103: 5), *32 C*, *32 C1*, *32 E*, *35 B*, *35 C*, *37 C*, *37 D* (fig. 103: 4), *38 A* (fig. 103: 6-7), *38 B*: Monteagudo 1977, pp. 180-181, 194-198, 208-210, 218-222, 223-227.

SOCKETED AXES WITH SQUARE-MOUTHED BODY

TWIN-LOOPED SOCKETED AXES

These axes have a generally slender appearance, one moulding at the mouth; the body, square-mouthed, can be plain or decorated with one or more longitudinal ribs. The two loops are connected with the moulding (fig. 105 A).

Overall, the axes in question display an almost exclusively Atlantic distribution (fig. 106).

The only Mediterranean examples belong to the form with the decorated body and they are found in Sardinia, in the Monte Sa Idda hoard and in the Funtana Janna hoard.

The origin of this group may be attributed to western Portugal, where almost all the examples known are concentrated.

SINGLE-LOOPED SOCKETED AXES

As with the type previously discussed, this form is known in the Mediterranean region only in Sardinia at present.

It is characterised by the presence of one moulding at the mouth and a body, square-mouthed, decorated with one or more longitudinal ribs, as well as a generally slim appearance (fig. 105 B).

As for the socketed axes with two loops discussed above, the distribution of this form is concentrated upon the western part of the Iberian Peninsula (fig. 106).

The single and twin looped socketed axes with square-mouthed body are connected not only for the geographical, distribution, but also for the chronology. In fact they are associated in two hoards, Serra da Montemuro, in Portugal, and Monte Sa Idda, in Sardinia.

HATCHETS

These artifacts are characterized by a very slender appearance; the body, square-mouthed, with almost parallel sides, and the blade with slightly expanded cutting-edge (fig. 105 C).

At present, the known samples are very few. One of them comes from the Hío hoard, in Galicia; another one is in a private collection in the Oristano area, in Sardinia (fig. 106).

LIST OF THE FINDS: THE NUMBERS CORRESPOND TO THE NUMBERS IN THE DISTRIBUTION MAP (FIG. 106).

Twin-looped socketed axes

- Sardinia:

Monte Sa Idda (Cagliari) (fig. 105 A: 1) (1); Funtana Janna (Sassari) (3).

- Iberian Peninsula:

Alfarim (Baixo Alentejo) (4); Cabeço de Moinhos (Lisbon) (5); Bombarral (Estremadura) (fig. 105 A: 2) (6); Caldas da Rainha (Estremadura) (7); Redondas (Estremadura) (8); Teira (Ribatejo) (fig. 105 A: 3) (9); Leiría or Alcobaça (Beira Litoral) (10); Figueira da Foz (Beira Litoral) (11); Soure (Beira Litoral) (fig. 105 A: 4) (12); São Vicente de Beira (Beira Baixa) (13); Serra da Montemuro (Beira Alta) (15).

Single-looped socketed axes

- Sardinia:

Monte Sa Idda (Cagliari) (fig. 105 B: 1) (1).

- Iberian Peninsula:

Sarzedas (Beira Baixa) (14); Serra de Montemuro (Beira Alta) (fig. 105 B: 3) (15); Alijo (Tras-os-Montes) (16); Arcade (Pontevedra) (17); Lérez (Pontevedra) (fig. 105 B: 2) (18); Cespón (Coruña) (19) (mould).

Hatchets

- Sardinia:

Private collection in the region of Oristano (fig. 105 C: 1) (2).

- Iberian Peninsula:

Hío (Pontevedra) (fig. 105 C: 2) (20).

SHAFT-HOLE AXES

While shaft-hole axes are rare in the western area and in Sardinia, they form a quite widespread and varied typological family both in continental Italy and in Sicily (fig. 107).

The origin of the shaft-hole axe may in fact be placed in these latter areas. The Sardinian examples should be interpreted as imports from the peninsula.

The find of a shaft-hole axe in England, at Hengistbury Head, near the coast of Hampshire, is especially interesting. This piece has precise parallels in Sicily, which are dated to the Final Bronze Age (fig. 107: 3).

An axe with a square hole, a feature not observed in the Italian region, was found in Spain (Ripoll). This may be seen as a local development of a form, and not, as in the case of the English example, as an actual import.

An indication that the frequency of shaft-hole axes in the Iberian Peninsula was greater than the two finds known so far (Ripoll and Muros) imply, is provided by some representations on stele in southern Portugal, where they appear together with other objects.

In France there are also a certain number of examples. On the whole, one seems to be dealing here with the local development of Italian forms, as in the examples from Rennes and Montrichard. In this latter case in particular, the close similarity between it and the shaft-hole axes of the Talasch type, found exclusively in the Alto Adige region, indicates that the diffusion routes taken by shaft-hole axes to reach France cannot have been solely Mediterranean, but must also have included transalpine ones.

The distribution pattern for the shaft-hole axes appears to be extremely significant (fig. 108). It seems to follow those sea currents, and therefore the route which these currents exploit, which flow from Sicily and continental Italy either towards Sardinia (Flumenelongu, La Maddalena) or towards the Gulf of Lions (Ripoll) (fig. 131). Beyond the Straits of Gibraltar there is evidence of shaft-hole axes in southern Portugal (representations on steles: Santa Vitoria, Ervidel and Assento) and in Galicia (Muros), regions rich in metal ore deposits. In the Atlantic districts of France some axes are found inland, along the river courses, as in the case of Montrichard on the Loire or of Ville d'Avray on the Seine.

This supports the idea of a spread from the Alpine region by inland, including river, routes as well as via the coast. The most northerly find is that from Hengistbury Head in England, near the natural port of Bournemouth, one of the key points for the crossing of the English Channel. In the protohistoric period loads of metal ores, and in particular tin, must have passed through such a place, moving from England to continental Europe.

LIST OF THE FINDS: THE NUMBERS CORRESPOND TO THE NUMBERS IN THE DISTRIBUTION MAP (FIG. 108).

- Continental Italy:

The Italian shaft-hole axes are more than two hundred: cf. the shaft-hole axes belonging to G.L. Carancini's types: Carancini 1984, pp. 196-231.

- Sicily:

Most of the numerous Sicilian shaft-hole axes (fig. 107: 3) are still unpublished: cf. De Gregorio 1917, pls. XLIII; XLIV: 1-5, 7-8; XLV: 1,3,6; LXXXIX: 6; XCVI: 1-2, 4-5; Albanese Procelli 1993, pp. 81-88.

- Sardinia:

Silanus (loc. La Maddalena, Nuoro) (fig. 107: 1) (1); Flumenelongu (Alghero, Sassari) (fig. 107: 2) (2).

- Iberian Peninsula:

Ripoll (Gerona) (fig. 107: 8) (3); Assento (Santa Vitoria, Baixo Alentejo), representation on stele (4); Santa Vitoria (Baixo Alentejo), representation on stele (5); Ervidel I (Aljustrel, Baixo Alentejo), representation on stele (6); Muros (Coruña) (fig. 107: 7) (7).

- France:

Unknown provenience, at Calvet Museum of Avignon (Vaucluse) (8); Pinenilh (Gironde) (9); Périgueux (Dordogne) (fig. 107: 5) (10); Montrichard (Indre-et-Loire) (fig. 107: 6) (11); Rennes (Ille-et-Vilaine) (12); Ville d'Avray (Hauts-de-Seine) (13).

- England:

Hengistbury Head (Dorset) (fig. 107: 4) (14).

DOUBLE-EDGED RAZORS WITH OVAL BLADE AND PANTALICA TYPE

The find, in the Sicilian hoard of Castelluccio, of a razor with oval blade, double-edged, and flat triangular tang has provided a further piece of information on the spread of typically western razors in the central Mediterranean.

Only one other example is known, from tomb 78 at Cassibile, where it is associated with a simple arc fibula and with a small plate on a high pedestal.

Three phases may be distinguished in the evolution of this typological family of razors. They are all characterized by oval blades, at times with a lenticular section accentuated by a broad median prominence: on the upper edge of the blade there may or may not be a circular notch. Some Iberian and Sicilian pieces, as well as the razors of the Hénon type and some examples with a U- or V-shaped notch in the classification of A. Jockenhövel, also belong to this family.

To the first of the three stages of development may be referred those razors with a round hole joining up with the upper edge via a V-shaped notch (group *A*) (fig. 109 A). Among others, the examples from Hénon and from Rosnoën belong to this group. These examples are dated by Jockenhövel, on the basis of the associations with the other material in these hoards, to the phase Bz D of central Europe: this seems in fact problematic, given the similarities with Italian examples of the Final Bronze Age 2.

However, not included in this group are razors in which the notch is no longer connected to the hole. This is a feature which in Italy does not appear prior to the Early Iron Age 1, and which can be seen in the examples from Plougoulm and in a piece from Huerta de Arriba, whose date is provided by the association in this hoard with razors without a hole (group *B*) (fig. 109 B).

Some razors from Huerta de Arriba and also some Sicilian examples, including the piece from Cassibile (all without a hole), belong to this latter group (group *C*) (fig. 109 C). They date to the third horizon of the Sicilian hoards, a period between the Italian Final Bronze Age 3 and the Early Iron Age 1.

These razors, typically Atlantic, are originally found only in Great Britain and the regions of France bordering the English Channel (fig. 110).

Subsequently they spread also into the Iberian area. Only at a late date did they reach Sicily, the only area in the Mediterranean in which they have been discovered so far.

Confirmation of the special rôle played by Sicily in relations with Atlantic Europe is also given by the presence of narrow double cutting edge razors of the Pantalica type in English and Dutch contexts, at Lakenheath and Ommerschans, respectively.

The "western" examples of this type are closely comparable to the real Sicilian razors of the earliest phase of the Pantalica-north cemetery. They are characterized by a straight and elongated blade, often with a small semicircular notch at the end, and by a simple base, with one or two rivets for the handle (fig. 109 D).

The finds from Lakenheath and from Ommerschans clearly represent imports from Sicily, and show that this traffic must have been already quite well developed at a point coinciding with the Italian Late Bronze Age (fig. 110).

LIST OF THE FINDS: THE NUMBERS CORRESPOND TO THE NUMBERS IN THE DISTRIBUTION MAP (FIG. 110).

DOUBLE-EDGED RAZORS WITH OVAL BLADE

Group A

- France:

Rosnoën (Finistère) (fig. 109 A: 1) (1); Hénon (Côtes-du-Nord) (fig. 109 A: 3) (2); Fresné-la-Mère (Calvados) (fig. 109 A: 4) (3); Sorel-Moussel (Eure-et-Loir) (4).

- Great Britain:

Richmond (Surrey) (fig. 109 A: 2) (5).

Group B

- France:

Plougoulm (Finistère) (fig. 109 B: 1) (6).

- Iberian Peninsula:

Huerta de Arriba (Burgos) (fig. 109 B: 2) (7).

Group C

- France:

Vénat, Saint-Yriex (Charente) (fig. 109 C: 5) (8).

- Great Britain:

Worth Matravers (Dorset) (9); All Canning Cross (Wiltshire) (10); Backhampton Down (Wiltshire) (11); High Toynton (Lincolnshire) (fig. 109 C: 3) (12); Bowerhouses (East Lothian) (fig. 109 C: 4) (13); Braes of Gight (Aberdeen) (fig. 109 C: 8) (14).

- Ireland:

Rathinaun (Sligo) (fig. 109 C: 6) (15).

- Iberian Peninsula:

Bocas (Santarém) (16); Huerta de Arriba (Burgos) (fig. 109 C: 7, 9) (17).

- Sicily:

Castelluccio (Ragusa) (fig. 109 C: 2) (18); Cassibile (Siracusa) (fig. 109 C: 1) (19).

DOUBLE-EDGED RAZORS OF PANTALICA TYPE

- Sicily:

Pantalica (Syracuse) (fig. 109 D: 1) (1); Niscemi (Caltanissetta) (fig. 109 D: 2) (2) ; Monte Dessueri (Caltanissetta) (3).

- Holland:

Ommerschans (Overijssel) (fig. 109 D: 3) (3).

- Great Britain:

Lakenheath (Suffolk) (fig. 109 D: 4) (4).

SOCKETED ARROWHEADS WITH A BLADE WITH AN OGIVAL PROFILE AND A SPUR

This type of arrowhead, which originated in the East, is present in various parts of the central-western Mediterranean (111 A).

In Tyrrhenian Italy an example is known from Castel Gandolfo (Latium); in Sardinia a number of examples are conserved within the National Archaeological Museum in Cagliari.

Of particular interest in terms of provenance is a Sicilian example, from Morgantina, from a stratigraphic context datable to the Early Iron Age.

With regard to examples from Spain, some come from the island of Ibiza in the Balearics, others from Murcia and Andalusia.

The distribution of this form suggests a sea route that, from the east, gets to Sicily and Sardinia; then it steers to Catalonia, to reach the Balearics and southern Spain (fig 111 B).

LIST OF THE FINDS: THE NUMBERS CORRESPOND TO THE NUMBERS IN THE DISTRIBUTION MAP (FIG. 111 B).

- Sardinia:

Santu Antine (Torralba, Sassari) (fig. 111 A: 3) (1).

- Continental Italy:

Castel Gandolfo (Rome) (fig. 111 A: 1) (2).

- Sicily:

Morgantina (Enna) (fig. 111 A: 2) (3).

- Balearic Islands:

Ibiza (fig. 111 A: 4-6) (4).

- Iberian Peninsula:

Ullastret (Gerona) (5); Crevillente (Alicante) (fig. 111 A: 7) (6); El Cigarralejo (Murcia) (7); Coimbra del Barranco Ancho (Jumilla, Murcia) (fig. 111 A: 10) (8); El Macalón (Nerpio, Albacete) (fig. 111 A: 8-9) (9); Toscanos (Malaga) (fig. 111 A: 11) (10); Peal del Becerro (Jaén) (11).

SICKLES WITH ELONGATED TERMINAL "KNOB"

Sardinia seems to be the only central Mediterranean location of two types of sickles, characterized by the elongated terminal hafting "knob".

They belong to the Atlantic types Rocanes (fig. 112 B) and Castropol (fig. 112 A).

Rocanes type is mainly localized in Portugal; the Mediterranean sickles come from southern Spain and southern Sardinia (fig. 113).

Castropol type originate from northeast Spain; two Sardinian sickles (both from Monte Sa Idda hoard) are near to this type.

The Monte Sa Idda hoard can be regarded as important chronologically for the Iberian prototypes of these western sickles. In fact they must have appeared in the Iberian Peninsula before their transmission in the central Mediterranean.

LIST OF THE FINDS: THE NUMBERS CORRESPOND TO THE NUMBERS IN THE DISTRIBUTION MAP (FIG. 113).

Rocanes Type

- Sardinia:

Monte Sa Idda (Cagliari) (fig. 112 B: 1) (1); Abini (2).

- Iberian Peninsula:

La Peña Negra (Crevillente, Alicante) (mould) (3); Castro de Santa Tecla (La Guardia, Pontevedra) (4); Conimbriga (Condeixa-a-Velha, Coimbra, Beira Litoral) (fig. 112 B: 4) (5); Coles de Samuel (Saure, Beira Litoral) (6); Porto de Concelho (Mação, Beira Baixa) (fig. 112 B: 2) (7); Castelo de São Martinho (Rio Maior, Estremadura) (8); Castro de Pragança (Cadaval, Lisbon, Estremadura) (9); Casal de Rocanes (Cacém, Lisbon, Estremadura) (mould) (10); Pedreiras (Sesimbra, Setúbal) (11); Calhariz (Sesimbra, Setúbal, Estremadura) (12); Fonte de Rotura (Setúbal, Estremadura) (13); Évora (Alto Alentejo) (14); Alentejo ? (15); Sobral de Várzea (Santa Cruz, Santiago do Cacém, Baixo Alentejo) (fig. 112 B: 3) (16); Mértola (Baixo Alentejo) (17); Figueredo da Donas (Viseu, Beira Alta) (18).

Castropol Type

- Sardinia:

Monte Sa Idda (Cagliari) (fig. 112 A: 1) (1).

- Iberian Peninsula:

Castropol (Oviedo) (fig. 112 A: 3-4) (2); Miranda (Oviedo) (3); Monte Las Verdes (Torre de Babia, León) (4); Sobrefoz (Ponga, Cangas de Onís, Oviedo) (fig. 112 A: 2) (5); Paramo del Sil (León) (6); Castro de Sacaojos (La Baniza, León) (7).

Socketed sickles

This type, primarily known from the British Isles, has been subdivided into two main groups: laterally socketed sickles, and vertically socketed sickles.

The first of these is known in the Mediterranean, from two Sardinian finds: at Forraxi Nioi-Nuragus and at Sarule.

The Sardinian examples belong to a particular group of laterally socketed sickles, with an open hole on the upper part (fig. 114).

In addition to Ireland and southeastern England, they have parallels in Picardy and, in the Iberian Peninsula, in Galicia and western Portugal (fig. 116).

The vertically socketed sickles are less prevalent, even in the Atlantic area (fig. 115).

Only one example is known in the Mediterranean, from Bologna (S. Francesco hoard) (fig. 116).

List of the finds: the numbers correspond to the numbers in the distribution map (fig. 116).

Group A (laterally socketed sickles)

- Sardinia:

Forraxi Nioi-Nuragus (Nuoro) (fig. 114: 1) (1); Sarule (Nuoro) (2).

- Iberian Peninsula:

Alto de Bocas (Rio Maior, Satarém, Ribatejo) (3); Moura da Serra (Arganil, Beira Litoral) (fig. 114: 2) (4); Cova da Moura (Carreço, Viana do Castelo, Minho) (5); Castro de la Lanzada (Sanxeuxo, Pontevedra) (6).

- France:

Le Plainseau (Amiens, Somme) (fig. 114: 3) (7).

- Great Britain:

Thames, near Windsor (Berkshire) (fig. 114: 4) (8); Thames, Tilehurst (Berkshire) (9); Isleham (Cambridgeshire) (fig. 114: 5) (10); Downham Fen (Norfolk) (11).

- Ireland:

Lawrencetown (Meath) (fig. 114: 6) (12); Castle Dowson (Derry) (fig. 114: 7) (13).

Group B (vertically socketed sickles)

- Continental Italy:

Bologna, S. Francesco (fig. 115: 1) (1).

- France:

La Rouillasse (Soubise, Charente-maritime) (fig. 115: 3) (2); Seine, near Vernon (Eure) (fig. 115: 2) (3).

- Great Britain:

Thames, Sion Reach (Middlesex) (4); Norfolk (fig. 115: 4) (5); Rosebury Topping (Yorkshire) (fig. 115: 5) (6).

- Ireland:

Athlone (West Meath) (fig. 115: 6) (7); Kilfeakle (Tipperary) (8).

Articulated spits

In the central Mediterranean this typological family appears to be present only in the Sardinian hoard of Monte Sa Idda (fig. 117).

The distribution of the articulated spits is characteristically Atlantic, examples being found in England, Normandy, Brittany, Poitou and northern Portugal (fig. 118).

Recently an iron example was found in Cyprus, in the tomb 523 of the necropolis of Amathus, dating to the Cypro-Geometric I period. The Cypriot find is an important chronological landmark for this western model.

List of the finds: the numbers correspond to the numbers in the distribution map (fig. 118).

- Great Britain:

Isleham (Cambridgeshire) (fig. 117: 13) (1); Saltwood (Kent) (fig. 117: 14) (2).

- France:

Forêt de Compiègne (Oise) (fig. 117: 6) (3); Sainte-Marguerite (Loire-atlantique) (4); Challans (Vandea) (fig. 117: 4) (5); Notre-Dame d'Or (Vienne) (fig. 117: 2) (6); Vénat, Saint-Yriex (Charente) (fig. 117: 5) (7); Port-Sainte-Foy, (Périgord) (fig. 117: 3) (8).

- Iberian Peninsula:

Monte da Costa Figueira (Porto) (9); Castro de Nossa Senhora da Guia (Viseu, Beira Alta) (fig. 117: 7-8) (10); Serra de Alvaiacere (Beira Litoral) (fig. 117: 9-12) (11); Orellana la Vieja (Badajoz) (12).

- Sardinia:

Monte Sa Idda (Cagliari) (fig. 117: 1) (13).

- Cyprus:

Amathus (Limassol) (fig. 117: 15) (14).

The recurrence of "Eastern" elements, such as relief decoration, in the Iberian Peninsula, associated with other, "Sicilian", elements, such as the triangular feature with the tip moved towards the clasp, lead one to consider these western examples to be of local production.

In the hoard from Huelva there is also an elbowed fibula of "Sicilian" form. Similar examples come also from other Spanish and French sites. Some fibulae are probably imports.

FIBULAE

The presence of some particular forms of fibulae in western contexts may be linked to contacts with the central and eastern Mediterranean.

ELBOWED FIBULAE TYPE HUELVA

This type is present at Huelva and in other Spanish contexts. The Huelva fibula has a triangular bow, with elbowed top placed, more or less, near the catchplate. Deep grooves followed by ribs decorate the bow (fig. 119 A).

The type may be compared with some Cypriot fibulae which are also characterized by a triangular outline. In typological terms, the latter belong to two groups, one elbowed, the other in which the elbow is closed and may be replaced by a nodule.

The Cypriot and Near Eastern fibulae differ from those of the Iberian Peninsula not only in the shape of the profile (an isosceles triangle in the East; a triangle with the top moved towards the clasp in Spain), but also in the decoration (in Spain there are cylindrical swellings, not projecting greatly; in the East, while some pieces have definite "wings", others have markedly reduced projections, with, however, sharper edges than in Spain).

The most westerly occurrence verified of Cypriot fibulae is therefore an example found in Sardinia, at Barumini. Another specimen is in the Archaeological Museum of Baune, in France, but without data about the provenance.

ELBOWED FIBULAE WITH A STRAIGHT PIN

The elbowed fibulae from Sicily with a straight pin, belonging to the Modica phase, are similar to the Iberian Huelva fibulae. In this form also the top of the triangle is set towards the catchplate and, in general, the section at the elbow is less than that of the other parts of the bow (fig. 119 B).

The decoration is achieved by incision; in some examples from the Vizzini-Tre Canali hoard (fig. 119 B: 3-4) the lines incised on the arc graphically produce a pattern which is similar to that of Western and Levantine examples (although there in relief). In Sicily they occur in hoards (Modica, Castelluccio, Vizzini-Tre Canali), cemeteries (Molino della Badia, Madonna del Piano, Cassibile) and settlements (Lipari).

SERPENTINE FIBULAE WITH STRAIGHT PIN

Other pieces found in western contexts may be attributed, in contrast, to the Sicilian serpentine fibulae with straight pin (fig. 120 C).

In the Italian area these fibulae can be subdivided on the basis of the configuration of the catchplate: those with longer catchplate are chronologically later (Early Iron Age), than the other ones with shorter catchplate (Final Bronze Age).

SERPENTINE FIBULAE WITH AN ELONGATED CATCHPLATE AND A CURVED PIN

The serpentine fibulae with an elongated catchplate and a curved pin, with circular or polygonal section (fig. 120 D) are widespread in Sicily and southern Italy. They can be dated between the Italian Early Iron Age 1 A and the Early Iron Age 2 A. Neverthless their peak of production may have been in the late horizon of the initial phase of the Early Iron Age.

Some French and Sardinian examples are also known.

ELBOWED FIBULAE WITH HORNED PROJECTIONS

An example of an elbowed fibula from Castelluccio deserves mention. The front and central parts of the arc are joined by a pair of rods which terminate in a small globe. The closest comparison is an Iberian example from Soria or Guadalajara. A similar fibula is represented on the stele of Torrejon el Rubio II (fig. 120 A).

REPRESENTATION OF ELBOWED FIBULAE ON STELAE

A particular problem consists of the representations of fibulae which are found on Iberian stelae, for their schematic depiction does not allow them to be attributed to a specific form (fig. 120 B). Some of them, however, may generically be interpreted as elbowed fibulae. They show how such objects, influenced by models from the Italian region, might have penetrated into the customs of the Iberian populations.

TWO-PIECE ELBOWED FIBULAE

The two-piece elbowed fibulae may be linked typologically to the ordinary elbowed ones (fig. 121 A).

In the Italian region they are represented by just one example, found in Sicily at Priolo. Iberian examples are far more numerous, characterized however by having, in the place of the spring, a generally conical head.

DOUBLE-SPRING FIBULAE

Finally, there are double-spring fibulae (fig. 121 B) which occur only sporadically in the Italian region: S. Montano di Ischia in Campania, Pirosu-su Benatzu and Bithia in Sardinia.

In contrast, they are quite widespread in the West, particularly in the Iberian Peninsula, where they form a characteristic, long-lived element. Here the earliest examples are dated to the Final Bronze Age III. Closely connected to the Catalan finds are those from adjacent Languedoc, the only examples known from France.

On the basis of this distribution pattern, the rare finds in the Tyrrhenian region would seem to serve as indicators of a return route, from the Iberian Peninsula and the Gulf of Lions towards Sardinia and, from there, central-southern Italy (fig. 124).

LIST OF THE FINDS: THE NUMBERS CORRESPOND TO THE NUMBERS IN THE DISTRIBUTION MAP (FIGS. 122-124).

Elbowed fibulae type Huelva

- Iberian Peninsula:

Huelva (fig. 119 A: 1-2) (1); Castilian Meseta (Madrid, Museo del Instituto de Valencia de Don Juan) (fig. 119 A: 4) (2); Cerro del Berrueco (Salamanca) (fig. 119 A: 3) (3); San Román de la Hornija (4) (Valladolid); Castro de Alto de Yecla (Silos, Burgos) (5); province of Burgos (fig. 119 A: 5) (6).

- France:

Beaume-les-Créancey (Côte d'Or (fig. 119 A: 6) (7).

- Sardinia:

Nurdole (Orani, Nuoro) (fig. 119 A: 7) (8).

Elbowed fibulae with a straight pin

- Sicily:

Cassibile (Syracuse) (1); Modica (Ragusa) (2); Castelluccio (Ragusa) (3); Grammichele (Catania) (4); Madonna del Piano (Mineo, Catania) (5); Molino della Badia (Mineo, Catania) (fig. 119 B: 1-2) (6); Vizzini-Tre Canali (Catania) (fig. 119 B: 3-4) (7); Montagne di Noto (Syracuse) (8); Calascibetta Calcarella necropoli (Enna) (9); Monte Dessueri (Caltanissetta) (10); S. Margherita Belice (Agrigento) (11); Lipari (Messina) (12).

- Iberian Peninsula:

East Spain (Museum of Valencia) (fig. 119 B: 8) (13); La Peña Negra (Crevillente, Alicante) (14); Monachil (Granada) (fig. 119 B: 6) (15); Cerro Alcalà (Jaén) (fig. 119 B: 9) (16); Huelva (fig. 119 B: 7) (17); Lancia, Mansillas de las Mulas (León) (18); Villamorón (Burgos) (19) (variant).

- France:

Notre-Dame d'Or (Vienne) (fig. 119 B: 5) (20).

Elbowed fibulae with horned projections

- Sicily:

Castelluccio (Ragusa) (fig. 120 A: 1) (1).

- Iberian Peninsula:

Soria or Guadalajara (fig. 120 A: 2) (2); stela Torrejon el Rubio II (Cáceres) (fig. 120 A: 3) (3).

Representation of elbowed fibulae on stelae

- Iberian Peninsula:

Cabeza de Buey I (Badajoz) (1); Torrejon el Rubio I (Cáceres) (fig. 120 B: 3) (2); Brozas (Cáceres) (fig. 120 B: 1) (3); Ervidel II (Aljustrel, Baixo Alentejo) (4); San Martinho II (Castelo Branco, Beira Baixa) (fig. 120 B: 2) (5).

Serpentine fibulae with straight pin

- Continental Italy:

There are few examples of serpentine fibulae with straight pin and short catchplate (Final Bronze Age); the fibulae with longer catchplate (Early Iron Age) are far more numerous.

- Sicily:

Cassibile (Syracuse) (1); Modica (Ragusa) (fig. 120 C: 2) (2); Grammichele (Catania) (3); Madonna del Piano (Mineo, Catania) (4); Molino della Badia (Mineo, Catania) (fig. 120 C: 1) (5); Monte Dessueri (Caltanissetta) (6); Calascibetta Calcarella (Enna) (7).

- Iberian Peninsula:

Roça do Casal do Meio (Setúbal, Estremadura) (fig. 120 C: 5) (8); Cerro del Berrueco (Salamanca) (9); Perales del Rio (Getafe, Madrid) (fig. 120 C: 4) (10).

- France:

Amiens (Somme) (fig. 120 C: 3) (11).

Serpentine fibulae with an elongated catchplate and a curved pin

- Continental Italy:

More than one hundred examples are known: cf. Lo Schiavo 1993, p. 247.

- Sicilia:

Numerous examples are found: cf. Lo Schiavo 1993, p. 247.

- Sardinia:

Antigori, Sarroch (Cagliari) (fig. 120 C: 2) (1); Usini (Sassari) (2).

- France:

Amiens (Somme) (fig. 120 C: 3) (3); Vieille-Toulouse (Haute-Garonne) (fig. 120 C: 4) (4).

Two-piece elbowed fibulae

- Sicily:

Priolo (Syracuse) (fig. 121 A: 1) (1)

- Iberian Peninsula:

Agullana (Gerona) (2) (variant); El Molá (Terragona) (3); Nules (Castellón) (4) (only the pin); Sanchorreja (Avila) (fig. 121 A: 2) (5); Meseta (Madrid, Museo Arqueológico Nacional and Museo del Instituto de Valencia de Don Juan) (fig. 121 A: 3-4) (6); Numanzia (Soria) (7).

Double-spring fibulae

- Continental Italy:

S. Montano di Ischia (Naples) (fig. 121 B: 1) (1).

- Sardinia:

Pirosu-Su Benatzu (Santadi, Cagliari) (fig. 121 B: 2) (2); Bithia (Cagliari) (3).

- France:

Launac (Fabrègeues, Hérault) (4); Rochelongues (Agde, Hérault) (5); Moulin (Mailhac, Aude) (6); La Pave (Argelès-sur-Mer, Pyrénées-orientales) (fig. 121 B: 3) (7).

- Iberian Peninsula:

In the numbering, the numerous Iberian fibulae are collected into provinces.

Gerona (2 finds) (8): Agullana Ullastret. Barcelona (2 finds) (9): Anseresa de Olius; Cueva de San Sadurní, Begues. Lerida (2 finds) (10): Castellvell, Solsona; La Pedrera. Tarragona (8 finds) (11): Can Canyis; Coll del Moro; El Molá; San Antonio de Calaceite; Tossal Redó (fig. 121 B: 5); La Tosseta; La Palma; La Oriola. Valenza (2 finds) (12): La Solivella; Covalta. Alicante (2 finds) (13): Los Saladares; La Peña Negra. Almeria (2 finds) (14): Herrerias; Alboloduy. Malaga (2 finds) (15): Frigiliana; Trayamar. Jaén (2 finds) (16): Castellones de Ceal; Castellar de Santisteban. Córdoba (1 find) (17): Colina de Los Quemados. Seville (5 finds) (18): Setefilla; Cruz del Negro; Los Alcores (fig. 121 B: 6); Torres Alocaz; El Carambolo. Badajoz (1 find) (19): Cerro de San Cristóbal. Alto Alentejo (2 finds) (20): Castro de Corôa do Frade, Évora; Castro de Arraiolos, Évora. Estremadura (4 finds) (21): Senhor dos Mártires, Alcácer do Sal; Monte da Pena, Torres Vedras; Castro de Pragança, Cadaval; Alto de Bocas. Beira Litoral (1 find) (22): Conimbriga, Coimbra. Beira Alta (1 find) (23): Castro de Nossa Senhora da Guia, Baiöes - Viseu. Salamanca (2 finds) (24): Salmantica; El Barrueco. Avila (1 find) (25): Sanchorreja. Guadalajara (10 finds) (26): Aguilar de Anguita; Garbajosa; La Hortezuela; La Torresabiñán; Atienza; Carabias; Clares; La Olmeda; Higes; Valdenovillos. Cuenca (1 find) (27): Las Madrigueras. Soria (2 finds) (28): Alpanseque; La Mercadera. Burgos (1 find) (29): Lara de los Infantes. Alava (1 find) (30): Castro de las Peñas de Oro, Murguia. Navarra (1 find) (31): Cortes de Navarra (fig. 121 B: 4).

POTTERY WITH BURNISHED DECORATION

This decorative technique, which is quite common in the Iberian Peninsula during the Final Bronze Age, has interesting parallels in Nuragic contexts (fig. 126).

In the Iberian region two major groups of burnished pottery may be distinguished (figs. 43, 126).

In central and southern Portugal pottery of the Lapa do Fumo type is present: this is characterised primarily by the use of the burnish on the outside of the vessel, both on open and closed forms (figs. 42 B: 1-5; 125 A: 4).

In contrast, the other group, pottery of the "*retícula bruñida*" type, is present in southwestern Spain, and is distinguished from the preceding group by its appearance only on open forms, where it is found on the inside of the vessel, the decoration usually being geometric in character (figs. 42 B: 6-10; 125 A: 5-6; 125 B).

The dating of the Iberian burnished pottery may be placed around the span of time of the Final Bronze Age: the pottery of the Lapa do Fumo type seems to be earlier; the "*retícula bruñida*" seems to continue until the seventh-sixth centuries B.C.

The use of burnished decoration appears in Sardinia at almost the same time.

It is common on both closed and open forms (fig. 125 A: 1-2; pl. V: 1-3). In the latter group, composed primarily of large, quite shallow carinated bowls, the decoration covers the inside of the basin, as in the case of southwestern Spain, forming radial motifs. Such a decorative syntax is not infrequent in the Iberian region; for instance, it is testified on the pottery found at Cabezo de San Pedro, near Huelva.

Parallels with southwestern Spain are to be found also in the tradition of decorating the rim of the vessel with burnish.

This type of pottery has been found in various places on Sardinia (Genna Maria-Villanovaforru, Sardara, Barumini, Bidistili-Fonni, Settimo S. Pietro, Ossi); it is more concentrated in the southern part of the island, where links and traffic with the Iberian Peninsula seem closer.

With regard to the dating of the Nuragic burnished ware, it is significant that at Genna Maria the majority of the material with this type of decoration comes from Early Iron Age contexts. However, some burnished rims have been noted on vessel forms of Final Bronze Age date.

Burnished decoration is also present in the Nuragic material found in Ausonian II levels on Lipari (figs. 18: 2-3; 125: 2).

LIST OF THE FINDS: THE NUMBERS CORRESPOND TO THE NUMBERS IN THE DISTRIBUTION MAP (FIG. 126).

- Sardinia:

Bidistili-Fonni (Nuoro) (1); Genna Maria di Villanovaforru (Cagliari) (fig. 125 A: 1-2; ; pl. V: 1-3) (2); Barumini (Cagliari) (3); Sardara (Cagliari) (4); Cuccuru Nuraxi-Settimo S. Pietro (Cagliari) (5); Sa Mandra 'e sa Giua di Ossi (Sassari) (6).

- Aeolian Islands:

Lipari (Messina) (fig. 125 A: 3) (7).

- Iberian Peninsula (cf. fig. 43):

The two main distibution areas are sketched on the map (the six isolated finds are excepted: 8-13): "*Lapa do Fumo*" type (*A*) and "*retícula bruñida*" type (*B*). The areas embrace 29 and 20 sites respectively, that are collected into provinces: they represent about the 90 % of the whole body of the Iberian finds.

Galera (Granada) (8); Monachil (Granada) (9); Colina de los Quemados (Cordoba) (10); Medellín (Badajoz) (11); Cueva del Escobar (Cáceres) (12); Valcorchero (Cáceres) (13). (*A*): Beira Baixa: 2 finds; Beira Litoral: 3 finds; Ribatejo: 2 finds; Estremadura: 13 finds; Alto Alentejo: 3 finds; Baixo Alentejo: 5 finds; Algarve: 1 find. (*B*): Huelva: 7 finds; Seville: 11 finds; Cádiz: 2 finds.

SHIPS AND NAVIGATION IN PROTOHISTORY

The Ships

Little information is available on the structure of early ships, and this is mainly provided by small, rather schematic models, by paintings and reliefs or by the descriptions in Homeric poetry. Little information has likewise been obtained from wrecks of this period, such as the ones of Cape Gelidonia, Hof ha-Carmel and Ulu Burun.

Cypriot-Levantine ships feature a rounded hull, upraised ends, main beam between the sides and a large, wide square sail. The painted scene on the Kenamun's tomb (fourteenth century B.C.), in the Theban cemetery, represents a ship of this kind (fig. 127: 1-2).

The Egyptian Medinet Habu Temple near Thebes (twelfth century B.C.) depicts a naval battle between the Egyptians and the Sea Peoples (fig. 127: 3). The latter have ships with a symmetrical bow and stern, terminating in a bird figurehead, a widespread celestial symbol in Central Europe and in the central Mediterranean.

The symmetrical hull design, that is also characteristic of Levantine and Aegean vessels of the later Bronze Age, allowed them to sail backwards, and therefore to land at narrow inlets when necessary, despite the river current. The small size of the steering oars would have made it easy to shift the rudder from bow to stern.

The Cypriot-Mycenaean krater from Enkomi (L.H. III B) proves that Cypriot-Levantine vessels had decks (fig. 127: 4).

The features of later Bronze Age ships — high, rounded-hull and central, square sail — can also be found in Levantine vessels in historical times: cf. the paintings on the 700-600 B.C. vases from Cyprus in the British Museum (fig. 127: 6) and in the Metropolitan Museum of Art (fig. 127: 5).

The Balawat bronze doors (ninth century B.C.) show small, Phoenician rounded-hull vessels without sails or decks, and with raised ends decorated with animal figureheads (fig. 127: 7). The Phoenician ships in the Khorsabad reliefs (eighth century B.C.) are similar, though they have a mast with top and a figurehead on the bow only (fig. 127: 8).

Two types of Phoenician ships are shown in Sennacherib's reliefs in Nineveh (beginnings of seventh century B.C.), both with decks and two steering oars. One, a warship, has a highly curved stern, a ram at the bow and a central mast with a single large, square sail secured to the yard. The other ship, a trading vessel, resembles the Bronze Age prototypes more closely, with the high, rounded hull and upraised ends.

The Aegean model is different from the types hitherto described. The Late Helladic vessel with its hollow, angled hull and raised bow and generally straight profile, unlike the rounded Levantine hull, was thus easily distinguishable from a great distance.

The ships shown on Mycenaean pottery have a sharply angled profile, with a flat keel, high bow and stern and no top: cf. from Phaistos, the cup found in the layers beneath L.M. III C remains, and the *pitharaki* from the filling between upper and lower floors of Room 4° of the L.M. house west of the "Theater Place".

The two types of vessels are shown in the *pitharaki*, one lighter and faster, with mast and oars, probably used for piracy, and the other, larger and with a mast only, probably a trading vessel (fig. 128: 1). The cup clearly shows the tiller of the rudder on the stern; the central mast is supported by the stays (fig. 128: 2). The shape of this vessel, also shown in models, justifies the epithet of "horned" used in the Iliad for the Achaean ships: see the lead model from "Sepulchral Grotto o" in the Antigori-Sarroch Nuragic complex (fig. 128: 3) or the clay model from Mycenae, rock-cut tomb 79 (Tsountas' excavation 1895), in a L.H. III B and C context (pl. VI: 1-2).

The model from Mycenae also demonstrates the Homeric adjective "hollow": the vessel was uncovered, with two small decks astern and aft, also used for stowage of the cargo. This model also shows a pair of benches installed crosswise for the oarsmen, a detail also shown in the miniature boat of L.H. III C from Aghia Triadha.

In Homer there are references to ships with twenty and with fifty rowers.

The Mycenaean sail consisted of a single square sail composed of numerous pieces of cloth sewn together in order to increase resistance to the wind, and hung on the yard and raised on the mast located in the middle of the vessel, like in the painting of the L.H. III C 1 stirrup jar from "House G" of Asine (fig. 128: 4).

The mast was not fixed, but rather inserted in a notch in the keel, and kept aloft by pulling stays:

«The mast of fir they raised and set in the hollow socket, and made it fast with fore-stays, and hauled up the white sail with twisted thongs of ox-hide»(*Od.* II: 424-426).

The square sail was not easy to manoeuvre and did not fully exploit the power of the wind. Optimum performance was achieved when a moderate wind blew from the stern; if the wind changed direction or blew stronger, the stability of the vessel was put at risk, and the absence of a deck made it easier for the ship to take in water.

Steering was controlled by a single rudder: cf. *Od.* III: 281; V: 255 and the painting on the pyxis found at Tragana, near Pylos, in an L.H. III C context (fig. 128: 5). The ship portrayed at Tragana shows an angled bow, probably with a projecting forefoot, while the stern is more rounded: see also the drawing on the stirrup jar from Skyros, of L.H. III C (fig. 128: 6), and the clay model from Phylakopi, on the island of Melos, of L.H. III (pl. VI: 3-6).

Some Late Mycenaean (clay model from Oropos, fig. 128: 7) and Protogeometric (krater from Tomb VI of

Fortetsa, fig. 128: 8; krater from Dirmil, Halicarnassus, fig. 128: 9) representations show the bow with a projecting forefoot, which in the Geometric period would evolve into the ram. The Geometric period ship (fibula from Athens, Grave 41 of Kerameikos cemetery, fig. 128: 10; cup from Attica, pl. VII: 1-2; krater from Dipylon at Athens, pl. VII: 3) features a ram, a central mast with large, square sail and a deck which did not, however, occupy the whole length of the vessel.

Besides the Aegean and Levantine ships, other fleets sailed the Mediterranean in the period between the later Bronze Age and the Early Iron Age.

The bronze model ships from Sardinia, of which there are about seventy, provide invaluable data on the Sardinian fleet.

These objects reached continental Italy (mostly Etruria) during the Early Iron Age, but the one found in the S. Maria in Paulis hoard (Sassari) shows that they were produced as early as the later Bronze Age.

The boat of the "Re Sole" (pl. VIII: 1-3) and the Orroli (Nuoro) boat show a vessel without decks, a long, U-shaped hull; the stempost and the sternpost are the same height, and a high figurehead is placed on the bow. The mast, centrally located, is crowned by the top, on top of which there is the suspension loop and, finally, the little figure of a bird (pl. VIII: 3). On the middle part of the gunwale there is a long perforated parapet supported laterally by poles with capitals.

The animal figurehead was not a direct extension of the stempost, but rather a separate element, secured with ropes: cf. the miniature boat from the Dessì collection (pl. IX: 1-3) and the other one probably from Tula (Sassari) (pl. IX: 4-5). The stempost and sternpost were not fitted into the lateral ends of the sides, but rather placed so as to reinforce the inside of the angle formed by the intersection of the sides, and secured by ropes: cf. the miniature boat from the Tomba del Duce, Vetulonia (fig. 129: 1). Tying with ropes thus has a primary rôle in securing the whole structure. Sardinian ships were therefore probably sewn boats, sometimes characterized by external reinforcement ropes: cf. the bronze model from the Sini collection, Nuoro (fig. 129: 2; pl. X: 1).

Villanovan pottery models show fewer details. Some have symmetrical ends, a shape particularly suited to river navigation; others have a figurehead, making a sharp distinction between bow and stern (fig. 129: 3). A miniature boat from Tarquinia has a bird's head on both bow and stern (fig. 129: 4). While the head shown on the figurehead of Sardinian vessels is always a mammal (ovine, bovine, cervine), Villanovan ships always have a bird: cf. also the painting on the spheroid jar from Tomb XXIV of Olmo Bello cemetery - Bisenzio, that is dated, according to Delpino, to «the last decades of the eighth century B.C.» (fig. 129: 5).

The hypothesis may be made that the sewn boat technique was also applied in Villanovan Etruria; the apparently Etruscan wreck of Bon Porté, though later, seems to support this.

In the Atlantic area, the "Caergwrle Bowl" (fig. 129: 6) — a wooden model with golden trimmings from Clwyd, Galles (dating to the beginnings of the English Late Bronze Age) — seems to show a leather boat resembling present-day coracles and curraghs, with a leather-covered wooden frame. These boats can carry heavy loads, and are very stable and suitable for navigation even in very poor weather conditions.

The classical authors mention the use of this kind of boat in the Roman times, in the Iberian Peninsula and in Britannia. The propulsion was realized by both the oars and a sail, hanged to the mast, in the centre of the ship.

THE NAVIGATION

Protohistoric ships were especially suited to a type of navigation which was mainly coastal and with frequent landing; they could, however, also sail in open water when the route required, stopping at islands along the way.

Along routes with poor visibilty (due to the heavy haze often occurring in the Mediterranean), various navigational systems were used such as observing the height of the sun over the horizon, the direction of bird flight, or, at night, the relative position of the stars. The custom of releasing birds (generally ravens or doves) in case of uncertainty and following them to a landing place is an ancient one, as shown by birds featured in the Nuragic miniature boats (pls. VIII: 1-3; X: 2-3) and on painted pottery like the krater from Enkomi (fig. 127: 4) and, with some doubt, the pyxis from Tragana (fig. 128: 5).

Although astronomical navigation was known (fig. 130 A) — the Homeric poems give the names of the various stars and groups of stars, such as the *Pleiades* and the *Hyades* (groups of stars belonging to the *Taurus*), *Orion*, *Arctos* (the modern Great Bear), *Bootes*, *Arcturus*, *Sirius* — sailors preferred to land by night at the mouth or along the banks of a river, or by beaching the vessel:

«It is from the night that fierce winds are born, wreckers of ships. How could one escape utter destruction, if haply there should suddenly come a blast of the South Wind or the blustering West Wind, which oftenest wreck ships in despite of the sovereign gods ?» (*Od.* XII: 289-290).

The type of sails used did not allow for a rational exploitation of wind power.

The Mediterranean has a number of local winds (fig. 130 B), generally unpredictable in strength and duration, such as the Bora (NE), the Etesian (NE), the Levanter (E), the Khamsin, Ghibleh and Sirocco (SE), the Libeccio (SO), the Vandeval (O) and the Mistral (NW). The influence of coastal topography on the wind must also be taken into account; given the irregularity of the Mediterranean coast, coastal navigation involved frequent changes of the direction of the wind striking the vessel. This reduced the use of sails, while propulsion by oars could not be used over long crossings.

Surface marine currents are a flow within a larger mass of water. Though their importance is generally underestimated because they are not very strong, they, too may have been used in navigation. Navigation in antiquity was probably an integrated and interactive system exploiting the propulsion provided by the wind, oars and currents.

It should be recalled that the currents trace the "routes of least resistance" throughout the Mediterranean, along which it was easier to sail, especially when the vessels with the technical features described above were used. Currents can produce considerable stress and leeway in the ship, and it was therefore convenient and necessary not to sail against the current, and to exploit as much as possible the force of propulsion provided by the current.

The structure of the ships, with their shallow keel allowed for the maximum exploitation of surface currents, without interference from the deeper current, sometimes moving in a different direction.

The observation of surface current charts for the Mediterranean (both permanent and seasonal) can therefore provide an important tool to interpret the possible routes followed in prehistory (figs. 131-135).

Marine currents are linked with general climatic conditions; studies on the climate in the Mediterranean area in antiquity lead us to conclude that climatic changes since protohistory have not been significant enough to postulate differences in circuits of current flows with respect to the present.

Prevailing currents in the period of more intensive navigation (in the Iron Age Aegean, from April to October) therefore allow us to trace a number of medium distance routes, sometimes with alternatives, which when combined together could have allowed for the crossing of the entire Mediterranean.

A ship sailing from the Peloponnese — thus the Aegean-Levantine area — towards the west-central Mediterranean, could have utilized currents which from May to July flow up the coat of Epirus and Albania, and then towards Puglia (currents favouring navigation in the opposite direction from July to November), and from there, with coastal navigation, sail on to the Strait of Messina and Sicily. From December to May, the currents of the Tyrhennian Circuit made it easy for ships to sail from western Sicily to southern Italy, to the shores of Campania and Latium. The crossing from Italy to Sardinia is made easier in certain months (from December to March, May, October) by seasonal currents, and from the coast of Latium to southern Corsica and Gallura.

During the rest of the year, especially in the summer, the anticyclonic circuit of current favours the return route, from central and southeastern Sardinia towards the Pontine Islands and the Campanian coast. To the north of the Tuscan Archipelago, ships can follow the permanent currents flowing towards the Gulf of Genoa and Provence or, crossing the Ligurian Sea, to sail to Corsica in spring and summer, and to nearby Sardinia following the western coast of Corsica.

At Cape Camarat and the Hyères Islands, the current flows into the great Hesperian Circuit of current, which reaches Catalonia and then the Gulf of Valencia. From March to June and in October and December in particular, strong, frequent currents facilitate the access to the Gulf of Lions, terminal point of the important European river communication network formed by the Rhone.

By following different seasonal currents from Cape Tortosa to the mouth of the Ebrus and from Cape de la Nao, the Baleric Islands can be reached at any time of the year and, from there, western Sardinia. Ibiza and Formentera are located along a current leading from the southern Iberian coast to Algeria, providing a possible return route. The currents facilitate the eastward voyage from Cape de la Nao only in winter (December-February), and in any case only up to Cape de Gate, in Almeria, during the same period.

The route from Gibraltar up the Iberian Peninsula across the Alboran Sea is much easier. The rather strong permanent suface current flowing eastwards along the coast of Andalusia and the coasts of Morocco and Algeria is due to the difference in salinity between the Mediterranean (38 %) and the Atlantic (33 %). While facilitating eastward navigation, it is a considerable obstacle to passing through the Straits of Gibraltar. On the other hand, this current favours traffic entering the Mediterranean.

Ships from the northern Atlantic areas of Europe could thus follow the ocean currents along the route from Galicia to Cape St. Vincent, along the Portuguese coast and, after sailing around the southern end of the Algarve, cross the Gulf of Cádiz and enter the Mediterranean with the help of favourable currents.

On the return route, these same ships could have exploited offshore currents which, at certain times of the year (from November to March and especially from June to September), following the Moroccan coast and crossing the area of Cape Tres Forcas towards Cape de la Almina. There are also currents in October and February which tend to flow northwards up the Gulf of Cádiz. It should be pointed out that the most favourable conditions, from the point of view of the currents, occur only in the winter months.

Nevertheless, it should be pointed out that unlike those from the temperate climates of the Mediterranean, sailors from the northern regions of Atlantic Europe were used to the particularly severe weather conditions in their own area, often worse than those occurring in Mediterranean winters.

A vessel coming from the southern Iberian Peninsula and sailing eastwards could follow two alternative routes to exploit the currents. One, the southern route, took advantage of currents flowing by the North African coast up to Cape Bon from September to May. From here, sailing southeast, ships could follow the current route from Syrtis to the Cyrenaica, which then flows into the Ionian and Levantine currents of the Eastern Mediterranean.

Alternatively, vessels could also sail from Cape Bon, possibly stopping at the island of Pantelleria, and cross the Sicilian Channel at the Sciacca Banks by following the permanent current of the same name. This provides access to southwestern Sicily, from which the Italian peninsula could be reached by going around Cape Lilybaeum, or access to Malta in the south.

The second route uses the current flowing between April and June, in August and from October to November. After flowing by the Iberian coast up to Cape de la Nao, this current goes towards the Balearics and the Pityusae Islands and then flows into the Hesperian Circuit of current, reaching the North African coast almost at the level of Algeria.

The currents thus suggest that there were two major alternative routes which could be utilised in the see trades with the East. The first one, for westward voyages, follows the European shore of the Mediterranean; the second one — the return route — for eastward voyages, wholly or partially follows the African coast.

It should be recalled that besides the currents, the prevailing winds also make the westward route along the African coast inconvenient. In the summer, which is particularly favourable for navigation, northwesterly winds prevail in the western Mediterranean; ships sailing along the African coast towards Gibraltar thus find themselves downwind from the coast.

In calculating the sailing time for these Mediterranean routes, it should be stressed the speed of the vessel depends on a complex range of variables, such as the changing strength of the wind and currents combined with resistance to movement due to the viscosity of the water and to the weight of the ship.

CONCLUSIONS

Contacts between the various areas of the Mediterranean, over short and medium distance, such as those between continental Italy and the Tyrrhenian islands, Corsica, Sardinia and Sicily, are documented prior to the period being discussed here.

The presence in Sardinia of western types in Middle Bronze Age contexts and in the transition up to this period indicates the existence of a communications network in the west-central Mediterranean during these periods, although still in the early stage.

It is, however, only in the Final Bronze Age (and more precisely at the very end of it) and the Early Iron Age that the sea traffic reached a level it never had before. A long distance exchange network started up in this period. It connected not only the various regions bordering the western Mediterranean, such as the entire Italian region, southern France and southern Spain, but also countries bordering the Atlantic, from Portugal to the British Isles. Among other things this network permits us to establish a frame of chronological connections between the different European areas (table III).

It is quite interesting to note that this coincides, chronologically, with a period by which the decline of Mycenaean sea-faring had already occurred and yet the complex phenomenon of Greek colonisation had not begun. In addition, it can be said that Phoenician sea-faring towards the East was not fully developed.

The biblical sources hand down to us the story of the expedition undertaken by Hiram, king of Tyre, which in the tenth century established commercial relations with Tarshish (identified by some scholars as Tartessos in Andalusia). However, it should not be forgotten that the autonomy of the Phoenician cities had been markedly reduced by Assyrian expansion, even before the beginning of the ninth century.

However, the absence of archaeological evidence in the Iberian Peninsula (with the exception of sporadic traces of uncertain significance) for contact with the East, prior to the eighth century B.C., cannot be denied.

That is not to say that there were absolutely no sea-farers from the East in the furthermost West, but rather that, on the basis of the available archaeological evidence, their presence was slight. Therefore, it is not reasonable to attribute to them the rôle as sole and exclusive middle-men in the exchange which, from the analyses of the types of objects and their distribution in the western Mediterranean, was clearly frequent, intensive and multi-directional.

The presence of western and Atlantic models (flange-hilted swords type Huelva and swords of the group of Vénat, articulated spits, single and twin-looped palstaves, socketed axes with square-mouthed body, single and twin-looped flat axes, socketed sickles, sickles with elongated terminal "knob", double-edged razors with oval blade, elbowed fibulae type Huelva, double-spring fibulae) in the Italian region is contrasted with models that are of central-western Mediterranean origin in the extreme West (shaft-hole axes, flat trunnion axes, serpentine fibulae with straight pin, serpentine fibulae with an elongated catchplate and a curved pin, elbowed fibulae with a straight pin, flange-hilted swords type Monte Sa Idda) (table IV).

The considerable complexity of maritime trade along the east-west route between the end of the second and the beginning of the first millenium B.C. is further confirmed by the "Western" artifacts found in the Aegean-Levantine area. Tomb 523 at the Amathus necropolis, on the southern coast of Cyprus, has been dated to the Cypro-Geometric I, and is the site of a bronze articulated spit closely resembling those found in western Europe. A Nuragic *askos* has been found in the somewhat later *tholos* tomb of Khaniale Tekké near Knossos in northeastern Crete.

It is nevertheless difficult to determine whether the carriers transporting this material were "Western" — and, in the cases mentioned above, probably Sardinian — or "Eastern" ships on the return journey eastwards. Studies carried out on Bronze Age wrecks, such as the ones at Cape Gelidonia and Ulu Burun, show clearly enough that the cargo carried was extremely varied and contained goods of different origin. For example, with reference only to the Uru Burun swords, examples of the Aegean, Levantine and Italian types have been identified.

On the basis of the distribution of archaeological material, some major routes can be identified for the period, with surface currents in the Mediterranean playing a significant rôle in this identification (figs. 131-135).

In fact the use of a sail allowed the sea-farers to follow the coast with the help of the local winds, or else to go away from the coast without any difficulty, exploiting the constant winds (sea breezes and land breezes). They were carried out on to the open sea and positioned themselves in the wake of the principal surface currents, also exploiting whenever possible the local winds, so as to increase the speed of the boat: therefore currents, winds and oars combined to propel the vessel.

A ship sailing from Sicily — a basic point of contact and transit along the route to and from the eastern Mediterranean — could thus (after a possible stop at the Aeolian Islands) sail up the Tyrhennian coast of the Italian peninsula, and after reaching Etruria, enter into the network of currents flowing towards Corsica and Sardinia as well as towards the Gulf of Lyon, the Balearics and southern Spain. The flat trunnion axe, a model which is eastern in origin and often found in Sicily, a region under considerable Aegean-Levantine influence in the later Bronze Age, may well have spread along this route with a number of other elements such as the shaft-hole axes, the razors of Pantalica type, the elbowed and the serpentine fibulae.

After this westward route from the southeast, there are the major "return" routes eastwards. The first one includes the current flowing from the Iberian Peninsula and the Balearics to western Sardinia; the second one includes the currents flowing from the Atlantic into the Mediterranean through the Straits of Gibraltar. They hug the coast of North Africa and continue to Bizerte (Tunisia) to reach, via the Sicilian Channel, Sicily and Tyrrhenian Italy and/or the East Mediterranean.

The spread of western forms, looped socketed axes with square-mouthed body, articulated spits, laterally socketed sickles and sickles with elongated terminal "knob", swords of the group of Vénat, elbowed fibulae type Huelva, looped flat axes, twin-looped palstaves with ribbed blade, single-looped palstaves with triangular outline, all elements which are significantly absent from both continental Italy and Sicily, seems to be connected to the first of these routes, given that it does not touch upon Sicily and the Italian peninsula.

In contrast, the single-looped palstaves with lozenged outline and, perhaps, the vertically socketed sickles (which are absent in Sardinia), the single-looped flat axes and the double-edged razors with oval blade (found, in the Tyrrhenian area, only in Sicily) may be related to the second "return" current described.

In the past some scholars have demonstrated that some metal forms are of Eastern origin: this includes trunnion axes as well as some of the decorative techniques used on the pottery, including burnishing, the use of which was widespread in southern Spain and in the Atlantic region.

However, in the light of the evidence discussed here, it should be clear that these elements are not in fact due to direct Eastern contribution, but are rather elements which have been filtered and mediated through the indigenous cultures, Sicilian and Nuragic respectively.

This observation also leads one to suggest that, between the end of the Bronze Age and the Early Iron Age, a multi-directional network of maritime traffic existed; in this network the sea-farers from the western Mediterranean (including the Italian region) and from the Atlantic region can have played a non-secondary rôle.

In addition, this network was linked up to the river routes leading into the interior, thus ensuring contacts with the inland areas of the various regions.

If we look in detail at the individual objects which, as has been stated already, indicate the existence of a complex web of relationships, we can see how they show a general affinity, rather than a tight typological link, joining the two. While linking them, it does not allow them to be strictly attributed to the same type.

Examples of such a situation include the Spanish shaft-hole axe from Ripoll, whose square hole distinguishes it clearly from the Italian examples, and the Boom type dagger, which has clear affinities, in the two thin lateral bars at the end of the hilt, with the swords of the Monte Sa Idda type.

We are faced therefore not so much with direct exchange of objects (although this did occur, as is shown by the "Sicilian" shaft-hole axe from Hengistbury Head), but a circulation of forms and ideas. When the objects were manufactured in the country in which an original or an idea had arrived, they maintained some of their original characteristics, but inevitably underwent some modifications and adaptations due to the different cultural context into which they were being assimilated.

A further example of such a situation is provided by the elbowed and the serpentine fibulae. With the exception of the examples from Sardinia, which are clearly a result of direct importation, most of the examples found outside the area of origin (that is continental Italy and Sicily) obviously should be regarded mostly as local re-workings, and not as actual imported items.

The fact that we are faced by a kind of Western *koinè*, in which forms spread across the various regions, each undergoing an autonomous evolution, is shown by the existence of types whose characteristics spring from different traditions: this results in something new and original. Such is the case in the example of flat axes with a lateral spike and a loop, which are present in Sicily, Sardinia and the Iberian Peninsula, and which form a sort of cross-roads between looped flat axes of Western provenance, and flat trunnion axes, of Eastern origin.

Certain signs suggest that in reality the forms of this Western *koinè*, forms which have been discussed previously in some detail, were more widespread than the archaeological sources would lead us to believe. For example, we may note that "Western" models, alone, represent a significant proportion of the typological patrimony of Sardinia in this period. The recent discovery of the Castelluccio hoard (Ragusa) highlights their importance also in the Sicily area.

In addition, in the Iberian Peninsula the representations of shaft-hole axes and elbowed fibulae on the stelae imply that the objects were perhaps rather more frequent than they would appear to be on the basis of the number found.

Of enormous importance in understanding the nature of the relationships between the Mediterranean and the Atlantic area, is the fact that almost all the areas involved in such contact are rich in metal-bearing deposits.

In fact, central Tyrrhenian Italy, Sardinia, the Iberian Peninsula and England are similar in that the mineral resources present were probably exploited from at least as early as the later Bronze Age. As for France, that has metal ores too, it is, both in its Mediterranean and Atlantic aspects, a basic route, linking the Iberian Peninsula with the British Isles, to the west and the north, and Italy, to the south.

It may be suggested that it was in fact the mineral resources which formed a primary incentive for the establishment of the "Western *koinè*". However, this was not in the sense of the export of metal — at last not entirely —, given that there are no reasons to suppose that the Iberian Peninsula imported copper and tin from Sardinia or from Great Britain, given that it could itself extract and produce them autonomously in large amounts.

On the basis of the evidence previously discussed, it may be suggested that there were individual metalworkers who moved from one region to another, exploiting the existing commercial networks, their aim being to exchange not so much finished objects, but their own technological knowledge, whether in the field of metallurgy or in the field of mineral exploitation. In this way such "technicians" played a rôle in linking the various regions, regions between which, it should be emphasised, there was no major cultural inequality, in contrast to the differences which existed between the cultures of the West as a whole and the Eastern Mediterranean.

In this way it is possible to explain both the development which the forms undergo in the various regions, and the distribution patterns observed for some forms which are otherwise difficult to understand. A good example of this may be seen in the single-looped palstave with triangular outline, which is present in Ireland, but not in England or France, in Portugal, but not in Spain, in Sardinia, but not in continental Italy or Sicily.

If these axes were treated as objects of trade, probably they would have had a different distribution, also circulating in all probability in the adjacent regions. In fact, it is illogical to think of tradesmen avoiding exchange of some of their merchandise in certain regions which must have been obligatory stopping points on their journey.

However, it is more plausible that individual carriers of a specific form produced them in a particular region and not in the nearby ones.

In the context of metallurgy, it has been seen that there are technological differences between the Italian and Atlantic situations. The latter is characterised by the use of a lot of lead in the bronze alloys, even in objects, such as axes, where its use is a disadvantage.

However, it is clear that this metallurgical practice was not due to technological ignorance on the part of the craftsmen in the Atlantic region, but to other, as yet unclear, factors, probably connected with local conditions, such as, perhaps, the need to compensate for an over-production of lead resulting from the extraction of silver from galena.

It should be observed that the use of copper alloys with a high percentage of lead in the western area is a characteristic of the later Bronze Age; in the Middle Bronze Age in England, in fact, copper and lead-free tin alloys were used. Also in the later Bronze Age, the use of lead in bronze, though definitely prevalent, cannot be considered as exclusive.

Therefore, there are no good reasons for suggesting that the "Atlantic" metalworkers did not, together with their central-western Mediterranean counterparts, contribute to the construction of the complex and articulated network of inter-regional contacts which has been identified here.

Therefore, the existence, in the final phase of the Final Bronze Age and the Early Iron Age, of sea-farers, also western, who wove together the various regions examined, may be suggested. Individuals who possessed a high level of technological expertise, whether in terms of metallurgy and/or mining, travelled on board these ships, using their knowledge as a commodity of exchange with the population groups who received them.

These representatives of the applied sciences made it possible to link and make a common use of different experiences, the learning of production methodology and models of forms which may have originated in distant locations, thus providing a basic contribution — not only technological but also cultural — to the development of the countries in the central and western Mediterranean.

Abbreviazioni/Abbreviations

AAustr	Archaeologia Austriaca
ACors	Archeologia Corsa. Etudes et Mémoires
ActaArch	Acta archaeologica, København
AEsp	Archivo Español de Arqueología
AJA	American Journal of Archaeology
AKorrBl	Archäologisches Korrespondenzblatt
AnnCagliari	Annali Facoltà di Lettere, Filosofia e Magistero dell'Università di Cagliari
AnatSt	Anatolian Studies
AntJ	The Antiquaries Journal
AntJ	The Antiquaries Journal
AntNat	Antiquités Nationales
Archaeologia	Archaeologia: or Miscellaneous Tracts relating to Antiquity
ArchCl	Archeologia Classica
ArchPrHistLev	Archivo de Prehistoria Levantina
ASAtene	Annuario della Scuola Archeologica di Atene e delle Missioni italiane in Oriente
AttiPalermo	Atti della R. Accademia di Scienze, Lettere e Belle Arti di Palermo
AttiSocToscScNatMem	Atti della Società Toscana di Scienze Naturali. Memorie
BHM	Berg- und Hüttenmännische Monatshefte
BPI	Bullettino di paletnologia italiana
BPrHistFr	Bulletin de la Société Préhistorique Française
BSA	The Annual of the British School at Athens
BSR	Papers of the British School at Rome
BullBRGM	Bulletin de Reserches Geologiques et Minieres
BVallad	Boletín del Seminario de Estudios de Arte y Arqueología, Universidad de Valladolid
ChronRechMin	Chronique de la recherche minière
CuadPrHistA	Cuadernos de Prehistoria y Arqueología
CuadRom	Cuadernos de trabajos de la Escuela Española de Historia y Arqueologia en Roma
DArch	Dialoghi di Archeologia
EphemArch	Ephemeris archaiologike
GalliaPrHist	Gallia Préhistoire
IntJNautA	International Journal of Nautical Archaeology and Underwater Exploration
JARCE	Journal of the American Research Center in Egypt
JberInstVgFrankf	Jahresbericht des Instituts für Vorgeschichte der Universität Frankfurt a.M.
JbZMusMainz	Jahrbuch des Römisch-Germanischen Zentralmuseums, Mainz
JEA	The Journal of Egyptian Archaeology
JFieldA	Journal of Field Archaeology
MAnthropGesWien	Mitteilungen der Anthoropoligischen Gesellshaft in Wien
MEFRA	Mélanges de l'École Française de Rome,Antiqité
MemAccLinc	Memorie dell'Accademia dei Lincei
MM	Madrider Mitteilungen
MonAnt	Monumenti Antichi dell'Accademia dei Lincei
NAHisp	Noticiario Arqueológico Hispánico
NotAllumiere	Notiziario del Museo Civico A. Klitsche de La Grange, Allumiere
NSc	Notizie degli scavi di antichità
PP	La parola del passato
ProcPrHistSoc	Proceedings of the Prehistoric Society
PZ	Prähistorische Zeitschrift
PBF	Prähistorische Bronzefunde
RAComo	Rivista Archeologica dell'antica Provincia e Diocesi di Como
RArchBiblMus	Revista de Archivos, Bibliotecas y Museos
RDAC	Report of the Department of Antiquities, Cyprus
RendLinc	Rendiconti dell'Accademia dei Lincei
RivScPr	Rivista di scienze preistoriche
RM	Mitteilungen des Deutschen Archaeologischen Instituts. Römische Abteilungen
RStFen	Rivista di Studi Fenici
SicA	Sicilia Archeologica
SMEA	Studi Micenei ed Egeo-anatolici
StEtr	Studi Etruschi
StSard	Studi Sardi
TrabPrHis	Trabajos de Prehistoria
TransAmerPhilSoc	Transation of the American Philosophical Society

Bibliografia/Bibliography

Acanfora M.O. 1972-1974, I materiali archeologici delle tombe dell'Osa, in *BPI* 81, pp. 307-341.

Acquaro E. 1988, I bronzi, in *I Fenici*, Milano, pp. 422-435.

Adamesteanu D. 1958, Butera, Piano della Fiera, Consi e Fontana Calda, in *MonAnt* XLIV, coll. 205-672.

Adaro E.N. 1972 a, *Mapa metalogenetico de España 1: 1.500.000. Mapa previsor de mineralizaciones de Cu*, Madrid.

Adaro E.N. 1972 b, *Mapa metalogenetico de España 1: 1.500.000. Mapa previsor de mineralizaciones de Pb-Zn*, Madrid.

Adaro E.N. 1972 c, *Mapa metalogenetico de España 1: 1.500.000. Mapa previsor de mineralizaciones de Fe*, Madrid.

Adaro E.N. 1972 d, *Mapa metalogenetico de España 1: 1.500.000. Mapa previsor de mineralizaciones de Sn*, Madrid.

Adaro E.N. 1972 e, *Mapa metalogenetico de España 1: 1.500.000. Mapa previsor de mineralizaciones de Au*, Madrid.

Agricola G. 1556, *De Re Metallica libri XII*, Basilea.

Alba L. 1982, Contributo ad un Catalogo dei beni Archeologici di età preistorica del comune di Iglesias, in *Speleologia Sarda* 43, pp. 1-10.

Albanese Procelli M.R. 1986-1987, Un ripostiglio di bronzi da Noto Antica, in *Atti e Memorie dell'Istituto per lo Studio e la Valorizzazione di Noto Antica* XVII-XVIII, pp. 45-72.

Albanese Procelli M.R. 1989, Tripodi geometrici dal ripostiglio di bronzi del Mendolito di Adrano, da *MEFRA* 101, 2, pp. 643-677.

Albanese Procelli R.M. 1991, Matrice di fusione dalla capanna XIV della Montagnola di Capo Graziano, in L. Bernabò Brea, M. Cavalier, *Meligunìs - Lipára VI. Filicudi. Insediamenti dell'età del bronzo*, Palermo, pp. 309-314.

Albanese Procelli R.M. 1993, *Ripostigli di bronzi della Sicilia nel Museo Archeologico di Siracusa*, Palermo.

Albanese Procelli R.M., Lo Schiavo F. 1993, Un gruppo di bronzi protostorici "dalle montagne di Noto", in R.M. Albanese Procelli, *Ripostigli di bronzi della Sicilia nel Museo Archeologico di Siracusa*, pp. 253-265, Palermo.

Alessio M., Allegri L., Bella F., Belluomini G., Calderoni G., Cortesi C., Improta S., Manfra L., Petrone V., Turi B. 1985, Datazioni con il Carbonio-14: risultati conseguiti, attività recenti, futuri sviluppi, in *Giornata di studio sul tema: Archeometria. Scienze esatte per lo studio dei Beni Culturali (Roma, 31 maggio 1983)*, pp. 81-134, Roma.

Almagro Bash M. 1940, El hallazgo de la Ría de Huelva i el final de la Edad del Bronce en el Occidente de Europa, in *Ampurias* II, pp. 85-143.

Almagro Bash M. 1943, Tres nuevos hallazgos del Bronce Final en España, in *Ampurias* V, pp. 270-280.

Almagro Bash M. 1957, Las fibulas de codo de la Ría de Huelva. Su origen y cronologia, in *CuadRom* IX, I, pp. 7-46.

Almagro Bash M. 1957-58, A propósito de la fecha de las fíbulas de Huelva, in *Ampurias* XIX-XX, pp. 198-206.

Almagro Bash M. 1958, Depósito de la Ría de Huelva, in *Inventaria Archaeologica, España*, Fasc. 1-4: E 1, Madrid.

Almagro Bash M. 1960, *Inventaria Archaeologica, España*, Fasc. 5: E 2-E 5, Madrid.

Almagro Bash M. 1962, Depósito de la Ría de Hío (Pontevedra), in *Inventaria Archaeologica, España*, Fasc. 6: E 7-E 10, Madrid.

Almagro Bash M. 1964-65, El hacha de Bronce de emmangue directo del Museo de Gerona, in *Ampurias* XXVI-XXVII, pp. 226-231.

Almagro Bash M. 1966 a, *Las estelas decoradas del Suroeste peninsular*, Madrid.

Almagro Bash M. 1966 b, Sobre el origen posible de las más antiguas fibulas anulares hispánicas, in *Ampurias* XXVIII, pp. 215-236.

Almagro Bash M. 1967, *Inventaria Archaeologica, España*, Fasc. 7: E 11-E 19, Madrid.

Almagro Gorbea M. 1974 a, Los asadores de bronce del Suroeste peninsular, in *RArchBiblMus* LXXVII, 1, pp. 351-395.

Almagro Gorbea M. 1974 b, Orfebrería del Bronce Final en la Península Ibérica. El tesoro de Abía de la Obispalía, la Orfebrería tipo Villena y los cuencos de Axtroki, in *TrabPrHis* 31, pp. 39-100.

Almagro Gorbea M. 1977, *El Bronce Final y el Periodo Orientalizante en Extremadura*, Madrid.

Almagro Gorbea M. 1986, Bronce Final y Edad del Hierro. La formación de las etnias y culturas prerromanas, in *Historia de España. Prehistoria*, Madrid, pp. 341-532.

Alvar J. 1982, Aportaciones el estudio del Tarshish bíblico, in *RStFen* X, pp. 211-230.

Amadasi Guzzo M.G. 1987, Forme della scrittura fenicia in Sardegna, in *La Sardegna nel Mediterraneo tra il secondo e il primo millennio a.C. Atti del II Convegno di studi "Un millennio di relazioni fra la Sardegna e i Paesi del Mediterraneo" (Selargius-Cagliari 1986)*, Cagliari, pp. 377-390.

Amadasi Guzzo M.G. 1995, Les Inscriptions, in *La civilisation phénicienne et punique. Manuel de recherche, Handbuch der Orientalistik 20* (ed. V. Krings), Leiden, New York, Köln, pp. 19-30.

Ambers J. 1990, Radiocarbon, Calibration and Early Mining: Some British Museum Radiocarbon Dates for Welsh Copper Mines, in *Early Mining in the British Isles. Proceedings of the Early Mining Workshop (Plas Tan y Bwlch, Snowdonia National Park Study Centre 1989), Plas Tan y Bwlch Occasional Paper* 1 (eds: P. Crew, S. Crew), Plas Tan y Bwlch, pp. 59-63.

Ambert P., Barge H., Landes C. 1985, Les mines de Cuivre de Pioch Farrus (Cabrières-Hérault). Préistoire et antiquité, in *Études Languadociennes. Actes du 110ᵉ Congrès National des Sociétés Savantes (Montpellier 1985)*, Paris, pp. 97-113.

Ancel B., Fluck P. 1990, Sainte-Marie-aux-Mines, secteur de l'Altenberg, Vallee de Fertrupt: etude souterraine de la Porte de Fer, un reseau medieval repris au XVIème siecle (sondage, 1988), in *L'archeologie des mines et de la métallurgie. Panorama des sites vosgiens. Pierre et Terre 34*, pp. 79-80.

Andreatta C. 1955, Polimetamorfismo e stile tettonico in rapporto alla metallogenesi nel cristallino dei Peloritani, in *Rivista Mineraria Siciliana* 33, Maggio-Giugno, pp. 3-9.

Andrée J. 1922, *Bergbau in der Vorzeit*, Kabisch, Leipzig.

Angelucci A. 1890, *Catalogo della Armeria Reale*, Torino.

Angle M., Bruschini S., Caneva C., Colazingari O., Dottarelli R., Fulgenzi M.T., Gianni A., Giardino C., Gobbi G., Guidi A. 1988, Il computer nello strato: integrazione di tecniche informatiche alla ricerca archeologica, in *Archeologia e informatica. Atti del Convegno (Roma 1988)*, Roma, pp. 83-124.

Angle M., Caneva C., Conti A.M., Dottarelli R., Gianni A., Giardino C., Persiani C. 1992, Casale Nuovo (LT) e la tarda età del Bronzo nel Lazio Meridionale, in *La Sardegna nel Mediterraneo tra il Bronzo medio e il Bronzo recente (XVI-XIII Sec. a.C.). Atti del III Convegno di studi "Un millennio di relazioni fra la Sardegna e i Paesi del Mediterraneo" (Selargius-Cagliari 1987)*, Cagliari, pp. 265-303.

Arias P.E. 1974, La civiltà italo-siceliota, in *Popoli e Civiltà dell'Italia antica* II, Roma, pp. 93-176.

Arribas Palau A. , Pareja Lopez E., Molina Gonzales F., Arteaga Matute O., Molina Fajardo F. 1974, *Excavaciones en el poblado de la Edad del Bronce "Cerro de la Encina" Monachil (Granada) (el corte estratigrafico N. 3). Excavaciones Arqueológicas en España* 81, Madrid.

Artini E. 1941, I Minerali (VI ed.), Milano.

Aspes A. 1976, Peschiera Golfo, in *3000 anni fa a Verona. Dalla fine dell'età del bronzo all'arrivo dei Romani nel territorio veronese*, Verona, pp. 135-136.

Assorgia R. 1982, *Il complesso nuragico di Antigori, in Magna Grecia e mondo miceneo. Nuovi documenti* (a cura di L. Vagnetti), Taranto, pp. 168-169.

Atzeni E. 1966, L'abri sous roche D' du village préhistorique de Filitosa (Sollacaro - Corse), in *Actes du XVIIIe Congrès Préhistorique de France (Ajaccio 1966)*, Paris, pp. 169-192.

Atzeni E. 1981, Aspetti e sviluppi culturali del Neolitico e della prima età dei metalli in Sardegna, in *Ichnussa. La Sardegna dalle origini all'età classica*, Milano, pp. XXI-LI.

Atzeni E. 1982, Notiziario: Laconi, in *RivScPr* XXXVII,1-2, pp. 336-337.

Atzeni E. 1987, *La preistoria del Sulcis Iglesiente*, Cagliari.

Atzeni E., Contu E., Ferrarese Ceruti M.L. 1988, L'età del rame nell'Italia insulare: la Sardegna, in *Atti del Congresso internazionale "L'età del rame in Europa" (Viareggio 1987), Rassegna di Archeologia* 7, Firenze, pp. 441-467.

Aubet Semmler M.E. 1988, Spagna, in *I Fenici*, Milano, pp. 226-242.

Audouze F., Courtois J.-C. 1970, *Les Epigles du Sud-Est de la France (Départements Drôme, Isère, Hautes-Alpes, Savoie et Haute-Savoie). PBF* XIII, 1, München.

Aye F. 1984, L'hétérogénéité de la distribution des gîtes sulfurés de Pb, Zn, Cu, Ag du Massif armorican (France). Ses origines, ses conséquences au plan de la recherce minière, in *ChronRechMin* 52, 475, pp. 11-18.

Bachmann H.G. 1993, The Archaeometallurgy of Silver, in *Archeologia delle attività estrattive e metallurgiche* (a cura di R. Francovich), Firenze, pp. 487-495.

Badas U. 1987, Genna Maria-Villanovaforru (Cagliari). I vani 10/18. Nuovi apporti allo studio delle abitazioni a corte centrale, in *La Sardegna nel Mediterraneo tra il secondo e il primo millennio a.C. Atti del II Convegno di studi "Un millennio di relazioni fra la Sardegna e i Paesi del Mediterraneo" (Selargius-Cagliari 1986)*, Cagliari, pp. 133-146.

Badii G. 1931, Le antiche miniere del Massetano (Massa Metallorum), in *StEtr* V, pp. 455-473.

Baldanza B., Triscari M. 1987, *Le miniere dei Monti Peloritani*, Messina.

Balmuth M.S., Tylecote R.F. 1976, Ancient Copper and Bronze in Sardinia: Excavations and Analysis in *JFieldA* 3, 2, pp. 195-201.

Balmuth M.S. 1992, Archaeology in Sardinia, *AJA* 96, 4, pp. 663-697.

Barceló Pons B. 1973, Aspectos geograficos de Mallorca, in *Historia de Mallorca*, Palma de Mallorca, pp. 127 sgg.

Barker G. 1984, *Ambiente e società nella preistoria dell'Italia centrale*, Roma.

Barnett R.D. 1958, Early Shipping in the Near East, in *Antiquity* XXXII, pp. 220-230.

Barreca F. 1986, Phoenicians in Sardinian: the bronze figurines, in *Studies in Sardinian Archaeology II. Sardinia in the Mediterranean* (ed.: M.S. Balmuth), Ann Arbor, pp. 131-143.

Bartoloni G. 1988, Insediamenti della tarda età del bronzo nel distretto minerario toscano, in *The first Iron in the Mediterranean - Il primo ferro nel Mediterraneo (Populonia/Piombino 1983), PACT* 21, Strasbourg, pp. 71-82.

Bartoloni G., Delpino F. 1975, Un tipo di orciolo a lamelle metalliche. Considerazioni sulla prima fase villanoviana, in *StEtr* XLIII, pp. 3-45.

Bartoloni P. 1991, Le più antiche rotte del Mediterraneo, in *Civiltà del Mediterraneo* 2, pp. 9-15.

Basoli P. 1980, L'architetture e i materiali del Nuraghe Nastasi di Tertenia (Nuoro), in *Atti della XXII Riunione Scientifica dell'I.I.P.P. (Sardegna centro-settentrionale 1978)*, Firenze, pp. 429-440.

Bass G.F. 1967, Cape Gelidonia: a Bronze Age Shipwreck, in *TransAmerPhilSoc* 57, 8, pp. 3-177.

Bass G.F. 1972 (ed.), *A history of Seafaring based on underwater archeology*, London.

Bass G.F. 1986, A Bronze Age Shipwreck at Ulu Burun (Kas): 1984 Campaign, in *AJA* 90, pp. 269-296.

Bass G.F. 1991, Evidence of Trade from Bronze Age Shipwrecks, in *Bronze Age Trade in the Mediterranean. Studies in Mediterranean Archaeology* XC (ed.: N.H. Gale), Jonsered, pp. 69-82.

Bass G.F., Frey D.A., Pulak C. 1984, A Late Bronze Age Shipwreck at Kaş, Turkey, in *IntJNautA* 13, 4, pp. 271-279.

Bass G.F., Pulak C., Collon D., Weinstein J. 1989, The Bronze Age Shipwreck at Ulu Burun: 1986 Campaign, in *AJA* 93, pp. 1-29.

Bastianelli S. 1934, Santa Marinella. Ripostiglio di bronzi arcaici, in *NSc*, pp. 443-450.

Baurain C., Destrooper-Georgiades A. 1995, Chypre, in *La civilisation phénicienne et punique. Manuel de recherche, Handbuch der Orientalistik 20* (ed. V. Krings), Leiden, New York, Köln, pp. 597-631.

Becker M.J. 1984, Sardinian Stone Moulds: An Indirect Means of Evaluating Bronze Age Metallurgical Technology, in *Stu-*

dies in Sardinian Archaeology (eds.: M.S. Balmuth, R.J. Rowland), pp. 163-208.

Becker B., Schmidt B. 1990, Extension of the European Oak Chronology to the Past 9224 Years, in *Proceedings of the Second International Symposium ^{14}C and Archaeology, PACT* 29 (ed. W.G. Mook, H.T. Waterbolk), Strasbourg, pp. 37-50.

Belardelli C. 1984, La ceramica grigia, in *Nuove ricerche sulla protostoria della Sibaritide* (a cura di R. Peroni), Roma, pp. 124-156.

Belardelli C. 1991-92, La ceramica grigia tornita, in *Atti del Congresso "L'età del bronzo in Italia nei secoli dal XVI al XIV a.C." (Viareggio 1989), Rassegna di Archeologia 10*, Firenze, pp. 750-751.

Belardelli C. 1994, La ceramica grigia, in *Enotri e Micenei nella Sibaritide* (a cura di R. Peroni, F. Trucco), pp. 265-346, Taranto.

Bellintani G.F., Peretto R. 1972, Il ripostiglio di Frattesina ed altri manufatti enei raccolti in superficie. Notizie preliminari, in *Padusa* VIII, 1-2, pp. 32-49.

Bérard J. 1957, *La Colonisation Grecque de l'Italie Méridionale et de la Sicilie dans l'antiquité. L'histoire et la légende* (II ed.), Paris.

Berggren E., Berggren K. 1981, *San Giovenale II, 2. Excavations in Area B, 1957-1960, Skrifter Utgivna av Svenska Institutet i Rom* 4°, XXVI: II, 2, Stockholm.

Bergonzi G. 1985, Southern Italy and the Aegean during the Late Bronze Age: Economic strategies and specialised craft products, in *Papers in Italian Archaeology IV. The Cambridge Conference. Part. III. Patterns in Protohistory, BAR Int. Series* 245 (eds.: C. Malone, S. Stoddart), Oxford, pp. 355-387.

Bergonzi G., Cardarelli A. 1982 a, Due produzioni dell'artigianato specializzato, in *Ricerche sulla protostoria della Sibaritide 1*, Napoli, pp. 94-118.

Bergonzi G., Cardarelli A. 1982 b, Due produzioni dell'artigianato specializzato: la ceramica grigia e i dolii cordonati, in *Ricerche sulla protostoria della Sibaritide* 2, Napoli, pp. 63-97.

Bergonzi G., Cardarelli A. 1984, Due produzioni dell'artigianato specializzato: ceramica grigia e dolii per derrate, in *Ricerche sulla protostoria della Sibaritide 3* (a cura di R. Peroni), Roma, pp. 101-163.

Bergonzi G., Cateni G. 1979, L'età del Bronzo finale nella Toscana Marittima, in *Atti della XXI Riunione Scientifica dell' I.I.P.P., Il Bronzo finale in Italia (Firenze 1977)*, Firenze, pp. 249-264.

Bermond Montanari G. 1987, Monte Battaglia, in *La formazione della città in Emilia Romagna. Prime esperienze urbane attraverso le nuove scoperte archeologiche. Catalogo della mostra*, Bologna, pp. 21-26.

Bernabò Brea L. 1953-54, La Sicilia prehistorica y sus relaciones con Oriente y con la Península Ibérica, in *Ampurias* XV-XVI, pp. 137-235.

Bernabò Brea L. 1964-1965, Leggenda e archeologia nella preistoria siciliana, in *Kokalos* X-XI, pp. 1-33.

Bernabò Brea L. 1970, Thapsos. Primi indizi dell'abitato dell'età del bronzo, in *Adriatica Praehistorica et Antiqua. Zbornik radova posvecen Grgi Novaku*, Zagreb, pp. 139-151.

Bernabò Brea L. 1972, *La Sicilia prima dei Greci*, V ed., Milano.

Bernabò Brea L. 1980, Beziehungen zu Malta, Sizilien und zu den Äeolischen Inseln, in *Kunst Sardiniens*, Karslruhe, pp. 192-200.

Bernabò Brea L. 1981, L'espansione dei commerci eoliani durante la prima età del bronzo, in *Magna Graecia* XVI, 9-10, pp. 15-17.

Bernabò Brea L., Albanese Procelli R.M. 1982, Calascibetta (Enna). La necropoli di Cozzo S. Giuseppe in contrada Realmese, in *NSc* XXXVI, pp. 425-632.

Bernabò Brea L., Cavalier M. 1960, *Meligunìs - Lipára I. La stazione preistorica della contrada Diana e la necropoli protostorica di Lipari*, Palermo.

Bernabò Brea L., Cavalier M. 1980, *Meligunìs - Lipára IV. L'Acropoli di Lipari nella preistoria*, Palermo.

Bernabò Brea L., Militello E., La Piana S. 1969, Mineo (Catania). La necropoli detta del Molino della Badia: nuove tombe in contrada Madonna del Piano, in *NSc* XXIII, pp. 210-275.

Berthoud T. 1979, *Étude par l'analyse de traces et la modélisation de la filiation entre minerai de cuivre et objets archéologiques du Moyen - Orient (IVème et IIIème millénaire avant notre ère)*. Thèse de Doctorat: Université Pierre et Marie Curie, Paris.

Berthoud T. 1980, De la mine a l'objet. Étude de la provenance des objets métalliques, in *Dossiers de l'archéologie* 42, pp. 24-27.

Berthoud T., Francaix J. 1980, *Contribution a l'étude de la métallurgie de Suse aux IVème et IIIème millénaires. Analyse des elements-traces par spectrométrie d'emission dans l'ultra-violet et spectrométrie de masse à étincelles*, Gif-sur - Yvette.

Betancourt P.P. 1987, Dating the Aegean Late Bronze Age with Radiocarbon, in in *Archaeometry* 29, 1, pp. 45-49.

Bianco Peroni V. 1970, *Le spade nell'Italia continentale. PBF* IV, 1, München.

Bianco Peroni V. 1976, *I coltelli nell'Italia continentale, PBF* VII, 2, München.

Bianco Peroni V. 1979, *I rasoi nell'Italia continentale, PBF* VIII, 2, München.

Bianco S., De Siena A. 1982, Termitito (Montalbano Ionico, Matera), in *Magna Grecia e mondo miceneo. Nuovi documenti* (a cura di L. Vagnetti), Taranto, pp. 69-96.

Biancofiore F. 1967, *Civiltà micenea nell'Italia meridionale* (II edizione), Roma.

Bietti Sestieri A.M. 1973, The metal industry of continental Italy, 13th to the 11th century BC, and its connections with the Aegean, in *ProcPrHistSoc* 39, pp. 383-424.

Bietti Sestieri A.M. 1979, I processi storici nella Sicilia Orientale fra la tarda età del bronzo e gli inizi dell'età del ferro sulla base dei dati archeologici, in *Atti della XXI Riunione Scientifica dell' I.I.P.P., Il Bronzo finale in Italia (Firenze 1977)*, Firenze, pp. 599-629.

Bietti Sestieri A.M. 1980-81, La Sicilia e le isole Eolie e i loro rapporti con le regioni tirreniche dell'Italia continentale dal neolitico alla colonizzazione greca, in *Kokalos* XXVI-XXVII, 1, pp. 8-66.

Bietti Sestieri A.M. 1981, Produzione e scambio nell'Italia protostorica. Alcune ipotesi sul ruolo dell'industria metallurgica nell'Etruria mineraria nell'età del bronzo, in *L'Etruria mine-*

raria. Atti del XII Convegno di Studi Etruschi e Italici (Firenze, Populonia, Piombino 1979), Firenze, pp. 223-264.

Bietti Sestieri A.M. 1985, Contact, exchange and conflict in the Italian Bronze Age: the Mycenaeans on the Tyrrhenian coasts and islands, in *Papers in Italian Archaeology IV. The Cambridge Conference. Part. III. Patterns in Protohistory, BAR Int. Series* 245 (eds.: C. Malone, S. Stoddart), Oxford, pp. 305-337.

Bietti Sestieri A.M. 1988, The «Mycenaean connection» and its impact on the central Mediterranean societies, in *DArch* 6.1, pp. 23-51.

Bietti Sestieri A.M. 1992, Le unità di base della necropoli durante le fasi più antiche, in *La Necropoli Laziale di Osteria dell'Osa* (a cura di A.M. Bietti Sestieri), Roma, pp. 551-784.

Bigoteau M. 1976, La cachette de Sainte-Marguerite à Pornichet, Loire Atlantique, in *Etudes Préistoriques et Protohistoriques. Pays de la Loire IV*, Nantes, pp. 125-14.

Billows E. 1935, Considerazioni geochimiche sulla frequenza degli elementi nei minerali della Sardegna, in *Rendiconti del Seminario della Facoltà di Scienze della R. Università di Cagliari* V, 1, pp. 24-29.

Billows E. 1941, *I minerali della Sardegna ed i loro giacimenti*, Cagliari.

Bird D.G. 1984, Pliny and the Gold Mines in the North-West of the Iberian Peninsula, in *Papers in Iberian Archaeology, I, BAR Int. Series* 193 I (eds.: T.F.C. Blagg, R.F.J. Jones, S.J. Keay), Oxford, pp. 341-368.

Birocchi E. 1934, I ripostigli nuragici e le Panelle di rame grezzo, in *StSard* I, pp. 37-108.

Bisi A.M. 1968, Fenici o Micenei in Sicilia nella seconda metà del II millennio a.C. ?, in *Atti e Memorie del 1° Congresso internazionale di Miceneologia (Roma 1967), III*, Roma, pp. 1156-1168.

Bisi A.M. 1977, L'apport phénicieen aux bronzes nouragiques de Sardaigne, in *Latomus* XXXVI, pp. 909-932.

Bisi A.M. 1980, Elementi orientali e orientalizzanti nell'artigianato tartessio, in *RStFen* VIII, 2, pp. 225-235.

Bisi A.M. 1987, Bronzi vicino-orientali in Sardegna: importazioni ed influssi, in *Studies in Sardinian Archaeology III. Nuragic Sardinia and the Mycenean World, BAR Int. Series* 387 (ed.: M.S. Balmuth), Oxford, pp. 225-246.

Bizzarri M. 1965, Un ripostiglio eneo nell'Isola del Giglio, in *StEtr* 33, pp. 515-520.

Blanchet J.C., Mohen J.P. 1977, Le dépôt du Bronze final de Saint-Just-en-Chaussée Oise, in *BPrHistFr* 74, pp. 472-481.

Blanco-Freijeiro A. 1963, El ajuar de una tumba de Cástulo, in *AEsp* XXXVI, pp. 40-69.

Blanco-Freijeiro A., Luzón J.M. 1969, Pre-Roman Silver Miners at Riotinto, in *Antiquity* XLIII, pp. 124-131.

Blázquez J.M. 1975, *Tartessos y los origenes de la colonizacion Fenicia en Occidente* (II ed.), Salamanca.

Blázquez J.M. 1978, *Economia de la Hispania romana*, Bilbao.

Blázquez J.M. 1984, Castulo, Capital of the Mining District of Oretania, in *Papers in Iberian Archaeology, II, BAR Int. Series* 193 II (eds.: T.F.C. Blagg, R.F.J. Jones, S.J. Keay), Oxford, pp. 396-428.

Blázquez J.M. 1987, Los escudos con escotadura en V y la presencia fenicia en la costa atlántica y en el interior de la Península Ibérica, in *Veleia 2-3. Studia Palaeohispanica. Actas del IV Coloquio sobre lenguas y culturas Paleohispánicas, (Victoria / Gasteiz 1985)* (a cura di J. Gorrochategui, J.L. Melena, J. Santos), pp. 469-497.

Blázquez J.M., Luzón J.M., Gòmez F., Clauss K. 1970, *Huelva Arqueologica. Las ceramicas del Cabezo de S. Pedro*, Huelva.

Blegen W.C. 1958, *Troy. Settlements VII a, VII b and VIII*, IV, 1, Princeton, New Jersey.

Blinkenberg C. 1926, *Fibules grecques et orientales*, København.

Bocconi Montella G. 1984, La sequenza delle culture protostoriche nelle isole Baleari, in *CuadRom* 17, pp. 11-90.

Bocquet A. 1976, Les civilitations de l'Age du Bronze dans les Alpes, in *La Préhistoire Française, II, Civilisations néolithiques et protohistoriques de la France*, Paris, pp. 483-494.

Boegel H. 1972, *I minerali*, Roma.

Böhne C. 1968, Über die Kupferverhüttung der Bronzezeit, in *AAustr* 44, pp. 49-60.

Bonello Lai M. 1986-1987, Pani di piombo rinvenuti in Sardegna, in *StSard* XXVII, pp. 7-39.

Boni M. 1985, Les gisements de type Mississippi Valley du Sud-Ouest de la Sardaigne (Italie): une synthèse, in *ChronRechMin* 479, Juin, 53, pp. 7-34.

Bonino M. 1985, Sewn Boats in Italy: Sutiles Naves and Barche cucite, in *Sewn Plank Boats, Archaeological and Ethnografic papers based on those presented to a conference at Greenwich 1984, BAR Int. Series* 276 (eds.: S. McGrail, E. Kentley), Oxford, pp. 87-104.

Bonino M. 1989, Imbarcazioni arcaiche in Italia: il problema delle navi usate dagli Etruschi, in *Atti del Secondo Congresso Internazionale Etrusco (Firenze 1985), III. Supplemento di Studi Etruschi*, Roma, pp. 1517-1536.

Bosch Gimpera P. 1924, Pyrenäenhalbinsel, sv. Bergbau,in M. Ebert, *Reallexicon der Vorgeschichte* I, Berlin, p. 425.

Bourhis J.R. 1988, Analyse des creusets, scories et minerais, in G. Camps, *Terrina et le Terrinien. Reserches sur le Chalcolithique de la Corse. Collection de l'Ecole Française de Rome* 109, Roma, pp. 251-253.

Breglia L. 1966, s.v. Scarabeo, in *Enciclopedia dell'Arte Antica Classica e Orientale* VIII, p. 88-91, Roma.

Breuil H. 1901, L'Age du Bronze dans le Bassin de Paris. II - Poignards, couteaux, scies, rasoirs, racloirs, faucilles du Bassin de la Somme, in *L'Anthropologie* XII, pp. 283-296.

Briard J. 1964, Notes sur quelques faucilles a douille de l'âge du Bronze trouvée en France, in *L'Anthropologie* 68, 1-2, pp. 133-138.

Briard J. 1965, *Les dépôts bretons et l'âge du Bronze atlantique*, Rennes.

Briard J. 1976 a, La paléométallurgie en France, in *La Préhistoire Française, II, Civilisations néolithiques et protohistoriques de la France*, Paris, pp. 237-245.

Briard J. 1976 b, Les civilisations de l'Age du Bronze en Armorique, in *La Préhistoire Française, II, Civilisations néolithiques et protohistoriques de la France*, Paris, pp. 561-574.

Briard J. 1976 c, *L'Age du Bronze en Europe barbare. Des mégalithes aux Celts*, Tolouse.

Briard J. 1984, L'outillage des fondeurs de l'Age du Bronze en Armorique, in *Paléométallurgie de la France atlantique. Age du Bronze (1)*, Rennes, pp. 139-168.

Briard J., Verron G. 1976, *Typologie des objets de l'âge du Bronze en France, Fasc. IV : Les haches*, Paris.

Briggs C.S. 1987, Buckets and caudrons in the Late Bronze Age of North-West Europe; a review, in *Les relations entre le continent et les Iles Britanniques a l'Age du Bronze. Actes du Colloque de Lille dans le Cadre du 22ème Congrès Préhistorique de France (1984)*, Amiens.

Brock J.K. 1957, *Fortetsa. Early Greek Tombs near Knossos. British School of Athens Supplementary Papers 2*, Cambridge.

Bromehead C.N. 1966, Coltivazione delle miniere e delle cave, in *Storia della tecnologia* I, Torino (ed. orig.: *A History of Technology* I, Oxford 1954), pp. 567-580.

Bronson R.C., Uggeri G. 1970, Isola del Giglio, Isola di Giannutri, Monte Argentario, Laguna di Orbetello (notizia preliminare dei rinvenimenti del 1968), in *StEtr* 38, pp. 201-214.

Brown M.A., Blin-Stoyle A.E. 1959, A sample analysis of British Middle and Late Bronze Age material, using optical spectrometry, in *ProcPrHistSoc* 25, pp. 188-208.

Brusca C., Dessau G. 1968, I giacimenti piombo-zinciferi di S. Giovanni (Iglesias) nel quadro della geologia del Cambrico sardo, in *L'industria mineraria* s. II, XIX, 9-11, pp. 470-494, 533-556, 597-609.

Buchholz H.G. 1958, Der Kupferhandel des zweiten vorchristlichen Jahrtausends im Spiegel der Schriftforschung, in *Minoica. Festschrift zum 80. Geburstag von J. Sundwall*, Berlin 1958, pp. 92-115.

Buchner G. 1969, Mostra degli scavi di Pithecusa, in *DArch* III, 1-2, pp. 85-101.

Buchner G. 1985, Isola d'Ischia, Lacco Ameno, Monte di Vico (scarico Gosetti), in *L'Etruria mineraria* (a cura di G. Camporeale), Milano, p. 46.

Bunnes G. 1979, *L'expansion phénicienne en Méditerranée. Essai d'interprétation fondé sur une analyse des traditions littéraires*, Bruxelles - Rome.

Buranelli F. 1983, *La necropoli villanoviana "Le Rose" di Tarquinia*, Roma.

Burgess C.B. 1974, The bronze age, in *British Prehistory. A New Outline* (ed.: Renfrew C.), London, pp. 165-232.

Burgess C.B., Colquhoun J. 1988, *The Swords of Britain, PBF* IV, 5, München.

Cadogan G. 1978, Dating the Aegean Bronze Age without Radiocarbon, in *Archaeometry* 20, 2, pp. 209-214.

Cafici I. 1888, Bronzi della prima età del ferro scoperti a Tre Canali nel Vizzinese, in *BPI* XIV, pp. 167-178.

Calzoni U. 1971, *Museo Archeologico Nazionale dell'Umbria - Perugia. Sezione preistorica. Itinerari dei Musei, Gallerie e Monumenti d'Italia* 71 (III ed.), Roma.

Cambi L. 1959, Problemi della metallurgia etrusca, in *StEtr* XXVII, pp. 415-432.

Camerata Scovazzo R. 1978, Ricerche nel territorio di Santa Margherita Belice: materiali e documenti inediti, in *Kokalos* XXIV, pp. 128-155.

Camponeschi B., Nolasco F. 1978, *Monti della Tolfa e Monti Ceriti. Le risorse naturali della Regione Lazio 3*, Roma.

Camporeale G. 1969, *I commerci di Vetulonia in età orientalizzante*, Firenze.

Camporeale G. 1985, Introduzione, in *L'Etruria mineraria* (a cura di G. Camporeale), Milano 1985, pp. 21-36.

Camps G. 1988 a, *Préhistoire d'une île. Les origines de la Corse*, Paris.

Camps G. 1988 b, *Terrina et le Terrinien. Reserches sur le Chalcolithique de la Corse. Collection de l'Ecole Française de Rome* 109, Roma.

Caneva C., Giardino C. 1992, Archaeometallurgy of Sycilian Artifacts of the Late Bronze Age and Early Iron Age: the Polizzello Hoard, in *Archeometallurgia. Ricerche e prospettive. Atti del Colloquio Internazionale di Archeometallurgia (Bologna-Dozza Imolese 1988)* (a cura di E. Antonacci Sanpaolo), Bologna, pp. 291-305.

Caneva C., Frangipane M., Palmieri A. 1992, Scienza e tecnologia dei bronzi arsenicali di Arslantepe, in *Archeometallurgia. Ricerche e prospettive. Atti del Colloquio Internazionale di Archeometallurgia (Bologna-Dozza Imolese 1988)* (a cura di E. Antonacci Sanpaolo), Bologna, pp. 401-413.

Caneva C., Palmieri A.M., Sertok K. 1990, Malatya çevresindeki bakir cevherler ve ergitme deneyleri, in *Arkeometri Sonuçlari Toplantisi* VI, pp. 1-11.

Capoferri B., Giardino C. 1984 a, I materiali dell'età del bronzo media e recente, in *Ricerche sulla protostoria della Sibaritide 3* (a cura di R. Peroni), Roma, pp. 28-100.

Capoferri B., Giardino C. 1984 b, I materiali dell'età del bronzo media e recente, in *Nuove ricerche sulla protostoria della Sibaritide* (a cura di R. Peroni), Roma, pp. 46-123

Carancini G.L. 1975, *Gli spilloni nell'Italia continentale, PBF XIII*, 2, München .

Carancini G.L. 1979 a, I ripostigli dell'età del bronzo finale, in *Atti della XXI Riunione Scientifica dell' I.I.P.P., Il Bronzo finale in Italia (Firenze 1977)*, Firenze, pp. 631-641.

Carancini G.L. 1979 b, Problemi di cronologia relativa dell'età del bronzo in Italia, in *Nuovi quaderni dell'Istituto di Archeologia dell'Università di Perugia* 1 , pp. 39-48.

Carancini G.L. 1979 c, Alcuni aspetti della metallurgia nel Lazio nel corso dell'età del bronzo, in *Archeologia Laziale II*, pp. 177-184, Roma.

Carancini G.L. 1982, Su alcuni problemi della protostoria della Calabria, in *Temesa e il suo territorio. Atti del Colloquio di Perugia e Trevi (1981)*, Taranto, pp. 153-165.

Carancini G.L. 1984, *Le asce nell'Italia continentale II, PBF IX*, 12, München.

Carancini G.L. 1991-92, L'Italia centro-meridionale, in *Atti del Congresso "L'età del bronzo in Italia nei secoli dal XVI al XIV a.C." (Viareggio 1989), Rassegna di Archeologia* 10, Firenze, pp. 235-254.

Cardarelli A., di Gennaro F., Guidi A., Pacciarelli M. 1980, Le ricerche di topografia protostorica nel Lazio, in *Il Bronzo finale in Italia* (a cura di R. Peroni), Bari, pp. 91-103.

Cardarelli A. 1979, Siti del passaggio alla media età del bronzo nel Lazio, in *Archeologia Laziale II*, Roma, pp. 139-147.

Cardarelli A. 1983, La ceramica grigia e i dolii per derrate, in *Magna Grecia e mondo miceneo. Atti del XXII Conv. di Studi sulla Magna Grecia (Taranto 1982)*, Taranto, pp. 116-124.

Carlini R. 1979, I Monti della Tolfa: Geologia ed Itinerari Mineralogici, in *Lazio Minerale. Bollettino della Associazione Mineralogica Laziale* 1, pp. 15-18.

Carriazo J. de M., Raddatz K. 1961, Ergebnisse einer ersten stratigraphischen Untersuchung in Carmona, in *MM* 2, pp. 71-106 .

Carta M. 1967, Storia delle miniere sarde, in *Sardegna. Guida d'Italia del Touring Club Italiano* 23 (IV ed.), Milano, pp. 88-99.

Carvoeiras Goinhas J.A. 1987, Cadre géologique et métallogénique des ressources minières du Portugal, in *ChronRechMin* 55, 489, pp. 25-42.

Casson L. 1964, *Illustrated History of Ships & Boats*, Garden City, New York.

Casson L. 1971, *Ships and Seamanship in the Ancient World*, Princeton, New Jersey.

Casson L. 1976, *Navi e marinai dell'Antichità*, Milano 1976.(ed. orig: *The Ancient Mariners*, New York 1959).

Cateni G. 1977, Il ripostiglio di Limone (Livorno), in *StEtr* XLV, pp. 3-37.

Catling H.W. 1964, *Cypriot Bronzework in the Mycenaean World*, Oxford.

Catling H.W. 1986, The date of the Cape Gelidonya Ship and Cypriot Bronzework, *RDAC*, pp. 68-71.

Cauuet-Contri B. 1989, Les fouilloux. Les "aurières" du Limousin, in *Le Courrier du CNRS. Dossiers scientifiques* 73, pp. 57-59.

Cazzella A. 1994, Cronologia radiocarbonica calibrata e cronologia 'storica' nell'Italia centro-neridionale durante l'età del Bronzo, in *Radiocarbon Dating and Italian Prehistory* (eds.: R. Skeates, R. Whitehouse), London, pp. 73-83.

Cazzella A., Moscoloni M. 1987, Età del Bronzo. La ricerca archeologica, in *Coppa Nevigata e il suo territorio. Testimonianze archeologiche dal VII al II millennio a.C.* (a cura di S.M. Cassano, A. Cazzella, A. Manfredini, M. Moscoloni), Roma, pp. 109-190.

Cazzella A., Cocchi Genick D., Del Lucchese A., Grifoni Cremonesi R., Maggi R., Moscoloni M., Negroni Catacchio N., Radi G., Sarti L., Vigliardi A. 1988, L'età del rame nell'Italia centrale, in *Atti del Congresso Internazionale "L'età del rame in Europa" (Viareggio 1987), Rassegna di Archeologia* 7, pp. 333-400.

Ceccanti M. 1982, Notiziario: Piombino, loc. Baratti, Poggio del Molino, in *Studi e Materiali* V (n.s.), p. 363.

Cesari J., Jehasse O. 1978, Le site archéologique de Castellucciu (Pila Canale - Corse du sud), in *ACors* 3, pp. 55-70.

Chamorro J.G. 1987, Survey of Archaeological Research on Tartessos, in *AJA* 91, pp. 197-232.

Chardenoux M.B., Courtois J.C. 1979, *Les haches dans la France Méridionale, PBF IX*. 11, München.

Charles J.A. 1980, The Coming of Copper and Copper-Base Alloys and Iron: A Metallurgical Sequence, in *The Coming of the Age of Iron* (eds.: T.A. Wertime, J.D. Muhly), New Haven, London, pp. 151-181.

Chenorkian R. 1988, *Les Armes Métalliques dans l'Art Protohistorique de L'Occident Méditerranéen*, Paris.

Chevillot C. 1981, *La Civilisation de la fin de l'Age du Bronze en Périgord. Le Bronze Final III. Du Xe au VIIe siècle avant notre ère*, Périgueux.

Chevillot C. 1989, *Sites et cultures de l'Age du Bronze en Périgord*, Périgueux.

Childe V.G. 1939, Double-looped palstaves in Britain, in *AntJ* XIX, pp. 320-323.

Childe V.G. 1947, *The Dawn of European Civilization* (IV ed.), London.

Childe V.G. 1962, *Preistoria della società europea* (ed. orig.: *The Prehistory of European Society*, Harmondsworth, Middlesex, 1958), Firenze.

Childe V.G. 1972, *L'alba della civiltà europea* (ed. orig.: *The Dawn of European Civilization* (VI ed.), London 1957), Torino.

Chippendale C. 1987, Special radiocarbon section: editorial, in *Antiquity* 61, 231, p. 97.

Chitty L.F. 1936, Single-Faced Palstaves in Portugal and Ireland, in *ProcPrHistSoc* II, pp. 236-238.

Ciampoltrini G. 1993, Un contesto tombale del Bronzo finale nel Museo Civico di Orbetello, in *BPI* 84, pp. 491-502.

Cipolloni Sampò M. 1982, Toppo Daguzzo (Rapolla, Potenza), in *Magna Grecia e mondo miceneo. Nuovi documenti* (a cura di L. Vagnetti), Taranto, pp. 99-102.

Clayton B. 1974, Metal Analyses - their limitation and application to the Early Bronze Age in Ireland, in *Bullettin of the Institute of Archaeology of London* 11, pp. 75-129.

Cocchi I. 1865, Di alcuni resti umani e degli oggetti di umana industria dei tempi preistorici raccolti in Toscana, in *Memorie della Società Italiana di Scienze Naturali*, I, pp. 1-32.

Cocchi Genick D. 1986, *Il Riparo dell'Ambra. Una successione stratigrafica dal Neolitico tardo al Bronzo finale*, Viareggio.

Cocchi Genick D., Damiani I., Macchiarola I., Peroni R., Poggiani Keller R., Vigliardi A. 1991-92, L'Italia centro-meridionale, in *Atti del Congresso "L'età del bronzo in Italia nei secoli dal XVI al XIV a.C." (Viareggio 1989), Rassegna di Archeologia* 10, Firenze, pp. 69-103.

Cocco D., Usai L. 1992, Tomba megalitica in località "Perda 'e Acuzzai" (Villa S. Pietro-Cagliari). Nota preliminare, in *La Sardegna nel Mediterraneo tra il Bronzo medio e il Bronzo recente (XVI-XIII Sec. a.C.). Atti del III Convegno di studi "Un millennio di relazioni fra la Sardegna e i Paesi del Mediterraneo" (Selargius-Cagliari 1987)*, Cagliari, pp. 187-199.

Coelho L. 1975, Nueva estela insculturada proveniente del Baixo Alentejo (Ervidel, Portugal), in *TrabPrHis* 32, pp. 195-197.

Coffyn A. 1985, *Le Bronze Final Atlantique dans la Peninsule Iberique*, Paris.

Coffyn A., Gomez J., Mohen J.P. 1981, *L'apogée du Bronze atlantique. Le dépôt de Vénat*, Paris.

Coghlan H.H. 1970, Bronze Age Metallurgy, being a Report upon Specimens in the Collections of the Pitt Rivers Museum, University of Oxford, in *Metallurgical Reports on British and Irish Bronze Age. Implements and Weapons in the Pitt Rivers Museum*, Oxford, pp. 17-26.

Coghlan H.H. 1975, *Notes on the Prehistoric Metallurgy of Copper and Bronze in the Old World* (II ed.), Oxford.

Coldstream J.N. 1968, *Greek Geometric Pottery. A Survey of Ten local Styles and their Chronology*, London.

Coldstream J.N. 1977, *Geometric Grece*, London.

Coles J. 1973, *Archaeology by Experiment*, London.

Coles J.M., Harding A.F. 1979, *The Bronze Age in Europe. An Introduction to the Prehistory of Europe c. 2000-700 BC*, London.

Colini G.A. 1901, Il sepolcreto di Remedello Sotto nel Bresciano e il periodo eneolitico in Italia (continuazione), in *BPI* XXVII, pp. 73-132.

Colini G.A. 1909-1910, Le Antichità di Tolfa e di Allumiere e il principio dell'età del ferro in Italia, in *BPI* XXXV, pp. 104-149, 177-204; XXXVI, pp. 96-149.

Colonna G. 1980, Parergon. A proposito del frammento geometrico dal Foro, in *MEFRA* 92, 2, pp. 591-605.

Colonna G. 1981, Quali Etruschi e Roma, in *Gli Etruschi e Roma. Atti dell'incontro di studio in onore di Massimo Pallottino (Roma 1979)*, Roma, pp. 159-172.

Conophagos C.E. 1980, *Le Laurium Antique et la tecnique grecque de la production de l'argent*, Athenes.

Consolo Langher S. 1965, Aes Rude e monete utensili del Thesauros di Mendolito di Adrano (730-650 a.C.), in *Atti del Congresso Internazionale di Numismatica (Roma 1961)* II, Roma, pp. 3-18.

Contu E. 1955-1957, Argomenti di cronologia a proposito delle tombe a poliandro di Ena' e Muros (Ossi-Sassari) e Motrox' e Bois (Usellus-Cagliari), in *StSard* XIV-XV, I, pp. 129-196.

Contu E. 1960, Notiziario: Sardegna, in *RivScPr* XV, pp. 236-241.

Contu E. 1965, Notiziario: Sardegna, in *RivScPr* XX, pp. 377-383.

Contu E. 1974, La Sardegna dell'età nuragica, in V. Tusa, E. Contu, G. Mansuelli, *Popoli e Civiltà dell'Italia antica* III, Roma, pp. 145-203.

Contu E. 1980 a, La Sardegna preistorica e protostorica. Aspetti e problemi, in *Atti della XXII Riunione Scientifica dell'I.I.P.P. (Sardegna centro-settentrionale 1978)*, Firenze, pp. 13-39.

Contu E. 1980 b, Ceramica sarda di età nuragica a Lipari, in *Meligunìs - Lipára IV. L'Acropoli di Lipari nella preistoria*, Palermo, pp. 829-836.

Contu E. 1981, L'architettura nuragica, in *Ichnussa. La Sardegna dalle origini all'età classica*, Milano, pp. 5-175.

Contu E. 1982, Alcuni problemi cronologici della preistoria sarda nel contesto mediterraneo, in *Atti del Convegno di Studio "Stato attuale della ricerca storica sulla Sardegna" (Cagliari 1982). Archivio Storico Sardo* XXXIII, Cagliari, pp. 91-101.

Contu E. 1983, Alcuni problemi cronologici della preistoria sarda nel contesto mediterraneo, in *La ricerca storica in Sardegna (Cagliari 1982), Archivio Storico Sardo* XXXIII, pp. 91-102.

Contu E. 1988, Cronologia della Sardegna preistorica e protostorica, in *La Sardegna* 3 (a cura di M. Brigaglia), Cagliari, pp. 405-410.

Contu E. 1992, L'inizio dell'età nuragica, in *La Sardegna nel Mediterraneo tra il Bronzo medio e il Bronzo recente (XVI-XIII Sec. a.C.). Atti del III Convegno di studi "Un millennio di relazioni fra la Sardegna e i Paesi del Mediterraneo" (Selargius-Cagliari 1987)*, Cagliari, pp. 13-40.

Coombs D. 1979, A Late Bronze Age Hoard from Cassiobridge Farm, Watford, Hertfordshire, in *Bronze Age Hoards. Some Finds Old and New, BAR Br. Series*, 67 (eds.: C. Burgess, D. Coombs), Oxford, pp. 197-220.

Corcoran J.X.W.P. 1961, The Caergwrle bowl: A contribution to the study of the Bronze Age, in *Bericht über den V. Internationalen Kongress für Vor- und Frühgeschichte (Hamburh 1958)* (ed.: G. Bersu), Berlin, pp. 200-203.

Cordier G. 1976, Les civilations de l'âge du Bronze dans le Centre-ouest et les pays de Loire, in *La Préhistoire Française, II, Civilisations néolithiques et protohistoriques de la France*, Paris, pp. 543-560.

Cordier G., Gruet M. 1975, L'Age du Bronze et le premier Age du Fer en Anjou, in *GalliaPrHist* 18, pp. 157-287.

Cordier G., Millotte J.P., Riquet R. 1959, La cachette de bronze d'Azay-le-Rideau (Indre-et-Loire), in *GalliaPrHist* 2, pp. 57-71.

Cornaggia Castiglioni O. 1956, Genesi e diffusione della ceramica preistorica e protostorica europeo-occidentale decorata con incrostazioni metalliche, in *RAComo* 138, pp. 29-61.

Corona E. 1986, Dendrocronologia. Principi e applicazioni, in *Dendrocronologia. Principi e applicazioni. Atti del Seminario tenuto a Verona nei giorni 14-15 novembre 1984*, Verona, pp. 7-32.

Corretti A. 1991, *Metallurgia medievale all'Isola d'Elba*, Firenze.

Cortesi C., Improta S. 1986, Il metodo del ^{14}C e altri metodi radiometrici di datazione. Dendrocronologia e ^{14}C, in *Dendocronologia: Principi e applicazioni, Atti Seminario Verona (1984)*, pp. 33-81.

Cosimi F. 1986, La cultura villanoviana a Sermugnano. Nota preeliminare sulle ricerche, in *Castiglione in Teverina. Tracce del passato. Appunti per una ricerca archeologica sul territorio*, Castiglione in Teverina, pp. 25-44.

Coutil L. 1912, Etude sur les pointes de flèches de l'âge du Bronze, munies de barbelures à douille, in *BPrHistFr* IX, pp. 128-134; 483-488.

Cowen J.D. 1971 a, A striking maritime distribution-pattern, in: *ProcPrHistSoc* XXXVII, II, pp. 154-167.

Cowen J.D. 1971 b, Two shaft-hole Axes, in *ProcPrHistSoc* XXXVII, I, pp. 229-231.

Craddock B. 1990, The Experimental Hafting of Stone Mining Hammers, in *Early Mining in the British Isles. Proceedings of the Early Mining Workshop (Plas Tan y Bwlch, Snowdonia National Park Study Centre 1989), Plas Tan y Bwlch Occasional Paper* 1 (eds: P. Crew, S. Crew), Plas Tan y Bwlch, p. 58.

Craddock P.T. 1980, The Composition of Iberian Bronze Age Metawork in the British Museum, in *Aspects of early Metallurgy*, London, pp. 51-62.

Craddock P.T. 1986, The metallurgy of Italic and Sardinian bronzes, in *Italian Iron Age Artifacts in the British Museum*, London, pp. 143-150.

Craddock P.T. 1993, The Inception of Extractive Metallurgy in Western Europe, in *Archeologia delle attività estrattive e metallurgiche* (a cura di R. Francovich), Firenze, pp. 305-328.

Cristofani M. 1981, Geografia del popolamento e storia economico-sociale nell'Etruria mineraria, in *L'Etruria mineraria. Atti del XII Convegno di Studi Etruschi e Italici (Firenze, Populonia, Piombino 1979)*, Firenze, pp. 429-441.

Cristofani M. 1983, *Gli Etruschi del mare*, Milano.

Cross F.M. 1984, Phoenicians in Sardinia: The Ephigraphical Evidence, in *Studies in Sardinian Archaeology* (eds.: M.S. Balmuth, R.J. Rowland), Ann Arbor, pp. 53-63.

Cuadrado E. 1963, Precedentes y prototipos de la fibula anular hispanica, in *TrabPrHis* VII, pp. 7-61.

Cunisset-Carnot P., Mohen J.P., Nicolardot J.P. 1971, Una fibule 'chypriote' trouvée en Côte-d'Or, in *BPrHistFr* 68, pp. 602-609.

Curri C.B. 1978, *Vetulonia I. Forma Italiae* VII, 5, Firenze.

Czedik-Eysenberg F. 1958, Beiträge zur Metallurgie des Kupfers in der Urzeit, in *AAustr Beiheft* 3, pp. 1-18.

D'Achiardi A. 1883, *I metalli. Loro minerali e miniere* I-II, Milano.

D'Achiardi G. 1927, L'industria mineraria e metallurgica in Toscana al tempo degli Etruschi, in *StEtr* I, pp. 411-420.

D'Achiardi G. 1929, L'industria metallurgica a Populonia, in *StEtr* III, pp. 397-404.

D'Achiardi G., Stefanini G., Tavani G., Blanc A.C., Rossoni P., Tongiorgi E., Minto A. 1937, Ricerche archeologico-minerarie in Val Fucinaia, in *StEtr* XI, pp. 305-341.

Dall'Aglio M., Locardi E. 1967, Distribuzione del piombo, dello zinco e del rame nelle alluvioni dei Monti Peloritani, in *Rivista Mineraria Siciliana* XVIII, 106-108, pp. 3-23.

Damiani I. 1991, Aspetti ceramici dell'età del Bronzo recente in Italia peninsulare e nelle Isole Eolie: la facies subappenninica a trent'anni dalla sua definizione, in *DArch* 9, 1-2, pp. 5-33.

Dani A. 1965, Reperti preistorici sulle alture intorno a Caldana (Grosseto) in *Atti Società Toscana Scienze Naturali, memorie*, s. A, LXXII,fasc. 1, pp. 244-253.

Davies O. 1935, *Roman Mines in Europe*, Oxford.

Davies N.G., Faulkner R.O. 1947, A Syrian Trading Venture to Egypt, in *JEA* 33, pp. 40-46.

Davis J.L. 1986, *Keos V. Ayia Irini: Period V*, Mainz am Rhein.

de Blas Cortina M.A. 1989, La Mineria prehistorica del cobre en las montañas Astur-Leonesas, in *Minería y metalurgia en las antiguas civilizaciones mediterráneas y europeas. Coloquio Internacional Asociado (Madrid 1985)* I (a cura di C. Domergue), Madrid, pp. 143-153.

de la Cruz J.C.M. 1984-1985, Problemas en torno a la definicion del Bronce Tardio en la Baja Andalucia, in *Homenaje al Prof. G. Nieto I, Cuadernos de Prehistoria y Arqueologia* 11-12., Madrid, pp. 205-215.

de la Cruz J.C.M. 1987, ¿ Ceramicas micenicas en Andalucia ?, in *Revista de Arqueologia* VIII, 78, pp. 62-64.

de la Cruz J.C.M. 1988, Mykenische Keramik aus Bronzezeitlichen Siedlungsschichten von Montoro aus Guadalquivir, in *MM* 29, pp. 77-92.

Del Caldo A., Moro C., Gramaccioli C.M., Boscardin M. 1973, *Guida ai Minerali*, Milano.

De Gregorio A. 1917, *Iconografia delle collezioni preistoriche della Sicilia*, Palermo.

de Michele V. 1974, *Guida Mineralogica d'Italia* 1-2, Novara.

de Michele V., Ostroman A. 1987, *Minerali e sviluppo. L'attività estrattiva della Montecatini dal 1888 al 1938*, Milano.

De Min M., Bietti Sestieri A.M. 1979, I ritrovamenti protostorici di Montagnana: elementi di confronto con l'abitato di Frattesina, in *Atti della XXI Riunione Scientifica dell' I.I.P.P., Il Bronzo finale in Italia (Firenze 1977)*, Firenze, pp. 205-217.

De Miro E. 1968, Il miceneo nel territorio di Agrigento, in *Atti e Memorie del 1° Congresso Internazionale di Miceneologia (Roma 1967)*, Roma, pp. 73-80.

De Mortillet A. 1903, *Musée Prehistorique*, Paris.

de Jesus P.S. 1980, *The development of prehistoric mining and metallurgy in Anatolia. BAR Int. Series* 74, I-II,Oxford.

de Lanfranchi F. 1978, *Capula. Quatre millénaires de survivances et de traditions*, Levie.

de Lanfranchi F. 1988, Repartition geographique et typologie des statues-menhirs de Corse méridionale, in *Actes du Colloque "Les statues-menhirs de Corse: interet archeologique, probleme de mise in valeur" (Sartene 1985), Bulletin de la Société des Sciences Historiques et Naturelles de la Corse* 654, pp. 39-56.

de Lanfranchi F. 1991-92, La Corse entre les XVIe et XIVe siècles, dans ses rapports avec les Facies Italiens, in *Atti del Congresso "L'età del bronzo in Italia nei secoli dal XVI al XIV a.C." (Viareggio 1989), Rassegna di Archeologia* 10, Firenze, pp. 581-591.

de Lanfranchi F., Weiss M.C. 1975, *La civilisation des Corses. Les peuplades de l'Age du Fer*, Bastia.

Deabate P. 1972, Solfuri, in *Enciclopedia Italiana delle Scienze. Minerali e Rocce* I, Novara, pp. 70-95.

Del Amo M. 1983, Un molde para la fabricación de espadas del Bronce final hallado en Ronda, in *Homenaje al Prof. Martin Almagro Basch* II, Madrid, pp. 81-94.

Delibes de Castro G., Fernández Manzano J. 1986, Metalurgia del Bronce Final en la Meseta Norte: Nuevos datos para su estudio, in *BVallad* LII, pp. 5-23.

Delibes de Castro G., Fernandez-Miranda M. 1984, Metallurgia balear de la Edad del Bronce: hachas de cubo, de talon y de apendices laterales, in *The Deya Conference of Prehistory. Early Settlement in the Western Mediterranean Islands and their Peripheral Areas, III, BAR Int. Series* 229 III (eds.: W.H. Waldren, R. Chapman, J. Lewthwaite, R.-C. Kennard), Oxford, pp. 998-1025.

Delibes G., Fernández Manzano J. 1979, Una espada de lingua de carpa exceptional procedente del Bierzo, in *TrabPrHis* 36, pp. 439-443.

Delli Ponti G. 1973, *I bronzi del Museo Provinciale di Lecce*, Lecce.

Delpino F. 1977, La prima età del ferro a Bisenzio. Aspetti della cultura villanoviana nell'Etruria meridionale interna, in *MemAccLinc* s. VIII, XXI, 6, Roma, pp. 453-493.

Delpino F. 1981, Aspetti e problemi della prima età del ferro nell'Etruria settentrionale marittima, in *L'Etruria mineraria. Atti del XII Convegno di Studi Etruschi e Italici (Firenze, Populonia, Piombino 1979)*, Firenze, pp. 265-298.

Delpino F. 1985, Olla con rappresentazione di barca con rematori e cervo, in *Civiltà degli Etruschi* (a cura di M. Cristofani), Milano, p. 78.

Delpino F. 1988, Prime testimonianze dell'uso del ferro in Italia, in *The first Iron in the Mediterranean - Il primo ferro nel Mediterraneo (Populonia/Piombino 1983), PACT* 21, Strasbourg, pp. 47-68.

Delpino F. 1989-1990, Siderurgia e protostoria italiana, in *StEtr* LVI, pp. 3-9.

Demacopoulou K. 1987, Schede nn. VII, 8, 49-52, 56-57, in *Greece and the Sea* (ed.: A. Delivorrias), Amsterdam, pp. 33, 118-119, 151-153, 156-157.

Demange M. 1973, Contribution à l'étude des gisements plombozincifères français, in *BullBRGM* 41e, n. 411, pp. 1-30.

Dennell R. 1987, Accelerator dating: the first years reviewed, in *Antiquity* 61, 231, pp. 137-138.

Desantis P., Lo Schiavo F. 1982, Rinvenimento di bronzi nuragici a Costa Nighedda (Oliena, Nuoro), in *RivScPr* XXXVII, pp. 287-291.

De Siena A. 1986, Termitito, in *Traffici micenei nel Mediterraneo. Problemi storici e documentazione archeologica. Atti del Conv. di Palermo (1984)*, Taranto, pp. 41-54.

Di Carlo M., Di Giulio N., Franceschini P., Moretti C., Torreti F. 1984, *La società dell'allume. Cultura materiale, economia e territorio in un piccolo borgo*, Roma.

Dicks D.R. 1970, *Early Greek Astronomy to Aristotle*, London.

Di Franco F. 1985, *Il vento e il mare. Meteorologia per il diportista* (III ed.), Milano.

di Gennaro F. 1979, Topografia dell'insediamento della media età del bronzo nel Lazio, in *Archeologia Laziale II*, pp. 148-156, Roma.

di Gennaro F. 1986, *Forme di insediamento fra Tevere e Fiora dal bronzo finale al principio dell'età del ferro*, Firenze.

Di Stefano G. 1980-81, Ricerche nella provincia di Ragusa (1977-1980), in *Kokalos* XXVI-XXVII, II, 1, pp. 756-763.

Di Stefano G. 1984, *Piccola guida delle stazioni preistoriche degli Iblei. Contributo alla schedatura topografica per la carta archeologica*, Ragusa.

Di Stefano G., Giardino C. 1990-91, Ragusa. Castelluccio, ripostiglio di bronzi, in *NSc* s. IX, I-II, pp. 489-546.

Domergue C. 1987, *Catalogue des mines et des fonderies antiques de la Péninsule Ibérique*, Madrid.

Domergue C. 1990, *Les mines de la Péninsule Ibérique dans l'antiquité romaine*, Roma.

Donati G., Stagno F., Triscari M. 1980, Ricerche sulle mineralizzazioni metallifere dei Monti Peloritani. III) Giacimenti delle Contrade San Carlo, Montagne e viciniori, presso Fiumedinisi (Messina), in *Atti Accademia Peloritana dei Pericolanti, Classe di Scienze fis., mat. e nat.* LVI (1978), pp. 177-238.

Dubois C., Guilbaut J.E. 1982, Antiques mines de cuivre du Seronais (Pyrénées ariégeoises), in *Mines et fonderies antiques de la Gaule. Table rotonde du CNRS (Université de Tolouse-Le Mirail 1980)*, Paris, pp. pp. 95-123.

Dullo E. 1936, Die kaukasischen Äxte der Bronzezeit, in *PZ* XXVII, pp. 66-172.

Dumas J.P. 1987, Le potentiel aurifère de la France. Problèmes de prospection et de valorisation, in *ChronRechMin* 55, 488, pp. 11-17.

Edeine B. 1961, De quelques objets de l'âge du Bronze inédits ou peu connus, trouvés dans le département du Calvados, in *BPrHistFr* LVIII, pp. 676-692.

Egg M. 1983, Ein Eisenzeitlicher Weihefunde aus Sizilien, in *JbZMusMainz* 30, pp. 195-205.

Eibner C. 1989, Die Kupfergewinnung in den Ostalpen während der Urzeit, in *Vorträge des 7 Niederbayerischen Archäologentages* (ed.: K. Schmotz), Deggendorf, pp. 29-36.

Esteve Guerrero M. 1969, Asta Regia: una ciudad tartasica, in *Tartessos y sus problemas. V Symposium internacional de Prehistoria Peninsular (Jerez de la Frontera 1968)*, Barcelona, pp. 111-118.

Evans E. 1930, The Sword-bearers, in *Antiquity* IV, pp. 157-172.

Fabiani R. 1938, *Ciò che dà il sottosuolo di Sicilia*, Palermo.

Fadda M.A. 1984, Il nuraghe Monte 'Idda di Posada e la ceramica a pettine in Sardegna, in *The Deya Conference of Prehistory. Early Settlement in the Western Mediterranean Islands and their Peripheral Areas , I, BAR Int. Series* 229 (I) (eds.: W.H. Waldren, R. Chapman, J. Lewthwaite, R.C. Kennard), Oxford, pp. 671-702.

Falchi I. 1885, Colonna (Comune di Castiglione della Pescaia), in *NSc*, pp. 98-152.

Falchi I. 1887, Nuovi scavi della necropoli di Vetulonia, decritti dall'ispettore cav. I. Falchi, in *NSc*, pp. 472-531.

Falchi I. 1891, *Vetulonia e la sua necropoli antichissima*, Firenze.

Falconi Amorelli M.T. 1966, Tomba villanoviana con bronzetto nuragico, in *ArchCl* XVIII, pp. 1-15.

Farley M. 1979, A Carp's Tongue Oard from Aylesbury, Buckinghamshire, in *Bronze Age Oards. Some Finds Old and New, BAR Br. Series* 67, Oxford, pp. 137-144.

Fasani L., Martinelli N. 1994, Problemi relativi alle palafitte italiane alla luce della ricerca dendrocronologica, in *Radiocarbon Dating and Italian Prehistory* (eds.: R. Skeates, R. Whitehouse), London, pp. 39-44.

Fatta V. 1983, *La ceramica geometrica di Sant'Angelo Muxaro*, Palermo.

Fedeli F. 1980-81, Insediamento del Bronzo finale sul Poggio del Molino (Piombino, Livorno), in *Rassegna di Archeologia* 2, pp. 191-211.

Fedeli F. 1982-83, Forma per fusione da Populonia (Piombino, Livorno), in *Rassegna di Archeologia* 3, pp. 157-165.

Fedeli F. 1983, *Populonia. Storia e Territorio*, Firenze.

Fedeli F. 1984, Ricerche e materiali per la carta archeologica del comprensorio di Piombino: la protostoria, in *Rassegna di Archeologia* 4, pp. 301-318.

Fedeli F. 1989, Scavi e scoperte: Populonia. a) Località Poggio del Molino; b) Golfo di Baratti, in *StEtr* LV, pp. 502-503, 506-507.

Fedeli F., Galiberti A. 1979, Insediamenti dell'età del Bronzo nel comprensorio di Piombino (Livorno). Nota preliminare, in *Rassegna di Archeologia* 1, 2, pp. 147-238.

Fernandez J.H. 1974, Hachas de Bronce halladas en Ibiza y Formentera, in *Prehistoria y Arqueologia de las Islas Baleares. VI Symposium de Prehistoria Peninsular*, Barcelona, pp. 63-71.

Fernandez J.H., Topp C. 1984, Prehistoric Activities in the Pitiussae Islands, in *The Deya Conference of Prehistory. Early Settlement in the Western Mediterranean Islands and their Peripheral Areas , III, BAR Int. Series* 229 (III) (eds.: W.H. Waldren, R. Chapman, J. Lewthwaite, R.C. Kennard), Oxford, pp. 763-784.

Fernández-Miranda M. 1978, *Secuencia cultural de la prehistoria de Mallorca. Biblioteca Praehistorica Hispana*, Madrid.

Fernández-Miranda M. 1987, Relaciones entre la Península Ibérica, Islas Baleares y Cerdeña durante el Bronce Medio y Final, in *La Sardegna nel Mediterraneo tra il secondo e il primo millennio a.C. Atti del II Convegno di studi "Un millennio di relazioni fra la Sardegna e i Paesi del Mediterraneo" (Selargius-Cagliari 1986)*, Cagliari, pp. 479-492.

Fernández-Posse M.D., Martín C. 1991, El Calcolitico y la Edad del Bronce en la Meseta, in *Veinte años de Arqueología en España. Homenaje a Don E. Cuadrado Díaz. Boletin de la Asociacion Española de Amigos de la Arqueología* 30-31 (ed.: E. Ruano Ruiz), pp. 75-86.

Ferrarese Ceruti M.L. 1979, Ceramica micenea in Sardegna (notizia preliminare), in *RivScPr* XXXIV, 1-2, pp. 243-254.

Ferrarese Ceruti M.L. 1980, Micenei in Sardegna !, postilla a F. Lo Schiavo, L. Vagnetti, Micenei in Sardegna?, in *RendLinc* XXXV, fasc. 5-6, pp. 391-393.

Ferrarese Ceruti M.L. 1981 a, La cultura del vaso campaniforme. Il Primo Bronzo, in *Ichnussa. La Sardegna dalle origini all'età classica*, pp. LV-LXXVII, Milano.

Ferrarese Ceruti M.L. 1981 b, Documenti miceni nella Sardegna meridionale, in *Ichnussa. La Sardegna dalle origini all'età classica*, Milano, pp. 605-612.

Ferrarese Ceruti M.L. 1982, Il complesso nuragico di Antigori, in *Magna Grecia e mondo miceneo. Nuovi documenti* (a cura di L. Vagnetti), Taranto, pp. 167-176.

Ferrarese Ceruti M.L. 1983, Antigori: la torre f del complesso nuragico di Antigori (Sarroch- Cagliari). Nota preliminare, in

Magna Grecia e mondo miceneo. Atti del XXII Conv. di Studi sulla Magna Grecia (Taranto 1982), Taranto, pp. 187-206.

Ferrarese Ceruti M.L. 1985, Un bronzetto nuragico da Ossi (Sassari), in *Studi in onore di G. Lilliu per il suo settantaseiesimo compleanno*, Cagliari, pp. 51-61.

Ferrarese Ceruti M.L. 1986, I vani c, p, q, del complesso nuragico di Antigori (Sarroch-Cagliari), in *Traffici micenei nel Mediterraneo. Problemi storici e documentazione archeologica. Atti del Conv. di Palermo (1984)*, Taranto, pp. 183-192.

Ferrarese Ceruti M.L. 1987, Considerazioni sulla ceramica nuragica di Lipari, in *La Sardegna nel Mediterraneo tra il secondo e il primo millennio a.C. Atti del II Convegno di studi "Un millennio di relazioni fra la Sardegna e i Paesi del Mediterraneo" (Selargius-Cagliari 1986)*, Cagliari, pp. 431-442.

Ferrarese Ceruti M.L. 1991, Creta e Sardegna in età postmicenea. Una nota, in *La transizione dal Miceneo all'Alto Arcaismo. Dal palazzo alla città. Atti del Convegno Internazionale (Roma 1988)* (a cura di: D. Musti, A. Sacconi, L. Rocchetti, M. Rocchi, E. Scafa, L. Sportiello, M.E. Gianfrotta), pp. 587-591.

Ferrarese Ceruti M.L., Vagnetti L., Lo Schiavo F. 1987, Minoici, Micenei e Ciprioti in Sardegna alla luce delle più recenti scoperte, in *Studies in Sardinian Archaeology III. Nuragic Sardinia and the Mycenean World, BAR Int. Series* 387 (ed.: M.S. Balmuth), Oxford, pp. 7-37.

Ferrarese Ceruti M.L., Lo Schiavo F. 1991-92, La Sardegna, in *Atti del Congresso "L'età del bronzo in Italia nei secoli dal XVI al XIV a.C." (Viareggio 1989), Rassegna di Archeologia* 10, Firenze, pp. 123-141.

Fiorelli G. 1880, Villagrande (Strisaili), in *NSc*, pp. 108-109.

Fluck P. 1990, Sainte-Marie-aux-Mines: le Haut-Altenberg (campagnes 1982-1987), in *L'archeologie des mines et de la métallurgie. Panorama des sites vosgiens. Pierre et Terre* 34 pp. 69-72.

Forbes R. J. 1966, Estrazione, fusione e leghe, in *Storia della tecnologia* I, Torino (ed. orig. *A History of Technology* I, Oxford 1954), pp. 581-609.

Forbes R.J. 1971, *Studies in Ancient Technology* VIII, Leiden.

Foresi R. 1867, *Sopra una collezione composta di oggetti antistorici trovati nelle isole dell'Arcipelago Toscano e inviata alla Mostra Universale di Parigi. Lettera inviata al prof. L. Simonin*, Firenze.

Forti P., Perna G. 1982, (a cura di), *Le cavità naturali dell'Iglesiente, Memorie dell'Istituto Italiano di Speleologia*, serie II, vol. I, Castellana Grotte.

Fox C. 1939, The socketed Bronze Sickles of the British Isles with special Reference to an unpublished Specimen from Norwich, in *ProcPrHistSoc* V, pp. 222-248.

Francovich R., Tanelli G., Mascaro I., Guideri S., Benvenuti M. 1991, *Inventario del patrimonio minerario e mineralogico in Toscana. Aspetti naturalistici e storico-archeologici* (a cura della Regione Toscana), Firenze.

Frödin O., Persson A.W. 1938, *Asine. Results of the Swedish Excavations 1922-1930*, Stockholm.

Frost H. 1963, *Under the Mediterranean. Marine Antiquities*, London.

Fugazzola Delpino M.A. 1976 a, *Testimonianze di cultura appenninica nel Lazio*, Firenze.

Fugazzola Delpino M.A. 1976 b, Problematica protovillanoviana, in *Origini* X, pp. 245-332.

Fugazzola Delpino M.A. 1979, Il Bronzo finale nel Lazio settentrionale, in *Atti della XXI Riunione Scientifica dell' I.I.P.P., Il Bronzo finale in Italia (Firenze 1977)*, Firenze, pp. 275-319.

Fugazzola Delpino M.A. 1984, *La cultura villanoviana. Guida ai materiali della prima età del Ferro nel museo di Villa Giulia*, Roma.

Fugazzola Delpino M.A. 1992, Note di topografia protostorica, in *BPI* 83, pp. 279-340.

Gabrici E. 1923-25 a, Ripostigli di Bronzo della Sicilia, in *AttiPalermo* XIII, pp. 3 -10.

Gabrici E. 1923-25 b, Polizzello. Abitato preistorico presso Mussomeli, in *AttiPalermo* XIII, pp. 3 -11.

Gale N.H. 1991, Copper Oxhide Ingots: Their Origin and Their Place in the Bronze Age Metals Trade in the Mediterranean, in *Bronze Age Trade in the Mediterranean. Studies in Mediterranean Archaeology* XC (ed.: N.H. Gale), Jonsered, pp. 197-239.

Gale N.H., Stos-Gale Z.A. 1982 a, Bronze Age copper sources in the Mediterranean: a new approach,in *Science* 216, pp. 11-19.

Gale N.H., Stos Gale Z.A. 1982 b, Thorikos, Perati and Bronze Age Silver Production in the Laurion, Attica, in *Studies in South Attica I. Miscellanea Graeca 5* (ed. P. Spitaels), Gent, pp. 97-103.

Gale N.H., Stos-Gale Z.A. 1987, Oxhide Ingots from Sardinia, Crete and Cyprus and the Bronze Age Copper Trade: New Scientific Evidence, in *Studies in Sardinian Archaeology III. Nuragic Sardinia and the Mycenean World, BAR Int. Series* 387, (ed.: M.S. Balmuth), Oxford, pp. 135-178.

Gale N.H., Stos-Gale Z.A. 1988, Recent Evidence for a possible Bronze Age Metal Trade between Sardinia and the Aegean, in *Problems in Greek Prehistory. Papers presented at the Centenary Conference of the British School of Archeology at Athens (Manchester 1986)* (eds.: E.B. French, K.A. Wardle), Bristol, pp. 349-384.

Galili E., Shmueli N., Artzy M. 1986, Bronze Age ship's cargo of copper and tin, in *IntJNautA* 15, 1, pp. 25-37.

Gallay G. 1988, *Die mittel - und spätbronze - sowie ältereisenzeitlichen Bronzedolche in Frankreich und auf den britischen Kanalinseln, PBF* VI, 7, München.

Gallin L.J., Tykot R.H. 1993, Metallurgy at Nuraghe S. Barbara (Bauladu), Sardinia, in *JFieldA* 20, 3, pp. 335-345.

Galliou P. 1982, Mines et metaux de l'ouest de la Gaule, in *Mines et fonderies antiques de la Gaule. Table rotonde du CNRS (Université de Tolouse-Le Mirail 1980)*, Paris, pp. pp. 21-32.

Garbarino C., Grillo S.M., Marini C., Mazzella A., Melis F., Padalino G., Tocco S., Violo M. 1983, The Paleozoic Metallogenic Epochs of the Sardinian Microplate (Western Mediterranean): an Attempt of Synthesis on Geodinamic Evolution and Mineralizing Processes, in *Rend. Società Italiana di Mineralogia e Petrologia* 39 (1), pp. 193-228.

Garbini G. 1964-65, Intervento sulla relazione di L. Bernabò Brea, in *Kokalos* X-XI, pp. 33-34.

Garbini G. 1966, I Fenici in Occidente, in *StEtr* XXXIV, pp. 111-147.

Garbini G. 1983, Considerazioni conclusive, in *Convegno sul tema: Fenici e Arabi nel Mediterraneo (Roma 1982)*, Roma, pp. 153-166.

Garcia Guinea M.L. 1967, Las puntas de flechas con anzuelo y doble filo y su proyeccion hacia Occidente, in *AEsp* XL, pp. 68-87.

Garcia Sanchez M. 1963, El poblado argárico del cerro del Culantrillo en Gorafe (Granada), in *ArchPrHistLev* X, pp. 69-96.

Garcia y Bellido A. 1970, Algunas novedades sobre la arqueologia punico-tartessia, in *AEsp* 43, pp. 3-49.

Gaucher G., Mohen J.P. 1974, *L'Age du Bronze dans le Nord de la France. Bulletin de la Societé de Préhistoire du Nord*, Amiens.

Gauthier A. 1988, Le minerai de cuivre, in G. Camps, *Terrina et le Terrinien. Reserches sur le Chalcolithique de la Corse. Collection de l'Ecole Française de Rome* 109, Roma, pp. 253-256.

Genovese P. 1977, Testimonianze archeologiche e paletnologiche nel bacino del Longano, in *SicA* 33, pp. 9-37.

Genovese P. 1979, Testimonianze protostoriche nel territorio dei comuni di Rodì Milici e Terme Vigilatore, in *SicA* 40, pp. 71-78.

Gerloff S. 1975, *The Early Bronze Age Daggers in Great Britain and a Reconsideration of the Wessex Culture, PBF* VI. 2, München.

Ghirardini G. 1898, La necropoli primitiva di Volterra, *MonAnt* VIII, coll. 101-216.

Giardino C. 1982, I materiali dell'età del bronzo media e recente, in *Ricerche sulla protostoria della Sibaritide* 2, Napoli, pp. 25-62.

Giardino C. 1984, Insediamenti e sfruttamento minerario del territorio durante la media e la tarda età del bronzo nel Lazio: ipotesi e considerazioni, in *Nuovo Bullettino Archeologico Sardo* I, pp. 123-141.

Giardino C. 1987 a, Sfruttamento minerario e metallurgia nella Sardegna protostorica, in *Studies in Sardinian Archaeology III. Nuragic Sardinia and the Mycenean World, BAR Int. Series* 387, (ed.: M.S. Balmuth), Oxford, pp. 189-222.

Giardino C. 1987 b, Sicilia e Sardegna fra la tarda età del bronzo e la prima età del ferro. Aspetti di contatti nel Mediterraneo centro-occidentale nell'ambito della metallurgia, in *La Sardegna nel Mediterraneo tra il secondo e il primo millennio a.C. Atti del II Convegno di studi "Un millennio di relazioni fra la Sardegna e i Paesi del Mediterraneo" (Selargius-Cagliari 1986)*, Cagliari, pp. 419-429.

Giardino C. 1987 c, Il ripostiglio di Polizzello, in *SicA* 65, pp. 39-55.

Giardino C. 1992, Nuragic Sardinia and the Mediterranean, in *Sardinia in the Mediterranean: A Footprint in the Sea* (eds.: R.H. Tykot, T.K. Andrews), Sheffield, pp. 304-316.

Giardino C. 1994, I materiali dell'età del bronzo recente, in *Enotri e Micenei nella Sibaritide* (a cura di R. Peroni, F. Trucco), pp. 185-264, Taranto.

Gierow P.G. 1964, *The iron age culture of Latium. II. Excavations and Finds. 1. The Alban Hills, Skrifter Utgivna av Svenska Institutet i Rom* 4°, XXIV: 2, Lund.

Giveon R. 1985, Dating the Cape Gelidonya Shipwreck, in *AnatSt* XXXV, pp. 99-101.

Gómez Bellard C. 1995, Baléares, in *La civilisation phénicienne et punique. Manuel de recherche, Handbuch der Orientalistik 20* (ed. V. Krings), Leiden, New York, Köln, pp. 1762-775.

González Prats A. 1977, Nota preliminar sobre el yacimiento protohiberico de Crevillente, provincia de Alicante, in *XIV Congreso Nacional de Arqueología (Vitoria 1975)*, Zaragoza, pp. 671-680.

González Prats A. 1989, Ultimas aportaciones de las excavaciones realizadas en La Peña Negra (1983-1987) al Bronce final y Hierro antiguo del Sudeste y Páis Valenciano, in *XIX Congreso Nacional de Arqueología (Castellón 1987)*, Zaragoza, pp. 467-475.

González Prats A. 1992, Una vivienda metalúrgica en La Peña Negra (Crevillente - Alicante). Aportación al conocimiento del Bronce Atlántico en la Península Ibérica, in *TrabPrHis* 49, pp. 243-257.

Gossé G. 1942, Las minas y el arte minero de España en antigüedad, in *Ampurias* IV, pp. 43-68.

Göttlicher A. 1978, *Materialien für ein Corpus der Schiffsmodelle im Altertum*, Mainz am Rhein.

Götze A. 1902, in W. Dörpfeld, *Troja und Ilion. Ergebnisse der Ausgrabungen in den Vorhistorischen und Histirischen Schichten von Ilion. 1870-1894*, Athen.

Gras M. 1980, L'Etruria villanoviana e la Sardegna settentrionale: precisazioni ed ipotesi, in *Atti della XXII Riunione Scientifica dell'I.I.P.P. (Sardegna centro-settentrionale 1978)*, Firenze, pp. 513-539.

Gras M. 1985, *Trafics Tyrrhéniens archaïques*, Roma.

Gräslund B. 1967, The Herzsprung shield type and its origin, in *ActaArch* XXXVIII, pp. 59-71.

Gray D. 1974, Seewesen, in *Archaeologia Homerica* I, cap. G, Göttingen.

Gray H. St. G. 1937, Double-looped Palstave found at Curland near Tauton, in *AntJ* XVII, pp. 63-69.

Graziani E., Rittatore Vonwiller F. 1961, Tomba ad incinerazione "Protovillanoviana" sull'Argentario, in *StEtr* XXIX, pp. 293-295.

Grifoni Cremonesi R. 1964, Rinvenimento di due asce di piombo presso Riparbella (Pisa), in *AttiSocToscScNatMem*, s. A 71, pp. 1-12.

Grifoni Cremonesi R. 1971, Revisione e studio dei materiali preistorici della Toscana, in *AttiSocToscScNatMem*, s A 78, pp. 170-300.

Grosjean R. 1958, Deux modes de sépultures dans le Nebbio, in: *Etudes Corses* 17, pp. 37-46.

Grosjean R. 1976 (avec la collaboration de Liegeois, J, et Peretti, G.), Le civilisations de l'Age du Bronze en Corse, in *La Préhistoire Française, II, Civilisations néolithiques et protohistoriques de la France*, Paris, pp. 644-653.

Gsell S. 1891, *Fouilles dans la Nécropole de Vulci exécutées et publiées aux frais de S.E. le Prince Torlonia*, Paris.

Gual Cerdó J.M., Guerrero Ayuso V.M., López i Pons A., Pons i Homar G. 1986, Mallorca en la prehistoria (I), in *Revista de arquelogia* VII, 63, pp. 29-40.

Guerrero Ayuso V.M. 1982, *Los nucleos arqueologicos de Calvia*, Palma de Mallorca.

Guerrero Ayuso V.M. 1985, *Indigenisme i colonització púnica a Mallorca*, Ses Salines.

Guerreschi G. 1975, Relazione tecnica circa l'attività di ricerca svolta nel settore analisi spettrofotometriche in ir. di ambre provenienti da scavi archeologici, in *Studi e ricerche sulla problematica dell'ambra. Atti della Cooperazione interdisciplinare Italo-Polacca* I, Roma, pp. 321-327.

Guglielmi M. 1971, Sulla navigazione in età micenea, in *PP* XXVI, pp. 418-435.

Guidi A. 1988, *Storia della paletnologia*, Roma-Bari.

Guidi A., Tusa S. 1981, Cavallo Morto (Com. Anzio), in *Enea nel Lazio. Archeologia e mito*, Roma, pp. 105-106.

Guilaine J. 1969, Le dépôt de bronzes de Carcassonne, in *Revue Archéologique de Narbonnaise* II, pp. 1-28.

Guilaine J. 1987, Le sud de la France, la Corse et la circulation des bronzes de 1200 à 500 avant J.C., in *La Sardegna nel Mediterraneo tra il secondo e il primo millennio a.C. Atti del II Convegno di studi "Un millennio di relazioni fra la Sardegna e i Paesi del Mediterraneo" (Selargius-Cagliari 1986)*, Cagliari, pp. 443-464.

Guzzo P.G. 1969, Considerazioni sulle fibule del ripostiglio dal Ria de Huelva, *RivScPr* XXIV, 2, pp. 299-309.

Haeberlin E.J. 1910, *Aes Grave. Das Schwergeld Roms und Mittelitaliens einschliesslich der ihm Vorausgehenden Rohbronzewährung*, Frankfurt a.M.

Hankey V. 1987, The chronology of the Aegean Late Bronze Age, , in *High, Middle or Low? Acts of an International Colloquium on Absolute Chronology Held at the University of Gothenburg 20th-22nd August 1987*, 2 (ed.: P. Åström), Gothenburg, pp. 39-59.

Harding A.F., Tait W.J. 1989, 'The beginning of the end': progress and prospects in Old World chronology, in *Antiquity* 63, 238, pp. 147-152.

Harrison R.J., Craddock P.T., Hughes M.J. 1981, A Study of the Bronze Age Metalwork from the Iberian Peninsula in the British Museum, in *Ampurias* 43, pp. 113-179.

Hassan F.A., Robinson S.W. 1987, High-precision radiocarbon chronometry of ancient Egypt, and comparisons with Nubia, Palestine and Mesopotamia, in *Antiquity* 61, 231, pp. 119-135.

Hawkes C.F.C. 1938, Sicilian Bronze Axe from near Hengistbury Head, in *Antiquity* XII, pp. 225-228.

Healy J.F. 1978, *Mining and Metallurgy in the Greek and Roman World*, London.

Hemp W.J. 1925, The Trunnion Celt in Britain, in *AntJ* V, pp. 51-54.

Hencken H. 1955, A western Razor in Sicily, in *ProcPrHistSoc* XXI, pp. 160-162.

Hencken H. 1956, Carp's Tongue Swords in Spain, France and Italy, in *Zephyrus* VII, pp. 124-178.

Hencken H. 1968, *Tarquinia, Villanovans and Early Etruscans* I-II, Cambridge, Massachusetts, USA.

Hérail G. 1984, Dynamique géomorphologique et sédimentologique des piémonts et bassin intramontagneux du nord-ouest de l'Espagne et gîtologie de l'or détritique, in *ChronRechMin* 52, 474, pp. 49-68.

Heurgon J. 1972, *Il Mediterraneo Occidentale dalla preistoria a Roma arcaica* (ed. orig.: *Rome et la Méditerranée occidentale jusqu'aux guerres puniques*, Paris 1969), Bari.

Hoffman C.R. 1991 a, Bronze, Iron, and Lead: Iron Age Metallurgy in Mallorca, Spain, in *Recent Trends in Archaeometallurgical Research, MASCA Research Papers in Science and Archaeology* 8, I, Philadelphia, pp. 21-31.

Hoffman C.R. 1991 b, The Metals of Son Matge, Mallorca, Spain. Technology as Cultural Activity and Behaviour, in *IInd Deya International Conference of Prehistory. Recent Developments in Western Mediterranean Prehistory: Archaeological Techniques, Technology and Theory, II, Archaeological Technology and Theory, BAR Int. Series* 574 (eds.: W.H. Waldren, J.A. Ensenyat, R.C. Kennard), Oxford, pp. 169-187.

Holloway R.R. 1981, *Italy and the Aegean 3000-700 B.C.*, Louvain-la-Neuve, Providence (Rhode Island).

Hülsen C. 1909, s.v. Ferraria, in G. Wissowa, *Pauly's, Real-Encyclopädie der Classischen Altertumswissenschaft*, VI, Stuttgart, col. 2221.

Hutchinson R.W., Boardman J. 1954, The Khaniale Tekke Tombs, in *BSA* XLIX, pp. 215-288.

Jacob-Friesen G. 1968, Ein Depotfund des Formenkreises um die "Karpfenzungenschwerter", in *Germania* 46, pp. 248-274.

Jehasse J. 1976, Le civilisations de l'Age du Fer en Corse, in *La Préhistoire Française, II, Civilisations néolithiques et protohistoriques de la France*, Paris, pp. 847-855.

Jehasse J. 1978 a, Informations Archéologiques. Circonscription de la Corse, in *Gallia* 36, pp. 461-469.

Jehasse J. 1978 b, Informations Archéologiques. Circonscription de la Corse, in *GalliaPrHist* 21, 2, pp. 723-734.

Jehasse O. 1985-1986, Noveaux éléments sur les fibules de Corse a propos d'une découverte récente sur la commune d'Osani, in *Archeologia Corsa. Etudes et Mémoires* 10-11, pp. 59-64.

Jervis G. 1873-1889, *I tesori sotterranei dell'Italia* I-IV, Torino.

Jockenhövel A. 1972, Westeuropäische Bronzen aus der späten Urnenfelderzeit in Südwestdeutschland, in *AKorrBl* 2, pp. 103-109.

Jockenhövel A. 1975, Zum Beginn der Jungbronzezeitkultur in Westeuropa, in *JberInstVgFrankf*, pp. 134-181.

Jockenhövel A. 1980, *Die Rasiermesser in Westeuropa (Westdeutschland, Niederlande, Belgien, Luxemburg, Frankreich, Großbritannien und Ireland). P.B.F.* VIII, 3, München.

Johannowsky W. 1969 a, Scambi tra ambiente greco e ambiente italico nel periodo precoloniale e protocoloniale e loro conseguenze, in *Incontro di studi sugli inizi della colonizzazione greca in Occidente (Napoli-Ischia 1968). DArch* III, 1-2, pp. 31-43.

Johannowsky W. 1969 b, Intervento nella discussione, in *Incontro di studi sugli inizi della colonizzazione greca in Occidente (Napoli-Ischia 1968). DArch* III, 1-2, pp. 68-71.

Johnstone P. 1988, *The Sea-craft of Prehistory* (II ed.), London, New York.

Jones R.E. 1986, Chemical Analysis of Aegean-type Late Bronze Age Pottery found in Italy, in *Traffici micenei nel Mediterraneo. Problemi storici e documentazione archeologica. Atti del Conv. di Palermo (1984)*, Taranto, pp. 205-214.

Jones R.E., Day P.M. 1987, Late Bronze Age Aegean and Cypriot-type Pottery on Sardinia: Identification of Imports and Local Imitations by Phisico-chemical Analysis, in *Studies in Sardinian Archaeology III. Nuragic Sardinia and the Mycenean World, BAR Int. Series* 387 (ed.: M.S. Balmuth), Oxford, pp. 257-270.

Jones R.E., Lazzarini L., Mariottini M., Orvini E. 1994, Appendice: Studio minero-petrografico e chimico di ceramiche protostoriche da Broglio di Trebisacce (Sibari), in *Enotri e Micenei nella Sibaritide* (a cura di R. Peroni, F. Trucco), pp. 413-454, Taranto.

Jones R.E., Vagnetti L. 1991, Traders and Craftsmen in the Central Mediterranean: Archaeological Evidence and Archaeometric Research, in *Bronze Age Trade in the Mediterranean. Studies in Mediterranean Archaeology* XC (ed.: N.H. Gale), Jonsered, pp. 127-147.

Jovanović B. 1980, Le origini dell'estrazione del rame in Europa, in *Le Scienze* 143, pp. 126-132.

Jovanović B. 1993, Archaeological comment to E. Pernicka's et al. "Eneolithic and Early Bronze Age copper artefacts from the Balkans and their relation to Serbian copper ores" (in this fascicle), in *PZ* 68, 1, pp. 55-57.

Junghans S., Sangmeister E., Schröder M. 1960, *Studien zu den Anfängen der Metallurgie. Metallanalysen kupferzeitlicher und frübronzezeitlicher Bodefunde aus Europa* 1, Berlin.

Junghans S., Sangmeister E., Schröder M. 1968, *Studien zu den Anfängen der Metallurgie. Kupfer und Bronze in der frühen Metallzeit Europas* 2, 1-3, Berlin.

Junghans S., Sangmeister E., Schröder M. 1974, *Studien zu den Anfängen der Metallurgie. Kupfer und Bronze in der frühen Metallzeit Europas* 2, 4, Berlin.

Kahane P. 1940, Die Entwicklungsphasen der Attish-Geometrischen Keramik, in *AJA* XLIV, pp. 464-482.

Kalb P. 1980, Zur Atlantischen Bronzezeit in Portugal, in *Germania* 58, pp. 25-59.

Karageorghis V. 1988, Cipro, in *I Fenici*, Milano, pp. 152-165.

Karageorghis V., Lo Schiavo F. 1989, A West Mediterranean Obelos from Amathus, in *RStFen* XVII, 1, pp. 15-29.

Kilian K. 1962, Beitrag zur Chronologie der Nekropole Sala Consilina. Die Teilnekropole S. Antonio - S. Nicola, in *Apollo* II, pp. 81-103.

Kilian K. 1970, *Archäologische Forschungen in Lukanien. III. Früheisenzeitliche Funde aus der Südostnekropole von Sala Consilina (Provinz Salerno)*, Heidelberg.

Kilian K. 1975, Eine Früheisenzeitliche Fundgruppe von der Insel Elba, in *AKorrBl* 5, pp. 121-124.

Kilian K. 1983, Civiltà micenea in Grecia: nuovi aspetti storici ed interculturali, in *Magna Grecia e mondo miceneo. Atti del XXII Conv. di Studi sulla Magna Grecia (Taranto 1982)*, Taranto, pp. 53-96.

Kilian K. 1986 a, Il confine settentrionale della civiltà micenea nella tarda età del bronzo, in *Traffici micenei nel Mediterraneo. Problemi storici e documentazione archeologica. Atti del Conv. di Palermo (1984)*, Taranto, pp. 283-302.

Kilian K. 1986 b, Introduzione alla sessione "posters", in *Traffici micenei nel Mediterraneo. Problemi storici e documentazione archeologica. Atti del Conv. di Palermo (1984)*, Taranto, pp. 441-445.

Kilian-Dirlmeier I. 1979, *Anhänger in Griechenland von der mykenischen bis zur spätgeometrischen Zeit. PBF* XI, 2, München.

Kirk G.S. 1949, Ships on geometric Vases, in *BSA* XLIV, pp. 93-153.

Kitchen K.A. 1987, The basics of Egiptian chronology in relation to the Bronze age, in *High, Middle or Low? Acts of an International Colloquium on Absolute Chronology Held at the University of Gothenburg 20th-22nd August 1987*, 2 (ed.: P. Åström), Gothenburg, pp. 37-55.

Klitsche de la Grange A. 1891, Di un nuovo gruppo di tombe rinvenuto nella necropoli italica di Allumiere, in *Mitteilungen des Deutschen Archaeologischen Instituts. Römische Abteilungen* VI, pp. 221-225.

Koch M. 1984, *Tarschisch und Hispanien*, Berlin.

Kossack G. 1954, *Studien zum Symbolgut der Urnenfelder- und Hallstattzeit Mitteleuropas*, Berlin.

Kubach W. 1973, Westeuropäische Formen in einem Frühurnenfelderzeitlichen Depotfund aus dem Rhein bei Mains, in *AKorrBl* 3, pp. 299-307.

Kübler K. 1954, *Die Nekropole des 10. bis 8. Jahrhunderts. Kerameikos. Ergebnisse der Ausgrabungen, V. 1*, Berlin.

Kuniholm P.I., Striker C.L. 1987, Dendrochronological Investigations in the Aegean and Neighboring Regions, 1983-1986, in *JFA* 14, 4, pp. 385-398.

Kunze E. 1953-1954, Disiecta membra attischer Grabkratere, in *EphemArch* (1), 162-171.

Lacroix A. 1962, *Minéralogie de la France et des anciens territoires d'outre-mer. Description physique et chimique des minéraux, étude des conditions géologiques de leurs gisements* II, Paris.

Lagrand C. 1976, Les civilitations de l'Age du Bronze en Provence, in *La Préhistoire Française, II, Civilisations néolithiques et protohistoriques de la France*, Paris, pp. 452-457.

Lambert G., Lavier C. 1988, Dendrochronologie dans l'Est de la France, in *Wood and Archaeology - Bois et Archéologie, Acts of the European Symposium held at Louvain-la-Neuve, October 1987, PACT* 22 (eds: T. Hackens, A.V. Munaut, C. Till), pp. 111-122, Strasbourg.

Landes C. 1989 a, Pioch-Farrus. Les plus anciennes mines de cuivre, in *Le Courrier du CNRS. Dossiers scientifiques* 73, pp. 54-55.

Landes C. 1989 b, Les ressources minieres antiques des Cevennes: premiers resultats, in *Minería y metalurgia en las antiguas civilizaciones mediterráneas y europeas. Coloquio Internacional Asociado (Madrid 1985)* I (a cura di C. Domergue), Madrid, pp. 223-234.

Lattanzi E. 1988, L'attività archeologica in Calabria nel 1987, in *Poseidonia - Paestum. Atti del XXVII Convegno di Studi sulla Magna Grecia (Taranto - Paestum 1987)*, Taranto, pp. 647-657.

La Valle G. 1899, *I giacimenti metalliferi di Sicilia in Provincia di Messina (Prima puntata)*, Messina.

La Valle G. 1904, *I giacimenti metalliferi di Sicilia in Provincia di Messina (Seconda ed ultima puntata)*, Messina.

Laviosa C. 1972, La marina micenea, in *ASAtene* XLVII-XLVIII (1969-1970), pp. 7-40.

Laviosa C. 1981, "Cavallo Morto" (Aprilia). Necropoli a incinerazione del Bronzo recente, in *Archeologia Laziale IV. Quarto incontro di studio del Comitato per l'archeologia laziale*, Roma, p. 56.

Le Fur Y. 1984, Remarques sur la distribution des gîtes métallifères du Massif armorican (France) et sur les métallotectes régionaux qu'elle suggère, in *ChronRechMin* 52e, n. 475, pp. 3-10.

Leighton R. 1981, Strainer-spouted Jugs and the Problem of the Earliest Phoenician Influence in Sicily, in *Journal of Mediterranean Anthropology and Archaeology* 1, pp. 280-291.

Leighton R. 1985, Evidence, Extent and Effects of Micenaean Contacts with South Sicily during the Late Bronze Age, in *Papers in Italian Archaeology IV. The Cambridge Conference. Part. III. Patterns in Protohistory, BAR Int. Series* 245 (eds.: C. Malone, S. Stoddart), Oxford, pp. 399-412.

Leighton R. 1993, *The Protohistoric Settlement on the Cittadella. Morgantina Studies IV* (eds.: M. Bell, C. Moss), Princeton, New Jersey.

Lepore E. 1978, Città-stato e movimenti coloniali: struttura economica e dinamica sociale, in *Storia e civiltà dei Greci 1. Origini e sviluppo della città. Il medioevo greco*, Milano, pp. 183-253.

Leuschner H.H., Delorme A. 1988, Three-Ring Work in Göttingen. Absolute Oak Chronologies Bach to 6255 B.C., in *Wood and Archaeology - Bois et Archéologie, Acts of the European Symposium held at Louvain-la-Neuve, October 1987, PACT* 22 (eds: T. Hackens, A.V. Munaut, C. Till), pp. 123-132, Strasbourg.

Levi D. 1928, VIII - Vetulonia. Ritrovamenti fortuiti sul Poggio alla Guardia, in *NSc* VI, pp. 48-55.

Levi D. 1931, *Corpus Vasorum Antiquorum. Italia. Regio Museo Archeologico di Firenze. Italia fasc. VIII, Firenze fasc. I*, Milano, Roma.

Levi D. 1933, La necropoli etrusca del Lago dell'Accesa e altre scoperte archeologiche nel territorio di Massa Marittima, in *MonAnt* XXXV, coll. 5-136.

Lewis A. 1990 a, Underground Exploration of the Great Orme Copper Mines, in *Early Mining in the British Isles. Proceedings of the Early Mining Workshop (Plas Tan y Bwlch, Snowdonia National Park Study Centre 1989), Plas Tan y Bwlch Occasional Paper* 1 (eds: P. Crew, S. Crew), Plas Tan y Bwlch, pp. 5-10.

Lewis A. 1990 b, Firesetting Experiments on the Great Orme, 1989, in *Early Mining in the British Isles. Proceedings of the Early Mining Workshop (Plas Tan y Bwlch, Snowdonia National Park Study Centre 1989), Plas Tan y Bwlch Occasional Paper* 1 (eds: P. Crew, S. Crew), Plas Tan y Bwlch, pp. 55-56.

Lewthwaite J. 1985, Colonialism and Nuraghismus, in *Papers in Italian Archaeology IV. The Cambridge Conference. Part. II. Prehistory, BAR Int. Series* 245 (eds.: C. Malone, S. Stoddart), Oxford, pp. 220-251.

Libertini G. 1930, *Il Museo Biscari*, Milano.

Lilliu G. 1952-1954, Il nuraghe di Barumini e la stratigrafia nuragica, in *StSard* XII-XIII, pp. 90-469.

Lilliu G. 1953, Bronzetti nuragici da Terralba, in *AnnCagliari*, pp. 3-94.

Lilliu G. 1966, *Sculture della Sardegna nuragica*, Cagliari.

Lilliu G. 1966-1967, Rapporti tra la cultura "Torreana" e aspetti pre e protonuragici della Sardegna, in *StSard* XX, pp. 3-47.

Lilliu G. 1971, Navicella di bronzo Protosarda da Gravisca, in *NSc* XXV, pp. 289-298.

Lilliu G. 1972, *La civiltà dei Sardi..Dal neolitico all'età dei nuraghi* (II ed.), Torino.

Lilliu G. 1977, *Dal "betilo" aniconico alla statuaria nuragica*, Sassari.

Lilliu G. 1982, *La civiltà nuragica*, Sassari.

Lilliu G. 1986, Le miniere dalla preistoria all'età tardo-romana, in *Le miniere e i minatori della Sardegna* (a cura di Francesco Manconi), Cagliari, pp. 7-18.

Lilliu G. 1988, *La civiltà dei Sardi. Dal paleolitico all'età dei nuraghi* (III ed.), Torino.

Lilliu G., Ferrarese Ceruti M.L. 1958-1959, La " Facies" nuragica di Monte Claro (sepolcri di Monte Claro e Sa Duchessa-Cagliari e villaggi di Enna Pruna e Su Guventu-Mogoro), in *StSard* XVI, pp. 3-266.

Lilliu G., Schubart H. 1968, *Civiltà mediterranee*, Milano.

Lillo Carpio P.A. 1979-1980, Consideraciones sobre el Laboreo de Metales como factor determinante del poblamento del sureste en el I milenio a.C., in *Pyrenae* 15-16, pp. 167-179.

Lo Porto F.G. 1963, Leporano (Taranto). - La stazione protostorica di Porto Perone, in *NSc* XVII, pp. 280 - 380.

Lo Porto F.G. 1964, Satyrion (Taranto). - Scavi e ricerche nel luogo del più antico insediamento laconico in Puglia, in *NSc* XVIII, pp. 177 - 380.

Lo Schiavo F. 1976, *Il ripostiglio del nuraghe Flumenelongu (Alghero - Sassari). Considerazioni preliminari sul commercio marittimo nel Mediterraneo occidentale in età protostorica*, Sassari.

Lo Schiavo F. 1978 a, Complesso di armi di bronzo da Ottana, in *Sardegna centro-orientale dal neolitico alla fine del mondo antico*, Sassari, pp. 75-79.

Lo Schiavo F. 1978 b, Le fibule della Sardegna, in *StEtr* XLVI, pp. 25-46.

Lo Schiavo F. 1979, Il materiale preistorico della collezione Spano, in *Contributi su Giovanni Spano*, Sassari, pp. 67-89.

Lo Schiavo F. 1980 a, Il villaggio nuragico di Serra Orrios: i bronzi, in *Dorgali. Documenti archeologici*, Sassari, pp. 145-154.

Lo Schiavo F. 1980 b, La produzione metallurgica del territorio di Dorgali, in *Dorgali. Documenti archeologici*, Sassari, pp. 155-160.

Lo Schiavo F. 1981 a, Osservazioni sul problema dei rapporti fra Sardegna ed Etruria in età nuragica, in *L'Etruria mineraria, Atti del XII Convegno di Studi Etruschi e Italici (Firenze, Populonia, Piombino 1979)*, Firenze, pp. 299-314.

Lo Schiavo F. 1981 b, Economia e Società nell'età dei nuraghi, in *Ichnussa. La Sardegna dalle origini all'età classica*, Milano pp. 255-347.

Lo Schiavo F. 1982 a, Ambra in Sardegna, in *Studi in onore di F. Rittatore Vonwiller* I, Como, pp. 257-277.

Lo Schiavo F. 1982 b, Copper Metallurgy in Sardinia during the Late Bronze Age: New Prospects on its Aegean Connections, in *Early Metallurgy in Cyprus 4000-500 BC. Acta of the International Archaeological Symposium (Larnaca, Cyprus 1981)*, Nicosia, pp. 271-282.

Lo Schiavo F. 1983 a, Un bronzetto votivo da Galtellì, in *Atti I Congr. Int. Studi Fenici e Punici (Roma 1979)*, II, Roma, pp. 463-469.

Lo Schiavo F. 1983 b, Le componenti Egea e Cipriota nella metallurgia della tarda età del bronzo in Italia, in *Magna Grecia e Mondo Miceneo. Atti del XXII Convegno di Studi sulla Magna Grecia (Taranto 1982)*, Taranto, pp. 285-320.

Lo Schiavo F. 1984, Appunti sull'evoluzione culturale della Sardegna nell'età dei metalli, in *Nuovo Bullettino Archeologico Sardo* I, pp.21-40.

Lo Schiavo F. 1985, La Sardegna nuragica e il mondo mediterraneo, in *Civiltà Nuragica*, Milano, pp. 255-269.

Lo Schiavo F. 1986 a, Una reinterpretazione: modellino di nave in piombo da Antigori (Sarroch, Cagliari), in *Traffici micenei nel Mediterraneo. Problemi storici e documentazione archeologica. Atti del Conv. di Palermo 1984*, pp. 193-197.

Lo Schiavo F. 1986 b, Sardinian metallurgy: the archaeological background, in *Studies in Sardinian Archaeology II. Sardinia in the Mediterranean* (ed.: M.S. Balmuth), Ann Arbor, pp. 231-250.

Lo Schiavo F. 1986 c, L'età dei nuraghi, in *Il Museo Sanna in Sassari*, Sassari, pp. 63-109.

Lo Schiavo F. 1988 a, Il primo ferro in Sardegna, in *The first Iron in the Mediterranean - Il primo ferro nel Mediterraneo (Populonia/Piombino 1983), PACT* 21, Strasbourg, pp. 83-89.

Lo Schiavo F. 1988 b, Il nuraghe S. Antine di Torralba. Il ripostiglio della capanna 1 e gli altri bronzi protostorici, in *Il nuraghe S. Antine nel Logudoro-Meilogu* (a cura di A. Moravetti), Sassari, pp. 207-241.

Lo Schiavo F. 1988 c, Early Metallurgy in Sardinia, in *The Beginning of the Use of Metals and Alloys, Papers from the Second International Conference on the Beginning of the Use of Metals and Alloys (Zhengzhou, China, 1986)* (ed.: R. Maddin), Cambridge MA, London, pp. 92-103.

Lo Schiavo F. 1989, Early Metallurgy in Sardinia. Copper Ox-Hide Ingots, in *Archäometallurgie der Alten Welt, Beiträge zum Internationalen Symposium "Old World Archaeometallurgy" (Heidelberg 1987). Der Anschnitt* 7 (Herausgeber: A. Hauptmann, E. Pernicka, G.A. Wagner), Bochum, pp. 33-38.

Lo Schiavo F. 1989-90, Le più antiche asce a margini rialzati della Sardegna, in *RivScPr* XLII, 1-2, pp. 241-270.

Lo Schiavo F. 1990, Lingotti oxhide e piano-convessi in Sardegna, in F. Lo Schiavo, R. Maddin, J. Merkel, J.D. Muhly, T. Stech, *Analisi metallurgiche e statistiche sui lingotti di rame della Sardegna. Quaderni* 17, Ozieri, pp. 14-38.

Lo Schiavo F. 1991, Note a margine delle spade argariche trovate in Sardegna, in *Quaderni della Soprintendenza Archeologica per le provincie di Cagliari e Oristano* 8, pp. 69-85.

Lo Schiavo F. 1992, Un'altra fibula 'cipriota dalla Sardegna, in *Sardinia in the Mediterranean: A Footprint in the Sea* (eds.: R.H. Tykot, T.K. Andrews), Sheffield, pp. 296-303.

Lo Schiavo F. 1993, Ripostigli di bronzi della Sicilia nel Museo Archeologico di Siracusa: le fibule, in R.M. Albanese Procelli, *Ripostigli di bronzi della Sicilia nel Museo Archeologico di Siracusa*, pp. 237-251, Palermo.

Lo Schiavo F., D'Oriano R. 1990, La Sardegna sulle rotte dell'Occidente, in *La Magna Grecia e il lontano Occidente. Atti del XXIX Convegno di Studi sulla Magna Grecia (Taranto 1989)*, Napoli, pp. 99-161.

Lo Schiavo F., Macnamara E., Vagnetti L. 1985, Late Cypriot imports to Italy and their influence on local Bronzework, in *BSR* LIII, pp. 1-71.

Lo Schiavo F., Peroni R. 1979, Il bronzo finale in Calabria, in *Atti della XXI Riunione Scientifica dell' I.I.P.P., Il Bronzo finale in Italia (Firenze 1977)*, Firenze, pp. 551-569.

Lo Schiavo F., Ridgway D. 1987, La Sardegna e il Mediterraneo occidentale allo scorcio del II millennio, in *La Sardegna nel Mediterraneo tra il secondo e il primo millennio a.C. Atti del II Convegno di studi "Un millennio di relazioni fra la Sardegna e i Paesi del Mediterraneo" (Selargius-Cagliari 1986)*, Cagliari, pp. 391-418.

Lo Schiavo F., Vagnetti L. 1980, Micenei in Sardegna ?, in *Rendiconti Morali dell'Accademia dei Lincei* XXXV, 5-6, pp. 371-393.

Lollini D.G. 1979, Il Bronzo finale nelle Marche, in *RivScPr* XXXIV, 1-2, pp. 179-215.

Lombardi G., Mattias P. 1979, Petrology and Mineralogy of the Kaolin and Alunite Mineralizations of Latium (Italy), in *Geologica Romana* XVIII, pp. 157-214.

Lopez Roa C. 1978, Las cerámicas alisadas con decoración bruñida, in *Huelva Arqueologica* IV, pp. 145-180.

Lotti B. 1900, I giacimenti metalliferi della Tolfa in Provincia di Roma, in *Rassegna Mineraria* XIII, pp. 5-14.

Lull V. 1983, *La "cultura" de El Argar. (Un modelo para el estudio de las formaciones económico-sociales prehistóricas)*, Madrid.

Luzón J.M. 1962, Tartessos y la Ría de Huelva, in *Zephyrus* XIII, pp. 97-104.

Luzón J.M. 1970, Instrumentos mineros de la España antigua, in *La Mineria Hispana e Ibero - Americana* I, Leon, pp. 221-258.

Luzón J.M., Ruiz Mata D. 1973, *Las raíces de Cordoba*, Cordoba.

Luzón Nogué L.M., Coín Cuenca L.M. 1986, La navegación pre-astronomica en la antigüedad: utilización de pájaros en la orientación náutica, in *Lucentum* V, pp. 65-85.

Macnamara E., Ridgway D., Ridgway F.R. 1984, *The Bronze Hoard from S. Maria in Paulis, Sardinia, B.M. Occ.Pap.* 45, London.

Madau M. 1986, Materiali di importazione dalla Sardegna settentrionale, in *Società e cultura in Sardegna nei periodi orientalizzante e arcaico. Rapporti tra Sardegna, Fenici, Etruschi e Greci. Atti del I Convegno di studi "Un millennio di relazioni tra la Sardegna e i Paesi del Mediterraneo" (Selargius-Cagliari 1986)*, Cagliari, pp. 95-100.

Madau M. 1988, Nuraghe S. Antine di Torralba. Materiali fittili di età fenicio-punica, in *Il nuraghe S. Antine nel Logudoro-Meilogu* (a cura di A. Moravetti), Sassari, pp. 243-271.

Maddin R., Muhly J.D., Wheeler T.S. 1978, Come ebbe inizio l'età del ferro, in *Le Scienze* 113, pp. 133-140.

Malizia A. 1990, San Canziano sul Timavo. Cronologia, in C. Belardelli, C. Giardino, A. Malizia, *L'Europa a sud e a nord delle Alpi alle soglie della svolta protourbana* (a cura di R. Peroni), Zero Branco - Treviso, pp. 150-151.

Maluquer de Motes J. 1956, La técnica de incrustación de Boquique y la dualidad de la tradiciones céramicas en la Meseta durante la Edad del Hierro, in *Zephyrus* VII, pp. 179-206.

Maluquer de Motes J. 1970, *Tartessos. La ciutad sin historia*, Barcelona.

Manning S.W., Weninger B. 1992, A light in the dark; archaeological wiggle matching and the absolute chronology of the close of the Aegean Late Bronze Age, in *Antiquity* 66, 252, pp. 636-663.

Mantovani P. 1892, *Il Museo Archeologico e Numismatico di Livorno*, Livorno.

Marazzi M., Tusa S. 1976, Interrelazioni dei centri siciliani e peninsulari durante la penetrazione micenea, in *SicA* IX, 31, pp. 49-90.

Marazzi M., Tusa S. 1979, Die mykenische Penetration im westlichen Mittelmeerraum, in *Klio* 61, 2, pp. 309-351.

Marazzi M., Tusa S., Coop. Arché 1987, Selinunte e il suo territorio. Analisi storica e progetto di ricognizione, in *La Preistoria in Sicilia. I quaderni di Sicilia Archeologica* 1, pp. 39-109.

Marazzi M. 1988, La più antica marineria micenea in occidente, in *DArch* 6.1, pp. 5-22.

Marcello A., Pretti S., Salvadori I. 1978, *Carta Metallogenica della Sardegna*, Firenze.

Maréchal J.R. 1988, Il passaggio della metallurgia del rame a quella del ferro, in *The first Iron in the Mediterranean - Il primo ferro nel Mediterraneo (Populonia/Piombino 1983), PACT* 21, Strasbourg, pp. 25-32.

Marino D. 1995, *La protostoria della Calabria centro-orientale (Tesi di Dottorato di ricerca)*, Roma.

Martín R., Rauret A.M. 1969, Las posibilidades metalúrgicas y la distribución de los metales en el área tartésica, in *Tartessos y sus problemas, V Symposium internacional de Prehistoria Peninsular (Jerez de la Frontera 1968)*, Barcelona, pp. 279-387.

Martino F. 1981, Una raccolta di bronzi protostorici provenienti dalla Sicilia, in *Archivio Storico Messinese* XXXII, pp. 251-311.

Maryon H. 1938, Some prehistoric Metalworker's Tools, in *AntJ* XVIII, pp. 243-250.

Maryon H., Plenderleith H.J. 1966, Arte del metallo, in *Storia della tecnologia* I, Torino (ed.orig. *A History of Technology* I, Oxford 1954), pp. 633-672.

Massi Pasi M. 1978, La stazione preistorica della Bertarina di Vecchiazzano (Forlì), in *RivScPr* XXXIII, 2, pp. 359-386.

Massoli-Novelli R. 1986, The geology, environment, and natural resources of Sardinia, in *Studies in Sardinian Archaeology II. Sardinia in the Mediterranean* (ed.: M.S. Balmuth), Ann Arbor, pp. 3-7.

Maxwell-Hyslop R. 1953, Bronze Lugged Axe- or Adze Blades from Asia, in *Iraq* XV, pp. 69-87.

Mayer E.F. 1977, *Die Äxte und Beile in Österreich, PBF* IX. 9, München.

Mazza F. 1983, Le fonti classiche per la più antica storia fenicia: Giuseppe Flavio e la dinastia dei re di Tiro, in *Atti I Congresso Internazionale Studi Fenici e Punici (Roma 1979)*, I, Roma, pp. 239-242.

Mazzarino S. 1947, *Fra Oriente e Occidente*, Firenze.

Mele A. 1979, *Il commercio greco arcaico. Prexis ed emporie. Cahiers du Centre Jean Bérard* IV, Naples.

Melis E. 1967, *Carta dei nuraghi della Sardegna. Monumenti preistorici nel comune di Mamoiada*, [Spoleto].

Meloni P. 1980, *La Sardegna romana*, Sassari.

Merkel J. 1985, Ore Beneficiation during the Late Bronze/Early Iron Age at Timna, Israel, in *MASCA Journal* 3, 5, pp. 164-169.

Metallo A. 1955, Il sistema meteo-oceanografico del Mediterraneo, in *Rivista Marittima* LXXXVIII, 5, pp. 288-303.

Metallo A. 1962, L'onda portante meteo-oceanografica del Mediterraneo, in *Rivista Marittima* XCV, pp. 59-67.

Michelucci M. 1981, Vetulonia, in *Gli Etruschi in Maremma. Popolamento e attività produttive* (a cura di M. Cristofani), Milano, pp. 137-151.

Millosevich F. 1933, Minerali e miniere nel Lazio, in *Le scienze fisiche e biologiche in Roma e nel Lazio*, Roma, pp. 1-22.

Millotte J.P., Riquette R. 1959, La cachette de bronze de Notre-Dame d'Or (Vienne), in *GalliaPrHist* II, pp. 71-80.

Minto A. 1922, *Populonia. La necropoli arcaica*, Firenze.

Minto A. 1923, Populonia - Relazione sugli scavi archeologici governativi del 1922, in *NSc*, pp. 127-160.

Minto A. 1926, Populonia. Lavori e trovamenti archeologici durante il 1925-1926, in *NSc* II, pp. 365-378.

Minto A. 1938, Trovamenti preistorici nel territorio a sud dell'Amiata, in *BPI* n.s. II, pp. 29-43.

Minto A. 1939, Il problema delle origini degli Etruschi e le coltivazioni minerarie dell'Etruria, in *"Relazioni" della XXVIII Riunione della S.I.P.S. (Pisa 1939)*, vol. I, pp. 525-549.

Minto A. 1940, Le ricerche archeologico-minerarie in Val Fucinaia, in *StEtr* XIV, pp. 315-320.

Minto A. 1943, *Populonia*, Firenze.

Minto A. 1946 a, Per una carta archeologica delle antiche coltivazioni minerarie del bacino Mediterraneo, in *StEtr* XIX, pp. 303-311.

Minto A. 1946 b, Commiato, in *StEtr* XIX, pp. 361-364.

Minto A. 1954, L'antica industria mineraria in Etruria ed il porto di Populonia, in *StEtr* XXIII, pp. 291-319.

Mochi A. 1915, Indizi di miniere preistoriche di cinabro nella regione dell'Amiata, in *BPI* XLI, pp. 5-12.

Mohen J.-P. 1977, Broches à rôtir articulées de l'Age du Bronze, in *AntNat* 9, pp. 34-39.

Mohen J.-P. 1990, *Métallurgie Préhistorique. Introduction à la paléométallurgie*, Paris, Milan, Barcelone, Mexico.

Molina Garcia J., Molina Grande M.C., Nordstrom S. 1976, *Coimbra del Barranco Ancho (Jumilla-Murcia). Servicio de Investigacion Prehistorica* 52, Valencia.

Monteagudo L. 1977, *Die beile auf der Hiberischen Halbinsel. PBF* IX, 6, München.

Montelius O. 1895-1910, *La Civilisàtion primitive en Italie depuis l'introduction des métaux* I-II, Stockholm.

Morris I. 1987, *Burial and ancient society*, Cambridge.

Morrison J. 1980, *The Ship. Long Ships and Round Ships. Warfare and Trade in the Mediterranean*, London.

Morrison J.S., Williams R.T. 1968, *Greek Oared Ships. 900-322 B.C.*, Cambridge.

Morton F. 1938, Ein neuer Tragsack für Salz aus Hallstatt, in *Wiener Prähistorische Zeitschrift* XXV, pp. 157-166.

Moscati S. 1966, *Il mondo dei Fenici*, Milano.

Moscati S. 1972, *I Fenici e Cartagine*, Torino.

Moscati S. 1983, Precolonizzazione greca e precolonizzazione fenicia, in *RStFen* XI, pp. 1-7.

Moscati S. 1985, I Fenici e il mondo Mediterraneo al tempo di Omero, in *RStFen* XIII, pp. 179-187.

Moscati S. 1988 a, Momenti precoloniali nel Mediterraneo antico, *Momenti precoloniali nel Mediterraneo antico. Questioni di metodo- Aree d'indagine. Evidenze a confronto, Atti del Convegno Internazionale (Roma 1985)* (a cura di E. Acquaro, L. Godart, F. Mazza, D. Musti), Roma, pp. 11-18.

Moscati S. 1988 b, Fenicio o Punico o Cartaginese, in *RStFen* XVI, 1, pp. 3-13.

Moscati S. 1988 c, La colonizzazione mediterranea, in *I Fenici*, Milano, pp. 46-53.

Moscati S. 1989, *Tra Tiro e Cadice. Temi e problemi degli studi fenici*, Roma.

Moscetta M.P. 1988, Il ripostiglio di Lipari. Nuove considerazioni per un inquadramento cronologico e culturale, in *DArch* 6, 1, pp. 53-78.

Mosetti F. 1978, *Il volto degli oceani. Introduzione all'oceanologia*, Milano.

Mosso A. 1906, Le armi più antiche di rame e di bronzo, in *MemAccLinc* s. V, XII, pp. 479-582.

Mosso A. 1908, Villaggi preistorici di Caldare e Cannatello presso Girgenti, in *MonAnt* XVIII, 3, coll. 573-690.

Much M. 1893, *Die Kupferzeit in Europe und ihr Verhältnis zur Kultur der Indogermanen*, Jena.

Muhly J.D. 1973 a, *Copper and Tin. The Distribution of mineral Resources and the Nature of the Metals trade in the Bronze Age*, Hamden, Connecticut

Muhly J.D. 1973 b, Tin Trade Routes of the Bronze Age, in *American Scientist* 61, pp. 404-413.

Muhly J.D. 1982, The Nature of Trade in the LBA Eastern Mediterranean: The Organization of the Metal's Trade and the Role of Ciprus, in *Early Metallurgy in Cyprus 4000-500 BC. Acta of the International Archaeological Symposium (Larnaca, Cyprus 1981)*, Nicosia, pp. 251-266.

Muhly J.D. 1983, Lead Isotope Analysis and the Kingdom of Alashiya, in *RDAC*, pp. 210-218.

Muhly J.D. 1991, The Development of Copper Metallurgy in the Late Bronze Age Cyprus, in *Bronze Age Trade in the Mediterranean. Studies in Mediterranean Archaeology* XC (ed.: N.H. Gale), Jonsered, pp. 180-196.

Muhly J.D., Stech T. 1990, Osservazioni conclusive, in F. Lo Schiavo, R. Maddin, J. Merkel, J.D. Muhly, T. Stech, *Analisi metallurgiche e statistiche sui lingotti di rame della Sardegna. Quaderni* 17, Ozieri, pp. 200-221.

Müller-Karpe H. 1959, *Beiträge zur Chronologie der Urnenfelderzeit nördlich und südlich der Alpen*, Berlin.

Müller-Karpe H. 1960-1961, Osservazioni intorno ai bronzi delle tombe ad incinerazione di Torre Castelluccia, in *BPI* 69-70, pp. 187-206.

Müller-Karpe H. 1974 a, *Handbuch der Vorgeschichte III. Kupferzeit*, München.

Müller-Karpe H. 1974 b, Zur Definition und Benennung chronologischer Stufen der Kupferzeit, Bronzezeit und älteren Eisenzeit, in *JberInstVgFrankf*, pp. 7-18.

Müller-Karpe H. 1980, *Handbuch der Vorgeschichte IV. Bronzezeit*, München.

Münster S. 1552, *Cosmographiae universalis Lib. VI*, Basilea.

Murphy J.P. 1977, a cura di, *Avienus. Ora Maritima, or Description of the Seacoast [from Brittany round to Massilia]*, Chicago.

Naldi Vinattieri M. 1957, Il sepolcreto vetuloniense di Poggio alla Guardia ed il problema dei "ripostigli", in *StEtr* XXV, pp. 329-365.

Needam S. 1979, A Pair of Early Bronze Age Spearheads from Lightwater, Surrey, in *Bronze Age Hoards. Some Finds Old and New. BAR British Series* 67, pp. 1-35.

Negroni Catacchio N. 1975, I manufatti in ambra protostorici: appunti per una tipologia, in *Studi e ricerche sulla problematica dell'ambra. Atti della Cooperazione interdisciplinare Italo-Polacca* I, Roma, pp. 221-236.

Negroni Catacchio N. 1979, Ritrovamenti dell'età del Bronzo sul colle di Talamonaccio (Orbetello - Grosseto), in *RivScPr* XXXIV, 1-2, pp. 255-262.

Negroni Catacchio N. 1981, Le testimonianze archeologiche, in *Sorgenti della Nova. Una comunità protostorica e il suo territorio nell'Etruria meridionale*, Roma, pp. 77-156.

Negroni Catacchio N. 1988, Nuovi dati sulla Valle del fiume Fiora. Inquadramento culturale, in *Il Museo di preistoria e protostoria della Valle del fiume Fiora* (a cura di N. Negroni Catacchio), Manciano, pp. 32-61.

Negroni Catacchio N., Pellegrini E. 1988, Nuovi dati sulla Valle del fiume Fiora. Lista dei siti di interesse preistorico e protostorico, in *Il Museo di preistoria e protostoria della Valle del fiume Fiora* (a cura di N. Negroni Catacchio), Manciano, pp. 62-83.

Nelson D.E. 1990, Radiocarbon Dating in Archaeology: Comparing the AMS and Radiometric Methods, in *Proceedings of the Second International Symposium 14 C and Archaeology, Gronigen 1987, PACT* 29 (eds: W.G. Mook, H.T. Waterbolk), pp. 269-277, Strasbourg.

Nibbi A. 1986, Some Middle Kingdom Oxhide-shaped objects in the Egyptian Iconography and their name: nms and Ashmolean Ingot 1892-919, in *Discussion in Egyptology* 4, pp. 41-65.

Nieto Gallo G. 1985 a, La Península Ibérica en el II milenio antes de Cristo, in *Los origenes de España. Historia general de España y America* I-1, Madrid, pp. 351-428.

Nieto Gallo G. 1985 b, La Península Ibérica al final del II y comienzos del I milenio antes de Cristo hasta la aparición del hierro, in *Los origenes de España. Historia general de España y America* I-1, Madrid, pp. 429-499.

Nieto Gallo G. 1985 c, Las islas Baleares en la Edad del Bronce, in *Los origenes de España. Historia general de España y America* I-1, Madrid, pp. 501-515.

Nissardi F. 1882, (in Fiorelli G.) Nuragus, in *NSc*, pp. 305-311.

Nissardi, F. 1884, Intorno ai due ripostigli di Abini e di Forraxi Nioi presso Nuragus, in *Bullettino Archeologico Sardo* I, parte II, suppl., pp. 3-29.

Northover J.P. 1980, Bronze in the British Bronze Age, in *Aspects of early Metallurgy*, London, pp. 63-70.

O' Connor B. 1980, *Cross - Channel Relations in the Later Bronze Age, BAR Int. Series* 91, Oxford.

Orsi P. 1890, Ripostiglio di Bronzi, in *BPI* XVI, p. 49.

Orsi P. 1891, La necropoli sicula del Plemmirio (Siracusa), in *BPI* XVII, pp. 115-139.

Orsi P. 1895, Thapsos,in *MonAnt* VI, coll. 89-150.

Orsi P. 1898, Asce piatte in rame e bronzo della Sicilia, in *BPI* XXIV, pp. 162-163.

Orsi P. 1899, Pantalica e Cassibile, in *MonAnt* IX, coll. 33-146.

Orsi P. 1900, Ripostigli di Bronzi siculi, in *BPI* XXVI, pp. 164-174, 267-285.

Orsi P. 1905, Necropoli e stazioni sicule di transizione. V. Necropoli al Molino della Badia presso Grammichele, in *BPI* XXXI, pp. 96-133.

Orsi P. 1909 a, Ripostiglio di bronzi siculi di Adernò (Catania), in *BPI* XXXV, pp. 43-44.

Orsi P. 1909 b, Adernò. Insigne ripostiglio di bronzi siculi, in *NSc*, pp. 387-388.

Orsi P. 1912, La necropoli sicula di Pantalica, e la necropoli sicula di M. Dessueri, in *MonAnt* XXI, coll. 301-408.

Orsi P. 1927, Nuovi ripostigli di bronzi siculi, in *BPI* XLVII, pp. 35-57.

Orsi P., Rizzo G.E. 1897, Nuovi materiali siculi dal territorio di Girgenti, in *BPI* XXIII, pp. 1-15, 105, 113-122.

Östenberg C.E. 1967, *Luni sul Mignone e problemi della preistoria d'Italia, Skrifter Utgivna av Svenska Institutet i Rom* 4°, XXV, Lund.

Oteri F., Saccà C., Stagno F., Triscari M. 1986, Confronto tra composizione chimica e modalità giaciturali di alcuni minerali metalliferi dei Monti Peloritani (Sicilia N.E.), in *Rendiconti Società Italiana di Mineralogia e Petrologia* 41 (1), pp. 41-52.

Overbeck J.C. 1989, *Keos VII. Ayia Irini: Period IV. The stratigraphy and the find deposits*, Mainz am Rhein.

Pacciarelli M. 1979, Topografia dell'insediamento dell'età del bronzo recente nel Lazio, in *Archeologia Laziale II*, pp. 161-170, Roma.

Pacciarelli M. 1982, Economia ed organizzazione del territorio in Etruria meridionale nell'età del bronzo media e recente, in *DArch* n.s. 4, 2, pp. 69-79.

Pais E. 1884, Il ripostiglio di bronzi di Abini presso Teti, in *Bullettino Archeologico Sardo* I, s. II, fasc. V-X, pp. 67-179.

Palaiologou E. 1987, Schede nn. IX-X, 53-55, 58, in *Greece and the Sea* (ed.: A. Delivorrias), Amsterdam, pp. 37-39, 154-155, 162.

Palermo D. 1983, Polizzello, in *Contributi alla conoscenza dell'età del ferro in Sicilia. Monte Finocchito e Polizzello*, Catania, pp. 103-147.

Pallottino M. 1950, *La Sardegna nuragica*, Roma.

Pallottino M. 1952, El problema de las relaciones entre Cerdeña e Iberia en la Antigüedad prerromana,in *Ampurias* XIV, pp. 137-155.

Pallottino M. 1960, Sulla cronologia dell'età del Bronzo finale e dell'età del ferro in Italia, in *StEtr* XXVIII, pp. 11-47.

Pallottino M. 1973, *Etruscologia*, VI ed., Milano.

Pallottino M. 1981, Premessa, in *L'Etruria mineraria. Atti del XII Convegno di Studi Etruschi e Italici (Firenze, Populonia, Piombino 1979)*, Firenze, pp. IX-XII.

Pannuti S., Peroni R. 1969, Gli scavi di Grotta a Male presso l'Aquila, in *BPI* 78, pp. 147-247.

Parietti G. 1990, Plancher-les-Mines: prospection-inventaire generale du district, in *L'archeologie des mines et de la métallurgie. Panorama des sites vosgiens. Pierre et Terre* 34, pp. 19-21.

Parise N.F. 1968, I pani di rame del II millennio a.C. Considerazioni preliminari, in *Atti e Memorie del 1° Congresso Internazionale di Micenologia (Roma 1967)*, Roma, pp. 117-133.

Parotto M. 1982, Gli antichi vulcani del Lazio, in F.S. Stoppani, E. Curti 1982, *I minerali del Lazio*, Firenze, pp. 33-51.

Parroni P. 1984, *Introduzione, edizione critica e commento a Pomponii Melae, De Chorographia*, Roma.

Pautreau J.P. 1984, Quelques aspects de la metallurgie en Poitou aux ages du cuivre et du bronze, in *Paléométallurgie de la France atlantique. Age du Bronze (1)*, Rennes, pp. 99-133.

Pearson G.W. 1987, How to cope with calibration, in *Antiquity* 61, 231, pp. 98-103.

Pellegrini E. 1992, Nuovi dati su due ripostigli dell'età del bronzo finale del Grossetano: Piano di Tallone e "tra Manciano e Smprugnano", in *BPI* 83, pp. 341-360.

Pellegrini G. 1902, Siena, Museo Chigi. I bronzi, in *Studi e Materiali di Archeologia e Numismatica* II, pp. 207-222.

Pellicer Catalán M., Schüle W. 1966, *El Cerro del Real (Galera, Granada). El corte estratigrafico IX. Excavaciones Arqueologicas en España* 52, Madrid.

Pericot García L. 1972, *The Balearic Islands*, London.

Pernicka E., Bergmann F., Schmitt-Strecker S., Wagner G.A. 1993, Eneolithic and Early Bronze Age copper artefacts from the Balkans and their relation to Serbian copper ores, in *PZ* 68, 1, pp. 1-54.

Pernier L. 1905, Le armi di Vetulonia, in *Studi e Materiali di Archeologia e Numismatica* III, pp. 230-248.

Pernier L. 1911, Lustignano. Tombe di età varia, alcune dei tempi primitivi, altre riferibili al periodo tra il III ed il II secolo avanti Cristo scoperte in vicinanza di Lustignano, frazione del comune di Pomarance nell'antico territorio di Volterra, in *NSc*, pp. 126-128.

Peroni R. 1956, Per una distinzione in fasi delle necropoli del secondo periodo siculo a Pantalica, in *BPI* 65, pp. 387-432.

Peroni R. 1959, *Per una definizione dell'aspetto culturale "subappenninico" come fase cronologica a sé stante. Atti e memorie dell'Accademia Nazionale dei Lincei* VIII, IX, Roma.

Peroni R. 1961 a, *Ripostigli delle età dei metalli. 1 - Ripostigli del Massiccio della Tolfa, Inventaria Archaeologica, Italia*, Fasc. 1: I 1-I 3.

Peroni R. 1961 b, *Ripostigli delle età dei metalli. 2 - Ripostigli del Grossetano, Inventaria Archaeologica, Italia*, Fasc. 2: I 4-I 5.

Peroni R. 1961 c, Bronzi dal territorio del Fucino nei Musei Preistorici di Roma e Perugia, in *RivScPr* XVI, 1-4, pp. 125-205.

Peroni R. 1967, *Ripostigli delle età dei metalli. Ripostiglio di Ardea, Inventaria Archaeologica, Italia*, Fasc. 4: I 9.

Peroni R. 1970 a, Zur Chronologie der Bronzezeit auf dem italianischen Festland, in *Actes du VIIe Congrès International des Sciences Préistoriques et Protohistoriques (Prague 1966)*, Prague, pp. 597-599.

Peroni R. 1970 b, Introduzione, in V. Bianco Peroni, *Le spade nell'Italia Continentale, PBF* IV, 1, München, pp. 3-7.

Peroni R. 1971, *L'età del Bronzo nella penisola italiana. I. L'antica età del Bronzo*, Firenze.

Peroni R. 1979, Osservazioni sulla cronologia della prima età del ferro nell'Italia continentale, in V. Bianco Peroni, *I rasoi nell'Italia continentale, PBF* VIII, 2, München, pp. 192-200.

Peroni R. 1983, Presenze micenee e forme socio-economiche nell'Italia protostorica in Magna Grecia e mondo miceneo, in *Atti del XXII Congresso di Studi sulla Magna Grecia (Taranto 1982)*, Taranto, pp. 211-284.

Peroni R. 1984, Punti fermi, in *Ricerche sulla protostoria della Sibaritide 3* (a cura di R. Peroni), Roma, pp. 260-266.

Peroni R. 1985, Il golfo di Napoli e la Campania, in *Napoli antica*, Napoli, pp. 23-27.

Peroni R. 1989, *Protostoria dell'Italia continentale. La Penisola Italiana nelle età del bronzo e del ferro. Popoli e Civiltà dell'Italia antica* IX, Roma.

Peroni R. 1991-92, Bilancio conclusivo, in *Atti del Congresso "L'età del bronzo in Italia nei secoli dal XVI al XIV a.C." (Viareggio 1989), Rassegna di Archeologia 10*, Firenze, pp. 611-623.

Peroni R. 1994, *Introduzione alla protostoria italiana*, Roma-Bari.

Peroni R., Carancini G.L., Bergonzi G., Lo Schiavo F., Von Eles P. 1980, Per una definizione critica di facies locali: nuovi strumenti metodologici, in *Il Bronzo finale in Italia* (a cura di R. Peroni), Bari, pp. 9-86.

Peroni R., Fugazzola Delpino M.A., Anzidei A.P., Baldelli G., Bergonzi G., Bernardi O., Minnucci L., Sansonetti D., Scarabello I. 1976, Sulla cronologia dei "Campi di Urne" della Linguadoca in *RivScPr* XXXI, 1, pp. 245-282.

Pesce G. 1972, *Nora. Guida agli scavi*, Cagliari.

Petrie W.M.F. 1917, *Tools and Weapons illustred by the Egyptian Collection in University College, London, and 2000 Outlines from other Sources*, London.

Pickin J. 1990, Stone Tools and Early Mining in England and Wales, in *Early Mining in the British Isles. Proceedings of the Early Mining Workshop (Plas Tan y Bwlch, Snowdonia National Park Study Centre 1989), Plas Tan y Bwlch Occasional Paper* 1 (eds: P. Crew, S. Crew), Plas Tan y Bwlch, pp. 39-42.

Pietracaprina A., Brizzi G. 1987, *La Sardegna e i suoi minerali*, Cagliari, Sassari.

Piggott C.M. 1946, The Late Bronze Age Razors of the British Isles, in *ProcPrHistSoc* XII, pp. 121-141.

Piggott S., Daniel G.E. 1951, *A Picture Book of Ancient British Art*, Cambridge.

Pigorini L. 1888, Bronzi primitivi della Sicilia, in *BPI* XIV, pp. 104-105.

Pigorini L. 1904, Pani di rame provenienti dall'Egeo scoperti a Serra Ilixi in provincia di Cagliari, in *BPI* XXX, pp. 91-107.

Pincelli R., Morigi Govi C. 1975, *La necropoli villanoviana di S. Vitale* I-II, Bologna.

Pinna M. 1964, *La storia del clima. Variazioni climatiche e rapporto clima-uomo in età postglaciale. Memorie della Società Geografica Italiana* XXXVI, Roma.

Pinna M. 1969, Le variazioni del clima in epoca storica e i loro effetti sulla vita e le attività umane. Un tentativo di sintesi, in *Bollettino della Società Geografica Italiana* CVI, pp. 198-275.

Pinza G. 1901, Monumenti primitivi della Sardegna, in *MonAnt* XI, coll. 5-280.

Pinza G. 1905, Monumenti primitivi di Roma e del Lazo antico, in *MonAnt* XV, coll. 5-844.

Pittioni R. 1951, Prehistoric Copper-mining in Austria: Problems and Facts, in *Annual Report of the Institute of Archaeology of the University of London*, VII, pp. 16-43.

Pittioni R., Zschocke K, Preuschen E. 1934, Grundsätzliche festellungen zu Fragen des urzeitlichen Kupferbergbaues, in *MAnthropGesWien* 64, pp. 327-334.

Plantalamor Massanet L. 1991, *L'arquitectura prehistòrica i protohistòrica de Menorca i el seu marc cultural*, Maó 1991.

Plantalamor Massanet L., Rita Larrucea M.C. 1984, Formas de poblacion durante el segundo y primero milenio BC en Menorca. Son Mercer de Baix, transicion entre la cultura Pretalaiotica y Talayotica, in *The Deya Conference of Prehistory. Early Settlement in the Wertern. Mediterranean Islands and their Peripheral Areas, III, BAR Int. Series* 229 (III) (eds.: W.H. Waldren, R. Chapman, J. Lewthwaite, R.C. Kennard), Oxford, pp. 797-826.

Poggiani Keller R. 1988, L'insediamento della media e tarda età del bronzo di Scarceta (Manciano - GR), in *Il Museo di preistoria e protostoria della Valle del fiume Fiora* (a cura di N. Negroni Catacchio), Manciano, pp. 159-164.

Poggiani Keller R. 1993, Anticipazioni sul complesso dei manufatti di bronzo e sull'attività metallurgica in situ nelle fasi della tarda età del bronzo dell'insediamento di Scarceta, in *Vulcano a Mezzano. Insediamento e produzioni artigianali nella media valle del Fiora nell'età del Bronzo*, Valentano, pp. 105-124.

Pohl I. 1972, *The Iron Age Necropolis of Sorbo at Cerveteri, Skrifter Utgivna av Svenska Institutet i Rom* 4°, XXXII, Stockholm.

Pomey P. 1985, Mediterranean Sewn Boats in Antiquity, in *Sewn Plank Boats, Archaeological and Ethnografic papers based on those presented to a conference at Greenwich 1984* (eds. S. McGrail, E. Kentley), BAR Int. Series 276, Oxford, pp. 35-47.

Pons i Brun E. 1984, *L'Empordà, de l'edat del bronze a l'edat del ferro*, Girona.

Ponzi Bonomi L. 1970, Il Ripostiglio di Contigliano, in *BPI* 79, pp. 95-156.

Potter T. W. 1976, *A Faliscan Town in South Etruria. Excavations at Narce 1966- 1971*, London.

Preßlinger H., Walach G., Eibner C. 1988, Bronzezeitliche Verhüttungsanlagen zur Kupfererzeugung in den Ostalpen, in *BHM* 133, 7, pp. 338-344.

Pugliese Carratelli G. 1962, Achei nell'Etruria e nel Lazio ?, in *PP* XVII, pp. 5-25.

Puglisi S.M. 1959, *La Civiltà Appenninica. Origine delle comunità pastorali in Italia*, Firenze.

Puglisi S.M. 1975, L'età del bronzo nella Daunia (relazione generale), in *Atti del colloquio internazionale di preistoria e protostoria della Daunia (Foggia 1973)*, Firenze, pp. 225-234.

Pulak C. 1988, The Bronze Age Shipwreck at Ulu Burun, Turkey: 1985 Campaign, in *AJA* 92, pp. 1-37.

Pållson Hallager B. 1985, Crete and Italy in the Late Bronze Age III Period, in *AJA* 89, pp. 293-305.

Raban A. 1984, The Thera Ships: Another Interpretation, in *AJA* 88, pp. 11-19.

Raban A. 1988, The Constructive maritime Role of the Sea Peoples in the Levant, in *Society and Economy in the Eastern Mediterranean (c. 1550-1000 B.C.). Proceedings of the International Symposium (Haifa 1985)* (eds: M. Heltzer, E. Lipinski), Leuven, pp. 261-294.

Radmilli A.M. 1967, Notiziario: Toscana. Isola d'Elba, in *RivScPr* XXII, 2, pp. 443-444.

Radmilli A.M. 1968, Notiziario: Toscana. Isola d'Elba, in *RivScPr* XXIII, 2, p. 410.

Ramin J. 1977, *La techinique minière et mètallurgique des Ancient*, Bruxelles.

Ramon J. 1983, Puntas de flecha de bronze fenicio-punicas halladas en Ibiza: algunos materiales ineditos, in *Homenaje al Prof. Martin Almagro Basch* II, Madrid, pp. 309-323.

Randsborg K. 1991, Historical implications. Chronological Studies in European Archaeology c. 2000-500 B.C., in *ActaArch* 62, pp. 89-108.

Rellini U. 1923, Miniere e fonderie d'età nuragica in Sardegna, in *BPI* XLIII, pp. 58-67.

Renfrew C. 1967, Colonialism and Megalithismus, in *Antiquity* XLI, pp. 276-288.

Renfrew C. 1972, Il carbonio-14 e la preistoria dell'Europa, in *Le Scienze* 41, pp. 21-29.

Renfrew C. 1973, *Before Civilization. The Radicarbon Revolution and Prehistoric Europe*, London.

Renfrew C. 1989, *Archeologia e linguaggio* (ed. orig.: *Archaeology and Language. The Puzzle of Indo-European Origins*, London 1987), Roma, Bari.

Renfrew C. 1991, Foreword, in P. James, I.J. Thorpe, N. Kokkinos, R. Morkot, J. Frankish, *Centuries of Darkness. A challenge to the convention chronology of Old World archaeology*, pp. XIII-XV, London.

Richards E.E., Blin-Stoyle A.E. 1961, A Study of the Homogeneity in Composition of an Irish Thick-Butted Axe,in *Archaeometry* 4, pp. 53-55.

Richter I. 1970, *Der Arm- und Beinschmuck der Bronze- und Urnenfelderzeit in Hessen und Rheinhessen, PBF* X,1, München.

Ridgway D. 1969, Il contesto indigeno in Etruria prima e dopo l'arrivo dei Greci, in *Incontro di studi sugli inizi della colonizzazione greca in Occidente (Napoli-Ischia 1968). DArch* III, 1-2, pp. 23-30.

Říhovský J. 1972, *Die Messer in Mähren und dem Ostalpengebiet, PBF* VII. 1, München.

Riis P.J. 1948, *Hama, Fouilles et recherches 1931-1938. Les cimetières à crèmation* II-III, Copenhague.

Rittatore Vonwiller F. 1975 a, L'ambra e le vie commerciali protostoriche, in *Studi e ricerche sulla problematica dell'ambra. Atti della Cooperazione interdisciplinare Italo-Polacca* I, Roma, pp. 97-99.

Rittatore Vonwiller F. 1975 b, La cultura protovillanoviana, in F. Rittatore Vonwiller, G. Fogolari, *Popoli e Civiltà dell'Italia antica* IV, Roma, pp. 9-60.

Röllig W. 1982, Paläographische Beobachtungen zum ersten Auftreten der Phönizier in Sardinien, in *Antidoron J. Thimme, VI Schrift für J. Thimme, zum 65° Geburstag am XXVI September 1982*, Kalsrühe, pp. 125-130.

Rolandi G. 1969-1970, La metallurgia in Sardegna, in *L'Industria Mineraria* XX, pp. 615-629; XXI, pp. 1-11, 59-77, 181-197, 321-332.

Rollandi M.S. 1981, *Miniere e minatori in Sardegna. Dalla crisi del primo dopoguerra alla nascita di Carbonia (1919-1939)*, Cagliari.

Romagnoli A. 1912, Relation sur une découverte archéologique a Cagnano (Corse) de l'epoque proto-historique, (ver la fin de l'age de fer) en décembre 1900, in *Bulletin de la Société de Science Historiques et Naturelles de la Corse*, pp. 323-328.

Rosselló-Bordoy G. 1963, Una aproximación a la prehistoria de Mallorca, in *Ampurias* 25, pp. 137-163.

Rosselló-Bordoy G. 1974, Los ajuares metálicos mallorquines como elemento cronológico, in *VI Symposium de Prehistoria Peninsular. Prehistoria y Arqueologia de las Islas Baleares (Palma de Mallorca 1972)*, Barcelona, pp. 115-127.

Rosselló-Bordoy G. 1979, *La Cultura Talayótica en Mallorca. Bases para el estudio de sus fases iniciales* (II ed.), Palma de Mallorca.

Rosselló-Bordoy G. 1987, Metalurgia en el Pretalayotico final de Mallorca, in *Archivo de Prehistoria Levantina XVII, Homenaje a D.D. Fletcher Valls* I, pp. 167-153.

Rosselló-Bordoy G., Waldren W.H. 1973, Excavaciones en el abrigo del bosque de Son Matge (Valldemosa, Mallorca), in *NAHisp Prehist* 2, pp. 211-286.

Rosselló-Bordoy G., Waldren W.H., Kopper J.S. 1967, *Análisis de radiocarbono en Mallorca. Trabajos del Museo de Mallorca* 1, Palma.

Rothenberg B., Blanco-Freijeiro A. 1980, Ancient Copper Minig and Smelting at Chinflon (Huelva, SW Spain), in *Scientific Studies in Early Mining and Extractive Metallurgy*, London, pp. 41-62.

Rothenberg B., Blanco-Freijeiro A. 1981, *Studies in Ancient mining and Metallurgy in South-West Spain. Explorations and excavations in the Province of Huelva* (eds.: J.D. Evans, P.A. Clayton, B. Rothenberg), London.

Roudil J.L., Guilaine J. 1976, Les civilitations de l'Age du Bronze en Languedoc, in *La Préhistoire Française, II, Civilisations néolithiques et protohistoriques de la France*, Paris, pp. 459-469.

Rougé J. 1981, *Ships and Fleets of the Ancient Mediterranean*, Middletown, Connecticut (ed. orig.: *La Marine dans l'Antiquité*, Paris 1975).

Rowlands M.J. 1976, *The Production and Distribution of Metalwork in the Middle Bronze Age in Southern Britain, BAR* 31, Oxford.

Ruiz-Galvez Priego M. 1984, Reflexiones terminologicas en torno a la Edad del Bronce peninsular, in *TrabPrHis*, 41, pp. 323-342.

Ruoff U., Rychner V. 1986, Die Bronzezeit im schweizerischen Mittelland, in *Chronologie. Archäologischen Daten der Schweiz - Datation archéologique en Suisse, Antiqua* 15, Basilea, pp. 73-79.

Säflund G. 1939, Punta del Tonno. Eine vorgriechische Siedlung bei Tarent, in *Dragma M.P. Nilsson dicatum*, Lund, pp. 458-490.

Sagui C.L. 1930, Economic geology and allied sciences in Ancient times, in *Economic Geology* XXV, pp. 65-86.

Salzani L. 1986 (a cura di), *Povegliano: La sua storia dal Bronzo al Ferro*, Povegliano Veronese.

Sánchez Meseguer J. 1974, Nuevas aportaciones al tema de las puntas "a barbillon", in *CuadPrHistA* 1, pp. 71-101.

Sandars H.W. 1905, The Linares Bas-Relief and Roman Mining Operations in Baetica, in *Archaeologia* LIX, pp. 311-332.

Sandars H.W. 1910, On the Use of the Deer-Horn Pick in the Mining Operations of Ancients, in *Archaeologia* LXII, pp. 101-124.

Sandars N.K. 1963, Later Aegean Swords, in *AJA* 67, pp. 117-153.

Sanna R. 1981-1985, Materiali nuragici da Mitza Púrdia (Decimoputzu-Cagliari), in *StSard* XXVI, pp. 63-91.

Santoni V. 1977, Osservazioni sulla protostoria della Sardegna, in *MEFRA* 89, 2, pp. 447-470.

Santoni V. 1985, Il villaggio nuragico di Su Muru Mannu, in *RStFen* XIII, 1, pp. 33-140.

Santoni V. 1989, L'orientalizzante antico-medio della capanna n. 1 del nuraghe Piscu di Suelli - Cagliari, in *Quaderni della Soprintendenza Archeologica per le provincie di Cagliari e Oristano* 6, pp. 73-111.

Santoni V. 1992, Nuraghe Piscu di Suelli: documenti materiali del Bronzo medio-recente, in *La Sardegna nel Mediterraneo tra il Bronzo medio e il Bronzo recente (XVI-XIII Sec. a.C.). Atti del III Convegno di studi "Un millennio di relazioni fra la Sardegna e i Paesi del Mediterraneo" (Selargius-Cagliari 1987)*, Cagliari, pp. 167-185.

Sarti L. 1984, Le asce della collezione Chigi-Zondadari al Museo Archeologico di Siena, in *RivScPr* XXXIX, 1-2, pp. 247-271.

Savory H.N. 1968, *Spain and Portugal. The prehistory of the Iberian Peninsula*, London.

Savory H.N. 1976, Recenzione a Schubart H., Die Kultur der Bronzezeit im Südwesten der Iberischen Halbinsel,in *BVallad* XLII, pp. 551-554.

Savory H.N. 1979, Recenzione a Monteagudo L. 1977, *Die Beile auf der Iberischen Halbinsel. PBF* IX, 6, in *BVallad*, XLV, pp. 547-550.

Schauer P. 1975, Beginn und Dauer der Urnenfelderkultur in Südfrankreich, in *Germania* 53, pp. 47-63.

Schmidt P.K., Burgess C.B. 1981, *The Axes of Scotland and Northern England, PBF* IX, 7, München.

Schubart H. 1971, Acerca de la ceramica del Bronce Tardio en el Sur y Oeste Peninsular, in *TrabPrHis* 28, pp. 153-182.

Schubart H. 1975, *Die Kultur der Bronzezeit im Südwesten der Iberischen Halbinsel*, Berlin.

Schubart H. 1995, La Péninsule Ibérique, in *La civilisation phénicienne et punique. Manuel de recherche, Handbuch der Orientalistik 20* (ed. V. Krings), Leiden, New York, Köln, pp. 743-761.

Schubart H., Arteaga O. 1978, Fuente Alamo. Vorbericht über die Grabung 1977 in der Bronzezeitlichen Höhensiedlung, in *MM* 19, pp. 23-51.

Schubart H., Niemeyer H.G. 1969, La factoria paleopúnica de Toscanos (Resultados de las excavaciones estratigráficas), in *Tartessos y sus problemas. V Symposium Internacional de Prehistoria Peninsular (Jerez de la Frontera 1968)*, Barcelona, pp. 203-219.

Schüle G. 1970, Navegacion primitiva y visibilidad de la tierra en el Mediterraneo, in *XI Congreso Nacional de Arqueologia (Merida 1968)*, Zaragoza, pp. 449-462.

Schüle W. 1969, *Die Meseta-Kulturen der Iberischen Halbinsel. Mediterrane und eurasische Elemente in früheisenzeitlichen Kulturen Südwesteuropas*, Berlin.

Schulten A. 1922, (a cura di) *Avieni. Ora Maritima (Periplus Massaliensis saec. VI a.C.), Fontes Hispaniae Antiquae* I, Barcelona.

Schulten A. 1941, Asta Regia, in *AEsp* 42, pp. 249-256.

Schulten A. 1950, *Tartessos. Ein Beitrag zur ältesten Geschichte des Westens*, Hamburg.

Schulten A. 1963, *Geografia y Etnografia antiguas de la Peninsula Iberica* II, Madrid.

Seeden H. 1980, *The Standing Armed Figurines in the Levant, PBF* I, 1, München.

Sella Q. 1877, Sulla esistenza del Realgar e dell'Orpimento nei monti di Santa Severa, provincia di Roma, in *Transunti della R. Accademia dei Lincei* s. III, I, pp. 66-68.

Sestini A. 1968, Economia, in *Guida d'Italia del Touring Club Italiano, 22. Sicilia* (V ed.), Milano, pp. 90-107.

Seymour T.D. 1914, *Life in the Homeric Age*, New York, London.

Shell C.A. 1979, The Early Exploitation of Tin Deposits in South West England, in *The Origins of Metallurgy in Atlantic Europe. Proceedings of the Fifth Atlantic Colloquium (Dublin 1978)*, Dublin, pp. 251-262.

Shepherd R. 1980, *Prehistoric Mining and Allied Industries*, London, New York.

Sichtermann H. 1966, Venti, in *Enciclopedia dell'Arte Antica classica e orientale* VII, pp. 1132-1134.

Simonin M.L. 1858, De l'exploitation des mines et de la métallurgie en Toscane pendant l'Antiquité et le Moyen Age, in *Annales des Mines* V, XIV, pp. 557-615.

Siret L. 1934, Le Problème de l'énéolithique, in *Proceedings of the First International Congress of Prehistoric and Protohistoric Sciences (London 1932)*, London, pp. 250-253.

Skeates R. 1994, A radiocarbon date-list for prehistoric Italy (c. 46,400 BP - 2450 BP/400 cal. BC), in *Radiocarbon Dating and Italian Prehistory* (eds.: R. Skeates, R. Whitehouse), London, pp. 147-288.

Slater E.A., Charles J.A. 1970, Archaeological Classification by Metal Analyses, in *Antiquity* LXIV, pp. 207-213.

Smith M.A. 1959, Some Somerset hoards and their place in the Bronze Age of Southern Britain, in *ProcPrHistSoc* XXV, pp. 144-187.

Smith P. 1878, Herculis Columnae (s.v.), in *A dictionary of Greek and Roman Geography* (ed.: W. Smith), London, pp. 1054-1055.

Snodgrass A. 1964, *Early Greek Armour and Weapons from the End of the Bronze Age to 600 b.c.*, Edinburgh.

Soldani A. 1986, (a cura di) Statistiche geografico-economiche. Aggiornamenti, in *Calendario atlante De Agostini*, 82°, Novara.

Sorge G. 1910, *Mussomeli dall'origine all'abolizione della feudalità* I, Catania.

Spano G. 1862, Miniere sarde dei tempi antichi, in *Bullettino Archeologico Sardo* VIII, pp. 129-132.

Spano G. 1873 a, *Memoria sopra l'antica cattedrale di Galtellì e Scoperte archeologiche fattesi nell'isola in tutto l'anno 1872*, Cagliari.

Spano G. 1873 b, *Scoperte Archeologiche fattesi in Sardegna in tutto l'anno 1873*, Cagliari.

Spano G. 1876, *Scoperte Archeologiche fattesi in Sardegna in tutto l'anno 1876*, Cagliari.

Sperber L. 1987, *Untersuchungen zur Chronologie der Urnenfelderkultur im nördlichen Alpenvorland vor der Schweiz bis Oberösterreich*, Bonn.

Sperl G. 1981, Untersuchungen zur Metallurgie der Etrusker, in *L'Etruria mineraria. Atti del XII Convegno di Studi Etruschi e Italici (Firenze, Populonia, Piombino 1979)*, Firenze, pp. 29-50.

Sperl G. 1985, La produzione dei metalli nell'Etruria antica, in *L'Etruria mineraria* (a cura di G. Camporeale), Milano, pp. 39-40.

Spindler K., da Veiga Ferreira O. 1973, Der Spätbronzezeitliche Kuppelbau von der Roça do Casal do Meio in Portugal, in *MM* 14, pp. 60-108.

Stella A. 1927, Alcune osservazioni sui minerali di ferro e di stagno dell'Antica Etruria, in *StEtr* I, pp. 421-425.

Stjernquist B. 1960, La decorazione metallica delle ceramiche villanoviane in una nuova illustrazione, in *Civiltà del Ferro. Studi pubblicati nella ricorrenza centenaria della scoperta di Villanova*, Bologna, pp. 431-440.

Stoppani F.S., Curti E. 1982, *I minerali del Lazio*, Firenze.

Stos-Gale Z.A., Gale N.H. 1992, New Light on the Provenience of the Copper Oxhide Ingots Found on Sardinia, in *Sardinia in the Mediterranean: A Footprint in the Sea* (eds.: R.H. Tykot, T.K. Andrews), Sheffield, pp. 317-346.

Strobel P. 1879, Antiche miniere di stagno, in *BPI* V, pp. 28-29.

Swainbank I.G., Shepherd T.J., Caboi R., Massoli Novelli R. 1982, Lead Isotopic Composition of Some Galena Ores from Sardinia, in *Periodico di Mineralogia* 51, pp. 275-286.

Szombathy J. 1913, Altertumsfunde aus Höhlen bei St. Kanzian im österreichischen Küstenlande, in *Mitteilungen der Prähistorischen Kommission der Kais. Akademie der Wissenschaften* II, 2, pp. 127-190.

Tamain A.L.G., Ratz D. 1982, Les aurieres de l'ouest du Massif Central (France) dans leur contexte geologique et archeologique, in *Mines et fonderies antiques de la Gaule. Table roton-*

de du CNRS (Université de Tolouse-Le Mirail 1980), Paris, pp. 33-78.

Talocchini A. 1942, Le armi di Vetulonia e di Populonia, in *StEtr* XVI, pp. 9-87.

Tamburini P. 1995, *Un abitato villanoviano perilacustre. Il "Gran Carro" sul Lago di Bolsena (1959-1985)*, Roma.

Tanda G. 1992, La tomba n. 2 di Iloi a Sedilo (Nota preliminare alla campagna 1987), in *La Sardegna nel Mediterraneo tra il Bronzo medio e il Bronzo recente (XVI-XIII Sec. a.C.). Atti del III Convegno di studi "Un millennio di relazioni fra la Sardegna e i Paesi del Mediterraneo" (Selargius-Cagliari 1987)*, Cagliari, pp. 55-69.

Tanda G., Bittichesu C., Depalmas A., Melis M.G. 1991-92, Aspetti dell'architettura funeraria nuragica nella Sardegna centro-setteentrionale: le tombe di giganti con fronte a filari, in *Atti del Congresso "L'età del bronzo in Italia nei secoli dal XVI al XIV a.C." (Viareggio 1989), Rassegna di Archeologia* 10, Firenze, pp. 776-777.

Tanelli G. 1983, Mineralizzazioni metallifere e minerogenesi della Toscana, in *Memorie della Società Geologica Italiana* XXV, pp. 91-109.

Tanelli G. 1985, I giacimenti minerari dell'Etruria e le attività estrattive degli Etruschi, in *L'Etruria mineraria* (a cura di G. Camporeale), Milano, pp. 37-38.

Taramelli A. 1912, Note di preistoria sarda, in *BPI* XXXVIII, pp. 67-83.

Taramelli A. 1918, Il tempio nuragico di S. Anastasia in Sardara (prov.di Cagiari), in *MonAnt* XXV, coll. 5-136.

Taramelli A. 1921 a, Il ripostiglio dei bronzi nuragici di Monte Sa Idda di Decimoputzu (Cagliari), in *MonAnt* XXVII, coll. 5-108.

Taramelli A. 1921 b, Lotzorai (Cagliari).- Ripostiglio di oggetti di bronzo di età pre-romana, rinvenuto in regione "Genna Tramonti", in *NSc*, pp. 496-498.

Taramelli A. 1922, Serri. Nuovi scavi nel santuario nuragico presso la chiesa di S. Maria della Vittoria sull'altopiano della Giara, in *NSc*, pp. 296-334.

Taramelli A. 1923 a, in U. Rellini, Miniere e fonderie d'età nuragica in Sardegna, in *BPI* XLIII, pp. 67-72.

Taramelli A. 1923 b, Ripostiglio di armi e strumenti in bronzo di età nuragica rinvenuto a Chilivani (Ozieri) in provincia di Sassari, in *BPI* XLIII, pp. 150-164.

Taramelli A. 1924, Perfugas (Sassari). Tempietto a pozzo di carattere preromano scoperto nell'abitato, in *NSc*, pp. 522-533.

Taramelli A. 1925, Alà dei Sardi (Sassari). Rinvenimento di bronzi votivi di età nuragica in regione "su Pedrighinosu", in *NSc*, pp .462-470.

Taramelli A. 1926, Sarrok. Scavi nel nuraghe Sa Domu 'e s'Orcu, in *MonAnt* XXXI, coll. 405-456.

Taramelli A. 1933, Tempietto protosardo del Camposanto di Olmedo (Sassari), in *BPI* LIII, pp. 110-122.

Taramelli A. 1934, Le fonti classiche ricordano i Nuraghi ?, in *Studi Sardi* I, pp. 109-115.

Taricco M. 1911, Osservazioni geologico-minerarie sui dintorni di Gadoni e sul Gerrei (Prov. di Cagliari), in *Bollettino della Società Geologica Italiana* XXX, pp. 113-150.

Taylour W. 1958, *Mycenean Pottery in Italy and adjacent Areas*, Cambridge.

Timberlake S. 1990 a, Review of the Historic Evidence for the Use of Firesetting, in *Early Mining in the British Isles. Proceedings of the Early Mining Workshop (Plas Tan y Bwlch, Snowdonia National Park Study Centre 1989), Plas Tan y Bwlch Occasional Paper* 1 (eds: P. Crew, S. Crew), Plas Tan y Bwlch, pp. 49-52.

Timberlake S. 1990 b, Firesetting and Primitive Mining Experiment, Cwmystwyth, 1989, in *Early Mining in the British Isles. Proceedings of the Early Mining Workshop (Plas Tan y Bwlch, Snowdonia National Park Study Centre 1989), Plas Tan y Bwlch Occasional Paper* 1 (eds: P. Crew, S. Crew), Plas Tan y Bwlch, pp. 53-54.

Tite M.S. 1991, Archaeological science - past achievements and future prospects, *Archaeometry* 33, 2, pp. 139-151.

Tore G. 1981, Elementi sulle relazioni commerciali della Sardegna nella prima età del ferro, in *La Sardegna nel mondo mediterraneo. Atti del primo convegno di studi geografico-storici (Sassari 1978)* 1, Sassari, pp. 257-295.

Torelli M. 1981, *Storia degli Etruschi*, Bari.

Torr C. 1894, *Ancient Ships*, Cambridge.

Toti O. 1967, S. Marinella. Saggio di scavo eseguito nell'abitato protostorico di "La Castellina", in *NSc* XXI, pp. 55-86.

Toti O. 1976, Le presenze Protovillanoviane nel territorio tolfetano, in *NotAllumiere* V, pp. 25-40.

Toti O. 1984, "Castrum Inui". Un centro commerciale sulla 'via dei metalli', in *NotAllumiere* VI, pp. 71-80.

Toti O. 1986, La "Civiltà Protovillanoviana" dei Monti della Tolfa, in *La "Civiltà Protovillanoviana" dei Monti della Tolfa. Società ed economia tra XI e IX secolo a.C.*, Allumiere, pp. 11-85.

Traverso G.B. 1909, *Le miniere d'argento in Sardegna*, Alba.

Traverso S. 1890, *Note sulla geologia e sui giacimenti argentiferi del Sarrabus (Sardegna)*, Torino.

Tronchetti C. 1985, I Greci e la Sardegna, in *DArch* 3, 2, pp. 17-34.

Trucco F. 1987-88, Torre del Mordillo (Spezano Albanese, Prov. di Cosenza), Notiziario, in *RivScPr* XLI, 1-2, pp. 421-422.

Trucco F. 1989-90, Torre del Mordillo (Spezano Albanese, Prov. di Cosenza), Notiziario, in *RivScPr* XLII, 1-2, p. 389.

Tusa S. 1983, Necropoli ad incinerazione in località Cavallo Morto (Anzio), in *Archeologia Laziale V, Quinto incontro di studio del Comitato per l'archeologia laziale*, Roma, pp. 21-27.

Tusa S. 1985, Tyrrhenian relations and Mycenaean exchange in the Early Bronze Age, in *Papers in Italian Archaeology IV. The Cambridge Conference. Part. III. Patterns in Protohistory, BAR Int. Series* 245 (eds.: C. Malone, S. Stoddart), Oxford, pp. 339-353.

Tusa S. 1992, *La Sicilia nella preistoria*, II ed., Palermo.

Tusa S., Giardino C. in corso di pubblicazione, Il ripostiglio Modica, in *SicA*.

Tusa V. 1973, La statuetta fenicia del Museo Nazionale di Palermo, in *RStFen* I, 1, pp. 173-179.

Tykot R.H. 1994, Radiocarbon Dating and Absolute Chronology in Sardinia and Corsica, in *Radiocarbon Dating and Italian Prehistory* (eds.: R. Skeates, R. Whitehouse), London, pp. 115-145.

Tylecote R.F. 1962, *Metallurgy in Archaeology*, London.

Tylecote R.F. 1976, *A History of Metallurgy*, London.

Tylecote R.F., Balmuth M.S., Massoli-Novelli R. 1984, Copper and Bronze Metallurgy in Sardinia, in *Studies in Sardinian Archaeology* (eds.: M.S. Balmuth, R.J. Rowland), Ann Arbor, pp. 115-162.

Ugas G. 1981, La tomba megalitica I di San Cosimo-Gonnasfanadiga (Cagliari): un monumento del Bronzo Medio (con la più antica attestazione micenea in Sardegna), in *Archeologia Sarda* II, pp. 7-30.

Ugas G. 1982 a, S. Cosimo (Gonnasfanadiga, Cagliari), in *Magna Grecia e mondo miceneo. Nuovi documenti* (a cura di L. Vagnetti), Taranto, pp. 180-185.

Ugas G. 1982 b, Corti Beccia. Il nuraghe e i reperti, in *Ricerche archeologiche nel territorio di Sanluri*, Sanluri, pp. 39-44.

Ugas G. 1984, Sardara (Cagliari), in *StEtr* LII, pp. 530-531.

Ugas G. 1985, Il mondo religioso nuragico, in *Civiltà Nuragica*, Milano, pp. 209-225.

Ugas G. 1986, La produzione materiale nuragica. Note sull'apporto etrusco e greco, in *Società e Cultura in Sardegna nei periodi orientalizzante e arcaico. Rapporti fra Sardegna, Fenici, Etruschi e Greci. Atti del I Convegno di Studi "Un millennio di relazioni fra la Sardegna e i Paesi del Mediterraneo" (Selargius-Cagliari 1985)*, Cagliari, pp. 41-53.

Ugas G. 1990, *La tomba dei guerrieri di Decimoputzu. Norax* 1, Cagliari.

Ugas G., Usai L. 1987, Nuovi scavi nel santuario nuragico di S. Anastasia di Sardara, in *La Sardegna nel Mediterraneo tra il secondo e il primo millennio a.C. Atti del II Convegno di studi "Un millennio di relazioni fra la Sardegna e i Paesi del Mediterraneo" (Selargius-Cagliari 1986)*, Cagliari, pp. 167-218.

Vagnetti L. 1968, I bacili di bronzo di Caldare sono ciprioti ?, in *SMEA* VII, pp. 129-140.

Vagnetti L. 1979, Il Bronzo finale in Puglia nei suoi rapporti con il Mediterraneo orientale, in *Atti della XXI Riunione Scientifica dell' I.I.P.P., Il Bronzo finale in Italia (Firenze 1977)*, Firenze, pp. 537-548.

Vagnetti L. 1981, Materiali micenei d'importazione, in *Enea nel Lazio. Archeologia e mito*, Roma, pp. 106-107.

Vagnetti L. 1982, L'Egeo, la Calabria e l'ambiente tirrenico nel tardo II millennio, in *Temesa e il suo territorio. Atti del Colloquio di Perugia e Trevi (1981)*, Tatanto, pp. 167-174.

Vagnetti L. 1983, Le relazioni tra il mondo miceneo e l'Italia alla luce della ricerca archeologica, in *Megale Hellas. Storia e civiltà della Magna Grecia*, Milano, pp. 717-720.

Vagnetti L. 1985 a, Ceramiche del tardo minoico III rinvenute in Italia, in *Studi di Paletnologia in onore di S.M. Puglisi*, Roma, pp. 825-829.

Vagnetti L. 1985 b, Late Minoan III Crete and Italy: Another Wiew, in *PP* CCXX, pp. 29-33.

Vagnetti L. 1985 c, I contatti precoloniali fra le genti indigene e i paesi mediterranei, in *Magna Grecia. Il Mediterraneo, le metropoleis e la fondazione delle colonie* (a cura di G. Pugliese Carratelli), Milano, pp. 127-144.

Vagnetti L., Jones R.E. 1988, Towards the Identification of local Micenaean Pottery in Italy, in *Problems in Greek Prehistory. Papers Presented at the Centenary Conference of the British School of Archaeology at Athens (Manchester 1986)* (eds.: E.B. French, K.A. Wardle), Bristol, pp. 335-348.

Vagnetti L., Lo Schiavo F. 1989, Late Bronze Age long distance trade in the Mediterranean: the role of the Cypriots, in *Early Society in Cyprus* (ed.: E. Peltenburg), Edinburgh, pp. 217-243.

Vagnetti L., Panichelli S. 1994, Ceramica egea importata e di produzione locale, in *Enotri e Micenei nella Sibaritide* (a cura di R. Peroni, F. Trucco), pp. 373-413, Taranto.

Valera R. 1975, Genesi ed evoluzione delle mineralizzazioni del Sarrabus, in *Rendiconti della Società Italiana di Mineralogia e Petrologia* XXX, 2, pp. 1081-1108.

van Doorninch F.H. 1982, Protogeometric longships and the introduction of the ram, in *IntJNautA* 11, 4, pp. 277-286.

Van Noten F., Raymaekers J. 1988, Un'antica tecnologia del ferro nell'Africa centrale, in *Le Scienze* 240, pp. 78-85.

Vardabasso S. 1939, L'industria mineraria in Sardegna al tempo della dominazione romana, in *Sardegna Romana. Italia Romana*, II, Roma, pp. 19-38.

Varela Gomes M., Pinho Monteiro J. 1977, Las estelas decoradas do Pomar (Beja-Portugal). Estudio comparado, in *TrabPrHis* 34, pp. 165-204.

Veny C. 1974 a, Anotaciones sobre la cronología de las navetas de Menorca, in *TrabPrHis* 31, pp. 101-142.

Veny C. 1974 b, El conjunto de cuevas artificiales de Biniparrax (Menorca), in *VI Symposium de Prehistoria Peninsular. Prehistoria y Arqueologia de las Islas Baleares (Palma de Mallorca 1972)*, Barcelona, pp. 181-207.

Viana A. 1955, A "Cova da Moura", in *III Congreso Nacional de Arqueologia (Galicia 1953)*, Zaragoza, pp. 481-493.

Vigliardi A., Ghezzi M. 1976, Il secondo insediamento del tardo Bronzo di S. Maria in Castello (Tredozio, Forlì), in *RivScPr* XXXI, 1, pp. 135-244.

Villari P. 1981, *Monte di Giove e Fiumedinisi*, Verona.

Vinski-Gasparini K. 1973, *Kultura polja sa zarama u sjevernoj Hrvatskoj. Die Urnenfelderkultur in Nordkroatien*, Zadar.

Vivanet F. 1890, Lei. Avanzi di una fonderia dell'età del bronzo scoperti nel territorio del comune, in *NSc*, pp. 334-336.

Vodret F. 1959, Sui bronzi preistorici dell'epoca nuragica, in *Rendiconti del Seminario della Facoltà di Scienze dell'Università di Cagliari* 29, 3-4, pp. 248-272.

von Duhn F.K. 1925, Depotfund, II, Italien, in M. Ebert, *Reallexicon der Vorgeschichte* II, Berlin, pp. 365-381.

Wachsmann S. 1981, The ship of the Sea Peoples, in *IntJNautA* 10, 3, pp. 187-220.

Wagner C.G. 1986, Tartessos y las tradiciones literarias, in *RStFen* XIV, pp. 201-228.

Waldren W.H. 1982, *Balearic Prehistoric Ecology and Culture. The Excavation and Study of Certain Caves, Rock Shelters and Settlements. BAR Int. Series 149 (I-III)*, Oxford.

Waldren W.H. 1991, Age Determination, Chronology and Radiocarbon Recalibration in the Balearic Islands, in *IInd Deya International Conference of Prehistory. Recent Developments in Western Mediterranean Prehistory: Archaeological Techniques, Technology and Theory, II, Archaeological Technology and Theory, BAR Int. Series* 574 (eds.: W.H. Waldren, J.A. Ensenyat, R.C. Kennard), Oxford, pp. 45-77.

Warden P.G. 1983, The Colline Metallifere: prolegomena to the study of mineral exploitation in Central Italy, in *Crossroads of the Mediterranean. Papers delivered at the International Conference held at Brown University 1981* (eds.: T. Hackens, N.D. Hollovay, R.R. Hollovay), Louvain-la-Neuve, Providence (Rhode Island), pp. 349-364.

Warren P., Hankey V. 1987, *Aegean Bronze Age Chronology*, Bristol.

Ward-Perkins J.B., Falconi Amorelli M.T., Batchvarova A., Wheeler M., Fabbricotti E., Meagher M.A., Torelli M., Franco M.C., Mallet P., Wacher A. 1970, Veio (Isola Farnese). Continuazione degli scavi nella necropoli villanoviana in località "Quattro Fontanili", in *NSc* XXIV, pp. 178-329.

Waterbolk H.T. 1990, Quality Differences between Radiocarbon Laboratories Illustrated on Material from SW Asia and Egypt, in *Proceedings of the Second International Symposium 14 C and Archaeology, Gronigen 1987, PACT* 29 (eds: W.G. Mook, H.T. Waterbolk), pp. 141-157, Strasbourg.

Weisgerber G. 1982, Towards a History of Copper Mining in Cyprus and the Near East: Possibilities of Mining Archaeology, in *Early Metallurgy in Cyprus 4000-500 BC. Acta of the International Archaeological Symposium (Larnaca, Cyprus 1981)*, Nicosia, pp. 25-32.

Weiss M.C. 1988, Repartition geographique et typologique des statues-menhirs du nord de la Corse, in *Actes du Colloque "Les statues-menhirs de la Corse: intérêt archeologique, problème de mise en valeur" (Sartene 1985), Bulletin de la Societé des Sciences Historiques et Naturelles de la Corse* 654, pp. 57-67.

Weiss M.C. 1992, La Corse du Nord entre le XVIe et le XIIIe s. av. J.C., in *La Sardegna nel Mediterraneo tra il Bronzo medio e il Bronzo recente (XVI-XIII Sec. a.C.). Atti del III Convegno di studi "Un millennio di relazioni fra la Sardegna e i Paesi del Mediterraneo" (Selargius-Cagliari 1987)*, Cagliari, pp. 367-378.

Weiss M.C., de Lanfranchi F. 1986, Les statues-menhirs de la Corse: etat de la question, in *Etudes Corses* 27, pp. 169-195.

Wertime T.A. 1980, The Pyrotechnologic Background, in *The Coming of the Age of Iron* (eds: T.A. Wertime, J.D. Muhly), New Haven, London, pp. 1-23.

Wesse A., Díaz-Andreu M. 1988, Die Ärmchenbeile der Iberischen Halbinsel. Eine Gegenüberstellung verschiedener Typengliederungen, in *MM* 29, pp. 93-125.

Westerberg K. 1983, *Cypriote Ships from the Bronze Age to C. 500 BC*, Gothenburg.

White D. 1986, 1985 Excavations on Bates's Island, Marsa Matruh, in *JARCE* XXIII, pp. 51-84.

Whitehouse R. 1994, The British Museum 14C programme for Italian prehistory, in *Radiocarbon Dating and Italian Prehistory* (eds.: R. Skeates, R. Whitehouse), London, pp. 85-98.

Wylie W.M. 1869, On various Antiquities from Praeneste, Ostia, and Albano, in *Archaeologia* XLII, pp. 486-488.

Zannoni A. 1888, *La fonderia di Bologna, scoperta e descritta dall'ingegnere architetto Antonio Zannoni*, Bologna.

Zifferero A. 1991, Miniere e metallurgia estrattiva in Etruria meridionale: per una lettura critica di alcuni dati archeologici e minerari, in *StEtr* LVII, pp. 201-241.

Zifferero A. 1992, Giacimenti minerari e insediamenti nel Lazio settentrionale: recenti acquisizioni e prospettive di ricerca, in *Archeometallurgia. Ricerche e prospettive. Atti del Colloquio Internazionale di Archeometallurgia (Bologna-Dozza Imolese 1988)* (a cura di E. Antonacci Sanpaolo), Bologna, pp. 81-103.

Zoppi G. 1888, *Descrizione geologico-mineraria dell'Iglesiente (Sardegna)*, Roma.

Zschocke K., Preuschen E. 1932, *Das urzeitliche Bergbaugebiet von Mühlbach-Bischofshofen. Materialien zur Urgeschichte Österreichs* VI, Wien

Zuffardi P. 1958, Su una nuova segnalazione di cassiterite in Sardegna e sulla presenza di tracce di stagno in alcuni adunamenti idrotermali sardi, in *Resoconti dell'Associazione Mineraria Sarda* LXII, 4, pp. 3-15.

Indice delle figure, delle tabelle e delle tavole

FIGURE

80 35) A. Distribuzione dei rinvenimenti di oggetti d'oro nella Penisola Iberica. *A*: torques; *B*: braccialetti; *C*: "tutuli".

1: Tomba di Cabezo Redondo (Alicante); 2: tesoro di Cabezo Redondo (Alicante); 3: tesoro di Villena (Alicante); 4: Orihuela (Alicante); 5: El Argar (Almeria); 6: Purullena (Granada); 7: Jorox (Malaga); 8: Villanueva del Rio (Siviglia); 9: El Castañuelo (Huelva); 10: Moura (Bajo Alentejo); 11: Conceiçao (Algarve); 12: Serra das Antas (Bajo Alentejo); 13: Trindade (Bajo Alentejo); 14: Castelejos (Bajo Alentejo); 15: São Martinho (Bajo Alentejo); 16: Evora (Alto Alentejo); 17: Estremoz (Alto Alentejo); 18: Portalegre (Alto Alentejo); 19: Sintra (Estremadura); 20: Almoster (Ribatejo); 21: Sagrajas (Badajoz); 22: Alanje (Badajoz); 23: Mérida (Badajoz); 24: Orellana la Vieja (Badajoz); 25: Berzocana (Cáceres); 26: Abía de la Obispalía (Cuenca); 27: Mira de Aire (Estremadura); 28: Penela (Beira Litoral); 29: Sierra de la Estrella (Beira); 30: Sarraces (Beira Alta); 31: Sepúlveda (Segovia); 32: Guimarães (Beira Litoral); 33: Chaves (Tras os Montes); 34: Toen (Orense); 35: Provincia di Orense; 36: Provincia di León ?

B. Spada ad impugnatura massiccia da Alconétar (Cáceres).

81 36) Ripostiglio de la Ría de Huelva.

82 37) Ripostiglio de la Ría de Huelva.

83 38) Ripostiglio de la Ría de Huelva.

84 39) Ripostiglio de la Ría de Huelva.

86 40) Ripostiglio di Castelo Novo.

87 41) Stele dell'Estremadura e del Portogallo meridionale.

1: Assento, Santa Vitoria; 2: Ervidel I; 3: Santa Ana de Trujillo; 4: Torrejón del Rubio I; 5: Brozas; 6: Torrejón del Rubio II; 7: San Martinho II; 8: Ervidel II; 9: Solana de Cabañas; 10: Cabeza de Buey.

88 42) A. Sepoltura di Roça do Casal do Meío.

B. Ceramica con decorazione a stralucido iberica: 1-5: tipo "Lapa do Fumo"; 6-10: tipo "retìcula bruñida". 1: Manganche (Aljustrel); 2: Gruta do Vimeiro (Torres Vedras); 3-4: Giraldo (Evora); 5: Monge (Sintra); 6-10: Cabezo de la Esperanza (Huelva).

89 43) Distribuzione della ceramica tipo "Lapa do Fumo" (A) e "retícula bruñida" (B).

1: Galera (Granada); 2: Monachil (Granada); 3: Colina de los Quemados (Cordova); 4: Arcos de la Frontera (Cadice); 5: Mesas de Asta (Cadice); 6: El Coronil (Siviglia); 7: El Acebuchal (Siviglia); 8: Carmona (Siviglia); 9: Entremalo (Siviglia); 10: Cerro Macareno (Siviglia); 11: Setefilla (Siviglia); 12: Carambolo (Siviglia); 13: Italica (Siviglia); 14: La Agaba (Siviglia); 15: Valencina (Siviglia); 16: Lora del Río (Siviglia); 17: La Rábida (Huelva); 18: Niebla (Huelva); 19: Aljaraque (Huelva); 20: Cabezo de San Pedro (Huelva); 21: Cerro Salomón (Huelva); 22: Castro de Ratinhos (Bajo Alentejo); 23: Azougada (Bajo Alentejo); 24: Castro de Mengache (Bajo Alentejo); 25: Mesa dos Castelinhos (Bajo Alentejo); 26: Ibne Amar (Algarve); 27: Castro de Giraldo (Alto Alentejo); 28: Alcacer do Sal (Bajo Alentejo); 29: Coroa do Frade (Alto Alentejo); 30: Cabeço de Vaiamonte (Alto Alentejo); 31: Segovia (Alto Alentejo); 32: Medellín (Badajoz); 33: Cueva del Escobar (Cáceres); 34: Valcochero (Cáceres); 35: Monte de São Martinho (Beira Baja); 36: Caratão (Beira Baja); 37: Alpiarça (Ribatejo); 38: Chibanes (Estremadura); 39: Roça do Casal do Meio (Estremadura); 40: Lapa do Fumo (Estremadura); 41: Ponte de Lage (Estremadura); 42: Grutas de Cascais (Estremadura); 43: Monge (Estremadura); 44: Fojo dos Morcegos (Estremadura); 45: Cabezo de Moinhos (Estremadura); 46: Gruta de Vimerio (Estremadura); 47: Barro (Estremadura); 48: Pragança (Estremadura); 49: Gruta de Portucheira II, Cova de Moura (Estremadura); 50: Gruta de Bocas (Ribatejo); 51: Castro de Santa Olaia (Beira Litoral); 52: Coimbra (Beira Litoral); 53: Castro de Tavarede (Beira Litoral).

96 44) A. Bronzi balearici di tipologia italiana e centroeuropea.

1: Es Coll; 2-3: Son Matge; 4: Cueva I di Biniparratx.

B. Ripostiglio di La Sabina.

C. Ripostiglio di Can Gallet.

97 45) Ripostiglio di Can Gallet.

102 46) A, B, C: Ricostruzione delle attività di scavo all'interno di una miniera protostorica

103 47) A. Uso del fuoco nello scavo minerario, da Agricola.

B. Immanicature sperimentali di teste di mazza litiche per uso estrattivo.

104 48) Stadi successivi di apertura e scavo di una miniera.

106 49) Operazioni manuali di cernita ed arricchimento operate all'esterno di una miniera nella Germania rinascimentale, da Munster.

110 50) Siti archeologici e località d'interesse minerario nell'area Tolfetano - Cerite durante il Bronzo medio.

B: Pb, Ag; ***C***: Cu; ***D***: Fe; ***E***: alunite; ***F***: Mn; ***G***: realgar.

1: Pisciarello; 2: Bufalareccia; 3: Uliveto di Cencelle; 4: Luni sul Mignone; 5: S. Giovenale; 6: La Banditella; 7: La Cerreta; 8: Lampregnana; 9: Castellina delle Pampanare; 10: Pontone Cavaliere; 11: Monte Rovello; 12: Tolfa; 13: Codata delle Macine; 14: Castellina del Cerasolo - Poggio Capecchio; 15: Pian Mozzela - Piana di Stigliano; 16: Gatta Pelosa; 17: Pontone della Bandita; 18: Valle Campane; 19: Monte Radicata; 20: Riserva Capannone; 21: La Caldara; 22: Le Tufarelle; 23: La Cicugnola; 24: Monte Pozzo di Ferro; 25: Foce Fosso Malpasso; 26: Foce Torrente Marangone; 27: Torre Chiaruccia; 28: Pian Sultano; 29: Monte Sassone; 30: Monte delle Fate; 31: Monte Bischero; 32: Monte Tosto; 33: Rota; 34: San Pietrino; 35: Cesone.

111 51) Siti archeologici e località d'interesse minerario nell'area Tolfetano - Cerite durante il Bronzo recente.

B: Pb, Ag; ***C***: Cu; ***D***: Fe; ***E***: alunite; ***F***: Mn; ***G***: realgar.

1: Monte Tosto; 2: Pian Sultano; 3: Scialatte di Monte Janne; 4: Le Tufarelle; 5: Rota; 6: Casaletto Mignanti; 7: Tolfa; 8: L'Elceto; 9: Monte Rovello; 10: Uliveto di Cencelle; 11: Bufalareccia; 12: Luni, Fornicchio; 13: S. Giovenale; 14: Gatta Pelosa; 15: Monterano; 16: Il Pontone.

112 52) Siti archeologici e località d'interesse minerario nell'area Tolfetano - Cerite durante il Bronzo finale.

B: Pb, Ag; ***C***: Cu; ***D***: Fe; ***E***: alunite; ***F***: Mn; ***G***: realgar.

1: Sorbo; 2: Monte Abbadone; 3: Monte Tosto; 4: Montetosto Alto; 5: Puntone al Norcino, Puntone all'Oliveto;

TABELLE

TAVOLE

List of figures, tables and plates

FIGURES

TABLES

PLATES

Indice geografico/Index of geographical names

Fonti inconografiche

FIGURE

1) A. 1, 4, 6: Capoferri, Giardino 1984 b; 2: Giardino 1994; 3, 5: Fugazzola Delpino 1976; 7, 8: Capoferri, Giardino 1984 a. 1 B: Carancini 1979 b.
2) A. 1, 2: Guidi, Tusa 1981; 3: Laviosa 1981. 2 B: Carancini 1979 a.
3) Carancini 1979 a.
4) Peroni 1961 a.
5) A. 3-4: Carancini 1984; 5-6: Peroni 1961 a. 5 B. Bianco Peroni 1979.
6) Bernabò Brea, Cavalier 1980.
7) A. Bernabò Brea, Cavalier 1980.
8) A. 1, 4: Gabrici 1923-1925 a. 8 B. Disegni A.M. Bietti Sestieri.
9) Disegni A.M. Bietti Sestieri.
10) A. Albanese Procelli 1986-1987. 10 B. Disegni S. Tusa.
11) Disegni S. Tusa.
12) A. Cafici 1888. 12 B. 1, 3-7: Di Stefano, Giardino 1990-91.
13) Giardino 1987 c.
14) A. Giardino 1987 c. 14 C.Müller Karpe 1959.
15) Müller Karpe 1959
16) A. Orsi 1900. B. Müller Karpe 1959.
17) B. 2: Lo Schiavo 1985; 3-4: Libertini 1930.
18) Ferrarese Ceruti 1987.
19) A. Lo Schiavo 1991.
20) A. Ferrarese Ceruti 1983. 20 B. 13, 15: Capoferri, Giardino 1984 a; 9, 11 14: Capoferri, Giardino 1984 b; 10, 12: Giardino in stampa. 20 C. 16, 18: Belardelli 1984; 17: Bergonzi, Cardarelli 1984.
21) A. Lo Schiavo 1983 b. 21 C. Lo Schiavo, Macnamara, Vagnetti 1985.
22) Taramelli 1921.
23) Taramelli 1921.
24) 1: Lo Schiavo 1981 b; 2-3 Lo Schiavo 1983 b; 4, 6-7: Lo Schiavo 1985; 5: Lo Schiavo, D'Oriano 1990.
25) Lo Schiavo 1976 a.
27) A. Müller Karpe 1980. 27 B. Grosjean 1976. 27 C. Camps 1988 a.
28) A. 1: Cesari 1978; 2-4, 6: Atzeni 1966; 5, 7: Grosjean 1976.
B. 1, 2) Delpino 1981; 3) Jehasse 1978 a.
C. 1) Camps 1988 a; 2) de Lanfranchi 1978; 3) Lilliu, Schubart 1968
30) Coffyn, Gomez, Mohen 1981.
31) Coffyn, Gomez, Mohen 1981.
32) Coffyn, Gomez, Mohen 1981.
33) Coffyn, Gomez, Mohen 1981.
34) A. De la Cruz 1988.
B. Almagro Gorbea 1977.
35) Almagro Gorbea 1977.
36) Almagro Bash 1958.
37) Almagro Bash 1958.
38) Almagro Bash 1958.
39) Almagro Bash 1958.
40) Monteagudo 1977.
41) 1: Almagro Bash 1966 a; 2: Varela Gomes, Pinho Monteiro 1977; 3-10: Almagro Gorbea 1977.
42) A. Spindler, Da Vega Ferreira 1973
B. Schubart 1971.
43) Almagro Gorbea 1977.
44) A. 1, 3: Rosselló Bordoy 1974; 2: Rosselló Bordoy 1979; 4: Veny 1974 b.
B. Almagro Bash 1967.
C. Delibes de Castro, Fernandez Miranda 1984.
45) Delibes de Castro, Fernandez Miranda 1984.
46) A. Pittioni 1951; B, C: Shepherd 1980.
47) A. Agricola 1556.
B. Craddock 1990.
48) Zschoche, Preuschen 1932.
49) Munster 1552.
62) A. Fedeli 1982-83
B. 1: Pernier 1911; 2, 4: Grifoni Cremonesi 1964; 3: Montelius 1895-1910.
71) B. Jehasse 1978 b.
72) B. Landes 1989 b.
74) de Blas Cortina 1989.
75) 1-4: de Blas Cortina 1989; 5-9: Gossé 1942.
76) 1-3: de Blas Cortina 1989; 4-11: Rothemberg, Blanco-Freijeiro 1981.
77) 1-2, 4-8: Monteagudo 1977; 3: de Blas Cortina 1989.
78) Domergue 1987, con integrazioni e modifiche.
79) Domergue 1987, con integrazioni e modifiche.
81) Lillo Carpio 1979-1980.
82) B. 1: Rosselló-Bordoy 1987; 2-6: Plantalamor Massanet 1991.
83) Eibner 1989.
87) A. 1, 7: Lo Schiavo, D'Oriano 1990; 2: Lo Schiavo 1985; 3: Pinza 1901; 4: Bianco Peroni 1970; 5, 6, 8: Coffyn 1985.
B. 1: Di Stefano, Giardino 1990-91; 2: Bianco Peroni 1970; 3: Lo Schiavo 1985.
88) 1: Lo Schiavo 1985; 2, 5: Almagro Bash 1940; 3, 6: Coffyn 1985; 4: Almagro Bash 1958.
89) A. 1: Coffyn, Gomez, Mohen 1981; 2: Coffyn 1985; 3: Lo Schiavo, D'Oriano 1990; 4: Delibes, Fèrnandez Manzano 1979; 5-6: Cowen 1971 a.
B. 1, 3: Gallay 1988; 2: Cowen 1971 a.
91) A. 2, 3: Monteagudo 1977.
B. 1: Lo Schiavo 1985; 2: Taramelli 1921 a; 3: Lo Schiavo 1976 a; 4-6: Monteagudo 1977.
93) 3: Lo Schiavo, D'Oriano 1990; 8: Albanese Procelli 1993; 9: Di Stefano, Giardino 1990-91; 10: Albanese Procelli 1986-1987; 14: Lo Schiavo 1976 a; 15-16: Coffyn 1985; 17-18: Coffyn, Gomez, Mohen 1981.
94) A. 1: Fernández 1974; 2-6: Monteagudo 1977.

B. 1: Di Stefano, Giardino 1990-91; 2: Monteagudo 1977; 3: Lo Schiavo, D'Oriano 1990; 4: Delibes de Castro, Fernandez Manzano 1986.

97) A. 1: Lo Schiavo, D'Oriano 1990; 2-5: Monteagudo 1977; 6-7: Chitty 1936.
B. 1: Di Stefano, Giardino 1990-91; 2: Bernabò Brea 1972; 3: Carancini 1984.

98) 1: Cordier, Gruet 1975; 2-3: Coffyn 1985; 4: Schmidt, Burgess 1981; 5-10: Monteagudo 1977.

101) 1: Lo Schiavo, D'Oriano 1990; 2: Delibes de Castro, Fernandez-Miranda 1984; 3: Chardenuox, Courtois 1979; 4-6: Monteagudo 1977.

102) 1: Di Stefano, Giardino 1990-91; 2-3: Lo Schiavo 1985; 4: Lo Schiavo, D'Oriano 1990; 5: Chardenuox, Courtois 1979; 6: Coffyn 1985.

103) 1: Coffyn 1985; 2-3: Rowlands 1976; 4-7: Monteagudo 1977.

105) A. 1: Lo Schiavo, D'Oriano 1990; 2-4 : Monteagudo 1977.
B. 1: Lo Schiavo, D'Oriano 1990; 2-3 : Monteagudo 1977.
C. 1: Lo Schiavo, D'Oriano 1990; 2: Almagro Bash 1962.

107) 1: Lo Schiavo 1979; 2: Lo Schiavo 1976 a; 5: Cowen 1971 b; 6: Cordier 1976; 7-8: Monteagudo 1977; 9: Varela Gomes, Pinho Monteiro 1977.

109) A. 1-4: Jockenhövel 1980.
B. 1: Jockenhövel 1980; 2: Monteagudo 1977.
C. 1: Orsi 1899; 2: Di Stefano, Giardino 1990-91; 3-6, 8: Jockenhövel 1980; 7, 9: Monteagudo 1977.
D. 1: Peroni 1956; 3-4: Jockenhövel 1980.

111) A. 1: Gierow 1964; 2: Leighton 1993; 3: Lo Schiavo, Ridgway 1987; 4-6: Ramon 1983; 7: Gonzalez Prats 1977; 8-9: Garcia Guinea 1967; 10: Molina Garcia, Molina Gunde, Nordstrom 1976; Schubart, Niemeyer 1969.

112) A. 1: Taramelli 1921 a; 2-4: Coffyn 1985.
B. 1: Lo Schiavo, D'Oriano 1990; 2-4: Coffyn 1985.

114) 1: Lo Schiavo, D'Oriano 1990; 2: Coffyn 1985; 3: Gaucher, Mohen 1974; 4, 6-7: Fox 1939; 5: O'Connor 1980.

115) 2: Briard 1964; 3: Coffyn 1985; 4-6: Fox 1939.

117) 1: Taramelli 1921 a; 2, 4-6: Mohen 1977; 3: Chevillot 1989; 7-8: Kalb 1980; 9-12: Almagro Gorbea 1974 a; 13: O'Connor 1980; 14: Coffyn 1985; 15: Karageorghis, Lo Schiavo 1989.

119) A. 1-2, 4: Almagro Bash 1957; 3, 5: Cuadrado 1963; 6: Cunisset-Carnot, Mohen, Nicolardot 1971; 7: Lo Schiavo 1992.
B. 1-2: Müller-Karpe 1959; 3-4: Cafici 1888; 5: Almagro Bash 1966 a; 6: Coffyn 1985; 7: Almagro Bash 1958; 8: Cuadrado 1963; 9: Lo Schiavo, D'Oriano 1990.

120) A. 2: Cuadrado 1963; 3: Almagro Bash 1957-1958.
B. 1-3: Almagro Bash 1966 a.
C. 1: Müller-Karpe 1959; 3: Coffyn 1985; 4: Lo Schiavo, D'Oriano 1990; 5: Spindler, da Vega Ferreira 1973.
D. 1: Orsi 1912; 2: Ferrarese Ceruti 1983; 3-4: Coffyn 1985.

121) A. 1: Blinkenberg 1926; 2: Cuadrado 1963; 3-4: Almagro Bash 1957.
B. 1-2: Lo Schiavo 1978 c; 3-6: Cuadrado 1963.

125) A. 1-2: Badas 1987; 3: Ferrarese Ceruti 1987; 4-6: Schubart 1971.
B. Lopez Roa 1978.

127) 1-2: Davies, Faulkner 1947; 3: Bass 1972; 4: Demacopoulou 1987; 5: Westerberg 1981; 6: Laviosa 1972; 7-8: Moscati 1972; 9-10: Casson 1971.

128) 1-2, 4, 6: Laviosa 1972; 3: Lo Schiavo 1986 a; 5: Demacopoulou 1987; 7-10: van Doorninch 1982.

129) 1-2: Bonino 1989; 3: Hencken 1968; 4: Montelius 1895-1910; 5: Fugazzola Delpino 1984; 6: Piggott, Daniel 1951.

130) B. Di Franco 1985.

131) Metallo 1955.

132) Metallo 1962.

133) Metallo 1962.

134) Metallo 1962.

135) Metallo 1962.

TAVOLE

I) 3-4: Orsi 1912 (Foto Accademia Nazionale dei Lincei).

II) 1: Foto Soprintendenza Archeologica per le province di Sassari e Nuoro; 2: Foto Archivio di Stato di Roma.

V) 1-3: Foto Museo Civico Archeologico di Villanovaforru.

VI) 1-5: Foto Museo Archeologico Nazionale di Atene.

VII) 1-3: Foto Museo Archeologico Nazionale di Atene.

X) 1-3: Foto Archivio Fotografico della Soprintendenza alle Antichità per le Province di Sassari e Nuoro.

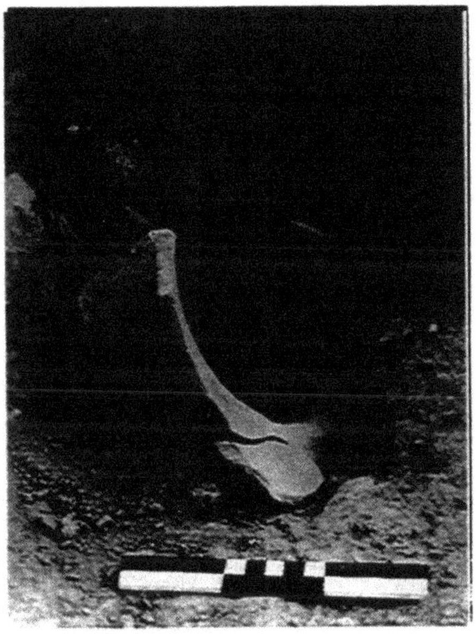

1

2

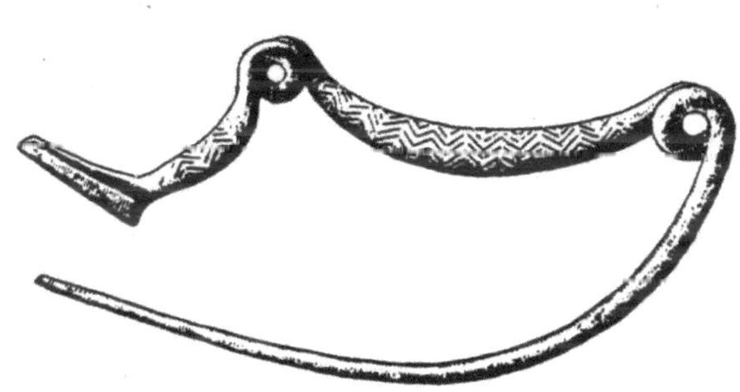

4

3

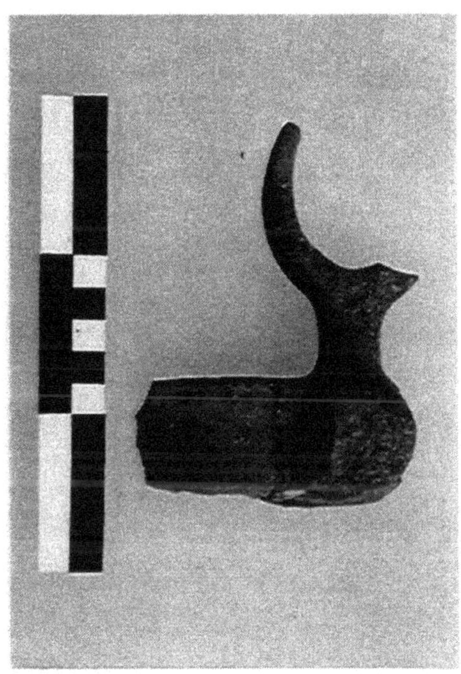

5

Tav. I. 1: Broglio di Trebisacce (Cosenza), piano pavimentale del settore D con vaso di tipo egeo *in situ*; 2: vaso di tipo egeo da Broglio di Trebisacce; 3, 4: Pantalica, necropoli S.E., tomba 81; 5: Broglio di Trebisacce (Cosenza), ansa cornuta in ceramica "minia".

1

2

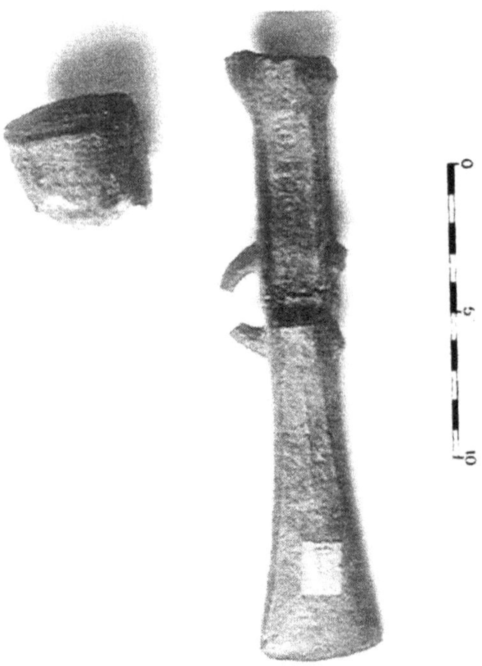

3

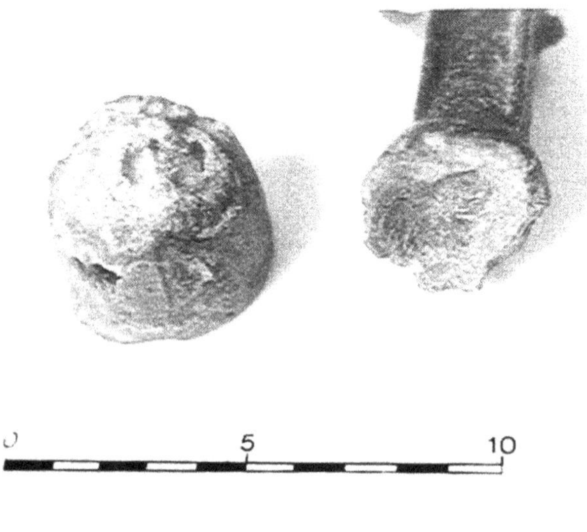

4

Tav. II. 1: Ceramica a pettine nuragica; 2: Agrifoglio ed allume, da un disegno del XVII secolo; 3: Ascia a tallone da Oviedo con globo di piombo all'interno del cono di fusione; 4: Particolare del globo di piombo.

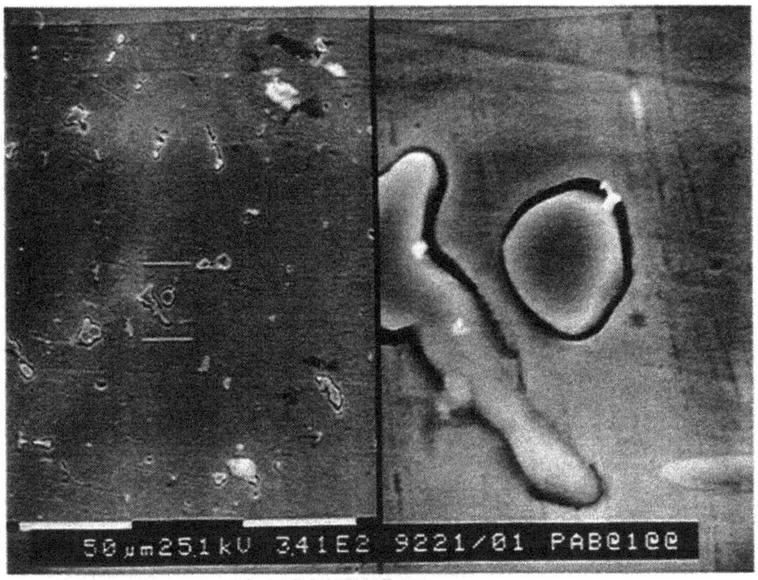

1

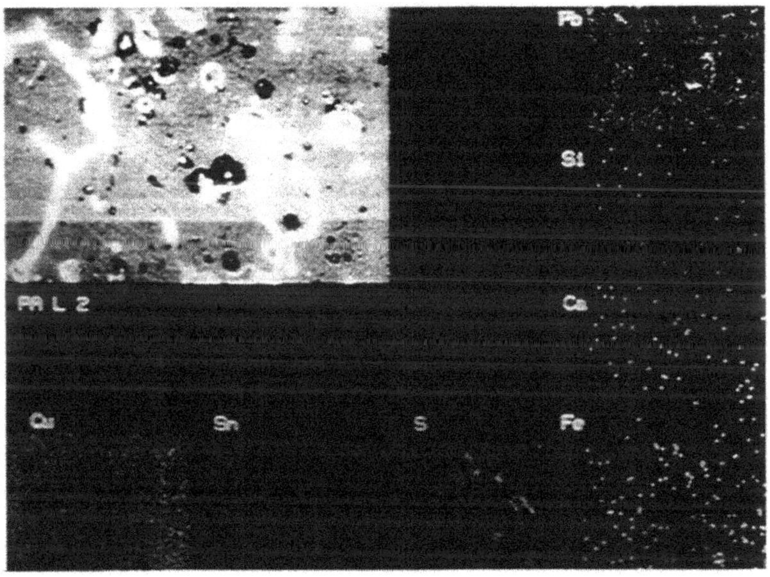

2

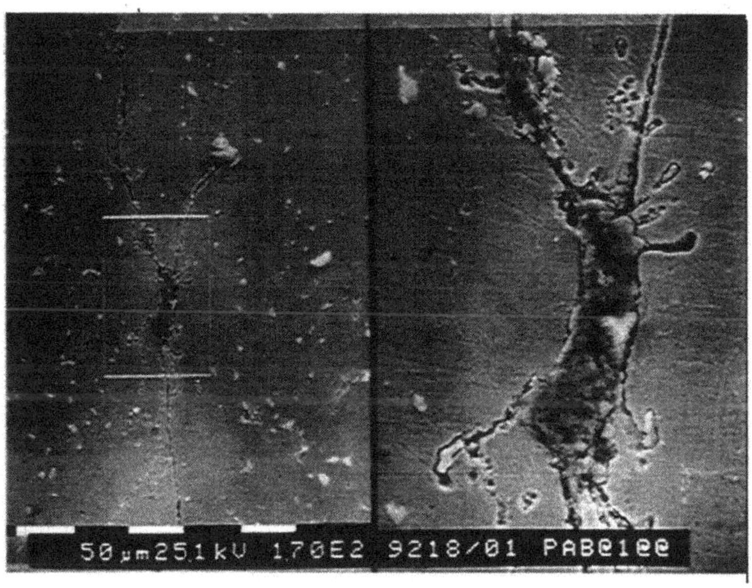

3

Tav. III. 1: Ascia a spuntoni laterali sporadica da Polizzello: microinclusi (micrografia SEM); 2: Panella circolare a sezione piano-convessa dal ripostiglio di Polizzello: immagine morfologica digitalizzata e relativa mappatura per elementi; 3: Ascia a spuntoni laterali sporadica da Polizzello: microcricca (micrografia SEM).

1

2

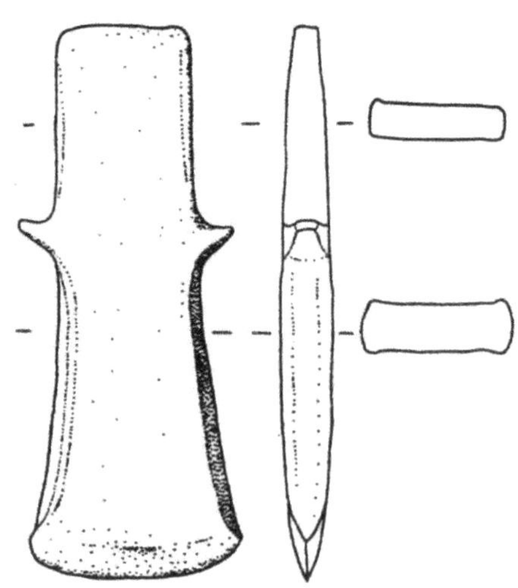

3

Tav. IV. 1: Ascia piatta con un occhiello laterale da Enna (?); 2-3: ascia margini rialzati da Pozzuoli.

1

2

3

Tav. V. 1-3: Ceramica con decorazione a stralucido da Genna Maria di Villanovaforru.

1

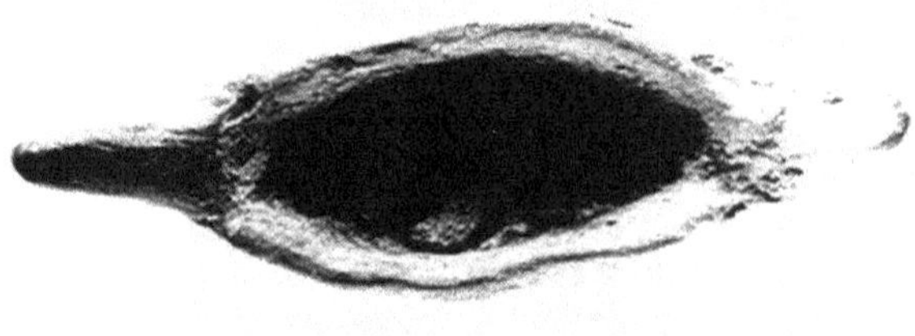

2

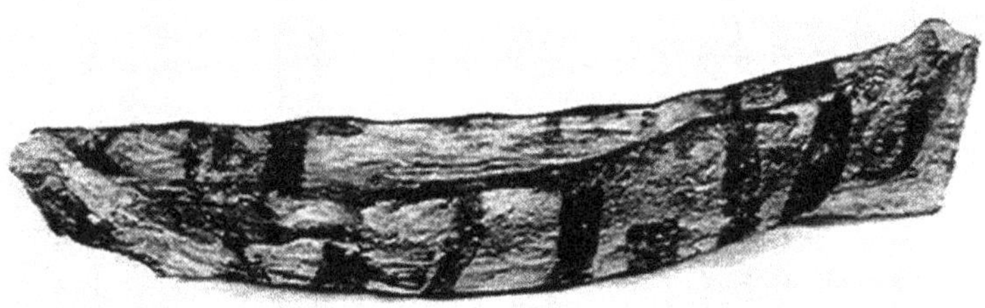

3

4

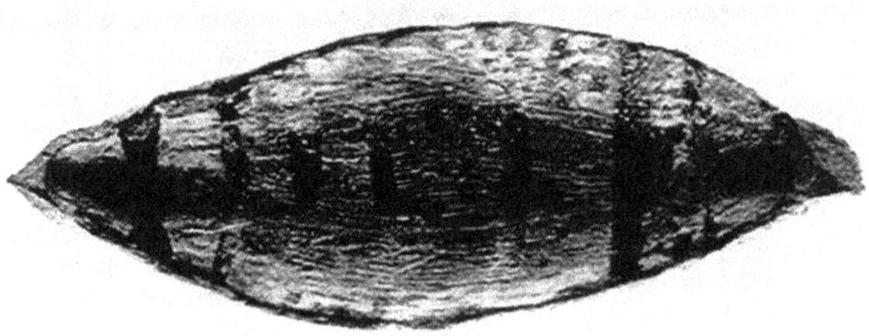

5

Tav. VI. 1-2: Micene, tomba rupestre 79; 3-5: Phylakopí, Melos.

1

2

Tav. VII. 1-2: Tazza dall'Attica; 3: cratere dal Dipylon di Atene.

3

1

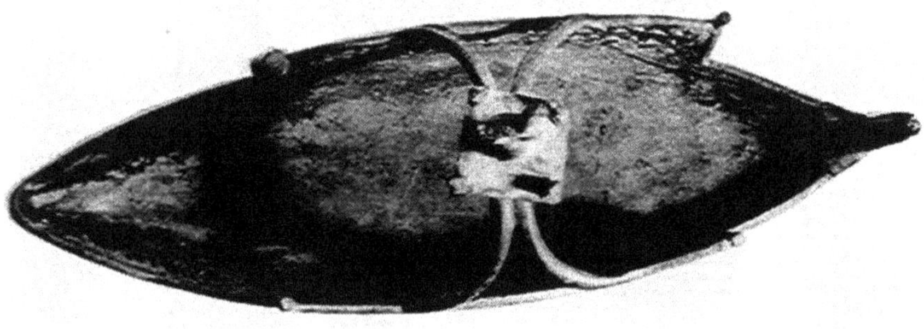

2

Tav. VIII. 1-3: Navicella del "Re Sole".

3

1

2

3

4

5

Tav. IX. 1-3: Navicella dalla Collezione Dessì; 4-5: navicella da Tula (Sassari) (?).

1

2

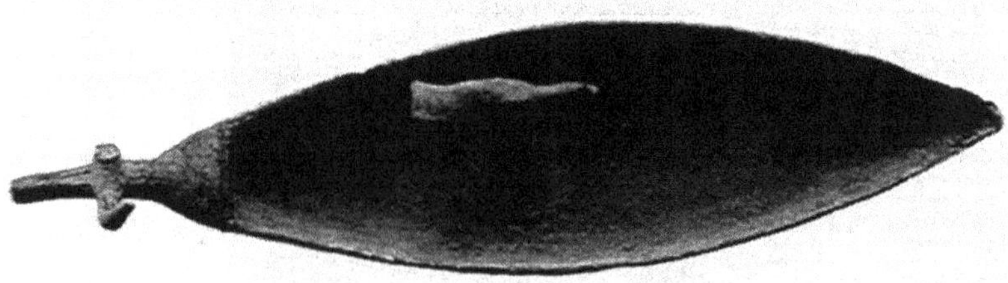

3

Tav. X. 1: Navicella dalla collezione Sini, Nuoro; 2-3: navicella dalla collezione Floris, dal Nuorese, località non identificata.

www.ingramcontent.com/pod-product-compliance
Lightning Source LLC
LaVergne TN
LVHW072247300926
849160LV00018B/1610
* 9 7 8 0 8 6 0 5 4 7 9 3 8 *